퇴적지질학

퇴적지질학

이용일 지음

Σ 시그마프레스

퇴적지질학

발행일 | 2015년 4월 30일 초판 발행

지은이 | 이용일
발행인 | 강학경
발행처 | (주)시그마프레스
편집 | 이책기획
교정 · 교열 | 백주옥

등록번호 | 제10-2642호
주소 | 서울특별시 영등포구 양평로 22길 21 선유도코오롱디지털타워 A401~403호
전자우편 | sigma@spress.co.kr
홈페이지 | http://www.sigmapress.co.kr
전화 | (02)323-4845, (02)2062-5184~8
팩스 | (02)323-4197

ISBN | 978-89-6866-383-3

* 이 도서의 국립중앙도서관 출판시도서목록(CIP)은 서지정보유통지원시스템 홈페이지
  (http://seoji.nl.go.kr)와 국가자료공동목록시스템(http://www.nl.go.kr/kolisnet)
  에서 이용하실 수 있습니다.(CIP제어번호: CIP2015004760)

저자의 **퇴적암석학**이라는 교재가 처음 출간된 것은 1993년이었다. 이때부터 벌써 20여 년이 지났으며, 그동안 퇴적물 관련 연구도 많은 발전을 하여왔다. 20년 전에 알려졌던 지식의 상당부분은 큰 줄거리에서는 큰 변화는 없으나 그동안 알려지지 않았던, 또는 해석이 되지 않았던 퇴적물 관련 현상들에 대하여 많은 연구가 이루어져 많은 설명을 할 수 있었을 뿐 아니라, 이전에 설명이 되었던 퇴적물 관련 현상에 대하여도 학문의 발전에 따라 새로운 해석이 계속적으로 제기되었다. 저자가 처음 **퇴적암석학**을 집필할 당시에는 지금보다는 훨씬 젊은 시절이었기에 당시에 저자의 지식도 일천하였을 뿐 아니라 그저 의욕만 앞서서 문장의 구성도 서투르게 작성되었으며, 이에 따라 전하고자 하는 저자의 의도를 제대로 잘 전달하지 못한 부분이 많았던 것으로 판단된다. 이러한 원본을 읽고 주어진 문장 내에서 그 의미를 터득하고자 많은 고생을 하였을 독자에게 그저 미안한 마음이 든다. 그리고 당시만 해도 한문 교육이 중·고등학교에서 있었기에 전문 용어의 한문 표기가 용어의 의미를 바로 전달할 수 있었지만, 이제는 이러한 한문 교육도 약화가 되었기에 대학 교육에서도 한문을 쓰기보다는 한글을 주로 사용하고 있다. 이에 따라 이 책에서는 전체를 한글로 작성하였으며, 발음만으로는 다른 일반 용어와 혼동을 가질 수 있는 용어에 대해서는 그 의미를 구별하여 전달하고자 하는 목적으로 한글 용어 뒤 괄호 안에 한문과 영문 표기를 같이 하였다. 그런데 영어로 된 용어를 우리말로 번역을 하여 무리하게 번역된 것이 많은 것으로 여겨진다. 이에 대하여 혹시나 하여 영어를 괄호에 추가하였으므로 그 의미를 받아들이는데 어려움이 없기를 바란다.

그리고 문장 내 간혹 언급한 내용에 참고문헌을 표기한 것은 혹시 이 주제에 대하여 더 자세하게 알아보고자 하는 사람은 참고하라는 의미로 삽입을 하였으며, 최근에 발표된 논문의 내용을 첨가하면서 참고문헌을 표기한 것은 발표된 논문의 내용은 시간이 흐르면서 과학계에서 검증을 받아야 하기 때문에 새로운 가설을 소개하는 의미와 새로운 해석이 과학계에서 이루어지고 있음을 알리는 의미에서 삽입을 하였다.

　이 책은 처음 출간된 **퇴적암석학**의 내용을 최근의 연구 결과를 바탕으로 보강을 하였으며, 이 퇴적암석학 분야 이외에 이전에는 층서학 분야에서 다루어지던 퇴적 환경과 층서 관련 분야를 추가하여 구성하였다. 이렇게 하여 퇴적물과 관련된 모든 학문 및 연구 분야를 나름대로 한꺼번에 책한 권에서 아우를 수 있도록 해보았다. 물론 이 책에서 퇴적물과 관련된 모든 과학 분야는 모두다루고 있지는 않지만 그래도 저자의 판단으로 중요하다고 생각하는 분야를 선별하여 소개하는 반면 저자의 지식이 짧은 분야는 선별하여 소개하지 않은 점도 있다는 것을 밝힌다. 독자는 이 책의구성 순서를 따라 참고할 수 있지만, 각자의 연구 관심에 따라 구성 순서에 상관없이 참고할 수도있다.

　아직도 저자는 퇴적지질학 분야에 대하여 공부를 하는 사람으로 최근의 학문 분야 발전을 모두다 터득하고 있지 못하여 자세한 내용은 언급되지 않은 부분이 많을 것으로 여겨진다. 이는 학문분야별 발전의 정도에 차이가 있기도 하지만, 아마도 저자의 지식이 이들을 모두 포괄적으로 소화하기에는 한계가 있었음을 밝힌다. 혹시 이 책의 내용에 대해 궁금한 점이 있거나 오류가 있으면바로 저자에게 알려주기를 부탁드린다.

　또한 이 책의 출간을 흔쾌히 받아들여주신 (주)시그마프레스의 강학경 사장님, 그리고 그동안 이책의 내용을 교정하고 교열하며 수고를 많이 해주신 편집부 관계자분들께도 깊은 감사의 말씀을드린다. 이분들의 열정적인 수고가 없었더라면 이렇게 책으로 출간되기는 어려웠을 것으로 여겨진다.

2015년 초봄
관악에서
저자 씀

Contents
차례

01

서론

1.1 퇴적물(암)

지표상의 암석 중 약 70% 정도가 퇴적암으로 이루어져 있다. 퇴적암에는 사암, 석회암, 셰일 등과 같이 잘 알려진 암석뿐 아니라 암염, 처어트 등이 포함된다. 이들 퇴적암들은 현생의 퇴적 환경과 유사한 고기(古期)의 모든 환경에서 형성된 퇴적물로 이루어져 있다. 따라서 현생 환경에서 일어나는 모든 퇴적작용에 대한 이해는 고기의 암석이 형성된 환경과 형성 메커니즘을 알아내는 데 도움이 많이 된다. 그러나 현생과 유사한 환경이 존재하지 않는 고기의 암석일 경우에는 단지 퇴적암 자체의 연구만을 통해서 퇴적 환경과 퇴적작용을 추측할 수밖에 없다.

퇴적물은 쌓인 후 물리적, 화학적 그리고 생물학적 작용에 의해 다짐작용, 교질작용, 용해작용 및 재결정화 작용 등의 속성작용(續成作用)을 받아 퇴적암으로 바뀌면서 원래 퇴적물의 특성이 변하기도 한다. 퇴적물이 퇴적암으로 변해 가는 과정에서 퇴적물을 구성하고 있는 광물 조성, 화학 조성(化學組成) 및 공극 내에 함유된 공극수(空隙水)의 화학 성분 그리고 매몰 온도와 압력 등이 중요하게 작용한다.

퇴적암에 대한 연구는 지구의 역사를 공부하는 데 있어서 매우 중요하다. 퇴적암의 연구를 통해 과거의 퇴적 환경과 퇴적작용 그리고 고지리와 고기후 등을 알아낼 수 있다. 또한 퇴적암 내에는 지구상에 존재하였던 생명체에 대한 기록이 화석으로 남아 있으므로 생물의 진화 및 변천 상황도 알아낼 수 있다.

경제적 측면으로 볼 때, 퇴적암 내에는 유용한 광물이 많이 포함되어 있으므로 매우 중요한 가치를 지닌다. 화석 연료인 석유와 천연가스, 석탄 및 셰일가스는 퇴적암과 매우 밀접하게 연관되어 나타나므로 퇴적암의 연구를 통해 이들 화석 연료의 생성, 배태(胚胎) 및 매장량에 대한 정보를 알아낼 수 있다. 이 밖에 퇴적암은 우라늄, 석회석, 암염, 철, 칼륨과 골재 등의 유용한 자원을 공급하는 데에도 중요한 역할을 한다.

1.2 퇴적물(암)의 분류와 퇴적 환경

퇴적물(암)은 물리적 · 화학적 · 생물학적 작용에 의해 생성된다. 퇴적물(암)은 생성되는 작용에 따라서 크게 네 가지 종류, 즉 규산질 쇄설성 퇴적물(siliciclastic sediments), 생물 및 생화학 기원 퇴적물(biogenic and biochemical sediments), 화학 기원 퇴적물(chemical sediments), 화산 쇄설성 퇴적물(volcaniclastic sediments)로 분류된다(표 1.1).

  규산질 쇄설성 퇴적물은 기존에 지표에 노출되었던 암석의 파편이나 부서진 물질이 물리적 작용에 의해 운반과 퇴적이 되어 생성된 것이다. 여기에는 역암(礫岩), 사암(砂岩), 그리고 이질암(泥質岩)이 있는데, 이들은 제6장, 7장에서 각각 다룬다. 생물 및 생화학 기원의 퇴적암으로는 석회암(제12장)이 주를 이루며, 이로부터 유래되는 백운석(암)이 있고, 또한 인산암(제16장), 석탄 및 오일 셰일, 그리고 처어트(제15장)도 이 종류의 암석으로 분류된다. 화학적 작용에 의해 생성되는 퇴적암은 증발암(제13장)과 함철암(제16장)이 있다. 화산 활동에 의해 생성되는 퇴적물(제17장)은 그 성분이 용암과 화산 분출물로부터 유래된다. 이들 각각의 퇴적물들은 다시 구성 성분에 따라 좀 더 세분된다. 이들 여러 종류의 퇴적암들은 공간적 · 횡적 · 종적으로 서로 연관되어 나타나는 것이 일반적이다. 퇴적물이 쌓이는 지표의 낮은 장소인 퇴적 환경은 규산질 쇄설성 퇴적물이 쌓이는 장소와 생물 및 생화학 기원과 화학적 기원 퇴적물이 쌓이는 장소로 구분하여 나뉜다. 쇄설성 퇴적물이 쌓이는 장소는 해안선을 기준으로 육성 환경(terrestrial environment), 전이 환경(transitional environment)과 해양 환경(marine environment)으로 구분되고, 탄산염암 및 증발암의 퇴적 환경은 이들 암석들의 특징을 소개한 후 이어서 소개를 한다. 참고문헌은 이 책의 마지막에 있으므로 좀더 자세히 공부하고자 한다면 참고하기 바란다.

1.3 퇴적암의 연구 방법

퇴적암에 대한 연구 방법은 야외 조사와 실내 실험 두 가지로 나누어 볼 수 있다. 퇴적물의 퇴적 현상을 이해하기 위해서는 먼저 야외 조사가 이루어져야 한다. 야외 조사에는 퇴적층의 발달 상태가 양호한 노두에서 주향과 경사, 암상, 지층의 수직 기록 및 두께, 횡적 연장성, 주요 퇴적 구조, 그리고 화석의 유무 등의 상태를 자세히 기재하고 분류해야 한다. 물론 한 번의 야외 조사에서 모든 것

표 1.1 퇴적물의 주요 그룹

그룹	종류
규산질 쇄설성 퇴적물	역암, 각력암, 사암, 이질암
생물 및 생화학 기원 퇴적물	석회암, 백운암, 처어트, 인산암, 석탄, 오일 셰일
화학 기원 퇴적물	증발암, 철광석
화산 쇄설성 퇴적물	용결응회암(ignimbrite), 응회암, 유리질 쇄설암(hyaloclastite)

을 완전히 수행하기란 매우 어렵다. 그 이유는 퇴적암 형성에 대한 조사자의 이해와 지식의 정도에 따라 퇴적암 내에 기록된 여러 현상들을 관찰하고 기재하는 데 있어 한계가 있기 때문이다. 그러나 점차 퇴적암에 대한 지식이 쌓임에 따라 여러 번 동일한 노두를 조사하면 그때마다 새로운 측면이 관찰되므로 정확한 해석을 위해서는 충분한 야외 조사가 필요하다. 야외 조사 기록을 이용하여 실내에서 퇴적상의 분포와 특성을 알아낼 수 있다. 이 관찰된 사항에 대해 가능한 퇴적작용 및 퇴적 환경 등을 일차적으로 해석한 후 이를 토대로 문헌조사 자료와 비교 검토하면 정확한 해석을 할 수 있다.

실내의 실험실 수조(水槽, flume)를 이용하여 입자의 크기, 유속, 수심 등의 요소를 변화시키면서 나타나는 퇴적면의 형태(bed form)와 퇴적 구조를 재현하여 야외에서 관찰되는 퇴적 구조의 수력학적인 조건을 알아낼 수 있다.

조사 부분을 대표할 수 있는 암석 시료에 대해서는 실내에서 박편과 연마편을 제작 관찰함으로써 야외에서 잘 나타나지 않는 퇴적 구조와 퇴적물의 조직 등을 알아낼 수 있다. 박편의 현미경 관찰을 통해서는 주요 조암광물과 암석화 과정의 속성작용을 알아낼 수 있다. 물론 이를 수행하기 위해서는 기본적인 현미경 관찰법과 광물 감정에 대한 기본적 지식이 요구된다. 현미경을 통해서도 구별하기 힘든 광물의 감정을 쉽게 하려면 특정 광물에 대하여 착색(着色) 방법을 이용하기도 한다. 예를 들면, 쇄설성 암석에서는 사장석과 정장석의 구분을 위해서 착색의 방법을 이용하며 탄산염암에서는 방해석, 아라고나이트와 돌로마이트의 구분과 이들 광물의 철 함유 여부를 알기 위해 착색을 한다.

석회암의 암석 시료는 연마편을 제작한 후 아세테이트 필(acetate peel)을 만들어서 현미경 관찰뿐 아니라 이를 필름 대용으로 이용하여 인화하기도 한다. 최근에는 쇄설성 암석도 박편 대신에 필(peel)을 만들어서 현미경 관찰에 이용하기도 한다. 필을 이용한 방법은 박편에 비해 더 넓은 부분을 관찰할 수 있는 장점이 있다. X선 회절 분석기를 이용하면 암석의 조암광물을 알아볼 수 있는데, 특히 현미경 관찰이 어려운 세립질 암석의 연구에 이 방법이 많이 이용된다. 신선한 암석 시료는 주사전자 현미경(SEM：scanning electron microscope)을 이용하여 퇴적물 입자 표면의 조직과 교결물(膠結物)의 형태 및 공극의 형태를 알아볼 수 있다. 또한 주사전자 현미경에서 후방산란 전자상(後方散亂電子像, back-scattered electron image)을 이용하여 광물이나 암석 내 원소의 분포 상태를 알아보기도 한다.

음극선발광장치(cathodoluminoscope)를 이용하여 박편이나 연마편을 관찰할 때 나타나는 발광 상태에 따라 퇴적물을 구성하는 입자의 생성 조건과 속성작용 과정의 공극수와 퇴적물과의 상호관계, 교결물의 화학 성분 및 생성 단계 등을 알아보기도 한다. 또한 전자현미분석기(EPMA：electron probe microanalyzer)가 광물 연구에 많이 이용되고 있으며, 이 기기를 이용하여 광물의 정량적인 화학 조성을 얻을 수 있다. 이 밖에도 광물과 암석의 화학 분석에는 원자 흡광 분석기(atomic absorption spectrometer), X선 형광 분석기(XRF：X-ray fluorescence spectrometer), 유도결합플라즈마 질량분석기(ICP-MS：inductively coupled plasma mass spectrometer), 유도결합플라즈마 원자방출분광기(ICP-AES : inductively coupled plasma atomic emission spectrometer) 등이 사용되고 있다. 또한 안정동위원소 질량분석기(stable isotope mass spectrometer)를 이용하여 광물의 탄소, 산소, 황의 안정동위원소 비율을 측정함으로써 특정 광물의 생성 시의 온도, 공극수의 성분과 성인 등을 알아낼 수 있다. 최근에는 퇴적물에 들어있는 특정 중광물인 저어콘을 초고분해능 이온검출기(SHRIMP : super high resolution ion microprobe)나 레이저삭마 유도결합플라즈마 질량분석기(laser-ablation inductively-coupled plasma mass spectrometer)를 이용하여 U-Pb 연대를 측정하여 기원지의 정보를 해석한다.

1.4 퇴적암에 대한 관련 문헌

퇴적암에 대한 여러 가지 단행본 이외에도 퇴적물과 퇴적암만을 다루는 국제 정기학술잡지가 있으므로 이를 이용하여 퇴적암에 대한 최근의 연구 동향을 알 수 있다. 이러한 정기학술잡지를 발간하는 기관은 전문 학술단체로서, 북미의 Society for Sedimentary Geology(SEPM)가 발행하는 *Journal of Sedimentary Research*와 유럽에 본부를 두고 있는 International Association of Sedimentologists가 발행하고 있는 *Sedimentology*와 *Basin Research*가 있다. 또한 전문학회가 아닌 전문 출판기관에서 발간하는 *Sedimentary Geology*, *Marine Geology*, *Palaeogeography Palaeoclimatology Palaeoecology*, *Journal of Quaternary Sciences*, *Quaternary Research*, *Quaternary Science Reviews*, *Carbonates and Evaporites*와 같은 퇴적물과 퇴적암에 관련되는 전문 학술잡지와 Society for Sedimentary Geology가 발행하는 *Palaios*가 퇴적물과 생물체와의 관계를 대상으로 하는 연구 논문을 게재하고 있다. 이 밖에 미국 석유지질학자협회가 발간하는 *Bulletin of American Association of Petroleum Geologists*와 캐나다 석유지질학자협회의 *Bulletin of Canadian Petroluem Geologists*에는 퇴적물(암)을 경제적인 측면에서 다루는 학술 논문이 게재되고 있다. 이 밖에도 지질학 관련 주요 전문 학술단체와 전문 출판기관의 학술잡지에도 퇴적암을 다루는 연구 논문이 다수 실리고 있다.

제 1 부

퇴적물의 생성과 이동

퇴적암은 오래된 암석의 물리적인 분리작용과 화학적인 분해작용이라는 풍화작용으로부터 시작되어 복잡한 여러 작용을 통하여 만들어진다. 풍화작용의 산물은 고체의 입자 잔류물로 풍화작용을 견뎌낸 광물과 암편, 그리고 용해된 화학 물질이다. 풍화작용을 받아 생성된 고체 물질들은 제자리에 남아 토양을 생성하며 이 토양은 지질 기록에 고토양으로 보존이 되기도 한다. 궁극적으로는 대부분의 풍화 잔류물질은 침식작용으로 풍화를 받는 장소에서 제거가 되어 운반이 되는데, 여기에 폭발성 화산 활동에 의한 암석의 파편들과 함께 먼 거리로 운반되어 퇴적 장소에 쌓이게 된다.

규산쇄설성 퇴적물은 퇴적 분지까지 다양한 과정을 통하여 운반이 된다. 중력의 작용으로 일어나는 슬럼프, 암설류와 이류가 풍화 잔류물을 풍화작용이 일어난 장소에서 계곡의 바닥으로 운반시키는데 맨 처음 관여를 한다. 다음에는 흐르는 물, 빙하와 바람과 같은 유체의 흐르는 작용이 계곡의 바닥에 쌓인 퇴적물을 고도가 낮은 퇴적 분지로 운반을 한다. 이상과 같은 운반작용이 퇴적물을 더 이상 운반시킬 수 없을 때 모래, 자갈 및 머드의 퇴적이 사막의 사구 지대와 같은 지표에서나 일어나기도 하지만 하천계, 호수와 바다와 같이 수중에서 쌓인다. 해양의 가장자리에 쌓인 퇴적물들은 또 다시 저탁류나 그밖의 다른 작용에 의해 재침식이 일어나고 수십~수백 km를 재운반되어 심해에 쌓인다. 퇴적 분지에 쌓인 퇴적물들은 결국에는 매몰되어 증가된 온도와 압력 그리고 화학적으로 활성인 유체의 존재로 인하여 물리적·화학적인 변화인 속성작용을 겪게 된다. 이렇게 매몰과 속성작용이 퇴적물이 고화된 역암, 사암과 이암으로 바뀐다.

또 풍화작용은 풍화를 받는 기원암에서 용존 성분인 칼슘, 마그네슘과 규산이 빠져나와 호수나 해양으로 지표수나 지하수를 통하여 운반이 된다. 이상과 같은 화학 원소들의 농도가 충분히 높다면 이들은 화학적인 또 생화학적인 작용이 일어나 화학 퇴적암이 생성된다. 뒤이어 일어나는 매몰과 속성작용을 겪으면서 고화된 암석으로 석회암, 처어트, 증발암과 기타 화학적/생화학적인 퇴적암의 고화가 일어난다.

제2장에서는 풍화작용의 물리적·화학적 작용, 생성되는 풍화 산물의 특성과 토양에 대한 간단히 기술을 한다. 제3장은 퇴적물이 풍화가 일어난 장소에서 퇴적 분지로 운반시키는 다양한 운반과 퇴적에 대하여 소개를 한다.

02

퇴적물의 생성-풍화작용

풍화작용은 물리적, 화학적 그리고 생물학적 작용을 모두 포괄하고 있지만, 이중에서도 화학적 풍화작용이 가장 중요하게 작용을 한다. 이 장에서는 지표에 노출된 암석을 어떻게 분해하고 조암광물(rock-forming minerals)을 낱개로 분리시켜(disintegrate) 알갱이로 이루어진 잔류물과 용해된 성분으로 생성되는지를 알아보고자 한다. 이렇게 풍화로 생성된 산물은 토양과 퇴적물의 기본 물질이 되는 것으로, 풍화작용이 퇴적암을 형성하는 여러 작용의 가장 첫 번째 과정에 해당하는 것이다.

풍화작용이 노출된 암석에 어떻게 작용을 하고 어떠한 물질이 풍화의 잔류물로 남아 토양을 형성하며, 또 퇴적물과 용해된 성분으로 되어 퇴적 분지로 이동이 되는가를 이해하는 것은 매우 중요하다. 토양과 쇄설성 퇴적암의 궁극적인 조성은 이들이 풍화작용을 받은 기원암과 밀접한 관련이 있다. 그러나 많은 경우 토양층의 조성을 살펴보면 이들의 광물 조성과 화학 조성이 바로 토양이 만들어진 기원암의 조성과는 차이가 있음을 종종 볼 수 있다. 기원암의 몇 가지 광물은 풍화를 받는 동안 완전히 분해되어 사라지는가 하면, 풍화작용 동안 화학적으로 안정하거나 혹은 반응이 잘 일어나지 않는 광물들은 암석이 분해되거나 분리될 때 남아 풍화 잔류물을 생성하기도 한다. 이러한 과정에서 풍화를 받는 기원암에 들어있지 않은 새로운 광물로 철산화물과 점토광물이 생성된다. 이렇게 볼 때 토양이란 기원암으로부터 유래되어 풍화작용 후 남은 광물들과 암석의 파편, 그리고 풍화작용 동안 새로 생성된 광물들의 집합체로 이루어져 있다. 토양의 조성은 기원암의 조성뿐만 아니라 풍화작용의 특성과 정도 그리고 풍화가 진행된 기간과 토양이 만들어지는 작용에 따라 달라진다. 이렇게 볼 때 사암과 같은 쇄설성 퇴적물은 풍화 물질인 토양으로부터 생성되는 것으로 쇄설성 퇴적물의 조성은 기원암의 조성과 풍화작용에 의하여 지배를 받는다는 것을 알 수 있다. 토양의 생성은 이렇게 지표에 노출된 기반암 상부뿐 아니라 퇴적물이 운반되는 동안 육상 환경에 퇴적되어 있을 경우에도 풍화작용을 받아 생성된다. 후자의 경우는 하성 환경의 범람원에 쌓인 퇴적물에 생성되는 토양을 예로 들 수 있다.

대부분 과거에 형성된 토양은 이미 침식이 되었을 것이며, 이들은 운반되어 퇴적물을 공급하였을 것이다. 그러나 고기의 토양 일부는 그대로 고화가 되어 암석의 기록으로 남아 있기도 한다. 우리는 이러한 고기의 토양을 **고토양**(古土壤, paleosols)이라고 부른다. 풍화작용과 토양이 생성되는 작용은 기후 조건에 영향을 많이 받는다. 과거의 기후를 연구하는 분야를 **고기후학**(古氣候學, paleoclimatology)이라고 하는데, 토양의 생성이 기후와 밀접한 관련이 있어 고토양을 연구하여 고기후에 대한 정보를 얻을 수 있으며, 이 밖에 고기후는 과거 해수면과 퇴적작용, 그리고 다양한 지질시대 동안 지상에 살았던 생물들과도 밀접한 관련이 되어 있기 때문에 지질학자는 이러한 분야에 많은 연구를 하고 있다. 최근 들어 고기후에 관련된 연구는 날로 확장되고 있다.

이 장에서는 지표 조건에서 일어나는 주된 풍화작용에 대하여 알아보고, 풍화작용으로 생성되는 특정한 풍화 잔류물과 용해된 성분에 대하여 알아보기로 하자. 또한 풍화작용과 퇴적물의 광물과 화학 조성과의 관계에 대해서도 살펴보기로 한다. 이를 통하여 퇴적물 기원지인 토양 생성 환경에서의 풍화작용의 정도, 즉 고기후에 대한 정보를 알아보자. 지표 조건의 풍화작용보다는 덜 중요하지만 또한 흥미로운 해저의 풍화작용에 대해서도 알아본다. 여기서 **해저 풍화작용**(halmyrolysis)이란 중앙 해령에서 찬 해수와 뜨거운 해양 지각 암석과의 상호반응과 대양저(ocean floor)에 있는 화산암과 해양 퇴적물에서 일어나는 낮은 온도에서 일어나는 변질작용을 가리킨다.

풍화작용을 편의상 물리적 풍화작용, 화학적 풍화작용과 생물학적 풍화작용을 구분하여 각각에 대하여 좀더 살펴보자.

2.1 물리적 풍화작용

물리적 풍화작용이란 지표에 노출된 암석이 개개의 구성 광물로 분리(disaggregation)되거나 분쇄되고 조금 작은 조각으로 깨지는 작용을 가리킨다. 이 과정에서 부서진 암석의 파편(암편)들은 기원암의 광물학적 그리고 화학적 조성과 크게 다르지 않다. 그러나 아주 추운 기후나 건조한 기후를 제외하고는 물리적 풍화작용과 화학적 풍화작용이 함께 일어나기 때문에 이들의 영향을 따로 떼어 살펴보기는 어려운 점이 있다. 물리적 풍화작용으로는 새로운 광물이 생성되지 않는다. 물리적 풍화작용으로 생성되어 만들어진 쇄설성 퇴적물은 운반 도중 수력학적인 분급작용이 일어난다 하여도 물리적 풍화작용을 받은 기반암의 광물 조성은 이들로부터 유래된 모래질 퇴적물이나 머드 퇴적물에 반영된다. 그렇지만 광물에 따라 깨뜨려지는 작용의 정도가 다르기 때문에 퇴적물이 운반되는 동안 일어나는 분급작용에 의하여 광물 조성에 차이가 나기도 한다. 물성이 강한 광물들은 조립질 퇴적물에 더 많이 들어있게 되는 반면, 예를 들면 흑운모와 같이 물성이 약한 광물들은 세립질 퇴적물에 선택적으로 더 많이 들어있게 된다. 물리적 풍화작용에 의하여 생성되는 쇄설성 퇴적물들은 퇴적물의 기원지 연구에 주요 대상이 된다.

2.1.1 동결융해작용(freeze-thaw or frost process)

암석에 발달한 틈을 채운 물의 얼고 녹는 작용에 의하여 암석이 점점 더 깊이 깨지는 것은 짧은 기간 동안 기온이 0도를 기준으로 오르고 내림이 자주 반복되는 기후대에서 일어나는 중요한 물리적 풍화작용이다. 물은 얼면 얼음으로 변하면서 부피가 약 9% 정도 증가하기 때문에 암석의 틈새에 들어있는 물이 얼 때 물의 표면에서부터 점차 얼어가면서 부피 팽창에 따른 압력이 틈새 양쪽의 암석에 가해져 더욱 틈을 벌리게 된다. 마치 추운 겨울 밖에 내놓은 뚜껑이 닫힌 맥주병이 얼면서

그림 2.1 동결융해작용으로 인해 깨진 현무암질 안산암(팔레오세-에오세). 남극 세종기지 근처.

깨어지는 것과 같은 원리이다. 이렇게 더 벌어진 틈에 얼음이 녹고 다시 얼면 암석의 틈은 암석 내부로 점점 침투하며 발달하게 된다.

얼고 녹는 작용이 반복적으로 일어나 암석이 부서지면 크고 각이 진 암석 덩어리로 쪼개진다(그림 2.1). 결정질 광물로 이루어진 화강암과 같은 암석들은 왕모래와 같은 입자들로 분리되기도 한다. 암석 내에 발달한 미세 틈이나 다른 미세구조들이 깨진 암석 파편의 크기와 모양에 영향을 미친다.

물성적으로 약한 셰일이나 층리가 발달한 사암과 같은 암석들은 물성이 강하고 잘 교결된 암석인 규암이나 결정질 화성암과 같은 암석보다는 얼고 녹는 작용으로 더 쉽게 깨지는 경향을 나타낸다.

2.1.2 열팽창-수축작용(thermal weathering)

낮 동안 태양에 의하여 달구어져 팽창한 암석 표면이 해가 진 후 온도가 낮아지면서 식어 수축이 일어나는 일이 반복되어 일어나면 암석 내 입자들 간의 결합을 약화시켜 암석의 겉껍질 부분이 벗겨져 나가거나 광물 입자들이 떨어져 나가기도 한다. 암석의 내부와 표면 간에는 온도의 차이가 있으므로 암석의 표면이 더 팽창과 수축을 하면서 응력이 생성된다. 이러한 응력이 암석의 표면에 작은 균열을 생성시키고 입자의 떨어짐을 일으킨다. 일단 이러한 작은 균열이 생기면 이 틈으로 작은 실트나 모래 입자들이 끼어들어 암석이 식을 때 이 균열이 다시 합쳐지는 것을 방해한다. 이러한 표면의 달굼과 식음이 반복되면, 즉 팽창과 수축이 반복되면 이 틈들은 점차 폭과 길이가 더 커지게 되고 나중에는 암석의 표면이 갈라지게 되어 떨어져 나간다. 대체로 열팽창-수축의 풍화작용은 태양의 열로부터 주로 일어나지만, 화재가 일어났을 때에도 일어나는 것으로 보고되었다. 이러한 열팽창-수축의 풍화작용이 사막지대에서 일어나는 것으로 관찰되었지만, 이를 실험실에서 재현시켜 보려는 실험에서는 이러한 풍화작용을 뒷받침할 만한 결정적인 증거를 제시하지는 못했다. 대신 실험에 사용한 광택 나는 암석 시료의 표면에 약간의 물을 분무(spray)시켜 가열과 냉각을 반복한 결과 광택 나는 표면이 투박해지며 약간의 풍화작용이 일어나는 것으로 관찰되었다. 따라서 이러한 열팽창-수축의 물리적 풍화작용이 단순한 물리적 풍화작용이기보다는 약간의 화학적 풍화작용이 관여한다고 볼 수 있다.

2.1.3 소금 성장 풍화작용(salt weathering)

사막 환경의 비교적 높은 온도에서는 암석의 공극과 틈에 들어있는 물의 증발로 소금이 생성되어 풍화작용을 촉진시킨다. 암석의 공극이나 틈에 들어있는 물은 증발이 되면 점차 염농도가 높아지며 이렇게 농도가 높아진 물에서 소금 결정이 생성되고 이들이 점점 성장을 하면서 점차 주변 암석에 압력을 가하게 된다. 이렇게 되면 암석 내 조암광물 사이의 틈은 점차 넓어지며 결국에는 조암광물들을 분리시킨다. 암석 속에 들어있는 소금의 결정들이 수화작용을 받으면 부피가 팽창을 하면서 역시 압력이 커지게 된다. 소금 성장에 의한 풍화작용은 반건조 지대에서 가장 활발히 일어나며, 해변 암반에 부딪치는 파도의 포말들이 암반의 표면을 적시고 증발하면서 점차 소금 결정이 생성될 때에도 일어난다.

2.1.4 젖음과 마름 작용(wetting and drying process)

셰일과 같이 물성이 약하고 미약하게 교결작용이 일어난 암석은 반복적으로 물에 젖고 마르게 되면 아주 쉽게 깨지게 된다. 대부분 암석이 깨지는 것은 젖어있다 마를 때 일어난다. 아직까지 왜 깨지는지에 대하여는 확실히 알려지지는 않았지만 마르게 되면 아마도 압력의 감소로 수축되면서 장력이 작용하여 암석을 깨뜨리지 않나 하고 여겨지고 있다. 반면에 젖게 되면 물이 흡착되어 부피가 늘어나면서 또 팽창하는 압력이 작용하여 암석 내 틈을 더 크게 만들기도 한다. 이렇게 젖음과 마름 작용이 일어나 암석이 깨지는 것은 잘 노출된 가파른 절벽에서 가장 잘 일어나는 것으로 알려지고 있다. 이곳에서는 암체로부터 분리된 암석의 파편들이 밑으로 떨어져 나가면 또다시 새로운 신선한 면이 노출되어 이러한 과정이 반복적으로 일어난다.

2.1.5 하중 압력의 감소(release of overburden pressure)

지표 아래에 묻혀있는 암석은 그 상 위에 놓인 암석의 무게로 상당한 압력을 받고 있다. 그러나 상위의 암석이 침식을 받아 제거가 된다면 암석에 작용하는 하중이 제거된 방향의 압력은 감소하게 되고 이의 반작용으로 암석은 상부로 밀어내게 된다. 이렇게 지하에서 암석에 작용하는 압력은 암석을 상부로 밀어내지면 장력이 작용하여 암석에는 지표면의 기복과는 평행한 방향을 따라 틈이 생긴다. 이렇게 하여 생성되는 틈들은 지표에 평행하게 여러 개가 생성된다(그림 2.2). 이러한 작용을 **쪼개짐**(sheeting)이라고 한다. 지표에 평행한 틈으로 나뉜 암석의 쪼개진 두께는 지표에서부터 깊이가 깊어지면서 점점 두꺼워진다. 이런 쪼개짐 현상은 모암이 대체로 균질한 암석인 화강암과 같은 암석에서 더 잘 일어난다.

그림 2.2 중생대 화강암 지대에서 계곡의 사면 경사를 따라 평행하게 발달한 쪼개짐. 금강산.

2.1.6 기타 물리적 풍화작용

이 밖에도 암석 내에 존재하는 점토광물이 물을 머금으며 팽창하는 경우,

그림 2.3   화강암의 작은 틈에 소나무 화분이 쌓인 후 식물이 자라면서 점차 틈의 간격을 넓히며 일으킨 풍화 현상. 중국 황산.

조암광물 중 흑운모나 사장석과 같은 광물이 변질작용을 받으면서 부피가 팽창하는 경우, 식물의 뿌리가 성장을 하면서 암석에 압력을 가할 경우(그림 2.3), 또는 지의류(lichen)가 암석의 표면에 고착하며 사는 동안 젖고 마르면서 이들이 붙어 있는 암석 내 광물들이나 암편들을 뜯어내는 경우 등을 들 수 있다.

또는 이상과 같이 하나의 물리적 작용으로 뚜렷이 구분되지 않고 하나 이상의 물리적 작용이 함께 작용하여 일어나기도 한다. 여기에는 암석의 외부 표면을 따라가면서 암석의 표면이 큰 규모로 휘어진 마치 양파껍질이 벗겨지듯이 점차 벗겨지면서 떨어져 나가는 **박리작용**(exfoliation)이 있다(그림 2.4). 이는 얼고 녹는 작용과 다른 작용이 함께 작용하여 일어난 것이다.

2.2 화학적 풍화작용

노출된 암석은 화학 반응을 통하여 용해가 일어나거나 구성 물질이 개별적으로 분리가 일어난다. 토양수에는 무기산과 유기산에서 유래된 수소이온이 풍부하다. 수소이온을 함유하는 풍화 용액이 맨 처음 암석에 접촉하는 곳은 암석에 생성된 틈을 통과하거나 구성 광물 결정의 경계부를 따라 일

그림 2.4   안산암의 박리작용. 남극 세종기지.

어난다. 수소이온은 결정의 내부 구조에 확산되어 들어가면서 결합력을 약화시키며 장석의 Na, K 와 Ca와 같은 원소들을 선택적으로 용출시킨다. 이러한 원소들이 빠져나가면 광물은 불안정해지고 점토광물과 같은 새로운 이차 광물이 생성된다. 무기적이거나 유기적인 착이온은 그 크기가 커서 결정의 내부 구조로 확산되어 들어갈 수 없기 때문에 광물의 표면에서 용해작용을 일으키고 이차 광물의 침전을 일으킨다. 이와 마찬가지로 미생물과 곰팡이류에서 유래되는 카르복실산과 다른 유기산들도 규산염 광물의 표면에 노출된 원소와 표면 화합물을 생성하기도 한다. 이러한 화합물은 금속이온을 용액으로 방출시키는 역할에 도움이 된다. 수소이온이나 착이온의 작용에 의하여 일차 조암광물들은 용해가 일어나고 새로운 광물이 생성된다.

퇴적암을 제외하고 풍화를 받는 원래의 모암에는 존재하지 않지만 풍화과정 중 이차적으로 생성되는 점토광물은 풍화대에서 일차 조암광물인 Al-규산염 광물의 변질로 상당한 양이 만들어지며, 이들의 존재는 화학적 풍화가 일어났었다는 것을 증명한다고 할 수 있다. 화학적 풍화가 잘 일어나려면 상당한 양의 강수가 내려 많은 양의 산성을 띠는 토양수를 토양의 내부와 광물의 표면으로 운반시킬 수 있어야 한다. 토양 내에서 산성의 토양수가 만들어지기 위해서는 지속적으로 낙엽과 같은 식물질과 미생물들이 공급되어야 하며, 이들이 급속 분해, 즉 산화작용이 일어나야 한다. 이런 과정을 통하여 토양의 유기물 층준에서 유기산들이 만들어지기 때문이다. 이러한 조건을 가장 잘 갖춘 곳은 온대지방과 열대지방이다.

이렇게 토양의 산성화는 지표의 식생과 밀접한 관계가 있다. 현재 토양의 산성화는 생물체의 활동, 즉 식물에서 분비되는 유기산에 의하여 조절되기 때문에 이로 인하여 풍화작용이 진행된다. 반면 육상에 식생이 출현하기 이전(후기 실루리아기 이전)에는 토양에 유기물이 없었을 것이므로 토양수는 알칼리성을 띠었을 것이며, 이러한 조건은 현생에서 건조하여 식생을 지탱시켜 줄 수 없는 지대에서 알칼리성 토양을 관찰할 수 있는 것으로 유추해 볼 수 있다.

화학적 풍화작용을 살펴보기 전에 먼저 대륙 지각을 구성하는 암석의 광물 및 화학 조성에 대하여 살펴보고, 이러한 배경 지식을 바탕으로 화학적 풍화작용을 좀더 살펴보기로 하자.

2.2.1 대륙 지각의 조성

노출된 대륙 지각의 화학 및 광물 조성은 이로부터 유래되는 쇄설성 퇴적물의 화학 및 광물 조성을 결정짓는다. 여러 가지 방법을 통하여 유추한 대륙 지각 상부의 화학 조성은 대체로 비슷한 결과를 나타낸다(표 2.1).

대륙 지각의 광물 조성은 화학 조성과 달리 분석 방법에 따라 약간 차이가 있다(표 2.2). Wedepohl(1969)은 심성암의 상대적인 비율을 이용하여 추정하였으며, Shaw 등(1967)은 캐나다 순상지의 화학 조성으로부터 이들 암석에 들어있을 안정한 광물 조합을 이용하여 구하였다. 여기에는 각섬석과 운모와 같이 물을 함유하는 광물들도 포함되어 있다. Shaw 등과 Wedepohl의 광물 조성 결과는 석영과 사장석의 상대적인 함량은 비슷하지만 정장석과 염기성 광물의 조성에는 차이가 있다. Shaw 등의 광물 조성은 변성암 등을 포함한 노출된 암석을 대상으로 하였기에 이들이 제시한 광물 조성이 노출된 결정질 암석을 더 잘 대변한다고 할 수 있다. 그러나 Shaw 등의 결과에는

표 2.1 대륙 지각 상부의 주요 원소 조성(wt%)

	Taylor와 McLennan(1981)	Wedepohl(1969)	Shaw 등(1967)	Blatt과 Jones(1975)
SiO_2	66.0	66.4	64.93	65.4
TiO_2	0.6	0.7	0.52	0.6
Al_2O_3	16.0	14.9	14.63	14.7
Fe_2O_3	–	1.5	1.36	1.4
FeO	4.5	3.0	2.24	2.2
MgO	2.3	2.2	2.24	2.2
Na_2O	3.8	3.6	3.46	3.5
K_2O	3.3	3.3	3.1	3.2
P_2O_5	–	0.18	0.15	0.16
기타	–	0.7	2.37	1.8

변성암에 흔히 나타나는 녹니석(chlorite)이 들어있지 않다. Nesbitt과 Young(1984)은 지표에 분포하는 심성암, 변성암과 화산암의 비율에 따르는 Blatt과 Jones(1975)의 화학 조성을 바탕으로 노출된 지각의 광물 조성을 재구성하여 보았다. 이들이 예측한 광물 조성이 대륙 지각 상부의 광물 조성에 가장 근접한 것으로 알려지고 있다.

Nesbitt과 Young(1984)의 추정치에 의하면 노출된 지각에는 석영이 약 20% 정도 함유되어 있는 것으로 되어 있다. 석영은 지표에서 반응 속도나 열역학적인 관점에서 볼 때 화학 반응이 가장 느리게 일어나는 반면, 장석이 석영을 제외한 다른 광물들의 절반 이상을 차지하므로 대륙 지각을 구

표 2.2 대륙 지각 상부의 광물 조성(vol.%)

광물	Wedepohl(1969)	Shaw 등(1967)	Blatt과 Jones(1975)	Nesbitt과 Young(1984)
석영	21.0	25.4	23.2	20.3
사장석	41.0	39.3	39.9	34.9
화산유리	–	–	–	12.5
정장석	21.0	4.6	12.9	11.3
흑운모	4.0	15.3	8.7	7.6
백운모	–	9.8	5.0	4.4
녹니석	–	–	2.2	1.9
각섬석	6.0	–	2.1	1.8
휘석	4.0	–	1.4	1.2
감람석	0.6	–	0.2	0.2
산화물	2.0	1.4	1.6	1.4
기타	0.5	4.7	3.0	2.6

성하는 암석에서 장석의 화학적 풍화작용이 대륙 지각의 풍화작용에서 가장 중요하다고 할 수 있다. 즉, 지표에서 일어나는 화학적 풍화작용은 거의 대부분이 장석의 풍화작용으로 대변될 수 있다는 점이다.

2.2.2 광물의 안정도

광물(鑛物)은 원래 생성된 환경에서는 안정된 상태를 유지한다. 그러나 이들은 생성된 곳이 아닌 환경에서는 다른 광물로 변화하거나 용해가 되며, 광물과 접하고 있는 용액의 화학 성분이 적절하다면 순수한 화학 조성을 갖는 광물로 성장하기도 한다. 화성암의 조암광물은 화학적으로 안정하다. 즉, 이들은 마그마 작용 시의 온도와 압력 범위에 놓여 있는 한, 그리고 한정된 성분을 갖는 녹은 용액(melt)과 접촉하는 한 변화하지 않는다. 그러나 온도가 바뀌거나 결정(結晶)과 접하고 있는 용액의 화학 성분이 바뀌면 조암광물은 불안정해지며 변화를 하기 쉽다. 풍화작용이 일어나는 지표의 환경은 마그마 환경과는 온도와 압력뿐 아니라 지표수의 화학 조성에서 상당한 차이가 있으므로 풍화작용이란 조암광물이 생성된, 또는 광물의 집합체인 암석이 생성된 환경에서 지금 노출된 지표의 환경으로 적응해 가는 과정이라고 볼 수 있다. 지표의 조건에서 광물은 낮은 온도와 압력하에 놓이게 되고, 산소나 이산화탄소, 묽은 수용액과 여러 종류의 산(酸)에 노출된다. 이렇게 되면 많은 광물들이 불안정해지며 변질된다. 그러나 불안정해지는 정도와 반응이 일어나는 정도는 광물의 종류에 따라 다르다. 어떤 광물은 지질학적으로 짧은 시간에 빠르게 반응하여 완전히 분해되기도 하는데, 이러한 광물을 지표 환경에서 불안정(不安定, unstable)하다고 한다. 어떤 광물은 역시 화학 반응은 하지만, 그 반응이 장기간에 매우 느리게 일어나 완전히 파괴되지 않는 경우도 있다. 이러한 광물을 준안정(準安定, metastable)하다고 하는데, 이들 광물들은 화학적으로 불안정하나 풍화 조건에서는 반응이 매우 느리게 일어난다. 또 다른 광물들은 지질학적인 시간으로 풍화 조건에 오랫동안 노출되더라도 거의 반응을 일으키지 않는데, 이러한 광물은 안정(安定, stable)하다고 한다.

지표 환경에서 암석이 풍화를 받을 때에는 식생과 밀접한 관련이 되어 있다. 그런데 지질시대를 통하여 볼 때 지구상에 식물이 출현한 시기가 실루리아기 후반이므로 식물이 출현한 이후의 지질시대에 일어난 풍화작용과 이들이 출현하기 이전의 지질시대 동안 일어난 풍화작용은 사뭇 달랐을 것으로 여겨진다. 식물이 풍화작용에 주는 영향은 식물이 성장 과정에서 뿌리로 인한 암반의 틈새를 점차 넓히는 물리적 풍화작용을 일으키는가 하면, 이들의 존재로 인한 토양의 습도 유지와 부패와 분해로 인해 생성되는 유기산의 공급이다. 이러한 토양수와 유기산은 화학적 풍화작용을 더 빠르게 일으키도록 한다. 이렇게 볼 때 식물이 지구상에 출현하지 않았을 때인 실루리아기 이전의 지표 환경에서의 풍화 조건은 아마도 화학적 풍화작용보다는 물리적 풍화작용이 더 활발했을 것이며, 풍화 물질의 물리적 침식작용이 더 활발히 일어났을 것으로 추정해 볼 수 있다.

대부분의 화성암과 변성암은 지표의 풍화 조건과는 아주 다른 환경에서 형성되었거나 변화를 받아 왔다. 심지어 퇴적암의 경우도 지표 가까이 순환하는 지하수와는 다른 유체에 의하여 쌓였거나 고화되었으며, 암석화되는 과정에서 산화 환경보다 환원 환경에 노출되어 있었다. 이렇게 볼 때 퇴적물 기원지의 암석은 안정, 준안정과 불안정한 광물의 혼합물로 이루어져 있으며, 이들 각각은 적당한 환경에서 새로운 퇴적물을 생성한다. 퇴적물 기원지 암석 중 화성암은 기원 암석으로서의 독특한 역할을 한다. 그 이유는 모든 퇴적물은 궁극적으로 화성암으로부터 유래되기 때문이다. 선캠브리아기 시대의 순상지에서 가장 오래된 암석은 화성암이며, 그 밖의 암석은 모두가 이들 화성암이나 또는 그 후의 화성암체에서 기원된 것이다. 따라서 풍화 환경에서 화성암 조암광물의 상대적 안정도를 살펴보는 것이 중요하다.

  화성암 지대가 장기간 풍화를 받고 그 풍화 물질이 그 위를 덮고 있을 경우에는 이들 풍화 물질의 광물 성분을 조사함으로써 조암광물의 상대적 안정도를 측정할 수 있다. 이들 잔류 물질 가운데 풍화대 상부의 구성 물질은 가장 오랜 동안 풍화작용을 받은 물질이며, 반면에 풍화대 가장 아래 부분은 풍화가 시작한 부분이다. 풍화작용이 진행되는 동안 지표에서 이들 잔류성 풍화 물질이 침식되지 않았다고 가정하면, 지표면의 높이는 물질이 용해되어 빠져나감으로써 점차 낮아지고 이와 동시에 기반암과 풍화 물질 간의 경계도 풍화작용이 진행됨에 따라 더 빠르게 지하로 낮아진다. 이와 같은 현상은 그림 2.5에 잘 나타나 있다.

  표토(表土) 물질의 최상부는 원래의 조암광물 중에서 지표 조건에서 가장 안정한 광물만으로 이루어지고, 반면에 최하부에는 기반암 중에서 가장 불안정한 광물들의 잔류물이 들어있다. 즉, 표토 물질의 상부에서 하부로 감에 따라 조암광물 중 가장 안정된 광물군에서 점차 불안정한 광물군의 증가 현상을 보게 된다. 풍화 환경에서 이러한 조암광물의 상대적 안정도는 여러 다른 토양층을 조사하여 조합해 볼 수 있다. Goldich(1938)는 이와 같은 방법을 통하여 풍화 환경에서 조암광물의 풍화 안정도 순서(stability series)를 그림 2.6과 같이 종합하였다. 이 그림에서 보면 풍화 조건에서 조암광물의 안정도 순서와 마그마로부터 정출(晶出)되는 조암광물의 생성 순서를 나타내는 Bowen의 반응계열 간의 유사성은 특이할 만하다. Goldich의 풍화 안정도 순서와 Bowen의 반응계열이 서로 일치한다는 것은 양적으로 보아 중요한 규산염 광물들은 이들 광물의 생성 환경과 풍화 환경의 차이가 크면 클수록 그 광물은 풍화 환경에서 덜 안정하다는 것을 나타낸다. 그러나 풍화 조건하의 안정도 순서에서 Bowen의 반응계열과는 달리 조암광물의 안정도는 하나의 광물이 안정도가 낮은 광물로 풍화해 간다는 것을 의미하지는 않는다. 즉, 같은 풍화 조건에서는 감람석(olivine)이 휘석

그림 2.5   시간에 따른 표토(regolith)의 발달 상태. 표토 물질의 제거가 일어나지 않는다고 할 때, 지표면은 점차 낮아지며, 기반암과 표토와의 경계는 더 빠른 비율로 낮아지게 된다.

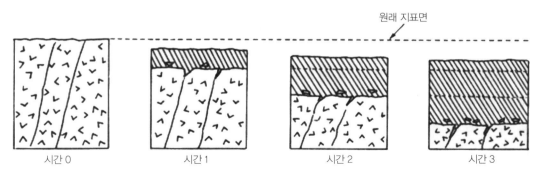

그림 2.6 풍화 조건에서 광물의 안정 계열(Goldich, 1938).

가장 불안정 : 감람석(olivine)

Ca 사장석(calcic plagioclase)

휘석(augite)

Ca-Na 사장석

각섬석(hornblende) Na-Ca 사장석

Na 사장석

흑운모(biotite)

K 장석

백운모

가장 안정 : 석영

(pyroxene)보다 먼저 풍화작용을 받아서 변질이 먼저 일어난다는 것을 가리키며, 감람석이 풍화작용을 받아서 휘석으로 변화한다는 것을 의미하지는 않는다.

광물의 풍화 안정도는 광물 내부의 원자의 결합력과 밀접한 관계가 있다(표 2.3). 석영은 결정 구조에 산소 원자 하나는 규소 원자 두 개와 매우 강하게 결합되어 있으므로 Si-O의 결합이 규산염의 구조에서 가장 강한 결합력을 가진다. Al의 원자량(26.9g)은 Si의 원자량(28g)과는 비슷하지만 Al-O 간의 결합은 길기 때문에 Si-O 간의 결합보다는 약하다. 또한 장석은 석영보다는 더 풍화에 약하며 장석 중에서도 Ca를 함유하는 사장석이 알칼리 장석보다는 풍화에 더 약하다. 즉, 규산염 결정의 Si/Al 비율을 살펴보면 광물의 풍화 안정도를 가늠해 볼 수 있듯이 Si/Al의 비율이 높을수록 풍화 조건에 더 안정하다.

이상의 광물 안정도는 암편(岩片)의 경우에도 역시 적용된다. 즉, 암편의 안정도는 암편을 구성하는 광물의 안정도에 따라 다르게 된다. 또한 암석의 조직도 안정도에 영향을 미친다. 동일한 조직을 갖는 암석이 있다고 할 때 석영이나 칼륨장석과 같이 주로 안정된 광물로 구성된 암석은 휘석(pyroxene)과 사장석처럼 불안정한 광물로 구성된 암석에 비해 풍화작용을 더디게 받는다. 이에 따라 중립질(中粒質)의 화강암은 중립질의 감람암보다는 풍화 조건에서 더 안정하다. 그러나 세립질의 치밀한 암석은 조립질의 치밀한 암석보다 투수성이 낮아서 풍화 용액이 잘 침투하지 못하기 때문에 조직에 따라서 풍화작용을 받는 정도의 관계가 바뀌기도 한다.

또한 여기의 풍화계열에는 나타나 있지 않지만 화산유리(obsidian)가 이 계열의 가장 불안정한 물질이다. 화산유리는 비록 광물은 아닌 비정질의 물질이지만 화성암의 일부로서 풍화작용을 가장 빠르게 받는다.

표 2.3 조암광물을 이루는 양이온과 산소와의 결합에 따른 상대적인 결합력(Nicholls, 1963)

결합	Si-O	Ti-O	Al-O	Fe^{3+}-O	Mg-O	Fe^{2+}-O	Mn-O	Ca-O	Na-O	K-O
상대적 강도	2.4	1.8	1.65	1.4	0.9	0.85	0.8	0.7	0.35	0.25

표 2.4 화성암과 이들로부터 유래되는 부수광물

규산질 화성암	인회석, 스핀, 흑운모, 저어콘, 각섬석, 자철석, 백운모, 전기석
염기성 화성암	휘석, 류코신, 인회석, 감람석, 하이퍼신, 금홍석, 일메나이트, 사문석, 자철석, 크롬철석
페그마타이트	석석(錫石), 전기석, 형석, 백운모, 황옥

　적당한 풍화 조건하에서는 풍화를 받는 기원암의 모든 구성 물질이 쇄설성 입자로 퇴적물을 공급하게 된다. 만약 여러분이 관찰한 퇴적물에 불안정한 광물이 상당량 들어있다면 이러한 불안정한 광물은 아마도 기원지에서 화학적 풍화작용의 정도가 약하여 이들이 풍화를 받지 않았거나 혹은 풍화작용이 활발히 일어나는 조건이라 할지라도 풍화작용에 노출된 시간이 충분치 않아서 보존되어 있는 경우일 것이다. 퇴적물 내에 쇄설성 입자로서 이러한 불안정한 광물이 있으면 기원암에 이러한 광물이 존재하였다는 것을 알 수 있으며, 이에 따라 기원암의 특성을 해석할 수 있다. 그러나 퇴적물이 안정한 광물 입자만으로 구성되어 있을 경우에는 다음 두 가지 해석이 가능해진다. 첫 번째 근원암이 안정된 광물로만 이루어졌기 때문에 풍화작용의 정도나 기간과는 관계없이 안정된 광물들만이 생성될 수 있는 경우이고, 두 번째는 근원암이 불안정한 광물들도 함유하고 있었으나 풍화작용의 정도나 기간이 이들 광물을 파괴하기에 충분하여 안정된 광물들로만 남아 있게 된 경우이다. 따라서 예를 들면 거의 석영 입자로만 이루어진 퇴적물은 이들이 이전의 석영으로만 이루어진 사암(砂岩)에서 풍화작용과는 상관없이 유래되었거나 혹은 화강암이 장기간에 걸친 활발한 풍화작용을 받아 석영 이외의 모든 장석과 운모, 그리고 함철 마그네슘 광물이 제거되어 형성되었다고 간주할 수 있다.

　화성암으로부터 직접 유래된 퇴적물에는 장석과 운모가 비교적 많이 들어있다. 그러나 역으로 퇴적물에 장석과 운모가 상당량 들어있을 경우 이것만으로 이 퇴적물이 화성암으로부터 유래되었다는 직접적인 증거가 될 수는 없다. 그 이유는 이 광물들이 변성작용을 받은 퇴적암에서도 유래되기 때문이다. 물론 이들 광물이 복합 광물의 상태로 화성암의 암편에 나타난다면 이는 화성암 기원이라는 중요한 단서가 된다. 화성암에서 직접 유래된 증거는 퇴적물 내에 함유되어 있는 소량의 부수광물(附隨鑛物, accessory mineral)로부터 추정할 수 있다. 이들 부수광물들은 거의 모든 화성암에 들어있으며, 풍화작용에 대해서 비교적 안정적이다. 더욱이 규산질 화성암과 염기성 화성암에 따라 이들 부수광물의 종류가 다르며, 페그마타이트도 구별이 가능하다(표 2.4).

2.2.3 광물의 안정상

지표상에서 조암광물의 안정도를 화학적 풍화의 개념으로 한 번 살펴보기로 하자. 지표의 화학적 풍화 조건하에서 조암광물과 풍화에 관여하는 물과의 관계는 SiO_2-MgO-Al_2O_3-(Na_2O, K_2O)-물의 계(system)로 요약해 볼 수 있으며, 이 계에서의 화학 반응은 석영과 장석과 같은 주요 광물들의 안정도에 큰 영향을 미친다. 한 예로 화강암에 많이 들어있는 정장석 중 미사장석(microcline)에 화학적 풍화의 제반 조건이 잘 갖추어져 풍화작용이 계속 진행되면 미사장석 ($KAlSi_3O_8$) → 백운모

[KAl$_3$Si$_3$O$_{10}$(OH)$_2$] → 카올리나이트(고령토)[Al$_2$Si$_2$O$_6$(OH)$_2$] → 깁사이트[Al(OH)$_3$]와 같은 순서로 풍화를 겪어간다. 그 결과로 이상의 각 광물들은 각 풍화작용의 단계에서 토양에 남아 있는 잔류 광물들을 형성하거나 지하수 및 표층수의 화학 성분의 변화를 일으킨다. 풍화작용의 진행에 따라 위에 언급한 광물들의 화학 반응을 식으로 나타내 보면 각각 다음과 같다.

우선 정장석의 가수분해작용은

$$3KAlSi_3O_8 + 2H^+ + 12H_2O → KAl_3Si_3O_{10}(OH)_2 + 6H_4SiO_4 + 2K^+ \qquad (1)$$
(미사장석)   (백운모)

이다. 이 반응의 생성물인 백운모(일라이트)는 한랭기후 조건에서는 다른 점토광물에 비해 비교적 안정적이지만 온대성 습윤기후에서는 불안정하여 카올리나이트로 변하게 된다. 즉,

$$2KAl_3Si_3O_{10}(OH)_2 + 2H^+ + 3H_2O → 3Al_2Si_2O_6(OH)_2 + 2K^+ \qquad (2)$$
(백운모)   (카올리나이트)

이 카올리나이트 역시 열대성 습윤기후에서는 다시 풍화가 더 진행되어 깁사이트(gibbsite)를 형성한다. 즉,

$$Al_2Si_2O_6(OH)_2 + 5H_2O → 2Al(OH)_3 + 2H_4SiO_4 \qquad (3)$$
(카올리나이트)   (깁사이트)

그러나 위와 같은 순차적인 반응들 외에 다음과 같이 정장석이 백운모를 거치지 않고 카올리나이트로 바로 변질되거나 백운모가 카올리나이트를 거치지 않고 깁사이트로 바로 변화하는 반응이 일어나기도 한다.

$$2KAlSi_3O_8 + 2H^+ + 9H_2O → Al_2Si_2O_6(OH)_2 + 2K^+ + 4H_4SiO_4 \qquad (4)$$
(미사장석)   (카올리나이트)

$$KAl_3Si_3O_{10}(OH)_2 + H^+ + 9H_2O → 3Al(OH)_3 + 2K^+ + 3H_4SiO_4 \qquad (5)$$
(백운모)   (깁사이트)

이상의 각 반응식으로부터 각 광물들의 안정 영역을 알아보기 위하여 표준 자유에너지(standard free energy, ΔG_f^0)를 이용해 평형상수 K를 구해 보면 표 2.5와 같다.

우선 반응 (1)의 경우를 살펴보면(백운모의 ΔG_f^0가 -1335.3 kcal/mole일 때)[이하에서는 이 단위는 생략하기로 한다.],

$$\Delta G_f^0 = \Sigma \Delta G_f^0(생성물) - \Sigma \Delta G_f^0(반응물)$$
$$= -3345.60 + 3358.74 = 13.14$$

참고로 $\Delta G_f^0 = -RT \ln K (= -2.303 RT \log K)$이며, 25°C에서는 $\Delta G_f^0 = -1.364 \log K$가 된다. 여기서 R은 이상기체 상수($R = 8.3145$ J/mole·K; 1J $= 2.39 \times 10^{-4}$ kcal)이다.

표 2.5 물질상(phase)의 표준 자유에너지

상	ΔG_f^0(kcal/mole)	상	ΔG_f^0(kcal/mole)
미사장석	-892.82 ± 0.97	H_4SiO_4	-312.56 ± 0.41
백운모	-1335.30 ± 1.37	H_2O	-56.69
	-1331.40	K^+	-67.47
카올리나이트	-903.43 ± 0.96	H^+	0
깁사이트	-274.16 ± 0.32		

$$\log K = \frac{-\Delta G_f^0}{2.303RT}$$

$$\log K_{\text{미사장석-백운모}} = \frac{-13.24}{2.304 \times 0.001987 \times 298} = -9.64$$

$$K_{\text{미사장석-백운모}} = \frac{a_{K^+}^2 \cdot a_{H_4SiO_4}^6}{a_{H^+}^2} = 10^{-9.64}$$

$$\log \frac{a_{K^+}}{a_{H^+}} = -3 \log a_{H_4SiO_4} - 4.82 \tag{6}$$

혹은 백운모의 ΔG_f^0 값이 -1331.4일 때

$$K_{\text{미사장석-백운모}} = \frac{a_{K^+}^6 \cdot a_{H_4SiO_4}^6}{a_{H^+}^2} = 10^{-12.50}$$

$$\log \frac{a_{K^+}}{a_{H^+}} = -3 \log a_{H_4SiO_4} - 6.25 \tag{7}$$

같은 방법으로 식 (2)의 경우(백운모의 ΔG_f^0가 -1335.3일 때)

$$K_{\text{백운모-카올리나이트}} = \frac{a_{K^+}}{a_{H^+}} = 10^{3.34}$$

$$\log \frac{a_{K^+}}{a_{H^+}} = 1.67 \tag{8}$$

혹은 백운모의 ΔG_f^0 값이 -1331.4일 때

$$K_{\text{백운모-카올리나이트}} = \frac{a_{K^+}^2}{a_{H^+}^2} = 10^{9.06}$$

$$\log \frac{a_{K^+}}{a_{H^+}} = 4.53 \tag{9}$$

식 (3)의 경우

$$K_{\text{카올리나이트-깁사이트}} = a_{H_4SiO_4} = 10^{-9.86}$$

$$\log a_{H_4SiO_4} = -4.93 \tag{10}$$

식 (4)의 경우

$$K_{미사장석-카올리나이트} = \frac{a_{K^+} a^2_{H_4SiO_4}}{a_{H^+}} = 10^{-5.31}$$

$$\log \frac{a_{K^+}}{a_{H^+}} = -2 \log a_{H_4SiO_4} - 2.66 \tag{11}$$

식 (5)의 경우(백운모의 ΔG_f^0값이 -1335.3일 때)

$$K_{백운모-깁사이트} = \frac{a_{K^+} a^3_{H_4SiO_4}}{a_{H^+}} = 10^{-13.11}$$

$$\log \frac{a_{K^+}}{a_{H^+}} = -3 \log a_{H_4SiO_4} - 13.11 \tag{12}$$

혹은 백운모의 ΔG_f^0 값이 -1331.4일 때

$$K_{백운모-깁사이트} = \frac{a_{K^+} a^3_{H_4SiO_4}}{a_{H^+}} = 10^{-10.25}$$

$$\log \frac{a_{K^+}}{a_{H^+}} = -3 \log a_{H_4SiO_4} - 10.25 \tag{13}$$

위의 식 (6)~(13)의 $\log \frac{a_{K^+}}{a_{H^+}}$ 와 $\log a_{H_4SiO_4}$ 사이의 관계를 그래프로 나타내어 각 상들의 안정 영역을 알아보면 그림 2.7과 같다. 이 안정영역의 다이어그램은 상온 25℃에서 그려진 것이다. 그러나 풍화작용은 관여한 온도(따라서 기후)에도 영향을 받는다고 한다면 이 또한 고려해야 한다. 그런데 온도의 변화는 이 활성도 다이어그램의 전체적인 모양에는 영향을 미치지 않는 것으로 나타난다. 온도가 변화를 하면 함수광물의 경우 그 안정 영역은 이 그림의 왼쪽 하부 쪽으로 조금 수축을 하는 정도로 나타나며, 이 그림에 나타난 안정 영역의 그 어떤 것도 온도 범위가 0℃에서 50℃까지는 사라지거나 소멸이 되지 않는다. 이에 따라 그림 2.7에 나타난 그림은 화학적 풍화가 일어나는 모든 조건에서 적용된다고 할 수 있다. 풍화작용에서 온도의 역할은 온도가 상승을 하면 화학 반응의 속도가 빨라지는데 이렇게 반응 속도가 빠르게 되면 화학적 풍화는 온대지방이나 한대지방보다는 뜨거운 지방에서 훨씬 빠르게 진행될 것이다.

이렇게 볼 때 온도는 풍화의 속도에 일차적으로 영향을 주지만 평형 열역학적인 관점에서나 화학 반응의 관점에서 볼 때 풍화작용의 정성적인 특성은 크게 변화하지 않는다. 즉, 풍화를 받는 동일한 모암에서는 동일한 풍화의 산물이 생성될 것이지만 이차적으로 풍화작용 동안 생성된 물질의 양이나 이들이 풍화작용으로 생성되는 속도는 온도, 즉 기후에 영향을 받을 것이다.

2.2.4 풍화작용 동안 새롭생성된 물질

지금까지는 모암에 들어있는 정장석이 풍화작용을 받아 백운모(일라이트), 카올리나이트와 깁사이트가 생성되는 경우를 살펴보았다. 그러나 화학적 풍화작용이 진행되는 동안에는 이 밖에도 많은 종류의 새로운 물질이 생성되어 퇴적물에 공급된다. 특히 이렇게 새롭게 생성된 물질은 세립질 퇴

그림 2.7 25°C, 1 기압하에서 K₂O−SiO₂−Al₂O₃−H₂O계의 광물안정 영역(Blatt et al., 1980).

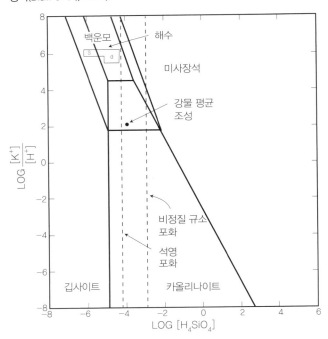

적물과 화학적으로 침전되는 퇴적물에 대하여 큰 영향을 미친다. 일반적으로 이들 새롭게 생성되는 물질은 기원암의 특징보다는 풍화 환경의 조건에 따라 더 영향을 받는다. 물론 기원암의 화학 성분은 이들 물질의 상대적 비율을 조절하기도 한다. 풍화작용 기간에 생성된 물질은 점토광물, 철의 산화물과 수화물, 그리고 용액으로 빠져나가는 물질로 구분할 수 있다. 토양학자들은 토양이 생성되는 당시의 기후와 기반암의 종류에 의하여 토양의 종류와 조성이 달라진다는 것을 밝혀왔다. 세계 여러 지역을 조사한 바에 의하면 토양은 토양에 함유된 점토광물의 종

류에 따라 분류되며, 이 점토광물의 종류는 기후대와 밀접한 관련이 있는 것으로 알려지고 있다.

표 2.6은 점토광물과 그와 관련된 잔류 광물에 대해 종합해 놓은 표이다. 풍화작용이 진행되는 동안 모암에서 용액으로 빠져나가는 물질은 대부분이 나트륨과 칼륨의 알칼리 원소 그리고 칼슘과 마그네슘의 알칼리토류 금속이다. 일반적으로 나트륨은 칼륨에 비해 더 쉽게 용탈된다. 또한 칼슘이 마그네슘보다 더 빨리 용액으로 빠져나가기 때문에 풍화 과정에서 생성되는 점토광물에는 마그네슘이 많이 함유되어 있다. 산화 상태의 철은 거의 녹지 않기 때문에 아주 강한 환원조건하에서만 상당량의 철이 용액으로 빠져나가게 된다. 풍화작용 중에 유래된 알루미늄의 대부분은 풍화대의 점토광물에 붙잡혀 있게 된다. 석영은 거의 불용성(不溶性)이지만 규산염 광물이 부서지게 되면 많은 이산화규소(실리카)가 유리되고 용해된 실리카는 그 장소로부터 제거된다. 이는 장석이 풍화를 받아 깁사이트 광물로 바뀌어 가는 것으로 보아 실리카의 제거가 일어났음을 알 수 있다. 이때 실리카의 제거는 수화(水化)된 콜로이드나 용해도가 높은 알칼리 규산염을 이루며 빠져나가게 된다.

(1) 점토광물

점토광물이 생성되는 가장 중요한 장소는 기반암과 미고결 퇴적물 위에 형성된 풍화대와 토양층이다. 토양은 물리화학적인 작용과 생물학적인 작용에 의하여 생성되는데, 수직적으로 독특한 층준을 이루며 발달한다. 일반적으로 토양은 위로부터 A, B, C라는 3개의 층으로 구성되어 있다. A층은 토양의 최상부층으로 이곳에 있는 풍화 물질들이 하부에 있는 B층으로 빠져나간 층이다. A층에서 B층으로 물질이 빠져나가는 과정에서 점토광물, 콜로이드상 유기물과 용액에 녹은 이온들이 빠

표 2.6   점토광물과 이에 관련된 잔류 광물

특징	깁사이트	카올리나이트	스멕타이트	일라이트	녹니석	철광물
구조	Al–O–OH 팔면체	1 : 1 층상	2 : 1 층상	2 : 1 층상	2 : 1 층상	Fe–O–OH
층간 양이온	없음	없음	Ca, Na, H_2O	K	$(FeMg)_3(OH)_6$	없음
양이온 교환 능력(CEC)	없음	약간	많음	중간	없음	없음
팽창성	없음	없음	큼	거의 없음	없음	없음
토양 내 산출 (상태)	산성의 심하게 용탈된 토양	산성의 용탈된 토양	알칼리성 토양 (염기성, 중성의 암석)	알칼리성 토양(실리카질과 알칼리성암)	다양한 분포	다양함. 대부분 토양 내 분포
현생 퇴적물에서의 산출	드묾	흔함	흔함	많음	흔함	약간
고기 퇴적물에서의 산출	드묾	흔함	흔함	많음, 주성분임	흔함	소량, 또는 철분질 퇴적물에서는 주성분임

져나간다. B층은 A층에서 내려온 풍화 물질들이 쌓여 누적되는 층으로 이 층에는 점토의 함량이 높으며 철과 망간의 수화물과 탄산염 광물이 침전을 한다. C층은 부분적으로 일부 변질을 받은 기반암이나 미고결 퇴적물이 존재하는 층이다. 토양층의 두께, 토양층의 발달과 토양의 구성 물질은 주로 기후, 토양 기원 물질, 지형, 식생과 풍화가 진행된 시간 등에 의하여 지배를 받지만 이들은 매우 다양하게 산출을 한다.

실제로 퇴적물에서 산출되는 거의 모든 점토광물들은 토양층에서 토양화작용을 거쳐 생성된다고 할 수 있다. 이 토양층에서 점토광물들은 (1) 장석과 운모와 같은 규산염 광물들이 변질되거나 교대작용을 받아, (2) 쇄설성의 점토광물이 변환작용을 받아 생성되거나, 또는 (3) 새롭게 생성된다고 할 수 있다. 토양층에서는 토양수의 용탈 정도와 pH-Eh의 정도에 따라서 물론 이 두 변수는 다시 주로 기후에 의해서 영향을 받지만, 점토광물의 생성과 안정도는 영향을 받는다. 또한 기반암의 특성과 조성도 생성되는 점토광물의 종류에 중요하게 작용을 한다.

토양층에서 생성되는 점토광물은 스멕타이트(smectite, 화학 조성이 아주 다양함), 일라이트[illite, $(K,H_3O)(Al,Mg,Fe)_2(Si,Al)_4O_{10}[(OH)_2,(H_2O)]$, 카올리나이트(kaolinite)와 깁사이트(gibbsite)가 있는데, 풍화 환경과 관련된 사항은 이 장에서 다루고 광물학적인 특성에 대하여는 제7장에서 더 자세하게 다루기로 한다. 이 밖에도 토양에서 흔히 산출되는 점토광물은 주로 흑운모의 풍화 산물로 생성되는 질석[vermiculite, $(Mg,Fe,Al)_3(Al,Si)_4O_{10}(OH)_2 \cdot 4H_2O$]이 있으며, 비교적 드문 점토광물인 세피올라이트[sepiolite, $Mg_4Si_6O_{15}(OH)_2 \cdot 6H_2O$]와 attapulgite/palygoskite[$(Mg,Al)_2Si_4O_{10}(OH) \cdot 4H_2O$]는 Mg^{2+}을 많이 함유하는 층상 규산염 광물로서 건조한 기

후에서 고염분의 호수 등 공극수에 Mg^{2+}이 많이 함유되는 특별한 경우에 생성된다. 이 광물들은 또한 화산활동과 관련된 현생의 해양 머드 퇴적물에서도 소량으로 존재한다는 보고도 있다.

　온대 지방의 대부분의 토양에서와 같이 용탈의 정도가 제한적으로 일어나는 곳에서는 일라이트가 주로 생성된다. 녹니석도 역시 용탈작용이 어느 정도 일어나는 온대지방의 토양에서 생성되지만 이들은 쉽게 산화가 일어나기 때문에 산성의 토양에서만 산출을 한다. 녹니석은 또한 화학적 풍화작용이 잘 일어나지 않는 고위도 지방이나 저위도 지방의 건조한 기후대 토양에서도 생성된다. 스멕타이트는 용탈작용이 어느 정도 일어나고 화학적 풍화작용도 어느 정도 작용을 하는 조건에서 생성이 되는데 대체로 이들은 배수가 잘 되고 중성의 pH를 가지는 온대지방의 토양에서나 알칼리성의 토양수를 가지는 배수가 잘 안 되는 토양과 건조한 지대의 토양에서 주로 생성된다. 혼합층 점토는 주로 기존의 일라이트나 운모가 용탈작용을 받아 생성된다. 카올리나이트와 할로이사이트는 용탈작용이 심하게 일어나는 산성의 열대지대 토양에 특징적으로 생성되는 점토광물이다. 카올리나이트로 이루어진 토양에 용탈작용이 더 일어나게 되면 토양으로부터 실리카가 빠져나가 깁사이트와 보크사이트(그림 2.8)를 형성하는 알루미늄 수화물이 생성된다. 습윤한 열대지대의 철이 많은 토양인 라테라이트나 철 노듈들도 화학적 풍화작용을 심하게 받아 생성된 것이다. 이들 토양은 수화된 철산화물과 카올리나이트로 이루어져 있다.

(2) 철산화물과 함수산화물

철산화물과 함수산화물은 풍화작용에 의해 생성되는 두 번째로 중요한 물질이다. 함철마그네슘 광물은 산화작용과 수화작용에 의해 적철석(Fe_2O_3)과 갈철석[limonite, $FeO(OH) \cdot nH_2O$]을 가장 많이 형성하는데, 이들 광물도 역시 점토 크기의 입자를 이루기 때문에 감정이 어려운 편이다. 적철석은 건조 기후대 풍화작용의 대표적인 산물이며, 갈철석이나 적철석과 갈철석의 혼합물은 습윤한 기후에 더 많이 나타나는 풍화 산물이다. 여기서 갈철석이란 여러 가지 서로 다른 광물의 혼합물이거나 비정질(非晶質) 물질의 혼합물을 가리키는 일반적인 용어이다. $FeO \cdot OH$의 서로 다른 결정구조를 갖는 광물인 침철석(goethite)과 인철광(lepidocrocite)으로 나타나기도 한다. 이 두 종류의 광

그림 2.8　캠브리아기–오르도비스기의 오피올라이트층이 쥐라기 해침이 일어나기 전에 노출되어 풍화를 받아 생성된 보크사이트로 흑갈색의 작은 쥐눈콩 크기의 피소이드(pisoid) 형태를 띤다. 터키 남서부 Beysehir 지역.

물과 비정질 물질 외에도 갈철석에는 흡착수, 콜로이드질 실리카, 점토광물과 유기물의 부식물 등이 들어있다. 용탈작용이 극심하게 일어나는 경우에는 잔류물로 수산화알루미늄인 보오크사이트(bauxite)처럼 순수한 철산화물만 발달하게 된다.

2.2.5 풍화작용과 퇴적물의 조성

기온이 낮은 사막 지대와 극지방의 기후대에서는 물리적 풍화작용이 주로 일어난다. 빙하의 하부에서는 화학적 풍화작용이 거의 일어나지 않는다. 극지방의 사막 지대에서는 매우 미약한 화학적 풍화작용이 일어나는데, 이곳의 토양은 질석, 스멕타이트, 철산화물(Fe-oxides)과 나트륨염(Na-salt)이 빙하말단 퇴적물인 빙퇴석(moraine)에 발달하는 것이 보고되었다.

열대 지방이나 온대 기후대의 토양은 기반암에서부터 상부에 놓인 토양층으로 가면서 일차 규산염 광물이 풍화 잔류산물인 점토로 변질되어 가는 것이 관찰되며, 여기에 다소의 석영, 장석, 운모, 감람석, 각섬석, 그리고 산화물이 들어있다. 화학적 풍화가 심하게 일어나는 곳에서는 모든 장석과 염기성 규산염 광물은 주로 카올리나이트로 이루어진 점토와 용해물질(solute)로 변질이 일어나며 석영은 용해가 일어난다. 이에 따라 장석과 염기성 규산염 광물과 석영에 들어있는 양이온과 함께 원 암석의 상당한 양이 용해로 제거된다.

이상과 같은 점으로 미루어 볼 때 점차 온도가 올라가고 습해지는 기후대로 갈수록 화학적 풍화작용의 정도가 증가하면서 결과적으로 심하게 풍화작용을 받은 토양이 생성된다는 것을 알 수 있다. 이렇게 된다면 토양의 광물 조성은 토양으로부터 침식되어 퇴적물로 바뀌는 모래와 점토의 광물 조성과 비슷하게 될 것으로 예상할 수 있다. 즉, 토양의 조성이 여러 다른 기후대에서 생성되는 퇴적물의 조성을 가늠해 보는 지시자 역할을 할 수 있다. 화학적 풍화작용의 정도는 기온과 강수량에 따라 지수적으로 증가하는 것으로 알려지고 있다. 이에 따라 화학적 풍화작용이 일어나는 정도는 따뜻하고 건조한 기후대에서는 따뜻하고 습한 기후대 지역에 비하여 훨씬 느리다고 할 수 있다. 열대 지방의 따뜻하고 습한 기후대에서는 일 년 내내 화학적 풍화가 일어나고 있지만 온대 지방에서는 화학적 풍화가 비교적 따뜻한 계절에 많이 일어나고 추운 계절에는 아주 더디게 일어난다.

광물과 용액 사이의 반응에서 겉보기의 활성화 에너지는 약 15 kcal/mole로서 온도로 0도에서 25도 사이에서는 반응속도가 약 10배 정도 빠르게 일어난다. 또한 25도에서 50도 사이의 온도에서도 역시 반응 속도가 약 10배 정도 차이가 나기 때문에(Lasaga, 1995) 빙하 기후대에서 열대 기후대 사이에는 온도의 차이가 0도에서 30도 이상의 차이가 나기 때문에 광물의 용해 속도는 약 10배 이상이 날 것으로 여겨진다.

퇴적물 조성과 관련해서는 퇴적물을 공급하는 기원지의 조구조 환경과 침식이 일어나기 이전의 기원지 암석이 풍화작용을 받는 시간을 고려하여야 한다. 같은 기후대라 할지라도 높은 지형적인 구배와 비교적 급한 하천의 경사를 가지는 조구조 환경에서는 안정된 강괴(craton)와 오래된 조산 지대와 같이 낮은 지형의 구배를 가지는 조구조 환경에 비하여 성숙도가 낮은 퇴적물이 공급된다. 여기서 퇴적물의 성숙도가 낮다는 것은 퇴적물의 조성에 석영 이외의 다양한 조암광물이 들어있다는 것을 가리킨다. 즉, 지형이 가파른 곳에서는 풍화작용의 기간이 짧아 화학적 풍화가 덜 일어난 반면, 지형이 완만한 곳에서는 장기간 풍화작용을 받아, 즉 심한 화학적 풍화작용을 받기 때문에 석영이 풍부한 성숙한 퇴적물을 생성한다. 모든 퇴적물은 기원지로부터 최종 퇴적 장소까지 운반되는 동안 중간 퇴적 장소에 일시적으로 퇴적이 일어나는데, 이곳에서 화학적 풍화작용이 또 일어나 퇴적물의 성숙도는 점차 증가한다. 이렇게 또 중간 퇴적 장소에서 변질을 받은 퇴적물이 침식과 운반작용을 받아 재동이 일어나면 광물학적으로 또 화학적으로 더 성숙된 퇴적물이 하류지역에 나타날 것이다.

기원암의 풍화의 정도를 알아보는 것에 대하여 Nesbitt과 Young(1982)은 화학적 풍화작용의 정도를 나타내는 다음과 같은 화학적 풍화 변질지수(Chemical Index of Alteration : CIA)를 고안하였다.

$$CIA = [Al_2O_3/(Al_2O_3 + CaO^* + Na_2O + K_2O)] \times 100$$

여기서 CaO^*는 규산염 광물에 들어있는 CaO를 가리킨다. 이 CIA 값은 각 원소의 몰비를 이용하여 계산한다. 풍화를 받지 않은 신선한 결정질 암석은 CIA 값이 약 50을 나타내며 일반적인 셰일은 CIA 값이 70~75 사이를 나타낸다. 풍화작용을 심하게 받은 풍화물은 CIA 값이 100을 나타내며, 이 경우 이 풍화물의 화학 조성은 Al_2O_3로만 구성되어 있음을 알 수 있다. 이러한 풍화물은 주로 카올리나이트(고령토), 보오크사이트로만 이루어져 있다. 이 화학적 풍화 변질지수의 계산식에서 보는 것과 같이 이 지수는 궁극적으로 CaO, Na_2O와 K_2O의 함량 변화를 기준으로 하기 때문에 이러한 원소들이 들어있는 장석의 풍화지수를 나타낸다고 할 수 있다.

풍화를 받은 기원암의 풍화 단면은 $A(Al_2O_3) - CN(CaO^* + Na_2O) - K(K_2O)$의 다이어그램(그림 2.9)을 이용하여 알아볼 수 있다. 풍화를 받지 않은 신선한 결정질 암석의 조성은 이 다이어그램에서 사장석과 K-장석을 연결하는 장석 연결선(feldspar join) 가까이 찍힌다. 이러한 조성은 이 암석에서 장석이 가장 Al을 많이 함유하는 광물임을 가리킨다. 점차 풍화를 받은 단면의 시료들은 장석에 비하여 새로 생성된 점토광물의 비중이 높아져 감에 따라 이 다이어그램의 윗쪽에 찍히게 된다. 화학적 풍화가 많이 일어난 풍화 단면의 최상부에 해당하는 풍화 물질들은 대체로 CIA 값이 95 이상으로 A-CN-K 다이어그램의 A 꼭짓점 가까이에 찍히는데, 이는 이 물질에서 장석은 거의 없고 Al을 주성분으로 하는 점토광물로만 이루어졌다는 것을 가리킨다. 기원암(예 : 그림 2.9의 ★표)으로부터 풍화 단면을 따라 토양층의 조성을 표시하여 보면 토양층 상부로 갈수록 풍화 단면의 물질들은 그림 2.9에서 보는 것처럼 그 조성이 A-CN의 축을 따라 비교적 평행하게 바뀌다가 그 조성이 점차 A-K의 축에 가까이 가면 다시 A-K 축을 따라 A 꼭짓점 쪽으로 진행한다. 이와 같이 풍화 물질의 조성이 A-K 축에서 변곡이 일어나는 것은 이 풍화 물질에는 Ca와 Na를 가지는 사장석이 용탈되어 거의 없다는 것을 의미하고 A-K 축을 따라 조성이 변한다는 것은 풍화가 이제는 남아있는 K-장석에서 일어난다는 것을 가리킨다(Nesbitt and Young, 1984). 만약 가장 풍화를 심하게 받은 풍화 단면이 침식을 받아 퇴적물을 공급한다면 Al이 풍부한 머드 퇴적물이 생성되는데, 이 머드 퇴적물의 화학 조성과 광물 조성은 기원지 풍화 단면의 전체(토양층 전체)가 침식을 받아 공급되는 퇴적물과는 아주 다를 것이다.

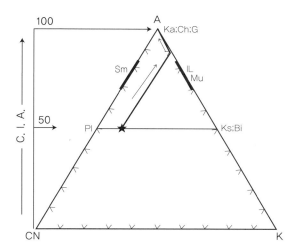

그림 2.9 Nesbitt과 Young(1982)이 제안한 A(Al₂O₃)-CN(CaO*+Na₂O)-K(K₂O) 다이어그램으로 풍화를 받은 결정질 기원암의 화학 조성의 변화를 나타낸다. 여기서 CaO*는 규산염 광물에 들어있는 CaO의 함량을 가리킨다. 풍화를 받지 않은 결정질 기원암은 사장석(P)과 정장석(Ks)을 연결한 선 근처에 이 둘의 비율에 따라 위치하며(예 : 가상의 기반암 조성-★표), 풍화가 진행되면서 풍화의 진행 방향은 기원암의 조성으로부터 A-CN 축선과 거의 평행하게 화살표 방향으로 진행을 하다가 A-K 축선과 만나면 A 꼭짓점으로 진행을 한다. C.I.A.(Chemical Index of Alteration의 약자)는 화학적 풍화 변질지수로 ~50-100 사이의 범위를 가진다. 영어 약자는 광물을 지시하는 것으로 Ka : 카올리나이트, Ch : 녹니석, G : 깁사이트, Sm : 스멕타이트, IL : 일라이트, Mu : 백운모, Bi : 흑운모를 가리킨다.

　풍화 단면이 침식되고 하천을 따라 운반되는 동안 입자의 크기에 따라 수력학적인 분급작용이 일어나면서 모래와 머드 퇴적물로 구분이 된다. 이때 이들 모래와 머드 퇴적물의 조성은 침식을 받은 풍화 단면의 광물 조성에 따라 다르게 된다. 호주에 분포하는 화강섬록암의 풍화 단면에서 조사(Nesbitt and Markovics, 1997)된 풍화 물질의 석영-사장석-K-장석(Q-P-K) 비율 변화는 그림 2.10에 나타나 있다. 이 그림에서 보면 장석이 선별적으로 풍화를 받았으며 석영은 잔류물로 남아 있다는 것을 나타낸다. 이들 풍화 물질의 조성은 Q-P 축에 거의 평행하게 나타난다. 이 그림에서는 원래 화강섬록암은 사장석과 K-장석의 비율이 6:1로 들어있었는데, 풍화 단면을 따라서는 점차 사장석과 K-장석의 비율이 바뀌어 가는 것을 볼 수 있다. 만약 풍화 단면의 상부가 침식이 일어나고 분급작용이 일어난다면 이로부터 유래된 모래 퇴적물은 풍화 단면의 다른 곳에서 침식된 퇴적물과

그림 2.10 호주 남동부에 분포하는 후기 고생대 투롱고 화강석록암의 풍화 과정을 나타내는 다이어그램으로 (A)는 A-CN-K 도표, (B)는 석영(Qz)-사장석(Pl)-정장석(Ks) 삼각도표, (C)는 석영(Qz)-장석(F)-암편(RF) 삼각도표. (A)와 (B)의 도표에는 풍화가 진행되는 과정이 화살표로 표시되어 있다(Nesbitt and Markovics, 1997).

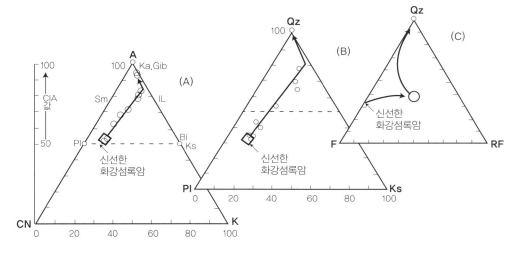

다른 광물 조성을 가질 것이다. 이렇게 볼 때 풍화 단면에서 유래된 모래 퇴적물의 조성은 기원지의 풍화 단면이 어느 정도 풍화가 일어난 단면이었는가와 풍화 단면의 어느 위치에서 퇴적물이 유래가 되었는가에 따라 달라진다는 것을 알 수 있다. 심한 화학적 풍화작용이 일어나면 일차적인 조암광물은 파괴가 되고 세립질의 이차적인 광물이 생성된다. 예를 들어 보면, 신선한 화강섬록암은 석영과 장석이 82%를 차지하지만 상대적으로 풍화가 잘 일어난 위치에서는 석영과 장석이 46%, 가장 많은 풍화를 받은 위치에서는 석영과 장석이 21% 정도가 되는 것으로 관찰된다. 만약 석영과 장석이 약 46%인 풍화층준이 침식을 받아 하천에서 운반되는 동안 분급이 일어난다면 약 50%의 장석질 모래와 50%의 머드 퇴적물을 형성할 것이다. 이때 머드 퇴적물은 카올리나이트, 일라이트와 질석으로 이루어졌을 것이다. 만약 가장 많은 풍화를 받은 층준이 침식된다면 약 20%의 석영질 모래와 약 80%의 머드 퇴적물이 생성될 것이다. 이러한 퇴적물 조성의 변화는 화학적 풍화만으로도 일어나는 결과이며 분급작용은 단지 모래와 머드 입자의 크기로만 분리시키는 역할을 한다. 물론 마모작용과 그 밖의 다른 작용이 하성 환경과 해양 환경에서 일어나겠지만 이러한 작용들은 석영질 모래와 알루미늄이 풍부한 머드를 생성하는 데 필요하지 않다. 그렇지만 퇴적물들이 하성 환경이나 해빈(beach)과 사구(dune)의 환경에 머물러 있는 동안에도 계속적인 풍화작용이 일어나기 때문에 이로 인하여 퇴적물에 들어있는 장석과 염기성 광물이 파괴되어 석영질 모래와 알루미늄이 풍부한 머드 퇴적물을 생성하는 데 일조를 하기도 한다.

  화학적 풍화작용이 심하게 일어나고 이렇게 하여 만들어진 풍화 단면에 침식이 일어나고 하성 환경에서 운반이 되는 동안 분급작용이 일어나 모래와 머드 입자를 분리시켜 놓으면 기반암으로부터 바로 처음 생성된 일차적인 성인(first cycle)의 석영질 모래가 생성될 수 있다는 보고가 있다. 이러한 의견은 석영사암을 생성하는 데 여러 번에 걸친 퇴적 순환이 꼭 필요한 것은 아니라는 것이다. 즉, 원래 기반암에 들어있는 모든 장석과 염기성 광물들이 점토광물과 산수산화물(oxyhydroxides)로 되어 궁극적으로 점토 퇴적물에 쌓이게 된다. 따라서 심하게 풍화를 받은 지대의 대부분 기원지 정보는 모래 퇴적물보다는 점토 퇴적물에서 찾을 수 있다. 기원지에 있는 많은 종류의 원소들이 머드 퇴적물에 보존되어 있겠지만 머드 퇴적물의 전반적인 화학 조성을 이해하기 위해서나 기원지를 정확히 해석하기 위해서는 풍화작용의 영향을 잘 이해하여야 한다.

  풍화 단면에서는 물질의 자리이동(translocation)이 중요한 물리적 작용으로 나타난다. 이러한 자리이동으로 용탈이 일어나는 토양층준인 A층으로부터 세립의 점토광물들이 빠져나와 토양 단면의 깊은 곳에 있는 덜 풍화를 받은 층준인 B층으로 이동하여 쌓인다. 심하게 풍화를 받은 층준으로부터 유래된 모래 퇴적물은 주로 석영으로만 이루어진다. 심하게 풍화를 받은 층준에는 K-장석은 풍화의 정도에 따라 있을 수도 있고 없을 수도 있다. 하지만 사장석은 거의 나타나지 않는다. 그러나 비교적 덜 심하게 풍화작용을 받은 층준으로부터 유래된 모래 퇴적물은 기원지 암석에 있는 광물 조성을 비교적 잘 반영한다. 후자의 경우에 석영-사장석-정장석(Q-P-K)의 조성 공간에서 모래 퇴적물의 조성 변화는 기원지 암석이 심성암이나 변성암과 같은 결정질 암석일 경우 기원지 암석의 조성을 가리키는 좋은 지시자가 될 수 있다.

　퇴적물 조성을 연구하는 데 석영-장석-암편(Q-F-R) 삼각도표가 모래 퇴적물을 분류하고 기원지를 해석하기 위하여 이용되고 있지만 같은 풍화 단면에서 유래된 퇴적물일지라도 다른 풍화층준에서 유래가 된 모래 퇴적물은 이 삼각도표에서 다른 위치를 나타낼 수 있다. 이에 따라 풍화의 영향을 고려하지 않고 Q-F-R의 분류를 따른다면 기원지의 조성을 애매하게 해석할 수 있다. 이런 점에서 본다면 Q-P-K 삼각도표에서의 조성 변화 양상이 기원지 암석의 조성을 더 잘 반영한다고 할 수 있다.

　좁은 의미의 화강암은 석영, 사장석과 정장석이 거의 비슷한 비율로 이루어져 있다. 화학적 풍화는 사장석에 선택적으로 영향을 미치지만 정장석에는 좀더 적은 영향이, 그리고 석영은 가장 영향을 덜 받을 것이다. 장석의 풍화 산물은 점토광물로서 세립질이며, 머드로서 퇴적이 일어난다. 이렇게 되면 화강암의 화학적 풍화작용의 결과로 남는 모래에는 점차 장석의 함량이 줄어들 것이며, 이 중에서도 특히 사장석의 함량이 두드러질 것이다. 이보다 더 중요한 것은 장석의 함량 감소가 풍화작용이 점점 진행될수록 더욱 두드러진다는 점이다. 이렇게 되면 풍화작용을 받고 남은 모래는 기원지 암석의 조성과는 점점 멀어질 것이다. 이에 따라 기원지에서 기원암에 화학적 풍화가 상당히 영향을 미쳤다면 모래와 사암은 기원지의 특성을 잘 반영하지 않을 것이다. 전체 질량 평형의 법칙에서 본다면 상부 지각의 약 60~70%가 장석으로 이루어졌다는 점을 감안한다면 이들 장석이 풍화를 받아 생성된 점토광물 등이 퇴적물로 쌓인 셰일이 퇴적물 전체 기록의 약 60%를 차지한다는 것을 이해할 수 있다. 배후지(hinterland)에서 잘 발달된 풍화 단면이 존재하여 이곳으로부터 유래되는 모래 퇴적물은 매우 석영질일 것이다. 이에 따라 모래 퇴적물보다는 머드 퇴적물이 기원지에 대한 화학적인 정보를 더 잘 보존하고 있을 것으로 여겨져 머드 퇴적물이 기원지의 더 좋은 지시자가 될 수 있다. 머드 퇴적물의 주요 원소 조성은 화학적 풍화의 정도를 나타내는 좋은 정보를 제공하고 간접적으로는 기원지의 조구조 작용에 대한 정보를 제공한다. 여기서 조구조 작용은 배후지에서의 풍화와 침식의 균형관계를 나타낸다. 또한 흔적 원소들은 기원지 조성의 대리자로 이용되기도 한다.

　작은 이온 반경과 높은 원자가(보통 +4)를 가지는 고장력 원소[high field strength elements; Ti, Zr, Fe(t), V, Sc, Nb, Ta]의 대부분과 많은 전이금속 원소와 약간의 금속 원소들은 심하게 풍화를 받은 모암의 토양층준에서는 전부 용탈이 되어 빠져나가 덜 풍화를 받은 층준에 누적된다. 화학적 풍화작용의 정도는 풍화 단면이 침식으로 제거되기 전에 이러한 원소들이 지표면의 풍화에서 토양 층준의 하부로 용탈이 일어날 정도로 빠르게 일어났는지로 알아볼 수 있다. 화학적 풍화작용이 심하게 일어난 후에 최상부의 풍화 단면인 용탈대로부터 공급된 퇴적물은 기원암에 비하여 이들 원소들이 상당히 결핍되어 있다. 그러나 이와 반대로 풍화 단면의 깊은 층준은 기원암에 비하여 이들 원소가 더 많이 부화되어 있다. 만약 화학적 풍화작용과 침식작용이 계속된다면 이들 원소들의 지속적인 하부 이동에 의하여 풍화 단면의 깊은 층준은 이들 원소로 상당히 부화되어 있을 것이다. 만약 화학적 풍화작용이 침식작용보다 더 우세하게 작용을 한다면 고장력 원소와 많은 전이금속 원소와 금속 원소들이 부화되어 있는 풍화 단면이 만들어진 후 이 단면이 갑작스럽고 빠르게 침식이 일어난다면 풍화 단면 하부에 이들 원소가 부화된 층준을 포함한 전 풍화 단면이 침식되어 퇴적물로 퇴적이 일어날 것이다. 이런 과정을 통하여 공급된 퇴적물은 기원지 암석에 비하여 이들 원소

들로 많이 부화되어 있을 것이다. 물론 배후지의 다른 곳에 발달한 토양 단면에서 유래된 퇴적물과
서로 혼합이 된다면 부화된 정도는 약해지기도 한다. 침식작용과 화학적 풍화작용의 균형은 조구
조적인 요인과 기후적인 요인에 의하여 조절을 받지만 퇴적 분지의 규모가 머드 퇴적물에 비정상
적으로 부화된 흔적 원소의 함량을 조절하는 혼합과 그 부화 정도를 규제하는 주요 요인이다. 설혹
다른 풍화 단면의 퇴적물과 혼합이 광범위하게 일어났다 하더라도 머드 퇴적물이나 셰일의 층준을
자세히 조사를 한다면 고장력 원소들이 상당히 부화된 층준이 산출되는 것을 관찰할 수 있는데, 이
는 잘 발달된 풍화 단면이 갑자기 빠른 침식으로 인하여 일어났다는 것으로 해석할 수 있다.

　퇴적물에서 총 희토류 원소(rare earth element)의 함량을 통하여도 기원지에서의 풍화작용 정도
를 알아볼 수 있다. 총 희토류 원소의 함량이 평균 상부 지각의 양보다 낮은 이질 퇴적물은 심한 풍
화작용을 받은 기원지로부터 유래되었다는 것을 가리킨다. 이 경우는 머드 퇴적물의 기원지가 잘
발달된 풍화 단면의 최상부 층준이거나 심한 화학적 풍화를 받은 배후지가 될 것이다. 이러한 기원
지는 아마도 안정한 조구조 조건을 나타내는 것으로 이러한 조건 하에서는 화학적 풍화와 침식작
용의 정도가 배후지의 기반암 위에 잘 발달된 두꺼운 풍화 단면이 생성된다. 머드 퇴적물이 평균
상부 지각의 값보다 약 50~100% 정도 더 많은 양의 희토류 원소의 총량을 가진다면 희토류 원소
가 장기간 동안 축적되어 있는 잘 발달된 풍화 단면의 깊은 곳에서 아마도 유래되었을 것이다. 이
경우 상당히 긴 기간 동안 조구조적으로 안정된 시기에 두껍게 잘 발달된 풍화 단면이 발달되어 희
토류 원소를 많이 저장시킨 후에 갑작스런 구조 운동이 일어나 배후지의 전체 풍화 단면이 침식되
어 희토류 원소가 상당히 부화되어 있는 머드 퇴적물을 생성시켰다고 해석할 수 있다. 이상과 같은
기원지와 분급작용의 영향 말고도 화학적 풍화와 기후와 조구조 작용으로 일어나는 침식작용의 균
형이 퇴적물의 희토류 원소의 함량을 조절하기도 한다. 머드 퇴적물의 희토류 원소 총량은 만약 화
학적 풍화가 주요한 원인이 아니거나, 조구조 작용이 두껍게 잘 발달된 풍화 단면의 생성을 방해한
다면 기원지 암석의 총량과 비슷할 것이다. 그러나 비록 화학적 풍화가 주된 요인으로 작용하더라
도 퇴적 분지에서의 다른 퇴적물과 혼합이 일어난다면 머드 퇴적물의 희토류 원소 총량은 평균 상
부 지각의 희토류 원소의 총량과 차이가 크게 나지 않을 수도 있다.

2.3 생물학적 풍화작용

미생물과 곰팡이류는 규산염 광물의 풍화에 유기착이온(ligand)과 수소이온을 분비하여 광물을 용
해시키는 작용을 하는 것으로 알려지고 있다. 보통 조암광물이 미생물과 곰팡이류에 의하여 풍화
를 받는 것은 아마도 이들이 없을 때에는 아주 느리게 일어나는 반응을 중간에서 더 빠르게 일어나
도록 조정하는 것으로 여길 수 있다. 예를 들면 장석의 용해 반응은 발열 반응이지만 박테리아는
이러한 반응으로부터 에너지를 이용하지 않는다. 즉, 이들 생물체들의 작용이란 화학적 풍화를 간
접적으로 증진시키는 역할을 하는 것으로 여겨지며 반응이 일어나는 과정에서 박테리아와 균류가
많은 양의 반응물을 생성하기 때문에 원칙적으로 장석의 용해는 무기적으로 일어난다고 할 수 있다.

지표에 노출된 암석의 표면에 적갈색에서 흑갈색의 표면 피복물(coating)이 관찰된다. 이러한 암석의 표면 피복물(rock vanish)은 육상 환경의 어느 곳에서나 관찰할 수 있으며, 특히 사막 환경에서 더 흔히 관찰된다(그림 2.11). 시간이 지나면서 이 표면 피복물의 색은 점점 짙어진다. 이러한 암석 피복물은 여러 연구에 의하여 암석의 표면에 박테리아, 균류 등의 미생물에 의하여 망간과 철의 함량이 높아지면서 생성되는 것으

그림 2.11 지표에 노출된 암석의 표면에 생성된 짙은 갈철색의 표면 피복물(rock vanish). 구석기인들이 이 표면 피복물에 그린 동물 모양의 그림이 있다. 몽골.

로 알려지고 있다. 적외선 광물학 연구에 의하면 암석 피복물은 점토광물로 이루어져 있는데, 이들은 일라이트, 스멕타이트, 일라이트와 스멕타이트의 혼합층상 광물과 녹니석이 망간산수산화물(manganese oxyhydroxides)과 철산수산화물(iron oxyhydroxides)로 암석에 교결된 것으로 알려진다. 그런데 이 암석 피복물에 들어있는 망간의 함량은 주변의 먼지, 토양이나 암석 자체보다도 약 100배 이상으로 농집되어 있는 것으로 알려진다. 이렇게 망간이 주변에 비하여 이상적으로 많이 들어있는 것을 설명하기 위하여 비생물학적 해석과 생물학적 해석이 제안되었다. 이 암석 피복물을 현미경에서 관찰하면 마치 스트로마톨라이트와 같은 형태를 보이며, 주사전자 현미경 관찰에서는 균류의 필라멘트와 같은 것이 관찰되고 또 이곳에서 채집되는 미생물의 배양을 통하여 이 암석 피복물이 미생물에 의한 생성으로 해석하는 쪽으로 의견이 모아졌다.

고분해능 투과전자 현미경을 통하여 관찰한 Krinsley(1998)는 스트로마톨라이트의 층리를 보이는 것들은 일라이트, 녹니석, 스멕타이트와 혼합층상 광물의 점토광물로 이루어져 있으며, 박테리아와 균류 등이 암석 자체에서가 아니라 외부 기원의 철과 망간을 농집한 후 이들이 분해되면서 철과 망간을 이동시켜 점토광물에 흡착이 되었다는 것을 밝혀냈다. 즉, 암석 피복물은 유기물에 의한 속성작용으로 생성된다고 해석할 수 있다.

2.4 해저 풍화작용

해저 풍화작용(halmyrolysis)은 해양에서 일어나는 해양 지각을 이루는 현무암과 해저면에 쌓인 퇴적물의 풍화작용으로 해수에 의하여 일어난다. 해저 풍화작용이란 20도 미만에서부터 350도까지의 다양한 수온과 천해에서 심해에 이르기까지 다양한 수심에서 일어나는 모든 암석과 광물의 용해작용, 변질작용과 침전작용을 가리킨다.

그림 2.12　해록석의 실물 사진과 현미경 사진(밝은 석영들 사이에 어두운 색을 띠는 입자).

　　육상의 담수에서 생성된 점토광물이 바다로 운반되어 해수에 부유 상태로 떠있거나 해저에 가라앉은 후에는 변질작용이 일어난다. 이 과정에서 일어나는 변화로는 스멕타이트가 일라이트로, 녹니석이나 palygoskite, 카올리나이트가 일라이트, 녹니석 또는 스멕타이트로 변환이 된다. 이러한 변환과정은 그 중요성이 어느 정도인지 판단하기가 어렵지만 현생 해양 환경에 산출되는 점토광물의 종류와 인접하는 육상의 기후와 풍화 그리고 대양저 화산활동과 연관시켜 보면 해저 풍화작용으로 인한 점토광물의 변환은 그리 중요한 정도로 일어나지는 않는 것으로 여겨진다. 그렇지만 아마도 이러한 작용은 퇴적작용이 매우 느리게 일어나는 지역에서는 그 변화가 클 것으로 여겨진다.

　　퇴적작용이 매우 느리게 일어나는 해저에서는 해록석(glauconite)과 berthierine(7Å 녹니석)이 생성된다. 해록석(그림 2.12)은 장석이나 운모가 K^+와 Fe^{2+}를 흡착하여 점토광물로 변질되어 자생(authigenic)으로 생성이 되거나 탄산염 광물의 입자, 점토광물이나 무척추동물의 배설물(fecal pellet) 내에 자생으로 침전하여 생성된다. 해록석은 특히 현생에서는 수심이 50 m보다 깊은 곳에서 해저의 퇴적작용이 거의 일어나지 않거나 매우 느린 조건에서 생성된다. 그런데 캠브리아기의 해양 퇴적물에는 해록석이 많이 산출되는데, 이들의 생성은 현생 해양 환경의 조건과는 달리 육지로부터 화학적 풍화의 산물인 K^+, Fe^{3+}와 $H_3SiO_4^-$가 많이 유입되었을 때 일어났다는 견해가 있다.

　　해저 풍화작용의 대표적인 예로는 중앙 해령지대에서 뜨거운 해양 지각을 이루는 현무암과 찬 해수 사이의 반응으로 현무암의 변질작용이 수반되어 일어나는 반응이다. 중앙 해령지대에서 해양 지각의 틈으로 찬 해수가 들어가 데워지면서 순환을 하는데, 이 과정에서 데워진 해수가 열수(hydrothermal water)가 되어 현무암과 반응을 하고 다시 해저 지각을 다시 빠져 나오는 열수 분출(black smoker) 현상이 일어난다. 열수는 현무암을 수화시키고 용탈시키며 이온 교환을 통하여 반응에 관여한 해수의 조성을 변화시킨다. 많은 양의 해수는 이 과정에서 물을 함유한 점토광물과 불석광물(zeolite)이 생성되면서 이들 광물에 붙잡히게 된다. 또한 해저의 화산재 퇴적물은 해저 풍화작용을 거쳐 불석광물인 필립사이트[phillipsite, $(Ca,Na_2,K_3)Al_6Si_{10}O_{32} \cdot 12H_2O$, 그림 2.13]나 화산유리가 수화작용을 받아 생성된 변질물인 팔라고나이트(palagonite)로 바뀐다.

　　열수 변질작용에서는 해수 중 Mg^{2+}, SO_4^-, Na^+가 현무암의 변질물 생성에 소모가 되는 반면 현무암으로부터는 Ca^{2+}, Fe^{3+}, Mn^{2+}, Si^{4+}, K^+, Li^+과 Sr^{4+} 성분이 해수로 빠져나온다. 이렇게 해수가 열수계(hydrothermal system)를 순환하면서 지속적으로 해저 지각의 변질을 일으킨다면 해수의 Ca과 Mg 함량의 변화가 일어난다. 중앙 해령지대에서 해저의 확장이 활발히 일어나면 해수의 Mg은 열수계 반응에서 소모가 되고 Ca이 늘어나게 되어 해수의 Mg/Ca 비율은 낮아지며 반대로 해저 확장이 느려지면 해

그림 2.13　필립사이트(phillipsite).

수의 Mg 소모와 Ca의 추가가 덜 일어나 해수의 Mg/Ca 비율은 상대적으로 높아진다. 이러한 열수계에서의 해수 순환의 결과인 해수의 Mg/Ca 비율의 변화는 궁극적으로 해양에서 침전하는 탄산칼슘 광물인 방해석과 아라고나이트 둘 중 어느 것이 침전하는 조건이 되는가를 결정하는 데 영향을 미친다. 더 자세한 내용은 제14장에서 다시 살펴보기로 하자.

03

퇴적물의 이동과 퇴적작용

3.1 유체의 특성

퇴적물은 풍화작용에 의해 생성된 후에 공기나 물과 같은 유체와 빙하 그리고 중력에 의해 운반되어 쌓인다. 이러한 일련의 과정을 이해하려면 먼저 퇴적물을 운반하는 유체의 특성을 알아야만 한다.

유체역학은 유체의 이동에 관한 역학을 다룬다. 고체의 이동은 뉴턴의 세 가지 법칙을 이용하여 간단한 관계식으로 표현된다. 그러나 유체는 수많은 분자들을 가지고 있고 이들은 서로 다른 속도를 가지며 여러 방향으로 이동하기 때문에 매우 복잡하다. 물리 법칙을 이용하여 여러 가지 변수들에 의한 함수를 생각할 수 있으나 정확한 관계식을 얻을 수가 없다. 공학적인 공식에서 적용되는 숫자는 질량의 통계에 의한 평균치이다. 따라서 정확한 수치는 이론으로부터 얻어지지 않고 실험과 차원 분석(dimensional analysis)을 통해서 얻어지게 된다.

역학에서 주로 다루는 변수로는 질량, 시간, 속도, 가속도, 힘, 에너지, 일, 응력, 압력 및 점성도 등이 있다. 이들 각 변수들은 하나의 차원이나 혹은 여러 차원을 가지고 있다. 세 가지 가장 기본적인 변수로는 길이(L), 질량(M)과 시간(t)이다. 따라서 역학에서 이용되는 모든 변수(물리량)는 L, M, t의 기본 단위의 차원을 이용하여 표시할 수 있다(표 3.1).

차원 분석은 수리공학에서 보편적으로 사용되는 방법이다. 이 방법의 근본 원리는 수식의 양편이 정의에 따라 같은 물리 차원을 갖는다는 점이다. 속도를 예로 들어 보면 $u = l/t$로, 양변의 차원을 보면 $Lt^{-1} = Lt^{-1}$로 같게 나타난다. 우리는 속도와 시간과의 관계를 $ut/l = 1$로 표현할 수 있다. 이렇게 하면, ut/l의 비율로서 표현되는 고체의 운동에 대해 이 경우 1로서 대치할 수 있다. 혹은 운동 거리와 가속도 및 시간과의 관계는 $l/at^2 = \frac{1}{2}(L/Lt^{-2}t^2 = $ 차원이 없음)로 나타낼 수 있다. 물체가 정지 상태에서 움직이기 시작하여 일정한 가속도로 움직일 때, 상수는 1이 아니고 $\frac{1}{2}$이다.

표 3.1 물리량의 차원

면적	$A : L^2$	힘	$F : MLt^{-2}$	점성도	$\mu : ML^{-1}t^{-1}$
부피	$V : L^3$	에너지	$E : ML^2t^{-2}$	밀도	$\rho : ML^{-3}$
속도	$u : Lt^{-1}$	마력	$P : ML^2t^{-3}$		
가속도	$a : Lt^{-2}$	압력, 응력	$P, \sigma : ML^{-1}t^{-2}$		

그러면 힘과 그 밖의 다른 변수에 대해서 상수를 이용하여 관련시킬 수 있을까? 점성을 가진 유체를 움직이기 위한 응력(shear force)을 생각해 보자. 우리가 대상으로 하고 있는 유체는 공기와 물로서 둘의 유체는 뉴턴의 운동법칙을 따르므로 **뉴턴 유체**(Newtonian fluid)라고 한다. 이들 유체는 점성도를 지니기 때문에 가해진 응력과 시간에 따른 변형률은 비례하여 나타나는 것이 특징이다(그림 3.1). 유체의 특성을 기술하기 위한 제반 변수는 표 3.2에 나타나 있다. 유체는 주로 세 가지 물성으로 나타내는데, 이들은 **밀도**(ρ_f), **동적 점성도**(dynamic viscosity, μ)와 **비중**($\gamma = \rho_f g$)이다. 유체의 점성도란 고체의 탄성계수에 해당하는 물성으로서 유체가 이동하는 것에 대한 용이도를 나타낸다. 또한, 유체의 점성도는 동적 점성도를 밀도로 나눈 **운동 점성도**(kinematic viscosity, ν)로 표현하기도 한다. 물의 ν는 10^{-2} cm²/sec이며 공기의 ν는 0.15 cm²/sec로 측정되는데, 물의 ν가 공기의 ν보다 낮은 것은 물이 이동할 때 전단응력(剪斷應力, shear stress)에 대한 저항이 대체로 낮아서 이동하기가 쉽다는 것을 의미한다.

그림 3.1 뉴턴 유체에 나타나는 응력과 변형과의 관계.

변형(shear rate : strain)

응력(shear stress)

그림 3.2 정지된 면과 자유 이동면 사이의 유체 이동. 이동하는 유체가 단위 면적을 갖고, 단위 속도와 단위 두께를 갖는다면 가해진 응력(τ)과 점성도(μ)는 같아진다.

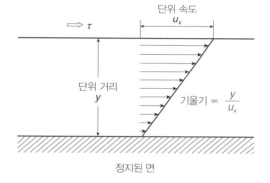

뉴턴 유체는 그림 3.2와 같이 유체의 자유 표면에 전단응력(τ)을 가할 때 이에 따른 전단변형률이 깊이에 따라 일정하게 달라지며 전단응력이 가해진 자유 표면은 가장 빠른 속도로 전단응력이 가해진 방향으로 이동하게 된다. 그러나 물의 깊이가 깊어짐에 따라 바닥면과의 마찰에 의해 응력의 효과는 감소한다. 단, 이때는 유체의 흐름이 **정류**(整流, laminar flow)일 경우에 한한다. 이 경우에 유체의 속도를 깊이에 따라 측정하면 그림 3.3과 같이 나타난다. 따라서 가해진 응력과 깊이에

표 3.2 유체의 특성을 나타내는 변수

g	중력(gravity)	γ	비중(specific weight)
ρ, ρ	유체의 밀도(density)	u, v	유속(velocity)
μ	동적 점성도(dynamic viscosity)	y, l	수심, 단위 길이
ν	운동 점성도(kinematic viscosity = $\frac{\mu}{\rho}$)	η	소용돌이 점성도(eddy viscosity)
		τ	전단응력(shear stress)

그림 3.3 경사진 면을 따라서 흐르는 정상등류(steady uniform flow)에서의 유속(u)와 응력(τ)의 분포.

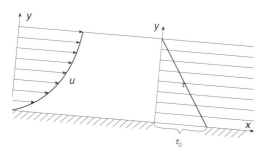

따른 유속의 변화 사이의 관계를 표시하면 식 (1)과 같이 된다.

$$\tau = \mu \left(\frac{du}{dy} \right) \qquad (1)$$

즉, 빠르게 움직이는 유체의 흐름으로부터 천천히 흐르는 유체 쪽으로 운동량이 전달되어 바닥으로부터의 마찰력에 의한 제동을 보완해 주는 것이다. 여기에서 $\frac{du}{dy}$ 는 응력에 따른 유체의 변형률로 속도의 구배를 나타낸다.

그러나 **난류**(亂流, turbulent flow)에서는 유체가 정류에서처럼 느린 속도나 층리를 이루며 흐르는 것이 아니라 흐름 자체가 불규칙하며 소용돌이가 일어나므로 유체의 층리구조는 완전히 소멸된다. 따라서 정류에 비해 큰 운동량 값을 나타내게 된다. 유체의 속도는 시시각각 변하기 때문에 대체로 시간에 따른 평균치($\bar{u}$)를 계산에 이용한다. 난류 시 가해진 응력과 이에 따른 변형과의 관계는 다음과 같이 식 (2)로 표현된다.

$$\tau = (\mu + \eta) \left(\frac{d\bar{u}}{dy} \right) \qquad (2)$$

여기에서 η는 **소용돌이 점성도**(eddy viscosity)로서 동적 점성도보다 큰 값을 가지며, 그 값 또한 일정하지 않다.

이상에서 우리는 유체의 흐름을 정류와 난류 두 가지로 구별하여 알아보았다. 그러면 이러한 유체의 흐름을 실험실에서 재현시켜 자연 현상을 이해하고자 한다면 어떻게 하면 될까? 예를 들어, 강의 흐름을 실험실에서 축소하여 보았을 때 과연 강의 단면 넓이나 폭 등을 비례적인 수치의 조작만으로 실험실에서 재현한 강의 흐름과 자연 상태가 동일할 수 있을까? 또한, 이에 따른 힘의 분배 역시 그 수치가 배수에 따른다고 여길 수 있을까? 그러나 그 해답은 그렇지가 않다는 것이다. 따라서 이와 같이 실험실 내에서 자연의 상태를 재현하기 위해서는 모든 변수들의 차원이 서로 상쇄되어 단지 상수로만 존재하는 어떤 값을 가지고 그 내부에서 각 변수의 값을 조정하여 그 상수값만 일치하면 자연 상태의 현상을 설명할 수 있도록 고안하게 되었다.

19세기 영국의 물리학자인 오스본 레이놀즈(Osborne Reynolds)는 유체에 관성력(慣性力)과 점성력(粘性力)이 작용한다는 점에 착안하여

$$Re = 상수 \times 관성력 / 점성력$$

으로 표현되는 **레이놀즈 수**(Reynolds number, Re)를 제안하였다. 이 레이놀즈 수는 관성력과 점성력의 상대적인 중요성을 수치로 나타낸 것이다.

그러면 점성력과 관성력에 대해 잠시 살펴보자. 정의에 따르면 점성도는 속도에 관련되어 있다. 다음 식 (3)과 같이 점성도는 응력 / 속도 구배이므로 차원을 분석해 보면,

$$\mu = \frac{\tau}{\left(\dfrac{du}{dy}\right)} \qquad (3)$$

$$\frac{M}{Lt} = \frac{\dfrac{MLt^{-2}}{L^2}}{Lt^{-1}L^{-1}}$$

과 같다. 식 (1)의 응력에 면적을 곱한 것을 힘으로 바꾸어 다시 정리하면

$$\text{힘} = \text{상수} \times \text{점성도} \times \text{속도} \times L$$

즉,
$$F = Z\mu ul \qquad (4)$$

로 나타난다. 여기서 Z는 상수를 나타내며, 다른 식에서는 다른 값을 갖는다. 따라서 힘은 유체의 점성도에 관련되어 있으며, 이에 따라 이를 **점성력**(viscous force)이라고 한다. 여기에서 주목할 점은 점성력은 속도의 일차함수인 점이다.

그러면 힘을 점성도가 아닌 다른 변수를 이용하여 상수로 표현할 수 있을까? 우선 운동 에너지를 생각해 보자. 운동 에너지는 다음과 같이 정의된다.

$$K.E. = \frac{1}{2}Mv^2$$

밀도 ρ와 부피 V를 갖는 유체에서는 운동 에너지가

$$K.E. = \frac{1}{2}\rho V u^2$$

로 표현된다. 또한, 운동 에너지는 힘 × 거리 혹은 응력 × 면적 × 거리로 나타내기도 한다.

$$K.E. = F \cdot l = \tau Al$$

운동 에너지의 정의에 따라서 밀도 × 속도^2 × 거리^2($\rho u^2 A$)의 결과는 힘과 같은 차원(MLt^{-2})을 가지지만 비율은 차원을 가지지 않는다. 힘 F와 $\rho u^2 A$와의 관계를 상수 Z를 이용하여 표현하면

$$Fi = Z\frac{\rho u^2}{2}A \qquad (5)$$

가 된다. 이 식은 수리공학의 여러 분야에서 나타나는 유체의 힘에 관한 식이다. 여기서, Fi는 **관성력**(inertia force)이라고 한다. 정지해 있는 유체는 움직이지 않으려는 관성을 가지고 있는데, 관성력이란 이러한 관성을 깨뜨리는 힘이다. 식 (5)로 표현된 관성력은 속도의 제곱에 비례한다.

레이놀즈 수의 수치는 관성력과 점성력 두 힘의 비율을 나타낸 것이 아니라 이 둘의 상대적 중요성을 나타내는 척도이다.

$$Re = \frac{\overset{[M/L^3 \cdot L/t \cdot L]}{\rho ul}}{\underset{[M/Lt]}{\mu}} = \frac{ul}{\nu} \qquad (6)$$

식 (6)에서 보는 것처럼 단위들의 차원은 서로 상쇄되므로 레이놀즈 수는 상수로 나타나게 된다. 그러나 식 (6)에서 보듯이 이 수치에는 온도에 따라 변하는 점성도가 들어가기 때문에 레이놀즈 수는 온도에 따라 달라진다. 이 레이놀즈 수는 정류와 난류를 구별하는 데 이용된다.

레이놀즈는 파이프를 통한 물의 흐름에 대한 실험을 통해 소용돌이가 발생하고 지속되는 것은 (1) 속도, (2) 파이프의 직경, (3) $\nu = \dfrac{\rho}{\mu}$로 정의되는 운동 점성도에 달려 있다고 하였다. 유체의 흐름은 빠른 속도(u), 큰 직경의 파이프(l), 낮은 운동 점성도(ν)를 가질 때 난류를 이룬다. 즉, 유체에 관성력이 크게 작용할 때 난류를 이룬다. 레이놀즈 수는 실험실에서 μ, ρ, u, D(수심)를 측정함으로써 구해진다. 자유 표면을 가지는 개방 수로(open channel)의 물의 흐름에서 레이놀즈 수가 500보다 낮게 나타나면 유체는 정류를 이루며 점성력이 중요하게 작용한다. 이때 유체의 저항력은 속도의 일차함수이다. 큰 수치의 레이놀즈 수를 갖는 유체의 흐름은 난류를 형성하며, 이때에는 관성력이 주로 작용하고 유체의 저항력은 속도의 제곱에 비례한다. 물의 흐름에서 정류와 난류를 구별하는 임계 레이놀즈 수(critical Re)는 표 3.3에 나타나 있다.

두 번째는 **프라우드 수**(Froude number, Fr)가 있는데, 이 상수는 유체에 작용하는 힘 중에서 관성력과 중력($F_g = mg = \rho l^3 g$)과의 관계를 나타내는 것으로 다음과 같이 표현된다.

$$\overset{[L/t]}{Fr = \dfrac{u}{\sqrt{gl}}} \tag{7}$$

$$[L/t^2 \cdot L]^{\frac{1}{2}}$$

즉, 프라우드 수는 유체의 속도와 깊이 사이의 상대적인 비율을 다루는 상수로서 유체를 **사류**(射流, supercritical 또는 rapid flow)와 **상류**(常流, subcritical 또는 tranquil flow)로 구분한다. 일반적으로 속도가 빠르고 깊이가 얕으면 사류, 속도가 느리고 깊이가 깊으면 상류의 조건이 만족된다. 이와 같은 두 종류의 유체의 흐름을 구별하는데, 실험실에서 측정한 값은 $Fr = 1$이지만 자연 상태에서는 $Fr \simeq 0.75$로 나타난다.

상류에서 사류로 바뀌어 갈 때에는 유체의 흐름이 점이적으로 변해 가지만 반대로 사류에서 상류로 바뀌어 갈 때, 즉 깊이가 얕은 곳에서 상대적으로 깊은 곳으로 물이 흐르게 되면 유속이 급격히 감소하기 때문에 흐르는 물이 위로 솟아오르는 현상이 일어나게 된다. 이를 **도수**(跳水, hydraulic jump)라고 하는데, 이와 같은 현상은 댐의 수문으로부터 사면을 따라 흐르던 물이 댐 사

표 3.3 임계 레이놀즈 수(Re)

물의 흐름 조건	Re
파이프(pipe)	2.3×10^3
평탄면(smooth plate)	3×10^5
개방수로(open channel)	$5 \times 10^2 \sim 2 \times 10^3$

주 : 개방수로 흐름은 준 원형이 아니며, 바닥에는 느슨한 퇴적물이 놓여 있고, 퇴적물의 이동이 가능하다.

표 3.4　유수의 영역 구분

유수의 영역	레이놀즈 수(Re)	프라우드 수(Fr)
난류–상류(turbulent–subcritical)	> 2000	< 1
난류–사류(turbulent–supercritical)	> 2000	> 1
정류–상류(laminar–subcritical)	< 500	< 1
정류–사류(laminar–supercritical)	< 500	> 1

면 하부의 깊은 곳으로 흘러감에 따라 속도가 줄어들면서 물기둥이 위쪽으로 치솟아 오르는 것으로 알아볼 수 있다.

　레이놀즈 수와 프라우드 수를 이용하여 유체의 흐름을 구별해 보면, 그림 3.4와 같이 네 가지 영역으로 나뉘게 된다(표 3.4). 이중에서 정류-사류 영역은 실험실에서는 측정이 가능하지만 자연에서는 드물게 나타난다. 개방수로에서 레이놀즈 수 500은 유수가 평탄한 하천 바닥을 가지는 하도에서 난류를 이루기 시작하는 가장 낮은 값을 나타낸다. 대부분의 실제 하천은 이 영역에 해당하나 제방을 넘쳐흐르는 **판상류**(板狀流, sheet flow)와 지표에 노출된 암반 위를 따라 흐르는 아주 얕은 수심의 유수는 거의 정류를 이루며 또한 사류의 특성을 띠기도 한다.

그림 3.4　임계 레이놀즈 수(Re)와 프라우드 수(Fr)를 이용하여 구분한 유수의 영역(Allen, 1985).

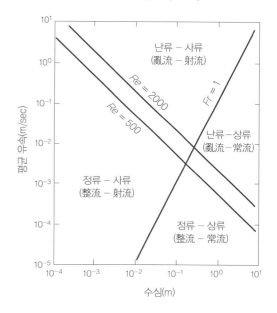

3.2 퇴적 메커니즘

3.2.1 하도의 흐름

지표의 하천에서 흐르는 물의 총량(Q)은 하천의 단면(A)과 유속(u)에 비례한다.

$$Q = uA$$

자연 상태에서 홍수 시 유량 Q가 증가하면 하도의 폭, 깊이 및 유속이 증가하게 된다. 유속이 증가하면 흐르는 물에 의한 힘이 바닥에 놓인 퇴적물에 작용하여 침식 현상을 일으키며 침식된 물질은 하류로 운반된다. 그러나 유량이 감소하면 속도가 감소하므로 유수는 더 이상 퇴적물을 운반할 수 없게 되어 바닥에 퇴적물을 떨어뜨려 퇴적작용이 일어난다. 따라서 하천 퇴적물의 대부분은 홍수 때마다 주기적으로 이동되어 해안선에 도달하게 된다.

그림 3.5 폭(w), 깊이(d)와 길이(l)를 갖는 수괴(water mass)의 모식도. 바닥면은 각도 θ를 이루고 있다.

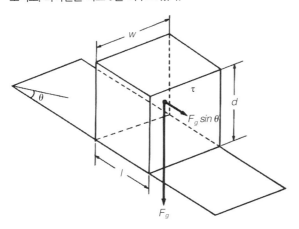

만약 유수의 흐름이 **정상류**(定常流, steady flow)와 **등류**(等流, uniform flow)를 이루고 전혀 가속작용이 없다면 물의 단위 질량에 작용하는 모든 힘의 합은 0이 된다. 정상류란 공간 내에서 유체 요소가 서로 다른 지점에서의 속도는 다를지라도 고정된 한 점에서 시간에 따른 속도의 변화가 없는 유수의 흐름을 일컫는다. 즉, 총유량이 항상 일정하게 유지되는 유수의 흐름이다. 등류는 물의 속도 벡터가 어느 곳이나 평행한 유수의 흐름을 가리키며 하천의 하류로 가더라도 물의 평균 깊이에 변화가 없음을 의미한다. 등류에서는 유수가 흐르는 구간 내에서 사면의 기울기, 하천의 모양과 바닥면의 거칠기가 일정하게 유지된다는 것을 가리킨다.

뉴턴의 제2법칙($\Sigma F = ma$)은 "한 물체의 가속도와 질량의 곱은 그 물체에 작용하는 모든 힘의 합과 같다."이다. 여기서 유수가 정상류와 등류를 이루고 있다면 유수는 가속을 받지 않기 때문에 이 유수에 작용하는 모든 힘들은 균형을 이루게 된다($\Sigma F = 0$).

$$\Sigma F_i = \frac{du}{dt} = 0 \tag{8}$$

여기서, F_i는 물에 작용하는 각각의 힘을 가리키며 물을 이동시키는 힘은 중력이다. 반면에 물이 흐르지 못하도록 방해하는 힘은 하도의 바닥과 하도의 측면을 따라 작용하는 마찰력이다. 편의상 하도를 그림 3.5와 같이 상자 모양으로 가정해 보면 다음과 같은 관계가 성립된다. 이때 물의 흐름을 일으키는 중력은 다음과 같이 표현된다.

$$F_g \sin \theta = \rho g A l \sin \theta \tag{9}$$

여기서, A는 하도의 단면을 나타내고 ρg는 물의 비중을 나타내며, Al은 물의 부피를 나타낸다. 또한, 마찰력은

$$F_d = \tau l P \tag{10}$$

로 나타내어지는데, 여기서 P는 하도에서 물이 닿는 단면의 길이, 즉 윤변(潤邊, wetted perimeter)을 나타내며 $P = w + 2d$가 된다. 여기에서 중력과 마찰력의 두 힘이 서로 균형을 이루어 물의 흐름에 가속이 없게 되면

$$\tau l P = \rho g A l \sin \theta \tag{11}$$

가 되고 이를 다시 정리하면

$$\tau = \rho g(A/P) \sin \theta = \rho g R \sin \theta \tag{12}$$

가 된다. 여기에서 A/P는 수리반경(水理半徑, hydraulic radius)이라 하며, R로 표시한다.

$$R = A/P = dw/(w + 2d)$$

이는 길이의 차원을 갖는다. 하도의 폭(w)에 비해 깊이(d)가 아주 얕은 조건($w \gg d$)에서 수리반경은 하도의 깊이와 거의 같게 된다. 예를 들면, 하도의 폭이 100 cm이고, 깊이가 10 cm인 강에서는 수리반경이 8.3 cm가 되어 깊이와 비슷한 값을 갖게 된다.

하천수의 흐름이 난류로 흐르면 전단응력은 하천수 흐름의 평균 속도와 관계가 있으므로 이는

$$\tau = \rho f u^2 \tag{13}$$

로 나타낼 수 있다. 여기서, f는 차원이 없는 마찰계수를 나타낸다. 식 (12)와 (13)이 동일하다고 가정하면

$$\rho f u^2 = \rho g R \sin \theta \tag{14}$$

가 되고 이 식을 속도로 다시 정리하면

$$u = \left(\frac{g R \sin \theta}{f} \right)^{\frac{1}{2}} \tag{15}$$

이 된다. 사면의 경사가 아주 완만한 경우에 $\sin \theta$는 경사인 $\tan \theta (= S)$와 매우 비슷해진다. 이렇게 되면 식 (15)는

$$u = \left(\frac{g R S}{f} \right)^{\frac{1}{2}} \tag{16}$$

가 되며, 여기서 $\left(\frac{g}{f} \right)^{\frac{1}{2}} = C$로 대치하면

$$u = C(RS)^{\frac{1}{2}} \tag{17}$$

이 된다. 이 식에서 C는 Chezy 상수이며 이 값은 실험에 의해 결정된다. 식 (17)을 **Chezy 방정식**이라고 하며, 이 방정식은 개방수로 흐름(open channel flow)에서의 속도를 나타내는 식이 된다. 여기서 물의 속도는 사면의 경사도(S), 물의 깊이(d)와 마찰계수(f)의 함수로 나타난다.

홍수가 발생하면 물의 부피가 증가하게 된다. 그러면 물을 이동시키는 힘이 증가하게 되고 이에 따라 물의 속도가 증가하게 된다. Chezy의 식에 의하면 속도의 증가는 물의 깊이(d)나 하도의 경사(S)가 증가함으로써 이루어지는데, 하도의 경사는 홍수 시라 하더라도 쉽게 변화하지 않는다. 따라서 홍수가 나면 물의 깊이가 증가할 수밖에 없으므로 평상시 하천의 깊이를 넘어서 제방을 넘쳐흐르게 된다.

3.2.2 입자의 침강 속도

구형의 입자가 정지한 물의 표면에서 바닥으로 가라앉는다고 가정하자. 이때는 입자에 작용하는 모든 힘의 합이 입자를 아래로 끌어당기는 데 작용하므로 입자는 가속도를 지니며 하강하게 된다.

즉,

$$\Sigma F_i / m = \left(\frac{dv}{dt}\right) \tag{18}$$

여기서 F_i는 입자에 작용하는 각각의 힘을 나타내며, v는 입자의 가라앉는 속도를, t는 시간을 가리킨다. 만약 물이 정지한 상태에서 움직이지 않는다($u = 0$)고 가정하면 입자의 가라앉는 속도는 점점 증가하다가 어느 속도에 이르면 가속이 중지되고 가라앉는 비율이 일정해진다. 이 상태에서 입자에 작용하는 모든 힘의 합은 0이 된다.

$$\Sigma F_i = 0 \tag{19}$$

이때 입자의 가라앉는 속도를 **최종속도**(terminal velocity), 또는 **침강속도**(V_s)라고 한다. 입자의 침강속도가 정상상태(定常狀態, steady state)에 이르면 입자에 작용하는 힘은 아래쪽으로 작용하는 중력(F_g)과 반대로 입자가 아래로 떨어지지 못하도록 입자의 위쪽으로 작용하는 저항력(F_r)이 있다. 입자가 가라앉도록 하는 힘인 중력은 밀도 ρ와 직경 D를 가지며 가라앉는 입자의 유효 무게이다(그림 3.6). 중력은 다음과 같이 표현할 수 있다.

$$F_g = \frac{4}{3}\pi(\rho_s - \rho_f)g\left(\frac{D}{2}\right)^3$$

$$= \frac{\pi}{6}(\rho_s - \rho_f)gD^3 \tag{20}$$

여기서, ρ_s는 가라앉는 입자의 밀도, ρ_f는 유체의 밀도, g는 중력 가속도, 그리고 D는 입자의 직경을 나타낸다. 그리고 입자가 가라앉는 데 저항하는 힘은 다음과 같이 표현된다.

$$F_r = 3\pi\mu u D \tag{21}$$

여기서, μ는 유체의 점성도를 가리킨다. 입자가 최종속도에 이른 경우에는 입자를 움직이는 힘과 이에 저항하는 힘이 균형을 이루게 되므로

$$F_g + F_r = 0 \tag{22}$$

가 된다. 이를 정리한 후, 정지해 있는 물에서는 단지 입자만이 움직이기 때문에 물의 속도(u)를 입자의 침강속도(V_s)로 대치하여 입자의 침강속도를 구해 보면

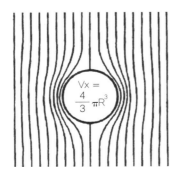

그림 3.6 물에 가라앉는 구에 작용하는 힘의 평형 상태. 구는 유효 밀도 × 부피 × 중력 가속도로 나타내는 유효 무게로 인해 가라앉는데, 이와는 반대로 작용하는 유체의 저항이 있게 된다. 이러한 관계로부터 Stokes의 입자의 침강속도를 구할 수 있다. R : 구의 반경($D/2$).

$$V_s = \frac{1}{18} \frac{\rho_s - \rho_f}{\mu} g D^2 \tag{23}$$

으로 나타난다. 식 (23)을 **Stokes의 법칙**이라고 한다.

　그러면 어떻게 하여 입자가 가라앉는 데 저항하는 힘인 식 (21)이 유래되었는지를 알아보자. 저항력은 힘으로서 관성력일 수도 있고 점성력일 수도 있으며, 또는 이 두 힘의 합으로서 나타날 수도 있다. 즉,

$$F_r = f(u) + f(u^2) \tag{24}$$

이다. 그러면, 우선 저항력을 관성력의 크기로만 표현해 보자.

$$F_r = Z f(u^2) \tag{25}$$

$$F_r = Z \frac{pu^2}{2} A \tag{5}$$

여기서 Z는 상수를 나타낸다. 이때, 저항력은 반드시 관성력이 아니더라도 그 크기는 관성력으로 표현할 수 있다. 여기서 Z를 다음과 같은 관계를 갖는 상수로 대입해 보자.

$$ZA = C_f D^2$$

여기서, C_f는 저항계수(resistance coefficient)라는 상수이다. 이렇게 하면 식 (5)는

$$F_r = C_f \frac{pu^2}{2} D^2 \tag{26}$$

가 된다. 가라앉는 입자의 중력[식 (20)]과 저항하는 힘[식 (26)]이 서로 같다고 한다면

$$\frac{4}{3} \pi (\rho_s - \rho_f) g \left(\frac{D}{2}\right)^3 = C_f \rho_f \frac{u^2}{2} D^2$$

이다. 이를 다시 정리하고 u에 V_s를 대치하면

$$V_s^2 = \frac{\pi}{3 C_f} \frac{(\rho_s - \rho_f)}{\rho_f} g \cdot D \tag{27}$$

가 된다. 이를 Stokes의 법칙[식 (23)]과 비교했을 때 저항력이나 침강속도가 서로 맞지 않게 된다. 식 (21)에 의하면 유체의 저항력은 속도의 일차함수로 나타나는 데 비해, 식 (26)은 속도의 이차함수로 표현된다. 이에 따라 입자의 가라앉는 속도에는 차이가 나게 된다. 일차함수의 현상과 이차함수의 현상은 현저하게 차이가 나므로 속도가 높아지면 이 차이는 더욱 커지게 된다.

　앞에서 설명한 바와 같이 모든 힘은 특성에 관계없이 같은 차원을 갖는다. 점성력인 식 (4)를 식 (26)으로 나누면, 이때 힘의 비율은 상수가 된다.

$$C_f = Z \frac{\mu}{\rho u D} \tag{28}$$

여기에서 C_f와 Z는 모두 상수이므로 $\dfrac{\mu}{\rho u D}$도 역시 상수가 되어야 한다. 차원을 분석해 보면

$$\frac{ML^{-1}t^{-1}}{(ML^{-3})(Lt^{-1})(L)}$$

가 되어, 이 비율의 역도 역시 상수가 되는데, 이는 레이놀즈 수가 된다.

$$Re = \frac{\rho u D}{\mu} \tag{6}$$

식 (28)과 식 (6)을 비교해 보면 유체의 저항계수와 레이놀즈 수와는 다음과 같은 관계가 성립된다.

$$C_f = f(Re) \tag{29}$$

식 (29)에 의하면, 저항계수는 유체의 레이놀즈 수와 관련되어 있다. 레이놀즈 수는 측정을 통해 계산될 수 있지만 C_f는 직접 측정을 통해 구할 수 없고 단지 실험을 통해서만 구할 수 있다.

식 (27)은 입자의 침강속도를 저항계수, 입자와 유체의 밀도, 입자의 직경으로 표현한 것이다. 여기에서 ρ_s, ρ_f, g와 D는 알려지는 값이므로 입자의 침강속도는 실험을 통해 결정할 수 있다. 즉, 여러 가지 입자의 크기, 모양, 밀도, 다양한 유체의 밀도 등을 이용하여 C_f를 계산해 낼 수 있다. 이 실험의 결과와 가라앉는 입자에 의해 일어나는 유체의 운동에 대한 레이놀즈 수와 비교해 볼 수 있다. 매번 실험할 때마다 Re와 C_f가 결정된다. 그림 3.7은 실험 결과에 따라 식 (29)를 나타낸 것이다. 이 도표에 의하면

(1) 낮은 Re의 유체의 흐름인 경우, C_f는 Re에 반비례하며 그 관계는

$$C_f = \frac{24}{Re} = 24\frac{\mu}{\rho u D} \tag{30}$$

로 표현되며,

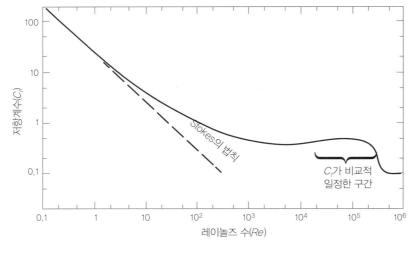

그림 3.7 저항계수(C_f)와 레이놀즈 수(Re)와의 관계(Daily and Harleman, 1966).

(2) Re가 아주 큰 값을 갖는 경우에는 C_f가 일정하게 나타남을 알 수 있다.

여기서, C_f와 유체의 속도 사이의 관계를 보면 저항계수는 유체의 속도가 빠르게 되면 작은 값을 가지게 되어 마치 유체의 저항이 속도가 빠를수록 낮은 값을 갖는 것처럼 여겨진다. 그러나 식 (26)에서 보는 것처럼 C_f가 유체의 총저항을 나타내는 데 중요한 요소로 작용하지 않는다. 즉, 총저항은 속도가 빠르게 되면 저항도 크게 된다.

C_f와 Re의 일정한 반비례 관계식[식 (30)]을 식 (26)에 대입하면

$$F_r = C_f \frac{\rho u^2}{2} D^2$$

$$= \frac{24\mu}{\rho u D} \cdot \frac{\rho u^2}{2} \pi \left(\frac{D}{2}\right)^2$$

$$= \frac{12\mu u}{D} \pi \frac{D^2}{4} = 3\pi\mu u D \tag{31}$$

가 된다. 이 식이 Stokes의 유체의 저항에 대한 식 (21)이다.

3.2.3 힘의 정의

구형의 입자가 정지해 있는 물 표면으로부터 가라앉는다고 할 때 입자를 움직이게 하는 힘은 중력으로서,

$$F_g = \frac{\pi}{6}(\rho_s - \rho_f)gD^3 \tag{20}$$

와 같이 표현된다. 여기서 D는 입자의 직경을 나타낸다. 반면, 입자에 대한 저항력은 입자가 가라앉으면서 유체를 전위(轉位)시키므로 이에 따라 전위되는 물이 입자에 가하는 힘이다. 이 힘은 크게 세 가지로 나누어 볼 수 있는데, 각각의 힘은 입자 주위의 유체 흐름의 종류에 따라 달라진다.

물의 점성도가 유체에 의해 입자에 작용하는 주된 힘을 제공할 때에는 이를 **점성저항**(viscous drag)이라고 한다. 이 경우는 물의 흐름이 정류이며, 입자의 가라앉는 속도가 느릴 경우에 해당한다. 두 번째는 물의 흐름은 정류이지만 물 흐름의 속도가 앞서보다 좀더 빠르기 때문에 입자에 가해지는 저항력이 주로 움직이는 물의 질량에 의해 형성되는 **표면저항**(surface drag)이 있다. 이 힘은 물의 흐름이 정류로부터 난류로 전이해 가는 과정에서 주로 작용한다. 세 번째는 물의 흐름이 난류를 이루고 빨라지게 되어 저항력이 주로 움직이는 물의 운동 에너지에 의해 일어날 경우로 이를 **형태저항**(form drag)이라고 한다. 즉, 가라앉는 입자 주위로 물의 흐름이 갈라지게 되면서 잘 발달된 난류가 형성되어 작용하는 힘이다.

이들 각 저항력에 대해 살펴보기로 하자. 유체의 점성에 의해 입자에 작용하는 압력(P_v)은

$$P_v = 3\mu u/D \tag{32}$$

로 표현된다. 이 압력은 구형 입자의 전체 표면에 걸쳐서 작용하기 때문에 점성력(F_v)은 압력과 구의 면적의 곱으로 나타나므로

$$F_v = \left(\frac{3\mu u}{D}\right)(\pi D^2)$$
$$= 3\pi\mu u D \tag{21}$$

가 된다. 이때의 점성력은 Stokes의 법칙에 따르는 힘이다.

표면저항에서 표면압력(P_s)은 입자에 작용하는 물줄기의 압력으로서 (단위 질량 × 속도 × 유출량 × 단위면적)으로 나타낼 수 있으므로 다음과 같이

$$P_s = (\rho u)(uA)/A$$
$$= \rho u^2 \tag{33}$$

로 표현할 수 있다. 여기에서 uA는 물이 흐른 양을 가리킨다. 물의 압력이 구형의 입자가 움직이는 물에 노출된 투영 면적에 작용한다면 이때 입자의 투영 면적은 원의 단면적에 가까우므로

$$F_s = (\rho u^2)\left(\frac{\pi D^2}{4}\right) \tag{34}$$

가 되어, 이 표면저항은 움직이는 물의 질량이 점성저항에서의 점성도 효과와는 다르게 저항하는 힘을 일으키는 주요한 요인이므로 이를 **관성저항**(inertia drag)이라고도 한다.

형태저항은 움직이는 물의 운동 에너지와 관련되므로 운동 에너지는

$$E_k = \frac{1}{2}(mu^2) \tag{35}$$

이고 m은 질량, u는 움직이는 물의 속도가 된다. 물이 입자와 접촉을 하게 되면 압력이 작용하는데, 이 압력은

$$P_d = \frac{1}{2}(\rho u^2) \tag{36}$$

으로 여기서, P_d는 동적 압력(dynamic pressure)이다. 이 동적 압력이 입자의 단위 면적에 작용하면 동적 저항력은

$$F_d = \frac{1}{2}(\rho u^2 A) \tag{37}$$

가 된다. 여기서, A는 물과 접촉하는 투영된 표면적으로 움직이는 물에 노출된 면적은 투영 단면적이므로

$$F_d = \frac{1}{2}(\rho u^2)\left(\frac{\pi D^2}{4}\right)$$
$$= \frac{1}{8}\rho u^2 \pi D^2 \tag{38}$$

이 된다.

이들 세 가지 저항력인 점성저항, 표면저항과 형태저항은 각각의 힘이 개별적으로 작용하는 것이 아니라 항상 함께 작용한다. 이들 중 어느 힘이 주요하게 작용하는가는 유체의 조건에 따라 결

정된다. 유속이 느린 정류에서 점차 빠르고 잘 발달된 난류로 변해 가면 처음에는 주로 점성저항이 작용하다가 표면저항으로 그리고 형태(동적)저항으로 점이적으로 바뀌게 된다.

Stokes의 법칙은 앞에서 살펴본 것처럼 다음의 식으로 표현된다.

$$V_s = \frac{1}{18} \frac{\rho_s - \rho_f}{\mu} gD^2 \tag{23}$$

그러면 Stokes의 법칙을 이용하여 입자의 가라앉는 속도를 계산해 보자. g는 9.81 m/s²이다. 직경이 0.001 mm($D = 0.001$ mm)인 석영 입자($\rho_s = 2.65$ g/cm³)가 1 centipose($= 10^{-2}$ gcm^{-1}s^{-1})의 점성도를 가지는 물($\rho_f = 1.0$ g/cm³)에서 가라앉는 속도는 대략 10^{-4} cm/s $\simeq$ 30 m/year가 된다. 입자의 직경이 0.002 mm($D = 0.002$ mm)인 경우는 $V_s = 4 \times 10^{-4}$ cm/s $\simeq$ 120 m/year가 되고, 직경이 1 mm($D = 1$ mm)인 경우는 $V_s = 100$ m/s, 직경이 10 cm인 입자의 경우는 $V_s = 10$ km/s가 된다. 이상의 예에서 볼 때 이론적으로 입자의 직경이 커지면(> 1 mm), 입자의 침강속도는 현실적인 값을 나타내지 않는다. 즉, Stokes의 법칙은 입자의 크기가 작은 경우에는 적용되지만, 입자의 크기가 커지게 되면 그 의미가 없어짐을 알 수 있다.

Stokes의 법칙은 앞에서 살펴본 것처럼 대체로 실트나 점토 크기의 입자들의 침강속도에 널리 적용되고 있다. 그러나 이 크기 입자들이라도 침강속도에 Stokes의 법칙을 그대로 적용하기에는 다음과 같은 몇 가지 제한 요소가 있음을 알아둘 필요가 있다.

(1) 모든 입자들은 Stokes의 법칙에서 규정하는 것처럼 구형(球形)을 띠지 않는다는 점이다. 또한 입자의 밀도 역시 모두가 알려져 있지 않다. 이러한 문제점을 보완하기 위하여 실제 입자와 침강속도가 같은 구형의 석영 입자 직경으로 이용한다. 즉, 당량직경(equivalent diameter)을 이용할 수 있다. 또한 수온을 20°C로 표준화시켜야 한다는 점이다. 이렇게 수온을 고정시켜야 Stokes의 법칙의 식에서 ($\frac{1}{18} \frac{\rho_s - \rho_f}{\mu} g$)의 값이 0.892×10^4이 된다.

(2) Stokes의 법칙은 다루는 대상이 하나의 입자인 경우에 해당하며, 이 입자가 무한대의 깊이를 가진 유체에서 가라앉는 것을 가정하고 만들어진 것이다. 만약 여러 개의 입자들이 있다면 이들 입자들 간의 상호작용과 간섭현상으로 개개 입자의 침강속도에 영향을 주어 실제 입자의 침강속도는 낮아지게 된다.

(3) 입자의 크기가 아주 작은 경우에는 이들 입자들은 서로 응집하려는 경향을 띤다는 점이다. 이러한 성질을 제거하기 위해 입자의 침강속도를 측정할 때는 보통 분산제를 사용한다. 따라서 세립 입자의 측정된 침강속도는 뭉쳐져 있는 세립의 입자들을 얼마만큼 분리시켰느냐에 달려있다고 할 수 있다. 그러나 자연 상태에서는 점토 크기의 입자들은 완전히 분리되어 있지 않다.

입자의 크기가 0.1 mm보다 작을 경우에는 물의 저항력 중 점성저항이 주된 힘으로 작용하게 되며, 이때 입자의 가라앉는 속도는 Stokes의 법칙을 이용하여 계산할 수 있다. 그러나 입자의 크기가 2 mm 이상이 되면 표면저항(관성력)이 주된 힘으로 작용하여 Stokes의 법칙은 적용되지 않는

다. 이러한 점은 Rubey에 의해 실험적으로 밝혀졌다. 입자의 크기가 0.1 mm에서 2 mm 사이라면
점성력과 관성력이 동시에 작용하며 입자의 크기나 질량에 따라 그 정도는 다르게 된다. 따라서 이
구간의 입자의 크기에 대해서는 점성력과 관성력의 합이 중력과 같다고 하면

$$F_v + F_s = F_g$$

로 나타나며,

$$3\pi\mu V_s D + (\rho_f V_s^2)\left(\frac{\pi D}{4}\right)^2 = \frac{\pi}{6}(\rho_s - \rho_f)(gD^3)$$

가 된다. 위 식은 정지해 있는 물에서는 단지 입자만이 움직이기 때문에 저항력의 식에서 입자의
침강속도(V_s)를 물의 속도(u)에 대치하였다. 입자의 침강속도로 이 식을 정리해 보면 다음과 같은
일반식을 얻을 수 있다.

$$V_s = \left\{\left[\frac{2}{3}D^3\rho_f(\rho_s - \rho_f)g + 36\mu^2\right]^{\frac{1}{2}} - 6\mu\right\}/D\rho_f \tag{39}$$

Gibbs 등(1971)에 의한 모래 크기 입자의 침강속도를 실험실에서 측정한 결과는 그림 3.8에 나와
있는데, 여기서 측정한 침강속도는 식 (39)와 대체로 잘 일치하여 나타난다.

자연 상태에서는 입자의 침강속도가 입자의 크기뿐만 아니라 입자의 밀도와 모양에 따라서도 달
라진다. 석영과 장석과 같은 경광물(light mineral)은 입자의 크기와 모양이 침강속도를 결정하는
중요한 요인이다. 그러나 중광물(heavy mineral)은 입자의 밀도가 침강속도에 대해 가장 중요한 역
할을 한다. 중광물은 밀도가 크므로(> 2.9 g/cm³) 중광물 입자의 크기는 함께 나타나는 경광물 입
자의 크기보다 세립으로 나타난다(그림 3.9). 이러한 차이는 Rubey(1933)에 의하여 같은 침강속

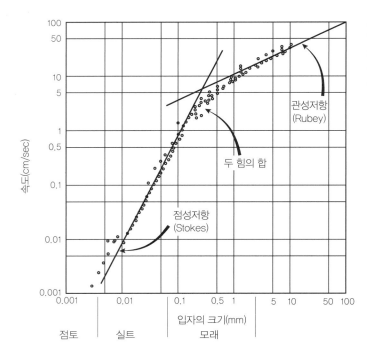

그림 3.8 20°C인 물에서 구형의 석영 입자의 침강속도. 점으로 표시된 것은 실제 측정치로서 표면저항(Rubey Law)과 점성저항(Stokes Law)을 함께 고려하여 얻어진 식과 잘 일치한다(Berg, 1986).

도를 가지는 입자들은 같이 퇴적이 일어난다는 '**수력학적 동등성**(hydraulic equivalance)'의 개념으로 해석이 되었다. Rubey는 입자의 침강속도는 입자의 크기와 밀도의 함수로서 입자의 크기가 작으나 밀도가 큰 입자들은 입자의 크기가 더 크나 밀도가 더 작은 입자와 같이 퇴적이 일어난다고 제안하였다. 이에 따라 이들 두 입자들은 '수력학적으로 동등한 입자의 크기(hydraulic equivalent size)'로 명명하였다. 많은 연구가 이를 뒷받침하는 결과들을 보고하였으며, 수력학적으로 동등한 입자의 크기와 밀도 사이에는 높은 상관관계를 나타낸다는 것을 지지하였다.

이러한 수력학적인 동등성의 개념이 상당히 유용하다는 것에는 동의를 하지만, 이후의 연구에서는 이러한 개념이 중광물들의 운반과 퇴적에 항상 적용되는 것은 아니라는 점이 밝혀졌다. 여러 연구에서 중광물들이 함께 산출되는 경광물들과 정확히 수력학적인 평형상태를 이루지 않는다는 것이 자주 보고되었다. 점차 서로 다른 밀도를 가지는 입자들을 퇴적물 표면

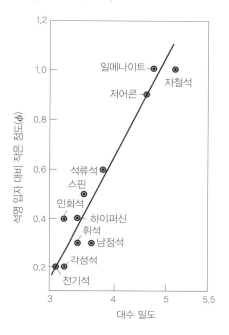

그림 3.9 중광물의 수력학적 동등성. 횡축은 밀도를 나타내며, 종축은 석영 입자보다 입자의 크기가 얼마만큼 작은가를 ϕ단위로 나타낸다 (Pettijohn et al., 1987).

으로부터 들어 올리고 운반하며 퇴적작용을 일으키는 데는 여러 가지 요인들이 작용하기 때문에 수력학적 동등성이란 용어보다는 '**침강 동등성**(settling equivalance)'이라는 용어가 더 적합하다고 제안되기도 하였다. 입자의 침강에는 입자의 모양도 어느 정도 중요한 요인으로 작용하지만, 입자의 크기와 밀도가 주로 작용을 한다. 중광물의 운반과 퇴적에는 어떻게 중광물 입자들이 유체에 실리고 운반매체의 특성은 무엇인가 그리고 운반매체에서 어떠한 상태로 이동이 되는지에 따라 달라진다. 결국 이들 광물을 공급하는 기원지 암석의 입자 분포가 퇴적물로 유입되는 입자의 크기를 조절하게 된다. 이에 따라 중광물들이 운반되는 과정은 이상과 같은 여러 가지 요인들이 복합적으로 영향을 끼치게 된다. 이러한 과정을 좀더 잘 표현하는 용어로 '**운반 동등성**(transport equivalance)'이 제안되기도 한다.

입자의 모양이 수력학적 동등성에 영향을 미치는 좋은 예로는 운모(mica)가 있다. 운모는 밀도가 약 $2.8 \sim 3.0 \ g/cm^3$으로서 중광물이지만 운모의 모양이 판상을 하고 있기 때문에 운모는 실트 크기의 경광물과 같은 수력학적 동등성을 가진다.

중광물의 집합체인 **사광**(placer) 농집물과 모래에 대한 퇴적학적 성인은 아직 잘 알려져 있지 않지만 이들의 성인에는 아마도 입자의 침강속도와 수력학적 동등성이 중요하게 작용하였을 것으로 여겨지고 있다. 사광이 형성되기 위해서는 기원지에서 많은 양의 중광물이 공급되어야 한다. 성숙도가 낮고, 쉽게 침식을 받는 미고결된 모래 퇴적물도 사광의 좋은 기원지 역할을 할 것이다. 비교

그림 3.10 파이프를 통한 물의 흐름.

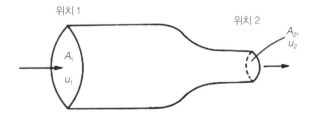

적 일정한 수력학적인 조건에서의 반복되는 재동작용이 사광의 형성에 있어서 필수적인 것으로 해석되고 있다. 우리나라에서는 태백산 분지 남동 쪽에 분포한 면산층(전기 캠브리아기)은 Fe-Ti 산화물(일메나이트, ilmenite)의 사광층으로 알려지고 있다.

3.2.4 입자의 침식

바닥에 있는 퇴적물은 그 위를 지나가는 유체에 의해 이동된다. 여기서는 어떤 메커니즘에 의해 바닥에 놓인 입자의 침식이 일어나는가를 알아보기로 하자. 먼저 둥근 파이프를 통하여 흐르는 물의 흐름을 고려해 보자.

(1) 파이프 flow

그림 3.10과 같은 파이프를 통하여 물이 흐른다고 가정하자. 물이 단면적이 넓은 파이프의 왼쪽에서 단면적이 좁은 오른쪽으로 통과한다고 할 때 에너지와 질량의 보존법칙에 따라 단위 시간에 위치 1의 물 통과량과 위치 2의 물 통과량은 동일하다. 1 지점의 파이프의 단면적을 A_1이라 하고, 2 지점의 단면적을 A_2라 하며, 두 지점의 유속을 각각 u_1, u_2라고 할 때, 이 두 지점을 통과하는 물의 총량 Q_1과 Q_2는 같으므로

$$Q_1 = Q_2 \tag{39}$$

로 표시할 수 있다. 각 지점에서 물의 총량은 다시 단위 면적과 유속의 곱(Q = Au)으로 나타나므로,

$$A_1 u_1 = A_2 u_2 \tag{40}$$

가 된다. 즉, 단면적과 유속은 반비례의 관계를 갖는다.

(2) 입자의 들어 올림(lifting of grains)

파이프에서 물의 흐름을 바닥에 놓인 퇴적물과 그 위를 흐르는 물과의 관계에 적용시켜 보자. 평평한 바닥에 놓인 입자 위로 흐르는 물의 흐름은 그림 3.11에 나타나 있는 것처럼 평면의 바닥에 놓

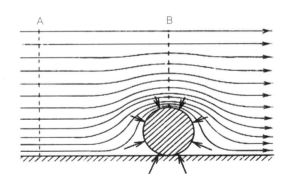

그림 3.11 바닥에 놓인 실린더(축은 물의 흐름에 대해 직각) 위를 흐르는 물의 유선과 실린더 표면에 작용하는 압력의 상대적 크기.

여 있는 실린더의 단면을 이용하여 설명할 수 있다. 단위 시간에 A 지점을 통과하는 물의 총량과 B 지점을 통과하는 물의 총량은 같다. 파이프를 통한 물의 흐름에서 알아본 바와 같이 이 두 지점에서 물의 총량이 같다면 A 지점의 유속은 B 지점의 유속보다 느리게 된다.

$$Q_A = Q_B$$
$$u_A < u_B \tag{41}$$

다음에는 Bernoulli 정리에서 볼 때,

$$\frac{P}{\rho} + gH + \frac{u^2}{2} = 일정 \tag{42}$$

으로, 에너지의 보존을 나타낸다. 이 식의 양변에 질량(m이나 ρV)을 곱하면,

$$PV + mgH + \rho V u^2 = 일정 \tag{43}$$

이 된다. 이 식의 왼쪽에서 맨 처음 나타나는 것은 압력에 의한 일을 나타낸 것이고, 가운데 있는 것은 위치 에너지 그리고 마지막은 운동 에너지를 지시한다.

Bernoulli 방정식은 실제 점성도가 없다. 즉, 점성도에 의한 마찰로 에너지의 손실이 없는 유체에서 적용되는 관계식이거나 점성을 갖는 유체에서도 대체로 그대로 적용된다. 이 식을 그림 3.11과 같은 상태로 적용하면 입자의 크기가 너무 미미하기 때문에 두 지점에서의 위치 에너지의 차이는 거의 나타나지 않는다. 따라서 압력과 유속이 중요한 변수로 작용하게 되며 압력과 유속과의 관계는 서로 반비례적인 관계를 갖는다. 우리는 A 지점에서의 유속이 B 지점에서의 유속보다 느리다는 것을 알아보았다. 두 지점의 에너지가 보존되려면 A 지점의 압력은 B 지점의 압력보다 크므로 ($P_A > P_B$), B 지점에서는 A 지점과의 압력 차이만큼의 힘이 입자에 작용하게 된다. 즉, 물입자 흐름의 궤적인 유선(flow line)은 실린더를 중심으로 대칭으로 나타나기 때문에 실린더에 작용하는 상류 쪽과 하류 쪽의 압력 역시 대칭적으로 작용하여 실린더를 압력이 낮은 수직 방향으로 들어 올리게 된다. 이 압력의 차이가 바닥에 놓인 입자를 들어 올리는 작용을 하게 되어 입자는 바닥에서 침식이 일어난다. 이렇게 하여 실린더(입자)가 바닥으로부터 들어 올려지면 실린더를 중심으로 물의 유선은 다시 대칭을 이루게 되어 더 이상 들어 올리는 힘은 작용하지 않는다.

(3) 임계 유속(critical velocity)

입자가 바닥으로부터 들어 올려져서 이동하려면 입자에 작용하는 힘은 입자의 관성력보다 커야 한다. 이때 입자의 이동에 대해 저항하는 힘은

$$F_r = 차원\ 없는\ 수 \times 입자의\ 유효\ 무게$$

혹은
$$F_r = Z(\rho_s - \rho_f)gD^3 \tag{44}$$

이 된다. 저항하는 힘은 단위 면적당 힘이므로, 응력은

$$\tau_c = C_s(\rho_s - \rho_f)gD \tag{45}$$

와 같이 표현할 수 있다. 여기서, C_s는 차원이 없는 수이다.

유체에 의해 작용하는 전단응력의 크기는 실험으로 측정될 수 있지만 응력의 크기를 속도로 표현하면 이해가 훨씬 용이하다. 유체의 응력과 속도와의 관계는 다음과 같은 식으로 나타낼 수 있다.

$$F_i = \tau A = C_f \frac{\rho u^2}{2} D^2 \tag{46}$$

여기서, τ는 적용된 응력이며 A는 입자의 단면적을 나타낸다. 응력은 형태저항으로 나타나는데, 이는 교란 작용이 일어난 상태에서만 입자가 바닥에서 떠오르기 때문이다. 입자에 작용하는 유체의 전단응력이 임계 크기인 τ_c에 이르게 되면 입자는 움직이기 시작한다. 입자에 작용하는 응력과 유체의 응력은 같은 차원을 가지므로

$$\tau_c = (\text{차원이 없는 수}) \times \frac{F_i}{A} = Z \frac{\rho u^2}{2} \tag{47}$$

로 표현된다. 여기서, Z는 차원이 없는 수를 나타낸다. 이를 다시 정리하면

$$u_c = Z \sqrt{\frac{\tau_c}{\rho}} \tag{48}$$

가 된다. 따라서 정의에 따라 입자를 움직이기 위한 응력속도는

$$u^* = \sqrt{\text{임계 전단응력/유체의 밀도}}$$
$$= \sqrt{C_s \frac{(\rho_s - \rho_f)}{\rho_f} gD} \tag{49}$$

로 표현할 수 있다. 예를 들면, 임계 전단응력이 $10\,\text{N/m}^2$이나 $100\,\text{dynes/cm}^2$이면 응력속도(shear velocity)는 $0.1\,\text{m/s}$나 $10\,\text{cm/s}$가 된다.

식 (45)에서 차원이 없는 수인 C_s는 임계 전단응력(τ_c)과 $(\rho_s - \rho_f)gD$와의 비율이다. 이 숫자는 주어진 ρ_s와 D로부터 측정된 τ_c로부터 계산된다. C_s의 값은 하도 바닥 경계부의 유체 흐름의 특성에 따라 달라진다. 이에 따라 유체 흐름의 평균 유속에 전단 속도 u^*를 대체하기 위해 한계 레이놀즈 수(boundary Re : Re^*)의 개념이 도입된다.

$$Re^* = \frac{\rho u^* D}{\mu} \tag{50}$$

Shields에 의한 실험에 의하면 $\sqrt{C_s}$의 값은 한계 레이놀즈 수에 의해 약간은 좌우되지만, 대체로 $0.03 \sim 0.1$ 사이의 값을 갖는다. 이 실험의 결과는 Shields의 도표(그림 3.12)에 나타나 있다. 이 도표에 의하면, 하천의 바닥에 놓인 퇴적물 입자의 크기가 비슷하다면 Re^*가 1000 이상인 난류의 경우에 $\sqrt{C_s}$ 값은 0.06으로서 거의 일정하다. 이 값을 식 (49)에 대입하면,

$$u^* = 0.06 \sqrt{(\rho_s - \rho_f)gD} \tag{51}$$

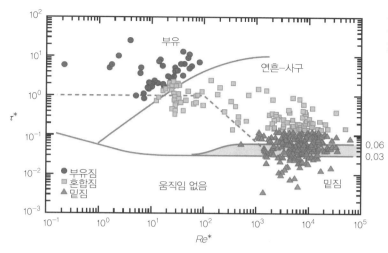

그림 3.12 밑짐, 혼합짐과 부유짐에 대한 Shields 도표(Church, 2006).

이 식은 퇴적물을 움직이는 임계유속과 입자의 크기와의 관계를 나타낸다. 그러나 다양한 퇴적물 입자의 크기가 섞여 있을 경우에는 $\sqrt{C_s}$의 값이 약 0.045가 되며, 여기서 입자의 크기인 D는 D_{50}을 가리킨다. 특정한 입자 크기를 가지는 퇴적물을 움직일 수 있는 하천수의 능력을 하천수의 **운반능력**(competence)이라고 하며, 하천수의 운반능력은 Shields 수로 표현된다.

그러면 이와 같이 이론적으로 계산된 전단유속(u^*)과 실제 하천에서의 유수의 속도와의 사이에는 어떠한 관계가 있을까? 식 (48)과 식 (49)를 비교해 보면 $u_c = Zu^*$로 나타나고 유체의 속도는 u^*의 몇 배나 되는 것으로 나타난다. 우리는 하천에서 흐르는 난류의 선형 속도가 다르다는 것을 안다. 속도는 바닥에서부터 증가하다가 표면에 이르게 되면 최대에 이른다(그림 3.3). 이때 평균유속과 응력유속을 비교하면 실험에 의한 평균유속은 응력유속의 몇 배에 이른다. 다시 말해 직경 D인 입자를 바닥에서 움직이기 위해서는 계산된 임계 응력유속보다 몇 배나 빠른 평균유속이 필요하다는 것이다. 실험에 의해 한계(threshold) 전단응력과 입자의 직경과의 관계가 밝혀졌다(그림 3.13). 이 자료는 입자의 크기를 이용하여 과거 유수의 평균유속을 예측하는 데 있어서 기준이 된다.

이 밖에도 실험적으로 유체의 속도와 바닥에 놓인 퇴적물과의 관계를 정확히 알아보려는 시도가 있었다. 식 (49)로부터 우리는 바닥에 놓인 미고결된 퇴적물을 침식시키기 위한 유속은 입자의 크기에 비례한다는 것을 알 수 있다. 입자의 침식에 이용되는 입자의 최대 크기는 임계 전단응력(τ_c)이나 응력속도(u^*)보다는 임계속도(U_c)로 표시를 한다. 입자의 크기와 임계속도와의 관계에 대하여 스웨덴의 지리학자인 Hjülstrom에 의해 얻어진 결과는 그림 3.14에 나타나 있다. 이 곡선은 바닥으로부터 1 m 높이의 임계속도를 나타내는 것으로 **Hjülstrom 곡선**이라고 부른다. Shield의 도표에 의해 예측되는 결과는 입자의 크기가 커지면 $\sqrt{C_s}$의 값이 일정하기 때문에 모래 입자와 자갈 크기의 입자에는 잘 적용되지만 실트나 점토 크기의 입자에는 그대로 적용되지 않는다. Hjülstrom 곡선에서 보는 바와 같이 세립질 퇴적물에서 미고결된 머드(mud)는 세립의 모래나 실트 크기의 입자를 바닥에서 들어 올리는 유속과 거의 비슷하게 나타난다. 이러한 세립질 물질이 단단히 굳어졌을 경우에는 이들보다 더 조립인 입자의 침식보다 더욱 빠른 유속이 필요하다. 이와 같이 입자 크

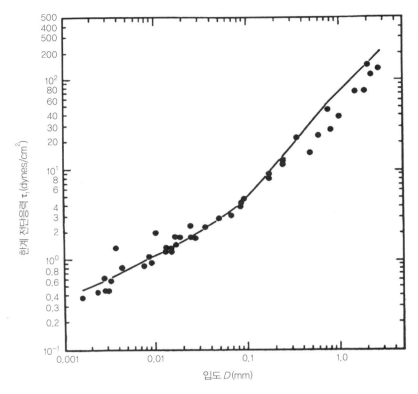

그림 3.13 한계 전단응력과 입자 크기와의 관계.

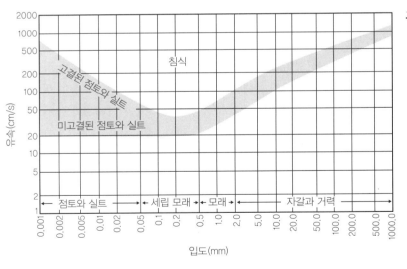

그림 3.14 Hjülstrom 곡선.

기와 유속과의 일반적인 예측에서 벗어나는 것은 세립질 입자들이 가지는 응집성(cohesion) 때문이다. 이는 이 작은 크기의 입자들의 광물학적인 특성으로 해석된다. 이렇게 작은 입자의 구간에 해당하는 퇴적물은 주로 점토광물이라는 광물로 이루어져 있다. 이들 광물은 결정 특성상 판상의 광물(sheet or layer silicate)이다. 즉, 점토광물이 결정을 이루고 있을 때 Si-O로 이루어진 사면체 층과 Al로 이루어진 팔면체 층의 두 층이 서로 결합하여 횡적으로 길게 연장되어 있다. 그런데 이 점토 크기의 입자에서는 이 결정들이 끊어져 있다. 결정이 끊어진 부분은 전기적으로 중성을 이루지 못하고 있기 때문에 인근의 다른 끊어진 결정의 조각들과 함께 붙어있게 되어 사실 각각의 결정 크기는 비록 점토 크기를 이루고 있지만 이들이 서로 뭉쳐 전기적 중성을 이루고 있다면 큰 입자처럼 그 크기가 커진다. 그러므로 이들 입자는 각각의 크기는 작지만 서로 뭉치는 성질을 가지고 있다하여 응집성(cohesive)이 있다고 한다. 즉, 유수가 이들 점토 입자를 바닥으로부터 들어 올리려면(침식을 시키려면) 이렇게 작은 입자 하나하나를 들어 올리는 것이 아니라 이들이 뭉쳐진 덩어리를 침식시킬 수밖에 없다는 점이다. 그래서 0.5 mm 이하의 작은 입자를 침식시키기 위해서는 모래 크기를 침식하는 유속보다 더 높아져야 한다. 또한 이 작은 입자의 구간에는 침식을 시키기 위한 유속의 범주가 아주 넓다. 심지어 입자가 아주 작은 경우에는 아주 높은 유속을 필요로 하기까지 한다. Hjülstrom 곡선에서 보듯이 이들이 어느 정도 굳어져 있느냐에 따라 침식을 일으키는 유속은 많은 차이가 있다. 머드 퇴적물이 아직 물을 많이 함유하고 있는 미고화된(unconsolidated) 상태에서는 비교적 이들을 침식시키기가 쉽지만 탈수작용이 일어나 약간 굳어져 있다면(consolidated) 그만큼 머드 퇴적물을 침식시키기가 더 어려워진다. 이래서 탈수를 일으켜 굳어진 정도에 따라 이들을 침식시킬 수 있는 유속에 많은 차이가 난다. 높은 응집성을 이루기 위해 반드시 깊은 매몰 과정이 필요한 것은 아니며, 머드 퇴적물이 흐물흐물한 슬러지 상태에서 굳은 퇴적물로 다짐작용을 받는 데 충분한 시간만 주어진다면 높은 응집성이 나타난다.

(4) 바람의 의한 퇴적물의 침식

바람에 의하여 퇴적물이 운반되어 쌓이는 퇴적물을 **황토**(黃土, loess)라고 한다. 이들은 주로 실트(미사) 크기의 입자들로 이루어져 있다. 공기의 습도가 낮고 바람의 임계전단속도가 20~40 cm/s 인 지표에서는 바람에 의하여 실트질 입자들이 공중으로 들린다. 이와 같이 바람에 의하여 지표면으로부터 입자들의 침식이 일어나는 것을 바람에 의한 침식, 즉 **풍식작용**(風蝕作用, deflation)이라고 한다. 바람에 의한 침식이 일어나기 위한 좋은 조건으로는 모든 기후대에서의 건조한 계절, 그리고 습윤한 기후에서의 해빙이나 습지대의 낮은 수면 시기에도 가능하다. 따라서 일반적으로 생각하는 바람의 침식이 꼭 건조한 기후 때에만 일어나는 것은 아니다. 바람은 물에 비하여 밀도가 $\frac{1}{715}$이고, 점성도가 $\frac{1}{55}$밖에 되지 않기 때문에 바람에 의하여 운반되는 퇴적물들은 주로 세립질 입자로 구성되어 있다. 바람의 이동은 잘 알다시피 정류로 흐르거나 난류상태로 흐른다. 지표에서 입자들은 물속과 마찬가지로 공기의 흐름이 난류를 이룰 때 침식이 일어나 운반이 된다. 그런데 난류에서도 지표와 맞닿는 경계부분은 매우 얇은 두께의 정류상태의 흐름이 있으며, 이 정류층은 경계층(boundary layer)으로서 입자에 전단응력이 작용하는 부분으로 이 정류층의 점성도가 입자를 침식할 수 있는 정도를 지배한다.

입자를 움직일 수 있는 임계전단속도(u^*)는

$$u^* = \sqrt{\tau/\rho}$$

가 된다. 이러한 양상을 레이놀즈 수(Re)로 표현해 보면

$$Re = u^*D/v$$

로서 D는 입자의 직경을 나타내며, v는 운동 점성도를 가리킨다.

이 관계식의 중요성은 Re가 3.5보다 낮은 값을 가질 때에는 지표의 조건이 평탄하여 공기의 소용돌이가 지표에 놓인 입자들에 전달되지 못한다는 것이다. 이 경우는 지표에 놓인 입자의 크기로 결정되는 지표의 거칠음(roughness)이 약 100 μm일 때 해당한다. 이러한 조건에서는 임계전단속도가 약 20 cm/s로 최소값을 보이게 된다. 이에 따라 만약 지표에 놓인 입자의 크기가 100 μm보다 작을 경우에는 이들이 비록 응집력이 없다하더라도 바람에 의하여 침식을 받기가 아주 어려워진다. 실내 실험에 의하면 30 μm보다 작은 입자들의 침식은 조립 모래를 침식시키는 전단속도에 해당하는 높은 에너지를 필요로 하게 된다.

실제 자연에서는 바람이 평탄하지 않은 작은 요철부분에 작용을 하여 밀리미터 크기의 입자의 집합체를 침식시키면 침식된 물질은 곧 잘게 부서지게 된다. 그러다가 지표에 느슨하게 놓인 입자들의 표면이 평탄해지면 먼지 퇴적물의 침식은 어려워진다. 이럴 때 실트(미사) 입자들을 다시 침식시키기 위해서 이들 입자들이 충격으로 들려 올려지기 위해서 계속적으로 도약을 하는(saltating) 모래 입자들의 낙하로 인한 충격이 필요하다. 만약 이러한 모래가 없다면 실트질 퇴적물의 침식은 무언가에 의하여 평탄해진 지표면의 균형이 깨질 수 있는 기작을 필요로 한다. 이러한 현상은 실제 자연에서 큰 동물들의 무리나 자동차의 행렬이 넓은 황토 평원을 가로질러 갈 경우 먼지구름이 일시적으로 형성되는 것으로 알 수 있다.

(5) 입자의 운반속도

입자의 침강속도는 유체가 퇴적물을 운반하는 최저 속도가 된다. 일단 입자가 바닥을 떠나 이동하는 유체에 실리게 되면 입자가 운반되는 동안은 이동하는 유체에 대해 상대적으로 움직이지 않기 때문에 유체에 실려서 수동적으로 이동한다. 따라서 입자의 운반속도는 입자의 침식속도보다 낮게 나타난다. 입자의 침강속도가 운반속도보다 커지면 입자는 바닥에 가라앉아 쌓이게 된다.

3.3 퇴적물의 이동과 퇴적작용

3.3.1 하천

퇴적물의 이동은 퇴적물이 어떻게 이동되는가에 따라 두 그룹으로 구분된다. 여기에는 퇴적물 입자들이 바닥을 따라 또는 바닥에 가깝게 미끄러지거나, 구르거나 또는 튀어 오르면서 이동되는 **밑짐**(bedload)과 퇴적물 입자들이 바닥으로부터 들려져서 유수의 교란된 이동경로를 따라 수중에서 이동되는 **부유짐**(suspended load)이 있다(그림 3.15). 대부분의 하천에서는 퇴적물 입자의 크기가 약 $\frac{1}{8}$ mm보다 작은 입자는 항상 부유짐으로 이동되는 반면, 8 mm보다 큰 퇴적물 입자는 항상 밑짐으로 이동된다. 이 두 크기 사이의 퇴적물 입자들은 유수의 세기에 따라 밑짐 또는 부유짐으로 이동된다.

그림 3.15　하천에서 퇴적물의 짐 종류와 운반되는 기작.

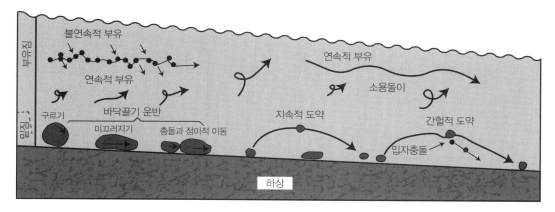

3.3.2 파도

대륙붕과 해빈 환경에서 파도에 의해 형성되는 퇴적층의 특성을 이해하려면 먼저 파도의 특성에 대하여 알아야 한다. 파도는 파장(L), 파고(H), 그리고 주기(T)의 세 요소로 표현할 수 있다. 주기란 파도가 지정된 점을 한 번의 파장이 완전히 지나가는 시간을 가리킨다. 파도의 주기는 쉽게 측정할 수 있는데, 대체로 물의 부피와 바람 에너지 정도에 따라 다르게 나타난다. 호수나 만(bay)에서는 주기가 대양에서보다 짧게 나타난다. 주어진 크기의 입자가 한 방향으로 흐르는 유수에 의한 이동과는 달리 파도에 의해 이동되는 속도는 파도의 주기와 관련되어 있다.

　해안선으로 다가오는 파도는 물 입자가 수심이 얕아지면서 해저면의 영향 때문에 타원형의 궤도를 이루며 이동하는데, 파도의 이론에서는 파고, 파장, 주기와 수심이 관련되어 있다(그림 3.16). 궤도직경(d_o)이란 물 입자가 파도의 꼭대기(마루) 아래에서 회전하는 궤도의 직경을 말한다. 궤도직경은 꼭대기의 하부 쪽으로 감에 따라 감소하고 퇴적면 근처에서 타원형의 궤도는 거의 평평해진다. 최대 궤도속도(u_m)는 물 입자가 궤도를 따를 때의 가장 빠른 속도를 말하며, Δu_m은 최대 궤도 비대칭으로 물 입자가 타원형 궤도를 따를 때 파도의 정부와 고랑 아래에서의 궤도속도 차이를 가리킨다. 궤도의 비대칭은 폭풍 파도, 조류, 또는 해류 등과 같이 한 방향으로 흐르는 해수의 흐름과 파도에 의해 생성된 해류가 중첩되어 발생한다. 궤도 비대칭은 단면상에서 비대칭을 이루고 내부 엽층리가 발달되어 모래 입자가 한 방향으로 이동되었음을 나타내는 복합된 혼합류 연흔(combined flow ripple)을 생성한다

그림 3.16　점점 얕아지는 해저면을 따라서 발달하는 파도의 단면도(Clifton and Dingler, 1984).

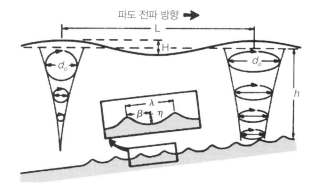

그림 3.17   파도에 의해 생성된 연흔. (A) 복합된 유수의 연흔(combined flow ripples), (B) 궤도 속도가 증가함에 따라 형성되는 연흔의 종류(Harms et al., 1982).

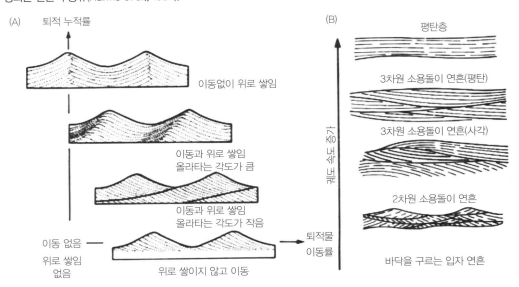

(그림 3.17A). 비대칭 연흔은 Δu_m이 5 cm/s보다 클 경우에 생성된다. 그림 3.17B와 같이 연흔의 형태 역시 궤도 직경에 따라 다르게 나타난다.

호수와 해양에서 모래 퇴적물이 운반되기 시작하는 것은 응력보다는 최대 궤도속도에 더 관련되어 있다. 주기적으로 왕복 운동하는 물의 흐름에서 퇴적물의 이동은 입자의 크기와 최대 궤도속도뿐 아니라, 파도의 주기에도 연관되어 있다(그림 3.18). 그림 3.18에 의하면 궤도속도가 약 60 cm/s일 때, 조립질 모래는 연흔을 형성하지만 세립질 모래에서는 평평한 층이 형성된다.

해빈(beach)은 파도가 밀려와서 부서지는 장소로서 퇴적물의 분급과 마모 작용이 최대에 이른다. 해빈 환경에서는 계속 반복되는 퇴적물의 이동으로 인하여 점토질 암편과 같은 물리적으로 약한 입자들은 부서져서 소실된다. 파도는 해빈을 따라 퇴적물을 이동시키는 중요한 역할을 한다. 연안류(longshore current)와 조류 자체는 모래 퇴적물을 침식시키지 못하지만, 파도가 모래 입자들을 뜬짐으로 만들기 때문에 이렇게 부유된 입자들을 운반한다. 바다 쪽으로 낮은 경사를 이루며 잘 발달된 엽층리는 해빈의 스와시(swash) 지대에서 생성된다. 엽층리는 중광물이 많은 세립질층에서 중광물이 적은 조립질층으로의 역점이층리가 나타난다. 이러한 내부 조직은 해빈의 엽층리를 기타 퇴적 환경에서 형성된 엽층리와 구분하는 데 이용된다.

3.3.3 조수

조수(潮水)에 의해 생성되는 퇴적층의 형태는 한 방향으로 흐르는 유수에 의해 형성되는 퇴적층 형태와 유사하게 나타난다. 그러나 조류에서는 반대 방향의 흐름이 형성되고 강한 조류와 정지 상태의 조류가 서로 반복되어 나타나므로 이에 따라 다른 퇴적 환경에서는 나타나지 않는 퇴적층의 형태와 퇴적 구조가 생성된다(제5장 참조).

그림 3.18 왕복 운동을 하는 파도에 의해 운반되는 모래 퇴적물은 파도의 주기(T)와 궤도 속도(u_m)에 따라 달라진다 (Clifton and Dingler, 1984).

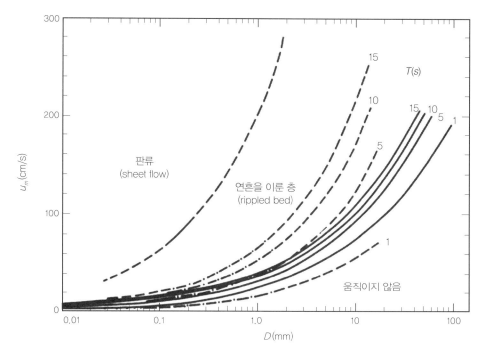

조수 환경에서 서로 반대 방향으로 흐르는 조류가 나타나지만 조수하천(tidal channel)과 조수에 의해 생성된 모래톱(tidal sand bar)들은 일반적으로 조수 주기의 한 부분의 특성만을 나타내게 된다. 이와 같은 현상은 조수의 비대칭성 때문에 일어나는데 조수의 비대칭성은 조수의 상승과 하강이 서로 비대칭을 이루거나 밀물과 썰물의 시간이 서로 다르고 또한 속도가 다르다는 것을 가리킨다. 예를 들면, 내륙으로 길게 발달된 조수하천에서는 밀물 시 해수면이 빠르게 상승하고 따라서 조수의 흐름이 빠른 속도를 나타내다가 점차 속도가 감소하면서 마침내 조수가 가장 높을 때에는 정지 상태에 이른다. 그 후 썰물 현상이 천천히 일어나면서 썰물의 가장 빠른 속도는 썰물이 끝나가는 무렵에 나타나게 된다. 퇴적물의 이동 비율은 유수의 속도와 관련되어 있으므로 이 조수하천에서의 퇴적물의 이동은 비록 썰물 기간이 밀물 기간보다 오래 지속된다 하더라도 밀물의 방향으로 일어나게 된다.

3.3.4 수중 중력류

세립의 뜬짐으로 된 퇴적물, 온도, 그리고 염분에 의한 밀도의 차이로 생성된 밀도류는 중력에 의해 수중 사면을 따라 멀리 이동한다. 세립의 점토로 이루어진 뜬짐에 의해 밀도가 커진 물의 흐름을 **저탁류**(turbidity current)라고 하는데, 이 저탁류는 밀도가 높아 모래와 자갈 크기 이상의 입자를 운반할 수 있을 정도의 세기를 가지고 있다. 저탁류에 의해 쌓인 퇴적물인 **저탁암**(turbidite)은 호수와 해양에 널리 분포하며, 깊은 해양분지의 가장자리가 가장 중요한 분포지이다. 저탁류가 생성되기 위해서는 파도의 영향이 미치는 최대 수심 아래의 바닥을 따라 많은 퇴적물의 유입이 있어야 한다. 홍수 때 혼탁한 강물이 삼각주로 유입되거나 대륙붕 가장자리의 경사가 아주 급할 때, 또는 폭풍의 영향이 있을 경우에 저탁류가 형성된다. 그러나 넓고 얕은 대륙붕에서는 파도에 의해 저탁류층이 분산되기 때문에 나타나기가 어렵다.

이차원의 저탁류의 흐름은 다음과 같은 식으로 표현된다.

$$\tau_o + \tau_i = \Delta\rho g l \alpha \tag{52}$$

여기서 τ_o는 바닥에서의 응력, τ_i는 저탁류와 그 위에 놓인 수층과의 사이의 응력을 나타내고, $\Delta\rho$는 이들 두 수층 간의 밀도 차이로서 유효밀도(effective density)라고 하며, l은 저탁류의 두께, 그리고 α는 바닥면의 경사를 나타낸다. 저탁류는 사면을 따라 작용하는 밀도차로 인한 중력이 정지된 바닥과 상부의 수층과의 사이에 작용하는 응력보다 클 경우에 흐르기 시작한다. 저탁류의 두께는 상부 수층의 두께에 비해 작고 이 두 수층 간의 경계는 뚜렷이 구분되고 혼합이 일어나지 않는다고 가정한다.

상류(steady)와 등류(uniform flow)일 때, Chezy의 방정식[식 (17)]과 비슷하게 평균 속도를 구해 보면,

$$\begin{aligned} u &= \sqrt{\frac{8g}{f_0 + f_i}} \sqrt{\frac{\Delta\rho}{\rho} l \alpha} \\ &= C\sqrt{\frac{\Delta\rho}{\rho} l \alpha} \end{aligned} \tag{53}$$

로 표현된다. f_0와 f_i는 저탁류 하부 경계와 상부 경계의 저항계수를 나타낸다. 이 식은 강에서의 유속을 나타내는 Chezy의 방정식에 해당하는데, 밀도류의 평균 속도는 비슷한 규모의 강의 유속보다 느리게 나타난다. 그 이유는 중력의 세기가 감소되고$\left[g' = \left(\dfrac{\Delta\rho g}{\rho} \right) \right]$, 상부 경계면에서 추가된 저항이 있기 때문이다.

저탁류 상부 경계면에서의 저항은 경계면이 뚜렷하게 구별되어 있다가 저탁류 본류와 상부 수층이 점차 혼합이 일어나기 때문에 측정하기 어렵다. 이론과 실험에 의해 이 두 수층 간의 경계는 대규모로 빠르게 움직이는 밀도류에서는 불안정하다는 것이 밝혀졌다. 실험상으로 경계면에서의 혼합은 비중 프라우드 수에 따라 좌우된다고 한다.

$$F_\rho = \frac{u}{\sqrt{\dfrac{\Delta\rho}{\rho} g l}} = \frac{u}{\sqrt{g' l}} \tag{54}$$

여기서, F_ρ가 1보다 아주 낮은 값일 때는 혼합이 거의 일어나지 않는다. 이때는 두 수층 간의 저항이 아주 작기 때문에$(f_i < f_0)$ 밀도류는 주변의 물과 완전히 혼합되지 않고 장거리를 흐를 수 있다.

식 (53)에서 보는 바와 같이 저탁류 내에 뜬짐이 많아지면 유효밀도가 커져서 저탁류는 더 빠르게 이동한다. 사면의 경사가 커지면 F_ρ가 증가하게 되어 밀도류와 상위의 수층 간의 경계가 안정하

그림 3.19   Bouma 층서. 저탁류의 상태와 단위층 형성 시간(Hesse, 1975).

분대	해석	형성시간
F 반원양성	터비다이트 사이의 지층	1~1000년
E 점토질	저탁류의 저밀도 부분	수일에서 수개월
D 상위 엽층리상	낮은 유수 상태, 평평한 퇴적면	
C₁ CONVOLUTED C₂ 연흔–엽층리상	낮은 유수 상태	수시간
B 하위 엽층리상	높은 유수 상태, 평평한 퇴적면	
A 분급을 이루거나 괴상	비평형 상태의 수류, 빠르게 쌓인 퇴적층	수분

바닥면 마크

게 된다. 밀도류가 더 빠르게 움직이고 더욱 심한 교란 작용이 있게 되면 더 많은 머드, 실트, 그리고 모래들이 부유 상태로 있게 된다. 그와 동시에 부유 상태의 밀도와 점성도가 커지면 교란상태는 줄어들게 된다. 따라서 유수의 최대 운반능력과 운반용량에 대한 최적의 레이놀즈 수가 있게 된다.

저탁류가 더 빠르게 이동하면 F_ρ가 증가하게 되고 두 수층 간의 경계면에 너울이 생기며 내부 파도(internal wave)가 생성되고 이 내부 파도가 점차 깨짐에 따라 위에 놓인 물과의 혼합이 일어난다. 혼합이 일어나면 유효밀도가 감소하고 이에 따라 저항이 증가하여 저탁류는 점차 소멸되어 간다. 저탁류가 호수나 심해저 평원의 평탄한 곳에 이르면 저탁류의 모멘텀(momentum)은 내부와 경계부의 저항에 의해 낮아지므로 저탁류의 특성이 사라져 가며 교란의 정도가 약해진다. 이렇게 되면 퇴적물 입자들의 침강속도가 주요하게 작용하여 부유 퇴적물들은 점차 바닥에 쌓이게 된다.

저탁류의 존재는 '**Bouma 층서**(Bouma sequence)'로 알 수 있는데, 이 기록은 퇴적층의 상부로 가면서 퇴적 구조가 점차 바뀌며, 또한 입자의 크기 역시 감소하는 점이층리를 나타낸다. Bouma 층서는 유수의 상태와 각 단위층의 생성 시간으로 연관지어 볼 수 있다(그림 3.19).

또 다른 저층류는 **해저등고선류**(海底等高線流, contour current)로서, 이는 물의 온도와 염분의 차이로 인해 순환이 일어나 생성되는 심해류로 이 해류는 대륙대 근처에서 심해 분지의 서쪽 경계부를 따라 흐른다. 해저등고선류는 세립의 모래 입자를 이동시킬 수 있고 퇴적물을 재동시켜서 분급이 잘되고 사엽층리를 갖는 모래 퇴적물(그림 3.20)을 퇴적시킨다. 해저등고선류에 의해 생성되는 퇴적물을 **콘투어라이트**(contourite)라고 하는데, 이상적으로 해저등고선류는 사면을 따라 흐르는 저

그림 3.20 해저등고선류 퇴적물(contourite)의 노두 사진. 원래 저탁암으로 쌓였다가 해저등고선류에 의해 재동된 것으로 해석되고 있다. 오르도비스기, 미국 뉴욕 주 Troy시. 사진에 나타난 노두는 두께가 15 cm이다.

그림 3.21 일본 대마도에 분포하는 후기 올리고세–전기 마이오세 저탁암의 사암에 발달한 접시 구조. 퇴적물의 하중으로 저탁류 퇴적물의 하부로부터 상부로 빠져 나오는 공극수가 물과 함께 세립질의 퇴적물을 상부로 이동시키다가 투수율이 낮아지면 횡적으로 갈라지다가 공극수만 빠져 나가면 빠져나간 물줄기 자국에는 마치 접시의 단면과 같이 점토질 물질만 남아 그 흔적을 남긴다.

탁류에 직각으로 퇴적물을 이동시킨다.

이밖에 중력류에는 **액화된 퇴적물류**(liquefied sediment flow), 입자류(grain flow)와 암설류(debris flow)가 있다. 액화된 퇴적물류는 모래 퇴적물 층에서 물이 퇴적물 상부 쪽으로 빠져 나가면서 입자가 가라앉지 못하도록 부력을 제공하면서 사면을 따라 흐를 때 형성되며 퇴적물 일부는 빠져 나가는 물과 함께 퇴적물 상부 쪽으로 이동하면서 수직적으로 발달한 좁은 폭에 물이 빠져나가는 통로를 따라 배열하거나 퇴적층 표면에 모래 화산(sand volcano) 등을 형성하기도 한다. 퇴적물의 액화작용(fluidization)은 높은 공극압(空隙壓)에 의한 퇴적물의 이동이지만 잉여의 공극압이 곧 분산되어 없어지기 때문에 퇴적물의 이동에는 주요하게 작용하지 않는다. 그러나 convolute 엽층리, ball-and-pillow 구조, overturned 사층리와 슬럼프의 생성에는 영향을 미친다. 접시 구조(dish structure, 그림 3.21)도 물이 빠져 나감에 따라 생성되는 퇴적 구조의 한 예이다.

입자류는 응집성(凝集性)이 없는 입자로만 된 퇴적물이 지표이거나 또는 물에 잠겨서 사면을 따라 이동할 때 형성되는데, 이동하는 동안 입자간 충돌 등의 상호작용에 의해 입자들이 아래로 가라앉지 못하고 서로 지지(支持)되어 이동을 한다. 입자류는 퇴적물 더미가 한꺼번에 이동하는데 사막의 사구에서 사구의 미끌어짐 사면에 흔히 나타나거나 수중에서 사면을 따라 국부적으로 일어나는 현상이다. 입자류에 나타나는 특징적인 퇴적 구조는 아직 잘 알려져 있지 않다.

암설류(debris flow)는 지표나 수중에서 모두 나타나며 분급이 불량한 암석 부스러기(암설)들이 굳지 않은 콘크리트처럼 사면을 따라 서서히 흐르는 중력류를 가리킨다. 이 경우는 사면의 경사가 매우 낮더라도 큰 역(礫)들은 보다 작은 크기의 입자들로 이루어진 기질 내에 떠서 수동적으로 운반된다. 암설류 내의 물의 함량은 매우 낮기 때문에 암설류는 플라스틱처럼 작용한다. 전단력(剪斷

力)은 암설류 전체에 걸쳐서 균일하게 분포하는데 암설류는 전단응력이 가해지더라도 움직이지 않다가 임계 전단응력을 초과해야만 움직이기 시작한다. 임계 전단응력은 내부의 마찰각도, 퇴적물과 물이 혼합된 점성도, 변형률, 그리고 혼합물의 응집력에 따라서 달라진다. 암설류는 정류를 이루며 입자들은 교란 상태보다는 부력과 물질의 전단력에 대한 저항으로 떠있게 된다. 물질의 밀도가 상대적으로 크면 운반되는 최대 입자의 크기도 상대적으로 커진다. 혼합물의 응집력과 큰 점성도 때문에 암설류는 다양한 크기의 입자를 운반할 수 있다.

중력류에 대한 개념으로 퇴적물을 운반시키는 기작에 따라 앞에서 살펴본 바와 같이 네 가지로 구분을 하여왔다. 그러나 입자의 운반기작에 따른 퇴적물의 분류는 실제 퇴적물이 쌓이고 이들이 보존되어 관찰되는 과정에서 서로 잘 일치하지 않는 경우가 나타난다. 또한 일반적으로 쉽게 인지할 수 있는 암설류 퇴적물과 저탁류 퇴적물에서도 이들의 실제 구분이 애매모호한 경우가 있어 중력류 퇴적물을 구분하고 이들의 퇴적기작을 해석하는 데 약간의 견해차가 있어왔다. 이를 극복하고자 Gani(2004)는 퇴적물을 운반시키는 중력류의 유동학적 특성을 이용하여 중력류 퇴적물을 비교적 명쾌하고 쉽게 구분하고자 하였다. 물론 이러한 시도는 앞으로도 여러 검토 과정을 통하여 그 사용이 범용화되어야 문헌상의 혼란을 막을 수 있을 것이다. 아래에는 Gani가 새롭게 제안한 내용을 소개한다.

퇴적물 중력류는 유동특성(rheology, 流動特性)으로 구분할 때 뉴턴 유체흐름(Newtonian flows)인가 아니면 비뉴턴 유체흐름(non-Newtonian flows)인가의 두 가지 구분만이 있다(그림 3.22). 만약 퇴적물 중력류가 가해진 응력에 반응해 즉각적으로 흐름(변형)을 일으키며 가해진 응력과 흐름의 속도(변형률)가 선형적인 관계를 나타낸다면 우리는 이를 **뉴턴 유체흐름**이라고 부른다. 이 뉴턴 유체흐름에서 벗어나는 흐름의 행태를 보이는 모든 퇴적물 중력류는 비뉴턴 유체흐름의 유동특성을 나타낸다. 비뉴턴 유체흐름 특성을 보이는 퇴적물 중력류는 다시 어느 일정한 정도의 최소응력이 가해질 때 흐름이 시작되어 이후로는 응력과 유속이 선형의 관계를 나타내는 비뉴턴 빙험플라스틱류(Bingham plastic flows)와 초기 흐름이 일어날 때 가해주어야 하는 최소응력이 없이 일어나지만 응력과 유속 간의 관계가 비선형으로 나타나며 점차 유속의 흐름이 느려지는 비뉴턴 팽창류(non-Newtonian dilatant flows) 두 가지로 나뉜다. 여기서 Gani(2004)는 뉴턴류의 유동특성을 나타내는 퇴적물 중력류를 저탁류(turbidity flows)로 구분하고, 비뉴턴류 유동특성을 나타내는 퇴적물 중력류는 암설류(debris flows)로 구분할 것을 제안하였다. 그

그림 3.22 퇴적물 중력류 유동특성에 따른 종류(Gani, 2004).

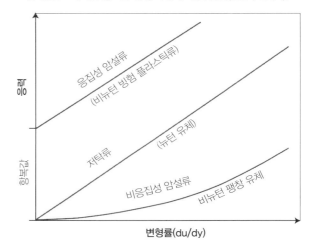

응집성 암설류
(비뉴턴 빙험 플라스틱류)

저탁류 (뉴턴 유체)

비응집성 암설류 비뉴턴 팽창 유체

응력

항복강도

변형률(du/dy)

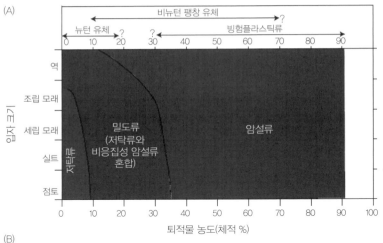

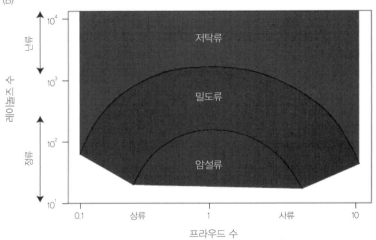

그림 3.23 이차원으로 분류한 퇴적물 중력류의 입도(A)와 프라우드 수(B)에 따른 분류(Gani, 2004).

에 따르면 암설류는 다시 응집성 암설류(cohesive debris flows, 비뉴턴 빙험플라스틱류)와 비응집성 암설류(non-cohesive debris flows, 비뉴턴 팽창류)로 나누어질 수 있다. 암설류의 응집성은 암설류에 포함된 점토의 함량에 따라 일어나는데, 점토의 함량이 2~4% 정도만 들어있어도 응집성을 나타내는 것으로 알려지고 있다(그림 3.23).

　퇴적물 중력류에 의해 쌓인 퇴적물을 기술하는 데 유동특성에 따른 명확한 구분이 적용되지 않는 경우는 관찰되는 퇴적물이 앞에서 살펴본 두 가지의 유동특성이 퇴적물 중력류의 높이에 따라 구분되어 이 두 가지의 유동특성이 함께 나타나는 경우이다. 즉, 퇴적물의 하부에는 비뉴턴 팽창류(비응집성 암설류)에 의하여 쌓이고 상부에는 뉴턴류(저탁류)에 의한 퇴적물이 쌓이는 경우이다. 이러한 퇴적물의 퇴적작용은 이 두 가지의 퇴적물 중력류가 자주 서로 내부적으로 존재하는 유동성 경계를 변화시킬 때 일어나는 것이지만 궁극적으로는 한 번의 퇴적작용에서 일어나는 것이다. Gani(2004)는 이러한 퇴적물 중력류를 **밀도류**(密度流, dense flow)라고 부르기를 제안하였다. 이 밀도류는 퇴적물의 농도가 암설류와 저탁류의 중간에 해당하기 때문에 밀도 역시 이 두 중력류의 중

그림 3.24 퇴적물 중력류의 유동특성에 따른 분류와 퇴적물의 특성(Gani, 2004).

유동특성	유체 종류		퇴적물		주된 퇴적물 지지 기작
뉴턴 유체	저탁류 (대부분 혼탁)	세부 구분 – 저농도(< 1%)와 머드질(예 : 유체화된 머드?) – 저농도(0.2∼0.3%)와 중립질(고밀도류: Mulder et al., 2003) – 저농도와 세립질(Stow and Shanmugam, 1980) – 중립질 전형적인 예(Bouma, 1962)	저탁암	중력암	유체 교란
불특정 (일부는 뉴턴 유체 또는 비뉴턴 유체)	밀도류 (일부 정류, 일부 난류)	다양한 분류 – 고밀도 저탁류(Lowe, 1982) – 모래질 암설류(Shanmugam, 1996) – 슬러리류(현탁류, Lowe and Guy, 2000) – 농집된 밀도류(Mulder and Alexander, 2001) – 액화류	밀도암		분산 입자 압력, 유체 교란 빠져나가는 공극수, 기질 강도
비뉴턴 팽창 유체	암설류 (대부분 정류)	비점성 밀도류 (예 : 입자류)	암설암		분산 입자 압력
빙험 플라스틱류		점성 암설류			기질 강도
빙험 플라스틱류	슬라이드와 슬럼프		슬라이드와 슬럼프 퇴적물		기질 강도

(좌측 세로축: 유체 함량 증가 ↑)

간에 해당한다. 이런 밀도류에 의하여 퇴적된 퇴적물을 **밀도암**(密度岩, densite)이라고 제안하였다.

퇴적물 중력류의 유동특성을 구분하는 퇴적물 농도의 일정한 구분은 없는 것으로 알려진다. 이는 운반되는 퇴적물 입자의 크기에 따라 퇴적물의 농도가 저탁류, 밀도류와 암설류를 일으키는 기준이 달라지기 때문이다. 일반적으로 퇴적물의 농도가 높아지면 저탁류는 점차 밀도류로 그리고 암설류로 전이된다. 이와 비슷하게 레이놀즈 수에 따라 이들 세 종류의 퇴적물 중력류는 난류와 정류로 나뉜다(그림 3.23B). 그렇지만 대체로 저탁류는 난류를, 암설류는 정류의 특성을 나타낸다. 대부분의 퇴적물 중력류가 슬라이드(slide)와 슬럼프(slump)를 통하여 일어나기 때문에 이들을 포함하여 유동특성, 종류, 퇴적물과 퇴적물 운반기작을 정리해 보면 그림 3.24와 같다. 이러한 운반기작에 따라 나타나는 퇴적물의 특성을 살펴보면 그림 3.25와 같이 정리할 수 있다. 이러한 퇴적물의 특성을 이용하여 퇴적물 중력류의 퇴적학적인 특성을 나타내는 퇴적물의 퇴적기작을 유추해 볼 수 있을 것이다.

Gani는 퇴적물 중력류에 의하여 쌓인 모든 퇴적물을 중력암(重力岩, gravite)으로 부를 것을 제안하였다. 이 중력암의 정의에는 퇴적물이 쌓인 퇴적 환경에 관계없이 퇴적물 중력류에 쌓인 것을 가리키며, 여기에는 슬라이드와 슬럼프 퇴적물도 포함된다. 예를 들어 해저 선상지에는 다양한 종류의 퇴적물 중력류에 의하여 쌓인 퇴적물이 존재하는데, 통상 저탁암이 쌓이는 퇴적 환경으로 알려

그림 3.25 퇴적물 중력류의 유동특성과 퇴적물의 특성 사이의 관계(Gani, 2004).

유체의 물리법칙		관련 사항	퇴적물의 특성
유동특성	뉴턴 유체	항복값 없음; 흐름이 중단되지 않음	분급이 좋으며, 이상 크기 입자는 없음 퇴적물 상부는 항상 입자의 크기가 작은 입자로 이루어짐
	비뉴턴 팽창 유체	마찰로 흐름이 중단되나 항복값 없음 흐름의 중단은 바닥으로부터 상부로 진행	입자의 크기가 상향 세립화를 보이지 않고 층층이 쌓임
	빙험 플라스틱류	항복값이 있어 퇴적물 전체의 흐름이 중단됨. 가장자리보다 안쪽이 더 잘 흐름. 흐름의 중단은 위쪽부터 아래쪽으로 진행.	분급이 불량하며, 흐름의 자체가 보존되며, 상부의 경계는 뚜렷하며 간혹 큰 역이 상부 경계를 뚫고 나타나기도 함
퇴적물 지지 기작	유체 교란	부유상태에서 차별적 입자의 침강	입자의 상향 세립화가 잘 나타나고 분급이 좋음
	빠져 나가는 공극수	공극수가 빠져 나가는 통로 자국 남김	Dish and pillar 구조가 생성되고 지층이 소용돌이친 구조가 나타남
	분산 입자 압력	입자의 크기가 클수록 잘 떠오름	입자의 크기가 상향 조립화를 보임
	기질 강도	큰 입자나 특대의 크기 입자를 지지함	기질에 떠있는 큰 입자들이 나타나며 분급은 불량함

지고 있다. 이에 따라 저탁암계(turbidite system)는 해저 선상지계(submarine fan system)로 혼동되어 인식되고 있기도 하다. 여기서 퇴적물의 보존 상태, 노두의 질 등으로 어느 퇴적물 중력류에 의하여 쌓였는지가 불분명할 때는 단지 중력암으로 통칭을 하는 것이 혼란을 줄일 수 있는 장점이 있다. Gani의 분류 기준으로 구분된 중력암을 정리하면 다음과 같다.

(1) **암설암** : 중력암의 일종으로 암설류에 의하여 쌓인 퇴적물을 가리킨다. 여기서 Gani는 암설암을 비뉴턴 유동양식을 나타내는 퇴적물 중력류에 의한 퇴적물로 국한하여 쓰기를 제안하였다. 이에 따라 암설암은 응집성 암설암(빙험플라스틱류)과 비응집성 암설암(비뉴턴 팽창류)을 포함한다. 일반적으로 중력암 중에서 퇴적층의 최상부까지 점이층리를 보이지 않는 퇴적물은 암설암으로 구분한다. 여기서 응집성 암설암은 이들이 움직이는 데 최소의 응력이 필요하기 때문에 이 퇴적물에는 머드로 이루어진 기질에 이보다는 훨씬 큰 입자들이 떠있는 상태로 산출을 하기 때문에 알아보기가 비교적 쉽다(그림 3.26A). 이들 퇴적물은 아주 불량한 분급을 보이고 아주 드물지만 조립질 입자들의 크기가 상향 세립화하는 경향을 보이기도 한다. 반면에 비응집성 암설암은 기질로 머드가 없는 사암의 경우가 흔하며, 대체로 입자류에 의하여 운반된 퇴적물이 이에 해당한다. 이들은 입자간 충돌에 의해 분산압이 발생하여 역점이층리를 나타내기도 한다. 비응집성 암설암은 이들이 흐르기 시작할 때 최소한의 응력을 필요로 하지 않기 때문에 비응집성 암설류 전체가 한꺼번에 흐름을 멈추지 않으므로 퇴적작용은 층별로 쌓이게 된다. 만약 최소응력을 필요로 하는 경우가 2% 이상의 머드 퇴적물을 함유할 때라고 한다면 퇴적물 전반에 걸쳐 드물게 분산되어 있는 조립질 퇴적물이 있는 경우(그림 3.26B)는 더 이상 분류하기가 어

그림 3.26 중력암의 암상모델(Gani, 2004). (A) 응집성 암설암, (B)~(C) 비응집성 암설암, (D)~(F) 밀도암, (G) 저탁암 (Bouma 층서), (H) 고밀도 저탁암.

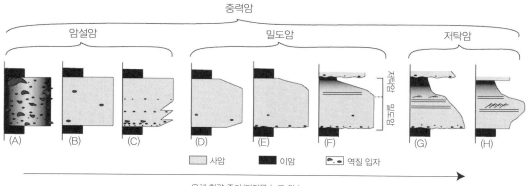

려울 수가 있다.

(2) **밀도암** : 밀도암은 혼합된 중력암으로 하부에는 암설암이, 상부에는 저탁암이 섞여있는 퇴적물을 가리킨다. 그리고 이 두 종류의 퇴적물 사이에는 이들을 구분할 수 있는 특별한 층리면이 존재하지 않는다. 지금까지의 문헌에서 이 밀도암은 저탁암으로 분류되면서 이들에 대하여 Bouma 층서의 T_a나 T_{a-b}로 구분이 되어왔다. 그러나 이들 퇴적물은 층서적으로 특히 상부에서만 입자의 분포가 점이적으로 나타나며, 대부분의 층서에서는 괴상이거나 역점이층리를 나타내기도 한다(그림 3.26D~F). 이러한 경우는 퇴적물 중력류가 높이에 따라 유동특성이 다르게 나타난다는 것을 가리키기 때문에 이들을 저탁암으로 구분하지 말고 밀도암으로 구분하여야 하는 것이 훨씬 논리적이라는 것이다.

(3) **저탁암** : 저탁암은 뉴턴류의 유동특성을 나타내는 퇴적물 중력류에 의하여 쌓인 퇴적물을 가리킨다. 지금까지 저탁류는 빠른 속도로 움직이며 점차 유속이 감속하는 물의 흐름으로 인식되어 왔다. 뉴턴류의 유동특성을 띠는 저탁류는 운반되는 퇴적물의 침강속도에 차이가 있으므로 저탁류 퇴적물의 하부에서 상부로 가면서 점차 입자의 크기가 작아지는 상향 세립화 경향을 띠는 것이 특징적이다. 그러나 Kneller와 Branney(1995)는 저탁류의 유속이 점차 증가(waxing)하는 경우, 대체로 유속을 유지(steady)하는 경우, 유속이 점차 감소(waning)하는 경우가 있음을 보고하였고, 이에 따라 생성되는 퇴적물은 각각 역점이층리, 비점이층리와 점이층리가 생성된다고 하였다. 점이층리를 보이지 않는 괴상의 사암을 설명하기 위하여 Kneller와 Branney(1995)는 '고밀도 저탁류(high density turbidity currents)'라는 용어를 제안하였으며, 이 퇴적물 중력류는 하부에 비뉴턴 유동특성을, 그리고 상부에는 뉴턴 유동특성을 나타낸다고 하였다. 그러나 Gani(2004)의 분류 기준에 따르면 이러한 퇴적물 중력류는 밀도류의 특성을 나타낸다고 할 수 있다. 또한 만약 밀도류에 의한 퇴적물이라면 상부에는 점이층리를 보이는 특성이 나타나야 한다. 만약 그렇지 않다면 이들은 암설암으로 구분하여야 할 것이다. 현재 표면상 유속을 비교적 유지하면서 발생하는 저탁류는 홍수 시 강에서 발생하는 고밀도류(hyperpycnal flow)가

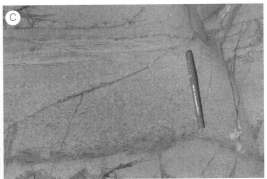

그림 3.27 퇴적물 중력류에 의하여 쌓인 퇴적물의 예. (A) 대륙사면 기저에 쌓인 응집성 암설류(일본 서부 규슈에 분포한 백악기 Himenoura 층군), (B) 삼각주 전면의 밀도암(미국 와이오밍 주 상부 백악기 Wall Creek층), (C) 섭입대에 쌓인 저탁암(일본 중부 Minoterrane에 쌓인 쥐라기 지층).

유일한 예이다. 이 고밀도류에 의하여 쌓이는 퇴적물은 홍수 시 관찰되는 홍수 수위계(水位計, hydrograph)에서 관찰되는 것처럼 유량(유속)이 증가하였다가 점차 줄어들어가는 것에 따른 역점이층리-정점이층리의 기록을 보인다. 고밀도류는 퇴적물 저농도(0.2~3% 부피비율)와 중급 정도의 퇴적물 입자를 가지는 저탁류로 여겨지고 있다. 이에 따라 고밀도류에 의한 퇴적물(hyperpycnites)과 밀도류에 의한 퇴적물(densites)과는 서로 구분되어야 한다는 점이다.

이상의 퇴적물 중력류에 의하여 쌓인 중력암의 예는 그림 3.27에 나타나 있다.

제 2 부

퇴적암의 물리적 특성

제2장에서 소개한 퇴적물의 운반과 퇴적작용은 다양한 종류의 퇴적암을 만들어 낸다. 이들 각 퇴적물은 특징적인 조직과 구조를 가진다. 퇴적물의 조직이란 퇴적물 개별 입자의 크기, 모양, 배열 상태로부터 나타나는 퇴적암의 특징을 가리키는 것으로 일반적으로 퇴적물의 조직이 퇴적물의 운반과 퇴적작용을 잘 반영하고 있기 때문에 이러한 특징을 조사한다면 고기의 퇴적 환경과 운반 및 퇴적작용에 관여된 수력학적인 조건들을 해석할 수 있을 것으로 여겨졌다. 지금까지 퇴적물의 조직의 특성을 밝히는 많은 방법과 해석에 대하여 많은 문헌이 출간되었다. 퇴적물의 조직을 기술하는 입자의 크기, 모양과 입자의 배열 방향 및 입자간의 관계 등은 이러한 특성의 차이로 나타나는 퇴적물의 공극률과 투수율에 영향을 미친다.

퇴적물의 조직이란 퇴적물의 개별 입자에 초점을 맞추는데 비하여 사층리, 연흔 등과 같은 퇴적 구조는 퇴적물 입자의 집합에서 생성되는 특성을 가리킨다. 퇴적 구조는 유체의 흐름, 퇴적물 중력류, 퇴적 동시성 변형작용, 생물의 작용 등 다양한 퇴적작용의 과정에서 생성되는데, 이러한 점을 고려할 때 퇴적 구조는 퇴적물이 퇴적작용이 일어나는 동안이나 또는 퇴적작용이 일어난 직후에 있었던 퇴적 환경의 조건들을 반영한다고 할 수 있다. 이러한 점 때문에 퇴적 구조는 고기의 퇴적 환경과 퇴적될 당시의 여러 지질 조건들을 해석하는데 주요하게 이용이 되고 있다. 쇄설성 퇴적물에서는 특히 조립질 퇴적물에 다양한 퇴적 구조가 생성되어 있는데, 석회암과 증발암에도 역시 다양한 퇴적 구조가 산출된다.

04

퇴적물의 조직

퇴적물의 조직(組織, texture)이란 퇴적물 구성입자의 모양, 둥그런 정도, 표면의 특징, 입자의 크기와 배열상태 등을 일컫는다. 이러한 특징들과 밀접한 연관이 있는 퇴적물의 밀도, 음파 전달도와 투수율도 역시 조직의 범주에 포함된다.

4.1 입자의 크기

입자의 크기란 여러 의미로 사용될 수 있으나, 퇴적물을 조사·연구하는 데에는 일반적으로 입자의 직경을 나타낸다. 퇴적물을 이루고 있는 입자의 크기는 매우 다양하게 나타나므로 이들을 구별하기 위해서는 어떤 척도가 필요하다. 입자의 크기를 나타내는 방법을 처음 고안한 사람 Udden(1898)은 입자 크기의 구분을 2배수로 정하여 mm로 나타냈다. 즉, 1 mm를 기준하여 그보다 큰 입자 크기의 구간은 인접한 작은 크기 구간에 2배를 하였으며, 그보다 작은 입자 크기의 구간은 인접한 큰 구간의 1/2로 정하여 이용하였다. 모래 크기의 입자에서는 1 mm의 크기의 차이에 대한 의미가 중요하나, 자갈 이상의 크기에서는 그 의미가 별로 중요하지 않다. 그러나 mm를 이용한 이 방법은 모래 크기 이상의 큰 입자나 매우 작은 세립질의 입자에서는 이를 표현하기 위한 숫자의 자릿수가 많아서 매우 불편하다. 이를 극복하기 위하여 Krumbein(1934)은 mm의 크기 구분을 대수 (logarithm)로 표현하면 편리하다는 점에 착안하여 Udden의 입자 크기 규격을 현재 널리 사용되고 있는 **phi**(ϕ) 규격으로 정의하였다.

$$\phi = -\log_2 d$$

여기에서 d는 mm로 나타낸 입자의 직경을 나타낸다. 입자의 직경은 체를 이용하거나 현미경을 이용하여 박편에서 측정하여 구할 수 있다. 그러나 이 Krumbein의 식은 ϕ 단위가 mm로 나타나므로 이를 보정하기 위하여

$$\phi = -\log_2 \frac{d}{d_o}$$

로 바꾼다. 여기서 $d_o = 1$ mm이다. 이렇게 하면 ϕ는 단위가 없는 숫자가 된다. 여기서 주목할 것은 ϕ식에 '−'가 붙어 있으므로 입자의 크기가 1 mm보다 큰 입자는 음의 수로 표시되며 1 mm보다 작은 입자는 양의 수로 표시된다는 점이다. 이는 조립질 입자에 비해 더 자주 이용하는 세립질 입

표 4.1 퇴적물 입자 크기의 구분(Udden-Wentworth 규격).

mm	ϕ	분류			Mesh #(US 표준 체)
409.6	−12	초거력(egaclasts)			
204.8	−11	거력(boulder)	극조립		
1202.4	−10		조립		
512	−9		중립		
256	−8		세립		
128	−7	왕자갈(cobble)	조립		
64	−6		세립		
32	−5	자갈(pebble)	극조립		
16	−4		조립		
8	−3		중립		
4	−2		세립		−4(4.76mm)−
2	−1	왕모래(granule)			−10(2.00mm)−
1	0	모래(sand)	극조립		
0.5	1		조립		
0.25	2		중립		−40(0.42mm)−
0.125	3		세립		
0.0625	4		극세립		−200(0.074mm)−
0.0039	8	실트(silt)			
		점토(clay)			

자의 크기를 기술할 때 '−'기호를 붙이는 번거로움을 줄이고자 하였기 때문이다.

　표 4.1은 입자의 크기를 mm와 ϕ로 표현하고, 각 구간의 입자 크기에 대한 용어를 나타내고 있다. 모래 크기 이상의 조립질 퇴적물에 대하여는 Blair와 McPherson(1999)의 분류 기준을 원용하였다.

4.1.1 입자 크기의 통계 처리

퇴적물 입자 크기의 분포는 누적빈도수 곡선이나 평균값, 모드(mode, 최빈값), 중앙값, 분급(分級), 왜도(歪度), 첨도(尖度) 등 분포 형태나 모양에 대해 수치를 이용하여 표현한다. 이러한 통계량들은 현미경을 이용하거나 표준체를 이용하여 분석한 입자 크기의 자료를 ϕ 규격으로 이용하여 그래프로 표시하는 누적곡선이나 mm 규격으로 이용하여 모멘트법으로 계산해 낼 수 있다. 입자 크기의 분석방법에서 볼 때 대개 가장 큰 쪽이나 가장 작은 쪽의 크기에 대해서는 확실하지 않기 때문에 그래프를 이용한 자료가 모멘트 계산치보다 많이 이용되고 있다. 또한, 누적곡선으로부터는 입자 크기의 군집(群集)이 하나인가 또는 둘인가 등의 육안 관찰이 더 용이하다.

(1) 중심 성향의 경향

퇴적물의 입자 분포는 일반적으로 평균값(mean), **모드**나 **중앙값**(median)과 같은 통계량(그림 4.1) 주위에 몰려 있게 된다. 이들 통계량은 퇴적물을 운반하는 유체(流體)의 평균 운반능력(competence)과 퇴적물 공급지에서 공급되는 원래 퇴적물의 크기에 따라 다르게 나타난다. 점토 크기의 퇴적물과 실트나 모래 크기 이상의 입자로 이루어진 퇴적물 간에는 이들이 운반되는 기작이 근본적으로 다르다. 일반적으로 점토 입자들은 교란 작용에 의해 뜬짐으로 운반되는 반면, 대부분의 실트나 모래 또는 그 이상 크기의 입자들은 미끄러짐과 구르기가 반복된 밑짐의 형태로 바닥을 따라서 운반된다. 수십 km에서 수백 km까지 강의 흐름에 따라 모래에서 실트, 그리고 점토로 이어지는 퇴적물의 크기가 점차 변해 가는 것은 모래 입자가 운반 도중 마모에 의해 입자의 크기가 작아지는 것으로 이해되어 왔다. 그러나 이같이 입자의 크기가 하류로 갈수록 세립화되는 현상은 운반 도중 입자의 마모작용에 의해서라기보다는 유수의 세기가 점차 약해짐으로써 운반능력의 감소로 일어나는 현상으로 설명되고 있다.

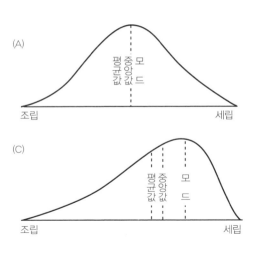

그림 4.1 퇴적물 입자 분포 곡선에서의 평균값, 중앙값과 모드의 위치. (A) 대칭 분포, (B) 양성 왜도 분포, (C) 음성 왜도 분포.

표 4.2 퇴적물 입자의 크기 분포를 나타내는 통계량 계산법

A. 그래프 방식(Folk and Ward, 1957)		B. 모멘트 방법	
중앙값	$M_d = \phi_{50}$	평균값	$\bar{x} = \dfrac{\sum fm\phi}{100}$
평균값	$M = \dfrac{\phi_{16} + \phi_{50} + \phi_{84}}{3}$	분급	$\sigma = \sqrt{\dfrac{\sum f(m\phi - \bar{x})^2}{100}}$
분급	$\sigma_I = \dfrac{\phi_{84} - \phi_{16}}{4} + \dfrac{\phi_{95} - \phi_5}{6.6}$	왜도	$\alpha_3 = 1/100 \ \sigma^{-3} \sum f(m\phi - \bar{x})^3$
왜도	$S_k = \dfrac{\phi_{16} + \phi_{84} - 2\phi_{50}}{2(\phi_{84} - \phi_{16})} + \dfrac{\phi_5 + \phi_{95} - \phi_{50}}{2(\phi_{95} - \phi_5)}$	첨도	$\alpha_4 = 1/100 \ \sigma^{-4} \sum f(m\phi - \bar{x})^4$
첨도	$K_G = \dfrac{\phi_{95} - \phi_5}{2.44(\phi_{75} - \phi_{25})}$	f : 각각의 입자 크기 구간의 %, $m\phi$: 각각의 ϕ크기 구간의 중앙점 값	

평균값과 중앙값은 누적곡선에서 16%(ϕ_{16}), 50%(ϕ_{50}), 84%(ϕ_{84})에 해당하는 입자의 크기로부터 계산할 수 있다. 표 4.2는 입자의 크기 분포를 알아보기 위해 일반적으로 많이 이용되는 그래프 방법과 모멘트 방법을 종합한 것이다. 평균값은 전체 입자의 크기 분포에 따라 달라지기 때문에 중앙값보다는 중심 성향의 정도를 나타낸다. 통계적으로 볼 때 입자가 정규분포를 하고 있다면 평균값, 모드, 중앙값은 모두 같은 값을 갖는다(그림 4.1). 이러한 중심 성향의 경향은 퇴적물의 수직적인 기록에 적용하여 하부에서 상부로 감에 따라 입자의 크기가 증가 또는 감소하는지를 관찰하면 퇴적물이 쌓였던 퇴적 환경을 구별하는 데 이용된다.

(2) 입자의 최대 크기

입자의 최대 크기는 최대값을 갖는 입자를 운반시키는 유수의 운반능력을 알아보는 것으로서, 누적곡선에서 구하거나 또는 5개나 10개의 가장 큰 입자의 평균 직경을 이용하여 구한다. 모래 크기 입자로 이루어진 퇴적물에서 최대 입자의 평균 크기는 박편을 이용하여 쉽게 구할 수 있다. 이를 이용하여 퇴적물 수직 기록에서 최대 크기의 변화나 공간상의 최대 크기의 변화를 도면에 나타내어 해석이 가능하다.

(3) 입자의 이중 모드(쌍봉 분포)

퇴적물의 입자 크기 분포에서 입자의 크기가 서로 다른 두 구간이 두드러지게 나타날 경우, 퇴적물은 이중 모드(bimodal)의 입자 크기를 갖는다(그림 4.2)고 한다. 입자의 분포가 두 개의 모드로 나타나는 경우는 밑짐과 뜬짐의 입자가 함께 쌓여 나타날 때, 조립질 입자가 먼저 쌓이고 조립질 입자들 사이로 세립질 입자가 나중에 스며들었을 때, 조립질 입자와 세립질 입자가 따로 쌓인 후 생물에 의해 교란 작용을 받아 혼합되었을 때, 속성작용을 받았거나 또는 원래 퇴적물의 공급지로부터 특정한 크기의 입자가 공급되지 않을 때 나타날 수 있다. 둘 이상의 모드가 있게 되면 입자 크기의 통계 처리는 복잡해진다. 특히 두 모드로 나타나는 입자의 분포는 바람에 의해 쌓인 모래 퇴적물에 나타나는 독특한 특징으로 여겨지기도 하는데, 이런 경우에는 두 크기 입자들의 가장자리는 마모가 잘되어 입자들의 가장자리는 아주 부드럽게 되어있는 것(양호한 원마도)이 특징이다.

그림 4.2 퇴적물 입자의 이중 모드 분포.

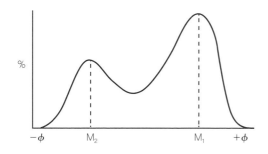

그림 4.3 A, B, C의 세 곡선은 동일한 평균값($\bar{x}$)을 갖는 퇴적물 입자의 크기 분포로서, 모두 정규 분포를 보이나, 분급에서 차이가 난다. C에서 A로 갈수록 분급이 좋아진다.

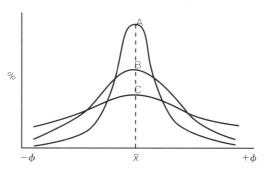

4.1.2 분급

입자의 분포가 얼마만큼 중앙 집중의 경향을 보이며 모여 있는가를 나타내는 것이 **분급**(分級, sorting)이다. 입자 분포의 양 끝부분(tails)은 대체로 퇴적 환경을 민감하게 나타내는 것으로 알려져 있으며, 분급을 측정하는 것은 이러한 점을 표현하는 것으로 이용되었다. 높은 에너지의 환경에 쌓인 퇴적물은 양 끝부분이 거의 나타나지 않는 입자 분포를 나타낸다. 따라서 분급을 알아보기 위해서는 입자의 누적분포에서 16%(ϕ16)와 84%(ϕ84) 그리고 5%(ϕ5)와 95%(ϕ95)에 해당하는 입자의 크기를 이용하게 된다. 어느 한 값을 중심으로 퇴적물의 크기가 가까이 분포하면 이 경우의 퇴적물은 분급이 좋다고 하며, 여러 모드로 서로 떨어져서 나타나면 분급이 나쁘다고 한다(그림 4.3). 분급의 정도는 표 4.3과 그림 4.4에 나타나 있다.

4.1.3 왜도

왜도(歪度, skewness)란 퇴적물 입자의 크기 분포가 어느 정도 비대칭을 이루는가를 나타내는 척도로서 입자의 크기 분포에서 특히 적은 양으로 나타나는 입자의 크기가 어느 입자 쪽으로 길게 늘어져 나타나는가를 알아보는 것이다. 입자 크기의 분포에서 적은 양의 입자 크기가 분포하는 꼬리 부분이 오른쪽(세립질 입자 크기 쪽, ϕ 규격에서 양의 수 쪽)으로 치우쳐 있으면 이를 **양성 왜도**(positive skewness)라 하며, 왼쪽(조립질 입자 크기 쪽)으로 치우쳐 있으면 **음성 왜도**(negative skewness)라고 한다(그림 4.5). 분급에서 알 수 있듯이 입자 크기 분포곡선의 꼬리 부분은 퇴적 환경에 민감하기 때문에 왜도는 그 중요성을 갖는다.

　양성 왜도를 갖는 퇴적물의 분포는 하성 환경(河成環境, fluvial environment)에 쌓인 퇴적물의

표 4.3 분급의 정도

σ_1	분급의 분류	σ_1	분급의 분류
< 0.35ϕ	매우 좋은 분급(very well sorted)	1.0～2.0ϕ	나쁜 분급(poorly sorted)
0.35～0.50ϕ	좋은 분급(well sorted)	2.0～4.0ϕ	매우 나쁜 분급(very poorly sorted)
0.50～0.71ϕ	약간 좋은 분급(moderately well sorted)	> 4.0ϕ	아주 나쁜 분급(extremely poorly sorted)
0.71～1.0ϕ	보통 분급(moderately sorted)		

그림 4.4 분급의 정도를 나타낸 모식도(Compton, 1985).

매우 좋은 분급　　　좋은 분급　　　보통 분급　　　나쁜 분급　　　매우 나쁜 분급
< 0.35ϕ　　0.35～0.71ϕ　　0.71～1.00ϕ　　1～2ϕ　　2～4ϕ

특징이다. 하성 퇴적물에서 조립질 퇴적물의 입자 크기는 하천의 유수가 운반시킬 수 있는 능력에 따라 정해지기 때문에 그 상한에 한계가 있으나 부유 상태로 운반되는 퇴적물은 분급이 일어나지 않기 때문에 이를 조절할 수 없으며 유속이 감소하면서 세립질 퇴적물이 조립질 퇴적물 입자 사이에 스며들어 세립질 물질이 존재한다. 즉, 하천에서 퇴적물이 운반 및 퇴적되는 동안 조립질 입자 사이에 들어있는 세립질 물질을 제거하는 작용이 없다.

풍성 퇴적물 역시 바람이 운반시킬 수 있는 입자 크기에 한계가 있기 때문에 양성 왜도를 나타낸다. 물론 세립질 물질은 선택적으로 빠져서 운반되기도 하지만 세립질 물질의 잔재가 남아 있게 된다. 반면에 해빈(beach)에 쌓이는 퇴적물은 음성 왜도를 나타낸다. 그래뉼(왕모래)이나 자갈 크기의 입자들이 소량

그림 4.5 퇴적물 입자의 크기 분포에서의 왜도 구분.

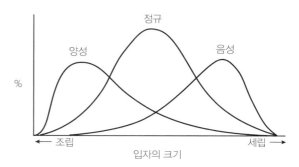

그림 4.6 해빈 모래 퇴적물에 들어있는 자갈 크기의 입자로 입자의 분포는 음성 왜도를 나타낸다(경남 남해 상주해수욕장).

존재하여 주로 모래 크기의 입자로 이루어진 퇴적물에 소량으로 꼬리로서 분포하여 나타난다(그림 4.6). 파도가 퇴적물을 도류 운반(saltation)으로 운반시키는데 그중에서 중립질-조립질 모래의 입자들이 해빈 퇴적물의 거의 대부분을 구성하고 세립질 퇴적물은 해빈 퇴적물의 전체 1% 미만으로 거의 나타나지 않는다. 이는 세립질 입자들은 더 오랫동안 부유 상태로 남아 있다가 해빈으로부터 멀리 이동된다. 여기서 해빈의 퇴적물에 들어있는 조립질 입자들은 폭풍과 같은 고에너지의 조건 때 운반되어 온 후 정상적인 기상 상태에서는 파도에 의하여 운반되지 못하고 잔류 퇴적물로 그대로 남기 때문이다.

하나의 퇴적층 단위에서 볼 때, 퇴적층의 하부에서는 양성의 왜도를 보이다가 점차 지층의 상부로 가면서 음성 왜도로 변화해 가는 양상이 있다고 한다면 이와 같은 왜도의 변화 역시 조립질 입자 부분의 꼬리가 점차 감소하여 나타나며 점이층리(漸移層理, graded bedding)를 나타내는 지층에서 흔히 나타난다.

4.1.4 첨도

첨도(尖度, kurtosis)는 퇴적물 입자 크기의 분포곡선이 얼마만큼의 높이를 이루며 나타나는가를 표

시하는 척도로서 퇴적물의 분포곡선이 정규분포보다 더 평탄하게 나타나면 platykurtic이라고 하고 정규분포보다 더 뾰족하게 나타나면 leptokurtic이라고 한다. 그러나 퇴적물 입자 크기의 분포에서 첨도의 지질학적 의의는 아직 잘 알려져 있지 않다.

4.1.5 입자 크기 자료의 의의

입자의 분포가 대수정규(lognormal) 분포로 나타나는 경우에는 입자의 크기가 phi(ϕ) 단위로 표시된 등차확률 방안지(arithmetic probability paper)와 mm로 표시한 대수확률 방안지(logarithmic probability paper)에 도시(圖示)하여 보면 양 끝부분을 제외하고는 거의 직선으로 나타난다(그림 4.7). 그러나 대수확률 방안지에서 입자의 분포가 하나의 연속적인 직선으로 표시되는 경우는 매우 드물며 대개 누적곡선에서 보통 둘 혹은 그 이상으로 기울기가 달라져서 직선 마디의 꺾어짐(inflection point)이 나타나게 된다(그림 4.7). 이러한 직선 마디로 이루어진 분포곡선은 입자의 운반 기작을 대변한다고 할 수 있다. 퇴적물 입자의 운반 기작은 세 가지로 나뉜다. 즉, **부유**, 입자가 간헐적으로 바닥과 접촉하면서 부유 상태로 운반되는 **도류**(跳流, saltation), 그리고 바닥과 접촉하며 미끄러지거나 구르는 운반(surface creep)으로 나뉜다. 가장 조립질 부분의 직선 마디는 **바닥끌기**(traction)짐을, 중간 마디는 도류 운반을, 그리고 가장 세립질 마디는 부유 운반을 지시한다(Visher, 1969). 하천의 모래 퇴적물에 대하여 확률분포를 표시해 보면 그림 4.8에서 보는 바와 같이 두 개 또는 아주 드물게 3개의 직선 마디로 분리된 분포 양상을 나타낸다. 하천 퇴적물의 운반 기작은 도류와 부유 운반이 특징이다. 만약 하천 퇴적물의 입자 크기 분포가 3개의 마디로 나타날 경우는 바닥끌기짐이 나타나기 때문인데, 이 짐 퇴적물은 입자의 크기가 1ϕ보다 조립질이며 기원지의 특성에 의해 공급되는 것으로 대체로 하천의 가장 깊은 부분에 분포한다. 도류와 부유 운반 퇴적물의 두 직선 마디가 꺾어지는 곳은 누적산출빈도가 90%보다 낮은 값에서 나타나는데, 대략 2.5ϕ와 3.0ϕ 사이에 놓이게 된다. 여기서 세립질 입자를 대변하는 부분은 전체 모래질 퇴적물의 10% 또는 그 이상의 양을 지시한다. 이 입자 크기의 퇴적물들은 유수에 의하여 운반되는 조립

그림 4.7   정규 분포를 보이는 퇴적물의 누적 빈도 분포

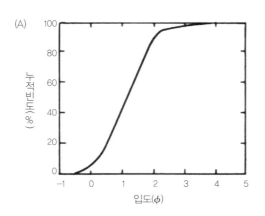

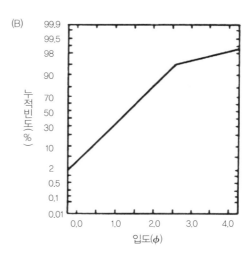

질 입자들 사이에 세립질 퇴적물이 붙잡혀 있기 때문에 세립질 입자의 퇴적물은 유수의 속도가 낮아졌을 때 조립질 퇴적물 사이로 퇴적이 일어난 것이다.

반면에 해빈 퇴적물의 확률분포에서는 모래 퇴적물들이 육지와 바다 쪽으로 왕복운동을 하는 물 운동에 의하여 퇴적이 일어나는데, 이 퇴적물에는 세립질 퇴적물이 대체로 1% 미만으로 나타나며 여기서 부유 운반의 입자 크기와 이보다 조립질인 입자 직선 마디와 꺾어짐점은 약 100 μm에 가깝다. 입자 분포곡선의 중앙부에 해당하는 부분은 주된 퇴적물 운반 기작인 도류에 의한 운반으로 두 개의 직선 마디로 분리되어 나타나는 것이 특징이다(그림 4.9). 이렇게 도류에 의한 입자 분포가 두 개의 직선 마디로 나누어지는 것은 하천의 퇴적물 분포곡선에서는 나타나지 않는데, 그 이유는 해빈에서는 해빈으로 바닷물이 밀려오는 운반(swash)과 바다 쪽으로 밀려나가는 운반(backwash)으로 서로 다른 운반 조건을 가지기 때문이다. 가장 조립질 부분은 도류에 의한 입자 직선 마디와 약 2φ(250 μm)에서 구분이 된다. 이보다 큰 입자는 관성력이 작용하여 입자를 구르거나 미끄러지도록 한다. 우리나라 한강과 낙동강 하구 퇴적물의 대수 확률 분포곡선은 그림 4.10A에 나와 있으며, 동해안 경포대해수욕장 해빈과 서해안 꽃지해수욕장 해빈의 모래 퇴적물 분포곡선은 그림 4.10B에 표시되어 있다.

이제까지의 여러 연구에 의하면 입자의 침강 속도가 입자를 운반시키는 유수의 속도보다 빠를 때 입자는 밑짐(bedload)으

그림 4.8 미시시피 강 퇴적물의 입자 분포(Visher, 1969). 하천 퇴적물의 입자 분포는 대부분 2개의 마디로 나타나나 드물게 3개의 마디로도 나타난다.

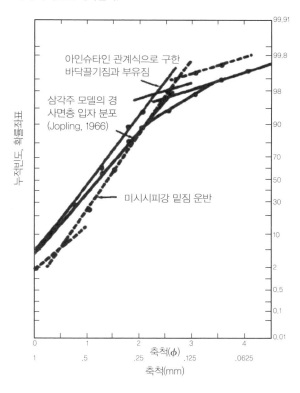

그림 4.9 4개의 직선 마디로 이루어진 해빈 퇴적물의 누적 빈도 분포. 각각의 직선 마디는 퇴적물의 운반 메커니즘을 나타내는 것으로 판단된다(Visher, 1969).

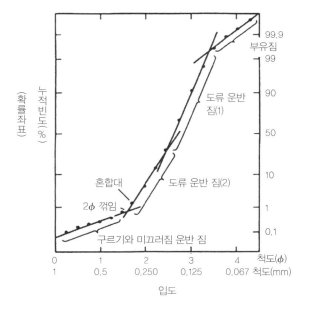

그림 4.10 (A) 한강과 낙동강의 퇴적물 입자 분포, (B) 경포대해수욕장과 꽃지해수욕장의 퇴적물 입자 분포.

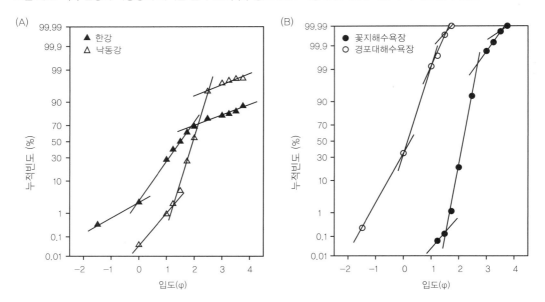

로 운반되며, 입자의 침강 속도가 응력(應力, shear stress) 속도보다 클 때는 입자가 간헐적으로 뜬짐 (suspended load) 상태로 이동한다고 알려져 있다. 여기에서 응력속도란 바닥에서의 유수의 강도를 측정하는 값을 말한다. 이에 대한 자세한 내용은 제3장에서 다루었다.

퇴적물 입자의 크기 분포를 나타내는 누적곡선의 형태를 이용하여 퇴적 환경을 해석하고 퇴적물의 운반 기작에 대한 수력학적 해석을 시도하는 많은 노력이 있었다. 그러나 퇴적물 입자 크기의 분포자료의 해석에서 고려해야 할 점은 제한된 지역에서 퇴적물의 운반에 영향을 미친 원래 퇴적물의 크기 그리고 고기(古期)의 암석에서는 속성작용이다.

가장 먼저 유의할 점은 퇴적작용이 일어나는 장소에 공급되는 퇴적물 입자의 크기이다. 퇴적물이 쌓이는 장소에 원래 조립질 물질이 존재하지 않았다면 강한 유수나 파도의 에너지가 있더라도 조립질 물질은 쌓이지 않는다. 또한, 풍화작용과 침식작용이 일어나 퇴적물이 생성되는 공급지에서는 대체로 한정된 입자 크기의 퇴적물만이 공급된다는 점이다. 예를 들면, 화강암과 같은 산성암에서는 풍화작용을 받아 화강암의 석영 결정에 해당하는 크기의 석영 입자가 공급되고 장석이 풍화를 받아 생성된 점토광물이 공급된다. 반면 현무암이나 반려암과 같은 염기성암이 풍화를 받으면 거의 대부분이 점토광물만 생성되고 모래 크기의 입자는 거의 생성되지 않는다. 또한, 퇴적물 입자 크기의 분포는 퇴적물이 쌓이는 장소로 운반시키는 기작에 의해서도 조절을 받는다. 이렇게 볼 때, 현생 환경에서의 퇴적물 입자의 크기 분포는 퇴적작용이 일어나는 환경에서의 수력학적인 조건과 기원지에서 공급되는 풍화·침식의 산물인 입자의 분포에 따라 좌우된다고 볼 수 있다. 따라서 어느 특정한 입자 크기의 분포라도 특정한 퇴적 환경만을 지시하지는 않는데, 그 이유는 서로 다른 퇴적 환경에서도 비슷한 수력학적인 조건이 나타나기 때문이다. 이 점이 퇴적물 입자의 분포를 이용하여 고기의 퇴적물에 적용하는 데 어려움이 있음을 나타낸다.

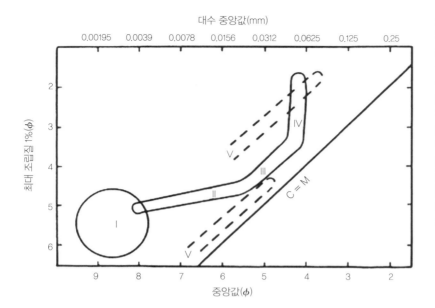

그림 4.11 서로 다른 퇴적 환경에 쌓인 퇴적물의 C–M 양상(Passega, 1957, 1964). I : 원양성 부유 퇴적(pelagic suspension), II : 균일한 부유 퇴적(uniform suspension), III : 점이적 부유 퇴적(graded suspension), IV : 밑짐(bed load), V : 저탁류(turbidity current) 퇴적, 위치는 밀도에 따라 다르게 나타난다.

　또한 고화된 퇴적암에서는 속성작용에 의해 물성이 약한 점토질암 암편이나 화산암 암편이 변질을 받아 다짐작용을 받으면 이들은 원래 입자의 형태를 유지하지 못하고 기질화되어 관찰자에게는 세립질 물질의 양이 많이 들어있는 것처럼 보일 수 있다. 이렇게 되면 퇴적 당시의 수력학적인 해석에 오류가 발생할 수 있다.

　입자의 크기 분포를 그래프로 표시하여 퇴적물이 쌓이는 기작을 알 수 있는 또 다른 방법으로 제안된 것은, 퇴적물 입자의 크기에서 가장 조립질 입자(C:1 percentile)와 평균값(M)과의 관계를 나타내는 C-M 다이어그램(그림 4.11)이 있다.

　퇴적물 입자 크기의 분포 자료는 퇴적물을 연구하는 가장 기본적인 자료이다. 그러나 앞에서 살펴본 바와 같이 퇴적물 입자 크기의 분포를 이용하여 퇴적물의 퇴적 기작과 퇴적 환경의 해석에는 여러 가지 문제점이 있을 수 있으므로 이 자료를 그대로 이용하여 해석하기보다는 이 자료를 일차적인 해석에 이용하고, 다른 자료를 이용하여 보완하여 해석하기를 권고한다.

4.2 입자의 모양과 원마도

퇴적물 입자의 모양과 원마도는 퇴적물 기원지에서 공급되어 입자에 가해진 운반 과정의 영향을 알아보는 중요한 척도이다. 여러 모양을 띤 각이 진 입자로 이루어진 퇴적물과 동일한 구의 형태를 나타내며 가장자리가 둥근 입자로 이루어진 퇴적물과는 퇴적 당시에 수력학적인 차이가 있었음을 가리킨다. 즉, 입자의 마모작용, 용해작용과 유수의 분급작용이 입자의 모양과 원마도에 큰 영향을 미친다. 모양과 원마도 이 두 가지 척도는 이 같은 중요성을 가지고 있지만 이들을 측정하기 위해서는 많은 시간이 소요되고 또한 부정확한 면이 있으므로 이에 대해서는 많은 연구가 이루어지지 않고 있다.

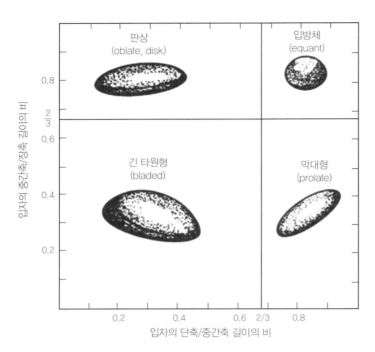

그림 4.12 입자의 형태 분류(Zingg, 1935)

    입자의 모양은 **구형도**(球形度, sphericity)와 **형태**(形態, form)로 구별된다. 형태는 입자의 장축 (L), 중간축(I)과 단축(S)의 길이의 비율로 나타낼 수 있다(그림 4.12). 구형도란 입자의 모양이 얼마만큼 구(sphere)에 가까운가를 측정하는 척도이다. 완전한 구는 구형도가 1.0이다. 대부분의 퇴적물은 구형도가 0.6에서 0.7 사이에 있다(Folk, 1980). Sneed와 Folk(1958)는 구형도를 측정하는 여러 방법을 검토해 보고 최대 투영 구형도(maximum projection sphericity)를 제안하였는데, 이 지수는 입자와 동일한 부피를 가지는 구의 단면적과 입자의 투영 면적과의 비율을 나타내며 $\Psi_p = \sqrt[3]{S^2/LI}$ 로 계산할 수 있다. 모양은 밀도처럼 입자의 침강 속도에 영향을 미치는 요소이다. 모양은 부피에 대한 표면적의 비율을 나타내므로 수력학적인 중요성을 지닌다. 만약 이 비율이 높다면 입자는 쉽게 운반되며 느리게 가라앉을 것이다.

    원마도(圓摩度, roundness)란 입자의 마모작용을 잘 반영하며 마모작용의 정도는 기원지 암석의 종류, 기원지의 기복(起伏, relief), 운반작용과 입자의 광물 성분에 따라 달라진다. 원마도는 입자의 모양과는 전혀 다른 개념으로서 입자의 모양과는 관계없이 입자의 각이 진 부분의 굴곡 정도를 나타낸다. 정량적으로 원마도는 입자 투영단면에서 $\sum_{i=1}^{n} = \dfrac{(r_i/R)}{n}$ 으로 구할 수 있는데, 여기에서 r_i는 입자의 i번째 각이 진 구석의 내접원의 반경을 나타내고, n은 구석의 수를 나타내며, R은 입자의 투영단면에서 가장 큰 내접원의 반경을 가리킨다. 원마도 역시 정성적으로 표준 도표(그림 4.13)를 이용하면 육안으로 비교하여 쉽게 알아볼 수 있다.

    그러면 퇴적물 입자의 모양과 원마도는 어떤 지질학적인 의미를 가지는가? 입자의 원마도는 입자의 크기, 물리적 특성 및 마모되는 기간의 영향을 받는다. 실험실의 원마도 실험과 현생 환경의 원마도 측정에 의하면 입자의 원마작용은 매우 느리게 일어나며, 입자의 크기가 작아질수록 원마

그림 4.13 퇴적물 입자의 원마도와 구형도(Powers, 1953). 원마도의 값이 위쪽에 표시되어 있으며, ρ값은 Folk(1955)에 의한 것이다.

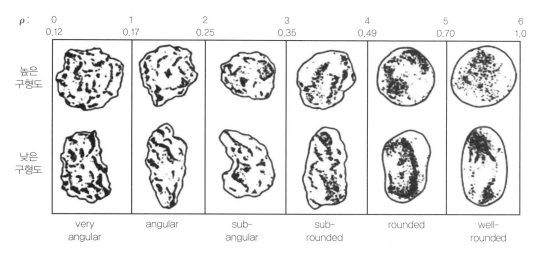

되기가 더욱 어렵다고 보고되어 있다. 따라서 동일한 운반 거리를 갖는다고 할 때 큰 입자는 작은 입자보다 더 양호한 원마도를 나타낸다고 할 수 있다. 1959년에 Kuenen은 각이 진 중립질 석영의 모래 입자를 이용하여 20,000 km의 운반 거리에 해당하는 마모작용 실험을 하였으나 단지 1% 정도의 무게만이 감소하여 운반 거리가 길더라도 모래 크기의 입자에서는 원마도의 증가는 거의 일어나지 않는다는 것을 알아냈다. 따라서 아직까지는 퇴적물 입자의 평균 원마도나 또는 각이 진 입자의 함유량을 가지고 퇴적물이 얼마나 운반되었는가를 알아내는 것은 이들 간의 상호 관계가 아직은 충분히 알려져 있지 않아 정성적으로만 해석을 한다.

또한, 미해결된 문제점은 입자가 원마되는 비율이 퇴적 환경에 따라서도 달라진다는 점이다. 그밖에 입자의 종류에 따라서 입자의 원마도에 미치는 요인이 다르게 작용하기도 한다. 예를 들면, 규산염 광물에서는 화학적 용해가 그다지 중요하지 않으나 탄산염 입자에서는 매우 중요한 요인으로 작용한다.

원마가 잘 된 입자는 아마도 입자가 여러 번의 퇴적, 침식과 운반의 과정을 거치면서 만들어졌거나 또는 원마작용이 매우 빨리 일어나는 특정 환경에서의 마모작용 때문일 것이다. 따라서 잘 원마된 입자에 대한 해석은 원래부터 그 상태로 유래되었거나 혹은 퇴적과 운반작용에 기인한다는 두 견해로 나누어지게 된다. 해빈 환경과 풍성의 사구(砂丘, dune)는 잘 원마된 입자들이 생성되고 쌓이는 곳으로 여겨지는 곳이다. 그렇지만 현생 해빈 환경의 모래를 조사해 본 결과 이곳의 모래가 그들의 기원지로 여겨지는 육상 하천의 모래와 비교해 보아도 더 나은 원마도를 보여 주지는 않는다고 보고되어 있다. 아마도 현생의 해빈 환경은 지난 마지막 빙하기 이후 매우 빠른 해수면 상승으로 인하여 해빈에서 파도에 의한 마모작용이 충분히 일어나지 않았기 때문으로 여겨진다. 그렇지만 지질시대 동안 해빈과 사구 환경은 현생 환경에서보다는 오래된 강괴(剛塊, craton)에서 조구조적(造構造的)으로 매우 안정한 때에 기존에 쌓였던 퇴적물의 재동(再動, reworking)이 잘 일어났던 장소로 여겨지고 있다.

입자의 원마도를 가지고 그 입자를 이동시킨 운반 매체를 구별할 수가 있다. 즉, 석영 모래 입자의 원마도는 이들 석영 입자들이 유수나 바람 중 어느 것에 의해 운반되었는지 구별시킨다. 대체로 바람에 의해 운반된 석영 모래들이 유수에 의해 운반된 석영 모래보다 더 좋은 원마도를 나타내기 때문에 원마도가 좋은 석영 입자는 풍성 퇴적물을 가리키는 좋은 지시자로 이용되고 있다. 유수에 의해 석영 모래 입자들이 운반되는 경우에는 유수에 실려서 운반되면서 입자끼리의 충돌 또는 입자와 바닥 면과의 충돌 시에, 바람에 비하여 유속이 비교적 느리고 또한 그에 따라 입자의 운동 에너지와 추진력이 낮고, 입자들이 충돌할 때 물이 충격 완화의 역할을 하기 때문에 입자의 마모작용 효과가 감소하게 된다. 반면에 바람에 의해 모래 입자가 이동될 때는 바람이 선택적으로 원마도가 좋은 모래 입자만을 운반하기도 하며 유수에 비해 빠른 바람의 속도와 그에 따른 입자의 운동 에너지와 추진력이 커서 입자들이 서로 충돌하여 모진 가장자리가 빠르게 마모되어 입자의 가장자리가 둥글게 되기 때문이다. 바람에 의하여 도류(saltating)하는 입자의 운동 에너지는 물속에서 운반되는 입자의 운동 에너지보다 약 430배 더 큰 것으로 알려지고 있다. 이러한 운동 에너지의 차이로 입자의 마모와 불안정한 광물의 파괴가 물로 운반될 때보다 바람에 의하여 운반될 때 훨씬 빠른 속도로 진행된다는 것을 예상할 수 있다. 실트 크기의 석영 입자도 모래 크기 입자의 경우와 마찬가지로 풍성 퇴적물이 하성 퇴적물보다 더 좋은 원마도를 나타낸다. 실트 크기의 입자들은 바람에 의해 운반될 때 공급지로부터 처음 100~150 km 이내에서는 원마도가 아주 좋아지고, 그 이상의 운반 거리에서는 큰 변화가 나타나지 않는다고 보고되어 있다(Mazzullo et al., 1992).

풍성 퇴적물에서 입자의 원마도를 증가시키는 요인으로는 마모작용, 토양 내에서 규산의 용해와 침전(이들 화학적 작용은 입자의 가장자리를 둥글게 함)과 모양의 분급작용에 의해 일어난다고 설명된다. 이 중에서도 모양의 분급작용이 바람에 의해 이동되는 퇴적물의 원마도를 높이는 데 가장 중요하게 작용한다. 같은 크기와 밀도를 갖는 입자들이라도 각이 진 입자나 모서리가 울퉁불퉁한 입자는 둥근 입자보다 바닥으로부터 들어 올려지는 힘이 더 많이 필요하다. 따라서 둥근 입자는 원마도가 나쁜 입자보다 지상으로 더 높이 떠오르고 이렇게 되면 그 입자들은 더 빠른 풍속의 바람에 실려서 더 멀리 이동하게 된다. 이러한 과정이 몇 번 반복되면 바람에 의해 운반되어 쌓인 퇴적물은 원마도가 좋은 입자들로만 모여 있게 된다. 실험실에서 사구 모래들의 마모작용을 재현해 본 결과 모래 입자들의 마모작용은 각이 진 입자일수록 더 마모작용이 잘 일어나며 이 마모작용으로부터 세립질의 입자들이 생성되는 것으로 밝혀졌다(Bullard et al., 2004). 이 실험에서는 아원마상(subrounded) 내지는 원마상(rounded)의 모래 입자일수록 이보다 좀더 각이 진 모래 입자보다는 모래 입자의 입자 표면에 붙어 있는 점토질 물질이 마모작용 동안 떨어져 나와 바람에 의하여 운반되는 상당한 양의 세립질 물질을 생성시킨다는 것을 알아낼 수 있었다.

유수에 의해 운반되는 모래 크기의 입자에서는 장거리에 걸쳐 운반이 되더라도 마모작용이 거의 일어나지 않지만 이보다 큰 자갈 크기 이상의 입자는 상류에서 하류로 운반되면서 운반되는 도중에 마모작용에 의해 입자의 크기가 감소하며 원마도가 증가한다고 여겨진다. 1875년에 독일의

Sternberg는 이를 증명하기 위해 라인강의 상류와 하류에서 자갈 크기의 입자들에 대해 무게를 측정하여 다음과 같은 관계식을 구하였다.

$$W_x = W_0 \cdot e^{-ax}$$

여기서 x는 운반된 거리이며, W_x는 기원지로부터 x 거리까지 운반된 최대 크기의 자갈의 무게, W_0는 기원지에서의 무게를 나타낸다. 이후 Pelletier(1958)는 북미 애팔래치아 산맥에서 과거에 습곡과 드러스트되기 이전의 상태로 지층을 복원시킨 후 고수류(古水流, paleocurrent)의 방향에 따라 가장 큰 입자 10개의 크기를 측정하여 입자의 크기가 퇴적물의 운반 방향에 따라 감소한다는 것을 밝혀내고

$$Y_x = Y_0 \cdot e^{-ax}$$

와 같은 관계식을 구하였다. 여기서 Y는 입자의 직경을 가리킨다. 이 식은 Sternberg의 관계식을 증명한 셈이다. 하천의 상류로부터 하류로 운반 거리에 따르는 자갈의 크기 변화가 역시 지수함수의 관계를 보인다는 것이 McBride와 Picard(1987)에 의해서도 밝혀졌다. 이들은 이탈리아의 사면의 구배가 급한 하천에서 자갈의 크기와 운반 거리와의 관계를 다음과 같은 선형의 관계식으로 나타냈다.

자갈의 크기(ϕ) = 0.1167 × 운반 거리(km) − 10.29

　이와 같이 운반 거리에 따른 입자 크기의 감소 경향은 실험을 통해서도 밝혀졌다. 그런데 입자 크기의 감소의 정도와 원마도의 정도는 자갈을 이루는 암상에 따라 다르게 나타난다. 자연 상태에서는 상류에서 하류로 가면서 자갈 입자 크기의 변화는 실제로 마모작용뿐만 아니라 유수의 운반 능력에 따라서도 일어난다. 이에 반하여 모래 크기의 입자는 Kuenen의 실험에서 알려진 바와 같이 마모작용의 영향을 거의 받지 않기 때문에 하류로 감에 따라 나타나는 입자 크기 조직의 변화는 사면 구배의 감소에 따른 유수의 운반능력 감소에 기인한다.

　입자의 원마도를 설명할 때 주의할 점이 한 가지 더 있다. 대개는 자갈 크기 이상의 입자가 비교적 원마도가 좋을 경우에는 이들이 어느 정도의 운반과정을 거치면서 각이 진 입자의 가장자리가 마모되어 원마도가 증가한 것으로 여기기 쉽다. 그러나 원마도가 좋은 자갈 크기의 입자 중 특히 화강암질의 암상을 나타낸다면 이 역들은 운반과정에서 원마도가 증가한 것이 아니라 풍화를 받는 과정에서 생성된 것으로 운반 거리가 그리 멀지 않은 것임을 고려해 보아야 한다. 화강암질 암석은 풍화를 받으면 풍화 산물이 얼핏 보면 화강암질 암석의 조직을 그대로 보존하고 있는 것으로 보이지만 손으로 만지면 부슬부슬하게 부서져 버리는 **부식암석**(saprolite)으로 변하게 된다. 이렇게 부식암석이 생성되는 과정에서 원래 화강암질 암석에 발달한 균열이나 미세한 틈을 따라 지표수가 침투를 하여 화강암질 암석의 균열이나 틈에서부터 풍화가 시작되어 점차 틈에서 안쪽의 신선한 암석 내부 쪽으로 진행이 된다. 이렇게 되면 균열로 둘러싸인 암체의 내부에서는 균열의 가장자리부터 풍화가 진행되어 부식암석화 되면서 암석에 발달한 균열의 분포 양상에 따라 아직 풍화를 받지 않은 중심부에 신선한 암석 부분이 타원형이나 원형의 모양을 띤 다양한 크기의 부분으로 남게 된다. 이렇게 신선한 암석이 남아 있는 부분을 **핵석**(核石, corestone)이라고 한다. 이러한 핵석은

그림 4.14   화강암의 풍화 단면에 발달한 핵석(corestone).

화강암질의 암석의 풍화단면에서 상부의 완전히 부식암석으로 변질된 층준과 하부의 풍화작용을 받지 않아 변질이 되지 않은 모암층 사이의 층준에 분포를 한다(그림 4.14). 이렇게 핵석이 생성된 후 침식을 받으면 핵석 주위에 있는 부식암석은 낱개의 모래질 퇴적물로 운반되지만 핵석은 자갈 크기의 입자로 운반되어 풍화 받은 지역으로부터 그리 멀지 않은 인접한 계곡에 쌓이게 된다. 따라서 화강암질 암석으로 이루어진 원마도가 좋은 자갈 입자들이 퇴적물에서 관찰될 경우에는 이들이 장거리의 운반을 거친 퇴적작용의 산물이 아니라 근접한 거리의 기원지에서 불완전한 풍화작용을 받아 생성된 핵석 기원으로 해석할 수도 있다. 이러한 예는 Ryan 등(2005)에 의하여 잘 보고가 되었다.

입자의 모양에 대한 최근의 정리와 새로운 구분의 제안은 Blott와 Pye(2008)에 의하여 보고되었다. 이에 대하여 더 자세한 내용을 알고자 하는 사람은 이 논문을 참고하기 바라며 자세한 자료는 이 책의 부록에 첨부하였다.

4.3 입자의 표면 조직

모래 입자의 표면 조직에 대한 조사에는 실체(생물) 현미경과 편광 현미경이 가장 먼저 이용되었다. 그 후 점차 표면 조직을 전자 현미경으로 관찰하다가 점차 주사전자 현미경(scanning electron microscope : SEM)으로 3,000배 이상 확대하여 조사하고 있다. 특히 주사전자 현미경을 이용하여 직경이 1 mm인 모래 입자를 20,000배로 확대하면 입자의 표면적은 약 1 km^2가 되어 그 자체로서 미세 조직을 연구하는 훌륭한 재료가 된다.

석영은 어디에나 존재하며 물리ㆍ화학적으로 안정한 광물이기 때문에 석영 입자의 표면 조직에 대한 연구는 많이 이루어져 왔다. 미세 조직을 관찰하기 위해서는 입자의 표면을 다양하게 확대하여 관찰해야 한다. 주사전자 현미경을 통해 본 모래 입자의 표면에는 조개상 깨짐(conchoidal fracture), 여러 가지 마찰에 의한 줄무늬, 움푹 패임(isolated depression), 돌출된 절리면(upturned cleavage plates), 용식된 자국(solution pit) 등의 조직들이 관찰된다(그림 4.15). 입자에 따라서는 이러한 미세 조직들이 신선하거나 풍화된 상태로 나타나거나 또는 연마되어 있기도 하다. 입자의 표면에 물리적인 작용에 의한 V자형의 홈이 패여 있거나 또는 긴 선(groove)으로 연장되어 패여 있는 경우는 이들이 물속에서의 마모작용에 의한 것으로 해석되고 있으며, 이러한 표면조직을 가지는 입자들은 하성 환경에서 주로 관찰된다. 조개상 깨짐과 휘어진 계단(arcuate steps)상 표면조직은

그림 4.15 주사전자 현미경(SEM)을 이용하여 관찰한 석영 입자의 표면 조직. (A) 경남 합천 황강 모래. 입자는 각이 져 있으며, 높은 굴곡과 평탄한 벽개면 같은 편이 나타난다. (B) 충남 태안 안면도 기지포해수욕장 모래. 잘 원마된 입자로 평행한 직선의 패임과 호상의 계단상 패임이 있다. (C) 모로코 해빈의 모래. 입자는 원마가 잘 되어 있으며, 작은 패인 자국(percussion mark)이 많이 관찰된다. (D) 인도 사구 모래. 외형은 원마가 잘 되어 있으며, 많은 작은 곰보 자국이 나타난다.

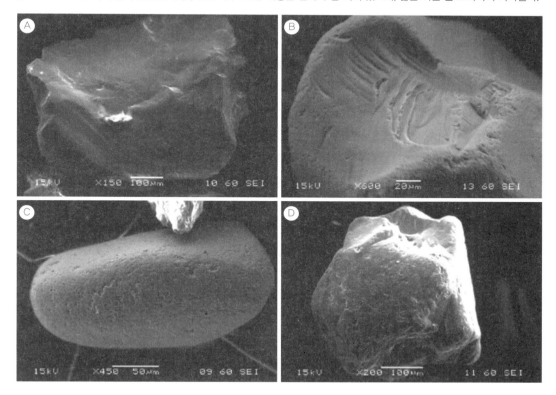

천해의 환경에서, 돌출된 절리면은 풍성 환경에서 관찰된다. 그리고 화학적인 표면조직으로 한 방향성의 부식자국(etch pits)과 용식자국(solution pits and hollows)은 토양 환경에서, 규산의 둥근 집합체(silica globules)는 규산에 포화된 하천이나 조간대 또는 토양 환경에서 생성되는 것으로 해석되고 있다.

미세 조직을 조사하는 목적은 조직의 특징을 이용하여 고화되지 않은 퇴적물의 퇴적 기작을 고려하여 퇴적 환경을 유추하는 데 있다. 즉, 빙하 퇴적물, 하성 퇴적물, 해양 퇴적물이나 풍성 퇴적물과 같이 다른 퇴적 환경의 퇴적물들은 각기 다른 퇴적 기작을 가지며, 이들 상이한 퇴적 기작들은 입자 표면에 제각기 독특한 '지문'을 남긴다는 가정하에서 미세 조직의 연구가 진행되었다.

그러나 이러한 연구 방법은 각 퇴적 환경에 작용하여 서로 다른 퇴적 기작으로 생성되는 특징적인 표면 조직 외에도 퇴적물이 마지막으로 퇴적되기 이전의 침식, 운반, 퇴적작용을 거치는 과정에서 만들어진 표면 조직의 흔적이 남아 있기 때문에 현재 서로 다른 퇴적 환경에서 관찰되는 표면조직 특징들의 신빙성에 대해서는 아직도 의문이 남아 있다. 따라서 이 연구 방법은 현생 퇴적물에서 국부적인 환경에서의 적용은 가능하나 퇴적 환경을 밝히기 위해 널리 적용하기에는 아직 문제점이 남아 있다. 또한 표면 조직의 연구를 고기(古期)의 암석에 적용하려면 석영 입자들이 속성작용을 받는 동안 공극수(空隙水, pore water)에 의해 용해가 일어나고 입자 위에 새로운 광물이 침전하거나 침전된 광물에 의해 입자의 가장자리가 교대작용을 받는 등의 많은 변화가 일어나기 때문에 이 점을 고려해야 한다. 그러나 이러한 불리한 점을 감안하고 이상의 문제점을 극복할 수 있는 연구 방법이 최근에 Vos 등(2014)에 의하여 제시되었다. 이 저자들은 속성작용에서 일어날 수 있는 입자 표면의 변질을 걷어내기 위하여 석영 입자들에 약간의 산 처리를 한 후 주사전자 현미경을 이용하여 관찰하는 방법을 제시하였다. 이들은 대개 한 시료당 약 10∼25개의 석영 입자를 관찰하는 것으로 연구의 목적을 이룰 수 있다고 제시하고, 각 퇴적 환경에서 생성될 수 있는 미세 조직을 종합하여 기준을 제시하였으며, 여러 퇴적 환경이 서로 겹쳐지는 문제도 미세 조직의 선·후 관계를 잘 관찰하면 퇴적물이 겪은 과정을 해석할 수 있기 때문에 퇴적 환경 해석을 통한 퇴적물 기록에서의 주기성 특성을 해석할 수 있다고 하였다. 이러한 분야의 연구에 관심을 가진 연구자는 Vos 등 (2014)의 논문을 참고하기 바란다.

　석영 입자의 표면에 나타난 조직의 양상을 이용하여 퇴적물의 퇴적 환경 외에도 퇴적물 공급지에 대한 연구가 이루어지기도 한다. 이의 예로는 미국 뉴욕 주 롱아일랜드(Long Island)의 남쪽 해안에 분포하는 현생 해안 외주(海岸外洲, barrier island)의 해빈사(海濱砂)를 이루는 모래 퇴적물에서 연안류를 따르는 퇴적물의 이동량과 예상 퇴적물 공급지의 공급 가능량과의 물질 평형 관계에 차이가 있음에 착안하여 해안 외주 해빈사, 공급 예상지 그리고 외해의 사주 퇴적물의 석영 입자 표면의 조직을 비교 검토해 본 결과 외해에 쌓여있는 퇴적물이 해빈 쪽으로 이동되어 쌓인다는 것이 밝혀졌다(Williams와 Morgan, 1993). 물론 이러한 견해는 이전에 다른 연구자에 의해 제안이 되었으나 이를 뒷받침하는 직접적인 증거는 제시되지 못하였다.

4.4 입자의 배열 상태

퇴적물에서 입자의 배열 상태(fabric)란 입자의 배열 방향, 패킹(packing)과 입자 간의 접촉 관계를 나타낸다. 사암과 역질(礫質) 퇴적암에서는 모래 입자와 역(礫)들의 장축이 같은 방향으로 배열되어 있음을 관찰할 수 있다. 이와 같은 입자의 주된 배열 방향을 퇴적물의 일차 배열 상태라 하는데, 이는 퇴적물과 운반 매체(유수, 바람, 빙하)와의 상호작용에 의해 형성된다. 하천 바닥이나 그 밖의 유수에 의해 쌓인 퇴적물에서 관찰되는 장대 모양(prolate)의 역은 유수의 방향과 평행하거나 또는 수직으로 배열되어 있다. 역의 장축이 유수의 방향에 수직으로 놓인 경우는 역이 바닥을 구르면서 운반되어 쌓였음을 나타내고 평행하게 나타나는 역은 슬라이딩이 일어나 운반되었을 때 생성된다고 여겨진다. 빙하 퇴적물의 경우에 입자들은 대체로 빙하의 이동 방향과 평행하게 배열되어 있다. 유수에 의해 쌓여진 편평한 모양(oblate)의 역에서 많이 나타나는 배열 상태는 **인편구조**(鱗片構造, imbrication structure)로, 역들은 장축의 방향이 유수의 방향에 직각으로 놓이며 서로 포개져 있으며 상류 쪽으로 중간축이 경사를 이루고 있다(그림 4.16). 이 인편구조는 이 역들을 운반시킨 유수의 방향을 지시한다.

그림 4.16 인편구조. 강원도 태백시의 황지천 자갈의 인편구조와 인편구조의 단면 모식도. 자갈의 장축(a)의 유수의 방향에 수직으로 배열되어 있고, b축은 상류 쪽으로 경사를 이루고 있다.

퇴적물 입자의 패킹은 종류에 따라 퇴적물의 공극률과 투수율에 영향을 미치는 중요한 특성이다. 패킹은 입자의 크기, 모양과 분급 정도에 따라 달라진다. 현생의 해빈사와 사구의 모래층은 분급이 매우 좋으며, 원마도가 비교적 좋은 모래 입자로 구성되어 있어 공극률이 25~45%에 달한다. 공극률이 높은 경우에는 입자들이 느슨한 패킹을 이룬 때로, 입자들이 육방 패킹(그림 4.17A) 상태로 쌓여있는 경우이다. 공극률이 낮은 경우에는 입자들이 좀더 치밀한 패킹을 나타낼 때이고, 능면체(rhombohedral)의 패킹을 이룬 때이다(그림 4.17B). 분급이 불량한 퇴적물은 큰 입자들 사이에 작은 입자들이 끼어 들어가 입자들이 조밀한 패킹을 보이며 낮은 공극률을 나타낸다. 이는 다양한 크기의 입자들이 함께 있으므로 작은 입자들이 큰 입자 사이의 공극을 채우고 있기 때문이다.

입자의 접촉(contact)은 인접한 입자들이 접촉하고 있을 때 서로간에 닿는 부분의 관계를 나타낸 것이다. 입자 접촉의 종류는 점(point)접촉, 장(long)접촉과 요철(concavo-convex)접촉, 그리고 봉합상(sutured)접촉으로 나뉜다(그림 4.18). 퇴적물이 매몰되면서 다짐작용(compaction)을 받으면 퇴적물 하중에 의한 압력으로 입자들의 배열이 치밀하게 재정비되면서 입자 간의 접촉 길이가 길어지며 점접촉에서 궁극적으로는 봉합상접촉으로 바뀌게 된다. 입자의 접촉 정도를 조사하여 퇴적

그림 4.17 입자의 패킹. (A) 육방 패킹(cubic packing, 48% 공극률). (B) 능면체 패킹(rhombohedral packing, 26% 공극률).

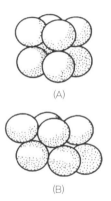

그림 4.18 입자의 접촉 관계. (A) 점 접촉, (B) 장 접촉, (C) 요철 접촉, (D) 봉합상 접촉.

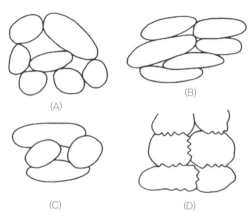

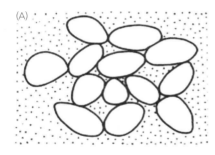 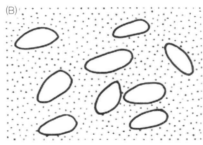

그림 4.19 입자와 기질과의 관계. (A) 입자지지 배열, (B) 기질지지 배열.

물에 가해진 다짐작용의 정도를 가늠해 볼 수 있다. 상기한 입자 접촉의 종류는 퇴적물의 입자들이 서로 맞닿아 있는 **입자지지 배열**(grain-supported fabric, 그림 4.19A)일 경우에 관찰된다. 만약 퇴적물에 세립질의 기질(基質, matrix)이 많은 경우에는 입자들이 서로 접촉하지 않고 세립질 기질 내에 떠있는 상태인 **기질지지 배열**(matrix-supported fabric, 그림 4.19B)로 나타난다. 이런 입자와 기질과의 관계를 이용하여 퇴적물이 어떻게 운반되었는지를 알아볼 수 있다. 특히 역질 퇴적물이 기질지지 배열 상태를 나타내면 이 역질 퇴적물은 중력류나 빙하에 의해 운반 퇴적되었음을 시사하며 입자지지 배열 상태는 하천이나 해안 등에서 물에 의해 운반되어 쌓였음을 지시한다.

4.5 조직의 성숙도

퇴적물의 조직은 점토가 많고 각이 진 입자로 구성된 퇴적물로부터 분급이 잘 되어 있고 원마도가 좋은 입자로 구성된 퇴적물에 이르기까지 다양하게 나타난다. 이러한 퇴적물의 조직의 차이를 구별하기 위해서 고안된 용어가 **조직의 성숙도**(textural maturity)인데, 퇴적물의 상태가 점토질 물질이 없고 좋은 분급을 이루며 원마도가 좋은 퇴적물에 비하여 얼마만큼 차이가 나느냐를 알아보는 척도이다. 퇴적물 조직의 성숙도는 Folk에 의해 정의되었으며, 퇴적물의 조직은 성숙도에 따라 **미성숙**(immature), **준성숙**(submature), **성숙**(mature)과 **초성숙**(supermature)의 네 가지 종류로 나뉜다 (그림 4.20). 조직의 성숙도는 퇴적물이 쌓이는 환경의 수력학적인 조건을 지시하는 것으로, 퇴적 장소에서의 체질작용(winnowing), 분급작용과 마모작용의 정도를 통틀어 일컫는다. 조직의 성숙도는 퇴적될 당시의 수력학적인 조건만을 나타내므로 퇴적물이 쌓인 후 일어나는 속성작용의 영향은 배제되어야 한다. 즉, 퇴적물이 쌓이고 난 후 속성작용이 일어나는 동안 새로 생성된 점토와 화학적으로 침전된 교결물은 고려 대상에서 제외해야 하며, 만약 입자에 과성장(overgrowth, 제6장의 사암 참조)이 일어났다면 이 과성장이 있기 이전의 입자 모양을 고려하여야 한다.

미성숙의 퇴적물은 퇴적물 내에 약 30 μm보다 작은 크기의 쇄설성 점토가 5% 이상 함유되어 있는 경우를 말한다. 이와 같이 퇴적물 내에 상당량의 점토가 포함되어 있음은 퇴적 당시의 수력학적인 조건이 낮은 에너지 환경이었으며 점토를 걸러내는 체질작용이 효과적으로 일어나지 않았음을 지시한다. 준성숙의 퇴적물은 점토의 함량이 5% 미만으로 나타나지만, 분급의 정도가 낮아서 ($\sigma > 0.5\phi$) 입자의 크기가 다양하게 나타나며 입자의 원마도도 좋지 않다. 성숙된 퇴적물은 분급

그림 4.20　퇴적물 조직의 성숙도 결정 과정. 원마도 $\rho = 3.0$은 위의 그림을 참조하여 성숙과 과성숙을 구별한다(Folk, 1968).

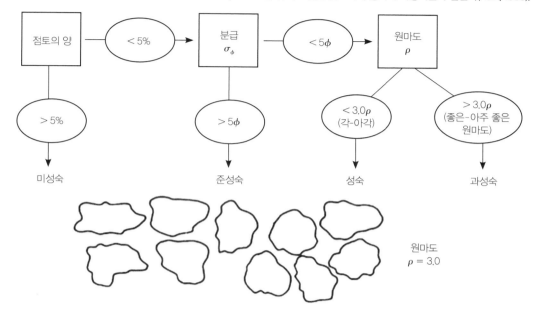

작용이 잘 일어났으며($\sigma < 0.5\phi$), 점토의 함유량은 거의 없으나 입자의 원마도가 낮아서 각이 지거나 아각(亞角, subangular)의 상태일 때를 가리킨다. 퇴적물의 분급 정도와 입자의 원마도가 매우 양호할 경우에는 조직적으로 초성숙이라고 하는데, 이러한 형태의 퇴적물은 높은 에너지 환경, 즉 교반운동(攪拌運動, agitation)이 심한 환경에서 쌓였다는 것을 지시한다. 대체로 바람에 의해 퇴적된 풍성 퇴적물과 해빈사(海濱砂) 등은 초성숙된 퇴적물로 이루어져 있다.

이와 같은 조직 성숙도의 구분은 퇴적물이 운반·퇴적되는 도중에 세립질 물질인 점토가 유수의 분급작용으로 먼저 제거되며 점차 남은 입자들이 분급작용을 받아 비슷한 크기의 입자로만 이루어지고 그 후에는 이들 입자들끼리 서로 마모작용(abrasion)이 일어나 원마도가 증가한다는 점에 착안한 것이다. 즉, 이 같은 제안은 조직의 성숙도의 정도를 유수에 의한 퇴적물의 체질작용의 정도와 마모작용을 분급작용과 원마작용으로 관련시키고 있다. 그러나 바람에 의하여 운반되는 퇴적물은 풍속에 따라 퇴적물 입자들의 분급이 일어나며 구분이 되어 쌓인다. 비교적 조립질인 모래 퇴적물은 사구에 쌓이며 이보다 입자의 크기가 작은 퇴적물은 **황토층**(loess)으로 사구보다는 훨씬 멀리 바람이 불어가는 방향에 쌓인다. 사구의 모래 퇴적물의 조직 성숙도는 유수에 의한 성숙도의 증가와는 달리 원마도가 운반되는 도중 입자 간의 마모작용에 의한 것이 아닌 사구 표면에 놓여있는 모래 퇴적물이 바람에 의해 모래 퇴적물에 의하여 부딪치는 충격(ballistic impact)에 의하여 모난 입자가 둥글어지고, 벽개면을 가지는 입자(예 : 장석)들은 선택적으로 깨져서 실트 크기의 입자로 부서져 바람에 부유 상태로 운반되어 사구로부터 빠져나간다. 그리하여 지속적으로 운반작용을 겪는 사구의 모래 퇴적물은 석영으로만 이루어진 분급과 원마도가 좋은 조직적 성숙도를 나타내게 된다.

퇴적물의 조직 성숙도는 퇴적 속도와 깊은 관련이 있다. 퇴적물이 비교적 빠르게 쌓이면 다양한 크기의 퇴적물들이 수력학적으로 구별되지 않고 쌓이므로 미성숙한 퇴적물이 쌓이나 퇴적률이 낮은 경우에는 퇴적 장소에서 장기간에 걸친 재동작용(再動作用, reworking)이 일어나 초성숙된 퇴적물이 형성된다. 대체로 분급작용은 퇴적물이 재동작용을 하는 반복과정을 거치면 좋아진다고 여긴다. 분급 정도가 좋지 않게 나타나는 퇴적물은 퇴적물 더미가 짧은 시간 동안에 운반되어 쌓이는 경우로 해저 사면에서 사태(沙汰)가 일어나 심해로 퇴적물이 중력류를 이루며 운반되어 쌓일 경우에 일어날 수 있다. 반면, 사막 지대에서의 사구처럼 한 번 쌓인 퇴적물이 다시 바람에 의해 계속 재동을 받게 되면 좋은 분급을 이루게 된다.

최종 퇴적 환경 및 생물의 작용에 따라서도 퇴적물 조직의 성숙도는 달라질 수 있다. 예를 들어 해양에서 폭풍이 일어나면 분급이 잘 되고 원마도가 좋은 천해의 퇴적물이 깊은 곳으로 운반되어 점토질 물질과 섞이거나 혹은 입자의 크기가 다른 퇴적물이 분급작용을 받아 서로 분리되어 쌓인 후 생교란작용(生攪亂作用, bioturbation)으로 서로 섞여 혼합물을 형성하여 조직의 성숙도가 낮은 퇴적물로 변질될 수 있다.

그러나 퇴적물 중에는 이상의 조직 성숙도와는 적합하지 않는 것도 있다. 즉, 원마도가 매우 좋은 입자들이 극히 나쁜 상태의 분급이 되거나, 분급이 매우 좋은 입자로 구성되어 있으나 쇄설성 점토의 기질이 5% 이상으로 나타나는 경우(그림 4.21)가 있다. 이러한 조직을 **조직의 역전**(textural inversion)이라고 하며, 이러한 조직을 나타내는 퇴적물은 주로 이전의 퇴적주기를 가진, 즉 퇴적암으로부터 유래된 퇴적물에서 가끔 관찰된다. 즉, 이러한 조직은 퇴적물의 공급지가 퇴적암으로 이루어졌다는 좋은 증거가 될 수 있다. 또는 해빈의 원마도가 좋은 모래 퇴적물이 폭풍과 고에너지 파도작용으로 석호로 운반되어 세립질 퇴적물에 섞일 경우에도 조직의 역전이 생성된다. 그림 4.21은 이러한 예이다.

퇴적물의 조직에 대한 연구는 퇴적물이 쌓이는 환경을 알아보려는 것이 주된 목적이다. 다시 말해 퇴적물이 쌓이는 장소에 따라 그 곳에서 작용하는 물리적인 작용은 퇴적물에 독특한 조직적인 '지문'을 남긴다는 가정하에 유체의 흐름, 파도의 높이, 수심 등이 입자의 크기, 표면 조직, 원마도 그리고 입자의 배열 등을 결정하는 중요 요소가 된다는 점에 있다. 이에 따라 현생의 다양한 퇴적

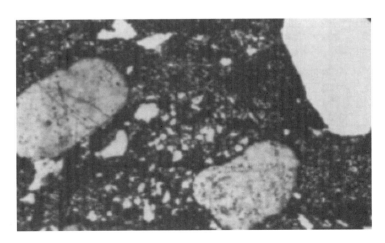

그림 4.21 조직의 역전(Goldbery, 1979). 잘 원마되고 분급이 된 조립의 석영 입자들이 실트질 이질-석회질 기질에 떠 있다. 원래의 실트 입자들의 엽층리는 조립질 석영 입자들의 가라앉음으로 교란이 되어 있다. 쥐라기 Ardon층(이스라엘 Makhtesh Ramon).

환경에서 퇴적물 시료를 채취하여 퇴적작용의 기작과 퇴적물 조직과의 관계를 알아낸 후 이를 고기의 암석에 적용하기 위한 연구가 1960~70년대에 활발히 진행되었다. 그러나 이러한 퇴적물의 조직적 특성을 이용하여 퇴적 환경을 증명하는 것에는 문제점이 있다. 즉, 입자의 크기, 둥그런 정도, 또는 표면의 조직 등의 어느 정도가 그 이전의 운반 과정에서 형성되어 남겨진 것인지 혹은 최종 퇴적 환경에서 매몰되기 직전에 있었던 작용에 의해서만 일어난 것인지 등에 대한 확신이 없기 때문에 퇴적물 조직의 특성으로 퇴적 환경을 구분하는 데 문제점으로 남아 있다. 또한 퇴적물의 조직은 퇴적 장소의 수력학적인 조건에 따라 영향을 받으므로 비슷한 수력학적인 조건이 여러 퇴적 환경에 나타나기 때문에 특정한 퇴적 환경과 항상 일치하지 않는다는 점도 문제점이다. 퇴적물 조직을 이용하여 퇴적 환경을 밝히는 데에는 고기의 고화된 암석에서보다는 현생의 미고결된 퇴적물을 이용하는 편이 훨씬 더 좋은 결과를 얻는다.

현생 환경에서 퇴적물의 조직 연구 결과를 고기의 암석에 적용하는 데에는 다음과 같은 불확실성이 존재하므로 적용할 때 고려하여야 한다. 첫 번째는 퇴적물의 조직은 퇴적 환경뿐 아니라 최종 퇴적 환경에 쌓이기 이전까지의 퇴적물이 거쳐 온 지질과정에 따라 영향을 받는다. 예를 들면, 만약 기원지에서 분급이 좋은 세립질 모래만이 공급된다면 이들이 운반되어 쌓이는 곳에서는 퇴적 환경과는 관계없이 분급이 좋은 퇴적물만 기록으로 남을 것이다. 두 번째는 퇴적물에 나타나는 세립질 물질의 성인이 모호하다는 점이다. 현생 환경의 연구에서는 점토질 물질의 함유량이 퇴적작용이 일어나는 동안 수력학적인 에너지 조건 강도를 나타낸다고 밝혀져 있다. 그러나 고기의 퇴적물에서는 점토질 기질의 기원이 조립질 퇴적물의 퇴적과 동시에 쌓였거나, 조립질 퇴적물이 퇴적된 후 나중에 유입되었거나, 조립질 퇴적물의 퇴적이 일어나는 동안 점토 크기의 개별 입자보다는 이들 세립질 크기의 입자들이 뭉쳐서 더 큰 펠릿(pellet)으로 조립질 퇴적물과 함께 운반되어 쌓였거나 혹은 속성작용 동안 생성된 것인지에 대한 구별이 매우 어렵다. 세 번째로는 퇴적물 입자들이 고화되는 동안 용해되거나 과성장이 일어나 원래 입자의 크기와 모양을 변화시키면 암석의 전반적인 조직의 특성이 변화된다는 점이다. 이상과 같은 적용상의 문제점은 있지만, 조직의 성숙도는 퇴적물이 쌓이는 장소에서의 에너지 상태를 정성적으로 나타내는 지시자로 이용되고 있다.

05

퇴적 구조

퇴적 구조는 퇴적이 일어나는 동안 퇴적물과 유체의 상호작용에 의해 형성되고, 퇴적물이 쌓이고 난 후부터 고화되기 이전까지 변형을 받아서 형성되며 또 퇴적물이 암석화되는 동안 화학작용에 의해 형성된 모든 구조를 가리킨다. 퇴적 구조는 퇴적물에 나타나는 거시적인 형태로서, 입자 크기의 차이 또는 광물의 종류에 따라 나타나기도 한다. 고기의 암석에서 관찰되는 퇴적 구조는 현생 퇴적물과 실험실 수조(水槽, flume) 실험을 통하여 이들 구조의 생성 조건에 대한 많은 이해가 이루어졌다. 퇴적 구조는 퇴적작용을 일으키는 유체나 퇴적 환경의 지시자로, 지층의 상하를 판별하는 지시자, 고수류의 방향을 나타내는 지시자로서, 또는 퇴적작용이 일어날 때 유체의 상태를 나타내기도 하며 퇴적물이 쌓인 후 속성작용 동안 일어난 공극수의 지화학 조건의 변화 등을 나타내는 지시자로도 이용되고 있다.

퇴적물의 조직이나 성분과는 달리 쇄설성 퇴적물의 퇴적 구조는 노두와 시추 코어에서 주로 조사·관찰이 이루어지기 때문에 실내에서 현미경 관찰은 크게 이용되지 않고 있다. 그러나 탄산염 퇴적물에서는 풍화작용에 의해 노두에서 퇴적 구조가 잘 나타나지 않는 경우가 많으므로 노두 조사 외에 실내에서 연마편(研磨片)을 제작하여 관찰하는 것이 일반적이다. 세립질 퇴적물의 경우는 X-선 투영기를 이용한 영상을 관찰하기도 한다.

이 장에서는 퇴적 구조의 구분과 산출 양상 및 이들에 대한 퇴적학적 의의와 고수류 분석의 이용 정도에 대하여 살펴보기로 한다. 대부분의 퇴적 구조는 층리(bedding)를 기준으로 이를 이용하여 분류된다. 일차 퇴적 구조로는 층리의 외부적인 형태, 내부구조, 층리면에 나타난 자국과 퇴적 동시성 층리의 변형 구조가 있다. 층리는 수직적인 층서에서 측정하여 두께의 변화 등을 알아본다. 지층의 두께는 유수의 운반 능력에 따라 달라지며 강한 유수는 조립질의 입자로 구성된 두꺼운 층리를 형성한다. 외형적인 형태로 보아 네 가지, 즉 (1) 층리는 지층을 이루는 각 층의 두께가 동일하며 또한 동일한 두께를 유지하며 횡적으로 연속성이 좋게 잘 발달되어 있는 경우, (2) 각 층의 두께는 일정치 않으나 동일한 두께를 유지하며 횡적으로 연속성이 있게 발달된 경우, (3) 각 층의 두께가 일정치 않거나 횡적으로 두께가 일정치 않으며 변화를 하지만 연속으로 발달된 경우 및 (4) 각 층의 두께와 측방의 두께도 일정치 않으며 횡적 연장성도 좋지 않은 경우로 나뉜다. 이와 같은 다양한 층리의 변화는 균일한 유체의 흐름에서 매우 불규칙한 유체의 흐름으로의 변화를 나타내거나 침식작용이 거의 없이 퇴적작용만 일어나는 경우로부터 활발한 침식작용이 일어난 후 깎여진 자리를 다시 채우는 퇴적작용까지의 다양한 수력학적인 변화를 나타낸다.

표 5.1 퇴적 구조의 종류

(1) 유수 구조	퇴적작용 : 점이층리, 평행엽층리, 연흔, 사구, 사층리, 스와시 마크
	침식작용 : 하도 구조, rill 마크, 깎음 구조, 장애물 주위 깎음
	tool 마크 : 굴름(roll) 마크, 슬라이드 및 그루브 마크, 조선(striation)
(2) 변형 구조	건열 구조, 분출 구조(모래 화산), 짐 구조, 충격 구조(빗방울 자국),
	관입 구조, 슬럼프, 접시 구조
(3) 생물기원 구조	동물 기원 : 기어간 자국(crawling trails), 먹이 섭취 구조(feeding trails), 먹이 섭취 자국(grazing trails), 거주 구조(dwelling structure), 휴식 구조(resting trails)
	식물 기원 : 인상(impressions), 뿌리(rootlets)
(4) 미생물기원 구조	평탄화된 퇴적면, 주름 구조, microbial mat chip, 다방향(multidirectional/palimpsest) 연흔, 가스 돔, 스펀지 공극
(5) 화학적 구조	교결 작용, 결정화 작용, 색의 확산, 압력 용해 작용, 교대 작용

퇴적 구조는 다음과 같이 구분할 수 있다(표 5.1).

(1) 유수 구조(current structure) : 퇴적물을 운반시키는 물, 공기, 또는 빙하에 의해 형성된 구조.

(2) 변형 구조(deformation structure) : 퇴적물이 쌓이고 난 직후부터 매몰되어 고화되기 이전까지 과정에서 형성되는 구조로서 사면(斜面)에서 중력에 의하여 일어나는 슬럼핑(slumping)이나 퇴적물 자체의 무게에 의하여 하부에 놓인 지층으로 가라앉음(foundering)에 의해 형성되거나, 또는 퇴적물에 함유된 물이나 가스가 퇴적물 사이를 뚫고 위쪽으로 빠져나감으로써 형성되는 구조.

(3) 생물기원 구조(biogenic structure) : 퇴적물에 남겨진 생물체(무척추동물)의 연속적인 자국 (trail), 불연속적인 자국(track)과 굴진 자국(burrow), 그리고 식물의 뿌리에 의해 형성된 구조.

(4) 미생물기원 구조(microbially-induced structure) : 시아노박테리아(남조류)와 같은 조류매트 (algal mat)와 얇은 막에 의하여 퇴적물이 겹겹이 쌓여 생성되는 구조.

(5) 화학적 구조(chemical structure) : 퇴적물이 고화되는 과정이나 고화된 후에 화학적인 작용에 의해 형성된 구조.

유수 구조, 변형 구조와 생물기원 구조는 퇴적물이 쌓일 때부터 퇴적물이 고화되기 전까지 비교적 초기에 형성된 구조지만, 이 중 유수 구조만이 일차적인 퇴적 구조이다. 대체로 유수 구조가 고기(古期) 퇴적물에서의 퇴적 환경과 고수류(古水流, paleocurrent)를 분석하는 데 많이 이용되고 있다. 유수 구조, 변형 구조와 생물기원 구조는 수분에서 수시간의 비교적 짧은 시간 동안에 형성되는 반면, 화학적 구조는 수백 년에서 수천 년에 걸쳐 상당한 기간 동안 형성된다. 생물기원 구조 중 탄산염암에 나타나는 구조(예 : 스트로마톨라이트, 암초 등)는 제12장에서 다루어지며, 증발암에 나타나는 화학적 구조는 제13장에서 다루어진다.

5.1 유수 구조와 변형 구조

5.1.1 퇴적층 형태와 유수 상태

물이 한 방향으로 흐름에 따라 응집성이 없는 입자의 퇴적물이 이동을 하면서 퇴적물 표면에는 여러 형태의 퇴적 구조가 나타나는데, 이를 **퇴적층 형태**(bedform)라 하며, 이들은 연흔(連痕, ripple), 모래 물결(sand wave), 사구 또는 거대 연흔(dune/megaripple), 반사구(antidune) 등으로 분류된다. 퇴적층 형태의 크기는 수 mm에서 수 km에 이르기까지 다양하다. 퇴적층 형태는 하천, 조수하천, 사막 등에서 잘 나타나며, 또한 대륙붕, 대륙사면, 해저협곡과 심해저 등의 환경에서도 나타나므로 많이 연구되었다.

퇴적층 형태는 야외 조사와 실험실에서 그 형태를 재현시켜 봄으로써 많은 정보를 얻을 수 있다. 최근에는 유수의 측정에 대한 기술이 발달하여 하천과 하구(estuary)에서 볼 수 있는 다양한 퇴적층 형태와 수력학적인 조건을 연결시켜 많은 조사가 이루어지고 있다. 특히 조수 환경이 연구에 좋은 장소를 제공하는데, 그 이유는 조수하천 바닥면의 형태가 하루에 두 번씩 노출되기 때문이다. 실험실 수조를 이용한 실험에서는 퇴적층 형태의 성인에 대한 실마리를 제공한다. 또한, 정성적이지만 퇴적물 이동과 퇴적층 형태에 관여하는 다양한 변수들의 상대적인 중요성을 알아 볼 수 있게 된다.

모래로 이루어진 퇴적물의 표면 위로 물 흐름의 세기[속도, 유출량, 유수력(stream power, $\bar{u}\tau_0$)]가 증가하면 모래는 바닥을 따라 이동을 하며 특징적으로 어떤 일정한 순서에 따라 퇴적층 형태가 변화를 한다(그림 5.1). 이들 각각의 퇴적층의 형태는 고기의 암석에서 기록으로 나타난다. 실험실의 수조 연구에서는 프라우드 수(F_r)가 세 가지 유수 상태를 구분하는 데 사용된다. 즉, $F_r < 1$(常流, tranquil flow) 때는 **낮은 유수 상태**(lower flow regime), $F_r = 1$이면 전이 유수 상태 (transitional regime), 그리고 $F_r > 1$(射流, rapid flow)이면 **높은 유수 상태**(upper flow regime)로 구분된다. 크기가 0.6 mm보다 작은 크기의 모래로 채워진 수조에 물의 유출량이나 유수력이 증가하면 초기의 평평한 퇴적면에서 비대칭 **연흔**, 비대칭의 **큰 연흔**이나 **거대연흔**(사구), **평면 퇴적면**(plane bed), **반사구**(antidune), 그리고 급류(chute)와 풀(pool)의 순서로 퇴적층 형태가 변한다

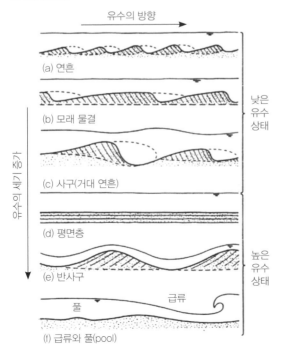

그림 5.1 한 방향으로 흐르는 유수에 의해 형성되는 퇴적층 형태(bedform). 점선은 유수가 분리되는 지대이다(Blatt et al., 1980).

유수의 방향 →

(a) 연흔

(b) 모래 물결

(c) 사구(거대 연흔)

(d) 평면층

(e) 반사구

(f) 급류와 풀(pool)

낮은 유수 상태

높은 유수 상태

유수의 세기 증가

급류

풀

(그림 5.1). 일반적으로 반사구는 잘 나타나지 않지만 이들의 형태는 내부 구조가 상류 쪽을 향한 20° 이하의 사층리 구조를 보이며 상·하류 쪽 단면은 대체로 대칭을 나타낸다. 연흔에서 거대 연흔에 이르는 퇴적층 형태를 이루는 유수의 상태를 낮은 유수 상태(lower flow regime)로, 평면 퇴적면에서 급류와 풀을 형성하는 유수를 높은 유수 상태(upper flow regime)로 구분한다.

퇴적층의 형태를 조절하는 요인으로는 유수의 속도(u, τ_o), 수심(d), 점성도(μ), 물의 밀도(ρ_f), 퇴적물 입자의 크기(D), 퇴적물 입자의 밀도(ρ_s)와 중력가속도(g) 7가지가 있다. 실험실 수조에서는 물의 온도를 고정시킴으로써 유수의 점성도를 일정하게 하고 물의 밀도와 퇴적물의 밀도를 일정하게 유지할 수가 있으며 중력가속도는 상수이므로 유수의 속도와 수심, 그리고 퇴적물 입자의 크기가 가장 중요한 변수로 작용한다. 이 세 변수 중 하나를 고정시킨 뒤 다른 두 변수를 변화시키면서 반복 실험을 하여 입자의 크기-유속, 수심-유속의 도표나 입자의 크기-유속-수심의 도표를 이용하여 퇴적층상(bed phase)을 나타낼 수 있다(그림 5.2). 퇴적물 입자의 크기가 0.1 mm 이하(0.03 mm 까지)이고, 수심이 약 20 cm일 때, 유속이 증가하면 퇴적물의 이동이 일어나지 않는 초기의 평탄한 퇴적면에서는 연흔이 생성되었다가 다시 평탄한 퇴적면으로 바뀌어 간다. 모래 입자의 평균 크기가 0.1 mm에서 0.6 mm까지면 퇴적물의 이동이 없다가 연흔, 사구, 그리고 평탄한 퇴적면으로 퇴적층 형태가 바뀌어 간다. 0.6 mm보다 큰 모래 입자들은 이동이 없는 상태에서 낮은 유수 상태의 평탄한 퇴적면, 사구, 그리고 높은 유수 상태의 평탄한 퇴적면으로 바뀌어 간다. 높은 유수 상태의 평탄한 퇴적면에 나타나는 특징으로는 일차적인 유수의 선형구조(그림 5.37 참조)가 있다. 이를 종합하여 정성적으로 볼 때, 다양한 퇴적물 크기에 대해 유속이 증가할 때 나타나는 퇴적층 형태는 그림 5.3과 같다. 여기서 반사구에 연결된 점선은 그림 5.2에서 보는 바와 같이 반사구가 나타나는 경계선이 다른 퇴적층 형태와는 다른 경사를 가지므로 이와 같이 일렬로 표시하는 것은 정확한 위치를 표시하기가 어렵기 때문이다.

유수의 방향을 가로질러 생성되는 퇴적층의 형태 중 높이가 3 cm 미만인 것을 **연흔**(ripple)이라고 하며, 이보다 크게 나타나는 것을 **거대연흔**(mega-ripple)이라고 한다. 거대연흔은 꼭대기(crest)의 형태에 따라서 그 꼭대기가 직선 상으로 나타나는 이차원(2D) 거대연흔과 곡선 상으로 나타나는 삼차원(3D) 거대연흔으로 구분된다. 연흔의 높이와 간격은 수심에 따라서 다르게 나타난다. 얕은 하천에서는 직선형으로 연장성이 좋은 연흔이 나타나지만 수심과 유속이 증가하면 점차 곡선을 이루고 불연속적인 연흔으로 바뀐다. 고기의 암석과 현생의 퇴적물에서는 평판형(판상) 사층리와 트라프 사층리가 잘 관찰된다(그림 5.4). 이 둘의 차이는 유수 방향에 직각으로 발달된 퇴적층 형태의 기저에 침식된 부분의 존재유무에 달려 있다. 일정한 높이로 직선형의 정선(頂線, crest)을 갖는 이차원의 거대연흔에서는 하류 쪽에 침식된 부분이 나타나지 않기 때문에 평판형 사층리가 생성된다. 그 반면에 높이가 일정하지 않고 곡선상의 정선(꼭대기)을 갖는 삼차원의 거대연흔에서는 기저(基底)에 침식된 고랑이 있으므로 트라프 사층리가 생성된다.

반사구는 유수에 의해 쌓인 퇴적물에는 잘 보존되지 않는다. 반사구가 보존되려면 생성된 후 유수의 흐름이 급격히 중지되어야 한다. 반사구에 의하여 생성되는 퇴적 구조로는 내부구조가 편평하고 볼록하게 위쪽으로 도드라진 퇴적체가 생성되는 것으로 해석된다(그림 5.5).

그림 5.2 입도-수심-유속과의 관계. (A) 평균 유속-평균 수심에 따른 퇴적층 형태의 구분. 입자의 크기는 0.45~0.55 mm 이다(Harms et al., 1975), (B) 평균 입도-평균 유속과의 관계와 퇴적층의 형태. 수심은 40 cm로 고정시킨다(Middleton and Southard, 1977).

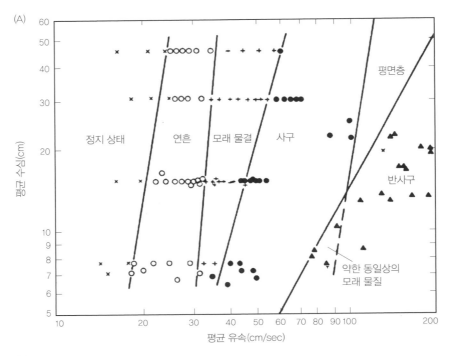

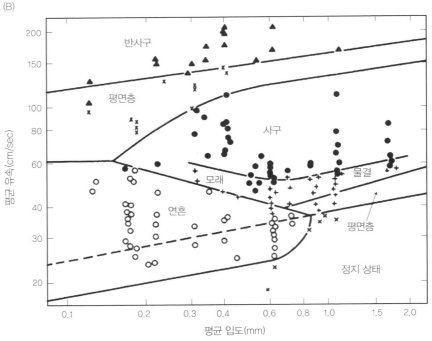

그림 5.3 여러 가지 퇴적물 입자의 크기에 따라서 유속이 증가할 경우에 나타나는 퇴적층 형태의 발달 순서(Harms et al., 1982).

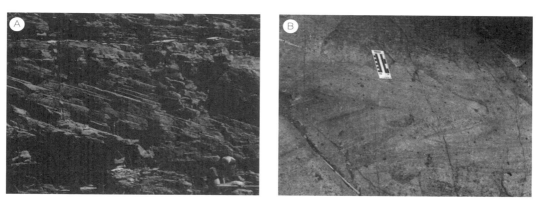

실트, 극세립 모래	정지 상태 — 소규모 연흔 — upper 평탄한 면 ·········· 반사구
세립, 중립 모래	정지 상태 — 소규모 연흔 — 2D 대규모 연흔 — 3D 대규모 연흔 — upper 평탄한 면 ······· 반사구
조립 모래와 세립자갈(?)	정지 상태 — lower 평탄한 면 — 2D 대규모 연흔 — 3D 대규모 연흔 — upper 평탄한 면 ······· 반사구

그림 5.4 사층리. (A) 판상 사층리. 펜실베이니아기 Caseyville 층(미국 일리노이 주 Goreville), (B) 트라프 사층리. 전기 삼첩기 동고층(강원도 태백).

그림 5.5 호주의 시드니 분지 Fort Hood 층에 발달한 반사구 퇴적체(Fielding et al., 2009). 물의 흐름은 왼쪽에서 오른 쪽으로 흘렀다.

5.1.2 층리의 내부 구조

층리의 내부 구조는 (1) 괴상층리, (2) 수평층리와 사층리, (3) 점이층리, (4) 조수층리, (5) 내부 인편구조와 (6) 스트로마톨라이트와 같은 유기물에 의한 구조, 또는 반복되는 침전 과정에 의해 흡사 성장하는 구조를 보이는 경우 등으로 나눌 수 있다. 내부 인편구조(제4장)와 스트로마톨라이트(제12장)에 대한 설명은 각 해당 장을 참고하기 바란다.

(1) 괴상층리(massive bedding)

괴상층리(塊狀層理)는 육안으로 관찰할 때 층의 내부에 퇴적 구조가 관찰되지 않는 층리를 가리킨다. 그러나 X-선으로 관찰하면 괴상층리에서도 여러 가지 퇴적 구조(그림 5.6)가 나타나기도 한다. 실제로 진정한 의미의 괴상층리는 비교적 드물게 나타나는데, 괴상층리는 자갈을 함유하는 사암에서 보는 바와 같이 지층은 괴상을 보이며 자갈이나 거력(巨礫)들이 서로 떨어져서 모래에 떠있는 것처럼 기질지지(基質支持, matrix-supported) 조직으로 나타나기도 한다. 이러한 괴상의 사암은 암설류(岩屑流, debris flow)에 의해 쌓인 것으로 해석된다. 만약 암설류 퇴적물 이외의 암상에서 실제로 괴상의 층리가 관찰된다면 그것은 아마도 퇴적물이 입자류(粒子流) 또는 그 밖의 재퇴적작용에 의하여 퇴적물이 빠르게 퇴적되었거나, 퇴적물의 입자 크기가 균일하여 퇴적물 입자 크기에 따른 변화가 관찰되지 않는 경우, 또는 퇴적물 입자의 색이 밝은 색을 띠는 경광물과 어두운 색을 띠는 중광물의 구분 없이 같은 색으로 비슷한 경우에도 괴상층리를 나타내는 퇴적물로 관찰될 수 있다. 또한 원래 층리를 이룬 퇴적물이 쌓인 후 생교란작용, 탈수작용, 재결정화 작용 및 교대작용 등에 의해 원래 형성되어 있었던 퇴적 구조가 파괴되었을 경우에도 괴상층리로 관찰된다.

(2) 엽층리(laminated bedding)

엽층리는 층리 중 퇴적 단위의 두께가 10 mm 미만으로 나타나는 구조(그림 5.7)로서, 풍화를 받으면 판석(板石)을 이루게 된다. 이러한 엽층리(葉層理)는 여러 퇴적 환경에서 관찰되는데, 이의 성인(成因)이 느린 유수에 의한 것 혹은 빠른 유수에 의한 것 두 가지 기작으로 설명되고 있다. 또한, 엽층리는 0.5 mm보다 큰 퇴적물의 이동이 입자 하나의 두께를 가지며 낮은 속도의 유수에 의해 이동할 때에도 형성되는 것으로 해석되고 있다. 그리고 세립의 모래보다 작은 퇴적물이 부유 상태로부

그림 5.6 육안으로 괴상(왼쪽 하단)으로 관찰되는 퇴적암도 X-선으로 관찰하면 잘 발달된 엽층리가 나타난다(Hamblin, 1965).

그림 5.7 평행 엽층리. 전기 삼첩기 동고층(강원도 태백).

터 편평한 바닥면에 내려앉아 쌓일 때에도 평행 엽층리가 생성된다.

천해의 환경에서 관찰되는 판상 엽층리(planar lamination)는 폭풍이 일어나면서 부유 상태로 있던 퇴적물이 퇴적되는 경우, 저탁류의 유속이 점차 감소하면서 퇴적물을 쌓아놓을 때, 그리고 폭풍이 일어날 때 형성된 혼합류(combined flow)에 의해 형성되는 것으로 알려져 있다.

엽층리 중에서 엽층리가 굴곡이 심하지 않게 횡적으로 파상의 형태로 나타나면서 대부분 평행엽층리를 나타내는 엽층리를 준판상 엽층리(quasi-planar lamination)라고 한다(Arnott, 1993). 이 엽층리는 횡적으로 퇴적물이 이동하면서 쌓이지 않고 수직적으로 퇴적물이 쌓이면서 발달된 층리 구조이다. 이 층리를 이룬 퇴적층은 한 번의 퇴적작용에 의해 쌓였음을 나타내는 단위층서를 나타내는데(그림 5.8), 이 단위층서는 세 부분으로 구성되어 있다. 즉, 단위층서의 하부에는 침식에 의한 뚜렷한 경계를 나타내며, 그 위로 준판상 엽층리를 이룬 층준으로 점이층리는 나타나지 않고 층리면에는 선형구조(parting lineation)가 흔히 관찰되며, 최상부는 얇은 두께의 3-D 연흔을 보이는 덮개층으로 이루어져 있다. 단위층서의 두께는 수 cm에서 수십 cm까지 이른다. 퇴적물들은 분급(分級)이 잘 되어 있으며, 대체로 세립의 모래 크기(0.125~0.177 mm)로 이루어져 있다.

세립질 퇴적물에서 일차적인 엽층리 구조는 세립질 퇴적물의 퇴적작용이 무산소 환경(anoxic

그림 5.8 준판상(準板狀) 엽층리(Arnott, 1993). (A) 이상적인 준판상 엽층리를 나타내는 사암층의 층서, (B) 준판상 엽층리를 나타내는 사암의 노두 사진. 전기 백악기 Blackleaf 층(미국 몬태나 주 Great Falls).

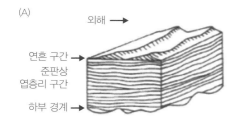

(A)

외해 →

연흔 구간 →
준판상 엽층리 구간

하부 경계 →

condition)에서 일어날 때, 즉 무척추 동물에 의한 생교란작용이 일어나지 않을 때만 보존된다. 이러한 엽층리 구조는 흑색의 셰일에서 주로 관찰된다. 그러나 머드 퇴적물의 두께가 두껍고 간혹 점이층리를 이룬 엽층리를 보인다면 이는 이 퇴적물들이 연속적으로 쌓였다기보다는 흑색 셰일이 쌓이는 환경 조건보다 간헐적으로 더 높은 에너지의 조건하에서 쌓였다는 것을 지시한다. 여기서 엽층리는 무산소 조건에서의 퇴적작용에 의하기보다는 높은 퇴적률에 기인한다. 이러한 퇴적물은 대륙붕 환경에서 쌓이는 경우가 많다.

(3) 사층리(cross bedding)

사층리는 모래 크기의 입자에서 특징적으로 가장 잘 나타나는 퇴적 구조(그림 5.9)로서 하나의 퇴적 단위에 나타나며, 내부적으로는 층리나 엽층리가 퇴적물이 쌓이는 주된 표면에 경사를 갖는 전면세트 층리(foreset bedding)에 국한되어 나타난다. 사층리라는 용어의 사용은 제한되어 있다. 급격한 경사를 가지는 사면과 절벽 아래에 암괴의 자유낙하에 의한 애추(崖錐, talus)의 경사진 지층이나 사행하천의 하도에 발달한 사주 퇴적물인 포인트바의 사면에 형성된 횡적 부가면(附加面, lateral accretion surface) 등의 경우에는 사층리란 용어를 사용하지 않는다. 사층리와 사엽층리는 층리를 이룬 지층(세트)의 세트 두께에 따라 구분하는데, 한 세트의 최대 두께가 10 mm 이상인 경우를 사층리라고 하고, 그 미만인 경우를 사엽층리라 한다.

사층리는 크게 판상 사층리(planar cross-bedding)와 트라프(곡) 사층리(trough cross-bedding)로 나뉜다(그림 5.10). 사층리의 형태는 노두의 노출면에 따라서 여러 가지 구조로 나타나므로 한 세

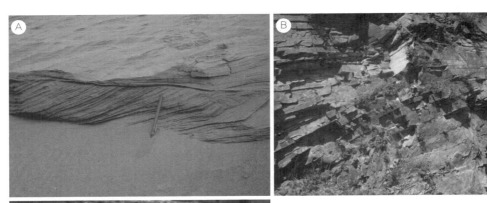

그림 5.9 현생 포인트바 퇴적물과 고기의 사암에서 산출되는 사층리. (A) 현생 하천의 포인트바 퇴적물에 발달한 판상 사층리. 판상 사층리를 나타내는 모래층 상부는 수평층리를 가지며 모래층이 쌓이고 난 후 일부 침식이 일어난 후 그 위에 바람에 의한 등정연흔을 가지는 세립 모래층이 쌓였다. 남아프리카공화국 White Mfolozi 협곡, (B) 유수가 흘렀던 방향과 평행한 단면에서 본 판상 사층리. 석탄기 만항층(강원도 정선군 신동읍), (C) 유수의 흐르는 방향 직각에서 본 트라프 사층리. 백악기 진주층(경남 진주시 서포면).

(A)

유수의 흐름 방향

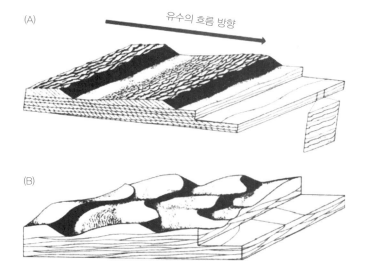

(B)

그림 5.10 삼차원적으로 그린 사층리의 형태(Harms et al., 1982 수정). (A) 평판형 사층리. 층리면에서는 사층리 배열선이 유수의 방향에 직각으로 직선을 이룬다. (B) 트라프 사층리. 층리면에서 각 트라프마다 유수의 하류 방향으로 오목하게 발달한다.

트를 이루는 층리면의 발달이 어떻게 나타나는가를 주의 깊게 관찰해야 한다. 대부분의 사암에서 사층리는 15~60 cm의 두께로 나타난다. 사층리 세트에서 주된 층리면과 전면세트가 이루는 각도는 대체로 입자의 안식각(安息角)을 나타내게 된다.

유수의 방향과 직각으로 나타나는 면에서는 트라프 사층리를 제외하고 별다른 정보를 알아낼 수 없다. 트라프 사층리가 잘 나타나면 트라프의 폭과 깊이의 비율을 알아볼 수 있는데, 대체로 이 비율은 사층리 두께에 관계없이 일정하게 나타난다.

층리면에서 관찰하면 트라프 사층리인 경우에는 전면세트 층리면의 수평 단면이 유수가 흐른 방향 쪽으로 급한 곡선을 이루며, 인접한 트라프 간에 서로 엇갈리게 나타나며 판상 사층리에서는 거의 직선을 이루게 된다.

사층리 세트간의 관계를 살펴보면 여러 세트가 한꺼번에 중첩되어 나타나지만(그림 5.11) 일반적인 경우에 하나의 세트는 상위에 놓인 또 다른 세트와 보통 수평적인 층리를 이룬 층으로 구별된다. 이렇게 사층리 세트의 상부에 수평의 층리를 이룬 층을 상부세트(topset)라고 한다. 연흔(連痕, ripple) 사엽층리에서는 연흔이 상하로 중첩되어 발달되어 있는 형태에서 각 연흔이 원래의 형태를 유지한 채 서로간에 연흔의 전진방향 앞쪽으로 위치가 약간씩 틀려지면서 경사를 이루며 위

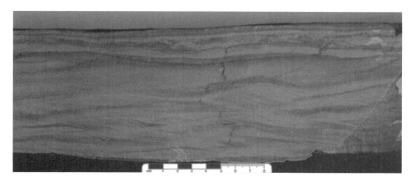

그림 5.11 연흔 사엽층리 세트. 유수는 사진의 왼쪽에서 오른쪽으로 흘렀음. 후기 백악기 함안층(경남 함안군).

그림 5.12 등정연흔. 아래 그림은 비대칭의 등정연흔의 단면으로 인도 쪽 히말라야산맥의 Ladakh에 위치한 Zanskar 협곡에서 산출된 것이다(Wikipedia-Dan Hobley 촬영). 연흔은 모래 퇴적물이 운반되는 동안 퇴적물의 유입이 매우 높으면 점차 올라타면서 등정연흔을 만든다. 바람에 의하여 생성되는 등정연흔은 그림 5.9A의 상부에 있다.

로 겹쳐져서 나타나는 독특한 형태의 층리가 관찰되는데, 이러한 연흔 사층리를 등정연흔(登頂蓮痕, climbing ripple) 또는 연흔표류 사엽층리(ripple-drift lamination)라고 한다(그림 5.12). 이러한 등정연흔은 퇴적물이 유수에 의하여 연흔 이동을 하는 과정에 유수 상층부에서 지속적으로 퇴적물이 수직으로 공급되어 쌓일 때 만들어진다. 이때 연흔의 등정 각도는 뜬짐으로부터의 퇴적률과 밑짐의 운반 정도에 따라 달라진다.

사층리나 사엽층리의 여러 세트들이 모두 같은 방향으로 전면세트를 이루며 발달되어 있으나 각 세트가 약간의 다른 경사를 이루며 침식면을 따라 구별이 된 경우에 이 경계면을 재활성화면(reactivation surface, 그림 5.13)이라고 한다. 재활성화면은 수심이 일정한 경우 전진(前進) 이동하는 거대연흔의 앞부분이 침식을 받을 때 또는 수심이 얕아지면서 이전에 생성된 사층리가 침식을 받을 때 생성되며 또한 밀물과 썰물의 세기가 서로 다른 경우에 조수(潮水)에 의해서도 생성된다(그림 5.14).

소구 사층리(小丘斜層理, hummocky cross-stratification : HCS)는 파도의 작용으로 생긴 구릉(언덕)과 움푹 꺼진 고랑으로 이루어진 평면구조의 내부에 발달한 사층리를 가리킨다(그림 5.15). 이 사층리는 내부적으로 엽층리가 잘 발달되고 대체로 10° 이하의 낮은 경사를 갖는 세립에서 중립의 모래층으로 이루어져 있으며, 발달 방향은 매우 다양하다. 소구 사층리는 대륙붕에서 폭풍에 의하여 형성되는 혼합류(combined flow)나 점차 약화되는 진동류(oscillatory current)에 의하여 형성되는 것으로 알려져 있다. 여기서 혼합류는 폭풍이 있을 때 수층에는 폭풍너울에 의하여 대칭적인 물의 유동이 있지만, 얕은 곳의 해저면에서는 육지에 상륙한 폭풍너울이 다시 중력의 작용으로 해저면을 따라 해저등고선에 수직 방향으로 흘러 내려가는 중력류가 발생한다. 얕은 해저에는 이상의

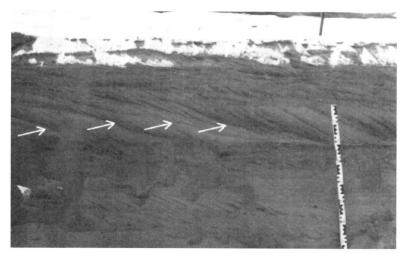

그림 5.13 현생의 포인트 바 퇴적물에 발달된 사층리와 재활성화면(화살표). 자의 눈금은 1 cm이다. 미국 일리노이 주-인디애나 주 경계의 Wabash 강(사진 제공 : Klein).

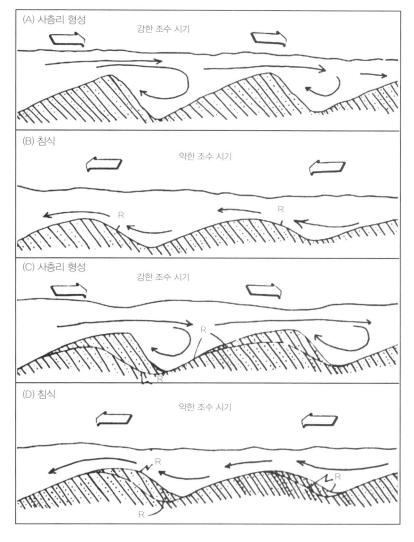

그림 5.14 시간-속도의 비대칭을 이루는 조수 현상에 의해 재활성화면(R)이 형성되는 모식도. 강한 조수시기(constructional phase)에 사구가 이동하여 퇴적물을 쌓아 놓은 후, 반대 방향의 약한 조수시기(destructional phase)에는 사구 퇴적물이 약간 침식되고, 곧 이어 다시 강한 조수시기에 사구 퇴적물이 이동하여 쌓이는데, 이러한 과정이 반복되면 여러 번의 재활성화면이 형성된다 (Klein, 1970).

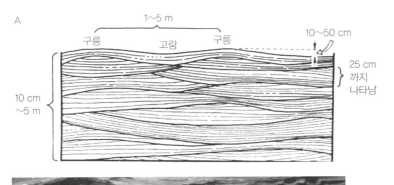

그림 5.15 소구(hummocky) 사층리의 모식적인 스케치(A)와 야외 노두 사진(B). (B)는 올리고세 Ashiya 층군(일본 규슈).

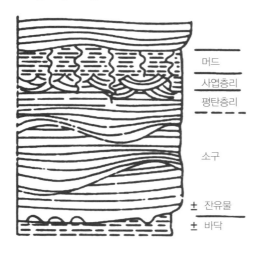

중력류와 폭풍너울의 흐름이 같이 작용하여 서로 간섭현상을 일으켜 형성되는 바닷물의 흐름을 가리킨다. 호수 환경에서도 폭풍 기원으로 소구 사층리가 발달한다는 보고가 있다.

　소구 사층리는 해양과 호수 환경의 하부 해안전면(lower shoreface)의 세립질 모래에서 많이 관찰된다. 소구 사층리의 기본 형태는 하부에 경사가 완만한 침식면이 발달하고 그 위로 엽층리가 완만한 경사를 이루며 정합적으로 쌓인 후 위쪽에는 연흔과 생교란작용이 있으며 최상부는 머드(mud)로 이루어진 기록을 보여 준다(그림 5.16). 고기(古期)의 대륙붕 사암과 현생(現生)의 대륙붕에서 조사된 바에 의하면, 소구 사층리는 폭풍과 관련되어 생성되는 구조로서, 정상적인 날씨에 파도의 영향이 미치는 최대 수심(fair-weather wave base)으로부터 폭풍의 영향을 받는 최대 수심(storm wave base) 사이의 해저에 생성되어 보존되는 것으로 해석되고 있다. 폭풍이 다가오면 폭풍 너울의 최대 궤도속도가 급격히 증가하여 초기에는 해저 퇴적면을 침식하게 되고 그 다음에는 판류(sheet flow)가 생성되어 평행하고 완

그림 5.16 이상적인 소구 사층리의 층서(Dott and Bourgeois, 1983).

만한 경사를 이룬 엽층리가 나타난 후 시간이 흐르면서 약해지는 폭풍류에 의해 연흔이 생성되는 것으로 해석된다. 상부에 나타나는 생교란작용은 낮은 퇴적작용과 정상 기후 조건으로 환원되었음을 지시한다.

사층리는 모래 퇴적물이 상류 쪽에서 하류 쪽으로 이동하면서 생성된다. 물론 아주 작은 규모의 사엽층리는 연흔이 이동하면서 형성되기도 한다. 하성 사암의 사층리는 대부분이 수중에서 사구(砂丘)가 이동할 때 중간 규모의 크기로 생성된다. 대규모의 사층리는 대륙붕에서 조류에 의하거나 또는 사막에서 바람에 의해 대규모의 사구가 이동하면서 만들어진다(그림 5.17). 사층리의 생성은 어느 특정한 퇴적 환경에 국한되어 나타난다기보다는 퇴적물의 이동 기작(mechanism)에 의해 더 큰 영향을 받는다. 물론 소구 사층리는 대부분 폭풍이 주로 작용하는 천해 대륙붕과 호수 환경에서만 나타나므로 예외가 된다. 사층리와 사엽층리의 가치는 이들의 종류와 규모를 퇴적물의 수직기록, 퇴적상(堆積相, sedimentary facies)과 함께 연관시키고 고수류의 방향을 측정할 때 좋은 정보를 얻어낼 수 있다.

최근에 심해저(수심 1000~1500 m)의 저탁류 퇴적물에서도 언뜻 소구 사층리와 비슷한 사층리 구조가 나타나는 것을 Mulder 등(2009)은 보고하였다. 여기서 관찰된 소구 사층리 형태의 퇴적 구조는 대륙붕 환경에서 폭풍에 의하여 만들어진 소구 사층리와는 외견상 그 형태가 비슷하지만 약간의 차이를 나타낸다. 폭풍에 의하여 형성되는 소구 사층리에 비하여 저탁류(Tc 층준)에서 관찰되는 소구 사층리 형태의 구조는 그 구조의 크기로 두께가 대체로 5~20 cm 정도로 작고, 높이와 파장의 비가 크고, 사층리 세트간의 경계는 침식의 경계를 가지지 않는다. 또한 폭풍에 의한 소구 사층리는 여러 개가 중첩되어 나타나며, 각각의 사이에는 침식의 경계가 나타나고 엽층리를 나타내는 퇴적물은 관찰되지 않지만, 저탁류 퇴적물에서 관찰되는 구조는 주로 하나의 구조로 이루어지며, 엽층리를 나타내고 퇴적물이 잘 발달되어 있다. 저탁류 퇴적물에서 관찰되는 소구 사층리 형태의 구조는 흔히 퇴적 동시성 변형 구조와 함께 나타나는 특징이 있다. 이렇게 함께 나타나는 퇴적

그림 5.17 대규모의 트라프 사층리. 미국 유타 주 Zion국립공원에 분포하는 쥐라기의 풍성 사구 퇴적물인 Navajo 사암.

구조를 올바로 관찰하여 퇴적 환경을 해석하는 데 주의를 기울여야 한다.

(4) 점이층리(graded bedding)

점이층리(漸移層理)란 한 층 내에서 입자의 크기가 위쪽으로 가면서 작아지는 층리(그림 5.18)를 가리킨다. 점이층리는 퇴적물을 이동시키는 유수의 속도가 점차 감소하면서 퇴적작용이 일어나 형성되는데, 그 두께는 대략 1 cm에서 수 m에 이르기까지 매우 다양하다. 이때 크기의 변화를 나타내는 입자는 역, 모래, 실트들이다. 일반적으로 입자의 크기가 클수록 점이층리의 두께도 두꺼워지는 경향이 있다. 점이층리는 분포하는 입자의 크기 변화에 따라 정상 점이층리와 역 점이층리 두 가지로 나뉜다(그림 5.19). 첫 번째는 **입자 전체 점이층리**(content/distribution grading)로, 지층의 전반에 걸쳐서 모든 입자의 크기가 상부로 갈수록 감소하는 경우(그림 5.19A)이다. 두 번째는 **조립질 점이층리**(coarse-tail grading)로 단지 조립질 입자만이 층의 상부로 감에 따라 감소할 뿐, 나머지 입자의 크기는 비교적 변화를 보이지 않는 경우(그림 5.19B)를 가리킨다.

점이층리는 저탁류에 의하여 쌓인 저탁암에서 특징적으로 잘 관찰된다. 한 번의 저탁류 흐름으로 쌓인 퇴적층은 층서적으로 종합하여 보면 다섯 구간, 즉 하부는 침식의 경계를 나타내고 쌓인 조립질의 괴상층리를 나타내며, 점이적으로 입자의 크기가 상향(上向) 세립화되는 모래층(**Ta**), 수평 엽층리를 나타내는 모래층(**Tb**), 연흔 사엽층리를 나타내는 모래층(**Tc**), 평행 엽층리를 나타내는 세립사암층(**Td**)과 맨 위의 퇴적 구조가 나타나지 않는 머드층(**Te**)으로 구성된다(그림 5.20). 여기서 'T'는 저탁암인 turbidite의 첫 자를 딴 것이다. 이와 같이 저탁암의 특징적인 수직층서는 저탁암을 체계적으로 연구한 Bouma의 이름을 따서 '**Bouma 층서**'라고 한다.

점이층리 중에는 위와는 반대로 드물게 층의 상부로 갈수록 입자의 크기가 증가하는 경우도 나타난다. 이를 **역 점이층리**(inverse grading, 그림 5.19C)라고 하며, 이 점이층리는 퇴적작용이 일어나는 동안 유수의 운반 능력이 점차 증가할 때 생성된다. 또는 큰 입자들이 서로 충돌하여 분산력으로 가라앉지 못하는 사이 작은 입자들이 밑으로 빠지며 작은 입자가 아래에 쌓이고 나중에 큰 입자가 쌓여 형성되기도 한다. 이러한 작용을 **운동채질작용**(kinetic sieving)이라고 한다.

그림 5.18   호수 저탁암(터비다이트)에 발달한 정상 점이층리. 백악기 격포분지 격포리층(전북 부안).

그림 5.19 점이층리의 종류.

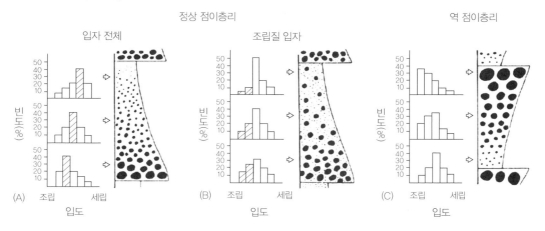

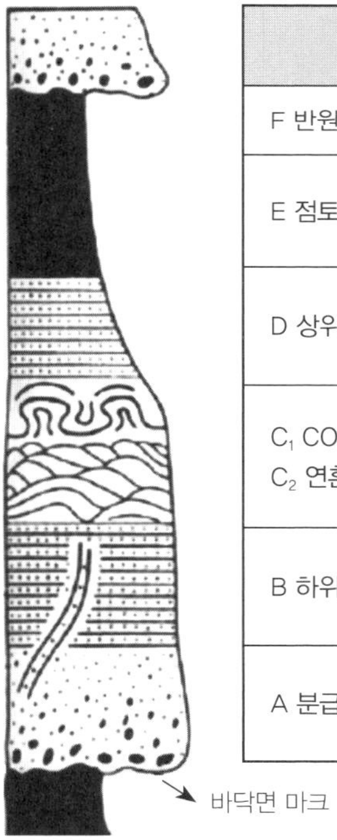

그림 5.20 이상적인 저탁암(터비다이트)의 층서.

특징	해석
F 반원양성	터비다이트 사이의 지층
E 점토질	저탁류의 저밀도 부분
D 상위 엽층리상	낮은 유수 상태, 평평한 퇴적면
C₁ CONVOLUTED C₂ 연흔-엽층리상	낮은 유수 상태,
B 하위 엽층리상	높은 유수 상태, 평평한 퇴적면
A 분급을 이루거나 괴상	비평형 상태의 수류, 빠르게 쌓인 퇴적층

바닥면 마크

(5) 조수층리(tidal bedding)

조석대지(tidal flat)에는 대략 6시간을 주기로 밀물과 썰물이 반복된다. 조류의 방향이 서로 바뀜에 따라 나타나는 퇴적층의 형태는 이를 반영하여 나타나거나 그렇지 않은 경우도 있다. 대체로 작은 규모의 퇴적층 형태인 연흔은 서로 반대 방향으로 발달하지만 큰 규모의 연흔과 거대연흔들은 입자의 크기, 조류의 세기, 그리고 조수 주기의 비대칭 정도에 따라 다르게 나타난다. 만약 한 번의 조수 주기에서 밀물과 썰물 시 조류의 세기가 비슷하다면 퇴적층의 형태는 퇴적물이 밀물 방향과 썰물 방향으로 비슷하게 이동하여 수류의 방향이 180° 정반대로 나타나는 **'청어뼈 층리**(herringbone

그림 5.21 청어뼈 층리. 오르도비스기 동점층(강원도 상동). 작은 축척 한 칸은 1 cm이다.

bedding, 그림 5.21)'가 생성된다. 그러나 대부분의 경우는 조수의 비대칭성 때문에 강한 세기의 조류 방향으로 퇴적물이 이동한 퇴적층의 형태가 나타난다. 조수 주기에서 약한 조수에 의해 생성된 퇴적층의 형태는 다음 주기의 강한 조수에 의해 침식을 받아서 기록이 지워지므로 퇴적물 기록은 강한 조수일 때 쌓인 퇴적물로만 되어 있는데, 각 조수 때의 퇴적층 사이에는 약한 조수 때 침식된 면인 '**재활성화면**(再活性化面, reactivation surface)'(그림 5.14)을 경계로 쌓여있다. 조수의 영향으로 인하여 해양과 해안선에 발달한 퇴적물을 **조수암**(tidalite)이라고 한다.

밀물에 실려 온 퇴적물은 조류의 속도가 점차 감소하면서 조석대지에 쌓이기 시작한다. 썰물이 시작되면 밀물 때 조석대지에 쌓인 퇴적물은 썰물이 빠져나가면서 유속이 점차 증가하며 침식작용을 받는다. 이와 같이 밀물과 썰물이 반복되는 과정에 퇴적물이 쌓이며 만들어진 퇴적 구조를 **조수층리**라고 한다. 조수층리는 조수(주로 밀물)에 의해 운반되는 퇴적물의 종류, 주로 모래와 머드의 비율에 따라 flaser 층리, 파상층리(wavy bedding)와 렌즈상층리(lenticular bedding)가 쌓인다. 연흔 사엽층리를 나타내는 모래 퇴적물 세트 사이에 머드의 얇은 층이 끼어있는 퇴적 구조를 **flaser 층리** (그림 5.22)라고 한다. 이 층리는 조수에 의해 운반되는 퇴적물에서 모래 퇴적물이 머드 퇴적물보다 많을 때 만들어진다. 반대로 머드 퇴적물의 양이 모래 퇴적물의 양보다 월등이 많을 때에는 머드나 머드스톤 내에 사엽층리를 보이는 얇은 모래 퇴적물의 연흔이 고립되어 렌즈상으로 나타나는데, 이런 퇴적 구조를 **렌즈상층리**(lenticular bedding)라고 한다. 머드와 연흔을 나타내는 모래 퇴적물이 서로 비슷한 양으로 나타나는 경우는 **파상층리**(wavy bedding)라고 한다.

북해의 조석대지를 많이 연구한 독일의 학자인 Reineck은 flaser, 렌즈상 및 파상층리의 발달을 다음과 같이 설명하였다. 밀물에 의해 조석대지로 물이 차오르고 조수로 운반되는 모래나 실트 퇴적물이 이동하면서 연흔을 형성한다. 밀물에서 썰물로 바뀌기 전 가장 높은 수위로 조수가 정지해 있거나 조수의 움직임이 약해져 잔잔해지면 조수에 떠있던 머드가 가라앉아 조석대지 표면에 발달한 연흔을 다양한 두께로 덮는다. 이 머드는 다짐작용(compaction)을 받기 때문에 다음 번의 조

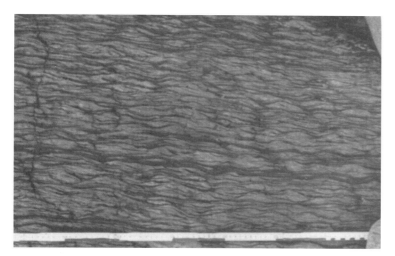

그림 5.22 Flaser 층리. 렌즈 상층리와 파상층리가 복합적으로 발달한 조수 퇴적층. 석탄기 (Klein 제공). 작은 축척 한 칸은 1 cm이다. 이 사진에서 대부분은 flaser의 층준에 해당하며, 최상부는 파상층리가 나타난다.

수 주기에도 침식이 일어나지 않고 보존된다고 하였다. 그러나 영국의 학자인 McCave와 Hawley 는 30분에서 1시간 동안의 조수 정지 시간에 1 cm 정도의 머드층이 형성되려면 상당한 양의 머드가 물에 부유되어 있어야 한다는 점을 들면서 위의 이론을 반박하였다. 더욱이 Hawley(1981)는 수조실험을 통해 물이 정지해 있는 동안에는 부유 상태에서 가라앉는 머드가 충분히 다져질 시간이 없기 때문에 다음 번의 조수 주기 때 바로 침식될 수밖에 없다고 하였다. 따라서 Hawley와 McCave는 이러한 조수의 주기보다는 좀더 장기간의 주기로 일어나는 폭풍이나 매월 가장 높은 대조(spring tide)의 시기에 생성된 것으로 주장하였다. 그러나 Reinick과 Wunderlich(1969)는 착색된 퇴적물을 이용한 실험을 통해 조수의 주기적인 변화로 이에 따른 파상층리, 렌즈상층리 및 flaser 층리가 만들어질 수 있음을 밝혔다. 여기서 문제는 머드층을 구성하고 있는 물질이 어떤 것이냐이다. 머드층은 단순히 머드 크기의 입자로 되어있는 것이 아니라 머드 크기의 입자가 뭉쳐져 있는 펠로이드(peloid)로 이루어졌다는 점이다. 펠로이드는 점토질 물질이 응집되어 있는 모래 크기의 입자상으로 이들은 조수에 의하여 운반될 때에는 부유 상태가 아닌 마치 모래나 실트 크기의 입자와 같은 수력학적인 특성을 띠지만 일단 쌓이고 나면 쉽게 다짐작용을 받으므로 입자의 형태를 지니지 못하고 마치 뭉개진 핏덩이 모양의 머드(clotted mud, structure grumeleus)를 형성한다. 이들은 현생의 조석대지에 쌓인 렌즈상층리에서 만든 퇴적물 박편을 관찰하여 머드층이 펠로이드로 구성되어 있음을 알 수 있었다. 또한 이 머드층에 함께 섞여 나타나는 석영 입자는 분급이 잘 되어 있으며, 머드층 아래에 놓인 연흔을 이룬 모래층의 석영 입자보다는 그 크기가 약간 더 작을 뿐이다. 북해의 조석대지는 환형동물과 연체동물의 배설물(fecal pellets)이나 이와 유사한 의사배설물(pseudofecal pellets)인 머드 펠로이드로 이루어져 있다. 펠릿의 머드로 이루어진 머드암편(intraclast) 역시 물성이 아주 약하여 아주 약간만 다져진다면 펠릿의 대부분은 입자로서 그 형태를 유지하지 못하고 균질한 응집력이 있는 머드로 변형이 일어나 풀어져 버린다.

대규모의 모래 물결과 리본들이 천해의 사질 대륙붕(그림 5.23)과 하구에 나타나기도 한다. 이들을 조절하는 요인이 아직은 정확히 알려지지 않았지만, 조류의 속도에 따라 퇴적층의 형태가 다르

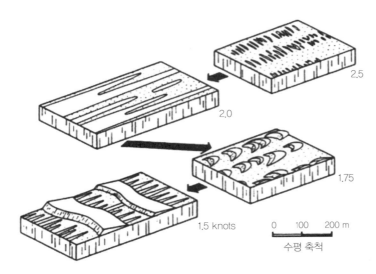

그림 5.23 유럽의 북해 조수 대륙붕에 발달하는 모래 물결과 모래 리본(Kenyon, 1970).

2.5

2.0

1.75

1.5 knots

0   100   200 m

수평 축척

게 나타나는 것으로 여겨진다.

이상의 조수층리는 해양 환경에서 천체활동의 영향으로 일어난 조수에 의하여 생성되는 것으로 여겨지고 있으나 이러한 퇴적 구조가 꼭 해양 환경에서만 생성되는 것이 아니라는 연구가 발표되었다. 물론 조수는 해양 환경에서만 발생하는 물리적인 현상으로 육상의 호수 환경에서는 보고되지 않았다. 그러나 육상의 호수 환경에서도 해양 환경의 조수와 비슷한 물의 흐름이 있게 되면 조수층리와 비슷한 퇴적 구조가 형성된다는 것을 호주의 건조지대에 일시적으로 발달한 호수 환경을 연구한 Ainsworth 등(2012)은 보고하였다. 이 연구에서 육상의 호수 환경에서 생성되는 조수층리는 기상 현상에 의한 조수에 의하여 형성되는 것으로, 여기서 기상 현상에 의한 조수는 매일 변하는 바람의 방향과 풍속에 의하여 그리고 주당 또는 월별 강을 통하여 유입되는 수량의 변화에 의해 형성되는 것으로 여겨진다.

5.1.3 점토 크기 입자의 이동

앞의 조수층리에서 약간 언급은 되었지만 모래 크기보다 작은 점토 크기로 이루어진 퇴적물은 대체로 잔잔한 환경에서 가라앉아 퇴적되는 것으로 알려지고 있으나, 이들 퇴적물도 밑짐(bed load)으로 운반된다는 것이 수조의 실험으로 밝혀졌다. Schieber와 Southard(2009)는 수조에서 입자의 크기가 90% 정도가 20 μm 이하이며, 이 중 80% 이상이 10 μm 이하인 점토광물(Ca-montmorillonite) 수조를 이용하였는데, 운반되는 입자의 형태는 대부분이 모래 크기의 응집물(floccule)로 이루어져 있었다. 이들 응집물들은 전체 부피로 보아 90% 이상이 물로 이루어져 있지만 운반이 될 때에는 연흔을 만들면서 움직이는 것으로 관찰되었다(그림 5.24).

모래의 연흔에서는 연흔의 정점에서 하류 쪽으로 사태처럼 무너져 내리는 것(avalanche)이 연흔 이동의 특징이다. 모래 퇴적물의 공급이 적다면 사태의 이동은 간헐적으로 일어나며, 하류 쪽 사면을 따라 흘러내리는 폭이 좁은 혀 모양의 퇴적체를 만든다. 연흔은 지속적으로 이러한 사태 물질이 중첩되면서 하류 쪽으로 이동을 한다. 모래 퇴적물의 이동량이 증가하면 이러한 사태의 이동은 자

그림 5.24 점토 응집물이 이동하면서 만들어 낸 비대칭 연흔의 단면(Schieber와 Southard, 2009). CP(crest point) : 연흔의 정상점. BP(brink point) : 유수의 분리점.

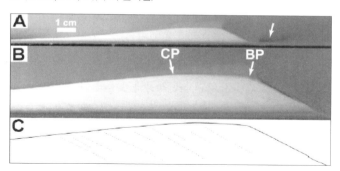

그림 5.25 머드 연흔의 이동방향 앞쪽에 발달한 여러 개의 퇴적물 더미(Schieber and Southard, 2009).

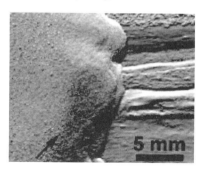

주 일어나며 사태의 발생은 연흔의 정점에서부터 더 넓은 영역을 따라 일어난다. 궁극적으로 퇴적물의 공급이 충분하다면 전체 연흔 하류 쪽 사면은 지속적이지만 불규칙적으로 하류 방향으로 이동한다.

　머드 입자의 연흔에서도 이러한 모래의 연흔 이동에서와 같은 양상으로 연흔의 하류 쪽 사면에서 점토-물의 응집물의 부유물이 가장 많이 있는 곳에서부터 사면 퇴적물 더미(lobe)가 생성되면서 마치 이류(mudflow)처럼 사면을 흐르더니 연흔의 하류 쪽 앞에 퇴적이 일어난다(그림 5.25). 이렇게 머드의 연흔도 점차 하류 쪽으로 전진 이동하는 것으로 관찰되었다.

　이상(以上)에서 보는 바와 같이 저밀도의 응집력이 없는 입자, 석영과 같은 고밀도의 응집력이 없는 입자, 그리고 저밀도의 응집력이 있는 점토 응집물과 같은 입자들 모두가 같은 유체의 조건하에서는 유사한 연흔을 형성한다는 것이 매우 이례적이다.

　이상과 같은 실험 결과를 살펴보면 머드의 퇴적작용에는 모순된 사항이 관찰된다. 머드를 이루는 입자들이 응집력이 있어 응집물을 이루지만, 이 응집물들은 운반과정에서 마치 응집력이 없는 입자들처럼 반응을 하며 이동을 한다는 점이다. 응집물의 연흔 이동에서 관찰되는 사항은 침식이 일어나면 하나의 응집물만 침식시키는 것이 아니라 좀더 큰 응집물 덩어리도 침식시킨다. 이들은 운반이 되면서 큰 덩어리의 응집물 집합체는 주어진 유체의 조건에 맞도록 점차 작은 크기의 응집물들로 나뉜다. 하지만 점토 응집물의 연흔은 동일한 조건의 모래 크기의 연흔보다는 매우 느리게 이동한다. 그 이유는 이 점토의 응집물이 바닥에 놓이게 되면 인접한 점토 응집물끼리 응집력이 작용하여 이들이 다시 바닥으로부터 침식이 일어나기 전까지 서로 뭉쳐져 있기 때문이다. 이러한 이유로 Hjülstrom 곡선(그림 3.14)에서 모래 크기의 입자들보다 작은 머드 입자들의 침식속도가 높다는 것이 실험적으로 확인된다.

5.1.4 층리면상의 자국과 불규칙성

사암의 층리면을 자세히 관찰하면 여러 가지 구조가 나타남을 볼 수 있다. 이들을 사암층의 바닥면에 나타나는 것과 퇴적층의 상부면 그리고 층 내부의 층리면에 나타나는 것으로 구분할 수 있다.

(1) 바닥면의 구조(sole markings)

퇴적층 바닥면 구조는 사암이나 석회암과 같은 암상이 실트스톤이나 셰일 위에 놓일 경우 이들 암상의 하부 층리면에 특징적으로 나타난다. 바닥면 구조는 물의 아래에 쌓여있는 머드 퇴적물 표면에 조립질 퇴적물을 운반하는 유수의 작용에 의해서 머드 퇴적물의 침식이 일어난 후 조립질 퇴적물이 침식된 곳을 채우거나, 물을 다량 함유하는 머드층 위에 두꺼운 모래 퇴적물이 쌓이면서 하중으로 차별적인 압력을 가할 때나, 머드 퇴적물 표면에 저서생물의 작용으로 움직인 자국이 만들어지고 이 위에 모래 퇴적층이 쌓였을 때 생성된다. 그러나 대부분의 경우 머드 퇴적물 위로 유수에 의해 모래가 운반되면서 머드 퇴적물에 새겨진 침식 자국이나 패인 곳에 모래 퇴적물이 채워짐으로써 생성된다. 바닥면 구조는 모든 사암체에 발달하나 특히 저탁암에 많이 나타나며, 이 구조를 이용하여 저탁류 흐름의 방향을 추정할 수 있다.

유수에 의해 형성되는 구조로는 **플루트**(flute, 그림 5.26)가 있다. 플루트는 약간 견고한 머드 퇴적물 표면에 침식으로 생성된 패인 홈이 모래로 채워져 있기 때문에 모래층의 바닥에 비대칭으로 돌출되어 플루트 캐스트(flute cast)로 나타난다. 플루트 캐스트는 보통 여러 개가 한꺼번에 나타난다. 플루트 캐스트는 상류 쪽에는 크게 돌출되어 나타나며 하류 쪽에는 점차 돌출된 형태가 없어지면서 층리면과 맞닿게 된다. 플루트는 유수의 국부적인 소용돌이 현상에 의한 침식작용으로 만들어진다.

플루트와 비슷하게 유수의 침식작용으로 형성된 것으로는 유수의 초승달(current crescent)이 있다. 말발굽 모양의 이 구조는 유수가 모래 바닥에 존재하는 장애물 주위에 소용돌이가 일어나 깎아내어 형성된 것이다.

또 다른 바닥면의 구조인 **그루브 캐스트**(groove cast, 그림 5.27)는 사암층의 바닥에 연속적인 선 모양으로 길게 튀어나온 모래 부분을 가리키며, 이 역시 저탁암에 특징적으로 나타나는 구조이다. 그루브 캐스트는 하부에 놓인 머드층에 생긴 긴 홈을 따라 모래 퇴적물이 채워져서 생성된 것이다. 그루브 캐스트도 플루트 캐스트처럼 대개 여러 개가 한꺼번에 나타난다.

그림 5.26 플루트 캐스트. 오르도비스기 Normanskill 셰일(미국 뉴욕주)

그림 5.27 그루브 캐스트. 오르도비스기 Normanskill 셰일(미국 뉴욕 주).

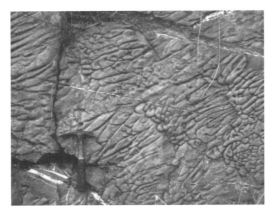

그루브는 유수에 의해 운반되는 물질(조개껍질, 조립질 모래, 머드 덩어리 등)이 비교적 단단해진 머드층의 위 표면을 따라 운반되면서 유수의 흐르는 방향으로 길게 깎으면서 만들어진다. 단, 그루브 형성의 조건은 운반되는 물질이 바닥과 계속 접하면서 이동되어야 한다. 유수의 흐름이 소용돌이가 일어날 경우에는 플루트가 형성되고 그루브는 생성되지 않는다.

(2) 퇴적층 상부 층리면 구조

건열구조(乾裂構造, mudcrack/desiccation crack, 그림 5.28)는 물에 의해 쌓인 응집력 있는 퇴적물이 지표에 노출되어 증발될 때 수분이 빠져나가면 퇴적물의 부피가 감소되면서 형성된다. 대체로 머드 퇴적물에서 나타나는 구조이다. 건열구조는 머드층의 표면에서 하부로 내려갈수록 폭이 좁아지면서 쐐기 모양을 나타낸다. 건열이 더 진행되면 표면에서는 건열된 틈(crack) 양쪽 머드층 부분이 위쪽으로 말려 올라가기도 한다. 탄산염 퇴적물, 특히 탄산염 조석대지 상에서는 이러한 형태의 융기된 건열구조가 단면에서 볼 때 삼각형 모양으로 발달하는 것을 관찰할 수 있는데, 이들의 형태가 마치 인디언의 천막집처럼 생겼다고 하여 **티피구조**(tepee structure, 그림 5.29)라고 부른다. 이 티피구조는 건열의 수직과 수평 틈에 해수가 채워진 후 증발이 일어나면서 탄산칼슘 광물이 침전하여 건열이 일어난 퇴적층을 밀어 올려 생성된다.

건열 중에는 층리면에서 볼 때 렌즈형(lenticular)을 띠며 불완전하게 형성되었거나, 그 분포도 불규칙하게 발달한 형태로 틈(crack)이 발달하기도 한다(그림 5.30). 이러한 렌즈형의 틈이 있는 층리면에는 마름모꼴이나 반마름모꼴의 틈, 반피라미드형 틈, 프리즘형 틈들도 함께 산출되기도 한다. 이러한 형태의 틈은 스코틀랜드의 데본기 호수 퇴적층에서 처음으로 보고되었는데, 그 성인은 수중에서 염도의 차이로 지층의 수축이 일어나 생긴 틈(subaqueous crack 또는 synaeresis crack)으로 해석되었다(Donovan and Foster, 1972). 그러나 이후 이 틈(crack)에 바람에 의해 운반된 풍성 모래가 채워져 있는 것이 확인되어 지표에 노출된 지층이 마르면서 형성된 건열로 재해석되었다(Astin and Rogers, 1991). 한반도의 백악기 호수 퇴적층에서도 이러한 렌즈형의 건열이 여러 지층에 걸쳐 반복적으로 발달한 것이 보고되었는데(그림 5.31), 이 층에서의 건열은 호수 가장자리 이질평원

그림 5.28 건열구조. 능주분지 백악기 장동응회암(전남 화순).

그림 5.29 티피 구조. 중기 오르도비스기 영흥층(강원도 영월).

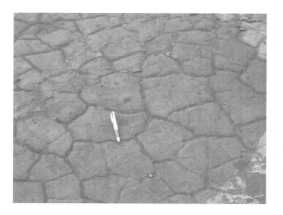

그림 5.30 후기 백악기 유천층군(부산시)의 호수 퇴적층에 발달한 렌즈상 틈의 평면 모양(Paik 과 Kim, 1998). (A) 불완전하고 방향성 없이 배열된 틈. (B) 긴 마름모꼴의 틈을 포함한 다각형 의 틈. 화살표는 사각형의 모래 패치. (C, D) 화살표로 표시된 제비 꼬리 모양으로 둘로 갈라진 틈 으로 증발광물의 모양을 닮음. (E) 렌즈상 틈과 같이 나타나는 정육면체(화살 1)와 반피라미드형 (hemibipyramidal, 화살 2)의 틈을 채운 모래. (D)와 (E)의 축척은 1 cm이다.

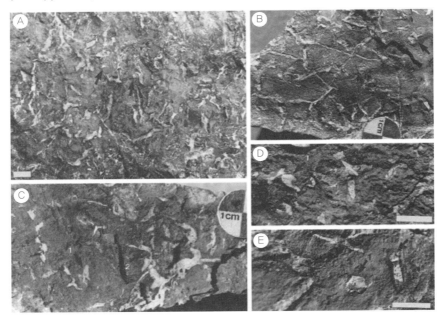

(mud flat)에 주기적으로 판상의 홍수(sheet flood)에 의해 쌓인 퇴적층이 쌓이고 마르면서 생긴 건 열로 해석된다. 지층이 마르는 동안 증발광물이 생성되었는데, 이러한 증발광물 존재의 흔적은 렌 즈형의 틈과 함께 산출되는 마름모-반마름모꼴 틈, 반피라미드 틈, 프리즘형 틈 등으로 알 수 있 다. 이 렌즈형의 건열에는 이질암편 등도 나타나는데, 이 틈들이 지표에서 마르면서 생성되었다는 것을 지시한다.

건열구조는 응집력이 없는 모래와 같은 입자상의 퇴적물에서는 생성되지 않는다. 그러나 때로는 모래층의 바닥에 건열구조처럼 다각형 모양으로 돌출되어 있는 부분이 나타나기도 한다. 이 구조 는 건열구조를 이룬 머드 퇴적물 표면 위에 모래 퇴적물이 쌓이며 건열을 채움으로써 형성된다. 모

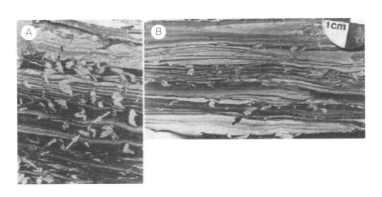

그림 5.31 여러 층준에 반복되어 나타나는 렌즈상 틈들의 단면. (A) 사 진에 보이는 많은 틈들이 삐뚤삐뚤 하게 구부려져 있다. 화살 1, 2는 반 피라미드형이며, 화살 3은 마름모꼴, 그리고 화살 4는 둘로 나뉘는 틈이 다. (B) 반피라미드형(화살) 틈 등을 포함하는 퇴적물은 판상 엽층리와 사 엽층리를 잘 나타냄. 후기 백악기 유 천층군(부산시) (Paik과 Kim, 1998).

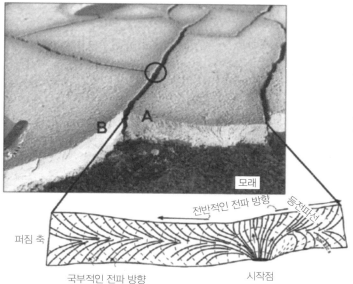

그림 5.32 이스라엘 사해 지역에 발달한 건열 사진과 먼저 생긴 건열 B를 나중에 생긴 건열 A의 표면 단면에 보이는 형태 특성을 그려낸 그림(Weinberger, 2001). 원(O)은 직각으로 만나는 두 건열이다. 아래에 그려진 그림에서 볼 때 건열은 하부의 건열 시작점에서 시작하여 위로 옆으로 점차 퍼져나가는 것을 알 수 있다.

래층 하부에 놓인 셰일이 나중에 풍화작용을 받아 제거되면 건열을 채운 모래 부분은 모래층 하부에 연장되어 있는 것처럼 나타난다.

　건열의 발달은 건열을 일으키는 시발점이 이질 퇴적물의 표면 또는 그 가까이에서 시작되어 점차 퇴적물의 하부로 전파되어가는 것으로 여겨지고 있다. 이는 머드층에서 건조해짐에 따라 수분의 감소 정도가 점차 층의 하부로 갈수록 줄어들고 층의 하부로 갈수록 층의 하중에 의해 가해지는 압축력으로 표면에서 일어나는 인장력(tensile stress)이 줄어들기 때문인 것으로 여겨지고 있다. 그러나 지금까지 알려져 왔던 이러한 견해와는 정반대의 해석이 제안되었다. Weinberger(2001)는 머드 퇴적층에 발달한 건열구조의 균열 특성을 자세히 관찰한 결과 건열은 머드층의 하부에서 생성되기 시작하여 머드층 상부의 자유 표면으로 수직적으로 점차 퍼져나가며 또 횡적으로는 인접한 균열 쪽으로 점차 멀어지며 전파된다고 하였다(그림 5.32). 이와 같이 처음 건열이 시작되는 곳은 머드층의 하부이며 대체로 머드층의 상부에 비하여 더 큰 입자들이 쌓여있다. 이러한 곳에서 퇴적물 입자의 가장자리, 좁은 빈 구멍 또는 포획물과 같은 불균질한 상태의 퇴적물 조직에서 건열이 시작된다고 하였다. 일차적으로 머드 퇴적물의 기저부에서 발생한 건열이 머드층 전반에 걸쳐 건열구조를 형성하면 이차적으로 건열은 층리를 이룬 머드층을 각 층별로 따로 떼어놓으면서 건열의 작용이 일어나 결과적으로 머드층마다 다른 건열구조가 만들어진다는 것이다. 이에 따라 현재 건열이 머드층의 상부 표면에서 생성되어 아래쪽으로 확장되는 것으로 건열의 형태가 쐐기형으로 생성된다는 점을 근거로 건열이 지층의 상하 판단의 지시자로 이용되는데, Weinberger의 새로운 해석은 건열을 지층의 상하 판단의 지시자로 적용하는 데 주의를 하여야 한다는 점을 환기시키고 있다.

(3) 연흔(ripple)

연흔(漣痕, 그림 5.33)은 대규모의 사층리를 발달시키거나 사구를 형성하는 유수보다는 비교적 약

그림 5.33   연흔. (A) 유수에 의해 생성된 연흔(current ripple)으로 비대칭이며, 사진에서는 오른쪽에서 왼쪽으로 흘렀음. 백악기 장목리층(경남 거제). (B) 파도에 의해 생성된 대칭 연흔. 시생대 Mozzan층군(남아프리카공화국).

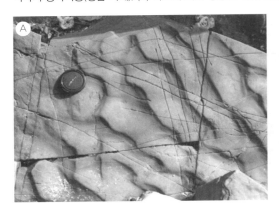

한 유수에 의한 소규모의 퇴적물 운반작용 결과로 형성된다. 연흔은 대체로 응집력이 없는 모래 퇴적물과 실트 퇴적물에서 주로 나타나며, 쇄설성 모래 퇴적물과 탄산염 모래 퇴적물 모두에서 발달하나 역질(礫質) 퇴적물이나 머드와 같은 극조립(極粗粒) 또는 아주 세립의 퇴적물에서는 거의 나타나지 않는다.

  평면상에서 볼 때 연흔은 아주 다양한 형태로 나타나는데, 그림 5.34는 연흔의 몇 가지 종류를 보여 주고 있다. 연흔은 두 가지 형태, 즉 대칭적인 단면을 보이는 것(파도 연흔, 그림 5.35A)과 비대칭 단면(유수 연흔, 그림 5.35B)을 보이는 것이 있다. 대체로 파도에 의해 왕복 이동을 하는 물의 흐름으로부터 만들어지는 연흔은 대칭을 이루며, 바람이나 물이 한 방향으로만 이동할 때 형성되는 연흔은 비대칭의 단면을 보인다.

  연흔은 사막 환경에서 심해 환경에 이르기까지 아주 다양한 퇴적 환경에서 생성된다. 천해에서는 파도의 굴절 현상에 의해 연흔은 해안선에 평행하게 배열되는 경향이 있으므로 고지리적인 중

그림 5.34   연흔의 여러 가지 평면 형태.

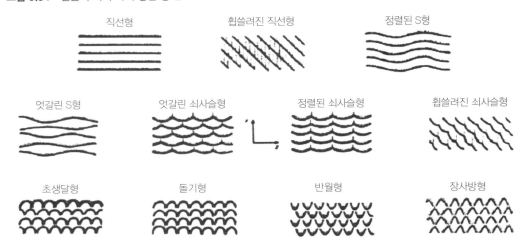

그림 5.35 연흔의 형태. (A) 대칭의 단면을 나타내는 파도 연흔. (B) 비대칭의 단면을 나타내는 유수 연흔.

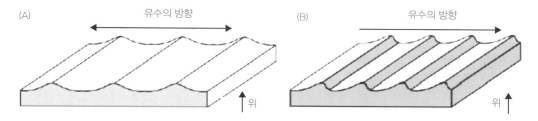

요성을 갖는다.

대부분의 연흔에서는 운반되는 모래가 연흔의 상류 쪽에서 연흔을 따라 위로 이동하였다가 연흔의 정상부에서 하류 쪽으로 하강하면서 점차 하류로 이동하는데, 이러한 과정이 지속적으로 일어나 퇴적되는 경향에는 변화가 없다. 그러나 퇴적물의 공급량이 많으면 연흔의 하류 쪽에 퇴적되는 정도가 증가하면서, 각각의 연흔은 그 앞쪽에 있는 연흔의 상류 쪽 부분 위로 올라타면서 쌓여져 발달하는 등정연흔이 생성된다(그림 5.12 참조).

(5) 층 내부 층리면에 발달한 구조

트라프 사층리를 이루는 초승달 모양의 연흔이 이동하면 층리면에는 rib-and-furrow 구조(그림 5.36)가 형성된다. 이 구조는 일정한 방향의 트라프(고랑) 부분과 바로 인접한 양옆의 트라프들 사이의 경계부와 이 경계부 사이의 트라프 내 하류 방향으로 오목하게 휘어지며 중첩되어 만들어지는 구조이다. 사암은 층리면을 따라 쪼개지기도 하는데, 이와 같이 쪼개지는 면에는 층리면에 평행하게 발달한 한 방향으로 나타나는 줄무늬인 **선형구조**(parting lineation, 그림 5.37)가 나타나기도 한다. 이 구조는 모래 입자들이 유수에 의해 밑짐으로 운반될 때 유수의 흐르는 방향으로 바닥을 구르면서 운반되어 형성된다. 경우에 따라서는 층리면을 따라 쪼개지는 면이 매끄럽지 못하고 층

그림 5.36 Rib-and-furrow 구조. 유수는 오른쪽 상단에서 왼쪽 하단으로 흘렀음을 나타냄(영국 노팅햄대학교 기숙사 보도 판석).

그림 5.37 층리면에 발달한 선형구조(parting lineation). 유수는 사진의 오른쪽 혹은 왼쪽으로 흘렀음(제주 민속박물관 내 보도 판석).

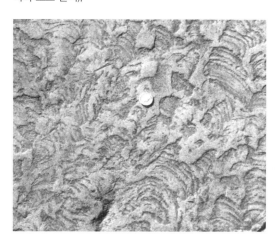

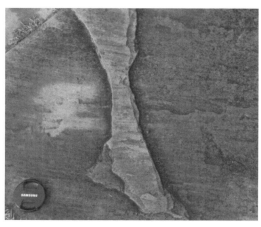

리면에 회반죽 모양으로 붙어 있는 것처럼 나타나기도 하는데, 이 모양 역시 선형구조의 방향으로 길게 늘어져 나타난다.

5.2 퇴적 동시성 변형 구조

모래층은 퇴적이 진행되는 동안이나 퇴적된 직후 그리고 고화작용이 일어나기 전에 변형작용을 받아서 다양한 변형 구조(變形構造)가 생성된다. 이때 형성된 퇴적 구조를 **퇴적 동시성 변형 구조** (syndepositional/soft-sediment deformation structure)라고 하고, 이러한 구조를 형성하는 작용으로는 다음 여섯 가지가 있다.

(1) 퇴적층의 움직임이 마치 대류 현상(對流現象)처럼 일어나 퇴적물의 수직 이동이 일어나게 된다. 이러한 퇴적층의 움직임은 퇴적층이 불안정한 층리 현상을 이루고 있을 때 일어나는데, 대개는 밀도가 낮고 물(공극수)을 많이 함유하고 있는 세립의 실트나 점토층 상위에 보다 밀도가 큰 모래층이 쌓일 때 발생한다. 하부에 놓인 저밀도의 지층이 마치 겔(gel) 상태가 되어 위에 쌓인 모래층을 지지할 수 있는 강도를 잃게 되면 상부의 모래층은 하부 세립질 퇴적층으로 가라앉고 하부의 실트나 점토는 상부로 이동하며 서로 위치 바꿈을 하는 대류 현상이 일어난다. 밀도가 큰 퇴적물이 밀도가 낮은 퇴적물로 가라앉아 생성되는 구조로 **짐 구조**(load structure, 그림 5.38)가 있다. 이 구조는 모래층 밑면에 구근상(bulbous)으로 돌출되어 있으며, 이들의 사이는 위쪽으로 가면서 폭이 좁은 세립질 퇴적물로 채워져 있다. 이렇게 모래 퇴적물이 아래의 세립질 퇴적물에 하중을 가하면 바로 아래 놓인 세립질 퇴적물은 눌리면서 공극수와 함께 위쪽으로 빠져나가면서 모래층과의 경계면에 모래층을 파고 들어가 쐐기 모양으로 남게 된다. 세립질 퇴적물의 쐐기 모양이 마치 불꽃 모양을 띤다 하여 이를 **불꽃 구조**(flame structure)라고 한다(그림 5.39). 경우에 따라서는 모래 퇴적물 덩어리가 모래층으로부터 분리되어 밑에 놓인 세립질 퇴적물 내로 가라앉아 세립질 퇴적물 내에 둘러싸여 떠있는 구조가 나타나는데, 이 경우에는 세립질 퇴적물 내로 가라앉는 동안 모래 퇴적물 덩어리가 변형작용을 받아서 퇴적물 덩어리의 아래쪽은 비교적 볼록한 형태를 띠고 내부의 층리는 외형에 평행하게 휘어지거나 말려져 있으며 완전히 머드 퇴적물에 의해 둘러싸여 있다(그림 5.40). 이를 **의사단괴**(pseudo-nodule) 또는 **짐**

그림 5.38 사암층과 하부의 이질암층 사이에 발달한 짐 구조(load structure). 백악기 경상분지 진주층(경남 사천).

그림 5.39 불꽃 구조(flame structure)와 짐 구조. 백악기 진안분지(전북 전주시 부근).

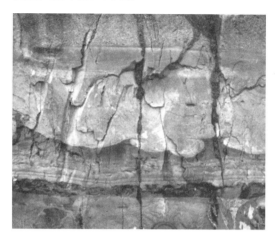

그림 5.40 의사단괴(pseudo-nodule). 백악기 경상분지 낙동층(경북 군위).

볼(load ball, load cast)이라고 한다. 모래 퇴적물이 아래의 세립질 퇴적물로 가라앉는 동안 비교적 적은 양의 머드나 셰일과 자리 바꿈을 하는 경우에는 모래층의 하부는 늘어져서 비교적 둥그런 베개 모양을 띠나 상부는 영향을 거의 받지 않아 평평하게 나타나는 **볼과 베개 구조**(ball-and-pillow, 그림 5.41)가 형성된다.

(2) 경사도가 급한 사면에 퇴적물이 쌓일 경우 퇴적물 하중으로 인한 중력으로 불안정해지며 사면에 쌓인 퇴적물이 사면을 따라 대규모로 횡적 이동을 하게 된다. 물질의 이동은 매우 천천히 일어나거나(creep), 슬럼프(slump)나 슬라이드(slide)처럼 빠르게 일어나기도 한다. 또는 퇴적물이 사면에 안정하게 쌓였다 하더라도 폭풍과 같은 외부적 충격이 가해지면 사면의 안정도를 유지하지 못하고 사면을 따라 이동한다. 이에 따라 형성되는 구조를 **슬럼프 구조**(그림 5.42)라고

그림 5.41 볼과 베개 구조(ball-and-pillow structure)가 사진의 중앙부에 발달되어 있다. 백악기 경상분지 진주층(경남 진주).

그림 5.42 슬럼프 구조. 터비다이트에 발달한 슬럼프 암괴로 슬럼프가 일어나는 동안 지층이 휘어져 있다. 백악기 Himenoura 층군(일본 규슈 구마모토현).

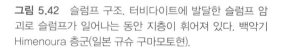

그림 5.43 Convolute 엽층리. 백악기 해남분지 우항리층(전남 해남).

한다. 이 구조는 모래 퇴적물뿐만 아니라 다른 여러 종류의 퇴적물에서도 생성되는데, 모래 퇴적물이 변형을 가장 많이 받는다. 대규모의 슬럼프나 슬라이드가 일어나면 모래 퇴적물 외에도 이에 함께 나타나는 셰일과 그 외의 퇴적물 등 많은 지층이 함께 변형을 받아 한 층 내에 포함된다. 이 같은 구조는 과거 사면(古期斜面)의 존재를 지시해 준다.

(3) 수중에 쌓인 지 얼마 되지 않은 퇴적물 위로 빠른 유수의 흐름이 있을 경우에 퇴적물 속에 들어 있는 공극수에 응력이 작용하여 공극수의 움직임으로 퇴적층의 변형 구조가 생성된다. 이 작용으로 세립의 모래 퇴적물에서 주로 관찰되는 특징적인 구조로는 **convolute 엽층리**(그림 5.43)가 있다. 이 구조를 나타내는 지층의 상부와 하부 경계는 대체로 평평하게 나타나지만 경우에 따라서는 하부 경계에 짐 구조나 다른 구조가 발달하기도 한다. Convolute 엽층리는 내부적으로 완만한 향사(向斜)와 배사구조들이 복합된 양상을 지닌다. 여기서 엽층리는 연장성이 좋으며, 습곡에서 습곡으로 추적이 가능하다. 많은 경우에 습곡은 한 방향으로 치우쳐서 기울어져 있으며, 이때 기울어진 주된 방향은 습곡의 축과 대체로 수직으로 나타난다. 이러한 구조를 가진 지층은 퇴적물이 뜬짐 상태에서 빠르게 퇴적된 후 곧바로 소성변형(塑性變形, plastic deformation)을 받을 때 생성된다. 이 지층에 수반되는 고수류 구조로 볼 때 습곡축의 배열 방향은 대체로 고수류 방향에 직각으로 나타나며, 습곡은 하류 방향으로 기울어져 있다. 이는 지층의 변형이 지층 위를 흐르는 유수 자체에 의한 응력의 결과로 일어났음을 지시해 준다.

(4) 그림 5.44 같은 구조를 **접시 구조**(dish structure)라고 하며, 저탁암의 사암에서 가장 잘 관찰된다. 퇴적물이 매우 빠르게 쌓이게 되면 퇴적물 내에 포획되었던 물이 주변 조건과 평형을 이루지 못하며 빠져나가지 못하고 퇴적물이 쌓이고 난 후 퇴적물 무게로 물이 퇴적층에서 상부 쪽으로 빠져나가면서 입자가 작은 퇴적물을 끌고 빠져나가다 물만 빠져나가고 세립질 퇴적물은 빠져나가는 통로를 따라 남겨지면서 퇴적물 단면에서 수직인 줄무늬 구조나 세립질 퇴적물의 가느다란 줄이 접시의 단면과 비슷하게 상부 쪽으로 완만하게 오목한 형태로 여러 개 겹쳐서 발달된 구조가 생성된다.

그림 5.44 접시 구조(dish structure). 백악기 저탁암(미국 캘리포니아 주 Wheeler Gorge).

그림 5.45 지진 활동으로 변형된 지층. 마이오세 Morozaki층군(일본 나고야).

그림 5.46 모래 다이아피어(diapir). 절벽에서 떨어져 나온 제4기 제주도 서귀포층의 암괴에 발달한 모래 다이아피어로 사진의 우측 하단에서 좌측 상단으로 지층을 가로지르며 모래가 빠져나갔다.

(5) 퇴적물이 쌓인 후 지진이 일어날 경우 고화되지 않은 퇴적물이 지하수나 공극수에 의하여 액화(liquefaction)되어 움직이며 변형작용을 받아 형성된다(그림 5.45). 지진으로 충격이 가해지면 퇴적물의 응집력이 떨어져서 퇴적물 입자들이 쉽게 분리되며 액화가 되고 난 후 조립질 퇴적물들은 다져지게 된다. 이때 다져지는 작용이 균질하지 않으면 퇴적물 내 공극 압력이 증가하며, 이를 해소하고자 퇴적층은 변형이 일어난다. 그러나 충격에 의하여 상부 지층(대개의 경우는 세립질 퇴적물의 불투수층)에 균열이 일어나면 이 지층의 틈을 따라

액화된 조립질 퇴적물이 빠져나오게 된다. 액화된 모래층이 마치 액체와 같은 상태(pseudo-liquefaction)가 되어 모래의 실(sill)이나 모래 맥(sand dike) 또는 모래 다이아피어(diapir)로서 상부에 놓인 퇴적층을 뚫고 관입이 일어나는데(그림 5.46), 이런 모래 관입 구조는 거의 지진이 흔들어 놓은 충격에 의해 일어난다. 또한 지진의 작용으로 형성된 변형 구조는 퇴적물의 조성에 따라 다르지만 모래 퇴적물인 경우 액화작용에 의해 균질화된 모래질 기질 내에 변형된 층리를 가진 모래 덩어리가 산재하여 나타나기도 한다. 지진의 활동에 의해 형성되는 변형작용은 한 번혹은 여러 번에 걸쳐서 일어나는 것이 보통이다. 이렇게 지진에 의해 변형되어 쌓인 지층을 지진층(seismite)이라고 한다.

(6) 퇴적 동시성 변형작용은 운석 충돌의 충격으로 퇴적물이 액화작용을 받으면 지층이 습곡되고 각력암처럼 완전히 부서지거나 모래 기둥의 관입이 일어나기도 한다(Alvarez et al., 1998).

그림 5.47 빙교란 구조(cryoturbation structure). 이 구조는 네덜란드의 Bosscherheide에 분포한 최후기 빙기의 하성 퇴적물에 발달한 빙교란 구조로 Younger Dryas Stadial 때 생성된 것으로 여겨짐(Lowe and Walker, 1997).

퇴적 동시성 변형 구조는 보통 이상의 둘 내지 세 가지의 기작이 함께 작용하여 생성된다.

이 밖에도 퇴적 동시성 변형 구조는 빙하주변 지역(periglacial area)에 쌓인 퇴적층에서도 자주 관찰된다. 이러한 환경에 발달하는 퇴적 동시성 변형 구조는 위에서 설명한 퇴적 동시성의 퇴적 구조와 매우 유사하게 관찰된다. 그러나 변형 구조의 생성 기작이 전혀 다르므로 이에 대하여 살펴보기로 하자. 빙하주변 지역에서 관찰되는 퇴적 동시성 변형 구조(그림 5.47)는 **빙교란 구조**(cryoturbation structure)라고 부르는데, 이 구조는 영구 동토층(permafrost) 위에 놓인 지층[이를 활성층(active layer)이라고 하며, 여름에는 녹고 겨울에는 언다.]에 들어있는 공극수가 결빙되어 공급압의 증가로 만들어지는 것으로 알려져 있다. 외형적으로는 convolute 엽층리 구조의 간격이 불규칙하거나 균질하지 않게 나타나는 것처럼 보이지만 자세히 관찰하면 어떠한 규칙성을 가지고 발달한 것이다. 빙하 주변 지역에 발달하는 빙교란 구조는 다음 세 가지 기작에 의하여 형성되는 것으로 알려진다. (1) 활성층이 결빙 상태에서 해빙될 경우 상부와 하부의 퇴적물의 밀도가 역전되기 때문이다. 즉, 활성층이 녹을 때 불균질하게 녹아 유동성이 있는 물로 채워진 퇴적물의 포켓이나 층준이 형성되면 퇴적물은 액화되어 아직 덜 녹은 상부 퇴적물로 관입을 하면 밀도가 크고 물기가 적은 퇴적물이 아래로 가라앉으면서 형성된다. (2) 빙정수압(cryohydrostatic pressure)이 생성되어 물질의 이동이 일어나 형성되는 경우로, 매년 가을에 활성층이 지표로부터 얼어가는 전면(freezing front)이 활성층 하부의 영구 동토층면으로 점차 내려가는데 아직 얼지 않은 활성층의 하부 퇴적물이 위로는 결빙된 지표층과 아래에는 영구 동토층의 사이에 위치하며, 이 층은 점차 공급압이 높아지게 된다. 이에 따라 이곳의 퇴적층이 액화되면서 퇴적층의 변형작용이 일어난다. (3) 퇴적층의 조성이 다른 경우 결빙 정도의 차이가 있으므로 차별 서릿발작용(differential frost heave)으로 변형작용이 일어나는 경우이다. 즉, 조립질 퇴적물과 세립질 퇴적물이 서로 층을 이루고 쌓여있는 경우 세립질 퇴적물에 들어있는 물의 결빙점이 낮기에 서릿발작용은 세립질 퇴적물보다는 조립질 퇴적물에서 더 빠르게 일어난다. 이에 따라 지반이 결빙될 경우 조립질 퇴적물과 세립질 퇴적물 사이에는 서로 다른 압력이 작용하여 이 압력의 차이로 퇴적물의 변형이 일어난다.

최근 들어 지진 활동에 의해 생성된 지진성 변형 구조에 대한 연구가 활발히 이루어지고 있다. 이는 지진성 지질 재해에 대한 관심이 높아졌기 때문이다. 다양한 퇴적 동시성 변형 구조가 수평층을 따라 넓은 지역에 걸쳐 발달해 있는 경우에는 지진이 일어났을 때 지층 내 공극압의 증가로 인해 일어난 것으로 해석한다. 퇴적 동시성 변형 구조를 지진 활동과 연관시켜 해석하는 경우에는 변형 구조가 주요 단층대를 따라 발달해 있거나 변형 구조의 산출 빈도와 변형 정도가 단층대에 가까울수록 증가를 하는 경향 그리고 변형 구조가 수 km에 걸쳐 상하에 전혀 변형을 받지 않는 지층들 사이에 끼어서 나타날 경우 및 화산 활동과 연관되는 등의 관찰 사항으로 뒷받침될 수 있다(Allen, 1975; Anand and Jain, 1987; Scott and Price, 1988).

지진이 일어나면 다양한 종류의 변형 구조와 사면을 따른 슬럼프와 같은 질량류 퇴적물이 형성된다. 퇴적물의 변형작용은 지진이 일어날 때 퇴적물에 함유된 물의 양에 따라 다르며 퇴적물의 반고화가 일어난 경우에는 쇄성 변형(brittle deformation)으로 균열이 많이 생성된다. 균열은 대체로 지층에 수직 또는 거의 수직으로 발달하며, 각 균열은 서로 고각(高角)으로 교차를 하거나 가지를 치기도 한다(그림 5.48). 균열은 철산화물의 용탈에 의해 주변의 퇴적물과 색으로 구별된다. 또한 균열은 하부로 갈수록 폭이 좁아지면서 사라진다. 이 균열은 변형에 의한 균열(strain fracture)로서 퇴적물의 상단부에서는 수평적인 인장압력(tensile stress)으로 발달한다(Matsuda, 2000; Shiki and Yamazaki, 1996; Rossett and Santos, 2003). 퇴적물의 고화가 덜 되어 물의 함수량이 높은 경우는 상부에 놓인 퇴적물과의 밀도의 역전 현상으로 상부 퇴적물이 짐으로 하중을 가하면 하부의 퇴적물이 상부 퇴적물 위치로 이동을 하면서 간격이 불규칙하게 발달하는 연성변형(ductile reformation)으로 convolute 습곡이 형성된다. 또한 높은 밀도를 가지는 상부 퇴적물이 낮은 밀도를 가지는 하위의 퇴적층으로 가라앉으면서 베개와 같은 변형 구조(pillow-like structure)와 소시지 같은 형태의 구조도 형성된다. 이외에도 앞에서 설명한 바와 같이 퇴적물이 액화(liquidization)된 상태로 변형이 일어나기도 한다. 액화 변형은 모래맥(sand dyke)과 비슷한 모래의 관입이 나타난다.

퇴적 동시성 변형작용을 받아 변형된 지층과 퇴적물이 암석화된 후 구조작용을 받아 변형된 지층 사이의 구별은 가끔 어려울 때가 있으나 퇴적 동시성 변형작용을 받은 증거로는 변형된 지층의 상·하부에 있는 주된 지층들은 변형을 받지 않은 것으로 구분할 수 있다.

수심이 반심해 상부(upper bathyal)에 해당하는 대륙 연변부의 퇴적물에 발달하는 같은 방향으로 차례로 배열된 en echelon 맥(vein), convolute 엽층리, 지층 내 각력(intraformational breccia), 상·

그림 5.48 지진 활동에 의하여 생성된 쇄성 변형작용구조(brittle deformation structure). 브라질의 상부 백악기 에스츄아리 퇴적물에 발달한 밝은 색의 균열은 철의 환원으로 생성된 것으로 (A)는 단면에서 거의 수직인 균열을 나타내며, (B)는 평면에서 본 균열이다(Rossetti and Santos, 2003).

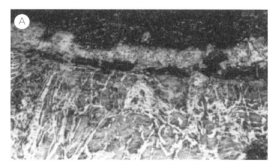

하의 지층과 정합적으로 균질화된 층(concordant homogenization interval), 상·하의 지층과 불규칙한 접촉 관계를 가지는 각력과 균질화된 층(disconcordant breccia and homogenized zone) 등과 같은 퇴적 동시성 퇴적 구조는 이전에는 다짐작용과 관련된 탈수작용 그리고 이에 따른 물리적인 작용에 의하여 생성된다고 해석되어 왔다. 하지만 최근에는 이러한 퇴적 환경에 쌓인 퇴적물에 생성되는 퇴적 동시성 변형 구조는 이 퇴적물에 함유된 가스하이드레이트(gas hydrate 또는 clathrate)의 불안정성에 기인한다고 해석되고 있다(Kennet and Fackler-Adams, 2000). 가스하이드레이트란 퇴적물 내 유기물이 해저에 얕게 매몰되는 동안 유기물이 부패하면서 발생하는 메탄, 또는 매우 깊은 매몰 조건에서 열성숙과정을 거쳐 생성된 메탄이 비교적 해저 얕은 곳으로 이동하면서 낮은 온도와 높은 압력하에서 퇴적물 내 공극수가 결빙된 얼음 내에 포획(捕獲)되어 생성된 물체이다. 이러한 가스하이드레이트(메탄하이드레이트)는 메탄의 생성과 온도, 압력의 조건이 갖추어진 대륙 연변부와 영구 동토지대에서 생성되는 것으로 알려지고 있다. 이 가스하이드레이트는 온도와 압력 조건이 약간만 변하여도 이들의 안정성에 영향을 받아 불안정해지며 얼음이 녹아 메탄과 물로 해리된다. 퇴적물에서 가스하이드레이트의 안정 영역은 얕은 매몰 조건에서의 지온 상승을 일으키는 저층수의 온난화, 피압(confining pressure)의 증가와 매몰로 지온(地溫)의 상승을 일으키는 퇴적물의 누적 퇴적작용, 그리고 피압(被壓)의 변화를 일으키는 해수면의 변화나 해저면의 질량류 활동에 의하여 변형된다. 가스하이드레이트의 안정 영역이 바뀌면 가스하이드레이트에 붙잡혀 있는 많은 양의 메탄가스와 물이 해리되어 지층 내 과압력(overpressure) 현상을 일으키고 메탄가스와 물의 흐름을 야기한다. 이에 따라 가스하이드레이트가 함유되어 있던 층준에서는 퇴적물 변형작용이 일어나 퇴적 동시성 변형 구조가 생성될 수 있다.

한편, 퇴적 동시성 변형 구조를 이용하여 퇴적 환경을 알아보려는 시도가 있었다. 그러나 이와 같은 변형 구조를 일으키는 수력학적인 메커니즘이 어느 한 퇴적 환경에 국한되지 않고 여러 퇴적 환경에서 일어날 수 있으므로 이러한 시도는 적합하지 않다. 퇴적 동시성 변형 구조의 가치는 이러한 구조가 생성될 수 있는 수력학적인 조건을 알려주며, 고수류의 해석과 고기후와 고기지진의 발생을 해석하는 데 도움을 준다.

5.3 생물기원 구조

환형동물, 연체동물, 갑각류와 곤충 등의 많은 저서 생물체는 먹이를 구하거나 생명의 위험을 느껴 피하거나 쉴 곳을 찾아서 퇴적물을 헤집고 다닌다. 퇴적물에 굴을 파고 사는 생물체는 수없이 많으며, 이들의 생명 활동은 다양한 퇴적 환경에서 중요한 역할을 한다. 퇴적물이 쌓인 후 퇴적층이 생물의 활동에 의해 교란 받을 때에 생성된 퇴적 구조를 **생물기원 구조**(biogenic structure)라고 한다. 물론 스트로마톨라이트(그림 12.23)와 같은 퇴적물도 시아노박테리아에 의해 생성되는 생물기원의 퇴적 구조이지만 스트로마톨라이트는 여기에서 다루는 생물기원 구조와는 생성 원인이 매우 다르기 때문에 포함시키지 않았다. 퇴적물 속을 굴진하는 자국(burrow), 퇴적면에 생긴 불연속적인

그림 5.49 얼룩(반점) 구조(mottled structure). 태백산 분지의 중기 오르도비스기 영흥층(강원도 영월).

자국(足印, track)과 연속적인 자국(trail) 등의 생물기원 구조를 **흔적 화석**(痕迹化石, trace fossil) 또는 **생흔 화석**(生痕化石, ichnofossil)이라고 한다. 흔적 화석은 몸체 화석과 마찬가지로 형태학적 분류를 한다.

생물이 파놓은 굴에 퇴적물이 채워지면 주변의 원래 퇴적물과는 다른 조직이 나타나게 되며, 그리하여 생긴 구조를 얼룩(반점) 구조(mottled structure, 그림 5.49)라고 한다. 또한 이 구조는 생물체들이 퇴적물 사이를 지나가는 통로에 퇴적물의 조직을 변화시켜 형성되거나 이들 통로를 따라 상부의 물이 스며들어 화학적인 조건(예 : 환원 환경에서 산화 환경으로)이 바뀌면서도 만들어진다. 생물체가 퇴적물을 헤집고 다니는 작용을 **생교란작용**(生攪亂作用, bioturbation)이라고 한다. 생물체가 퇴적물 내로 헤집고 다니는 정도가 심해지면 퇴적물들은 점차 섞이게 되어 균질화되며 이로 말미암아 퇴적 당시에 생성되었던 퇴적 구조들은 모두 파괴된다. 따라서 퇴적 구조가 잘 관찰되지 않고 균질하면서 괴상으로 나타나는 암상은 일단 생교란작용을 받은 것으로 의심하여 볼 수도 있다.

흔적 화석은 실트와 모래 퇴적물에 잘 보존되어 있다. 흔적 화석을 기재하는 여러 가지 용어는 그림 5.50에 나타나 있다. 흔적 화석은 그 구조가 모래 퇴적물의 상부 표면(exogenetic)에 나타나 있는가 아니면 퇴적층 내(endogenetic)에 생성되어 있는가로 구별할 수 있다. 그러나 생물체는 모

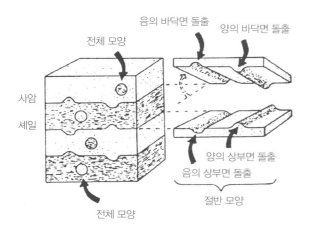

그림 5.50 흔적 화석을 기재하는 데 이용되는 용어(Ekdale et al., 1984).

래층과 머드층 사이를 따라 굴을 파는 경우가 있어서 이들의 구별이 항상 쉽지는 않다. 머드층 내에 굴이 생긴 후 이 굴에 상부에 놓인 모래층으로부터 모래가 채워지면 마치 퇴적면 상에 기어 간 자국이 생겼다가 나중에 모래층에 의해 덮인 것과 비슷하게 나타날 수 있다. 모래층을 중심으로 이러한 성인과는 관계없이 모래층의 바닥면을 따라 나타나는 생흔구조를 **바닥면 생흔구조**(hypichnia)라고 하며, 이들은 모래층 바닥면에 돌출(hyporelief)되어 보존된다. 모래층의 상부면을 따라 발달된 구조를 **상부면 생흔구조**(epichnia)라고 하고, 이들은 모래 퇴적층 표면에 돌출부(epirelief)로 보존이 된다.

퇴적물에 생긴 생물기원 구조는 주로 저서성(底棲性, benthic) 동물에 의해 생성된다. 저서동물은 먹이를 구하는 방법에 따라 퇴적물을 섭취하여 퇴적물 내에 들어있는 유기물을 먹이로 먹는 종류(deposit feeder)와 수층의 부유성 유기물을 섭취하는 동물(suspension feeder)로 나뉜다. 흔적 화석의 형태는 저서동물의 분류학적인 특징보다 행동 양식(behavior)에 따라 더 좌우된다. 즉, 이는 퇴적물 섭취 동물이나 부유성 물질 섭취 동물의 구분과 달리 분류학적으로 서로 다른 종의 동물일지라도 이들이 비슷한 행동 양식을 나타낼 때 거의 비슷한 흔적 화석의 형태가 생성된다는 것이다. 이와 달리 한 종의 저서동물이라도 서로 다른 행동 양식을 가지며 생활한다면 서로 다른 흔적 화석이 만들어진다. 이는 마치 여러분이 비가 올 때 장화를 신고 질퍽한 땅에 장화 자국을 남길 수 있고 운동을 할 때는 운동화 자국을, 등산을 할 때는 등산화 자국을 만들어 서로 다른 형태의 행동 양식에 따른 흔적 화석을 만드는 것과 같다. 그러나 주로 척추동물에 의해 생성되는 발자국(그림 5.51)은 이를 이용하여 자국을 남긴 동물의 분류학적 감정까지도 가능하다.

흔적 화석은 생물의 행동 양식에 따라 다음의 7가지 종류로 나누어진다(그림 5.52).

(1) 휴식 자국(resting mark, Cubichnia) : 이동성의 생물이 휴식을 취할 때 생성되는 자국으로서 생물의 형태가 퇴적물 표면에 그대로 찍혀서 나타나는 경우이다.

(2) 기어 간 자국(crawling trail, Repichnia) : 이동성의 저서생물이 퇴적물 표면 위를 기어가면서 만든 자국 또는 퇴적물 내에 굴을 판 자국이다.

그림 5.51 척추동물의 발자국 화석. (A) 육식 공룡의 발자국. 능주분지 백악기 장동응회암(전남 화순), (B) 새 발자국. 경상분지 백악기 함안층(경남 진주).

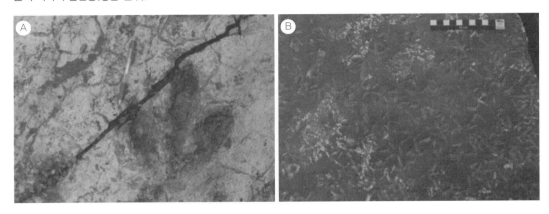

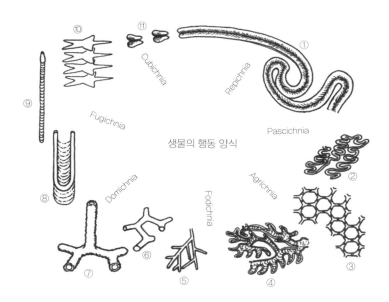

그림 5.52 생물의 행동 양식에 따른 흔적 화석의 분류. 이 그림에서 보듯이 생물의 행동 양식은 확연히 구분되지 않고 중간 형태의 것도 있다. 그림에 나타난 흔적 화석은

① Cruziana,
② Cosmorphaphe,
③ Paleodictyon,
④ Phycosiphon,
⑤ Chondrites,
⑥ Thalassinoides,
⑦ Orphiomorpha,
⑧ Diplocraterion,
⑨ Gastrochaenolites,
⑩ Astericites,
⑪ Rusophycus이다(Ekdale et al., 1984).

(3) 먹이 섭취 구조(feeding burrow, Fodichnia) : 준정착성의 퇴적물 섭취 동물이 먹이를 구하기 위하여 퇴적물을 파고들어 만드는 굴로서 이 구조는 대체로 출발 장소로부터 방사상으로 발달되어 있다.

(4) 먹이 섭취 자국(grazing trails, Pascichnia) : 머드를 먹는 이동성 생물에 의해 만들어진 굴곡 모양의 자국과 굴로서 퇴적물 표면이나 바로 아래에 생성된다.

(5) 문양 구조(Agrichnia) : 이 구조를 만드는 생물의 행동 양식은 불확실하지만 매우 정교한 모양을 이루고 패턴화되어 있는 퇴적면 표면에 만들어진 굴진 구조이다.

(6) 거주 구조(dwelling burrows, Domichnia) : 이동성 동물이나 준고착성 동물이 오랫동안 거주지나 피신처로 이용하면서 만들어진 굴을 가리킨다.

(7) 피난 구조(escape structure, Fugichnia) : 대체로 퇴적물에 수직적인 굴을 파고 사는 이동성 동물이 퇴적작용이나 침식작용이 일어날 경우 이를 피하기 위해 퇴적물의 상·하로 이동하면서 만드는 구조를 가리킨다.

이상에서 살펴본 7가지 흔적 화석의 종류는 고화되지 않은 퇴적물에 생기는 생물기원 구조이다. 이들의 몇 가지 예는 그림 5.53에 나타나 있다. 이 밖에도 고화된 퇴적물이나 단단한 물질을 생물체가 파고들어 만들어진 보링 구조(boring, 그림 5.54)가 있다.

그러면 흔적 화석으로부터 어떠한 지질학적인 정보를 얻어낼 수 있을까? 퇴적물에서 생물기원 구조의 존재에 대한 부정적인 측면은 퇴적 당시에 생성된 일차적인 퇴적 구조가 생교란작용으로 파괴되고 또한 별개로 분급이 일어나 구분이 되어 쌓인 퇴적물을 헤집고 다니면서 혼합시켜 균질화시키기 때문에 퇴적 당시의 수력학적인 조건을 해석하기가 어려워진다는 점이다. 반면 생물기원 구조의 존재에 대한 긍정적인 측면은 생물은 환경의 영향을 받아 살기 때문에 생물의 행동 양식도 역시 환경의 영향을 받으므로 이들에 의해 만들어진 생물기원 구조도 퇴적 환경에 따라 다르게 나

그림 5.53 흔적 화석의 예. (A) *Orphiomorpha nodosa*. 올리고세 Ashiya층군(일본 규슈). (B) *Asterosoma*(?). 미시시피기 Borden층(미국 켄터키 주). (C) *Zoophycos*. 미시시피기 Borden층(미국 켄터키 주). (D) *Thalassinodes*. 올리고세 Ashiya층군(일본 규슈). (B)와 (C)의 동전은 직경이 약 2.5 cm 이다.

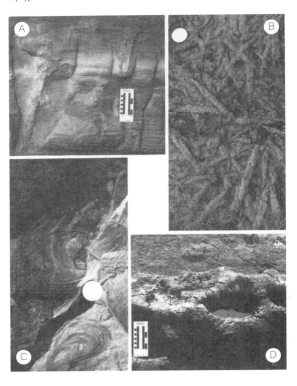

그림 5.54 복족류에 의해 해변의 암석에 만들어진 보링 구조 (boring structure). 복족류는 암석 속에 파고들어가 살고 있다 (바하마 San Salvador).

타난다는 점이다. 또한, 흔적 화석은 생물체의 몸체 화석과는 달리 재동이 일어나지 않기 때문에 흔적 화석을 보존하고 있는 퇴적물은 그 퇴적물이 쌓였던 당시의 조건을 그대로 반영하고 있다고 볼 수 있다. 따라서 흔적 화석의 가치는 경우에 따라서 공간적으로 층서의 대비에 사용되기도 하며, 퇴적학자들에게는 퇴적 환경의 지시자로 이용되기도 한다.

해양 환경에서 퇴적 환경을 구분하는 가장 중요한 기준은 수심이다. 해양 퇴적물에 나타나는 여러 가지 퇴적학적인 정보와 이에 함유된 생물기원 구조를 서로 관련시켜 본 결과 흔적 화석의 양상과 종류도 수심에 따라 달라진다는 것이 밝혀졌다. 각 수심에 따른 흔적 화석의 집합체를 **흔적 화석상**(ichnofacies)이라고 하는데, 흔적 화석상은 천해에서 심해로 가면서 각 흔적 화석상에 대표적으로 나타나는 흔적 화석의 이름을 따서 *Skolithos* 흔적 화석상, *Cruziana* 흔적 화석상, *Zoophycos* 흔적 화석상과 *Nereites* 흔적 화석상으로 구분된다(그림 5.55). 이 흔적 화석상 중에서 *Zoophycos* 흔적 화석상은 원래 대륙 사면에서 대양저에 이르는 퇴적 환경을 나타내는 반심해의 흔적 화석상으로 여겨졌으나 이 흔적 화석상의 대표적 흔적 화석인 *Zoophycos*가 삼각주 환경, 폭풍의 영향을 받은 대륙붕 환경에서도 산출됨으로써 *Zoophycos* 흔적 화석상에 대한 고생태학적인 개념은 약간 수정되게 되었다. 이에 대해서는 좀더 광범위한 연구가 필요한 실정이다. 이러한 흔적 화석은 해양 환경에서

그림 5.55 퇴적 환경과 흔적 화석상. 이 밖에도 육상 환경에는 *Scoyenia* 흔적 화석상이 나타난다(Frey and Pemberton, 1984).

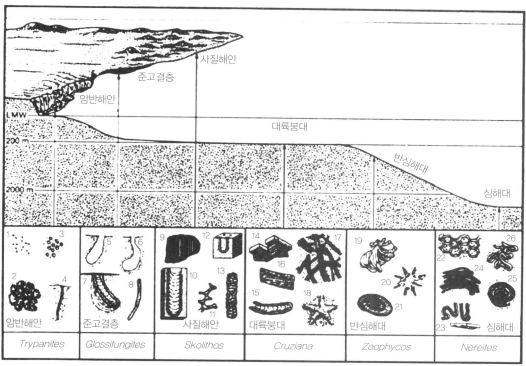

만 나타나는 것이 아니라 육상 환경의 퇴적물에도 흔히 관찰된다. 육상 환경에서 산출되는 흔적 화석은 주로 곤충이나 담수의 새우에 의해 만들어지며, 그 종류는 해양 환경의 흔적 화석에 비하여 다양하지 않고 주로 단순히 층리면에 수평으로 발달한 먹이섭취 구조가 주를 이룬다. 육상 환경에 형성되는 흔적 화석을 통칭하여 *Scoyenia* 흔적 화석상으로 구분한다. 육상의 나무에 벌레들에 의하여 만들어지는 구멍들도 역시 흔적 화석으로 이를 *Teredolite* 흔적 화석상이라 부른다. 퇴적물에 통나무 화석이 산출되면 이 흔적 화석상이 관찰되기도 한다.

　퇴적물 속에 포함된 굴진의 흔적은 지층의 퇴적 역사에 대한 중요한 정보를 제공하기도 한다(그림 5.56). 퇴적작용이 느릴 경우 생물체는 퇴적물을 완전히 재동시켜 균질화시킨다. 이에 따라 퇴적물이 쌓일 때 생성된 일차적인 퇴적 구조(엽층리 등)는 퇴적물에 남아 있지 않는다. 그러나 퇴적작용이 일어났더라도 고립된 호수나 해저에 산소를 공급하는 물의 흐름이 없는 곳에서는 산소가 없는 무산소(anoxic) 또는 산소결핍(suboxic) 환경이 형성되어 저서생물의 생존이 어려워 생교란작용이 거의 일어나지 않고 일차 퇴적 구조는 잘 보존된다. 반면에 퇴적작용이 빠르게 진행되면 퇴적물이 계속 쌓임에 따라 저서생물의 작용이 중지되기도 하며 생물체들은 새롭게 쌓이는 퇴적물로 계속 상향 이동을 하여 심한 생교란작용을 일으킬 시간적 여유가 없게 된다. 예를 들면 어떤 지층에서는 많은 *Ophiomorpha*(그림 5.53A 참조)가 수평적으로 잘려져 있는가 하면, 어떤 것들은 잘리지 않고 퇴적 경계면의 상하로 연장되어 발달되어 있기도 하다. 따라서 생물체의 굴진 흔적은 퇴적

그림 5.56 퇴적학적 제반 조건의 차이에 따라 생성되는 생교란작용의 다양성(Ekdale et al., 1984). (A) 퇴적작용이 느리게 연속적으로 일어나는 경우로, 생교란작용의 비율은 퇴적률과 비슷하거나, 또는 더 빠르게 일어날 때이다. (B) 퇴적작용이 빠르게 일어나거나, 혹은 무산소 조건하에서 퇴적이 일어날 때이며, 생교란작용은 일어나지 않는다. 단지 지층의 상부, 즉 이러한 조건이 중지되는 곳에서만 하부로 생교란작용이 일어난다. (C) 빠른 퇴적작용과 느린 퇴적작용이 반복될 때 각 주기마다 침식작용이 일어날 경우 생성되는 구조. 침식면에서 보면 굴진 자국이 절단되어 있다. (D) 퇴적작용이 느리고 불연속적으로 일어나지만 침식작용은 일어나지 않는 경우. 퇴적작용이 일어나지 않는 면을 따라 상·하에 다른 생교란작용가 관찰됨. (E) 주기적인 퇴적작용이 일어나는 사이에 침식작용이 수반되는 퇴적 구조로서. 침식면을 따라 굴진 자국이 잘려 있다.

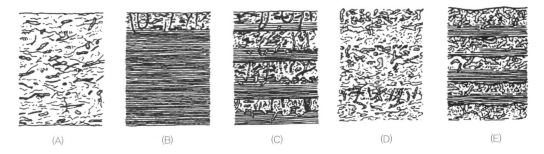

(A)   (B)   (C)   (D)   (E)

작용과 침식작용을 나타내는 좋은 지시자가 되기도 하며 굴진의 시기에 대한 정보, 또한 퇴적 시기에 대한 정보도 제공해 준다(그림 5.57).

저탁암 및 폭풍 퇴적물과 같이 지질학적으로 짧은 시간에 일어나는 사건으로 쌓인 지층들에 대해, 이들 퇴적물이 쌓이기 이전과 이후의 흔적 화석을 조사하여 생태학적으로 어떠한 변화가 일어났는가를 밝히는 연구도 많이 이루어지고 있다(그림 5.58). 특히, 선캄브리아기 시대의 지층에 나타나는 흔적 화석은 생물의 몸체 화석이 나타나지 않는 시기에 생물이 존재하였음을 지시해 주는 좋은 지질학적 증거가 된다. 선캄브리아기 시대와 캄브리아기의 경계도 흔적 화석과 몸체 화석을 이용하여 구별하기도 한다.

그림 5.57 퇴적물 표면의 변화에 따라 나타나는 *Diplocraterion yoyo* 흔적 화석(Goldring, 1964). 이 그림의 A에서 F는 퇴적물이 침식되고, 퇴적되고, 그리고 다시 침식되었다가 최종적으로 다시 퇴적작용이 일어나 이 흔적 화석이 매몰되는 과정에서 이 흔적 화석을 만든 생물체의 굴진 작용의 변화를 나타낸다. 퇴적물이 퇴적되거나 침식된 양은 굴진 자국의 양상으로부터 유추가 가능하다. F-1은 퇴적물의 두께가 굴진을 하는 깊이와 같거나 약간 두꺼운 퇴적물이 침식이 일어났다는 것을 가리킨다.

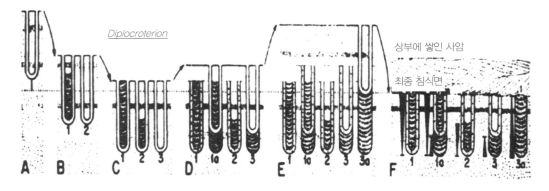

그림 5.58 터비다이트(저탁암)에 생성된 흔적 화석의 퇴적학적 해석(Ekdale et al., 1984). (A) 저탁류에 의해 퇴적물이 유입됨. 저탁류는 기존의 퇴적물을 깎아내 퇴적물 내에 존재하던 굴진 자국을 해저면에 노출시키며, 이 자국은 뒤이어 터비다이트 퇴적물로 채워진다. (B) 조립질(Ta–c)의 터비다이트 퇴적물이 쌓인 후, 새로운 굴진 자국이 생성된다. (C) 그 후 반원양성 퇴적물(Td–e)이 쌓인 다음, 여기에 굴진 자국이 생성되는데, 이 굴진 자국은 다음 번의 저탁류 퇴적물이 쌓이기 이전의 형태이다.

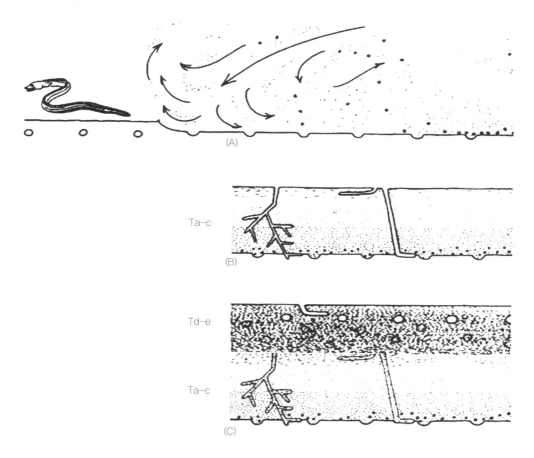

앞에 살펴본 흔적 화석은 모두 고화가 많이 일어나지 않은 퇴적물에 생성된 무척추동물의 행동 양식에 따른 흔적이 남은 것이다. 반면 고화된 암석에 나타나는 흔적 화석도 지질기록으로 많이 산출된다. 우리는 해안가에 분포하는 암석에 동그란 구멍을 파고 사는 연체동물이나 이들이 판 구멍이 여러 개 모여있는 것(그림 5.59)을 관찰할 수가 있다. 이러한 구조를 **생물침식작용**(bioerosion)이라고 하며, 이러한 생물침식작용의 흔적은 고기(古期)의 해안가 기록에서도 관찰되고 해저면의 고화된 표면(이를 hardground라고 함)이나 부정합면에서도 관찰된다.

동물뿐만 아니라 식물의 흔적과 뿌리(그림 5.60)에 의한 교란작용이 관찰되면 이 퇴적 구조를 함유한 퇴적층의 퇴적 환경은 해양 환경이 아니고 담수 또는 담함수(淡鹹水, brackish water) 환경이었다는 것을 지시해 준다. 이들의 존재가 그 밖의 다른 특징들, 즉 지층의 색과 적색 퇴적물, 그리고 함께 나타나는 식물의 뿌리 등과 결부된다면 과거의 퇴적 환경에 대한 해석에 큰 도움이 된다.

그림 5.59 현생 해안의 암반에 복족류에 의한 보링 구조.

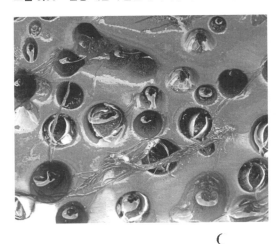

그림 5.60 식물의 뿌리에 의한 생교란작용. 카메라 렌즈 캡은 5.5 cm(바하마 San Salvador)이다.

5.4 미생물기원 구조

이 퇴적 구조는 미생물과 퇴적물과의 관계를 연구하는 분야(geomicrobiology)의 발달과 더불어 새로이 추가된 것으로 퇴적물에 작용하는 미생물의 작용에 의하여 생성되는 구조이다(Noffke et al., 2001). 퇴적물이 쌓이는 도중이나 쌓인 후에 시아노박테리아의 작용이 있을 경우 유수에 의한 퇴적 구조가 보존되거나 변형되어 기록으로 남게 된다. 퇴적작용이 일어나는 동안 미생물의 역할에 따라 만들어지는 퇴적 구조를 구분하여 알아보자.

(1) **퇴적면의 평탄화작용** : 연흔과 같이 퇴적면의 표면에 굴곡이 있을 경우 미생물들은 낮은 곳인 고랑(trough) 부분에 선택적으로 성장을 한다. 이는 이렇게 낮은 부분은 미생물들이 생활하도록 더 많은 물기를 제공하고 침식으로부터 보호를 받기 때문이다. 이러한 퇴적 구조는 상조대(supratidal flat)의 하부 지역에서 많이 관찰된다. 연흔 위로 시아노박테리아의 덮개가 두꺼워지면 퇴적면에서 연흔의 굴곡이 사라지고 평탄화된다. 고화된 암석에서 이러한 기록은 사암의 층리면에 주름진 연흔의 형태로 관찰된다.

(2) **미생물의 퇴적물 안정화작용** : 생물안정화작용(biostabilization)은 퇴적물이 퇴적작용에 주는 영향보다 미생물이 퇴적층 표면 위에 자라게 되면 퇴적된 퇴적물이 침식을 받는 정도를 달리하거나 퇴적물 내부에서 시아노박테리아의 부패로 발생하는 가스의 압력에 대한 영향을 받는 정도를 다르게 한다. 시아노박테리아는 (1) 매트의 발달로 쉽게 이동하는 알갱이들을 붙잡아 두거나, (2) 미생물의 점액 덮개를 형성하여 굴곡이 있고 거친 퇴적물의 표면을 부드럽게 하거나, (3) 퇴적물을 덮어버림으로써 아예 유수로부터 격리시키는 역할을 하여 퇴적물을 안정화시킨다. 즉, 이렇게 시아노박테리아가 퇴적물에 영향을 미치면 유수나 파도에 의하여 퇴적물이 빠져나가는 것을 방지하고, 퇴적물의 표면을 부드럽고 매끄럽게 만들어 퇴적물과 물과의 경계면에서 일어나는 마찰력을 감소시킨다. 이렇게 되면 강한 조류나 폭풍이 발생

할 경우 침식이 일어나 매트와 퇴적물 알갱이가 서로 엉겨있는 수 cm² 크기의 미생물 매트 칩 (microbial mat chip)이라고 불리는 얇은 조각이 뜯겨져 생성된다. 퇴적물에서 침식이 일어나지 않은 곳은 조금 높은 곳을 이루며 미생물의 매트로 덮여있지만 매트가 뜯겨져 나간 패인 부분에는 매트 아래에 있었던 모래 퇴적물이 노출되고 물의 흐름에 따라 이 모래 퇴적물에는 연흔이 생성되기도 한다. 여기서 뜯겨지지 않은 약간 높은 부분을 '침식잔류물(erosional remnants)'이라고 하고 뜯겨져 나간 부분을 '침식포켓(erosional pockets)'이라고 한다. 또 한편, 조석대지에서는 조간대의 상부나 상조대의 하부에서 주로 관찰되는 여러 방향(다방향)의 연흔이 혼재되어 나타나기도 한다. 이러한 경우는 먼저 어느 일정한 방향의 연흔이 생성된 후 시아노박테리아의 매트로 덮여진 후 또 다른 방향의 연흔이 재동되어 생성될 경우 이전의 연흔이 매트로 안정화되었으므로 그대로 보존을 하고 새로운 방향의 연흔이 생성되어 만들어진다. 경우에 따라서는 미생물의 매트가 점진적으로 발달하고 간헐적으로 재동을 일으키는 교란작용이 일어날 때 이 둘의 상호작용으로 복잡한 퇴적물의 표면구조가 형성되기도 한다.

또한 미생물의 매트가 퇴적물 위로 두껍게 발달을 하면 매트 아래의 퇴적물과 매트 위의 물이나 대기와의 가스 교환을 차단하기 때문에 퇴적물 내에서 유기물이 부패하여 발생하는 가스는 빠져나가질 못하고 가스들이 모여져 작은 공동을 만들게 된다. 이렇게 되면 퇴적물들은 스펀지 형태의 빈 공동을 가지게 되거나 가스 돔을 가지게 된다. 그러나 탄산염 퇴적물의 경우에는 이러한 공동에는 해수에서 초기 교결물이 침전하여 보존되지만(예 : 해빈암, 제12장 참조), 쇄설성 퇴적물에서는 광물로 침전하는 초기의 교결작용이 잘 발생되지 않으므로 이러한 구조는 지질기록으로 보존될 확률이 낮은 편이다.

(3) 미생물의 기존 구조 보존작용 : 미생물들이 얇은 막으로 퇴적물의 표면을 덮으면 퇴적물에 발달한 퇴적 구조가 잘 보존되기도 한다. 이러한 구조는 퇴적물의 수직적인 기록에서 자주 관찰된다. 즉, 연흔의 표면에 늘어진 S자 형태의 검은 띠가 얇게 피복하여 연흔의 형태가 훨씬 잘 보인다. 암석의 기록에서는 이러한 미생물의 얇은 피막이 황철석(pyrite)의 엽층리로 나타나기도 한다.

(4) 퇴적물의 분리작용 : 시아노박테리아가 퇴적물의 표면에 자라면서 점차 퇴적물의 알갱이 주위를 둘러싸며 그 두께가 두꺼워지면서 아래의 퇴적물로부터 분리시킨다. 이렇게 되면 결국에는 각각의 모래 알갱이들은 새롭게 생성된 두꺼운 매트층에 의하여 다른 알갱이들과 분리되며 점차 알갱이의 장축이 퇴적면과 평행하게 배열을 하게 된다.

(5) 퇴적물 붙잡음작용과 묶음작용 : 미생물의 매트에 퇴적물의 집적(集積)이 일어나는 작용으로 퇴적물 알갱이들이 끈적거리는 매트의 조직에 붙잡히면서 퇴적물에 엽층리가 형성되는 것을 가리킨다. 시아노박테리아 중에는 매트의 표면에 수직으로 필라멘트를 내밀어 마치 섬모와 같은 조직으로 물과의 경계면에서 유수의 유속을 감소시켜 부유 상태의 퇴적물이 가라앉도록 하는 것도 있다. 이렇게 매트로 가라앉은 퇴적물들은 위로 성장하며 매트를 형성하는 시아노박테리아에 의해 그대로 붙잡히게 된다. 스트로마톨라이트라는 구조는 이렇게 생성된다.

5.5 화학적 구조

퇴적물이 쌓인 후, 퇴적물에는 용해작용과 침전작용에 의하여 이차적인 퇴적 구조가 형성된다. 퇴적물이 매몰되어 고화되는 동안 매몰 압력의 증가로 입자를 이룬 광물과 교결물들의 용해작용이 일어난다. 스타일로라이트(stylolite, 그림 5.61)는 비교적 점토광물과 같은 이물질이 적게 들어있는 깨끗한 쇄설성 퇴적물에서 가장 잘 나타나며, 점토 성분이 비교적 많이 들어있는 퇴적물에서는 점토들이 압력을 지탱시켜 주는 역할을 하기 때문에 압력 용해의 증거가 뚜렷이 나타나지는 않는다. 그렇지만 탄산염 퇴적물에서는 점토질 성분이 많이 들어있더라도 탄산염 광물의 용해로 스타일로라이트가 잘 발달한다.

화학적 구조를 형성하는 데 가장 중요한 침전물로 탄산염 광물이 있다. 특히 탄산염 광물 중 방해석이 교결물로 침전하여 결핵체(結核體, concretion) 또는 단괴(nodule) 등을 형성한다. 결핵체(그림 5.62)는 외형이 둥글거나, 평편하거나 또는 신장된 형태로 나타나는데, 이들이 생성되는 퇴적물의 부분은 공극수의 이동이 잘 일어나는 투수율이 높은 곳이다. 이에 따라 결핵체는 대체로 층리면을 따라 길게 발달되어 있다. 결핵체의 특징은 퇴적물에 있는 층리가 결핵체를 관통하여 그대로 길게 발달되어 있다는 점이다. 이러한 특징은 결핵체 바탕을 제공한 퇴적물의 공극에 교결물의 단순한 침전이 채워지면서 퇴적물의 조직이나 구조가 교란받지 않은 채로 생성되었다는 것을 지시한다. 이후 점차 하중이 증가하면 결핵체 주위에 있는 퇴적물들은 교결작용이 일어나지 않았기에 다짐작용을 받으나 결핵체는 이미 교결물로 채워져 고화되어 있으므로 다짐작용을 잘 받지 않는다. 이러한 차별 다짐작용의 결과로 결핵체 주위의 퇴적물은 층리가 결핵체의 주위로 휘어져 있다(그림 5.63). 결핵체에는 화석이 들어있기도 하는데, 이 화석들은 다짐작용의 영향을 받지 않아서 비교적 잘 보존되어 있다. 이러한 점을 고려할 때 결핵체는 대체로 퇴적 초기에 퇴적물의 고화가 일어나지 않았을 때 생성된다는 것을 알 수 있다(Raiswell, 1987; Kim et al., 1992).

그림 5.61 석회암에 발달한 스타일로라이트. 동전 지름은 2 cm. 오르도비스기 Oregon층(미국 켄터키 주).

그림 5.62 세립 사암에 발달한 거의 구에 가까운 탄산염 결핵체(영국 남부 Dorset의 쥐라기 Corallian층).

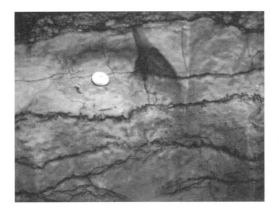

그림 5.63 이회암(marl) 내에 발달한 석회 단괴. 퇴적 층리가 단괴 주위로 휘어져 있음. 하부 오르도비스기 두무골층(강원도 태백).

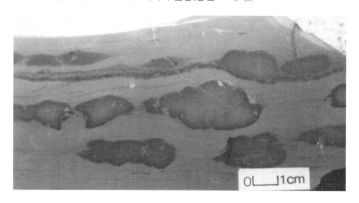

결핵체는 사암과 이질암 모두에 나타나며, 그 성인은 비슷하다. 천해의 사암에 나타나는 결핵체를 이루는 방해석 교결물의 기원은 사암의 내부에서 주로 조달되는데 사암 내에 포함되어 있는 탄산염 광물로 이루어진 화석이 주요 공급원이다. 결핵체를 이루는 방해석을 형성하기 위해 상당한 양의 Ca^{2+}와 CO_3^{2-}

이 공급되기 위해서는 수백에서 수천만 배의 공극수가 결핵체가 만들어지는 장소로 공급되어야 하는데, 이는 현실적으로 어렵다. 따라서 대부분은 결핵체가 생성되는 지점의 가까운 공급지로부터 확산(diffusion)에 의하여 이들 이온이 공급되는 것으로 여겨지고 있다. 해양 환경에 쌓인 퇴적물에 방해석이 침전되기 위해서 Ca^{2+}가 해수로부터 공급되지만 Ca^{2+}뿐만 아니라 CO_3^{2-}의 공급도 중요하다. 퇴적물이 매몰되는 동안 CO_2의 공급원은 다양하다. 즉, 점토질 퇴적물에 들어있는 유기물이 매몰되어 부패하고 유기 기원의 CO_2가 생성되어 공극수와 함께 사암의 퇴적물 내로 유입된다. CO_2는 또한 가스 상태나 기름에 용존되어서 운반되어 공급되기도 한다. 그러나 방해석의 교결작용이 일어나기 위해서는 단순히 CO_2의 공급만이 중요한 것이 아니다. 탄산염 광물로 이루어진 화석이 용해되어 Ca^{2+}를 공급하면 역시 CO_3^{2-}도 유리되어 공급되며 이때 침전하는 방해석의 양은 용해되는 탄산염으로 된 화석의 양과 같게 된다. 여기서 화석으로부터 유래되는 CO_2와 유기물의 부패로 인해 발생하는 CO_2가 서로 혼합하여 방해석의 침전이 일어난다면 이 방해석의 탄소 안정동위원소의 값은 원래 화석의 값(0‰에 가까움)보다 많이 낮아질 것이다.

그런데 탄산염 광물로 이루어진 화석은 대체로 아라고나이트, 고마그네슘 방해석(> 4 mol% $MgCO_3$)과 저마그네슘 방해석(< 4 mol% $MgCO_3$) 중 어느 한 가지 광물로 구성되어 있다(제10장 참조). 이들 탄산염 광물들은 용해도가 서로 다르다. 아라고나이트와 고마그네슘 방해석으로 이루어진 화석은 저마그네슘 방해석으로 이루어진 화석에 비하여 용해도가 크므로 불안정하다. 이에 따라 화석이 퇴적물 내에 함유되어 있더라도 그 화석을 구성하고 있는 광물의 종류에 따라 화석의 녹는 정도가 달라진다. 천해의 사암에서 방해석의 교결물이 침전하는 경우는 두 시기가 있는 것으로 밝혀졌다. 이 두 시기는 또한 방해석이 전혀 침전을 하지 않는 시기로 구분된다. 예를 들어, 북해의 퇴적암에서 결핵체 방해석에 대하여 방해석이 침전하는 온도를 지시해 주는 산소 안정동위원소($\delta^{18}O$)를 분석한 결과 −2∼−4‰와 −10∼−14‰의 두 범위를 갖는다는 것이 보고되었다(Walderhaug et al., 1989). $\delta^{18}O$의 값이 −8∼−10‰은 드물고, −4∼−6‰의 값은 전혀 나타나지 않았다. 이와 같이 방해석으로 이루어진 결핵체 또는 층이 형성되는데 두 단계로 존재함이 밝혀지

는데, 아마도 이것은 화석을 이루는 탄산염 광물의 조성과 관계가 있는 것으로 여겨지고 있다. 맨처음 생성되는 방해석은 가장 불안정한 화석, 즉 아라고나이트와 고마그네슘 방해석으로 이루어진 화석의 용해로부터 공급되어 침전하는 것이고 후기에 생성되는 방해석은 좀더 안정된 저마그네슘 방해석으로 이루어진 화석의 용해로부터 공급되어 침전하는 것으로 해석된다. 이러한 설명은 실제 결핵체를 가지는 사암의 연구로 확인된다. 즉, 결핵체를 가지는 층준에서 방해석으로 교결작용이 일어나지 않는 부분은 상대적으로 안정한 방해석인 저마그네슘 방해석으로 이루어진 화석을 함유하고 있으나 원래 아라고나이트로 이루어진 화석은 관찰되지 않는다는 점이다. 반면에 아라고나이트로 이루어진 화석은 결핵체의 내부에서는 관찰이 가능하다(Fürsich, 1982). 사암이나 셰일에서 결핵체의 모양은 좌·우, 상·하가 대칭을 이루거나 대체로 장축이 층리면에 평행한 디스크 모양에 이르기까지 다양하다. 이러한 결핵체 모양의 다양성은 퇴적물 내에 투수율의 이방성(permeability anisotropy)에 따른 결핵체의 성장률이 방향에 따라 다르기 때문이라고 해석되어 왔다. 이 설명에 의하면 퇴적물에서 납작한 모양을 가지는 결핵체는 수직 방향의 투수율이 수평 방향의 투수율에 비해 낮기 때문에 형성되는 것이며, 이 두 방향의 투수율의 차가 크면 클수록 그 모양은 더 납작해지는 것으로 해석할 수 있다. 그러나 공극간 연결통로(pore throat)가 수백 Å 이하보다 작지 않는 경우는 퇴적물 내의 이온들의 확산은 투수율과는 거의 무관하며 공극 연결통로의 굴곡의 정도(tortuosity)의 제곱에 비례한다. 사암의 경우는 대체로 구형의 모래 입자로 이루어져 있으며, 생교란작용으로 균질화되어 입자가 배열되어 있으므로 공극통로의 굴곡의 정도는 어느 방향으로나 비슷하기 때문에 이러한 투수율의 이방성으로 설명하기는 곤란하다. 사암에서 결핵체의 납작한 정도는 아마도 퇴적물 내에 불균질하게 분포를 하는 탄산염 광물로 이루어진 화석의 분포에 기인한 것으로 설명을 할 수 있다. 즉, 사암에서 결핵체의 발달이 탄산염 광물로 이루어진 화석이 얇게 수평으로 발달한 층준에서 시작하였다면 방해석의 성장에 필요한 이온들은 수평 방향에서 많이 공급될 것이며 이로 인해 수평 층리면을 따라 확산에 의해 성장을 하는 결핵체의 발달이 빠르게 일어나도록 유도를 하여 납작한 모양을 만들 것이다. 만약 사암의 퇴적물 내에 이들 화석이 균질하게 분포한다면 결핵체의 성장은 탄산염 이온의 공급이 모든 방향에서 같이 일어나므로 수평이나 수직 방향 모두 성장률이 같아서 구형의 결핵체가 형성될 것이다.

그러나 투수율의 이방성은 셰일에 형성된 결핵체의 납작한 모양을 어느 정도 설명할 수 있다. 즉, 셰일에는 판상의 점토광물이 층리면에 평행하게 배열되어 있어 투수율의 이방성은 어느 정도 예상할 수가 있다.

결핵체는 일반적으로 해양 환경에 쌓인 퇴적물에 잘 나타난다. 앞에서 살펴본 바와 같이 방해석을 침전시키는 이온들은 퇴적물 내에 포함되어 있는 화석의 용해로부터 대체로 공급된다고 여겨진다. 해양 환경에 쌓인 퇴적물과는 달리 육상 환경에 쌓인 퇴적물에도 비슷한 형태의 탄산염 단괴(노듈)가 생성된다. 육상 환경에서는 퇴적작용이 불연속적으로 일어나기 때문에 하천 주위의 범람원 환경에 쌓인 퇴적물은 큰 홍수가 일어나 하천을 범람하여 퇴적물이 공급되기 전에는 지표면에 장기간 노출되기도 한다. 이렇게 노출되는 동안 퇴적물은 식생 등의 영향을 받아 토양화작용

(pedogenesis)을 받고 이 과정에서 탄산염 노듈이 생성되기도 한다(그림 5.64). 토양화작용과 이에 따른 토양의 특성은 기후 조건과 밀접한 관계가 있다. 기후의 요인 중 토양의 특성을 주로 결정짓는 것은 수분(moisture)과 온도가 있다. 토양의 수분은 토양에 영향을 미치는 물리적, 화학적 그리고 생화학적 작용을 조절하고 화학적, 생화학적 활동의 정도는 온도에 달려 있다. 토양에서의 탄산염 단괴(노듈)는 대체로 건조 내지 아습윤 기후하에서 연간 강수량이 1000 mm 이하이며 계절적으로 건기와 우기가 반

그림 5.64 현생의 토양에 발달한 식물 뿌리를 따라 침전한 탄산염 침전물(rhizocretion)(남아프리카공화국).

복하여 발달할 때 생성된다. 건조와 아습윤 기후에서는 우기에 비가 오더라도 그 양이 충분하지가 않기 때문에 상층 퇴적물(토양) 표층부에서 Ca를 함유한 광물(장석, 인회석, 각섬석 등)과 바람에 실려 온 탄산염 광물 분진으로부터 Ca를 용탈시켜 아래로 스며들다 건조해지면 토양수로부터 방해석으로 침전한다. 이렇게 하여 생성된 방해석 단괴(노듈)를 칼크리트(calcrete) 또는 칼리치(caliche)라 하며, 대부분의 경우에는 붉은 색을 띠는 이암층(고토양, paleosol)에 발달한다. 방해석 단괴는 대개 선택적으로 식물의 뿌리 주위를 둘러싸며 발달하기도 한다. 이러한 토양기원 단괴(노듈)가 성장하여 인접 단괴와 합체가 되면 석회암층을 이루기도 한다. 우리나라 경상남·북도에 분포하는 백악기 경상누층군에는 토양기원의 석회암 단괴(노듈)들이 잘 발달해 있다(그림 5.65).

토양층에서 탄산염 광물의 생성은 토양수가 알칼리성을 나타내며 증발산율이 연평균 강수량보다 더 많아야 일어난다고 한다. 만약 그렇지 않다면 $CaCO_3$의 용탈이 일어나 이 성분은 지하수로 빠져 나간다. 토양의 수분은 토양의 표면으로부터 탄산염과 이의 구성 이온들을 녹여 토양층 내로 이동을 시킬 만큼의 양을 이루어야 한다. 그렇지만 그 양이 넘쳐서 토양으로부터 이들 성분을 빼내가서는 안 된다. 매우 건조한 상태에서는 이러한 토양 탄산염이 생성되지 않거나 아주 얇게 토양의 얕은 표층 부분

그림 5.65 경상분지 백악기 하산동층에 발달한 토양기원 석회암 단괴(경상남도 사천).

에 생성된다. 이는 용해된 탄산염이나 이온들을 토양층 하부로 이동을 시킬 충분한 물이 없기 때문이다. 실제로 건조 기후에서 아습윤 기후까지의 상태에서 강수량이 증가할수록 토양 기원 탄산염의 침전율이 증가하는 것으로 알려지고 있다.

 토양에서 탄산염 성분은 토양의 건조 정도와 온도에 따라 침전과 함유량이 결정되지만 이러한 탄산염 성분은 차고 건조한 기후지대보다는 덥고 건조한 기후지대에서 더 많이 나타난다. 이는 찬 기후에서는 $CaCO_3$가 낮은 온도에서 더 높은 용해도 때문에 토양층 내에 들어있는 탄산염도 용출되어 나갈 경우가 더 많기 때문이다.

5.6 고수류

5.6.1 고수류

고수류란 과거에 흘렀던 유수로서 그 흔적이 고기(古期)의 퇴적물에 기록되어 있으므로 이에 대한 분석을 통하여 고지리와 고기 사면의 발달 상태를 재현할 수 있다. 고수류를 연구하는 주목적은 퇴적물의 이동 방향을 알아냄으로써 광역적인 배수계(drainage system)를 유추하고 해류의 발달 방향, 퇴적물의 기원지 그리고 고기 해안선의 위치 등을 알아내는 데 있다. 고수류를 분석하는 방법에는 여러 가지가 있고 그 모두가 분석 자료를 도면으로 작성함으로써 해석하고 있다. 이러한 과정에는 자세한 야외 조사와 고수류의 측정 그리고 이 자료들을 도면에 나타내는 작업 등이 필요하다.

 고수류의 분석에는 사층리와 연흔 등 일차적으로 생성된 퇴적 구조가 가장 유효하고 또한 중요하다. 그러나 저탁암의 경우에는 지층의 바닥에 생성된 여러 종류의 구조(sole markings)가 중요하다. 이들 바닥에 생긴 구조들은 퇴적 당시에는 머드(mud) 퇴적물의 상부 표면에 생기지만 그 위에 놓인 사암의 바닥면에 하부의 머드 퇴적물 표층에 생긴 자국에 채워진 모래 퇴적물의 충진물(充塡物)로서 보존되어 있다. 유수의 방향을 지시하는 퇴적 구조는 지질학적인 시간으로 볼 때 짧은 기간 동안 특정한 장소에서 어떤 방향으로 유수가 흘렀는가를 나타낸다. 따라서 광역적인 고수류의 발달 양상을 알아보기 위해서는 고수류에 대한 측정을 많이 하고 광범위한 지역에서 자료를 수집해야만 한다. 일차적인 퇴적 구조 외에도 퇴적물의 조직과 성분을 이용하여 고수류의 방향을 추정할 수 있다. 지역에 따른 특정한 광물군의 분포는 퇴적물 운반의 양상을 나타낼 뿐만 아니라 퇴적물 기원지의 지질과 위치에 대한 정보를 제공해 준다.

5.6.2 고수류 및 퇴적물의 조직과 성분

현생의 수중에 쌓인 퇴적물에서는 유수에 의해 형성된 일차적인 퇴적 구조를 이용하기가 어렵다. 그 대신에 모래 퇴적물의 광물 성분을 이용하여 퇴적물이 운반된 방향을 알아볼 수 있다. 현생 환경에서의 해안선 지역과 외해에서의 퇴적물의 분산 이동 방향에 대해서는 미국의 멕시코 만에서 잘 연구되어 있다. 멕시코 만의 퇴적물은 북미의 강괴 내부, 멕시코의 중생대 조산대와 유카탄 반도의 탄산염 암초로부터 유래된다. 중광물의 조합으로 볼 때 멕시코 만은 동부에서 서부로 5개의

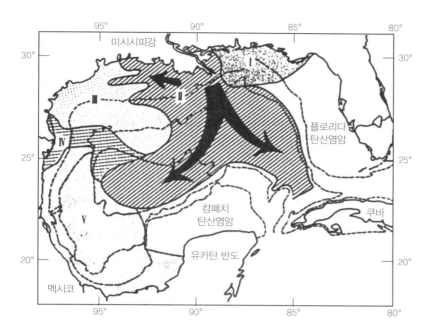

그림 5.66 멕시코 만에 나타나는 주요한 중광물구(heavy mineral province). 미시시피강 퇴적물이 분산되어 나타나는 분포도 화살표로 표시되어 있다. I : 동부구, II : 미시시피구, III : 중앙 텍사스구, IV : 리오그란데구, V : 멕시코구(Davies and Moore, 1979).

중광물구(heavy mineral province) 지역으로 구별된다(그림 5.66). 멕시코 만의 중광물구는 이 만으로 공급하는 퇴적물 기원지의 유역분지 지질이 다양하기 때문에 이에 따라 퇴적물에 나타나는 중광물의 집합도 다양하게 구분된다. 특히 미시시피강으로부터 공급되는 퇴적물은 그림 5.66의 중광물구 II로 이 중광물의 분포로 보아 미시시피강으로부터 유래된 퇴적물의 분산 방향을 알아볼 수 있다. 이렇게 중광물구는 퇴적물 기원지와 하천계 그리고 연안류의 영향을 받아 형성된 것으로 이를 이용하여 특정한 중광물들을 이동시킨 수류(水流)의 발달 방향과 분산의 정도를 알아볼 수 있다. 이와 비슷한 연구가 전 세계 여러 지역에서 이루어졌는데, 이와 같은 광물구의 분포에 대한 도면 작성을 위해서는 해저면에 대한 많은 시료가 있어야 하며, 퇴적물의 구성 광물에 대한 실험 관찰이 필요하다.

고기(古期)의 암석에서는 퇴적물의 성분 변화보다는 앞에서 살펴본 사층리와 그밖에 일차적인 퇴적 구조를 이용하여 더 쉽게 고수류의 방향을 측정할 수 있다. 그러나 암석과 퇴적 구조의 관찰이 불가능한 지하의 사암에 대해서는 광물 성분을 이용하여 고수류를 유추하기도 한다. 최근에는 물리 검층법 중 하나인 경사계검층(dipmeter log)을 이용하여 지하에서 지층의 고수류 측정(그림 5.67)이 가능해지기도 하였다. 물론 경사계검층 자료를 해석하려면 다른 방법을 통한 사암체의 모양과 배열 상태 등에 대한 검토가 필요하다.

Füchtbauer(1958)는 독일 남부의 제3기 전지 분지 몰라세(foreland-basin molasse; molasse란 조산대로부터 유래된 퇴적물을 가리킴) 퇴적암의 시추 코어에서 석영과 장석 그리고 중광물을 조사하여 중광물을 구분한 후 이를 새로이 융기하는 알프스 산맥의 여러 가지 선상지 기원의 분포 양상으로 해석하였다(그림 5.68). 장석과 암편을 많이 함유하는 사암들은 여러 종류의 중광물들을 함유하고 있으며, 이들을 여러 개의 중광물군으로 나누고 이들 각각을 특정한 알프스 산맥 기원지로부

그림 5.67 페름기 풍성층인 Rotliegendes층에 나타난 사층리의 방향성(Glennie, 1972). (A)와 (B)는 영국 북부에 나타난 노두의 자료이며, (C)는 북해 남부의 시추공에서 얻은 경사계검층 자료이다. 화살표는 바람의 평균 방향을 가리킨다.

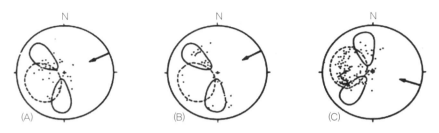

터 공급된 특정한 선상지 퇴적물로 구별하였다. 이들 광물군들은 점차 퇴적 분지 쪽으로도 연장되어 나타나는 것이 밝혀져서 이들을 도면에 표시해 본 결과 동일한 광물군의 공간적 연장은 퇴적물이 이동하는 경로를 나타낸다는 것을 알아냈다. 분지의 남서쪽인 알프스 산맥으로부터 공급된 광물들은 석류석(garnet), 십자석(staurolite), 인회석(apatite), 저어콘과 녹염석(epidote)들이지만, 북쪽에서는 앞 중광물들과는 전혀 다른 전기석(tourmaline), 저어콘과 금홍석(rutile)으로 이루어져 있어서 또 다른 퇴적물 기원지가 있었음을 알아냈다. Füchtbauer는 또한 퇴적물의 조성이 시간에 따라 다르다는 것도 알아냈다. 즉, 초기의 퇴적물은 석회암과 백운암의 퇴적물로부터 유래된 것이었으나 후기에는 결정질 암석으로부터 주로 공급되었다는 것이다. 이와 같이 사암의 광물 조성과 층서 자료를 이용한 Füchtbauer의 연구 결과는 퇴적 분지가 어떻게 채워지고 어떠한 고지리를 이루고 있었는가를 알아내는 좋은 예가 되고 있다.

쇄설성 입자들의 배열은 퇴적작용이 일어나는 동안에 작용한 수력학적인 작용에 의해 특정한 방향성을 띠게 된다. 이러한 방향성은 고수류의 방향을 해석하는 데 주로 이용되고 있다. 역암의 고수류 방향은 역들의 인편(비늘)구조(imbrication, 그림 5.69)를 이용하여 측정한다. 역은 삼차원을 갖는 입자로서 장축(a축)과 중간축(b축) 및 단축(c축)을 측정하여 형태를 구분하는데(그림 4.12), 고수류의 방향은 대체로 편평한 모양의 역에서 가장 긴 축인 a축의 배열 방향을 이용하여 알아낼

그림 5.68 알프스 산맥 북부의 Lower Freshwater Molasse에 나타나는 중광물 조합에 따른 광물구와 고수류계 (Füchtbauer, 1958). E : 녹염석, G : 석류석, A : 인회석, T : 전기석, Z : 저어콘, S : 십자석. 대문자는 주요 광물을 표시, 소문자는 소량으로 나타나는 중광물.

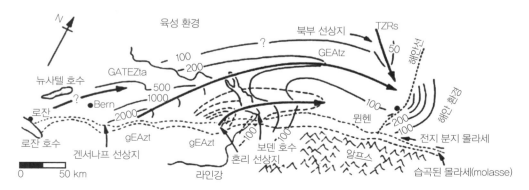

수 있다. 일반적으로 하천의 역층에서는 역의 장축 방향이 유수의 방향에 직각으로 중간축이 상류 쪽을 향한 경사를 보이며 배열되어 있다. 반면에 해저 선상지의 재퇴적된 역층에서는 역의 장축이 유수의 방향으로 평행하게 나타나며, 중간축이 상류 쪽으로 경사진 상태로 배열되어 있다고 한다(Walker, 1975). 그러나 역의 장축이 유수의 방향에 수직으로 배열되어 재퇴적된 역암층의 보고도 있다.

그림 5.69　인편구조(imbrication)를 나타내는 역암. 제4기 해안단구층(경상북도 경주).

이와 같은 역의 장축 배열이 퇴적 작용과 어떤 관계를 갖는가를 살펴보자. 암설류(debris flow), 입자류(grain flow), 저탁류와 같은 퇴적물 중력류(sedimentary gravity flows)는 해저 선상지에서 많이 일어나는 퇴적물 운반작용의 기작이다. 이들 흐름에서는 퇴적물들이 중력에 의해 직접 운반되며 조립질 퇴적물은 세립질 물질 내에서 부유 상태로 이동되기 때문에 바닥으로 가라앉는 것이 방해받는다. 이러한 경우에 역은 부유 상태로 세립질 퇴적물 내에 떠서 이동하는데 역의 장축 방향이 중력류 흐름에 저항이 가장 적은 방향으로, 즉 중력류가 흐르는 방향으로 평행하게 배열을 할 것이다. 이와 같은 중력류의 흐름은 하천이나 조수하천 등에서 일어나는 저면류(traction current)와는 다른 유수의 흐름 기작을 보이게 될 것이다. 그러나 Lowe(1979, 1982)는 많은 퇴적물 중력류가 부유와 저면류의 다양한 운반 기작을 나타낸다는 것을 밝혀냈다. 따라서 부유 짐과 저면류 짐의 구별만으로는 이들이 해저 선상지에서 중력류에 의해 쌓인 것인지, 해저 선상지 수로 환경에서 저면류에 의해 쌓인 것인지를 엄격히 구별하기는 어려워진다. Yagishita(1989)도 캐나다에 있는 해저 선상지에 재퇴적된 상부 백악기 역암에서 역들의 방향성을 측정해 본 결과 역의 장축이 고수류의 방향으로 평행한 것에서부터 수직인 것까지 다양한 분포를 나타내는 것으로 보고하고 고수류와 역의 장축과의 관계가 퇴적 환경의 정확한 지시자가 될 수는 없다고 주장하였다.

퇴적물 입자의 크기 변화를 이용하여 퇴적물의 운반 방향을 알아보기도 한다. 특히 역질 퇴적물에서 이 방법이 유용하게 이용된다. 야외에서 역의 최대 크기의 변화를 측정하여 도면에 표시하면 퇴적물의 이동 양상과 유수가 흐른 방향을 알아볼 수 있다. 한 지역에서 역이나 역암의 평균 크기를 결정하기란 매우 어렵다. 그러나 역의 최대 크기는 대체로 평균 크기와 어느 정도 상관관계를 가지므로 가장 조립질의 역암은 가장 두껍게 나타나며, 노두에서도 잘 나타나게 된다. 한 지점에서 가장 큰 역 10개를 측정하여 이의 평균 크기를 도면에 표시하는 방법을 이용하여 고수류를 해석한 좋은 예가 그림 5.70에 나타나 있다.

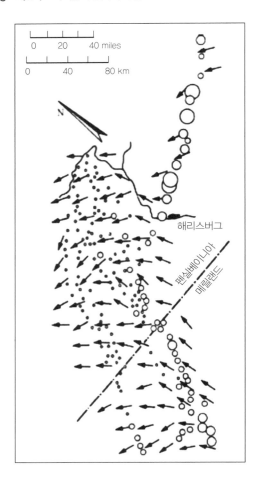

그림 5.70 미국 동부 애팔래치아 분지의 실루리아기 Tuscarora 규암(하성층)에 나타나는 자갈의 최대 크기의 변화와 사층리의 발달 방향(Yeakel, 1962).

5.6.3 고수류와 퇴적 구조

대부분의 고수류 분석은 유수에 의해 생성된 일차 퇴적 구조를 조사함으로써 이루어진다. 유수에 의해 생성된 구조에는 유수의 흐름 방향을 지시해 주는 방향성 퇴적 구조(directional structure)와 유수에 의해 생성되었으나, 유수가 흘렀던 한 방향만을 지시하지 않고 단지 유수의 상·하류 양 방향만을 가리키는 유수의 센스 퇴적 구조(current sense structure)가 있다(표 5.2).

표 5.2 고수류 분석에 이용되는 일차적인 퇴적 구조와 조직

유수의 일정 방향 지시 구조	유수의 센스 지시 구조
비대칭 연흔	대칭 연흔
사층리	그루브 캐스트
플루트 캐스트	선형 구조(parting lineation)
rib-and-furrow	화석의 배열(식물 줄기, 필석류)
역(礫)의 배열(인편 구조)	
원추형 화석의 배열	

사층리는 그 규모에 상관없이 고수류 분석에서 매우 중요하다. 사층리는 하성 환경, 삼각주 환경, 해안선 환경, 풍성 환경, 대륙붕과 해저 선상지의 퇴적물에 널리 나타나며, 심해저 저탁암 퇴적물에서는 퇴적물 하부의 바닥 자국(sole marks)과 함께 측정된다. 모래 물결과 사구 등에 의해 형성된 사층리는 좋은 고수류의 지시자가 되지만 소규모의 연흔과 이에 따라 형성된 사엽층리층은 주된 고수류의 방향을 지시한다기보다는 유수의 흐름이 약해졌을 때 나타나는 국부적인 이차 유수의 방향을 나타내는 경우가 많다.

화석의 배열 상태 역시 고수류의 좋은 지시자이다. 해양의 무척추동물 화석을 이용한 해양 환경에서의 고수류 연구는 많이 이루어져 왔다(Wendt, 1995). 해양의 무척추동물 화석 중 원추형(cone) 모양을 가진 화석(복족류)은 실험과 야외 관찰을 통해 볼 때 화석의 장축이 유수의 흐르는 방향과 평행하게 배열한다. 이런 모양의 화석은 일반적으로 원추형 모양의 뾰족한 끝 쪽이 유수가 흘러오는 상류 방향을 나타낸다(Nagel, 1967; 그림 5.71B). 그러나 유속이 증가하면 뾰족한 끝 쪽보다는 반대 쪽, 즉 무거운 부분을 중심으로 화석이 회전하여 유수의 방향으로 배열되기 때문에 뾰족한 쪽은 하류 방향을 나타낸다(Allen, 1982; 그림 5.71A). 파도의 작용에 의해서는 원추형 모양의 화석들을 파도가 진행해 가는 방향에 수직으로 파도의 꼭대기 연장선에 평행하게 배열한다(그림 5.71C). 이때 화석의 배열은 뾰족한 부분의 절반 가량은 한 쪽 방향으로, 나머지 절반 정도는 그 반대 방향을 향하여 놓이게 된다.

식물의 줄기나 필석류(筆石類, graptolite) 등은 실린더 모양을 가지는 형태의 특성상 유수의 일정한 방향을 지시한다기보다는 운반되어 퇴적이 일어날 때 수류의 방향에 따라 평행하게 배열을 하는 것으로 여겨져 일반적으로 유수의 센스 구조로서 역할을 한다고 여겨진다. 이를 확인하기 위하여 Gastaldo(2004)는 미고화된 팔레오세의 하천 퇴적층에서 직경이 8~130 cm, 길이가 2 m 이상

그림 5.71 길쭉한 원뿔 모양을 가지는 화석의 층리면 배열 상태. 장미 도표는 화석의 뾰쪽한 쪽의 배열을 기준으로 작성되었다(Nagel, 1967; Allen, 1982).

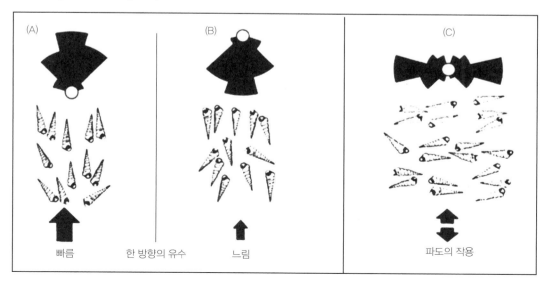

그림 5.72 유수의 장미 도표 형태(Pettijohn et al., 1987).

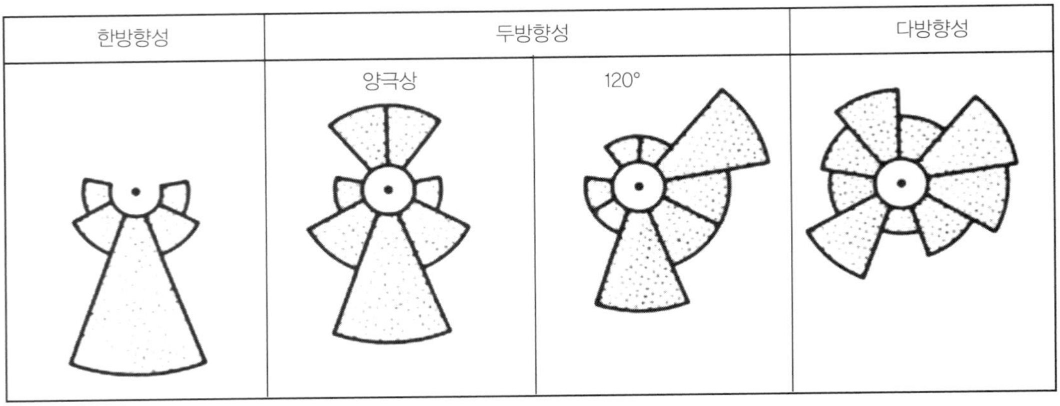

인 통나무의 배열과 이 통나무의 바로 아래에 있는 퇴적층의 퇴적층 형태(bedform)와의 관계를 살펴본 결과 통나무들의 배열 방향은 퇴적층의 형태와는 평행하고 준직각이나 직각으로 배열을 하여 뚜렷한 통계적인 관계를 알아낼 수가 없었다. 즉, 통나무들의 배열 방향은 이 세 가지 방향의 어느 한 방향으로도 주를 이루는 것이 아니고 고른 분포를 가지고 있었다. 그러나 이들의 평균 배열 방향의 벡터는 준직각으로 나타났다. 이 결과로 볼 때 하성 환경에서 통나무의 배열 방향을 이용한 고수류의 방향을 추정하는 데에는 많은 주의를 요한다는 것을 의미한다.

유수의 방향을 지시하는 퇴적 구조는 노두 상에서 관찰되는 지층의 상·하 또는 수평 방향으로 이동하면서 측정한다. 한 노두에서 어느 정도를 측정해야 한다는 정확한 방법론은 없다. 만약 측정치가 다양하게 나오는 경우, 통계적인 자료를 얻기 위해서는 20개 이상의 측정치가 필요하다. 고수류 자료의 층서적 기록은 유수의 안정도를 지시한다. 예를 들어, 연흔과 사층리 방향이 층서 기록에서 주기적으로 바뀌면 이는 조수의 영향을 받았다는 것을 시사한다.

측정된 고수류의 자료는 방위각(azimuth)을 이용하여 장미 도표(rose diagram)에 표시한다. 고수류의 방향은 여러 가지 분포의 양상을 나타내며 그 양상에 따라 한방향성(unimodal), 두방향성(bimodal)이나 다방향성(polymodal)으로 표현한다(그림 5.72). 한방향성의 양상을 띠는 고수류는 대체로 하성 퇴적물의 특징이다. 그러나 이 양상은 풍성 퇴적물과 저탁암에서 나타나기도 한다. 저탁암인 경우에는 연흔 사층리에 의한 유수의 흐름 방향보다는 바닥면의 자국 자료를 이용하는 것이 더 좋은 결과를 얻는다. 두방향성 양상에서 고수류의 방향이 서로 정반대 방향으로 나타나는 경우는 천해와 해안선 퇴적물에서 조수에 의해 주로 나타난다. 사구와 반사구(antidune)가 서로 교대되어 나타날 경우에도 이러한 두방향성의 고수류 양상이 나타날 수 있으며, 풍성 퇴적물인 사구에서도 자주 나타나는 것으로 보고되고 있다. 유수의 방향이 서로 직각으로 나타나는 두방향성의 고수류 양상은 저탁암에서 보고되기도 한다. 이 경우 대륙사면에 직각으로 나타나는 저탁류의 흐름이 대륙사면과 평행하게 흐르는 해저등고선류(contour current)와 교대로 나타날 경우로 해석되고 있다(Stow and Lovell, 1979). 조수 환경에서도 조석대지가 썰물 시 수위가 낮아지면서 밀물 시 만들어진 퇴적층 형태의 고랑 사이로 물이 빠져나가면서 원래의 퇴적물 형태에 직각으로 나타나는 두방향성의 고수류 양상이 나타나기도 한다.

지층이 조구조 작용에 의해 변형된 암석으로부터 얻어지는 고수류 자료는 변형작용 이전의 상태로 보정을 해주어야 한다. 지층이 완만하게 기울어진 경우에는 쉽게 보정이 가능하지만, 습곡이 심하게 일어난 지층에서는 보정이 어렵기 때문에 이러한 지층으로부터 얻은 자료의 신뢰도는 낮아진다.

5.6.4 고지리

앞에서 고수류의 자료는 고지리(paleogeography)의 재현에 이용된다고 설명하였다. 고수류 자료를 표시한 도면 그 자체만으로는 고지리를 알아낼 수 없지만 퇴적상의 분포와 층서를 함께 고려하면 분지 해석(basin analysis)을 할 수가 있다. 그림 5.73에는 미시시피 만(灣)의 백악기 McNairy 층에 분포하는 퇴적상과 사층리의 발달 방향이 표시되어 있다. 북쪽의 퇴적물은 모래와 점토의 비율(sand-clay ratio)이 1:1 이상으로 나타나는데, 그 비율은 남쪽으로 가면서 점차 줄어들어 1:2 이하로 바뀐다. 또한 남쪽으로 가면서 세립질 퇴적물 등에 석회질 성분이 점차 증가하는 경향이 있다. 이러한 경향은 주로 육성 퇴적작용이 일어나는 북쪽 지역에서 남쪽의 해양 퇴적작용이 일어나는 곳으로 전이하는 고지리로 해석할 수 있고 북고남저의 사면을 갖는 고지리의 양상을 유추할 수가 있다. 고수류의 광역적인 양상은 퇴적 분지의 모양과 형성 시기(그림 5.74)를 지시하기도 한다. 퇴적 분지의 해석은 분지의 가장자리 위치, 퇴적물 공급지의 위치와 만약 퇴적물의 일부가 해양 기원

그림 5.73　미시시피 만의 백악기 McNairy층에 나타난 퇴적상 분포와 고수류(Pryor, 1960).

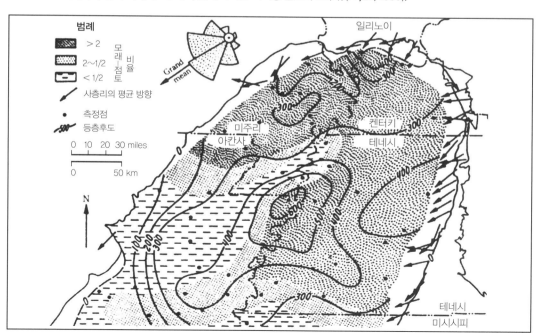

그림 5.74 하성 퇴적물에 나타난 고수류 방향의 양상. A는 퇴적 동시성 분지로 고수류는 분지 중앙으로 모여들고 있다. (B)는 퇴적이 일어난 후 구조적으로 형성된 분지로, 고수류는 분지의 형태와 상관이 없다(Potter and Pettijohn, 1977).

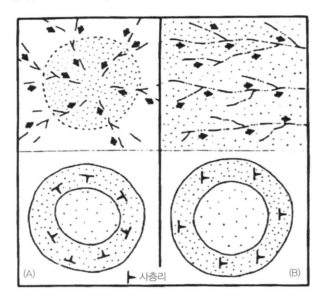

이라면 해안선의 위치, 분지의 구조 축과 수심축 등의 관계를 고려하여야 한다.

쇄설성 퇴적물의 광물 성분, 입자의 크기 및 입자의 모양은 퇴적물을 공급하는 기원지 암석과 직접 관련되어 있다. 따라서 모래 크기나 그 이상의 입자의 크기, 모양, 성분 등은 기원지 암석에서 그대로 유래된다. 이는 입자가 단결정질 입자이거나 복합광물 또는 여러 가지 작은 입자로 구성된 입자 모두에 적용된다. 이러한 정보를 이용하여 기원지 암석의 분포를 유추해 보면 퇴적물의 운송 경로에 대한 해석을 할 수 있다.

제 3 부

쇄설성 퇴적암의
분류, 조성, 속성작용
및 퇴적 환경

퇴적물 입자의 종류와 화학 조성은 퇴적암의 종류마다 다르게 나타나기 때문에 이를 이용하여 퇴적암을 구분하고 암석이 겪은 지질 역사에 대한 해석을 할 수 있다. 암석을 구성하는 기본 입자나 결정 자체는 광물의 종류로서 구분을 하는 데, 사암의 광물은 주로 석영과 장석 같은 규산염 광물로 되어 있다. 전암 화학 조성은 퇴적암 전체의 조성을 나타내는 특성으로 암석을 구성하는 광물의 종류와 함량에 밀접히 관련되어 있다.

제6장과 7장에서는 쇄설성 퇴적암 각각의 특징과 특성에 대하여 기술하며 이들을 구성하고 있는 광물의 종류를 분석하여 퇴적물의 공급지(기원지)의 특성, 퇴적작용과 퇴적 환경에 대한 해석을 하는 방법론을 제시한다. 퇴적암의 광물을 분석하는 데 가장 많이 이용되는 방법이 현미경 관찰이므로 이에 대하여 자세히 소개하며 최근에 개발된 방법들에 대하여도 소개하여 최신 연구의 동향을 알아볼 수 있도록 하였다. 제8장에서는 이들 쇄설성 퇴적암이 매몰되어 변질을 받는 속성작용에 대하여 살펴보아 쇄설성 퇴적물에 기록된 암석화 과정을 소개한다.

고기의 퇴적층을 해석하기 위해서는 현생 퇴적 환경에서의 퇴적물을 운반·이동하여 퇴적시키는 퇴적작용과 이 퇴적작용에 의해 형성된 퇴적물의 조직, 구조, 수직적 및 수평적 분포 등에 대한 이해가 필요하다. 이에 따라 현생 퇴적 환경에 대한 연구가 활발히 진행되었으며, 이러한 연구 결과를 바탕으로 고기의 지층에 대한 해석이 많이 이루어지고 있다. 제9장부터 11장까지는 앞에서 살펴본 쇄설성 퇴적물이 쌓이는 퇴적 환경과 퇴적물의 특성에 대하여 살펴보기로 한다. 퇴적 환경은 크게 육성 환경(陸成環境, nonmarine environment)과 해양 환경(海洋環境, marine environment), 그리고 이 둘 사이의 전이 환경(coastal zone environment)으로 구별된다. 현생 퇴적 환경에서 퇴적물의 퇴적작용과 이로 인한 퇴적물의 기록(process-response)을 그대로 고기의 퇴적물에 적용할 수 없는 경우가 있으므로 이에 대한 차이점도 살펴보기로 하자.

06

역암과 사암

6.1 역암

역암과 각력암은 2 mm 이상인 크기의 입자가 상당량 나타나는 퇴적암이다. 암석을 역암으로 분류 시 입자의 적정량에 대하여 정해진 기준은 없다. 대부분의 역암은 자갈이나 그 이상의 입자가 30~50% 이상이며, 경우에 따라 10% 정도 함유되어 있더라도 역암으로 분류하기도 한다. 그러나 일반적으로 30% 이하의 조립질 입자를 함유하고 있으면 역암으로 분류하기보다는 역질(함역) 사암, 역질(함역) 점토암, 역질(함역) 석회암 등으로 구분된다.

역암과 각력암은 조립질 입자의 각이 진 정도에 따라서 구분된다. 각력암은 각이 진 입자로 구성된 암석을 가리키며, 역암은 입자가 아각(subangular)을 이루거나 잘 원마된 경우에 적용된다. 각이 진 입자는 퇴적작용 외의 다른 여러 가지 작용에 의해서도 형성되기 때문에 퇴적 기원의 각이 진 입자와 각력암을 sharpstone과 sharpstone 역암이라고 부르기도 한다. 이에 상응하는 용어로서 roundstone과 roundstone 역암은 마모가 잘 된 조립질 입자와 역암을 지칭한다.

역들의 모양을 구별하기 위해서는 100~300여 개의 자갈 크기의 입자에서 장축, 중간축과 단축의 길이를 측정하고 이들 사이의 길이의 비를 이용하여 형태를 구분한다(그림 4.12). 일반적으로 역의 형태는 역을 이루는 암상에 따라 다르게 된다.

6.1.1 골격구조

아직 고화되지 않은 역 퇴적물은 조립질 입자(pebble, cobble, boulder)로 구성된 골격구조와 그 사이의 빈 공간으로 이루어져 있다. 역들 사이의 공간은 세립질 물질이 역들과 함께 쌓이면서 채워지거나 혹은 역들이 쌓인 이후에 들어가서 채워지기도 한다. 이렇게 해서 형성된 암석은 역들이 서로 접촉하고 있는 골격구조(그림 6.1A)를 형성하게 되는데, 이러한 골격구조를 나타내는 역 퇴적물은 해빈(beach)이나 하천처럼 유수의 작용이 활발한 환경에 조립질 물질이 풍부히 존재하여 쌓였다는 것을 나타낸다. 이와 같은 암석을 **정역암**(orthoconglomerate)이라고 한다.

반면에 역을 포함하여 여러 가지 크기의 입자로 이루어진 퇴적물이 일시에 빠르게 쌓일 경우에는 기질이 주를 이루게 되고 역 등의 조립질 입자는 서로간에 접촉하지 않으며 기질 내에 흩어져서 존재한다(그림 6.1B). 이와 같은 역암을 **준역암**(paraconglomerate)이라고 한다. 준역암을 이루고 있는 퇴적물은 빙하에 의해 운반되던 퇴적물이 빙하가 녹으면서 쌓이기도 하는데, 이러한 경우 빙하

그림 6.1 역질 퇴적물의 조직. (A) 입자지지(framework-supported)로, 원마도가 좋은 화강암과 화강편마암의 역들이 서로 접촉하고 있다. (B) 기질지지(matrix-supported)로, 다양한 크기의 역들이 서로 접촉하지 않고 기질 내에 떠있는 상태로 존재한다. (A), (B) 모두 백악기 진안분지 마이산역암층(전북 진안).

의 녹은 물에 빙하 퇴적물이 재동되지 않는 경우에 형성되며, 또한 이류(mudflow), 암설류와 저탁류 등에 의해서도 쌓인다. 층리가 잘 발달한 세립질의 기질 내에 산재하는 역(그림 6.2)들은 잔잔한 수중에서 유빙(iceberg)에 의한 퇴적작용이 일어나서 쌓인 것이다.

6.1.2 분급

현생 환경에서 역과 기질의 분급 정도를 이용하여 퇴적 환경을 알아낼 수 있다. 일반적으로 정역암은 역과 기질 모두가 분급이 좋거나 아주 좋은 편이다. 해빈의 역들은 분급과 원마도가 아주 좋으며, 조립질 입자의 약 90% 정도가 1σ 구간에 나타나기도 한다(그림 6.3). 하천에 쌓인 역은 분급이 별로 좋지 않다. 이 역들은 여러 구간의 크기를 가지며, 가장 큰 역의 크기 구간도 대개는 역의 양이 25% 이상을 넘지 않는다. 준역암은 분급 상태가 매우 불량하며, 입자의 크기도 매우 다양하다. 준역암에서 입자의 크기가 다양한 이유는 이들 퇴적물이 매우 높은 점성도와 비교적 빠른 유속

그림 6.2 약하게 수평 층리가 발달한 암회색의 이질암에 들어있는 각이 진 규암 역. 이 규암 역은 유빙에 의해 운반되어와서 쌓인 것으로 해석된다. 페름기 Ko Sire층(태국 푸켓).

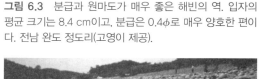

그림 6.3 분급과 원마도가 매우 좋은 해빈의 역. 입자의 평균 크기는 8.4 cm이고, 분급은 0.4φ로 매우 양호한 편이다. 전남 완도 정도리(고영이 제공).

을 갖는 매체에 의해 운반·퇴적되었기 때문이다. 준역암에서는 기질의 분급도 역시 중요하다. 유빙에 의해 운반되는 조립질 역들은 대체로 분급이 좋고, 얇게 엽층리를 이루고 있는 퇴적층의 기질 내에 분포한다. 반면에 암설류와 빙하에 의해 운반·퇴적된 기질 퇴적물은 조립질 입자처럼 분급이 매우 불량하다.

6.1.3 역의 성분

어떠한 종류의 암석이나 광물의 파편 간에 물리적으로 견고(durable)하거나 화학적으로 안정하여 퇴적작용이 진행되는 동안 남아 있다면 역암 내에서 조립질의 쇄설성 입자로 나타날 수 있다. 이 역들은 퇴적물을 공급한 기원암의 해석에 있어서 좋은 자료를 제공한다. 즉, 역들은 어떤 종류의 쇄설성 물질이든 간에 기원암을 곧바로 지시하며, 이들이 쌓인 퇴적 환경에서의 에너지 정도를 나타낸다. 역의 종류는 암상의 성인으로 크게 네 가지로 나눌 수 있으며, 화산암, 심성암, 변성암 및 퇴적암이 모두 역을 공급하고 이들 구성 암상별 역의 함유량에 따라 역암은 두 가지로 나눈다. 역이 한 종류의 암상으로만 구성되었을 때에는 **단암상질**(oligomictic) 역암이라고 하며, 둘 이상의 암상으로 이루어졌을 때에는 **복암상질**(polymictic) 역암이라고 한다. 역의 암상은 대체로 역을 공급하는 기원지에서의 암상 분포, 역의 원래 크기, 역의 운반 거리와 역암 내에 존재하는 역의 크기 등에 따라 달라진다.

대부분의 역암은 석영, 규암, 석영질 사암, 처어트 등과 같이 안정된 광물과 내구성이 높은 종류의 암석 역으로만 구성되어 있는 경우가 많다. 이들 역들은 기원지가 원래 이러한 종류의 암석으로만 구성되어 있을 경우이거나 혹은 기원지에 여러 가지 암상이 존재하였으나 기원지에서 유래된 불안정한 암상의 역이 운반·퇴적되는 도중에 완전히 제거되었다는 것을 지시하기도 한다. 또한, 역암에는 물성으로 보아 안정한 것에서 불안정한 것까지 다양한 종류의 암상이 역으로 함께 들어있는 경우도 관찰된다. 이와 같이 다양한 암상을 나타내는 역의 존재는 불안정한 암석도 기원지 암석으로 존재하였다는 것을 나타내며, 기원지에서의 풍화작용과 역으로서 운반작용, 퇴적작용이 일어나는 동안 이들의 작용이 불안정한 암상의 역을 제거하지 못할 정도로 영향력이 약했거나, 이들을 제거할 정도로 장시간 작용하지 못했다는 것을 의미한다. 이에 따라 역암을 물성이 강한 역으로 구성하여 성숙된 역암과 물성이 다양한 암석의 역으로 이루어진 미성숙된 역암으로 분류하기도 한다.

야외에서 역암의 명명은 입자의 크기와 역암 내에 존재하는 역의 종류나 그 중요성에 따라 구분한다. 예를 들면, 석영자갈 역암(quartz pebble conglomerate)이나 화강암거력 역암(granite boulder conglomerate), 석회암력 역암(limestone cobble conglomerate) 등과 같이 명명한다. 서로 다른 종류의 암상이 역으로 존재할 경우에는 이들의 상대적 크기나 모양에 주의하여 관찰해야 한다. 만약에 이들 모두가 같은 기원지에서 공급되었다면 역의 크기 및 산출 정도는 암상의 마모에 대한 내구성(abrasion durability)에 따라 결정될 것이다.

역을 이룬 암상의 마모작용 실험(그림 6.4)에 의해 밝혀진 단암상질 역들의 내구성은 크게 네 그룹으로 나뉜다(Abbott and Peterson, 1978). 대리암과 편암은 약한 내구성을 나타내며, 현무암, 화강섬록암, 편마암과 반려암은 보통 정도의 내구성을, 흑요암(obsidian), 변성 사암과 변성 각력암은

그림 6.4 단암상질 역의 마모에 대한 내구성 실험 결과. 암상에 따라 크게 네 가지의 내구성 정도 그룹으로 나뉜다 (Abbott and Peterson, 1978).

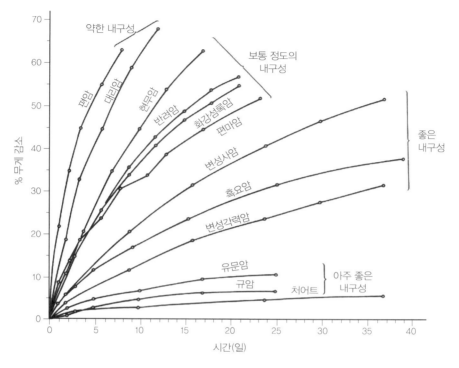

내구성이 좋으며, 규산질 유문암과 규암, 그리고 처어트는 내구성이 아주 좋다. 그러나 화학적으로 나 역학적으로 내구성이 낮은 역이 이들과 함께 나타나는 내구성이 큰 역들보다 그 크기가 크다면

(그림 6.5) 이들 역들은 모두가 동일한 기원지에서 공급되지 않았으며, 내구성이 낮은 역들이 내구성이 큰 역들보다 훨씬 가까운 기원지에서 유래되어 쌓일 때 섞였다는 것을 지시한다.

역의 암상에서 퇴적암의 역은 퇴적암이 어느 정도 변성을 받지 않았다면 일반적으로 결정질 기반암의 역에 비하여 내구성이 낮기 때문에 비록 퇴적암의 역이 공급된다 하더라도 퇴적된 역은 대체로 결정질 암석의 역으로만 이루어진 특성을 나타내기도 한다. 그렇지만 결정질 암석에서 화강암으로 이루어진 역은 모래 크기의 광물입자로 쉽게 분리가 일어나므로 화강암 역은 실제

그림 6.5 화강편마암 역(점선)과 규암 역(가는 실선)으로 이루어진 태백산 분지 면산층 역암. 화강편마암 역은 면산층 바로 하부에 부정합으로 놓인 홍제사 화강편마암에서 유래된 것으로 규암 역보다는 그 크기가 크다(강원도 태백).

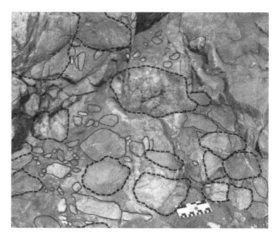

그림 6.6　역암에 발달된 판상 사층리. 삼첩기 Chinle층(미국 애리조나 주).

의 존재보다 적게 나타날 수가 있다. 이에 따라 역암 내에 존재하는 역의 암상 비율은 기원지에 실제로 노출된 암석의 상대적 분포에 대한 대략적인 추정만 가능하다.

6.1.4 기질 모래 입자의 성분

모래 크기의 물질은 성분과는 관계없이 역들의 빈 공간을 채우는 가장 흔한 물질이다. 일반적으로 기질의 모래 성분과 역의 암석 종류 사이에는 연관성이 있으나, 기질의 모래가 탄산염으로 이루어진 생물체 화석 파편일 경우에는 이러한 상관 관계가 성

립되지 않는다. 모래는 함께 나타나는 역에 비해서 성숙도가 비교적 낮게 나타난다. 즉, 석영의 역으로 구성된 역암은 기질에 장석의 모래가 많이 함유되어 있기도 하다. 이는 모래 크기의 입자가 단결정으로 이루어져 있기 때문에 복합광물로 이루어진 역에 비하면 운반 중 마모작용이나 충격에 대해서 역학적으로 훨씬 더 강하기 때문이다.

6.1.5 퇴적 구조

제5장에서 기술한 많은 퇴적 구조들은 역암에서는 잘 나타나지 않는다. 역암은 많은 경우 퇴적 구조가 나타나지 않는 괴상을 나타내는데, 일부는 미약하거나 잘 발달된 평판층리나 경사진 층리가 관찰되기도 한다. 또한 하성 역암에서는 판상 사층리(그림 6.6)와 트라프 사층리가 나타나기도 하지만 사암에 비해 그 빈도가 훨씬 약하다. 간혹 자갈로 채워진 깎임구조와 하천구조 그리고 자갈의 렌즈구조로 나타나기도 한다.

6.1.6 퇴적 환경

역암이 쌓이는 퇴적 환경에 따라 역암은 다음의 9가지로 나뉜다. 여기에는 판상홍수(망상하천) 역암, 하천유수 역암, 파도재동 역암, 파도-폭풍-해류에 의한 역암, 조수재동 역암, 융빙수에 의한 역암, 수중 융빙수 역암, 육상 암설류 역암과 재퇴적된 역암이다. 재퇴적된 역암은 다시 수중 암설류 역암, 수중 입자류 역암과 저탁암 역암으로 더 나누어진다. 이들 각각에 대하여 좀더 살펴보면 다음과 같다.

(1) 판상홍수(망상하천) 역암[sheetflood(braided-stream) conglomerate]

얕은 망상하천에 퇴적된 것으로(그림 6.7) 망상하천에서 유수의 에너지는 비교적 높으며, 유량은 일시적으로 증가하였다 감소한다. 이 역암은 주로 역지지 조직을 나타내며 기질로는 실트와 모래가 있다. 각 역암층은 대체로 점이층리가 나타나지 않지만, 수직적인 역암층의 기록에는 상향 세립

화하는 경향을 보이기도 한다. 판상홍수의 역암에는 층리가 비교적 미약한 것에서부터 잘 발달되는 것까지 나타나는 편이다. 역은 보통 장축이 유수의 방향에 직각으로 배열되며 상류를 향하여 인편구조를 나타낸다.

(2) 하천유수 역암(streamflow conglomerate)

그림 6.7 망상하천 역. 노르웨이 스발바드섬 Longyearbyen.

하성 환경의 깊은 하천에 국한되어 흐르는 유수에 의하여 쌓인 것이다. 역암은 대체로 역지지 조직을 나타내며, 실트/모래의 기질은 다양한 양으로 산출된다. 이 역암 역시 단모드의 역 배열방향을 나타내며, 대부분이 장축이 유수의 방향과 직각을 이루며 상류를 향한 인편구조를 나타낸다. 역의 크기는 보통 정도이며, 역들은 일반적으로 좋은 원마도를 가진다. 이 역암들은 사층리가 잘 발달되어 있다.

그림 6.8 파도재동 해빈 역. 독일 북부 Kiel의 발틱해 해빈.

(3) 파도재동 역암(wave-reworked conglomerate)

이 역암은 하천에 의하거나 해안의 침식으로 공급되는 역들을 운반하고 재동시킬 수 있는 충분한 파도 에너지를 가지는 해안선 환경에 쌓인 것이다(그림 6.8). 역들은 쇄파대(surf zone)에서 끊임없이 재동이 일어나므로 분급이 아주 좋고 원마도 역시 아주 좋은 역암층이 쌓인다. 역층은 역지지 조직을 나타내고 모래 기질이 나타난다. 해빈의 역암은 특징적으로 판판한 형태(disc-shaped)의 역이 많이 나타나는데, 역들의 분급 역시 좋은 편이다. 이 판판한 역들은 바다 쪽으로 경사가 진 인편구조가 잘 발달하며 완만하게 바다 쪽으로 기울어진 층리를 나타낸다.

(4) 파도-폭풍-해류(해안전면과 대륙붕)에 의한 역암(wave, storm, and current-worked conglomerate)

이 역암은 해안전면과 대륙붕에 쌓인 것으로 역은 파도와 연안류 그리고 이안류(rip current)에 의하여 재동된다. 이 환경에 쌓인 역암은 분급이 불량하거나 보통 정도이며, 조직 또한 역지지에서 기질지지까지 다양하게 나타난다. 각 역암층은 하부가 뚜렷한 경계를 가지며 두께는 대략 1 m 내외가 된다. 역들은 특징적으로 두 개의 모드로 나타나는 기울어진 방향을 나타낸다. 해안전면의 역암은 자갈이 주를 이루거나 주로 모래로 되어 있으면서 얇은 두께의 역층이 사이에 끼어서 발달하기도 한다.

(5) 조수재동 역암(tide-reworked conglomerate)

조수재동 역암은 고기의 퇴적물 기록에서 그렇게 많이 산출되는 것이 아니며, 현생의 대륙붕 환경에서 퇴적물 표면에 조수에 의해 재동된 자갈이 분포한다고 보고되었다. 고기의 퇴적물 기록에서 드물지만 보고가 된 예에서는 주로 기질지지로 되어 있으면서 간혹 역지지의 조직도 나타난다. 역들은 분급이 보통이거나 불량하며, 원마도는 불량에서 아주 좋은 것까지 다양하다. 점이층리가 없는 것에서부터 정상 점이층리, 역점이층리 등이 나타난다. 각 역암층은 일반적으로 상향 세립화의 경향을 보이는데, 역의 함량과 크기가 상부로 가면서 줄어든다.

(6) 융빙수에 의한 역암(meltout/lodgement conglomerate)

바닥을 육지에 접하고 있는 빙하가 녹으면서 떨어뜨린 물질들이 지면에 쌓인 것으로 분급은 불량한 기질이 많은 자갈질 퇴적물이다(그림 6.9). 이러한 퇴적물은 빙퇴석(till)이나 빙성 다이아믹타이트(glacial diamictite)라고 한다. 이 퇴적물은 보통 기질지지이며 분급은 매우 불량하다. 역의 크기는 m 크기의 거력까지 나타난다. 일부 역들은 갈려진 면(faceted)이 있거나 조선(striation)이 나타나기도 한다. 역의 가장 긴 축이 빙하가 흐른 방향과 평행하게 배열되어 있는 것이 보통이며, 인편구조는 나타나지 않는다. 이 역암은 대체로 괴상이며 사이사이에 층리를 나타내는 분급이 좋은 물질의 렌즈 퇴적물이 들어있기도 한다. 이 역암은 상부로 가면서 층리가 발달된 세립질의 빙하성(glaciofluvial) 또는 빙호수(glaciolacustrine) 퇴적물로 전이가 된다.

(7) 수중 융빙수 역암(subaqueous meltout conglomerate)

수중빙퇴석(aquatillite)이라 불리기도 하며, 호수 환경이나 해양 환경에서 자갈을 가진 빙하가 녹으면서 쌓인 것이다. 역층은 후퇴하는 빙하의 전면에서 빙하의 바닥에 생성된 융빙수의 터널로부터 나오는 융빙수의 밀도가 높아 호수나 해양의 바닥면을 따라 흐르면서 쌓이거나 유빙(iceberg)에 의하여 운반되던 자갈들이 유빙이 녹으면서 떨어져 쌓인 것이다. 이러한 환경에 쌓인 역암은 주로 기질지지로 나타나며, 분급 또한 불량하다. 하지만 바닥을 따라 흐르는 밀도류에 의해 쌓인 역암은 지표에 융빙수에 의해 쌓인 역암에 비해 분급이 좀더 나은 편이다. 역들은 기원지에 따라 각이 지거나 원마도가 좋거나, 보통 조선이 발달되어 있거나, 연마가 되기도 하며 갈려진 면이 나타나기도 한다.

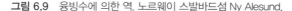
그림 6.9 융빙수에 의한 역. 노르웨이 스발바드섬 Ny Alesund.

유빙에 의해 쌓인 역은 나중에 해저면을 따른 해류에 의해 재동을 받지 않으면 그 배열 방향이 무질서하게 나타난다. 바닥을 따르는 밀도류에 의해 쌓은

역암은 역들의 장축 배열 방향이 밀도류의 흐름 방향과 평행하게 나타나며, 상류 쪽을 향하여 인편 구조를 나타낸다. 밀도류에 의한 역층은 지면에 융빙수에 의해 쌓인 역층에 비하여 역지지의 조직이 더 많이 나타나며, 분급과 층리가 더 잘 발달되어 있다.

(8) 육상 암설류 역암(subaerial debris-flow conglomerate)

육상에서 암설류에 의해 쌓인 역암으로 특히 빙하에서 흘러내린 퇴적물 더미가 선상지와 빙하 주변에 발달한다. 지표면의 암설류는 퇴적물 중력류의 일종으로 자갈 크기의 입자들로 구성되어 있으며, 점토 입자와 세립질 모래와 같은 응집성 기질을 가지는 것이 특징이다. 이러한 암설류는 매우 다양한 크기의 역들을 운반시킬 수 있는데, 이에 따라 역암은 기질지지로 나타나며 분급은 매우 불량하고 두께가 두꺼우면 큰 역들이 많이 들어있다. 일반적으로 점이층리는 나타나지 않지만 경우에 따라서는 역점이층리 혹은 정상 점이층리가 간혹 나타나기도 한다. 이 역암층에 들어있는 역은 일정하게 배열을 하지는 않지만 간혹 암설류 흐름에 평행하게 배열된 것이 나타나기도 한다. 이에 따라 내부 층리구조는 거의 나타나지 않는다.

(9) 재퇴적된 역암(resedimented conglomerate)

재퇴적된 역암은 이전에 하성 환경, 호수 환경, 해안선 환경 또는 대륙붕 환경에 쌓였던 퇴적물이 다시 이동을 하여 비교적 수심이 깊은 분지에 쌓인 역암을 가리킨다. 이렇게 재퇴적을 시키는 과정은 질량류 작용을 받아 일어난다. 이러한 질량류에는 수중의 암설류, 밀도가 변화된 입자류 그리고 고밀도의 저탁류가 있으며, 이들은 역들을 심해로 운반시킬 수 있는 능력을 가진 것으로 알려져 있다. 이 밀도류는 서로 성인적으로 연관되어 있으며 연속적으로 일어난다. 즉, 암설류와 입자류는 사면의 아래로 이동해 가면서 주변의 물과 섞여 희석되며 점차 완전히 휘몰아치는 저탁류로 바뀌어져 간다. 이와 같은 질량류의 연속성 특성 때문에 이 세 종류의 질량류에 의해 쌓인 퇴적물을 따로 떼어내 구분을 하는 것이 어려울 때도 있다(제3장의 밀도암 참조).

6.2 사암

사암은 구성입자가 $0.062\ mm(62\ \mu m)$에서 $2\ mm$까지의 모래 크기로 이루어진 쇄설성 암석으로 구성 입자의 광물 성분과 성인에 관계없이 통용되고 있다. 그러나 구성 입자가 화산 기원인 경우에는 이를 화산쇄설암으로 분류하며 이들은 제17장에서 따로 다루어진다.

6.2.1 사암의 광물 성분

사암의 주요 광물 성분은 석영, 장석, 암편으로 이루어졌다. 사암에서의 광물 성분은 화강암과 같은 결정질 암석의 광물 성분이 평형상태를 이룬 광물군으로 구성되어 있는 것과는 다른 의미를 갖는다. 즉, 결정질 암석에서는 서로 공존할 수 없는 광물들도 퇴적암에서는 같이 나타난다. 사암의 광물 성분에 대한 연구는 퇴적물을 공급한 기원지의 특성을 알아보고 퇴적물이 암석화되는 동안 겪은 속성작용의 과정을 알아보기 위하여 이루어지고 있다.

6.2.1.1 석영

석영은 화학 조성이 SiO_2로 전체 퇴적암을 이루는 쇄설성 입자의 33~50% 정도를 차지한다. 석영은 궁극적으로 화강암과 화강편마암으로부터 유래된다. 석영은 모든 조암광물 중 내구성(durability)이 가장 크며, 지표의 풍화 조건에서 안정도 역시 가장 큰 광물이기 때문에 풍화 용액에 거의 용해되지 않는다. 암석화가 이루어지는 동안 석영은 입자의 가장자리를 따라 다른 광물(대부분 탄산염 광물)에 의해 약간 부식되거나 압력용해를 받기도 하며 탄산염 광물에 의해 교대작용을 받기도 한다.

　석영은 그 종류에 따라 크게 두 가지 광학적 방법으로 분류하여 고지리 정보를 얻는 데 이용되고 있다. 그중 하나는 Krynine(1940)에 의해 고안된 방법으로 석영을 성인에 따라 분류하는 방법(genetic classification)이다. 이는 석영의 소광 상태, 포유물의 특성, 입자의 형태 등을 기초로 하여 석영이 만들어진 환경에 따라 분류하는 방법이다. 이 방법을 이용한 석영의 분류는 서로 다른 성인의 석영이 중첩되는 특성을 보이고 관찰자에 따라 매우 주관적이라는 단점이 있지만, 기원지를 결정하고 고지리를 해석하는 데 매우 유용하게 이용된다. 또 다른 방법으로 Folk(1968)의 실험관찰에 의한 분류법(empirical classification)이 있다. 이 방법은 석영의 소광 상태와 포유물의 특성을 기초로 석영을 분류하며 앞의 성인적 분류법보다는 좀더 객관성을 띤다. 이 분류 방법은 통계적 처리를 하여 검증해 볼 수 있는 장점이 있다. 이외에도 음극선발광장치(cathodoluminescence)를 이용한 성인적 분류와 주사전자 현미경의 음극선발광 영상을 이용한 성인적 분류방법도 있다.

(1) 성인적 분류

1) 화성암 기원 석영(igneous quartz)

석영에는 두 개의 동질이상(polymorph, 同質異象)이 있다. 이중에서 삼방정계를 가지는 α 또는 저온 석영만이 573℃ 이하의 지표 조건에서 안정하다. 573℃보다 높은 온도에서 안정한 석영은 육방정계를 나타내는 고온의 β 석영이다. β 석영이 식으면 α 석영으로 바뀌지만 화산과 같은 조건에서 만약 식어지는 속도가 빠르면 석영은 고온에서 생성된 육방형의 형태를 그대로 지니게 된다. 이렇게 되면 석영의 모양은 가끔 쌍피라미드(bipyramidal)의 형태를 띠게 된다(그림 6.10). 반대로 심성

그림 6.10　쌍피라미드 형태를 나타내는 화산 기원 β 석영. (B)는 광학 현미경 사진이며, (C)는 주사전자 현미경 사진이다(Smyth et al., 2008).

화산 기원 석영

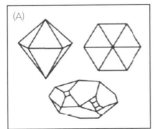

그림 6.11 심성암 기원 석영. 단결정질과 복결정질의 석영이 모두 보이며, 소광도 직소광과 파동소광이 같이 나타난다. 석탄기 만항층(강원도 증산).

그림 6.12 화산암 기원 석영. 직선의 가장자리와 음각의 결정인 화산유리 포유물을 갖는 것이 특징이다.

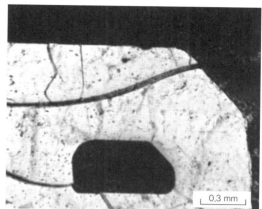

암체처럼 서서히 식어가면 석영 입자는 α 석영으로 삼방정계의 모양을 나타낸다.

(1) 심성암 기원 석영(plutonic quartz, 그림 6.11) : 이 종류의 석영은 주로 화강암, 화강편마암과 같은 괴상의 결정질 암석에서 유래되며, 석영 중에서 가장 많이 나타나는 종류이다. 석영 입자들은 복결정질(polucrystalline)이거나 단결정질(monocrystalline)로 나타나는데, 복결정질 입자의 크기는 단결정질 입자보다 크게 나타난다. 소광상태는 직소광과 파동소광이 모두 나타나며 포유물은 거의 들어있지 않다. 경우에 따라서는 광물 결정을 포유물로 함유하고 있는 것도 관찰되는데, 포함되는 광물 결정으로는 금홍석(rutile), 저어콘, 운모, 장석, 흑운모, 자철석 등이 있다. 또한 석영 내 깨진 금에는 이산화규소(실리카)로 채워져 있다. 색은 주로 연회색을 띤다. 화강암에서는 석영이 가장 후기에 생성되는 광물 중 하나로서 이미 먼저 만들어진 다른 광물들의 사이를 채우고 생성된다. 때문에 석영의 모양은 불규칙하게 나타나는 것이 보통이다. 이러한 석영이 침식을 받아 생성되면 타형(anhedral)의 모양을 나타낸다. 또는 석영과 알칼리 장석이 동시에 성장하면서 만들어질 경우 이들은 문상(granophyric) 조직을 나타내며, 이러한 조직은 퇴적암에서 복합 입자에서 관찰되고 만약 장석을 착색시키지 않으면 쉽게 구분하기가 어렵다.

(2) 화산암 기원 석영(volcanic quartz, 그림 6.12) : 이 종류의 석영은 유문암과 데사이트(dacite) 등의 화산암으로부터 공급된다. 석영 입자의 형태는 대체로 입자의 가장자리가 직선을 이루며, 둥그런 형태의 코너를 보인다. 간혹 입자의 가장자리에 둥글게 패인 형태(embayed)를 보이기도 한다. 화산암 기원 석영은 주로 단결정으로 나타나며 포유물이 거의 없기 때문에 깨끗하게 관찰된다. 경우에 따라 포유물이 아닌 석영보다 굴절률이 낮은 부분이 석영 내부에 존재하기도 하는데, 이를 음각의 결정(negative crystal)이라고 하며, 여기에는 화산유리나 화산암의 기질로 채워져 있다. 소광상태는 대부분이 직소광을 보인다.

(3) 암맥 기원 석영(vein quartz, 그림 6.13) : 이 종류의 석영은 거정질 화강암(페그마타이트)과 열수용액으로 채워진 암맥으로부터 유래된다. 이 석영은 자갈 크기로 나타나는 석영의 대표적인 예

그림 6.13 암맥 기원 석영. 많은 유체 포유물을 함유하여 우윳빛처럼 뿌옇게 보인다.

로서, 형태는 매우 다양하다. 암맥의 석영은 단결정질이거나 조립질의 복결정질로서 특징적으로 다른 성인의 석영보다 물로 채워진 기포가 많이 들어있다. 따라서 이 종류의 석영은 이들 기포들이 빛을 산란시키기 때문에 대체로 우윳빛으로 뿌옇게 보인다. 소광상태는 직소광과 파동소광이 모두 나타난다. 맥에서 결정은 벽면에 수직방향으로 성장하므로 복결정질의 석영 입자를 구성하는 각 결정들의 광축이 비슷하게 되어 준복합적(semicomposite)인 소광을 나타낸다. 또한 복결정질인 경우 각 결정 간 내부 경계는 빗살구조(combstructure)를 보이기도 한다. 경우에 따라 간혹 석영 내에 벌레모양(vermicular)의 녹니석이 포획되어 있기도 하는데, 이는 암맥에서 유래되었다는 좋은 증거가 되기도 한다.

2) 변성암 기원 석영(metamorphic quartz)

(1) 재결정화된 변성암 기원 석영(recrystallized metamorphic quartz, 그림 6.14) : 이 종류의 석영은 주로 재결정화 작용을 받은 변성 기원의 규암, 고변성작용을 받은 암석이나 편마암에서 유래된다. 석영이 약 600~800℃ 정도의 온도에서 재결정화 작용을 받으면 결정 내에 있던 변형 자국이 지워져서 석영의 소광 상태는 직소광에서 약한 파동소광을 나타낸다. 석영들의 크기가 비슷한 결정들이 모자이크 상태를 이룰 경우에 각 결정 간의 경계는 대체로 직선을 이룬다. 그러나 이들 결정이 하나하나 떨어져 나타나게 되면 심성암 기원 석영과 구분하기가 쉽지 않다.

(2) 편암 기원 석영(schistose quartz, 그림 6.15) : 편암에서는 석영이 운모 결정들의 사이에서 평행하게 길게 성장하므로 여기에서 유래한 석영의 형태는 대체로 길게 발달되어 있거나 판상을 이룬

그림 6.14 변성암 기원 석영. 상부 삼첩기 New Haven 사암(미국 코네티컷 주).

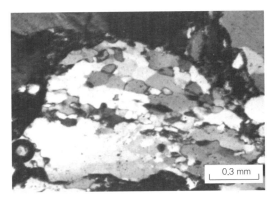

그림 6.15 편암(석류석 녹니석류 편암)에 나타나는 석영. 대체로 신장되어 있다.

다. 또한 석영은 운모의 포유물을 함
유하기도 하며 소광 상태는 직소광
에서 약한 파동소광을 보인다. 조립
질과 중립질의 편암으로부터 유래
된 석영은 화강암에서 유래된 석영
과 약간의 편마암에서 유래된 석영
의 특징과 유사하다. 그러나 복결정
질 석영의 경우에 석영 입자 내에 들
어있는 작은 석영 결정(subcrystal)의
평균적인 수가 화강암의 석영보다는
적으나 편마암의 석영보다는 많이

그림 6.16 신장된 변성 기원 석영. 석탄기 만항층(강원도 증산).

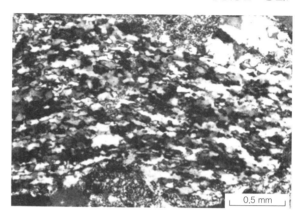

0.5 mm

나타난다. 세립질 편암의 석영은 셰일에 나타나는 석영과 마찬가지로 실트나 세립의 모래 크기
이며, 거의 단결정질 석영으로 나타난다.

(3) 신장된 변성 기원 석영(stretched metamorphic quartz, 그림 6.16) : 이 기원의 석영은 가장 인지하
기가 쉬우며 퇴적물 내에 상당량 존재 시 중요한 의의를 갖는다. 이 종류의 석영은 석영을 함유
하는 암석이 재결정작용을 받지 않고 전단응력을 받거나 변형을 받았을 경우에 생성된다. 석영
은 복결정질로 나타나며 길게 신장되어 있거나 판형(platy)의 형태를 보인다. 소광 상태는 중간
정도로 강한 파동소광을 보이며 각 구성 결정 간의 경계는 봉합상태로 나타난다. 복결정으로
나타나는 석영에서 결정의 크기가 작을 경우에는 처어트와 비슷하게 나타나기도 한다. 대체로
작은 결정의 크기는 20 μm 이상으로 나타난다.

3) 퇴적암 기원 석영(reworked sedimentary quartz)

퇴적암이 풍화작용을 받아 퇴적암 내의 석영 입자들이 다시 쌓인 경우에도 석영은 처음 형성 당시

의 기록을 그대로 지니기 때문에 이들
이 퇴적암에서 유래되었다는 증거를 찾
기란 매우 어렵다. 그러나 퇴적물이 속
성작용을 받는 동안 쇄설성 석영 입자
에 석영의 과성장(overgrowth)이 일어
난 후 이들이 풍화를 받아 퇴적물로 공
급되었다면, 이들로부터 공급된 퇴적암
내에는 과성장을 가지는 석영 파편(그림
6.17)이 존재하여 퇴적암 기원임을 알
수 있다. 즉, 과성장의 각진 부분이 마
모된 과성장을 갖는 석영이 있을 경우
에 이 석영은 이전의 퇴적암에서 유래

그림 6.17 퇴적암 기원 석영(중앙). 가장자리가 마모된 석영의 과
성장을 갖는 석영이 퇴적암(사암)으로부터 유래되어 쌓인 후 다시
석영 과성장을 나타내고 있다. 원래 석영 입자와 마모된 과성장
은 가는 검은 선으로 구분되어 있다. 석탄기 만항층(강원도 태백).

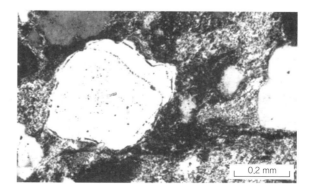

0.2 mm

되었다고 해석할 수 있다. 그런데 이러한 과성장을 가지는 석영은 원 퇴적암이 이산화규소(SiO_2)로 교결작용을 받았을 때에만 생성될 수 있다는 것을 염두에 두어야 한다. 만약 퇴적암이 탄산염이나 점토광물로 교결된 암석에서는 이러한 과성장을 가지는 석영은 생성되지 않는다. 이런 점에서 볼 때 마모된 과성장을 가지는 석영은 사실상 퇴적암의 암편에 해당하는 셈이다. 그렇지만 이산화규소로 교결작용을 받은 이전의 퇴적암으로부터 유래되는 석영일지라도 풍화, 운반, 퇴적 및 속성작용의 과정에서 과성장을 보존할 수도 있고 보존하지 않을 수도 있다. 모든 사암의 쇄설성 모래 입자들의 약 80%가 화성암이나 변성암에서 바로 유래된(first cycle) 것이 아닌 재순환(recycling)에 의하여 생성된 것(Blatt and Jones, 1975)이라는 견해에서 보면 퇴적암 기원 석영은 이상과 같은 과성장을 보이는 석영을 포함하여 그 양이 상당할 것으로 여겨진다. 사실 퇴적암으로부터 유래된 마모된 과성장을 보이는 석영은 홀로세의 모래, 그것도 특히 사막의 모래에 흔하게 산출하는 것으로 알려지고 있다. 이들은 이러한 특징, 즉 이산화규소로 교결된 사암의 기계적 풍화작용으로 생성된 것으로 해석된다. 사암에 마모된 과성장을 가진 석영 입자가 존재한다면 이들의 존재로 퇴적층 내에는 분지 내부에 침식에 의한 부정합면이 존재하거나 분지 외부에 기원지의 융기가 일어나 퇴적물을 공급하였다는 것을 지시자로 유용하게 적용할 수 있다(Basu et al., 2013).

(2) 실험관찰적 분류

이 분류 방법에 이용되는 석영 입자의 특징은 석영 입자 내에 포함된 결정의 수, 소광 상태 그리고 포유물의 종류 등이다. 석영 입자는 먼저 입자 내 소결정 수와 소광 상태에 따라 다음과 같이 크게 6가지로 구분된다.

(1) 단결정 입자로서 직소광을 보일 경우
(2) 단결정 입자로서 약한 파동소광을 보일 경우
(3) 단결정 입자로서 강한 파동소광을 보일 경우
(4) 준복합 결정질의 입자로 직소광 또는 약한 파동소광을 보일 경우
(5) 복결정질 입자로서 각 결정의 광축은 다양하게 나타나며, 각 소결정이 직소광 내지는 약한 파동소광을 보일 경우
(6) 복결정질 입자로서 강한 파동소광을 보일 경우

성인적으로 볼 때, (1)과 (2)는 화강암과 편마암에서 유래된 석영이며, (3)은 편마암과 변형을 받은 화강암에서, (4)는 열수용액에 의해 생성된 암맥으로부터, (5)는 편암이나 재결정을 받은 변성암에서 그리고 (6)은 편마암으로부터 유래된 것으로 여겨진다.

다음으로 포유물의 종류와 정도에 따라서는 (a) 기포가 많이 들어있어 우유처럼 뿌옇게 보일 경우, (b) 금홍석(rutile)의 침상 결정이 들어있을 경우, (c) 금홍석 이외의 미세결정들이 들어있을 경우, 그리고 (d) 기포가 거의 없으며 또한 미세결정이 들어있지 않는 경우 네 가지로 나뉜다. 이들은 성인적으로 보면 (a)는 열수 암맥에서, (b)는 대부분의 변성암 지대에서, 그리고 (d)는 모든 기원지 암석에서 유래된다고 볼 수 있다. 포유물에 의한 분류는 반드시 (a) → (b) → (c) → (d)의 순서로 거

그림 6.18 석영 입자의 소광 상태와 소광의 형성 메커니즘(Folk, 1968).

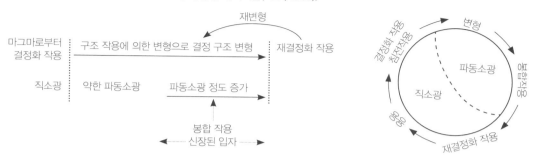

처 가면서 비교하여 그 종류를 결정한다. 예를 들면, 석영이 많은 기포와 금홍석의 포유물을 가질 경우에는 a)로 구분한다.

이 분류 방법은 대체로 고배율에서 석영을 관찰하여 1a, 2a, 3b 등으로 구별한다. 이 범주에 해당하지 않는 특별한 종류의 석영인 화산암의 석영과 재동된 퇴적암의 석영은 이와 별도로 구별해 주어야 한다. 퇴적물 내에 나타나는 석영의 종류를 이 방법에 따라 분류하고 이를 성인에 따른 분류 기준과 그 밖의 수반 광물을 함께 고려하여 기원지 지질을 해석한다.

대체로 퇴적암에서 유래된 석영은 그 종류가 다양하게 나타나며 일차적으로 화성암에서 유래된 석영은 그 종류가 제한되어 나타난다.

파동소광이란, 석영의 결정이 변형을 받았을 경우 나타나는 광학적인 특성이다. 이러한 광학적인 성질로 볼 때 석영의 파동소광을 이용하여 기원지 암석의 종류를 구별한다는 것은 약간의 문제가 있다. 왜냐하면 모든 암석은 결정화 작용이 일어날 때에나 혹은 형성된 이후에 어떤 형태로든지 변형을 받기 때문이다. 마그마나 용액으로부터 결정화 작용을 받았을 때나 재결정화 작용을 받았을 때에는 대체로 직소광을 보이는 석영이 나타나게 된다(그림 6.18). 파동소광의 정도는 석영의 크기와 변형 정도에 따라 달라지기도 한다. 광역 변성작용에 의해 생성되는 편암의 석영은 입자의 크기가 비교적 작기 때문에 파동소광보다는 직소광을 나타낸다.

사암 내에서 자생적으로 생성되는 석영으로는 과성장, 자형의 결정, 핵상의 집합체, 그리고 빈 공간을 채우는 석영(cavity-filling quartz)으로 암맥과 지오이드의 석영이 있다. 이들 자생의 석영은 결정의 크기로 보아 과성장, 공극을 채우는 석영 그리고 암맥과

그림 6.19 처어트와 옥수석영(chalcedony). 처어트는 사진의 오른쪽에. 옥수석영은 방사상으로 퍼지는 침상의 결정으로 나타난다. 데본기의 Huntersville 처어트(미국 웨스트 버지니아 주).

0.2 mm

지오이드를 채우는 석영 등 20 μm 이상인 거정질 석영과 처어트, 옥수석영(chalcedony, 그림 6.19) 과 같이 20 μm 이하인 미정질 석영이 있다.

(3) 음극선발광 특성

1) 음극선발광 현미경 특성

일반 편광 현미경에 음극선발광장치(그림 6.20)를 부착하여 석영 입자를 관찰하여 발광 특성을 구분한다. 음극선발광의 특성은 석영의 결정이 만들어지는 온도와 만들어진 후 식어가는 과정에서 석영 결정 내 결정격자의 결함(lattice defects)과 석영 이외의 다른 원소가 들어있는 경우에 나타난다. 화산암 기원 석영은 특징적으로 결정의 성장이 일어나는 누대구조(zoning)를 잘 나타내며 적색이나 자주색의 음극선발광색을 나타낸다. 심성암 기원의 석영은 석영의 내부에 많은 미세균열조직(microcracks)을 보이며 청색의 음극선발광색을 나타낸다(그림 6.21). 변성암 기원의 석영은 특히 저변성작용을 받은 경우에 연한 밤색의 음극선발광색을 보이는 것이 특징이다.

2) 주사전자 현미경-음극선발광 특성

주사전자 현미경(scanning electron microscope : SEM)에서 개개의 석영 입자를 관찰하는 방법도 개발되었다. 주사전자 현미경에 부착된 음극선발광기를 이용하여 석영의 음극선발광 특성(catholuminescence : CL)을 이용한 SEM-CL 기법은 비교적 쉽고 비용도 많이 들지 않는 기법으로서 널리 사용할 수 있는 장점이 있다. 석영은 다른 조암광물인 장석이나 탄산염 광물에 비하여 음극선발광이 비교적 낮게 나타나는데, 석영의 음극선발광이 왜 발생하는지 아직 잘 밝혀지지 않았다. 아마도 석영 결정 내 Si를 Al이 치환하여 일어나거나 석영 결정 내 포함된 흔적 원소의 함량 변화, 또는 석영 결정의 선형이나 점상의 결정 결함에 의하여 일어나는 것으로 여겨지고 있다. 석영의 입자들은 미세한 틈, 채워진 미세한 틈, 미세균열 변형 구조와 같은 결정 내 결함과 같은 다양한 조직과 누대구조를 나타낸다. 이러한 석영의 미세 조직은 일반 광학 현미경으로는 관찰되지 않지

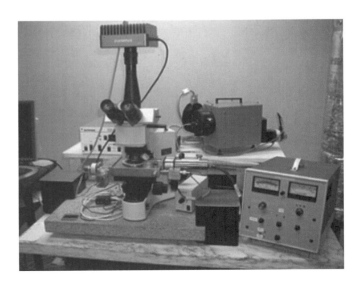

그림 6.20 편광 현미경에 부착된 음극선발광장치(모델명: ELM-3R).

그림 6.21 편광 현미경과 이에 부착된 음극선발광장치를 이용하여 관찰된 석영의 음극선발광 특성. (A) 편광 현미경 사진. (B) 동일한 시료의 음극선발광색 사진. 편광 현미경 관찰에서는 석영 입자의 원래 모양이 관찰되지 않았으나 음극선발광장치를 이용하여 관찰하면 원마도가 좋은 석영으로 밝혀짐. 편광 현미경 하에서는 관찰되지 않았으나 음극선발광 사진에서는 원마도가 좋은 쇄설성 석영 입자의 사이에 발광을 하지 않는 검은색의 석영 과성장이 속성작용 동안 발달하였음을 알 수 있다. 미국 일리노이 주 데본기 Cedar Valley층 Hoing Sandstone 층원(Scholle, 1979).

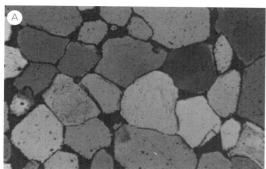

만 음극선발광장치를 이용하면 관찰된다. 하지만 석영 내 격자 결함이 적거나 결정 내부의 화학 조성의 차이가 나지 않는다면 음극선발광의 특성에서 명암도에 거의 차이가 없이 옅은 회색에서 검은색까지 균질한 특성을 나타낸다. 석영의 기원에 따른 SEM-CL의 특성을 살펴보면 다음과 같다.

(1) 심성암 기원 석영 : 전형적인 심성암 기원 석영은 비교적 입자가 큰 결정으로 비어있는 미세한 틈이나 채워진 미세한 틈을 가지고 있으며(그림 6.22A), 유체 포유물이 줄지어 배열되어 있고 파동소광을 보이거나 또는 직소광을 보인다. 이 기원의 석영에서 관찰되는 미세한 틈이나 채워진 미세한 틈은 마그마가 식으면서 석영 결정에 열적인 스트레스를 가하기 때문에 생성된다. 이렇게 식어지면서 만들어지는 미세한 틈은 방향성이 없이 무작위로 배열되는 것이 특징으로 여러 번에 걸쳐서 만들어진다. 화성 기원 석영은 누대구조를 나타내기도 하지만 이러한 누대구조는 드문 편이다.

(2) 화산암 기원 석영 : 이 성인의 석영의 약 절반 정도는 누대구조를 나타내며, 나머지 절반 정도는 균질한 음극선발광의 특성(그림 6.22B)을 나타낸다. SEM-CL에서도 광학 현미경 관찰과 마찬가지로 용융물 포유물, 안쪽으로 패인 입자 경계와 큰 열린 균열도 관찰된다.

(3) 변형되거나 재결정화된 변성암 기원 석영 : 변성작용을 받기 이전의 암석의 종류, 변형작용의 종류와 변성 정도의 차이로 인하여 변형작용, 변성작용을 받거나 재결정화된 석영이 저변성에서 고변성의 어느 정도 변성작용의 조건에서 일어난 것인지를 구별하기는 쉽지가 않다.

(4) 쇄성 변형작용을 받은 저변성 기원의 석영 : 이 석영은 SEM-CL에서는 평행한 선형의 검은색에서 회색을 나타나는 것(그림 6.22C)이 특징으로, 이러한 특징은 매몰이 일어나거나 국부적 또는 광역적인 지체구조적 변형작용에 의하여 낮은 정도의 변성작용 조건, 즉 온도가 300~400°C 이하인 경우의 비변성 조건에서 매우 낮거나 낮은 변성작용을 받았을 때 일어나는 쇄성 변형작용(brittle deformation)으로 만들어진 것이다. 이러한 쇄성 변형작용은 변형작용이 일어날 때 가해진 힘의 방향에 따라 어느 일정한 방향을 따라서 미세한 균열이 만들어지며 이 균열들은 나

그림 6.22 주사전자 현미경에 부착된 음극선발광장치를 이용하여 관찰한 석영의 음극선발광 영상(Lee et al., 2015). (A) 심성암 기원 석영으로 어두운 색의 줄무늬로 나타나는 미세한 틈과 반점을 가진다. 백악기 진주층(경북 고성). (B) 특징적인 석영의 모양과 균질한 음극선발광 특성을 나타내는 화산암 기원 석영. 백악기 진주층(경남 진주). (C) 저급 변성암의 석영. 쇄성 변형작용을 받아 특정한 방향으로 서로 평행한 줄무늬를 보이는 미소균열을 나타낸다. 백악기 낙동층(경북 군위). (D) 고급 변성암의 석영. 재결정화 작용으로 거의 균질한 어두운 색의 음극선발광색을 나타낸다. 백악기 진주층(경남 진주).

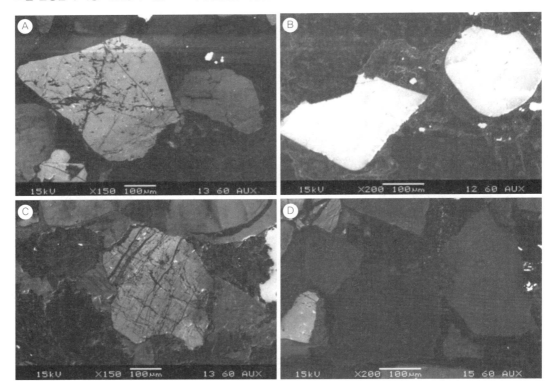

중에 저온도의 석영으로 채워지기도 한다. 이러한 균열을 채우는 특징 이외에는 원래의 석영이 가지고 있는 음극선발광의 특성은 그대로 보존된다. 여기서 변형작용에 의하여 만들어지는 미세균열(microfractures)과 심성암 기원 석영의 냉각에 따라 만들어지는 미세한 틈(microcracks)과는 용어상 구별하여야 한다.

(5) 연성 변형작용을 받은 중급 정도의 변성 기원 석영 : 변성 정도가 400~700°C에 이르는 온도 범위에서 점점 증가하면 연성 변형작용(ductile deformation)이 일어난다. 이러한 연성 변형작용이 일어나면 변형의 얇은 변형주름(deformation lamellae), 변형띠(deformation band)가 만들어지는데, SEM-CL에서도 광학 현미경 관찰과 같이 관찰된다. 점차 변형 정도가 증가를 하면 점차 강한 파동소광을 나타내며, 이러한 경우에는 불균질하거나 누덕누덕 기운 형태이거나 얼룩이 진 CL 특성을 보인다.

(6) 재결화작용을 받은 고변성 기원 석영 : 이 기원의 석영은 SEM-CL에서 석영의 모자이크로 이루어진 특성을 나타내거나 균질하게 나타나기도 하며 CL 색은 매우 어두운 회색에서 검은색의 상을 나타낸다(그림 6.22D).

이상과 같은 SEM-CL 특성으로 분류한 석영의 기원은 광학적인 특성과 함께 고려하면 석영 입자의 기원을 좀더 잘 알아볼 수 있는 장점이 있다.

6.2.1.2 장석

퇴적암에는 결정질 암석에서 나타나는 모든 종류의 장석(그림 6.23)이 나타난다. 사암 내에 나타나는 대부분의 장석은 화강암과 편마암에서 유래되며, 칼륨장석으로는 정장석과 미사장석, 그리고 사장석에서는 올리고클레이스(oligoclase)와 같이 나트륨 성분이 많은 사장석이 존재한다. 평균적으로 사암 내에는 칼륨장석이 더 많이 나타나며, 나트륨이 많은 사장석이 칼슘이 많은 사장석보다 훨씬 많이 나타난다. 그 이유는 칼슘이 많은 사장석은 풍화 조건에서 불안정하여 쉽게 풍화되어 버리기 때문이다. 화산암에서 유래된 장석의 경우에는 사장석과 칼륨장석으로 새니딘(sanidine)이 많이 나타난다. 대체로 화산암 기원 장석으로는 사장석이 칼륨장석보다 더 많이 나타나며, 사장석들은 조성별로 누대구조(zoning, 그림 6.24)를 이루고 있기도 한다. 쇄설성 사장석의 가장 주된 기원 암으로는 염기성과 중성의 심성암과 화산암으로 화산암에는 사장석이 반정으로 나타난다. 또한 사장석은 변성암에서도 유래가 되며 변성암에 들어있는 사장석의 조성은 원암의 변성작용 정도에 따라 달라진다. 장석은 석영과 달리 벽개면이 잘 발달되어 있고 쌍정을 이루고 있으며 대부분이 풍화작용과 속성작용에서 일어난 결과로 어느 정도 수화작용(hydration)을 받은 상태로 산출된다. 칼스바드(Calsbad) 쌍정을 이룬 장석의 경우는 쌍정면을 따라 쉽게 갈라지게 되므로 퇴적물 내에는 칼스바드 쌍정을 이룬 사장석은 드물게 나타나는 편이다.

　　퇴적물에서 장석의 함량은 퇴적물 기원지에서의 풍화작용과 밀접한 관계가 있다(제2장 참조).

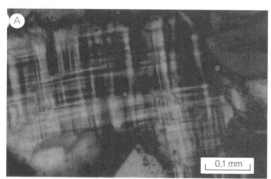

그림 6.23 퇴적암에서 산출되는 장석. (A) 미사장석으로 특징적인 chess-board 쌍정(twinning)을 보인다. (B) 정장석. (C) 사장석으로 알바이트 쌍정을 보인다.

그림 6.24 누대구조(zoning)를 보이는 사장석. 사장석의 중앙 부분은 대체로 가장자리보다는 칼슘을 많이 함유하므로 변질작용을 먼저 받는다. 백악기 장목리층(경남 거제).

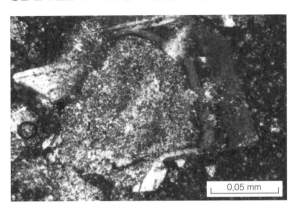

0.05 mm

장석은 화학적 풍화에 비교적 약하므로 퇴적물 내에 장석이 많이 존재하면 기원지에서 화학적 풍화가 약하거나 풍화된 후 곧바로 퇴적된 장소로 공급되어 쌓였다는 것을 유추할 수 있다. 장석 종류의 안정도를 살펴보면 풍화조건에서 미사장석이 가장 안정함을 알 수 있다(그림 2.6). 정장석은 미사장석 다음으로 안정한 종류이며, 사장석에서는 나트륨 사장석이 칼슘 사장석보다 좀더 안정하다. 화강암은 평균적으로 석영 30%, 사장석 30%, 칼륨장석 35% 그리고 운모 등 기타성분이 5%로 구성되어 있다. 이러한 화강암이 풍화를 받아 퇴적물로 공급되어 형성되는 퇴적물에는 석영과 정장석이 많이 나타나게 된다. 퇴적물 내에 존재하는 장석의 대부분은 화강암이나 편마암과 같은 결정질 암석에서 바로 유래된 것이다. 장석은 벽개와 쌍정면을 가지고 있어 석영보다 역학적 내구성(mechanical durability)이 낮아 결정질 암석에서 공급된 장석은 비교적 오랫동안 운반되거나 마모작용을 받으면 모래 퇴적물 내 장석의 함량이 줄어들 것으로 예상할 수 있다. 그러나 이러한 예상은 실제 하천 퇴적물에서 조사한 연구 결과로 뒷받침되지 않는다. Nesbitt 등(1996)은 호주의 남동부에 위치한 온난-아습윤대에 발달한 > 100 km 길이의 Genoa 강의 상류에서부터 강 하구까지 퇴적물에서 장석과 석영의 비율이 거의 변화가 없는 것으로 보아 퇴적물들이 하천을 통하여 운반되는 동안 화학적 풍화작용이나 분급작용 또는 마모작용에 의하여 장석이 석영에 비하여 차별적으로 제거가 일어나지 않는다는 것을 밝혀냈다. 이러한 결과는 이보다 훨씬 길이가 긴 미시시피강(> 1000 km), 텍사스의 남사스카치안강(South Saskachian River, > 1500 km) 등 여러 하천에서 행해진 다른 연구의 결과들과도 일치를 하는 것이며, 퇴적물 내의 장석/석영의 비율은 바로 기원지에서의 풍화작용의 정도에 의하여 결정된다고 할 수 있고, 이러한 결과를 근거로 하여 모래 퇴적물의 장석과 석영의 비율을 이용하여 기원지에서의 풍화작용의 정도를 간접적으로 유추해 볼 수 있다("6.2.2 광물의 성숙도" 참조). 만약 사암 내에 장석이 나타나지 않거나 거의 없을 경우에는 기원지에서 심한 풍화작용이 일어나 장석이 선별적으로 점토광물로 변질되어 없어졌기 때문으로 여길 수 있다. 또는 기원지 암석의 풍화작용과는 상관없이 기원지의 암석에 장석이 거의 존재하지 않았을 때도 사암에는 장석이 나타나지 않는다. 기원지 암석이 편암, 천매암, 슬레이트나 그 밖의 고기의 세립질 퇴적암으로 구성된 경우에는 원래부터 장석의 공급 자체가 없게 된다. 기원지 암석이 이런 암석으로 구성되었을 것으로 예상될 경우에는 퇴적물 내에 이들 암석의 암편이 존재하는 가로 확인해 볼 수 있다. 지표의 풍화 조건에서나 지하의 속성작용 과정에서 장석의 안정도를 고려할 때 퇴적물 내에 고기의 퇴적암으로부터 유래된 장석이 존재하는 경우는 가능은 하지만 그 양은 원래 퇴적암에 비하여 상당히 낮을 것으로 여겨진다.

세계에서 가장 긴 강들에서 조사된 현생 퇴적물의 장석 함유량은 0%에서 53%까지 다양하며, 평균은 10.7%이다(Potter, 1978). 여기서 사장석과 정장석은 거의 비슷한 비율로 존재한다. 심해저에 쌓인 퇴적물 중 장석의 함유량은 판구조의 위치에 따라 다양하게 나타난다(Maynard et al., 1982). 전(화산)호 분지(forearc basin)에서는 평균 16%로 나타나며, 섭입대에서는 53%로 높게 나타난다. 전체 장석 중 사장석의 비율은 판의 발산 경계부(passive margin/trailing edge)에서 0.31 정도로 낮게 나타나나 전호 분지에서는 0.9로 높은 비율을 보인다.

이렇게 퇴적물에 장석의 유무는 기원지 암석에 의해서도 결정되지만 더 중요한 요소는 퇴적물의 침식작용과 기후 조건이다. 즉, 사암에서 장석은 고기의 기후를 해석하는 데 좋은 지시자 역할을 한다. 건조한 기후인 경우에는 주로 물리적 풍화작용이 일어나며, 물리적 풍화작용에 의해서 장석은 쉽게 제거되지 않는다. 반면에 습윤한 기후에서는 화학적 풍화작용이 심하게 일어나 장석이 선별적으로 제거된다. 그러나 습윤한 기후인 경우라도 기원지에서 침식작용이 빨리 일어나게 되면 퇴적물은 화학적 풍화작용을 받는 시간이 짧아져 생성된 후 곧바로 운반되어 퇴적되기 때문에 퇴적물에는 장석이 함유되어 있다.

풍화 조건에서 장석은 수화작용을 받아 비교적 쉽게 변질되며, 장석의 변질작용으로는 다음의 네 가지가 있다.

(1) 기포화작용(vacuolization) : 장석 내에 있는 벽개면, 틈 또는 쌍정면 등을 따라 지하수가 침투하여 결정 내에 많은 유체 포유물(fluid inclusion)이 포함되면 장석은 우유빛을 띠거나 흰색을 띠게 되며 이러한 작용을 기포화작용이라 한다.

(2) 견운모화작용(sericitization) : 장석 내에 노르스름한 색의 복굴절(birefringence)을 일으키는 5~10 μm 길이의 견운모(sericite)가 생성되는 작용을 말한다. 그러나 풍화작용에 의해 생성된 견운모는 기원지 암석에서 초생변질작용(deuteric alteration)이나 열수용액에 의해 생성된 견운모와 구별하기가 어려운 점이 있다.

(3) 스멕타이트화작용(smectitization) : 장석이 풍화작용을 받아 점토광물인 스멕타이트가 만들어지면 이를 스멕타이트화작용이라 한다. 이러한 작용은 특히 사장석에서 많이 일어난다. 이 작용을 받은 장석은 투명도가 없어지며, 편광 현미경 하에서 옅은 밤색을 띠는 점토로 지저분하게 나타난다.

(4) 카올리나이트화작용(kaolinitization) : 습윤한 기후에서 장석이 심한 풍화작용을 받으면 장석 내에 존재하는 양이온인 칼륨, 나트륨과 칼슘 이온이 용해되어 빠져나감으로써 알루미늄과 이산화규소가 결합한 카올리나이트로 변해 가는 것을 카올리나이트화작용이라 한다.

칼륨장석 중에서 미사장석은 장석질 사암에 많이 나타나고 이들은 대륙 지각의 기원지에서 유래된다. 미사장석은 특징적인 쌍정(그림 6.23A)을 보이기 때문에 구별하기가 용이하다. 일반적으로 현미경을 이용해 장석을 관찰할 때 박편을 착색시키지 않으면 쌍정을 이루지 않는 칼륨장석의 양은 사장석에 비해 적게 측정되기도 한다.

장석질 사암에서 변질을 가장 많이 받은 장석은 앞에서 설명한 것처럼 칼슘이 많은 사장석이고,

비교적 안정도가 높은 칼륨장석은 변질을 많이 받지 않으므로 신선함이 관찰된다. 그러나 경우에 따라서는 이와는 반대로 정장석이 사장석보다 변질을 더 많이 받은 상태로 나타난다는 것이 보고되었다. 그러면 어떠한 작용에 의해 이와 같은 현상이 일어날 수 있을까? 이러한 양상은 정장석은 몇 번에 걸친 풍화작용을 받은 산물인 반면, 사장석은 결정질 암석으로부터 처음으로 유래된 경우에 나타날 수 있다. 그러나 Todd(1968)는 이를 캘리포니아 북부의 에오세 사암의 연구를 통해 다음과 같이 해석하였다. 이 사암에서는 정장석이 안데신(Na-Ca 사장석)보다 풍화작용을 훨씬 많이 받았고 두 장석의 공급이 시기상으로 서로 다르다는 증거가 관찰되지 않는다. 퇴적 당시의 환경은 최고 고도 약 65 m로 아열대성 기후였으며 일 년 내내 지속적으로 비가 내리고 강우량이 많았음이 고식물학적인 기록에 의해 밝혀졌다. 이런 조건 하에서 지하수면이 상대적으로 높아져 장석의 속성작용이 일어난다. 이때 정장석으로부터 용탈된 칼륨 이온은 식물에 의해 이용된 반면에, 사장석으로부터 나온 나트륨 이온은 이용되지 않아 지하수에 나트륨 농도가 매우 높아져 사장석의 변질이 더 이상 일어나지 않게 된다. 즉, Todd는 지하수면이 지표면 가까이에 존재하는 경우에는 지하수면이 높을 때와 낮을 때에 따라 지하수의 화학 조성이 달라지며 장석의 종류에 따라 풍화 정도가 달라진다는 가설을 세웠다. 지하수면 윗부분의 통기대(通氣帶, vadose zone)에서는 장석의 안정도 순서에 따라 풍화작용이 진행되지만, 지하수면 아래에서는 지하수의 Na/K 비율이 높았기 때문에 정장석이 사장석보다 더 빨리 파괴된다는 것이다. 물론 Todd의 이러한 가설은 토양과 실험실에서 조사를 하여 검증을 거쳐야 한다.

  식물이 지구상에 출현하기 이전인 캠브리아기와 오르도비스기의 사암에 사장석은 나타나지 않는 반면 신선한 칼륨장석이 존재하는 것도 이와 비슷한 기작으로 해석된다. 식물은 토양에서 칼륨을 이용하므로 식물이 출현한 이후에는 토양수에 칼륨 성분이 부족해져 칼륨장석을 변질시키나 식물 출현 이전에는 이러한 식물의 작용이 없으므로 칼륨장석이 변질작용을 받지 않아 신선하게 보존될 수 있었다는 주장이 제기되었다(Basu, 1981). 이에 반하여 사장석의 변질에는 식물의 영향이 미치지 않기 때문에 식물의 출현 이전이나 이후에 변화가 없으므로 퇴적물에 사장석과 정장석의 상대적인 양이 결정된다고 Basu는 주장하였다.

  장석을 함유하는 퇴적물이 암석으로 고화되어 가는 도중에도 장석은 공극수에 의하여 변질작용을 받는다. 일반적으로 장석은 점토광물로 바뀌는데 사장석의 경우에는 칼슘 성분이 빠져나가는 대신 칼슘 이온의 자리에 나트륨이 채워져 나트륨이 많은 장석으로 변하게 된다. 이러한 작용의 최종 산물은 알바이트(그림 6.25)로서

그림 6.25 부분적으로 알바이트화작용을 받은 사장석(중앙). 마이오세 Stevens 사암(미국 캘리포니아 주 North Coles Levee 유전).

이러한 속성작용을 **알바이트화작용**(albitization)이라고 한다. 장석의 알바이트화작용은 장석의 기원(심성암 대 화산암)에 따라 차이가 나지만 대체로 지하 매몰 온도가 100~160°C의 구간에서 진행된다. 화산암에서 유래된 사장석은 빠르게 식는 과정에서 결정 내에 구조적 불규칙성(structural disorder)이 있기 때문에 동일한 조성을 가지는 심성암의 사장석보다 엔트로피가 높아 상대적으로 낮은 온도 구간에서 알바이트화작용이 일어난다(Boles and Ramseyer, 1988). 정장석도 역시 속성작용 동안 알바이트화작용을 받아 알바이트로 교대되므로, 속성작용을 거친 사암의 장석을 조사해서 기원지 암석이나 고기후 및 풍화 정도를 알아내려 한다면 장석의 알바이트화작용을 검토하여야 한다. 또한 원래 퇴적물에는 장석이 함유되어 있었으나 속성작용 동안에 장석이 용해되어 사라지면서 최종 암석에는 장석이 없는 석영질 사암으로 나타나기도 한다(McBride, 1987).

6.2.1.3 암편

암편(rock fragments)은 암편을 이루는 암상의 종류에 따라 퇴적물의 기원지 암석에 대한 확실한 증거를 제공하므로 퇴적물에서 암편의 존재는 기원지 해석에 아주 중요하다. 따라서 단순히 암편이라고 구별하는 것보다는 어떤 종류의 암석 파편인지를 구별하면 기원지에 대해 더욱 많은 정보를 알아낼 수 있다.

퇴적물 내에 존재하는 암편의 함량은 매우 다양하다. 이들 암편의 함량에 영향을 미치는 요인으로는 입자의 크기, 퇴적물의 성숙도와 암석의 시대 등이 있으며, 이 중 입자의 크기가 가장 중요하게 작용한다. 예를 들면 역암의 경우에는 거의 대부분이 암편으로 구성되어 있는가 하면 셰일에는 암편이 거의 들어있지 않다. 평균적으로 사암에는 암편이 쇄설성 입자의 10~15% 정도 함유되어 있으나, 거의 암편으로만 구성된 사암이 나타나는 경우도 있다.

기원지 암석이 조립질인 경우에는 구성 결정들이 크기 때문에 이들로부터 퇴적물로 공급된 모래 크기의 입자는 단결정으로만 구성되어 있기 쉽다. 즉, 화강암이나 편마암 또는 조립질 사암으로부터 유래된 암편은 모래 크기로 존재하기가 어렵다. 반면에 현무암, 슬레이트, 천매암, 처어트 등과 같은 세립질 암석으로부터 유래한 암편은 모래 크기의 입자로 주로 존재한다. 이와 같이 퇴적물 구성 입자의 크기에 따라 암편의 존재 유무와 함량의 차이가 다르기 때문에 기원지의 지질을 알아낼 때 입자의 크기에 대한 고려 없이 암편을 그냥 정량적으로 해석하는 것은 별로 의미가 없으며 때로 잘못된 해석을 할 수 있다. 암편의 종류에 대하여 좀더 살펴보기로 하자.

(1) 변성암의 암편(metamorphic rock fragments)

사암 내에 많이 함유되어 있는 변성암의 암편은 슬레이트, 천매암(그림 6.26A), 편암(그림 6.26B), 변성규암과 편마암의 암편이다. 대부분의 암편이 변성암편으로 구성되어 있을 때에는 phyllarenite라고 하며, 야외에서 많이 사용되는 암석은 그레이와케("6.2.3 사암의 분류" 참조)라고 한다. 이들 암석의 암편들은 대부분이 세립질의 석영, 운모와 점토광물로 구성되어 있다.

변성암편이 주로 석영으로만 이루어졌을 경우는 매우 견고하지만 운모가 주 구성광물인 암편은 매우 연약하여 운반 시 마모가 쉽게 일어난다. 세립질 변성암으로 구성된 암편은 대체로 길게 신장

그림 6.26 변성암. (A) 천매암. (B) 편암(흑운모-녹니석-백운모).

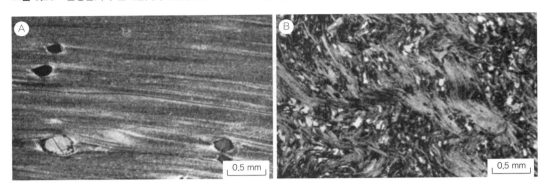

된 형태를 보이며, 이는 원래의 암석이 엽리를 가지는 암석이었다는 것을 지시한다. 경우에 따라서는 암편의 크기에서 잘 고화된 셰일과 슬레이트 그리고 저변성작용을 받은 천매암의 암편은 서로 구별해 내기가 어려울 때가 있다. 그 이유는 셰일이 슬레이트로 변화할 때 점토광물의 재결정이 뚜렷하게 구별되지 않으며 슬레이트 벽개가 발달되어 있는 경우라도 모래 크기의 입자에서는 이를 알아보기가 어렵기 때문이다.

변성암편이 석영과 운모로 이루어진 경우에는 풍화작용의 조건에서 화학적으로 안정되어 있으나 풍화작용의 정도가 심하면 운모는 석영보다 빨리 풍화작용을 받아 석영의 실트와 세립의 운모로 분리된다.

(2) 퇴적암의 암편(sedimentary rock fragments)

역암에서는 퇴적암의 암편(역)이 많이 관찰되나 사암에서는 사암의 암편이 드물게 나타난다. 그 이유는 사암의 교결물인 방해석, 백운석, 점토광물 등이 지표에 노출된 노두 상에서 쉽게 용해되거나 약해지기 때문에 풍화작용을 받으면 구성 입자로 빠르게 분리되기 때문이다. 그러나 사암이 규산염 광물(예 : 석영)로 교결되어 있을 때에는 암편으로 나타나기도 한다.

실트스톤, 셰일 등의 암편(그림 6.27)은 마모작용에 매우 약하기 때문에 이러한 세립질 퇴적암의 암편이 사암 내에 존재한다면 퇴적물이 쌓인 장소가 이들의 기원지에서 멀지 않았다는 것을 지시하기도 한다. 셰일의 파편은 퇴적된 후 매몰되는 동안 다짐작용을 받으면 소성적으로 변형을 일으키기 때문에(그림 6.27) 원래 암편의 형태를 알아보기가 어려울 때도 있으며 자칫 기질로 오인하기도 한다. 석회암과 백운암(석)과 같은 탄산염암은 풍화 과정에서 용해가 일어나기 때문에 사암에서는 암편이 잘 산출되지 않는다. 그러나 이들 탄산염암은 물리적 풍화작용이 활발히 일어나는 지역(예 : 고산지대, 건조지대 등)에서 유래되어 먼 거리를 이동하지 않고 빠르게 퇴적이 일어날 경우에는 암편으로 산출된다.

(3) 화성암의 암편(igneous rock fragments)

지각에는 화성암 중 심성암이 화산암이나 화산쇄설암(응회암)보다는 훨씬 많이 존재하지만 퇴적물에는 화산암의 암편(그림 6.28)이 더 많이 나타난다. 그 이유는 앞에서 살펴본 대로 퇴적물 입자 크

그림 6.27 실트스톤의 암편. 실루리아기 Rose Hill 층(미국 버지니아 주).

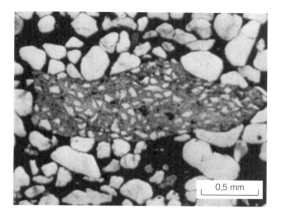

0.5 mm

그림 6.28 화산암의 암편(중앙 상단). 사장석의 결정들이 많이 눈에 띈다. 백악기 진주층(경남 진주).

0.2 mm

기의 영향 때문이기도 하며 또한 심성암은 조립질 결정으로 구성되어 있으나 각 결정 간의 경계부가 풍화작용 동안 쉽게 변질작용을 받기 때문이다. 즉, 풍화작용에 의해 화성암의 장석이 쉽게 풍화작용을 받게 되면 이에 따라 결정 간 결속력이 약해져서 암석에서 구성 결정들은 낱개 입자로 분리되어 버린다.

퇴적물에 나타나는 화산암편들은 함철마그네슘 광물(예 : 휘석)과 장석(대부분이 사장석)의 작은 결정들로 이루어져 있으며, 기질은 화산유리로 되어 있다. 이들 화산암편들은 풍화작용에 매우 민감하게 반응하여 점토광물이나 불석광물(zeolite) 또는 철산화물로 쉽게 변질되므로 지질시대가 오래된 퇴적물에서는 이들의 정확한 감정은 어렵다.

규장암(felsite)과 유문암의 암편들은 구성 광물인 석영과 장석의 결정 크기가 너무 작아서 처어트질 암편과 구별하기가 매우 어렵다. 또한 결정의 크기가 너무 작으므로 착색을 하여도 잘 나타나지 않는 경우가 있어서 화학 조성을 분석해야만 구별이 가능한 경우도 있다.

사암에 들어있는 암편의 양은 기원지 암석이 풍화를 받는 정도에 따라 달라지는 것으로 알려지고 있다. 즉, 다결정질 광물로 이루어진 암편은 단결정으로 모래를 이루는 석영이나 장석에 비하여 풍화과정에서 화학적 풍화에 가장 약하기 때문에 암편의 양이 기원지의 기후에 가장 민감하게 반응하는 것으로 알려진다. 하지만 화학적 풍화는 기후에만 관련이 되는 것은 아니다. 화학적 풍화의 정도(intensity of weathering)는 풍화의 강도와 풍화의 기간(duration of weathering)에 따라 달라진다. 여기에서 풍화의 강도는 기후와 밀접하게 관련되어 있는 것으로 주어진 시간 동안 일어나는 풍화의 양을 가리킨다. 풍화의 강도가 기후와 관련되어 있는 것은 주로 온도와 강수량과 관계가 있다. 강수량에 있어서 연간 단위면적에 흐르는 총 유수의 양인 유효 강수량(effective precipitation)으로 가늠해 볼 수 있다. 이 유효 강수량은 총 강수량에서 증발산작용(evapotranspiration)으로 빠져나가는 양을 제외한 것이다. 하지만 풍화의 기간은 풍화를 받는 기원지 지형의 사면의 경사와 반대로 관련되어 있다. 즉, 사면의 경사가 급하면 침식률이 높아지게 되고 이로 인해 물질이 풍화를 받는 토양층준에 머물러 있는 시간을 줄이게 된다. 따라서 유역분지에 배수량이 많고 낮은 사면의 경사

그림 6.29 백운모. 다짐작용에 의해 석영 입자의 사이에 끼어서 부러져 있다. 석탄기 만항층(강원도 태백).

0.2 mm

를 가질 경우 가장 심한 화학적 풍화를 받는 반면, 배수량이 적고 사면의 경사가 급한 유역분지에서는 가장 낮은 정도의 화학적 풍화가 일어날 것으로 여겨진다.

그렇다면 왜 암편이 화학적 풍화의 정도에 가장 민감하게 반응을 하는지 알아보기로 하자. 첫 째 이유는, 암편은 많은 광물들의 집합체이므로 이들 구성광물 간에 존재하는 불규칙적인 결정의 경계가 유체의 이동 통로가 되어 결국에는 쉽게 물리적으로 깨어지기 쉽기 때문이다. 특히 엽리를 가지는 변성암의 경우에는 길이가 길고 편평하지 않은 광물, 예를 들면, 운모와 석영의 경계부는 물리적으로 약한 결정의 접촉을 가지게 된다. 두 번째는 석영과 같은 광물들은 화학적으로 매우 느리게 녹기 때문에 이러한 단광물로 이루어진 입자에는 별로 화학적 풍화의 기록이 잘 나타나지 않는다. 반면에 여러 개의 광물로 이루어진 입자에서는 하나라도 불안정한 결정(labile crystal)이 있게 되면 이들이 빠르게 물리적으로 부서지므로 이로 인하여 인접한 다른 결정들도 덩달아 분리가 일어나면서 암편은 기원지에서 풍화를 받는 동안에도 화학적 풍화에 가장 약하게 된다.

6.2.1.4 운모

3대 주요 성분, 즉 석영, 장석과 암편 이외에도 사암에는 쇄설성 운모(그림 6.29)가 포함되어 있다. 사암 내 운모의 양은 일반적으로 매우 적지만 때로는 상당량 들어있는 경우도 있다. 특히 운모는 세립질 사암에 많이 들어있다. 그 이유로 운모는 주로 신장된 판상의 형태를 가지며 유체 내에서 가라앉는 속도가 느리기 때문에 운모보다 크기가 작은 석영, 장석과 함께 나타난다. 사암에 나타나는 운모류는 흑운모와 백운모로서 기원지 암석이 편암이나 천매암일 경우에 많이 나타난다. 기원지 암석에는 대체로 흑운모가 백운모보다 더 많이 나타나지만 풍화작용이 일어나는 조건에서는 백운모가 흑운모보다 더 안정하기 때문에 퇴적물 내에는 백운모가 훨씬 많이 나타난다. 사암에 들어있는 운모는 다짐작용을 받으면 인접한 석영이나 장석 등 여러 단단한 입자와 접촉하여 압력을 받는 면적이 넓으므로 이 단단한 입자들 사이에 끼어 변형을 받기 쉽다. 변형을 받게 되면 운모는 단단한 입자의 주위로 휘어지거나 꺾어져 끊어지거나 벽개면의 사이가 벌어지기도 한다(그림 6.29). 일반적으로 운모는 층리면에 평행하게 배열되어 나타나 운모가 많이 들어있는 운모질 사암에는 엽층리가 잘 발달한다.

6.2.1.5 중광물

중광물(heavy mineral)은 비중이 2.85 g/cm^{3}인 중액 브로모포름(bromoform)보다 무거운 광물로서 사암 내에는 보통 1% 미만으로 함유되어 있다. 중광물은 기원암에 소량으로 나타나는 부수광물 (accessory mineral)로부터 유래되며 대부분이 규산염 광물이나 산화물로 이루어져 있다. 퇴적물에 나타나는 대부분의 중광물은 화학적 풍화작용과 역학적 내구성이 강하며 실제로 이들보다 더 풍부 하게 나타나는 불안정한 염기성 광물이 파괴되어 버리고 남은 잔류물인 셈이다. 즉, 기원지 암석에 서는 안정한 부수광물인 저어콘보다 각섬석이 많지만 각섬석은 풍화조건에서 불안정하기 때문에 퇴적암 내에는 저어콘보다 더 적게 나타난다.

중광물이 결정질 암석에서 곧바로 공급된 경우에는 거의 마모가 일어나지 않아 벽개면을 따라 깨어진 파편이나 자형의 결정면을 보이기도 한다. 그러나 기존의 퇴적물로부터 다시 중광물이 공 급된 경우에는 비교적 불안정한 종류의 중광물은 거의 나타나지 않으며, 나타나는 중광물도 마모 가 잘 되어 있어 원마도가 좋다.

중광물은 퇴적암 내에 아주 소량으로 존재하기 때문에 관찰에 필요한 충분한 양을 얻기 위해서 는 상당한 양의 퇴적물이나 파쇄한 암석시료를 브로모포름(CHBr₃, 밀도 2.89 g/cc)이나 테트라브 로모에탄(C₂H₂Br₄, 밀도 2.967 g/cc) 등과 같은 중액(重液)을 이용하여 분리한 후 농집시킨다. 분리 된 중광물은 수지(resin)를 이용하여 굳힌 후 박편을 제작하여 현미경으로 관찰한다.

중광물에 대한 연구는 기원지 암석과 기원지에서의 지질학적인 사건을 유추할 수 있다. 석류석 (garnet), 녹염석(epidote), 십자석(staurolite)과 같은 중광물은 변성작용을 받은 지대에서 유래되며, 금홍석(rutile), 인회석(apatite)과 전기석(tourmaline) 등은 화성 기원의 기원암을 지시한다. 기원지 의 암석이 융기되고 계속적인 침식작용을 받으면, 이곳으로부터 유래된 퇴적물에는 이러한 일련의 지질 기록이 사암 내 중광물의 종류와 중광물 간의 비율로서 기록이 된다. 그러나 고기의 퇴적물이 침식을 받아 중광물을 공급하는 경우에는 이러한 퇴적물로 이루어진 기원지 암석을 나타내기보다 는 고기의 암석에 퇴적물을 공급한 그 이전의 기원지 암석을 지시하게 되어 해석이 복잡해진다. 이 밖에도 중광물은 퇴적물이 쌓인 후 속성작용 동안 지층 내 공극수에 의하여 화학반응에 약한 중광 물이 선별적으로 용해[이를 지층 내 용해작용(intrastratal solution)이라고 함]되기 때문에 퇴적물에 서 관찰되는 중광물의 종류만 가지고 기원지를 해석하는 것에 주의를 기울여야 한다. 따라서 사암 내에서 산출되는 중광물의 종류는 기원지 암석에서 존재하였던 부수광물의 종류와 광물의 안정도 에 달려있다고 할 수 있다.

실제로 중광물의 종류는 퇴적물의 층서 기록에서 부정합면부터 하부에 놓인 지층으로 내려갈수 록 다양해지며 사암에서 초기에 교결작용이 일어난 부분은 인접한 공극률이 높은 부분에 비해 다 양한 종류의 중광물을 포함하고 있다는 연구보고가 있다. 이로 볼 때 지질시대가 오래된 암석에서 는 지층 내 용해작용으로 인해 나타나는 중광물의 종류가 훨씬 줄어드는 경향이 있으리라고 예견 할 수 있다. 또한 안정된 중광물은 퇴적물이 여러 번의 침식과 퇴적작용을 거쳐서 나타나는 경우가 있다. 중광물 중에서 가장 안정된 광물은 저어콘과 전기석, 금홍석이며, 이들 세 광물과 그밖에 다 른 중광물과의 비율(ZTR 지수)은 사암의 성숙도를 알아보는 데 이용되기도 한다.

최근에는 전자현미분석기(EPMA)를 이용하여 중광물의 화학 조성을 확인하여 기원지 암석을 해석하고 있다. 중광물 중에서 휘석과 각섬석은 TiO_2, MnO와 Na_2O의 함량비를 이용하기도 하며, 석류석의 경우에는 색깔뿐 아니라 (FeO + MgO)/(CaO + MnO)와 같은 주요 성분의 비율이 특정 화성암과 변성암의 기원을 지시하는 데 유용하게 이용되고 있다. 이에 대한 내용은 다음에 나오는 "6.2.5 기원지 분석" 절에서 더 다루어진다.

6.2.2 광물의 성숙도

광물의 성숙도(mineralogical maturity)란 쇄설성 퇴적물이 형성된 이후에 기원암에서의 초생변질작용(deuteric alteration), 토양에서의 풍화작용, 퇴적물의 이동과 퇴적장소에서의 마모작용 등에 의한 영향을 받아 최종 산물인 안정된 광물로만 구성된 퇴적물로 얼마만큼 근접하였는가를 지시해 주는 척도이다.

광물의 성숙도를 알아내는 한 방법으로는 사암을 구성하는 성분 중에서 안정한 성분과 불안정한 성분 간의 비를 알아보는 것이다. 이에는 석영과 장석의 비율, 석영과 처어트의 합과 장석과 암편의 합의 비율 또는 단결정질 석영과 복결정질 석영의 비율 등이 이용된다. 중광물 성분을 이용할 때에는 모든 종류의 결정질 암석에 나타나는 저어콘, 전기석과 금홍석이 불투명 광물을 제외한 전체 중광물 중에서 차지하는 비율(ZTR 지수)을 이용하여 성숙도를 알아보기도 한다.

쇄설성 퇴적물의 광물 성분으로 성숙도를 알아볼 때에는 반드시 퇴적물이 생성될 당시의 기후 조건을 고려하여야 한다. 이는 쇄설성 퇴적물이 생성될 때의 기후 조건에 따라 불안정한 광물이 점차 소멸되어 가는 정도가 다르게 나타나기 때문이다. 지표의 기후 조건에 따라 나타날 수 있는 퇴적물의 광물군을 살펴보면 다음과 같다. (1) 습윤한 열대 기후의 라테라이트에서 볼 수 있는 것처럼 쇄설성 광물이 전혀 나타나지 않는 경우, (2) 습윤한 온대 기후나 아열대 기후에서 형성되는 페달퍼(pedalfer) 토양에서 관찰되는 것처럼 퇴적물이 경광물로는 주로 단결정의 석영, 깁사이트나 카올리나이트로 구성되어 있으며, 여기에 중광물로는 저어콘, 전기석과 금홍석만이 나타날 경우, (3) 습도가 낮은 온대 기후에서 관찰되는 것처럼 주로 석영질 모래로 구성되어 있으며, 이밖에 점토와 신선하거나 변질된 장석, 암편과 여러 종류의 중광물이 함께 나타나는 경우 그리고 (4) 건조 기후와 극지방의 기후에서 관찰되는 것처럼 퇴적물에 석영의 함유비율이 대체로 낮고 반면에 신선한 장석과 암편 그리고 많은 불안정한 중광물이 함유되어 있는 경우 등이 있다.

그러나 사암을 이루는 모래 퇴적물은 다양한 기원암과 기후에 걸쳐서 형성되고 여러 번의 퇴적·침식의 과정을 거친 모래들로 이루어져 있으므로 이상과 같은 일차적인 기후 조건보다는 좀더 복잡해질 수 있다. 모든 모래 입자들이 상당한 기간 동안 다양한 기후대에서 형성되었다고 가정할 때 이로부터 최종적으로 형성될 수 있는 안정된 광물군으로는 경광물 중 석영과 카올리나이트가 있으며 중광물로는 저어콘, 전기석 그리고 금홍석 등이 있다.

광물의 성숙도를 측정할 때에는 비교 대상이 된 사암들 간에 비슷한 크기의 입자에서 이루어져야 한다. 만약, 어느 장석질 지층에서 조립질 사암이 화강암편을 많이 함유하고 있다고 하여 화강암편을 함유하지 않은 세립질 사암에 비해 광물의 성숙도가 낮다고 하는 것은 아무런 의미가 없다.

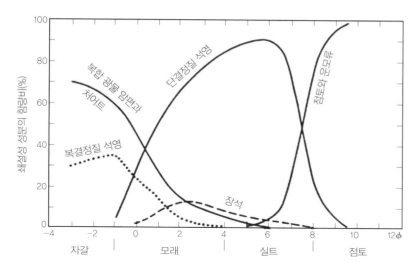

그림 6.30 쇄설성 규산염 암에서 입자의 크기와 쇄설물 조성과의 관계(Blatt et al., 1980).

사암의 경광물이나, 특히 중광물들은 입자의 크기에 따라 각각의 함량이 크게 영향을 받는다. 그림 6.30은 입자의 크기와 광물 성분 간의 관계를 나타낸 것이다. 이 그림은 지각을 이루는 모든 종류의 암석을 분쇄한 후 채질하여 각 입자의 크기에 따른 구성 광물을 분석하여 각각의 입자 크기 구간에서는 어떠한 종류의 광물들이 관찰될 수 있는가를 나타내고 있다.

퇴적물이 퇴적 과정을 거쳐 가면서 광물의 성숙도가 증가하여 가는 경향에 대해서 Krynine (1936)은 사암의 주요 성분 중 장석과 암편은 점차 그 성분비가 감소하면서 궁극적으로 주로 석영으로만 이루어진 퇴적물로 진행되어 간다고 하였다. 이를 Krynine의 주요 광물 성숙도 진행 방향 (main line concept)이라고 한다. Krynine에 의하면 석영, 장석과 암편의 꼭짓점을 이용한 삼각도표 (그림 6.31A)에서 초기 조성에 관계없이 원래의 조성에서 석영의 꼭짓점으로 점차 직선의 조성 변화를 보이며 광물의 성숙도가 증가된다는 것이다. 그러나 실제로 퇴적물에서 일어나는 변화를 추적해 보면 장석질 사암에서는 Krynine의 예상대로 광물의 성숙도가 진행하지만, 암편이 많은 퇴적물들은 이 경향을 따르지 않고 처음에는 장석질 사암 쪽으로 성숙도가 진행하다가 석영의 꼭짓점으로 진행하는 곡선의 변화를 나타낸다(그림 6.31B). 이는 장석과 암편 입자의 파괴가 일정하게 일어나지 않기 때문이다. 즉, 암편은 여러 가지 광물로 이루어진 집합체이므로 점차 구성 광물들이 분리되어 사라진다 하더라도 그 결과가 바로 석영의 증가를 의미하지 않고, 암편의 해체가 일어나면 이로부터 분리된 석영과 장석이 상대적으로 비슷한 비율을 유지하며 증가한다. 암편의 해체작용이 어느 정도 진행된 후에는 장석의 선별 제거로 인해 석영의 상대적 성분비가 점차 증가하여 조성 변화는 석영의 꼭짓점으로 진행을 한다. 석영에서도 복결정질로 구성된 석영은 각각의 단결정 석영으로 분리가 먼저 일어난 후, 단결정의 파동소광을 나타내는 석영은 결정구조 내 변형으로 인하여 단결정의 직소광을 나타내는 석영보다 안정도가 낮기 때문에 점차 그 함유비가 낮아지게 되므로 광물의 성숙도가 가장 높은 퇴적물은 단결정의 직소광을 나타내는 석영으로만 구성된다. 이에 따라 석영의 광물 성숙도 진행 방향(그림 6.31C)도 앞의 석영과 처어트-장석-암편의 성숙도 진

그림 6.31 퇴적물의 성숙도 과정. (A) Krynine의 주요 광물 성분의 성숙도 진행 방향. (B) 일반적인 성숙도의 진행 방향. 초기에는 장석의 증가 쪽으로 진행하다가 점차 석영이 진행하는 방향으로 진행. (C) 석영의 성숙도 진행 방향. 복결정질 석영이 분리되어 단결정질 파동소광의 석영으로 함량비가 증가하다가 궁극적으로 단결정질 직소광 석영으로 진행한다.

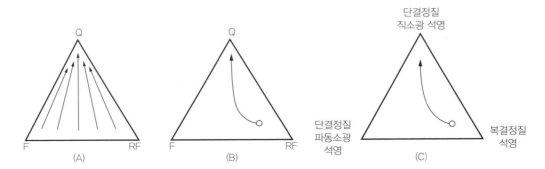

행 방향과 비슷한 경로를 보인다.

이상과 같은 이상적인 경우 퇴적물이 운반되는 과정에서 물성이 강한 석영과 물성이 약한 장석 사이에서 서로 마모가 일어나고 또한 분쇄되어 점차 석영만 남게 되고 장석은 그 함량이 줄어들 것으로 예상된다. 그러나 북미의 중서부에 위치한 플랫강의 600 km 이상의 강 퇴적물에서는 퇴적물의 석영/장석의 비율과 정장석/사장석의 비율이 별로 차이가 나지가 않는 것으로 보고되었다(Bryer and Bart, 1978). 비슷한 연구로 Pollack(1961)도 미국 중남부에 위치한 남캐나다강의 약 1000 km 이상의 운반거리를 가지는 강 퇴적물에서 연구한 결과 장석/석영의 비율은 거의 변하지 않았다고 하였다. 또한 Franzinelli와 Potter(1983)는 남미 아마존강에서 2500 km 이상의 운반거리를 가지는 퇴적물의 조성에 별로 차이가 나지 않는다는 것을 보고하였다. 단지 이 강에서 조성이 많이 변한 것이 관찰되는 것은 안정된 지괴로부터 유래가 되는 석영이 많은 퇴적물을 함유한 지류가 합류되는 곳에서만 발생하였다고 하였다. 이러한 현생 하천 환경에서의 연구 결과는 퇴적물이 운반되는 동안 마모작용에 의하여 석영과 장석의 함량 변화를 일으키지 않는다고 할 수 있다. 즉, 이상의 삼각도표에서 예상하는 바와 같이 퇴적물이 강을 통하여 운반되는 동안에 퇴적물 조성의 변화는 일어나지 않기 때문에 최소한 하천을 통한 운반과정에서 광물의 성숙도는 일어나지 않는다고 할 수 있다. 그러나 아직 해안선 환경에서의 파도에 의한 영향은 많은 연구가 수행되지 않았기에 이에 대한 판단은 할 수가 없다.

만약 마모작용에 의하여 장석이 선택적으로 모래 크기의 입자에서 빠져나간다면 이렇게 마모작용으로 생성되는 세립질의 장석들은 모래질 퇴적물과 함께 나타나는 세립질의 머드 퇴적물에 퇴적되어 있을 것이다. 비록 화학적 풍화작용이 일어나지 않은 채 퇴적물이 운반되는 동안 이렇게 마모작용이 심하게 발생하고 분급작용이 일어난다면 결국 모래질 퇴적물은 석영으로만 되어 있는 조성을 나타낼 것이고 이에 함께 같이 나타나는 세립질의 머드 퇴적물은 거의 장석으로만 이루어져 있을 것으로 여길 수 있다. 그러면 이렇게 광물학적으로 성숙한 모래(석영사암)와 장석이 높은 비율로 들어있는 장석질 머드 퇴적물의 조합은 지질 기록에 나타나야 되나 실제로는 이러한 조합은 거의 나타나지 않는다. 역으로 이들 세립질 머드 퇴적물에 장석이 아닌 점토광물이 풍부하다면 이들은 장석의 화학적 풍화작용의 산물이지 마모작용의 산물이 아니라는 것을 가리킨다. 또한 모래질 퇴적물에서 장석의 함량이 줄어든다면 이는 장석이 마모작용에 의하여 분쇄되어 빠져나갔다는 예측보다는 장석의 용해가 일어나고 장석이 점토광물로 변질되었다는 해석이 더 합리적이다.

광물의 성숙도를 측정하는 또 다른 방법으로는 퇴적물의 화학 조성을 이용하는 것이다. 즉, 사암의 전암 분석을 하여 가장 안정한 광물인 석영의 함량을 상대적으로 나타내는 SiO_2의 함량으로 비교하는 것이다. 이 경우에는 SiO_2의 함량과 Al_2O_3의 함량과의 비를 이용하여 나타내는데, 광물의 성숙도가 높을수록 SiO_2/Al_2O_3의 비율은 높아지게 된다. 그러나 화학 조성을 이용하여 광물의 성숙도를 가늠해 보는 데에는 몇 가지 고려해야 할 사항이 있다. 예를 들면, 퇴적물이 쌓인 후 속성작용에 의해 새로운 광물이 생성되었을 경우 퇴적물이 쌓일 당시와는 다른 결과를 낳을 수 있다. 또한 Ca, Mg와 Fe의 높은 함량은 속성작용이 일어나는 동안 탄산염과 적철석의 교결물에 의해 나타날 수 있으므로 이러한 화학 조성의 값이 반드시 퇴적물에 들어있는 쇄설성 입자인 안데신, 휘석(augite), 자철석 등이 풍부하다는 것을 나타내지는 않는다. 따라서 화학 조성을 이용하여 광물의 성숙도를 측정할 때에는 현미경을 통해 관찰하여 자생 광물(authigenic mineral)의 함량을 확인해야 한다. 퇴적물 내의 점토광물의 존재는 퇴적 환경의 조건에 따라 아주 다양하게 나타날 수가 있으며, 퇴적암에서의 점토광물은 성인이 다양하기 때문에 분석된 화학 조성만으로 쉽게 퇴적 당시의 조건을 알아보기는 어렵다. 또한 암편의 종류에 따라서도 화학 조성의 차이가 나게 된다. 규장암 암편과 화강암 암편은 석영과 장석으로만 이루어진 퇴적물의 화학 조성과 비슷하게 나타난다. 그러나 이들 암편의 존재는 암편이 없을 때의 퇴적물과는 아주 다른 광물학적인 성숙도를 보이므로 화학 조성을 이용하여 광물학적인 성숙도를 알아볼 때에는 주의를 기울여야 한다.

6.2.3 사암의 분류

사암은 크게 네 가지, 즉 골격을 구성하는 입자, 입자의 사이를 채우는 대체로 크기가 30 μm 이하인 기질, 입자를 묶어주는 교결물과 공극으로 구성되어 있다. 이중 사암의 분류에 가장 중요한 요소는 골격을 이루는 입자이다. 사암의 성분 중에서 점토의 기질과 교결물 그리고 쇄설성 입자 중에서는 해록석(海綠石, glauconite), 인산염 입자, 화석과 운모, 중광물 등을 제외하면 사암의 분류에 이용되는 쇄설성 입자의 세 가지 중요 골격 입자는 석영, 장석과 암편이 된다.

이제까지 사암을 분류하기 위한 많은 시도가 있었다. 이 중 사암의 분류에 많이 사용되고 있는 삼각도표는 그림 6.32에 나타나 있다. 그림 6.32에서 보는 바와 같이 많은 사암의 분류 방법은 사암의 광물 조성에 따라 분류하는 것으로 석영과 처어트를 한 꼭짓점, 장석을 다른 꼭짓점, 그리고 불안정하거나 부스러지기 쉬운 암편을 또 다른 꼭짓점에 놓고 이들의 상대적인 함량비에 따라 분류하는 것이다. 그러나 세 꼭짓점에 놓이는 조성이 같다 하더라도 각각의 사암 분류에서는 사암의 종류당 각 조성 간의 이들 세 꼭짓점 함량에 대한 기준이 다르며 명명하는 기준마저 다른 경우가 많으므로 사암을 분류하고자 할 때에는 반드시 어느 기준을 따른 것인지를 밝혀주어야 한다.

사암은 기질의 함량에 따라 크게 둘로 구분된다. 기질이 15% 이하로 들어있을 경우에는 비교적

그림 6.32 사암의 분류에 이용되는 삼각도표.

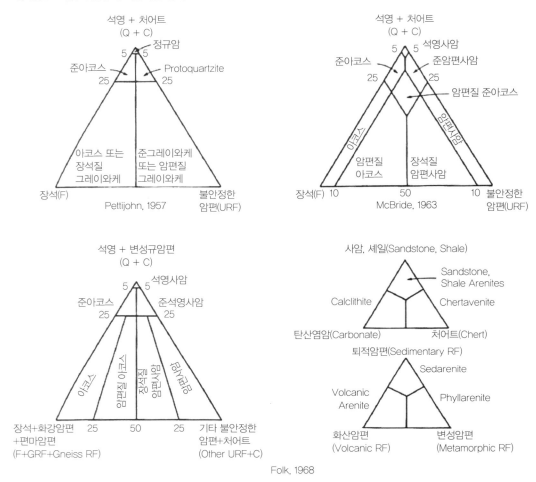

깨끗한 사암이라 하여 **아레나이트**(arenite)라고 하며, 15% 이상인 경우는 지저분한 사암으로 **와케** (wacke)라고 한다. 그러나 대부분의 점토 기질이 속성작용의 결과로 생성되기 때문에 이와 같은 방법으로 사암을 분류한다면 퇴적물의 기원지, 운반작용, 속성작용의 영향까지 모두 나타내는 사암의 분류를 나타내기도 한다.

　여러 가지 분류법 중에서 현재 북미의 문헌에 가장 보편적으로 쓰이고 있는 방법은 Folk(1968)의 분류법이다. Folk의 분류법에서는 사암의 성분 중 석영(Q), 장석(F)과 암편(RF)의 함량비를 백분율로 환산한 후 삼각도표에 표시한다. 삼각도표의 Q 꼭짓점에는 모든 종류의 석영과 변성규암 암편의 합을, F 꼭짓점에는 모든 종류의 장석과 화강암과 편마암의 암편의 합을, 그리고 RF 꼭짓점에는 화강암과 편마암의 암편을 제외한 모든 암편의 합을 놓는다. 처어트는 RF 꼭짓점에 속하게 된다. 따라서 RF 꼭짓점에는 지각 상부의 암석인 퇴적암과 변성암의 세립질 암석의 암편이 모두 포함된다. 암편이 많은 암석의 경우는 암편을 다시 퇴적암의 암편, 화산암의 암편과 변성암의 암편으로 나누어 더욱 세분한다(그림 6.32).

6.2.4 사암의 종류

(1) 아코스

아코스(arkose)는 장석질 사암(feldspathic sandstone)으로 대체로 장석의 함유량이 점토를 제외한 골격 입자의 25% 이상으로 나타날 때이다(그림 6.33). 장석의 양이 이보다 적은 경우에는 준아코스(subarkose)라고 한다. 아코스에서 암편의 함량은 매우 적은 양으로 나타난다. 이와 같이 퇴적물에 장석이 상당량 들어있으려면 앞에서 사암의 구성 성분 중 '장석'에서 살펴본 대로 독특한 지체구조와 풍화작용의 조건을 갖추어야 한다. 대부분의 아코스는 결정질 암석에서 바로 유래

그림 6.33 아코스의 현미경 사진. 사장석은 변질작용에 의해 뿌옇게 나타나지만 석영은 사장석에 비해 깨끗하게 나타난다. 백악기 일직층(경북 군위).

된 것이다. 화강암의 풍화 산물이 바로 중력에 의해 낮은 지대로 쓸려 내려가 쌓인 그라니트 워시(granite wash)는 장석이 풍부한 사암의 좋은 예이다. 이 그라니트 워시가 암석화된다면 얼핏 화강암과 구별하기가 어려울 때가 있다.

장석질의 결정질 암석으로부터 유래된 퇴적물에서 아코스는 빙하 기후에서부터 아열대 기후까지 여러 기후대에서 생성된다. 장석 중에서도 사장석이 K-장석에 비하여 높은 비율로 산출되는 아코스는 빙하 기후와 건조-아건조 기후대에서 생성된다. K-장석이 많이 함유된 아코스는 온대 기후와 아열대 습윤 기후대에서 발달한다. 물론 K-장석이 사장석에 비하여 더 많이 들어있는 기원지 암석으로부터 유래될 경우에는 기후대와 관계없이 K-장석이 많이 들어있는 아코스가 생성될 것이다. 이와 같은 예는 비슷한 기원지 암석과 지형적인 특성을 보이는 애팔래치아 충돌조산대에서 생성되는 퇴적물일지라도 온대의 대륙성 기후대에서는 아코스가 생성되지만, 아열대 습윤한 기후대에서는 준아코스(장석의 함량이 5~25%)가 생성되는 것으로 보고되었다. 준아코스는 습윤한 아열대와 열대의 기후에서 일반적으로 생성되는 것으로 알려진다. 아프리카 적도의 가봉과 말레이시아 Main Range와 같은 습윤한 열대 지방에서는 아주 경사가 급한 사면을 가지는 유역분지에서 준아코스가 생성되는 것이 관찰되었다. 이러한 곳에서는 강수량이 많아 침식작용이 활발히 일어나며 퇴적물이 하천에 쌓여있는 기간이 짧다. 그러나 같은 기후대에 있지만 하천의 경사가 아주 낮은 가봉의 다른 곳에서는 퇴적물이 하천에 머무르는 시간이 길어져서 비교적 약한 성분들은 제거가 되어 석영질 모래 퇴적물이 발달하는 것으로 보고되었다. 이와 같은 원리로 장석의 제거가 일어난 97% 이상의 순수한 석영 모래는 해빈에서 관찰된다(van de Kamp, 2010).

(2) 석영사암(quartz arenite)

사암의 성분 중 석영과 처어트의 함유 비율이 95% 이상인 사암은 규암(quartzite)으로 분류된다(그림 6.34). 규암에는 퇴적 기원과 변성 기원 두 종류가 있다. 원래 규암은 치밀하게 교결작용이 일

그림 6.34   석영사암의 현미경 사진. 전형적인 정규암으로서, 석영의 과성장으로 교결작용이 되어 있다. 원래 석영 입자는 검은 선으로 구별되지만, 좋은 원마도를 보여 준다. 오르도비스기 동점규암(강원도 태백).

0.5 mm

어나 암석이 깨질 때 입자의 가장자리를 따르지 않고 입자를 가로질러 깨지는 암석을 일컬었다. 그러나 퇴적 기원의 규암은 교결물이 실리카뿐 아니라 탄산염 광물로도 이루어져 있으며, 이들 탄산염 광물이 많을 경우에는 입자 간의 결합력이 적어 암석이 부스러지기가 쉽다. 따라서 규암의 원래 정의와는 약간 차이가 나게 되므로 위의 정의에 따른 정규암(orthoquartzite)보다는 석영사암으로 사용하는 것이 바람직하다. 퇴적 기원의 규암은 실리카에 의해 교결된 것에서부터 석영 입자들이 다짐작용을 받아 압력용해를 받은 규암까지 다양하게 산출된다. 이중에서도 후자와 같이 압력용해(pressure solution)를 받아 산출되는 규암이 많이 나타난다. 이런 경우 정규암이라고 하기보다는 압력용해 규암(pressolved quartzite)으로 분류하자는 의견(Skolnick, 1965)이 제시되었다.

석영사암은 기원지에서의 오랜 풍화작용과 장거리의 운반과정 그리고 여러 번에 걸친 퇴적암의 암석이 풍화·침식작용을 받아 형성된 것으로 해석된다. 대체로 석영사암의 석영 입자들은 원마도가 아주 좋으며, 분급 또한 아주 좋은 편이다. 이러한 석영사암의 조직은 기원지에서 풍화작용이 활발히 일어났으며, 바람, 쇄파(surf), 연안류와 같이 마모작용을 활발히 일으키는 운반 매체에 의하여 운반되었다는 것을 가리킨다. 또한 여러 번의 퇴적 순환에 걸쳐 재순환(recycling)작용을 겪었다는 것도 지시한다. 풍화작용을 받아 장석이 점토광물로 변질되고 운모 입자의 크기가 실트와 점토 크기로 작아지면 원래 화강암질 암석에서부터 유래된 퇴적물은 순수한 석영사암을 만든다. 이 경우는 확장하는 대륙 연변부를 따라 모래 퇴적물의 퇴적이 일어날 때와 대륙 내부의 강괴(craton)로부터 퇴적물이 공급되어 운반되는 경우에 해당할 수 있다. 그런가 하면 열대의 기후 조건하에서 심한 풍화작용이 일어날 경우에 생성되는 일차적인 퇴적물에서도 석영사암이 형성되기도 한다. 그러나 이 경우에는 석영사암의 조직이 여러 번의 퇴적 순환을 거치며 형성된 석영사암과는 차이가 난다. 즉, 일차적인 석영사암의 석영 입자들은 비교적 각이 져 있고 분급 또한 나쁘게 나타난다.

이상과 같이 석영질 사암이 안정지괴나 조산대 지역에서 재순환된(recycled) 대륙 지각의 침식에 의해서만 생성되는 것이 아닌 경우로 조구조 환경으로 보아 활발한 화산작용이 일어나거나 산성 화산암의 침식이 일어나는 화산호(volcanic arc) 환경에서도 생성된다는 예가 Smyth 등(2008)에 의해 인도네시아 자바섬에 분포하는 신생대의 석영사암이 보고되었다. 산성의 화산호 환경에서 특히 Plinian 형(화산재 분출기둥이 하늘 높이 치솟아 오르는 화산분출) 폭발성 화산작용이 일어나면 석영들은 넓은 지역에 분산되었다가 운반되어 쌓인다. 점차 석영들은 다양한 화산작용에 의하여 모이고 이들이 쌓인 후 재동작용에 의하여 더 모여지기도 한다. 석영과 함께 산성의 화산 폭발로 형성되어 쌓인 화성쇄설성 물질들(pyroclastic material)은 쉽게 풍화작용을 받으며 빠르게 침식되어 버리기 때문에 잔류물로 석영 입자들만 남게 된다. 만약 이러한 작용이 열대 지역에 일어난다면 퇴적물에는 석영이 더 많이 농집될 수 있어 이러한 과정을 통하여 석영질 사암이 생성될 수 있다. 이렇게 생성되는 석영사암 퇴적물은 퇴적물 조성으로 보아서는 석영을 많이 함유하여 광물학적으로는 성숙된 조성을 나타내지만, 개개의 석영 입자들은 원마가 잘 되어있지 않은 각이 진 형태를 이루고 있으므로 조직적으로는 미성숙된 조성을 나타낸다. 이와 같이 화산호로부터 직접 유래되어 생성된 화산 기원 석영질 사암은 화산호나 바로 인접한 곳에서만 관찰될 것이다.

남미대륙의 현생의 하천과 해빈 모래 퇴적물을 조사한 Potter(1993)의 자료에 의하면 하천 모래의 약 28%와 해빈 모래의 30%가 석영사암의 조성을 가지고 있는 것으로 밝혀졌다. 또한 석영사암의 조성을 가지는 모래는 하천 모래의 85%와 해빈 모래의 92%가 아열대 지역인 남회귀선 혹은 동지선(Tropic of Capricorn) 북쪽의 저위도에서 산출되는 것으로 알아냈다. 이러한 Potter의 자료를 고려할 때 현생의 모래에서 석영사암의 조성을 가지는 모래는 최소한 열대 풍화작용의 산물이거나 열대 풍화작용이 일어난 뒤 일어나는 파도의 마모작용에 의하여 대부분 생성된다는 것을 알수 있다. 이러한 아이디어로 인도의 백악기 Nimar 사암은 안정지괴에서 한 번의 풍화작용을 겪어 생성된 것으로 Akhtar와 Ahmad(1991)는 해석하였다.

해빈의 모래에는 석영 중에서 해빈에 모래 퇴적물을 공급하는 하천의 모래에 비하여 복결정질 석영의 함량이 대체로 낮다. 이는 하천의 마모작용보다는 해빈에서의 마모작용이 더 심하게 일어나기 때문에 복결정질 석영은 입자 내 소결정간 경계를 따라 서로 분리되기 때문이다. 또한 퇴적물이 하천을 따라 운반되는 도중에 범람원에 머물러 있는 동안에도 풍화작용을 받아 소결정의 경계를 따라 석영이 용해가 일어나면서 복결정질 석영의 안정도가 떨어져 결국에는 쉽게 분리될 수 있게 되기 때문이다.

석영사암은 지질 기록으로 보아 전체 사암의 23%에서 약 1/3을 차지하며, 이 중 90% 이상의 석영사암은 지질시대가 선캄브리아기 후기에서 고생대 전기에 해당한다. 이는 식물이 지상에 출현하기 이전으로 지표에 식생이 없는 상황에서 여러 번에 걸친 퇴적물의 재순환과 바람에 의한 재동에 의하여 성숙도가 아주 높은 석영사암이 형성되었을 것으로 여겨지고 있다. 식생은 퇴적물과 토양을 안정화시키는 역할을 하는데, 이로 인하여 퇴적물이 바람에 의해 운반되는 것을 막거나 제한시키며 바람에 의해 운반되는 과정에서 풍속을 감소시켜 강한 마모작용이 일어나는 것을 제한하기도 한다. 특히 육상 식물이 출현하기 이전의 식물이 없는 지역에서는 강수의 유무와 강수의 화학조성이 강수량 자체보다는 풍화작용에 더 중요하게 작용하였을 것으로 해석되고 있다. 캠브리아기에 곤드와나 대륙의 북부 전체(현재의 아프리카 북부)에 걸쳐 널리 분포·발달하였던 일차 기원의 석영사암을 조사한 Avigad 등(2005)은 기후의 영향으로 석영사암이 만들어졌을 것으로 추정하였다. 즉, 석영사암은 당시 상당히 높았던 대기 중 이산화탄소의 함량으로 유래된 온난-습윤의 기후 하에서 화학적 풍화작용이 활발히 일어났을 것으로 해석하였다. 식생이 없는 습윤한 기후에서는 식생으로 뒤덮인 지역에 비하여 풍화작용으로 만들어지는 풍화 산물이 기원지에 머무는 시간이 짧다. 이에 따라 이렇게 식생이 출현하기 이전의 조건에서는 아마도 모래 퇴적물의 높은 성숙도는 기원지에서, 또 퇴적물이 운반되는 도중에 잠정적으로 머물러 있는 퇴적 장소 그리고 최종적으로 퇴적작용이 일어나는 퇴적 분지의 내부나 분지를 따라서 일어나는 활발한 풍화작용으로 만들어졌을 것으로 여길 수 있다. 여기에 육상 식물이 출현하지 않았다 하더라도 미생물의 매트가 발달하여 퇴적물이 운반되는 과정을 더디게 하여 일시적으로 운반 도중 머무는 시간을 늘려 화학적 풍화작용을 더 받을 수 있는 조건을 제공하였을 것으로도 여겨지고 있다. 원래 퇴적 당시에는 장석질 사암이었으나 선별적으로 속성작용을 받아 장석의 용해가 일어나 석영사암으로 바뀐 것도 보고(Abdel Wahab, 1998)가 되었다.

그러나 이와는 다른 견해로 역시 식생이 출현하기 전 고위도의 기온이 낮고 습한 기후하에서 화강암질 기원지 암석이 풍화작용을 미약하게 받아 생성된 장석질 퇴적물이 하도를 따라 해안선에 도달하여 해안선과 대륙붕에서 고에너지의 파도작용과 잦은 폭풍작용 그리고 조류에 의하여 점차 장석이 부서지고 마모되어 제거가 되면서 석영사암으로 바뀌어 간다는 예를 Went(2013)가 보고하였다. 이러한 퇴적물이 매몰되면서 장석의 제거가 더 일어나 퇴적물의 성숙도는 더 높아졌다는 것이다.

지금까지 제안된 석영사암의 성인을 살펴보면 다음과 같다. (1) 바람의 마모작용에 의한 것으로 이러한 마모작용이 장석과 암편을 제거할 뿐 아니라 대부분의 석영 입자의 원마도를 높임, (2) 오랜 시간에 걸친 해빈의 마모작용, (3) 강한 조수가 작용하는 퇴적 환경에서의 마모작용, (4) 습윤한 열대 환경에서 결정질 기반암으로부터 처음으로 공급된 모래 퇴적물의 강한 화학적 풍화작용, (5) 고기 사암의 퇴적 재순환, (6) 해안선에서 여러 번에 걸쳐 퇴적물이 전진 발달(progradation)을 하여 쌓이는 동안 장시간에 걸친 해안선 퇴적물의 재동작용, (7) 열대 지역의 화산호 환경에서 산성 화산 분출물의 퇴적과 재동작용, (8) 모래 퇴적물의 매몰 속성작용 동안 장석과 암편의 용해에 의한 제거로 인한 석영사암의 생성이다.

(3) 암편사암

사암의 성분에 상당량의 암편이 있을 경우 이를 암편사암(lithic arenite, 그림 6.35)이라고 한다. 이

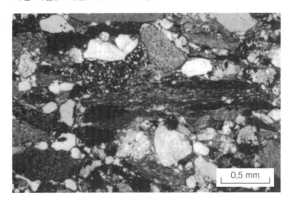

그림 6.35 암편사암의 현미경 사진(Tucker, 2001). 세립 사암과 셰일의 암편으로 이루어져 있으며, 밝은 입자는 석영이다. 다짐작용으로 암편들은 치밀하게 패킹이 되어있다. 석탄기 하성 사암(스페인 Cantabrians).

사암에는 암편이 많이 들어있으나 기질은 거의 들어있지 않으며, 입자의 사이에는 교결물과 채워지지 않은 공극이 나타나기도 한다. 암편의 함량은 장석보다 많으며 예전에는 이와 같은 암석을 준그레이와케(subgraywacke)라고 명명하였다.

암편사암은 모든 사암 중에서 광물학적인 성숙도와 화학 조성이 가장 다양하게 나타난다. 그 이유는 암편사암에는 다양한 종류의 암편이 나타나고 이들의 함유량에 차이가 나기 때문이다. 암편사암은 대체로 조립질이며 마그마의 활동이 있는 화산호

지대와 전지 분지(foreland basin), 전호 분지(forearc basin) 등에 많이 나타난다.

(4) 그레이와케

그레이와케(graywacke)는 가장 정의를 내리기 어려운 사암으로 대체로 암회색 또는 흑색을 띠며 암편과 기질의 함유량이 많은 견고한 사암(그림 6.36)을 가리킨다. 그레이와케는 현미경이 발명되기 이전에 정의된 이름으로 주로 야외조사 시에 적용되던 이름이다. 그러나 현재까지 그레이와케는 문헌에서 계속 사용되고 있다. 사암의 조성을 이용한 사암의 분류 기준에는 그레이와케의 분류가 없으나, 이 용어가 의미하는 개념에는 쉽게 접근할 수 있기 때문에 아직 사용되고 있다. 즉, 그레이와케라는 사암의 이름은 장석사암, 석영사암 및 암편사암의 분류와는 같은 기준으로 사용되지 않고 이들과는 별도로 사용되고 있다.

그레이와케는 일반적으로 지저분한 암석으로 사암의 분류 기준에 의하면 장석이 풍부(장석질 그레이와케)하거나 암편이 풍부(암편질 그레이와케)한 암석을 모두 가리킨다. 일반적으로 장석질 그레이와케와 암편질 그레이와케는 해양 분지에 쌓인 퇴적물이다. 화산암 암편이 많은 암편질 그레이와케는 판의 경계부 가까이에 위치한 활성의 화산호 주변 퇴적 분지에 쌓인 퇴적물로 여겨진다.

그레이와케의 가장 큰 특징은 기질의 함량이 높다는 점이다. 기질을 이루는 대부분의 물질은 점토광물로서 이들의 생성시기는 퇴적작용에서부터 속성작용에 이르기까지 다양하다. 그러나 그레이와케에서 대부분의 기질은 속성작용의 결과로 생성되는 것으로 알려지고 있어 이 점이 퇴적 당시의 암석의 분류와 속성작용을 받은 암석의 분류에 따른 차이점을 가리킨다. 그레이와케가 속성작용의 산물이라는 점을 나타내는 것으로는 화학 조성으로 볼 때 Na_2O의 함량이 높게 나타난다(> 3%)는 점이다(그림 6.37). 이는 그레이와케에 들어있는 장석 입자나 암편 내 장석 결정의 알바

그림 6.36 전형적인 장석질 그레이와케(Tucker, 2001). 석영과 장석, 그리고 암편으로 구성되어 있으며, 기질은 세립질의 녹니석과 실트 크기의 석영으로 이루어져 있다. 분급과 원마도가 불량하다. (영국 스코틀랜드 Southern Uplands).

그림 6.37 그레이와케와 이와 함께 나타나는 셰일의 Na_2O/K_2O 비를 나타내는 도표. A~H는 시료의 조사 지역을 나타낸다(Pettijohn et al., 1987).

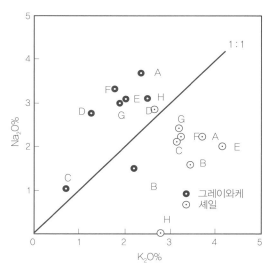

이트화작용에 기인한 것으로 해석되고 있다.

지질시대 동안의 그레이와케는 시생대(Archean)의 전기와 중기에서 주로 산출을 한다. 이들은 주로 저탁암으로 생성되는데 조직적으로나 조성으로 보아 성숙도가 아주 낮다. 그레이와케에 함유되어 있는 입자들은 대부분 각이 져 있고, 분급 정도도 낮아 퇴적물이 운반되어 쌓이는 동안 재동을 거의 받지 않아 마모가 일어나지 않았다는 것을 가리킨다.

6.2.5 사암의 조성과 조구조 환경

사암의 광물 조성은 퇴적 분지의 매몰 이전 조구조 환경, 기원지에서 침식을 받은 암석의 조성 그리고 퇴적 분지에서의 퇴적 환경에 따라 크게 영향을 받는다. 1960년대 후반부터 판구조론의 이론이 정립되기 시작하면서 1970년대와 1980년도에 들어서 사암의 쇄설성 광물 조성을 퇴적물 기원지의 조구조 환경과 관련시키려는 많은 노력이 있었다. 이를 위해 이미 알려진 조구조 환경으로부터 유래된 현생의 모래 퇴적물뿐만 아니라 고기의 모래 성분에 대해서도 많은 연구가 이루어졌다. 현생의 심해저 모래 퇴적물의 석영-장석-암편의 삼각도표에 의하면 퇴적물 기원지로 5가지 조구조 환경이 구별되었다(그림 6.38). 그러나 이들 조구조 환경 영역은 서로간 어느 정도 중첩되어 나타난다.

기원지 암석에 따른 쇄설성 광물 조성의 차이와 조구조 환경에 따른 기원지 암석의 차이는 수렴 연변부(convergent margin)에서 현저하게 나타난다. 두 암권의 충돌이 일어나는 섭입대를 따라 화산호(volcanic arc)가 발달하며 해구(trench), 화산호와 해구 사이의 대륙붕, 대륙사면에 곡분(trough) 같은 깊은 분지가 형성된다. 화산호는 섭입하는 암권판이 녹으면서 생성되는 안산암질 마그마의 상승에 의해 형성된다. 화산호에 나타나는 화산암에는 석영과 칼륨장석 함량이 적고 대신 사장석과 염기성 광물의 함량이 많다. 섭입하기 전 이동하는 판 위에 쌓인 원양의 해양 퇴적물과 해양 지각의 일부분은 섭입하는 판보다 윗쪽에 놓인 침강하지 않는 판의 앞쪽과 기저부에 부가(accretion)되거나 변형과 변성작용을 심하게 받아 화산호와 해구 사이에 융기하기도 한다. 화산호와 해구 사이에 쌓이는 퇴적물은 주로 화산호에서 공급되지만, 화산호와 해구 사이에 융기에 의해 노출된 부가 퇴적물(accretionary complex/prism)로부터 퇴적물이 공급되기도 한다. 따라서 수렴 경계부를 따라 쌓이는 사암에는 석영이 적게 들어있고, 장석 중에서 사장석, 염기성 광물 그리고 변성 퇴적암, 화산암 및 화산쇄설성 암편이 많은 모래 퇴적물로 이루어진다. 이러한 모래 성분들은 속성작용을 받는 동안 비교적 쉽게 변질된다. 화산작용과 조

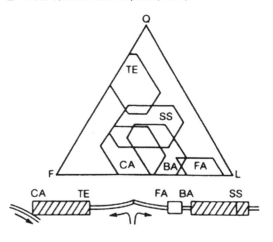

그림 6.38 현생 심해저 모래 성분을 나타내는 석영(Q)-장석(F)-암편(L) 삼각도표. 각 영문 기호는 판구조론에 의한 조구조 환경을 지시한다. TE는 분리되어 이동하는 판의 대륙연변부. SS는 변환 단층대. CA는 대륙 화산호, BA는 후화산호(back arc) 지역, 그리고 FA는 전화산호(forearc) 지역을 나타낸다(Yerino and Maynard, 1984).

구조 작용으로 인해 기복이 심한 지형을 형성하여 퇴적물 기원지는 침식작용이 빠르게 일어나지만 화학적 풍화작용은 약하게 일어나므로 풍화작용의 조건에서 불안정한 광물이 제거되지 않고 운반되어 퇴적물 내에 보존된다. 또한 퇴적물 공급지와 퇴적이 일어나는 장소 사이의 거리가 짧기 때문에 역학적으로 물성이 약한 퇴적물도 운반되는 동안 그 함량이 줄어들지 않고 퇴적물 내에 그대로 들어있게 된다. 즉, 수렴 연변부는 광물학적으로 볼 때 미성숙된 암편질 사암과 장석-암편질 사암이 주로 쌓이는 곳이다.

반면에 강괴(안정지괴, craton) 환경에서는 석영질 사암이 주로 나타난다. 안정한 강괴에는 기원암으로 석영이 많은 심성암과 변성암이 많이 노출되어 있다. 강괴는 비교적 조구조적으로 안정한 곳이고 침강이 느리게 일어나기 때문에 기계적 풍화작용과 화학적 풍화작용이 잘 일어나 장석과 염기성 광물 등과 같이 불안정한 광물은 세립질 물질로 분해되어 버림으로써 모래 크기의 퇴적물에는 석영이 풍부하게 된다. 또한 속성작용 동안 석영이 아닌 광물들은 용해와 변질작용을 받아 모래 크기 입자에서 제거된다. 이러한 퇴적물이 융기를 하고 침식을 다시 받으면 석영이 풍부한 퇴적물을 더욱 많이 공급할 것이다.

고기의 사암에 대한 연구에 의하면 네 가지의 기원지 조구조 환경으로 구별된다. 이들은 안정 강괴(stable craton), 기반암 융기대(basement uplift), 마그마 기원 화산호(magmatic arc)와 조산대이다. 안정 강괴와 기반암 융기 지역은 대륙 지각으로 이루어지며 조구조적으로 볼 때 고기의 조산대가 합쳐져서 안정화를 이룬 지역으로 깊게 침식된 지역이다. 마그마 기원 화산호는 섭입작용과 관련되어 형성된 화산호와 호상열도를 포함하며 암석으로는 화산암, 심성암과 변성퇴적암류로 이루어져 있다. 조산대 지역은 융기되고 변형을 받은 지각 상부에 놓인 암석으로 구성되어 높은 산맥을 이루며 대부분이 고기의 퇴적물로 이루어져 있고 화산암과 변성 퇴적암류도 같이 나타나기도 한다. 이와 같이 다양한 기원지 지역에서 공급된 퇴적물은 특징적인 조성을 가지며 이들이 퇴적되는 퇴적 분지는 판구조론의 입장에서 볼 때 몇몇 장소에 국한되어 나타나기도 한다.

사암의 성분 분석에서 쇄설성 입자들의 다양한 조합의 비율을 삼각도표에 나타내 봄으로써 기원지의 조구조 환경을 구별할 수 있다(그림 6.39). 여기에서 이용되는 사암 조성 성분은 표 6.1에 나타나 있다. QtFL의 삼각도표는 모든 석영 입자$(Qt + Qm)$를 고려하므로 퇴적물의 성숙도를 나타낸다. QmFLt는 복결정질 석영(Qp)을 암편으로 고려하므로 기원지의

표 6.1 사암 입자 성분에 대한 분류와 기호

분류	기호
A. 석영질 입자 $(Qt = Qm + Qp)$	Qt = 석영질 입자의 총량 Qm = 단결정질 석영(> 0.625 mm) Qp = 복결정질 석영(혹은 옥수)
B. 장석 입자 $(F = P + K)$	F = 장석 입자 총량 P = 사장석 입자 K = 칼륨 장석 입자
C. 불안정한 암편 입자 $(L = Lv + Ls)$	L = 불안정한 암편 입자의 총량 Lv = 화산암/변성 화산암의 암편 Ls = 퇴적암/변성 퇴적암의 암편
D. 암편 입자의 총량 $(Lt = L + Qp)$	Lc = 분지 외부 기원 쇄설성 석회암의 암편 (L이나 Lt에 포함 안 됨)

그림 6.39 기원지 조구조 환경을 나타내는 삼각도표. 표 6.1에 나타나 있는 사암의 조성 모드를 분석하고, 이들 변수를 조합하여 기원지의 조구조 환경을 알아볼 수 있다(Dickinson, 1985).

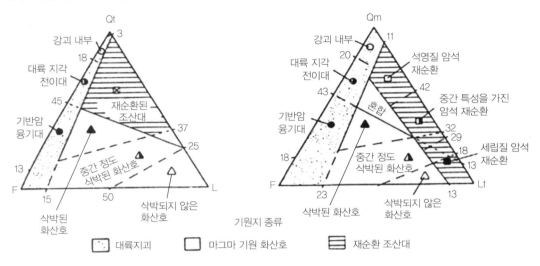

암상에 중점을 두고 있다. QpLvLs 도표는 단지 암편만을 고려하는 도표이며, QmFpFk는 각각의 광물 입자만 고려한 도표이다. 이러한 삼각도표를 이용하면 이에 따른 기원지의 주요 조구조 환경을 구별할 수 있다.

지형 구배가 낮은 안정 강괴로부터는 일반적으로 화강암과 편마암으로 이루어진 기반암과 이전에 쌓인 퇴적물이 다시 침식되어 퇴적물이 공급되므로 퇴적물 구성 성분으로 볼 때 주로 석영질 모래로 이루어진다. 이 퇴적물들은 강괴 내부에 다시 쌓이거나 해양저 확장에 따라 수동적으로 이동을 하는 대륙의 가장자리로 이동되어 해양 분지에 퇴적된다. 기반암의 융기부는 대체로 열개대(rift zone)나 주향이동 단층(strike-slip fault)이 일어나 지형구배가 높은 지역으로, 퇴적물이 융기대를 이루는 화강암과 편마암으로부터 유래되어 주로 석영과 장석이 많고 암편이 적은 퇴적물이 확장된 분지(extensional basin)나 인리형 분지(pull-apart basin)에 쌓인다. 마그마 기원 화산호 지역은 화산암의 암편이 많은 모래 퇴적물을 공급하며 점차 화산호의 침식이 진행되면 화산체 밑부분을 이루는 심성암까지 노출되어 석영, 장석의 퇴적물을 공급하기도 한다. 여기서 공급된 모래 퇴적물은 주로 전호 분지(forearc basin)나 화산호간 분지(inter-arc basin), 그리고 후호 분지(backarc basin) 등에 쌓이게 된다. 화산 물질들은 대체로 안산암 성분을 띠며 대부분이 미정질 결정으로 이루어져 있다. 이 퇴적물이 속성작용을 받으면 그레이와케 형의 사암이 형성된다. 조산대로부터 공급되는 모래 퇴적물 조성은 조산대의 성격에 따라 다양하다. 대륙 지각과 대륙 지각의 충돌 또는 대륙 지각과 해양 지각의 충돌에 따라 형성되는 퇴적물은 근방의 전지 분지(foreland basin)나 아직 충돌되지 않고 남아 있는 잔류 해양 분지(remnant ocean basin)에 쌓이거나 대규모의 하천계를 따라 아주 멀리 이동되어 조산대와는 별로 관련이 없는 조구조 환경의 퇴적 분지에 쌓이기도 한다. 조산대로부터 공급되는 모래 퇴적물은 암편이 풍부하며 알프스 산맥과 히말라야 산맥처럼 대륙 지각과 대륙 지각이 충돌하는 산맥으로부터 공급되는 퇴적물에는 융기되기 이전의 두 대륙 지각 사이에 쌓였던 고기의 해양 퇴적암으로부터 공급되기 때문에 퇴적암의 암편이 많이 나타난다. 또한 조산대가 계속해서 삭박되어 융기를 하게 되면 조산대 심부가 침식을 받아 변성퇴적암류 암편이 많아지게 된다. 따라서 조산대로부터 공급되는 퇴적물은 일반적으로 석영과 암편이 많으며 장석이나 화산 기원의 쇄설성 입자는 드물게 나타나 Ls/Lv의 비율이 높게 나타난다. 융기가 일어난 섭입대의 부가 퇴적물(accretionary complex)로부터 퇴적물이 공급되는 경우에는 퇴적물 내 화성암편, 처어트와 같은 세립질 퇴적암의 암편이 많이 나타난다.

이상과 같은 특징을 고려할 때 한 퇴적 분지에서 층서적으로 사암의 광물 조성상(petrofacies)을 연구하면 기원지의 지질 역사를 알아낼 수 있다. 기원지 지역이 점차 침식을 받으면 지각 심부가 노출되고 이에 따라 퇴적물 기록의 상부로 가면서 쇄설성 퇴적물의 조성도 점차 바뀌게 된다. Ingersoll(1983)은 캘리포니아의 Great Valley에 있는 전호 분지에 쌓인 백악기 사암의 조성을 관찰하여 초기에는 시에라 네바다 산맥의 마그마 기원 화산호로부터 퇴적물이 공급되었다가 점차 지층의 상부로 갈수록 석영과 장석의 함량비가 높아지는 반면에 암편의 함량비는 낮아짐을 보고하였다. 또한 상부로 갈수록 사장석에 비해 칼륨장석의 비가 높아졌다. 이러한 퇴적물의 기록은 지형의 높은 부분을 차지하였던 화산호의 화산암이 먼저 침식되어 퇴적물을 공급한 후 점차 지하 심부에 있던 심성암이 노출되면서 침식을 받아 지층 상부의 퇴적물을 공급한 것으로 해석되었다.

그러나 그림 6.39를 이용하여 퇴적물 기원지 조구조 환경을 분석할 때 다음과 같은 경우를 항상 고려하여야 한다(Ingersoll et al., 1993). 이 도표의 기본 개념은 판구조 환경이 궁극적으로 어떠한 종류의 암석이 기원지에 위치하는가를 결정짓는 요인으로 퇴적물이 기원지의 고지에서 풍화, 침식을 받아 운반되는 경우에 육상 환경에서 이러한 퇴적물을 운반하는 하천의 등급에 따라 다양한 퇴적물의 조성을 나타내게 된다. 특히 대륙이 갈라지거나 대륙에 변환 단층이 일어나거나 다른 복잡한 대륙 환경일 경우에는 대륙 지각을 구성하는 암석의 종류가 다양하기 때문에 기원지에서 지역적으로 제한되어 공급되는 1차 등급의 하천일 경우에는 퇴적물의 조성은 기원지의 조구조 환경을 나타내는 것이 아니라 유역분지에 노출된 암석의 종류에 따라 달라진다. 이러한 1차 등급의 하천이 모여져 2차 등급을 이루는 하천일지라도 역시 지역적인 암석의 분포에 영향을 많이 받으므로 이러한 하천의 퇴적물의 조성을 이용하여 기원지의 조구조 환경을 해석할 때 유의하여야 한다. 그러나 대륙을 가로지르며 흐르는 대규모의 하천(3차 하천)과 이 하천 하구의 삼각주 퇴적 환경의 퇴적물은 점차 풍화와 혼합이 이루어지거나 장거리로 운반되어가며 균질한 퇴적물의 조성을 가지게 된다. 이러한 퇴적물의 조성은 전반적인 기원지의 조구조 환경을 잘 반영하고 있다. 더 나아가 해양 환경의 퇴적물은 더 좋은 기원지 지시자가 될 수 있다. 이에 반하여 화산호나 습곡-단층대와 같은 재순환 조산대의 기원지 경우에는 비교적 균질한 기원지 암석으로 이루어졌기 때문에 하천의 등급과는 별 상관없이 기원지의 조구조 환경을 지시한다. 그러나 이러한 조구조 환경의 기원지로부터 운반되는 퇴적물이 비교적 좁은 대륙을 지나 수동적인 대륙의 연변부로 운반될 경우에는 잘못된 기원지 조구조 환경 해석을 낳을 수 있다. 이 경우에는 모래질 퇴적물의 조성만을 가지고 기원지의 판구조 환경 해석을 하지는 말아야 한다.

이상과 같이 쇄설성 광물 조성은 기원지 암석과 조구조 환경에 영향을 받기도 하지만, 퇴적 분지 내에서의 광물의 분별작용(partitioning)에 따라 달라지기도 한다. 모래를 운반하고 퇴적시키는 주요한 매체인 물과 바람은 입자의 크기, 모양 그리고 밀도에 따라 모래를 구별시킨다. 어떠한 이유에서든 어느 종류의 광물이 어느 일정한 크기의 모래 중에 농집되어 있게 되면 서로 다른 광물 성분을 나타내는 모래들이 퇴적물의 서로 다른 부분에 동시에 쌓이기도 한다. 또한 퇴적 분지 내에서 파고 사는 생물에 의해 혼합이 일어나 모래 크기 입자의 광물 조성에 영향을 주기도 한다. 퇴적 분지 내에서 나타나는 퇴적 환경의 범주와 각 환경의 범위, 분포 그리고 각 환경 간의 상호 관계는 퇴적 분지의 침강과 융기 비율에 따라 달라진다. 이는 퇴적 환경도 조구조 환경에 의하여 영향을 받는다는 것을 의미한다. 다시 말해, 퇴적 당시의 쇄설성 광물 조성은 일차적으로 기원지에 따라 달라지며 기원지는 다시 퇴적 분지의 조구조 환경에 의하여 영향을 받는다.

그러나 이 방법은 열대의 환경에서 쌓인 퇴적물에 적용하는 데 제한이 있을 수 있다. 열대의 환경에서는 많은 강수량에 의하여 풍화작용이 빠르게, 심하게 그리고 지표 깊이 일어나기 때문에 부서지기 쉬운 약한 광물들, 광물의 집합체 그리고 암편들은 많은 영향을 받는다. 이렇게 되면 퇴적물은 석영과 같이 풍화에 강한 광물과 저어콘과 같은 중광물들만 남아 있게 되어 이들 광물로만 이루어지기 때문에 이러한 퇴적물의 조성은 기원암의 조성보다 석영이 훨씬 많으므로 이를 이용하여 기원지 암석의 조성과 조구조 환경을 해석하면 잘못된 결과를 낳을 수 있다. 실제로 Dickenson과 Suczek(1979)에 의하여 제안된 QFL, QmFLt와 같은 도표의 작성에는 현재 열대지방에서 얻은 자료는 이용되지 않았다.

이의 좋은 예는 Franzinelli와 Potter(1983)에서 보고되었는데, 이들은 베네수엘라의 오리노코강과 브라질의 아마존강 유역분지를 따라 강 모래 시료의 조성을 분석하였다. 이들은 오리노코강과 아마존강의 상류 발원지인 퇴적물 기원지(안데스 산맥 북부)에서는 상당한 양의 암편이 공급되지만 오리노코강과 아마존강 하구의 모래는 주로 석영으로만 이루어졌다(그림 6.40)는 것을 밝혀냈다. 안데스 지역에서는 불안정한 암편을 많이 공급하고 선캠브리아기 순상지(shield)와 고생대 기반암은 석영이 많은 퇴적물을 공급한다. 이러한 아마존강의 퇴적물 조성은 같은 퇴적물 기원지(안

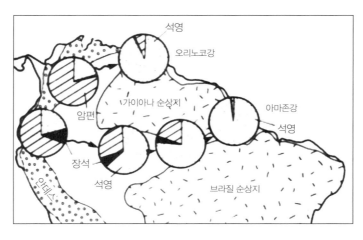

그림 6.40 남미 오리노코강과 아마존강의 상류-하류 간 모래 퇴적물 조성 변화(Franzinelli and Potter, 1983).

데스 산맥)를 공유하는 남미 대륙 해안선 해빈 퇴적물의 조성과는 사뭇 다르게 나타난다. 즉, 활성 연변부인 남미 대륙 서쪽 해안선 퇴적물에는 심성암과 화산암 암편이 대부분을 차지하지만 수동적으로 이동하는 대륙의 연변부에 해당하는 브라질 해안의 해빈 모래와 아마존 삼각주의 모래 퇴적물은 주로 석영으로 이루어져 있다. 남미 대륙의 남동부에 해당하는 아르헨티나의 황무지 지역인 파타고니아(Patagonia) 해안가 모래 퇴적물은 추운 기후대에서 흐르는 강들에 의해 공급되며, 이곳 퇴적물에도 상당한 양의 암편이 들어있다(그림 6.41).

그림 6.41 남미대륙의 해안선에 따른 해빈의 모래 퇴적물 조성 (Potter, 1994).

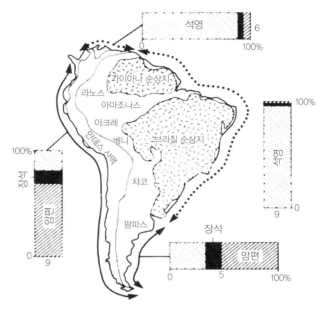

　이상의 예는 퇴적물 기원지를 정확히 해석하기 위해서 퇴적물 운반 과정에서의 영향을 잘 파악하는 것이 중요하다는 것을 나타낸 것이다.

6.2.6 기원지 분석

(1) 석영

Seyedolali 등(1997)은 심성암, 화산암, 변성암과 퇴적암의 석영에 대하여 주사전자 현미경의 음극선발광장치(SEM-CL)를 이용하여 관찰을 하였다. SEM-CL 하에서 관찰된 석영들은 발광 현상에 따라 다양한 내부 조직을 나타냈다. 석영에서 관찰되는 내부 조직으로는 누대구조(zoning), 아물어진 균열(healed fractures), 복잡한 응력구조(complex shear)와 선형구조(planar), 어두운 CL 흔적(dark CL streaks와 patches), 불확실한 얼룩구조(indistinct mottled texture)와 전혀 구조가 관찰되지 않는 것으로 나타난다. 이러한 석영의 내부 구조를 종합하여 화산암 기원 석영(그림 6.22A)은 누대구조가 흔하게 관찰되며 현미경 관찰에 의하면 입자의 가장자리가 움푹 팬(embayed) 모습(그림 6.22B)을 띠는 것이 특징이다. 심성암의 석영도 역시 약간의 누대구조를 나타내는 것으로 관찰되지만 폐쇄된 균열(closed fractures)과 어두운 CL 흔적이 있는 것(그림 6.42A)으로 화산암 기원 석영과는 구분할 수 있다. 변성암에서 관찰되는 석영은 구별이 어려운 얼룩조직이나 거의 균질한 CL 조직(그림 6.22D)을 나타낸다. 또한 조구조 작용으로 심하게 변형을 받은 암석에서 산출되는 석영은 매우 복잡한 작은 규모의 여러 번에 걸쳐 응력을 받은 내부 조직(그림 6.42B)을 보이는 것으로 구별된다. 또한 운석의 충돌과 같은 외부 충격을 받은 석영은 충격에 의한 변성작용(shocked

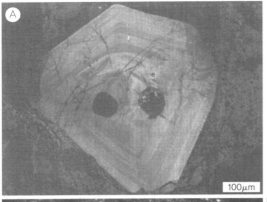

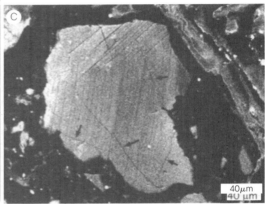

그림 6.42 석영의 주사전자 현미경 음극선발광장치 (SEM-CL) 영상. (A) 누대구조를 보이는 심성암 기원 석영으로 폐쇄된 균열을 보인다. (B) 조구조 작용으로 심하게 변형을 받은 변성암 석영. (C) 충격에 의하여 변성작용을 받은 석영으로 평판형 선형조직이 관찰된다(Boggs and Krinsley, 2010).

metamorphism)에서 만들어지는 평판형 선형조직(그림 6.42C)을 나타낸다.

(2) 사암의 조성

모래 퇴적물과 사암의 주요 조성광물은 앞에서 석영, 장석과 암편으로 설명하였다. 이 중 석영은 앞에서 살펴본 것처럼 석영의 광학적 특성과 CL 등을 이용하여 퇴적물을 구성하는 석영의 입자가 어떤 기원암으로부터 유래되었는가를 알아보기도 한다. 그러나 석영은 물성이 가장 강한 광물로 결정질 암석으로부터 바로 유래되기도 하지만 재순환과정을 거쳐서 공급될 수 있다. 이러한 경우에는 모래 퇴적물에 들어있는 석영의 특성만으로는 단번에 이전의 기원암의 특성이 무엇이었는가를 확신하는 데에는 어려움이 있다.

대신 모래 퇴적물이나 사암에 들어있는 석영과 장석의 비를 이용하여 기원암을 알아보기도 한다. 물론 석영사암으로 되어 있을 때에는 사암 내에 석영밖에 없기 때문에 단지 석영을 포함한 결정질 암석이었거나 또는 이전에 퇴적암이었을 것으로 간접적으로 추정을 할 수밖에 없다. 그러나 사암에 장석이 들어있을 경우에는 장석의 특성을 이용하여 기원지 암석을 구분할 수 있다. 사암 내에 들어있는 석영과 장석의 비율을 이용하여 기원암을 재구성하는 데에는 하천 환경을 따라 무려 1000 km나 운반되어도 모래 퇴적물의 석영과 장석의 비율이 그리 변하지 않는다는 것을 근거로 삼을 수 있다. 그러나 문제는 모래 퇴적물에 들어있는 석영과 장석의 비율이 기원암을 바로 지시하지 않는다는 데 있다. 물론 화학적 풍화가 별로 작용을 하지 않는 극지방과 같은 곳에서는 기원암에 들어있는 장석들이 화학적 풍화작용과 같은 변질작용을 받지 않으므로 하천의 모래 퇴적물의 조성이 기원암의 조성과는 거의 일치하게 된다. 이러한 경우의 예로 캐나다 북부 극 지역의 Guys Bight 분지에 쌓인 빙하 하천의 퇴적물(glaciofluvial sediment)을 연구한 Nesbitt과 Young(1996)에 의하여 보고되었다. 그러나 극 지역을 제외한 지구상 대부분 지역에서는 화학적 풍화가 일어난다. 즉, 퇴적물은 기원지 암석이 화학적 풍화를 받은 토양층준으로부터 공급된다는 점이다. 기원암이 화학적 풍화를 받으면 이로 인하여 생성되는 토양층준은 기원암에 들어있는 장석들이 선택적으로 영향을 받아 이차 광물인 점토광물로 변질이 일어난다. 장석 중에서도 사장석이 정장석에 비하여 풍화에 더 쉽게 영향을 받기 때문에 풍화가 계속 진행되면 토양층준에는 정장석과 사장석의 비율이 점차 높아질 것이다. 이러한 토양층준으로부터 퇴적물이 공급된다면 모래 퇴적물의 조성은 기원암의 조성과는 달리 사장석보다 정장석이 많이 들어있는 광물 조성을 나타낼 것이다. 또한 사장석 중에서도 Ca 성분이 많이 들어있는 사장석이 Na 성분이 많이 들어있는 사장석보다 풍화의 영향을 더 쉽게 받기 때문에 토양층준에 남아 있는 사장석은 Na 성분이 더 많이 들어있는 사장석일 것이고 이 토양으로부터 공급되는 모래 퇴적물의 조성도 역시 Na 성분이 더 많이 들어있는 사장석이 주가 될 것이다. 이렇게 토양층준에서 풍화작용을 덜 받고 남아 있는 사장석이 하천에서 침식작용과 분급작용을 받아 쌓인다면 모래 퇴적물의 조성은 기원암과는 아주 다른 조성을 가지는 사장석을 포함하고 있을 것이다.

이상을 고려한다면 모래 퇴적물에 들어있는 장석과 석영의 비율은 화학적 풍화가 일어난 정도를 지시해 주는 것으로 앞에서 설명하였다. 장석/석영의 비율이 낮다면 기원지에서 더 심한 화학적 풍화를 받았다는 것을 알 수 있다. 이 장석/석영의 비율은 빙하 하천 퇴적물의 예처럼 화학적 풍화가 거의 일어나지 않는 경우를 제외하고 기원지 암석의 장석/석영의 비율을 그대로 나타내지는 않는다는 점이다. 따라서 기원지에서 화학적 풍화가 거의 일어나지 않았다는 명백한 증거가 없는 한 퇴적물의 장석과 석영의 비율과 장석의 종류 비율이 곧바로 기원지 암석을 유추하는 데 적용되기 어렵다는 것을 가리킨다. 이에 반하여 머드 퇴적물과 셰일은 기원지에서 가장 반응성이 높은 광물(예 : 장석)의 화학적 풍화 산물을 포함하고 있기 때문에 기원지에서 일어난 풍화작용의 유용한 지시자로 이용할 수 있다.

앞에서 남미의 하천계를 따라 모래 퇴적물이 운반되는 과정에서 습윤하고 온도가 높은 기후대에서는 암편이 선택적으로 제거되어 하류나 하구의 퇴적물 조성이 기원지와 상류의 모래 퇴적물 조성과 다르다는 것을 소개하였다. 이렇게 모래 퇴적물의 조성은 기원지에서의 풍화작용뿐만 아니라 운반되는 과정 중에서도 풍화작용과 마모작용이 일어나기 때문에 기원지 암석의 조성과는 다르게 나타날 수 있다. 이를 정리하면 모래 퇴적물의 조성은 (1) 유역분지의 지질 및 풍화작용, (2) 기후대에 따른 운반과정 중 풍화작용에 따라 조절된다는 것을 알 수 있다. 이러한 점을 고려하여 사암의 조성을 이용하여 기원지 분석을 하여야 한다.

그런데 여기에서 강조해야 할 점이 있다. 퇴적물의 조성은 기본적으로 기원지의 풍화 단면으로부터 유래되는데, 이 풍화 단면은 화학적 풍화작용을 받으면 지표로부터 깊은 곳의 신선한 암석에 이르기까지 토양층의 분대가 생성된다. 이에 따라 각 토양의 분대는 서로 다른 토양 광물의 조성을 가진다. 이로부터 유래되는 퇴적물은 당연히 기원지였던 토양 단면의 광물 조성을 나타낼 것이다. 이런 점을 감안한다면 퇴적물의 조성은 바로 기원지의 풍화 단면의 조성을 가리킬 것이며, 이를 통하여 간접적으로 풍화를 받은 기원암의 조성을 유추해 볼 수 있다. 만약 풍화가 심하게 진행되지 않았다면 풍화 단면의 광물 조성은 기원암의 조성과 유사하지만 대부분의 경우에는 화학적 풍화작용으로 그 조성에 차이가 있다는 점을 고려하여야 한다.

(3) 중광물

모래 퇴적물이나 사암에서 산출되는 중광물의 수는 50여 종에 이르는 것으로 알려져 있다. 중광물을 이용하여 퇴적물의 기원지와 퇴적물의 이동 경로를 알아내기도 한다. 이 방법은 퇴적물에서 산출되는 중광물의 함량과 특정한 기원암에서 기원한 광물군이 얼마만큼 산출되는가에 달려 있다. 그러나 퇴적물에 나타나는 중광물군이 퇴적물 기원지에 민감하게 영향을 받음에도 불구하고 기원지 암석의 조성을 반드시 나타내지 않는다. 여기에는 퇴적물이 생성되고 운반되어 쌓이는 과정에서 여러 가지 요인이 작용하여 중광물의 상대적인 함량을 조절하기 때문이다. 퇴적물에서 중광물의 함량에 영향을 미치는 작용으로는 중광물들이 퇴적물에 공급되기 이전에 일어나는 기원지에서의 풍화작용, 운반과정 중 마모작용, 퇴적물이 운반되며 충적 평원에 머물러 있는 동안에 일어나는 풍화작용, 퇴적과정 중 수력학적인 영향과 퇴적물 매몰 후 속성작용의 영향이 있다. 이중에서 중광물의 경우에는 수력학적인 영향과 속성작용의 영향이 가장 중요한 것으로 알려진다.

중광물들은 각각 밀도, 크기와 모양이 다르기 때문에 이에 따른 수력학적인 특성에 차이가 있어 퇴적물이 쌓일 당시 수력학적인 조건에 따라 각 중광물의 상대적인 함량이 영향을 받는다. 중광물들은 서로 다른 수력학적인 조건에 따라 퇴적이 일어나는 동안 중광물들의 상대적인 함량 비는 차이가 난다. 중광물의 수력학적인 특성을 지배하는 주요 요인은 광물의 크기와 밀도로, 이러한 수력학적인 작용의 차이로 인하여 밀도가 상대적으로 높은 광물인 저어콘, 석류석이나 금홍석과 밀도가 상대적으로 낮은 광물인 인회석과 전기석의 비율은 영향을 받는다. 물론 광물의 모양도 광물의 수력학적인 특성에 영향을 주지만 대체로 밀도는 중광물에 해당하지만 경광물의 양상을 나타내는 운모를 제외하고는 중광물의 모양으로 인한 영향은 적다고 할 수 있다.

그러나 이상의 수력학적인 요인보다는 속성작용을 받는 동안 일어나는 중광물의 용해가 더 큰 문제로 지적된다. 속성작용의 영향은 퇴적물의 매몰 깊이가 깊어질수록 광물의 다양성이 점차 낮아지고 있는 것을 보아 상당히 중요하고 또한 어디에서나 일어난다고 할 수 있다. 여러 연구에 의하여 밝혀진 바에 의하면 중광물을 포함한 퇴적물이 매몰되면서 공극수의 온도가 올라가고 이에 따라 불안정한 광물들은 공극수에 의해 용해가 된다. 예로 북해의 중앙에 분포하는 후기 팔레오세 사암의 연구(Morton, 1984)를 보면 얕게 매몰된 깊이의 사암에는 인회석, 각섬석(amphibole), 녹염석(epidote), 석류석(garnet), 남정석(kayanite), 금홍석(rutile), 십자석(staurolite), 티탄석(titanite), 전기석(tourmaline), 저어콘과 같은 중광물이 들어있으나 매몰 깊이가 증가할수록 각섬석, 다음으로 녹염석, 티탄석, 남정석과 십자석이 차례로 없어진 것이 관찰되었으며, 이에 따라 퇴적 분지의 중심부 사암에는 중광물이 인회석, 용식된 석류석, 금홍석, 전기석과 저어콘으로만 이루어져 있음이 관찰되었다. 이렇게 매몰 심도에 따라 중광물의 종류가 줄어드는 것은 매몰 깊이가 깊어지면서 일어나는 공극수의 높은 온도로 광물의 용해율이 증가하기 때문이다. 중광물은 깊은 매몰뿐만 아니라 낮은 온도의 산성을 띠는 지하수에 의해서도 용해가 일어난다. 따라서 중광물의 함량에 영향을 미치는 작용들이 단독적 또는 서로 복합되어 작용을 하게 되면 이에 따른 중광물들의 집합은 기원지의 특성을 더 이상 나타내지 않는 경우까지 달라질 수 있다. 또 서로 다른 기원지에서 유래된 중광물들이 혼합되어 더 이상 이들을 구별할 수가 없을 수도 있다.

이와 같이 중광물 집합에 영향을 주는 요인들을 걸러내기 위하여 제안된 방법으로 한 가지의 중광물이나 또는 특정 중광물군을 대상으로만 조사하는 중광물 다양성 연구(varietal study)가 있다. 이 연구 방법은 한 가지 종류의 광물만을 대상으로 하기 때문에 수력학적인 조건이나 속성작용의 영향을 고려하지 않아도 되는 장점이 있다. 대체로 색, 모양, 결정형 등의 광학적 특성으로 구분을 하는데, 이에 주로 이용되는 중광물로는 저어콘, 석류석과 전기석이 있다. 그러나 광학적인 특성을 이용하는 이 방법은 주관적일 수가 있기 때문에 이들을 구별하는 데 객관성이 부족하다. 이를 극복하기 위하여 각 광물의 화학 조성을 이용하는 것이다. 전자현미분석기(EPMA)를 이용하여 화학 조성을 분석한 후 퇴적물의 여러 가지 투명광물과 불투명광물 등의 자료를 함께 이용하고 있다. 그러나 이 방법에도 단점은 있다. 즉, 고가의 분석 장비와 분석 시간 등이 갖추어져야 하고 한 가지의 특정한 광물에 대해서만 적용이 되기 때문에 그 결과 전반적인 기원지의 지질에 대하기보다는 편향된 해석을 할 수 있다는 점이다.

이에 따라 전반적인 중광물 자료를 이용하여 보완하는 방법으로 운반과정, 퇴적과정 그리고 속성작용 중에 비슷한 특성을 나타내는 광물의 상대적인 함량비를 이용하는 것이다. 즉, 비슷한 물리적 및 화학적 안정도와 수력학적인 특성을 보이는 중광물을 이용하는 것이다. Morton과 Hallsworth(1994)는 이상과 같은 접근 방법으로 기원지를 민감하게 반영하는 중광물 쌍 간의 상대적인 비율을 나타내는 지수를 고안하였다(표 6.2) 이에는 인회석-전기석 지수(ATi), 석류석-저어콘 지수(GZi), TiO$_2$군 광물-저어콘 지수(RZi), 크롬 스피넬-저어콘 지수(CZi)와 모나자이트-저어콘 지수(MZi)가 있다.

표 6.2 기원지에 민감한 중광물 지수값(Morton and Hallsworth, 1984)

중광물 지수	광물쌍	지수 결정
ATi	인회석, 전기석	100 × 인회석/(인회석 + 전기석)
GZi	석류석, 저어콘	100 × 석류석/(석류석 + 저어콘)
RZi	TiO$_2$군 광물, 저어콘	100 × TiO$_2$군 광물/(TiO$_2$군 광물 + 저어콘)
CZi	크롬 스피넬, 저어콘	100 × 크롬 스피넬/(크롬 스피넬 + 저어콘)
MZi	모나자이트, 저어콘	100 × 모나자이트/(모나자이트 + 저어콘)

주 : TiO$_2$ 광물군에는 anatase, 금홍석과 brookite가 있다. 이중에서 가능하면 금홍석만을 이용하는 것이 더 효율적이다.

중광물의 수력학적인 특성은 중광물 입자의 크기에 관련 있다. 그러나 중광물의 크기는 이들 광물이 들어있던 기원지 암석에서부터 달라진다. 이 때문에 조사하는 퇴적물 입자 크기의 구간에 따라 중광물 간 함유 비율이 달라질 수 있다. 따라서 퇴적물에서 중광물을 비교하기 위해서는 이를 포괄할 수 있는 입자 크기의 구간에서 조사를 하여야 한다. 대체로 금홍석과 저어콘은 비교적 작은 크기의 입자로 산출하며 석류석과 전기석은 비교적 큰 크기의 입자로 산출을 한다. Morton과 Hallsworth는 극세립 모래 크기(63~125 μm)의 중광물 비율 지수를 이용하기를 권장한다. 이 퇴적물 입자의 구간에서는 광물 쌍 수의 합이 최소 100 입자는 넘어야 한다.

기원지에서의 풍화작용이 일어나는 토양 단면에서 중광물의 안정도는 많은 연구가 이루어져 다양한 종류의 광물들이 용해가 일어나는 것으로 알려져 있다. 이렇게 중광물이 기원지의 풍화작용에서 일어나는 영향 이외에도 기원지에서 퇴적 분지로 운반되어 쌓이는 중간 과정인 하천과 범람원 환경에 일시적으로 쌓여있는 동안에도 풍화작용의 영향은 상당한 것으로 알려지고 있다. 이렇게 하성 환경에 쌓여있는 동안 일어나는 풍화작용은 모래 퇴적물의 전반적인 조성, 특히 열대 지방에서는 상당한 것으로 알려진다. 이러한 연구로 아마존강의 유역분지의 하나인 베네수엘라의 아프레강(Apure River) 수계 연구에 의하면 장석-암편질 모래 퇴적물의 조성이 하성 환경의 풍화로 불안정한 암편과 장석들이 파괴되어 석영사암질 모래로 바뀌는 것으로 밝혀졌다(Johnsson et al., 1988; Savage and Potter, 1991). 이러한 조건에서 중광물도 역시 유사한 영향을 받으며 중광물 중 인회석이 가장 많은 영향을 받아 줄어들고 다음으로 석류석과 단사휘석(clinopyroxene)의 함량이 줄어든 것으로 밝혀졌다(Morton and Johnsson, 1993). 이와 비슷한 연구로 덴마크의 마이오세 사암 연구에서도 하성 환경의 풍화 조건에서 녹염석과 각섬석의 함량이 상당히 줄어든 것을 보고하였으며(Friis, 1978), 북해의 영국 해역에 있는 Statfjord 유전의 삼첩기-쥐라기 사암에서도 인회석이 가장 많이 줄어들었고 다음으로는 석류석이 영향을 받은 것으로 보고되었다(Morton et al., 1996).

이상의 연구로 볼 때 퇴적물이 하성 환경에 퇴적되어 있는 동안 일어나는 풍화작용을 가장 잘 나타내는 광물은 인회석이라는 것을 알 수 있다. 이 인회석은 매몰 속성작용 동안은 별 영향을 받지 않으나 풍화작용에서는 불안정한 광물이다. 역시 풍화작용에서 불안정한 광물로는 감람석, 휘석과 각섬석이 있으나 이들 광물들 또한 매몰 속성작용 동안에도 용해작용이 일어나기 때문에 불안정하다. 이에 반하여 규선석(sillimanite), 홍주석(andalusite), 남정석(kyanite)과 십자석(staurolite) 등은 풍화 조건에서는 비교적 안정하지만 매몰 속성작용 동안은 매우 불안정하다. 즉, 퇴적물에서 인회석의 함량 변화는 퇴적물의 운반되는 동안 일어나는 풍화작용의 정도를 가장 잘 나타내는 지시자로 활용할 수 있다. Morton 등(2012)은 이 개념을 이용하여 영국의 북해 Piper 유전의 상부 쥐라기 사암에 나타나는 인회석의 층서적 함량 변화를 하성 퇴적물이 운반되는 도중 해수면의 상대적 높이에 따라 달라지는 하성 환경에 머무는 시간에 따른 풍화작용 정도의 차이로 해석하였다.

(4) 인회석의 화학 조성

중광물 중 인회석의 화학 조성에서 염소(Cl)의 함량을 이용하면 인회석의 기원암 추적이 가능하다.

인회석은 화성암의 모든 종류에 걸쳐 부수광물로 산출된다. 인회석은 불소인회석[$Ca_5(PO_4)_3F$] 종류가 가장 많이 산출되며, 이 종류는 화강암과 관련이 많다. 반면 염소인회석[$Ca_5(PO_4)_3Cl$]은 염기성 암석에서 산출된다. 인회석은 비교적 안정된 광물로서 여러 번에 걸친 침식과 퇴적을 거쳐도 보존이 일어날 수 있기 때문에 고기의 퇴적물에서 자주 관찰되는 광물이다. 그러나 산에 약하므로 산성의 환경에서는, 즉 풍화가 활발히 일어나는 퇴적 환경에서는 잘 보존되지 않는다.

　화강암에서 산출되는 인회석은 화강암의 성인이 I-형(화성 기원)과 S-형(퇴적 기원)에 따라 불소인회석의 조성 중 염소의 함량에 차이가 난다(Sha and Chappell, 1999). S-형 화강암에서 산출되는 인회석은 I-형의 화강암에서 산출되는 인회석에 비하여 불소의 함량이 27,000 ppm(2.7 wt%) 이상으로 더 많이 들어있으며, 반면에 염소의 함량은 1,000 ppm(0.1 wt%) 이하로 더 적게 들어있다. 이상과 같이 S-형 화강암에서 산출되는 인회석의 높은 불소의 함량과 낮은 염소의 함량은 화강암을 형성한 이전 퇴적암에서 이들 할로겐 원소의 함량에 기인하는 것이다. 즉, 염소는 수용액에 용해성이 높기 때문에 이로 인하여 인회석을 함유한 기존의 암석이 풍화작용을 받을 때 상대적으로 불소는 부화가 되고 염소가 빠져나간 상태로 된 인회석이 퇴적물에 섞여 있다가 마그마작용을 받아 S-형 화강암을 형성시키기 때문으로 해석되고 있다. 화산암에서 산출되는 인회석의 경우는 염소의 함량이 0~2.5 wt%까지 광범위하게 분포를 하지만 대부분의 경우는 0.5 wt% 이상으로 나타난다(Mitchell, 1997). I-형 화강암에서 산출되는 인회석은 염소를 대부분 0.1~0.5 wt% 함유하는 것(Sha and Chappelll, 1999)을 고려하면 인회석의 염소의 함량을 이용하여 인회석을 공급한 기원암의 구별이 가능할 수 있다. 퇴적물과 변성퇴적암에서의 인회석의 염소 함량은 0.5 wt% 미만으로 보고되었다(Mitchell, 1997).

(5) 방사성 동위원소 연령

퇴적물이나 퇴적암에서의 중광물은 이상에서 살펴본 것처럼 특정한 종류의 중광물이 특정의 화성암과 변성암으로부터 유래되는 양상으로부터 기원암을 유추해 볼 수 있다. 예를 들면, 백금(Pt)계열의 금속들과 크롬철광(chromite)은 초염기성암과 휘석암(pyroxenite)에서 산출되고, 다이아몬드는 킴벌라이트(kimberlite)에서, 석석(錫石, cassiterite)은 특정의 화강암에서만 산출된다. 그러나 석류석, 십자석, 규선석, 녹염석과 글로코페인(glaucophane) 등은 여러 종류의 변성암에서 산출되어 그 특성의 해석이 어려워진다. 저어콘의 한 종류로 자주색을 띠는 것들은 히아신스(hyacinth)라고 부르는데, 이들은 25억 년 이상 된 시생대의 화강암질 편마암에서만 산출된다. 이들의 색은 U, Th와 이들의 불안정한 딸원소로부터 방출되는 높은 에너지의 알파 입자에 의하여 방사성 손상을 받아 생긴 것이다. 그러나 대부분의 저어콘, 자철석, 티탄철석(일메나이트, ilmenite), 금홍석, 스핀, 모나자이트(monazite), 전기석, 휘석 등은 화성암과 변성암 모두에서 산출되어 모래 퇴적물이나 사암에서 이들이 산출된다고 하여도 특정한 기원지를 지시하지는 않는다. 따라서 쇄설성 퇴적암에서 중광물의 조합을 이용하여 기원지를 밝히는 데에는 제한된 조건이 작용하는 경우에만 효과적으로 이용할 수 있다.

　풍화작용에 잘 견디는 특정한 광물들은 방사성 동위원소 방법을 이용하여 기원지를 알아볼 수 있다. 예를 들면, 백운모와 칼리장석은 칼륨과 루비듐을 함유하고 있기 때문에 K-Ar과 Rb-Sr의 방법을 이용하여 절대 연령을 측정할 수 있다. 또한 저어콘, 모나자이트와 인회석은 우라늄과 토륨을 함유하고 있으므로 이들 광물들은 U-Pb와 Th-Pb 방법을 통하여 절대 연령을 구할 수 있다. 이런 방법을 이용하여 얻은 광물들의 절대 연령은 이들 광물들을 함유한 기원지 암석의 생성 연대를 가리키기 때문에 이로써 이 연대에 해당하는 기원지 암석을 알아볼 수 있다. 문제는 퇴적물에서 이들 광물들이 동일한 기원암을 나타내는 것이 아닌 여러 절대 연령을 가진 암석으로부터 유래된 다양한 지질 연대를 가진 저어콘들이 혼합되어 나타난다는 점이다. 또한 사암에서 이들 광물을 추출하기 위하여 분쇄하는 과정에서 장석과 같은 광물들은 더 작은 크기의 입자들로 쪼개지기 때문에 정확한 자료를 얻기가 어렵다는 점이다.

장석과 백운모를 이용하여 기원암의 연대를 구하는 어려움을 피하기 위하여 저어콘의 단일 입자를 이용하여 U-Pb 방법으로 절대 연령을 구할 수 있다. 저어콘 입자들은 장석이나 백운모에 비하여 화학적 풍화에 더 잘 견디며 더 견고한 특성을 가지고 있다. 이에 따라 저어콘 결정들은 풍화작용, 운반작용과 퇴적작용 시에 더욱 잘 견디며 쇄설성 퇴적암 내에 더 잘 보존된다. 쇄설성 저어콘 입자들이 서로 다른 다양한 절대 연령을 나타내는 문제점을 피하기 위해서는 저어콘의 색, 모양과 SEM-CL 영상 등을 구분하여 분리하여 분석하면 이들이 나타내는 절대 연령을 해석하는 데 도움이 많이 된다.

이러한 방법을 이용한 연구 시작의 좋은 사례는 Gaudette 등(1981)에 의하여 이루어졌으며, 이들은 미국 뉴욕 주의 북부에 분포하는 캠브리아기의 Potsdam 사암에서 저어콘을 추출하여 절대 연령을 구하였다. Gaudette 등은 캐나다 선캠브리아기 순상지의 Grenville 구조대의 화성암과 변성암으로 이루어진 Adirondack 산맥의 바로 동쪽에 노출된 노두에서 약 35 kg의 암석 시료를 채취하였다. 이 암석 시료로부터 추출된 저어콘은 (1) 갈색의 신장형 저어콘, (2) 갈색의 원마된 저어콘, (3) 투명하고 원마된 저어콘, (4) 투명의 신장형 저어콘으로 구분을 하였다. 이들의 전체 U-Pb 절대 연령은 968 Ma로부터 1466 Ma까지 다양하게 구해졌으나 이들로부터 어떠한 해석을 얻어낼 수는 없었다. 그러나 이상과 같이 종류별로 구분된 저어콘들은 표 6.3과 그림 6.43과 같이 concordia 도표에서 특징적인 절대 연령을 나타낸다.

그림 6.43A와 같이 갈색의 신장형 저어콘들의 상부 concordia 교차 연령인 1170 ± 100 Ma은 Adirondack Highlands의 차르노카이트질 편마암의 연령과 유사하다. 따라서 이들 저어콘들은 이

표 6.3 미국 뉴욕 주 북부의 캠브리아기 Potsdam 사암의 저어콘 U-Pb 연대(Gaudette et al., 1981)

저어콘 종류	U-Pb 연대(백만 년 전)
갈색의 신장형(brown elongate)	1,170 ± 100
갈색의 원마형(broun round)	1,320 ± 80
투명한 원마형(clear round)	2,160 ± 500
투명한 신장형(clear elongate)	2,700 ± 250

그림 6.43 미국 뉴욕 주 북부의 캠브리아기 Potsdam 사암의 저어콘 종류별 U-Pb 연대의 concordia 도표(Gaudette et al., 1981). (A) 갈색의 신장형 저어콘, (B) 갈색의 원마된 저어콘, (C) 투명한 원마된 저어콘과 (D) 투명한 신장형 저어콘.

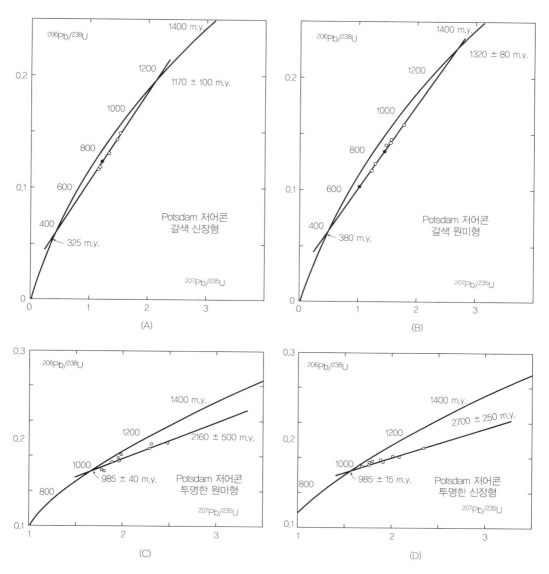

들이 채취된 지점에서 멀지않은 Adirondack 산맥으로부터 유래되었다고 해석할 수 있다. 갈색의 원마된 저어콘들은 갈색의 신장형 저어콘들보다 더 오래된 1320 ± 80 Ma의 절대 연령을 나타내는데, 이는 이들이 이러한 연령이 알려진 캐나다 퀘백 주의 남부 Grenville 구조대로부터 유래하였음을 나타낸다. 투명한 저어콘들은 상부 교차(upper intercept) 연령이 원마된 것은 2160 ± 500 Ma를, 신장형은 2700 ± 250 Ma를 나타낸다. 이러한 연령을 가진 암석은 이들 시료가 채취된 지점에서 약 600 km 떨어진 Superior 구조대에서 산출된다. 그러나 하부의 교차 연령은 985 Ma를 나타내는데, 이는 투명한 저어콘들이 Grenville 조산운동 기간 동안 Pb가 많이 빠져나갔음을 가리킨다. 따라서 이들 저어콘들은 선-Grenville 퇴적물에 쌓였다가 Grenville 조산운동 동안 변성작용을 받은 후 다시 침식되어 캄브리아기에 Potsdam 사암에 퇴적된 것으로 해석할 수 있다. 갈색의 저어 콘들이 가리키는 하부의 교차 연령인 325 Ma와 380 Ma은 고생대 동안 애팔래치아 산맥에서 일어 난 조산운동의 시기와 일치한다. 그러나 이를 지지해 주는 다른 증거가 없으므로 이 연령들은 아 마도 discordia선에 선형의 외삽법에 의한 인위적인 연령일 수 있다. 이상에서 살펴본 바와 같이 Potsdam 사암에서 산출되는 저어콘의 입자들은 시생대부터 북미대륙에 일어난 주요한 지질 현상 에 관여하였음을 가리킨다.

Lee 등(2012)은 한반도의 동부 태백산 분지에 분포하는 장산층에서 산출되는 저어콘을 분리하여 U-Pb 연령을 측정한 결과 저어콘이 나타내는 연대는 1738 ± 67 Ma에서 3059 ± 53 Ma까지 매우 오래된 기반암으로부터 유래된 것으로 나타났다. 장산층에서 산출되는 저어콘들은 거의 모두가 자 형의 모양을 띠는 것이 아니라 입자의 가장자리가 잘 마모된 형태로 나타나기 때문에 아마도 여러 번에 걸친 퇴적 주기를 거치면서 장산층에 함께 쌓인 것으로 해석된다. 장산층에서 산출되는 저어 콘의 U-Pb 연대를 바탕으로 볼 때 한반도 기반암의 지질연대가 약 31억 년으로 예측되어 한반도가 매우 오래된 암석으로 구성되어 있었을 것으로 해석할 수 있다. 장산층의 하부에 부정합으로 놓인 선캄브리아기의 율리층군의 암석의 변성 연대가 800~900 Ma로 알려져 있으므로 장산층이 쌓인 지질 시대는 율리층군의 변성 연대보다는 젊은 신원생대로 여겨진다.

이상과 같은 U-Pb 절대 연령 측정법은 개개의 저어콘 입자들을 측정할 수 있는 기술적인 수 준까지 발달하였을 뿐 아니라 최근에는 한 입자에서 여러 부분에 대하여 측정을 할 수 있는 정도 까지 발달하였다. SHRIMP(sensitive high-resolution ion microprobe)라고 불리는 미세이온탐침 (microprobe)과 레이저삭마 유도결합플라즈마 질량분석기(LA-ICP-MS : laser ablation inductively coupled plasma mass spectrometer)를 이용하면 직경 25 μm 정도의 범위에서도 분석이 가능하기 때문에 저어콘 입자들이 겪은 지질 역사를 좀더 세밀히 알아낼 수 있다.

그러나 앞에서 소개한 저어콘의 U-Pb 절대 연령을 이용하여 퇴적물의 기원지와 퇴적 시기 연대 를 측정하는 방법에는 제한 사항이 있음을 염두에 두어야 한다. 즉, 저어콘은 여러 종류의 암석에 분포하고 역학적으로 단단하며 또한 풍화작용을 잘 받지 않는다는 점을 이용하지만 이러한 특성 때문에 저어콘은 여러 번에 걸친 퇴적 과정을 거쳐도 제거되지 않고 재동되어 나타난다는 점, 비슷 한 저어콘의 U-Pb 연대를 가지는 다양한 기원지에서 공급될 수 있다는 점과 다양한 양의 지각 내 화성활동을 일으키는 조산운동에 의해 지배를 받는다는 점 때문에 저어콘의 U-Pb 연대 자료를 퇴 적물의 기원지나 지질 연대 층서에 적용하는 데 약간은 주의를 기울일 필요가 있다.

(6) 금홍석(rutile) 화학 조성

금홍석은 화학 조성이 TiO_2로 이루어져 있다. 여기에 소량의 Nb과 Sb(antimony), Ta와 텅스텐 (W) 을 함유하고 있다. 금홍석은 중급 이상의 변성작용 동안 생성되는 변성 광물이므로 화성암과 저변 성암에서는 산출되지 않는다. 이에 따라 쇄설성 금홍석은 중급-상급의 변성암에서 유래된 것으로 해석할 수 있다. 이밖에도 석영맥, 알칼리 화성암, 킴벌라이트에서 산출되기도 한다. 금홍석은 물

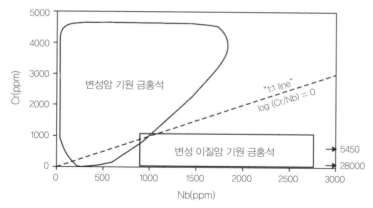

그림 6.44 금홍석의 Cr과 Nb의 함량에 따른 기원암 구분(Meinhold et al., 2008).

리·화학적으로 비교적 안정한 광물이기 때문에 기원지 암석에 대한 중요한 정보를 그대로 간직하고 있기에 퇴적물의 기원지 해석에 이용된다.

최근에 금홍석에 관한 많은 연구가 이루어져 금홍석의 흔적 원소(trace element) 조성을 이용하여 기원지 암석을 알아내거나 또는 금홍석의 지온계(geothermometer)를 이용하기도 한다(Zack et al., 2004a,b; Triebold et al., 2005, 2007; Stendal et al., 2006). 금홍석의 흔적 원소 함량으로 높은 등급의 변성암에서 에클로자이트와 고압의 그래뉼라이트(granulite)를 열수 광상이나 킴벌라이트로부터 구분한다. 또한 금홍석에 들어있는 Cr과 Nb의 함량을 이용하여 금홍석의 기원암이 변성 염기성 암석인지 변성 이질암인지를 구별하기도 한다. 이 밖에도 금홍석의 Fe 함량이 변성암 기원에서는 1000 ppm 이상 들어있어 이를 이용하여 변성 기원임을 알아볼 수 있다. 변성 이질암 기원의 금홍석은 Nb의 함량이 800~2700 ppm의 범위를 가진다. 금홍석의 Cr과 Nb의 함량을 이용하여 변성 염기성암과 변성 이질암을 구분하는 도표가 Meinhold 등(2008)에 의하여 제안되었다(그림 6.44). 이 그림을 보면 변성 이질암 기원의 금홍석은 Nb의 함량이 800~2700 ppm을 가지며 Cr/Nb의 비율은 음의 값을 가지는 반면, 변성 염기성암에서 산출되는 금홍석은 Cr/Nb의 비율이 1:1 log(Cr/Nb)의 선 상하에 모두 나타나지만 음의 값을 가지는 경우에는 Nb의 함량이 800 ppm보다 낮게 들어있다. 각섬암에서 산출되는 금홍석은 각섬암의 변성 이전 암석이 염기성 암석일 수도 있고 이질암일 수도 있기 때문에 변성 이질암과 변성 염기성암의 두 영역에 모두 도시된다.

또한 금홍석에 들어있는 Zr의 함량을 이용하여 금홍석이 생성되는 온도를 추정해 볼 수 있다. Watson 등(2006)은 실험 결과와 변성암에서 산출되는 금홍석의 자료를 이용하여 다음과 같은 관계식을 제시하였다. 온도 측정의 오차는 ± 20℃이다.

$$T(℃) = \frac{4470}{7.36 \times \log_{10}(Zr \, ppm)} - 273$$

금홍석은 저어콘과 같이 U-Pb 연령을 측정하여 기원지 연대를 추정할 수 있다. 금홍석을 이용한 U-Pb 연대는 금홍석을 함유하는 암석을 생성시킨 조산대 내에서 가장 최후의 높은 변성작용을 겪었던 시기나 500℃ 이하로 냉각이 일어났던 시간에 대한 정보를 제공한다. 그로 인해 저어콘 U-Pb

연대에 비하여 낮은 온도 영역에서의 정보를 제공하므로 일반적으로 사용하는 저어콘의 연대 자료 보다는 좀더 구체적인 기원지에 대한 정보를 제공한다고 할 수 있다.

(7) 핵분열 비적법(fission-track analysis)

우라늄(U)을 함유하고 있는 광물 중 인회석, 저어콘과 스핀(또는 titanite)과 같은 광물은 광물 격자 내 함유되어 있는 ^{238}U의 자발적인 분열로 인한 분열의 흔적이 광물 내에 남게 된다. 이를 **핵분열 비적**(fission track)이라고 하며, 보통의 현미경에서는 관찰을 할 수 없지만 이 핵분열 비적을 화학적으로 에칭(etching)시켜 고배율의 현미경을 이용하면 관찰을 할 수 있다(그림 6.45). 핵분열의 비적 숫자를 단위면적당 개수를 세어 이를 이용하여 지질 연대를 측정할 수 있다. 인회석과 저어콘의 핵분열 비적 연대는 이들을 함유하고 있는 퇴적물이 겪은 낮은 온도의 열사(thermal history)를 지시한다. 인회석의 경우는 60~110°C 사이의 열사를, 저어콘은 200~320°C 사이의 열사를 나타낸다. 즉, 인회석의 경우에는 이를 포함한 암석이 겪은 지열이 110°C 이하로 낮아졌을 때부터 인회석에 핵분열 비적의 기록이 남게 되어 이를 통하여 암석이 언제 110°C 이하의 온도로 낮아졌는가에 대한 정보를 제공한다. 같은 방법으로 저어콘의 경우에는 저어콘을 함유한 암석이 언제 320°C 이하로 식었는가에 대한 정보를 제공하게 된다. 인회석이나 저어콘은 각각 110°C와 320°C 이상으로 가열되면 이들 광물 내에 기록되어 있는 핵분열 비적이 모두 지워지게 되며 이 온도에서 새로 생성된 핵분열 비적도 기록으로 남지 않는다. 인회석의 경우 60~110°C 온도 구간과 저어콘의 경우 200~320°C 온도 구간에서는 핵분열 비적이 생성된 것과 생성된 비적이 서서히 지워지는 온도 영역이다. 때문에 새로 생성된 핵분열 비적의 길이는 평균 15 μm 정도이나 지워지므로 시간이 지나면서 그 길이가 짧아진다. 이 온도 구간을 **부분적 지워짐 구간**(partial annealing zone)이라고 하며, 인회석과 저어콘을 함유한 암석이 이 부분 지워짐 구간에서 어느 정도의 속도로 온도가 낮아졌는가에 따라 핵분열 비적의 길이가 다양하게 나타난다. 이와 같이 핵분열 비적의 길이 분포를 알게 되면 이를 통하여 이들 광물을 포함한 암석이 얼마나 빠른 속도로 융기가 일어났었는가를 알아볼 수 있다. 일단 저어콘과 인회석이 각각 200°C와 60°C의 온도 이하로 냉각된다면 생성된 핵분열 비적은 그대로 보존된다. 따라서 핵분열 비적을 이용하여 측정된 연대는 언제 인회석이나 저어콘을 함유한 암석이 각각 110°C와 320°C 이하의 온도로 냉각되었는가를 지시하게 된다. 퇴적 분지에서는 퇴적물이 쌓였다가 깊게 매몰되어 속성작용을 받았다가 다시 융기를 하게 된다. 이 경우 인회석과 저어콘의 핵분열 비적법을 이용하면 원기원암에 대한 핵분열 비적 연대는 지워져서 유추할 수 없지만 대신 퇴적물이 언제 융기를 하였는가를 알 수 있다. 인회석과 저어콘의 핵분열 비적 연대는 퇴

그림 6.45 인회석의 핵분열 비적. 축적은 10 μm이다.

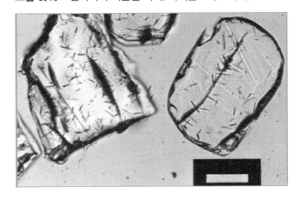

적물의 매몰의 정도에 따라 퇴적작용이 일어난 지질 연대보다 오래되거나 젊을 수 있다.

앞의 예와는 달리 퇴적물이 퇴적 분지에 쌓여 깊게 매몰이 일어나지 않았을 경우 핵분열 비적 연대가 지시하는 정보는 전혀 다르게 해석된다. 즉, 인회석이나 저어콘을 함유한 퇴적물이 각각 아직 60℃나 200℃의 온도 이하로 매몰되지 않았을 경우, 즉 현재 이 온도까지 매몰이 진행되고 있는 경우, 또는 이 정도 온도 이상으로 매몰되지 않고 바로 융기가 일어난 경우에는 쇄설성 입자로서 인회석과 저어콘이 기원지 암석에서 가지고 있던 핵분열 비적 연대는 그대로 보존된다. 이 경우의 핵분열 비적 연대는 퇴적물이 겪은 퇴적과 융기의 역사를 가리키는 것이 아니라 퇴적물을 공급한 기원지의 열역사를 가리키게 된다. 즉, 퇴적물을 공급한 지역에서 이들 광물을 포함함 암석이 지표에 노출되어 풍화를 받고 침식을 받아 퇴적물로 공급을 하였기에 이 과정에서 기원암에는 핵분열 비적이 생성되어 있었고 보존되어 있었다. 즉, 기원암의 핵분열 비적 연대는 언제 이들 광물이 부분 지워짐 구간 최대 온도 아래의 온도로 융기를 하였는가를 나타내는 연대가 된다. 따라서 이 경우에 퇴적물에서 측정된 인회석과 저어콘의 핵분열 비적 연대는 퇴적작용이 일어난 지질 연대보다는 훨씬 오래된 연대를 나타낸다. 따라서 정리하여 보면 핵분열 비적 연대와 퇴적물의 퇴적 연대를 비교하면 퇴적물이 겪은 매몰의 역사를 해석할 수 있다. 이러한 방법을 이용하여 퇴적 분지의 전반적인 열역사(thermal history)를 알 수 있을 뿐 아니라 기원지의 정보가 충분하다면 이를 이용하여 기원지 분석을 할 수 있고 지층 간 대비에도 활용이 된다.

(8) 정장석의 납동위원소 조성

정장석은 모래질 퇴적물(사암)에 평균 약 30% 정도로 들어있는 비교적 흔한 광물이다. 장석 중에서는 사장석에 비하여 풍화 조건에서 더 안정하기 때문에 결정질 암석으로부터 바로 유래된 모래질 퇴적물에는 사장석보다는 더 많이 함유되어 있다. 그러나 정장석은 U이나 Th과 같은 방사성 원소를 거의 함유하고 있지 않기 때문에 정장석의 환경 납동위원소(common Pb) 조성은 시간이 지나더라도 그 값이 그리 변하지 않는 특성을 나타낸다. 여기서 환경 납이란 U나 Th의 붕괴로부터 유래가 되지 않는 납으로 광물이 결정화될 때 결정에 들어가거나 오염물로 들어간 납을 가리키는 것으로 ^{204}Pb를 측정하여 알아낸다. 또한 정장석을 공급하는 기반암들은 이들의 생성 연대와 U-Pb-Th의 분별작용의 차이로 인하여 매우 광역적인 차이를 나타낸다는 점이다. 이러한 점은 지각의 상부와 중부에서 그대로 유지되기 때문에 이들 기반암이 침식이 일어났다 하더라도 납동위원소 조성은 민감하게 바뀌지 않는 특성을 나타낸다. 이러한 점을 바탕으로 기반암들의 납동위원소 조성을 이용하여 기반암들의 특성을 지도로 표시할 수 있는 장점이 있다. 또한 정장석의 납동위원소 조성은 풍화작용, 운반작용, 매몰 속성작용에서도 큰 영향을 받지 않기 때문에 쇄설성 정장석의 납동위원소 조성($^{207}Pb/^{204}Pb$ vs. $^{206}Pb/^{204}Pb$)을 이용하여 퇴적물의 기원지와 이들이 어떠한 통로를 거쳐서 퇴적 분지로 운반되었는가를 살펴볼 수 있는 기원지 연구의 방법으로 이용되고 있다. 이러한 연구는 북대서양이 삼첩기에서부터 열개가 되면서 생성된 열개 분지에 쌓인 퇴적물의 기원지 분석에 이용되어 열개작용이 일어나는 동안의 수계의 발달과 기원지의 변화에 대하여 적용이 되었다(그림 6.46).

그림 6.46 정장석의 ^{206}Pb/^{204}Pb와 ^{207}Pb/^{204}Pb의 비율을 이용하여 기원지 연구를 한 예. 연구에 이용된 시료는 북대
서양의 (A) Slyne 분지의 삼첩기 사암과 (B) Borcupine 분지의 쥐라기 사암이다(Tyrell et al., 2007). 또한 이 도표에는
Rockall Bank에 분포하는 백악기의 모래와 사암의 정장석 자료도 함께 도시가 되어 있다. 이 도표에서 보는 바와 같이 각
분지의 정장석 자료는 서로 구별이 되면서 서로 다른 기반암의 정장석 납동위원소 자료의 범위에 들어 각각이 서로 다른
기반암에서 기원했다는 것을 지시한다.

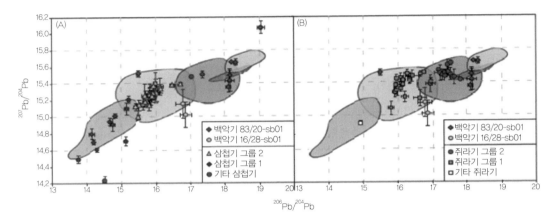

07

이질암

세립질의 쇄설성 퇴적암으로는 실트암(siltstone), 점토암(claystone), 셰일(shale), 이암(mudstone), 이회암(marl), 뢰스(loess)와 같은 풍성 퇴적암이 있다. 일반적으로 퇴적물에 50% 이상의 실트와 점토가 함유되어 있는 쇄설성 암석을 이질암(mudrock)이라고 한다. 이질암은 퇴적암 중에서 가장 많이 나타나는 암상으로 전체 퇴적암의 약 45~55%를 차지한다. 그러나 이질암은 풍화작용을 쉽게 받으므로 노두에서 분포는 빈약하다. 이질암은 머드 입자의 크기와 고화 정도, 쪼개짐(fissility, 그림 7.1)의 발달 정도에 따라 여러 가지 종류로 구별된다(표 7.1).

셰일은 얇게 엽층리를 이루는 이질암으로 각각의 엽층리는 낮은 에너지 환경에서 주기적으로 반복되어 나타나는 느린 퇴적작용의 결과로 형성된다. 셰일은 엽층리면을 따라 쉽게 분리되는 쪼개짐이 잘 발달해 있다. 실트암은 퇴적물의 2/3 이상이 실트 입자로 구성되어 있는 경우이며, 대체로 쪼개짐이 없고 약간의 일차적인 퇴적 구조가 발달되어 있다. 이암은 퇴적물에 실트와 점토가 대략 비슷한 양으로 들어있는 퇴적암을 가리키며, 괴상을 띠고 쪼개짐이 나타나지 않는다. 또한 엽층리의 발달도 거의 보이지 않는다. 이암을 이루는 퇴적물은 셰일을 이루는 퇴적물보다는 더 빠르게 퇴적된 것이다. 세립질 퇴적물의 2/3 이상이 점토 크기의 입자로 이루어져 있으며, 괴상을 이루고 쪼개짐이 발달되어 있지 않으면 이를 점토암이라고 한다. 이회암은 점토가 탄산칼슘과 비슷한 비율로 혼합되어 있는 세립질 퇴적물을 가리키며, 백악기의 백악 이회암(chalk marl)과 같이 유기 기원으로 생성되거나 생화학적인 침전에 의해 생성되기도 한다.

표 7.1 이질암의 분류

입자의 분포	야외 특징	쪼개짐	
		유	무
$> \frac{2}{3}$ 실트	돋보기로 볼 때 실트 입자가 많음	실트–셰일	실트스톤
$> \frac{1}{3}$, $< \frac{2}{3}$ 실트	입 안의 촉감이 거칠음	머드–셰일	머드스톤
$> \frac{2}{3}$ 점토	입 안의 촉감이 부드러움	점토–셰일	점토암

그림 7.1 쪼개짐(fissility)이 잘 발달된 셰일.

7.1 광물 조성

기계적 풍화작용으로 만들어진 세립질 퇴적물은 주로 석영, 장석, 백운모와 흑운모 그리고 점토광물로 구성되어 있으며, 이외에도 소량의 중광물이 들어있다. 이질암은 평균적으로 점토광물이 약 60%, 석영과 처어트가 약 30%, 장석이 약 5%, 탄산염 광물이 약 4% 그리고 유기물과 철산화물이 약 1% 정도로 이루어져 있다. 실트 크기 입자가 상당량 들어있는 이질암은 주요 구성 성분에 따라 크게 세 가지로 나뉜다. 석영사암형 이질암은 주로 석영과 처어트로 구성되어 있는 경우를 가리킨다. 점토사암(phyllarenite)형 이질암은 세립질의 운모가 주를 이루며, 약간의 변성암 암편과 석영이 들어있다. 장석사암형 이질암은 칼륨장석이 많이 들어있는 경우를 가리킨다.

7.1.1 점토광물

점토광물(粘土鑛物)은 이질암의 가장 중요한 성분이기 때문에 연구가 많이 되어 왔다. 점토광물이란 칼륨, 칼슘, 마그네슘 등의 양이온을 갖는 함수 규산알루미늄염 광물을 말한다. 여기에는 엄격한 의미로 보면 점토광물은 아니지만, 알루미늄 수산화물과 함수 알루미늄 산화물도 포함된다. 후자의 두 광물이 퇴적물 내에 나타나면 풍화작용이 일어나는 동안 상당한 용탈작용(溶脫作用, leaching)이 있었음을 지시한다. 이들 새로운 물질들은 일반적으로 아주 작은 광물 결정으로 나타나기 때문에 X-선 회절분석 등의 특별한 방법을 이용하여야만 구분이 가능하다. 점토광물은 실리카(silica, SiO_2)의 사면체로 이루어진 단위층(tetrahedral layer)과 알루미나의 팔면체 단위층(octahedral layer)이 서로 결합을 하며, 그 사이에 교환이 가능한 양이온의 층이 존재한다. 예를 들면, 운모와 같은 판상 구조로 이루어져 있다. 점토광물의 구조는 그림 7.2에 나타나 있다. 퇴적물 내에 존재하는 점토광물의 특징은 이들이 어떠한 환경에서 생성되었는지 알 수 있다(표 7.2 참조).

　퇴적물이나 퇴적암에서 산출되는 점토광물은 크게 다음 세 가지 생성작용에 의하여 생성된다: (1) 쇄설성, (2) 신생(neoformation), (3) 변환(transformation). 이질암에서 이들 점토광물의 성인을 구별하여 연구하면 좀더 유용한 많은 정보를 해석할 수 있다. 쇄설성 기원은 다른 장소에서 기존에

그림 7.2 점토광물의 구조(Blatt et al., 1980).

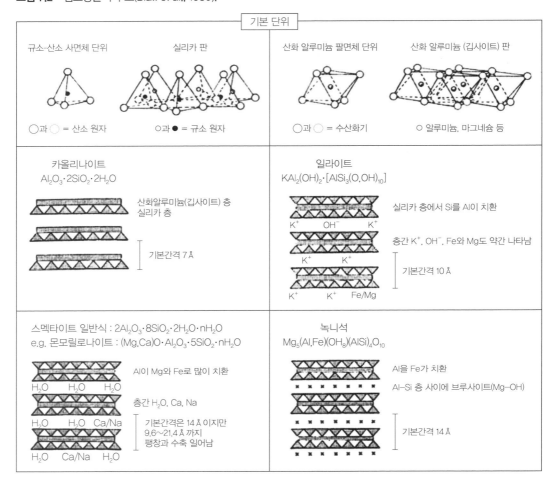

생성되었던 점토광물이 운반되어 쌓였다는 것을 의미한다. 이들 쇄설성 기원의 점토광물들은 현재 산출되는 장소에서 안정한 상태를 유지하고 있다는 것을 나타낸다. 이러한 연유로 쇄설성 기원의 점토광물은 기원지의 지질을 밝히는 데 이용되며, 기원지에서의 점토광물 종류는 풍화가 일어난 당시의 기후에 대한 정보를 제시한다고 할 수 있다. 신생(neoformation) 기원의 점토광물은 산출되는 그 장소에서 새롭게 생성되었으며, 이들은 용액으로부터 직접 침전에 의해서 생성되거나 비정질의 이산화규소 물질로부터 생성되기도 한다. 따라서 이 성인의 점토광물들은 이들이 생성될 때 공극수의 화학 조성, 용탈이 되는 정도와 온도에 대한 정보를 제공한다. 변환(transformation) 기원의 점토광물은 쇄설성 기원의 점토광물들이 주변의 용액에 들어있는 이온들과 교환을 하거나, 양이온들이 재배열을 하여 생성된다. 이들은 변환되기 이전의 기원지의 특성을 간직하므로 이들에 대한 정보를 얻을 수 있을 뿐만 아니라 이들이 나중에 겪은 화학적인 환경에 대한 정보를 제시하기도 한다.

이질암에 산출하는 점토광물 가운데 6가지 중요한 종류를 살펴보자. X-선 회절분석을 하여 점토광물의 종류를 알아보기 위한 참고자료로 미국지질조사소의 실험 교본을 참고하기 바란다(http://pubs.usgs.gov/of/2001/of01-041/htmldocs/intro.htm).

(1) 깁사이트(gibbsite)

이 광물은 수산화알루미늄$[Al(OH)_3]$으로 이루어져 있으며, 광물 구조 내에는 다른 양이온이 없다. 알루미늄 원광석은 보크사이트(bauxite)라는 암석이다. 이 보크사이트는 규산염 암석의 풍화로 만들어지거나(이를 '규산염 보크사이트'라고 함), 탄산염암으로 이루어진 카르스트 지역(이를 '탄산염 보크사이트'라고 함)에서의 라테라이트 토양에서 생성되며 깁사이트는 산수산화알루미늄 광물인 boehmite$[\gamma\text{-}AlO(OH)]$와 diaspore$[\alpha\text{-}AlO(OH)]$와 함께 보크사이트를 구성하는 주요 알루미늄 함유 광물이다. 깁사이트와 이에 관련된 광물들은 습윤(濕潤)하고 열대성 풍화작용이 가장 심할 때, 순환하는 지하수에 의해 완전한 용탈작용과 물질의 제거로 인해 생성된다. 이러한 조건에서는 규소를 포함한 모든 양이온이 지하수를 통해 빠져 나가버리고 알루미늄만 남아 있게 되므로 독특한 광물로의 결정화 작용이 일어난다.

(2) 카올린(kaolin) 그룹

이 그룹의 광물들은 함수 알루미늄규산염 광물로서, Si와 Al을 제외한 그 밖의 다른 원소는 들어있지 않다. 이 그룹 광물들도 역시 금속 이온, 알칼리 금속 그리고 알칼리 토류 원소들이 완전히 용탈됨으로써 생성된 광물이다. 깁사이트와는 달리, 규소는 완전히 빠져나가지 않은 상태에서 형성된다. 카올린 그룹으로는 카올리나이트$[Si_4Al_4O_{10}(OH)_8]$와 같은 조성을 가지는 딕카이트(dickite), 내크라이트(nacrite) 및 할로이사이트$[halloysite, Si_4Al_4O_{10}(OH)_8 \cdot 4H_2O]$가 있다. 결정 구조로 볼 때, 카올리나이트는 규소-산소의 사면체층(四面體層; tetrahedral layer, T)이 알루미늄-산소-수산화기의 팔면체층(八面體層; octahedral layer, O)이 1T:1O(TO)로 결합되어 있다(그림 7.2). 이러한 이중 판은 결합되면 전기적으로 중성을 띠며, 이에 따라 더 이상의 양이온을 필요로 하지 않는다. 카올린 그룹의 광물들은 이들 이중 판의 배열 양식에 따라 달라진다. 카올리나이트의 기본적인 층의 두께는 7.2Å이며, 할로이사이트는 10Å을 나타내지만 탈수된 할로이사이트는 7.2Å을 가진다. 카올린 그룹 광물은 용탈작용이 심하게 일어나는 열대 지대의 산성 토양에서 특징적으로 생성된다. 카올리나이트로 이루어진 토양에 용탈작용이 더 일어나게 되면 토양으로부터 실리카가 빠져나가 깁사이트와 보크사이트를 이루는 수산화알루미늄이 생성된다.

(3) 스멕타이트(smectite) 그룹

이 그룹의 광물은 철, 마그네슘, 칼슘과 나트륨 등의 양이온을 상당량 함유하는 함수 규산염 광물이다. 따라서 이 그룹의 광물은 화학적 풍화작용 과정에서 기원 광물로부터 유래된 원소들이 모두 빠져나가지 않은 환경에서 생성된다. 이들 광물의 기본 결정 구조는 두 개의 규소-산소 사면체층 사이에 알루미늄-산소-OH 층이 들어가 있는 2T:1O(TOT)의 형태이다(그림 7.2). 여기에서 Al^{3+}과 Si^{4+} 이온에 치환이 일어남으로써 여러 가지 화학 조성의 변화가 있게 된다. 즉, 사면체층의 Si^{4+}를 Al^{3+}이 부분적으로 치환하고, Mg^{2+}와 $Fe^{2+,3+}$이 팔면체층의 Al^{3+}을 부분적 또는 완전히 치환하기도 한다. 이와 같은 치환작용에 따라서 세 개의 층(層)으로 이루어지는 단위 구조는 전기적으로 중성을 이루지 못하고 항상 음의 전기적 성질을 띠게 된다. 이를 보상하기 위하여 서로 인접하는 세 개의 층 사이에 양이온이 들어가 결합을 한다. 칼슘과 나트륨이 일반적으로 이 자리를 차지하며, 다양한 양의 물 분자도 함께 존재한다. 층 사이에 존재하는 이들 양이온은 공극수에 용해되어 존재하는 다른 양이온과 쉽게 교환작용이 일어난다. 따라서 스멕타이트 그룹 광물들은 높은 양이온 교환 능력(cation exchange capacity)이 있다고 한다. 또한, 층간수(層間水)의 양이 다양하기 때문에 스멕타이트 결정은 물이 더해지거나 증발로 인하여 물이 빠져 나가면 부피가 변화하는 특성을 보이므로 **팽창성점토**(膨脹性粘土, expandable clay)라고 부른다. 스멕타이트 그룹 광물이 생성되는 환경은 용탈작용이 어느 정도 일어나고 화학적 풍화작용도 어느 정도 작용이 일어나는 조건을 갖춘 곳이다. 대체로 배수가 잘 되고 중성의 pH를 가지는 온대 지방의 토양이나, 알칼리성 토양수를 가지고 배수가 잘 안 되는 토양과 건조한 지대의 토양에서 주로 생성된다. 풍화작용과는 달리 스멕타이트는 화산재(火山灰)가 지표나 수중에 쌓인 후 변질작용을 받아서도 형성되는데, 이 경우 벤토나이트 점토가 생성된다. 이 그룹 광물이 생성되기 위한 주요한 필요조건은 기원지 암석에 마그네슘의 함량이 높아야 한다. 스멕타이트 그룹 광물에는 Na, Ca과 Mg을 함유하는 몬모릴로나이트[montmorillonite, $(Na,Ca)_{0.33}(Al,Mg)_2(Si_4O_{10})(OH)_2 \cdot nH_2O$], Fe^{3+}가 들어있는 논트로나이트[nontronite, $(Ca_{0.5},Na)_{0.3}Fe^{3+}_2(Si,Al)_4O_{10}(OH)_2 \cdot nH_2O$]와 Mg와 Fe로 이루어진 팔면체층을 가지는 사포나이트[saponite, $Ca_{0.25}(Mg,Fe)_3((Si, Al)_4O_{10})(OH)_2 \cdot nH_2O$]가 있다.

(4) 일라이트(illite)

일라이트[$K_{0.65}Al_{2.65}Si_{3.35}O_{10}(OH)_2$]는 칼륨을 주요 양이온으로 하는 함수 알루미늄규산염 광물이다. 일라이트 역시 불완전한 용탈작용의 풍화 조건을 지시하는데, 기원암이나 근원암과 접하는 용액에 칼륨이 풍부하게 포함되어 있어야 한다. 기본적인 결정 구조는 스멕타이트처럼 두 개의 사면체 층과 한 개의 팔면체 층을 포함한 세 개의 층(2T:1O, TOT)으로 이루어져 있으며, 단위층의 두께는 10Å이다(그림 7.2).

사면체 위치의 Si^{4+}를 Al^{3+}이 어느 정도 치환을 하면 전기적으로 음의 전하를 띠기 때문에 여기에 K^+이 결합을 하게 된다. 만약, 사면체 층에서 Si/Al의 비율이 6:2가 되면 이는 Al^{3+}이 최대로 Si^{4+}를 치환하는 경우로서 단위 결정식에는 두 개의 K^+이 존재하며, 이 경우의 광물을 백운모라고 한다. 따라서 일라이트는 백운모에 비해 Si^{4+}가 비교적 풍부하고 K^+이 약간 부족한 운모라고 할 수 있다. 결정 구조 내에 들어있는 K^+는 낮은 양이온 교환 능력을 나타내며 일라이트는 거의 팽창하지 않는다. 일라이트는 많은 해양 셰일의 주요 점토광물로서, 이들 일라이트가 일차적인 풍화 산물 혹은 다른 점토광물이 해수(海水) 중의 K^+와 반응하여 생성된 속성광물(續成鑛物)인가에 대해서는 구별하기가 쉽지 않다. 만약, 일라이트가 일차적인 풍화 산물이라고 하면 이의 생성 조건은 건조 지대나 아건조 지대에서 발달되는 알칼리성 토양이어야만 한다.

(5) 녹니석(chlorite)

녹니석(綠泥石)은 함철마그네슘(ferromagnesian) 광물의 변질에 의하거나, 카올리나이트와 스멕타이트 광물이 속성작용에 의해 변질되어 생성된다. 녹니석은 주로 철과 마그네슘을 함유하는 함수 알루미늄규산염 광물이다. 결정 구조로 볼 때 스멕타이트처럼 세 개의 층으로 구성되어 있는데, 이들 세 개의 층들 사이에 브루사이트(brucite)라는 $(Fe,Mg)_3(OH)_6$의 조성을 가지는 팔면체의 층(coordinated sheet)이 하나 더 존재하여 두 개의 사면체 층과 두 개의 팔면체 층으로 이루어진 2T:2O(TOTO) 구조를 가지며 단위층의 두께는 14Å이다(그림 7.2). 사면체 층의 Si^{4+}에 Al^{3+}이 다양하게 치환되고, 팔면체 층의 Al^{3+}을 $Fe^{2+,3+}$와 Mg^{2+}이 치환함에 따라 조성은 다양하게 나타난다. 녹니석은 용탈작용이 어느 정도 일어나는 온대 지방의 토양에서 생성되기도 하며, 화학적 풍화작용이 잘 일어나지 않는 고위도 지방이나 저위도 지방의 건조한 기후대 토양에서도 생성된다. 즉, 녹니석은 염기성 규산염 광물의 풍화 산물이며, 낮은 온도, 건조한 조건, 온대 기후에서 안정하다. 녹니석은 이렇게 화학적 풍화작용의 산물로 생성되며, 녹니석질 점토는 주로 해양 셰일에 나타나는데 아마도 이들은 속성작용에 의해 생성된 것으로 여겨진다. 심해저의 적색점토(赤色粘土, red clay)는 녹니석을 많이 함유하고 있다.

(6) 혼합층 점토(mixed-layer clay)

혼합층 점토란 하나의 결정 단위에 둘 내지 세 종류의 점토광물이 구조적 형태로 구성되어 있는 점토를 말한다. 혼합되는 정도는 한 점토광물의 한정된 숫자가 다른 한 종류의 한정된 숫자와 서로 규칙적으로 섞여있거나 이들이 불규칙적으로 섞여있는 경우도 있다. 일반적으로 흔히 나타나는 혼합층 점토는 일라이트-스멕타이트, 일라이트-녹니석, 녹니석-스멕타이트, 백운모-일라이트와 흑운모-스멕타이트의 쌍이 있다. 또 일라이트-녹니석-스멕타이트의 세 종류가 혼합층을 이루는 것도 있다. 혼합층 점토는 대부분의 경우에 풍화작용이나 속성작용에서 생성되고 점토광물이 변화하여 생성되는 이차적인 광물이다. 만약 일라이트질 점토에서 K^+이 빠져나가고, 풍화작용을 일으키는 용액에 칼슘이 풍부히 존재한다면 일라이트-스멕타이트의 혼합층 점토가 이 두 가지 점토광물 사이의 중간 단계의 광물로서 형성된다. 이와 마찬가지로 스멕타이트의 칼슘이 해수 중에서 마그네슘으로 교대가 일어나면 스멕타이트-녹니석의 혼합층 점토가 중간 단계의 광물로서 생성된다.

7.1.2 석영

이질암에서 석영은 약 30% 정도를 차지하며, 대체로 실트 크기로 존재한다. 석영의 실트는 원마도가 좋은 모래 크기의 석영에 비해 일반적으로 각이 진 상태로 나타난다. 이질암에 들어있는 석영 실트 입자의 기원으로는 쇄설성 기원과 속성작용 기원이 모두 나타나는 것으로 알려지고 있다. Blatt(1987)는 성인이 다른 다양한 암석에 존재하는 석영의 산소 안정동위원소 조성($\delta^{18}O$)이 다르다는 것에 착안하여 이질암에서 산출되는 석영 실트의 기원을 알아보고자 하였다. 화성암의 석영은 산소 안정동위원소 조성이 약 +9‰을 나타내며, 변성암은 +13~+14‰, 사암은 +11‰, 셰일은 +19‰, 사암 내에서 산출되는 석영의 과성장은 +20‰, 처어트는 +28‰을 나타낸다. Blatt는 이질암에서 산출되는 석영 실트의 산소 안정동위원소 조성을 분석하여 비교해 볼 때 석영 실트와 크기가 비슷한 슬레이트, 천매암, 편암의 석영과 비슷하다는 것을 밝히고 이질암에 들어있는 석영 실트는 슬레이트, 천매암, 편암 등의 변성암으로부터 공급되었다고 하였다. 이 밖에도 쇄설성 석영 실트는 결정질 암석의 석영이 토양과 운반 과정에서 부서져 깨지고 퇴적 기원의 처어트가 분리되어 생성되거나(Churchman et al., 1976) 또는 모래 크기 쇄설성 석영에 발달한 과성장 교결물이 석영 입자로부터 떨어져 나와서 유래된 것(Kennedy and Arikan, 1990)도 있는 것으로 해석되고 있다.

그러나 석영 실트의 생성에 가장 설득력 있는 메커니즘(기작)으로 빙하작용과 바람의 작용이 가장 중요한 것으로 여겨지고 있다. 이러한 기작은 특히 제4기에 많이 쌓인 황토 퇴적물(loess)이 바람에 의하여 쌓인 것으로 나타나기 때문이다. 즉, 빙하가 이동을 하면서 빙하의 바닥 암반을 갈고 세립질의 암석 부스러기를 생성한 후 이들이 융빙수에 의하여 운반되어 쌓여있다가 바람의 작용으로 선별적으로 운반되어 쌓인 퇴적물이 황토의 많은 양을 차지한다. 그러나 이러한 황토 퇴적물은 제4기 이전에도 생성되어 쌓인 것에 대한 보고가 종종 있다. 이들 퇴적물에 함유된 석영의 실트는 빙하의 작용에 의한 것이 아니라 당시의 지형에 발달하였던 풍화대의 산물이라는 것으로 해석된다. 즉, 결정질 암석이 풍화대에서 일어나는 미세균열의 발달(microfracturing)에 의하여 석영 결정들이 잘게 깨어져서 대부분의 실트 크기 석영 입자들이 생성된다는 것이다(Wright, 2007). 여기에는 기후대에 상관없이 여러 물리적 풍화작용이 관여를 한다. Wright(2007)는 풍화대에서 결정질 암석의 석영에 발달한 다양한 미세균열에 대하여 보고하였다(그림 7.3).

그림 7.3 호주 동부의 풍화된 화강암류의 현미경 사진(Wright, 2007). (A) 석영 결정에 발달한 잘 연결된 미세균열, (B) 석영 결정의 가장자리 균열과 내부의 미세균열군, (C) 각이 진 석영의 파편을 생성하는 균열, (D) 석영에 인접한 흑운모로부터 유래된 미세균열의 발달.

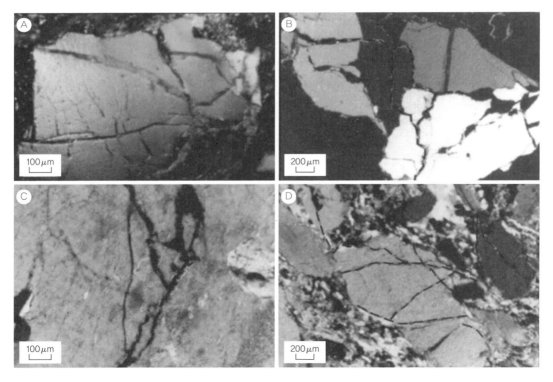

이와 같은 쇄설성 기원의 석영 실트 이외에 이질암 내에서 자생적(authigenic)으로 생성되는 석영 실트도 상당한 양으로 나타나는 것으로 알려지고 있다. 이질암에서 자생적으로 생성되는 석영은 점토광물의 속성작용 과정에서 생성되는 이차적인 자생의 석영 실트("8.5 점토광물과 이질암의 속성작용" 참조)와 생물 기원 실리카에서 침전하는 석영 실트가 있다. Schieber 등(2000)은 미국 동부의 데본기 해양 흑색 이질암(Chattanuga 셰일과 New Albany 셰일)의 석영 실트에 대하여 후방산란전자영상(backscattered electron image : BSE image)과 주사전자 현미경을 이용한 음극선발광장치(SEM-CL), 그리고 산소동위원소 조성을 분석하여 자생적으로 생성되는 석영 실트의 양이 상당하다는 것을 밝혀냈다. 이들 이질암에는 석영 실트가 평균 40% 정도 함유되어 있고, 이 석영 실트 중 자생적인 석영 실트는 50%에서 거의 100%까지 이르는 것으로 나타났다. 이질암 내 자생의 석영 실트는 퇴적 당시에 함께 쌓였던 부유성 조류의 포낭(cyst)을 채우며 생성되었다(그림 7.4). 자생 석영 실트는 부유성 조류의 포낭이 다짐작용을 받아 모양이 변형되어 BSE 영상에서는 모양이 패여져 들어가거나 길게 신장되거나 뾰쪽한 가장자리를 보인다(그림 7.4C). 또한 자생 석영 실트는 쇄설성 석영 실트에 비하여 SEM-CL이 어둡게 나타나 발광을 하지 않거나 누대를 보이는 특징을 가지고 있으며(그림 7.4B, C, D), 이들의 산소 안정동위원소의 조성도 28.4‰을 나타내 처어트와 비슷한 값을 보인다. 이질암에서 자생의 석영이 만들어지는 실리카의 기원은 해수 표층에 살던 방산충(radiolaria)과 규조(diatom)의 오팔 껍질로부터 유래되었다. 해양 환경에서 쇄설성 석영 실트는 해안선에서 가까운 해역에 주로 많이 분포를 하며, 이 쇄설성 석영 실트의 함량은 외해로 갈수록 그 양이 줄어들 것으로 예상된다. Schieber 등이 연구한 이질암에서는 근해의 이질암에서 석영 실트의 함량이 20~50%를 차지하였는데, 300~600 km 떨어진 외해에서도 석영의 함량은 약 40%로 나타났다. 이와 같은 석영 실트의 함량 분포는 외

그림 7.4 미국 동부의 데본기 셰일에 부유성 조류의 포낭을 채우며, 자생적으로 생성된 석영 실트의 주사전자 현미경-음극선발광영상(Schieber et al., 2000). (A) 왼쪽 하단의 영상은 후방산란전자영상으로 C는 포낭의 벽을 나타낸다. 주사전자 현미경-음극선발광영상에서 q1-i/q2-i는 포낭 내부의 석영 침전물이며, q1-e/q2-e는 포낭 외부의 석영 침전물을 가리킨다. (B) 자생의 석영이 여러 단계를 거치면서 포낭의 내부와 외부에 침전한 것을 나타내는 영상이다. (C)와 (D)는 같은 영역의 이질암 기질에 있는 자생의 석영 실트들을 나타낸다. (C)는 BSE 영상이며 중간 정도의 회색을 띠며 균질한 표면을 나타낸다. 자생의 석영 실트는 화살표로 표시된 것처럼 모양이 패어들어 갔거나 길게 신장되거나 뾰쪽한 끝을 나타낸다. (D)는 SEM-CL로 누대를 보이는 영상을 나타내고 있으며, 이러한 누대구조는 (B)에서도 나타난다.

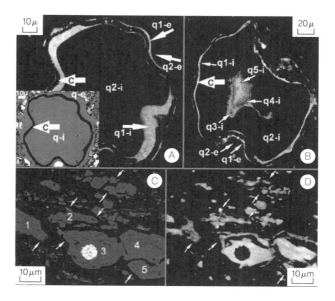

해의 경우 이질암에서 자생으로 생성된 석영 실트에 의한 것으로 여겨진다. 자생의 석영 실트가 많이 나타난다는 것은 이 연구에서 제시된 바와 같이 부유성 조류의 포낭이 많았다는 것을 지시하기 때문에 지질시대 동안 해양 이질암에서 산출되는 자생의 석영 실트의 함량은 해수 표면에서 생물의 생산성을 나타내는 지표로 사용될 수 있다.

7.1.3 기타 구성 성분

장석은 석영에 비해 물리·화학적인 안정도가 낮기 때문에 석영보다는 훨씬 적은 양으로 존재한다. 장석 종류 간의 분포 상태는 잘 알려져 있지 않으나 대체로 사장석이 칼륨장석보다 더 많이 함유되어 있다고 여겨진다.

방해석은 화석의 파편으로 나타나기도 한다. 일반적으로 육상의 이질암보다는 해양의 이질암에 방해석이 더 많이 나타나지만 방해석 보상심도(calcite compensation depth : CCD) 이하의 해양머드에는 방해석이 나타나지 않는다. 백운석(dolomite)도 역시 자주 관찰되나 방해석과의 관계는 잘 알려져 있지 않다. 능철석(siderite)과 앵커라이트(ankerite)는 단괴핵(nodule)을 이루며 많이 나타나며, 이질암에서 이들의 존재는 환원 환경이었음을 지시하기도 한다. 황철석도 해양 이질암에 더 많이 나타나는데, 황철석의 존재는 이질암에 유기물이 풍부하였고 환원 환경이었음을 나타낸다.

7.2 화학 조성

이질암의 화학 조성은 이질암을 구성하는 광물의 함량에 따라 달라진다. 표 7.2는 대표적인 이질암인 시생대 이후 호주 평균 셰일(Post-Archean Australian Shale, PAAS)과 북미 셰일 종합(North American Shale Composite, NASC), 그리고 후기 고생대-전기 중생대 평안누층군의 각 지층 화학 조성을 나타낸 것이다. 이질암의 가장 주된 화학 조성은 SiO_2이며, 이 조성은 이질암에 들어있는 규산염 광물, 이 중에서는 특히 석영의 함량에 영향을 받는다. Al_2O_3는 두 번째 많은 조성으로 이질암에 들어있는 장석과 점토광물의 함량에 따라 조절을 받는다. 또한 점토광물 중에서도 점토광물의 종류에 따라 영향을 받는다. 카올리나이트는 Al의 함량이 가장 높다. 이에 따라 > 20% Al_2O_3를 가지는 셰일은 **고알루미나 셰일**이라고 하며, 이 셰일은 카올리나이트를 많이 함유하고 있을 것으로 여겨진다. 평안누층군의 만항층, 금천층, 함백산층, 도사곡층, 고한층 셰일도 Al_2O_3의 함량이 20% 이상이나 이 셰일들에는 카올리라이트가 산출되지 않는다. 대신 점토광물의 함량이 높기 때문이다.

K_2O와 MgO의 함량은 평균 셰일에서 약 5% 이하로 들어있다. 이들 성분 역시 점토광물의 함량에 따라 달라진다. MgO는 백운석에서 기원하기도 하며, K는 K-장석에 들어있기도 한다. > 5% K_2O를 가지는 셰일은 드물지만 이러한 셰일은 **K-셰일**이라고 불리고 셰일 내 자생으로 생성된 K-장석이 많이 들어있다는 것을 가리키기도 한다. 평안누층군의 동고층에서 K_2O의 함량이 높은 것은 K-장석이 비교적 높게 들어있기 때문이다. Na_2O는 평균 셰일에서 1~3%를 차지하며, 셰일에서 Na의 함량은 스멕타이트와 같은 점토광물이나 Na-사장석의 함량과 관련되어 있다.

표 7.2 대표적인 표준 셰일(PAAS, NASC)와 평안누층군 셰일의 주요원소, 흔적 원소 및 희토류 원소의 조성

	PAAS	NASC	만항층 (n = 8)	금천층 (n = 3)	장성층 (n = 8)	함백산층 (n = 4)	도사곡층 (n = 6)	고한층 (n = 8)	동고층 (n = 7)
SiO_2 (wt.%)	64.80	64.82	45.62	66.52	63.15	46.12	55.07	58.65	63.45
TiO_2	0.70	0.79	1.27	0.92	0.82	1.02	1.35	0.70	0.59
Al_2O_3	16.90	16.88	25.46	22.26	18.58	32.24	24.39	21.30	15.86
Fe_2O_3	5.66	5.09	13.33	1.53	4.76	3.72	4.82	6.50	5.19
MnO	0.06	0.07	0.01	0.00	0.02	0.01	0.02	0.05	0.05
MgO	2.86	2.86	0.50	0.35	0.97	0.33	0.53	0.70	1.47
CaO	3.36	3.30	0.21	0.03	0.02	0.02	0.06	0.25	1.40
K_2O	3.97	3.80	4.63	2.86	3.85	2.82	4.08	3.75	5.65
Na_2O	1.14	1.00	0.07	0.03	0.04	0.03	0.06	0.39	1.03
P_2O_5	0.13	0.17	0.16	0.04	0.05	0.07	0.09	0.11	0.08
Sc (ppm)		14.90	21.00	14.00	18.00	22.50	20.50	15.00	11.00
V	150.0		235.50	124.00	151.00	100.00	148.00	61.00	24.00
Cr	110.0	124.5	73.00	64.00	68.00	52.00	123.00	48.00	26.00
Co	23.00	25.7	28.00	20.00	23.00	13.50	32.00	10.40	7.50
Ni	55.00	58	22.50	44.00	30.00	31.00	37.50	17.00	5.80
Cu	50.00		18.4	17.50	23.00	16.50	20.50	17.00	6.60
Ga	17.50		33.00	23.00	24.00	35.00	32.50	25.00	20.00
Ge									
Rb	160.0	125	147.00	123.00	136.50	114.00	194.00	177.00	256.00
Sr	200.0	142	211.5	219.00	109.00	89.00	136.00	149.50	164.00
Y	27.00		32.5	15.00	27.00	20.00	41.00	24.50	31.00
Zr	210.0	200	164.5	113	109	284	357.5	294.5	111
Nb	19.00			31	21.5	28.5	35.5	25.5	19
Cs	15.00	5.16	40.5	5.6	9.7	4	6.3	5	16
Ba	650.0	636	756.5	440	691	952.5	817.5	891.5	957
Hf	5.00	6.3	7.3	4.5	4.6	4.5	5.35	7.6	4
Ta		1.12							
Th	14.60	12.3	24.95	21.7	17.65	26.85	28.95	34.8	29.9
U	3.10	2.66	5.25	3.6	3.2	10.6	11.5	9.8	6.9
La	38.20	31.1	80.26	49.53	48.13	69.62	100.19	59.00	69.26
Ce	79.60	66.7	172.06	100.74	96.34	124.11	220.53	104.42	141.62
Pr	8.83		19.09	9.92	6.61	14.00	25.11	12.01	14.40
Nd	33.90	27.4	71.71	32.11	35.69	50.35	94.10	43.38	53.28
Sm	5.55	5.59	2.82	0.97	1.20	1.68	2.84	1.69	1.49
Eu	1.08	1.18	14.74	5.10	6.10	8.50	18.41	7.95	10.93
Gd	4.66		13.85	5.68	6.32	8.37	19.83	8.59	12.19
Tb	0.77	0.85	1.55	0.65	0.87	0.95	2.30	1.03	1.51
Dy	4.68		8.96	3.82	5.03	4.98	11.11	5.64	8.21
Ho	0.99		1.51	0.55	0.89	0.74	1.41	0.96	1.51
Er	2.85		4.35	1.94	2.81	2.51	4.46	3.25	4.40
Tm	0.41		0.60	0.33	0.43	0.38	0.62	0.51	0.68
Yb	2.82	3.06	3.75	2.12	2.63	2.31	4.18	3.17	4.03
Lu	0.43	0.456	0.59	0.37	0.44	0.39	0.64	0.54	0.68

PAAS : Post-Archean Australian Shale(Taylor and McLennan, 1985); NASC: North American Shale Composite(Gromet et al., 1984) . 평안누층군 셰일의 조성은 중앙값(median)이다(Lee, 2002).

산화철(Fe_2O_3+FeO)의 함량은 대략 5~10%로 나타나는데, 철은 적철석, 갈철석(limonite), 침철석(goethite)과 같은 산화철 광물과 흑운모, 스멕타이트, 녹니석과 같은 점토광물과 능철석과 앵커라이트(ankerite)와 같은 탄산염 광물로부터 유래된다. 또한 유기물이 많은 셰일에서 철은 황화광물인 황철석과 마카사이트(marcasite)에서 유래된다. 약 15%의 산화철을 가지는 셰일을 **함철 셰일**(ferruginous shale 또는 ferriferous shale)이라고 한다.

CaO의 함량은 대체로 < 1%에서 10%까지 넓은 범위로 나타난다. 칼슘은 Ca-사장석 및 방해석과 백운석 같은 탄산염 광물에 들어있으며, CaO가 많은 셰일을 **석회질 셰일**(calcareous shale)이라고 한다.

또한 이질암은 다양한 종류의 흔적 원소를 함유하고 있는데, ferromagnesian 원소(Fe, Mg, Mn, Cr, Ni, V)들은 염기성과 초염기성 화성암으로부터 유래된다. 이질암에 이러한 원소들이 많이 함유되어 있다는 것은 이질암에 오피올라이트(ophiolite)와 관련되어 있는 염기성/초염기성 성분들이 섞여있다는 것을 지시한다. 즉, 이질암에 Cr이 150 ppm 이상, Ni이 100 ppm 이상으로 많이 함유되어 있고, Cr/Ni의 비가 1.3~1.5로 낮게 나타나면 이질암의 기원지에 초염기성 암석이 있었음을 지시한다고 한다(Garver et al., 1996). 참고로 전 세계 이질암은 평균적으로 Cr은 110 ppm, Ni은 55 ppm을 함유하며, Cr/Ni 비율은 2.0이고 상부지각은 평균적으로 Cr은 35 ppm, Ni은 20 ppm을 함유하고 있으며, Cr/Ni 비율은 1.75를 나타낸다(Taylor and McLennan, 1985).

또한 이질암의 희토류 원소(rare earth elements)도 희토류 원소의 분포 양상이 화성암 기원의 조성을 민감하게 반영하는 가장 좋은 기원지 지시자 중 하나로 알려지고 있다. 그 이유는 희토류 원소는 퇴적작용과 퇴적 이후의 제반 작용에 의하여 거의 재분배가 일어나지 않는 특성을 가지고 있기 때문이다.

7.3 퇴적 구조

세립질 쇄설성 퇴적물은 조립질 퇴적물과 비교하면 퇴적 구조가 많이 나타나지 않는다. 이는 세립질의 입자 크기와 머드의 응집력 때문이다. 이질암에서 관찰되는 구조로는 얇은 엽층리, 점이층리, 슬럼프를 이룬 층리, 생교란 구조 등이 있다.

이질암에서 많이 관찰되는 운모나 점토광물은 다짐작용을 받아 층리면에 평행하게 배열되어 있는 조직을 나타낸다. 이에 따라 셰일에 특징적으로 나타나는 쪼개짐(fissility, 그림 7.1)이 발달한다. 쪼개짐이란 이질암이 층리면과 평행한 면을 따라 낱장으로 떨어져 나가는 물리적 성질이다. 이질암에서 쪼개짐이 잘 발달하려면 (1) 실트 크기나 모래 크기의 입자를 거의 함유하지 않아야 하고, (2) 슬럼핑이나 생교란작용을 받지 않고 평탄한 층리면을 가지고, (3) 화학적으로 침전된 교결물이 거의 없어야 하며, (4) 점토광물들이 일정한 방향으로 잘 배열되어 있어야 하는 조건을 갖추어야 한다.

엽층리는 이질암에 잘 발달되는 구조(그림 7.5)로서 주로 입자의 크기와 성분의 차이로 형성된다. 입자의 크기가 분급을 이루는 엽층리는 비교적 짧은 시간에 저밀도의 저탁류나 점점 약해져가는 폭풍류에 의해 퇴적이 일어날 때 형성된다. 또한 장기간에 걸쳐 형성되는 엽층리는 계절적 또는 연간 퇴적물 공급 변화와 생물의 생산성에 변화가 있을 경우에 생성된다.

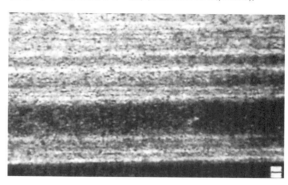

그림 7.5 엽층리가 잘 발달된 셰일의 현미경 사진. 밝은 색의 실트층과 어두운 색의 유기물이 풍부한 층이 교호하여 발달되어 있다. 축척 : 0.1 mm(폐쇄 니콜) (Schieber et al., 2000).

점토의 부유성 퇴적물을 이용한 실험실 수조 실험에서는 유속이 약 25 cm/s 이하일 경우 점토들이 응집되어 모래 크기의 입자(floccule)를 형성하여 밑짐으로 운반이 되면서 연흔을 형성하거나 하류 쪽으로 서로 엉기면서 운반된다는 것이 밝혀졌다(Schieber et al., 2007). 그러나 점토의 응집물들은 초기의 물 함유량이 85% 정도로 이들은 지질 기록으로 그대로 보전되지 않는다. 즉, 매몰되는 과정에서 다짐작용을 받으면 탈수작용이 일어나면서 연흔 등의 퇴적 구조가 파괴되어 퇴적 구조가 나타나지 않는 균질한 이질암으로 보전된다. 그러나 이렇게 밑짐으로 운반되는 점토 퇴적물이 세립질의 점토와 실트질의 엽층리가 서로 교호하면서 나타날 때에는 이들 실트질 퇴적물과 점토의 응집물이 서로 동시에 운반되면서 쌓였을 가능성을 제시하기도 한다. 따라서 점토질 퇴적물의 퇴적작용과 수력학적인 조건에 대하여는 좀더 자세한 관찰을 필요로 한다.

이질암은 또한 단괴와 결핵체(concretion)를 함유하기도 한다(그림 7.6). 단괴는 원형(圓形)과 타원형, 또는 길게 발달된 형태로 나타나며, 대부분 방해석, 능철석, 황철석 등으로 이루어진다. 단

그림 7.6 이질암에 발달한 석회질 단괴(A)와 결핵체(B). (A)의 석회질 단괴는 백악기 하산동층에 발달한 것으로 식물의 뿌리를 중심으로 침전하여 생성된 것이다. 고구마 모양의 단괴(calcrete)뿐만 아니라 수직으로 발달한 단괴도 사진의 중심에 2개가 관찰되는데, 후자 형태의 석회질 단괴를 뿌리단괴(rhizocretion)라고 한다. 사진에서 뿌리단괴는 속성작용을 받는 동안 다짐작용을 받아 구불구불하게 휘어진 양상을 띤다. (B)의 결핵체는 마이오세 포항분지의 규조토(diatomite)로 이루어진 두호층에 발달한 것으로 백운석(dolomite)으로 이루어졌다.

그림 7.7 Septarian 단괴의 단면. 내부의 균열에는 거정질 방해석으로 채워졌다.

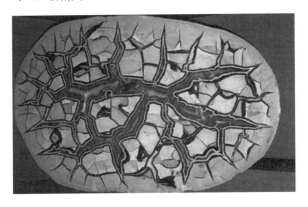

괴는 퇴적작용이 일어난 후 퇴적면이나 퇴적면 가까이에서 초기 속성작용을 받는 동안 형성된다. 이들이 초기 속성작용 동안 생성된다는 증거로는 단괴 내에 들어있는 화석의 보존상태가 좋은 점과 단괴가 생성될 때 주변 퇴적물은 아직 고화되지 않아서 단괴가 성장함에 따라 단괴 주변의 원래 층리면이 휘어져 나타나는 점이다. 단괴는 내부에 수많은 균열(crack)이 발달되어 있으며, 이 균열들은 단괴 가장자리에서 내부 중심부로 감에 따라 폭이 넓어지게 된다. 이러한 단괴를 septarian 단괴(그림 7.7)라고 한다. 균열은 단괴가 수축을 하면서 생성되며, 이는 단괴의 성장이 많은 지층수가 함유된 얕은 매몰 속성 단계에서 일어났음을 지시한다.

7.4 이질암의 색

퇴적암의 색은 왜 다양하게 나타나는가에 대하여 오랫동안 의문을 가져 왔다. 색 중에서도 특히 적색 지층은 어떻게 적색으로 색이 형성되는지를 설명하기 위한 연구가 많이 이루어졌다. 지금까지의 연구로 볼 때, 퇴적물의 색은 초기 속성작용 과정 중에 형성되는 것으로 알려졌다. 이질암의 색을 결정하는 데에는 속성작용 과정 중의 지화학적인 조건과 생물의 작용에 의하여 일어나는 것으로 종합할 수 있다.

7.4.1 이질암의 색 계열

이질암의 색에 대한 관찰에 의하면 크게 두 계열의 색의 변화가 있는 것으로 알려지는데, 이들은 녹색-자주색-적색의 계열과 녹색-회색-흑색의 계열이다. 이들에 대하여 좀더 자세히 살펴보면 다음과 같다.

(1) 녹색-자주색-적색의 색 변이

이 색 변이 계열은 이질암 내에 존재하는 3가철과 2가철의 상대적인 함량에 따라 달라지며 철의 총량에는 관련이 없다. Fe^{+3}/Fe^{+2}의 비율이 높고 낮음에 따라 암석의 색은 적색에서 자주색 그리고 회색으로 바뀌게 된다. 이때 색은 다양한 철산화물의 종류와 그 양에 따라 달라진다. 가끔 이질암은 황색과 갈색을 띠기도 하며, 이 역시 이질암 내의 철산화물의 종류에 따라 나타난다. 황색은 갈철석[limonite, $FeO(OH) \cdot nH_2O$]이라는 광물에 의하여, 갈색은 침철석[goethite, $FeO(OH)$]이라는 광물 때문에 그리고 적색은 적철석(hematite, Fe_2O_3)이 존재하기 때문에 나타난다.

이질암의 녹색은 녹니석과 일라이트 그리고 약간의 해성 이질암의 경우는 해록석(glauconite)과 같은 철분을 함유한 점토광물이 들어있으면 나타난다. 적철석에 의한 이질암의 적색은 철분을 함유한 광물들이 퇴적 후 초기의 속성작용 중 산화 환경의 조건에서 다음과 같은 세 가지의 유형에 의한 변질작용을 받아 일어난다고 할 수 있다. (1) 탈수작용으로 퇴적물 입자에 피복한 갈철석이 적철석으로 변질이 일어나는 경우, (2) 철을 함유한 규산염 광물의 용해가 일어나고 여기에서 빠져나온 철 성분이 침전을

그림 7.8 적색의 고토양에 발달한 연회색의 줄무늬와 점무늬. 백악기 경상분지 하산동층(경남 진주). 연회색의 줄무늬와 점무늬의 중앙에는 가느다란 실 모양의 검은색 물질이 분포하는데, 이는 탄화된 식물의 실뿌리이다. 연회색을 나타내는 부분은 식물의 뿌리가 부패하면서 환원 조건이 생성되며 생성된 것이다.

하는 경우, (3) 자철석과 티탄철석(ilmenite, $FeTiO_3$)이 직접 산화되어 적철석으로 바뀌는 경우를 들 수 있다. 적색의 퇴적물은 다시 철 성분이 환원되면 녹색으로 바뀌기도 한다. 2가 철 성분은 유동성이 높아 용액으로 빠져나가거나 다시 녹니석과 같은 철 성분이 많은 점토광물로 재침전되기도 한다. 이러한 경우는 적색의 이질암 내에 발달한 녹색의 환원 조건을 지시하는 부분(그림 7.8)들이 나타나는 것으로 알 수 있다.

퇴적암에서 녹색이나 적색의 강도는 퇴적물 입자의 크기에 따라 달라지기도 한다. 즉, 세립질의 암석일수록 철분의 함량이 높아 더 강한 적색을 나타낸다. 세립질 암석의 높은 철분 함량은 비정질이나 결정도가 낮은 철산화물들이 점토에 많이 흡착되기 때문이다. 퇴적물이 지하수면 아래로 매몰이 일어나면 철의 산화상태의 변화가 일어나는데, 이에 따라 퇴적물의 색이 변하기도 한다. 적색을 띠는 퇴적물들이 환원성을 띠는 지하수(고여있는 지하수)와 접촉을 하게 되면 녹색으로 바뀌게 된다. 이러한 예는 특히 입자의 크기와 퇴적물의 색이 서로 상관관계를 가지고 있을 경우에 잘 설명할 수가 있는데, 세립질 퇴적물은 적색을 띠더라도 조립질 퇴적물은 녹색을 나타내는 경우에 해당한다. 조립질 퇴적물은 투수성이 좋아 퇴적물이 지하수면 아래로 매몰될 경우 지하수의 유입으로 환원성 유체와 반응을 하여 철이 환원되기 때문이다.

(2) 녹색–회색–흑색의 색 변이

이 색 계열은 철분의 산화 정도에 상관없이 유기탄소의 함량과 관련이 있다. 총 유기탄소의 함량은 녹색-회색-흑색의 색 변이의 정도를 결정할 뿐만 아니라 궁극적으로 유기물의 양이 산화–환원 반응에 의한 Fe^{+3}/Fe^{+2}의 비율을 조절하기 때문에 녹색에서 적색으로의 색 변이에 대해서도 결정을 한다.

퇴적물에서의 유기물의 양은 다음의 여러 가지에 의하여 결정된다. (1) 퇴적률(S), (2) 유기물의 공급정도(P), (3) 퇴적물의 상부 수cm에서의 유기물의 분해정도(O)이다. 물론 아직까지 이들 변수

들 간의 상관관계가 잘 이해되지 않았고 또한 예측하기가 어렵지만 Potter 등(1980)은 C를 탄소의 백분율 함량이라고 할 때 C=(P−O)/S의 관계가 나타난다고 하였다. 이 관계식에 의하면 퇴적률이 높으면 무기 퇴적물이 유기탄소에 대하여 상대적으로 많아지므로 유기탄소를 희석시키는 효과가 있어서 상대적으로 유기탄소의 함량이 낮아진다는 것을 알 수 있다. 퇴적물과 물의 경계면 바로 아래의 깊이에서는 산화작용이 잘 일어나고 박테리아에 의한 분해작용이 활발히 일어나는데, 퇴적률이 높아지면 지속적으로 매몰이 일어나기 때문에 퇴적물의 상부 수 cm 구간에서 유기탄소를 분해시키는 작용이 낮아지므로 유기탄소가 더 잘 보존된다고도 생각할 수 있다. 퇴적물 내에는 퇴적물을 헤집고 다니며 먹이를 찾는 생물들이 있는데, 이들은 퇴적물의 산화된 부분을 헤집고 다녀 유기탄소를 제거하는 역할을 담당한다. 만약 매몰이 빠른 속도로 일어나면 퇴적물을 뒤지면서 먹이를 찾는 생물들이 퇴적물 속을 헤집고 다닐 수 있는 시간을 줄이게 된다.

그러나 현재는 유기탄소의 함량, 퇴적물의 색 그리고 퇴적률 사이의 상관관계를 밝혀낼 수 있는 연구 결과가 없기 때문에 퇴적률이 유기탄소의 함량 변화에 얼마만큼의 영향을 주는지를 알아내기는 어렵다.

이상과 같은 두 개의 색 계열에 대하여 하나의 도표로 나타낸 것이 그림 7.9에 나타나 있다. 이

그림 7.9 암석의 색과 유기탄소 및 산화 조건과의 관계를 나타내는 도표(Myrow, 1990). X축의 시간은 퇴적물이 고화되기 전까지 공극수와 접촉한 시간의 길이를 나타낸다. 올리브 회색에서 검은색까지의 어두운 색은 퇴적물에 들어있는 유기물의 함량에 따라 결정되며, 유기물이 점차 산화되면 밝은 색 쪽으로 바뀌며, 이의 역 반응은 일어나지 않는다. 녹회색에서 적색으로의 변화는 퇴적물의 단위 질량당 들어있는 2가철의 몰 비율에 따라 일어난다. X축에는 2가철의 몰 비율을 나타낸다.

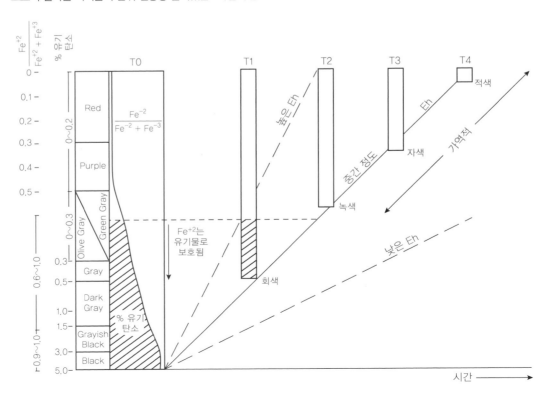

그림에서는 어두운 색의 계열에서는 유기물의 함량에 따라 지배를 받고, 밝은 색을 띠는 색의 계열에서는 처음에 유기탄소의 산화에 의하여 그 이후에는 환원된 철의 산화작용에 의하여 퇴적물의 색이 지배를 받는다는 것을 나타내고 있다.

특히 검은색을 띠는 유기물이 많은 이질암(흑색 셰일)은 해양의 무산소 조건이 활발히 일어날 때 형성되는 것으로 알려지고 있다. 이러한 흑색 셰일은 특히 이질암을 구성하는 점토광물이 주로 스멕타이트로 이루어져 있을 경우로, 스멕타이트의 광물 표면적이 일라이트와 같은 광물보다 더 넓기 때문에 유기물을 흡착시켜 보존하는 성질이 더 높기 때문이다.

이밖에도 퇴적물의 색에 영향을 미치는 것으로는 황철석(pyrite)의 유무가 있다. 보통 야외에서 셰일이 검게 나타나는 것은 황철석이 있기 때문으로 간주를 하기도 하나 사실은 맞지가 않다. 현생의 해양 퇴적물에서 보면 퇴적물의 표면은 밝은 색을 띠나 깊이가 깊어지면 색은 점차 짙어진다. Berner(1971)에 의하면 이렇게 깊이에 따른 색의 변화는 준안정한 광물인 mackinawite(Fe_3S_4)와 greigite(Fe_3S_4)가 황철석의 미세한 결정들의 집합체(이를 framboid라고 함)로 바뀌기 때문이다. 이러한 유화광물의 변화가 퇴적물, 나중에는 이질암이 회색을 나타내는 데 영향을 주지만 흑색을 나타내지는 않는다는 점이다. 또 다른 요인으로는 퇴적물의 열적 성숙도에 관련되어 있다는 점이다. Lyons(1988)는 검은색을 나타내는 석회암은 석회암 중에 함유된 소량의 유기물(< 0.06%의 총 유기탄소)이 지열에 의하여 탄화작용을 받았기 때문으로 해석하였다. 그의 실험에 의하면 소량의 유기탄소가 열적으로 성숙화되면, 즉 열적으로 변질되면, 그리고 여기에 망간의 산화작용이 곁들여지면 밝은 색을 띠는 암석이 어두운 색으로 바뀐다고 하였다. 그러나 이러한 유기물의 탄화가 열적으로 성숙된 이질암의 색깔에 얼마만큼의 영향을 주는지 아직 정확하지 않다.

7.4.2 적색층(red beds)

앞에서 지층의 적색은 Fe^{3+}이 들어있는 적철석으로 만들어진다고 하였다. 지질 기록에서 적색층은 색의 강렬함으로 인상적이어서 이 적색층의 기원에 대하여 많은 연구와 논의가 이루어졌다. 적색층은 성인에 따라 일차 적색층과 속성작용에 의한 적색층 및 이차 적색층 세 가지로 구별이 된다.

(1) 일차 적색층(primary red beds)

적색층의 기원에 대하여 맨 처음 제안된 가설로 적색 토양이나 기존의 적색층이 침식을 받고 다시 재퇴적되어 생성된다고 언급하였다. 그러나 실제 이러한 작용이 지질 기록에는 그다지 나타나지 않는다는 점이 이 가설의 약점이다. 이 가설을 한 발짝 더 발전시킨 주장으로는 Van Houten(1973)이 갈색이나 황색의 갈철석과 침철석과 같은 수산화철(ferric hydroxides)이 퇴적물 내에서 초기 속성작용으로 탈수작용을 받아 적색으로 바뀐다고 하였다. 실제 이러한 탈수작용 또는 '노화작용 (aging)'은 하성 평원과 사막 환경에서 토양화작용이 일어나는 동안 흔히 나타나는 작용이다. 침철석은 적철석에 비하여 불안정하며 물이 없거나 높은 온도에서는 다음과 같은 반응으로 쉽게 탈수작용이 일어난다.

$$2FeO(OH)(침철석) \rightarrow Fe_2O_3(적철석) + H_2O$$

250°C에서 이 반응은 깁스 자유에너지(E)가 −2.76 kJ/mol이며, 이 깁스 자유에너지는 입자의 크기가 작을수록 더 큰 음의 값을 가진다. 이에 따라 쇄설성 침철석 및 비정질 수산화철[$Fe(OH)_2$]은 시간이 지나면서 적색을 띠는 적철석 색소로 바뀌어 간다. 충적층의 색이 점차 붉어지는 것과 오래된 사구의 모래 색이 형성된 지 얼마 안 된 사구의 모래보다는 더 붉은 색을 띠는 것은 이러한 작용으로 설명할 수 있다.

(2) 속성작용에 의한 적색층(diagenetic red beds)

Walker(1967)와 Walker 등(1978)은 적색층이 매몰 속성작용 동안 만들어진다고 주장하였다. 속성작용으로 적색층이 만들어지는 기작의 핵심은 퇴적물에 들어있는 함철 마그네슘 규산염 광물의 매몰이 일어나는 동안 용존 산소를 가진 지하수와 반응하여 퇴적층 내에서 변질작용(intrastratal alteration)이 일어난다는 것이다. Walker의 연구 결과는 각섬석(hornblende)과 그밖에 함철 쇄설성 광물의 수화작용이 Goldich의 안정 계열을 따른다는 것이다. 이 반응 역시 깁스 자유에너지에 의하여 일어나며 가장 쉽게 변질을 받는 감람석(olivin)을 예로 들면 다음과 같다.

$$Fe_2SiO_4(fayalite) + O_2 \rightarrow Fe_2O_3(적철석) + SiO_2(석영)$$

이 반응의 깁스 자유에너지는 −27.53 kJ/mol이며, 이 반응의 반응물로 적색을 띠는 산화철과 혼합층 점토광물, 석영, K-장석과 탄산염 광물이 자생적으로 만들어진다. 이들 반응이 점차 더 진행되면 퇴적층의 붉은색화 현상으로 더 진행되는 것으로 이 반응은 시간의 함수인 것을 알 수 있다.

물론 이상의 반응은 어느 특정한 퇴적 환경에 국한되지는 않지만 속성작용에 의한 적색층이 만들어지기 위한 +Eh(산화 조건)와 중성-알칼리성 pH 조건은 뜨겁고, 건조한 지역에서 가장 흔하게 관찰되기 때문에 적색층은 일반적으로 이러한 기후 조건과 관련되어 있다고 여겨지고 있다.

(3) 이차 적색층(secondary red beds)

이차 적색층은 특징적으로 불규칙한 색 분포를 띠며, 대체로 부정합면 아래의 풍화 단면에서 주로 관찰된다. 지층의 색 경계는 임상의 경계를 가로지르거나 부정합면 가까이에서 더 붉은 색을 띠기도 한다. 이렇게 이차적으로 지층이 붉은 색을 띠는 것은 황철석이나 능철석의 산화작용으로 설명할 수 있다.

$$4FeS_2(황철석) + 3O_2 \rightarrow Fe_2O_3 + 8S \ (E = -789\,kJ/mol)$$

$$4FeCO_3(능철석) + O_2 \rightarrow 2Fe_2O_3 + 4CO_2 \ (E = -346\,kJ/mol)$$

이렇게 이차적인 적색 지층이 만들어지는 것은 퇴적층이 융기 후에 일어나는 속성작용(telodiagenesis)의 가장 전형적인 예로 들 수 있다. 즉, 퇴적층이 매몰된 후 융기가 일어나고 침식되어 지표면에서 풍화가 일어났다는 것을 의미하며, 이 경우에도 일차 적색층과 속성작용에 의한 적색층의 생성과 같은 조건이 갖추어져야 한다.

7.5 현생 해양 환경의 점토광물 분포

1960년대에 전 세계 해양 퇴적 분지에 쌓여있는 퇴적물의 점토광물에 대한 연구가 활발히 이루어졌다. 이러한 연구의 결과로 밝혀진 사실은 현재 해양 환경에 쌓여있는 여러 가지 점토광물 분포가 대륙의 기후 분포와 밀접히 관련되어 있는 것으로 알려졌다. 카올리나이트는 열대 지역에 주로 분포를 하며 녹니석과 일라이트는 고위도 지역에 주로 분포를 하는데, 이는 빙하의 침식작용의 결과로 해석되었다(그림 7.10). 이러한 점토광물의 분포로 보아 해양 환경의 점토광물들은 대륙으로부터 기후의 영향을 받아 유래가 되는 것으로 해석되었다. 그러나 이러한 일반적인 위도에 따른 점토광물의 분포에 약간의 예외적인 경우가 관찰되었다. 이 예외적인 경우는 대륙으로부터 유래되는 점토광물의 분포에 기후가 가장 주요한 요인이 아니라는 점을 시사하게 되었다. 예를 든다면, 인도양의 점토광물 분포는 전혀 위도에 따른 분포를 보이지 않는다는 점이다. 즉, 인도양의 점토광물 종류의 분포는 인도양을 둘러싸고 있는 대륙으로부터 유입되는 점토광물의 종류에 따라 분포를 하지만 인도양의 중심부에는 스멕타이트가 많이 분포를 하며 이는 대륙으로부터의 유입에 따른 것보다는 다른 요인에 의한 것으로 해석되고 있다. 즉, 해저에서의 자생적인 생성과 해수를 따라 운반되는 과정에서의 차별적으로 가라앉아 형성되는 것으로 해석된다.

카올리나이트와 스멕타이트는 서로 다르게 차별적으로 바닥에 가라앉는다는 특성이 심해저 퇴적물에 스멕타이트가 풍부하게 산출하는 것을 설명하는 데 자주 이용되고 있다. 이러한 특성을 가장 잘 나타내는 예로는 아프리카의 나이제르강(River Niger) 하구의 외해역인 기니아 만(Gulf of Guinea)의 퇴적물에서 산출되는 점토광물들이 차별적으로 가라앉아 형성되었다는 Porrenga(1966) 연구의 결과이다. 이 연구의 결과는 카올리나이트가 강어귀 가까이에서 주로 많이 산출되고 스멕타이트는 외해 쪽으로 갈수록, 수심이 깊어질수록 스멕타이트의 양이 급격히 증가한다는 점을 보고하였다. 이에 대한 설명으로는 입자의 크기와 점토광물의 변환작용이라고 할 수 있다. 점토광물은 종류에 따라 크기에 차이가 있는데, 카올리나이트가 약 5 μm까지 나타나면서 가장 입자가 크며 일라이트가 0.1~0.3 μm로 나타나고 스멕타이트는 이보다 훨씬 작다. 그러나 스멕타이트는 보통 각각의 결정들이 응집되어 덩어리로 나타나며 그 크기는 수 마이크론까지 나타나기도 한다. 이러한 응집화작용(flocculation)은 물의 Eh-pH와 염도와 같은 화학 조성이 바뀔 경우에 일어난다.

이렇게 볼 때 해양 퇴적물에서의 점토광물의 분포는 육지 쪽에는 카올리나이트가, 외해 쪽에는 스멕타이트와 일라이트가 우세하게 분포하는 양상을 나타낸다. 그러나 기니아 만의 퇴적물에는 해안으로부터 먼 바다로 감에 따라 자생의 철분을 함유하는 광물들이 무척추 동물의 분비물인 펠릿 내에서 산출된다. 즉, 차모사이트(chamosite, 7Å 녹니석)는 내해 쪽에, 팽창성의 해록석들은 외해에 분포를 한다는 점이다. 이렇게 철분을 함유하는 점토광물들의 분포로 볼 때 2:1 구조를 가지는 점토광물들이 해양 환경에서 비교적 쉽게 그리고 빠르게 생성된다는 것을 나타낸다. 해양 퇴적물에서 이런 자생 광물들의 분포는 많은 해저 퇴적물에서 보고가 되었다. 기니아 만의 퇴적물 예와 그밖에 다른 곳에서의 퇴적물에서 이러한 점토광물들의 분포로부터 미루어 볼 때 만약 Fe-스멕

그림 7.10 전 세계 해양저 퇴적물에 들어 있는 점토광물의 분포도(Griffin et al., 1968). (A) 카올리나이트, (B) 몬모릴로나이트(스멕타이트), (C) 일라이트.

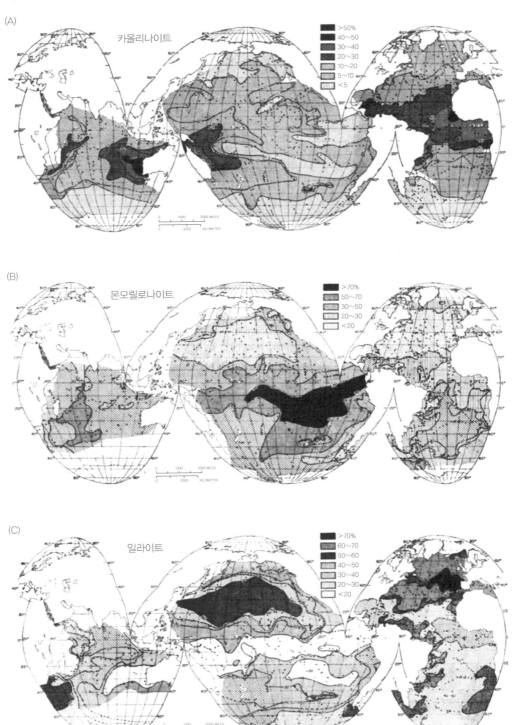

타이트와 Fe-일라이트가 해양 환경에서 새롭게 생성된다면 대륙대(continental rise)에서 관찰되는 Al-Mg 스멕타이트도 해양 환경에서 새롭게 생성되지 않을까 하는 점이다. 물론 이러한 의문에 대한 직접적인 해답이 아직은 주어지지 않았지만 심해저 점토 퇴적물 특히 태평양 중앙부의 철이 많은 퇴적물과 대서양의 중앙부의 퇴적물들에 스멕타이트가 풍부하게 산출된다는 점은 매우 느린 퇴적작용이 일어날 때 스멕타이트가 초기의 속성작용 동안 퇴적물과 해수의 경계면 사이에서 새롭게 생성된다는 것을 나타낸다고 할 수 있다. 이와 같이 해양 퇴적물에 자생의 스멕타이트가 생성된다는 해석이 대륙과 대륙붕에서의 점토광물의 종류와 이에 연장되는 대양의 퇴적물에서의 점토광물의 종류 사이에 서로 일치하지 않는 점을 설명해 줄 수 있다는 점이다.

이러한 맥락에서 볼 때, 퇴적 분지의 규모가 작거나, 혹은 퇴적 분지의 퇴적작용이 대륙에서 일어난 지질사건에 연계될 경우에는 퇴적물에서 산출되는 점토광물의 종류를 이용하여 대륙의 고기후 추정 시 유용하게 사용할 수 있다. 그러나 규모가 큰 퇴적 분지나, 특히 해양 분지는 이곳에 쌓인 퇴적물들은 광범위한 기원지, 즉 다양한 환경적인 조건들이 존재하는 곳으로부터 유입된다. 퇴적물이 기원지로부터 퇴적 분지까지 침식, 운반되는 거리가 길수록, 또한 운반되는 경로가 복잡할수록 퇴적된 점토광물의 종류로부터 얻어낼 수 있는 고기후의 기록은 더욱 분명하지 않다. 해양 퇴적물에서의 기원지의 기후를 지시하는 점토광물로는 카올리나이트와 스멕타이트를 들 수 있다. 그러나 이 두 광물의 상대적인 안정성에 차이가 있기 때문에 이를 고려하여야만 한다. 예를 들면, 카올리나이트는 현재의 기후대인 고온 다습한 열대 지역에서 주로 산출되지만 과거에 이러한 기후 조건에서 생성된 카올리나이트는 이들이 생성된 후 기후 조건이 바뀌어도 지표 조건에서는 비교적 안정하여 그대로 보존된다. 카올리나이트는 기후 조건이 알맞을 경우 깁사이트와 보에마이트(boehmite)로 바뀌어 가지만 만약 기후가 건조해진다 하더라도 그대로 카올리나이트로 남아 있게 된다. 카올리나이트가 바뀐 기후 조건에서 침식되어 퇴적물로 유입되어 퇴적 분지에 쌓인다면 카올리나이트의 존재 이유만으로 인접 대륙의 동시기 기후 특성을 속단하기는 어려운 점이 있다. 반면 스멕타이트는 이들의 생성에 영향을 주는 주요한 요인들로 저지대의 지형, 배수가 잘 안 되는 조건과 염기성의 모암이 있다. 현재 스멕타이트로 이루어진 토양은 주로 아열대의 기후대로서 연간 강수량이 약 500~800 mm, 잘 발달된 계절성 건조기 그리고 배수가 잘 안 되는 지형에서 발달을 한다. 이러한 기후 조건에서 생성되는 스멕타이트는 카올리나이트와는 달리 기후 조건이 만약 습윤하게 된다면 불안정하게 된다. 이렇게 볼 때 카올리나이트와 스멕타이트의 상대적인 안정성의 차이 때문에 해양 퇴적물에서의 이들 광물들의 상대적인 양의 비로 유추되는 고기후의 해석이 왜곡될 수 있다는 점을 인지하여야 한다(Thiry, 2000).

지구의 표면에서 탄소 격리의 대부분은 유기물에 의하여 해양의 대륙 연변부에서 일어난다. 해양 퇴적물에 스멕타이트라는 점토광물이 많이 함유되어 있으면 일라이트라는 점토광물로 이루어진 퇴적물에 비하여 광물의 표면적이 크므로 여기에 유기물의 흡착이 더 많이 일어나 퇴적물 내에 유기물의 보존이 더 많이 늘어난다고 한다. 즉, 퇴적물에 함유되어 있는 총 유기탄소(TOC)의 함량이 높아진다는 것이다. 해양에서의 유기물의 분포를 볼 때 해저 표면에 쌓인 퇴적물에는 해수의 영양염 분포 상태에 따라 다르지만 유기물의 생성으로 입자성 유기물(particulate organic material)이 많이 함유되어 있으나 해저면으로부터 10 cm 정도 되는 깊이에서 다시 광물화작용을 받으며, 해저 면으로부터 약 30 cm 되는 곳에서는 TOC의 함량이 10% 미만으로 남게 된다. 이 30 cm 되는 퇴적 물 깊이에서는 TOC의 함량은 더 이상 줄어들지 않고 퇴적물 내에 보존된다. 이 깊이에서 TOC는 약 90% 이상이 퇴적물을 구성하는 점토광물의 표면에 흡착되어 있으므로 쉽게 분리해 내기가 어려 워진다.

해양 퇴적물에 존재하는 스멕타이트가 인접하는 대륙에서 공급된다면 이 스멕타이트의 존재는 대륙의 기후 조건에 달려 있다. 이 경우 해양 퇴적물을 구성하는 쇄설성 스멕타이트 점토광물은 육 지의 토양에서 직접 침전하여 만들어지거나 대륙의 화산암이 풍화작용을 받아 생성된 것이다. 이 렇게 육지에서 만들어진 스멕타이트는 하천의 침식을 통하여 바다로 유입된 것이다. 특히 이 스멕 타이트라는 점토광물의 함량이 높을 경우 해양 퇴적물의 TOC 함량도 높아지는 것으로 볼 때 해양 퇴적물 내 유기물의 함량은 육지의 기후가 밀접하게 관련되어 있을 것으로 여겨진다. 해양에서의 무산소 환경의 조건이 형성된 경우 인접하는 육지에서 약간의 기후 변화가 있더라도 이러한 변화 가 점차 무산소 환경이 형성되는 조건과 결합된다면 탄소의 매몰 정도를 증가시키면서 처음에 일 어난 기후 변화를 더욱 증폭시키는 역할을 할 것으로 해석된다(Kennedy and Wagner, 2011).

7.6 기원지 해석

기원지에서 암석의 화학적 풍화작용과 입자의 물리적인 잘게 부서짐, 퇴적물이 운반되는 동안 수 력학적인 분급작용과 혼합 그리고 퇴적된 후에는 속성작용 동안 일어나는 반응으로 퇴적물의 조 성은 바뀐다. 따라서 기원지의 정보를 습득하기 위해서는 이상과 같은 지표와 매몰 과정에서의 모 든 작용에 무관하게 기원지의 특성을 유지하는, 또 기원지의 암석 조성에 따라 체계적으로 달라지 는 대리자를 이용하여 해석을 하여야 한다. 그런데 퇴적물의 화학 조성은 분급작용의 영향을 받아 입자의 크기에 따라 저어콘, 금홍석, 인회석 등의 중광물 또는 운모와 같은 경광물이 많이 들어있 거나 결핍되기도 하여 TiO_2, P_2O, 희토류 원소(REE), Th, U, Zr, Hf 및 Nb 등의 원소의 농도와 이 들의 비율에 차이가 많이 일어난다. 사암에서는 장석과 석영이 주된 화학 조성을 지배하는데, 이들 광물들은 매우 낮은 흔적 원소의 함량을 가지기에 전체적인 흔적 원소의 함량을 줄이는 역할을 한 다. 이와 반대로 세립질의 이질암은 알루미늄이 많이 함유된 점토광물로 주로 이루어져 있으며, 이 질암의 화학 조성은 상부 대륙 지각의 화학 조성을 대표하는 것으로 알려져 있다. 특히 비교적 유 동성이 적은 원소인 Th, Sc, Y와 희토류 원소는 자연에 존재하는 물에는 용해도가 매우 낮기 때문 에 이들 원소들은 모든 퇴적과정의 작용에서 거의 그 양적인 변화 없이 기원지의 암석에서 이질암 으로 그대로 옮겨지는 것으로 알려진다. 이들 흔적 원소들은 점토광물의 표면에 흡착된 입자로 또 는 점토광물의 층간에 양이온으로 들어있기 때문에 이질암을 구성하는 광물의 조성에 영향을 받지 않는다. 이러한 특성 때문에 점토광물이 속성작용과 저변성작용 동안 쉽게 재결정되어 급격한 광물의 변화가 일어나더라도 이러한 재결정작용은 비교적 큰 화학적 변화가 없이 일어나기 때문에, 또한 비록 약간의 물질의 재분배가 일어난다 하더라도 구성 성분의 큰 규모 분산이나 추가는 흔하게 일어나지는 않는다. 이에 따라 유동성이 적은 원소들의 함량이나 비율은 이러한 작용이 일어나는 과정에서는 거의 보존되는 것으로 여겨진다. 특히 희토류 원소는 초고압의 조건에서도 유동성이 일어나지 않는 것으로 알려지고 있다. 이들 유동성이 없는 원소들 중에는 규산질 기원암(예 : Th)과 염기성-초염기성 기원암(예 : Cr, V, Ni)에 차이가 많이 나며 들어있는 경우에는 기원지의 규명에 좋은 대리자가 된다. 이질암의 지화학 조성이 특히 기원지의 암석의 대리자로 유용한 까닭은 머드 크기의 입자들은 모래 입자와는 달리 부유 상태로 운반되는 동안 혼합이 잘 일어나 기원지의 지질 정보를 더 잘 보존할 수 있기 때문이다.

08

쇄설성 퇴적물 속성작용

속성작용(diagenesis)이란 퇴적물이 쌓인 후부터 매몰되어 암석화되어 가는 모든 과정과 매몰되었던 암석이 다시 융기하여 지표 가까이에서 겪는 일련의 과정을 가리킨다. 그러나 매몰이 상당히 일어났을 경우 매몰 속성작용의 후기와 변성작용과의 경계는 점이적으로 나타나기 때문에 그 경계는 임의로 정해진다. 대체로 속성작용이 일어나는 범위는 온도로 볼 때 300℃ 이하를 가리키며 압력은 1 kbar 이하에 해당한다. 퇴적물에 일어나는 속성작용으로는 다짐작용(compaction), 교결작용(cementation), 교대작용(replacement)이 있다. 이들에 대하여 좀더 알아보기로 하자.

8.1 다짐작용

다짐작용은 주로 상위에 놓이는 퇴적물의 무게에 의해 일어나는데, 이로 인하여 모래 퇴적물의 부피가 감소한다. 다짐작용이 일어나는 정도는 모래 입자의 모양, 분급, 팩킹, 구성 광물과 조구조 작용 등에 영향을 받는다. 일반적으로 다짐작용은 상위에 쌓인 퇴적물의 두께가 두꺼울수록 심하게 나타난다. 퇴적물의 공극률은 다짐작용이 일어남에 따라 감소한다.

분급이 잘된 조립질 모래 퇴적물은 퇴적 당시에 공극률이 40% 정도를 이루며 입자의 배열이 느슨하게 되어 있다. 이 퇴적물이 매몰되면 입자들의 배열이 재조정되어 치밀한 배열 상태를 이루게 되고, 모래 퇴적물의 부피는 줄어들며 공극률은 25~30% 정도로 감소한다. 퇴적물 내에 크고 작은 모래 입자들이 함께 존재하는 경우에는 매몰이 되면서 다짐작용을 받으면 작은 입자들이 큰 입자의 사이를 채우게 되어 공극률은 15% 이하로 줄어들게 된다. 정상적인 다짐작용을 받으면 입자들 사이의 접촉면의 길이는 점점 늘어난다. 퇴적될 당시에 입자들 간의 접촉은 점 접촉(point contact)이나 탄젠트 접촉(tangent contact)을 하지만 점차 매몰이 진행되면 입자들 사이는 긴 접촉(long contact)을 하거나 요철 접촉(concavo-convex contact) 또는 봉합상 접촉(sutured contact) 관계를 이루는 빈도수가 많아진다(그림 8.1). 상당한 깊이로 매몰되거나 조구조 작용을 받으면 석영 입자들은 서로 미끄러지거나 열극이 형성되기도 하며 점 접촉을 하는 상태에서 접촉 부위를 중심으로 하여 방사상으로 깨뜨려진다. 장석은 쉽게 부스러지는 경향이 있으며 운모나 점토광물 그리고 암편들은 공극수가 있을 경우 공극수가 윤활유 역할을 하여 휘어지고 입자 사이에서 미끄러지게 된다. 조직의 성숙도가 높은 석영질 퇴적물은 퇴적물에서 입자의 구성 비율이 100%에 가깝다. 이 경우 퇴적 당시의 공극률은 약 40% 정도가 되는 것으로 추정된다. 이러한 모래질 퇴적물이 매몰되면 약 2,000 m의 얕은 매몰 심도에서도 입자 간 미끄럼작용으로 공극률이 약 10~12% 정도 감소한다. 이보다 매몰 심도가 깊어지면 입자들이 깨지고 압력용해가 일어나 입자 사이의 접촉 길이를 증가시키고 요철의 경계를 이루면서 공극률은 더 감소한다.

그림 8.1에서 보는 요철 접촉과 봉합상 접촉은 석영 입자들이 서로 중첩되어 있는 것처럼 나타난다. 이러한 입자 접촉을 나타내는 기작으로 압력용해(pressure solution)에 의한 것으로 해석되어 왔지만 실제로 이러한 입자의 접촉은 매몰 하중으로 압력이 가해졌을 때 접촉을 하고 있는 석영 입자들 사이에 활모양으로 들어간 부분에 낀 입자들은 압력용해에 의한 것이 아닌 쇄성 변형작용(brittle deformation)을 받아 석영 입자가 조각조각으로 깨지고 그 깨진 틈 사이에 자생의 석영 교결물이 채워져 나타나는 것으로 주사전자 현미경-음극선발광장치(SEM-CL) 영상을 통하여 밝혀졌다(그림 8.2). 즉, 다짐작용을 받으면 쇄성 변형작용이 일어나 입자 간의 경계가 활모양을 보이거나 접하고 있는 입자 사이의 경계가 울퉁불퉁하게 서로 침투해 들

그림 8.1 입자의 접촉 관계. 다짐작용을 받아서 석영 입자들이 점 접촉, 요철 접촉과 약간의 봉합상 접촉 관계를 나타내고 있다. 데본기 Oriskany층(미국 버지니아 주).

그림 8.2 요철 접촉을 나타내는 석영 입자들의 모식도. 왼쪽은 광학현미경 사진과 스케치이고, 오른쪽은 SEM-CL 영상을 스케치한 것이다(Dickinson and Milliken, 1995; Milliken and Laubach, 2000).

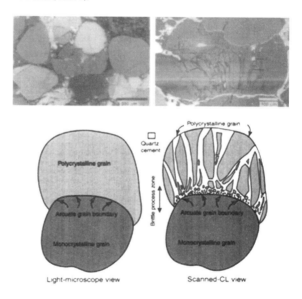

어가는 경계의 발달에 중요한 기작으로 작용을 한다고 한다. 이렇게 조각조각 깨진 석영 입자는 겉보기로 복결정질 석영으로 나타나기도 하여 복결정질 석영만으로 기원지를 해석하는 데 주의를 할 필요가 있다. 물론 이러한 쇄성 변형작용과 압력용해는 성인적으로 서로 관련이 깊은 것으로 여겨지기도 한다. 이는 입자의 크기가 쇄성 변형작용으로 아주 작아지면 입자의 접촉 부위에서 석영의 용해도가 증가하기 때문으로 이런 점에서 본다면 쇄성 변형작용이 먼저 일어나는 작용이고 뒤이어 용해작용이 일어난다고 볼 수 있다. 이러한 해석은 스타일로라이트(stylolites)가 드문 암석에서 많

그림 8.3 다짐작용을 많이 받은 암편질 사암의 입자 접촉 관계. 이 사진에서는 화산암편(VRF)들이 형태 변형이 일어나서 서로가 잘 짜여진 조직을 보이고 있다. 백악기 장목리층(경남 거제).

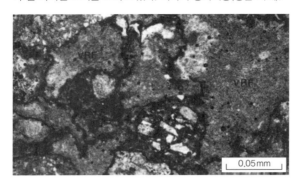

은 미소 균열이 관찰된다는 점으로도 알아볼 수 있다.

장석질 사암은 석영사암보다 다짐작용의 영향을 더 많이 받는다. 암편질 사암은 이들보다 연약한 입자를 많이 함유하고 있으므로 매몰에 따른 다짐작용 또는 공극률의 감소가 가장 현저하게 나타난다(그림 8.3).

퇴적물이 쌓인 후 초기의 속성작용 동안 교결작용이 일어나면 입자들은 견고하게 붙잡혀 있게 되며 매몰의 압력이 가해져도 압력은 암석 전체로 분산되므로 다짐작용의 영향을 덜 받는다. 비교적 빠른 비율로 침강하는 퇴적 분지에서는 퇴적작용이 빠르게 일어나며 모래 퇴적물은 빠르게 매몰된다. 이 경우에는 상당한 매몰 깊이에 이르더라도 모래 퇴적물 내에는 미처 빠져나가지 못한 공극수가 존재하여 공극 압력이 점차 높아지게 된다. 이렇게 되면 이들 모래 퇴적물은 상부의 퇴적물 짐에 의한 압력보다 더 높게 나타나는 과압력 상태(overpressured)로 매몰 깊이에 해당하는 다짐작용을 받지 않는다.

8.2 교결작용

모래 퇴적물이 쌓인 후 입자 사이에 존재하는 공극에는 공극수로부터 교결물이 침전되어 생성되어 퇴적물은 암석화된다. 일반적으로 모래 퇴적물이 암석화되는 데에 필요한 교결물의 양은 전체 부피의 5~10% 정도로 비교적 적다. 이 교결물을 이루는 성분은 공극을 통해 흐르는 지층수에 의해 유입되거나 퇴적물 내의 탄산염 광물이나 콜로이드질 실리카와 같은 성분이 재분포하여 공급된다. 모래 퇴적물 외부로부터 유입되는 경우에는 모래 퇴적물 주변과 층서적으로 상·하부에 분포하는 점토질 또는 탄산질 퇴적물이 매몰되어 다짐작용을 받는 동안 빠져나온 용액으로부터 조달된다. 모래 퇴적물에서 교결작용이 일어나기 위하여 주변과 상·하부의 점토질 암석으로부터 빠져 나온 용액은 많은 양이어야 하며, 비교적 오랫동안 일정한 화학 조성을 유지한 채 모래 퇴적물 사이를 통과하여야 한다.

사암의 속성작용에서 공극수의 역할을 좀더 살펴보기로 하자. 공극수는 화학 조성에 상관없이 속성작용에 매우 큰 영향을 주어 퇴적물 내에서 이들의 화학 조성은 계속 변하게 된다. 즉, 매몰 속성작용이 일어나는 동안 공극수와 입자가 접하는 곳은 항상 서로간의 반응이 있게 되며, 이에 따라 비록 느리지만 공극수의 조성에 변화가 일어나게 된다. 매몰이 진행됨에 따라 온도가 높아지면 입자와 공극수 간의 상호 반응은 더 빨리 일어난다. 또한 주변과의 반응에 의해 공극수의 염분은 변하게 되고 공극수 내 특정 성분의 양이 변화하기도 한다. 따라서 현재 공극수의 화학 조성은 원래 공극수의 화학 조성과는 아주 다르게 된다. 예를 들면 해양에 쌓인 퇴적물에서 초기 공극수는 해수의 화학 조성을 나타내나, 이들이 속성작용을 받은 후에는 해수에 비해 Mg의 양이 상당히 감소하고 Ca의 양이 증가하는 경향을 보인다. 또한 Na/K와 Ca/Na 비율도 해수와는 상당한 차이가 있게 된다. 이러한 변화는 모래 퇴적물과 호층을 이루는 점토질 퇴적물이 다짐작용을 받으면서 공극수가 점토질 퇴적물에서 빠져나오는 동안 점토

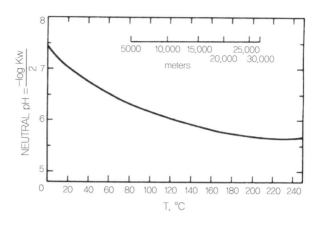

그림 8.4 퇴적 분지에서 온도와 깊이에 따른 물의 해리 상수의 변화(Blatt et al., 1980).

광물의 특성으로 이온의 걸러짐작용(ionic filtration process)으로 일어나기도 한다. 또한 흡착, 이온교환, pH-Eh 관계와 미생물의 역할 등에 의해 공극수의 조성 변화가 발생한다.

　물은 어느 온도에서나 약간은 해리 상태를 나타내는데, 상온에서는 10^{-7} mol/L의 수소 이온과 수산화 이온의 농도를 나타낸다. 여기서 수소 이온은 풍화 과정에서 규산염 광물의 금속 이온과 치환작용하며 중요한 역할을 한다. 모든 해리작용에서와 마찬가지로 물의 해리에 의하여 수소 이온이 분리되는 양은 온도와 밀접한 관계가 있다. 즉, 수소 이온의 농도는 온도가 높을수록 높아진다. 면밀히 말하자면 중성의 pH란 동일한 양의 수소 이온과 수산화 이온의 양이 존재할 때로 정의하는 것이지 꼭 pH = 7이 아니라는 점을 상기하자. 그림 8.4를 보면 중성의 pH는 온도에 따라 변한다는 것을 알 수 있다. 예를 들면, 물의 온도가 120°C에서의 중성 pH는 6(수소 이온과 수산화 이온의 양이 모두 10^{-7} mol/L)이 되는 것을 알 수 있다. 따라서 지하 수 km 깊이의 물이 pH = 7이라면 이 물은 수소 이온이 부족한 염기성 물이라는 점을 속성작용 해석 시 염두에 두어야 한다.

　사암에서 가장 대표적인 교결물로는 실리카 광물, 탄산염 광물, 점토광물 그리고 철산화물 등이 있다. 이들의 각각에 대해 산출상태와 성인에 대하여 살펴보기로 하자.

8.2.1 실리카 교결물

실리카 교결물(silica cements)은 석영사암에 평균 12% 정도로 가장 많이 나타나는데, 장석사암과 암편사암에서는 3% 미만으로 나타난다. 사암 내에서 속성작용에 의해 생성된 실리카는 여러 가지 형태의 결정질로 나타난다. 결정의 형태로 볼 때 cristobalite(opal-CT라고도 함)는 화산 기원 물질이 많은 사암에서 입자의 주변에 섬유상의 결정으로 나타난다(그림 8.5A). 석영은 미세결정의 반자형의 집합체(처어트)로(그림 8.5B), 거의 같은 크기의 조립질 결정의 방사상 배열로(그림 8.5C), 긴 섬유상의 옥수(chalcedony)로, 석영 입자 위에 자형의 과성장(overgrowth, 그림 8.5D)으로, 그리고 화석이나 기질의 탄산염 광물을 교대하는 미세 결정의 석영이나 거정질 석영으로 나타나기도 한다. 석영의 결정 형태가 왜 이렇게 다양한지에 대해서는 단지 실리카를 함유한 용액의 포화 정도

그림 8.5 실리카 교결물. (A) cristobalite(Cr)가 비늘편 모양의 집합체로 모래 입자 위에 성장하여 있다. 불석 광물인 클라이놉틸로라이트(Cl) 교결물이 cristobalite 교결물과 함께 침전하여 있다. DSDP Site 445. 에오세 사암. (B) 처어트로 교결된 사암(Scholle, 1979). (C). 거정질 석영(> 20 μm) 교결물(Scholle, 1979). 입자의 가장자리를 따라 얇고 평평한 날 모양(bladed)에서 균등한 크기(equant)의 석영 교결물이 생성되어 있다. 백악기 Travis Peak층(미국 텍사스 주). (D) 석영 입자 위에 과성장으로 자란 교결물(Tucker 2001). 원래 석영 입자와의 경계는 검은 선의 불투명한 광물로 구분된다. 페름기 풍성 사암(영국 Cumbria).

와 석영 결정이 침전하는 데 필요한 핵심(nuclei)의 양, 반응 속도 그리고 외부 이온의 존재 등의 일반적인 해석 이외에는 아직 잘 알려져 있지 않다.

속성작용이 일어나면 석영은 다른 종류의 실리카 광물로는 변질되지 않지만 비정질 실리카인 오팔(opal, 이를 opal-A라고 함)이나 옥수가 석영으로 변화를 일으킨다. 이러한 변화는 교결작용이 일어나는 동안 계속 일어난다. 기질 내 오팔과 옥수는 변질을 받아 원래의 쇄설성 석영 입자 주위로 실리카를 공급하여 석영의 과성장을 형성한다. 석영의 과성장 교결물은 이들이 침전하는 바탕이 되는 석영 입자와 같은 광학적 성질을 띠며(같은 결정축인 C축을 따라) 침전하기 때문에 편광 현미경 하에서 석영 입자와 그 위에 침전한 과성장은 소광이 같이 일어남을 관찰할 수 있다. 과성장이 아닌 석영의 교결물은 입자 표면에 작은 프리즘 모양의 결정을 이루며 방사상으로 발달(그림 8.5C)하며, 공극을 완전히 채울 경우에 인접하는 결정 간에 결정 성장이 방해를 받아 자형의 결정면을 이루지 못하고 불규칙한 결정의 경계를 이루기도 한다.

실리카 교결물의 형성에는 퇴적물 내로 공급되는 실리카의 양이 중요하다. 천해의 해수에는 용해된 실리카가 1 ppm 미만을, 하천수에는 약 13 ppm 정도가 들어있는데, 이 정도의 양은 단지 극소량의 실리카 교결물을 침전시킬 수 있는 정도이다. 실리카는 온도가 증가함에 따라 용해도가 증

그림 8.6 석영 입자들의 압력용해 작용으로 실리카 교결작용을 받는 단계. 1단계는 석영 입자들 사이에 얇은 점토막이 있는 부분과 점토막이 없는 부분이 있다고 하자. 2단계에서는 다짐작용이 일어나면 점토막이 있는 부분에 압력용해 작용이 일어나 공극 A가 감소한다. 3단계에서는 공극 A로부터 용해된 실리카를 함유한 공극수가 공극 B로 빠져나가 압력이 감소하면서 석영이 침전한다(Pettijohn et al., 1987).

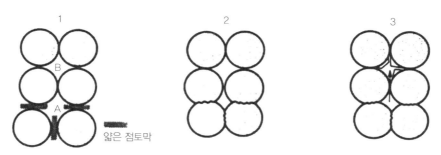

가하기 때문에 매몰 깊이가 깊은 공극수에는 속성작용 초기의 공극수보다 좀더 많은 양이 들어있다. 대체로 가장 잘 알려진 실리카의 공급원은 모래 퇴적물이 깊이 매몰될 때 석영 입자간 접촉 부분에서 일어나는 압력용해로 인해 용해된 실리카이다(그림 8.6). 이렇게 생성된 실리카가 압력용해를 받는 입자 주변의 압력이 낮은 공극으로 이동하면 공극수는 실리카에 대한 포화도가 높아지면서 석영의 침전이 일어난다. 또한 서로 접촉하고 있는 석영 입자 사이에 점토와 같이 아주 작은 결정이 있게 되면 압력용해가 촉진될 뿐 아니라 용해된 실리카의 확산이 효과적으로 일어나게 된다. 그러나 압력용해로부터 실리카의 공급에 대한 여러 연구에 의하면 대부분의 사암에는 이 공급원으로부터 유래될 수 있는 실리카 교결물의 양보다 더 많은 양의 실리카 교결물이 관찰되므로 상대적으로 석영의 압력용해에 의한 공급원의 중요성은 생각보다는 그리 높지 않다고 한다.

  화산유리와 같은 화산 기원의 물질을 많이 함유하는 사암에서는 매몰이 되면서 비정질인 화산유리의 결정화 작용(탈유리화작용, devitrification)이 일어나서 스멕타이트 점토광물이 생성되고 이 과정에서 빠져나온 잉여의 실리카는 공극수로 유출된다. 이 작용에 의해 형성된 실리카는 화산쇄설성 사암의 석영 교결물 기원으로 중요하게 작용한다. 그러나 대체로 석영의 교결물은 석영이 많은 사암(석영사암)에 가장 많이 나타나는데, 석영이 많은 퇴적물이 쌓이는 장소는 화산 기원 퇴적물이 쌓이는 환경과는 차이가 많이 나기 때문에(물론 드물게 화산호 환경에서 생성되는 석영질 모래 퇴적물은 예외이지만, 제6장 석영사암 참조) 화산 기원 물질에 의해 많은 양의 석영 교결물이 생성되기는 어려울 것으로 여겨진다.

  해양 환경에 쌓인 사암에는 규조, 방산충, 해면류와 같은 실리카질 유기물에 의해 실리카가 공급되기도 한다(제15장 참조). 이들 실리카질 유기물의 껍질은 비정질 실리카(오팔)로 이루어져 있으며, 이 유기물이 죽은 후 오팔로 이루어진 실리카 골격이 용해되어 공극수에 실리카를 공급하여 퇴적물 내에 교결물이 침전한다. 실리카는 또한 이질암에서 속성작용을 받는 동안 스멕타이트 점토광물이 스멕타이트-일라이트의 혼합층 점토로, 그리고 일라이트로 점차 변질되어 가는 과정에서도 공급된다("8.5 점토광물과 이질암의 속성작용" 참조). 많은 양의 실리카는 점토광물의 속성작용 동안 생성되는 데에는 이의가 없으나, 과연 얼마나 많은 양의 실리카가 점토질암으로부터 모래층으로 유출되는가에 대해서는 아직 의문이 남아 있다. 한 예로 점토광물의 속성작용 연구가 가장 잘 이루어진 미국 걸프 만의 신생대 Frio 층에서 보면, 이 층의 셰일층과 사암층의 비율이 8:1 이상으로 셰일 내 점토광물 속성작용(스멕타이트가 일라이트로 변환)으로 인하여 유리되는 실리카의 양은 인접한 사암 내 석영 과성장 교결물의 양을 능가하는 것으로 밝혀졌다(Lynch et al., 1997). 실리카의 공급원과 더불어 교결작용에 중요한 역할을 하는 것은 지표수의 순환 기작이다. 지표수는 평균 13 ppm의 H_4SiO_4를 함유하며, 이는 석영의 용해도 값의 절반밖에 안 되므로 사암의 공극을 채우기 위해서는 아주 많은 양의 지표수가 사암을 통하여 흘러야 한다. 여기에 지하수의 유동은 매우 느리기 때문에 사암에서의 실리카 교결작용은 상당한 시간이 경과하여야만 일어날 수 있다. 이러한 지하수의 유동은 모래 퇴적물의 매몰 깊이가 비교적 얕은 경우에만 가능하며 지하수의 흐름이 지층을 따라 수평적으로 흐르는 경우보다 수직적으로 모래층을 통과하여 흘러야만 가능하게 된다.

사암이 매몰되면서 사암의 공극률을 가장 많이 줄이는 것은 석영의 교결물이다. 이 석영 교결물은 매몰 온도가 약 70~80℃에서부터 쇄설성 석영의 입자에 과성장으로 연속적으로 성장한다. 북해의 쥐라기 Ness층 사암에서 산출되는 석영 과성장 교결물에 대하여 연구를 한 Harwood 등 (2013)은 석영의 과성장 교결물의 산소 안정동위원소 조성을 약 2 μm 크기로 고해상도의 분석을 하고 사암에 교호되어 퇴적된 셰일에 대하여 점토광물에 대한 분석을 한 결과 석영 교결물에 필요한 실리카는 대부분이 사암 내부에서 공급되며 교결물의 침전도 한 번에 걸쳐 침전을 한 것이 아니라 60~70℃에서부터 현재의 최대 매몰 온도인 130℃까지 지속적으로 일어났다고 보고하였다. 대부분의 퇴적암석학자들은 퇴적물이 100℃ 이상으로 매몰이 일어나면 공극률이 급격히 감소하고 이에 따라 깊게 매몰된 사암은 탄화수소의 저류암 가능성이 점차 줄어든다고 한다. 그런가 하면 또 다른 사암에는 석영이 많지만 결정의 크기가 0.5~10.0 μm인 미정질 석영인 마이크로석영 (microquartz)의 교결물을 함유하는데, 이러한 사암은 3,500 m 이상으로 매몰이 일어나도 일반적인 사암과는 달리 높은 공극률을 가지고 있는 것으로 알려지고 있다. 이러한 마이크로석영의 교결물은 여러 지역에 분포하는 데본기에서 마이오세에 이르는 사암에서 관찰되고 있다. 특히 주목할 것은 마이크로석영을 교결물로 가지는 사암은 해면동물의 침(sponge spicule)과 같은 생물 기원 실리카가 많이 들어있는 사암층에 주로 나타나며, 이러한 생물 기원 실리카 성분을 가지는 모래 퇴적물이 매몰되어 50℃ 정도에 이르면 생물 기원 규질 입자를 대체하여 마이크로석영이 생성되는 것으로 알려지고 있다. 일단 쇄설성 석영 입자의 표면에 마이크로석영이 전체적으로 덮으며 침전하면 쇄설성 석영 입자의 광축과 이 결정축의 연장선에서 연속적으로 성장하는 석영 과성장 교결물 생성은 일어나지 않는다. 이렇게 퇴적물 매몰작용의 초기에 생성되는 마이크로석영은 정상적인 석영의 과성장 발달을 막아 깊게 매몰되더라도 사암에서 일반적인 예상보다는 공극률이 높게 보존될 수 있도록 한다. 이 과정을 좀더 살펴보면 다음과 같다. 생물 기원 이산화규소(실리카)의 함량으로부터 유래된 공극수의 포화 정도가 높아지면 공극을 따라 모래 입자들 표면에 50~100 nm의 아주 얇은 비정질의 실리카막이 생성된다. 이 피막 위에 옥수(chalcedony)가 입자의 표면을 따라 피막에 평행하게 결정을 성장한다. 그 다음 이 옥수의 결정의 성장이 빠른 c축 방향을 따라 마이크로석영이 생성되며 성장을 한다. 마이크로석영의 성장은 공극 쪽을 향하며 일어나는 것이 아니라 입자의 표면을 따라 성장을 하다가 마이크로석영 결정들이 서로 자라 맞닿으면 서로 성장이 방해를 받아 더 이상 마이크로석영은 자라지 않는다. 이렇게 되면 마이크로석영 교결물의 얇은 층은 공극수와 석영 입자와의 접촉을 막을 뿐만 아니라 매몰이 일어나는 동안 석영의 용해를 방해하여 석영의 교결작용을 방해하는 것으로 알려진다(Worden et al., 2012).

8.2.2 탄산염 교결물

사암 내의 탄산염 교결물(carbonate cements)로는 방해석, 능철석(siderite)과 백운석(dolomite)이 있다. 탄산염 교결물은 현생 퇴적물에서는 아주 드물며 고기의 암석에서는 저마그네슘 방해석($MgCO_3$가 < 4 mol% 들어있는 방해석)이 가장 많이 나타난다. 대부분의 사암에서 탄산염 교결물의 양은 30%를 넘지 않으며, 만약 이보다 더 많이 나타날 경우에는 탄산염 광물이 쇄설성 입자를 교대하였을 때에 해당한다. 후자의 경우에는 석영 입자의 가장자리가 불규칙하게 나타남으로써 탄산염 교결물에 의해 교대되었음을 알 수 있다. 석영이 탄산염 광물에 의해 교대되는 것은 온도에 따른 탄산염과 실리카 사이의 용해도 차이에 따라 일어난다. 즉, 온도가 증가하면 실리카의 용해도는 증가하는 반면에 탄산염의 용해도는 감소하면서 지하 깊이 매몰된 사암에서는 실리카 교결물의 양은 감소하고 방해석 교결물의 양은 증가한다고 예상할 수 있다. 그러나 실제 암석에서 관찰되는 경향은 이와 다르게 나타나는 경우가 많다. 이는 사암이 깊이 매몰되면 유기물의 속성작용에 의한 공극수의 PCO_2의 변화에 따른다고 해석된다. 유기물의 속성작용에 따라 많은 양의 이산화탄소가 공급되면 공극수는 산성을 띠며 방해석 교결물이 녹는 조건을 제공하기 때문이다.

방해석 교결물(그림 8.7)은 공극수의 CO_3^{2-}/HCO_3^{-}의 비율이 높아짐에 따라 침전된다. 공극수의 이러한 현상은 온도가 증가하거나 또는 pH가 증가함으로써 일어나며 이로 인해 방해석의 용해도는 감소한다. 일반적으로 퇴적물의 매몰이 일어나면 공극수의 농도가 변하게 되고 이온쌍(ion-pair) 형성의 양과 자유 이온의 비율이 변하게 되며 수소 이온이 광물의 속성작용 시 소모되므로 pH는 증가하고 유기물이 분해되어 이산화탄소의 양이 증가하면서 방해석 교결물이 침전할 수 있는 조건을 조성한다.

화석 파편을 포함한 석회질 모래 퇴적물이 매몰되면 퇴적물 하중에 의해 다짐작용이 일어나면 압력이 입자의 접촉 부위에 집중되므로 탄산칼슘으로 이루어진 화석 파편들의 용해가 일어난다. 석영에 일어나는 압력용해에서의 기작과 마찬가지로 탄산칼슘의 화석은 용해가 일어나 주변의 공극으로 확산되어 방해석 교결물을 침전시키며 공극을 채우

그림 8.7 방해석 교결물. 백악기 하산동층(경남 사천).

0.3 mm

그림 8.8 Poikilotopic 방해석 교결물로 큰 방해석 교결물 내에 여러 개의 잘 원마된 석영 입자들이 떠 있는 형태를 나타낸다(Tucker, 2001). 석영 입자들은 단결정질이며 직소광과 파동소광을 보인다. 중앙에 있는 장석 입자는 방해석 결정에 의해 틈이 벌어져 있다. 페름기 풍성 사암(영국 Durham).

그림 8.9 백운석 교결물. 마이오세 Temblor층(미국 캘리포니아 주 Kettleman North Dome 유전).

게 된다. 경우에 따라서 방해석의 교결물이 하나의 거정질 결정으로 나타나기도 한다. 이때에는 하나의 공극이 하나의 방해석 결정으로만 채워지거나, 여러 개의 공극이 하나의 방해석 결정 교결물로 채워져 방해석 교결물 내에 여러 개의 쇄설성 입자들이 마치 떠 있는 것처럼 나타난다(그림 8.8). 이러한 방해석 교결물을 poikilotopic 방해석 교결물이라고 한다. 또 다른 탄산염 교결물인 백운석 교결물(그림 8.9)은 주로 해양 또는 삼각주 환경에 쌓인 퇴적물에 많이 나타난다. 여러 가지 탄산염 광물의 교결물은 대체로 그 생성 순서가 일정하게 나타나지 않는다. 방해석이 맨 처음 생성된 후 백운석이 생성되기도 하는가 하면, 방해석의 생성이 속성작용이 일어나는 동안 여러 번에 걸쳐 일어나기도 한다. 탄산염 광물의 교결물은 대체로 매몰 깊이가 증가하면서 후기에 생성되는 탄산염 교결물에 철의 함량이 많아지는 경향을 보인다. 함철 탄산염 광물인 앵커라이트[ankerite, $Ca(Mg,Fe)(CO_3)_2$]가 이의 좋은 예이다. 앵커라이트의 침전은 매몰 깊이가 깊은 지하는 용존 산소의 함량이 낮아 무산소 조건이 되어 철은 이가철(Fe^{2+})로 분포하며 탄산염 광물 교결물의 침전에 관여되기 때문이다.

능철석(siderite, $FeCO_3$) 교결물(그림 8.10)은 사암에서 흔히 관찰되며, 이 능철석은 일차적인 침전물이 아니라 원래 존재하던 방해석을 교대하여 생성되는 것으로 해석된다. 열역학적인 관점으로 볼 때, 공극수에 철 이온 함량이 칼슘 이온 함량의 1/20 이상으로 많이 함유되어 있다면 방해석은 용해가 되고 능철석이 침전한다. 역으로 칼슘 이온의 함량이 철 이온 함량의 20배 이상으로 함유되어 있으면 능철석은 방해석으로 교대작용이 일어난다.

능철석은 속성작용의 초기에 생성되는 광물로서 이들은 해양 환경에 쌓인 퇴적물과 육성 환경에 쌓인 퇴적물에서 모두 생성된다. 능철석이 생성되는 속성 환경이 해양 환경인가 육성 환경인가는 능철석의 원소 조성과 안정동위원소 조성을 통하여 구분할 수 있다(Mozley and Wersin, 1992).

그림 8.10 능철석(siderite) 교결물. 속성작용 초기에 생성된 교결물로 공극 벽을 따라 생성되었으며, 석영 입자들의 가장자리에 약간의 교대작용이 일어나기도 하였다. 능철석은 높은 굴절률을 보이며, 갈색을 띤다(Scholle, 1979). 상부 백악기 Upper Logan Canyon층(캐나다 Scotian 대륙붕).

그림 8.11 카올리나이트 교결물. 카올리나이트는 석영 입자들 사이에 낮은 복굴절을 보이며, 작은 결정들의 집합체로 산출된다. 쥐라기 Aztec 사암(미국 네바다 주 Fire Valley 주립공원).

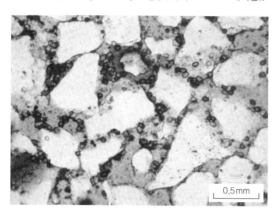

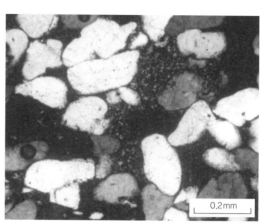

해양 환경에서 생성되는 능철석은 그 조성이 순수하지 못하며, 마그네슘이 41% $MgCO_3$로까지, 칼슘이 15 몰% $CaCO_3$까지 철을 교대하여 나타나기도 하며 일반적으로 낮은 탄소의 안정동위원소($\delta^{13}C$)의 조성($< -8‰$)을 가진다. 반면 육성 환경에서 생성되는 능철석은 비교적 순수한 조성을 가지며, 약 2몰% $MnCO_3$보다 많은 망간의 함량을 보인다. 그리고 육성의 능철석은 해성의 능철석에 비해 훨씬 낮은 산소 안정동위원소($\delta^{18}O$)의 조성($< -13‰$)을 갖는다. 이렇게 능철석은 생성 환경에 따라 조성의 차이를 나타내기 때문에 능철석을 함유한 퇴적층의 퇴적학적인 다른 증거가 불분명할 경우 능철석의 화학 조성을 이용하여 퇴적층의 퇴적 환경을 알아볼 수 있기도 하다. 능철석 교결물을 함유하는 사암이 풍화작용을 받게 되면 능철석은 적갈색의 갈철석(limonite)으로 바뀌어 암석은 특징적으로 붉은 색을 띠게 된다.

8.2.3 점토광물 교결물

사암 내 점토광물 교결물(clay mineral cements)로는 주요한 점토광물의 종류가 모두 나타난다. 석영사암에는 특징적으로 카올리나이트가 공극을 채우는 형태로 나타난다(그림 8.11). 또한 카올리나이트는 쇄설성 장석 입자가 용해됨으로써 형성된 장석 입자의 빈자리나 그 주위에 생성되기도 한다. 사암 내 카올리나이트 교결물의 존재는 담수의 지하수가 사암을 통과하여 흘렀다는 것을 시사하는데, 사암이 대수층으로 지하수의 충전(充填)지대(recharge area)에 연결되어 있어 지표에서 화학적 풍화작용으로 인해 용해된 실리카가 지하수를 통해 유입되었음을 나타낸다. 또한 사암이 이러한 기상수(meteoric water)에 전혀 노출되지 않고 깊이 매몰된 경우에도 산성의 공극수에 의해 장석의 용해가 일어나 카올리나이트 교결물이 생성되기도 한다. 이 경우의 공극수는 유기물의 속성작용과 밀접한 연관이 있다.

사암 내에 화산쇄설성 물질이 많은 경우에는 스멕타이트의 교결물(그림 8.12)이 입자 주위를 따

그림 8.12 스멕타이트(S) 교결물. (A) 편광 현미경 사진. 스멕타이트 교결물이 생성되고, 이후에 불석광물인 클라이놉타일로라이트(Cl)가 공극을 채우고 있다. (B) 스멕타이트의 주사전자 현미경 사진. 솜털과 같은 형태를 나타낸다. (A)와 (B) 모두 북서 태평양 DSDP Site 445 에오세 사암이다.

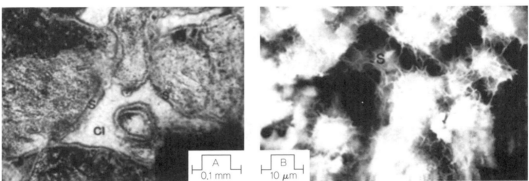

그림 8.13 일라이트(IL) 교결물. 모래 입자의 가장자리를 따라 속성작용의 초기세 현미경 하에서 높은 복굴절을 나타내는 것이 특징이다.

그림 8.14 녹니석 교결물(Scholle, 1979). 녹니석은 입자 표면에 수직으로 공극 내부 쪽을 향하여 발달하였다. 전기 백악기 Patula층(멕시코).

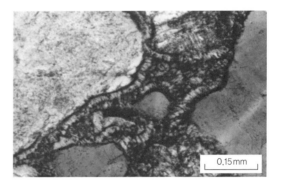

라 공극 안쪽을 향하여 침전한다. 대부분의 사암에서는 스멕타이트가 순수한 상태로 존재하지 않고 약간의 일라이트를 포함하는 스멕타이트-일라이트의 혼합층 점토로 나타난다.

안정한 점토광물인 일라이트(그림 8.13)와 녹니석(그림 8.14)의 교결물은 사암이 오랫동안 깊게 매몰된 상태(> 150°C)에서 주로 형성된다. 이들 교결물은 장기간 동안 이전에 생성된 스멕타이트와 같은 점토광물에서 Na와 Ca가 일라이트의 경우에는 K로, 녹니석은 Mg로 치환이 일어나면서 형성된다. 그러나 스멕타이트, 일라이트와 녹니석은 속성작용의 초기에도 공극의 벽을 따라, 즉 입자의 표면을 따라 표면에 수직으로 성장하며 교결물을 형성한다.

8.2.4 적철석 교결물(hematite cements)

사암이 붉은 색을 띠게 하는 물질은 용액으로부터 직접 침전되어 공극을 채우거나 또는 쇄설성 입자 주위를 감싸고 있는 미정질의 철산화물이다(그림 8.15). 또한 공극을 채우는 점토광물에 흡착된 철 이온에 의해서도 사암은 붉은 색을 띠게 된다. 철은 화성암이나 변성암에서 철을 함유하는 부

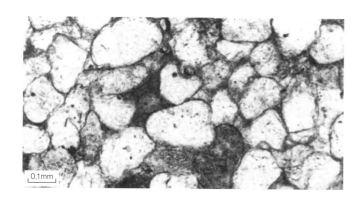

그림 8.15 적철석 교결물. 적철석은 석영 입자의 주위를 따라 얇은 어두운 띠를 두르며 발달되어 있다. 쥐라기 Aztec사암(미국 네바다 주 Fire Valley 주립공원).

수광물인 각섬석, 녹니석, 흑운모, 일메나이트(ilmenite)와 자철석으로부터 공급된다. 이들 광물 내 철은 2가의 상태로 존재하지만, 풍화작용이 일어나는 동안에 산화되어 3가의 철로 바뀌게 된다.

적색을 띠는 사암은 Fe_2O_3의 양이 많은 것으로 예상하지만 실제로 5 wt.% 이상을 넘지 않으며, 대부분의 경우에는 1 wt.% 정도를 차지한다. Fe_2O_3는 전부가 적철석으로 나타나지는 않으며, 점토광물과 같은 입자의 결정구조에도 나타난다.

속성작용 동안 생성되는 교결물 광물은 이상에서 살펴본 많이 나타나는 광물을 포함하여 약 40여 종이 되는 것으로 알려지고 있다. 사암의 공극에서는 서로 다른 종류의 교결물 광물들이 산출되며 이들 교결물 광물 간에는 서로 생성되는 시간의 차이가 있음을 관찰할 수 있다. 이렇게 속성작용 동안 생성되는 교결물 간의 시간적인 선·후 관계를 나타내는 것을 속성작용의 순서(paragenesis)라고 하며, 이들 광물 간의 상대적인 순서는 다음의 기준을 이용하여 구별할 수 있다.

(1) 교결작용이 일어나기 전의 사암이 받은 다짐작용의 정도
(2) 교결물이 생성된 이후 용해작용이나 부식작용을 받은 흔적의 유무
(3) A라는 광물이 B라는 광물에 의하여 둘러싸여 있을 경우에는 A광물이 먼저 생성
(4) C라는 광물이 D라는 광물에 의하여 위치가 변경되었을 때는 C광물이 먼저 생성
(5) E라는 광물이 F라는 광물의 성장을 방해했다면 E광물이 먼저 생성
(6) 같은 공극에 교결물이 생성될 경우에는 주변 입자의 가장자리에서 공극의 안쪽으로 가면서 교결작용이 발생

8.3 교대작용

교대작용(replacement)은 퇴적물을 이루고 있는 광물 입자들이 입자의 사이에 들어있는 공극수와 함께 매몰되는 동안 온도가 증가하면서 다짐작용과 퇴적물에 함유되었던 유기물의 변질작용으로 공극수의 조성이 바뀌어 가고 광물 입자와 공극수 사이의 반응이 활발히 일어나면서 퇴적 당시의 쇄설성 광물들이 새로운 광물로 교대가 일어나는 속성작용을 교대작용이라고 한다. 가장 흔하게 관찰되는 교대작용은 석영과 장석이 방해석과 같은 탄산염 광물에 의하여 교대되는 것이다(그림

그림 8.16 중앙에 있는 사장석이 방해석에 의하여 교대작용을 받았다. 에오세 Stevens 사암(미국 캘리포니아 주 North Coles Levee 유전).

그림 8.17 사진 중앙에 있는 부분적으로 알바이트화된 사장석. 마이오세 Monterey층(미국 캘리포니아 주 Paloma 유전).

8.16). 교대작용의 정도는 공극수와 접한 광물 입자의 가장자리 부근에서만 부분적으로 일어나는 것에서부터 입자 전체가 모두 교대가 일어나는 것까지 아주 다양하게 일어난다. 입자 전체가 교대 작용이 일어나는 경우에는 교대작용 이전의 광물이 어떤 종류였는지에 대해서 교대작용을 받은 광물의 잔류물이 교대를 한 광물에 남아 있지 않으면 구별하기가 어렵다.

퇴적물에 흔하게 들어있는 장석은 점토광물로 교대작용이 일어나기도 한다. 이렇게 되면 장석은 깨끗한 결정의 모습을 나타내지 못하고 현미경에서 관찰하면 지저분하게 나타난다. 그러나 이렇게 지저분하게 나타나는 장석이 퇴적 당시에 기원지에서 풍화작용으로 일어난 것인지, 아니면 매몰이 일어나 속성작용 동안 점토광물로 교대작용이 일어난 것인지 구별하기는 쉽지가 않다. 장석이 심하게 점토광물로 풍화작용에서 변질이 일어난 것이라면 일반적으로 신선하게 보이는 장석과는 함께 퇴적물에 쌓이지는 않을 것이다. 물론 기원지에서 구조작용이 일어나 사면이 가파르게 되면 지표 가까이의 토양층과 하부의 기반암으로부터 퇴적물이 한꺼번에 공급될 경우에는 신선한 장석과 풍화를 많이 받은 장석이 함께 퇴적물로 쌓일 수 있다.

장석은 또한 속성작용이 일어나는 동안 화학 조성이 변한다. 사장석의 경우 Ca 성분이 많은 장석은 점차 Na가 많은 장석으로 변하게 된다. 따라서 Na이 가장 많은 사장석으로 바뀌면 이를 자생의 알바이트(authigenic albite)라고 한다. 정장석도 속성작용에 의하여 알바이트로 교대작용이 일어나기도 하며 자생의 알바이트는 편광 현미경으로 관찰을 하면 특징적인 조직이 나타난다. 정장석이 알바이트로 교대를 받아 체스판(chessboard) 조직을 그대로 나타내기도 하며 뭉툭(blocky)하거나 구역을 나타내는 소광상태를 나타내기도 한다.

사장석 중에서도 Ca가 많이 들어있는 사장석이 Na이 많이 들어있는 사장석과 정장석보다는 알바이트로 더 쉽게 교대작용이 일어난다(그림 8.17). 이렇게 사장석과 정장석이 알바이트로 교대작용이 일어나는 작용을 알바이트화작용(albitization)이라고 한다. 이 알바이트화작용은 기존 장석의 용해와 침전작용이 동시에 일어나는 과정이므로 상대적으로 고온에서 생성된 장석은 속성작용이 일어나는 매몰 온도에서는 더 빠르게 용해가 일어나고 알바이트화한다. 이에 따라 새니딘 (sanidine, 파리장석) 정장석과 Ca-사장석은 각각 미사장석(microcline)이나 Na-사장석에 비하여 더 쉽게 알바이트화한다. 알바이트화작용은 속성작용 동안 매몰 온도가 65℃에서 160℃ 사이에서 일어나는 것으로 보고되고 있으나, 온도가 90℃ 이상일 경우에 흔하게 일어나는 것으로 알려지고 있다. 이에 따라 사암에 자생의 알바이트가 흔히 관찰되면 이는 사암이 비교적 높은 온도의 속성작용을 겪었다고 해석할 수 있다.

8.4 공극률

사암의 공극률은 초기에 퇴적이 일어난 후 교결작용과 다짐작용을 받는 정도에 따라 점차 줄어든다. 사암의 공극률이 줄어드는 정도는 사암의 조성, 입자의 크기 및 분급의 정도에 따라 달라진다. 대체로 입자의 분급이 나쁠 경우와 석영 이외의 입자의 함량이 높을수록 공극률은 더 빠르게 줄어든다.

제3기의 사암은 약 100 m의 매몰 깊이가 증가할수록 0.4~0.6% 정도로 공극률이 감소하는 것으로 알려진다. 캘리포니아의 Great Valley에 분포하는 제3기 사암의 퇴적 당시 초기의 공극률은 35~40% 정도였을 것으로 추산되며, 이 공극률이 100 m의 매몰 깊이당 0.5~0.6%로 감소하였다고 조사되었다. 매몰 심도에 따른 공극률 감소의 정도는 지온 구배율(geothermal gradient)에 따라서도 달라지는 것으로 알려진다. 높은 지온 구배율을 가지는 퇴적 분지에서는 공극률과 투수율 모두가 감소되는 폭이 낮아지는 것으로 알려진다.

그러나 일정한 매몰 깊이에 이르면 퇴적 당시의 공극률(일차 공극률)은 다짐작용과 교결작용으로 줄어들었지만 속성작용 중에 새로운 공극이 생성된다. 이때 새롭게 생성된 공극률을 이차 공극률(그림 8.18)이라고 한다. 이차 공극은 이전의 퇴적 당시의 공극의 자리에 생성되거나 새로운 자리에 공극이 생성되기도 한다. 이차 공극 중 세립질 기질과 함수 광물로 이루어진 입자(예 : 해록석, glauconite)의 부피 감소로 인한 이차 공극은 국지적으로 나타난다. 그림 8.18에서 보는 것처럼 사암에 있는 녹기 쉬운 다양한 성분들(화석, 증발 광물, 탄산염 교결물 등)이 녹으면서 사암에는 일차 공극 이외에도 이차 공극이 생성된다. 이차 공극을 나타내는 조직적 특성은, 주변 입자보다 더 큰 공극(oversized pore), 부분적으로 녹은 입자(partially dissolved grain), 가장자리가 녹아 울퉁불퉁하게 나타나는 입자(corroded grain), 폭이 넓어진 입자 간 사이(enlarged pore throat) 그리고 접촉을 하지 않고 나타나는 입자들(floating grains)이다. 대체로 이차 공극률이 생성되는 매몰의 깊이는 2 km 이상에서 4 km 정도로, 공극수의 pH가 산성을 띠기 때문에 퇴적물을 이루고 있는 입자들을 녹이거나 퇴적 당시의 공극에 침전한 교결물을 용해시켜 일어난다. 이보다 더 깊은 곳에서는 생성된 이차 공극률도 다시 다짐작용과 교결작용으로 점차 줄어든다.

이차 공극률이 생성되는 깊이에서는 퇴적물과 함께 매몰된 유기물의 속성작용에 의하여 공극수의 pH가 산성화된다. 이는 유기물을 형성하고 있는 화합물의 탈카르복실화작용(decarboxylation)

그림 8.18 사암에 분포하는 다양한 이차 공극의 모형도(Pittman, 1979). 세립질 기질의 부피 감소로 인한 이차 공극은 국지적으로 나타난다. (A)에 있는 녹기 쉬운 다양한 성분들이 녹으면서 사암에는 일차 공극 이외에도 이차 공극이 생성된다. 이차 공극을 나타내는 조직적 특성은, 주변 입자보다 더 큰 공극(oversized pore), 부분적으로 녹은 입자(partially dissolved grain), 가장자리가 녹아 울퉁불퉁하게 나타나는 입자(corroded grain), 그리고 접촉을 하지 않고 나타나는 입자들(floating grains)이다.

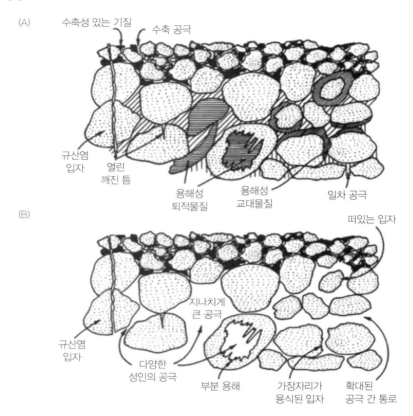

에 의하여 생성된 이산화탄소가 공극수에 더해지기 때문으로 알려지고 있다. 이 밖에도 점토광물의 속성작용에서 스멕타이트나 일라이트/스멕타이트의 혼합층상 광물 내에 들어있는 3가의 철이 환원됨에 따라 생성되는 산소가 퇴적물 내의 유기물을 산화시키고 이산화탄소를 발생시켜 일어나기도 한다(Lynch et al., 1997). 공극수가 산성화됨에 따라 사암 내에 들어있는 장석 및 암편과 같은 입자와 방해석과 같은 탄산염 교결물들이 용해되어 이차 공극률이 생성된다.

　사암의 속성작용에서 사암에 일어나는 속성작용과 이로 인한 속성작용의 산물은 사암과 층서적으로 밀접한 관계를 가지고 있는 상·하의 셰일이나 공간적으로 사암의 횡적 연장선에 있는 셰일의 영향을 받는 것으로 알려지고 있다. 이에 대해 Curtis(1978)는 셰일 내에 유기물의 변질작용과 밀접히 연관되어 있음을 밝혔다. Moncure 등(1984)도 역시 사암의 속성작용은 바로 접하고 있는 하부의 셰일로부터 공급된 이온과 공극수에 의하여 영향받음을 주장하였다. 그러나 Sullivan과 McBride(1991)는 서로 접하고 있는 사암과 셰일을 분석한 결과 사암의 이차 공극률과 교결작용에서 이 두 암상 간의 층서적 관계와는 직접적으로 상관관계가 없다는 보고를 하였다. 이들은 사암의 지층수와 속성작용에 관여하는 성분들의 대부분은 사암에서 멀리 떨어진 장소로부터 장거리로 유입되어 일어났다고 주장하였다. 이들은 질량평형 계산을 하여 본 결과 셰일로부터 사암으로 실리카가 유입되었으며 Al은 외부로 빠져나갔다고 하였다. 이들은 셰일과의 경계부근으로부터 9 m 구간에서 총 공극률과 이차 공극률 그리고 석영과 탄산염 교결물의 양이 매우 불규칙하게 분포하고 있음을 보고하였다. 여기서 고려해야 할 사항은 사암의 이차 공극률의 생성은 유기물의 속성작용과 함께 고려하여야 한다는 점이다.

8.5 점토광물과 이질암의 속성작용

점토광물은 매몰되어 온도와 압력이 증가하면 속성작용을 받아 변질되며 궁극적으로는 변성작용을 받는다. 매몰이 일어나는 동안 이질암에 작용하는 가장 중요한 물리적 작용은 다짐작용이다. 다짐작용이 일어나면 이질암 내의 공극수가 주변으로 방출되어 원래 퇴적물보다 부피가 훨씬 감소하게 된다. 퇴적 당시의 머드 퇴적물은 약 70~90% 정도의 공극률을 가지고 있으며 따라서 많은 물을 함유하고 있다. 약 1 km의 매몰 깊이에서는 다짐작용에 의해 이질암은 공극률이 약 30% 정도로 감소한다. 이러한 매몰 깊이에서 이질암에 남아 있는 물은 쉽게 움직일 수 있는 물이 아니라 점토광물 결정 내나 점토광물에 흡착된 물이다. 이들 물이 빠져 나오려면 온도는 100℃ 정도로 올라가야 하며 매몰 깊이는 약 2~4 km 정도가 되어야 한다.

다짐작용을 받으면 점토광물은 탈수작용이 일어나고 이에 따라 점토광물에는 변화가 일어난다. 속성작용 동안에 일어나는 점토광물의 변화는 주로 매몰 깊이가 증가하면서 온도가 증가하기 때문에 일어난다. 두꺼운 이질암의 수직 기록에서 조사해 본 결과 점토광물의 가장 주된 변화는 스멕타

그림 8.19 점토광물의 매몰 속성작용.

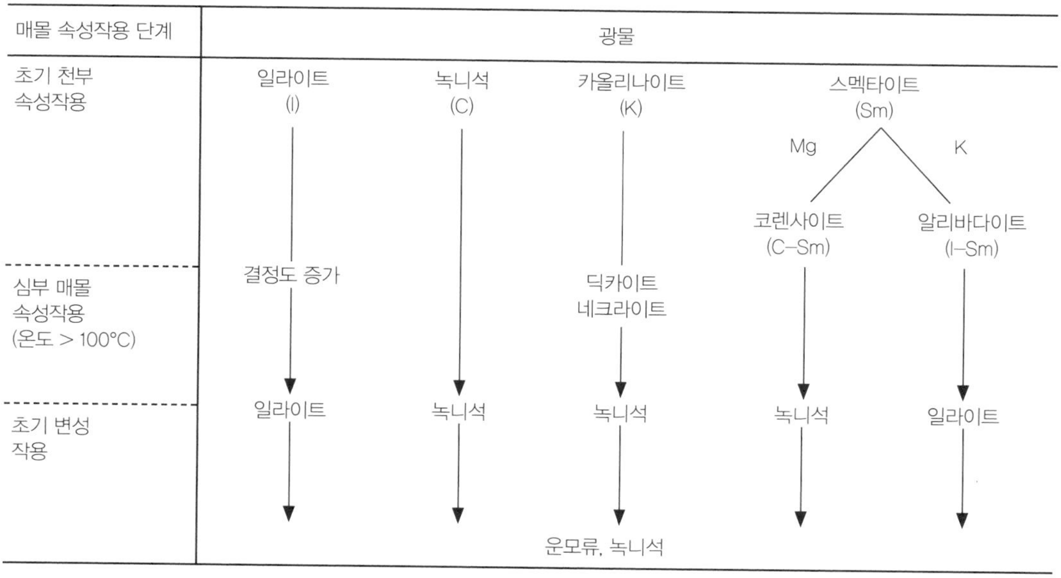

매몰 속성작용 단계	광물			
초기 천부 속성작용	일라이트 (I)	녹니석 (C)	카올리나이트 (K)	스멕타이트 (Sm)
				Mg ╱ ╲ K
				코렌사이트 (C–Sm) · 알리바다이트 (I–Sm)
심부 매몰 속성작용 (온도 > 100℃)	결정도 증가		딕카이트 네크라이트	
초기 변성 작용	일라이트	녹니석	녹니석	녹니석 · 일라이트
			운모류, 녹니석	

그림 8.20 지질시대에 따른 점토광물의 분포(Dunoyer de Segonzac, 1970).

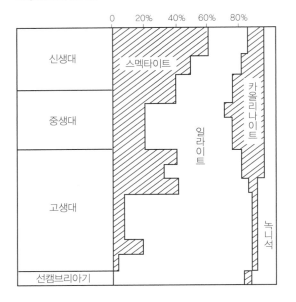

이트가 스멕타이트-일라이트의 혼합층 점토광물로 점차 변하였다가 궁극적으로는 일라이트로 변화는 것이다. 이러한 변화 과정 중에 스멕타이트 결정구조 내로 K^+의 유입이 일어나고 스멕타이트에 있던 층간수는 빠져나간다. 이 변화는 온도에 가장 관련되어 있으며 스멕타이트가 사라져가는 온도는 대략 70~95℃로서 평균 지온 구배율(25℃/km)을 고려할 때 매몰 깊이는 대략 2~3 km에 해당한다. 이보다 더 높은 온도에서는 카올리나이트가 일라이트와 녹니석으로 바뀌어 간다(그림 8.19).

지질시대를 통해 볼 때 암석이 형성된 시기에 따라 이질암의 점토광물 종류에도 차이가 있다(그림 8.20). 상부 고생대 이후의 이질암은 여러 가지 점토광물로 구성되어 있으나 하부 고생대와 선캠브리아기의 이질암은 대부분이 일라이트와 녹니석으로만 이루어져 있다. 이와 같이 지질시대가 오래된 퇴적물에 더 안정한 일라이트와 녹니석이 나타나는 것은 매몰 과정에서 장기간에 걸쳐 속성작용이 일어나 형성된 것으로 여겨진다.

하부 고생대와 선캠브리아기 동안 해양의 이질암에 일라이트가 많이 산출되는 이유에 대하여는 또 다른 견해가 있다. 육상에 관속 식물이 출현하기 이전에는 토양 내 K의 용탈이 잘 일어나지 않았을 것이다. 이는 K가 산성의 용액에서 높은 용해도를 보인다는 점을 고려할 때 후기 오르도비스기의 빙하기와 뿌리를 가지는 육상 식물의 출현이 있기 전에 토양수를 포함한 지하수의 조성이 알칼리성을 띠었을 것으로 여겨진다. 이를 통하여 육상 식생이 출현하기 이전의 해양의 이질암에 쇄설성 일라이트가 많이 공급되었기 때문으로 해석되기도 한다.

이질암이 더 매몰되거나 높은 온도 조건에서 변성작용의 초기에 이르면 점토광물은 또 다른 변화를 겪게 된다. 이런 조건 하에서는 점토광물 대신에 점차 납석(pyrophyllite, $Al_2Si_4O_{10}(OH)_4$)과 러몬타이트[laumontite, $Ca(AlSi_2O_6)_2 \cdot 4H_2O$]가 생성되기도 한다. 스멕타이트, 혼합층 점토 그리고 카올리나이트는 변성작용 동안 남아나지 못하지만 일라이트와 녹니석은 그대로 남아 있게 된다. 점차 변성 정도가 높아지면 일라이트는 결정도가 증가하며 화학 조성이 변화한다. 일라이트는 점차 견운모(sericite)로 교대가 일어나며 궁극적으로는 백운모로 바뀌어 간다. 녹니석은 점차 각섬석(hornblende)으로 변질된다.

속성작용 동안 스멕타이트가 일라이트로 변환해 가는 과정은 다음과 같은 관계식으로 표현된다.

$$\text{스멕타이트} + Al^{3+} + K^+ \rightarrow \text{일라이트} + Si^{4+}$$

이 관계식에서 일어나는 반응 관계를 좀더 살펴보면, 일반적으로 스멕타이트와 일라이트가 모두 2:1(TOT)의 층상 구조를 가지고 있기 때문에 스멕타이트의 구조에서 골격은 유지한 채 층 사이의 양이온만 K로 교대가 일어나는 고체 상태의 변환작용으로 간주되었다. 그러나 X-선 회절분석 자료와 투과전자현미경(TEM)을 통한 연구결과는 스멕타이트의 작은 결정들이 층간수에 의해 용해가 일어나고 곧이어 새로이 일라이트의 작은 결정이 생성되고 나중에 이 일라이트 결정들이 녹고 침전하며 점차 성장을 하는, 즉 Oswald ripening(입자의 크기에 따른 용해도의 차이로 작은 입자는 용해되고 큰 입자는 시간의 경과에 따라 커지는 현상)이라는 과정을 거쳐 변환이 일어나는 것으로 밝혀졌다.

미국 텍사스 주 걸프 만의 제3기 셰일 퇴적물에 대한 많은 연구로부터 셰일이 매몰되는 과정에서 스멕타이트가 일라이트로 바뀌는 반응이 일어난다고 하였다. 이러한 연구로부터 스멕타이트가 일라이트로 바뀌어 가는 과정은 이 과정에서 스멕타이트와 일라이트의 혼합층상 광물들이 서로 다른 단계를 거치면서 일어나는 것으로 밝혀졌다. 대부분의 연구자들은 두 개의 뚜렷한 혼합층상 광물의 구조가 있음을 밝혀냈는데, 여기에는 스멕타이트와 일라이트가 불규칙한 배열을 가지는 R = 0 구조와 규칙적인 배열을 가지는 R = 1 구조가 있다. R = 0 구조는 대체로 혼합층상의 구조에서 일라이트가 0~50%까지 들어있으며, R = 1 구조에는 50~100% 정도 들어있다. R = 0 구조와 R = 1 구조를 이루는 스멕타이트에서 일라이트로 변해가는 과정에는 서로 다른 반응이 일어난다고 제안되었다. 즉, 불규칙 배열을 하는 R = 0 구조가 규칙적인 배열을 하는 R = 1 구조로 변환되지 않으며, 또한 R = 1 구조도 바로 일라이트로 변환되지 않는다는 것이다. Berger 등(1999)의 연구에 의하면 걸프 만 셰일의 깊이에 따른 점토광물의 변화에서 깊이에 따라 K-장석의 함량이 감소하는 것이 R = 0 구조를 이루는 초기의 일라이트화작용에 깊이 관여한 것으로 해석하였다. 즉, K-장석의 용해 정도에 따라 처음의 일라이트화작용이 진행된다는 점으로 보아 일라이트화작용에 필요한 K의 기원은 K-장석으로 유래되었다는 것을 알아냈다. 이에 반하여 두 번째의 일라이트화작용은 R = 1 구조의 일라이트/스멕타이트의 혼합층상 광물에서 일어나며 K-장석이 없는 상태에서 외부로부터 유입된 K를 이용하여 일어난다고 하였다. 전반적으로 볼 때, 두 번째 일어나는 반응의 정도는 첫 번째 반응에 비하여 느리게 일어나는 것으로 밝혀졌다. 또한 Berger 등(1999)은 조사한 깊이에서의 카올리나이트의 함량이 일정한 경향을 보이지 않고 이질 퇴적물에서 카올리나이트와 K-장석 사이에 서로 상관관계가 나타나지 않는 점으로 보아 [카올리나이트 + K-장석 = 일라이트 + 석영]의 반응은 셰일의 정상적인 속성작용의 단계에는 일어나지 않는다고 해석하였다. 또한 일라이트/스멕타이트로부터 일라이트로의 변환과는 별개로 일라이트의 생성이 일어나며 이러한 일라이트의 독립적인 생성은 동일한 화학적인 그리고 지열의 조건에서의 일라이트/스멕타이트 반응보다는 더 높은 온도에서 그리고 낮은 온도에서는 더 오랜 시간에 걸쳐 일어난다는 것이다. 여기서, 사암에는 카올리나이트의 일라이트화작용이 일어나는 데 비하여, 셰일에서는 카올리나이트가 일라이트/스멕타이트의 혼합층상 광물의 일라이트화작용에는 관여하지 않는다고 하였다.

스멕타이트가 일라이트로 변환되는 과정은 온도의 상승만으로는 일어나지 않고, K과 Al이 얼마만큼 주변에서 가용할 수 있는가에 따라 달려 있다. 스멕타이트와 장석의 분해가 일어남에 따라 K과 Al이 공극수로 공급되어 화학반응이 일어난다. 셰일 내에서의 K과 Al의 공급이 부족할 경우에는 인접한 사암의 정장석이 용해되어 셰일 내로 유입되어 일라이트화작용이 진행된다. 이렇게 볼 때 투수성이 낮을 것으로 예상되는 셰일의 속성작용은 실제로 개방계(open system)로 일어나는 반응으로 외부에서 필요한 원소의 유입이 일어나고 또한 점토광물의 속성작용으로 생성되는 실리카의 방출이 일어난다. 다짐작용도 역시 투수율을 낮추면서 일라이트화작용이 일어나도록 유도한다. 일반적으로 최대 5~6 km의 매몰이 일어나면 점토광물의 규칙적인 배열이 일어나는 것으로 알려져 있다.

09

쇄설성 육성 환경

9.1 선상지

선상지(alluvial fan)는 지형적으로 높은 산지 앞자락의 아래에 부채 모양을 이루며 3차원적인 형태를 가지는 퇴적체를 가리킨다. 선상지는 건조한 사막 환경에서 가장 잘 알려져 있지만(그림 9.1), 건조한 기후대나 습윤한 기후대에서 모두 나타난다. 그러나 지금까지는 건조 지역의 선상지가 식생이 드문 까닭에 연구하기가 편리하여 건조 지대의 선상지 환경이 잘 알려져 왔다. 대체로 선상지의 사면 기울기는 평균 5° 정도를 이루며 10° 이상이 되는 경우는 드물다. 선상지를 이루는 퇴적물 더미의 크기가 크면 사면의 기울기도 가팔라진다. 선상지가 가장 잘 발달되는 곳은 단층이나 단층선을 따라 발달한 절벽과 맞닿은 평지이다. 단층에 의해 융기된 부분이 상승을 중지하면 조립질 퇴적물의 공급이 중단되고 궁극적으로 선상지는 침식되어 주변의 평원 퇴적물과 합쳐지게 된다. 선상지 퇴적물을 횡적 단면으로 보면 대체로 표면이 오목한 형태의 쐐기형으로 나타나며 종단면을 보면 볼록한 형태를 띤다(그림 9.2).

그림 9.1 미국 캘리포니아 주 동부에 네바다 주와 접하는 곳에 있는 Death Valley의 위성 사진(Google map, 2014년 발췌). 단층면을 따라 선상지들이 서로 횡적으로 연결된 바하다(bajada)를 형성한다.

선상지가 형성되는 기작은 유수의 흐름이 급한 경사를 가지는 폭이 좁고 제한되는 계곡하천에서 넓고 평평한 곳으로 갑자기 나오게 되면 유수의 운반력이 갑자기 감소한다. 이렇게 유수의 운반력이 감소하면 운반할 수 없는 조립질 물질을 바닥에 쌓게 된다. 그리하여 선상지의 퇴적물이 쌓이게 되면 이곳에 쌓이는 퇴적물은 알갱이 크기, 퇴적물의 분급도와 층리 구조 형태가 선상지의 정상부에서부터 하부로 감에 따라 변화를 보인다. 단층선이 대체로 수직선으로 횡적으로 길게 발달하면 여러 개의 선상지가 서로 횡적으로 연결되어 단층 사면을 덮는 퇴적물 더미를 이루는데, 이를 **바하다**(bajada)라고 한다(그림 9.1).

그림 9.2 (A) 선상지에 분포하는 네 가지 종류의 퇴적물 종류, (B) 선상지의 횡단면과 (C) 선상지의 종단면(Spearing, 1982).

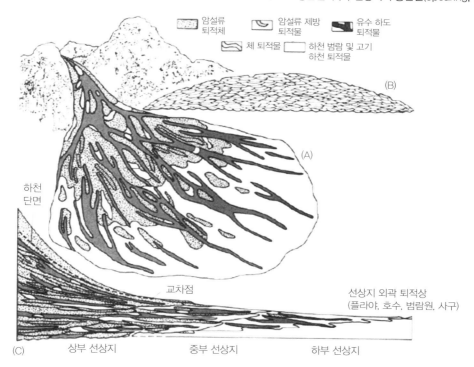

9.1.1 선상지의 퇴적작용

선상지의 퇴적작용은 융기 지대 계곡의 입구에서 평지 쪽으로 유수가 여러 갈래를 치며 분산됨에 따라 유수의 운반능력이 감소하여 일어나는데, 대개 유수는 여러 개로 갈래 쳐진 하도 전체를 따라 흐르는 것은 드물고 대체로 하나 또는 둘의 갈래 쳐진 하도를 따라 흐르며 퇴적이 일어난다(그림 9.3). 이렇게 하여 퇴적물이 쌓이면 지면의 경사가 감소한다. 이후에 많은 배수량을 가지고 흐르는 유수는 퇴적물이 쌓여있는 이전의 하도를 따라 흐르지 않고 유로를 변경하여 더 경사가 급한 곳을 따라 흐르게 된다. 유수의 이러한 하도 변경작용이 반복되면서 결과적으로 유수는 선상지 전체의 표면을 가로지르면서 흐르며 퇴적물을 쌓는다.

선상지에서의 퇴적작용은 크게 중력에 의한 퇴적, 유수에 의한 퇴적, 그리고 이를 재동시키는 바람의 작용이 있다.

(1) 중력에 의한 퇴적물

중력에 의한 퇴적물로는 **암설류 퇴적물**(debris-flow deposits)이 있다. 이들은 밀도가 큰 역과 점성이 있는 세립질 퇴적물이 물과 혼합되어 중력에 의하여 사면을 따라 운반되다 쌓인 퇴적물로 분급이 불량하며 퇴적물 기록에서 보면 입자의 크기가 상향 조립화해지는 역점이층리가 발달되어 있어 상부로 가면서 입자의 크기가 커지는 경우가 있는가 하면, 역들의 분포가 무질서하게 배열되기도 하며 많은 세립질 물질을 함유하고 있다. 역들은 물과 섞여진 세립질 물질의 점성도에 의해 바닥에

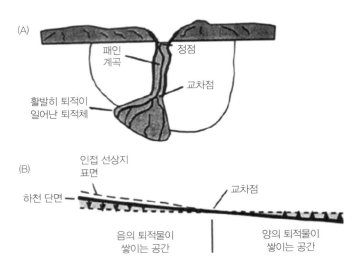

그림 9.3 (A) 선상지의 평면도로 선상지의 퇴적작용은 선상지 전 표면에서 일어나는 것이 아니라 그중 일부의 하천만을 따라 퇴적이 일어난다. (B)는 선상지의 하천 단면도로 하천의 단면은 선상지 상부에서는 퇴적물을 가로지르며 선상지 표면보다는 낮게 나타나지만 중부 선상지에서 하천의 단면이 선상지의 표면과 만나게 되는데, 이 지점을 교차점이라고 한다. 이 교차점 아래의 선상지에서는 퇴적물이 활발히 쌓인다.

가라앉지 못하고 피동적으로 실려서 이동되어 쌓인다. 암설류 퇴적물은 상하로 중첩되어 쌓여있지 않는다면 층리가 발달하지 않는다.

암설류는 퇴적물의 공급지에서 많은 세립질 물질을 공급할 때 사면이 급경사를 이루고 식생이 빈약하며 강수가 계절적이거나 불규칙적일 때 생성된다. 이와 비슷한 용어로는 **이류**(泥流 mudflow)가 있으며, 이류는 주로 모래 크기 이하의 알갱이들이 물과 섞여 이동하며 퇴적물이 쌓인 후 굳어지면 퇴적체 표면에 건열이 형성되기도 한다. 이류는 암설류보다는 좀더 유체와 같은 성질을 띠기 때문에 넓은 지역에 걸쳐 퇴적물을 쌓으며 이동속도도 상당히 빠르게 나타난다.

암설류 퇴적물은 대체로 건조 기후대에 많이 나타나며, 선상지의 상부와 중부에 걸쳐 쌓인다. 이와 비슷한 암설류 퇴적물은 대륙사면 아래에 발달하는 해저 선상지에도 많이 관찰된다.

(2) 유수에 의한 퇴적물(stream-flow deposits)

유수 자체에 의한 퇴적물의 이동으로 쌓이는 퇴적물로 다음과 같은 세 가지 형태의 퇴적물이 형성된다.

1) 체 퇴적물(sieve deposits)

건조 기후대의 선상지 상부 아랫쪽 교차점 부근에 나타나며 퇴적물의 공급지가 큰 역을 공급하는 곳에 분포된다. 모래나 머드가 별로 없는 큰 입자들이 퇴적된 후 모래나 머드를 함유한 유수가 흘러들어 올 때 역과 같은 큰 입자들 사이로 물이 빠져나가고 함께 실려 오던 다른 알갱이들은 마치 체에 걸리듯이 큰 입자들 사이에 걸러져 퇴적이 일어난다. 입자의 크기는 이 퇴적물의 앞쪽으로 갈수록 커진다. 선상지에서는 선상지 퇴적물의 경사 방향에 수평인 방향(depositional strike)으로 배열되며, 분급은 세립질 물질이 조립질 알갱이들 사이에 걸러져 들어있기 때문에 불량한 편이다.

2) 하도 퇴적물(stream channel deposits)

하천에서 흔히 관찰되는 하도 퇴적물과 비슷하다. 지류에 의한 퇴적물도 볼 수 있으며, 이 퇴적물은 선상지의 상부에서 중부까지 걸쳐서 형성된다. 급경사로 인하여 유수의 흐름 방향과 유속이 수

그림 9.4 Death Valley 중앙에 분포하는 Mesquite 모래 사구(Wikipedia).

시로 변하여 대개는 망상하천(braided stream)의 형태를 띠게 된다. 유속의 변화로 퇴적물이 쌓이게 되고 이렇게 쌓인 퇴적물에 의해 물의 흐름이 방해를 받아 갈래를 치며 퇴적작용이 일어나는 등 유수의 흐르는 방향이 자주 바뀌며 나타나는 하천 형태의 퇴적물이다. 이러한 하도의 퇴적물은 하류로 갈수록 분급도가 양호해진다. 선상지의 상부에서는 산 계곡에서부터 연속되는 하천의 바닥인 하상(河床)이 선상지 표면의 아래로 나타나기 때문에 선상지의 상부에 쌓인 퇴적물이 침식되며 선상지 상부의 하도에는 조립질 퇴적물이 쌓인다.

3) 판상류 퇴적물(sheet-flow deposits)

판상류 퇴적물은 대규모 홍수와 같은 현상에 의해 과다한 양의 물이 흐를 때 하도를 넘쳐서 넓게 선상지 표면을 덮으며 빠른 속도로 선상지 가장자리로 이동을 하는 유수의 퇴적작용으로 쌓인 퇴적물이다. 이러한 판상류가 있으면 점토나 세립질 물질이 거의 없는 모래와 자갈로 이루어진 수평층리를 보이며 판상의 퇴적물이 쌓인다. 이 퇴적물은 선상지의 상부에서 하부까지 모든 곳에서 나타난다. 선상지 중부의 판상류 퇴적물은 전형적으로 분급이 잘 되어 있으며 층리가 잘 발달되고 사층리를 보이며 대체로 판류의 퇴적물은 선상지 하천의 단면에서 볼 때 하도를 이룬 하천의 바닥이 선상지의 표면과 만나는 지점인 교차점(intersection point) 아래의 선상지 하부에 퇴적더미로 쌓인다.

(3) 바람의 재동작용(wind reworking)

선상지 말단부에 쌓인 퇴적물이 바람에 의하여 재동되어 쌓인 퇴적물로서 주로 식생이 빈약한 건조한 기후대의 선상지에서 관찰된다. 바람의 재동작용으로 쌓인 퇴적물들은 대부분 세립 또는 중립질의 분급이 좋은 모래질 퇴적물(사구)로 되어 있다(그림 9.4).

9.1.2 선상지의 퇴적물과 퇴적상

선상지의 퇴적물은 선상지의 위치에 따라 계곡 입구로부터 평원 쪽으로 상부(proximal) 선상지, 중부(medial) 선상지와 하부(distal) 선상지로 구별된다(그림 9.2).

(1) 상부 선상지 퇴적상

이 부근은 선상지에서 가장 사면의 기울기가 급한 곳이며, 이곳에서의 퇴적작용은 주로 암설류나 이류가 있고 체 퇴적물과 망상하천의 퇴적물 형태로 나타나기도 한다. 퇴적물은 다양한 입자의 크기로 존재하므로 분급은 불량하고 입자의 배열상태도 거의 나타나지 않는다. 따라서 층리구조는 잘 관찰되지 않으며, 이곳에 나타나는 자갈 이상 크기의 입자들은 각이 져 있다.

(2) 중부 선상지 퇴적상

대체로 선상지의 중간 부위에 해당하며 주로 망상하천에 의한 퇴적작용이 일어나고 간혹 암설류에 의한 퇴적작용도 일어난다. 따라서 이곳 퇴적물에는 암설류 퇴적물과 망상하천 퇴적물이 서로 교대되어 나타나는 것이 많이 관찰되며 암설류에 의한 퇴적물의 상부가 유수에 의해 재동을 받아 세립질 물질은 빠져나가고 조립질 입자만 남아 분급이 양호해지며 입자들은 일정한 방향으로 배열된 구조를 보이기도 한다(그림 9.5).

　대체로 선상지 하부 쪽으로 갈수록 모래의 함량비가 높아진다. 모래로 이루어진 퇴적물은 보통 수평층리를 보이며 간혹 얕은 하도 모양을 띠는 하천의 퇴적물도 관찰되고 이 퇴적물에는 사층리가 발달되어 있기도 하다.

(3) 하부 선상지 퇴적상

선상지의 가장자리 부근에 위치하며 가장 낮은 사면의 경사를 이루고 있다. 이곳에서 주로 일어나는 퇴적작용은 망상하천에 의해 일어나고 건조한 기후대에서 이곳 퇴적물은 바람에 의해 재동되기도 한다. 퇴적물은 주로 모래와 역질 사암으로 구성되며, 분급도는 상부 선상지나 중부 선상지에 비

그림 9.5　(A) 하부에 놓인 암설류 퇴적물이 상부에 재동작용을 받아 세립질 퇴적물은 어느 정도 빠져나가고 조립질 역들만 남아 인편구조를 생성하며 쌓여있다. 제4기(대만). (B) 선상지의 하도 퇴적물로 해석되었던 미국 캘리포니아 주 중동부 지역에 발달한 Trollheim 선상지의 퇴적물이 암설류 퇴적물로 주로 구성되어 있으며, 간헐적으로 암설류 퇴적물 상부가 유수에 의해 재동작용을 받아 세립질 퇴적물이 빠져나가고 조립질 역질 퇴적물로 이루어져 있다고 Blair와 McPherson(1992)는 재해석을 하였다.

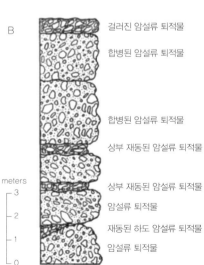

하여 아주 양호한 편이다. 건조지대의 선상지에서는 이 퇴적상이 비가 올 때만 물이 고여 일시적으로 형성된 호수인 플라야(playa)나 호소의 퇴적물과 접해 있다. 퇴적물의 퇴적 구조로는 수평층리와 사층리 그리고 일정한 방향으로 배열된 자갈의 비늘구조(imbrication)를 관찰할 수 있다.

9.1.3 퇴적물 수직기록

선상지 퇴적물의 수직적인 분포를 보면 주기적인 구조작용의 재활성에 의하여 선상지 수직 기록은 입자의 크기와 퇴적층 두께가 어떠한 일정한 경향을 보인다(그림 9.6). 퇴적물 입자의 크기는 선상지의 단면과 평면에서 보면 선상지의 상부에서는 자갈이나 거력이 분포하고 하부에서는 세립의 모래 크기 입자까지 다양하게 분포한다. 단층의 활성화 작용이 일어나 선상지에 퇴적물을 공급하는 단층 지괴의 융기가 계속 일어나거나 분지의 침강이 일어나면 선상지 퇴적계는 계속 활성화되어 분지 쪽으로 전진 퇴적을 하게 된다. 이렇게 되면 이전의 선상지에서 하부에 해당하던 장소가 시간이 흐름에 따라 후기에 생성된 선상지 상부의 퇴적물에 의하여 덮이게 된다. 이렇게 상부 선상지 퇴적물이 분지 쪽으로 이동을 하면서 이전에 쌓인 하부 선상지의 퇴적물 위에 쌓이면 어느 한 위치의 퇴적물 수직기록에서는 퇴적물 입자의 크기와 퇴적층 두께가 상부로 갈수록 증가하는 양상을 나타낸다.

반대로 단층의 재활성이 끝나게 되면 융기를 이룬 단층 지괴와 분지를 이룬 단층 지괴 사이의 낙차는 더 이상 벌어지지 않는 대신에 융기된 지괴의 침식작용과 침강된 지괴 위에 퇴적작용으로 인하여 고도차는 점차 줄어들게 된다. 이렇게 되면 선상지에서의 에너지 조건도 점차 낮아지는 방향으로 바뀌게 되며 이 결과 선상지의 퇴적물 수직기록에서 보면 선상지 어느 한 장소에서 쌓이는 입자의 크기와 퇴적층의 두께는 점차 감소하는 경향을 나타낸다. 이렇게 선상지 퇴적물에 나타나는 입자의 크기와 퇴적층 두께의 변화를 관찰하여 퇴적물 공급지의 조구조 활동을 알아낼 수 있다.

그러나 단층작용을 받아 선상지에 퇴적체가 생성되는 것을 해석하는 것은 이상의 기술처럼 그리 쉽지가 않다. 조립질 퇴적물의 전진 퇴적은 구조작용에 의하여 지반의 융기에 의하여 일어나거나, 반대로 구조작용이 일어나지 않은 휴지기의 퇴적작용에 의하여 일어나는 것으로도 모두 해석이 가능하기 때문이다. 조립질 퇴적물의 전진 퇴적은 구조작용이 일어나는 동안에 형성된다고 해석하는 위와 같은 경우에는 구조작용이 일어나게 되면 동시에 퇴적물의 공급이 증가하지만, 반대로 퇴적 분지의 침강은 구조작용보다는 느리게 일어나기 때문에 퇴적물이 전진 퇴적을 한다고 해석을 한다(Burbank et al., 1988). 이러한 견해에 의하면 전진 퇴적되어 쌓인 조립질 퇴적

그림 9.6 선상지 퇴적물의 수직 기록. 역질 퇴적물과 세립질 퇴적물이 교호하며 쌓여있지만 수직적으로 이들 각 퇴적물의 두께의 변화가 있다. 백악기 적각리층(강원도 태백).

물의 쐐기형 퇴적체는 구조작용이 일어났던 시기를 나타낸다는 것이다.

이와 반대로 조립질 퇴적물의 전진 퇴적이 구조작용이 일어난 후에 형성된다는 견해는 구조작용이 일어나면 이에 따라 빠르게 퇴적 분지의 침강이 일어나지만 퇴적물의 공급이 이를 뒤따르지 못하므로 퇴적물 기록에서 세립질 퇴적물이 쌓인 구간은 구조작용으로 융기가 일어난 시기의 기록으로 해석할 수 있다고 한다(Heller et al., 1989). 이 경우 조립질 퇴적물은 단층이 일어난 부근에서만 좁은 범위에 걸쳐 집중되어 쌓이므로 분지 전반에 걸쳐서는 세립질 퇴적물의 퇴적이 일어난다는 것이다. 특히 열개 분지(rift basin), 인리형 분지(pull-apart basin), 전지 분지(foreland basin)의 경우에는 한 쪽만 구조적으로 활발한 분지의 단층 경계를 가지는 것이 보통이며 Blair와 Bilodeau(1988)에 의하면 세립질 퇴적물이 쌓이기 시작하는 기록부터 기원지에 단층작용이 활성화되기 시작하는 것으로 해석이 가능하다는 것이다. 즉, 단층작용이 일어나 분지 부분이 가라앉으면 퇴적물이 쌓일 수 있는 공간이 만들어지면서 분지 부분의 가장 낮은 지역에 물이 고이고 호수가 발달한다. 단층작용이 일어나는 동안에는 퇴적물의 공급량이 적기 때문에 퇴적물이 쌓일 수 있는 장소는 단층 주변의 좁은 범위에 국한된다는 것이다. 단층이 만들어진 후에는 단층의 휴지기에 들어가는데, 이 휴지기에도 활성기에 만들어진 지형의 구배는 그대로 유지되므로 융기된 지괴로부터 조립질 퇴적물이 분지 내로 유입될 수 있을 것이다. 조산운동이 일어나는 지역을 조사하면 구조작용으로 융기되는 비율이 삭박되는 비율보다 약 8배 정도 빠르기 때문에 융기가 일어나는 동안 융기된 지형을 모두 깎아 퇴적물로 공급을 할 수가 없게 되며 융기된 부분이 깎여서 퇴적물을 공급하는 시간이 분지 형성 시기보다 뒤따라 일어난다는 것이다. 이에 따라 분지의 침강이 일어나면 먼저 이곳에 호수가 생성되고 단층운동의 휴지기에 융기된 지형에서 많은 퇴적물이 공급되어 호수 퇴적물 기록 위에 하성 퇴적물의 기록이 놓이게 된다.

이렇게 역질 퇴적물이 조구조 작용과 동시에 일어나는 경우에는 쇄설성 퇴적물은 조구조 작용이 일어난 바로 앞부분의 깊은 곳에 좁게 분포하며, 조구조 작용이 일어난 후에 지각평형에 따라 융기가 일어나거나, 습곡-드러스트대의 침식이 일어나는 경우에는 퇴적 분지 전반에 걸쳐 융기가 일어나 발달한 부정합면 위에 하성 퇴적물이 광범위하게 분포를 하는 차이가 있다[Blair and Bilodeau(1988), 그림 9.7].

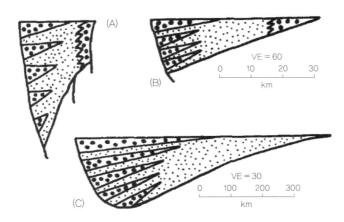

그림 9.7 단층이 일어난 경계를 따라 발달한 인리형 분지(A), 열개 분지(B)와 전지 분지(C)의 단면으로 주기성을 띠는 퇴적물 기록이 나타난다(Blair and Bilodeau, 1988). 큰 점은 망상하천 평원과 선상지 퇴적물을 가리키고, 작은 점은 세립질의 하성, 호성과 해양 퇴적물을 가리킨다.

9.1.4 선상지와 기후

건조한 사막 기후에서 형성되는 선상지의 대표적인 예로 미국 네바다 주의 Trollheim 선상지가 전형적인 선상지 모델(Hooke, 1969)로 이용되었다. 지금까지 알려진 바로는 이 선상지에는 선상지의 상부 쪽에 암설류가 주로 퇴적작용을 일으키고, 선상지의 중부에서는 유수에 의한 퇴적작용이 주로 작용한다고 알려져 있다. 그러나 이 선상지에 대한 재조사에서 이 선상지의 대부분이 암설류 퇴적물로 이루어져 있으며, 선상지의 표면에서만 이 암설류 퇴적물이 간간히 흐르는 유수에 의해 재동작용을 받아 세립질 물질이 빠져나가 순수 자갈로 된 자갈층으로 이루어져 있음이 밝혀졌다 (Blair and McPherson, 1992). 선상지 중부 역시 하도의 흔적이 있기는 하나 이곳에 분포하는 하도 잔류 퇴적물(channel lag deposits) 역시 원래 암설류 퇴적물이었던 것이 유수에 의하여 재동된 잔류 퇴적물이라는 것이다. 선상지의 가장자리에서 호수와 접하는 곳은 모래 평원이 존재하며 풍성 퇴적물과 교호하고 있다. 이렇게 재조사된 연구 결과로 종합하면 건조 기후대에 발달하는 선상지는 거의 암설류 퇴적물과 이들이 재동된 잔류 퇴적물로 이루어졌다는 것을 가리킨다.

습윤한 기후대의 선상지는 건조한 기후대의 선상지와는 달리 선상지 사면의 기울기가 낮으며, 계절적인 변화를 나타내기도 하나 선상지에서 유수의 흐름은 연중 연속적으로 일어난다. 따라서 암설류 퇴적물이나 이류 퇴적물보다 유수에 의한 퇴적물이 주종을 이루게 된다. 그리고 선상지 퇴적물에 우세한 역암은 층리를 이루며 발달하며, 머드의 양이 적고 사층리를 나타내며 쌓이는 정역암이 우세하다. 습윤한 기후대의 선상지에서 암설류 퇴적물이 드물게 나타나는 것은 선상지의 사면에 식생이 자라고 이들에 의하여 사면이 안정해지기 때문이다. 고기의 암석 기록에서 습윤한 기후대의 선상지 퇴적물은 (1) 미성숙된 퇴적물이 많이 산출됨, (2) 입자의 크기가 아주 다양함, (3) 사태와 같은 중력에 의한 퇴적물 위에 하성의 퇴적물이 주로 나타남, (4) 심하게 풍화를 받은 토양층준의 결여, (5) 낮은 사면의 기울기, (6) 하천주변 제방이 높은 점성을 띠는 특징을 나타낸다 (Evans, 1991). 이밖에도 조립질 퇴적물은 분지의 경계부에만 분포하며 퇴적 단위들이 횡적으로 쌓여있는 것이 관찰되고 상향 조립 혹은 상향 세립의 큰 누층기록을 보이기도 한다. 선상지 하부 퇴적물은 판상의 퇴적층 단위로 이루어져 있으며, 분지 충진 퇴적물의 대부분은 수직적으로 쌓여진 퇴적층 단위로 이루어져 있다.

선상지의 진화와 퇴적작용에 대하여 구조작용 외에도 기후가 주요한 요인으로 작용한다고 주장되고 있다. 위에서 살펴본 것처럼 선상지에 조립질 퇴적물이 쌓이고 선상지가 전진 퇴적하거나 깎이는 것은 대체로 구조작용에 의해 지배를 받는 것으로 여겨져 왔다. 그러나 Ritter 등(1995)은 이상과 같은 선상지 퇴적체의 모델은 대체로 구조작용이 활발히 일어난 제4기의 선상지에 대한 연구 결과로부터 추론되었다는 점을 지적하였다. 이들은 미국 몬태나 주 남서부에 있는 매디슨 산맥(Madison Range)과 매디슨강(Madison River) 계곡에 발달한 선상지의 퇴적물 분포와 구조작용을 비교 검토한 결과 선상지 퇴적물과 계곡 가장자리의 단층과의 층서학적인 관계로 볼 때 국부적인 단층작용이 선상지의 전진 퇴적이나 퇴적물이 침식되어 패인 것과는 직접적인 관계가 없음을 알아냈다. 이들은 분지 경계부의 단층작용은 융기와 침강으로 선상지 각 부위의 퇴적물 분포에 영향을 주지만 전반적인 선상지의 외형에는 전혀 영향을 주지 않는다는 것을 밝혀냈다. 이에 반해 기후가 선상지의 퇴적작용과 패임작용 유발에 주로 작용한다고 하였다. 즉, 기후는 선상지를 가로지르는 하천의 발달 정도에 변화를 일으키고 기원지의 식생 밀도를 변화시켜 퇴적물 공급에 영향을 준다는 것이다. 지금까지 선상지 퇴적작용에 대해 기후의 조절 요인이 소홀히 취급되어 온 것은 여러 이유가 있겠지만, 대체로 선상지의 조립질 퇴적물에는 고기후를 인지시켜 주는 지시자가 별로 나타나지 않고 고기후를 알아내는 방법과 선상지 퇴적물의 퇴적 시기 간에 시간적인 추정 방법이 없었기 때문으로 여겨진다. Ritter 등은 선상지 퇴적물의 분포와 빙하기의 퇴적물 분포와의 관계를 살펴보니 기후가 더 중요하다는 것을 주장하였다.

물론 조구조 작용이 적당한 기복차를 만들어 퇴적물이 쌓일 수 있는 공간 마련에 주로 영향을 미치는데, 이 공간에 퇴적물이 쌓이고 선상지가 진화를 해가는 데에는 퇴적물 공급에 영향을 주는 기후가 지배를 한다고 한다. 즉, 활발히 진행되는 구조작용이 두꺼운 육성 퇴적물을 쌓기 위한 침강과 퇴적물의 공급에 필요한 조건을 제공한다. 그러나 쇄설성 퇴적물로 채워진 분지에서는 기후가 분지 충진 퇴적물의 층서적인 변화를 설명할 수 있다는 것이다. 수직적으로 나타나는 입자 조직의 변화는 퇴적물 공급, 즉 퇴적물의 총량과 입도에 큰 변화를 일으키는 요인이 식생의 밀도와 지표면을 따라 흐르는 물과 지표면 아래로 침투하는 물의 양에 민감하게 반응을 하는 아건조 또는 건조 기후에서는 기후의 변화로 야기될 수 있다는 점이다. 강수량의 감소는 점차 시간이 흐름에 따라 식물 군집에 변화를 일으키며 이에 따라 사면에 식생의 밀도를 감소시키고 결국 퇴적물의 생성량과 지표면을 따라 흐르는 물의 흐름을 증가시킨다. 이러한 기후변화의 영향이 너무 크기 때문에 이 기후의 변화는 구조작용이 지역적으로 차이가 난다고 하여도 선상지 퇴적작용에 영향을 준다(Smith, 1994).

기후는 또한 조구조 작용이 일어난 후 강수량에 영향을 끼쳐 조산대 주위에 쌓이는 쇄설성 쐐기 퇴적물이 쌓이는 시기와 그 분포 범위를 조절한다. 습곡-드러스트대의 융기가 일어나면 비그늘에 의한 강수량을 증가시키고, 강수량이 증가하면 침식이 활발히 일어나며 퇴적물 생성량이 증가한다. 퇴적물 공급 속도가 분지의 침강 속도보다 빠른 곳에서 하천은 하성 평원 전반에 걸쳐 조산대에 수직으로 발달하는 하천계를 형성한다. 이렇게 발달한 퇴적 분지를 **과충진 분지**(overfilled basin)라고 한다. 이와는 반대로 퇴적물의 공급이 제한되는 분지에는 조산대로부터 흘러나오는 물과 운반된 퇴적물은 조산대 방향에 평행하게 분지의 가장 낮은 곳을 따라 발달하는 주된 강줄기에 흡수되어 버린다. 이러한 퇴적 분지를 **미충진 분지**(underfilled basin)라고 한다.

9.2 하성 환경

오늘날 지표에서 관찰되는 하천계의 기하학적인 형태는 매우 다양하다. 현생의 하천계 연구에 의하면 하천 형태의 변화는 퇴적물의 기하학적인 형태와 분포에 기록되어 있다는 것을 보여준다. 하천의 형태는 크게 네 가지 유형, 즉 직선형 하천, 사행하천, 망상하천, 접합하천(anastomosing stream)

그림 9.8 하성 환경의 하천분류(Makaske, 2001).

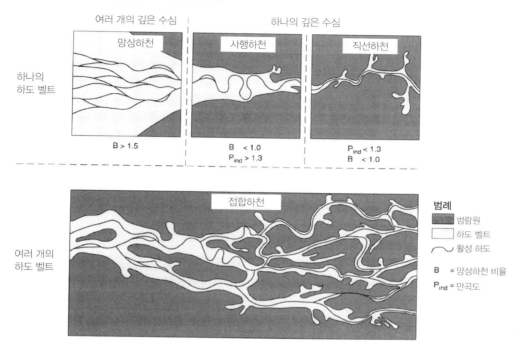

으로 나눌 수 있다(그림 9.8). 물론 이 분류는 자연계에서 존재하는 모든 하천 종류의 편의상 구분으로 실제로 이들의 중간 단계 또는 복합 형태의 하천이 나타나며, 하나의 하천이 상류에서 하류로 가면서 일정한 형태로 나타나는 것이 아닌 다양하게 점이적으로 나타나기도 한다. 하천의 형태 중 완전히 직선 형태로 나타나는 하천은 거의 없다. 복잡하게 나타나는 하천계를 이해하기 위하여 잘 연구가 되어 있는 망상하천, 사행하천과 접합하천에 대해 좀더 자세히 살펴보기로 하자.

9.2.1 망상하천

망상하천(braided stream)의 형태는 선상지의 중부와 하부 주변부에서 나타나는 망상하천의 흐름과 같은 것으로, 낮은 만곡도(sinuosity)를 가지며 유수의 흐름이 여러 갈래로 갈라지고 합류되어 마치 머리를 꼰 형태로 나타나는 하천을 이른다. 이러한 하천의 형태는 어느 정도의 사면의 기울기를 가지고 짧은 기간 동안 배수량의 잦은 변화가 있는 지역에 많이 나타난다. 즉, 하천의 유량이 퇴적물을 다 운반할 수 있을 정도보다 적으면 망상하천의 형태가 생성된다. 이 하천의 형성 기작은 충적평원에 퇴적물의 공급량이 급격히 증가하면 유속의 증감에 의해 퇴적물이 하천 내에 여기저기에 쌓이고 이렇게 퇴적물이 쌓여 물의 흐름이 방해를 받아 이미 쌓인 퇴적물 양쪽 옆으로 물줄기가 갈라지면서 흐르다가 다시 퇴적물이 쌓이는 등의 작용이 반복되어 흐르면서 형성된다. 하천의 폭과 깊이의 비율은 아주 높다.

대규모의 빠른 유량 변화는 과다한 퇴적물의 공급을 유발하게 된다. 홍수 시에는 하천이 모든 퇴적물을 운반할 수 있으나, 평상시에는 적은 양의 물이 흐르므로 이때의 유수의 운반능력은 대부분의 밑짐을 운반시킬 수 없게 된다. 따라서 유수의 흐름이 어느 한 유로에 국한되지 않고 불안정하므로 유수의 횡적 이동이 빈번하게 일어난다. 또한 범람원이 얇게 존재하며, 이곳의 퇴적물은 응집력이 약한 퇴적물로 이루어져 있기 때문이기도 하다. 하천의 잦은 유로 변경으로 인해 퇴적물 기록은 판상의 사암이나 역암으로 남게 되며 셰일은 있다 하더라도 아주 얇고 횡적으로 연장성이 없다.

(1) 망상하천의 퇴적작용과 퇴적물

망상하천은 주로 밑짐을 운반하는 하천으로 유수의 속도가 감소하면서 퇴적물 더미가 유수의 수면보다 높게 수직적으로 퇴적되거나 배수량의 감소로 인해 유수의 수면이 낮아져 하천 내에 존재하던 퇴적물 더미가 노출되며 유로는 이러한 퇴적물 더미 사이로 갈라지게 되어 유속이 일정하지 못하게 된다. 이에 따라 국지적인 퇴적물 더미를 쌓게 된다. 대체로 조립질의 퇴적물은 퇴적물 더미 상류 쪽에 쌓이며 모래나 실트는 퇴적물 더미의 하류 쪽에 쌓인다.

망상하천의 퇴적물은 높은 유수 상태(upper flow regime)와 낮은 유수 상태(lower flow regime) 조건 모두에서 퇴적되므로 다양한 퇴적 구조가 관찰된다. 망상하천에 의하여 쌓이는 퇴적물 더미는 종사주(longitudinal bar)와 횡사주(transverse bar) 두 가지 종류가 있다. 전자는 대체로 상류 쪽에서 역 등의 분급이 좋지 않은 조립질 퇴적물로 이루어지며, 후자는 주로 하류 쪽에서 모래 등의 퇴적물로 이루어져 있다. 망상류의 생성은 기본적으로 종사주에 퇴적물이 점차 쌓이고 횡사주를 가름으로써 일어난다. 종사주는 하류 쪽으로 성장을 하며 강 가운데 수면 위로 쌓여 섬을 이루기도 하는데(그림 9.9), 이 섬에는 식생이 자라 종사주는 안정화되기도 한다. 종사주에는 높은 유속의 퇴적 구조 특징이 관찰되며, 주로 수평층리가 우세하게 발달하고 사주의 상부에는 트라프 사층리가 관찰되기도 한다. 횡사주는 홍수 시에 생성되는 일종의 거대 연흔이지만 홍수가 지나고 나면 낮은 수위의 유수에 의하여 변형을 받는다(그림 9.10). 따라서 횡사주에는 낮은 유속의 퇴적 구조 특징이 관찰된다. 횡사주에는 판상 사층리가 주로 생성되며, 사주의 상부와 주변부에는 곡사층리가 생성되기도 한다. 점차 하류 쪽으로 갈수록 횡사주에 비해 종사주의 발달이 빈번해지며 이에 따라 퇴적물에 나타나는 퇴적 구조로는 판상 사층리/수평층리의 비율이 높아지고 입자의 크기는 세립화 된다.

그림 9.9 망상하천의 예인 뉴질랜드 남섬의 Waimakariri 강 (Wikimedia). 종사주가 많이 발달해 있다.

망상하천의 퇴적물 수직 기록의 예는 그림 9.11에 나타나 있다. 잦은 유로의 변경과 사주의 이동으로 퇴적물 기록은 사주 퇴적물의 수직적 누적 양상으로 나타난다. 이들 사주 퇴적물 사이에는 얇은 이암이 협재하기도 한다. 이러한 퇴적물 기록이 형성되는 퇴적 기작에 대한 모식도는 그림 9.12에 표현되어 있다. 망상하천 퇴적물은 판상의 사암과 역암층으로 이루어진다.

그림 9.10 소양강 상류에 발달한 횡사주(강원도 인제, 2013. 7).

그림 9.11 모래질 퇴적물을 운반하는 망상하천의 암상과 수직 퇴적물 기록 예(Miall, 1996).

그림 9.12 망상하천 퇴적물의 내부 구성에 대한 모식도(Walker and Cant, 1984).

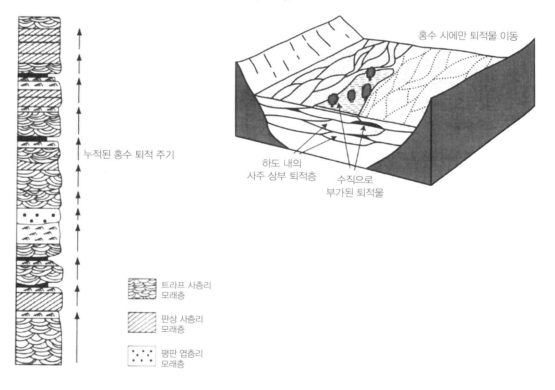

누적된 홍수 퇴적 주기

홍수 시에만 퇴적물 이동

하도 내의 사주 상부 퇴적층

수직으로 부가된 퇴적물

트라프 사층리 모래층

판상 사층리 모래층

평판 엽층리 모래층

　　망상하천 퇴적물의 지질학적 중요성은 충적 평원을 안정시켜 주는 식생의 출현과도 밀접한 관계가 있다는 점이다. 육상식물이 실루리아기에 처음 지구상에 출현을 하므로 실루리아기 이전의 하천 퇴적물은 대체로 망상하천의 형태였을 것이며, 실루리아기 이후의 하천 퇴적물은 사행하천과 망상하천이 모두 나타나는 것으로 여겨지고 있다. 데본기부터 고생대 말기까지의 식생은 아마도 해안가 근처나 해안 평원에 국한되어 발달하였을 것으로 여겨지며 이때부터 제방의 안정화가 일어났을 것이다.

9.2.2 사행하천

비교적 낮은 만곡도를 나타내는 망상하천을 이루는 유수의 흐름은 퇴적물 기원지인 높은 지대로부터 점차 멀어짐에 따라 사면의 경사가 완만해지면서 점점 곡선을 띠며 궁극적으로는 항시 물이 흐르고 아주 곡선을 이루는 사행하천으로 바뀌어간다. 사행하천(meandering stream)은 망상하천보다 유로가 안정되었으며, 대체로 사면의 기울기가 1~2° 이하인 낮은 곳에 나타난다. 또한 사행하천은 주로 일정한 배수량을 갖는 하천의 형태이며 배수량의 변화가 적으면 하천은 배수량에 잘 적응하여 발달한다. 그러나 사행하천이 발달하기 위해서는 물론 사면의 기울기도 중요하지만, 이보다 유수의 흐름을 방해하는 저항력(이는 지형이나 식생의 밀도와 같은 경관의 거칠기)과 지표면의 기울기의 상대적인 비율에 따라 일어난다고 한다(Lazarus and Constantine, 2013). 유수의 만곡도는 사면의 기울기가 주된 지표면보다 저항력이 높은 지표면에서 훨씬 높게 나타난다고 한다.

(1) 유수의 흐름

사행하천의 단면을 보면 수심이 깊은 곳이 한쪽으로 치우쳐진 비대칭이며, 이에 따라 유속은 하천 전체에 걸쳐 일정하게 나타나지 않는다(그림 9.13). 가장 빠른 유속이 나타나는 곳은 하천의 가장 깊은 곳을 연결하는 최심선(thalweg)에 국한되며, 낮은 유속은 수심이 완만한 경사를 보이며 깊어지는 포인트 바(point bar) 지역에 나타난다. 유속은 하류로 가면서 낮아졌다가 다시 높아지는 변화를 보이는데, 이는 유선(flow line)이 깊은 최심선, 포인트 바 그리고 다시 하류 쪽의 최심선으로 지나감에 따른 것이다. 이에 따라 퇴적물의 운반 경로는 하도를 따르는 유수의 유선을 따라서 일어나며 포인트 바는 종사주의 형태를 띠고 하류 쪽으로 발달한다. 따라서 포인트 바는 퇴적물의 복합체

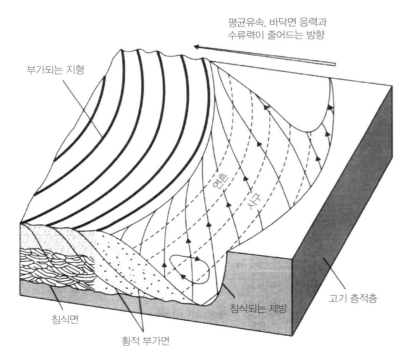

그림 9.13 사행하천의 구부러진 곳에 흐르는 나선형의 유수와 이로 인하여 포인트 바의 횡적 이동에 의한 퇴적작용이 일어나고 상향 세립화되는 퇴적물 기록이 생성된다 (Leeder, 1999).

평균유속, 바닥면 응력과
수류력이 줄어드는 방향

부가되는 지형

침식면

횡적 부가면

침식되는 제방

고기 층적층

사엽층리

표면 마찰선

사층리

동일한 수류력
(stream power)

입자의 크기 감소

로서 몇 개의 종사주로 구성되어 있다. 각 종사주는 점토질 물질로 구분되어 있다. 사주의 횡적인 이동은 복잡한 종사주들의 연속적인 형태가 누적되어 나타난다.

　　사행하천에서 가장 주된 물의 흐름은 나선형의 이차 흐름이다. 이는 하천수가 구부러진 곳을 따라 흘러갈 때 원심력이 작용하여 구부러진 곳의 반대편 제방을 향해 물의 흐름이 생성되기 때문이다. 이러한 물의 편향성은 유속이 가장 빠른 물의 표면에서 가장 강하며 바닥은 마찰에 의해 가장 약하게 나타난다. 이에 따라 나선형의 물의 흐름은 매 번 구부러진 곳의 바깥쪽 제방을 침식하고 침식된 퇴적물은 안쪽으로 또는 하류 쪽 구부러진 곳의 안쪽으로 운반되어 쌓인다.

(2) 사행하천의 퇴적물

사행하는 하천의 하성 환경은 몇 개의 소환경으로 나뉘는데, 이들은 다음과 같다(그림 9.14). 비대칭적인 단면을 보이는 주하도(main channel), 버려진 하도(abandoned channels), 포인트 바, 제방과 범람원으로 나눌 수 있다. 하도와 포인트 바는 하도를 따르는 유수에 의하여 퇴적이 일어나며, 제방은 둑을 넘는 홍수 때만 퇴적이 일어나고 제방에는 가장 굵은 부유 퇴적물이 쌓인다. 포인트 바 퇴적물은 평면적으로 볼 때 돌아흐르는 하천의 안쪽에 유속의 감소로 인하여 쌓이는데, 이곳에서는 물의 흐름이 나선형으로 회전을 하며 포인트 바 표면을 따라 흐르면서 유속이 감소한다. 가장 곡선을 띠는 부분의 하류 쪽에 쌓인 포인트 바 퇴적물은 하류 쪽으로 가면서 유속이 감소하여 하도를 따라 여러 개의 기다란 구릉모양의 퇴적체를 쌓아놓는다. 이러한 선형(線形)의 모래 구릉을 **스크롤 바**(scroll bar)라고 한다(그림 9.15). 그리고 이 스크롤 바 사이의 선형의 낮은 지대를 **스웨일**(swale)이라고 하며, 홍수 때 이 스웨일 부분을 따라 포인트 바를 가로지르며 침식이 일어나기도 한다. 포인트 바는 이렇게 스크롤 바와 스웨일로 이루어져 있으며, 스웨일은 식생이 자라나 평면적으로 포인트 바가 횡적으로 이동한 흔적을 잘 나타낸다. van de Lageweg 등(2014)은 수조(水槽) 실험을 통하여 포인트 바의 표면에 생성되는 스크롤 바와 스웨일의 지형은 홍수 시 물이 하도를 가득

그림 9.14　사행하천계의 지형 요소(Walker and Cant, 1984).

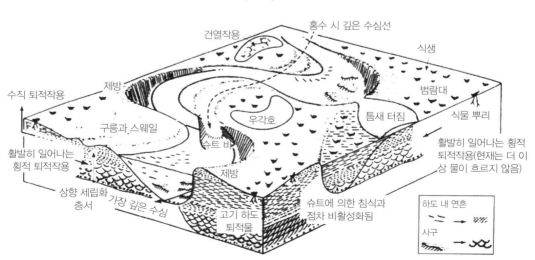

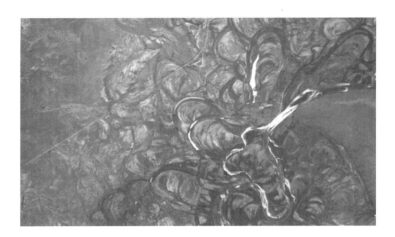

그림 9.15 아르헨티나 Negro 강에 발달한 사행하천의 이동에 따른 경관(Wikipedia). 이 사진에는 하천의 구부러진 부분에 포인트 바의 횡적 이동에 따르는 규칙적인 스크롤 바의 형태가 잘 나타난다. 밝게 나타나는 하도가 현재 물이 흐르는 사행하천이고 우각호도 관찰된다.

채웠을 때 바깥 쪽 제방을 침식시켜 하도가 넓어지면서 일어나는 현상임을 밝혔다. 이렇게 하도가 넓어지면 또한 하도 쪽으로 경사진 포인트 바 퇴적물 표면에 세립질의 퇴적물이 쌓이는데, 사행하천에 쌓인 포인트 바 퇴적물에 분포하는 세립질의 층준으로 포인트 바의 사면 경사도뿐만 아니라 몇 번에 걸쳐 횡적으로 퇴적작용이 일어났는가를 알아볼 수 있다.

범람원이나 습지는 홍수 때만 범람되어 물에 잠기는 부분이며, 범람하는 물에 주로 부유 상태로 운반된 퇴적물이 쌓이는 곳이다. 버려진 하도는 사행하천의 유로가 변경되어 더 이상 물이 흐르지 않는 상류 쪽과 하류 쪽이 하천의 제방으로 막혀져 소뿔 모양의 **우각호**(oxbow lake)를 형성한다. 이곳에는 제방을 넘는 홍수 시에만 공급되는 부유성 퇴적물로 채워진다. 점차 이곳은 점토질 퇴적물이 쌓여 기록상으로는 고기 하도를 채운 검은색의 점토로만 이루어진 충진물을 이룬다. 하도의 유로 변경은 대체로 수천 년 주기로 일어나는 것으로 알려지고 있다.

사행하는 하천은 낮은 쐐기 모양의 둔덕으로 이루어진 자연제방에 의하여 물의 흐름이 제한된다. 홍수 시에는 유량의 증가로 사행하천을 따르는 물은 자연제방을 넘쳐흐른다. 유량이 감소하면 자연제방은 다시 생성되어 엽층리를 나타내는 머드와 소규모의 연흔 사층리를 나타내는 세립의 모래 퇴적물이 하천을 따라 구불구불하며 길게 발달된 리본형태의 퇴적체를 형성한다. 이 자연제방은 범람원 상에 가장 높이 나타나는 지형물이며 보통 식생으로 인하여 뿌리 자국과 토양 및 건열 등이 발달하여 보존되기도 한다.

홍수 시에는 배수량의 증가로 사행하던 하천이 직행하천 형태를 이루며 사면을 따라 가장 짧은 거리로 흐르기 때문에 기존에 존재하던 포인트 바를 가로지르게 된다. 이러한 하천의 흐름을 슈트(chute)라 하며, 포인트 바를 가로질러 사행하천의 본류와 만나게 되면 유속이 감소하여 퇴적물을 쌓게 된다. 이러한 퇴적물을 **슈트 바**(chute bar)라 하고 슈트가 발달된 포인트 바에는 원래의 포인트 바 퇴적물 기록에 슈트를 채운 퇴적물로 그 흔적을 남기게 된다. 수면이 높아지면 제방을 뚫고 범람원 쪽으로 가로질러 물이 넘쳐흐르며 범람원상에 **틈새하천**(crevasse channel) 퇴적물이 쌓인다 (그림 9.16). 이 퇴적물은 사행하천 제방으로부터 방사상으로 발달되어 있는데, 주로 모래와 머드로 구성되어 있다. 틈새하천을 따라 범람원으로 흐르는 물은 넓은 평원으로 퍼지면서 점차 유속이 감소하며 퇴적물을 쌓는다. 틈새하천은 비교적 수심이 얕게 흐르며, 퇴적물에는 소규모의 사층리와 등정연흔층리가 발달되어 있기도 한다.

그림 9.16 틈새 터짐(crevasse splay)에 의한 퇴적물(http://www.seddepseq.co.uk).

사행하천으로 흐르는 과정에 제방이 쉽게 침식을 받으면서 퇴적물의 공급량이 증가하면 하천의 흐름은 점차 수심이 낮아져 홍수가 자주 일어나며 제방이 패이고 물줄기가 갈라지면서 망상하천으로 형태가 바뀌게 된다. 또한 하천의 형태는 외부적인 요인이 작용을 하면 변하게 된다. 예를 들면, 규모가 큰 홍수가 일어나거나 화산 분출이 일어나 조립질의 밑짐 퇴적물이 많이 공급되면 사행을 하는 하천이 망상하천의 형태로 바뀌게 된다. 이와는 반대로 하천에 댐을 쌓으면 물 흐르는 총량의 변화가 줄어들면서 하천은 안정화되고 이에 따라 사행하는 하천으로 발달하게 된다.

(3) 퇴적물의 수직구조

1) 하도 퇴적상

하도를 따라 채우는 퇴적물은 주로 하도가 측방으로 이동함에 따라 물의 흐름에 직각인 횡적인 퇴적작용에 의하여 일어나게 되므로 수직적으로 하도의 기저부 침식면 위에 놓이는 자갈 등 조립질인 하도잔류 퇴적물(channel lag deposits)로부터 최상부의 범람원 퇴적물에 이르기까지 입자의 크기가 세립화되는 경향을 보인다(그림 9.17).

하도의 깊이에 따라 나타나는 퇴적 구조들은 그림 9.17에서 보는 바와 같이 하도잔류 퇴적물 위에 트라프 사층리 그리고 판상 층리와 판상 사층리 등이 그 위에 놓인다. 이상과 같은 상향 세립화되는 입도 분포를 보이는 사행하천의 모형은 기존의 교재에 많이 나와 있다. 그러나 Jackson(1976)은 하나의 포인트 바에서도 퇴적물의 성분, 퇴적물의 수직 분포 그리고 퇴적 구조 등이 상당한 차이가 있으며 일반화시킬 수 없다고 지적하

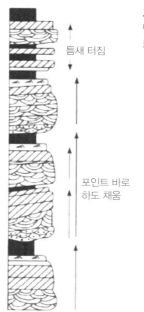

그림 9.17 모래질 퇴적물을 운반하는 사행하천의 암상과 수직 퇴적물 기록 예(Miall, 1996).

틈새 터짐

포인트 바로 하도 채움

▨ 트라프 사층리 모래층

◪ 판상 사층리 모래층

▤ 연흔 함유 사암

■ 머드

였다. 그에 의하면 사행하천은 크게 운반되는 퇴적물에 따라 다섯 가지로 구분된다.

(1) 머드를 운반하는 사행하천

(2) 모래를 주로 운반하고 약간의 머드를 운반하는 사행하천

(3) 머드 없이 모래만 운반하는 사행하천

(4) 역질 모래를 운반하는 사행하천

(5) 모래 없이 주로 자갈만을 운반하는 사행하천

이상과 같은 유형의 사행천에서 전통적으로 상향 세립화되는 입자의 분포를 보이는 사행하천은 (2)의 모형에만 해당된다고 한다. 따라서 상향 세립화되는 모형을 사행하천에 적용할 때에는 주의를 하여야 한다.

또한 슈트에 의한 퇴적 기록이 포인트 바 퇴적물에 중첩되면 입자의 크기는 일률적으로 세립화되는 경향을 나타내지 않는다. 슈트 바는 포인트 바의 퇴적물 기록에서 대체로 상부 쪽에 나타난다.

2) 하도주변 퇴적상

홍수 시에 유량의 증가로 제방을 넘치는 물은 유로에 의하여 더 이상 그 흐름이 제한을 받지 않기 때문에 공간적으로 퍼지게 된다. 이에 따라 유속은 하도로부터 점차 멀어져 감에 따라 급속히 감소하며 운반되던 퇴적물은 쌓이게 된다. 자연제방에는 매 홍수 시마다 범람하여 퇴적물이 쌓이게 되며 퇴적물은 주로 세립의 모래, 실트와 약간의 점토로 이루어져 있고 퇴적 구조로는 연흔, 등정연흔, 파상(wavy)과 판상 엽층리 그리고 많은 점토 덮개층, 엽층리를 이룬 머드층 등과 식물의 뿌리에 의해 교란된 것도 나타난다.

틈새하천 퇴적물은 부유짐과 밑짐에 의한 퇴적물로 이루어지며 내부의 퇴적 구조는 다양하다. 퇴적 구조는 홍수 때 형성되며 이 구조들은 대체로 얕은 유수에 의하여 빠른 속도로 퇴적이 일어나서 형성된다. 상부는 산화 현상을 보이며 고토양이나 식물의 뿌리에 의하여 교란된 흔적도 보인다.

범람원은 충적 평원 중 지형적으로 가장 낮은 부분을 차지하며, 이곳은 자연제방을 넘는 부유짐으로부터 수직적으로 매우 느리게 쌓인 세립질의 퇴적물로 이루어진다. 범람원의 지형은 주하천으로부터 거리가 멀어짐에 따라 낮아진다. 범람원에 쌓이는 퇴적 속도는 주하천으로부터의 거리에 따라 다르지만 대략 일 년에 1~10 mm 정도인 것으로 알려져 있다. 퇴적물의 누적 속도는 자연제방에서 가장 빠르게 일어나며 범람원 쪽으로 가면서 줄어든다. 또한 퇴적물의 두께와 알갱이 크기도 역시 범람원으로 가면서 각각 얇아지고 작아진다. 이에 따라 주하천으로부터 먼 곳에 위치한 범람원 퇴적물은 토양화가 많이 진행된다. 이상과 같이 범람원의 퇴적작용은 제방을 넘는 물로부터 수직적으로 쌓이는 기작을 가지는 한편, 또 다른 기작으로는 틈새하천을 따라 지형적으로 가장 낮은 부분에 퇴적물이 쌓여 범람원의 퇴적 기록이 형성된다는 견해도 있다. 후자의 경우는 틈새하천이 발달하여 그때마다 지형적으로 가장 낮은 부분에 틈새하천으로부터 흐르는 물이 흘러가 퇴적물을 쌓는다는 것이다. 각각의 틈새하천에 의한 퇴적물이 쌓임에 따라 범람원에서의 지형이 낮은 부분은 일정하지 않고 그 장소의 위치가 바뀌게 된다. 이러한 기작으로는 범람원 퇴적물의 두께가 주

그림 9.18 파키스탄 마이오세 하성 퇴적물의 단면도(Kraus and Aslan, 1999). 범람원은 주로 제방의 틈새 터짐에 의해 범람원의 낮은 장소에 쌓인 퇴적물로 이루어져 있다. 범람원에 쌓인 퇴적물에는 고토양이 발달한다. 밝은색 부분은 이질암이며, 점 무늬는 사암체를 가리킨다. 이 그림에서 보듯이 많은 범람원의 퇴적물은 주된 하천의 유로 변경과는 관련이 없는 틈새 터짐 퇴적작용으로 생성이 된다는 것을 가리킨다.

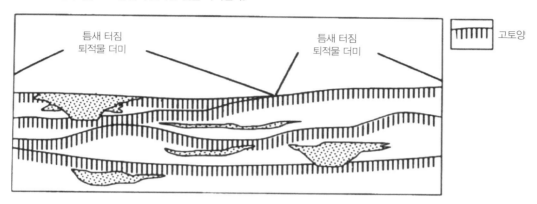

하천으로부터 멀어져 감에 따라 일정하게 감소를 하지 않고 층서 단면에서 범람원 단위층의 두께 변화가 많이 나타나게 된다(그림 9.18).

하천 범람원의 폭이 좁은 모래질 퇴적물로 이루어진 사행하천 벨트 내에 제한되어 흐르는 사행하천이 이동을 하면 하천이 흐르는 방향에 평행하게 배열된 선형(linear)의 '구두 끈(shoestring)' 모양 같은 모래 퇴적체가 만들어진다. 이 구두 끈 모양의 모래 퇴적체는 세립질 범람

그림 9.19 사행하천 퇴적물의 내부 구성에 대한 모식도(Walker and Cant, 1984).

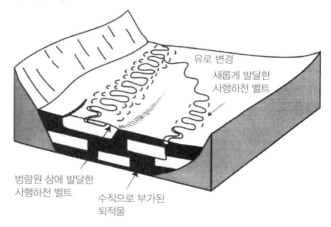

원 퇴적물에 갇혀 둘러싸여 있다. 주기적으로 사행하천의 유로가 변경되면 시간이 흐르면서 새로운 사행하천이 생성되어 주된 하천의 계곡 내에 여러 개의 선형의 모래 퇴적체가 생성된다. 사행하천 퇴적물 기록의 구성 모식도는 그림 9.19에 나타나 있다.

9.2.3 접합하천

접합하천계는 1980년대에 들어와서야 연구가 시작되었으며 아직 현생 환경에 대한 연구는 망상하천과 사행하천에 비하여 부족하며 고기의 퇴적물에 대한 적용은 많지 않은 상태이나 그 중요성은 더해가고 있다. 접합하천(anastomosing stream)은 하나의 하천계로 이루어진 사행하천과 망상하천에 비하여 여러 개의 하천이 합쳐지고 갈라지는 하천으로(그림 9.20), 개개의 하천은 망상하천, 사행하천이나 직선형 하천으로 이루어져 있다. 이 하천은 세립질 퇴적물이 풍부한 곡선 형태의 만곡

그림 9.20 접합하천의 예인 캐나다 Columbia강.

도(sinuosity)가 적은 하천으로 여러 갈래의 하천으로 갈라지거나 합쳐지면서 흐르는 형태로 하천의 위치는 대체로 고정된 안정한 하천이다. 하천 퇴적물은 주로 모래나 자갈로 이루어져 있으며, 하천 사이의 충적층으로 이루어진 섬과 범람원에는 세립의 실트나 머드 그리고 토탄으로 이루어져 있다. 이 하천의 특징은 폭과 깊이의 비율이 낮은 관계로 하천이 안정되어 있어 횡적 이동이 거의 나타나지 않는다. 따라서 하천과 하천 사이는 넓은 습지대가 있으며, 이곳에는 식생과 호소 등이 존재한다. 현생의 예로는 라인강-메유즈강 하류가 있다.

접합하천은 사면의 기울기가 0.5° 이하의 아주 낮은 충적 평원에 형성되며, 이렇게 낮은 사면의 기울기가 유지되고 접합하천이 발달하려면 하천의 상류나 하류 쪽에서 이를 조절하는 요인이 있어야 한다. 따라서 이 형태의 하천은 이러한 조건이 갖추어진 곳에 발달하며, 하천이 지구조적인 장벽(tectonic barrier)을 만나거나 강의 합류점에서 합류되는 다른 강으로부터의 퇴적물의 유입이 많아 물의 흐름을 방해받아 형성되는 분지나 또는 해수면에 접한 해안 평원에 발달한다.

해안에 접한 전지 분지(foreland basin)에서는 조구조 작용으로 인해 침강이 일어나 사면의 기울기가 유지되고 해수면의 상승으로 인해 침식 기준면이 상승하여 퇴적물이 바다로 운반되지 못하고 하천의 주위에 퇴적이 일어나면 이러한 조건을 갖추게 된다.

접합하천에서 하천의 안정도는 하천의 낮은 기울기와 세립질 물질로 이루어진 제방 퇴적물의 응집력에 의해 하천의 측방 이동이 방해를 받아 유지되며, 따라서 지질 기록상으로 남는 이 하천의 퇴적물 기록은 하도(모래와 자갈), 틈새하천(crevasse splay, 모래와 자갈), 제방(모래질 실트), 호수(머드), 습지(머드와 유기물)와 늪지(bog, 토탄) 등의 퇴적상이 서로 횡적으로 교호됨이 없이 각각 수직적으로 누적되어 나타나는 양상을 보인다.

접합하천에서 퇴적물 누적 속도는 다른 어느 형태의 하천보다 높게 나타난다. 퇴적물 누적 속도는 약 15~60 cm/100년으로, 이는 접합하천을 형성시킨 퇴적 분지 내 퇴적물의 유입률이 높았으며 이에 상응하는 퇴적 분지의 침강률도 역시 높았다는 것을 의미한다. 이로 인해 접합하천의 퇴적물 기록은 지질 기록으로 보존될 가능성이 상당히 높다.

접합하천에 의한 퇴적물을 사행하천이나 망상하천의 경우와 비교해 볼 때 습지대와 하도의 퇴적물 비가 60~90%로 상당히 높다(그림 9.21). 이러한 접합하천 퇴적물의 많은 특징들을 하천에 의한 퇴적작용이 우세한 저에너지 삼각주의 퇴적물과 비교해 볼 때, 낮은 사면의 기울기, 높은 비율의 실트와 점토 그리고 제방의 식생 등이 비슷하여 서로 구별하기가 어려운 경우가 있다. 그러나 지질 기록에서 얇은 석탄층과 유기물이 풍부한 세립질 물질과 함께 나타나는 조립질의 하천 퇴적물이

그림 9.21 온난 습윤대 기후의 산간 지대에 발달한 빠르게 누적되어 쌓이는 접합하천의 퇴적상 모델(Smith and Smith, 1980).

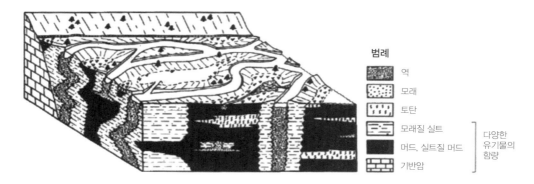

범례

▦	역
▦	모래
▦	토탄
▦	모래질 실트
■	머드, 실트질 머드
▦	기반암

다양한 유기물의 함량

횡적으로 연속성이 없이 고립되어 나타날 때는 접합하천에 의한 것으로 일단 간주할 수 있다. 접합하천은 식생의 발달이 양호한 온대 지방에만 국한되어 나타나는 것이 아니라 건조 지역에서도 나타나는 것으로 보고되었다.

경제적인 측면으로 볼 때 캐나다의 앨버타 주에 있는 백악기 저류암층이 이 형태의 하천 퇴적물로 해석되었으며, 이 형태의 하천은 망상하천이나 사행천의 경우와는 달리 범람원을 가로질러서 흐르는 경우가 없으므로 습지대는 장기간 토탄층이 형성될 수 있는 지역으로 해석되어 몇몇의 석탄층이 접합하천 환경의 산물로 해석되고 있다. 침식기준면의 상승 비율이 하천의 형태 발달에 영향을 미치는 것으로 알려지고 있다. 네덜란드에서 북해로 흘러나가는 라인-메유즈 삼각주를 조사한 Törnqvist(1993)에 의하면 홀로세 동안 상대적인 해수면의 상승으로 지하수면의 상승률이 연간 1.5 mm보다 높으면 접합하천을 형성하게 되고, 반면에 이보다 낮은 비율의 상승은 사행하천이 발달한다는 것을 보고하였다.

전통적으로 이상의 세 가지 종류의 하천 형태가 많이 논의되었다. 그러나 실제로 자연에서는 이 세 가지 종류 이외에 이들 사이에 혼합되어 나타나는 경우가 흔하다. 따라서 어느 한 하천을 위의 세 가지 중 하나로만 구분하여 보려고 한다면 실제로 자연계에 나타나는 하천을 너무 단순화시켜 기술하여 버리기 때문에 그 특징을 제대로 알아볼 수가 없고, 더욱이 이러한 모델을 고기의 암석 기록에 적용하려고 할 때에는 많은 문제점을 가지고 있다.

하천 퇴적물에 대한 표준 모델은 1960년대와 1970년대에 많은 연구를 바탕으로 만들어졌다. 이 연구들은 앞에서 기술한 세 가지 전형적인 하천의 형태에서부터 퇴적학적 특성과 퇴적물의 하중, 입자의 크기 그리고 기후 조건 등을 고려하여 이루어졌으나 점차 연구가 더 진행되고 더 많은 하천에 대한 자료가 모임에 따라 이상과 같은 분류에 따른 퇴적상 모델로는 자연계에 나타나는 모든 하천을 일률적으로 구분할 수 없으며, 각 모델간 서로 잘 적용되지 않는 특성이 나타난 것으로 밝혀졌다. 예를 들면, 지금까지는 사행하천의 포인트 바에 퇴적되는 동안 특징적으로 형성되는 측방 퇴적작용(lateral sedimentation)이 사행하천뿐만 아니라 망상하천에서도 흔히 나타나며, 또한 접합하천과 직선하천에서도 약간 변형된 형태이지만 나타나는 것이 알려졌다. 또한 과거의 모델 중에서 퇴적물의 수직적인 기록의 특성이 각 하천의 형태마다 다르게 나타나므로 이러한 특성을 이용하여 퇴적물을 쌓았던 하천의 종류를 구별할 수 있다고 하였다. 한 예로, 퇴적물 기록에서 입자가 상향 세립화되는 경향을 보이며 이에 따른 퇴적 구조가 나타나면 이는 사행하는 하천의 전형적인 특징으로 간주하였다. 그러나 현재는 퇴적물의 수직적인 기록 자체만으로는 퇴적 환경을 알아내는 데에는 무리가 있다는 것이 밝혀졌다. 즉, 상향 세립화되는 기록만 보더라도 사행하천과 망상하천, 그리고 선상지에서의 하천의 이동에 따른 퇴적물의 공급 결핍의 경우 이들 모두의 퇴적 환경에서 나타날 수가 있다.

물론 지금까지 제안된 하천의 세 가지 분류 방법은 자연계에 나타나는 하천의 복잡한 형태와 종류를 단순화시켜 자연의 법칙을 알아보는 데에 많은 공헌을 하였다. 이상과 같은 고전적인 퇴적상의 모델이 잘 적용되는 예는 지금까지 많은 연구가 되어 있기 때문에 지금까지의 연구 결과를 사용하지 못하게 되는 것은 아니다. 단지 현재의 관점은 이상과 같은 퇴적상의 모델이 곧바로 하천의 형태와 고기의 기록을 모두 소화시켜 해석하지는 못한다는 점에 있으며, 따라서 자연에 나타나는 다양성을 고려하여 퇴적물 기록을 해석하도록 노력하여야 한다.

9.5 호수

호수란 지형적으로 낮은 곳으로 강수를 비롯한 유입되는 물의 양이 증발이나 방류되어 유출되는 물의 양보다 많을 때 형성된다. 만약 이 반대의 현상이 일어나면, 궁극적으로 건조 지대에서 보는 일시적인 호수인 **플라야**(playa)가 형성된다. 호수의 물은 대부분이 담수이나 증발이 심하게 일어나면 염수까지 다양하게 나타난다.

호수의 수위는 조구조 작용과 기후에 따라 달라진다. 조구조 작용의 요인은 지각의 융기와 침강 그리고 호수에 물을 공급하는 유역 분지의 크기를 조절한다. 반면에 기후는 물의 증발과 강수의 정도를 조절하여 호수의 수위에 직접 영향을 미친다. 호수 분지에는 바다와 달리 조수의 영향은 없으나 파도의 영향은 호수의 크기에 따라 그 영향이 달라진다. 작은 호수에서는 파도의 작용이 아주 약하거나 그 영향이 없기도 하다.

호수의 성인은 다양하여 사해(Dead Sea)나 바이칼 호처럼 조구조 작용에 의해 형성되거나 아프리카 대열곡대 사이에 있는 빅토리아 호처럼 지각이 휘어져서 형성되기도 한다. 그러나 북미나 유라시아 대륙에 현존하는 대부분의 호수는 제4기의 대륙빙하가 직접 작용을 하여 형성된 것들이다. 이를 빙하주변 호수(glacier marginal lake, periglacial lake)라 하며 또는 kettle이라고도 한다.

9.5.1 기후의 영향

호수 물의 수온은 중요한 물리적 특성으로 일반적으로 수온은 호수와 계절마다 다르다. 호수에는 뚜렷한 층리화작용이 수온의 차이에 따라 나타난다. 이 층리화작용은 세 층으로 나뉜다(그림 9.22).

(1) 수온약층(thermocline 또는 metalimnion) : 수심에 따라 급격한 수온의 변화를 보이는 수층

(2) 호수표층(epilimnion) : 수온약층 위의 따뜻한 표면의 수층

(3) 호수심층(hypolimnion) : 수온약층 아래의 차고 밀도가 일정한 층

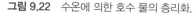

그림 9.22 수온에 의한 호수 물의 층리화.

표층의 수온은 물의 순환이 일어나는 깊이와 시간에 따른 기온 변화에 따라 다양하다. 수온약층 아래의 호수심층은 동일한 수온을 나타내며 약 4℃ 정도이다. 호수의 수직적인 수온 분포는 물의 순환을 조절하는 요인이 된다. 기후는 호수 물의 순환에 영향을 미치는데 크게 기후대를 온대, 열대와 고위도 지대로 구분하여 살펴보기로 하자.

(1) 온대 지역 호수

온대 지역은 사계절이 있어 물의 순환이 계절마다 일어난다(그림 9.23). 여름 동안은 태양열로 인해 호수의 표층수가 데워지면 밀도가 낮아지며 저층수는 온도가 낮기 때문에 상대적으로 밀도가 크다. 따라서 이 시기는 밀도로 보아 안정 상태를 유지하여 물의 층리화현상이 일어난다. 표층수는 대기와 접하고 있어 산소가 공급되나 저층수는 물의 순환이 일어나지 않기 때문에 호수의 바닥에 쌓인 유기물의 부패로 인해 이산화탄소나 황화수소(H_2S)가 있게 된다.

늦가을이 되어 표층수가 식어지며 4℃가 되면 밀도가 가장 크므로 저층수와의 밀도 차이로 인해 밀도의 역전 현상이 일어난다. 표층수는 호수 아래로 가라앉고 저층수는 상층으로 순환한다. 이 경우 질소 등 영양염이 많은 저층수가 표층으로 올라옴에 따라 표층에는 식물성 플랑크톤이 많이 번성하거나 독성을 띠는 저층수가 표층으로 올라오는 경우에는 표층에 사는 생물체가 몰살하게 된다.

겨울이 되면 호수의 표층부터 얼게 되므로 물이 다시 층리화현상을 띠다가 늦봄에 다시 태양열에 의해 덮혀져 4℃에 이르면 다시 밀도의 역전 현상이 일어나 순환이 일어난다. 이렇게 반년을 주기로 계절마다 물의 순환이 일어나 퇴적 양상에는 규칙적으로 반복되어 나타나는 물의 층리화와 순환으로 주기성을 띠고 횡적으로 연장성이 좋은 얇은 두께의 엽층리를 가지는 퇴적물이 쌓인다. 외형적으로 아무런 특이점이 관찰되지 않더라도 퇴적물 내의 화분(pollen)의 양이나 기타 유기물 함유량에 차이가 나타날 수 있다. 이러한 엽층리는 계절적인 주기를 나타낼 뿐 아니라 큰 규모의 기후 주기를 나타내기 때문에 고기후를 알아내는 데 중요하다. 그러나 퇴적 속도가 느릴 경우에는 깊은 곳에도 물의 순환에 따라 주기적으로 산소가 공급되므로 퇴적물의 표면이 생물체에 의하여 교란 작용이 일어나 퇴적물은 균질화된다.

(2) 빙하주변 호수

고위도 지역의 빙하주변 호수의 물은 빙하와 눈이 녹은 물이 공급되어 형성되는데, 이곳에는 단지

그림 9.23 계절적으로 호수 물이 데워지고 식어지며 일어나는 호수 물의 역전(Encyclopedia Britannica, 1996).

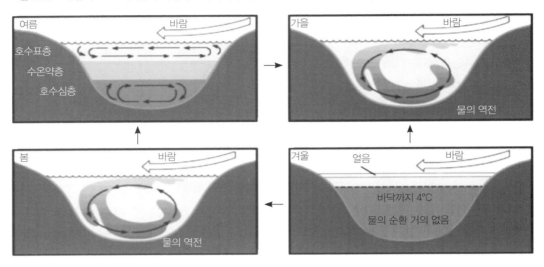

그림 9.24 후퇴하는 빙하주변 호수에 생성된 호상점토. 아래 사진은 미국 코네티컷 주 South Windsor의 노두에 노출된 17,500년 전 퇴적층의 시추 코어 사진(http://eos. tufts.edu). 밝은 색을 띠는 층은 여름에 쌓인 퇴적층이고 어두운 색은 겨울에 쌓인 퇴적층이다. 겨울에 쌓인 퇴적층의 두께가 여름에 쌓인 퇴적층보다 두껍다. 축척은 1 cm 단위이다.

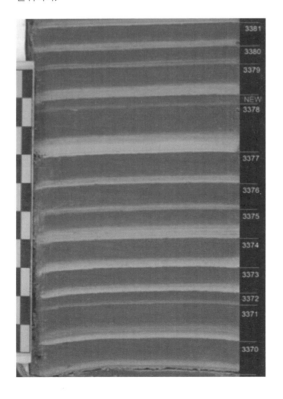

여름과 겨울 두 계절만이 존재한다. 여름에는 태양열이 호수의 물을 덥히고 빙하를 녹이기 때문에 빙하가 녹은 찬 물이 빙하에 얼려 있던 퇴적물과 함께 호수로 유입되면, 유입되는 물은 호수 물과 밀도의 차이로 인해 호수의 바닥을 따라 흐르게 된다. 이때 호수의 바닥에는 저탁류가 형성되어 저탁류 퇴적물이 퇴적되며 세립질 물질은 부유 상태로 존재한다. 외부로부터 유입된 물은 용존 산소를 공급하기 때문에 이렇게 호수 바닥에 쌓인 저탁류 퇴적물은 밝은 색을 띤다.

겨울이 되면 호수의 표면이 얼고 유입되는 물이 없으므로 부유 상태로 있던 퇴적물이 바닥으로 가라앉는다. 따라서 겨울 동안은 대체로 세립질의 물질이 쌓이며 얼음으로 덮여 대기로부터 산소의 공급이 차단되므로 바닥 퇴적물에 유기물이 보존되어 검은 색을 띠게 된다. 이렇게 쌓여진 퇴적물은 1년을 주기로 하여 나타나는 단위 퇴적물을 형성하므로 이를 **호상점토**(varve, 그림 9.24)라 한다. 또한 고위도 지방의 일부 호수는 표면이 얼음으로 덮여있어 바람의 영향을 받지 않아 전혀 물의 순환이 일어나지 않는 곳도 있다.

(3) 열대 지방 호수

열대 지방에는 크고 수심이 깊은 호수들이 존재하며, 이 지대의 호수는 항상 호수 표층의 물이 태양열로 인해 데워져 있으므로 수온의 차이로 인해 물의 층리화현상을 나타낸다. 따라서 저층수는 항상 그 자리에 머물러 있게 되며 산소의 공급이 차단되어 환원 상태를 유지한다. 따라서 열대지방의 호수 퇴적물은 유기물이 풍부한 부유 상태에서 쌓인 검은색의 세립질 퇴적물이 주를 이룬다. 사해처럼 높은 염도를 가질 때는 증발잔류 퇴적물이 퇴적되기도 한다.

9.5.2 호수의 퇴적작용

호수로 유입되는 물은 밀도에 따라 호수의 수온 분포와 관련지어 볼 때 범람류(overflow), 층간류(interflow) 그리고 저류(underflow) 세 가지 유형으로 구별되어 퇴적작용을 일으킨다. 차가운 물과 많은 부유 퇴적물이 섞여 유입되는 물은 호수의 물보다는 밀도가 높기 때문에 호수에 유입되면 호수의 바닥을 따라 흐르는 저류인 저탁류를 이룬다. 이러한 저탁류는 특히 수심이 깊은 호수에서 흔히 나타나며, 산간지대의 호수와 빙하주변의 호수에서 볼 때 봄에 눈과 빙하가 녹은 물이 퇴적물을 싣고 호수로 유입된다면 물은 수온이 낮고 퇴적물까지 함유하고 있어 호수로 들어와 바닥에 쌓여 있는 퇴적물을 침식시키고 재이동시키면서 저탁류를 형성한다. 범람류나 층간류에 의해 유입되는 하천 퇴적물은 호안 근방에 모래질 퇴적물을 쌓아놓은 후 대부분의 퇴적물은 부유 상태로 수층에 머물러 있다가 바닥에 가라앉아 쌓인다.

호수 가장자리인 호안선(lake shoreline)에 나타나는 퇴적물로는 호빈(beach) 퇴적물이 있으며, 삼각주, 선상지 그리고 중력에 의하여 운반되어 온 퇴적물들이 나타나기도 한다. 호안선에는 파도가 항상 작용하기 때문에 파도에 의하여 재동된 분급이 좋고 원마도가 좋은 퇴적물로 호빈 퇴적물을 형성하며, 호수의 중심으로 갈수록 퇴적물의 입자 크기는 작아진다.

호수에 특징적으로 나타나는 삼각주는 **길버트형(Gilbert-type) 삼각주**(그림 9.25)로서 퇴적물은 물속에 안식각을 이루며 경사진 모래질의 전면층(foreset)을 가진 삼각주이다. 이 형태의 삼각주는 호수로 유입되는 하도가 조립질의 모래와 역들을 밑짐으로 운반하였을 때에만 형성되며, 호수의 수심도 상대적으로 깊어야 한다. 길버트형 삼각주는 피오르드, 계곡이 얼음으로 가로막혀 만들어진 호수(ice-dammed lake)와 조구조 활동이 활발한 분지에서 주로 생성되는데, 이러한 퇴적 분지는 비교적 사면의 기울기가 급하다. 반면에 하천의 특징이 강한 삼각주는 열개곡(rift-valley), 산간 분지와 삼각주 평원의 기복이 낮은 호수에서 주로 생성된다. 호수의 퇴적물에는 호숫가에 있는 많은 식물들에 의하거나 물 표층에 있는 식물성 플랑크톤에 의해, 또는 염도가 높은 호수에서는 매트를 형성하는 조류(조류질 스트로마톨라이트)들로 인해 유기물이 많이 들어있다. 이러한 퇴적물이 매몰되고 지열에 의하여 데워지면 유기물은 케로젠(kerogen)으로 변하여 탄화수소의 근원이 되는 오일세일(oil shale)을 형성하기도 한다.

쇄설성 퇴적물의 유입이 제한되어 있는 호수에서는 화학적인 퇴적작용이 주로 일어난다(14.2절

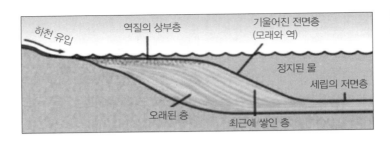

하천 유입 / 역질의 상부층 / 기울어진 전면층 (모래와 역) / 정지된 물 / 세립의 저면층 / 오래된 층 / 최근에 쌓인 층

그림 9.25 길버트형(Gilbert-type) 삼각주의 형성 과정.

참조). 화학적 침전물은 고염분의 광물이거나 탄산염 광물이다. 고염분의 호수는 사막과 같은 건조한 지대에서 잘 나타나며 이곳에는 유입되는 물의 양보다 증발량이 더 많을 경우 염분은 50‰ 이상으로 나타나기도 한다. 가장 많이 나타나는 화학 성분은 SiO_2이며, Ca^{2+}, Mg^{2+}, Na^+, K^+, HCO_3^-, CO_3^{2-}, SO_4^{2-}와 Cl^- 등도 많이 존재한다. 증발작용이 일어나면 이온의 농도가 증가하게 되고 이에 따라 밀도가 커진 염수는 호수의 바닥으로 가라앉고 증발광물이 침전한다. 탄산염 광물이 맨 처음 생성된 다음에는 석고가 침전한다. 더 증발이 일어나면 암염과 그밖에 Mg^{2+}와 K^+를 함유하는 소금이 생성되어 호수는 바닥까지 마르게 된다. 건열구조가 이러한 증발광물의 생성과 함께 흔히 나타나는 퇴적 구조이다.

호수에 생성되는 탄산염 퇴적물은 심한 증발작용이나 많은 쇄설성 퇴적물의 유입이 일어나지 않는 곳에 생성된다. 호수의 탄산염 퇴적물은 해양의 탄산염 퇴적물과는 달리 대부분이 무기적인 침전에 의하여 만들어진다. 담수는 용해된 대기의 이산화탄소와 기반암의 이산화탄소를 함유하고 있으므로 상당한 양의 탄산염을 함유하고 있다. 탄산염 이온의 농도는 pH에 따라 민감하게 반응하며 담수의 호수에서 pH는 항시 변하게 된다. 식물이 이산화탄소를 소모하고 이에 따라 pH를 상승시키거나 수온이 높아지면 방해석의 용해도가 낮아지며 대부분의 호수는 Ca-탄산염과 CaMg-탄산염 광물에 과포화되어 있다. 탄산염 광물의 과포화와 침전은 다음과 같은 여러 가지 요인에 의하여 일어난다. (1) 광합성으로 인하여 이산화탄소의 소모와 이로 인한 pH의 증가, (2) 호수 물의 증발이나 담수의 유입에 따른 탄산염 이온의 농도 변화, (3) 수온의 변화(수온이 높아지면 방해석의 용해도가 낮아지며 방해석의 침전이 촉진됨), (4) 서로 다른 조성을 가지는 염수의 혼합이다. 대부분의 호수에서 탄산염 광물의 과포화는 일차 유기물 생산성에 따른 이산화탄소의 계절적 섭취로 인하여 일어난다. 호수의 탄산염 퇴적물은 거의 저마그네슘의 방해석으로 이루어져 있으며, 이질암 및 이회암(marl)과 서로 교호하며 얇은 엽층리를 이루며 침전을 한다.

호수에서의 퇴적작용은 호수 물의 화학 조성, 호안선의 위치 변화와 하천으로부터 유입되는 퇴적물의 양에 따라 조절 받는다. 개방 호수(open lake)란 강수와 하천으로부터 유입되는 수량이 호수에서 하천을 따라 유출되는 양과 증발작용으로 인하여 빠져나가는 수량이 대체로 균형을 이루기 때문에 호숫가의 위치는 비교적 변화 없이 일정하게 유지된다. 이 종류의 호수에서는 호수로부터 유출되는 작용이 호수의 수면이 심하게 상하로 변화하는 것을 통제하는 역할을 한다. 개방 호수에서의 퇴적작용은 하천을 통해 유입되는 쇄설성 퇴적물에 의하여 일어난다.

반면에 폐쇄 호수(closed lake)는 증발작용이나 호수의 바닥을 따라 스며들며 빠져나가는 양이 호수로 유입되는 양과 강수로 유입되는 양보다 더 많이 일어나는 경우에 해당된다. 이와 같이 수량의 불균형이 일어남에 따라 이온의 농도가 높아지면서 이의 결과로 화학적인 퇴적작용이 일어난다. 또한 총 수량의 작은 변화에도 호수 수면의 높이 변화와 호수 물의 화학 조성의 변화를 초래한다. 따라서 호안선의 위치는 매우 유동적이며 이에 따라 퇴적물 기록에서 볼 때 호안선의 전진 발달과 후퇴로 인하여 호침과 호퇴의 퇴적 현상이 일어난다. 이 호수에 쌓인 퇴적물은 하천으로부터 유입되는 쇄설성 퇴적물, 이전에 호수 바닥에 쌓인 퇴적물이 재동된 퇴적물 그리고 생화학적으로 생성된 퇴적물들이 혼합되어 나타난다.

아건조(semi-arid) 지대의 하성 평원에는 작은 연못(pond) 퇴적물이 하천계나 선상지의 맨 가장 자리를 따라 발달하기도 한다. 이 연못 퇴적물은 범람원/이질 평원, 고토양층과 함께 산출된다. 연못 퇴적물은 대부분 탄산염암으로 이루어져 있으며, 대체로 쇄설성 퇴적물의 유입이 감소를 하는 시기에 형성된다. 연못 퇴적물의 수직적 층서는 하부로부터 상부로 갈수록 범람원/이질 평원 퇴적물, 고토양층과 연못의 화학적 퇴적물(대부분이 탄산염 퇴적물)로 이루어져 있다. 탄산염 퇴적물은 모두 수심이 매우 얕은 곳에서 형성된 것으로 나타난다. 주기적으로 일어나는 건열작용이 이 탄산염 퇴적물의 형성에 주요하게 기여를 하였다. 비록 전반적으로 아건조 기후라 할지라도 약간의 고환경 조건(기후)에 따라 연못 퇴적물이 방해석으로 이루어지거나 백운석과 석고로 이루어지기도 한다.

현생과 고기의 호수 퇴적층에 대한 연구로부터 얻은 중요한 요점은 다음과 같다. 호수가 형성되기 위해서는 가장 기본적인 요건으로 물이 있어야 한다는 것이다. 그리고 이에 더하여 물과 퇴적물을 가두어 둘 수 있는 지표면에 낮은 공간이 있어야 한다. 이 지표면의 낮은 부분은 다음 중요한 두 개의 조절 요인을 필요로 한다. 즉, 호수 저면의 침강과 호수를 가둬두는 주변의 높은 지대의 융기이다. 호수 퇴적계는 이렇게 호수의 존재와 특성을 지배하는 호저면과 주변 지대와의 높이의 상관관계로 나타나게 된다. 호수 주변의 높은 지대 아래에 있는 공간을 잠재적 저장지역이라고 하며, 이 공간에는 퇴적물과 물이 섞여 채워지게 된다(그림 9.26).

만약 평균 호수면의 위치가 호수를 막는 지형턱(sill)의 높이에 위치한다면 이 호수는 개방적인 물의 수지 균형이 일어나 자주 물이 넘칠 것이며, 호수면 높이, 호수의 면적, 수심 그리고 호수 물

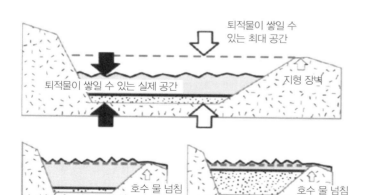

그림 9.26 호수의 생성과 그 특징을 조절하는 주된 요인인 지형 장벽의 융기와 분지의 침강과의 상관 관계에 대한 모식도(Bohacs et al., 2003). 호수는 해양과 달리 퇴적물이 쌓일 수 있는 최대 공간이 정해진다. 이 공간에는 퇴적물과 물의 다양한 조합으로 채워져 물이 지형 장벽을 넘치는 열린 수리 조건이 만들어진다.

그림 9.27 호수 분지의 최대 퇴적물이 쌓이는 공간 생성률과 퇴적물+물 공급률에 따른 호수 분지계의 모형(Bohacs et al., 2003).

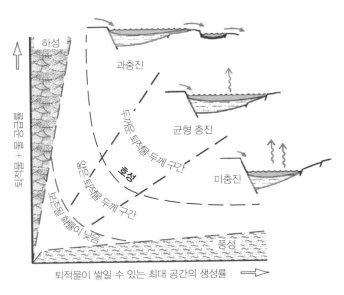

의 총량의 변화는 별로 일어나지 않는다. 이러한 호수계를 하성-호수의 퇴적계로 연결되는 **과충진 호수계**(overfilled lake basin)라고 한다.

이 경우와는 정 반대의 경우로 만약 호수의 높이가 항상 주변의 지형턱의 높이보다 낮다면 호수는 폐쇄된 물의 수지 상태를 나타낼 것이고 호수 물은 절대 넘치지 않을 것이다. 이렇게 되면 호수면의 높이는 아주 다양하게 존재할 것이며, 호수의 면적도 아주 다양하게 변할 것이다. 이 경우에는 기후 변

화에 따라 유입되는 물의 양에 따라 호수면의 높이가 달라질 것이며, 이러한 기록은 호수 퇴적층에 기록될 것이다. 이러한 호수계를 불완전충진 호수계(underfilled lake basin)라고 하며 앞에서 살펴본 폐쇄 호수가 이에 해당하며 이 호수의 기록은 증발암의 기록이 나타난다. 이의 중간 형태로 호수면의 높이가 지형턱 근처 가까이에 존재한다면 간헐적으로 호수 물은 지형턱을 넘칠 것이다. 이러한 호수계를 평형을 이룬 호수계(balanced lake basin)라고 한다.

이 세 가지 호수계 모델을 한데 모아 그려보면 그림 9.27과 같다. 이 세 호수계의 층서 기록과 유기물의 특성은 아주 다르게 나타난다.

9.6 풍성 사막(Eolian Desert)

전 지구적으로 사막은 적도를 중심으로 남·북위도 30도에 이르는 지역에 걸쳐 넓게 분포를 한다. 특히 사막 지대는 대기의 순환으로 하강 기류(Hadley cell/Ferrell cell)가 생성되는 남·북위도 30도 부근의 아열대 고기압대에 많이 분포를 한다. 이곳에서는 하강하는 기류가 데워지면서 지표 부근의 습도를 흡수하기 때문에 지표는 건조해진다. 이렇게 하강하는 기류는 적도와 중위도를 향하여 이동한다. 또한 사막은 습도의 공급원인 바다로부터 멀리 떨어진 대륙의 중심부 지역과 큰 규모 산맥의 바람이 불어가는 쪽에도 비그늘 효과로 분포를 한다. 풍성의 퇴적물이 생성되는 조건을 갖춘 찬 기후대의 빙하와 관련된 지역에도 사막의 특징을 나타낸다. 현재 전 지구적으로 지표의 약 20~25%가 사막으로 분류되며, 사막은 강수로 내리는 양보다 증발량이 많다.

사막은 연강수량이 약 250 mm 이하인 곳에 나타나기 때문에 우리는 사막이란 아주 건조한 곳이

며 지표는 바람이 활발하며 마치 영상에서 보는 사하라 사막과 같이 모래로 뒤덮여 있을 것으로 예상한다. 하지만 실제로 사막은 선상지, 비가 내릴 때만 형성되는 일시적인 하천, 일시적인 염호수 (플라야)나 모래 사구 그리고 퇴적물, 암반이나, 작은 알갱이들이 바람에 실려 빠져나가고 남아 있는 조립질의 잔류 퇴적물로 이루어진 사구들 사이 지역, 그리고 사막의 가장자리로 세립질 먼지 퇴적물이 바람에 의해 운반되어 쌓이는 황토 지역 등 아주 다양한 소환경들로 이루어져 있다. 대부분 사막 지역은 바람에 의하여 운반되어 쌓인 풍성의 모래로 덮여 있다. 이렇게 풍성의 모래로 덮인 면적이 약 125 km² 이상으로 넓으면 이러한 지형을 모래해(sand seas) 또는 **에르그**(ergs)라고 한다. 이보다는 좁은 면적의 모래 지대를 **사구지대**(dune fields)라 한다. 현재 에르그와 사구지대는 사막 전체의 약 20%를 차지하며, 전 지구 지표의 약 6% 정도를 차지한다. 사막의 기타 지역은 침식되는 산지, 암반 지역 그리고 평탄한 사막 지대로 이루어져 있다. 지상에서 가장 큰 사막은 사하라 사막으로 여기에는 여러 개의 에르그가 분포한다.

9.6.1 사막의 운반작용과 퇴적작용

대부분의 사막은 온도와 바람의 일 변화와 계절 변화가 심하게 일어난다. 비는 아주 적게 내리고 또 내리더라도 아주 불규칙적으로 내린다. 이렇기 때문에 식생의 발달은 거의 없는 편이다. 식생이 없기 때문에 비가 내릴 때에는 내린 비는 지표면을 따라 빠르게 흐르는 홍수를 만든다. 이렇게 내리는 비는 사막의 가장 낮은 곳으로 모여지며, 이곳에는 사브카(sabkha)와 내륙 염습지가 만들어져 탄산염 광물과 증발광물이 침전한다. 비가 한 번 오면 아주 빠르게 넓은 지표면을 덮으며 흐르는 판상 홍수류, 일시적으로 형성되는 하천 그리고 암설류와 이류 등이 형성되기 때문에 이러한 작용이 사막에서 퇴적물을 운반하는 중요한 기작으로 작용한다. 그렇지만 대부분의 시간 동안 퇴적물을 운반시키는 데 물의 역할은 아주 미미하다. 사막에서 일어나는 거의 많은 퇴적물의 운반과 퇴적은 바람에 의하여 일어난다. 비록 바람은 물에 비하여 공기의 밀도가 낮아 침식을 시키는 데에는 덜 효과적이지만, 느슨하게 놓여있는 모래나 이보다 작은 입자들을 운반시키는 중요한 매체로 작용을 한다. 바람은 이렇게 사막에서 엄청난 양의 쇄설성 모래 퇴적물을 운반시키는 역할을 할 뿐만 아니라 빙하 환경과 하천의 범람원에서 퇴적물을 운반하는 데 역할을 한다. 또한 바람은 많은 해안선 지역에서 육지 쪽으로 탄산염 퇴적물과 쇄설성 퇴적물을 운반시키는 역할을 한다. 그러나 사막 이외의 지역에서 바람이 운반시켜 쌓아놓은 퇴적물의 양은 사막에서의 풍성 퇴적물에 비하면 아주 적은 편이다. 바람 폭풍(wind storms)이나 먼지 폭풍(dust storms)은 실트와 점토를 기원지에서 멀리 실어 날라 심해 분지에 쌓이는 원양성 퇴적물로 운반시키는 역할을 한다.

바람에 의한 퇴적물의 운반은 물에서 퇴적물이 운반되는 것과 같다. 즉, 퇴적물들은 바닥면에 가깝게 미끄러지거나, 구르거나 또는 튀어오르면서 이동되는 밑짐(bedload)과 퇴적물 입자들이 바닥으로부터 들려져서 바람의 교란된 이동 경로를 따라 공중에서 이동되는 부유짐(suspended load)으로 나뉜다.

바람은 퇴적물을 입자의 크기에 따라 효과적으로 분리를 시키며 입자의 크기가 0.05 mm보다 작은 세립질 입자들을 이보다 큰 입자로부터 분리하여 부유 상태로 장거리 운송을 한다. 풍속이 아주 빠른 경우를 제외하고는 조립질 입자들은 바닥과 접촉을 하며 미끄러지거나 구르면서 또는 지표 가까이 튀어오르면서 운반된다. 특히 이렇게 바닥에서 튀어오르면서 운반되는 기작이 바람에 의하여 운반되는 퇴적물의 가장 큰 특징인데, 이렇게 튀어오르는 입자가 바닥에 놓인 입자를 때리게 되면 이로 인하여 경사면을 따라 미끄러지며 움직이는 데 영향을 끼친다. 바람은 특히 세립의 모래와 이보다 더 작은 크기의 입자들을 잘 운반시킨다. 이보다 큰 약 2 mm 정도 또는 그 이상 큰 입자들은 풍속이 높을 때 바닥을 구르거나 표면의 미끄러짐으로 운반이 된다. 이렇게 바람에 의하여 운반되고 쌓이는 과정에서 세 종류의 퇴적물이 생성된다. (1) 기원지에서 아주 멀리 날려가 쌓이는 먼지(실트) 퇴적물로 이들을 **황토**(loess)라고 한다. (2) 대체로 분급이 좋은 모래 퇴적물, (3) 바람에 의해 운반되기에는 너무 큰 입자인 자갈 크기의 입자로 이루어진 잔류 퇴적물로 이 잔류 퇴적물은 바람에 의하여 이보다 세립질 물질이 침식되어 빠져나간 후 지면을 덮어 더 이상 바람에 의한 침식작용(풍식작용, deflation)이 일어나지 않게 덮고 있는 **풍식포장면**(deflation pavement)을 형성한다.

바람에 의한 운반과 퇴적작용은 물에 의하여 운반되는 퇴적물에서 나타나는 여러 가지 비슷한 퇴적층 형태(bedform)와 퇴적 구조를 생성시킨다. 즉, 연흔, 사구와 사층리를 가진 지층들이다. 바람에 의해 쌓이는 퇴적물에는 아주 작은 연흔과 사구들도 있지만 그 규모가 파장이 수 km에 달하고 높이가 400 m에 이르는 아주 거대한 퇴적층 형태인 **드라스**(draas)도 만들어진다. 바람의 속도가 빠르면 빠를수록 바람에 의해 운반되어 쌓인 퇴적물 입자의 크기에 비례하여 퇴적층 형태의 높이 역시 높아진다. 입자의 크기가 어느 정도 일정하고 바람의 속도가 일정한 조건 하에서도 연흔, 사구와 드라스는 함께 공존하여 나타나기도 한다. 즉, 드라스의 후방에는 사구가 생성되고 또한 사구에는 연흔이 만들어지기도 한다.

9.6.2 사막의 퇴적물

사막에서 대부분의 퇴적물은 에르그라는 모래 바다에 쌓인다. 에르그는 건조한 지대의 세립질의 퇴적물이 풍부히 공급되며 바람의 방향이 대체로 일정한 곳에 생성된다. 현재의 사막에서 생성된 에르그는 북부 아프리카의 사하라 사막과 아라비아 사막, 남아프리카의 나미브 사막, 미국의 남서부에 있는 모하비 사막과 소노라 사막이 있으며, 호주 중앙의 호주 사막이 또한 이에 해당한다. 에르그의 지형적인 특성은 퇴적물의 공급 정도와 바람 에너지의 세기 등에 의하여 결정된다. 모래 바다에서 사구의 발달 양상은 (1) 다양한 형태를 만들어 내는 바람계의 광역적인 변화, (2) 모래 퇴적물의 공급, 공급량과 이동성의 시간에 따른 변화에 의하여 사구의 생성이 몇 번에 걸쳐 일어날 수 있는가에 따라 달라진다.

사막의 다양한 소환경은 크게 **사구**, **사구간**(interdune) 그리고 **모래판**(sand sheet) 환경으로 나눌 수 있다(그림 9.28). 사구 환경은 바람에 의하여 모래 퇴적물이 운반되고 쌓이는 장소이며, 여기에는 다양한 사구의 모양이 있다. 사구간 환경은 바람에 의하여 운반된 퇴적물과 하천의 범람원 환경에서 발달한 일시적인 하천이나 플라야 호수에 쌓인 퇴적물로 이루어져 있다. 모래판 환경은 사구 환경의 가장자리에 분포한다. 이 환경은 사구와 사구간 환경 또는 사막 이외의 다른 환경 사이의

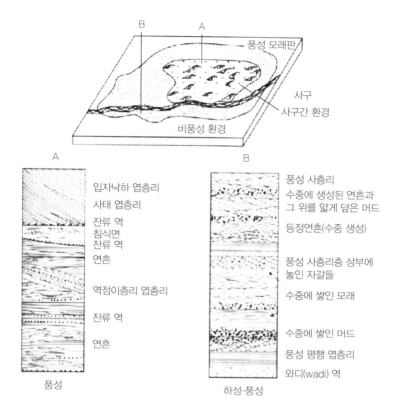

점이대를 이룬다.

(1) 사구 환경

사구의 외형적 형태는 아주 다양하며 사구는 급경사를 가진 미끄러짐 면이나 사태처럼 흘러내리는 면을 가지고 있다. 다양하게 나타나는 사구의 형태(그림 9.29)는 모래 퇴적물의 공급가능한 양의 정도, 바람의 세기와 바람 방향의 변화 정도에 따라 달라진다. 사구의 퇴적물은 조직적으로 성숙되어 있어 분급이 아주 좋고 또한 입자의 가장자리는 잘 마모되어 둥글 것으로 여겨지고 있으나 현생의 사구 퇴적물을 분석하면 대부분의 모래 입자들은 아각(subangular)에서 약간 둥근(subrounded) 모양을 띠는 것이 보통이다(그림 9.30A). 또한 입자의 분급도 단모드(unimodal)로 나타나기도 하지만, 모래 크기와 실트-점토 크기의 쌍모드(bimodal)의 입자 분포를 나타내기도 하여 퇴적물 분급은 불량하게 나타나기도 한다. 물론 이렇게 쌍모드로 나타나는 사구의 퇴적물에서 주되게 나타나는 입자는 중립-세립의 모래 크기이며 실트-점토 입자는 부수적으로 나타난다. 여기서 실트-점토 크기 입자는 바람에 날린 먼지(eolian dust)의 형태로 운반되어 사구에 쌓인 것으로 해석되고 있다. 대체로 모래에는 석영이 우세한 편이며 이밖에도 장석과 암편 등도 나타난다. 또한 약간의 점토질 물질의 집합체(aggregate, 그림 9.30B)와 석고와 같은 입자도 산출되는데, 이들 입자들이 들어있으면 이러한 입자들은 장거리 운반 과정을 거쳐 공급된 것이 아니라 사구 근처의 건조한 환경, 특히 호수에서 형성되었다가 호수가 마른 후 바람에 의하여 운반된 것으로 여겨진다. 사막에 석고로만 이루어진

그림 9.29 미끄러짐 면의 수에 따라 분류한 풍성 사구의 다양한 종류(Ahlbrandt and Fryberger, 1982).

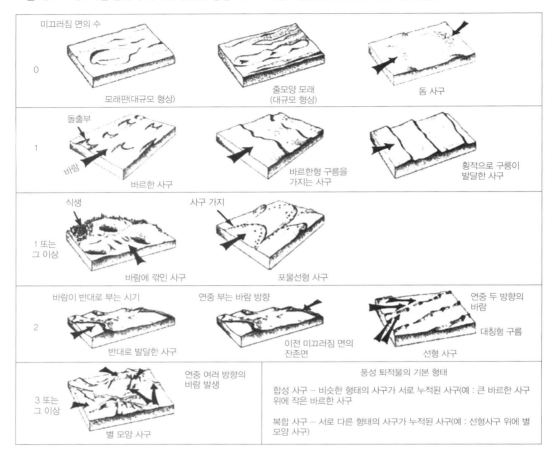

그림 9.30 사구의 모래 퇴적물. (A) 적색의 적철석 피막. (B) 각진 석영과 머드 집합체 입자(Fitzsimmons et al., 2009).

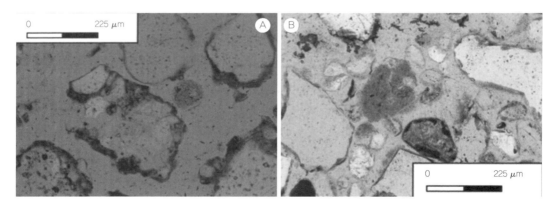

사구가 발달되어 있는 예는 미국 뉴멕시코 주에 있는 White Sands가 있다. 반면 해안가에 발달한 사구는 중광물과 불안정한 암편들도 포함되어 있다. 또한 열대 지역의 해안 사구는 우이드와 생쇄설물이나 다른 탄산염 입자들로 이루어져 있기도 하다. 풍성 사구는 특징적으로 큰 규모의 사층리가 발달되어 있다. 이밖에도 작은 규모의 수평 엽층리, 연흔 형태의 엽층리, 연흔 전면 사엽리층 등도 발달된다. 사구의 이동에 의하여 만들어지는 퇴적층서는 이상과 같은 퇴적 구조가 잘 나타난다.

(2) 사구간(interdune) 환경

사구간 환경은 사구 환경과 사구 환경 사이에 나타나며, 그 경계는 사구와 모래판과 같은 다른 환경의 풍성 퇴적물로 구별된다. 이 사구간 환경은 풍식이 일어나거나 퇴적이 일어나는 장소이다. 풍식작용이 일어나는 사구간 환경은 퇴적작용이 거의 일어나지 않는 곳으로 조립의 잔자갈 크기의 풍식되고 남은 잔류 퇴적물이 나타난다. 지질 기록에서 이런 풍식작용이 일어나는 사구간 환경에서는 비정합면 위에 얇은 두께의 불연속으로 나타나는 재동작용을 받은 퇴적물이 나타난다. 퇴적작용이 일어나는 사구간 환경은 물속과 지표면 퇴적물로 이루어져 있는데, 이들의 구분은 사구간 환경에서 퇴적물이 젖어있거나, 말라있거나 또는 증발잔류 광물이 만들어지는 어떤 조건에서 퇴적되었는가로 알아볼 수 있다. 사구간 환경의 거의 대부분의 퇴적물은 저각($< \sim 10°$)의 층리를 나타내는데, 이는 이 사구간 환경의 퇴적물이 사구의 이동과는 다른 작용에 의하여 쌓였다는 것을 가리킨다. 그러나 대부분의 사구간 퇴적물은 생교란작용과 같이 층리를 파괴하는 이차적인 작용에 의해 퇴적 구조가 거의 나타나지 않기도 한다.

건조한 사구간 환경 또는 가끔 물에 잠기는 사구간 환경이 가장 흔히 나타난다. 건조한 사구간 환경의 퇴적물은 연흔에 관련된 바람에 의한 운반, 또는 바람의 하류 쪽 사구에서 입자의 낙하, 또는 인접한 사구로부터 사태가 일어나 쌓인 것이다. 이들 퇴적물은 비교적 조립질이며, 이중 모드와 분급이 불량하며 약간 기울어져 있지만 엽층리는 잘 나타나지 않는다. 또한 이 퇴적층은 동물과 식물로 흔히 심하게 생교란작용을 받기도 한다.

물에 젖은 사구간 환경은 호수나 못(pond)으로 이루어져 있는데(그림 9.31), 이러한 사구간 환경은 항시 물로 채워져 있으므로 실트나 점토가 바람에 의해 침식되지 않고 퇴적되어 있다. 이 환경에는 담수의 생물체로 복족류, 연체동물, 규조나 개형충 등이 나타나기도 한다. 이곳에 쌓인 퇴적물은 대부분 생교란작용을 받으며 척추동물의 발자국도 관찰된다. 이 사구간 퇴적물은 가끔은 인접한 사구 퇴적물이 이동되어 쌓여서 그 무게로 인해 퇴적층이 변형을 받기도 한다.

일시적으로 생성된 얕은 호수가 있던 사구간 환경은 물이 마르면서 증발광물이 침전하는 특징을 나타낸다. 또는 물에 젖어 있던 사구간 환경이 증발을 하면서 탄산염 퇴적물, 석고와 무수석고가 침전을 한다. 이렇게 탄산염 광물이나 석고가 모래질 퇴적물에서 침전하여 성장을 하

그림 9.31 사구간 환경에 발달한 못. 사구간 환경에서 못은 지하수가 매우 높을 경우에 발달한다. 몽골 남부 고비 사막.

면 모래질 퇴적물에 만들어진 일차 퇴적 구조를 망가뜨리게 된다. 건열, 빗방울 자국, 증발광물층 그리고 이들의 교환 광물이 증발작용이 일어나는 사구간 환경 퇴적물의 특징이다.

(3) 모래판(sand sheet) 환경

판상의 모래 퇴적물은 평평하거나 약간 울퉁불퉁한 모래로 이루어진 퇴적물로 사구 지대를 둘러싸며 발달한다. 이 퇴적물은 0~20°의 낮은 각도로 기울어진 사층리를 잘 나타내며, 경우에 따라서는 일시적인 하천의 퇴적물과 교호를 하기도 한다. 판상의 모래 퇴적물은 침식이 일어나 약하게 기울어지거나 곡선형 또는 불규칙하게 깎여진 구조를 나타내기도 한다. 또 곤충과 식물에 의한 생교란작용의 흔적이 나타나기도 하며, 작은 규모의 침식과 채움 자국이 나타나기도 한다.

9.6.3 풍성 퇴적계

사막계는 습윤하거나, 건조하거나 혹은 안정화된 특성을 나타낸다. 건조계는 지하수면과 지하수면의 모세관 외변이 퇴적면 아래에 존재한다. 이에 따라 지하수는 지표면이나 지표면 근처 바로 하부의 퇴적물을 모세관 현상으로 붙잡아 주지 못하기 때문에 지표면 퇴적물을 안정화시키지 못한다. 퇴적체의 모양을 보아 퇴적물이 쌓이는가 아니면 쌓이지 않고 이동하는가를 구별할 수 있다. 반면에 습윤계는 지하수면이나 모세관 외변이 퇴적물이 쌓이는 표면 가까이에 위치한다. 따라서 지표에 퇴적작용 또는 단순 이동과 침식작용이 일어나는가는 지표 퇴적물에 들어있는 수분의 양에 따라 달라진다. 안정계는 식생, 표면의 교결작용이나 머드 덮개층이 있어 퇴적물이 안정화되도록 한다. 사막의 사구 지대에서 사구 퇴적물이 바람에 의하여 침식될 수 있는 기준면은 지하수면이다. 지하수면 아래는 모세관압으로 모래 입자들이 붙잡혀 있으므로 침식이 일어나지 않고 보존된다. 이러한 면 위에 사구 퇴적물이 더 쌓이면 지하수면 역시 상승한다. 이런 과정이 반복되어 퇴적물 기록이 만들어지면 퇴적과 침식의 반복적인 기록이 보존되어 있다(그림 9.32, 9.33).

사막 환경의 변화는 사구 퇴적물에 들어있는 입자의 특성을 이용하여 해석된다. 사구를 이루는 퇴적물이 사구 근방의 지역으로부터 운반된 입자로 이루어져 있을 경우에는 퇴적 환경을 해석하기가 쉬워진다. 사구에 운반되는 모래 퇴적물은 다음의 두 기작에 의해 일어난다. 첫째는 건조 기후가 점점 심해지면 지표의 식생이 점차 줄어들면서 바람에 실려 운반될 수 있는 퇴적물의 공급이 늘어나게 된다. 두 번째는 퇴적물이 강이나 호수와 같은 곳 외부 기원으로부터 공급될 수 있다. 이 경우 사구의 활동은 퇴적물의 공급 가능성과 기후 조건에 따라 달라진다. 지표에 식생이 줄어들면서 퇴적물이 바람에 실려 운반될 정도로 기후가 전반적으로 충분하게 건조해지지 않는 한 퇴적물들은 먼 곳으로부터 불려오지 않는다. 이렇게 된다면 강이나 호수와 같은 곳으로부터 퇴적물이 불려와 이전에 존재하던 사구와 바로 기원지 근처에 만들어지는 사구의 형성에 영향을 준다. 만약 근처에 강이나 호수가 없다면 이는 아마도 사구의 활동은 기후의 건조가 더 영향을 미쳐 일어난 것으로 해석할 수 있다. 그러나 이 경우에도 근처에서 퇴적물이 공급되었다는 퇴적학적인 근거만 가지고는 이를 확인할 수가 없다. 만약에 사구의 퇴적물에 점토질 물질의 집합체(그림 9.30B)가 산출된다면 아마도 고환경을 해석하는 데 많은 도움이 될 것이다. 이러한 집합체는 대체로 사구의 하부에서 산

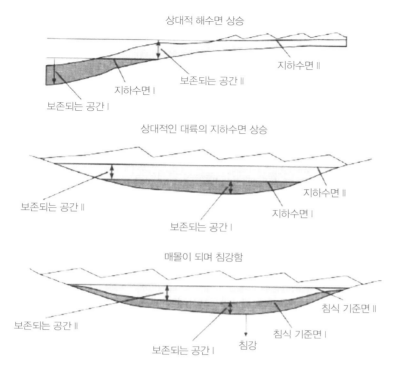

그림 9.32 지하수면의 상승이나 매몰에 의한 침강이 일어날 때 풍성 퇴적층이 보존되는 기본 양상(Kucerek, 1999).

그림 9.33 미국 유타 주 남서부에 있는 Zion National Park의 풍성 사구 퇴적층인 쥐라기 Navajo층. 왼쪽에서 오른쪽으로 이동을 하는 사구에 의해 형성된 대규모의 사층리를 가지는 모래 퇴적층이 연속적으로 차곡차곡 누적되어 쌓여있으며, 각 사구 퇴적물의 경계는 거의 수평으로 발달하여 있는데 이는 과거의 지하수면이 존재하던 층준이거나 매몰에 의한 침식 기준면이다.

출되며, 이들은 주로 머드로 이루어진 강과 범람원에 주기적인 강수가 있은 후 건열이 되어 형성된 것으로 해석할 수 있고 이러한 집합체는 이들이 생성될 당시 건조한 조건이었다는 것을 나타낸다. 이렇게 사구에 집합체 퇴적물이 나타나면 이는 국부적으로 건조하였다는 것을 지시하지만 이러한 건조한 조건이 전체적인 기후의 변화에 따른 것인가는 다른 증거들과 같이 검토하여야 할 것이다.

사막 환경의 변화를 나타내는 좋은 지시자로 고토양을 들 수 있다. 사구가 발달한 환경에서 풍성 활동이 약화되는 기간에는 점차 건조 조건이 약화되면서 사구를 덮는 식생이 자라 환경적으로 안정화된다. 이렇게 되면 사구는 토양화작용을 겪는데, 생성된 고토양은 특히 퇴적물의 공급이 제한 될 경우에는, 이후에 일어나는 사구의 활동으로 침식이 일어나기도 하며 정도의 차이는 있으나 대 체로 잘 보존되기도 한다. 이렇게 사구 퇴적물의 층서에서 고토양이 관찰된다면 이는 사구 퇴적체 를 구별할 수 있는 유일한 증거가 된다. 고토양은 비교적 변질을 받지 않은 사구 퇴적물에 비해 표 층으로부터 운반되어 온 점토가 많이 농집되어 있는 점, 퇴적물 입자의 가장자리를 둘러싸고 있는 점토막(cutan), 토양기원의 탄산염과 석고의 존재로 구별할 수 있다. 그러나 건조한 지대의 사구 퇴 적물에는 토양의 발달이 미약할 수 있으므로 박편 관찰과 X-선 회절 분석, 입도 분석 등의 퇴적학 적인 조사를 하여 알아볼 수 있다.

9.7 빙하 환경

빙하 환경은 하성 환경, 풍성 환경과 호수 환경이 한꺼번에 어우러진 종합 환경이다. 또한 이 빙하 환경에는 해양 환경의 일부도 포함된다. 빙하 환경의 지질 기록은 상대적으로 그리 많지 않지만 과 거 지질시대 동안 특정한 시기는 빙하작용이 중요하게 작용하던 때가 있었다. 지질 기록에 있는 빙 하 시기는 후기 선캠브리아기, 후기 오르도비스기, 석탄기/페름기와 플라이스토세이다. 빙하는 현 재 지표면의 약 10% 정도를 덮고 있는데, 대부분이 고위도 지역에 분포한다. 빙하의 약 86%는 남 극 대륙에 분포하며, 약 11% 정도가 그린란드에 분포한다. 지구상에 존재하는 담수의 약 80%가 빙 하이며, 역시 대부분은 빙하의 분포로 보아 남극 대륙에 있다. 오늘날 빙하의 분포에 비하여 빙하 가 가장 극심하게 확장을 하였던 플라이스토세는 지표의 약 30% 정도를 뒤덮었으며, 이에 따라 빙 하는 훨씬 더 저위도 지역까지 확장 분포하였고 지금보다 훨씬 더 낮은 고도에도 분포를 하였다.

중·저위도 지역에는 빙하 환경이 분포를 하지 않고, 한반도에도 지질 시대 동안의 빙하 환경의 지질 기록이 분포하지 않기 때문에 빙하 환경에 대한 관심이 많지 않았으나 현재 우리나라는 남극 권 지역에 세종 기지, 남극 대륙에 장보고 기지 그리고 북극 지역인 노르웨이의 스발바르 군도에 다산 기지를 운영하여 이러한 과학 기지를 근간으로 육상과 해역의 빙하 환경에 대한 연구가 활발 히 이루어지고 있으며, 또 앞으로도 지속적으로 이루어질 것이다. 이에 따라 우리 주변에서는 흔하 게 관찰할 수 없지만 빙하 환경에 대한 지식을 갖추어 극 지역에서의 환경 변화에 대한 연구를 수 행할 수 있을 것이다.

빙하 환경은 눈과 얼음이 영구적으로 축적되는 장소에 존재한다. 이러한 환경은 지형의 고도에 상관없이 고위도 지역과 저위도 지역에서는 여름에도 눈이 녹지 않는 설선(snowline)보다 높은 곳 에 존재한다. 산악 빙하는 설선 상부에서 눈이 축적되어 형성된다. 이 산악 빙하는 설선 위 지형에 있는 빙하가 녹는 속도보다 눈이 축적되는 비율이 더 높을 때 중력에 의해 사면 아래로 이동하기 시작한다. 여기서는 빙하가 어떻게 이동을 하고 얼음이 어떤 기작에 의해 흐르는 가는 주된 관심 사가 아니고 빙하가 이동하고 녹으면서 어떻게 퇴적물이 운반되고 쌓이는가와 빙하에 의해 쌓이는 퇴적물은 어떤 것들이 있는가가 주된 관심사이다.

9.7.1 빙하 환경의 특성

빙하 가장자리에 빙하와 바로 접하면서 위치한 빙하 환경을 주빙하 환경이라 하며, 여기에는 (1) 빙하하부 지대(subglacial zone), (2) 빙하위 환경(supraglacial zone), (3) 빙하 가장자리 주변에서 빙하와 접하는 지대(ice-contact zone), (4) 빙하내부 환경(englacial zone)이 있다. 빙하 가장자리 주위의 퇴적 환경은 빙하와는 바로 접하지 않지만 녹는 빙하에 영향을 받는다. 이러한 환경을 빙하주변 환경(proglacial environment)이라고 한다. 빙하주변 환경은 빙하성 환경(glaciofluvial), 빙호수 환경(glaciolacustrine)과 빙해양 환경(glaciomarine)이 있다(그림 9.34). 빙하로부터 더 멀리 떨어지며 빙하주변 환경을 포함하는 환경을 **연빙하 환경**(periglacial environment)이라고 한다.

 빙하 환경은 그 크기가 아주 다양하다. **곡 빙하**(valley glacier)는 산맥의 계곡에만 국한되어 있는 빙하(그림 9.35)로 이루어진 반면, 여러 개의 곡 빙하가 계곡을 빠져나와 산지형의 아래쪽 평지에서 판상의 큰 빙하를 이루는 **산록 빙하**(piedmont glaciers, 그림 9.36)가 있으며, **대륙 빙하**(continental glaciers/ice sheets)는 고원 지대나 대륙의 넓은 지역에 걸쳐 덮고 있는 빙하이다.

9.7.2 빙하 환경의 퇴적물 운반과 퇴적작용

비록 빙하의 흐름은 매우 느리고 높은 점성도를 가지며, 비뉴턴 pseudoplastic의 흐름 특성을 나타내지만 빙하에 의하여 퇴적물이 운반되는 과정은 일종의 유체에 의한 퇴적물의 운반과정이라고 할 수 있다. 빙하가 드물게 아주 빠르게 흐를 때(surge)는 하루에 약 80 m 정도까지 이동을 하지만 보통은 하루에 센티미터 단위로 이동을 하는 것으로 관측된다. 곡 빙하의 경우 빙하의 이동 속도는

그림 9.34 빙하 환경과 이에 함께 나타나는 빙하의 최전면 앞쪽의 환경(Edwards, 1986).

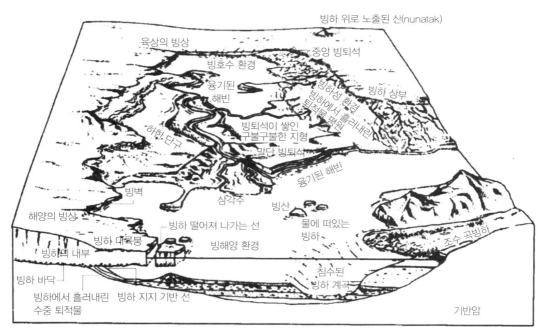

그림 9.35 계곡 빙하의 항공 사진. 계곡 빙하는 좌측 하단에서 우측 상단으로 흐른다. 빙하의 사이에 줄 모양으로 나타나는 검은색은 여러 계곡으로부터 흘러 내려온 빙하가 합체되면서 그 사이에 쌓인 퇴적물 더미이다. 칠레 남단 Punta Arenas 부근 (2001년 12월).

그림 9.36 곡 빙하에서 연장되어 평지에 발달한 산록 빙하의 사진. 노르웨이 스발바드 섬 Ny Alesund(북극 다산기지 주변, 2006년 7월).

바다과 계곡의 양 옆에서 가장 느리다. 빙하에 운반되는 퇴적물은 빙하가 바닥을 뜯어내거나 갈아 빙하에 실리거나 또는 계곡의 양 벽면에서 떨어지거나 미끄러져 내려 빙하에 실린다. 이 퇴적물의 일부는 계곡 벽과 바닥과 계속 접촉을 하면서 운반되며 이들이 빙하에 실려 이동을 하면서 마모작용을 일으킨다. 또 일부의 퇴적물은 빙하의 상부 표면에 실려서 운반되거나 빙하의 내부에 붙잡혀서 운반된다. 빙하 내부의 퇴적물 더미는 둘 이상의 곡 빙하가 서로 합류되면서 만들어지거나 또는 빙하 표면에 있던 물질들이 빙하 상부에 발달한 크레바스로 빙하 표면이 녹아 녹은 물과 함께 쓸려들어 가거나 또는 떨어져서 생성된다. 대부분의 퇴적물은 빙하의 바닥과 양 옆을 따라 운반된다. 빙하에 실려 운반되는 퇴적물은 암석의 크고 작은 덩어리들과 매우 가는 세립의 퇴적물로 이루어져 있다. 매우 가는 세립의 퇴적물은 암석의 가루(rock flour)로 빙하의 밑바닥 부분에 얼려져서 실려가는 암석의 조각들

이 계곡 바닥 암석을 갈거나 긁으면서 만든 것이다. 이에 따라 빙하 퇴적물은 매우 다양한 크기를 가지는 아주 불균질한 입자들로 이루어졌다. 빙하가 이동을 멈출 때까지는 운반시킬 수 있는 퇴적물의 양은 그 한계가 없다고 할 수 있다. 빙하가 녹으면 이렇게 운반되는 퇴적물은 바닥에 놓이며 다양한 형태의 빙퇴석(moraine)이라는 퇴적물이 쌓인다(그림 9.37).

만약 빙하가 설선의 아래로 이동을 한다면 빙하는 궁극적으로 빙하의 전면이 녹고 기화되는 비율이 설선 상부에서 새로 눈이 쌓이는 비율과 같거나 더 빨라지는 고도에 이르게 된다. 만약 빙하의 녹는 비율과 눈이 쌓이는 비율이 평형을 이룬다면 빙하는 안정된 상태로 빙하의 전진이나 후퇴는 일어나지 않는다. 이렇게 평형 상태를 이룬 상태일지라도 빙하의 내부는 계속 흐르면서 암설들을 녹는 빙하의 앞쪽으로 운반시킨다. 이러한 과정에서 빙하의 맨 앞쪽에는 퇴적물 더미가 분급이 전혀 안 된 높은 퇴적물 더미를 쌓아 놓는다. 이러한 퇴적물 더미를 빙하 **말단 빙퇴석**(end moraine/ terminal moraine, 그림 9.38A)이라고 한다. 빙하의 양 옆쪽을 따라 운반되는 퇴적물이 쌓여있는

것을 **측면 빙퇴석**(lateral/marginal moraine)
이라고 하며, 둘 이상의 곡 빙하가 합류를
하여 합류된 빙하의 중앙을 따라 쌓여진 빙
퇴석을 **중앙 빙퇴석**(medial moraine, 그림
9.35)이라 한다. 만약 빙하의 말단에서 녹
는 속도가 설선 위의 눈이 누적되는 비율보
다 높아진다면 빙하는 계곡 윗쪽으로 계속
후퇴를 한다. 빙하가 지속적으로 후퇴를 한
다면 측면 빙퇴석과 중앙 빙퇴석이 지속적
으로 계곡을 채우며 비교적 평탄하게 쌓여
있으면 이를 **저면 빙퇴석**(ground moraine)이
라 한다. 만약 빙하의 후퇴가 연속적이지 못
하고 부분적으로 일어난다면 말단 빙퇴석이

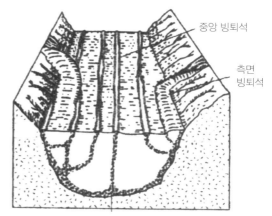

그림 9.37 계곡 빙하의 퇴적물 운반 경로와 이로 인하여
생성된 빙퇴석 종류.

줄줄이 쌓여있을 것이다. 이러한 빙퇴석을 **후퇴 빙퇴석**(recessional moraine, 그림 9.38B)이라 한다.

빙하가 육상에서 녹으면 많은 양의 녹은 물이 빙하의 가장자리를 따라, 빙하의 저면을 따라, 그
리고 빙하의 말단으로부터 흘러나와 융빙수 하천(meltwater stream)을 형성한다(그림 9.38A). 이
하천은 배수량이 비교적 많지만 유량은 계절과 일 간의 온도 변화에 따라 달라진다. 빙하의 말단에
서 융빙수는 많은 부유성 퇴적물을 가지고 있지만 밑짐 퇴적물인 조립질 모래와 자갈들은 쌓아놓
아 물줄기가 갈라지거나 여러 갈래를 가지는 망상하천의 형태를 띤다. 호수로 유입되는 융빙수는
점차 전진 발달하는 삼각주 퇴적물을 쌓아놓으며, 이 퇴적물은 가파른 경사면을 가지는 퇴적물이
점차 완만한 경사로 쌓인 저층 퇴적물 위로 쌓여가는 퇴적물 기록을 만든다. 만약 높은 부유짐을
가지고 흘러들어간다면 밀도의 차이로 인하여 저층 밀도류나 저탁류를 형성하며 바닥을 따라 흘러
들어가 호수 분지의 중앙까지 퇴적물을 쌓기도 한다. 매우 세립인 퇴적물들은 호수로 유입되면 바

그림 9.38 (A) 말단 빙퇴석(사진 윗쪽). 말단 빙퇴석과 후퇴한 빙하와의 사이에는 융빙수 하천이 사진 오른쪽 하단에서
왼쪽 상단으로 흐르고 있다. (B) 여러 개의 말단 빙퇴석이 중첩되어 쌓여있다. 빙하는 사진 앞쪽으로 후퇴하였다. 노르웨이
스발바드섬 Ny Alesund(북극 다산기지 주변, 2009년 8월).

그림 9.39 조수 빙하(tidewater glacier)의 앞부분에서 일어나는 빙해양 퇴적작용 모델(Edwards, 1986). 빙하 아래의 융빙수 터널 근처에서 담수와 해수가 빠르게 혼합이 일어나면서 모래 크기 이상의 입자를 운반시킬 수 있는 고밀도 저층류가 형성된다. 대부분의 담수 융빙수는 해수 표면으로 떠올라 저밀도의 표면류(overflow)를 형성하며 이 표면류가 해수와 섞이면서 실트 입자와 응집된 점토 입자들은 부유 상태에서 점차 해저로 가라앉는다. 또한 주 빙하로부터 떨어져 나온 유빙에서 운반되던 큰 입자들이 유빙이 녹으면서 해저로 가라앉아 쌓인다.

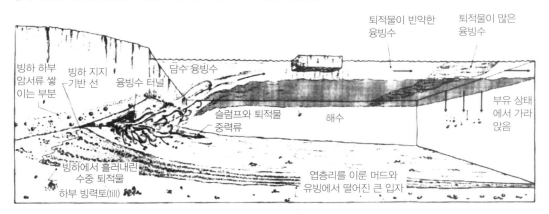

람에 의한 파도에 의해 분지 안쪽으로 이동되어 분산된다. 또한 곡 빙하 위나 대륙 빙하를 가로질러 하강하며 부는 강한 바람(이를 katabatic winds라고 함)은 빙하에서 흘러내린 물이 말라버린 퇴적물에서 세립의 모래 퇴적물을 실어서 바람의 하류 쪽에 모래 사구로 쌓아놓기도 한다. 세립의 먼지 퇴적물들은 바람에 아주 멀리 실려 가서 빙하주변 환경에 황토 퇴적물로 쌓이거나 먼 바다로 이동하여 원양성 퇴적물로 쌓인다.

빙하가 해안선에 도달하여 실려오던 퇴적물을 융빙수와 함께 해양 환경에 운반을 하면 빙해양 퇴적작용이 일어난다(그림 9.39). 융빙수와 퇴적물이 섞인 물의 밀도에 따라 해수의 저층을 따르거나 표층으로 떠올라 부유성 퇴적물을 운반하거나 밀도에 따라 수층의 일정한 깊이에서 해양으로 운반되어 점차 해저 바닥에 쌓인다. 또한 해안선에서 빙하 본체와 분리된 유빙이 물에 떠다니며 이동을 하다가 녹으면서 실려가던 암석의 조각 덩어리가 해저에 떨어져 쌓이기도 한다. 이 암석의 덩어리들은 해저면에 쌓인 퇴적물보다는 조립질로 뚜렷이 구별되며 입자의 크기가 작을 경우에도 층리가 평탄하게 발달하지 않고 울퉁불퉁하게 나타나 구별을 하기도 한다(그림 9.40).

그림 9.40 거칠게 발달한 수평 층리를 가지는 빙해양 퇴적물에 해빙에 의하여 운반된 각이 진 거력이 해빙이 녹으면서 해저면으로 떨어져 쌓여있다. 페름기 Ko Sire층(태국 푸켓). 빙해양 퇴적물에도 작은 콩 크기의 유빙에 의해 운반된 입자(ice-rafted debris, IRD)가 많이 들어있어 층리가 고르지 못하다.

10

쇄설성 전이 환경

하천을 중심으로 발달하는 하성 환경은 중력이 에너지원이 되어 한 방향으로 흐르는 유수의 퇴적작용이 주를 이루나, 해안선 환경은 중력이 더 이상 퇴적물을 운반시키는 주요한 에너지원이 되지 못하는 대신 파도나 조수가 퇴적물의 운반과 퇴적에 영향을 준다.

해안선 지역은 공간적으로는 해안선을 중심으로 국한되어 나타나나 긴 시간에 걸친 해수면의 변화에 따라 해안선이 육지 또는 바다 쪽으로 이동을 하기 때문에 지질 기록상으로는 넓게 분포하여 나타난다. 일반적으로 해안선 환경을 도식화하여 보면 그림 10.1과 같다. 이곳의 퇴적물은 (1) 강에서 공급된 퇴적물이 해안선을 따라 운반된 것, (2) 대륙붕 퇴적물이 육지 쪽으로 이동된 것, (3) 국부적인 해안선의 돌출부 암석의 침식, (4) 잔류 퇴적물, (5) 해안선에 발달한 작은 소하천으로부터 공급된다.

그림 10.1 해양 연변부의 주요한 해안선 퇴적 환경 모식도(Boyd et al., 1992). 이 그림은 각 환경에서 조수의 영향(왼쪽으로 증가)과 파도의 영향(오른쪽으로 증가)의 상대적인 세기에 따라 배열되어 있다. 삼각주 환경은 전진 퇴적하는 해안선 환경의 특징이며, 에스츄아리와 석호는 해침이 일어나는 해안선 환경의 특징이다.

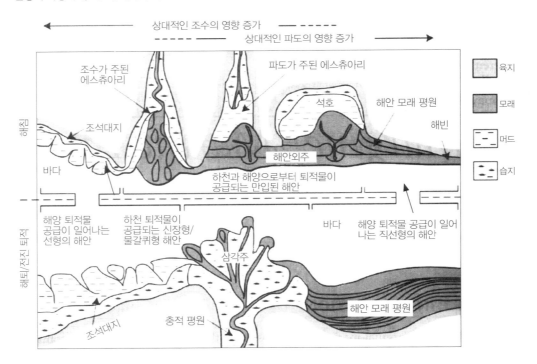

그림 10.2 조수 간만차(조차)에 의하여 구분되는 해안선 유형(Hayes, 1979). 해안선은 조수 지배형, 파도 지배형과 파도-조수 혼합형으로 구분된다.

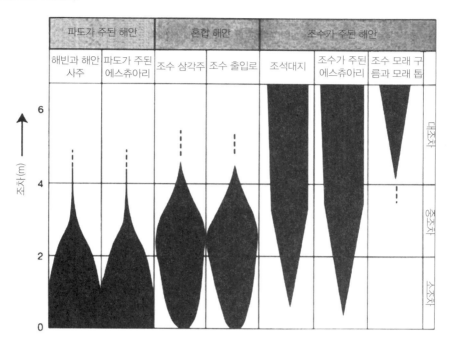

그림 10.3 해안외주/석호와 해안 모래 평원(strandplain) 해안선의 지형적 차이(Galloway and Hobday, 1983).

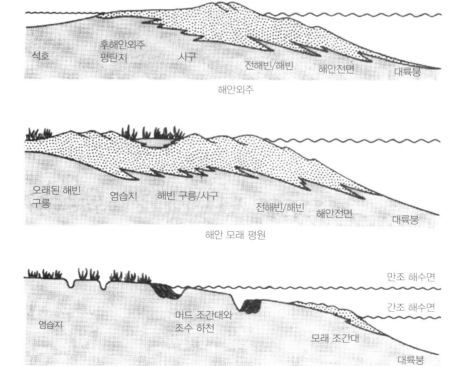

전 세계 해안선 지역은 어느 곳이나 파도와 조수가 작용하고 있다. 해안선 지역은 파도와 조수의 상대적인 영향력에 따라 다양한 지형학적인 형태를 나타낸다. 해안선 지형의 구분은 그 기준을 조수의 간만차(조차, tidal range)에 의하여 소조차(小潮差, microtidal) 해안, 중조차(中潮差, mesotidal) 해안과 대조차(大潮差, macrotidal) 해안 세 가지로 분류를 한다(그림 10.2). 소조차 해안은 조수의 간만차가 2 m 이내로 조수의 영향이 약하여 상대적으로 파도의 영향이 크고, 반대로 대조차 해안은 조수의 간만차가 4 m 이상으로 파도에 비해 조수의 영향을 크게 받는 해안이며, 조수의 간만차가 2~4 m인 중조차 해안에서는 파도와 조수의 영향이 비슷하게 나타난다. 이렇게 파도와 조수의 상대적인 영향력에 따라 해안선 환경은 소조차 해안에는 주로 파도의 영향에 의하여 해안외주(海岸外洲, barrier island)와 해빈이 발달되며, 대조차 해안에는 주로 조수의 영향으로 조석대지(tidal flat)와 염습지(salt marsh)가 광범위하게 발달된다. 이들 해안선 환경의 모식적인 단면은 그림 10.3과 같다. 해안외주/석호의 환경과 해안 모래 평원(strandplain)은 형태적으로 차이가 난다.

10.1 해안외주-해빈

해안외주의 바다 쪽은 해안선에 발달한 해빈(beach)과 같은 퇴적 양상의 특징을 나타낸다. 따라서 해빈을 따로 떼어 다루기보다는 해안외주에서 함께 다루기로 한다. 해안외주 퇴적계를 이루는 주요한 지형적인 요소들은 그림 10.4에서 보는 바와 같이 해안에 평행한 해안외주-해빈 복합체, 후방 해안외주(back barrier)와 석호 그리고 해안외주를 직각으로 가로지르며 석호와 외해를 연결하는 조수의 드나드는 통로인 조수 하도(tidal channel)와 이에 함께 나타나는 조수 삼각주(tidal delta)가 있다. 현재 해안외주가 잘 발달된 곳은 미국의 대서양 동부 해안과 호주이다.

그림 10.4 해안외주계를 구성하는 소환경(Walker, 1984).

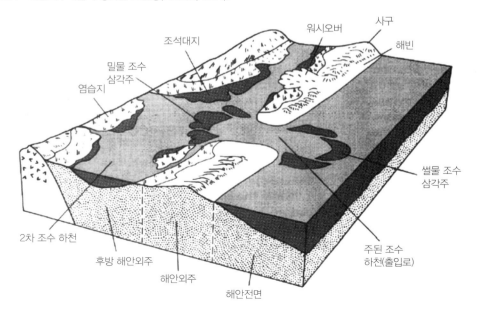

해안외주의 성인에 대하여는 많은 의견들이 제시되었지만 대체로 다음 세 가지로 집약된다.

(1) 외해의 사주가 윗쪽으로 성장하여 해수면 위로 노출될 경우
(2) 연안류의 흐르는 방향으로 해안을 따라 길게 성장을 하던 모래톱(사취, spit)이 조류에 의하여 잘린 경우
(3) 해안선을 따라 발달한 해빈의 모래 구릉(beach ridge)이 해수면의 상승으로 물에 잠기면서 고립되어 생기는 경우

현재 지구상에 분포하는 해안외주를 보면 제4기 이후 해수면의 상승에 의하여 (3)의 성인으로 생성된 형태가 많으나 위 세 가지 성인 모두가 복합적으로 나타나 대체로 복합적인 기원으로 해석하고 있다. 해안외주를 가지는 해안선은 현재 전 세계 대륙들의 10~13% 정도를 차지하는데, 현재 분포하고 있는 해안외주는 그 생성 시기가 지질학적으로 얼마 되지 않은 것이다. 홀로세 초기에 해수면이 빠르게 상승하는 시기에는 해안외주가 잘 발달하지 못하였다. 그러나 약 7,000년 전부터 해수면의 상승이 둔화되면서 해안외주가 발달하여 점차 해수면의 상승과 더불어 육지 쪽으로 이동을 하였거나, 전진 발달하는 해안선에 발달하였다. 현재 해안선에 분포하는 대부분의 해안외주는 마지막 빙하기의 빙하 녹은 물로 인하여 해수면의 상승이 초기에는 빠르게 일어나다 거의 정지 상태에 이르던 약 5,000년 전에 생성된 것으로, 이 시기에는 해수면의 수위 변화가 거의 일어나지 않았다는 것을 의미한다.

해안외주의 형태는 조차(tidal range)에 따라 다르게 나타난다(그림 10.5). 소조차 해안에는 해안외주의 형태가 해안선을 따라 길고 폭이 좁으며 그 사이를 가르는 조수 하도가 드물게 나타나나, 중조차 해안에는 해안외주의 폭이 넓으며 많은 조수 하도의 발달로 인하여 잘려져 마치 짧은 드럼채(drum stick) 모양으로 양쪽 끝이 부풀려져 볼록한 형태를 띤다.

그림 10.5 조차에 따라 생성되는 해안선의 모래 퇴적체의 다양성(Barwis and Hayes, 1979). (A) 소조차 해안선의 길고 폭이 좁은 해안외주, (B) 중조차 해안선의 짧은 해안외주와 (C) 대조차 환경(에스츄아리)에 해안선에 수직으로 발달한 선형의 조수 모래 구릉.

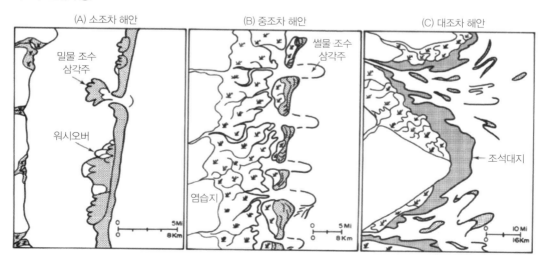

그림 10.6 해빈과 연안의 단면도(Boggs, 2011). 이 그림에는 파도의 영향도 함께 도시되어 있다.

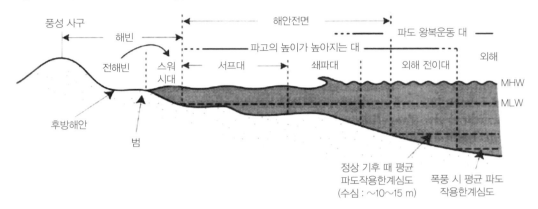

그림 10.7 해빈과 연안 환경에 형성되는 퇴적 구조(Boggs, 2011).

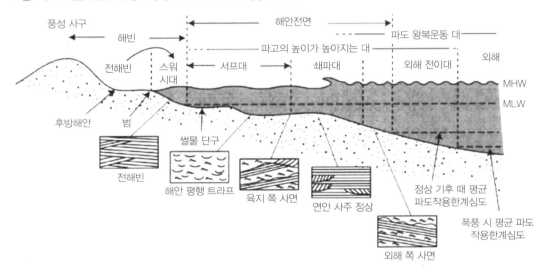

　해안외주계를 이루는 소환경(그림 10.6)은 각각 특징적인 퇴적물로 이루어져 있다(그림 10.7). 해안외주와 해빈은 외해로부터 해안전면(shoreface), 해빈(foreshore/beach)과 후방해안(backshore)으로 구별되며, 해빈과 해안전면의 구분은 조수의 가장 낮은 지점인 썰물 시 수면(저조위)을 기준으로 구별한다. 해안전면은 다시 상부 해안전면, 중부 해안전면과 하부 해안전면 구역으로 나뉜다. 하부 해안전면(lower shoreface)은 파도가 해저면을 접하기 시작하는 구간으로 파도작용한계심도(wavebase)에 가까운 얕은 해저로 상대적으로 저에너지 조건을 나타낸다. 또한 퇴적물들은 심한 생교란작용을 받아 퇴적 구조가 나타나지 않기도 한다. 하부 해안전면과 외해와의 경계는 점이적으로 변하기 때문에 지형적인 차이로 구분하기는 어렵다. 퇴적물 기록으로 사암과 이암의 호층으로부터 비교적 사암이 우세한 층준으로 바뀌는 층준을 해안전면 환경이 시작하는 경계로 삼는다.

　중부 해안전면(middle shoreface)은 점차 비대칭을 이루는 파도와 파도가 부서지는 지대(breaking wave) 사이를 가리키며 상대적으로 고에너지의 조건으로 해안선을 따라 발달한 사주(longshore bar)가 나타나는 것이 특징이다. 일반적으로, 퇴적물은 세립에서 중립의 모래로 비교적 분급이 좋은 편이다. 또한 폭풍의 영향을 받은 소구(hummocky) 층리가 나타난다. 상부 해안전면(upper shoreface)은 파도가 부서지는 지대(쇄파대, 서프대)로 높은 에너지가 나타나는 지대이다.

해안선은 대개 약간씩 굴곡이 져 있다. 이에 따라 해안선을 따라 흐르는 연안류(longshore current)가 순간적으로 서로 모이는 곳에서 물이 쌓여 바닥을 따라 외해쪽으로 빠져나가는 폭이 좁고 유속이 빠

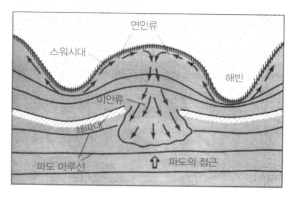

그림 10.8 파도가 고르지 못한 해저 위로 이동을 하면서 파도의 정선(crest)이 굴절하여 연안류가 국지적으로 서로 반대 방향으로 흐르다가 이안류가 형성되는 모식도. 이안류는 쇄파대를 통하여 바다 쪽으로 빠져나간다.

른 물살이 생성된다. 이러한 물의 흐름을 이안류(離岸流, rip current)라고 한다(그림 10.8). 지형적으로 연안류가 양쪽에서 모이는 지역에서 자주 발생한다. 여름철 해운대 해수욕장에 이안류가 발생하여 인명피해가 일어날 수 있다는 보도를 자주 접하게 된다.

전해빈(foreshore)은 해빈 중 만조선과 간조선 사이의 해안을 가리키는데, 이곳은 파도의 재동작용으로 세립질 물질은 부유되어 외해로 빠져나가므로 대체로 분급이 좋고, 광물적 그리고 화학적 성숙도가 비교적 높은 석영질 모래로 이루어져 있다. 물론 현생의 전해빈 퇴적물은 이렇게 성숙도가 높은 모래질 퇴적물로 이루어지지는 않는다. 이는 앞에서 설명한 것처럼 현재의 해안은 마지막 빙하기부터 홀로세 동안 해수면의 상승에 따라 해빈에 쌓인 모래가 지질 기록에서 보는 것처럼 해안선에서 장기간에 걸친 재동작용을 받지 않았기 때문이다. 퇴적 구조로는 파도가 밀려오고 (swash) 빠져나가면서(backwash) 만들어 놓은 바다 쪽으로 저각도(2~5°)의 수평 엽층리 또는 수평 엽층리를 이룬 여러 개의 쐐기형 퇴적층이 수직적으로 반복하여 쌓인 퇴적층이 주를 이룬다(그림 10.7). 모래질 퇴적물로 이루어진 해빈은 폭풍이 일어나면 침식이 일어나고 폭풍이 약해져가는 시기와 정상적인 파도에 의하여 퇴적이 일어난다. 모래질 퇴적물로 이루어진 이러한 특징을 보이는 해빈 퇴적물과는 달리 모래와 자갈의 혼합으로 이루어진 해빈의 퇴적물은 모래와 자갈로 이루어진 퇴적물 종류의 차이에 따라 하부, 중부와 상부의 해빈 퇴적물이 서로 약간의 퇴적 구조 차이를 나타내며 발달한다. 즉, 모래질 해빈의 평행 엽층리를 나타내는 퇴적물과는 달리

그림 10.9 판상의 자갈들이 해안선에 평행하게 장축이 배열하며 바다쪽으로 경사를 이루고 있다. 일본 대마도.

그림 10.10 충남 태안군 신두리 해안에 발달한 해안사구. (A) 사구에서 바라본 신두리 해빈. (B) 바르한형 해안사구의 정상. 바람이 불어오는 사구 경사면에는 바람에 의해 생성된 연흔이 생성되어 있다.

모래와 자갈의 혼합형 퇴적물 해빈에서는 평행 엽층리층 상부에 파랑 엽층리(wavy lamination)층이 생성된다. 이들 혼합 물질로 이루어진 해빈은 폭풍이 약해져 갈 때와 정상적인 파도의 영향을 받을 때 퇴적이 일어나기도 하지만 퇴적물 입자의 크기가 다양하기 때문에 폭풍 시에도 퇴적이 일어난다. 폭풍이 일어나면 해빈의 모래들은 침식되어 외해로 운반되지만 자갈질 퇴적물은 고에너지의 폭풍 조건에서도 하부의 해빈 환경에 남아 있게 된다. 폭풍이 지나가고 나면 모래질 퇴적물이 다시 육지 쪽으로 이동하여 중부 해빈에 평행 사엽층리층을 형성하고, 낮은 파도의 에너지 조건하에서는 상부 해빈에 파랑 엽층리를 형성한다(Hiroka and Terasaka, 2005). 또한 자갈 퇴적물로만 이루어진 해빈 퇴적물은 특징적으로 자갈의 형태가 판상의 디스크 형태를 나타내며 자갈의 장축은 파도의 진행 방향에 수직으로 해안선에 평행하게 배열되어 쌓인다(그림 10.9).

후방해안(backshore)은 평상시에는 퇴적작용이 일어나지 않고 간헐적으로 폭풍이 일어날 때 외해로부터 밀려오는 높은 파도가 퇴적물을 싣고 해안외주를 타고 넘어 석호 쪽으로 이동해 가면서 유속이 낮아져 싣고 가던 퇴적물을 해빈의 정점부(berm crest)에서부터 석호 쪽으로 쌓아놓은 퇴적물 더미인 워시오버 선상지(washover fan)를 형성한다. 또한 이곳에는 평상시에 바람에 의해 해빈의 퇴적물이 날려와 해안사구 퇴적물을 형성하기도 한다. 충남 태안군 신두리에 발달한 신두리 해안사구가 이의 예이다(그림 10.10). 해안외주 뒤쪽에 놓인 석호의 퇴적물은 사암, 셰일, 실트암과 토탄 등이 서로 교호되어 나타난다. 석호의 퇴적물에서 모래질 퇴적물은 워시오버 판상 퇴적물(washover sheet), 해안외주 사이에 발달한 조수의 유출로(tidal inlet)의 석호 쪽 입구에 밀물조수 삼각주(flood tidal delta)로 퇴적이 일어나며, 석호의 중앙은 비교적 저에너지 조건을 가지기 때문에 세립질 퇴적물인 머드가 쌓인다. 석호의 육지 쪽 해안선이나 해안외주 쪽에는 습지가 형성되어 토탄이 지질 기록으로 남는다.

10.1.1 해안외주 퇴적물 기록

해안외주계의 각각 소환경의 퇴적물 기록은 퇴적작용, 해수면 변동과 조수 하도의 이동 등에 의해 다양하게 나타나기 때문에 현생 혹은 고기의 해안외주 퇴적물 기록을 하나의 퇴적 모델로 일반화시키기는 매우 어렵다. 그러나 퇴적물의 공급률과 해수면의 변동률 사이의 관계를 고려하여 전진 퇴적(prograding) 모델과 해침(transgressive) 모델, 그리고 조수 하도의 이동에 따른 해안외주-조수 출입로(barrier-inlet) 모델 셋으로 크게 나누어 볼 수 있다. 이들 각각에 대하여 알아보기로 하자.

(1) 전진 퇴적 모델

해안외주에 퇴적물의 공급률이 해수면 상승률보다 상대적으로 높을 경우 해안외주는 외해 쪽으로 발달을 한다. 이런 경우의 층서학적인 기록은 그림 10.11A에서 보는 바와 같이 하부의 외해 퇴적물로부터 최상부의 해빈 퇴적물로 이루어져 있으며, 퇴적물 입자는 상향 조립화되는 경향을 보인다.

(2) 해침 모델

퇴적물의 공급률이 해수면 상승률에 못 미칠 경우 해안외주 퇴적물은 상승하는 해수에 의해 침식이 일어나며 점차 육지 쪽으로 후퇴하게 된다. 이때 해안외주 전면, 즉 외해 쪽 층서 기록은 없어지며 육지 쪽인 석호와 그 주변의 기록만이 남게 된다(그림 10.11B). 그러나 해침이 일어날 경우 해안외주의 적용 모델은 그림 10.11B와 같이 간단히 나타나지 않고 크게 다음의 세 가지 유형으로 구별된다. 이는 해수면이 상승하는 동안 퇴적물의 공급률에 따라 해침의 정도가 달라지기 때문이다.

1) 해안전면 후퇴(그림 10.12A)

이 유형은 해수면이 상승하는 동안 해안외주가 해수면의 상승과 보조를 맞추면서 계속해서 육지 쪽으로 이동을 하면서 계속적인 파도의 작용으로 노출이 된 후방 해안외주(back barrier) 퇴적물이

그림 10.11 해안외주의 세 가지 퇴적상 모델(Walker, 1984). (A) 전진 퇴적 모델, (B) 해침 모델과 (C) 해안외주-조수 출입로 모델.

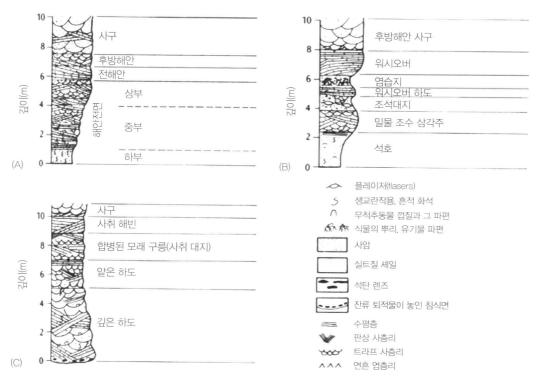

거의 완전한 침식이 일어나 기록상으로 남지 않을 때 형성된다.

2) 제자리 물에 잠김(그림 10.12B)

해수면이 상승하면서 석호의 면적이 넓어지고 깊어진 반면 퇴적물의 공급이 제한되기 때문에 해안외주는 물에 잠긴 채 제자리에 있게 된다. 수심이 깊어지면서 해안외주가 물에 잠기며 해안외주의 능선부의 상부보다 파도가 부서지는 수심이 더 위에 놓이게 되면 이제 더 이상 침식은 일어나지 않고 대신 석호의 육지 쪽에 다시 새로운 해안외주가 생기게 된다.

3) 해침에 따른 물에 잠김(그림 10.12C)

이 유형은 해안외주가 해침에 의하여 생성되는 것이 아니라 원래의 삼각주 퇴적물이 이곳에 퇴적물을 공급하는 강의 유로가 변경되어 삼각주에 더 이상 퇴적물을 공급하지 않는 경우에 생성되는 해안외주에 해당한다. 퇴적물의 공급이 더 이상 없을 경우 삼각주 퇴적물은 자체의 하중에 의하여 지반이 가라앉는다. 그러면 삼각주의 해안선은 해침을 받는 상태로 바뀌게 되며 이런 과정에서 삼각주 상부 퇴적물들은 파도에 의하여 재동작용을 받는다. 파도의 재동으로 세립질 물질은 부유 상태로 빠져 나가고 모래질 강 퇴적물이 파도의 재동으로 해안선에 평행하게 배열하며 점점 가라앉는 삼각주 평원과의 사이에 해수가 들어와 석호가 생성된다("10.3.3 삼각주 퇴적작용과 퇴적물의 수직 기록" 참조).

(3) 이동하는 해안외주-조수 출입로 모델(그림 10.11C)

연안류의 방향으로 해안선을 따라 해안외주가 모래톱(사취, sand bar)을 이루며 횡적으로 성장하면서 이동하면 해안외주를 가로지르는 조수 하도도 함께 이동을 하면서 이동하는 쪽에 위치하는 해안외주 퇴적물을 침식한다. 이전에 있던 조수 하도는 점차 이동해 오는 다른 해안외주 퇴적물에 의하여 채워지게 된다. 이렇게 되면 지질 기록상으로는 전반적인 외형의 모습은 해안외주의 형태를

그림 10.12 해침이 일어날 때 해안외주가 육지 쪽으로 이동하는 기작. (A) 해안전면 후퇴와 (B) 제자리 물에 잠김(Elliot, 1986). (C)는 강 지배형 삼각주 퇴적물이 더 이상 퇴적작용이 일어나지 않고 침강하며 해침을 받을 때의 퇴적상 분포이다 (Galloway and Hobday, 1983).

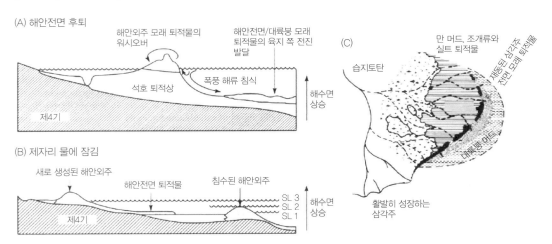

그림 10.13 영국 스코틀랜드의 Outer Hebrides 섬의 평탄한 기반암 위에 발달한 해안외주와 해침에 따른 해안외주 진화 모식도(Cooper et al., 2012).

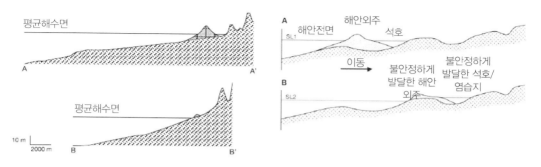

띨지라도 실제 퇴적물 기록은 해안외주 퇴적물이 연안류를 따라 이동해 가면서 조수 하도를 채운 기록으로 남게 된다. 이 모델은 앞에서 살펴본 1)과 2) 모델과 함께 나타나므로 실제 해안외주의 퇴적 모델은 아주 복잡하게 나타난다. 조수 하도의 석호 쪽에 발달한 밀물조수의 삼각주 역시 조수 하도의 측방 이동과 함께 측방 이동을 하면서 계속 생성되기 때문에 해안외주의 석호 쪽은 횡적으로 연속적인 밀물조수 삼각주 퇴적물 기록이 생성되기도 한다.

이상의 해안외주는 외형적인 형태뿐 아니라 해안외주의 바다 쪽에는 해안전면이 발달되어 있으나 이러한 해안전면이 나타나지 않는 해안외주가 있다는 것이 최근의 연구로 밝혀졌다. Cooper 등(2012)은 영국 북서 쪽 섬인 Outer Hebrides의 서쪽 해안에 약 90 km 길이로 발달한 해안외주는 낮은 사면의 기울기를 가진 기반암 위에 발달한 것을 처음 보고하였다. 이 해안외주는 지난 5,000년 동안 해수면이 약 3.5 m 상승하는 동안 해침이 일어나 육지 쪽으로 이동을 하면서 만들어진 것이다. 해안외주는 기반암의 표면이 불규칙하게 울퉁불퉁한 곳에서 지형적으로 높은 곳에 만들어져 있다가 해침이 일어나면서 점차 후방에 낮은 곳으로 이동을 하여 채우고 있다 침식되어 다음 높은 곳에 다시 만들어지는 진화 과정을 겪은 것으로 밝혀졌다(그림 10.13). 해침이 일어나면서 침식이 일어나기 때문에 해안전면은 기반암의 암석이 노출되어 발달하지 않는다. 이곳의 해안외주 퇴적물은 해저면이 침식이 잘 일어나지 않는 암석으로 이루어져 있기 때문에 쇄설성 모래 퇴적물은 공급되지 않고 대신 얕은 해저의 기반암 노출 표면에 살던 생물체 껍질로부터 유래된 생쇄설물 모래로 이루어져 있다.

10.2 조석대지

조석대지(tidal flat)는 중조차 해안이나 대조차 해안선에 완만한 경사를 따라 발달하며(그림 10.14), 퇴적작용의 특징이 가장 잘 나타나는 곳은 밀물수면(만조 수위선)과 썰물수면(간조 수위선) 사이의 **조간대**(intertidal zone)에 위치한다. 조석대지는 조간대 외에도 육지 쪽에 밀물수면보다 위쪽인 **상조대**(supratidal zone)와 썰물이 가장 내려간 수위 아래의 **하조대**(subtidal zone)로 구분을 한다(그림

그림 10.14　전북 부안군-고창군 일대 해안선(곰소 만)에 발달된 조석대지(Google map, 2013년 11월 4일 발췌). 조수 하도가 바다 쪽에서 육지 쪽으로 가면서 폭과 수심이 감소한다.

그림 10.15.　조석대지의 하조대, 조간대와 상조대 환경(Boggs, 2011). 조간대의 상부에는 주로 머드가 쌓이고, 조간대의 하부에는 모래와 머드가 함께 쌓이며, 모래 퇴적물은 주로 하조대에 쌓인다. 상조대는 이질 습지 퇴적물이 쌓인다.

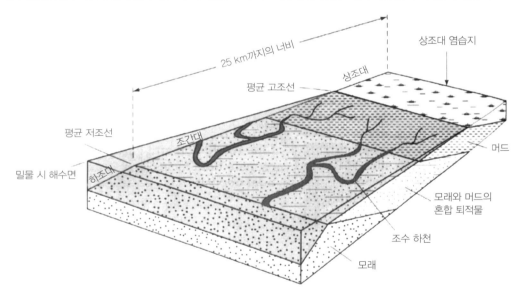

10.15). 조석대지는 흔히 조수 하천(tidal channel), 또는 조수 세류(tidal creek)에 의해 패여진 광역의 완경사 지역으로 조수에 의한 밀물과 썰물의 운동으로 노출과 침수가 주기적으로 반복되는 해안선 지역이다. 조석대지의 가장 큰 특징이라면 주기적인 해수면의 상승과 하강 그리고 서로 반대 방향으로 들고 나는 조류의 존재이다. 조석대지는 머드 퇴적물이 주로 쌓이는 곳으로 '**갯벌**' 또는 '**간석지**'라고 부르기도 한다. 그러나 조석대지에서 조류의 유속이 빠른 경우 모래질 퇴적물로만 이루어진 곳도 나타난다. 이와 같이 모래 퇴적물로만 이루어진 조석대지는 현생에서 캐나다의 동부에 위치한 펀디 만(Bay of Fundy)으로 이곳의 조차는 약 16 m에 이른다.

10.2.1 조석대지의 분대

조석대지의 분대는 그림 10.16에 나타나 있다.

(1) 상조대 대지(supratidal flat)

주로 염습지(salt marsh)로 이루어져 있으며, 상조대 평원의 퇴적작용은 밀물선 위의 염습지로 해수가 넘쳐 올라갈 정도로 수면이 충분히 높을 때인 폭풍 시 조수가 있는 동안에 일어난다. 폭풍 파도에 의하여 실려 온 조개의 생쇄설물층이 염습지의 퇴적물과 서로 교호되어 산출된다.

(2) 조간대 대지(intertidal flat)

조간대 대지는 일반적으로 조차(tidal range)가 크며 파도의 에너지가 낮고 퇴적물의 공급이 우세한 지역에 잘 발달한다. 따라서 조간대는 큰 강과 연계되는 중조차 또는 대조차 해안이나 만, 석호, 에스츄아리(염하구, estuary) 등의 반폐쇄적인 환경 내에 분포하는 경우가 많다. 조간대 퇴적상의 수평 분포와 수직 분포는 기후, 해안 지형, 조석, 파도, 해수면 변화 등에 의해 조절되므로 지역적으로 많은 차이를 보인다.

　조간대 대지는 크게 해수면과의 위치에 따라 상조대 쪽에서 바다 쪽으로 가면서 고조간대 대지(high intertidal flat), 중조간대 대지(mid-tidal flat)와 하조간대 대지(low intertidal flat) 세 부분으로 나뉜다.

그림 10.16 전형적인 쇄설성 조석대지를 나타내는 그림으로, 조석대지에서 퇴적물 입자의 크기는 만조선 가까이 가면서 작아지며, 바다 쪽으로 가면서 모래와 머드가 함께 쌓이다가 모래 조간대로 바뀐다. 이에 따라 조석대지가 전진 퇴적되면 상향 세립화하는 퇴적물 기록을 나타내는 것이 왼쪽 상단에 그려져 있다(Dalymple, 1992).

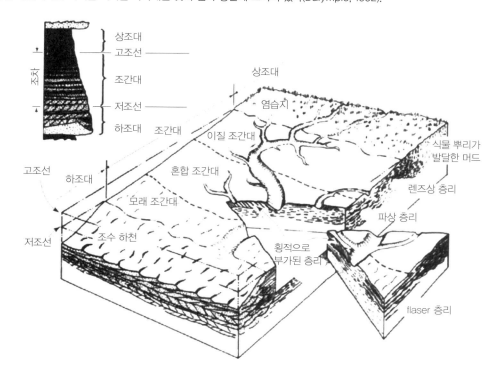

고조간대 대지는 조수가 가장 짧은 시간 동안 머물러 잠기는 부분으로 주로 부유물질인 머드로 된 퇴적물이 쌓이며, 여기에는 평행 엽층리와 생교란 구조가 나타난다. 또한 대부분 대기 중에 노출되므로 건열 등의 구조가 생성된다.

중조간대 대지는 머드와 모래가 비교적 비슷한 비율로 퇴적되며, 밑짐과 부유짐에 의한 퇴적작용이 모두 일어나는 곳이다. 이들 두 종류 입자를 가지는 퇴적물의 분포 비율에 따라 조수층리(tidal bedding)라는 독특한 퇴적 구조가 생성된다(그림 5.22). 조수층리층 하부는 플레이저 층리, 중부는 파상층리, 그리고 상부는 렌즈상층리가 발달한다(그림 10.16).

하조간대 대지는 대부분 모래 크기의 퇴적물로 이루어지며, 이 퇴적물들은 사구나 모래파(sand wave) 등의 형태를 띠고 있다. 이곳은 밀물과 썰물의 조석 주기 동안 가장 오랫동안 물에 잠기는 부분으로 조류의 바닥 유속 정도에 따라 영향을 받는다. 이곳은 주로 밑짐의 퇴적작용이 일어나는 곳이다.

(3) 하조대 대지(subtidal flat)

하조대 대지는 조수 하도와 모래 사주가 가장 중요한 지형적인 요소로서, 조수 하도 내에는 거대 연흔과 작은 규모의 사층리를 가지는 거대 연흔으로 특징져지는 조립질의 퇴적물이 쌓이며, 이 퇴적물 내에는 조류의 흐름이 밀물과 썰물 때 서로 다른 양방향으로 진행되기 때문에 청어뼈 사층리(herringbone cross-stratification)가 생성되기도 한다.

조석대지에서의 퇴적물의 공급은 일반적으로 하천, 내대륙붕 퇴적물의 재부유, 해안 침식 등에 의하여 일어난다. 우리나라 서해안에 발달한 조석대지의 퇴적물은 주로 한반도에서 배수되는 강으로부터 공급되어 서해로 운반된 퇴적물이 해류와 조수에 의하거나 서해 저층에 쌓인 퇴적물의 재부유에 의하여 공급되는 것으로 알려지고 있다. 조석대지에 쌓인 퇴적물은 이렇게 바다 쪽에서 공급되어 해안선에 퇴적이 일어난다.

10.2.2 퇴적물의 수직 기록

조석대지에서의 퇴적물의 공간적인 분포를 보면 바다 쪽으로 갈수록 조립질의 입자가 분포한다(그림 10.16). 조석대지의 이러한 퇴적물 공간적 분포는 조석대지에 퇴적작용이 계속 일어나 조석대지가 바다 쪽으로 전진 발달을 한다면, 지질 기록에서는 수직적인 퇴적물 입자의 분포가 상향 세립화되는 경향을 나타낸다(그림 10.17). 이러한 일반적인 조석대지의 모델에 조수 하천이 존재하면, 조수 하도 퇴적물이 함께 나타나 기록은 좀더 복잡해진다.

10.2.3 셰니어

머드 퇴적물로 이루어진 조석대지가 넓게 분포하는 저에너지 환경의 해안선에는 특이하게 모래질 퇴적물로 이루어진 모래 구릉(beach ridge)이 해안선을 따라 선형으로 길게 발달한 지형이 나타난다. 이 모래 구릉은 하나 이상으로 나타나기도 하는데, 그 사이에는 머드질 조석대지 퇴적물이 나타나 이들을 구분한다. 이러한 모래 구릉을 **셰니어**(chenier)라고 하는데, 이 이름은 미국 루이지애나 주의 남서부 해안에 잘 발달된 모래 구릉을 가리키는 용어로, 이 구릉에 자라고 있는 참나뭇과(oak) 나무를 가리키는 불어인 'chêne'로부터 유래되었다. 셰니어를 이루고 있는 대부분의 모래 퇴적물은 조개껍질과 같은 생물체의 파편들로 이루어져 있는데, 이러한 생물기원 탄산염 모래의 기원은 머드로 이루어진 조석대지에 살았던 연체동물과 복족류(gastropod)의 조개껍질들이 조류와 폭풍 파도에 의해 세립질 퇴적물은 부유 상태로 빠져 나가고 재동되어 부서져 이들 조립질 퇴적물만 남은 잔류 퇴적물로 이루어져 있다. 이후 파도와 해류에 의하여 조석대지에 셰니어 구릉으로 쌓아 놓은 것이다(그림 10.18).

　우리나라 서해안 곰소 만(전북 부안-고창 사이) 입구 바로 남쪽 해안에는 넓은 머드 조석대지가 발달되어 있으며, 이곳에도 셰니어 하나가 잘 발달되어 있다(그림 10.19). 이곳의 셰니어 퇴적물은 주로 모래 퇴적물과 생쇄설물(조개껍질 파편)이 섞여서 나타난다. 곰소 만 일대가 머드로 이루어진 퇴적물이라 셰니어를 구성하는 모래 퇴적물은 머드 퇴적물이 재동작용을 받아 모래들만 선별적으로 모이고 또한 폭풍 시 황해 모래 퇴적물이 실려와 쌓인 후 재동작용을 받은 것으로 해석된다. 여기에 조석대지 머드 속에 살고 있던 다

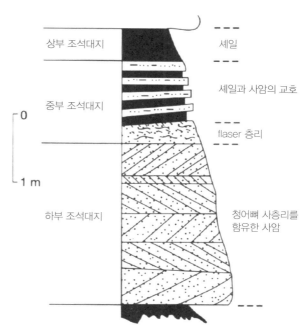

그림 10.17　미국 네바다 주 Wood Canyon층의 Middle 층원에 발달한 조석대지 퇴적물의 전진 퇴적 기록을 바탕으로 작성된 조석대지 퇴적물의 수직 기록(Klein, 1977).

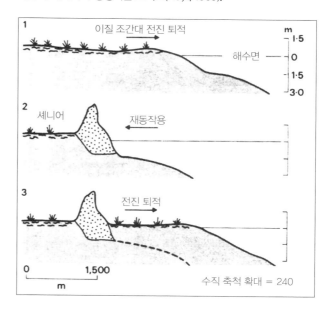

그림 10.18　이질 조간대의 전진 퇴적과 파도의 재동작용이 번갈아 일어날 때 셰니어가 형성되는 모식도(Hoyt, 1969).

양한 종류의 무척추 동물의 방해석 껍질들이 파도의 작용으로 재동을 받아 깨진 생쇄설물 모래가 약 절반 정도 함께 섞여있다(최경식 교수와의 개인통신).

그림 10.19　전북 고창군 심원면 예향갯벌로 해안의 조석대지에 발달한 셰니어 사진(Google map, 2013년 11월 발췌)과 오른쪽 사진의 중앙에 밝은 색으로 좌에서 우로 발달한 셰니어 사진.

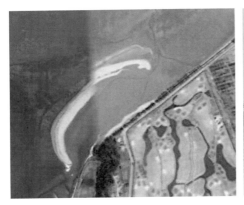

10.3 삼각주

삼각주 환경은 가장 복잡한 퇴적 환경으로 이는 강의 유량, 파도의 에너지, 조수 에너지와 조구조 환경 등이 주요 조절 요인으로 작용하기 때문이다. 삼각주는 대양, 내륙해(epeiric sea), 만, 에스 츄아리와 호수에 강/하천이 퇴적물을 운반하며 유입되는 모든 곳에 생성되며, 현생에서 삼각주의 분포는 삼각주 형성의 가장 중요한 요인인 퇴적물을 다량 운반하는 대규모의 강이 발달한 곳이며, 위도나 지역에 관계없이 분포하지만 대부분의 큰 강은 조구조적으로 수동적인 '대서양형 대륙연 변부'에 발달하므로 큰 규모의 삼각주는 대체로 안정된 비활성 대륙의 연변부에 분포한다.

10.3.1 삼각주의 소환경

삼각주는 지형적으로 크게 세 부분, 즉 삼각주 평원, 삼각주 전면, 전위삼각주로 나뉜다(그림 10.20).

(1) 삼각주 평원(delta plain)

삼각주의 상부에 해당하며, 주로 강/하천의 작용이 일어나는 곳으로, 담수의 영향으로 주된 강줄 기에서 갈래를 치고 발달한 분지 하천(分枝河川, distributary channel) 주위에 넓은 습지를 이룬다. 하천이 이동하여 형성된 망상하천이나 사행하천의 퇴적물과 호소 삼각주 퇴적물이 나타나기도 한 다. 해안가에서 조수의 영향을 받는 부분의 하부 쪽에는 삼각주에서 가장 넓게 분포하는 하부 삼각 주 평원이 있으며, 이곳에는 분지 하천 사이에 있는 만을 채우는 퇴적물과 더 이상 물이 흐르지 않 는 분지 하천을 채운 퇴적물이 있다.

(2) 삼각주 전면(delta front)

이곳에는 분지 하천으로부터 공급된 퇴적물이 활발히 쌓이는 분지 하천 어귀의 모래 퇴적물 (distributary mouth bar)이 있으며, 사면의 경사가 급한 곳에는 수중에서 발생한 슬럼프 퇴적물이

그림 10.20 강 지배형 삼각주계의 주요한 소환경(Coleman and Prior, 1982). 파도 지배형과 조수 지배형 삼각주도 비슷한 지형적 특성을 나타내지만 삼각주 전면과 삼각주 평원의 하부는 파도와 조수에 의해 재동을 받는다.

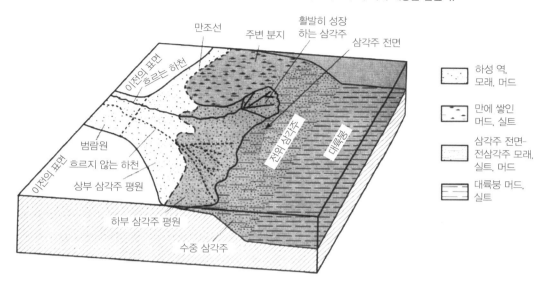

나타나기도 한다.

(3) 전위삼각주(prodelta)

이 부분은 삼각주의 바다 쪽 가장 앞부분에 위치하며 주로 부유 상태로 운반되어 가라앉은 세립질의 퇴적물이 쌓이는 곳으로, 가끔 육상에 대규모 홍수가 발생했을 때 흙탕물로 이루어진 저탁류로 운반된 터비다이트가 쌓이기도 한다. 퇴적물들은 대체로 괴상을 띠거나 생교란작용을 받은 상태로 나타난다. 때로는 점이층리가 관찰되기도 하는데, 이 점이층리는 부유 상태로 운반되는 퇴적물이 가라앉아서 형성되거나, 강/하천의 배수량이 많을 때 바닥을 따라 흐르는 밀도류가 형성되어 강어귀 근처에 쌓일 때 형성된다.

10.3.2 삼각주의 종류

삼각주는 강이 상당한 양의 퇴적물을 퇴적 분지로 운반할 때 퇴적 분지와의 경계부에서 퇴적물이 쌓이는 장소로서 삼각주의 종류와 퇴적작용에 대하여는 그동안 잘 연구된 삼각주의 특성으로 일반화되었다. 즉, 삼각주의 퇴적작용에 대하여 가장 많은 연구가 이루어져 퇴적 모델을 제시한 것은 미국 루이지애나 주의 미시시피강 삼각주가 대표적이다. 그러나 다른 많은 삼각주에 대한 연구가 이루어진 결과 미시시피강 삼각주는 현존하는 삼각주 중 하나의 특수한 경우에 해당하는 것으로 밝혀졌다. 삼각주의 형태를 결정짓는 요인 중에서 가장 중요한 세 가지 조절 요인을 보면 (1) 퇴적물의 유입과 운반된 퇴적물을 분산시키는 (2) 파도 에너지와 (3) 조수 에너지가 있다. 이중 (1)은 삼각주 형성에 필수 불가결한 조건에 해당하나, (2)와 (3)의 요인들은 강에 의하여 운반된 퇴적물을 퇴적 분지에서 재분포시키는 역할을 담당한다. 이 세 가지 조절 요인의 강도에 따라 삼각주의 형태를 분류해 보면 그림 10.21과 같다. 이 그림에서 보는 바와 같이 삼각주의 형태는 아주 다양하게 나

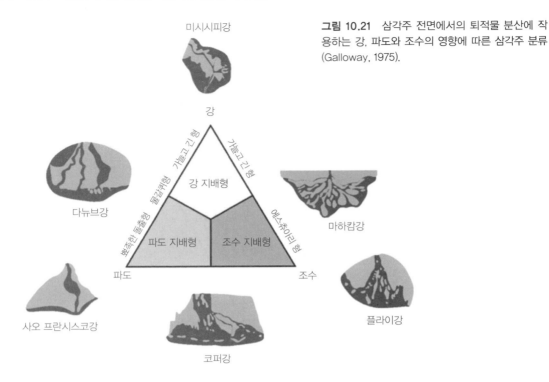

그림 10.21 삼각주 전면에서의 퇴적물 분산에 작용하는 강, 파도와 조수의 영향에 따른 삼각주 분류 (Galloway, 1975).

타난다. 이들 각각에 대해 좀더 살펴보기로 하자.

(1) 강 지배형 삼각주(river-dominated delta)

이 삼각주의 대표적인 예로는 미시시피강 삼각주가 있으며(그림 10.22), 해안선에 파도나 조수의 영향이 비교적 적기 때문에 강으로부터 공급된 퇴적물은 분산이 잘 일어나지 않고 강어귀에 쌓인다.

그림 10.22 멕시코 만의 미국에 분포하는 미시시피강 삼각주 (Boggs, 2011).

강 지배형 삼각주는 분지 하천의 형태가 잘 발달되어 전체적인 모양은 새의 발 모양의 형태(bird-foot delta)를 나타낸다.

삼각주를 형성하는 작용은 수온, 염분, 퇴적물(특히 뜬짐)의 농도에 따라 달라지는데, 강으로부터 퇴적물을 공급하는 강물 흐름은 강물의 밀도와 퇴적 분지의 물의 밀도에 따라 세 가지 유형의 확산 형태로 나타난다(그림 10.23).

(1) 고밀도류(hyperpycnal flow) : 유입되는 강물의 밀도가 퇴적 분지의 물 밀도보다 큰 경우, 강물의 흐름은 분지의 바닥을 따라 흐르며 저탁류의 형태를 띤다. 이 저탁류는 해저면을 따라 멀

리까지 흐르면서 퇴적물을 쌓아 놓는데 퇴적물은 대체로 해안선에 직각으로 선형의 형태를 띤다. 이러한 종류의 유수의 퇴적작용은 산간 지방이나 빙하 주변의 환경에서 퇴적물을 함유한 유수가 담수의 호수로 유입될 때 많이 일어난다. 또한 홍수로 인하여 많은 퇴적물을 운반하는 강이 바다나 호수로 유입될 때에도 일어난다.

(2) 등밀도류(homopycnal flow) : 이 경우는 호수에서 흔히 일어나는 현상으로, 분지로 유입되는 물과 분지의 물의 밀도가 비슷하므로 이 두 물 간의 혼합이 강어귀에서 바로 일어나며 퇴적물은 방사상으로 확산되어 운반되며 점차 유속이 감소하면서 운반 능력이 줄어들어 퇴적물이 쌓인다. 수심이 얕은 곳에서는 퇴적면에서의 마찰로 인해 유속이 급속히 감소하며 퇴적작용이 일어난다. 수심이 비교적 깊고 분지 사면의 경사가 급한 곳에서는 특징적으로 이러한 물의 흐름은 상부층(topset), 전면층(foreset)과 저면층(bottomset)으로 이루어진 **길버트형 삼각주**(Gilbert-type delta)가 형성된다. 등밀도류의 흐름은 담수의 호수에 발달한 삼각주에서 많이 일어나며 특히

그림 10.23 강 지배형 삼각주에서 퇴적물 입자의 크기, 강물의 유출 관성력(유속), 강물과 바닥과의 마찰, 그리고 강물의 부력과 이에 따른 삼각주 형성에 관한 복합적인 관계를 나타내는 그림이다(Orton and Reading, 1993).

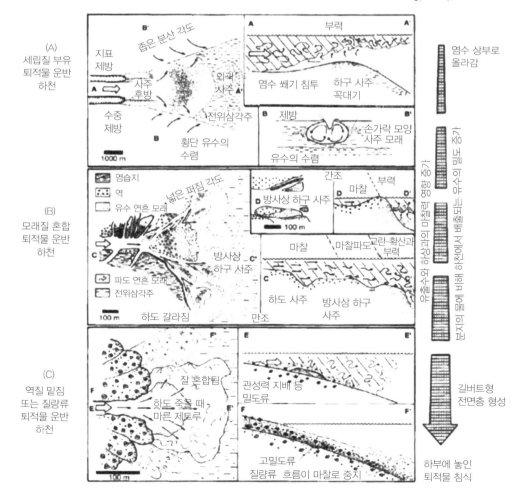

부유 퇴적물을 많이 함유할 때 일어난다.

(3) **저밀도류**(hypopycnal flow) : 하천이 염도가 높은 물을 가진 퇴적 분지로 유입되는 대부분의 경우에는 유입되는 물의 밀도가 분지의 물 밀도보다 낮은 경우로, 유입되는 물은 밀도가 낮기 때문에 분지의 물 위로 부력에 의해 물의 표면을 따라 확산되어 퇴적물을 운반한다. 이렇게 표층을 따라 이동하는 세립질 퇴적물은 파도와 조수에 의하여 계속 뜬짐 상태로 유지되며 운반되는데, 모래질 퇴적물만 바닥으로 가라앉아 강어귀 사주를 쌓는다. 강어귀 사주는 특징적으로 각 사주 더미가 분지 방향으로 비늘구조 형태로 배열된다. 이러한 예는 미시시피강 삼각주에서 잘 관찰된다. 이렇게 밀도가 다른 두 수괴의 경계부에는 유입되는 물의 관성력에 의하여 경계면을 따라 내부 파도(internal wave)가 생성되고, 이 내부 파도가 강어귀 사주 퇴적물의 꼭대기 부분을 활발히 재동시켜 공극률과 투수율이 좋은 퇴적물을 생성시킨다.

강 지배형 삼각주에는 퇴적률이 높을 경우 퇴적 동시성 변형작용이 흔히 나타나며, 주로 삼각주 전면 퇴적물에서 관찰된다. 모래 퇴적물로 구성되어 있는 삼각주 전면 퇴적물은 하성의 퇴적작용 특징이 잘 나타난다. 여기에는 한 방향으로 발달된 유수의 연흔과 사층리 그리고 점이층리들이 나타난다.

강 지배형 삼각주 퇴적물의 기록에서 볼 때 삼각주 퇴적물 더미는 퇴적 분지의 사면의 경사에 따라 전면층 지배형(foreset-dominated) 삼각주와 상부층 지배형(topset-dominated) 삼각주로 구분된다(그림 10.24). 전면층 지배형 삼각주에서는 삼각주 전면층이 상부의 상부층이나 바닥의 저면층보다는 두껍게 쌓인다는 것이다. 이러한 모델에 의하면 삼각주에 발달하는 강 퇴적물은 그 두께가 상부층 두께와 같을 것이라는 전제를 바탕으로 하고 있지만 상부층은 지질 기록에 잘 나타나지 않는다는 것이다. 이 삼각주 모델은 Gilbert(1885)에 의하여 조립질로 이루어진 선상지 삼각주(fan delta)를 기술할 때 제안되었는데, 이후 전면층이 두껍게 발달된 미시시피강 삼각주에 적용되면서 일반화되었다. 지금까지 이 모델을 이용하여 현생의 삼각주와 고기의 지질 기록에 있는 삼각주에 많이 적용되었다(그림 10.25). 그러나 이러한 전면층 지배형 삼각주 모델을 모든 삼각주에 적

그림 10.24 (A) 상부층 지배형 삼각주와 (B) 전면층 지배형 삼각주의 경사 방향 단면도 모델(Edmonds et al., 2011).

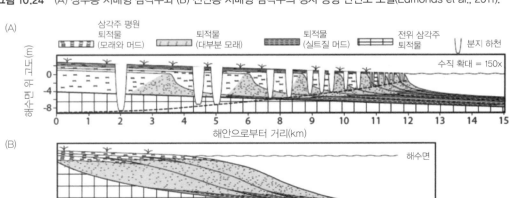

용하기는 어렵다는 것이 자주 지적되었다. 이러한 전면층 지배형 삼각주와는 달리 상부층(topset)이 주가 되는 상부층 지배형 삼각주는 분지 하천과 이 하천의 제방, 하구 모래사주(river mouth bar) 그리고 분지 하천 사이 만(interdistributary bays)으로 이루어진 상부층의 퇴적 환경에 쌓인 퇴적물로 주로 이루어져 있다. 이 종류의 삼각주는 전면층의 기울기가 2~4° 정도로 아주 낮아 전면층의 퇴적물은 잘 나타나지 않는다. Edmonds 등(2011)은 이러한 상부층 지배형 삼각주가 현생 삼각주 환경에서 흔하게 산출되는 것으로 보고하였으며, 이를 바탕으로 고기의 삼각주 환경에도 그러하였을 것으로 주장하였다. 이들은 상부층 지배형 삼각주가 전면층 지배형 삼각주와는 층서에 있어서 다음의 세 가지 차이가 난다고 하였다.

(1) 삼각주의 분지 하천이 분지 쪽으로 가지를 치면서 분기되고 점차 수심이 얕아지면서 상부층은 얇아진다. 반면에 전면층은 삼각주가 깊은 수심으로 들어가면서 더 두꺼워진다.

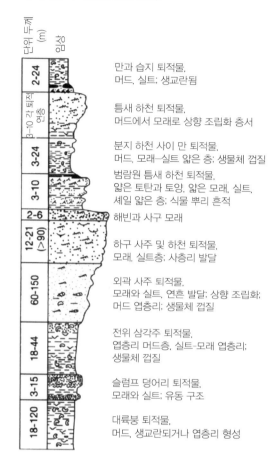

그림 10.25 강 지배형(미시시피) 삼각주의 이상적인 수직적 퇴적상 기록(Coleman, 1981).

만과 습지 퇴적물.
머드, 실트; 생교란됨

틈새 하천 퇴적물.
머드에서 모래로 상향 조립화 층서

분지 하천 사이 만 퇴적물.
머드, 모래−실트 얇은 층; 생물체 껍질

범람원 틈새 하천 퇴적물.
얇은 토탄과 토양, 얇은 모래, 실트,
셰일 얇은 층; 식물 뿌리 흔적

해빈과 사구 모래

하구 사주 및 하천 퇴적물.
모래, 실트층; 사층리 발달

외곽 사주 퇴적물.
모래와 실트, 연흔 발달; 상향 조립화;
머드 엽층리; 생물체 껍질

전위 삼각주 퇴적물.
엽층리 머드층, 실트-모래 엽층리;
생물체 껍질

슬럼프 덩어리 퇴적물.
모래와 실트; 유동 구조

대륙붕 퇴적물.
머드, 생교란되거나 엽층리 형성

(2) 상부층 지배형 삼각주는 삼각주의 공간적인 면에서 볼 때 매우 다양한 퇴적물 층서를 나타낸다. 이는 상부층 지배형 삼각주에서 해안선이 분지 쪽으로 전진하는 곳은 강어귀 사주가 쌓이는 분지 하천 강어귀들이다. 이런 곳은 잘 발달된 전면층이 관찰될 것이지만 이들 분지 하천들 사이의 공간(만)은 세립질 퇴적물로 수동적으로 채워질 것이다. 이렇게 되면 분지 하천 강어귀에 발달한 전면층 퇴적층은 공간적으로 불연속적으로 나타나게 되는데, 이 점이 전면층 퇴적물이 삼각주 전면을 따라 연속적으로 산출하는 전면층 지배형 삼각주의 층서 기록과는 차이가 난다.

(3) 상부층 지배형 삼각주 퇴적물의 수직적 기록은 그 어느 것도 전면층 지배형 삼각주 기록에 나타나는 전형적인 상향 조립화의 층서를 나타내지는 않는다고 한다. 그 이유는 상부층의 퇴적물이 분지 하천 사이 만에 삼각주 발달 이전의 퇴적면 위에 바로 쌓이기 때문이다.

이상의 상부층 지배형 삼각주와 전면층 지배형 삼각주의 층서 구별은 삼각주 퇴적물을 침식하는 하천의 역할을 해석하는 데 중요하다. 고기의 삼각주 층서 기록에서 삼각주 발달 이전 퇴적물을 분지 하천이 침식한 것은 대체로 외적인 요인에 의하여 일어나는 것으로 해석하고 이를 퇴적연층

(stratigraphic sequence)의 결과로 여기고 있다. 그러나 상부층 지배형 삼각주라면, 이런 분지 외적인 요인이 없더라도 하천의 침식이 일어날 수 있다는 점을 고려하여야 한다.

(2) 파도 지배형 삼각주(wave-dominated delta)

파도 지배형 삼각주의 좋은 예로는 브라질의 São Francisco강 삼각주가 있으며(그림 10.26), 강으로부터 공급된 퇴적물은 강한 파도의 재동작용으로 재분산되어 평면상에서 볼 때 독특한 삼각주의 형태를 이루게 된다. 파도 지배형 삼각주의 평면 형태는 파도의 작용 정도가 강해짐에 따라 강 지배형일 때의 해안에서 길게 돌출된 형태의 삼각주에서 활 모양의 형태 그리고 점차 직선형의 형태를 띠게 된다.

이 형태의 삼각주는 삼각주 평원의 대부분 퇴적물은 파도의 교반작용(agitation)에 의하여 세립질 퇴적물은 빠져나가고, 모래가 많은 퇴적물로 구성되며, 연속적으로 해안선에 평행한 해빈 모래 구릉(ridge)을 형성하며, 그 사이에 수렁(slough)이나 만입부(embayment)가 있다(그림 10.27). 이 수렁과 만입부가 퇴적물로 채워지면 이들은 점차 토탄 습지(peat swamp)로 바뀐다.

(3) 조수 지배형 삼각주(tide-dominated delta)

이 유형의 삼각주로는 호주 북서쪽의 뉴기니에 있는 Fly강 삼각주가 좋은 예이며(그림 10.28), 강에서 공급된 퇴적물은 조수에 의하여 재동과 재분산되어 대체로 퇴적물들은 해안선에 급한 각도로 방사상 형태를 가지는 기다란 모래 구릉으로 구성되어 있다. 이 모래 구릉의 배열은 주로 조류의 진행 방향과 일치하여 나타난다. 조수가 강의 안쪽까지 침투를 하므로 조수의 통행 하도는 주로 모래로 채워져 있다. 조수 지배형 삼각주에 나타나는 퇴적학적인 특징들은 외해의 조수기원 모래 구릉(tidal sand ridge)과 에스츄아리 퇴적물에서도 관찰되므로, 이 형태의 삼각주 분류는 3차원적인 자료가 있고, 퇴적물이 외해 쪽으로 성장하였다는 증거가 있을 때에만 안전하게 적용할 수 있다.

고기의 퇴적물 기록에서 조수 지배형 삼각주계 퇴적물이 잘 보고된 예로 베네수엘라의 Maracaibo 분지에 발달한 마이오세 Misoa층을 들 수 있다(그림 10.29). 이 기록에서 조수 삼각주

그림 10.26 브라질 동부 대서양 해안에 발달한 São Francisco강 삼각주(Google map, 2013년 11월 4일 발췌).

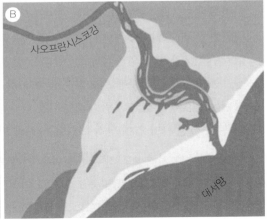

그림 10.27 고기 퇴적물 기록으로 복원한 파도 지배형 삼각주계의 모래 퇴적층과 퇴적상 분포 예. 미국 텍사스 주 백악기 San Migue층(Weise, 1980).

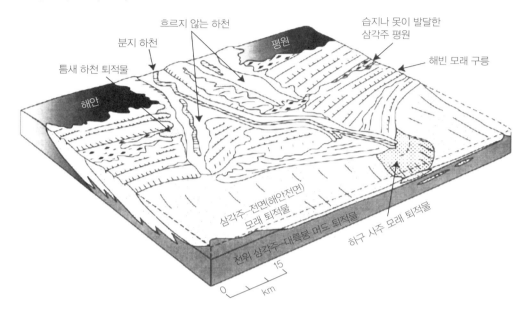

평원은 폭이 좁은 만곡도가 높은 조수 하천으로 여러 갈래로 나뉘어 낮은 높이의 지대를 형성하며 에스츄아리의 직선형 분지 하천과 구분이 되었다. 분지 하천 사이의 지역은 모래 퇴적물의 함량이 적게 나타난다. 에스츄아리의 분지 하천계가 퇴적물을 운반해와 에스츄아리의 끝부분에 퇴적물을 쌓아 놓으면 조류가 이 퇴적물들을 재분산시켜 조수에 의하여 조정된 분지 하천 하구 사주(tidally modified distributary-mouth-bar)를 쌓는다. 공간적으로 에스튜아리 하천에 쌓인 모래 퇴적물은 가장 안쪽에 에스츄아리 분지 하천 퇴적물 복합체(그림 10.29A)를 형성하며, 점차 바다 쪽으로 가면

서 에스츄아리의 분지 하천은 갈래를 치며 흐르다 조류의 속도가 가장 빠른 곳인 조수에 의해 조정되는 분지 하천 하구 사주 지역(그림 10.29B)에서 다시 모인다. 이곳에서는 고에너지의 사주가 저에너지의 머드층이 있는 곳으로 횡적으로 이동을 하면서 결과적으로 상향 조립화하며 생교란작용이 많이 일어난 조수의 모래 구릉 퇴적체(그림 10.29C, D)가 생성된다. 이 조수의 모래 구릉 퇴적체는 에스츄아리의 발달 방향과는 대체로 평행하지만 해안선과는 수직으로 나타난다.

그림 10.28 파푸아뉴기니 Fly강의 삼각주(Google map, 2015년 1월 발췌).

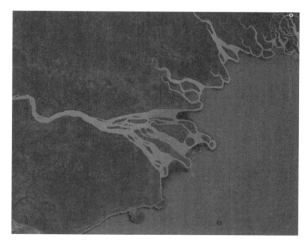

그림 10.29 베네수엘라 Maracaibo 분지의 에오세 Misoa층에 발달한 조수 지배형 삼각주 퇴적물의 삼각주 전면과 삼각주 평원 하부의 퇴적상 모델(Maguregui and Tyler, 1991). (A)는 전형적인 에스츄아리 분지 하천 퇴적물 기록을 나타내며, 점차 바다 쪽으로 가면서 천해 환경의 영향과 조류의 영향이 증가하며, 전형적인 에스츄아리 분지 하천 복합체 퇴적물을 재동시킨다(B). 에스츄아리가 끝나가는 곳에 퇴적물의 유입이 많을 경우 근접한 곳에 조수 모래 구릉 퇴적물(C)이 형성된다. 더 바다 쪽으로 나가면 그리고 모래 퇴적물의 공급과 조류의 유속도 감소하면 작은 조수 모래 구릉 퇴적물(D)이 형성된다.

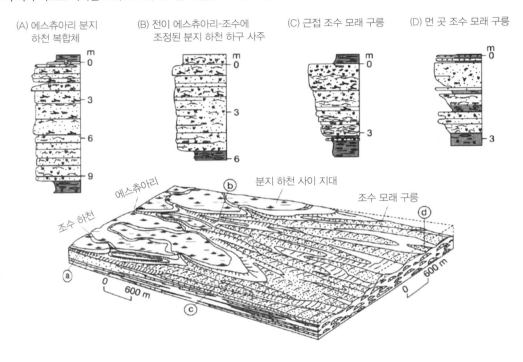

그림 10.21에서 보는 Galloway의 삼각주 분류는 퇴적학자로부터 가장 호응을 많이 받고 있는 포괄적인 분류법이다. 그러나 이 분류법에 내재되어 있는 문제점으로는 다음과 같은 것들이 있다.

(1) 이 분류법은 성인에 의한 분류로서 삼각주를 각 성인에 따라 분류하는 데에는 연구자의 능력이 많이 좌우된다. 비록 노두의 산출 상태가 양호하더라도 결론을 유도하기는 어려우며, 약간 주관적인 면이 있음을 배제할 수 없다.

(2) 이 분류법은 삼각주 전면에 대한 자료를 기준으로 하기 때문에 실제로 삼각주 전면이 파도나 조수에 의하여 얼마만큼 재동을 받느냐에 따라 그 형태가 달라진다. 즉, 이들 파도나 조수에 의한 분지의 영향이 미미하다고 연구자가 결론을 내리면 이 삼각주는 강 지배형 삼각주로 분류가 된다. 따라서 이 분류법은 초점이 해안선 충적층의 전진 발달 자체보다는 퇴적 분지의 영향에 더 맞추어져 있다는 점이다. 이에 따라 삼각주 전면의 지질 현상과는 꼭 일치하지 않는 삼각주 평원의 지질 현상은 별로 고려되지 못한다는 점이다.

(3) 이 분류법은 삼각도표를 이용하기 때문에 정량적인 또는 준정량적인 변수를 이용하여야 한다는 점이다. 여기서 문제점은 퇴적물이 재동되는 정도를 어떻게 계량화시키느냐는 점이다. 이를 단순히 파도나 조수에 의해 재동을 받는 퇴적물의 양이나 두께만으로 알아보는 데에는 무리가 따른다는 점이다.

그렇지만 이상의 적용성에 대한 문제점에도 불구하고 Galloway의 분류법은 아직도 널리 이용되고 있다.

10.3.3 삼각주 퇴적작용과 퇴적물의 수직 기록

삼각주에서 퇴적작용은 삼각주 형성 시기와 파괴 시기가 반복되면서 나타나는 경우가 대부분이다. 삼각주 형성 시기는 강으로부터 퇴적물이 계속 공급되어 삼각주의 형태를 유지하면서 점진적으로 앞으로 성장하며 퇴적이 일어나는 경우이고, 삼각주 파괴 시기는 퇴적물을 공급하는 강줄기가 해안선에 오기 전에 유로를 변경하여 삼각주에 더 이상 퇴적물을 공급할 수 없었을 때로 삼각주에는 퇴적작용이 더 이상 일어나지 않은 채 이전에 쌓인 퇴적물이 자체의 무게로 인하여 침강이 일어나는 과정에서 파도와 조수의 재동작용이 계속 일어나 점차 삼각주 상부는 원래의 형태를 유지하지 못하고, 대신 성숙도가 높은 모래 퇴적물만 해안선에 남게 된다. 각 시기에 대하여 좀더 살펴보기로 하자.

(1) 삼각주의 형성 시기

삼각주 퇴적물은 강을 통하여 운반되어 외해로 갈수록 강물의 유속이 감소되면서 싣고 가던 퇴적물에서 큰 입자 물질부터 강어귀에 떨어뜨리면서 바닥에 쌓인다. 이에 따라 공간적으로 육지 쪽 삼각주 평원에서부터 외해 쪽 전위삼각주로 갈수록 퇴적물 입자의 크기는 감소하게 된다(그림 10.30A). 따라서 강으로부터 퇴적물이 계속 공급된다면 삼각주에는 퇴적물이 계속 쌓이면서 바다 쪽으로 전진 발달을 하게 된다. 이때를 **삼각주의 형성 시기**(constructional phase)라고 하며, 삼각주 맨 하부의 퇴적물에 바다 화석이 들어있는 세립질의 이암과 실트암이 놓이고 최상부에는 삼각주 전면 상부–삼각주 평원에 해당하는 조립질의 담수 퇴적물이 쌓인다. 지질 기록상으로 보면 이러한 퇴적물의 층서 기록이 몇 번 반복되어 나타나며, 이는 주된 강줄기가 틈새하천 갈라짐(crevassing)

그림 10.30 삼각주의 형성 시기(A)와 파괴 시기(B)를 나타내는 모식도.

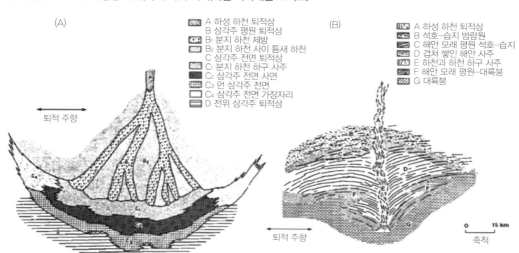

(A)
A 하성 하천 퇴적상
B 삼각주 평원 퇴적상
B1 분지 하천 제방
B2 분지 하천 사이 틈새 하천
C 삼각주 전면 퇴적상
C1 분지 하천 하구 사주
C2 삼각주 전면 사면
C3 먼 삼각주 전면
C4 삼각주 전면 가장자리
D 전위 삼각주 퇴적상

(B)
A 하성 하천 퇴적상
B 석호–습지 범람원
C 해안 모래 평원 석호–습지
D 겹쳐 쌓인 해안 사주
E 하천과 하천 하구 사주
F 해안 모래 평원–대륙붕
G 대륙붕

퇴적 주향

퇴적 주향

0   15 km
축척

이나 유로 변경으로 삼각주의 위치 변경이 반복되어 일어나기 때문이다. 이러한 삼각주의 퇴적물 기록은 강 지배형, 파도 지배형이나 조수 지배형의 경우에 상관없이 상향 조립화되는 경향을 보인다. 다만 이들 삼각주의 종류 차이는 해안선 가까이에 쌓이는 퇴적물에서만 크게 다르게 나타날 뿐이다. 즉, 삼각주 층서 기록의 상부를 강 지배형은 분지 하천 강어귀 사주, 파도 지배형은 해빈이, 그리고 조수 지배형은 조수 모래 구릉이 차지한다.

삼각주가 전진 발달하면서 성장을 하는 데에는 홍수 때 많은 퇴적물이 운반되어 하천에 쌓이고 또 분지 하천이 바다 쪽으로 점점 연장이 되면서 삼각주의 성장이 동시에 일어나는 것으로 여겨지고 있었으나, 이와는 달리 서로 다른 두 단계를 거치면서 일어난다는 것이 최근에 밝혀졌다. Shaw 와 Mohrig(2012)는 물에 잠긴 삼각주 퇴적체를 조사해 본 결과 홍수가 일어나는 동안에는 이전 분지 하천을 채우면서 분지 하천의 연결망 밖으로도 퇴적물이 누적되어 쌓인다. 다음에는 홍수가 끝난 후 홍수 때 분지 하천에 쌓였던 퇴적물의 침식이 일어나면서 분지 하천이 점차 바다 쪽으로 연장된다고 하였다. 홍수가 끝난 후에는 모래 퇴적물의 공급이 없기 때문에 수직적인 성장은 일어나지 않는다고 한다.

(2) 삼각주의 파괴 시기

삼각주로 공급되는 강의 유로가 상류 쪽에서 변경되어 삼각주로 더 이상 퇴적물의 공급이 없게 되면 삼각주 형성 시기에 쌓였던 삼각주 퇴적물은 파도나 조수에 의하여 재동작용을 받는다. 이 경우 전체 삼각주 퇴적물 중 상부 퇴적물만이 재동작용을 받는다. 점차 침강을 하면서 해침이 일어나고 해수면의 상승에 따른 해침으로 인한 퇴적물이 삼각주 층서 기록 상부에 놓이게 된다. 이 시기를 **삼각주의 파괴 시기**(destructional phase)라고 하는데, 이 경우에는 그림 10.30B에서 보는 바와 같이 단계 1 : 침식을 받은 삼각주 돌출부와 이의 가장자리에 생성된 모래톱들(barriers), 단계 2 : 해침에 의한 활모양의 모래톱 섬(해안외주) 발달과 해안선의 후퇴, 그리고 단계 3 : 내대륙붕 모래 사주의 단계를 거치며 삼각주 퇴적물의 상부 기록으로 바뀌어 간다.

그림 10.31 선상지–삼각주 환경의 모식도(Nemec and Steel, 1988). 지면에서는 선상지 환경의 특성을 나타내고 수중에서는 삼각주 환경의 특성을 나타낸다.

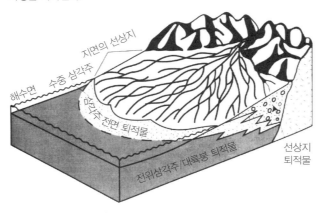

경사가 급한 산지의 계곡으로부터 빠져나온 유수로 만들어진 선상지가 직접 바다나 호수와 접하게 되면 삼각주가 만들어지는데, 이를 **선상지 삼각주**(fan delta)라고 한다. 이 선상지 삼각주는 수면 위에서는 선상지 퇴적물의 특성을 띠는 반면, 수면 아래에서는 삼각주 퇴적물의 특성을 나타낸다(그림 10.31). 선상지 삼각주나 삼각주 사면에서는 퇴적물의 공급이 많을 경우, 사면에 퇴적물

이 빠르게 퇴적이 일어난다. 그런데 이렇게 빠르게 쌓인 퇴적물에는 미처 빠져나가지 못한 많은 물이 들어있기 때문에 불안정한 상태를 유지하다 지진이나 해수면 변동과 같이 사면의 안정성에 영향을 미치는 약간의 자극만 있더라도 이 퇴적물들은 사면을 따라 무너져 내려 슬럼프와 사태의 형태로 중력에 의한 퇴적물의 이동이 일어난다.

삼각주 환경은 삼각주 평원에 담수의 습지가 넓게 형성되기 때문에 이곳은 토탄을 거쳐 석탄이 생성되는 주요한 장소가 된다. 삼각주 환경은 삼각주가 점차 전진 발달을 하면 지표면에 넓게 노출된 삼각주 평원이 생성되어 담수의 영향으로 식생이 많이 자라며, 쇄설성 퇴적물의 유입이 제한되고 또한 지하수면 역시 지표면 가까이 안정적으로 유지를 하여 토탄이 생성될 수 있는 최적의 환경 조건을 갖추게 된다.

10.4 에스츄아리

에스츄아리(estuary)란 해안선에 강 하구가 위치하는 곳에 발달한 해안 지형으로 강으로부터 공급되어 쌓이는 퇴적물의 양이 부족하여 해안선에 발달한 강 계곡을 미처 채우지 못했을 때 형성된다. 이러한 에스츄아리는 특히 신제3기(Neogene)의 후기에 해수면의 상승으로 만들어진 지형이다. 즉, 빙하기 동안 해수면의 높이가 낮아져 강의 계곡이 깊게 패인 곳은 이후 해수면이 높아지면서 상승하는 해수에 의하여 침수되어 채워지는데, 이때 강으로부터 공급되는 퇴적물의 양이 해수로 채워지는 장소를 다 채우지 못하여 강 계곡이 바닷물로 잠기면서 만들어진다. 그러나 이곳의 환경은 강으로부터 담수의 공급이 일어나므로 담수의 영향을 받는다. 에스츄아리의 해수 조성은 강 하구에 가까운 곳은 담수의 특성과 강 하구로부터 조금 멀어지면 담함수(기수, brackish water)의 특성, 그리고 바다 쪽으로 가면 정상적인 해수의 특성을 나타낸다. 에스츄아리는 밀물 및 썰물과 같은 조수의 주기에 의하여도 해수의 조성과 퇴적물의 분포에 영향을 많이 받는다. 현생의 에스츄아리 환경으로는 발틱해와 캐나다 허드슨 만 등이 규모가 큰 에스츄아리의 예이다. 우리나라에도 금강, 영산강 등 서해로 유입되는 강의 하구가 에스츄아리로 분류된다.

에스츄아리는 소조차 환경과 대조차 환경에서 서로 다른 지형적인 특성을 나타내며 이에 따라 퇴적물의 기록도 다르게 나타난다(그림 10.32). 소조차 환경의 에스츄아리에는 에스츄아리의 입구에 파도의 재동작용으로 해안외주가 발달하며, 이 사주를 가로지르는 조수의 출입로가 발달한다. 또한 에스츄아리의 가장 안쪽은 하천의 하구에 해당하는 부근에 만 두부 삼각주(bay-head delta)가 생성된다. 그리고 해안외주와 만 두부 삼각주 사이에는 수심이 깊은 중앙 분지가 위치하며 이곳에는 세립질의 퇴적물이 쌓인다. 이에 반하여 대조차 환경에는 담수와 조수가 하나의 하천으로 연결되어 만조와 간조에 각각 조수와 담수가 흐르는 하천이 발달하며 그 주변으로 넓은 범위의 염습지가 발달한다. 에스츄아리의 입구에는 여러 개의 조수 모래 사주가 조수의 유출입 방향에 평행하게 발달한다.

그림 10.32 에스츄아리의 상대적 에너지 비율(1), 소환경의 공간 분포(2)와 C–C'의 단면 퇴적 모델(3). (A) 이상적인 파도 지배형 에스츄아리와 (B) 이상적인 조수 지배형 에스츄아리.

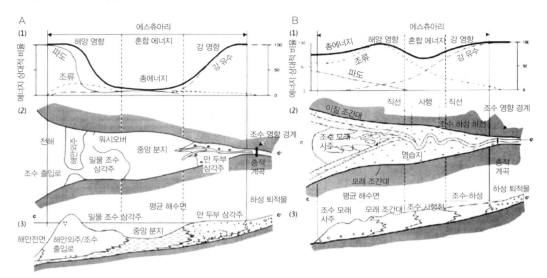

11

쇄설성 해양 환경

11.1 대륙붕 환경

대륙붕은 해안에서부터 바다 쪽으로 해수에 잠겨있는 대륙의 가장자리에 해당된다(그림 11.1). 대
륙붕의 표면은 해안선으로부터 대륙사면까지 완만한 경사를 이루며, 수심은 100~200 m까지 이
른다. 대륙붕의 폭은 수십 km에서 수백 km까지 매우 다양하며, 표면의 경사도는 대부분이 km당
2~4 m로 나타난다.

해안전면에서 외해까지의 대륙붕의 단면을 살펴보면(그림 11.2), 조립질 퇴적물이 해안선 가까
이에 나타나며 외해로 갈수록 지층의 두께도 감소하는 경향을 보인다. 그렇지만 생교란작용의 정
도는 외해 쪽으로 갈수록 증가하며 상부의 머드층 두께도 증가한다. 만약 퇴적물이 점진적으로 외
해로 운반되어 쌓이면 전반적인 퇴적 기록은 퇴적물의 상향 조립화와 퇴적층의 두께가 상향으로
두꺼워지는 경향을 나타내며 생교란작용의 정도는 상향 감소화가 일어난다.

대륙붕 수심에 따른 분대는 특히 폭풍이 있을 시 퇴적층에 기록으로 남는 소구 사층리에 의하여
지질 기록에서 널리 이용되고 있다. 즉, 해안전면(shoreface)과 전이대(transition zone)의 수심 구분

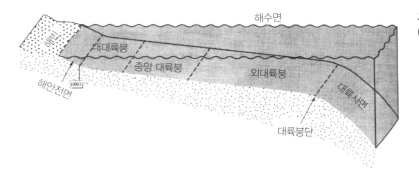

그림 11.1 대륙붕의 분대 (Boggs, 2011).

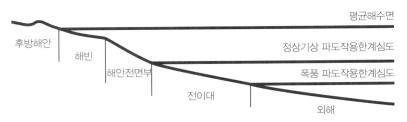

그림 11.2 대륙붕의 전형적인 단면도. 대륙붕의 수심은 정상적인 기상 조건의 파도작용한계심도(wavebase)와 폭풍 파도작용한계심도(storm wavebase)에 따라 분대를 하였다.

그림 11.3 비활성 대륙 연변부와 활성 대륙 연변부에 발달하는 대륙붕의 3차원 모델(Harris and Whiteway, 2011). 대륙붕의 폭과 대륙사면의 경사도가 두 대륙 연변부에 다르게 나타난다.

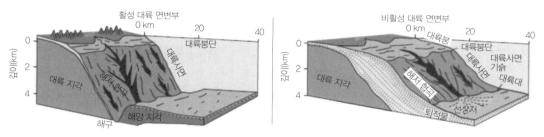

은 정상 기상 시 발생하는 파도에 의한 파도작용한계심도(wavebase)로 구별하며 퇴적물 기록에서는 파도 연흔과 사구가 나타나는 해안전면과 소구 사층리가 발달하는 전이대로 구분한다. 또한 소구 사층리가 발달하는 전이대와 외해(offshore)와는 폭풍 파도작용한계심도로 구분을 하고 지질 기록으로 전이대에는 머드 퇴적이나 실트질 퇴적물 내에 소구 사층리가 관찰되며, 외해의 퇴적물은 주로 머드로 이루어진 퇴적물이 나타난다.

대륙붕의 형태는 조구조 환경에 주로 영향을 받는다(그림 11.3). 수렴하는 판의 경계부를 따라 나타나는 대륙붕은 그 폭이 좁게 나타나고 대륙붕단의 사면까지 경사가 급한 편이며, 변환단층이 발달하는 판의 경계부에는 대륙붕이 약간 더 넓어진다. 수동적으로 이동하며 확장되는 판 경계부의 대륙 연변부에 발달하는 대륙붕은 대체로 폭이 넓게 발달하며, 이 경우에는 대륙붕의 모양은 지각이 깊은 곳의 구조, 즉 단층작용이 일어나 육지 쪽으로 기울어진 지괴나 암초 등에 영향을 받는다.

11.1.1 퇴적물 분포

대륙붕과 대륙사면의 경계는 다양한 구조적인 특성이 있다(그림 11.4). 대륙붕단은 기반암의 융기부, 습곡이나 단층 위에 쇄설성 퇴적물이 얇게 덮고 있거나(그림 11.4A,C), 탄산염 대지(그림 11.4D)나 화산 융기부(그림 11.4E), 또는 암염 구조작용에 따른 암염 돔과 암염 다이어피어(그림 11.4F)로 이루어져 있다. 대륙붕 퇴적물은 대륙과 이들 구조적인 지형적 장애물 사이의 낮은 지역에 채워지며 쌓인다. 시간이 지나면서 지형적인 기복은 완만해지며 대륙붕에서 대륙붕단을 넘어 대륙사면까지 퇴적물이 쌓인다. 활성형의 대륙연변부는 전호 분지(foreland basin)나 전호 분지와 후호 분지(back-arc basin)가 함께 관련되어 나타난다.

홀로세의 해수면 변화는 약 17,000년 전부터 7,000년 전까지는 1 cm/년의 비율로 해수면이 급격히 상승하였다. 이에 따라 해수면이 낮았을 당시 해안 평원에 쌓인 퇴적물은 비교적 빠른 속도의 해침 현상에 의하여 수십 m의 해수로 잠겨버리게 되었다. 이렇게 해수에 잠김으로 인해 육지에서 공급되는 퇴적물은 이전의 해안 평원 퇴적물 위로 발달된 대륙붕까지 이동되지 못하고 육지로 물러난 해안선 가까이에 머물러 쌓이게 되었다.

약 7,000년 전에는 해수면이 현재의 위치보다는 10 m 정도 아래에 놓여있었다. 이때부터 현재까지는 해수면이 약 7년에 1 cm 정도로 서서히 상승하였다. 이 기간 동안 해안선의 후퇴는 크게 일어

그림 11.4 대륙붕의 외해 쪽에 발달한 구조적인 지형 장벽의 종류(Hedberg, 1970).

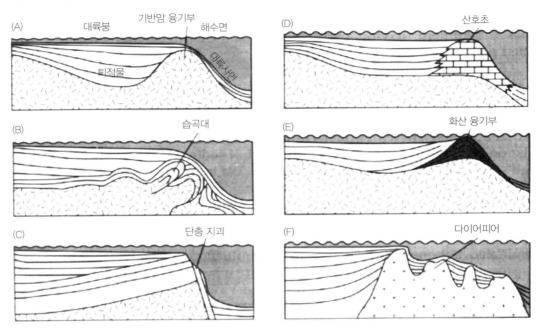

나지 않았으므로 많은 육상 퇴적물이 연근해 대륙붕 지역으로 운반되어 얇은 두께의 대륙붕 퇴적물이 쌓였다. 이에 따라 현재 대륙붕 퇴적물의 대부분은 과거 플라이스토세의 빙하기 동안 해수면이 낮았을 당시 육상 환경에 쌓였던 퇴적물이 마지막 빙하가 녹음으로 인한 빠른 속도의 해수면 상승으로 해수에 잠긴 잔존 퇴적물과 이들이 약간 재동된 퇴적물이다. 이들 퇴적물은 해안가 부근에서 국부적으로 많이 퇴적된 현생의 쇄설성 퇴적물에 의해 얇게 덮여있을 뿐, 대부분은 대륙붕 표면에 널리 분포하고 있다.

　Emery(1968)는 현재의 대륙붕에 분포하는 퇴적물을 5가지로 나누었다. 이들은 (1) **해록석**(glauconite), **인산염**(phosphate)과 **차모사이트**(chamosite)로 구성되어 있는 자생의 퇴적물(authigenic sediment), (2) 주로 조개류의 파편으로 구성된 유기 퇴적물(organic sediment), (3) 대륙붕의 표면에 노출되었던 고기 암석으로부터 유래된 잔류 퇴적물(residual sediment), (4) 강과 침식을 받은 해안으로부터 유입된 쇄설성 퇴적물, (5) 해수면이 낮았을 당시에 현재의 대륙붕 위치에 쌓였던 잔존 퇴적물(relict sediment)이다. Emery는 이중 다섯 번째인 잔존 퇴적물이 현재의 대륙붕에 가장 많이 분포하는 퇴적물이라고 하였으나, 그 후 Swift 등(1971)에 의하여 이들 대륙붕의 잔존 퇴적물들은 비록 이들이 해수면이 낮았을 당시 얕은 곳에 쌓였을지라도 현재의 대륙붕 환경에서 여러 작용에 의하여 평형을 이루고 있으므로 이를 **재동 퇴적물**(palimpsest)이라고 명명하였다. 현재 이 재동 퇴적물은 대부분의 대륙붕에 나타나는 것으로 알려진다. 대륙붕 환경에만 특징적으로 산출되는 해록석[$(K, Na)(Fe^{3+}, Al, Mg)_2(Si, Al)_4O_{10}(OH)_2$]은 현생에서는 수심이 $> 50\,m$에서만 생성되고 퇴적 속도가 느려 퇴적물 내의 공극수가 해수와 교환이 일어나는 기간이 상당히 길 때에만 생성되는 것으로 알려지고 있다.

대륙붕에서 (1)과 (3)의 퇴적물은 소량으로 나타나며 저위도 지방을 제외하고는 유기 퇴적물도 역시 소량 분포한다. 그러나 퇴적물이 쌓이는 속도가 낮은 경우에는 이들 세 종류의 퇴적물 비율이 증가하게 된다. 현재 대륙붕에서 퇴적물 분포 현황을 보면 약 2/3 정도의 잔존 퇴적물과 재동된 퇴적물은 외대륙붕에 분포하며 현생의 대륙붕 퇴적물은 내대륙붕에 존재한다. 따라서 동일과정의 법칙으로 적용할 수 있는 대륙붕 환경의 모델 설정은 현생의 내대륙붕 퇴적물의 연구로만 고기의 암석 기록에 이용 가능하다. 이에 따라 현재의 대륙붕은 대륙붕의 전반적인 퇴적작용에 대한 모델을 제시하는 데는 부적격하다. 홀로세 동안 일어난 해수면 상승은 기후의 갑작스런 변화로 인해 일어났으나 지질 시대에는 해수면의 변화에 영향을 미치는 기작이 홀로세와는 달랐을 것이다. 따라서 현재 대륙붕에서 일어나고 있는 퇴적작용은 퇴적작용이 일어난 기간이 너무 짧아 대부분의 퇴적상 모델을 만들 수 있는 충분한 퇴적 기록이 만들어지지 않았기 때문에 대륙붕의 퇴적 모델은 대부분 고기의 암석 기록에서 유추를 한다. 그 이유는 지난 수천 년 동안 빠르게 해수면이 변화하여 이와는 상당히 달랐으리라 여겨지는 고기의 대륙붕 퇴적물 기록에 적용하기는 어렵다. 홀로세의 해수면 상승은 그 정도나 속도가 지질 시대의 경우와 비교해 볼 때 아주 다를 것으로 여겨진다. 현재의 대륙붕 연구에 의하면 대륙붕은 해침이 일어나는 동안 강 등의 외부로부터 유입되는 퇴적물은 비교적 적으며 대부분의 퇴적물은 내해안 또는 해안전면(shoreface)이 침식되거나 혹은 해안전면을 그대로 통과하여 퇴적 분지 내에 쌓인 것이다. 이들 퇴적물들은 해수면이 상승하며 해안전면이 육지 쪽으로 후퇴를 함에 따라 대륙붕의 전반에 두께가 얇은 모래 퇴적물을 분산하여 쌓아놓았다. 이들 모래 퇴적물들은 주기적으로 대륙붕에서 일어나는 작용에 의해 재이동되기도 한다.

대륙붕에 있는 퇴적물은 크게 세 가지 퇴적상으로 분류가 된다. 이에는 모래상, 머드상과 모래와 머드의 혼합상이다. 모래상은 잔존 퇴적물, 재동된 퇴적물과 근해의 모래 퇴적물로 이루어져 있다. 머드는 주로 강에서 유래된 외부기원 퇴적물이며, 혼합 퇴적물은 이들 모래와 머드 퇴적물이 생물에 의하여 교란작용을 받아 나타난다. 모래상은 크게 다섯 가지 유형으로 나뉘어 괴상(massive, 1st), 선형의 모래 구릉(sand ridge, 2nd), 모래 물결(3rd), 모래 리본(4th)과 모래 패치(patch, 5th)가 있으며, 이들은 해수의 이동 속도가 점차 느려짐에 따라 나타나는 것으로 알려진다.

현재의 대륙붕에 분포하는 쇄설성 퇴적물을 보면, 비교적 좁은 범위의 퇴적물 입자가 분포를 하는데 이는 대륙붕에서 퇴적물을 운반하는 기작과 퇴적물 공급지의 영향인 것 같다. 실제로 해수면이 상승하고 있을 때 대륙붕으로의 퇴적물 공급은 해안전면 지나치기(shoreface bypassing)라는 작용에 의한 해안선의 침식에 의해서이다. 해안전면에서 침식된 퇴적물은 외대륙붕 해저에 평형 상태를 유지하기 위해 운반된다. 만약 침식이 일어나지 않는 해안선이 있다면 이곳은 해수면이 상승함에 따라 해수에 잠기게 된다.

11.1.2 대륙붕 퇴적작용

현재의 대륙붕에서 일어나는 퇴적작용은 크게 북해와 황해 같이 조수가 주요한 기작으로 작용하는 곳과 북미의 대서양과 같이 파도와 폭풍이 주로 작용하며 나타나는 곳으로 구별된다. 비록 대부분의 천해에서는 파도에 의하여 일어나는 작용이 주요하게 작용하지만 외대륙붕의 환경에서 모래를 운반하는 작용으로는 조류에 의하여 밑짐으로 운반되는 경우와 폭풍이 일어나는 동안 부유 상태로 운반되는 두 가지 기작이 있다. 따라서 고기의 대륙붕 퇴적물은 조수 퇴적물이나 폭풍 퇴적물 혹은 이 두 가지 운반기작이 모두 일어난 퇴적물로 해석되고 있다.

미국의 대서양 해안은 폭풍이 지배적으로 작용하는 곳이다. 대부분의 해류는 바람에 의해 형성된 해류이며 조수가 있더라도 잠깐 동안만 작용하며 퇴적물을 이동시키는 데에는 기후에 의해 형성되는 해류보다는 덜 중요하게 작용한다. 이곳에서의 모래 퇴적물의 주된 공급원은 해수면의 상승에 따른 해안전면의 침식에 의해서이다. 해안전면이 후퇴를 하게 되면 퇴적물의 공급지도 사라지게 되며 해침에 의한 대륙붕의 퇴적물은 층서 기록에서 아주 적은 부분으로 나타날 것이다.

그림 11.2와 같이 파도의 크기에 따른 비교적 명확한 개념인 파도작용한계심도를 이용하여 퇴적물이 쌓인 수심을 해석하기 위한 시도는 오래 전부터 이루어져 왔으나, 문제는 퇴적물에 나타나는 퇴적 구조는 수심과는 직접 관련되지 않고 대신 퇴적물의 특성과 퇴적물-물 사이의 경계면 위에 있는 물의 수력학적인 상태와 관련이 있다는 점이다. 즉, 이상에서 두 개로 나누는 파도의 크기에 따른 정상 기상 시 파도작용한계심도와 폭풍 파도작용한계심도에 대한 관념적인 사고와는 달리 최근의 연구 결과에 의하면 해양의 수력학적인 상태와 파도의 영향 깊이 사이에는 이상과 같은 두 가지 수심의 개념이 필요하지 않다는 것이다.

Peters와 Loss(2012)는 미국 동부 해안과 멕시코 만/카리브 해에 설치된 부표(buoy)에 기록된 지난 23년간의 자료를 분석한 결과 파장은 지금까지 여겨져 왔던 두 개의 크기로 나타나는 것이 아니라 단일 모드로 나타난다는 것을 알아냈다. 즉, 정상 기상 파도와 폭풍 파도작용한계심도를 나타내는 두 개의 크기를 가지는 파도가 있는 것이 아니라 단일 모드의 파도만 있다는 것이다. 단지 미국 동부 해역과 같이 외해로 열린 해양에서의 가장 빈도가 높은 파장은 약 120 m, 멕시코 만/카리브 해와 같이 약간 육지로 둘러싸인 바다에서는 가장 빈도가 높은 파장이 약 70 m로 해양의 조건에 따라서만 파장의 길이가 차이가 난다고 하였다(그림 11.5A). 이러한 자료를 바탕으로 Peter와 Loss(2012)는 대륙붕 층서 기록을 파도작용한계심도의 누적확률로 설명하고자 하였다(그림 11.5B와 C). 즉, 폭풍이 관측하는 부표 바로 위로 지나가면 진동-혼합류가 형성되어 소구 사층리가 만들어질 것이다. 그러나 먼 곳에서 발생한 폭풍으로 만들어진 큰 파도(swell)는 비록 앞의 경우와 같은 크기의 파도를 만들지만 이때는 진동류를 형성한다. 이에 따라 파도의 크기만으로 파도의 수력학적인 상태를 예측할 수 없다고 하였다.

이와 같이 파도의 크기와 수력학적인 관계가 없다는 것은 지질 기록의 층서를 해석하고 대륙붕의 수심을 알아보는 데 많은 새로운 관점을 제시한다. 얕은 바다에서 만들어지는 소구 사층리는 폭풍이 지나간 후 정상 기상에서 파도의 작용과 생교란작용으로 다시 재동될 수 있는 가능성이 높기 때문에 소구 사층리가 보존될 가능성은 매우 낮다. 물론 해안전면과 조석대지에서 소구 사층리가 만들어져 나타난다는 것이 보고가 되었지만 얕은 바다의 조건에서 진동-혼합류에 의하여 만들어지는 퇴적 구조가 보존될 수 있는 가능성은 아주 낮은 편이다. 이와는 달리 깊은 대륙붕은 파도의 영향을 받을 기회가 적고 또한 퇴적물의 공급이 제한적이다. 따라서 전이대나 먼 바다와 같이 수심이 깊은 곳에서 퇴적 구조가 생성되고 보존되기 위해서는 폭풍 시 발생하는 폭풍파와 해안에 도달한

그림 11.5 미국 동부 해안(검은색)과 멕시코 만/카리브 해(회색)에 설치된 부표에서 얻은 파도 크기 자료(Peters and Loss, 2012). (A) X축은 파장(λ)의 길이(m)를 나타내며 Y축은 파장 길이의 밀도 분포를 나타낸다. (B) 파장의 절반길이(파도작용 한계심도)의 누적확률분포. (C) (B)에 나타나는 파도작용한계심도의 누적확률 분포로 예상되는 전형적인 대륙붕 층서 기록.

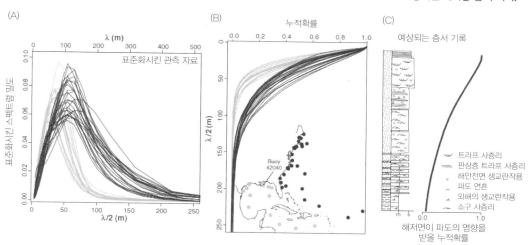

폭풍파가 다시 외해로 빠져나가는 빠른 물의 흐름과 서로 섞여 나타나는 진동-혼합류에 의하여 대륙붕을 가로질러 퇴적물을 운반하는 기작과 밀접하게 관련이 있다. 물론 큰 파도에 의해 이렇게 쌓인 퇴적물과 만들어진 퇴적 구조가 정상 기상 상태에서 재동될 수 있는 가능성은 있지만 외해에서는 그 가능성이 매우 낮다.

이상에서 살펴본 파도의 작용이 주되게 작용하는 대륙붕과는 달리 유럽에 위치한 북해의 대륙붕은 조수가 주로 작용하는 곳으로 이곳도 역시 해수면의 상승에 따라 해안선은 천천히 육지 쪽으로 후퇴를 하는 상태이다. 외부에서 유입되는 머드는 조수의 영향이 미치지 않는 깊은 곳에 쌓이거나 머드의 공급이 조수에 의해 다른 곳으로 빠져나가는 비율보다 높은 독일과 네덜란드의 해안가에 쌓인다. 북해 대륙붕의 모래는 대부분이 빙하기의 퇴적물이거나 해수면이 상승하는 동안 해안전면이 침식되어 공급되었다. 조류에 의한 퇴적물의 이동은 지구 자전의 영향으로 **코리올리힘**(Coriolis force)의 작용에 의해 회전을 하는 조수의 흐름을 따른다. 이에 따라 조석의 주기 동안 개개의 물 입자는 폐쇄된 타원형 궤도를 따르게 된다. 외해에서는 이 타원형 궤도가 대칭적이나 분지의 형태나 마찰력은 이 타원형을 변형시켜 거의 사각형인 해류가 생성되기도 한다. 후자의 경우에 이러한 조건 하에서 밀물(flood tide)과 썰물(ebb tide)이 서로 유속이 같지 않을 경우 잔류 조류를 형성하여 퇴적물을 한 방향으로 이동시키게 된다(그림 11.6). 이와 같이 한 방향으로 흐르는 조류에 의해 모래질 퇴적물이 운반되면 그 내부에는 한 방향으로 잘 발달한 사층리가 생성된다.

조수가 주로 작용하는 대륙붕에서 퇴적물이 운반되는 방향에 따라 생성되는 이상적인 퇴적층 형태는 그림 11.7에 도시되어 있다. 조류의 속도가 약 150 cm/s로 빠를 때에는 해저면은 침식이 일어나며 해저면에는 침식에 의하여 조류의 방향과 평행한 긴 고랑과 자갈로 이루어진 물결 모양의 퇴적체가 남겨진다. 조류의 속도가 하류 쪽으로 가면서 점차 줄어든다면 상류 쪽에서 침식된 퇴적물이 조류에 평행한 모래 리본 퇴적물, 대규모 사구, 작은 사구, 그리고 연흔이 발달한 판상 모래층으

그림 11.6 한반도 서해 남단의 천해에 발달한 오다남 사퇴의 퇴적물 분산 경로(Klein et al., 1982). 화살표로 표시된 모래 퇴적물의 이동 경로는 시간에 따른 창조류와 낙조류의 속도 비대칭에 의하여 결정된다.

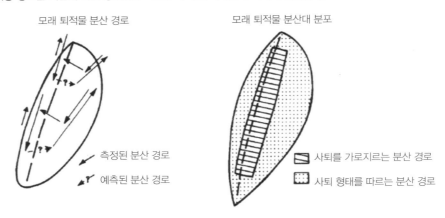

모래 퇴적물 분산 경로

모래 퇴적물 분산대 분포

측정된 분산 경로

예측된 분산 경로

사퇴를 가로지르는 분산 경로

사퇴 형태를 따르는 분산 경로

그림 11.7 조수가 주로 작용하는 대륙붕에 퇴적물이 운반되는 경로를 따라 발달하는 이상적인 퇴적층 형태(bedform)의 발달 순서(Belderson et al., 1982). 창조류(spring tide)의 최대 속도에 따라 발달하는 퇴적층 형태가 다이어그램의 가장 자리에 표시되어 있다.

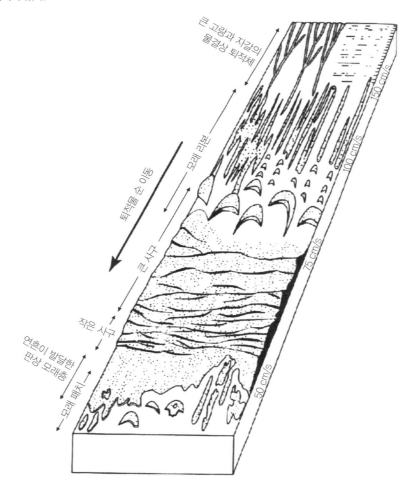

큰 고랑과 자갈의 물결상 퇴적체

150 cm/s

사주

100 cm/s

퇴적물 순 이동

75 cm/s

큰 사구

작은 사구

50 cm/s

연흔이 발달한 판상 모래층

로 바뀌다가 결국에는 모래 패치 퇴적물로 바뀐다. 모래 퇴적물의 공급이 충분하다면 모래 구릉(sand ridges)이 사구가 발달한 지대에 나타나기도 한다.

대부분의 조수가 작용하는 대륙붕의 모래 퇴적물에는 사층리가 잘 발달되어 있다. 연흔과 작은 사구가 이동을 하면서 작은 규모의 사층리와 연흔 사엽층리가 만들어지기도 하지만 대규모 사구와 모래 구릉이 이동하면 대규모의 사층리가 형성된다. 사층리의 전면 경사 방향은 조수의 영향에 따라 양 방향(그림 11.8)이거나 한 방향으로 발달을 한다.

그림 11.8 조수가 주로 작용하는 대륙붕의 모래 물결(sand wave) 퇴적물에 발달한 양 방향의 사층리. 32억 년 전(시생대)의 Moodies 층군(남아프리카공화국 Barberton; Eriksson and Simpson, 2000 참조).

이렇게 조수가 주로 작용하는 대륙붕에는 폭풍이 주로 작용하는 머드로 이루어진 대륙붕의 퇴적물에 비하여 대부분의 퇴적물이 모래로 이루어졌으며 이에 따라 생교란작용도 드물게 나타난다.

11.1.3 고기 쇄설성 대륙붕 퇴적물 기록

고기의 대륙붕 퇴적물을 해석하는 데에는 현생의 대륙붕에 대한 연구의 결과를 이용할 수 있으나, 앞에서 현생의 대륙붕이 고기의 대륙붕에는 적절한 예가 되지는 못한다고 하였다. 현생의 대륙붕에는 잔존 퇴적물이 많이 분포를 하고 있는데, 이러한 예는 일반적인 양상이 아닌 것이고, 또한 고기의 대륙붕으로 해석되는 퇴적물에는 폭풍에 의하여 생성된 소구 사층리층이 나타나는 것으로 여겨지고 있지만 실제 이 퇴적층은 현생 환경에서는 아주 드물게 보고되고 있기 때문이다. 지질 기록에서 과거에 대륙붕에 쌓였다고 여겨지는 퇴적물은 다음과 같은 특징을 가지고 있다. (1) 퇴적체가 판상이고, (2) 아주 넓게 횡적으로 분포하며 두께 역시 매우 두꺼운 편이며, (3) 모래 퇴적물의 성숙도는 중간 정도로 석영이 장석과 암편보다는 더 많이 산출되며, (4) 층리는 수평적으로 잘 발달되어 있으며, (5) 폭풍에 의해 쌓인 퇴적물이 간혹 나타나며, (6) 정상적인 염분의 해양에 사는 생물의 다양한 화석이 풍부하게 산출되며, (7) 흔적 화석 역시 대륙붕 환경이라는 것을 지시한다.

대륙붕에서의 퇴적작용에 기후가 주되게 영향을 미쳤던 고기 대륙붕 퇴적물을 해석하는 데 유용하게 이용되는 퇴적 구조는 소구 사층리(hummocky bedding)와 분급을 이룬 폭풍 퇴적물(graded storm deposits)이 있다(그림 5.15 참조). 소구 사층리는 폭풍이 일어나는 동안 다음의 세 가지 기작 중 하나에 의해 만들어지는 것으로 알려지고 있다.

(1) 진동류(oscillatory flow)
(2) 한 방향이 주된 혼합류(unidirectional-dominated combined flow)
(3) 진동류가 주된 혼합류(oscillatory-dominant combined flow)

그림 11.9 소구 사층리층(최하부) 위에 놓인 평행 엽층리층(축척이 있는 구간) 상부에 발달한 생교란작용. 색이 조금 어두운 수직의 *Skolithos* 흔적 화석과 그 위에 심하게 생교란작용을 받는 층준이 있다. 전기 오르도비스기 동점층(강원도 태백).

소구 사층리는 폭풍이 절정에 달했을 때 해저면을 침식시킨 곳에 퇴적물이 채워져 형성되는데, 경사가 낮고 곡선을 이룬 엽층리로 구성되어 있으며 이 층리는 뚜렷한 사층리를 가지지 않으며 낮은 각도의 침식면으로 구분된다. 엽층리는 하부의 침식면에는 평행하게 나타나고 횡적으로 두꺼워지기도 하며 상부로 갈수록 경사는 감소한다. 이 소구 사층리는 폭풍에 의한 해류와 파도의 궤도 해류의 합작품으로 형성되는 것으로 해석되고 있다. 이 소구 사층리는 해안전면과 조석대지에서도 보고되어 있으나, 이 층리의 보존 가능성은 정상적인 해양 조건에서 파도나 해류의 영향에 의해 퇴적물이 재동을 받지 않는 내대륙붕에서 가장 높다. 폭풍의 세기가 계속 약해지면 점차 평행 층리를 갖는 층 그리고 나중에는 연흔을 갖는 층이 쌓이고, 만약 머드가 존재한다면 머드 퇴적물은 폭풍이 지난 후 뜬짐 상태에서 가라앉아 퇴적 기록의 최상부를 덮으며 나타난다. 이 층서 기록은 한 번의 폭풍이 전성기에서부터 소멸될 때까지의 퇴적 기록을 나타내며 다음 폭풍이 다시 있을 때까지는 상부에 놓인 지층들은 생교란작용을 받는다(그림 11.9). 따라서 생교란작용의 정도는 상부에서부터 일어나기 때문에 이 생교란작용의 정도는 지층의 상부에서 하부로 가면서 줄어든다.

점이층리를 나타내는 폭풍 퇴적물은 소구 사층리를 이룬 퇴적물이 쌓이는 수심보다 더 깊은 곳에 나타나며, 여기에도 폭풍의 강도와 소멸에 따른 관계를 나타내며 쌓여있다(그림 11.10). 점이층리를 나타내는 폭풍 퇴적물은 평균 유속 성분이 파도의 궤도 성분보다 클 때 나타난다. 이 퇴적물의 최하부에는 침식면을 보이며 경우에 따라서는 바닥면 자국(sole mark)이 관찰된다. 이 침식면 위에는 인트라클라스트(intraclast)를 함유하는 조립질 퇴적물이 놓이고 그 위에 층리를 이루지 않으며 입자의 크기가 상향 세립화되는 경향을 보이는 지층이 쌓인다. 그 위에는 수평층리를 갖는 지층과 파도에 의한 연흔을 갖는 지층이 쌓이고 폭풍의 퇴적물에 머드가 많이 나타나면 최상부는 세립질의 퇴적물에 의하여 덮인다. 이 점이층리를 나타내는 폭풍의 퇴적물은 현재 대륙붕에서 많이 보고되었으나 이들은 중력류에 의해 형성되는 부마층리(Bouma sequence)와 매우 유사하기 때문에 저탁류 퇴적물로 해석되기도 한다. 그러나 대륙붕은 기울기가 낮은 사면이기 때문에 저탁류를 일으킬 가능성이 낮으며 또한 일어난다 하더라도 오래 지속되어 흐를 수가 없다.

소구 사층리는 현생의 대륙붕 퇴적물에서는 거의 나타나지 않지만 선캠브리아 시대에서부터 제4기에 이르는 전 지질 시대에 걸쳐 많은 고기의 대륙붕 퇴적물에서 보고가 되었다. 소구 사층리는 대륙붕 퇴적물의 가장 특징적인 퇴적 구조로 알려지고 있다. 소구 사층리층은 생교란된 이암과 흔

그림 11.10　연안과 대륙붕에 생성된 폭풍 퇴적층의 해안선에 근접한 곳(proximal) – 먼 곳(distal) 간의 발달 양상(Aigner and Reineck, 1982). (A) 근접도(proximality) 경향을 나타내는 공간적, 수직적인 변화. (B) 개별 폭풍 퇴적물의 수심에 따른 횡적인 변화.

(A) 근접도 경향

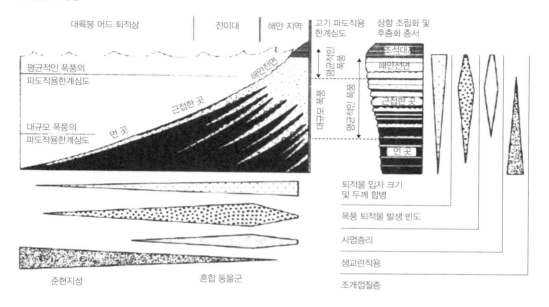

(B) 대륙붕 머드

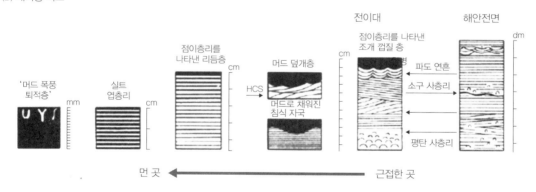

히 교호를 하고 있다. 폭풍이 작용하는 대륙붕에서 대륙붕에 운반되는 퇴적물의 종류에 따라 폭풍 퇴적물은 서로 다르게 나타난다(그림 11.11). 잘 알려진 소구 사층리를 가지는 폭풍 퇴적물은 주로 세립질의 모래 퇴적물이 운반되는 경우에 생성되는 것으로 알려지고 있다. 캐나다 백악기의 역질 폭풍 퇴적물을 연구한 Cheel과 Leckie(1992)에 의하면 조립질의 퇴적물이 폭풍의 작용으로 해안선 근처에서 침식되어 운반되어 대륙붕에 쌓인다면 소구 사층리층은 생성되지 않고 하부에 침식의 경계를 가지며 육지 쪽으로 경사를 가지며 인편 구조를 보이는 역암층이 쌓이고 그 위로 사층리를 가지는 역암층이 역시 주로 육지 쪽으로 경사를 나타내며 놓이며 약간의 양 방향의 사층리 구조도 나타나기도 한다. 점차 상부로 가면서는 모래의 함량이 높아지며 역암층 상부는 큰 규모의 대칭형 연

그림 11.11 폭풍이 주로 작용하는 대륙붕에 발달한 이상적인 조립질 폭풍 퇴적층과 세립질의 소구 사층리를 나타내는 폭풍 퇴적물의 비교(Cheel and Leckie, 1992). 유수 벡터의 길이는 주어진 방향으로의 유수가 작용한 시간보다는 유수의 강도를 나타낸 것이다.

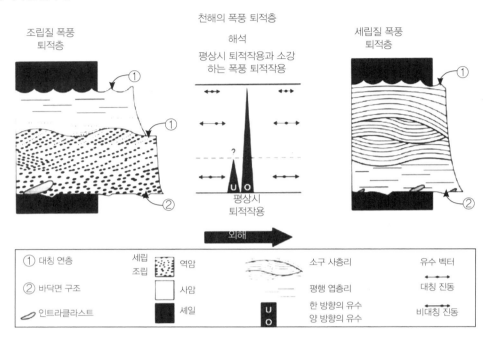

흔으로 덮인다. 역암층 위로는 중립질의 사암이 놓이며 그 하부에는 잔자갈이 하부의 역암층과 접하며 나타나는데, 이 잔자갈들은 외해 쪽으로 경사를 가진 인편 구조를 나타낸다. 상부의 모래 퇴적물은 점차 입자가 작아지며 대칭 연흔을 나타낸다. 폭풍 역암층은 아마도 자갈 해빈이나 근방에서 운반되어 쌓인 것으로 해석할 수 있다. 이 경우 폭풍 역암층의 분포 범위는 고해안선에서 그리 멀리 떨어지지 않는 곳으로 한정될 것으로 예상된다. 자갈 퇴적물은 폭풍파에 의해 일단 운반된 후에는 폭풍파에 의해 재동을 받은 것으로 나타나는데 육지 쪽으로 경사진 인편 구조를 나타내는 것으로 보아 폭풍파는 점차 수심이 낮아지면서 비대칭의 해류를 형성한 것으로 여길 수 있다.

조수가 주로 작용하는 고기의 대륙붕의 퇴적물은 사층리를 이룬 사암으로 이루어져 있다. 이 사암층의 고수류 방향은 경우에 따라 국부적으로 양 방향(bipolar)의 사층리 방향이 관찰되기도 하지만 대체로 단모드로 나타나는데, 이는 모래 퇴적물이 쌓일 당시 광역적으로 퇴적물의 주된 운반 경로의 영향 때문이다. 또한 재활성화면(reactivation surface)도 많이 나타난다. 이에 비하여 고기에 폭풍이 주되게 작용하였던 대륙붕 퇴적물은 조수의 대륙붕 퇴적물보다는 훨씬 많은 머드 퇴적물로 이루어졌다. 또한 소구 사층리층과 폭풍 퇴적층도 흔히 산출된다.

지금까지 연구된 고기의 대륙붕 퇴적물을 바탕으로 퇴적물이 쌓일 당시 조수나 폭풍이 주되게 작용을 하였는가 그리고 해침이나 해퇴가 있었는가에 대한 퇴적물 층서 모델을 작성할 수 있었다. 물론 대륙붕 퇴적물 기록을 일반화시키는 것은 어렵지만 한 가지 대륙붕에 해침이 일어난다면 그 기록은 상향 세립화하는 층서 기록을 나타낼 것이고, 해퇴가 일어난다면 상향 조립화의 층서 기록

그림 11.12 대륙붕 퇴적물 층서 모델(Galloway and Hobday, 1983). (A) 조수가 주로 작용하는 대륙붕에 해침 현상이 일어날 때 생성되는 상향 세립화의 이상적 퇴적물 기록. (B) 폭풍이 주로 작용하는 대륙붕에 해침 현상이 일어날 때 생성되는 상향 세립화의 이상적 퇴적물 기록. (C) 폭풍이 주로 작용하는 대륙붕에 해퇴 현상이 일어날 때 생성되는 상향 조립화의 이상적 퇴적물 기록.

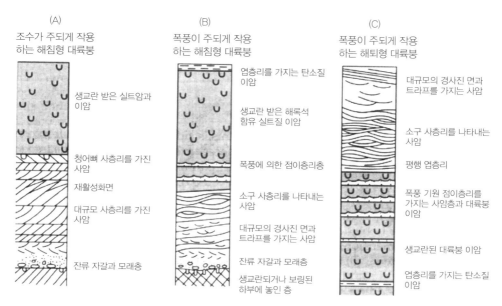

을 나타낼 것이라는 기본 개념으로 출발을 한다. 그림 11.12에는 이상적인 대륙붕 퇴적물 모델이 제시되어 있다. 그런데 이 모델들은 어디까지나 대륙붕 퇴적물을 해석할 때 참고하는 기본 개념으로만 이용을 하고, 해침이나 해퇴가 일어날 때 실제로는 이러한 모델과는 아주 차이가 날 것이란 점을 염두에 두어야 한다.

　고기의 대륙붕 퇴적물은 지질 시대 전반에 걸쳐서 모든 대륙에서 산출된다. 아마도 대륙붕 퇴적물이 지질 기록에서 가장 많이 보존된 암석일 것이다. 가장 많이 연구된 고기의 대륙붕 퇴적물은 백악기에 북미 대륙을 남·북으로 가로지르며 발달한 Western Interior Seaway에 쌓인 퇴적물로 Bergman과 Snedden(1999)이 편집한 참고문헌을 참고하기 바란다.

11.2 대륙사면 및 심해 환경

11.2.1 대륙사면

대륙사면은 현생의 해양에서는 평균 수심이 약 130 m 정도에 해당하는 대륙붕단에서 심해저 평원으로 연장되어 있는데(그림 11.13), 대륙사면의 하부 경계는 수심이 약 1500~4000 m에 이른다. 대륙사면은 폭이 약 10~100 km로 비교적 좁은 편이며 대륙붕에 비하여 사면의 기울기는 좀더 급하다. 현생 해양에서 평균 사면의 기울기는 약 4°이다.

　대륙사면은 대륙의 연변부가 비활성형(Atlantic type)인가 활성형(Pacific type)인가에 따라 약

그림 11.13   대륙 연변부의 주요 지형적 특성(Drake and Buck, 1974).

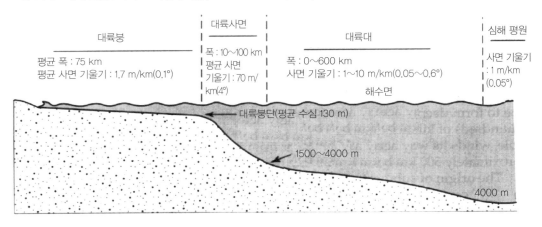

간 다른 특징이 나타난다. 대륙사면에는 대륙붕단에 직각으로 발달한 해저 협곡이 발달해 있다 (그림 11.3). 이 해저 협곡을 통하여 저탁류가 대륙사면을 가로지르며 이동을 한다. 대부분의 경우 에 해저 협곡은 대륙붕단 근처에서 시작을 하는데 대륙붕을 가로 질러서는 많이 발달하지 않는다 (Harris and Whiteway, 2011). 그러나 현생의 대륙붕에 발달한 큰 규모의 해저 협곡이 육상의 하천 으로부터 대륙붕과 대륙붕단을 가로질러 심해의 하도(deep-sea channel)로 연결되어 있는데, 이 심 해의 하도는 평탄한 심해 평원을 가로지르며 사행 하천처럼 구불구불하게 수백 km까지 흐르기도 한다(그림 11.14). 활성의 대륙 연변부는 비활성의 대륙 연변부에 비하여 대륙사면에 좀더 많은 해 저 협곡이 분포를 하며, 또한 해저 협곡의 사면 기울기는 좀더 가파르고 길이는 좀더 짧고 수지형 (dendritic)이며 협곡의 분포가 좀더 조밀하게 발달한다(Harris and Whiteway, 2011). 대신 비활성 대륙 연변부에 발달한 해저 협곡과 관련된 퇴적물의 두께는 활성 대륙 연변부에 비하여 훨씬 두껍 게 나타난다. 해저 협곡의 발달은 (1) 슬럼핑, 사면 붕괴와 기타 중력류에 의한 사건과 (2) 육지의 하천, 대륙붕과 상부 대륙사면에서 유래된 침식을 일으키는 저탁류에 의한 별개의 두 기작에 의해 일어나는 것으로 알려지고 있다. 물론 이 두 기작은 따로따로 작용을 하기도 하지만 함께 작용하여 해저 협곡이 생성된다. 전자의 경우에는 해저 협곡이 점차 사면의 상부 쪽으로 발달하며 성장을 하 지만, 후자의 경우에는 해저 협곡이 사면의 하부 쪽으로 생성되며 발달을 한다.

11.2.2 심해 환경

대륙사면의 하단에서는 대륙대와 심해 분지로 연결이 된다. 대륙대와 심해 분지는 전 해양저 면 적의 약 80%를 차지한다. 비활성형의 대륙연변부는 대륙대와 심해 평원으로 연결이 되는데, 대 륙대는 대륙사면의 하부 기슭에서 퇴적되는 해저 선상지에서 연장되어 발달하기도 한다. 간혹 해 저 선상지의 하도가 대륙대를 가로질러 약간의 지형적인 굴곡이 있지만 대부분은 평탄하게 나타나 다. 그런데 활성형 대륙연변부는 이러한 대륙대가 발달하지 않고 대신 대륙사면의 하단에는 심해 의 해연(trench)이 활 모양으로 휘어져 발달한다. 심해저 평원은 굉장히 평탄하지만 군데군데 해산

그림 11.14　미국 캘리포니아 주 몬테레이시 부근에 분포하는 몬테레이 해저 협곡 지역(미국지질조사소). 해저 협곡은 육상의 하천으로부터 대륙붕을 가로질러 대륙사면으로 연장되어 있는데, 해저 협곡의 폭은 10 km, 깊이는 > 700 m이며 3500 m 수심의 분지 평원으로 연장 발달되어 있다. 위 사진에서 SF는 샌프란시스코시, Mon은 몬테레이시를 나타내며, 아래 사진의 별표(☆)는 몬테레이시의 위치를 나타낸다. 대륙사면에는 작은 해저 협곡이 많이 발달해 있다.

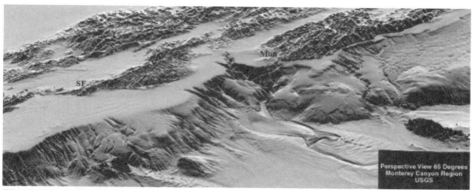

(seamounts)에 의해 굴곡이 나타나기도 한다. 또한 현재 해양에는 약 60,000 km에 이르는 길이의 중앙해령이 분포하는데, 중앙해령은 전 해양 면적의 약 30~35%를 차지한다.

11.2.3　심해의 퇴적작용

심해에 바람에 불려와 쌓인 퇴적물 말고는 대부분의 퇴적물은 대륙붕에서 발원하여 대륙붕을 가로질러 운반되어 쌓인 것이다. 대륙붕을 가로지르며 운반되는 퇴적물 운반 기작은 저탁류와 세립질 퇴적물의 풀룸(plume)과 네펠로이드류(nepheloid flows)가 있다(그림 11.15). 조립질의 퇴적물은 해저 협곡을 통한 저탁류에 의하여 주로 이동되어 해저 선상지에 저탁암으로 쌓이는데, 이 기작이 아마도 모래와 자갈 퇴적물을 심해로 운반시키는 가장 중요한 운송 수단이다. 심해 해저 선상지가 생성되는 퇴적 모델은 그림 11.16에 도시화되어 있다.

이 밖에도 대륙사면을 따른 하강 점동(下降 漸動, creep), 슬라이딩과 슬럼핑과 같은 중력류에 의하여 대규모의 퇴적물이 가파른 사면과 융기부 사면을 따라 아래로 운반되기도 한다. 또, 해양 융기부나 해산 위에 쌓였던 원양성 퇴적물이나 화산 물질들이 다시 재동되어 심해저 평원으로 운반되어 쌓이기도 한다.

11.2.4　해저 선상지 퇴적작용

전 지구적인 해수면의 변동은 해양 퇴적물의 퇴적작용에 중요하게 작용을 한다. 해수면이 상승하면 강으로부터 운반되는 퇴적물들은 해안선과 대륙붕에 쌓여 갇히므로 대륙대나 해저 선상지 같은

그림 11.15 심해로 퇴적물을 운반시키는 다양한 기작(Stow, 1996). 이 그림에서 보듯이 대부분의 퇴적물 운반 기작은 세립질 퇴적물을 쌓는데, 빙하작용, 저탁류와 재퇴적작용은 조립질 퇴적물과 세립질 퇴적물을 모두 운반하여 쌓는다.

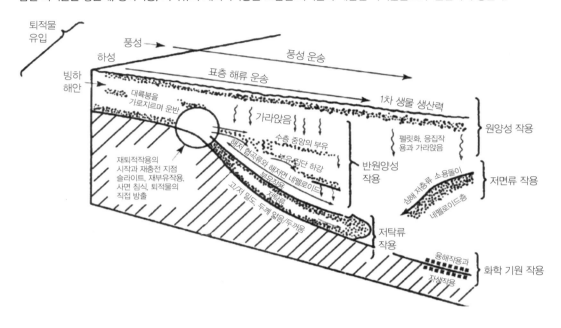

그림 11.16 점 기원(point source)으로부터 유래된 모래 퇴적물이 많은 해저 선장지 퇴적 모델(Reading and Richards, 1994).

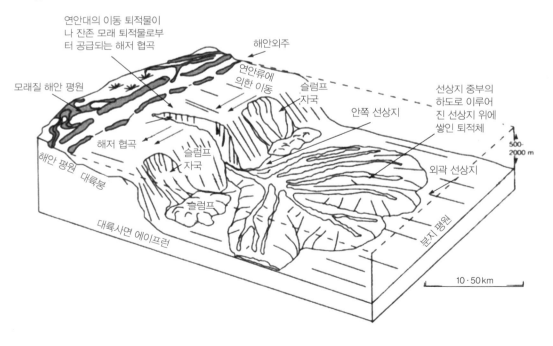

깊은 해양 환경에는 퇴적물이 쌓이지 않게 된다. 역으로 해수면이 낮은 시기에는 해안선이 대륙붕
단 가까이에 위치하여 해저 선장지 퇴적작용이 활발히 일어날 것으로 여겨진다. 지질 기록에서 대

그림 11.17 Vail 등(1977)의 전 지구적인 해수면 변동 곡선에 표시한 세립질 퇴적물이 빠져나간 걸러진(winnowed) 저탁암 분포(Shanmugam and Moiola, 1982).

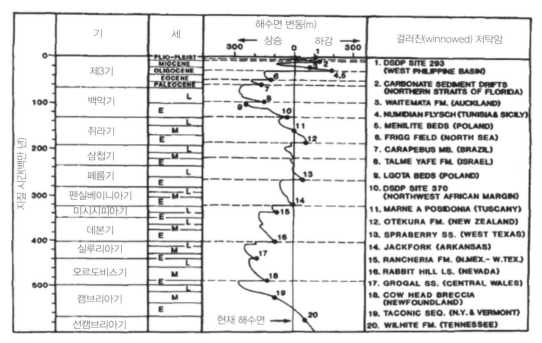

부분의 저탁암과 세립질 물질이 빠져나간 걸러진(winnowed) 저탁암이 전 지구적인 저해수면 시기와 잘 대비가 되는 것으로 보고되었다(그림 11.17). 그 이유는 해수면이 낮아지면 대륙붕이 노출되고 이로 인해 강은 대륙붕을 가로질러 퇴적물들을 바로 해저 협곡의 시작 부분이나 대륙붕단(shelf break)으로 운반시킬 수 있기 때문이다. 이러한 시기에는 많은 쇄설성 퇴적물이 저탁류와 이에 관련된 중력류에 의하여 계속 심해로 운반되어 해저 선상지의 발달은 비교적 빠르게 일어날 것이다. 이러한 예로 빙하 발달에 의하여 해수면이 낮아졌을 때 생성된 해저 선상지의 퇴적작용은 아마존 심해 선상지와 이에 인접한 브라질 북동부 외해의 대륙 연변부에서 잘 보고가 되었다(그림 11.18). 이곳에서 채취한 퇴적물 시추 코어에서 보면 마지막 빙하기인 위스콘신(Wisconsin) 빙하기(Y Zone) 때에는 쇄설성 퇴적물이 빠르게 연속적으로 퇴적이 일어났지만, 해빙작용-(deglaciation)에 의해 해수면의 상승이 빠르게 상승했던 시기인 홀로세의 시작(~11,000년 전) 때부터는 이러한 쇄설성 퇴적물의 퇴적작용이 중단되었다. 홀로세 해수면의 상승으로 인하여 아마존강의 퇴적작용이 일어나는 장소는 대륙붕단으로부터 무려 350 km 내륙인 현재의 위치로 이동하였다. 홀로세 동안에는 아주 넓은 대륙붕과 낮은 사면의 경사와 강한 연안류로 인하여 아마존강의 퇴적물은 에스츄아리와 내대륙붕에만 퇴적작용이 일어나고 있다. 홀로세 동안 아마존 해저 선상지에는 퇴적작용이 거의 일어나지 않고 약 1 m 두께 이하의 얇은 원양성 퇴적물만 퇴적되었다. 또한 빙하 시기와 관련된 건조 또는 아건조 기후는 침식작용이 활발히 일어날 수 있는 조건을 제공하는 데 비하여, 간빙기의 습윤한 기후에는 열대우림이 형성되며 침식이 활발히 일어나지 않는다. 지질 기록을 조사한 바

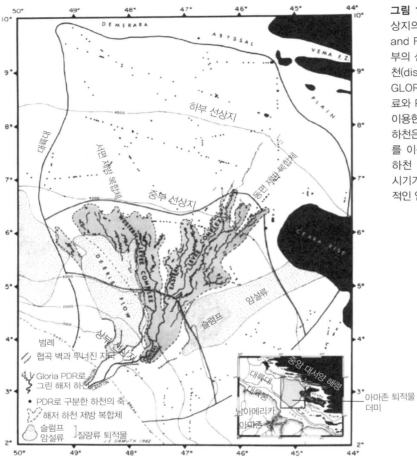

그림 11.18 아마존 해저 선상지의 지형적 특성(Damuth and Flood, 1985). 상부와 중부의 선상지에 발달한 분지 하천(distributary channels)은 GLORIA 사이드 스캔 소나 자료와 PDR 음향측심 기록도를 이용한 것이며, 하부 선상지의 하천은 PDR 음향측심 기록도를 이용한 것이다. 주요 분지 하천 옆의 숫자 1~6은 점차 시기가 증가하는 순서로 상대적인 연대를 가리킨다.

에 의하면 빙하기 이후와 빙하기 때 일어난 저탁류의 비율이 여러 지역에서 최소 1:10이 되는 것으로 알려졌다. 물론 여기에도 예외는 있다. 국지적인 조구조 작용이 분지의 진화와 퇴적작용에 영향을 미치는 퇴적 분지에서는 해수면 하강기와 저탁류의 발생이 꼭 일치하지는 않는다. 또한 세립질 퇴적물로 이루어진 저탁류일 경우도 꼭 해수면의 하강기와 일치하지는 않는다. 그렇지만 대부분의 조립질 저탁류들은 해수면의 하강기에 퇴적이 주로 일어난 것으로 해석되고 있다. 이로 인해 해저 선상지의 발달은 높은 해수면의 시기에는 잘 일어나지 않는다.

그렇지만 심해에 쌓이는 조립질 퇴적물은 심지어 해침의 시기에도 생성된다는 여러 연구 결과가 보고되었다. 최근의 연구로 지난 3만5천 년 동안 생성된 전 세계 22개의 해저 선상지에 대한 자료를 분석한 Covault와 Graham(2010)은 심해 퇴적체로 퇴적물이 공급되는 것은 대륙연변부의 조구조 작용에 의한 형태(예 : 폭이 좁은 대륙붕)와 또 기후 강제력(예 : 빙하 녹음과 몬순 시기)에 의하여 일어나는 것으로 설명하였다(그림 11.19). 이 연구 결과는 심해 지역에 쌓이는 조립질 퇴적물의 퇴적 기작으로는 위에서 살펴본 낮은 해수면(low sea-level) 시기에 강으로부터 운반된 퇴적물이 직접 심해 지역으로 운반되어 쌓이는 경우가 있는가 하면, 또 다른 기작으로는 해저 협곡이 대

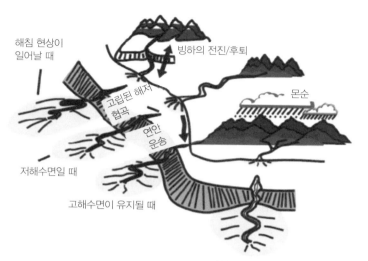

그림 11.19 육지 기원 쇄설성 퇴적물이 심해로 운반되는 기작을 나타낸 그림(Covault and Graham, 2010). 그림의 상부에서부터 하부로 고위도 지역의 빙하 하부 융빙수가 흘러들어올 때의 운송계, 저위도의 넓은 대륙붕을 가로지르며 고립되어 발달한 해저 협곡계, 저위도에 발달한 육지의 퇴적물 공급지로부터 연장이 된 해저 협곡계, 저위도에서 몬순에 따른 퇴적물 공급이 증가할 때 생성되는 퇴적물 운송계를 나타낸다.

륙붕 쪽으로 계속 연장되는 침식작용이 발달하여 강이나 연안류에 의하여 운반되는 모래 퇴적물들을 붙잡아 운반하여 심해에 쌓이는 경우가 있다. 이와 비슷한 예로 Boyd 등(2008)은 호주 남동부의 심해저에 쌓인 석영질 모래 퇴적물은 이상의 기존 심해 퇴적작용의 모델과 달리 높은 해수면(high sea-level) 동안에 파도에 의하여 발달한 연안류로 운반되는 모래 퇴적물이 대륙붕의 지형적인 형태로 대륙붕단과 해안사주(spit)가 맞닿아 있는 조건 하에서 에스츄아리의 낙조류(ebb tidal flow)와 연계되어 심해저로 운반된다는 것을 보고하였다. 이러한 대륙붕단 지형 모델(continental-edge configuration model)은 특히 모래질 퇴적물로 이루어진 해안 환경을 지나 대륙붕단으로 발달하는 강한 대륙붕 조류가 있고 또 활발히 일어날 수 있는 경우에 적용할 수 있다.

그런가 하면 멕시코만에 발달한 미시시피 해저 선상지는 기후 강제력에 의하여 해침 현상이 일어나고 있는 동안에 심해로 많은 양의 쇄설성 퇴적물이 공급되어 쌓인 좋은 예이다. 해수면이 상승하는 동안에 미시시피 해저 선상지에 퇴적물이 계속 공급되어 쌓이는 기작은 미시시피강의 상류 지역에 있는 북미의 빙하 하부에서 녹은 융빙수(meltwater)의 양이 매우 급격히 증가하여 이 융빙수가 미시시피강을 통하여 지속적으로 흘렀기 때문으로 해석된다. 이와 마찬가지로 고위도 지역의 심해 퇴적계도 빙기와 간빙기의 변화에 따르는 기후의 변화에 매우 민감하게 반응을 하는 것으로 알려진다. 빙하기에서 간빙기로 변화가 일어나는 동안 매우 많은 홍수 현상이 일어나 퇴적물 기원지로부터 퇴적물이 쌓이는 장소로 수천 km의 거리에 걸쳐 빠르게 운반할 수 있다. 고위도 지역에서도 인접한 빙상(ice sheet)의 부피 감소에 따라 전 지구적인 해수면의 변화 이외에 또 빙하의 후퇴로 인한 대륙의 융기로 해수면이 하강하는 영향을 받는다. 이렇게 되면 빙하가 녹음으로써 비록 전 지구적인 해수면의 상승이 일어나는 동안에도 육지와 심해저 사이에 퇴적물 공급 경로가 서로 연결되어 심해저에 퇴적물이 많이 쌓일 수 있다.

몬순의 영향을 받는 대륙 연변부의 경우에도 역시 해침이 일어나는 동안 심해의 퇴적작용이 활발히 일어난다. 히말라야 산맥의 융기가 남아시아의 몬순 강도와 관련되어 있으며, 이렇게 발달한 몬순으로 히말라야 산맥으로부터 침식된 퇴적물은 아주 많은 양의 퇴적물을 뱅갈 해저 선상지와 인더스 해저 선상지로 공급된다. 이렇게 볼 때 해수면이 상승하고 있는 동안에도 고위도 지역의 특별한 기후 조건과 몬순의 영향을 받는 대륙의 연변부에는 퇴적물의 공급이 증가하면서 심해로 쇄설성 퇴적물의 공급이 증가한다.

　이상과 같은 육지로부터 조립질 퇴적물의 운반에 따른 해저 선상지의 발달과는 달리 해수면의 상승이 일어날 경우 증가된 물의 무게로 인한 하중으로 대륙사면의 안정도가 무너져 이곳에 쌓인 퇴적물이 해저 선상지로 재이동되어 쌓인다는 견해도 보고되었다. 즉, 해수면이 상승하는 기간일지라도 해저 선상지의 발달과의 지질 시대 연관성은 고기의 퇴적 기록에서는 드물지만 특히 지난 마지막 빙기 이후 홀로세로 오면서 급격한 해수면의 상승으로 인한 대륙사면의 붕괴가 많이 일어났다는 연구 결과가 보고되었다. 특히 이러한 대륙사면의 붕괴가 비활성형 대륙연변부에서 일어났을 때 심해에 쌓인 비교적 성숙도가 높은 조립질 퇴적물은 기존에 쌓였던 퇴적물이 재동작용을 받아 생성되기도 한다. 현생의 해양에 열염분에 의하여 순환하는 심해의 저층 해류는 심해의 수심에 따른 등고선을 따라 평행하게 흐르기 때문에 지균류(geostrophic) **등고선류**(contour current)로 알려지고 있다. 이들 해류의 에너지, 화학 조성 그리고 위치에 따라 등고선류는 해저면에 쌓인 퇴적물을 침식 또는 운반, 용해시키거나 퇴적작용을 일으키기도 한다. 해수의 부유 물질을 많이 함유한 네펠로이드층(nepheloid layer)으로부터 가라앉은 머드질의 퇴적물이 해저에 쌓이고 해저의 등고선을 따라 흐르는 유속이 느린 등고선류가 흐른다면 심해에 퇴적물 구릉(ridge)을 형성한다. 이러한 머드질의 퇴적물을 네펠로이드 퇴적물(nepheoloidite) 또는 머드질 등고선류 퇴적물(muddy contourite)이라고도 부른다. 그러나 등고선류의 유속이 빠를 경우에는 저탁류 퇴적물이나 해저의 다른 퇴적물에 채질작용을 하여 세립질 물질을 빼내 다른 곳으로 운반시켜 버린다. 이렇게 재동작용을 받아 남아 있는 퇴적물을 재동된 저탁물 퇴적물(winnowites)이나 모래질 등고선 퇴적물(sandy contourites)이라고 부른다. 이러한 퇴적물들은 브라질의 외해에서 중요한 석유의 저류암으로 작용한다.

　유속이 빠른 등고선류에 의하여 일어나는 저탁류 퇴적물의 채질작용(winnowing) 역시 전 지구적으로 해수면이 낮았던 시기에 주로 대규모의 저탁류가 생성된다는 것을 감안한다면, 해수면이 낮았던 시기에 형성된 것으로 해석할 수 있다. 이 역시 실제 관찰되는 자료에 의하면 해수면의 하강 시기와 저탁류 퇴적물의 채질작용이 일어난 시기가 거의 일치하는 것으로 나타난다 (Shanmugam and Moiola, 1982).

11.2.5 현생 심해 퇴적물

심해에 쌓인 퇴적물에서 쇄설성 기원, 화산 기원 또는 대륙붕 기원의 퇴적물이 25% 이하로 들어있으면 이러한 퇴적물을 **원양성**(遠洋成, pelagic) 퇴적물이라 부르며, 이보다 많이 들어있으면 이 퇴적물을 **반원양성**(半遠洋成, hemipelagic) 퇴적물이라 한다. 원양성 퇴적물의 대표적인 것으로는 육지에서 바람에 의하여 불려와 쌓인 먼지 퇴적물인데, 이들은 해수 표층에 떨어진 후 해저로 가라앉는 동안 먼지에 포함된 철 성분이 해수의 용존 산소에 산화되어 붉은 색을 띤다. 이들을 **적색점토**

(red clay)라고 부른다. 이 적색점토 퇴적물은 현재 태평양의 해저와 인도양 등 수심이 약 4500 m보다 깊은 해저에 널리 분포된다(그림 11.20)

원양성 퇴적물에서 생물 기원 퇴적물이 상당량 들어있으면 우즈(ooze)라고 하는데, 이 퇴적물에는 실트에서 모래 크기의 부유성 생물의 유해가 들어있다. 그런데 어느 정도 생물 기원의 물질이 들어있어야 우즈라고 부르는지에 대하여는 딱히 정해진 것은 없지만 대략 퇴적물 전체의 약 2/3 정도는 들어있는 것으로 여겨진다. 우즈가 주로 $CaCO_3$의 껍데기로 되어 있다면 이를 석회질 우즈(calcareous ooze)라고 하며, 규질의 생물 껍데기로 되어 있다면 규질 우즈(siliceous ooze)라고 한다. 석회질 우즈는 주로 유공충과 코콜리스와 같은 초미세 화석의 껍질로 이루어져 있지만 가끔은 부유성 연체동물인 pteropod와 같은 약간 큰 화석도 들어있다. 현생의 해양에서 석회질 우즈는 방해석 보상심도라고 하는 특히 대서양에서는 수심이 약 4500 m보다 얕은 해저에 널리 분포한다. 태평양과 같은 깊은 해양에서는 석회질 우즈가 해령이나 해대(oceanic plateaus) 의 수심이 얕은 정상부에 분포한다.

규질 우즈는 현생의 해양에서는 고위도 지역의 해양에 약 200 km 이상의 띠를 두르며 분포를 한다(그림 11.20). 또한 용승이 일어나는 적도 해역에서도 영양염이 풍부하여 규질의 생물체가 풍부하고 생산성이 높은 곳에 분포한다. 규질 우즈는 거의 규조(diatom)와 방산충(radiolarian)의 유해로 이루어져 있는데, 가끔은 규질편모충류(silicoflagellates)와 해면동물 침골(sponge spicules)도 들어있다. 규조는 주로 고위도 지역과 몇몇 대륙의 연변부에 분포를 하지만 방산충으로 이루어진 우즈

그림 11.20 현생 해양에 분포하는 심해 퇴적물의 종류와 이들의 분포(Davis and Gorsline, 1976).

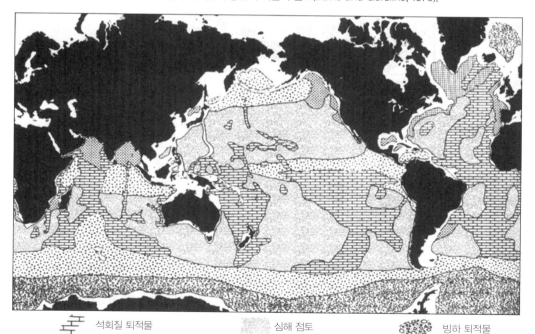

석회질 퇴적물   심해 점토   빙하 퇴적물

규질 퇴적물   육지 기원 퇴적물   빈공간 = 해양 연변부 퇴적물

는 적도 해역에 주로 분포한다. 제15장에서 다시 나오지만 규질 우즈는 매몰되면 변질작용이 일어나 층상 처어트로 바뀐다.

11.2.6 고기의 심해 퇴적물

저탁암을 뺀 심해 퇴적층은 암석의 기록에서 천해의 퇴적물에 비하여 그리 많이 산출되지는 않는다. 그 이유는 심해 퇴적층의 보존 가능성과 해수면 위로 융기가 일어날 확률이 천해 퇴적층에 비하여 훨씬 낮기 때문이다. 그렇지만 심해 퇴적층은 전 지질 시대에 걸쳐 존재가 알려지고 있다. 지질 기록으로 나타나는 심해 퇴적층은 쇄설성의 저탁암 사암, 셰일과 역암; 층상 처어트와 함께 나타나기도 하는 원양성 및 반원양성 셰일; 고화된 석회질 우즈인 백악(chalk)과 이회암(marl); 대륙사면의 석회암 각력암; 그리고 탄산염 저탁암이 있다. 이들 퇴적물 중에서 조립질 퇴적물인 저탁암과 석회암 각력암을 뺀다면 심해 퇴적물은 대개 세립의 입자로 구성되어 있다. 또 저탁암을 빼고는 대부분의 심해 퇴적물은 수직적인 층서의 변화를 나타내지 않는다. 퇴적 구조로 볼 때 심해 퇴적층은 거의 대부분이 수평 엽층리를 나타내는데, 저탁암에서는 연흔과 점이층리가 또 등고선류암에서는 사층리가 관찰되기도 한다.

심해 퇴적층은 전형적으로 암회색에서 검은색을 나타내며, 적색의 원양성 셰일은 비교적 드물게 산출된다. 심해의 머드층은 생교란의 정도가 다양하게 나타나며, 이 층준에는 특징적인 심해의 흔적 화석상(*Nereites* 흔적 화석상)이 나타난다.

제 4 부

탄산염암 및 증발암의 조성, 속성작용 및 퇴적 환경

다음의 세 장에서는 비쇄설성 퇴적암의 가장 대표적인 석회암, 백운암과 증발암에 대하여 이들 퇴적암을 구성하는 성분의 특성과 이들의 퇴적학적 의의 및 속성작용, 그리고 이들 퇴적암이 쌓인 퇴적 환경에 대하여 살펴보고자 한다. 탄산염암과 증발암은 쇄설성 퇴적암과는 달리 퇴적 분지 내에서 생성되기 때문에 이들의 생성에는 화학적인, 생화학적인 작용이 중요하게 작용을 한다. 제2부에서 살펴본 쇄설성 퇴적물의 조직과 퇴적 구조는 석회암과 증발암과 같은 비쇄설성 퇴적암에서도 역시 물리적인 운반작용에 의해 생성되거나 또는 화학적인, 생화학적인 작용에 의해 생성된다. 그런데 이들 비쇄설성 퇴적암에서는 퇴적물이 매몰되어 변질작용을 받는 동안 재결정작용이나 그 밖의 속성작용에 의해 원래의 퇴적물 조직이 지워지며 대신 2차적인 성인의 결정질 조직을 나타내기 때문에 이러한 비쇄설성 퇴적암의 조직은 쇄설성 퇴적암의 조직의 특성과는 아주 다른 의미를 가진다.

12

석회암

석회암은 전 지질시대에 걸쳐서 광범위하게 나타난다. 탄산염 성분의 골격을 가지는 무척추 동물이 나타나기 시작한 캠브리아기 이후의 석회암 내에는 이들 생물의 출현, 진화와 멸망에 대한 기록들이 잘 보존되어 있다. 선캠브리아기 시대에 형성된 석회암들은 대부분이 백운석화 작용을 받아 백운암으로 변해 있으며, 생물의 흔적으로는 남조류(cyanobacteria)에 의해 형성된 스트로마톨라이트를 많이 함유하고 있다.

석회암은 경제적으로 매우 중요한 가치를 지니고 있다. 전 세계 석유 매장량의 약 절반 정도가 탄산염 저류암 내에 들어있고 미시시피 계곡형(Mississippi-valley type)의 납, 아연 광상의 모암으로도 탄산염암이 중요한 역할을 한다. 또한 석회암은 시멘트, 철강, 정밀화학 등 산업에서 광범위하게 이용되고 있다.

12.1 탄산염 퇴적물의 생성

탄산염 퇴적물의 형성에는 쇄설성 퇴적물과 달리 생물학적 · 생화학적 작용이 주로 영향을 미친다. 물론 해수로부터 무기적으로 침전하는 탄산칼슘도 탄산염 퇴적물 형성에 중요한 역할을 한다. 탄산염 퇴적물은 쌓인 후 곧바로 속성작용을 받아 물리적 · 화학적 변화를 겪는다.

현재는 플라이스토세의 빙하작용과 낮은 해수면의 영향으로 얕은 바다에 탄산염 퇴적물이 많이 생성되지 않고 있다. 그러나 과거 지질 시대 동안에는 주기적으로 얕은 바다인 **연해**(沿海, epeiric sea)가 넓은 지역에 형성되어 두꺼운 석회암층이 많이 형성되었다. 일반적으로 탄산염 퇴적물이 두껍게 쌓이는 시기는 전 세계적으로 해수면이 높게 나타날 때와 일치한다. 탄산염 퇴적물이 생성되려면 무엇보다도 쇄설성 퇴적물의 유입이 없어야 한다. 그 이유는 탄산염을 만드는 많은 생물들은 쇄설성 머드가 많으면 해수가 혼탁해져 살 수가 없기 때문이다.

탄산염 껍질을 가진 생물은 전 세계의 모든 바다에 분포하므로 탄산염 퇴적물은 어느 곳에나 생성될 수가 있다. 그러나 탄산염 퇴적물의 생성은 온도, 염분, 수심 그리고 쇄설성 퇴적물의 유입 등에 의해 큰 영향을 받는다. 암초(reef)를 이루는 산호나 녹조류 등과 같은 대부분의 탄산염 껍질을 갖는 생물은 따뜻한 물에서만 번성할 수가 있다. 이에 따라 현생의 탄산염 퇴적물은 대부분 열대-아열대 지방, 즉 적도를 중심으로 남 · 북위도 30° 이내에서 생성되며(그림 12.1), 현생이언(Phanerozoic Eon) 동안 생성된 대부분의 석회암도 이와 같이 저위도에서 생성된 것이다. 생물의

그림 12.1 현생의 해양성 탄산염 퇴적물이 생성되는 천해(shallow sea) 분포(Wilson, 1975).

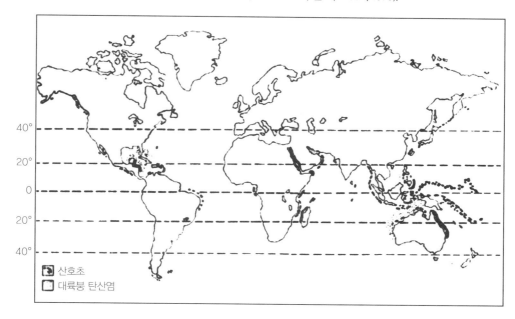

그림 12.2 원양성 석회질 우즈 퇴적물을 구성하는 생물. (A) 유공충(Globigerina)의 주사전자 현미경 사진. (B) 코콜리스 판으로 집합되어 있는 코코스피어(coccosphere). *Emiliania huxleyi*의 주사전자 현미경 사진. 퇴적물에서는 대체로 코콜리스가 분리되어 나타난다.

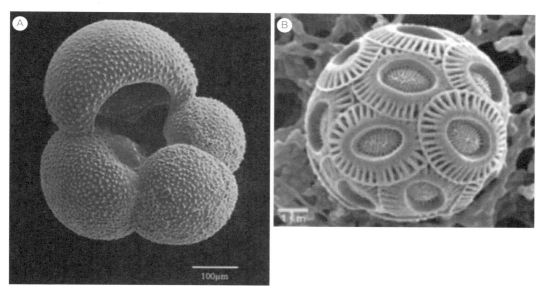

생산성도 수심이 10 m 미만의 빛이 투과하는 **투광대**(透光帶, photic zone)와 정상의 염분을 갖는 해수에서 가장 높다. 물론 생물체의 탄산염 껍질로 이루어진 모래 퇴적물이 현재 아일랜드와 노르웨이와 같은 고위도 지역에서 나타나기도 하지만, 몇 가지 예외적인 경우를 제외하면 고기의 석회암에서는 고위도 지역의 기록이 거의 나타나지 않는다. 중위도 지방의 온도가 낮은 해수에 나타나는 석회암으로는 뉴질랜드와 호주에 제3기의 생물체 껍질과 그 파편으로 이루어진 석회암(생쇄설물입자암)이 있다. 이 중위도 석회암을 구성하는 생물체 종류는 저위도 석회암을 구성하는 생물체 종류와는 다르다(제14장 참조).

우이드, 무기 기원의 석회 머드와 같은 비생물 기원의 탄산염 입자들은 열대 지방의 따뜻하고 얕은 해수에서만 침전된다. 심해의 원양성 환경에는 석회질 우즈(ooze, 軟泥)가 광범위하게 발달되어 있는데, 이들은 주로 유공충(그림 12.2A)과 코콜리스(그림 12.2B)와 같이 해수 표층의 투광대에 사는 원양성 부유생물의 껍질로 이루어져 있다. 수심이 약 4~5 km에 달하면 낮은 수온과 높은 수압으로 탄산염의 용해가 일어나기 때문에 이 깊이 이하에서는 탄산염 퇴적물이 쌓이지 않는다. 해양의 석회암에 비해 양적으로는 중요하지 않지만 육상 환경의 호수와 토양 그리고 온천에서도 석회암이 생성된다.

12.2 탄산염 퇴적물의 광물학적 특성

현생이나 비교적 현생에 가까운 탄산염 퇴적물은 두 가지 탄산칼슘 광물로 이루어져 있다. 이들은 사방정계(orthorhombic)의 아라고나이트(aragonite)와 삼방정계(trigonal)의 방해석(calcite)이다. 방해석은 다시 마그네슘의 함량에 따라 $MgCO_3$가 4몰% 이상인 고(高)마그네슘 방해석과 그 이하인 저(低)마그네슘 방해석으로 구분된다. 고마그네슘 방해석의 $MgCO_3$ 함량은 대체로 11~19몰%이다. 아라고나이트에는 마그네슘이 아주 적게 들어있는 대신에 칼슘을 치환하고 있는 스트론튬(Sr)이 10,000 ppm(1%)까지 들어있기도 하다. 현생의 탄산염 퇴적물을 구성하는 광물 종류는 퇴적물 내에 들어있는 생물 껍질로 된 골격 입자와 생물 껍질이 아닌 입자의 구성비에 따라 달라진다. 탄산염암을 구성하는 생물들은 껍질이 각각의 생물 종류에 따라 특징적인 광물로 구성되어 있다(표 12.1).

아라고나이트는 지표의 온도와 압력 조건 하에서 불안정한 광물이며, 고마그네슘 방해석 또한 불안정하여 시간이 지남에 따라 결정 내의 Mg^{2+}이 빠져나간다. 따라서 아라고나이트와 고마그네슘 방해석의 광물이 서로 섞여 있는 탄산염 퇴적물은 속성작용을 받는 동안 모두 안정한 저마그네슘 방해석으로 바뀌어 간다. 원래의 성분이 저마그네슘인 탄산염 입자와 교결물은 속성작용을 받아도 원래의 조직이 석회암 내에 그대로 잘 보존되며 고마그네슘 방해석으로 이루어진 물질도 원래 미세 구조가 약간은 변질되지만 대체로 조직이 잘 보존된다. 그러나 아라고나이트로 이루어진 물질은 속성작용을 받으면 원래의 조직은 거의 보존되지 않고 대부분은 저마그네슘 방해석으로 치환되거나 완전한 용해가 일어나 외형만 남기도 한다. 이 외형은 나중에 저마그네슘 방해석의 교결물로 채워지게 된다. 석회암이 백운석화 작용(dolomitization)을 받는 경우에는 백운석[dolomite, $CaMg(CO_3)_2$]이 퇴적물 구성 광물인 아라고나이트와 방해석을 교대하거나 퇴적물 입자들 사이에 교결물로 침전되기도 한다. 이들 탄산염 광물 외에도 석회암 내에는 쇄설성 석영과 점토광물 그리고 속성작용에 의해 생성되는 황철석, 적철석, 처어트, 인산염 광물 등이 소량 포함되어 있다. 또한 증발 광물인 석고(gypsum)와 무수석고(anhydrite)도 석회암과 밀접히 관련되어 나타난다.

표 12.1 탄산염 분비 생물군의 광물(Scholle, 1978)

분류	아라고나이트	방해석 몰% MgCO$_3$				아라고나이트 +방해석
		0	10	20	30	
석회질 조류						
홍조류			×——	——	—×	
녹조류	×					
코콜리스		×				
유공충						
저서성	○	×——	——	—×		
부유성		×——	—×			
해면동물	○		×——	——	—×	
강장동물						
스트로마토포로이드*	×	×?				
Milleporoids	×					
판상(板狀) 산호*		×				
사사(四射) 산호*		×				
Scleractinian 산호	×					
Alcyonarian	○		×——	——	—×	
태선동물	○	×——	——	—×		○
완족동물		×——	—×			
연체동물						
Chitons	×					
이매패류	×	×——	——	—×		×
복족류	×	×——	——	—×		×
Pteropods	×					
두족류	×					
벨렘나이트류*		×				
환형동물	×	×——	——	—×		×
절족동물						
개형충		×——	——	—×		
삼엽충*		×				
극피동물			×——	——	—×	

범례 × : 보통, ○ : 드묾, * 현재는 멸종되어 화석의 기록을 이용하였음.

12.3 석회암의 조직

대부분 탄산염 퇴적물은 퇴적물이 쌓이는 장소에서 생성된다. 물론 기존의 탄산염암이 지표에 노출되어 풍화·침식을 받아 생성된 쇄설성 탄산염 입자가 유수에 의해 운반되어 퇴적되는 경우도 드물기는 하지만 나타나기도 한다. 탄산염 퇴적물 내에 존재하는 입자들은 수심, 염분, 교반작용 (攪拌作用, agitation)의 정도 등을 반영하고 있기 때문에 탄산염암의 구성 입자에 대한 연구는 석회암의 퇴적 환경 및 퇴적 조건 연구에 있어서 유용하게 이용된다. 쇄설성 퇴적물과는 달리 탄산염 퇴적물을 구성하는 탄산염 입자의 크기는 주로 그 장소에 살았던 생물의 탄산염 골격의 크기를 나타낸다. 입자의 크기 또한 퇴적 환경의 에너지 정도를 나타내기도 한다. 예를 들면, 굴의 서식지에는 굴 껍질 크기의 퇴적물이 쌓이지만 바지락과 같은 작은 연체동물들의 서식지는 바지락 껍질 크기의 퇴적물이 쌓인다.

탄산염 입자의 수력학적인 특성은 석영 입자와 매우 다르다. 탄산염 입자에는 많은 공극(空隙)과 유기물이 함유되어 있으므로 석영보다 낮은 밀도를 갖는다. 얕은 대륙붕과 완만한 경사를 가지는 해저면인 램프(ramp)에 쌓인 생쇄설성(bioclastic) 퇴적물의 분급과 원마도의 정도는 이들 퇴적물로 쌓인 환경이 해안선 등과 같은 고에너지 환경에 얼마만큼 가까이 있었는가를 나타내기도 한다. 이에 반해 우이드(ooid)와 펠릿(pellet)으로 구성된 퇴적물들은 어느 곳에서나 분급의 정도와 원마도가 좋다. 그러나 퇴적물을 구성하는 입자의 크기와 조직을 통해서 퇴적 환경의 에너지 상태를 알아내는 방법은 퇴적면과 수력학적인 조건이 평형 상태를 유지하는 곳에서만 의미가 있다. 탄산염 퇴적 환경에서는 퇴적물의 표면이 미생물 매트(mat)에 의해 덮여 있는 경우가 보통이므로 에너지의 정도를 알고자 할 때는 주의하여야 한다. 이들 미생물 매트는 강한 해류에도 퇴적물이 침식·운반되는 것을 막아 주기 때문에 후에 속성작용을 받아 그 매트가 없어진 후 남아 있는 퇴적물의 해석에 오류가 있을 수 있다.

탄산염 퇴적물에 나타나는 머드 크기의 퇴적물의 양은 일반적으로 교반작용의 정도를 지시한다. 석회 머드 퇴적물은 에너지가 낮은 잔잔한 석호(潟湖, lagoon), 조석대지(潮汐臺地, tidal flat)와 심해 환경에 쌓인다. 교반작용이 심한 곳에서는 머드 퇴적물이 뜬짐의 형태로 퇴적 장소로부터 빠져나가 입자지지(粒子支持)의 퇴적물이 형성된다. 그러나 석회 머드는 해초(sea grass)와 미생물 매트에 의해 고정되어 고에너지 환경에서도 쌓일 수 있기 때문에 해석에 주의하여야 한다.

12.4 석회암의 주요 성분

석회암의 구성 성분은 쇄설성 퇴적암이 석영, 장석, 점토광물 등 광물로 구성되어 있는 것과는 달리 광물학적으로는 아라고나이트와 방해석으로 매우 단순하며 화학 조성 역시 $CaCO_3$로 단순하다. 대신 석회암은 구성 성분의 성인에 따라 크게 (1) 생물의 골격 입자(skeletal grain), (2) 생물의 골격 이외의 입자(nonskeletal grain), (3) 미크라이트(micrite), (4) 교결물 네 종류로 나뉜다. 교결물은 다른 구성 성분과 만들어지는 기작이 다르므로 이에 대하여는 나중에 속성작용에서 다루기로 한다. 석회암의 성분에 따른 구분은 쇄설성 암석에서 구성 광물을 구별하는 것과 같으며, 각각의 성분은 특정한 생성 환경을 지시한다.

12.4.1 생물의 골격 입자

석회암에 나타나는 생물의 골격 입자는 탄산칼슘을 분비하는 무척추 동물과 조류(algae)의 시간과 공간에 따른 분포를 나타낸다(그림 12.3). 생물체의 분포와 이들의 군집 발달은 수심, 수온, 염분, 해저면의 퇴적층과 교란의 정도 등 퇴적 환경적인 요인에 의하여 큰 영향을 받는다. 지질 시대 동안 많은 생물들이 출현, 번성하였으며 하나의 생물군이 멸종하면 이들의 서식처는 다른 종류의 생물군으로 대체된다.

석회암에 골격을 제공하는 주요 생물에 대해서는 개별로 자세히 설명하기로 하고 이에 대한 좀 더 자세한 내용은 Horowitz와 Potter(1971), Bathurst(1975), Scholle(1978), Flügel(2009), Adams와 MacKenzie 등(1984)의 도감을 참조하기 바란다.

(1) 연체동물(mollusca)

이매패류(bivalves), 복족류(gastropod)와 두족류(cephalopod)들은 하부 고생대부터 나타난다. 이매패류는 해양, 담함수(淡鹹水, brackish water)와 담수 환경에 걸쳐서 사는 종류로서, 완족동물의 양이 감소하는 제3기 이후부터 탄산염 퇴적물의 주요한 공급자로 작용한다. 이들이 사는 양식은 매우 다양하다. 퇴적물을 파고 그 안에서 살거나(infaunal) 단단한 물질(物質)에 부착하여 살기도 하며(epifaunal) 기어 다니거나 물에 떠서 돌아다니며 살기도 한다. 백악기에는 루디스트(rudist, 그림 12.4A)라는 이매패류가 산호와 비슷한 암초(reef)를 형성하기도 하였다. 대부분의 이매패류(조개)는 아라고나이트로 이루어져 있으나 루디스트와 같이 방해석과 아라고나이트의 혼합 광물로 이루

그림 12.3 탄산염 퇴적물을 생산하는 해양성 석회질 생물체의 다양성, 산출 빈도와 상대적 중요성(Wilkinson, 1979). P는 고생대, M은 중생대, 그리고 C는 신생대를 나타낸다.

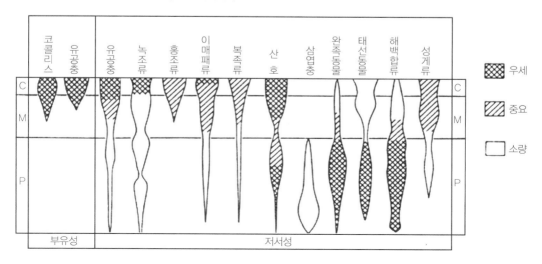

그림 12.4 (A) 루디스트(rudist). (B) 이매패류의 껍질 구조. 껍질 내부에는 아라고나이트의 진주층(nacreous layer)이 있으며 외부에는 아라고나이트 프리즘층이 있다. (C) 이매패류 껍질이 녹아나간 후(mold) 거정질 방해석으로 채워진다. 오르도비스기 Ellenburger층군(미국 텍사스 주).

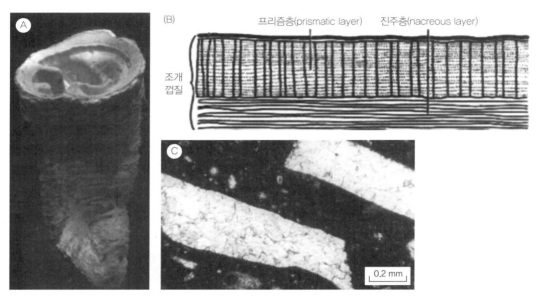

소라와 같은 복족류는 천해 환경에 가장 많이 나타난다. 복족류 중 일부는 염분의 변화가 심한 곳이나, 염분이 아주 높거나 낮은 곳에서도 적응하며 살 수 있기 때문에 다른 생물이 살 수 없는 고염분의 해수나 담함수에서 나타나기도 한다. 대부분의 복족류는 저서성(底棲性)으로 바닥을 기어 다니며 산다. 작은 크기의 콘 모양을 한 pteropod는 신생대의 원양성 퇴적물 형성에 중요한 역할을 하였다. 대부분의 복족류는 아라고나이트로 구성되어 있으며, 이매패류와 유사한 미세 구조를 가진다. 속성작용을 받으면 아라고나이트가 모두 용해되고 방해석으로 채워지기 때문에 원래의 내부 구조를 화석에서 관찰하기는 어렵다. 복족류는 현미경 관찰로 그 모양을 쉽게 구별할 수 있다(그림 12.5).

어진 경우와 굴(oyster)과 같이 방해석으로 되어 있는 것도 있다. 이매패류의 껍질은 특이한 내부 구조를 가지는 여러 층으로 구성된다(그림 12.4B). 가장 많이 나타나는 껍질의 구조는 안쪽에 아라고나이트가 판상(板狀)으로 배열되어 있는 진주층(nacreous layer)이 존재하고 바깥쪽에 프리즘 형태의 아라고나이트층(prismatic layer)이 분포하는 형태이다. 아라고나이트로 구성된 이매패류는 퇴적 후 용해되어 외형만 남게 되며 외형은 나중에 방해석으로 채워지게 된다. 이러한 형태는 이매패류가 석회암 내에 남아 있는 가장 흔한 형태이다(그림 12.4C).

그림 12.5 복족류 단면의 현미경 사진(Adams and MacKenzie, 1998). 아직 아라고나이트로 이루어졌으며, 얇은 엽층리의 구조가 잘 나타난다. 제4기(모로코).

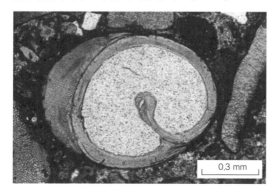

복족류는 종류에 따라 유공충과 비슷하게 나타나기도 하며 유공충은 복족류에 비해 크기가 훨씬 작으면서 미정질(微晶質)의 방해석으로 이루어져 있으므로 구별이 가능하다.

두족류(그림 12.6) 중 nautiloid와 암모나이트류(ammonoids)는 고생대와 중생대의 석회암에서 많이 나타나며, belemnites는 중생대의 석회암에 나타난다. 두족류는 모두가 해양 동물이며 주로 자유롭게 떠다니는 유영생활(swimming) 양식을 가지고 있다. 두족류는 대체로 수심이 깊은 환경에 쌓인 원양성 퇴적물에 많이 나타난다. Nautiloid와 암모나이트류는 아라고나이트로 구성되어 있으므로 고기의 석회암에서는 껍질 원래의 내부 구조를 관찰하기가 어렵다. 두족류는 비교적 크기가 크고 격막(septa)이 존재하는 것이 특징이다. 반면 중생대에만 살았던 belemnites는 방해석으로 이루어져 있고, 단면에서 방사상-섬유상의 조직을 보인다.

(2) 완족동물(brachiopods)

완족동물은 특히 고생대와 중생대의 천해 퇴적물에 많이 나타난다. 대부분의 완족동물은 저서성으로서 고착 생활을 하며 일부는 퇴적물을 파고 그 안에서 살기도 한다. 단면의 모양과 크기는 대체로 이매패류와 비슷하게 나타나지만, 대부분이 저마그네슘 방해석으로 구성되어 있으므로 속성작용을 받아도 미세한 내부 구조가 잘 보존되어 있다(그림 12.7). 완족동물의 껍질은 두 개의 층으로 구성된다. 외부층은 섬유상의 방해석이 껍질의 표면과 수직 방향으로 배열되어 있으며 내부층은 방해석의 섬유들이 경사를 이루며 두껍게 분포한다. 또한 껍질의 표면으로부터 내부층까지 수직으로 관통하는 작은 관이 발달한 경우(punctate)도 관찰되며, 껍질의 내부에만 작은 관이 발달한 구조(pseudopunctate)가 나타나기도 한다.

(3) 강장동물(cnidaria)

강장동물의 대표적인 생물은 산호류이다. 산호류는 생태학적 특성에 따라서 hermatypic 산호와 ahermatypic 산호로 나눌 수 있다. Hermatypic 산호는 개체(polyp) 내에 산호와 공생(共生)하는 광

그림 12.6 두족류 일종인 (A) nautiloid(데본기 모로코)와 (B) 암모나이트(백악기. 마다가스카르)의 단면.

그림 12.7 완족동물의 껍질단면. Pseudopunctate가 잘 발달하여 있다. 오르도비스기 영흥층(강원도 영월).

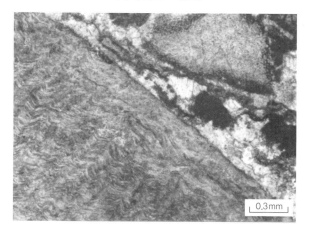

그림 12.8 (A) 플라이스토세의 산호 *Montestrea annnularis*. 수직 높이는 약 2 m 정도이다(미국 플로리다 주 Florida Key). (B) 현생 산호의 현미경 사진(Bahama San Salvador Island). 검은 부분은 원래의 산호가 살던 공간으로 현재는 빈칸이다.

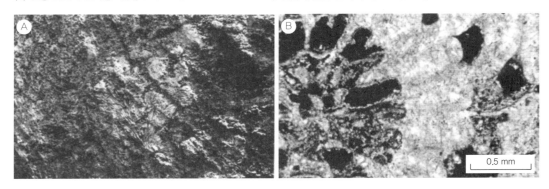

그림 12.9 벽의 구조가 잘 보존되어 있는 사사산호(rugose) (Scholle, 1978). 비교적 간단하게 산호가 살던 공간은 방사상으로 발달되어 있다. 상부 석탄기 Graham층(미국 텍사스 주).

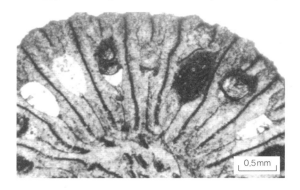

합성을 하는 쌍편모 조류(zooxanthellae)가 있는 경우이며, 이러한 조류(藻類)가 없는 경우를 ahermatypic 산호라 한다. Hermatypic 산호류는 조류가 살 수 있는 환경, 즉 수심이 얕고 따뜻하며 부유물이 없는 해수에 분포한다. 현생에서 이 종류의 산호는 산호초의 골격 구조를 이루며 홍조류(red coralline algae)와 함께 견고한 산호초를 형성한다. 반면에 ahermatypic 산호류는 대륙사면 등과 같이 수심이 깊은 곳에서 나타나며, 부분적으로 빌드업(buildup)이나 장벽(barrier)을 형성하기도 한다.

현생에 나타나는 산호는 scleractinian 산호류(그림 12.8A)로, 이들은 삼첩기(三疊紀, Triassic)부터 나타나기 시작하였다. 이 산호의 골격(그림 12.8B)은 아라고나이트로 이루어져 있으므로 석회암 내에서 산호 조직의 보존이 미약하다. 그러나 고생대의 산호, 특히 실루리아기와 데본기에 암초를 형성한 사사산호(四射珊瑚, rugose)와 판상산호(板狀珊瑚, tabulata)들은 고마그네슘 방해석으로 구성되어 있기 때문에 보존 상태가 비교적 좋은 편이다(그림 12.9). 산호의 감정은 격막(隔膜, septa)과 같은 내부판 구조로 구분한다.

(4) 극피동물(echinodermata)

극피동물은 해양 동물로서 성게류(echi-noid)와 해백합(crinoid)이 있다. 현재의 바다에서 성게류는 암초와 그와 관련된 환경에서 주로 서식하며 해백합은 수심이 깊은 곳에서 서식하나 이들로부터의 탄산염 퇴적물 공급은 미미하다. 그러나 고생대와 중생대에는 극피동물 중 해백합의 파편이 생쇄설물 석회암의 주요 성분을 이룬다(그림 12.10A). 주로 해백합의 파편으로만 구성되어 있는 석회암을 encrinite라고 한다. 심해저의 많은 석회암 저탁암(터비다이트)은 천해의 탄산염 대지로부터

그림 12.10 극피동물. (A) 해백합(crinoid)의 파편. 오르도비스기 문곡층(강원도 영월). (B) 해백합 파편 위에 발달한 과성장(중앙 하단의 밝은 색 부분). 오르도비스기 두무골층(강원도 태백).

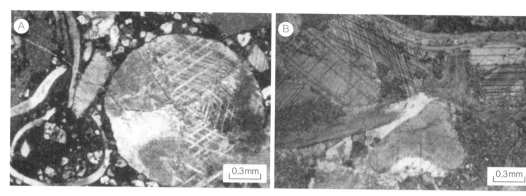

공급된 해백합 부스러기로 이루어져 있다.

　성계류와 해백합의 골격은 방해석으로 이루어져 있으며, 현생 종들은 주로 고마그네슘 방해석으로 구성되어 있다. 극피동물의 파편은 대체로 큰 단결정(單結晶)의 방해석으로 이루어져 있으며 현미경 하에서 직소광을 보이므로 감정이 용이하다. 또한 거정질 방해석(스파라이트) 교결물 결정이 극피동물 파편 입자와 동일한 광축을 유지하면서 과성장(過成長, syntaxial overgrowth)을 이루기도 한다(그림 12.10B). 극피동물 파편에는 공극이 많으며, 이 공극은 대개 미정질 방해석으로 채워져 있기 때문에 지저분하게 보인다. 고기의 해백합 파편 내에는 크기가 매우 작은 백운석(dolomite)의 결정이 포함되기도 하며, 이는 해백합의 원래 구성 광물이 고마그네슘 방해석이었음을 지시한다.

(5) 태선동물(bryozoa)

태선동물은 작은 크기의 해양 동물로서 군집 생활을 한다. 현생의 탄산염 퇴적물의 생성에는 중요한 역할을 하지 않지만, 지질 시대 특히 고생대에서는 중요한 탄산염 퇴적물의 공급원으로 작용하여 암초나 다른 석회암들을 형성하였다. 그 예로는 미국 남서부와 유럽에 나타나는 미시시피기의 mud mound와 텍사스 주와 서유럽에 나타나는 페름기의 암초가 있다.

　현생의 태선동물은 아라고나이트나 고마그네슘 방해석으로 구성되거나 이 두 광물이 혼합되어 있기도 한다. 태선동물의 골격 구조는 거정질 방해석으로 채워진 둥근 모양의 zooecia(동물 하나하나가 살았던 곳)와 이들 주변에 발달한 엽상의 방해석으로 구성된다(그림 12.11). 형태는 매우 다양하나

그림 12.11 태선동물 횡단면의 현미경 사진(Scholle, 1978). Zooecia가 가장자리에서 방사상으로 발달하여 있으며, 외벽의 두께는 증가를 한 특징을 나타낸다. 상부 실루리아기 Tonoloway-Keyser 석회암(미국 펜실베이니아 주).

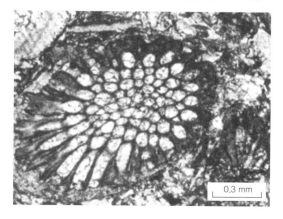

그림 12.12 유공충. (A) Globorotalid 유공충(부유성)으로 잘 보존된 공극을 갖는 방사상의 외벽 구조를 나타내며, 내부 공간은 미정질 방해석으로 채워져 있다(Scholle, 1978). 플라이스토세 연니(미국 플로리다 주). (B) 화폐석(Nummulites sp.)의 장단면(Scholle, 1978). 에오세의 석호 퇴적물에 특징적으로 산출한다. 에오세 Nummulite 석회암(세르비아). (C) Miliolina 유공충. 두꺼운 미정질 방해석으로 이루어져 있다(Adams and MacKenzie, 1998). 마이오세(스페인 Mallorca). (D) 방추충(fusuline) (Adams and MacKenzie, 1998). 어두운 색의 미정질 방해석으로 이루어져 있다. 페름기 중동 지역.

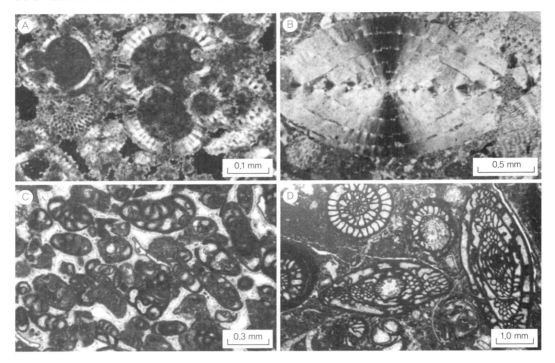

고생대의 석회암에서는 주로 다공성 형태의 fenestrate 형이 나타나기도 한다.

(6) 유공충(foraminifera)

유공충은 매우 작은 크기의 해양 생물로서 생태에 따라 저서성 유공충과 부유성 유공충 두 가지로 나뉜다. 부유성 유공충은 백악기부터 출현하여 백악기와 제3기에 백악(白堊, chalk)과 이회암(marl)을 형성하였으며 현생의 원양성 우즈에 주로 나타난다. 저서성 유공충은 고생대 초기부터 출현하였으며 따뜻하고 수심이 얕은 바다에서 주로 분포하는데, 퇴적물 표면이나 퇴적물 내에서 단단한 외피를 형성하면서 서식한다.

유공충 껍질은 저마그네슘 또는 고마그네슘의 방해석으로 이루어졌으며 아라고나이트는 거의 나타나지 않는다. 형태는 매우 다양하지만, 단면상에서는 대체로 빈 공간을 갖는 원형이나 준원형의 형태로 나타난다(그림 12.12A, C, D). 껍질이 얇은 종류의 유공충은 대개 미세 입자상으로 이루어져 있으나, 크고 껍질이 두꺼운 종에서는 섬유상의 구조가 보인다(그림 12.12B). 석탄기와 페름기 동안에는 대형 저서성 유공충인 방추충(fusulina)이 번성하여 석회암에 많이 나타난다(그림 12.12D).

(7) 기타

위에서 살펴본 무척추 동물 외에도 석회암 내에는 비록 양적으로는 적게 나타나지만 여러 종류의

그림 12.13 삿갓 모양의 단면을 나타내는 삼엽충. 삼엽충의 가장자리와 주변 지역은 마름모꼴의 백운석으로 교대되었다. 오르도비스기 문곡층(강원도 영월).

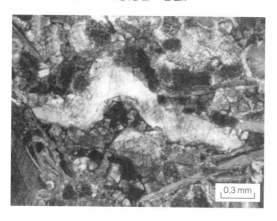

0.3 mm

그림 12.14 개형충(ostracod). 방사상의 섬유상 구조가 잘 나타나 있다. 내부는 거정질 방해석 교결물로 채워져 있다. 오르도비스기 Ellenburger층군(미국 텍사스 주).

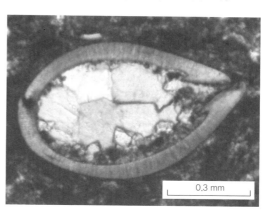

0.3 mm

무척추 동물화석이 나타난다. 경우에 따라서 이들은 짧은 지질시대 동안 석회암 형성에 중요한 역할을 하기도 하였다.

절족동물(arthropod) : 석회암에 나타나는 절족동물은 삼엽충(trilobite)과 개형충(ostracod)이 있다. 삼엽충은 캠브리아기부터 페름기까지 번성하였으며, 이 시기에 쌓인 대륙붕 석회암에 주로 나타난다. 단면상에서는 잘린 면에 따라 다르지만 특징적으로 지팡이 모양이나 삿갓 모양의 형태(그림 12.13)를 보인다. 삼엽충은 저마그네슘 방해석으로 구성되어 있으며 현미경 하에서는 소광이 띠를 형성하며 연속적으로 나타나는 것을 관찰할 수 있다. 개형충은 캠브리아기부터 현생에 걸쳐서 나타나며 제3기의 석회암에서는 국부적으로 상당한 양이 나타나기도 한다. 이들은 해수나 담함수 그리고 담수의 광범위한 환경의 수심이 얕은 곳에 서식한다. 크기는 1 mm 내외로 아주 작은 편이며, 얇은 두 매의 껍질로 구성되어 있다(그림 12.14). 껍질은 매끈하거나 울퉁불퉁한 장식이 있기도 하다. 개형충은 저마그네슘과 고마그네슘의 방해석으로 이루어져 있으며, 내부 조직은 방사상의 섬유상 구조를 나타낸다.

해면류(sponge) : 해면류는 오르도비스기, 페름기 그리고 삼첩기 동안에는 암초를 이루는 골격으로 역할을 하기도 하였다. 스트로마토포로이드(stromatoporoid)는 현생종이 나타나지 않는 동물로서 이전에는 히드라충류(hydrozoan)로 여겨졌으나 현재에는 해면동물문(porifera)으로 구별되고 있다. 스트로마토포로이드는 얕은 바다에서 군집생활을 하는 동물로서, 종과 서식 환경에 따라 구형에서 엽층상(laminar)까지 다양한 성장 형태를 보인다(그림 12.15). 해면류의 침골(spicules)은 방해석이나 실리카로 이루어져 있으며, 캠브리아기의 퇴적물에서부터 현생에 이르기까지 산출된다. 스트로마토포로이드는 실루리아기와 데본기에 산호와 더불어 암초를 이루었던 주요한 동물이다. 원래의 구조는 비교적 잘 보존되어 있으며, 구성 성분은 주로 고마그네슘의 방해석으로 이루어졌을 것으로 해석되고 있다. 해면류의 침골(그림 12.16)은 석회암 내의 처어트 단괴의 형성과 석회암의 규화작용에 필요한 실리카를 공급한다.

그림 12.15 스트로마토포로이드(stromatoporoid). 렌즈캡은 직경 5.5 cm이다. 오르도비스기 영흥층(강원도 영월).

그림 12.16 해면류의 침골로 작은 튜브 형태를 띠고 있다. 사진은 침골을 포함하여 미정질 석영의 처어트로 되어있다. 오르도비스기 문곡층(강원도 영월).

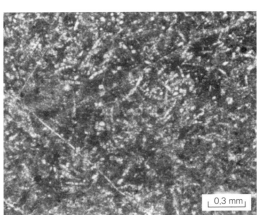

Calcisphere : Calcisphere는 직경이 약 0.5 mm 정도인 원형의 물체로서 방해석으로 이루어졌다(그림 12.17). 조류의 일종으로 여겨지나 유공충의 일종으로도 알려져 있다. Calcisphere는 세립질의 석회암에 주로 나타나며, 백악기의 원양성 퇴적물에서 많이 산출된다.

그림 12.17 둥근 벽을 가지고 있는 calcisphere(Adams and MacKenzie, 2001). 데본기에서 페름기의 탄산염암에는 calcisphere가 석호나 후암초 환경에서 많이 산출된다. 하부 석탄기(영국 Derbyshire).

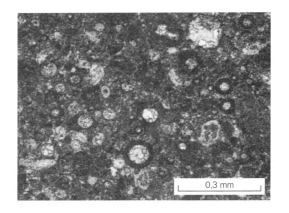

12.4.2 조류와 남조류

조류(algae)와 남조류(blue-green algae, cyanobacteria)는 석회질 퇴적물에 조류 자체의 파편을 제공할 뿐 아니라 퇴적물을 붙잡아 엽층리(葉層理)를 나타내는 퇴적물을 형성하기도 하며, 퇴적물 입자나 생물체의 단단한 껍질 부분을 파고 들어가 내부 조직을 지워버리기도 한다. 특히 남조류는 선캠브리아기 시대의 석회암 형성에 매우 중요한 역할을 하였다. 조류는 크게 홍조류(紅藻類), 녹조류(綠藻類), 황록편모조류(黃綠鞭毛藻類), 남조류(藍藻類)의 네 그룹으로 나뉜다.

(1) 홍조류(rhodophyta)

탄산염 성분의 홍조류로는 캠브리아기에서 마이오세까지 존재하였던 Solenoporaceae(그림 12.18A)와 석탄기에서 현재까지 나타나는 산호상조류(Corallinaceae, 그림 12.18B)가 있다. 이들의 골격은 초미정질(超微晶質) 방해석으로 이루어져 있으며 단면상에서는 규칙적인 세포질 구조

그림 12.18 홍조류. (A) *Solenopora* sp. 특징적으로 세포 모양이 다각형을 띤다. 오르도비스기(Bathurst, 1975). (B) Corallinaceae. 현생(Bahama San Salvador Island).

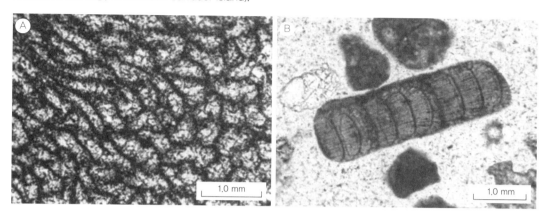

를 보인다. 현생의 산호상조류는 고마그네슘의 방해석으로 구성되어 있다. 산호상조류는 자갈과 조개껍질과 같은 단단한 물질(substrate)을 피막(被膜)하여 단괴를 형성하기도 하는데, 이를 **홍조단괴**(rhodolith)라고 한다. 우리나라 제주도의 우도 해안에서 홍조단괴가 산출되는 것으로 알려져 있다(그림 12.19). 퇴적암 형성에 있어서 홍조류의 가장 큰 역할은 퇴적물을 묶어두는 작용(binding)과 교결작용(膠質作用)이다.

그림 12.19 제주도 우도 홍조단괴 해수욕장(서빈백사)에 분포하는 홍조단괴.

(2) 녹조류(chlorophyta)

녹조류에는 캠브리아기에서부터 현생까지 나타나는 Codiaceae, Dacycladaceae와 실루리아기부터 현생까지 나타나는 Characeae가 중요하다. Characeae는 저마그네슘의 방해석으로 불완전하게 석회질화되어 있기 때문에 단지 줄기(stalks)와 재생 기관만이 석회암에서 산출된다(그림 12.20A). 이들은 담수나 담함수에만 국한되어 나타난다. Dacycladaceae 조류 역시 석회질화 작용이 완전히 일어나지 않기 때문에 식물의 줄기와 가지 주위에 아라고나이트 껍질로 침전이 일어난다. 이 조류는 열대 지방의 얕고 순환이 제한된 석호(潟湖) 환경에 서식한다. 줄기나 가지의 단면은 원형, 타원형, 또는 길게 신장(伸張)된 형태를 보인다(그림 12.20B). Codiaceae 조류에는 카리브해나 태평양의 암초와 석호에서 가장 많이 나타나는 *Halimeda*와 *Penicillus*(그림 12.21A, B)가 있다. *Halimeda*는 마디를 가지는 식물로, 이 식물이 죽으면 마디마디가 떨어져서 조립질 모래 크기의 입자를 이룬다. *Halimeda*의 단면은 마치 스위스 치즈 모양(그림 12.21C)을 하고 있다. *Penicillus*는 면도솔처럼 생긴 조류로서, 아라고나이트로 덮인 필라멘트가 뭉쳐서 나타난다. 이 식물이 죽으면 세립질의 탄산

그림 12.20 (A) Characeae(Charophyte 암컷 생식기관, oogonia). 상부 쥐라기(프랑스 Provence, Adams and MacKenzie, 1998). (B) Dacycladaceae의 비스듬한 단면. 중앙에는 빈 공간이 있고 방사상으로 발달한 튜브가 특징이다 (Scholle, 1978). 상부 백악기(콜롬비아).

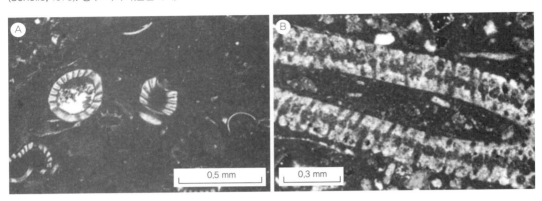

그림 12.21 Codiaceae 조류 (A) *Halimeda*의 사진(*Halimeda incrassala*). 모래 크기의 퇴적물을 생성한다. (B) *Penicillus* 사진(*Penicillus capitatus*). 죽으면 마이크론 크기의 아라고나이트 침상 결정이 생성된다. (C) *Halimeda*의 현미경 사진. 플라이스토세 Miami 우이드암(미국 플로리다 주).

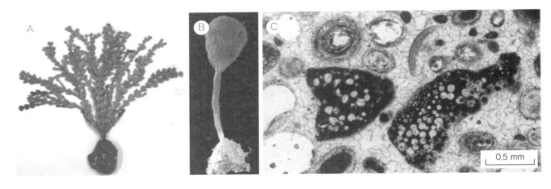

염 퇴적물인 석회 머드가 생성된다.

(3) 황록편모조류(chrysophyta, coccoliths)

코코스피어(coccosphere)는 쥐라기에서 현생까지 나타나는 부유성 조류이다(그림 12.2B). 이들은 코콜리스라고 불리는 수많은 석회질 판들이 뭉쳐서 형성된 구형($10 \sim 100 \ \mu m$ 크기)으로 이루어져 있으며, 구성 성분은 저마그네슘 방해석이다. 이들은 크기가 너무 작기 때문에 주사전자 현미경 (SEM)을 이용해야만 관찰이 가능하다. 코콜리스는 현생의 저위도 지방에서 심해저 탄산염 우즈를 이루는 주요 성분이며 백악기와 제3기에는 많은 백악(白堊, chalk)을 형성하였다.

(4) 남조류(cyanobacteria)

남조류는 세포 내에서 자체적으로 비정질의 Ca-탄산염을 생성하는 것으로 알려지고 있으며 (Benzerara et al., 2014). 또한 이들은 단단한 물체를 파거나 매트를 형성함으로써 퇴적물에 큰 영향을 미친다. 현생이나 고기의 많은 생물 껍질에는 이들 남조류의 작용에 의해 미정질의 방해석

(미크라이트)으로 이루어진 외피(micritic envelope)가 형성된 것이 관찰된다(그림 12.22). 조개껍질을 파고 들어가 사는 남조류(endolithic algae)에 의해 형성된 빈 공간에는 미크라이트가 침전을 하는데, 이러한 작용이 계속 반복됨에 따라 화석의 바깥 부분은 치밀한 미크라이트로 바뀌게 된다. 이러한 남조류의 작용이 좀더 심해지면 입자의 원형은 거의 보존되지 않고 완전히 미크라이트로 된 입자로 바뀌게 된다. 탄산염 입자에 미크라이트 외피가 존재한다는 것은 탄산염 퇴적물이 쌓였던 장소가 남조류가 살 수 있는 투광

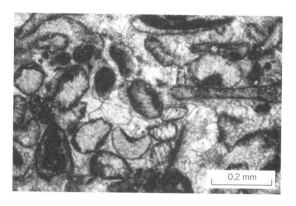

그림 12.22 해백합과 완족동물의 쇄설물 입자 주위를 따라 발달된 미크라이트 외피. 사진에서는 검은 색의 막으로 보인다. 중앙의 왼쪽 상단의 검은 입자는 미크라이트화 작용으로 원래 탄산염 입자의 종류를 구별하기가 어렵다. 오르도비스기 영흥층(강원도 영월).

대(photic zone, 100~200 m 이하)였음을 지시해 준다. 그러나 천해에서 생성된 미크라이트 외피를 가진 입자가 수심이 깊은 곳으로 재이동되어 쌓일 수 있으므로 미크라이트 외피를 가지는 입자를 바탕으로 퇴적 환경을 해석하는 데 주의해야 한다.

남조류의 가장 중요한 역할은 퇴적물 위에 매트를 형성하는 작용으로 이를 **조류 매트**(algal mat)라고 한다. 조류 매트는 중-저위도의 해양 환경과 육상 환경의 넓은 범위에 걸쳐서 나타난다. 남조류는 필라멘트 형태로, 끈적끈적한 점액질의 특성을 지니므로 퇴적물을 붙잡아 두는 역할을 하는데, 이러한 기작에 의해 특징적인 엽층리가 발달한 **스트로마톨라이트**(stromatolite)를 형성한다(그림 12.23A). 스트로마톨라이트는 약 25~23억 년 전 이후의 전 지질 시대에 걸쳐서 나타나지만, 다른

그림 12.23 (A) 스트로마톨라이트(LLH형). 캠브리아기 마차리층(강원도 영월, 이정구 제공). (B) 스트로마톨라이트의 현미경 사진(Adams and MacKenzie, 1998). 착색을 시킨 시료로 석회질 머드로 이루어진 층과 펠릿과 거정질 방해석으로 이루어진 층이 교호되어 발달되어 있다.

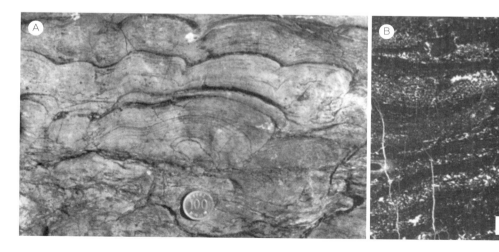

생물들이 잘 나타나지 않는 지층에서는 층서 대비에도 이용되는 등 중요한 역할을 한다. 엽층리(葉層理)는 대체로 수 mm 미만의 두께를 보인다. 엽층리는 조류 매트를 만드는 남조류의 성장과 퇴적 작용이 반복하여 일어나면서 만들어지며 현생 환경에서 관찰되는 것은 어두운 색의 유기물층과 밝은 색의 퇴적물층이 교호하며 나타난다. 지질 기록의 스트로마톨라이트에서는 조류 매트가 미크라이트로 나타나고 퇴적물층은 펠릿과 화석 파편 등으로 나타나 이들이 서로 교호하면서 엽층리를 보인다(그림 12.23B).

스트로마톨라이트의 형태는 수심, 조수와 파도 에너지, 지표에 노출의 정도와 퇴적률 등의 환경적인 요인에 큰 영향을 받는다. 가장 간단한 형태로는 엽층리가 수평으로 평행하게 발달한 스트로마톨라이트(planar stromatolites)로서, 이를 cryptalgal laminites(그림 12.24A)라고 한다. 이 스트로마톨라이트는 에너지가 약한 조석대지(tidal flat)에서 형성된다. 이들 중에는 지표에 노출되어 형성된 건열구조(乾裂構造)와 신장된 형태의 공동(laminoid fenestrae, 그림 12.24B), 증발 광물이나 이들의 의사형태(pseudomorph, 그림 12.24C) 등이 포함되어 있기도 한다. 조금 더 에너지가 높은 하조대(subtidal)에서는 돔 형태의 스트로마톨라이트(domal stromatolite, 그림 12.23A)로 엽층리가 한 돔에서 인접하는 다른 돔으로 연장되어 나타나며, 그 크기는 수 cm에서 수 m에 달한다. 하조대의 가장 에너지가 높은 곳에서는 주상(柱狀)의 스트로마톨라이트(columnar stromatolite)가 개별적으로 나타나는데 높이가 수 m에 이르는 것도 있다. 또한, 돔 형태의 것과 주상의 것들이 복합되어 나타

그림 12.24 (A) 수평 엽층리를 나타내는 cryptalgal laminites. 백운석화 작용을 받았다. 오르도비스기 막골층(강원도 태백). (B) 신장된 형태의 공동(laminated fenestrae). 오르도비스기 영흥층(강원도 영월). (C) 작은 침상의 증발 광물인 석고의 결정 의사형태(pseudomorph). 현재는 방해석으로 채워져 있다. 오르도비스기 영흥층(강원도 영월).

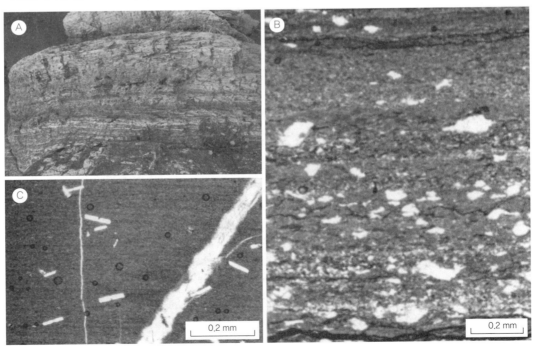

그림 12.25 호주 서부에 위치한 Shark만의 Hamilin pool에 발달한 **스트로마톨라이트**.

그림 12.26 온코이드. 오르도비스기 두위봉층(강원도 태백).

0.05 mm

나는 복잡한 형태의 스트로마톨라이트가 형성되기도 한다. 현생에서 스트로마톨라이트가 가장 잘 관찰되는 곳으로 호주 서부의 Shark 만(bay)에서 보면, 주상(柱狀, columnar)의 스트로마톨라이트가 고에너지의 조간대와 하조대에 나타나며(그림 12.25), 교반작용(攪拌作用, agitation)이 덜 일어나는 곳에서는 작은 돔상(domal)이나 주상의 스트로마톨라이트, 그리고 물의 순환이 제한된 조석대지에서는 평탄한 형태의 조류 매트가 형성되는 것이 관찰된다. 그 밖에 구상(球狀)으로 나타나는 **온코이드**(oncoid, 그림 12.26)가 있다. 온코이드는 치밀한 미크라이트로 구성되어 있으며, 내부에는 동심원상의 엽층리가 비대칭적으로 발달해 있다. 또한, 남조류에 의해 돔 형태로 형성되지만 스트로마톨라이트처럼 엽층리가 나타나지 않고 괴상인 석회암체를 **스롬볼라이트**(thrombolite)란 용어를 사용한다. 스롬볼라이트는 시아노박테리아의 잔재물을 비롯하여 덩어리를 이루거나 치밀한 미크라이트로 이루어져 있다.

이상과 같은 스트로마톨라이트는 형태에 따라 크게 세 가지로 분류하여 기재한다(그림 12.27). 돔 형태의 스트로마톨라이트가 횡적으로 연결되어 나타나는 경우를 LLH(laterally-linked

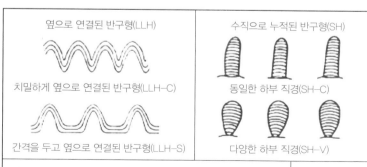

옆으로 연결된 반구형(LLH)

치밀하게 옆으로 연결된 반구형(LLH-C)

간격을 두고 옆으로 연결된 반구형(LLH-S)

수직으로 누적된 반구형(SH)

동일한 하부 직경(SH-C)

다양한 하부 직경(SH-V)

평탄한 엽층리층 또는 스트로마톨라이트

특징적으로 약간 불규칙하거나 주름 같은 엽층리를 가지며, 건열이 나타나고 신장된 형태의 공동이 흔히 산출된다.

온코이드

그림 12.27 스트로마톨라이트를 분류하는 데 이용되는 기재 용어(Logan et al., 1964).

그림 12.28 *Collenia cylindrical.* 선캠브리아기 상원계 (소청도).

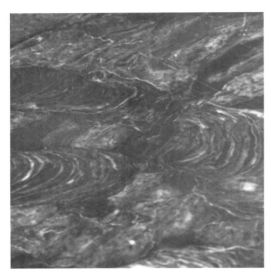

그림 12.29 캠브리아기 Hoyt층에 발달한 고에너지 환경의 스트로마톨라이트(*Crytozoon*). 빙하에 의해 절단된 단면이다. 층서적 위치에서 볼 때 울라이트층과 함께 나타나 대륙붕단에 위치하였던 것으로 해석할 수 있다. 오른쪽 하단의 검은 막대는 축척으로 10 cm이다(미국 뉴욕 주) (Sternbach and Friedman, 1984 참조).

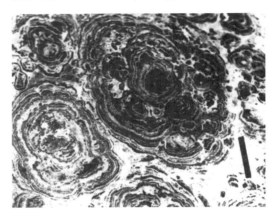

hemispheroid)형이라 하며, SH(vertically stacked hemispheroid)형은 주상 스트로마톨라이트에 대하여, SS(spherical structure)형은 온코이드를 말할 때 사용된다. 또한, 남조류의 종류를 분류하는데에는 생물학적 분류법을 사용하기도 하는데, 이 방법은 특히 선캠브리아기 시대의 스트로마톨라이트에 많이 이용된다. 선캠브리아기 시대의 스트로마톨라이트에는 *Collenia*(그림 12.28), *Crytozoon* 등이 포함된다.

현재 조류 매트는 주로 고염분의 조석대지와 담수 환경에만 제한되어 나타난다. 평탄한 엽층리가 발달한 스트로마톨라이트는 조수의 영향을 받는 환경에서 퇴적된 연조수대(沿潮水帶) 퇴적물(peritidal facies)에 특징적으로 나타난다. 그러나 현생이언 동안에는 주상이나 돔상의 스트로마톨라이트가 드물게 나타나는데, 그 이유는 스트로마톨라이트를 만드는 남조류를 뜯어먹고 사는 복족류의 출현과 밀접한 관련이 있다. 선캠브리아기에는 복족류가 출현하지 않았으므로 스트로마톨라이트가 하조대와 깊은 해수에도 광범위하게 분포하였다. 스트로마톨라이트는 또한 고에너지 환경인 대륙붕 끝부분에도 존재하였다. 후자의 예로는 미국 뉴욕 주의 Saratoga County에 분포하는 후기 캠브리아기 Hoyt층에 울라이트층(oolite bed)과 함께 나타나는 반구형(半球形)의 돔상 스트로마톨라이트인 *Crytozoon*이 있다(그림 12.29). 현생 환경에서 주상의 거대한 스트로마톨라이트(2 m 높이까지)가 바하마 앞바다의 정상 염분을 띠는 천해의 고에너지 조수 하천 환경에서 우이드 퇴적물이 생성, 퇴적되는 곳에 생성된다는 보고가 있다(Dravis, 1983; Dill et al., 1986).

12.4.3 생물 골격 이외의 입자

(1) 우이드와 피소이드

우이드(ooid)란 구형 또는 준구형의 입자로, 중심핵의 둘레에 하나 이상의 규칙적인 방사상 또는 동

그림 12.30 우이드. (A) 현생의 아라고나이트로 이루어진 방사상—동심원상 우이드(미국 유타 주 Great Salt Lake). (B) 방사상의 조직을 보이는 오르도비스기 두위봉층의 우이드. 원래의 방사상 조직이 보존되어 있는 것으로 보아 원래 방해석으로 이루어졌을 것으로 해석된다(강원도 태백).

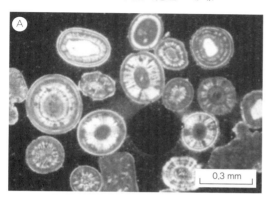
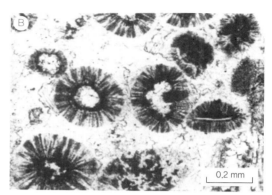

심원상의 엽층리가 둘러싸고 있다(그림 12.30). 중심의 핵을 이루는 물질은 대개 화석 파편이나 석영 입자 등으로 되어 있다. 우이드로 이루어진 퇴적물을 울라이트(oolite) 혹은 어란상암(魚卵狀岩)이라고 한다. 이러한 형태의 입자가 직경이 2 mm 이하로 나타나면 우이드라고 하며, 이보다 큰 입자는 **피소이드**(pisoid)라고 하고 피소이드로 이루어진 퇴적물은 피솔라이트(pisolite)라고 한다. 복합 우이드(composite ooid)란 두 개 이상의 우이드가 동심원상의 엽층리로 둘러싸여 있을 경우를 일컫는다. 일반적으로 우이드와 피소이드 그리고 온코이드를 통틀어 피복된 입자(coated grain)라고 한다.

현생의 우이드는 크기가 대부분 0.2 mm에서 0.5 mm 정도이다. 우이드는 조수 하천 등 고에너지 환경에서 해저면을 따라 구르면서 움직이는 동안 해수로부터 탄산칼슘이 침전되어 만들어진다. 바하마에서는 우이드가 탄산염 대지의 가장자리에서 만들어지며 페르시아 만(아라비아 만)에서는 연안 사주 사이에 발달된 조수 삼각주에서 만들어진다. 우이드는 보통 수심이 5 m 이내인 곳에서 생성되나, 경우에 따라서는 10~15 m에 이르는 곳에서도 생성된다. 우이드는 또한 미국 유타 주 Great Salt Lake와 같은 건조한 기후대 담수 호수의 호숫가에서도 만들어진다(그림 12.30A).

현생의 우이드는 거의 대부분이 아라고나이트로 구성되어 있으며, 고마그네슘 방해석과 아라고나이트 두 가지 광물로 이루어진 우이드가 나타나기도 한다. 현생의 아라고나이트 우이드는 2 μm 정도의 아라고나이트 침상(針狀) 결정이 입자의 표면에 평행하게 배열되어 나타난다. 현생에 가까운 지질 시대에 형성된 고마그네슘 방해석으로 이루어진 우이드는 방사상의 내부 구조를 나타낸다. 통기대(vadose zone)에서 생성된 피소이드는 입자의 하부 쪽의 엽층리가 훨씬 두꺼운 비대칭적 형태로 나타나나, 제자리에서 생성되기 때문에 서로간 짜 맞추어져 있는 배열 구조(fitted fabric, 그림 12.31)를 보인다.

고기의 우이드는 현재 저마그네슘 방해석으로 구성되어 있다. 그러나 현생의 우이드를 구성하고 있는 광물을 고려할 때, 고기의 우이드도 원래 아라고나이트나 고마그네슘 방해석으로 이루어졌을 것으로 여겨진다. 조직상으로 볼 때, 원래 방해석으로 이루어진 우이드는 방사상의 섬유상 조직을

그림 12.31 통기대(vadose zone)의 돌로마이트 피소이드. 다각형 모양, 불규칙한 동심원상 코텍스와 아래 쪽으로 신장된 모양을 보인다. 페름기 Capitan 암초(미국 뉴멕시코 주와 텍사스 주).

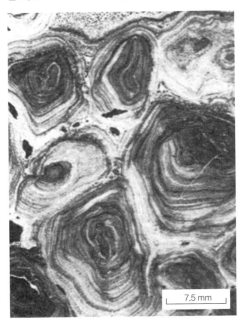

7.5 mm

나타낸다. 이들을 편광 현미경으로 관찰하면 마치 일축성 광물처럼 십자 모양의 소광 형태를 보여준다. 원래 저마그네슘의 방해석인지 고마그네슘의 방해석인지는 구별하기가 쉽지 않으나, 미정질 백운석의 결정(microdolomite)이 우이드 내에 있다면 고마그네슘 방해석이었을 것으로 여겨진다. 원래 아라고나이트로 이루어진 우이드는 속성작용이 일어나면 변화를 받는다. 아라고나이트가 방해석으로 교대되면서 유기물이 잔류 포획되어 남아 있거나 아라고나이트의 잔존물이 보존되어 원래의 우이드 조직이 약간 남아 있는 경우가 있는데, 이를 **방해석화 작용**(calcitization)이라고 한다. 또한 아라고나이트가 완전히 용해되어 우이드 형태를 유지한 채 나타나는 빈 공간을 우이드 외형(oomold)이라고 하는데(그림 12.32), 석회암 내에 이러한 공극이 포함되어 있으면 우이드 외형 공극률(oomoldic porosity)을 가진다고 한다. 우이드 외형은 방해석의 교결물로 채워지기도 한다. 또한

고기의 우이드 중에는 형태를 유지한 채 미정질 방해석 조직을 가지는 것이 나타나며 현생의 우이드에서 관찰되는 바에 의하면, 이들은 우이드를 파고들어서 사는 생물체(특히 남조류)에 의해 미크라이트화 작용(micritization)을 받은 결과(그림 12.33)로 여겨진다.

우이드가 만들어지기 위해서는 다음의 세 가지 조건이 갖추어져야 한다. (1) 물이 아라고나이

그림 12.32 우이드가 용해되어 형성된 우이드 외형 공극률(oomoldic porosity). 플라이스토세 Miami 우이드암(미국 플로리다 주).

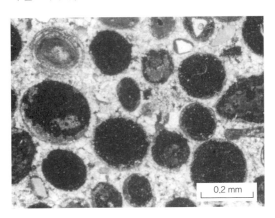

0.2 mm

그림 12.33 남조류에 의해 미크라이트화 작용을 받아서 내부 구조가 지워진 현생의 우이드(Bahama Joulters Cays).

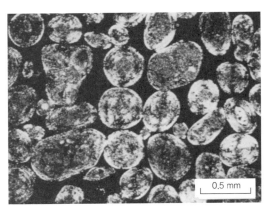

0.5 mm

트나 고마그네슘 방해석에 과포화되어야 한다. (2) 핵을 이루는 물질이 있어야 한다. (3) 교반작용 (agitation)이 일어나야 한다. 우이드는 무기적 또는 생화학적으로 침전되어 생성되는 것으로 알려지고 있다. 아직은 우이드가 어떻게 무기적으로 침전되는가에 대해서 자세히 밝혀진 바가 없지만 열대 지방의 얕은 해수의 화학 성분은 $CaCO_3$에 대하여 과포화되어 있다. 따라서 물에 교반작용이 일어나면 용존 이산화탄소(CO_2)가 해수로부터 빠져나가고 온도가 높아지면 해수 중의 탄산이온 (HCO_3^-)과 칼슘이온(Ca^{2+})이 결합하여 $CaCO_3$가 핵을 이루는 물질 위에 침전된다. 이 과정은 다음과 같은 화학식으로 표현된다.

$$Ca^{2+} + 2HCO_3^- = CaCO_3 + CO_2 + H_2O$$

이러한 과정으로 우이드는 수력학적으로 거친 조건(turbulent) 하에서 생성되는 것으로 여겨진다.

이에 반하여 생화학적 기원의 우이드는 우이드를 둘러싼 유기물에 의해 형성된다. 광합성을 하는 유기물 내에서 박테리아의 활동에 의해 탄산칼슘이 침전되기에 적합한 미세 환경이 조성되거나, 아미노산에 의해 방해석화 작용이 일어남으로써 우이드가 생성되는 것으로 여겨진다. 우이드의 생성에 미생물이 관여하는지를 확인하기 위하여 Folk와 Lynch(2001)는 현생의 우이드를 500℃로 가열하여 관찰한 결과 우이드의 엽층리 부분인 코텍스(cortex)가 아라고나이트 엽층과 검게 탄화되어 나타나는 유기물의 엽층이 반복적으로 링을 이루며 발달되어 있음을 확인함으로써 우이드 생성에 유기물이 관련되어 있음을 밝혔다.

(2) 펠로이드

펠로이드(peloids)는 내부 구조가 전혀 나타나지 않고 미정질의 방해석으로 이루어진 구형, 타원형 또는 각이 져서 나타나는 입자(그림 12.34)이다. 펠로이드의 크기는 대체로 0.1~0.5 mm 정도이며, 예외적으로 수 mm에 달하는 것도 나타난다. 대부분의 펠로이드는 복족류, 갑각류 등과 같은 생물체의 배설물이고 이와 같이 기원이 확실한 경우에는 **펠릿**(pellet)이라고 한다. 펠릿일 경우에는 유기물이 함유되어 있으며, 저에너지 환경인 석호나 조석대지의 퇴적물에 많이 나타난다. 펠릿과 비슷한 형태로 생물의 골격 파편이나 우이드 등이 미크라이트화 작용을 받아 생성되기도 하므로 펠릿과 같이 생물 분비물의 성인이 확실하지 않은 경우에는 일반적으로 펠로이드란 용어를 통용하여 사용한다. 또한 펠로이드는 미크라이트가 해수로부터 직접 침전되어 생성되기도 한다. 직접 침전되는 경우 펠로이드의 성인이 무기적으로 침전이 일어나 생성된다는 견해와 미생물의 영향을 받아 침전이 일어나 생성된다

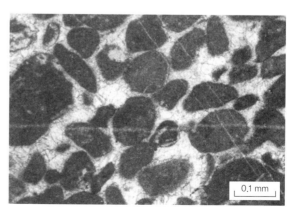

그림 12.34 펠로이드. 펠로이드는 생물의 분비물 기원인 펠릿으로부터 형성되거나 또는 탄산염 입자가 미크라이트화 작용을 받아서 생성된다. 이 사진은 펠로이드 형태로 보아서 펠릿일 가능성이 높다. 오르도비스기 영흥층(강원도 영월).

0.1 mm

는 견해로 많은 논의가 일어났었다. 후자의 견해를 지지하는 경우에는 산호초를 형성하는 곳의 내부 저에너지 환경에 생성된 펠로이드에 비록 석회화한 미생물의 세포구조가 있다는 증거가 없더라도 이들의 형태와 산출 양상으로 볼 때 아마도 미생물의 영향을 받아 생성되었을 것이라는 주장이 가능하다는 점이다. 즉, 고화된 석회질 퇴적물 파편(인트라클라스트), 산호와 이들에 피복을 하며 공존하는 생물에 펠로이드들이 불규칙하거나 돔 형태의 미크라이트로 덮고 있어 마치 온코이드와 같은 구조를 나타낸다는 점, 또한 산호의 골격 위에 형성된 펠로이드질 피막이 파상(波狀)이나 다양한 각도로 잘린 불연속적인 엽층리구조, 돔형의 구조를 나타내거나 엽층리 중에 매우 어두운 유기물의 층준이 존재한다는 점, 그리고 펠로이드의 내부 중심 부분에 미세 공극이 존재한다는 점 등도 역시 이들이 미생물에 의하여 생성되었음을 나타내는 증거로 제시되고 있다. 그러나 미생물을 전혀 배제한 채 펠로이드를 침전시킨 실험에 의하면 무기적으로 펠로이드가 생성될 수 있다고 하였다(Bosak et al., 2004). 이 실험에 의하면 무기적으로 생성되는 펠로이드의 형태와 내부 구조가 지금까지 미생물의 영향을 받아 생성되는 것으로 해석되고 있는 펠로이드와 차이가 거의 없는 것으로 나타나, 미생물의 역할이 정말로 펠로이드의 침전에 관여를 하였는지 아니면 단순히 펠로이드에 덧붙어서 살고 있었는지에 대한 구분이 필요하다는 점을 나타내고 있다. 또 다른 연구에 의하면 미생물들은 오히려 탄산칼슘의 용해를 일으키거나(Vogel et al., 2000) 침전을 방해하는 것(Arp et al., 1999)으로도 알려지고 있다.

펠로이드(또는 펠릿)는 생성되는 환경에서 빠르게 교결작용이 일어나 굳어지지 않으면 속성작용 동안 다짐작용을 받아 이들의 형태가 뭉개져 지워지거나, 심한 경우에는 균질한 미크라이트로 바뀌기도 한다.

(3) 인트라클라스트와 집합입자

인트라클라스트(intraclast)는 고화된 퇴적물의 파편을 가리킨다. 탄산염 퇴적물에 흔히 나타나는 인트라클라스트는 대개 미크라이트로 이루어진 암편으로서, 이들은 조석대지의 머드 퇴적물이 건열(乾裂)에 의해 암편이 되어서 유래되거나 하조대의 석회질 머드 퇴적물이 고화된 후 폭풍이나 강한 파도에 의해 부서져 생성되기도 한다(그림 12.35). 하부 고생대의 탄산염암에는 폭풍에 의해

그림 12.35 인트라클라스트. 하조대(subtidal zone)에서 폭풍에 의해 생성된 퇴적물로 해석되고 있다. 오르도비스기 문곡층(강원도 영월).

2 cm

그림 12.36 집합(포도상) 입자의 (A) 실체 사진과 (B) 현미경 사진. (A)에는 집합(포도상) 입자, 연체동물의 작은 파편, 그리고 중앙에 저서성 유공충이 있다(Bahamas San Salvador Island).

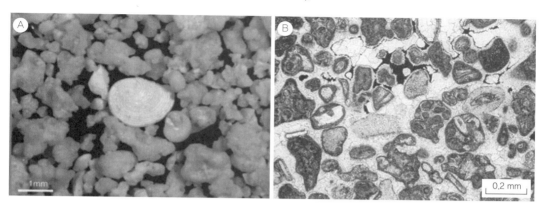

형성된 인트라클라스트가 많이 나타난다. 우리나라에도 강원도 남부에 분포하는 전기 고생대 조선누층군의 석회암에 폭풍 기원의 인트라클라스트가 층을 이루며 많이 나타나고 있다. 인트라클라스트는 대체로 편평한 자갈로 나타나 이들이 층을 이루고 쌓여있으면 이를 **평력암**(平礫岩, flat-pebble conglomerate)이라고 한다. 평력암 내의 인트라클라스트는 수평 배열을 하거나, 인편 구조(imbrication)를 보이거나 또는 불규칙한 배열을 보여준다.

집합입자(集合粒子, aggregate grain)는 여러 개의 탄산염 입자가 해저면에 놓여 있는 동안 미정질의 탄산칼슘 교결물이나 유기물에 의해 결합되어 뭉쳐져서 나타나는 고화작용 초기 단계에 생성되어 나타나는 덩어리 입자를 가리킨다. 그 예로는 바하마에서, 저에너지 환경인 얕은 하조대에서 나타나는 포도상 입자(grapestone)가 있다(그림 12.36).

12.4.4 석회 머드와 미크라이트

탄산칼슘 중 세립질의 기질을 구성하는 성분을 미크라이트(micrite, microcrystalline calcite의 약자로 미정질 방해석)라고 하며, 그 크기는 대체로 4 μm 이하이다. 전자 현미경으로 확대하여 관찰한 바에 의하면 미크라이트 결정은 크기가 균일하지 않고 결정 간의 경계는 평면, 곡선 또는 불규칙하게 나타난다. 미크라이트는 속성작용을 쉽게 받아 좀더 큰 결정인 마이크로스파(microspar)의 모자이크로 교대가 일어난다.

석회 머드는 조석대지와 천해의 석호에서부터 심해저에 이르기까지 다양한 환경에서 쌓인다. 이들 석회 머드의 성인은 여러 가지로 해석되고 있다. 현재 지표에 나타나는 대부분의 탄산염암은 원래 석회머드로 구성되었다.

석회 머드의 성인에 대한 그동안의 연구를 소개해 보기로 하자. 미국 플로리다 주 남동쪽 대서양에 위치한 바하마의 Grand Bahama Bank에서 일어나는 해수가 우유 색으로 희뿌옇게 되는 **화이팅**(whiting)과 해저면에 쌓인 석회머드의 성인에 관하여 많은 논란이 있어왔다. Lowenstam과 Epstein(1957)이 아라고나이트 머드가 조류기원이라는 논문을 발표한 이래 이 논문의 영향을 받아 아라고나이트 머드는 조류질 기원 특히 codiacean 조류(주로 *Penicillus*)로부터 유래된다고 여겨졌다. 뒤이어 나온 Newman과 Land(1975)의 연구에서도 바하마의 아라고나이트 머드는 조류기원이라는 것을 확인하였다. 그러나 Cloud(1962)가 아라고나이트 머드가 무기적으로 해수의 증발에 의해 형성된다는 것을 발표한 이후로, 이의 성인에 대하여 논란이 시작되었다. 이후에 발표된 연구에서는 대체로 무기기원의 침전을 지지하고 있는 추세이다. Macintyre와 Reid(1992)는 주사전자 현미경 관찰로 녹조류에서 생성되는 아라고나이트의 침상 결정과 아라고나이트 머드의 침상 결정이 형태적으로 서로 다르다는 것을 밝혔으며, Milliman 등(1993)도 Great Bahama Bank의 석회 머드의 지화학적인 자료가 조류질 기원을 부정하고 무기적으로 침전된 것으로 지지하였다. 이들에 의하면 codiacean 조류로부터 생성되는 아라고나이트는 0.8~0.9%의 Sr 함량을 가지나 무기적으로 침전하는 아라고나이트(우이드, grapestone, 교결작용을 받은 pelletoid)는 0.95~1.0% Sr을 갖는다. Great Bahama 뱅크의 상부에 나타나는 아라고나이트 머드는 0.95~1.0% Sr을 함유하고 있다. 물론 지금까지의 연구 결과는 석회 머드의 성인에 관한 것이다. 그러면 어떤 요인이 아라고나이트의 침전을 일으키는가에 대해서는 밝히기가 더욱 어려워진다. 아라고나이트 머드가 bank의 전 지역에 걸쳐 산출되기 때문에 단순히 어느 한정된 지역에만 해당하는 높은 온도나 해수의 염분과 관계를 가지고 있다고 볼 수 없다는 점이다. 아라고나이트의 침전은 생물학적으로 높아진 pH나 생물기원, 즉 구균상(coccoidal) 남조류의 picoplankton과 분해되는 유기물 안이나 겉에 핵으로부터 광합성 작용으로 유도될 수 있거나(Robbins and Blackwelder, 1992) 미생물이 직접 침전에 참여되었을 수도 있을 것이다. 그러나 화이팅이 해저면에 쌓였던 석회 머드가 어류들에 의하여 휘저어져서 부유되어 나타나는 것인가, 아니면 해수에서 직접 침전하여 만들어진 것인가에 대한 토의가 활발히 있어 왔지만 아직 그 해답은 명확히 밝혀져 있지 않다.

Grand Bahama Bank 외에도 페르시아 만(아라비아 만)의 트루셜 해안(현재 아랍에미리트)을 따라서도 화이팅이 자주 발생하고 광범위하게 나타나 이에 대하여 많은 연구가 이루어졌다. 그러나 페르시아 만은 아라고나이트를 침전시키는 codiacean 조류가 살고 있지 않기 때문에 이곳에서 생성되는 아라고나이트 머드는 모두 무기적으로 침전이 일어난 것으로 여겨진다. 그리고 이곳의 해저면은 암석과 탄산염 모래 그리고 산호초로 이루어져 있다. 아라비아 만의 깊은 곳은 Great Bahama Bank보다는 수심이 두 배 정도 깊다.

대부분의 석회 머드는 정상 염분을 갖는 해수에서 형성되겠지만 상당량이 증발암과 관련된 고염분의 환경에서 생성된다. 이의 예로는 사해(Dead Sea)에서 일어나는 아라고나이트로 이루어진 화이팅이다. 이 아라고나이트 화이팅은 사해 전체에 걸쳐 형성되는 것으로 일 년에 한 번 일어난다. 사해의 퇴적물은 석고, 방해석 그리고 아라고나이트로 되어 있으며 방해석층과 아라고나이트층은 육안으로 쉽게 구별된다. 이 두 층은 규칙적으로 호층을 이루며, 마치 호상점토(varve)와 같은 층서를 이루고 있다. 여기서 아라고나이트의 화이팅은 수온이 매년 최대치에 달했을 때 무기적으로 침전이 일어난 것으로 여겨지고 있다.

이와는 달리 석회 머드의 생성에 있어서 유기적 침전에 무게를 두는 연구도 많이 이루어졌다. 특히 화석을 함유하지 않고 두껍게 산출하는 석회 머드 퇴적물의 성인에 대하여 이루어진 많은 연구는 이렇게 많은 양의 석회 머드 생성에 광합성을 하는 미생물이 관여되어 있다는 것을 주장하였다. 담수 호수와 해양에는 몇 종의 단세포 녹조류와 남조류가 탄산칼슘을 침전시킬 수 있는 것으로 알려지고 있다. 실제로 수중에 부유되어 있는 탄산칼슘 퇴적물을 함유하는 해수와 담수의 연구결과에 의하면 이들 탄산칼슘은 미생물의 석회화와 관련이 있는 것으로 밝혀졌다. Yates와 Robbins(1998)은 석회화되는 단세포 녹조류인 *Nannochloris atomus* 세포를 실내 실험실에서 배양하여 실험한 결과 이 녹조류들이 하루에 수천 kg의 탄산염 퇴적물을 생성시킬 수 있는 것으로 관찰되었다. 이 실험으로부터 *N. atomus*의 세포 밀도를 1.0×10^5 세포/mℓ로 했을 때 12시간에 1.55 mg/ℓ의 탄산칼슘을 침전시킨다면 면적 0.64 km^2와 5 m의 수심에서는 이들 조류가 한 번의 번성을 한다면 하루에 4960 kg의 탄산칼슘을 침전시키는 결과를 낳는다는 것이다. Great Bahama Bank에 발달하는 화이팅스의 관찰에 의하면 화이팅스는 *Synechococcus*와 *Synechocystis*라는 남조류의 번성과 관련이 있다는 것으로 밝혀졌으며, 이와 비슷한 현상이 뉴욕 주 Fayetterville Green Lake의 담수 화이팅스에서도 관찰되었다. Robbins와 Tao(1996)는 Great Bahama Bank의 해수에 발달하는 화이팅스는 하루에 약 70 km^2 정도에 걸쳐 분포를 하며 이 정도의 양은 탄산염 뱅크 상부에 쌓인 석회 머드 양의 약 40% 정도에 이르는 것으로 보고하였다. 단세포 녹조류인 *N. atomus*의 탄산칼슘 생성능력도 바하마 화이팅스에 의해 생성되는 퇴적물 양에 버금가는 것으로 *Nannochloris*와 그밖에 탄산칼슘을 침전시키는 단세포 녹조류와 남조류는 전 세계적으로 담수와 해양 환경에 풍부하게 분포되어 있으므로 이들 미생물들의 번성은 수천 km^2에 걸쳐 일어나기 때문에 미생물에 의한 석회화가 전 세계적인 탄산칼슘의 생성에 미치는 영향은 지대할 것으로 여겨지고 있다. 석회 머드를 생성하는 남조류와 녹조류의 역할은 대기 중 이산화탄소의 분압과 관련이 있는 것으로 알려진다. 해수의 이산화탄소의 포화 분압은 해수의 온도가 1도 증가하면 4.3% 감소하는 것으로 알려진다(Sarmiento and Bender, 1994). 이렇게 해수의 온도가 증가하면 이산화탄소의 용해도를 감소시키기 때문에 이에 따라 이산화탄소는 해수로부터 가스 상태로 빠져 대기 중으로 방출되며 이 생물에 의한 탄산칼슘 광물이 침전될 수 있는 여건이 마련된다.

지질 시대에 따라 석회질 머드의 생산에 관여한 미생물 작용이 지구환경의 변화에 밀접히 관련되어 있다고 주장되었다. 시아노박테리아와 미세조류의 석회화작용은 이들 주변의 CO_2와 HCO_3^-의 농도와 관련이 있다. 이들 세포들은 광합성을 하는 데 있어서 CO_2와 HCO_3^-를 선별하여 취하는데 시아노박테리아의 석회화는 HCO_3^-를 취득함으로써, 반면에 미세조류의 석회화는 CO_2를 취득함에 따라 일어난다. 대기 중 이산화탄소의 분압이 높을 때에는 해수의 수온이 높아지면서 이산화탄소의 용해도가 감소하여 이산화탄소가 해수로부터 방출되어 대기로 더해지는데, 이때에는 이산화탄소의 분압이 높아지면 대륙에서의 풍화 속도가 증가하게 되고 이로 인하여 이산화탄소의 소모가 일어나며 Ca_2^+, HCO_3^-, SiO_2 등이 강물에 용존되어 해양으로 유입된다. 그러므로 해수 중 HCO_3^-의 농도가 높아지며 시아노박테리아의 석회화작용이 촉진된다는 것이다. 반면, 대기 중 이산화탄소의 분압이 낮으면 해수의 수온도 역시 낮아지게 되고 이에 따라 이산화탄소의 용해도가

그림 12.37 *Girvanella*의 현미경 사진. 미크라이트로 이루어진 가느다란 튜브가 특징적이다. 전기 석탄기.

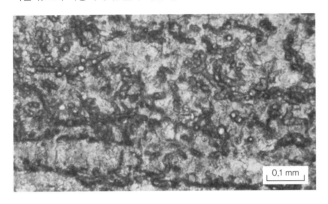

0.1 mm

증가하여 용존 이산화탄소의 양이 증가하며 반면에 대륙의 풍화 속도가 느려져 HCO_3^-의 유입이 낮아지게 된다. 그로 인해 CO_2를 이용한 조류의 석회화작용이 촉진된다.

지질 시대로 볼 때 대기 중 이산화탄소의 분압이 높았던 캠브리아기, 중기-후기 데본기와 중기-후기 삼첩기는 시아노박테리아의 번성기였으며 오르도비스기에서 데본기, 페름기, 신생대 초기는 녹조류의 번성기로, 다양한 종류의 조류들이 출현하였다. 이러한 경향으로 볼 때 전 지구적인 기후변화가 시아노박테리아와 조류에 의한 석회화작용의 기작 변화와 미정질 석회 머드 퇴적물의 성인에 큰 영향을 준 것으로 주장되고 있다(Yates and Robbins, 2001). Pratt(2001)은 하부 고생대의 석회암에서 자주 관찰되는 미크라이트로 이루어진 튜브들인 *Girvanella*(그림 12.37)가 많이 산출되는 것으로 미루어 아마도 전기 고생대의 석회 머드는 이들 *Girvanella*가 생교란작용을 받거나 파도에 의하여 교반작용을 받을 때 분해되어 생성된 것으로 해석을 하며 Yates와 Robbins의 주장을 뒷받침하였다. 특히 필라멘트를 가지는 남조류는 그 성장 속도가 매우 빠르기 때문에 이들이 해저에 광범위하게 살고 있었다면 이들로부터 생성되는 석회 머드의 양도 상당하였을 것이다.

이상과 같은 무기적 또는 유기적 침전 이외에도 현생의 탄산염 퇴적물에서 세립질 입자들은 해초(sea grass)에 사는 생물과 생물체 껍질들이 깨진 것으로 이루어져 있다. 탄산염 입자의 내부를 파고들어가 사는 미생물들이 이들 입자를 깨뜨리는 주요한 작용을 한다.

앞에서 살펴본 것처럼 현생의 환경에서 생성되는 석회 머드의 성인에 대해서도 아직 확실히 밝혀지지 않았다는 점을 감안하면 고화된 석회암에 나타나는 미크라이트의 경우는 그의 성인을 더욱 알아내기가 어려워진다. 원양성 석회암에 나타나는 코콜리스와 같은 초미화석(超微化石, nannofossil)은 전자 현미경으로 구별이 가능하지만, 대부분의 경우는 생물 기원이라는 증거가 속성작용을 받는 동안 쉽게 지워지므로 기원을 밝혀내기가 쉽지 않다. 석회 머드의 미세한 입자들이 교결작용을 받아 고화되고 매몰 속성작용이나 기상수 속성작용을 받아 점차 결정의 크기가 커지는 신형태화작용(neomorphism)을 받으면 석회 머드는 미크라이트의 미정질 모자이크와 마이크로스파(microspar)를 이루게 되고 이들의 원래 광물 조성은 저마그네슘 방해석으로 바뀌며 원래의 조직이 지워져 버리기 때문에 그 성인을 알아내기는 더욱 어려워진다. 더군다나 생물체의 진화에 따라 혹은 기후와 해수의 화학 조성의 변화에 따라 지질 시대를 통하여 해수로부터 방해석과 아라고나이트를 침전시키는 생물학적인 경로도 달라졌을 것으로 여겨지기 때문에 지질 시대와 장소에 따라 석회 머드는 다른 성인을 가지고 있었을 것으로 여겨진다.

12.5 석회암의 분류

석회암의 분류에는 크게 세 가지 방법이 있는데, 모두 석회암의 조직에 따라 분류하고 있으나 각기 서로 다른 의미를 지니고 있다.

첫 번째는 가장 간단한 분류 방법으로서 쇄설성 퇴적물과 마찬가지로 구성입자의 크기에 따라 분류하는 방법이다. 입자의 크기가 2 mm 이상이면 이를 석회역암(calcirudite), 2 mm에서 62 μm 사이의 입자로 된 석회암은 석회사암(calcarenite) 그리고 62 μm 이하의 입자로 구성된 석회암은 입자가 실트 크기로 구성되어 있으면 석회실트암(calcisiltite)으로, 실트 크기 이하의 입자로 된 경우는 석회이질암(calcilutite)으로 분류된다.

다음은 Dunham(1962)의 분류 방법으로 석회암 내의 모래 크기 이상의 입자와 기질인 석회 머드(미크라이트)의 상대적 함량에 따라 분류하는 방법이다(그림 12.38). 석회암 내에 기질이 나타나지 않으면 **입자암**(grainstone), 입자지지의 조직을 보이며 미크라이트가 약간 함유되어 있으면 **팩스톤**(packstone)으로, 조립질 입자가 10% 이상이나 기질 내에 떠있는 상태로 나타나면 **와케스톤**(wackestone)으로, 그리고 조립질 입자가 거의 없이 주로 미크라이트로 나타나면 **머드스톤**(mudstone)으로 구분하였다. Dunham의 분류 방법은 다시 조립질 입자의 분포 양상에 따라 floatstone과 rudstone으로, 퇴적이 일어나는 동안 퇴적물을 붙잡아 두는 생물체의 작용에 따라 **바운드스톤**(boundstone)을 bafflestone, bindstone, framestone 등으로 더욱 세분하기도 한다. 퇴적물의 구성 물질을 나타내기 위해서 Dunham의 분류 용어에다 어란상 입자암, 펠로이드질 머드스톤과 같이 접두어를 붙여서 사용하기도 한다.

세 번째 석회암 분류 방법으로 Folk(1962)의 분류 방법이 있으며, 이 방법은 구성 입자의 크기, 종류 그리고 광물 조성에 따라 석회암을 분류하는 방법이다. 여기에서는 석회암의 구성 성분에 따라 크게 세 가지 성분으로 구분한다(그림 12.39). 이것들은 입자를 나타내는 **알로켐**(allochem), **미크라이트**의 기질과 **스파라이트**(sparite, sparry calcite의 약자로 거정질 방해석)의 교결물이다. 알로

그림 12.38 Dunham(1962)의 석회암 분류.

퇴적물 조직 인지 가능					퇴적물 조직 인지 불가능
퇴적작용이 일어나는 동안 암석 구성물이 개별적으로 존재함				퇴적작용이 일어나는 동안 구성물이 서로 묶여 있음	
석회 머드를 함유한 경우			석회 머드가 없고 입자지지인 경우	생물의 골격이 서로 성장하여 나타남	결정질 탄산염암
머드지지		입자지지			
입자가 10% 미만	입자가 10% 이상	팩스톤 (packstone)	입자암 (grainstone)	바운드스톤 (boundstone)	
머드스톤 (mudstone)	와케스톤 (wackestone)				

그림 12.39 Folk(1962)의 석회암 분류.

석회암의 주요 입자	석회암 종류	
	스파라이트 교결물	미크라이트 기질
생쇄설물	바이오스파라이트 (biosparite)	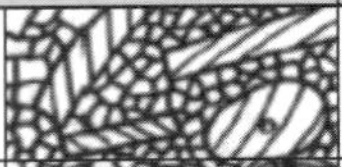 바이오미크라이트 (biomicrite) 
우이드 (ooids)	우스파라이트 (oosparite)	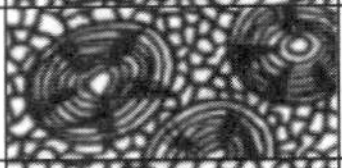 우미크라이트 (oomicrite) 
펠로이드 (peloids)	펠스파라이트 (pelsparite)	 펠미크라이트 (pelmicrite) 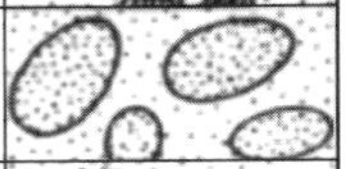
탄산염암 암편	인트라스파라이트 (intrasparite)	 인트라미크라이트 (intramicrite) 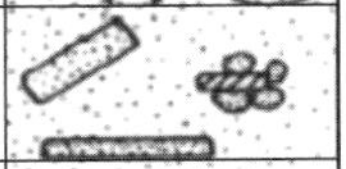
제자리에서 형성된 석회암	바이오리사이트 (biolithite)	 디스미크라이트 (fenestral limestonedismicrite) 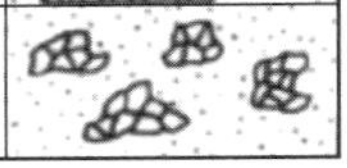

켐은 그 종류에 따라 생물의 골격 입자(bioclast)인 경우에는 bio-를, 우이드이면 oo-를, 펠로이드는 pel-을 그리고 인트라클라스트는 intra-와 같이 약자를 사용하여 표시한다. 암석 내에 기질이 주요한 것인지 교결물이 주요한 것인지에 따라 석회암을 각각 미크라이트와 스파라이트로 나누고 함께 산출하는 알로켐의 종류를 접두어로 표시한다. 예를 들어, 석회암이 거의 우이드(oo-)로 되어 있고 우이드 입자 사이가 스파라이트의 교결물로 채워져 있을 때 이 석회암은 우스파라이트(oosparite)로 분류하며, 기질 내에 우이드 입자가 들어있는 경우에는 우미크라이트(oomicrite)로 분류한다. 한 가지 이상의 입자가 나타날 경우에는 적은 양에서부터 많은 양의 순서로 접두어를 덧붙여서 사용하기도 한다. 또한, 스트로마톨라이트나 암초처럼 제자리에서 생성되는 경우에는 바이오리사이트(biolithite)라 하고, 미크라이트로 된 암석에 거정질 방해석(spar)으로 채워진 공극이 있거나 용해된 빈 공간이 있으면 이를 디스미크라이트(dismicrite)라고 한다. 이상의 세 가지 분류 방법 중에서 Dunham의 분류 방법이 야외 현장에서 널리 사용되고 있으며, 박편 관찰 등 실내 실험에서는 Folk의 분류 방법을 많이 사용한다.

석회암은 속성작용에 의해 원래 퇴적물의 특성과 다르게 나타날 수 있으므로 암석을 분류하는데 어려움이 있을 수 있다. 예를 들면, 균질하게 보이는 미크라이트는 펠미크라이트(pelmicrite)가 다짐작용을 받아 형성될 수도 있으며, 미크라이트가 원래의 기질일 수도 있지만 미크라이트 교결물이나 압축된 펠릿 또는 퇴적물 내 빈 공간을 채워 퇴적된 내부 퇴적물(internal sediment)일 수도 있기 때문이다. 다짐작용이 일어나면 팩스톤과 와케스톤은 입자암과의 구별이 어려워질 때도 있다.

이상의 석회암 분류 방법이 제안된 이후 석회암의 속성작용에 대한 연구도 상당히 진행되어 석회암의 성인에 대한 많은 이해가 이루어져 왔다. 우리가 현재 관찰하는 암석은 퇴적 당시의 조직을 나타내기도 하지만, 속성작용을 받아 조직이 변화되어 있는 경우도 많으므로 이 점을 고려하여 Wright(1992)는 석회암의 조직을 조절하는 요인을 생물학적, 퇴적학적 그리고 속성작용으로 구분하여 석회암을 그림 12.40과 같이 분류하자고 제안하였다. 그는 Dunham의 분류에서 머드스톤이

그림 12.40 Wright(1992)의 석회암 분류.

퇴적 기원 (depositional)				생물 기원 (biological)			속성작용 기원 (diagenetic)			
기질지지 (점토와 실트 크기)		입자지지		현지성 생물			조직 비파괴			조직 파괴
<10% 입자	>10% 입자	기질 유	기질 무	피복하는 생물	Organisms acted to baffle	견고한 생물	교결물이 주가 됨	microstylolites로 접촉한 입자가 많음	대부분의 입자 접촉이 microstylolites 임	결정 크기 > 10 μm
석회질 머드스톤 (calcimud-stone)	와케스톤 (wacke-stone)	팩스톤 (pack-stone)	입자암 (grain-stone)	바운드 스톤 (bound-stone)	baffle-stone	frame-stone	교결암 (cement-stone)	condensed grainstone	fitted grain-stone	spar-stone
	Floatstone	Rudstone								결정 크기 > 10 μm
	입자 크기 Grain > 2 mm									micro-spar stone

쇄설성 머드스톤과 혼동하기 쉽기 때문에 이를 석회 머드스톤(calcimudstone)으로 개명할 것을 제안하였으나 이 용어는 이전부터 이미 문헌상에서 많이 사용되고 있었다.

12.6 속성작용

탄산염 퇴적물은 퇴적이 일어난 후 속성작용을 받으면서 다양한 변화를 겪는다. 속성작용은 퇴적물이 쌓이는 해양 환경은 물론이고, 기상수(氣象水, meteoric water) 환경에서부터 깊게 매몰된 환경에 이르기까지 광범위한 영역에 걸쳐서 일어난다. 크게 보아 탄산염 퇴적물은 7가지 속성작용, 즉 교결작용, 미생물의 미크라이트화 작용, 신형태화 작용(neomorphism), 용해작용, 다짐작용, 규(질)화작용과 백운석화 작용을 겪는다. 탄산염 퇴적물의 속성작용에는 아라고나이트, 방해석과 백운석의 탄산염 광물뿐만 아니라 석영, 장석, 점토광물, 철산화물, 증발광물 등도 역시 관여된다.

교결작용은 교결물(아라고나이트, 방해석, 백운석)에 대해 과포화 상태를 이룬 공극수가 퇴적물로 유입되어 일어나는 중요한 속성작용 중 하나이다. 교결물의 종류는 공극수의 PCO_2와 Mg/Ca 비율 그리고 탄산염의 공급 정도 등 화학 조성에 따라 달라진다. 입자의 미크라이트화 작용은 앞에서 이미 기술한 바 있다. 신형태화 작용은 동일한 광물의 재결정화 작용과 서로 다른 광물 사이에 일어나는 교대작용을 모두 일컬어 쓰는 용어이다. 성분의 변화 없이 석회 머드나 방해석 결정의 크기가 점차 커지는 경우와 아라고나이트로 된 화석과 교결물이 방해석으로 교대되는 것 등이 신형태화 작용이다. 대부분의 석회암은 석회암 내에 있는 광물에 불포화된 공극수가 통과하면 용해가 일어난다. 용해작용은 지표 가까이에서 기상수의 영향을 받는 환경에서 주로 일어나는데, 이에 따

그림 12.41 치밀하게 발달된 스타일로라이트. 밝은 마름모꼴 반점은 백운석 결정이다. 오르도비스기 문곡층(강원도 영월).

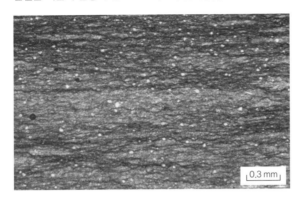

0.3 mm

라 카르스트가 형성된다. 용해작용은 또한 해저면과 심부 매몰 환경에서도 일어난다. 용해작용에 의해 생성된 이차 공극률은 탄산염 저류암에서 중요하게 작용한다. 매몰이 일어나면서 퇴적물 하중으로 다짐작용을 받으면 입자들은 점차 치밀하게 패킹을 이루고 깨지기도 하며 특히 입자들이 접촉하고 있는 곳에서는 압력으로 용해가 일어난다. 퇴적물이 수백 m 이상 매몰되면 화학적인 다짐작용이 일어나 **스타일로라이트**(stylolite)와

불용성 잔류물층을 생성하기도 한다(그림 12.41). 백운석화 작용은 석회암의 주요한 변질작용으로서, 백운석[CaMg(CO₃)₂]은 지표 가까이에서 침전되거나 매몰 환경에서 기존의 아라고나이트와 방해석을 교대하여 형성된다. 백운석화 작용에 대해서 많은 모델이 제안되었지만 아직도 해결되지 않은 주요 연구 과제로 남아 있다("12.7 백운석화 작용" 참조).

이상과 같은 속성작용이 일어나는 환경은 크게 해양 환경, 지표 근처의 기상수 환경과 매몰 환경으로 나누어진다(그림 12.42).

12.6.1 해양 속성작용

해양 속성작용 중 하나는 탄산염 입자를 이루는 물질들의 재결정화 작용이다. 이에 대하여는 다음에 소개될 신형태화 작용에서 다루어지는 재결정화 작용과는 구별을 하여 여기서 다룬다. Reid와 Macintyre(1998)의 연구에 의하면 무척추 동물의 보호막인 탄산염 껍질(carbonate shell)은 생물체

그림 12.42 탄산염 퇴적물의 속성작용이 일어나는 환경(Tucker and Wright, 1990).

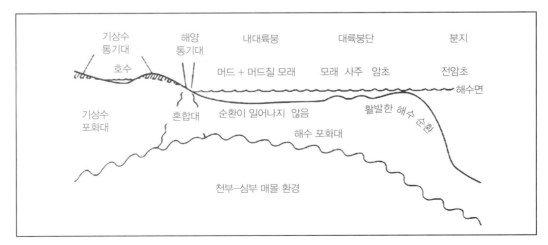

가 살아있는 동안에도 껍질을 구성하는 방해석이나 아라고나이트의 막대모양 결정들의 크기가 작아지는 미크라이트화 작용(micritization)이 얇은 열대성 바다에서는 광범위하게 또 활발하게 일어난다. 이러한 미크라이트화 작용은 탄산염 입자들이 바로 해저에 쌓이자마자 활발히 일어나 탄산염 입자들의 조직을 지우게 된다. 미크라이트화 작용은 광물학적으로 Mg-방해석이 아라고나이트로, 아라고나이트가 Mg-방해석으로 바뀌면서 일어나기도 한다. 이러한 미크라이트화 작용은 유기물의 분해로 인해 탄산염 광물의 용해와 침전이 일어나서 결정들의 크기와 모양이 달라지면서 일어나는 높은 표면 에너지의 감소에 따라 일어나는 것으로 알려지고 있다. 해양 환경에서의 이러한 미크라이트화 작용은 대체로 탄산염 입자에 생긴 미세구멍(microboring)에 방해석들이 침전하여 입자의 조직이 지워진다고 여겨지고 있다.

해양 속성작용의 또 하나의 특징은 이상의 탄산염 입자들의 재결정화 작용에 의한 미크라이트화 작용 이외에도 앞에서 설명한 미크라이트 외피(micrite envelope)가 있다. 미크라이트 외피는 천해의 탄산염 퇴적물이 주로 쌓이는 환경에 흔하게 관찰된다. 이 미크라이트 외피는 남조류, 녹조류(chlorophyte), 홍조류(rhodophyte) 그리고 균류와 같이 퇴적물 입자를 파고들어 사는 미생물에 의한 것으로 알려지고 있다. 즉, 미크라이트 외피는 퇴적물 입자에 파고들어 사는 미생물들에 의하여 생화학적으로 용해가 일어나고 그 자리에 미크라이트가 침전을 하면서 생성되기 때문에 이들을 조직의 파괴성(destructive) 미크라이트 외피라고 한다. 이러한 미크라이트 외피는 탄산염 퇴적물의 초기 속성작용에서 일어나는 중요한 산물로 여겨지고 있다. 이에 반하여 또 다른 기작으로 미크라이트 외피가 생성되기도 한다. 탄산염 입자의 가장자리 주위에 미크라이트가 덧붙으며 생성되는 것이다. 이러한 미크라이트의 외피를 구축형(constructive) 미크라이트 외피라고 한다. 이 종류의 미크라이트 외피는 Perry(1999)에 의하여 자메이카 북부의 디스커버리 만에 발달한 해초(sea grass, 바다잔디)인 *Thalassia*가 많이 분포하는 해저면에서 보고가 되었는데, 여기서 외피는 탄산염 입자 위에 석회질화한 조류의 필라멘트와 규조로 이루어져 있으며, 이들은 비슷한 크기의 미크라이트 결정들로 덮여있다. 또한 외피는 끈적끈적한 얇은 막의 점액(mucilage)에 의해 덮여 있기도 한데, 이 점액에 미세한 탄산염 입자와 석회 머드가 달라붙어 있기도 한다. 여기서 미크라이트의 침전은 얇은 막을 이루는 점액에서의 박테리아 작용에 관련되어 있다. 이러한 구축형 미크라이트 외피는 다양한 탄산염 생물의 파편에 발달하는데, 특히 이들은 *Thalassia*와 같은 바다잔디가 많이 서식하는 퇴적층에서만 주로 관찰된다. 즉, 바다잔디가 있는 곳에서는 해저면 표층부에서는 생물체의 교란작용이 일어나 퇴적물 입자에 얇은 점액질 막의 형성을 방해하나, 이 생물의 교란작용의 영향이 미치지 않는 깊이의 퇴적물에서는 점액질 막에 미크라이트가 침전을 하여 미크라이트 외피가 생성된다. 반면에 모래질 퇴적물에는 *Callianassa*와 같은 갑각류가 퇴적물을 깊게 파고들며 교란작용을 일으키기 때문에 퇴적물의 유동성이 높아지며 이러한 조건에서는 탄산염 입자들 표면에 점액질의 막 형성이 일어나지 않고 대신 파괴성 미크라이트 외피가 생성된다. 이러한 환경적인 특성으로 보아 고기의 퇴적물에서 구축형 미크라이트의 외피가 관찰되면 이들이 생성된 퇴적 환경을 유추할 수 있는 환경적 지시자의 역할을 하기도 한다.

그림 12.43 (A) 해빈암(beachrock). 해빈 모래가 탄산염 교결물로 단단한 암석(검은색 부분)이 되어 있다(Bahama San Salvador Island). (B) 전형적인 해빈암 교결물(Neumeier, 1999). P는 공극을 나타낸다. Crete.

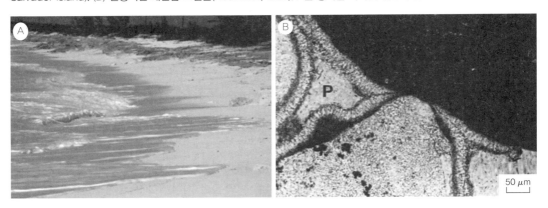

　조간대의 퇴적물에 교결작용(cementation)이 일어나면 해빈암(beachrock)으로 알려진 고화된 해빈 모래(海濱砂)가 생성된다(그림 12.43A). 현생 해빈암의 교결물은 아라고나이트와 고마그네슘 방해석으로 되어 있다. 해빈암의 속성작용은 처음에 주로 유체나 고체 물질 포유물이 많아 희뿌연 색을 나타내는 미결정질의 프리즘 형태의 교결물이 생성된다(그림 12.43B). 이와 같이 모래질 입자의 표면에 처음 생성되는 미결정질 탄산염 교결물이 해빈암의 형성에 결정적인 역할을 하는 것으로 알려져 있다. 이 미결정질 탄산염 교결물의 생성에 대한 해석은 해수가 증발을 하면서 바로 침전이 일어나거나 포화대와 통기대의 경계부에서 파도의 요동과 온도의 상승에 따라 CO_2가 빠져나가거나 증발과 같은 물리화학적인 기작에 의한다는 설명과 미생물의 대사작용에 의하거나 입자들이 미생물에 의해 붙잡혀진 미세한 환경에서 침전이 일어난다는 생물기원설이 제기되었다. Neumeier(1999)는 현생 환경을 모사한 실험을 하여 생성된 교결물과 자연 환경에서 생성된 교결물을 비교 검토한 결과 교결물의 생성과정에서, 미생물을 제거한 실험보다는 자연 상태의 미생물을 이용한 실험에서 보다 많은 양의 미결정질 탄산염 광물이 만들어짐을 밝혀냈다. 이러한 실험 결과는 해빈암의 교결작용에서 입자의 표면을 감싸고 있는 얇은 미생물 박막에서 미생물의 활동이 중요함을 지시해 주는 결과이다. 이러한 미결정질 교결물이 생성된 후에 형성되는 프리즘형 교결물은 생물의 영향이 아닌 무기적 기원에 의하여 생성된다. 해빈암의 생성에 미생물의 영향이 크다는 이상의 연구 결과는 Webb 등(1999)에 의해서도 확인되었다. 미결정질 탄산염 교결물상에 발달하는 아라고나이트는 침상의 결정으로 $10 \sim 200\ \mu m$의 균일한 두께로 입자 표면에 수직으로 띠를 이루며 발달되어 있다(그림 12.44, 12.45A). 이는 퇴적물의 공극이 항시 해수로 채워져 있었음을 나타낸다. 해빈암에서 고마그네슘 방해석은 어두운 색의 미크라이트질 교결물로 나타나며 입자를 피복하거나 공극을 채우고 있다. 저위도 지방의 얕은 해저에서는 교결작용과 미크라이트화 작용이 모두 일어난다. 교결작용은 퇴적물 사이로 해수가 잘 통과하는 고에너지 지역에서 흔히 나타나며 반면에 미크라이트화 작용은 잔잔한 저에너지 환경에서 잘 일어난다.

　퇴적물 사이로 해수의 유동이 별로 없는 곳에서는 대체로 교결작용이 복족류나 유공충 등 화석의 내부 공극에 주로 국한되어 나타난다. 이러한 환경에서는 집합 입자(그림 12.36)들이 생성되기도 한다.

해양 교결물은 특히 암초에 잘 발달되어 있다. 여기에서는 여러 형태의 교결물이 나타나며 그 성분은 아라고나이트이거나 고마그네슘 방해석이다. 아라고나이트는 주로 침상의 띠를 이루며 발달하고 특징적으로 직경이 100 mm에 이르는 부채 모양의 섬유상 결정으로 이루어진 포도상(botryoid) 교결물(그림 12.44, 12.45B)이 생성되기도 한다. 고마그네슘 방

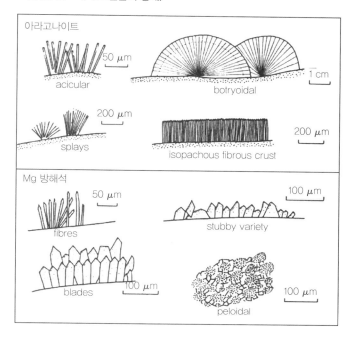

그림 12.44 해저 교결물의 형태.

해석도 20~100 μm의 길이와 10 μm 정도의 폭을 갖는 결정들이 입자 주위에 띠를 이루며 입자 표면에 수직으로 발달하기도 한다(그림 12.44, 12.45C). 또한 미크라이트 교결물도 나타난다.

그림 12.45 해저 교결물의 예(Scholle, 1978). (A) 아라고나이트의 침상 결정의 주사전자 현미경 사진(Belize). (B) 포도상 아라고나이트 교결물의 현미경 사진. 제4기 (Belize의 Tobacco Cay). (C) 산호상 조류 위에 생성된 칼모양(bladed) 방해석 교결물의 주사전자 현미경 사진. 현생 퇴적물(St. Johns Virgin Islands).

그림 12.46 방사광축 섬유상 교결물(radiaxial fibrous cement).

0.3 mm

방해석의 교결물 중에는 특징적인 광학 특성을 보이는 것이 있다. 이들은 고기의 석회암에 흔히 나타나는 공극을 채우는 교결물로 결정의 장축을 따라 휘어진 벽개면을 가지며 광축이 모아지는 것과 또는 반대로 확산되어 있는 것이 있다. 이들 교결물은 모두 탄산염 입자에 방사상으로 발달하는 방사광축 교결물(radiaxial cement, 그림 12.46)로서 이들의 성인에 대하여는 해수로부터 초기에 직접 침전한 교결물과 초기의 해양 속성작용 기원의 고마그네슘 방해석의 변질물이라는 서로 다른 해석이 있다. 우리나라 강원도 남부 태백산 분지에 쌓인 오르도비스기의 동점층에서 산출되는 방사광축 교결물을 연구한 Kim과 Lee(2002)는 이들이 해수와 민물의 혼합대에서 속성작용의 초기에 저마그네슘 방해석으로 침전하였다는 해석을 하였다.

조간대와 천해의 하조대 퇴적물의 아라고나이트 교결물에서는 Sr 함유량이 최대 10,000 ppm까지 높게 나타나나 Mg의 양은 1,000 ppm 미만으로 적게 들어있다. 고마그네슘의 방해석 교결물에는 $MgCO_3$가 14~19몰% 정도 함유되지만 Sr은 1,000 ppm 정도로 낮게 포함되어 있다. Sr 함량의 이런 차이를 이용하여 석회암에서 산출되는 교결물의 원래 광물 조성을 알아볼 수 있다.

해저 교결작용에서 잘 발달된 결정의 해양 교결물 외에도 펠로이드 또는 뭉쳐진(clotted) 조직을 보이는 미크라이트의 교결물도 나타난다. 이러한 미트라이트 교결물은 암초 등의 빌드업(buildup)이나 하드그라운드(hardground) 등 해저면 퇴적물이 속성작용 초기에 고화작용을 받는 데 중요한 역할을 하는 것으로 여겨지고 있다. 이들은 펠로이드의 크기와 모양이 다양하고 외형 윤곽이 뚜렷이 구별되지 않는 점으로 보아 이들을 생물 분비물 기원으로 보기에는 어려운 점이 있다. 또한 이러한 특성으로 보아 이들이 알로켐이 변질된, 즉 미크라이트화된 입자일 가능성도 희박하다. 현재 고마그네슘 방해석으로 이루어진 현생의 펠로이드 교결물은 미세한 공동(microcavity)과 교결물 피각(cement crust)에 제한되어 나타나는데, 이 펠로이드의 성인에 대하여 무기적인 침전과 미생물에 의해 간접적으로 침전되었다는 서로 다른 의견이 제시되었다. 적절한 지화학적인 조건이 미세한 환경에 갖추어진다면 아라고나이트와 마그네슘 방해석이 구균(coccoid)세포나 남조류(cyanophyte)를 덮는 얇은 덮개(sheath) 내부나 윗부분 또는 해양 박테리아와 결부되어 침전을 한다. 또한 조류와 박테리아가 무산소 환경에서 분해되면 암모니아가 발생하는데, 이 암모니아는 알칼리성 pH 조건에서 방해석의 침전을 일으킨다. Monty(1976)는 호주 서부의 Shark 만에서 펠로이드의 조직이 울퉁불퉁한(pustular) 시아노박테리아 균집체(colonies)에 아라고나이트의 미세 구형체(spherulite)가 침전을 하여 생성된다고 보고하였다. 고기의 스롬볼라이트(thrombolite)에 전형적으로 나타나는 덩어리진 미세조직(clotted microfabric)도 구균체(coccoid) 시아노박테리아 세포의 방해석화 작용에 의한 것으로 여겨지고 있다.

12.6.2 기상수(민물) 속성작용

지표 근처의 기상수에 의한 속성작용은 담수와 관련되어 있으며 여기에서 가장 주요한 속성작용은 탄산염의 용해작용, 교결작용과 토양의 형성이다. 지하수면의 위치에 따라 속성작용의 환경은 지하수면 위쪽의 통기대(通氣帶, vadose zone)와 지하수면 아래의 지하수 포화대(飽和帶, phreatic zone)로 나누어진다. 통기대에서 공극은 주기적으로 물과 공기로 채워지며 $CaCO_3$에 불포화된 빗물이 지표로부터 스며드는 동안 주로 용해작용이 일어난다. 또한 통기대에서는 스며드는 물이 입자의 아래쪽에 표면장력으로 매달려 있어 이로부터 침전한 교결물이 입자의 하부 쪽에만 비대칭적으로 두껍게 나타나는 경우와 입자와 입자 사이에 물의 얇은 피막이 형성되어 있다가 침전하여 나타나는 경우(그림 12.47)가 있는데, 이러한 교결물은 공극수가 공극을 항상 채우고 있지 않았음을 지시한다. 물은 통기대를 통하여 아래쪽으로 이동하면서 점차 $CaCO_3$에 대하여 포화 상태를 이루게 되어 공극 내에서 $CaCO_3$의 침전이 일어난다. 기상수는 낮은 Mg/Ca 비를 가지고 있으므로 $CaCO_3$는 저마그네슘 방해석으로 침전된다. 지하수 포화대에서는 공극이 항상 물로 채워져 있으므로 교결물은 입자의 가장자리에서 먼저 침전하거나 공극 전체를 채우며 산출된다(그림 12.48). 담수인 공극수는 지하 깊은 곳으로 가면서 입자를 구성하는 광물과 반응하면서 점차 염분이 증가한다. 해안선 근처에서는 지하수가 해수와 혼합이 일어나는 혼합대(混合帶, mixing zone)가 형성되며, 이곳은 백운석화 작용이 일어나는 주요 장소 중 하나로 여겨지고 있다.

기상수 속성작용에는 기후가 중요한 역할을 한다. 기후에 따라 기상수의 공급, 온도, 식생의 정도와 이에 따른 토양의 발달이 좌우된다. 또한 카르스트 용해의 발달과 그의 형태도 기후에 따라 달라진다. 포화대의 공극수는 대체로 산화 조건이기 때문에 여기에서 침전하는 거정질 방해석에는 철분이 거의 들어있지 않다. 그러나 유기물의 분해가 많이 일어나고 지하수의 흐름이 느리며 Fe^{2+}의 공급이 가능하면 지하수 포화대 방해석도 철분을 함유하게 된다.

그림 12.47 통기대에서 나타나는 교결물의 형태. (A) 입자의 경계부와 입자의 하부에 나타나는 교결물의 스케치. (B) Meniscus 교결물을 보여주는 현미경 사진(Bahamas Joulters Cays).

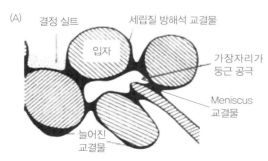
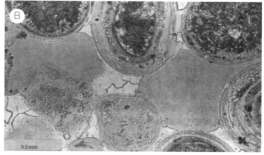

그림 12.48 기상수/해수 포화대 교결물로 blocky한 형태를 보인다. 우이드는 부분적으로 녹아나가 공극을 형성하고 있는데, 우이드의 용해는 공극에 교결물이 생성된 후에 일어난 것이다 (미국 텍사스 주).

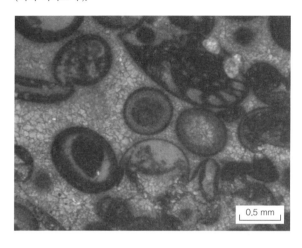

0.5 mm

지질 기록으로 보면, 기상수 속성작용의 가장 두드러진 특징은 석회질의 토양단괴(calcrete)와 고기 카르스트(paleo-karst)의 형성이다. 또한 통기대에서 형성되는 특징적인 형태의 교결물(그림 12.47)도 기상수에 의한 속성작용임을 지시해 준다.

탄산염 퇴적물의 원래 광물의 성분도 기상수에 의한 속성작용의 정도를 조절하는 또 다른 요인이다. 퇴적물 내에 비교적 불안정한 아라고나이트와 고마그네슘 방해석이 많이 있을 경우에 퇴적물은 용해작용과 교결작용이 일어날 가능성이 상당히 높다. 반면에 퇴적물이 안정한 저마그네슘 방해석으로 이루어졌을 경우에는 기상수 속성작용을 받을 가능성은 낮아진다.

12.6.3 매몰 속성작용

(1) 해양-매몰 속성작용

퇴적물이 해저에 쌓인 후 얕게 매몰이 일어날 경우 퇴적물 공극에 들어있던 해수에 의하여 일어나는 속성작용을 **해양-매몰 속성작용**(marine-burial diagenesis)이라고 한다. 탄산염 퇴적물이 매몰되어 속성작용이 일어나는 환경은 해저면 가까이에서 일어나는 해양-매몰 속성작용과 상대적으로 깊은 매몰 환경에서 일어나는 매몰 속성작용으로 구분하는데, 매몰 속성작용의 경우 해수로부터 시작한 공극수의 화학 조성이 깊게 매몰되는 동안 탄산염 퇴적물 광물과의 반응으로 변하여 생성되는 속성작용의 산물에 차이가 나기에 해양-매몰 속성작용과 구별이 가능하다. 해양-매몰 속성작용에서 생성되는 속성작용의 산물은 기상수 속성작용에서 생성되는 산물과 매우 유사한 것으로 알려졌다. 대체로 제4기 동안 일어난 빙하의 확장에 따른 전 세계적인 해수면 변동이 대규모로 일어났었기에 제4기의 천해 탄산염 퇴적물에서 일어나는 속성작용에서는 기상수 속성작용이 가장 중요하게 작용하였다고 여겨진다. 그러나 제4기 이전의 지질 시대에서는 이와 같은 대규모의 빙하가 없었으므로 제4기 퇴적물에서 보는 것과 같은 기상수 속성작용은 미미했거나, 전혀 일어나지 않았을 것으로 여겨지기도 한다. Melim 등(1995)은 퇴적 이후 지표에 노출된 흔적이 전혀 없는 Great Bahama Bank에서 얻은 두 개의 시추 코어의 Miocene-Pliocene 시기의 탄산염 대지의 깊은 쪽인 사면 환경에 쌓인 생쇄설물 입자암-팩스톤과 펠로이드 입자암-팩스톤을 현미경 관찰, X-선 회절분석과 안정동위원소 분석을 통하여 다음과 같은 결과를 얻었다. 생쇄설물 입자암은 크게 두 종류의 속성 조직을 가지는 것으로 관찰되었다(그림 12.49). 하나는 투수율이 높

그림 12.49 해양 속성작용 결과의 스케치(Melim et al., 1995). (A) 속성작용을 받기 전의 전형적인 퇴적물. (B) 투수율이 높은 퇴적물의 속성작용 결과. 약간의 과성장과 개이빨 모양(dogtooth)의 거정질 방해석 교결물과 많은 입자 용해 공동 공극률이 특징이다. (B)는 투수율이 낮은 퇴적물의 속성작용 결과. 극피동물의 입자에는 넓은 과성장이 생성되어 있으며, 공극을 채우는 blocky 거정질 방해석 교결물이 아라고나이트의 신형태화작용과 같이 나타난다.

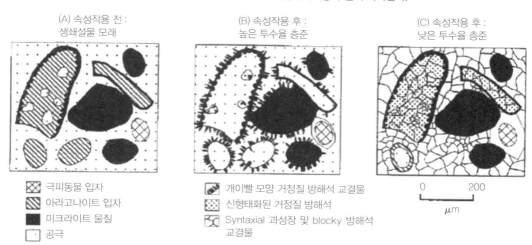

(A) 속성작용 전 :
생쇄설물 모래

(B) 속성작용 후 :
높은 투수율 층준

(C) 속성작용 후 :
낮은 투수율 층준

⊠ 극피동물 입자
⊠ 아라고나이트 입자
■ 미크라이트 물질
□ 공극

▨ 개이빨 모양 거정질 방해석 교결물
⊡ 신형태화된 거정질 방해석
⊠ Syntaxial 과성장 및 blocky 방해석
교결물

0   200
㎛

은 구간에서 나타나는 결과로서 아라고나이트로 이루어진 입자들이 용해가 일어났으며, 입자의 주위에 개이빨(dogtooth)과 같은 미약한 교결작용이 관찰되었다. 반면에 펠로이드 입자암-팩스톤은 초기에 다짐작용을 받아 낮은 투수율을 보이며 따라서 아라고나이트를 많이(25~70%) 보존시킬 수가 있었고 이 암상에 협재되어 나타나는 생쇄설물 입자암은 아라고나이트로 이루어진 입자들이 신형태화 작용을 받아 방해석으로 치환되었으며 공극은 모두 거정질 방해석(blocky spar) 교결물로 채워져 있었다. 이러한 해양-매몰 속성작용은 매몰 깊이 110 m 정도의 하부에서 관찰되었다.

특징적으로 해양-매몰 속성작용을 겪은 구간은 기상수 속성작용을 겪은 퇴적물과는 현미경적인 특징을 같이 하나, 동위원소 분석에 의하면 산소 동위원소의 값(δ^{18}O)이 기상수 속성작용을 받은 퇴적물이나 교결물(~−3.0‰ PDB)에 비하여 +0.9~+3.4‰ PDB까지 무거운 값을 나타내 차이가 난다. 이상의 연구 결과로 볼 때 퇴적층 내에 토양단괴나 지하수 불포화대의 통기대 교결물과 같은 특징적인 지표 노출의 증거가 없거나 낮은 산소 동위원소 값과 같은 기상수의 영향을 받은 증거가 없을 경우, 즉 기상수 속성작용이 제 역할을 할 수 없었던 해수면 상승기의 얕은 바다나 어느 정도 심해에 쌓인 고기의 탄산염 퇴적물의 속성작용에는 해양-매몰 속성작용을 적용할 수 있다.

(2) 매몰 속성작용

퇴적물이 매몰된 퇴적층의 표면에서 수십 내지 수백 m 이하를 **매몰 환경**이라고 한다. 매몰에 의한 속성작용은 지하의 수 km의 깊이에서도 일어나는데, 그 하부의 경계는 변성작용에 의해 탈수작용이 일어나고 전반적인 재결정화 작용이 일어날 때까지를 가리킨다. 매몰 환경에 대해서는 다른 환경보다 많이 알려져 있지 않으며, 지표 근처에서 일어나는 모든 작용은 더 이상 일어나지 않고 공극수의 화학 성분에 따라 용해가 일어나거나 스파라이트의 교결작용이 일어난다. 또한 매몰 심도에 따른 다짐작용으로 인하여 압력 용해가 일어 스타일로라이트가 생성되기도 한다.

지하 심부 매몰 환경의 공극수는 퇴적물과 함께 매몰된 해수나 기상수가 점차 성분 변화를 일으킨 물이거나, 이 둘의 혼합물로 나타난다. 많은 퇴적 분지에서 매몰 환경의 공극수는 지표 근처의 담수보다는 염분이 훨씬 높지만 대부분 기상수로부터 기원된 것이다. 심부 매몰 환경에서는 공극수의 흐름 자체가 아주 느리게 일어나기 때문에 속성작용도 서서히 일어난다. 매몰 환경에서 $CaCO_3$의 공급원으로 가능한 것은 (1) 공극수 자체, (2) 석회암의 압력 용해, (3) 석회암과 교호한 석회질 셰일층 내의 아라고나이트로 이루어진 화석의 용해로 볼 수 있다. 이중에서 압력 용해로 인한 $CaCO_3$의 공급이 가장 중요하게 여겨진다.

12.6.4 신형태화 작용

속성작용은 퇴적물의 광물 또는 조직(fabric)의 변화를 수반한다. 일반적으로 재결정화 작용으로 알려진 교대작용에 대해 Folk(1965)는 하나의 광물이 같은 광물 또는 동질이상(同種異狀, polymorphism)의 광물 사이에 일어나는 모든 변질작용을 통틀어 **신형태화 작용**(neomorphism)이라고 명명하였다.

신형태화 작용은 두 가지로 나누어 볼 수 있으며, 하나는 아라고나이트가 방해석으로 용해와 침전이 일어나서 교대되는 경우와 다른 하나는 방해석이 방해석으로 재결정화되는 과정이다. 이 두 가지 작용은 모두 공극수가 포함된 변질작용으로 용해와 침전 과정을 거친다. 지하에 매몰된 석회암에는 언제나 지하수가 존재하기 때문에 고체 상태만으로의 변질작용은 일어나기가 어렵다.

신형태화 작용의 대부분은 결정의 크기가 점차 커지는 방향(aggrading type)으로 진행된다. 가장 많이 나타나는 변화는 미크라이트로부터 마이크로스파(microspar)와 의사(擬似)스파(pseudospar, 10~50 μm)가 생성되는 것과 원래 아라고나이트로 이루어진 화석의 골격, 우이드 그리고 교결물 등이 방해석화하는 것이다. 반면에 흔하지 않는 경우로서 $CaCO_3$ 결정의 크기가 점차 작아지는 변질작용(degrading neomorphism)이 있고, 이 경우 큰 결정의 탄산염 광물은 작은 결정의 모자이크로 바뀌게 된다. 이러한 작용은 조구조 작용의 응력에 의하거나, 저변성작용 때에 일어난다.

12.6.5 규(질)화작용

규(질)화작용(silicification)은 탄산칼슘 화석이 선택적으로 실리카 광물로 교대작용이 일어나거나 석회암 내 처어트의 단괴(團塊)와 층(그림 12.50)이 발달하는 것을 가리킨다. 규(질)화작용은 속성작용의 초기나 후기에 보통 일어난다. 석회암에서 속성작용에 의해 생성되는 실리카 광물은 (1) 자형의 석영 결정, (2) 미정질 석영, (3) 거정질 석영, (4) 옥수 석영(chalcedony)이 있다. 실리카의 주 공급원은 석회암 내에 들어있는 해면동물의 침골(針骨, spicule)이며, 그 외에 규조류(硅藻類)와 방산충(放散蟲)으로부터도 실리카가 공급된다.

이상과는 다른 과정으로 고기의 석회암 내 처어트를 연구한 예로 미시시피기의 석회암층에 산출

그림 12.50 처어트 단괴. 오르도비스기 문곡층(강원도 영월). (A) 층리면을 따라 발달된 처어트 단괴(검은색의 타원형체). (B) 처어트 단괴의 현미경 사진.

되는 처어트를 연구한 Banks(1970)는 처어트의 생성이 두 시기에 일어났으며 각각의 실리카의 공급원은 달랐다고 해석을 하였다. 초기에 생성된 처어트, 즉 탄산염 퇴적물이 고화되기 이전에 생성된 처어트는 고염도의 해수로부터 직접 침전이 일어나 생성되었다. 이렇게 고염도의 용액으로부터 직접 침전되는 처어트는 현생의 환경에서도 보고가 된다(Peterson and von der Boch, 1965). 현생에서 처어트가 생성되는 메커니즘은 탄산염 퇴적물 위의 물과 퇴적물 내의 공극수 사이의 pH가 자주 변하는 과정에서 실리카는 재분배되어 일어나는 것으로 해석된다. 다음으로 탄산염 퇴적물이 다 고화된 후에 그러나 카르스트 침식 이전에 지하수가 석회암의 하부에 놓인 사암으로부터 실리카를 운반하여 형성된 것으로 해석하였다. 이 경우는 천정수(天井水, artesian)의 용승과 증발에 의해 농도가 높아지면서 방해석을 용해시키고 교대를 하였을 것으로 해석하였다. 사암으로부터 석회암으로 유입되는 지하수는 약간 더 산성을 띠는데, 이 지하수는 방해석을 용해시킬 수 있을 정도이다. 비정질 실리카는 pH가 7~8에서 가장 빠르게 침전이 일어나는데, 비정질의 실리카는 용해 공동에 침전을 하여서 생성되기도 한다.

12.7 백운석화 작용

12.7.1 백운석

백운석[$CaMg(CO_3)_2$]은 마름모형의 탄산염 광물로 삼방정계(trigonal)에 속한다. 이상적(理想的, stoichiometric)인 백운석은 같은 양의 Ca^{2+}와 Mg^{2+} 이온이 별개의 층을 이루고, 이들 층 사이에 CO_3^{2-}의 음이온 층이 존재하는 경우이다(그림 12.51). 내부 격자구조가 잘 정렬된(well ordered) 백운석의 결정격자를 X-선 회절 분석해 보면 백운석에는 방해석에서 나타나지 않는 누층구조(累層構造, superstructure)의 양상이 나타난다(그림 12.52). 현생의 백운석은 고기의 백운석에 비해 구조의 정렬 상태가 좋지 않다. 대부분의 백운석은 이상적인 화학 성분(Ca:Mg = 50:50)을 보이지 않고 Ca^{2+} 양이 Mg^{2+} 양보다 조금 더 많은 상태로 나타나며, Ca:Mg의 비율이 58:42까지 이르는 경우

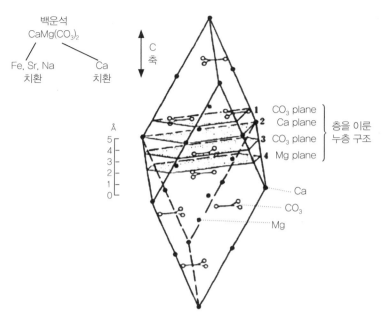

백운석
$CaMg(CO_3)_2$

Fe, Sr, Na
치환

Ca
치환

그림 12.51 백운석의 4개의 단위포를 나타내는 그림으로, C축에 수직으로 층을 이룬 누층 구조가 발달되어 있다(Morrow, 1982).

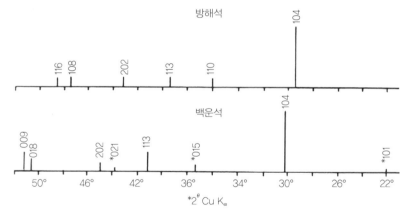

그림 12.52 방해석과 백운석의 X-선 회절 양상. 방해석에는 나타나지 않는 누층 구조(*)인 d_{021}, d_{015}와 d_{101}이 백운석에 나타난다.

도 있다. Ca^{2+}의 이온 반경(114 pm/1.14 Å)은 Mg^{2+}의 이온 반경(86 pm/0.86 Å)보다 크기 때문에 Ca^{2+}가 많이 들어있는 백운석은 결정격자의 간격이 넓어진다. 또한 백운석 내에서는 철이온이 다른 양이온을 치환하는 경우가 많이 나타나는데, 백운석 내에 $FeCO_3$가 2몰% 이상 들어있으면 이를 **함철 백운석**(ferroan dolomite)이라고 한다.

백운석으로 이루어진 암석은 **백운암**(dolostone), 또는 광물 이름과 같이 백운석이라고도 한다. 탄산염암은 백운석의 함량에 따라 백운석이 10% 미만으로 들어있을 경우에는 석회암으로, 10~50% 들어있으면 백운석질 석회암(dolomitic limestone), 50~90%의 백운석이 들어있으면 방해석질 백운암(calcitic dolostone), 그리고 백운석이 90% 이상이면 백운암으로 분류한다.

백운암은 백운석 결정의 크기에 따라 결정의 크기가 작아지는 순서로 dolorudite, doloarenite, dolosparite와 dolomicrite로 구분하기도 한다. 만약, 석회암이 백운석으로 교대를 받았더라도 석회

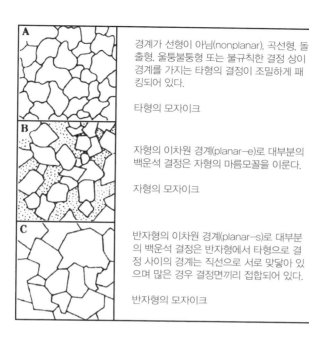

경계가 선형이 아님(nonplanar), 곡선형, 돌출형, 울퉁불퉁형 또는 불규칙한 결정 상이 경계를 가지는 타형의 결정이 조밀하게 패킹되어 있다.

타형의 모자이크

자형의 이차원 경계(planar-e)로 대부분의 백운석 결정은 자형의 마름모꼴을 이룬다.

자형의 모자이크

반자형의 이차원 경계(planar-s)로 대부분의 백운석 결정은 반자형에서 타형으로 결정 사이의 경계는 직선으로 서로 맞닿아 있으며 많은 경우 결정면끼리 접합되어 있다.

반자형의 모자이크

그림 12.53 백운석의 조직. (A) 타형의 모자이크. (B) 자형의 모자이크. (C) 반자형의 모자이크(Sibley and Gregg, 1987).

암 내에 있던 원래의 조직과 구조가 완전히 지워지지 않았으면 Dunham과 Folk 등의 분류법에 따라 '백운석질(白雲石質)'이라는 접두어를 사용하여 dolomitic grainstone, dolomictic oosparite와 같이 기재하기도 한다.

백운석은 모자이크를 이루는 결정의 형태에 따라 타형(他形, xenotopic)과 자형(自形, idiotopic) 두 가지로 나눌 수 있다. 백운석 결정이 마름모꼴이 아니고 결정 사이의 경계가 곡선을 이루거나 불규칙할 경우는 **타형**(xenotopic 또는 nonplanar) 조직(그림 12.53A)이라고 하며, 자형의 마름모꼴 결정으로 이루어졌을 때는 **자형**(idiotopic 또는 planar-e) 조직(그림 12.53B)이라고 한다. 자형의 결정과 타형의 결정이 함께 나타날 경우에는 **반자형**(半自形, hypidiotopic 또는 planar-s) 조직이라고 한다. 타형 조직을 나타내는 백운석은 약 50℃ 이상의 온도에서 생성된 백운석이다.

백운암에는 원래 석회암의 구조가 완전히 지워져 그의 형태를 알아보기 어려운 경우(pervasive, 그림 12.54A)부터 원래의 구조와 조직이 그대로 잘 보존되어 나타나는 경우(그림 12.54B)까지 다양하다. 선택적인(fabric selective) 백운석화 작용이 일어날 경우에 기질은 미정질 백운석으로 교대가 일어나고 입자들은 거정질 백운석으로 교대가 일어나 원래 구조가 그대로 보존되기도 한다.

백운석 결정은 누대구조(累帶構造, zoning)를 이루고 있는 경우도 있다. 결정의 내부는 대체로 유체나 방해석의 잔류 포유물이 많아서 투명하지 않으나 바깥쪽은 투명하게 나타난다(그림 12.55).

백운석 교결물은 석회암이나 백운암의 일차적 또는 이차적인 빈 공간을 채우면서 나타나며 이때에는 마름모꼴의 결정이 공간의 벽을 따라서 침전되거나 거정질의 결정이 모자이크상으로 빈 공간을 채우며 나타나기도 한다. 백운석의 종류 중 **Saddle 백운석**(그림 12.56)은 결정의 크기가 일반적으로 수 mm에 달할 정도로 크며, 특징적으로 곡선을 이룬 결정면을 보인다. Saddle 백운석은 이상과 같은 교결물 외에도 석회암을 교대하여서 나타나기도 한다. 편광 현미경 하에서 관찰하면 이 종

그림 12.54　(A) 백운석 교대작용이 일어나 원래 석회암의 구조가 전혀 나타나지 않는 백운암. 백운석은 타형의 조직을 보이고 있다. 오르도비스기 문곡층(강원도 영월). (B) 백운석의 교대작용이 일어났지만 퇴적물 입자의 크기 차이와 포유물의 밀도에는 큰 변화가 일어나지 않아 원래 퇴적물이 펠로이드나 우이드 입자암이었을 것으로 추정이 가능하다. 캠브리아기 와곡층(강원도 영월).

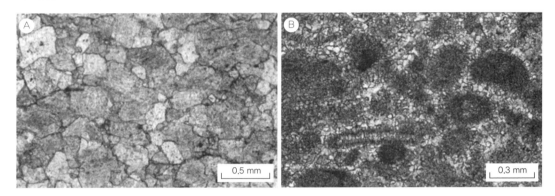

그림 12.55　누대구조를 보이는 백운석. 결정의 내부는 포유물과 철의 산화물이 많으나, 바깥쪽은 대체로 깨끗하게 나타난다. 오르도비스기 문곡층(강원도 영월).

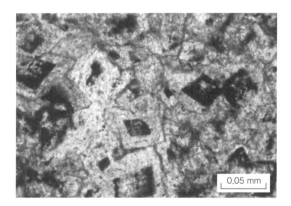

류의 백운석은 곡면의 벽개면을 가지며 파동소광을 나타낸다. 또한 이 백운석은 대부분이 유체나 광물의 잔류 포유물을 포함하고 있고 철분을 많이 함유하고 있기도 한다. Saddle 백운석은 매몰 과정에서 생성된 백운석으로 해석되고 있으며, 유화광물화작용(sulfide mineralization), 열수용액 그리고 탄화수소와 관련되어 나타나기도 한다.

　층서 기록상으로 지질 시대가 오래될수록 백운암의 산출 빈도가 증가한다. 그러나 그림 12.57에서 보는 바와 같이 백운암의

그림 12.56　열극을 채우고 있는 saddle 백운석 교결물(A)과 이의 현미경 사진(B). 결정의 형태는 곡선을 이룬 결정면이 특징이며, 현미경 관찰에서는 곡면의 벽개면과 파동소광을 나타낸다. 오르도비스기 Ellenburger층군(미국 텍사스 주).

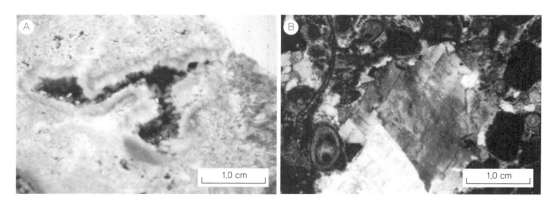

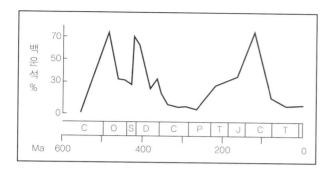

그림 12.57 현생이언 동안의 백운석 산출 빈도. 산출 빈도가 높은 시기는 대체로 해수면이 높은 시기와 일치한다(Given and Wilkinson, 1987).

산출은 현재로부터 선캄브리아기 시대까지 단순히 증가하는 것이 아니라 중기 고생대와 쥐라기에서 백악기까지의 두 시기에 산출 빈도가 가장 높음을 알 수 있다. 이런 지질 시대에 따른 백운암의 분포는 전 세계적인 해수면의 변동 곡선과 유사하게 일치하는 것으로 볼 때 해수면의 변동이 백운석화 작용에 영향을 주었음을 알 수 있다(그림 18.13 참조).

12.7.2 백운석 형성기작

백운석이 침전하는 화학 반응식은 다음과 같다.

$$Ca^{2+} + 2CO_3^{2-} + Mg^{2+} = CaMg(CO_3)_2$$

이 관계식과 함께 방해석이 백운석으로 교대되는 반응식은 아래와 같다.

$$2CaCO_3 + Mg^{2+} = CaMg(CO_3)_2 + Ca^{2+}$$

이러한 두 가지 반응식이 성립하기 위해서는 다음과 같은 세 가지 화학적인 조건이 갖추어져야 한다.

(1) 용액 속의 이온 활성도(ion activity product)인 $[Ca2^{2+}][Mg^{2+}][CO_3^{2-}]$이 백운석의 용해도(solubility product)인 $10^{-17}\,mol/\ell$보다는 높아야 한다는 점이다. 정상적인 해수의 경우는 이온 활성도가 $10^{-15.1}\,mol/\ell$로 이 값은 백운석의 용해도에 비하여 100배 이상으로 높은 값인 셈으로 해수는 백운석에 포화되어 있다고 할 수 있다. 평균 강물의 이온 활성도는 $10^{-18}\,mol/\ell$로 백운석의 포화도에 못 미친다.

(2) Mg^{2+}/Ca^{2+}의 이온비는 25℃에서 적어도 1은 되어야 한다. 만약 이 값보다 낮으면 $CaCO_3$가 $CaMg(CO_3)_2$보다는 선택적으로 생성된다. Mg^{2+}/Ca^{2+}의 몰비가 1보다 높은 용액에서는 위 식의 교대작용에서 반응이 오른쪽으로 진행되어 $CaCO_3$는 백운석화 작용을 받는다. 일반적인 해수는 이 비율이 5.6/1이며, 평균 강물은 0.5/1로, 해수에서는 $CaCO_3$가 백운석화 작용을 받는다는 것을 알 수 있다.

(3) 백운석이 기존에 있는 석회암을 교대하여 만들어진다면 석회암은 투수율이 높아야 하며 매우 많은 양의 마그네슘이 풍부한 물이 석회암을 통하여 흘러야 한다. 석회암에 들어있는 공극수가

해수로 한 번 교대가 일어나면 이로부터 생성될 수 있는 백운석의 양은 아주 미미하다. 이에 따라 석회암이 백운암으로 완전히 바뀌기 위해서는 아주 많은 양의 해수가 공극으로 공급되어야 한다. 이러한 조건이 갖춰지려면 아무래도 투수율이 높아야 하고 백운석의 교대작용이 일어나는 장소가 Mg를 공급할 수 있는 유체와 매우 근접한 곳이어야 한다. 대체로 지하 100 m나 또는 그 정도의 매몰 깊이가 적당한 장소가 될 것이다.

백운석은 Ca^{2+}, CO_3^{2+}와 Mg^{2+}의 결정면들로 이루어진 결정 내부의 구조 정렬이 아주 좋다. 마그네슘으로 이루어진 면에는 칼슘 이온이 < 5%로 들어가야 한다. 이와 같이 정렬이 아주 좋은 결정 구조는 지표의 조건 하에서는 매우 느리게 만들어지기 때문에 위의 세 가지 조건 이외에 다음의 두 조건 중 하나가 더 갖추어지지 않는다면 많은 양의 백운석은 형성될 수 없다.

(4-1) Mg^{2+}/Ca_2^{2+} 비가 최소로 필요한 1보다는 훨씬 높은 10 이상은 되어야 한다. 만약 이러한 조건이 갖춰진다면 마그네슘 이온은 칼슘 이온의 자리를 더 빠르게 그리고 더 효과적으로 교대하여 들어갈 것이다. 고기의 암석에서 본다면 이러한 조건은 백운암층과 함께 나타나는 무수석고나 석고층이 있을 때 갖추어질 것으로 여겨질 수 있다. 이들 암상이 지질 기록에 백운암과 함께 산출되는 것으로 보아 외해와는 순환이 제한된 해수가 존재하는 깊이가 얕은 해양 퇴적 분지에서 석고의 침전이 일어날 정도로 해수의 증발이 일어나 석고가 침전하면 해수로부터 칼슘을 선택적으로 빼나가 남은 해수의 Mg^{2+}/Ca^{2+} 비는 높아지게 된다. 이러한 조건에서는 백운석이 빠르게(10^3년) 생성될 수 있다.

(4-2) 이와는 달리 용액의 Mg^{2+}/Ca^{2+}의 활동비가 1/1로 나타나더라도 해수 중에 백운석의 결정화 작용을 방해하는 다른 이온의 방해 효과가 없을 경우이다. 이 경우는 용액이 민물처럼 희석된 상태지만 민물의 Mg^{2+}/Ca^{2+} 비인 0.5/1보다는 높은 경우에 해당할 수 있다. 이러한 용액의 조건은 해수가 5~30%와 민물이 70~90% 정도 서로 섞일 경우에 갖추어진다. 이렇게 섞인 용액은 백운석에는 과포화되어 있지만 방해석에는 불포화 상태를 이루며, 백운석에 필요한 Mg^{2+}/Ca^{2+} 비는 가지고 있다.

12.7.3 백운석화 작용 모델

앞에서는 백운석이 방해석이나 아라고나이트를 교대하는 데 필요한 조건들을 살펴보았다. 그러나 지질 기록에서 이러한 조건들을 갖춘 백운석의 성인에 대해서는 아직도 뚜렷한 해석이 제시되지 않았다. 특히 광범위한 석회암 대지가 백운석으로 교대작용이 일어나는 기작에 대해서는 여러 견해가 제시되었다. 이와 같이 백운석의 성인을 설명하기 위하여 여러 가지 가설이 제안되는 이유 중 가장 중요한 하나는 실험실에서 자연수를 이용하여 퇴적작용과 속성작용이 일어나는 조건 (온도, 압력) 하에서 백운석을 합성할 수 없다는 점이다. 이 때문에 자연에서 나타나는 백운석의 생성 기작 및 조건을 쉽게 설명할 수가 없기 때문이다. 실험실에서 백운석을 합성하는 데에는 대체로 400~500°C의 온도가 필요하다. 열역학적으로 볼 때 앞에서 살펴본 것처럼 해수는 백운석에 대해 과포화된 상태임에도 불구하고 해수로부터 백운석의 직접적인 침전은 물론 $CaCO_3$의 백운석화 작용은 일어나지 않는다는 점이다. 이는 백운석의 결정 구조가 잘 정렬되어 있어서 백운석을 형성하는 반응이 쉽게 일어나지 못하기 때문인 것으로 여겨지고 있다. 해수로부터 백운석의 침전을 방해하는 요인으로는 Mg^{2+} 이온이 수화된 상태(hydrated)로 존재하며, 해수 중 CO_3^{2-}의 이온 농도가 낮기 때문이다. 또한 해수 중에 함유되어 있는 SO_4^{2-}도 백운석의 침전을 방해하는 주요 이온으로 작용한다는 것이 실험에 의하여 밝혀졌다. 그 때문에 해수로부터는 백운석보다는 간단한 결정 구조를 갖는 아라고나이트와 고마그네슘 방해석의 침전이 더 쉽게 일어난다. 석회암이 백운석화 작용을 받기 위해서는 Mg^{2+} 이온의 공급원이 있어야 하며, Mg^{2+} 이온을 공급하는 용액이 암석 내로 이동할 수 있는 기작이 필요하다. 괴상으로 산출되는 두꺼운 백운암의 형성을 설명하기 위하여 지금까지 제안된 백운석화 작용의 모델은 그림 12.58에 나타나 있다.

현생 해양 환경에서 백운석의 산출은 흔하지는 않지만 바하마, 플로리다와 페르시아 만(아랍에미리트)의 트루셜 해안(Trucial coast)의 조간대와 상조대 사브카(sabkha) 퇴적물에서 백운석이 침전되는 것이 관찰된다. 이러한 백운석은 결정의 정렬 상태가 좋지 않으며, Ca^{2+} 이온이 많이 들어 있고 크기가 1~5 μm 정도로 매우 작은 마름모꼴 형태를 띤다. 백운석은 대체로 퇴적물 내에서 산출되거나 단단한 퇴적물 표면을 형성하기도 한다. 또한 백운석은 화석을 교대하여 나타나기도 하며, 직접 침전이 일어나서 생성되기도 한다. 이러한 백운석은 해수의 증발이 상당히 일어나면서 침전한 것으로 여겨진다. 해수의 증발로 공극수에서 아라고나이트와 석고/무수석고가 침전하게 되

그림 12.58 백운석화 작용의 모델(Land, 1985; Tucker and Wright, 1990).

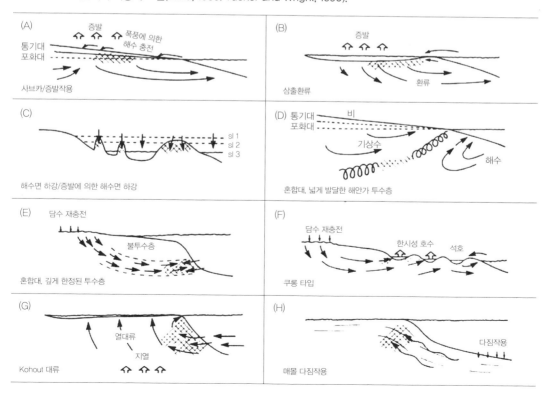

면, 공극수의 Mg/Ca 비율은 점차 증가하고, SO_4^{2-}가 감소하며 백운석의 침전이 일어나게 된다. 이 경우의 백운석들은 층서적으로 증발암과 밀접한 관계를 가지고 나타난다.

이상과 같이 SO_4^{2-}가 백운석화 작용을 방해하는 요인으로 여겨지고 있으나 반건조 기후대에 있는 브라질 리우데자네이루 동쪽 100 km 지점에 위치한 탄산염 머드가 쌓여있고 이 퇴적물에 상당량의 백운석이 포함된 해안가 두 곳의 고염분의 해안 석호(lagoon)를 연구한 Moreira 등(2004)에 의하면 이 석호에 들어있는 퇴적물에서 백운석의 생성에 SO_4^{2-} 농도는 별 상관이 없고 이보다는 황화물의 산화작용이 더 중요하다고 하였다. 이 두 곳의 석호 퇴적물 공극수는 현생의 대륙붕 탄산염 퇴적물 내의 공극수와 비슷한 황산염 환원작용의 정도를 나타냈으며, 백운석이 많이 들어있는 구간의 퇴적물 공극수의 황산염 이온 농도(SO_4^{2-}/Cl 비)는 해수보다 더 높게 나타났다. 백운석을 함유한 석호에서 백운석이 생성되는 데 필요한 Mg^{2+}은 이 석호의 물이 증발산이 일어나면서 지하로 서로 연결되어 있는 인접한 큰 석호의 염수와 해수로부터 계속 공급이 일어나 백운석화 작용을 일으키는 데에는 부족함이 없는 것으로 밝혀져 이 석호는 지형적으로 분리되어 있지만 개방된 수리지구화학적인 특성을 나타낸다. 석호의 물은 석고의 포화 상태보다는 낮은 SO_4^{2-} 농도를 가지고 있으며, 이러한 조건은 정상적인 해수의 Mg/Ca를 가진 용액으로부터 백운석이 생성될 수 있는 조건을 갖춘 것이다. 이곳에서의 백운석화 작용은 황화물의 산화작용(sulfide oxidation)으로 일어나는 것으로 해석이 되었는데, 황화물의 산화작용은 다음의 식으로 표현된다.

$$HS^-_{(aq)} + 4H_2O_{(l)} \Rightarrow SO_4^{2-}{}_{(aq)} + 8e^- + 9H^+{}_{(aq)}$$

황화물의 산화작용은 아라고나이트와 Mg-방해석의 불포화 상태를 일으키는 반면 백운석에 대해서는 포화 상태를 일으키는 조건을 만들어 백운석화 작용이 일어나는 것으로 해석되었다.

이와는 다르게 해수가 아닌 Mg의 공급원으로 일어나는 백운석화 작용의 예로는 호주 남부(쿠롱) 지역의 해안선을 따라 분포하는 여러 개의 호수가 있다. 이곳에서는 증발암과는 관련이 없이 백운석이 침전되는 것이 관찰된다. 이곳에서는 Mg^{2+}이 많이 함유된 육상의 지하수가 얕은 호수로 유입된 후 점차 증발이 일어남에 따라 백운석이 생성된다. 실제로 이곳 호수 물의 황산염 이온과 Mg 이온의 농도는 매우 높으나 퇴적물에 존재하는 공극수에는 이들의 농도가 급격히 줄어드는 것으로 밝혀졌다(Wright and Wacey, 2005). 이와 같이 호수 물과 퇴적물 공극수 사이의 이 두 이온의 농도 차이는 황산염 환원 박테리아에 의하여 황산염이 분해가 일어나는 깊이에서 거의 황산염의 소모가 일어나기 때문으로 해석되었다. 이와는 반대로 황산염 환원지대에서는 탄산염의 농도가 급격히 증가하는 것으로 알려진다. 호주의 빅토리아 호수의 경우는 주변의 현무암이 풍화를 받아 많은 Mg^{2+} 이온이 호수에 공급되어 Mg/Ca 비를 증가시키므로 백운석이 호수에서 직접 침전이 일어나 생성된다.

천해 환경에서는 해수의 순환이 제한되어 주기적으로 고염분을 이루는 석호에서 백운석이 생성되며, 이러한 예는 미국 멕시코 만의 배핀 만과 쿠웨이트에서 보고되었다. 고기(古期)의 조수에 의해 영향을 받는 지역(연조수대 지대, 沿潮水帶地帶, peritidal zone)의 암석에 나타나는 세립질의 백운석은 해수의 증발에 의한 백운석화 작용과 함께 직접적인 침전에 의해 형성된 것으로 해석할 수 있다. 이러한 퇴적 환경에 쌓인 퇴적물에는 판상 스트로마톨라이트, 새눈(birdseyes) 구조, 건열구조, teepee 구조와 인트라클라스트와 같은 여러 지질학적인 증거들이 함께 나타난다. 이러한 세립질의 백운암 내에는 대체로 퇴적 구조가 잘 보존되어 있다.

천해의 하조대와 암초에서 석회암이 백운석으로 교대되는 작용에 대한 설명으로는 **삼출환류**(渗出還流, seepage reflux) 모델이 있다. 이 모델에서 Mg/Ca의 높은 비율은 석호나 조석대지와 사브카의 하부에서 증발작용에 의해 형성된다. 증발작용에 의해 형성된 고염분의 염수는 밀도 차이에 의해 하부로 이동하여 퇴적물 내에 들어있는 낮은 밀도의 공극수를 치환하면서 백운석화 작용을 일으킨다. 현생에서는 이러한 현상이 대규모로 일어나는 예는 아직 없지만, 이 모델은 증발암과 관련된 하조대 석회암의 백운석화 작용을 설명하는 데 자주 이용되고 있다.

퇴적물이 쌓인 후, 비교적 초기에 증발암과 관련 없이 일어난 석회암의 백운석화 작용을 설명하는 데 적용되는 모델은 해수와 기상수의 **혼합대**(混合帶, mixing zone) 모델이다. 해수는 백운석에 대해서 포화 상태를 이루고 있지만, 앞에서 살펴본 백운석의 침전을 방해하는 여러 요인 때문에 증발에 의해 Mg/Ca의 비율이 높아지는 등의 작용이 일어나지 않는 한 쉽게 침전이 일어나지 않는다. 따라서 백운석의 생성을 방해하는 이온이 덜 들어있는 희석된 용액 그리고 결정화 작용이 비교적 천천히 진행되는 조건 하에서는 백운석이 생성될 가능성이 높아진다. 이 모델은 1970년대 들어와 가장 활발히 연구가 이루어지며 제안된 백운석화 작용 모델로, 열역학적으로 계산해 볼 때 해수가 30% 정도까지 기상수와 섞이게 되면 이 혼합수(混合水)는 방해석에 대해 불포화 상태를 이루나 백운석에는 포화 상태를 이루게 된다. 혼합수의 염분은 해수에 비해 감소하지만 Mg/Ca의 비율은 대체로 일정하게 나타나므로 백운석화 작용을 일으키게 된다. 백운석 형성 모델에서 중요한 Mg^{2+} 이온은 해수로부터 공급되며, 지하수의 이동에 의해 혼합수가 퇴적물(석회암) 내로 흐르게 된다. 이 모델은 백운석 형성을 설명하는 데 있어서 가장 많이 이용되었던 가설이지만 많은 비판을 받고 있기도 하다. 이 모델의 가장 큰 문제점은 백운석을 형성하는 메커니즘 자체의 문제점과 더불어, 현생의 혼합대에서 많은 양으로 백운석이 침전되는 예가 관찰되지 않는다는 점이다. 해안선에서 민물과 해수의 혼합대에서는 아마도 백운석을 침전시키는 반응 속도가 너무 느리기 때문에 대규모의 백운석은 생성되지 않은 것으로 여겨지고 있다. 더군다나 혼합대의 백운석 형성 모델의 처음 제안지인 자메이카의 Hope Gate Formation의 백운석화 작용(Land, 1973)이 동일한 저자에 의하여 해수에 의한 백운석화 작용으로 재해석(Land, 1991)되었으며 이후 담수에 의해 부분 재결정화 작용으로 변질을 받은 것으로 해석되었다. 혼합대에서의 백운석화 작용은 특히 담수가 퇴적 분지로 유입되는 고지리적(古地理的) 위치와 연관되어 있을 것으로 여겨지나 이 모델로는 광범위하게 일어나는 백운석화 작용을 설명하기에 어려운 점이 있으므로, 아마도 이 혼합대 모델은 백운석화 작용의 모델로는 점차 빛을 잃어가고 있어 더 이상 가능한 기작으로 고려되지는 않을 것으로 여겨진다. 그러나 이상의 잘 알려진 혼합대 모델과는 다른 각도에서 조금은 특수한 경우에 해당하지만 이 혼합대 모델이 백운석화 작용에 적용 가능하다는 가설이 Li 등(2013)에 의하여 제안되었다. 이들은 스페인 남서부에 분포하는 마이오세 석회암이 백운암으로 바뀌는 과정을 혼합대 모델로 설명하고자 하였다. 이 연구에서는 상부 마이오세 석회암이 화산활동으로 생성된 화산섬 주위에 생성되어 분포를 하였는데, 화산섬의 기반암인 투수성이 낮은 화산암이 많은 균열을 가지고 있어서 담수가 지표에서 충전된 후 투수성이 높은 이 균열들을 따라 지하로 들어가서 상부에 놓인 석회암으로 침투해 들어가면서 석회암 속에 들어있는 증발에 의하여 염분이 높아진 공극수로 부력에 의해 상승을 하면서 담수의 지하수와 석회암 내의 공극수가 서로 혼합이 일어나게 된다. 이 과정에서 혼합된 공극수가 상승을 하면서 수압이 낮아지며 공극수로부터 이산화탄소가 가스로 빠져나가며 석회암 자체를 전체적으로 백운석화시켰다고 해석하였다. 이들이 제시한 혼합대 모델은 그림 12.59에 표현되어 있다. 이들은 이러한 가설을 뒷받침하기 위하여 백운석에 들어있는 유체 포유물을 분석한 결과 백운석을 침전한 유체의 염분이 4 ppt에서 43 ppt의 해수 염 등가(seawater-salt equivalent)에 해당하여 정상적인 해수의 염분보다 높기도 하고 낮게도 나타났다. 이로써 백운석을 침전시킨 용액은 담수와 증발된 해수의 혼합용액이라는 것을 지시하였다. 또한 백운석의 산소와 탄소 동위원소 조성은 서로 양의 상관관계를 나타내 이 역시 해수와 담수의 혼합에 의한 것이라는 것을 뒷받침하였다. 이 모델은 지금까지 알려져 왔던 혼합대 모델의 단점을 다음과 같은 점에서 보완하는 역할을 한다. 첫째는 밀도가 낮은 담수가 탄산염 대지 위로 유입되면 서로 혼합이 일어나며 증발에 의해 염분이 높아진 해수가 탄산염 대지를 순환시키는 역할을 하여 백운석화 작용이 일어날 수 있도록 Mg을 지속적으로 공급한다는 점이다. 담수가 지속적으로 상부의 탄산염 대지로 흐를 수 있는 여건

그림 12.59   Li 등(2013)이 제안한 담수와 중간 정도의 염도를 가지는 지층수의 혼합대 백운석화 작용 모델. 담수는 충전지역에서 낮은 투수율을 나타내는 화산암에 발달한 높은 투수율을 가지는 균열을 따라 아래로 흐르다가 수압 차로 석회암으로 유입이 일어난다. 이 담수 유입수는 석회암 내 해수의 증발로 염도가 높아진 공극수보다는 밀도가 낮아 부력으로 석회암을 통하여 솟아오르면서 석회암의 공극수와 혼합이 일어난다. 이 혼합수가 상부로 이동을 하면서 압력이 낮아지면서 이산화탄소가 빠져나가며 석회암은 백운석으로 교대작용이 일어난다.

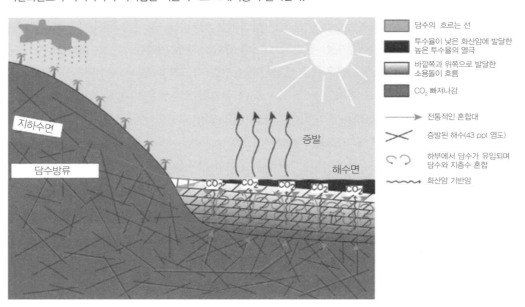

은 수두(hydraulic head)에 의해 유지되며 상부에 놓인 밀도가 높은 증발된 해수에 비해 담수의 밀도가 낮아 지속적으로 흐르며 혼합이 일어나게 한다. 두 번째는 이산화탄소가 가스로 빠져나가면 용액은 백운석에 과포화가 일어나지만 $CaCO_3$에는 불포화 상태를 일으키게 된다. 물론 이 새로운 혼합대 모델은 대규모 탄산염 대지의 백운석화를 설명하기에는 부족하지만 백운석화 작용을 일으키기 위한 특수한 수리 조건이 충족된다면 소규모의 탄산염 대지의 백운석화 작용은 설명할 수 있을 것으로 전망된다.

탄산염 대지 밑에 지각의 열류량이 높은 기반암이 있을 경우에는 차가운 해수가 탄산염 대지를 통과하여 상승하는 대규모 대류현상(이를 발견자의 이름을 따 '**Kohout 대류**'라고 함)이 일어난다. 탄산염 대지 지반의 지각 열류량이 높으면 탄산염 퇴적물의 공극수는 데워져 상승을 하는데, 이렇게 상승하는 공극수를 채우기 위해 탄산염 대지의 해양 쪽에 인접한 해수가 탄산염 대지의 석회암을 통하여 계속 유입이 일어나 Mg^{2+}을 계속 공급하면서 백운석화 작용을 일으킬 수 있을 것이다. 이러한 Kohout 대류현상은 미국 플로리다 주 탄산염 대지에서 확인되었다.

석회암이 매몰되면 온도의 상승으로 인해 지표 근처에서 백운석화 작용을 방해하는 많은 요인들이 제거되어 백운석 형성이 가능해지는 것으로 해석된다. 그러나 이러한 백운석화 작용이 과연 탄산염 대지 전체를 백운석화시킬 수 있는지에 대해서는 논란이 있다. 이 모델은 분지 중심부에 쌓인 이질암이 매몰 과정에서 다짐작용을 받아 주변의 탄산염 대지 석회암으로 Mg^{2+} 이온이 많이 들어 있는 공극수를 공급함으로써 백운석화 작용을 일으킨다는 것이다. 백운석화 작용에 필요한 Mg^{2+} 이온은 점토광물과 해수 성분의 공극수로부터 공급된다고 여겨진다. 또한 지표 근처에서 초기 속성작용을 받는 동안 저마그네슘 방해석으로 안정화되지 않았던 고마그네슘 방해석으로부터도 약간의 Mg^{2+} 이온이 공급되기도 한다. 질량 평형 계산(mass balance calculation)을 해 보면 대규모의 백운석화 작용을 일으키기에는 Mg^{2+}의 양이 불충분한 것으로 나타난다. Mg^{2+} 이온의 양과 더불어 이 모델에 있어서의 또 다른 문제점은 매몰 환경에서 Mg^{2+} 이온을 함유하는 공극수가 어떤 기작으로 퇴적물 내로 계속 공급되는가 하는 점이다. 암석 내에 균열, 열극(裂隙) 또는 단층이 존재하면 열수 용액의 순환이 일어나서 국부적으로 이런 틈 주변의 석회암을 백운석화시키거나 saddle 백운석이 맥(脈)을 이루며 침전한다. 매몰에 의해 생성된 백운석은 일반적으로 거정질이며, 기존의 암석 조직을 파괴시킨다.

이후에는 화학 조성의 변화를 거의 받지 않은 해수 자체가 퇴적물 내로 공급되어 백운석화 작용을 일으킬 수 있다는 모델(**해수 백운석화 작용**, seawater dolomitization)이 제안되었다(그림 12.60). Mg^{2+} 이온은 해수로부터 공급되는데, 이 모델에서 가장 중요한 점은 퇴적물 내로 해수가 지속적으로 공급되는 기작이다. 태평양의 Enewetak 환초(環礁, atoll)에서는 수심 1,250~1,400 m 깊이에 존재하는 에오세 탄산염 퇴적물이 백운석으로 변하고 있는 것이 관찰되었다. 이 정도의 수심에서는 해수의 온도가 낮기 때문에 해수는 방해석에 대해 불포화 상태를 이루지만, 백운석에 대해서는 아직도 포화 상태를 유지한다. 해수는 해양의 조수(潮水, tide)에 의해서, 그리고 환초 아래에 있는 화산 기반암에서의 높은 열류량으로 인한 열대류(熱對流, thermal convection) 현상에 의해 환초 퇴적

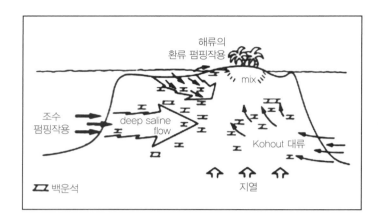

그림 12.60 해수에 의한 탄산염 대지의 백운석화 작용의 모델. 이 모델에는 탄산염 대지에 해수를 공급하는 메커니즘으로 해류의 펌핑작용, 약간 고염 분화된 석호의 해수 삼출 환류, 해안선에서의 조수 펌핑작용과 Kohout 대류 현상 등이 종합되어 있다(Tucker and Wright, 1990).

물 사이를 계속 지나가게 된다. 또, 바하마에서는 플로리다 해협을 따라 걸프 해류가 지나가면서 바하마 단애(斷崖, escarpment)에 계속 해수를 밀어 넣어 해수가 바하마 대지로 순환을 하게 된다.

현생 퇴적물에서 위의 해수에 의한 백운석화 작용을 받는다는 예는 벨리즈(Belize)에서의 시추 코어를 이용한 연구(Mazzullo et al., 1995)를 들 수 있다. 이 연구는 시추 코어의 상부 4.3 m 구간에서 백운석이 1~30%(평균 5%)의 함량으로 산출되는데, 백운석이 산출되는 지역은 조수의 속도가 평균 15 m/min인 반면 백운석이 산출되지 않는 지역에서는 해수의 염분이 38‰이며, 조수의 평균 유속은 < 5 m/min이다. 백운석은 결정의 크기가 2~50 μm으로 평균 10 μm 정도이며, Ca 성분이 많은(Ca : 55.5~62) 조성을 가지며 내부 구조가 잘 정렬이 안 된 상태로 Sr은 평균 1000 ppm(500~1700 ppm 범위)을 함유하고, 평균 산소 안정동위원소의 값은 +2.0‰를 갖는다. 백운석화 작용은 해저면 언덕(shoal)의 중앙부 고에너지 지대에서 일어나며, 외해의 영향을 그대로 받는 조수 하천의 가장자리를 따라 가장 활발히 일어난 것으로 조사되었다. 여기서 백운석화 작용은 조류와 바람에 의한 해류가 최대인 지점에서 해수가 퇴적물 사이로 계속 순환을 하여 일어난 것으로 해석된다. 즉, 백운석이 산출되는 퇴적물 구간의 공극수는 거의 해수와 같은 염분 농도를 나타내지만, 백운석이 산출되지 않는 강한 조수의 영향이 없는 곳의 퇴적물에서는 공극수의 염분 농도가 약 44‰ 정도로 높게 나타났다. 백운석화된 퇴적물과 백운석이 산출되지 않은 구간의 퇴적물 조직에서는 큰 차이가 보이지 않는 것으로 보아 퇴적물의 공극률과 투수율에는 아무런 변화가 없다는 것을 알 수 있다. 백운석의 탄소 안정동위원소의 값은 +3‰로 이들이 산출되는 구간에서는 황화수소(H_2S)의 냄새와 황철석이 산출되는 것으로 보아 백운석화 작용은 유기물의 박테리아에 의한 산화작용으로 일어난 높은 알칼리도에 의하여 일어난 것으로 해석되었다.

이 밖에도 최근에는 유기물 기원의 백운석화 작용 모델도 제안되었다. 지표 근처의 온도에서 정상적인 해수의 공극수로부터 일어나는 백운석화 작용을 방해하는 요인들은 산소가 결핍된 유기물이 풍부한 퇴적물에서 박테리아에 의한 황산염 환원과 메탄의 생성으로 극복될 수 있다. 황산염 환원작용과 메탄의 생성이 일어나는 관계식은 다음과 같다.

$$2CH_2O + SO_4^{2-} \Rightarrow 2HCO_3^- + H_2S$$

$$2(CH_2O)n \Rightarrow nCH_4 + nCO_2$$

이 관계식에서 보는 바와 같이 황산염 환원작용이 일어나면 탄산 이온이 생성되어 공극수의 알칼리도가 증가하고, 황화물이 침전을 하면 pH가 높아지게 된다. 또한 백운석화 작용에 방해물로 여겨지는 황산염 이온을 제거하게 된다. 이 두 작용은 특히 메탄의 생성 시기와 황산염 환원의 후기에 공극수의 pH를 높이고 이를 유지하며, 총 알칼리도와 CO_3^{2-}의 농도를 높이고 Mg와 Ca 이온의 수화작용을 약화시켜 초기에 백운석화 작용이 일어나도록 촉진시킨다. 무기적으로 백운석이 침전하는 데에는 황산염 이온의 존재와 Mg^{2+}의 강한 물의 피막이 반응을 일으키는 방해 요인으로 여겨지고 있지만, 미생물의 활동은 이러한 반응 방해 요인들을 극복할 수 있는 것으로 여겨진다. 최근의 연구에서 정상적인 해수의 조성(염분, Mg/Ca 비율, 온도, 그리고 무산소의 조건)에서 황산염 환원 박테리아인 *Desulfobulbos mediterraneus*의 세포 외벽의 얇은 막의 중합체 물질에 Mg가 많이 들어있는 백운석이 침전한 것이 실험실에 재현되었다(Krause et al., 2012).

이렇게 유기물 기원에 의한 백운석은 주로 세립질의 교결물로 산출되며, Sr과 Mn이 적게 들어 있다. 이 유기물 기원의 백운석은 황산염 환원 시에 생성될 경우는 황철석이 같이 생성되기 때문에 철분이 적게 들어있다. 메탄의 생성 시기에 생긴 백운석은 Mg이 부족한 위치에 Fe이 대체하여 들어가기 때문에 함철 백운석이 된다. 황산염 환원 구간과 메탄 생성 구간에서의 유기물 기원 백운석은 탄소 안정동위원소의 값으로 구별이 가능하다. 백운석의 탄소 동위원소 조성($\delta^{13}C$)으로 볼 때 황산염 환원 구간의 백운석은 ^{13}C가 결핍된 값($\delta^{13}C < 0$)을 보이는 반면, 메탄 생성 구간의 백운석은 ^{13}C가 많이 들어있는 값($\delta^{13}C > 0$)을 나타낸다.

여러 연구들이 상대적으로 얕은 매몰 심도인 무산소 환경의 메탄 산화대(zone of anaerobic methane oxidation)에서 pH가 높아지면서 백운석의 층이 어떻게 생성될 수 있는가를 밝혀냈다. 즉, 무산소 환경의 메탄 산화에서는 탄산염의 침전이 일어나게 된다. 이는 무산소 환경의 메탄 산화과정에서 중탄산 이온이 생성되어 알칼리도가 증가하기 때문이고, 이렇게 생성된 중탄산 이온은 탄산염의 침전에 관여한다. 이 관계를 살펴보면 다음의 화학식으로 표현된다.

$$CH_4 + SO_4^{2-} \Rightarrow HCO_3^- + HS^- + H_2O$$

무산소 환경의 메탄 산화가 일어나면 공극수의 pH는 7.9 정도로 나타나 탄산염의 침전이 일어날 수 있는 임계 pH인 7.2~7.4를 넘어서게 되므로 탄산염의 침전이 일어날 수 있게 된다(Soetaert et al., 2007).

그러나 메탄 생성이 일어나는 동안 분별작용이 일어나 생성되는 백운석은 동위원소로 무거운 탄소를 가지고 있지만, 실제로 메탄이 생성되는 깊은 곳에서의 백운석의 생성에 대한 직접적인 증거는 비교적 잘 제시되지 않았다. 메탄 생성대에서의 백운석의 생성은 실제로 메탄이 생성되는 동안 생성되는 이산화탄소의 높은 용존분압($C_{org} \rightarrow CH_4 + CO_2$)에 의하여 용식시킬 수 있는 조건이 생성되기 때문에 초기 속성과정 동안 생성된 탄산염을 오히려 용해시킬 수 있기 때문에 상당히 수수께끼거리로 여겨진다. Meister 등(2011)은 페루 해구에 생성된 부가대 퇴적물의 메탄 생성대에 해당하는 퇴적물(약 200 m 매몰 깊이) 바로 아래에 약 20 cm 두께의 백운석의 각력암이 존재하는 것을 보고하고, 이의 성인으로 부가대(accretionary complex) 퇴적물 하부에 있는 쇄설성 퇴적물들이 변질작용과 탈수작용을 받아 빠져나온 공극수가 상승하여 메탄 생성대에서 이 공극수로부터 백운석이 침전한 것으로 해석을 하였다. 백운석이 생성된 퇴적물의 상부 200 m 구간에 해당하는 메탄과 가스하이트레이트(gas hydrate)가 많이 들어있는 퇴적물에서는 탄산염이 전혀 관찰되지 않았다. 이렇게 메탄 생성대에서 탄산염이 침전할 수 있는 조건은 하부의 규산염 퇴적물로부터 공급된 공극수는 알칼리도가 높아 메탄 생성대에서 높은 용존 이산화탄소 농도로 인하여 일어나는 산성화를 중화시킬 수 있기 때문으로 해석하였다.

앞에서 살펴본 바와 같이 백운석을 침전시키는 데 미생물의 역할이 중요하다는 것이 지난 10여 년 동안 점차 제기되어 왔다. 미생물에 의한 백운석의 생성 가설은 심해의 유기물이 풍부한 퇴적물에서 미생물에 의한 황산염 환원과 메탄의 생성작용과 관련되어 있다는 것과 고염분의 해안 석호에서 분리해 낸 황산염 환원 박테리아가 있는 용액에서 낮은 온도 조건에서 백운석이 만들어진다는 보고 이후로 여러 실험실 조건에서 이 가설을 검증하였으며, 미생물에 의한 백운석의 생성이 환원 환경뿐만 아니라 산화 환경의 조건에서도 황산염 환원 박테리아와 관련되어 생성된다는 것이 현생의 다른 환경에서도 보고되었다. 이러한 최근의 일련의 연구 결과 미생물의 활동이 백운석의 생성과 산출을 이해하는 데 중요한 요인이라는 것으로 인식하게 되었다. 그렇다면 미생물의 어떤 작용으로 지표의 조건에서 백운석이 생성되는지를 알아보기 위하여 Bontognali 등(2010)은 아랍에 미리트 연합국의 아부다비 해안의 해안 사막(sabkha)에 있는 미생물 매트에서 백운석이 생성되는 기작에 대하여 연구를 하였다. 이 해안 사막 환경은 초고염도의 조건에서 석고와 무수석고와 함께 현생의 돌로마이트가 침전하여 생성되는 것으로 잘 알려진 곳이다. 이곳에서는 미생물의 활동으로 높은 pH와 알칼리도가 유지되고 공극수에 황산염 농도가 낮아진 곳에서 백운석이 생성되는 것으로 알려진다. 이러한 조건은 현재 조간대 지표에 발달한 미생물 매트 내에 잘 갖추어져 있다. 그러나 상조대의 퇴적물로 덮여있는 약 1700년 전 미생물 매트 내에도 많은 백운석이 관찰되며, 이렇게 퇴적물로 덮여있는 오래된 미생물 매트는 더 이상 현재 미생물의 활동이 없기 때문에 미생물의 활동에 의하여 백운석이 생성되는 것으로 설명하기가 어려워진다. 이곳의 조간대와 상조대에서는 미생물 매트 내 박테리아가 자신을 고정시키고 외부 환경으로부터 보호하기 위하여 밖으로 분비하는 얇은 생체막의 고분자 물질(exopolymeric substance : EPS) 내에서 백운석이 생성되는 것으로 관찰되었다. 상조대에서 관찰되는 백운석은 지표에서는 무기적으로 백운석이 생성되는 것이 알려지지 않았기 때문에 이를 설명하기 위해서는 다음의 두 가지로 가설을 세울 수 있다. 즉, 하나는 상조대의 백운석은 지금이 아닌 과거에 미생물 매트가 지표에 노출되었을 때 만들어진 것이거나, 이와는 반대로 현재에도 백운석이 지속적으로 만들어지고 있는데 지금은 퇴적물에 덮여있어 미생물이 활동을 하지 않는 매트에 있는 EPS 내에서 백운석이 생성된 것으로 해석할 수 있다는 것이다. 이를 확인하기 위하여 Bontognali 등(2010)은 상조대의 백운석의 산소 동위원소 조성을 분석한 결과 조간대 백운석보다 약 10‰이나 높은 값을 나타낸다는 것을 알아내고 이렇게 높은 값의 차이는 상조대의 백운석이 상조대의 특징인 증발이 매우 많이 일어난 ^{16}O이 결핍된 공극수로부터 현재에도 생성되고 있다는 것을 지시한다. 즉, 이렇게 EPS가 있게 되면 미생물의 활동이 없더라도 강한 증발작용으로 백운석의 과포화 조건이 만들어지면 백운석이 생성된다는 것을 밝혀낸 것이다. 이렇게 볼 때 미생물의 활동이 EPS를 분비해 내야 하는 전제조건 때문에 백운석이 무기적인 기작으로 만들어진 것은 아니라는 것이다. 그런데 이렇게 미생물의 대사활동이 백운석의 침전에 중요한 역할을 하지만, 이러한 대사활동이 필요하지 않고 단지 백운석에 과포화된 용액의 존재만으로도 백운석이 침전할 수 있다는 연구 결과가 발표되었다. Roberts 등(2013)은 카르복실기를 비교적 많이 함유하는 미생물의 얇은 피막이 존재한다면 이들은 Mg 이온이 수화가 된 상태에서 탈수작용을 일으켜 낮은 온도에서도 백운석의 핵이 침전할 수 있는 조건이 생성된다는 것을 실험실에서 합성하였다. 이들은 30도의 온도와 자연 상태의 조건을 갖춘 수용액에서 백운석을 침전시키는 데 성공하였지만 문제는 이렇게 낮은 온도에서 백운석이 침전하기 위해서는 카르복실기를 비교적 많이 가지는 미생물의 존재를 필요로 한다는 점이다. 자연에서는 카르복실기가 많이 함유된 유기물은 흔하지만 이러한 유기물은 해양 퇴적물 전반에 걸쳐 나타나지는 않는다는 점이다. 이에 따라 이렇게 카르복실기를 많이 가지는 유기물이 해양 환경에 어떻게 분포하는가를 알아내면 낮은 온도에서 백운석화 작용이 일어날 수 있는 가능성을 알아보는 데 많은 도움이 될 것이다. 지금까지 알아본 백운석화 작용이 일어나는 여러 퇴적 환경들, 즉 퇴적물의 매몰에서 미생물의 활동으로 황산염의 환원에서 메탄생성 조건으로 빠르게 바뀌는 해양 환경들이 이러한 조건을 잘 갖추고 있을 것으로 여겨진다. 염도가 자주 변하는 혼합대와 사브카와 같은 환경은 카르복실기의 밀도의 변화가 일어나 백운석화 작용이 잘 일어나는 곳으로 여길 수 있다. 또한 풍화 산물이 유입되는 곳에서도 철산화물과 점토광물에 카르복실기가 많은 유기 탄소의 흡착이 일어나기 때문에 카르복실기가 많은 유기물의 생성이 일어나는 곳으로 여겨진다.

이상의 여러 모델에서 보는 바와 같이 자연 상태에서 두껍게 산출되는 백운암(석)의 성인은 아직도 수수께끼로 남아 있지만, 자세한 야외 조사와 현미경 관찰, 그리고 지화학적인 분석 방법 등을 통하면 여러 가지 백운석화 작용의 모델 중 관련이 없는 것을 가려낼 수가 있으며, 여러 모델 중 적절한 가능성을 타진해 볼 수 있다. 안정동위원소 분석과 흔적 원소(痕迹元素, trace element), 그리고 Sr 방사능 동위원소의 분석으로 백운석화 작용이 일어날 때의 공극수의 성분을 알아보면 백운석이 생성될 당시의 지화학적인 조건을 제한시켜 설명할 수 있다.

백운석은 이상과 같은 해양 퇴적물뿐 아니라 토양층에서도 생성된다. 이는 온도가 < 100℃에서 매몰 속성작용을 거치지 않고도 백운석이 생성될 수 있음을 나타낸다. 토양층에서 생성되는 방해석은 대체로 연간 강수량이 760 mm 이하인 건조한 지대에서 주로 생성되는데, 이들의 화학 조성은 $MgCO_3$가 10몰% 이하이다. 토양에서 산출되는 백운석은 백운석을 포함하는 모암과 지하수면의 높낮이가 변하는 지대의 고염도 환경에서 보고되고 있으나 이러한 고염도의 환경이 아닌 토양 환경에서도 백운석이 생성된다는 보고가 있다(Capo et al., 2000). 후자의 경우는 모암인 현무암이 풍

화를 받을 때 함철마그네슘 광물인 감람석(olivine)의 변질로 Mg/Ca 비가 > 1인 토양수에 의하여 이미 침전한 토양기원 방해석을 교대하여 백운석이 만들어지거나 또는 토양층 내에 직접 침전하여 생성된다. 이렇게 토양층에서 생성되는 백운석은 토양층 깊이가 170 cm 이하에서는 거의 백운석으로 이루어졌는데, 이들의 화학 조성은 $CaCO_3$와 $MgCO_3$의 비율이 1 : 1로 내부 구조가 잘 정렬된 결정 구조를 갖추는 것으로 보고된다.

12.7.4 탈백운석

백운암은 백운석이 방해석으로 교대작용을 받아 다시 석회암으로 바뀌기도 하며, 이와 같은 백운석의 방해석화 작용을 **탈백운석화 작용**(dedolomitization)이라고 한다. 백운석은 Ca^{2+}의 함량이 높고 Mg^{2+}의 함량이 낮은 공극수와 접하게 되면 백운석의 용해가 일어나고 이에 따라 생성되는 공극은 방해석으로 채워지는데, 이를 **탈백운석**(脫白雲石, dedolomite, 그림 12.61)이라고 한다. 백운석이 방해석으로 교대되는 작용은 주로 지표 근처에서 일어나는 현상으로서 백운석이 기상수와 접하였을 때 일어나고 이러한 작용은 Ca^{2+}를 공급하는 석고와 무수석고의 용해와도 관련되어 있다. 또한 매몰 환경에서 열극현상(fracturing)이나 스타일로라이트화작용(stylolitization)과 관련되어 일어나는 탈백운석화 작용도 보고되어 있다.

지표 근처의 산화 환경에서는 함철 백운석이나 방해석질 백운석(calcian dolomite)이 방해석으로 선택적으로 교대작용이 일어난다고 여겨지기도 한다. 방해석으로 교대를 받는 함철 백운석에는 철산화물과 철수화물이 포유물로 존재하기도 하는데, 아마도 이들은 이러한 반응의 잔류물로 여겨지고 있다. 지표 근처에서 일어나는 탈백운석화 작용에 대하여 잘 연구된 결과는 모든 탈백운석의 산출은 퇴적층에서 침식이 일어난 부정합이거나 지표에서의 풍화작용을 받은 현상과 관련되었다는 증거를 제시한다. 그러나 그밖에 다른 연구에서는 백운석의 방해석화 작용이 다양한 속성작용의 환경에서 일어날 수 있음을 보고하고 있다. 즉, 유전지대에서, 접촉 변성작용 과정에서, 단층대를 따른 담수의 영향 하에서, 해수와 담수가 섞이는 환경에서, 깊은 분지에 쌓인 퇴적물로부터 유래되는 칼슘이 많이 함유된 염수(여기서 칼슘은 사장석의 알바이트화 작용으로부터 유래됨)로부터 등의 탈백운석화 작용과 탈백운석의 산출양상이 보고되었다. 이런 다양한 조건 하에서 탈백운석이 생성되는 것으로 보아 탈백운석은 항상 지표 근처의 속성작용 환경에서만 산출되지 않음을 알 수 있다.

그림 12.61 탈백운석(dedolomite)의 현미경 사진. 현재는 백운석 결정의 외형이 방해석으로 채워져 있다. 오르도비스기 영흥층(강원도 영월).

0.2 mm

13

증발암

증발암은 물이 증발하면서 용존되어 있는 염의 농도가 높아지며 증발 광물의 침전이 일어나 형성된 화학적 퇴적암이다. 주요한 증발 광물(evaporite minerals)로는 석고(gypsum; $CaSO_4 \cdot 2H_2O$), 무수석고(anhydrite, $CaSO_4$)와 암염(halite, NaCl) 등이 있으며(표 13.1), 그 밖에 자연상태에서는 칼륨과 마그네슘을 함유하는 다양한 증발광물들이 나타난다. 무수석고를 제외하고 모두 낮은 밀도를 갖는다.

증발암은 경제적으로 중요할 뿐만 아니라 여러 가지 지질학적 현상을 해석하는 데 있어서 유용하게 이용된다. 증발암층은 많은 유전 지대에서 매우 중요한 역할을 하는데, 특히 탄산염 저류암(貯留岩)에서는 증발암의 투수율이 아주 낮아 주로 덮개암으로 작용하며, 거대 유전을 이루는 탄산염 저류암의 약 70% 정도가 증발암과 관련되어 있다. 증발암은 대부분이 특정한 기후 조건에 국한되어 형성되기 때문에 고기후 해석에 매우 유용하게 이용되며 이들의 존재는 과거에 저위도의 건조 지역으로 온도가 높고, 상대적인 습도는 낮고, 증발량이 강우량보다 훨씬 높은 조건이었음을 지시해 준다.

표 13.1 증발암의 주요 구성 광물의 특성

광물	화학식	밀도(g/cc)
무수석고	$CaSO_4$	2.960
석고	$CaSO_4 \cdot 2H_2O$	2.320
암염	NaCl	2.165
칼리암염	KCl	1.984

13.1 염수

고기의 증발암은 대부분 해수로부터 유래된 염수(brines)의 농도가 높아져 만들어진 소금으로 이루어져 있다. 현생의 해수는 여러 성분들이 잘 혼합된 용액으로서 평균 35.2‰의 염분을 갖는다. 일반적으로 대부분의 대양은 해수의 평균 염분을 나타내지만, 홍해처럼 해수의 순환이 제한된 곳에서는 높은 염분을 지니는 곳도 있다. 이와 같은 염분의 차이는 과거의 해양 환경에서도 존재하였을 것이며, 특히 고기 연해(epeiric sea)의 염분 함량은 매우 다양했을 것으로 여겨진다. 고기의 증발암 기록에서는 건조한 기후를 나타내는 지역에서 수백 km²에 걸친 넓고 얕은 바다에 암염과 석고를 침전시킬 정도의 높은 염분을 지닌 해수가 오랫동안 유지되어 증발암이 퇴적된 것으로 해석된다. 이러한 예는 미국 텍사스 주에 분포하는 페름기의 San Andres 층에서 나타난다.

현재 해수의 화학 조성은 Na^+와 Cl^-이 주가 되며, 부수적으로 SO_4^{2-}, Mg^{2+}, Ca^{2+}, K^+, CO_3^{2-}와 HCO_3^-가 포함되어 있다. 염분비 일정 법칙에 따라 해수의 화학 조성과 주요 이온 간의 비율은 전 세계 해수에서 일정하게 나타난다. 해수가 증발되면 증발 정도에 따라 일정한 순서로 광물이 침전한다(표 13.2). 이러한 해수의 증발 실험은 1849년에 이탈리아의 화학자인 Usglio에 의해 처음으로 실행되었다. 해수의 증발 실험에서 가장 먼저 침전되는 광물은 $CaCO_3$로서, 일반적으로 아라고나이트의 광물로 나타난다. $CaCO_3$의 침전은 용액의 염농도가 해수보다 두 배(40~60‰) 정도에 이를 때 시작된다. 다음으로 침전되는 광물은 석고로서, 용액이 해수 농도의 5배 정도(130~160‰)에 이르렀을 때 형성된다. 계속해서 증발이 일어나 해수의 농도보다 11~12배(340~360‰) 정도에 이르면 이 용액으로부터 암염(halite)이 침전된다. Bittern 염류(칼륨과 마그네슘 염류)는 용액의 염분 농도가 원래 해수보다 60배 정도 높아질 때 침전된다. Bittern 염류의 종류나 이들이 침전될 때의 염분은 온도와 염수에 들어있는 유기물의 함량 정도에 따라 달라진다. 이론적으로 계산해 보면 1 km 두께의 해수를 증발시켰을 때 생성되는 증발광물은 $CaCO_3$(아라고나이트)가 약 20 cm, 무수석고가 1 m, 암염이 12 m 그리고 간수(bittern) 염류가 2.5 m의 두께로 산출된다(Scoffin, 1987).

육상의 증발 분지에서는 대부분의 이온이 강물과 지하수로부터 공급된다. 육수(陸水)의 화학 조성은 해수보다 훨씬 다양하기 때문에 육수의 증발로 만들어지는 증발광물의 종류도 아주 다양하다. 육수에 포함되는 주된 이온의 종류는 증발이 일어나는 퇴적 분지로 육수가 이동하

표 13.2 해수가 25°C에서 증발될 때 생성되는 광물의 생성순서. 농도의 비는 평균 해수에 대한 것이다.

광물	농도	물 감소율	염수 밀도
해수	1×	0%	1.04
CaCO₃(아라고나이트)	2~3×	50%	1.10
석고(무수석고)	5×	80%	1.126
암염	11×	90%	1.214
K–Mg 염류	63×	98.7%	1.29

표 13.3   많이 나타나는 육상과 해양의 증발광물

해양 증발광물		육상 증발광물	
암염	NaCl	암염, 석고, 무수석고	
칼리암염	KCl	epsonite	$MgSO_4 \cdot 7H_2O$
carnallite	$KMgCl_3 \cdot 6H_2O$	트로나	$Na_2CO_3 \cdot NaHCO_3 \cdot 2H_2O$
kainite	$KMgClSO_4 \cdot 3H_2O$	mirabilite	$Na_2SO_4 \cdot 10H_2O$
무수석고	$CaSO_4$	thenardite	Na_2SO_4
석고	$CaSO_4 \cdot 2H_2O$	bloedite	$Na_2SO_4 \cdot MgSO_4 \cdot 4H_2O$
polyhalite	$K_2MgCa_2(SO)_4 \cdot 2H_2O$	gaylussite	$Na_2CO_3 \cdot CaCO_3 \cdot 5H_2O$
kieserite	$MgSO_4 \cdot H_2O$	glaubrite	$CaSO_4 \cdot Na_2SO_4$

는 경로에 놓인 암석의 종류에 따라 달라진다. 즉, 석회암을 통해 지나가는 지하수에는 Ca^{2+}와 HCO_3^- 성분이 많고, 백운석은 지하수에 Mg^{2+} 성분을, 화성암과 변성암은 실리카가 많은 Ca-Na-HCO_3^- 성분을 지하수에 공급한다. 그러나 다양한 화학 조성의 차이에도 불구하고 이들 육수로부터 가장 먼저 침전되는 광물들은 알칼리토류 탄산염 광물로 저마그네슘 방해석, 고마그네슘 방해석, 아라고나이트와 백운석들이다. 석고가 보통 그 다음으로 침전된다. 그 후에 침전되는 광물의 종류는 염수의 화학 조성에 따라 달라진다. 예를 들면, Na^+와 HCO_3^- 이온이 많은 물에서는 트로나(trona, $NaHCO_3 \cdot Na_2CO_3 \cdot 2H_2O$)가 생성된다. 이밖에 규산나트륨염 광물인 마가다이트 $[NaSi_7O_{13}(OH)_3 \cdot 3H_2O]$, 규산보론염 광물과 불석 광물(zeolite)들이 침전되기도 한다. 해양과 육상 환경에서 많이 나타나는 증발광물은 표 13.3에 나타나 있다.

13.2 증발암의 분포와 기후

증발암은 퇴적 분지에서 증발로 소멸되는 물의 양이 강우와 지표수, 그리고 지하수를 통해 유입되는 양보다 많은 조건이 갖추어진 곳에서는 어디에서나 만들어진다. 이 같은 조건 때문에 증발암은 건조와 아건조의 사막 지대에서 가장 잘 형성된다. 현재 전 세계적으로 볼 때, 적도를 중심으로 남·북위 15~45°에 걸친 아열대 고기압대의 두 위도 지역에서 증발암이 만들어지기에 적합한 기후 조건이 나타난다. 남극 대륙의 추운 극지방 사막에서도 증발 퇴적물이 생성되기도 하나, 적도 지방 가까이에서 생성되는 양에 비하면 매우 미미한 정도이다.

지구상에 있는 두 개의 사막 분포대는 대규모 공기 순환의 하나인 해들리 세포(Hadley cell)의 차갑고 건조한 공기가 하강하는 열대 지방 주변 지역에 해당한다(그림 13.1). 태양 복사열은 적도 지방에서 가장 강하며, 극지방으로 갈수록 약해진다. 따라서 적도 지방은 인접하는 위도 지역보다 더 가열되며, 이로 인해 적도 상공의 공기는 더워지고 수증기를 많이 머금은 채 상승을 한다(그림 13.1A). 이 공기가 점차 상승하면서 냉각되면 가지고 있던 수증기의 응결이 일어나서 열대 지방 정

그림 13.1 증발암과 기후. (A) 대기권의 종단면으로서, 주요 대개의 순환을 나타내고 있다. 차고 건조한 공기가 하강하는 남북 위도 30°와 60° 사이의 두 지대가 세계적인 건조 지대를 형성한다. (B) (A)와 같은 대기의 순환에 따라 발생하는 바람의 방향을 나타내며, 사막과 그와 관련된 염류 광물들은 무역풍 지대와 편서풍 지대 경계에서 생성된다. (C) 전 세계적으로 현생의 퇴적물에 나타나는 증발 광물 분포지의 위도 분포(Warren, 1989).

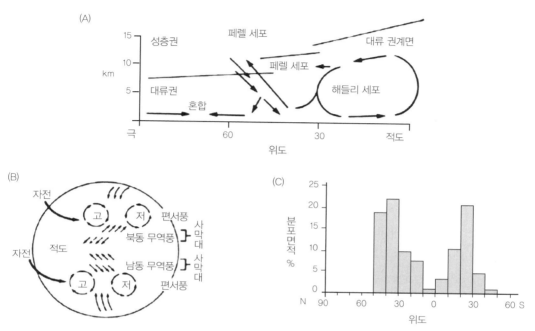

글에 비로 떨어진다. 수분량이 감소하여 건조해진 공기는 열대 지방에서 극지방으로 이동을 하면서 점차 부피가 수축하며, 남·북위도 30° 정도의 위도에 이르게 되면 지표로 다시 내려오게 된다. 이렇게 내려오는 차갑고 건조한 공기는 하강하면서 온도가 상승하며, 지표 부근의 수분을 흡수하기 때문에 지구에 현재와 같은 광범위한 사막 지대를 형성하게 된다.

대규모 사막 분포대 이외의 지역에서도 지역적인 기후와 지형 조건에 따라 증발암 퇴적물이 생성되기도 한다. 중앙아시아와 호주의 중앙에 있는 플라야(playa, 비올 때만 일시적으로 생성되는 호수)와 중위도의 사막들은 주변의 바다로부터 멀리 떨어져 있기 때문에 생성된 사막들이다. 대양의 동편에 위치한 해안선 지역에 부는 주된 바람으로 용승이 일어나거나, 또 해안선 가까이에 높은 산맥이 있어 비그늘(rain shadow)을 형성하면 사막이 생성되기도 한다.

현재 해양에 분포하는 대부분의 증발 분지 환경에서는 암염(halite) 이상의 증발광물은 나타나지 않는다. 폴리할라이트(polyhalite), 엡소나이트(epsonite), 카널라이트(carnallite), 키제라이트(kieserite)와 같은 염류는 아주 극심한 건조 조건 하에서 형성되므로 현재의 해양 연변부(緣邊部)에서 나타나기는 어렵다. 현재 칼륨염의 침전이 일어나는 유일한 지역으로는 중국 서부의 Qaidam 분지에 있는 Qarhan Salt Lake로서, 가장 가까운 바다로부터 무려 1,500 km 정도 떨어져 있다(Kezao and Bowler, 1985). 이곳의 칼륨염은 직접적인 침전보다는 플라이스토세와 마이오세의 칼륨 호수 퇴적물의 용해로부터 공급된 것이다. 고기의 극심한 건조 상태를 나타내는 해양 분지에서는 칼륨-마그네슘 염류가 나타나기도 한다. 사막 분포대의 위도에서 대륙의 열개(裂開)가 처음 일어났을 때 해수가 유입되어 증발하면서 일차적으로 생성된 타키하이드라이트(tachyhydrite, $CaMg_2Cl_6 \cdot 12H_2O$)가 대서양을 마주한 브라질과 콩고의 백악기 열개 분지에 생성된 증발암에서 보고되었다(Wardlaw, 1972).

13.3 속성작용

증발암은 원래의 조직이 초기나 그 후의 속성작용에 의해 재결정화되고, 교대작용을 받기 때문에 퇴적 환경을 해석하는 데 있어서 어려움이 따른다. 속성작용에 의해 증발광물의 의사형태(pseudomorph)와 반응에 의해 침식된 가장자리가 흔히 나타나며, 원래 증발암의 잔류물이 새로 교대되는 광물 내에 포획되어 나타나는 것도 흔히 관찰된다.

황산칼슘 광물인 석고와 무수석고는 온도, 압력, 염분에 따라 이들 광물상이 서로 변한다. 석고는 낮은 온도, 낮은 압력과 비교적 낮은 염분 하에 생성되나 무수석고는 높은 온도와 압력 그리고 높은 염분일 때 잘 생성된다(그림 13.2A). 그러므로 지표 조건에서는 석고가 가장 흔한 황산칼슘염 광물이다. 무수석고는 높은 염분과 온도에서 모세관 증발 현상에 의해 침전이 일어나고 성장하기도 한다. 지표에서 생성된 석고는 매몰이 진행되면 탈수작용이 일어나 무수석고로 변하며 융기가 되면 무수석고가 다시 석고로 변한다. 이러한 변화에 따라 석고의 조직 역시 변형작용과 재결정화 작용 등의 영향을 받아서 변하게 된다.

층상의 석고가 매몰되어 수백 m나 온도가 60°C 이상에 이르면 석고는 탈수현상이 일어나며 단괴상 무수석고로 변질되어 간다(그림 13.2B). 지하수의 흐름이 활발한 곳에서는 그 변질 과정이 약 1 km의 깊이에서 일어난다. 그러나 공극수의 염분이 높으면 이보다 훨씬 낮은 매몰 깊이에서도 석고가 무수석고로 바뀌게 되며, 그 반대로 무수석고가 석고로 변화되기도 한다. 지층의 침식작용이

그림 13.2 석고-무수석고의 전이 과정. (A) 온도와 염분에 따라 결정되는 황산염 광물의 안정도(Hardie, 1967). (B) 온도와 매몰 심도에 따라 결정되는 황산염 광물의 안정도. 공극수의 염분이 중요하게 작용한다(Holser, 1979).

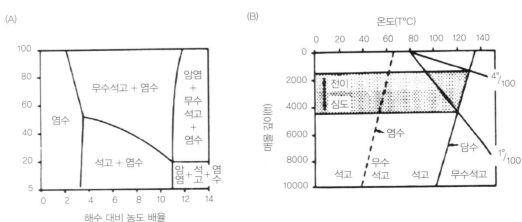

일어나면 황산염 광물이 지표에 노출되어 기상수의 영향권 하에 놓이게 된다. 이때는 온도가 낮고 염분이 낮은 공극수에 의하여 증발암이 주로 용해되는 반응이 일어난다.

석고가 무수석고로 변하는 과정에서 탈수작용으로 물이 빠져 나오는데, 이때 부피는 38% 감소한다. 이렇게 빠져나오는 물은 윤활작용과 압력의 증가로 무수석고층의 강도를 약화시킨다. 석고로부터 빠져 나온 물이 외부로 빠져 나가지 못하면 지층은 심한 변형작용을 받게 되며 많은 무수석고층에서 관찰되는 enterolithic 구조(그림 13.3)가 형성된다. Enterolithic 무수석고는 다음과 같은 여러 과정을 통해 생성된다.

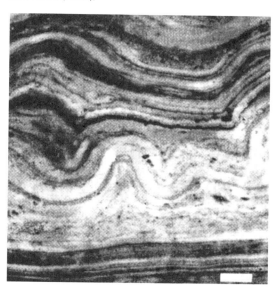

그림 13.3 백운암에 나타난 enterolithic 습곡 구조. 캠브로-오르도비스기 Ninmaroo층(호주). 축척 1 cm(Friedman and Radke, 1979).

(1) 페르시아 만(걸프 만)에 발달된 사브카 (해안 사막)의 상조대에서 관찰되는 것처럼 증발암이 성장할 경우
(2) 매몰되는 동안 석고가 무수석고로 변하는 탈수작용이 일어날 경우
(3) 지표 가까이에서 고화되지 않은 퇴적물에 슬럼프가 일어날 경우
(4) 속성작용이 진행되는 동안 생긴 무수석고가 재차 석고로의 수화작용(hydration)을 받을 때, 부피가 64% 증가하여 지층이 뒤틀릴 경우

구조작용을 받거나 석고층의 탈수작용으로 인한 슬럼프가 일어날 때에 생성되는 enterolithic 무수석고는 습곡축이 일정하게 기울어져 나타난다. 이 점이 enterolith의 꼭짓점 배열(orientation of crests)이 무질서하게 나타나는 사브카 무수석고와 매몰에 의해 생성된 무수석고를 구분하는 기준이 되기도 한다.

14

탄산염 및
증발암 퇴적 환경

14.1 탄산염 퇴적물의 퇴적 환경

현생의 해양에서 탄산염 대지는 열대, 아열대의 위도에서 대양의 서편에 주로 발달되어 있다. 반면 대양의 오른쪽, 즉 동편에는 저위도에서도 탄산염 대지의 발달이 드물다. 이러한 비대칭적 탄산염 대지의 발달은 아마도 해양학적인 제반 조건, 즉 찬 해수, 일정하지 않는 해수 표면의 온도, 과잉 영양과 산소가 충분하지 않은 해수의 존재로서 설명을 할 수 있다. 이들 각각에 대하여 좀더 살펴 보면 다음과 같다.

해수의 온도와 영양분의 공급은 대양 분지의 동편과 서편의 탄산염 생산에 영향을 미치는 요인 들이다. 찬 해수는 해류의 흐름에 따라 영향을 받는데, 남·북반구 저위도 지역에서 각각 적도를 따라 동에서 서로 흐르면서 데워진 해류가 대양의 서편에 위치한 대륙 때문에 그 흐름이 막히면 대 륙의 가장자리를 따라 고위도 지역으로 흐르면서 식어지며, 고위도의 찬 해수를 대양의 동쪽에 있 는 대륙의 가장자리를 따라 적도 부근으로 이동시킨다. 대양에서 적도를 따라 서쪽으로 흐르는 해 류로 인해 대양의 동쪽에서는 온도가 낮고 깊은 해수의 용승작용으로 수온약층은 대양의 동편으로 갈수록 수심이 낮아져 해수 표층수의 온도를 낮춘다. 이에 따라 온도가 낮은 용승류가 있는 대양의 동쪽에는 산호초의 성장이 방해를 받는다. 반면 대양의 서쪽은 해수의 온도가 높아 산호의 생성과 성장에 좋은 조건을 갖춘다. 또한 조류나 미생물에 영향을 받아 생성되는 탄산염 머드의 생산은 따 뜻한 해수일 때 관련된다. 중위도 지방의 탄산염 퇴적물은 탄산염 머드와 열대 지역에 사는 생물군 이나 생쇄설물의 퇴적물들은 나타나지 않으며, 이러한 탄산염 퇴적물은 찬 해수가 있는 대양의 동 측에 발달한다. 열대 지방에서는 탄산염 머드의 생성이 매우 빠르게 일어나 열대 지방의 대부분의 탄산염 대지에서 상대적인 해수면 변화를 능가한다. 반면에 중위도 온대 지역의 탄산염 퇴적물은 쌓이는 정도가 낮아 해수면의 상승률을 못 따라가 침수되어 버리기 쉽다. 대양 분지의 동편은 용승 과 표층 해수의 순환에 의해 온도가 낮아짐으로써 저위도 지방일지라도 열대성 탄산염을 생성하는 생물체의 번성을 제한시키는 반면, 중위도 탄산염의 발달을 일으킨다.

용승이 일어나는 지대는 심해로부터 영양염이 과다 공급되며 용존 산소가 결핍되어 있는 상태의 해수이며, 해수 표층에 영양염의 과다 공급과 이에 따른 높은 생물의 생산성은 hermatypic 산호(광 합성을 하는 조류와 공생관계를 나타내는 산호)의 성장을 방해한다. 따라서 탄산염 대지의 가장자리에 산호초의 발달이 없게 되면 탄산염 대지의 탄산염 퇴적물은 외해 분지 쪽으로 그대로 운반되어 탄산염 대지의 수직 성장이 방해를 받고 점차 해수면이 상승한다면 탄산염 대지는 그대로 해수에 잠겨버리게 된다. 또 한편 용승이 일어나는 해수 중심부 아래에 발달한 산소 최소용존층(oxygen minimum zone)으로부터 이황화수소와 암모니아를 함유한 해수가 용승을 일으키면 해양생물들은 떼죽음을 당하기도 한다. 해수면의 상승과 더불어 용존 산소가 결핍된 독성의 해수가 얕은 탄산염 대지를 뒤덮으면 탄산염 제조공장의 가동이 중지되고 점차 탄산염 대지는 무산소층의 해수로 뒤덮인다. 이러한 곳에서는 탄산염 퇴적물이 전혀 관찰되지 않는다.

미국의 서부(고태평양의 동부)를 따라 고생대에 탄산염 대지가 넓게 분포하였다. 이는 이상의 해양학적인 요인을 고려할 때 호상열도, 드러스트 벨트 또는 다른 지역에서 이동되어 온 지각판 등이 대양 분지 가장자리에 해양학적인 장벽으로 작용하여 이상의 차가운 해수와 용승을 방해하였기 때문으로 해석되고 있다. 따라서 구조적으로나 조구조적으로 발달해 있는 고지리에 대한 증거가 없는 지역에서도 대양 분지의 동편에 발달해 있는 탄산염 대지의 존재는 대륙연변부의 고지리 복원을 하는데 중요한 단서를 제공한다(Whalen, 1995).

영양염이 풍부한 해양에는 대형의 조류(예, 미역과 같은 갈조류)뿐 아니라 소형 조류의 성장이 촉진되어 물의 빛 투과성을 낮추고 산호와 석회질 조류와 같은 탄산염 생성 생물체의 성장을 방해한다. 이에 따라 탄산염 퇴적물이 활발히 생성되는 환경은 영양염이 빈약하게 들어있는 환경(oligotrophic conditions)이라고 할 수 있다. 그런데 이러한 영양염이 빈약한 환경에 어떻게 상당히 두꺼운 탄산염 퇴적물이 생성될 수 있는가에 대한 의문은 항상 있어왔다. 특히 현생의 좋은 예로 서대서양 적도 해역에 위치한 Great Bahama Bank에서의 두꺼운 탄산염 머드 퇴적물의 생성에 관한 설명으로 이러한 머드가 화이팅(whitings)과 같이 해수에서 직접 침전되어 생성된 것인지, 아니면 이전에 바닥에 쌓였던 머드 퇴적물이 재동되어 화이팅이 생성된 것인지에 대한 뚜렷한 설명은 아직까지 제시되지 못하고 있다(12.4.4절 참조). 더욱이 이러한 탄산염 머드의 생성과 퇴적은 탄산염 퇴적물을 생성하는 생명체가 존재하지 않았던 지구 역사의 초기에 탄산염 퇴적물의 생성에 많은 관련이 있을 것으로 여겨지고 있다. 물론 해수로부터 직접 침전에 의한 경우도 탄산염 머드가 무기적으로 침전된 것이 아니라 시아노박테리아의 광합성에 의해 일어난 것으로 해석된다. 이들 시아노박테리아가 광합성을 하면서 이산화탄소를 제거하면 탄산칼슘의 포화도가 높아지면서 탄산염의 침전이 촉진된다는 것이다. 그런데 문제는 이렇게 시아노박테리아가 여러 지역에서 탄산염의 침전을 촉진시킨 것으로 알려지고 있지만, 질소 고정 생물체인 이들 시아노박테리아의 번성에 필수 영양염인 철이 없으면 이들의 역할은 제한적일 수밖에 없을 것이다. 특히 Great Bahama Bank는 최소 지난 1억 년에 걸쳐 탄산염 대지가 생성되고 있는데, 이 탄산염 대지는 일반적으로 철이 적게 들어있는 지역에 해당한다. 그렇다면 어떻게 화이팅이 생성될 수 있었을까? 이에 대한 가설 중 하나는 철이 대기의 분진으로 Great Bahama Bank에 공급되었을 것이라는 것이다. 즉, 아프리카의 사하라와 사헬지역으로부터 생성된 분진이 바람에 실려 공급되었다는 것이다. 이 가설을 검증하기 위하여 Swart 등(2014)은 Great Bahama Bank의 탄산염 퇴적물에서 대기 분진의 특징적인 원소인

철과 망간의 함량을 분석하고 퇴적물에 들어있는 유기물의 질소 안정동위원소($\delta^{15}N$)를 측정하였다. 철과 망간의 함량은 퇴적물에 들어있는 불용성 잔류물의 함량과 통계적으로 유의미한 양의 상관관계를 나타냈으며, 유기물의 $\delta^{15}N$ 값은 0‰을 나타내는 것으로 보아 퇴적 유기물은 질소를 고정하면서 생성된 것으로 나타났다. 이러한 결과를 바탕으로 Swart 등(2014)은 시아노박테리아의 성장에는 바람으로 불려온 분진의 철과 망간이 중요한 역할을 하였으며, 시아노박테리아는 대기의 질소를 고정하는 데 중요한 역할을 하였다. 이렇게 시아노박테리아가 고정시킨 대기의 질소가 영양염이 부족한 Great Bahama Bank의 생태계에 질소를 공급하여 탄산염 퇴적물이 생성될 수 있도록 하였다고 설명하였다. 이러한 설명은 탄산염 퇴적물을 생성시키는 생물체가 없었던 지구역사 초기의 탄산염 퇴적물 생성에도 바람을 타고 공급되는 분진이 많은 역할을 하였을 것이라는 추측을 가능하게 한다.

탄산염 퇴적 환경은 소규모의 육성 환경을 뺀다면 크게 열대 지방 탄산염(tropical carbonate)과 중위도 지방의 냉수 탄산염(cool-water carbonate) 환경으로 나누어 볼 수 있다. 물론 극단적인 이들 퇴적 환경 외에 위의 조건들의 점이지대인 환경에서도 탄산염 퇴적물은 생성된다. 그러나 열대 지방 탄산염 퇴적 환경이 아닌 곳에서 생성되는 탄산염 퇴적물의 양은 전 지구적 탄산염의 총생산량에서 볼 때 아주 적은 양이다. 즉, 전이대와 한대 지역의 탄산염 퇴적물 생성이 전 지구적인 탄산염 생성에 비해 적게 나타나는 것은 이러한 환경 조건에서 탄산염을 생성하는 생물체들의 성장 속도가 느려 결과적으로 낮은 탄산염 생성률 때문이다. 주로 빠르게 성장하는 산호로 이루어진 열대 지역에 비하여 탄산염의 느린 생성 비율은 변화하는 해수면의 상승과 하강의 정도를 따라잡지 못하게 된다. 이에 따라 전이대 지역의 탄산염 퇴적 환경의 퇴적 기록은 이들의 기록이 시·공간적으로 제한되어 나타나기 때문에 인지하는 데 어려움이 있다.

열대 지방의 탄산염 퇴적 환경에서 주로 생성되며 탄산염을 이루는 생쇄설물은 산호와 녹조류이다. 반면에 냉수 환경의 탄산염 퇴적 환경에서는 유공충, 태선동물과 연체동물이 주를 이룬다. 따뜻한 온대 지방에서 아열대 지방의 탄산염 퇴적 환경은 산호성 홍조류와 산호가 주를 이루는데 비하여 녹조류가 나타나지 않는 것이 특징이다(Halfar et al., 2000). 따뜻한 온대 지방의 퇴적 환경은 아직 널리 연구되지 않았지만 현생의 호주 남서부와 남부, 스페인 남부, 지중해 동부 등에서 연구된 바와 지질 기록에 나타난 결과에 의하면 이들 퇴적 환경은 열대 지방과 냉수 지역의 퇴적 환경에서 탄산염 생성에 주된 생물인 산호와 태선동물이 나타나지 않는 것으로 보고되어 있다.

남반구에 분포하는 현생과 제3기 동안의 고에너지 램프(ramp) 환경의 탄산염 퇴적물에 대한 최근의 연구에 의하면 남빙양(Southern Ocean)에 분포하는 냉수 탄산염 퇴적물은 열대 지방의 퇴적물과는 상당한 차이가 있는 것으로 밝혀졌다. 이 냉수 탄산염 퇴적물에는 암초를 이루는 생물군이 없으며, 대부분이 방해석 광물로 이루어져 있고 다양한 탄산염 사주(sand bar)의 형태를 가진다. 이러한 퇴적학적인 특징은 후기 고생대와 전기 중생대에 섬세하게 가지를 치거나 피복하는 생물들이 주를 이루었던 지질 시대 동안 쌓였던 탄산염 퇴적물과 유사하다.

14.2 육성 탄산염 퇴적물

14.2.1 호수 탄산염

탄산염 퇴적물이 쌓이는 호수는 크게 두 가지 호수로 구분할 수 있다. 하나는 담수(freshwater)의 호수이며, 다른 하나는 염수(saline)의 호수이다. 담수 호수는 호수에 항상 물이 채워져 있으며, 이 종류의 호수는 중위도의 온난 습윤 기후대에 분포한다. 이러한 호수의 예로는 스위스의 취리히 호수, 미국 뉴욕 주 북동부의 그린 호수가 있다. 이 호수들은 특히 여름 동안 호수의 표층수가 탄산칼슘에 과포화 상태를 이루어 여름 동안의 높은 기온과 이산화탄소의 감소로 저마그네슘 방해석으로 침전이 일어나서 생성된다. 대부분 부유성 조류가 광합성을 하면서 이산화탄소를 취득해감에 따라 방해석의 침전이 일어난다. 쇄설성 퇴적물의 유입량이 소량이면 침전으로 쌓인 방해석들로 이루어진 미크라이트질 탄산염 퇴적물로 쌓인다. 겨울이 되면 더 이상 탄산염 퇴적물의 침전이 일어나지 않기 때문에 점토질이 많은 퇴적물이 쌓이며 여름의 탄산염 층과 겨울의 점토층의 반복된 1년 단위의 퇴적물 기록인 호상점토(varve)를 쌓기도 한다. 호수 가장자리는 조립질 탄산염 입자의 양이 좀더 많아진다. 주로 개형충류, 이매패류와 복족류의 껍질들과 외부로부터 운반되어 유입된 탄산염 입자들이 섞여 있으며, 또한 녹조류의 일종인 *Chara*의 석회질 튜브(그림 14.1)와 생식기관(그림 12.20A)들이 나타나기도 한다.

염수 호수는 주로 일시적으로 존재하는 호수이며 온도가 높고 건조한 기후대에 분포한다. 이러한 호수의 예는 미국의 Death Valley, 유타 주의 Great Salt Lake와 사해(Dead Sea)가 있다. 이러한

그림 14.1 미정질 방해석의 석회암에서 산출되는 담수 녹조류인 *Chara*의 줄기 단면. 중앙 튜브는 석회화되어 있으며, 그 주변에 외피 튜브로 둘러싸여 있다. 전기 백악기(스페인 Cuenca). 오른쪽 사진은 *Chara*의 주사전자 현미경 사진으로 왼쪽의 줄기, 중앙에 나선형으로 보이는 생식기관 외피인 gyrogonite(그림 12.20A) 그리고 마디가 보인다(Tucker and Wright, 1990).

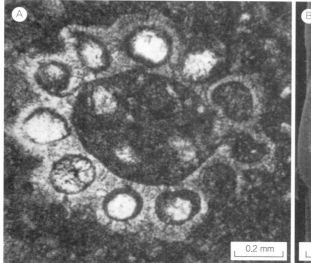
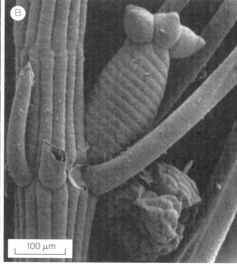

호수는 성인이 주로 단층작용으로 생성된 구조 호수로서 호수 물의 유출 통로가 없고 호수로 유입되는 물의 양보다 증발량이 높은 수리적으로 폐쇄된 호수이다. 대부분 지형적으로 높은 산맥과 연관되어 발달하는 사막지대에 생성된다. 즉, 높은 산맥으로 인한 비그늘 현상이 발생하여 이에 인접한 계곡은 마른 상태가 되어 나타나는 현상이다. 물론 온난 습윤한 기후대에서도 염수 호수가 생성되는데, 이는 특별히 호수 주변의 기반암이 증발암으로 존재하여 이 증발암이 용출되어 공급되는 경우이다. 외부로부터 물의 공급이 많이 일어날 때는 호수가 되고 다시 증발하여 염수 호수로 바뀌었다가 점차 말라버린 호수를 **플라야**(playa)라고 한다.

호수 탄산염은 주로 생물 기원의 성분으로 구성되어 있거나 생물에 의하여 생성된 침전물로 이루어져 있다. 호수의 중심부에 쌓이는 탄산염은 수리적인 요인으로 해석할 수 있지만 호수 가장자리에 쌓이는 탄산염 퇴적물은 아주 다양하게 나타난다. 낮은 에너지 조건의 호수 가장자리에서는 생교란작용을 받은 미결정질 방해석 퇴적물이 주로 이루어져 있지만, 높은 에너지 조건의 호수 가장자리는 렌즈상의 탄산염 모래와 피복된 입자들의 퇴적물로 이루어져 있다. 호수 저면의 경사가 낮은 램프형의 가장자리에서는 주로 호수 가장자리의 탄산염 퇴적물로 이루어져 있지만, 높은 경사를 가지는 벤치형의 호수는 깊은 호수의 탄산염 퇴적물로 이루어져 있다. 호수 가장자리가 점차 분지 내부로 전진 발달하면 전체적으로 호퇴(regression) 현상의 퇴적물 기록이 퇴적되며, 이러한 퇴적물 기록은 호수 가장자리의 형태와 에너지 조건에 따라 해석이 가능하다. 여기서 나타나는 호퇴의 퇴적물 기록은 저에너지 벤치형, 고에너지 벤치형, 저에너지 램프형과 고에너지 램프형으로 구분하여 볼 수 있다(그림 14.2).

호수의 탄산염 퇴적작용은 기후와 조구조 작용 영향에 민감하게 반영되며, 이러한 영향은 호수의 수리 상태와 형태에 따라 다르게 나타난다. 여기서 기후의 영향은 생물의 생산성 정도에 영향을 주고, 집수 유역의 화학적 풍화와 침식 그리고 지표를 따라 흐르는 물의 양에 영향을 미치며, 이에

그림 14.2 탄산염 퇴적물이 주로 퇴적되는 호수 가장자리의 퇴적상 모델(Gierlowski-Kordesch, 2010).

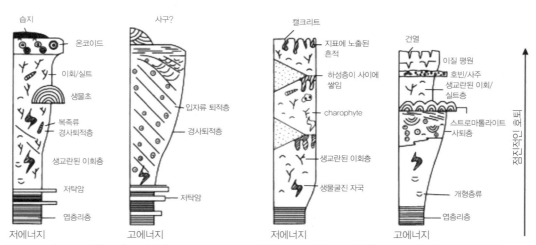

따라 탄산염 공급에 영향을 준다.

호수의 탄산염은 집수 유역의 지질이 탄산염암이나 칼슘을 많이 함유하는 기반암으로 이루어진 다양한 구조적 환경에서 생성된다. 조구조 작용은 호수 분지의 침강률을 조절하며 따라서 퇴적물에 영향을 준다. 높은 경사를 가지는 벤치형의 호수 가장자리는 주로 분지의 침강이 퇴적작용을 능가하여 빠르게 침강을 하는 열개 분지의 단층 경계를 따라 형성된다. 이보다는 훨씬 느리게 침강하는 대규모의 주향이동단층 분지나 전지 분지(foreland basin) 그리고 지각이 아래로 처지는 분지(sag basin)와 같은 열개의 경계에서는 램프형의 호수 가장자리가 형성된다. 조구조 작용은 또한 대륙의 수계 양상에 영향을 주고 쇄설성 퇴적물의 유입 장소에 영향을 주는데, 이들 각각은 호수 분지의 퇴적상 발달에 영향을 준다. 탄산염 퇴적물은 쇄설성 퇴적물의 공급이 적은 곳에 퇴적이 일어나며 분지의 주 경계 단층이나 전진 발달하는 드러스트 전면부에서 멀어진 호수의 중앙부나 쇄설성 퇴적물의 유입이 아주 적은 호수 분지의 가장자리에 퇴적된다.

호수에 쌓이는 탄산염암은 크게 세 가지 타입으로 나뉘는데, (1) 무기적인 침전물, (2) 조류 또는 미생물에 의한 퇴적물, (3) 생물체의 껍질로 이루어진 퇴적물이다. 무기적으로 침전되는 탄산염 퇴적물은 주로 석회 머드로 이루어져 있는데, 무기적인 탄산염 퇴적물의 침전 과정은 광합성과 온도-압력의 차이로 이산화탄소의 방출에 따른 증발작용에 의하여 발생하며, 담수의 하천수와 염도가 높은 호수 물과 혼합이 일어날 때에도 침전작용이 일어난다. 호수 바닥 아래로부터 솟아오르는 온천수에 의하여 거대한 기둥 모양의 tufa 침전물이 마치 숲에 눈이 내려 덮인 듯한 백색의 장관을 이루며 형성되어 있는 것이 캘리포니아 주의 Mono Lake에서 잘 관찰된다(그림 14.3, 박편 사진은 그림 12.30A 참조). 수심이 얕은 곳에 물의 교반작용(agitation)이 잘 일어나는 곳은 우이드가 생성되는데, 예를 들면 미국 유타 주의 Great Salt Lake의 가장자리에서 잘 관찰된다(그림 14.4, 박편 사진은 그림 12.30A 참조). 탄산염 머드와 우이드들의 광물 조성은 호수물의 Mg/Ca 비에 따라 아라고나이트, 고마그네슘과 저마그네슘의 방해석, 그리고 백운석 등으로 달라진다.

또한 석회 머드는 조류와 시아노박테리아의 활동과 식물성 플랑크톤의 번성에 따라서 생성된다.

그림 14.3 캘리포니아 주 동부의 Mono Lake에 발달한 tufa 기둥들.

그림 14.4 미국 유타 주 Great Salt Lake 호빈에 발달한 우이드 모래.

시아노박테리아의 주된 역할은 스트로마톨라이트를 생성시키는 데 있다. 또한 온코이드도 생성되고 있으며, *Chara*와 같은 석회질 조류와 이매패류 그리고 복족류와 같은 생물체의 껍질들은 모래 크기의 탄산염 입자들을 생성한다.

14.2.2 캘크리트/캘리치

세계적으로 연간 강수량이 200~600 mm 이하인 지역에서는 대체로 강수량보다 증발량이 더 높기 때문에 이 경우 석회질 토양이 생성된다. 이러한 석회질 토양은 주로 충적 평원의 범람원 퇴적물에 잘 발달하며 풍성 퇴적물, 호수 퇴적물 등에서도 발달한다. 이들 퇴적물들이 지표에 노출되면 식물의 뿌리작용에 의하여 토양화 작용을 받는 과정에서 토양기원의 탄산염이 침전을 한다. 토양 기원 석회암은 주로 토양의 표층으로부터 아래로 스며드는 토양수에 의하여 토양의 B층준에 침전되는데, 이 토양 기원 탄산염들은 처음에는 노듈 형태를 띠다가 점차 이들이 횡적으로 성장을 하여 합쳐지기도 한다. 이렇게 노듈들이 서로 합쳐지게 되면 석회암층을 이루고 이 석회암층들은 대체로 괴상을 띤다(그림 14.5). 일단 석회암층이 형성되면 뒤이어 내려오는 토양수는 더 이상 석회암층을 통과하여 아래로 빠져나갈 수 없게 되므로 석회암층의 상부를 따라 횡적으로 흐르면서 방해석을 침전시키는데, 이러한 과정이 반복되면 괴상을 띠는 석회암층의 상부 쪽에는 엽층리를 이룬 층준이 발달하며 점차 토양의 상부 쪽으로 두께가 두꺼워지게 된다. 토양 기원 석회암을 캘크리트(calcrete) 또는 캘리치(caliche)라고 한다. 캘크리트가 생성되는 데에는 보통 수천 년에서 수만 년이 걸린다.

캘크리트는 현미경 하에서 관찰하면 주로 미크라이트로 이루어졌으며, 캘크리트 내에는 여러 종류의 석영과 같은 입자들이 서로 접촉을 하지 않은 채 미크라이트 내에 떠있는 양상을 띤다(그림

그림 14.5 백악기 범람원 환경의 고토양층에 나타나는 석회암층준과 하부의 토양 기원 탄산염 노듈. 경상분지 백악기 하산동층(경남 사천).

그림 14.6 캘크리트의 전형적인 현미경 사진. 중앙과 왼쪽에는 미정질 방해석 덩어리의 침전물이 있으며 그 주위를 따라 거정질 방해석으로 채워진 환형의 틈이 발달하고 있다. 사진의 우측과 하부에는 분급이 좋지 않은 다양한 크기의 석영을 비롯한 쇄설성 입자들이 미정질 방해석의 기질 내에 떠있는 양상을 나타낸다. 전기 백악기 Shimonoseki 아층군(일본 혼슈 서부, Lee and Hisada, 1999).

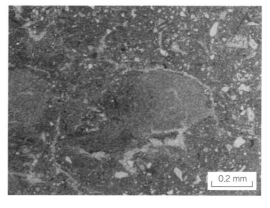

0.2 mm

14.6). 이는 캘크리트가 생성되는 과정에서 미크라이트가 침전을 하고 이들 쇄설성 입자들을 밀어내며 공간을 확보하며 침전을 하였기 때문이다. 또한 캘크리트의 특징은 쇄설성 입자의 주위를 따라 생긴 틈에 입자의 표면에 수직으로 둘레를 치며 방해석 교결물이 침전을 하며, 쇄설성 입자들은 미크라이트에 의하여 가장자리가 교대작용을 받기도 한다. 쇄설성 입자의 주위를 따라 생성된 틈은 미크라이트가 나중에 수축을 하여 입자로부터 떨어지기 때문이다.

14.2.3 흑색 석회암역

흑색을 띠는 석회암의 역(black limestone clasts)들은 현생과 고기의 탄산염 퇴적물이 지표에 노출된 면에 흔하게 산출되는 각력질 입자들이다. 특징적으로 이 흑색 석회암역은 각이 져 있고 색은 짙은 회색에서 흑색을 띠며 이들은 주로 고토양이나 카르스트 지형의 낮은 부분에서 산출된다. 이들의 산출은 오르도비스기에서부터 탄산염 퇴적층에 나타나는데, 대체로 석탄기 이후의 퇴적층에서 주로 관찰되고 있다. 흑색 석회암역은 연구자들에게 상당한 수수께끼였으며 이들의 성인에 대하여 삼림의 화재, 육상 식물의 부패, 미생물체, 유기물이 풍부한 환경에 쌓임, 망간과 철 산화물 및 유화물의 피복, 세립의 부유성 유기물의 혼합 등 다양한 가설이 제안되었다. 더 추가된 가설은 유기물이 많은 토양층준의 하부에 식물의 뿌리가 방해석으로 둘러싸면서 침전하는 과정에서 토양 유기물이 붙잡혀져서 생성된다는 주장이다(Miller et al., 2013). 이러한 생성 과정은 아건조의 식생과 기후 조건에서 유기물이 많은 토양과 같은 특수한 환경 조건을 가질 때 흑색의 석회암역이 생성된다는 것이고, 석회암 층준에서 산출되는 이들의 존재는 석회암이 이 조건의 지표에 노출되어 토양화 작용을 받았다는 것을 지시한다.

14.3 해양 환경 – 온대 해양 환경

대부분의 현생 탄산염 퇴적물은 열대 지방의 얕은 바다에서 생성되지만, 고위도 지역에서도 쇄설성 퇴적물의 유입이 적은 곳에서는 탄산염 퇴적물이 상당량 생성되어 석회암으로 바뀌어 간다.

14.3.1 천해의 탄산염 입자의 조합

현생의 대륙붕 해에서 탄산염 퇴적물의 조성을 살펴보면 다양한 생쇄설물 입자로 이루어져 있다는 것을 알 수 있다. 어떤 퇴적물은 주로 저서성 유공충, 연체동물, 삿갓조개, 태선동물과 석회질 홍조류로 구성되어 있고 약간의 극피동물, 개형충류, 스펀지 침 그리고 벌레 튜브가 약간 섞여있기도 한다. 이런 조성을 가지는 탄산염 퇴적물을 **foramol 퇴적상**(堆積相)이라고 하는데, 이것은 가장 많은 유공충(foraminifera)과 연체동물(molluscs)의 앞 글자를 따서 만든 용어이다. 이 퇴적상은 온대 해양 탄산염 퇴적물의 대표적인 것이다. 또 다른 퇴적물은 이상의 foramol 퇴적상의 여러 종류를 함유하고 있지만, 이외에도 산호와 석회질 녹조류의 파편을 상당히 함유하고 있다. 이 종류의 퇴적물을 **chlorozoan 퇴적상**이라고 하며, 이 퇴적상은 수온이 따뜻한 열대 천해의 탄산염 퇴적물

그림 14.7 현생 탄산염 퇴적 환경에서 염분과 수온에 따른 생쇄설물 입자의 분포(Lees, 1975).

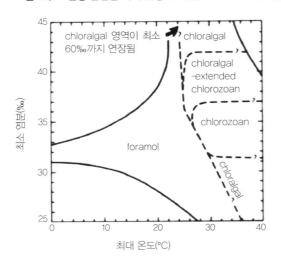 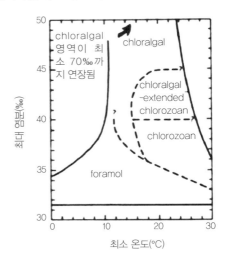

을 대표한다. 대륙붕에서는 수온과 염도가 이 두 종류 퇴적상의 분포에 영향을 미친다(그림 14.7). Chlorozoan 퇴적상 퇴적물이 생성되는 해양의 조건은 연평균 최저 온도가 15°C 아래로 내려가지 않고 연평균 최고 온도가 26°C를 넘지 않아야 한다. 또한 이 퇴적상의 염도는 31‰에서 40‰ 사이를 유지해야 한다. 만약 이러한 수온과 염도의 조건을 벗어나면 chlorozoan과 foramol 퇴적상의 경계는 온도가 높으면 염도가 낮아야 하고, 반대로 온도가 낮으면 염도가 높아야 하는 수온과 염도에 조합에 따라 영향을 받는다. 이러한 해양 조건에 따라 foramol 퇴적상은 수온이 낮은 해수에서 주로 나타나는 퇴적물군이며, 이들은 염도가 낮아서 chlorozoan 퇴적상이 생성될 수 없는 저위도의 따뜻한 해역으로까지 생성되는 영역이 넓혀진다. 또 다른 탄산염 퇴적물의 조성은 주로 석회질 녹조류로만 구성되나 산호가 나타나지 않는 퇴적물군을 **chloralgal 퇴적상**이라 부른다. 이 퇴적상은 정상적인 염도를 가지는 해역보다는 염도의 변화가 아주 심한 곳에서 생성된다.

생쇄설물이 아닌 탄산염 입자들은 거의 따뜻한 바다에만 국한되어 생성된다. 이들 퇴적물도 역시 두 가지로 나누어지는데, 하나는 거의 펠로이드로만 구성된 경우이고 또 다른 하나는 우이드와 집합 입자로 이루어진 경우이다. 이 두 종류의 탄산염 퇴적물들의 분포가 수온과 염분에 따라 다르게 나타나는 것은 그림 14.8에 표시되어 있다.

생물 기원의 탄산염 머드는 chlorozoan과 foramol 퇴적상에서 모두 산출되지만, 후자의 경우에는 거의 들어있지 않다. 반면에 무기 기원의 탄산염 머드는 우이드와 집합 입자로 이루어진 퇴적물 영역에서 같이 산출된다. 우이드와 집합 입자로 이루어진 퇴적물은 온도가 높은 곳에서 염도가 35.8‰보다 높은 해역에서 생성된다. 현재 지구상에서 해수의 염도가 가장 높게 나타나는 지대는 연평균 강수량보다 증발량이 높은 적도를 중심으로 남·북위도 25° 이내의 무역풍 영향 지대이다. 해수 표층의 가장 높은 최대 수온과 가장 높은 최저 수온은 해양의 서쪽에 위치한다. 이는 표층수가 해양의 동쪽에서 서쪽으로 적도 해류를 따라 흐르면서 지속적으로 데워지기 때문이다.

이상의 퇴적상을 구분하는 수온과 염도의 제한은 수심이 100 m 이내의 얕은 바다에 적용되지만

그림 14.8 현생 탄산염 퇴적 환경에서 염분과 수온에 따른 우이드/집합 입자와 펠로이드의 분포(Lees, 1975).

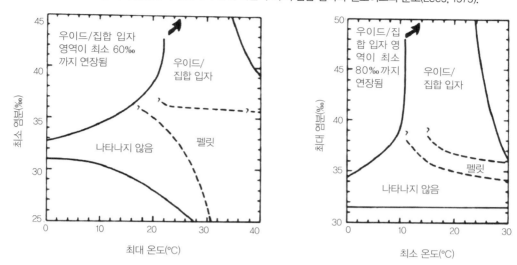

예외도 있다. 예외적인 경우는 폐쇄된 바다나 한쪽만 외해로 열려있는 바다에 해당되지만 생물지리에 영향을 미치는 다른 요인들도 고려해야 한다. 예를 들면, 마지막 빙하기 이후에 제한되어 나타나는 식물군과 동물군은 아마도 이들의 이동을 막는 지형적인 요인이 작용을 하였을 것이다.

14.3.2 열대와 온대의 탄산염 퇴적물 차이

수심이 100 m 이하인 열대와 온대의 얕은 바다 사이에 관찰되는 탄산염 퇴적물의 차이점은 표 14.1에 비교되어 있다. 이렇게 열대와 온대의 탄산염 퇴적물이 만들어지는 환경의 가장 주된 퇴적학적 차이는 탄산칼슘의 포화도이다. 열대의 얕은 바다는 탄산칼슘에 과포화되어 있는 반면 같은 깊이인 온대의 얕은 바다는 덜 과포화되어 있다. 이러한 해수의 조성 차이가 탄산염 생성과 세립질 탄산칼슘 퇴적물의 안정도와 해저면에서의 고화 정도에 영향을 미친다.

(1) 탄산칼슘 생성

우이드, 집합 입자, 펠로이드, 머드와 같은 무기 기원의 탄산염 입자들은 수온이 따뜻한 얕은 바다에서만 생성된다. 열대와 온대 바다에서 각 무척추 생물들이 탄산칼슘으로 이루어진 골격을 생성하는 속도에는 별 차이가 없겠지만, 따뜻한 열대 바다에서 생성되는 전체 탄산칼슘의 생성량은 비슷한 수심의 찬 온대 바다에서 생성되는 탄산칼슘의 생성량과는 차이가 많이 난다. 아마 이러한 생성량의 차이는 물론 무기적인 탄산염 퇴적물의 생성도 영향이 있지만 탄산염 퇴적물을 만들어내는 석회질 생물의 종 다양성에 주원인이 있는 것으로 여겨진다.

(2) 탄산염 머드 안정성

온대의 바다에 탄산염 머드 퇴적물이 집적되어 있는 곳은 매우 드물다. 말할 것도 없이 생쇄설물 입자들이 마모작용이나 분해가 일어나 부서지고 탄산염 골격의 작은 결정들을 붙잡아 두던 유기 기질들이 제거되면서 부스러지겠지만 이렇게 골격들이 부서져서 만들어진 탄산염 머드가 드물다

표 14.1 열대와 온대의 천해(< 100 m) 탄산염 퇴적물 비교

	열대	온대
입자의 크기	머드, 모래, 자갈	모래, 자갈
비생쇄설물 (우이드, 펠로이드 등)	많음	없음
광물	주로 아라고나이트	주로 방해석
해저의 고화 정도	국지적으로 흔하게 나타남 (예 : 해빈암, 산호초, hardground)	나타나지 않음
천해의 산호초	많이 나타남	나타나지 않음
주요 생쇄설물	석회질 녹조류 석회질 홍조류 산호, 연체동물 저서성 유공충 극피동물	삿갓조개 석회질 홍조류 태선동물, 연체동물 저서성 유공충 극피동물 갯지렁이류
육지 쪽 비탄산염 퇴적상	삼각주와 연안의 쇄설성 퇴적물, 건조한 지대에서는 증발암	연안 쇄설성 퇴적물은 빙하 기원의 잔류 자갈들과 세립질 퇴적물을 함유하기도 함
외해 쪽 퇴적상	바람이 불어오는 쪽의 산호초 환경에는 쐐기형의 붕락 퇴적물과 암설류 퇴적물이 분포하고, 바람이 불어가는 쪽의 대륙붕 가장자리는 대륙 사면 퇴적물과 우이드, 머드와 생쇄설물 퇴적물의 중력류 퇴적물이 교호하여 나타남	바람이 불어오는 쪽과 불어가는 쪽의 구분이 나타나지 않고, 생쇄설물 입자들의 중력류와 슬럼프 퇴적물이 점차 해록석을 함유한 대륙 사면 퇴적물로 점이적으로 변해감
탄산염 대지의 가장자리 형태	해저의 교결작용과 산호초의 성장으로 매우 가파른 경사를 가짐	완만한 경사를 가지는 볼록한 사면

는 것은 아마도 이들이 수온이 찬 바닷물에 용해된 것으로 여겨진다. 이와 대조적으로 외해로부터 막아진 얕은 따뜻한 바다에서는 특히 염분이 높은 곳에는 탄산염 머드가 많은 양으로 쌓여있다.

(3) 해저면의 고화작용

열대의 얕은 바다의 해저면에 쌓인 퇴적물은 퇴적물 사이로 많은 해수가 순환을 하지만 퇴적물의 이동이 잘 일어나지 않고 퇴적률이 낮은 해저면에서는 높은 탄산칼슘 과포화도에 의해 퇴적물의 고화작용이 촉진된다. 이로 인해 생성된 단단한 해저면은 해저면 위에 서식하는 생물체들에 좋은 서식장소를 제공하지만, 온대 지방의 해역에는 해저면 퇴적물의 고화작용이 일어나지 않기 때문에 단단한 표면에 서식하는 생물체는 퇴적물이 없는 노출된 암반 지역에만 국한되어 서식한다. 해저면에 쌓인 퇴적물의 고화작용이 계속 일어나는 열대 해역과는 달리 온대 해역의 노출된 암반은 결국에 퇴적물로 덮이게 되고 생쇄설물을 생성하는 생물의 종류가 점차 퇴적물 위나 안에 서식하는 식물과 동물들로 바뀌게 된다. 이에 따라 단단한 암반에 서식하는 생물체의 생쇄설물 생성은 해안 환경에서만 제한되어 나타날 것이다. 점차 해수면이 높아지면서 해침 현상이 일어나면 퇴적물 속에 들어있는 생쇄설물의 종류는 하부에는 암반 위에 서식하는 생물체의 파편으로부터 점차 모래

퇴적물 내에 서식하는 생물체의 생쇄설물로의 수직적인 변화가 일어날 것이다.

열대 해역의 해양 대지(platform) 연변부에는 높은 탄산칼슘의 생성률과 이곳의 가장자리에 발달한 지형적으로 높아진 생물초(reef)와 같은 장벽으로 인하여 이곳에서 만들어진 퇴적물이 더 깊은 분지 쪽으로 빠져나가지 못하는 한편, 분지 쪽의 사면은 그대로 해저에서 교결작용을 받아 사면이 그 위치를 유지함에 따라 그 형태는 바하마에서 보는 것처럼 마치 높게 우뚝 솟은 대지처럼 나타난다. 이 대지의 모양은 비대칭형으로 바람이 불어오는 쪽의 가장자리는 매우 급한 사면으로 되어 있지만 바람이 불어가는 쪽의 사면은 완만하게 나타난다. 그러나 온대 해역에서는 탄산염 퇴적물로 쌓여있는 대지가 나타나기는 하나 이곳은 탄산염 퇴적물의 낮은 생성률과 해저 교결작용이 일어나지 않아 대지의 가장자리도 불안정하기 때문에 가파른 사면을 가지지 않고 볼록한 형태를 띠며 바람 방향과는 크게 관련이 없으며 전체적인 형태는 돔형이다.

현생에는 따뜻한 바다나 차가운 바다의 탄산염 퇴적물은 횡적으로 가면서 탄산염 퇴적물이 아닌 퇴적물로 바뀌어 간다. 열대 지역의 탄산염 퇴적물은 육지 쪽에 삼각주 퇴적물과 해안선 쇄설성 퇴적물과 접하고 있으며, 건조한 지대에서는 증발암 퇴적물과 접한다. 그러나 현생의 온대 탄산염 퇴적물은 빙하 기원의 분급이 불량한 육성 퇴적물과 더 많이 접하고 있다.

14.4 온대 해양

제주도는 북위 33도의 중위도에 위치하고 있다. 제주도 일대는 중앙 서태평양에서 북서 태평양으로 흐르는 해류인 쿠로시오 난류가 일본의 큐슈와 한반도 사이로 갈래를 치며 흐르는 해류에 영향을 받는다. 제주도의 해안에는 현무암 등으로 이루어진 섬의 특성상 해빈 퇴적물은 현무암질 모래로 이뤄져 검은 해빈사로 이루어져 있다. 그러나 제주도 본섬의 북동쪽 해안, 북제주시 월정리 해안, 행원리 해안은 하얀 모래로 이루어져 있다. 이들 하얀 모래는 다양한 생쇄설물로 이루어져 있다. 또한 동쪽에 있는 우도의 서빈백사 해수욕장은 홍조 단괴(rhodolith)로 이루어진 백사장 모래가 있어 많은 관광객들이 찾는 곳이다.

14.4.1 암반으로 이루어진 해안(< 20 m)

고에너지 해빈과 인접한 암반 해안은 삿갓조개, 연체동물, 복족류와 극피동물의 파편들이 자갈 크기의 조개껍질로 된 퇴적물을 형성한다. 또한 얕은 바다에는 대형 갈조류들 사이에 파도와 조류에 의해 연흔을 이루면서 모래 퇴적물이 쌓여져 있다. 섬과 섬 사이의 파도의 작용이 줄어들고 해류의 작용이 강해지는 곳에는 홍조류로 이루어진 탄산염 입자들이 두껍게 분포를 한다. 제주도의 우도에 발달한 서빈백사 해수욕장도 이러한 환경적 요인으로 생성된 것이다.

14.4.2 대륙붕(수심 10~200 m)

고에너지의 파도와 해류가 있는 곳은 해저면이 단단한 암반으로 노출되어 있으며 암반에는 삿갓조개, 연체동물, 극피동물, 태선동물과 튜브를 가지는 환형동물 같은 퇴적면 위에 서식하는 생물들이 살며, 이들의 마모된 생쇄설물은 거대 연흔으로 이루어진 인근의 모래톱에 쌓인다. 또한 파도와 해류의 영향이 조금 약화된 곳에는 모래나 실트질의 생교란작용을 받은 퇴적물이 분포하며 이 퇴적물에는 연체동물, 저서성 유공충과 극피동물과 같은 퇴적물 표면이나 내부에 사는 생물들이 살고 있으며 이들은 조립에서 세립의 생쇄설물을 공급한다. 이곳의 퇴적물은 이들 생쇄설물 퇴적물과 쇄설성 퇴적물이 서로 섞여 분급이 좋지 않은 퇴적물을 만든다. 탄산염 퇴적물의 조성은 파도와 해류의 영향을 덜 받는 지역에서는 약 40~60%를 차지하다가 파도와 해류의 영향이 큰 곳에서는 > 80%를 차지한다. 대부분의 탄산염 퇴적물은 모래와 역 크기로 산출되지만 머드 퇴적물은 나타나지 않는다. 이들 생물체의 껍질은 약 절반 정도는 방해석으로 이루어지고 Mg 방해석과 아라고나이트는 약 25%씩 차지한다.

14.4.3 외해 사퇴(수심 70~400 m)

외해에 분포하는 사퇴는 대체로 수심에 따라 대칭적으로 동심원상으로 분포를 하는데, 이러한 사퇴의 예는 북동 대서양의 북위 57°에 분포하는 Rockall 사퇴가 있다(그림 14.9). 이곳의 수온은 8℃에서 12℃ 사이이며, 인접한 대륙붕과는 수심이 깊은 골이 있기에 쇄설성 퇴적물의 공급은 없는 곳이다. 중앙의 수심이 가장 얕은 곳(71~100 m)에는 태선동물과 튜브를 가지는 환형동물의 생쇄설물이 지반의 높은 곳에 위치한 현무암 노두 주위에 분포하며, 점차 수심이 더 깊어지면서 햇빛이

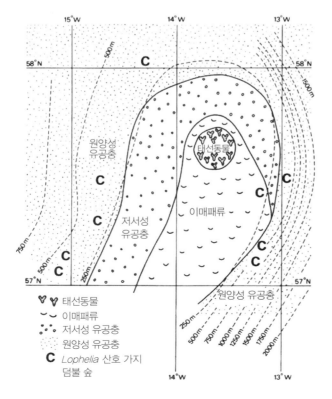

그림 14.9 북대서양 Rockall 사퇴의 퇴적상 분포(Scoffin et al., 1980).

투과하는 투광대 아래의 100~200 m의 수심에는 생교란작용을 받은 연체동물, 극피동물과 저서성 유공충의 생쇄설물 퇴적물이 분포한다. 이보다 더 깊은 200~300 m의 외곽에는 부유성 유공충으로 이루어진 퇴적물이 분포를 하는데, 이 유공충 껍질은 속성작용 기원의 해록석으로 착색되어 있다.

14.5 열대 해역 해양 탄산염

14.5.1 연안 지역

연안 지역(littoral zone)은 해안선과 관련 있는 환경으로 조수의 간만차로 볼 때 조간대 지역에 해당한다. 이 지역은 육지 쪽에 상조대와 바다 쪽에 하조대로 연결되어 있다. 조간대 퇴적 환경은 모래 해빈과 폭풍의 모래 둔덕으로 이루어진 고에너지 환경과 조석대지로 이루어진 저에너지 환경으로 구분된다.

(1) 고에너지 해빈 환경

이 환경은 천해의 하조대 해안전면 환경에서 해빈의 범 퇴적물에 이르기까지의 연안지역을 가리킨다. 또한 외해에서 밀려오는 파도, 조류와 연안류에 직접적인 영향을 받으며, 특징적인 퇴적물의 종류와 기록을 나타낸다. 해빈은 상대적으로 바다 쪽을 향하여 7~20° 정도로 가파른 경사를 나타낸다.

탄산염 퇴적물이 활발히 생성되는 비교적 조수 간만차가 적은(< 3 m) 지역에서는 육지 쪽으로 운반되는 퇴적물은 해안선에 해안외주 퇴적물이 생성된다. 이러한 퇴적물은 특히 완만한 경사를 가지는 대륙붕과 지형이 낮은 해안 평원이 만나는 장소에 주로 쌓이는데, 이의 예로는 걸프 만(페르시아 만)의 아랍에미리트 트루셜 해안에 위치한 아부다비 해안을 들 수 있다. 이곳에 발달한 해안외주는 해안선에 평행하게 긴 직사각형의 형태를 띠는데, 육지 쪽에 있는 얕은 석호를 외해의 에너지로부터 보호를 한다. 쇄설성 환경과 마찬가지로 이 해안외주 퇴적물은 조수 간만차가 2~4 m에 해당하는 곳에서는 조수 하천에 의해 가로질러져서 조수 하천의 양 입구와 출구에 밀물 조수 삼각주와 썰물 조수 삼각주가 생성된다. 이 조수 삼각주 퇴적물은 조간대 환경까지 퇴적물이 수직적으로 성장한다. 이들 퇴적물의 평면적을 보면 아치 형태를 띠거나 마치 눈물 방울 같은 형태를 나타내며, 최대 직경은 수백 m에 이르기까지 한다. 해안외주 퇴적물은 폭풍과 같은 고에너지의 영향으로 잘려지고 이때 침식된 퇴적물은 석호 쪽에 퇴적물 더미를 쌓아놓는데, 이러한 퇴적물 더미를 워시오버(washover) 퇴적물과 스필오버(spillover) 퇴적물이라고 한다. 또한 해안외주의 퇴적물은 육지 쪽으로 부는 바람에 실려 해안선에 평행하게 발달한 해안 사구 퇴적층으로 쌓인다.

외해에서 발달한 파도가 바람이 불어오는 쪽에 위치한 산호초와 부딪치면 파도의 에너지는 부서지며, 조립질의 산호 부스러기들이 산호초의 뒤쪽에 발달한 산호초 평원(reef flat)에 아치 형태로 쌓인다. 모래 크기의 산호 파편들은 산호초 평원을 넘어 더 육지 쪽으로 운반되어 석호나 산호초의 후방 지역에 전진 발달하면서 쌓인다. 또는 이 모래질 퇴적물은 연안류에 의해 운반되어 산호초의 옆으로 길게 발달한 모래톱(spit)으로 쌓이기도 하며 산호초 뒤쪽에 양쪽으로 갈라진 파도가 다시 모이는 지점을 따라 모래톱으로 쌓이기도 한다.

해빈의 하부는 해안선에 평행하게 배열한 작은 규모의 연흔이나 사구가 서로 겹쳐져 있는 트라프 사층리가 특징적으로 나타난다. 해빈의 상부는 두꺼운 층리를 가지며 바다 쪽으로 완만한 경사를 가지며 부가되어 발달한 평판 사층리 퇴적층이 쌓인다. 이 해빈 상부 모래 퇴적층은 퇴적층에 가스의 기포가 붙잡혀 있거나 빠져나가면서 만든 퇴적물 입자보다 크기가 큰 작은 구멍이 나타나기도 하며, 이것을 keystone 공극(vug)이라고 한다. 해빈 범의 높은 부분은 평탄한 층리를 나타내거나 육지 쪽으로 완만히 경사를 진 층리를 나타낸다. 워시오버 퇴적물은 하부에는 침식의 경계를 가지며 단면에서 볼 때 수평 엽층리를 나타낸다. 조수 하천은 하부에 침식면을 경계로 이들이 옆으로 이동을 하면서 점차 하부에는 조립질의 잔류 퇴적물이 쌓이고 점차 큰 규모의 평판 사층리와 트라프 사층리를 가지는 세립질 퇴적물로 쌓이며 전반적으로 상향 세립화하는 경향을 나타낸다.

고에너지의 해빈 환경에서 살 수 있는 생물은 연체동물, 갑각류와 환형동물로서 지속적으로 움직이는 퇴적물 때문에 살 수 있는 종류는 별로 많지가 않다. 해빈과 연안 사주에 쌓인 퇴적물은 대부분 인접한 고에너지의 하조대에서 운반되어 쌓인 것들로서 연체동물, 저서성 유공충, 석회질 녹조류와 홍조류, 산호들의 완전한 껍질이거나 부서진 것들이며 여기에 우이드와 인트라클라스트 등도 섞여 있다.

해빈에 쌓인 퇴적물은 조직적으로 성숙되거나 과성숙된 퇴적물로 분급이 잘 되어 있으며 원마도가 좋고 입자의 표면은 닳아져서 윤기가 나기도 한다. 그러나 이러한 둥근 입자들이 깨져서 섞여 있어 조직적으로 불일치(textural inversion)를 보이는 퇴적물이 되기도 한다.

열대 해빈의 탄산염 모래 퇴적물은 특징적으로 밀물과 썰물 사이에 퇴적 동시성의 교결작용이 일어난다. 교결물로는 침상의 아라고나이트와 미트라이트의 Mg 방해석이 있으며, 해빈의 모래 퇴적물이 교결작용을 받아 단단한 암석으로 바뀐 것을 **해빈암**(beach rock)이라고 한다. 또한 바다 쪽으로 경사가 진 해빈암의 아래쪽에 강한 파도와 조류로 인해 침식이 일어나면 해빈암들은 부서지고 깨뜨려져 재동작용을 받으며 큰 자갈이나 자갈 크기의 해빈암 덩어리로 쌓이기도 한다.

해빈의 최상부에는 토양의 얇은 층이 생성되며 이 토양층에는 칼리치와 같은 토양기원의 구조가 생성된다. 해빈과 해빈 후방의 퇴적물은 철분으로 붉은 색을 띠는 엽층리를 나타내는 얇은 두께의 피막층으로 덮인다.

(2) 저에너지 해안선 환경(조석대지)

이 해안선 환경은 조석대지가 분포하고 조석대지는 바다 쪽으로 물이 빠지는 조수 하천으로 깎여져 있다. 조수 하천이 잘 발달하는 곳은 육지 쪽에 넓은 상조대와 바다 쪽의 얕은 조간대-하조대의 해양 환경으로 이어져 있다. 건조한 지역(예 : 페르시아 만)의 상조대에는 석회질 모래와 머드 퇴적물, 그리고 증발 광물이 쌓이는 광활한 평탄 지대로서 이곳에는 생물의 흔적이 별로 없다. 이러한 곳을 사브카(sabkha)라고 부른다. 이와는 달리 습윤한 지역(예 : 바하마)에서는 내리는 비로 조류의 성장이 있으며, 이러한 지대를 내륙 조류 습지라고 한다. 조수 하천이 발달한 구간은 대부분의 지역에서 비슷한 양상을 띠며 조수 하천은 육지 쪽으로 갈수록 폭이 좁아지고 가지를 치면서 발달하는데, 조수 하천의 측방은 제방과 평탄한 지역으로 이루어진다. 또한 평탄한 지역의 군데군데는 밀물 시에 범람하여 채워진 얕은 못이 분포를 한다. 조수 하천은 상시 물로 채워져 있기도 하지만, 더 이상 물이 흐르지 않고 퇴적물로 채워져 있는가 하면 부정기적으로 물로 채워져 물이 흐르기도 한다. 조석대지의 바다 쪽 부분은 얕은 석호의 물로 경계를 이루며 이곳에는 해빈이 발달하거나 머드 대지로 이루어져 있다. 해빈의 경우 폭풍 시 만들어진 구릉 퇴적물이 육지 쪽에 발달하며 그 뒤에는 조수 못이 있어 완만한 경사로 연결되어 있다. 이 조석대지는 점차 육지 쪽으로 가면서 지표에 노출되는 시간이 증가한다. 하지만 해안선에 직각으로 발달한 조수 하천으로 여기저기 절개된 조석대지는 조수 하천 퇴적물, 제방 퇴적물과 해빈 구릉 퇴적물 등으로 좀더 복잡하게 분포를 한다.

조석대지의 퇴적작용은 얼마나 밀물과 썰물에 의하여 덮이고 노출되는가와 퇴적작용이 어떻게 일어나는가에 따라 특징적인 퇴적 구조, 조성 그리고 생물 조성에 따라 다양하게 나타난다. 이곳에 쌓이는 퇴적 구조와 퇴적물의 특성은 쇄설성 퇴적물의 조석대지에 발달한 특성과 거의 비슷하다. 대신 탄산염 조석대지는 쇄설성 조석대지에 거의 나타나지 않는 조류에 의한 엽층리층이 더 많이 관찰된다. 이러한 엽층리층은 주로 조간대에 조류 엽층리층(algal laminites)과 스트로마톨라이트가 퇴적물의 공급, 조류와 파도의 에너지, 조수 간만차, 지표에 노출 정도 그리고 조류의 종류에 따라 아주 다양한 형태로 발달한다. 특징은 횡적으로 연결된 반구형의 다양한 형태의 스트로마톨라이트가 나타난다(그림 14.10). 높은 조수 간만차를 가지는 약간의 제한된 고에너지 조간대 특징은 수직적으로 쌓여진 반구형의 스트로마톨라이트가 분포한다(Shark 만, 그림 12.25 참조). 하부 조간대에 평탄하게 잘 발달된 조류 매트의 엽층리를 나타내는 층에는 눈 모양의 빈 공극(fenestral pore)이 산출되기도 한다. 조간대의 중부와 상부에는 엽층리가 미약하게 발달하고 위쪽으로 치솟아 오른 조류의 매트 아래에는

그림 14.10 횡적으로 연결된 반구형(LLH형)의 스트로마톨라이트. 선캄브리아기(남아프리카공화국).

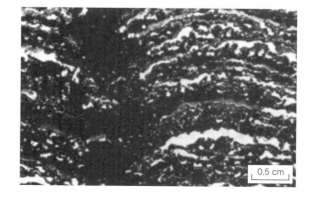

그림 14.11 횡적으로 연결된 반구형(LLH형)의 스트로마톨라이트에 발달한 fenestral 공극(밝은 색). 제3기(스페인 Alicante).

0.5 cm

불규칙한 모양의 빈 공간인 fenestral 공극이 분포한다(그림 14.11). 반면에 상조대는 지표에 거의 노출되기 때문에 얇은 필름상의 매트가 분포하며 아라고나이트로 이루어진 얇은 피막과 군데군데 새로 생성된 석고와 같은 증발 광물 결정이 성장하면서 퇴적물의 조직을 가로질러 수포처럼 부풀어 오르는 구조가 산출된다.

조류 엽층리층은 종종 건열이 발달하고 주름지거나 금이 가고 말려 올라가거나 판상의 틈이 생성되기도 하며 얇은 머드조각 역암(mud-flake conglomerate)이 생성되기도 한다.

건조한 지역에서는 조간대에서 침상의 아라고나이트의 교결물이 퇴적물 사이에 침전하여 고화되지 않은 퇴적물 위에 얇은 껍질(crust)을 형성한다. 이 얇은 껍질들은 커다란 다각형 모양으로 갈라지며 갈라진 사이에 채워진 물로부터 결정이 생성되고 점차 팽창하면서 양쪽 다각형 끝부분이 서로 엇갈리며 위쪽으로 인디안 천막 모양처럼 부풀어 오르며 생성된 teepee 구조를 생성한다. 상조대에는 증발 광물이 생성되어 단괴상, 철조망(chicken-wire)상이나 enterolithic 무수석고와 같은 퇴적 구조가 만들어진다(그림 14.12).

저에너지 조간대 퇴적물은 분급이 좋지 않은 탄산염 모래, 실트, 머드로 이루어져 있다. 이 중 일부는 조간대에서 생성된 것이지만 폭풍과 높은 조수로 인해 인근의 해안 환경에서 운반되어온 것들도 있다. 이곳의 퇴적물은 저서성 유공충, 연체동물과 석회질 녹조류의 생쇄설물과 함께 펠릿, 인트라클라스트와 우이드로 구성된다. 이밖에 다른 탄산염 퇴적물은 아라고나이트 머드, 작은 백운석 결정과 다양한 종류의 증발 광물이 생성되기도 한다. 건조 지역에서는 증발 광물이 자주 나타나지만, 습윤한 지역에서는 증발 광물이 산출되지 않는다. 하지만 습윤한 지역에서는 상조대의 하부에 해당하는 제방과 해빈 구릉의 가장자리에는 백운석으로 이루어진 얇은 껍질이 생성되기도 한다.

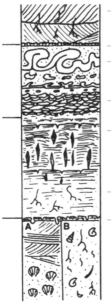

- 풍성의 갈색 석영질, 탄산염 모래층으로 경사가 급한 사층리가 발달하며 식물 뿌리 침전물과 칼리치 껍질을 함유함
- 암염 결정으로 이루어진 얇은 소금껍질층
- 풍성 모래를 함유한 백운함 내 무수석고 노듈과 enterolithic 층준
- 'chicken-wire' 조직을 나타내는 무수석고/석고 모자이크층
- 유기물 함량이 높은 조류 엽층리층으로 fenestral 공극, 건열의 다각형과 석고 결정을 가지는 백운함을 함유함
- 생교란된 회색의 석회 머드나 백운암층
- 구멍이 뚫린 입자암 껍질이 나타나기도 함
- (A) 조수 모래톱이나 해빈에 쌓인 우드나 생쇄설물로 이루어진 사층리를 가지는 탄산염 입자암으로 하부에는 산호가 나타나기도 함
- (B) 석호에 쌓인 생교란되어 얼룩덜룩한 회색의 석회 머드층으로 약간의 펠릿과 생쇄설물 입자를 함유함

그림 14.12 건조한 지대의 조석 대지에 발달하는 상향 천해화 퇴적물 기록(Shinn, 1983).

조석대지의 층서 기록의 하부에는 환원된 회색의 하조대 퇴적물이 위치하며 이 퇴적물들은 보통 심하게 생교란작용을 받으며 해양 화석을 함유하고 있다. 이 퇴적물 위로는 산화된 황갈색이나 갈색의 조간대-상조대의 퇴적물이 놓이며 이 퇴적물들은 조류 엽층리, fenestral 공극, 건열과 증발 광물로 이루어져 있다. 최상부는 육상의 퇴적물로 덮이기도 한다(그림 14.12).

14.5.2 제한된 대지

조석대지의 바다 쪽에는 외해 쪽으로 생물초, 섬이나 모래 사주로 해수의 순환이 어느 정도 제한되어 나타나는 수심이 약 5~25 m에 달하는 제한된 대지인 **석호**(lagoon)가 분포한다. 이곳은 해수의 순환이 제한되기 때문에 해수가 외해의 해수와 잘 섞이지 않으므로 석호에 머물러 있는 시간이 길어지며 염도는 높아진다. 또한 영양염도 줄어들며 수온도 높아진다. 이곳의 퇴적물은 판상으로 널리 퍼지며 쌓인다. 현생의 예로는 Great Bahama Bank, 플로리다 만, 쿠바의 Batabano 만, 서호주의 Shark 만이 있다.

이 환경에는 바닥을 따라 운반되는 퇴적물의 퇴적 구조는 거의 나타나지 않는다. 해저면의 대부분은 갑각류와 벌레, 연체동물과 극피동물과 같은 생물체에 의하여 심한 생교란작용을 받아 해저면이 평탄하지 않고 울퉁불퉁하게 약간 솟아나 있다. 이곳에 쌓인 퇴적물은 이러한 생교란작용의 흔적을 잘 보존하기도 하지만 얼룩무늬를 보이거나 균질화되기도 한다. 산소가 부족한 경우에는 퇴적물에 미세한 엽층리가 나타나기도 한다. 이 퇴적물이 폭풍에 의하여 재동을 받으면 머드 퇴적물 내에 살던 조개껍질과 같은 조립질 퇴적물이 머드 퇴적물과 분리되어 넓은 지역에 생쇄설물 입자암을 쌓는다. 또는 수십 cm의 조립질 석회암과 셰일이 반복되어 쌓이는데, 이러한 윤회성 퇴적물은 탄산칼슘과 쇄설성 퇴적물의 공급이 주기적으로 반복되었다는 것을 가리킨다.

이 환경에는 해초(바다잔디, sea grass)와 조류 매트 같은 식물들이 번성하며, 두꺼운 해초층은 물의 흐름 속도를 낮추면서 세립질 부유 퇴적물을 붙잡아 점차 머드가 두껍게 쌓이는 퇴적층(mud bank)을 형성한다. 이러한 퇴적층은 높이가 1~5 m 정도로 주변 해저면보다 높은 작은 언덕이나 구불구불한 능선 모양을 띤다. 매몰이 되면 생물의 굴진자국(burrow)과 해초의 해저면 아래의 줄기 외형은 다짐작용을 받지 않아 이들이 부패된 이후 수직 혹은 서로 갈라졌다 합쳐지는 빈 공간으로 보존되기도 한다.

이 환경에 쌓인 퇴적물은 무기적 또는 유기적으로 생성된 탄산염 머드, 생물의 분비물(fecal pellets), 펠로이드, 인트라클라스트, 비교적 한정된 생물의 생쇄설물로 이루어져 있다. 주된 생쇄설물은 연체동물, 저서성 유공충과 개형충(ostracods)으로부터 생성된다. 이들 생쇄설물들은 미세한 보링이 발달되어 있으며 입자의 겉을 싸고 광합성을 하는 미생물의 피막(micrite envelope)이 발달하기도 한다. 또한 *Halimeda*와 *Pennicillus*와 같은 석회질 녹조류도 산출되나 이들은 해수의 순환이 잘 되는 열린 대지(open platform)보다는 그 분포가 적다. 이들 퇴적물은 대부분 와케스톤의 특성을 띠며 머드스톤과 팩스톤의 특성도 함께 나타난다.

제한된 대지의 퇴적물은 해저 환경에서 해양 교결작용이 일어난다. 생물의 분비물이나 기타 퇴

그림 14.13 습윤한 기후대의 상향 천해화 퇴적물 기록(Scoffin, 1987).

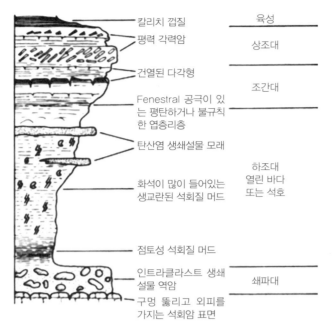

칼리치 껍질 — 육성

평력 각력암 — 상조대

건열된 다각형 — 조간대

Fenestral 공극이 있는 평탄하거나 불규칙한 엽층리층

탄산염 생쇄설물 모래

화석이 많이 들어있는 생교란된 석회질 머드 — 하조대 열린 바다 또는 석호

점토성 석회질 머드

인트라클라스트 생쇄설물 역암 — 쇄파대

구멍 뚫리고 외피를 가지는 석회암 표면

적물 입자는 초기 교결작용이 일어나나 부분적으로 묶여 뭉쳐진 입자나 grapestone을 형성한다. 지질 기록에서는 제한된 대지에 쌓인 퇴적물의 백운석화 작용이 많이 보고된다. 백운석화 작용은 생물의 굴진자국을 따라서 일어나기도 하는가 하면, 고염분의 해수가 퇴적물 사이로 빠져나가면서 일어나거나(seepage reflux), 담수와 해수의 혼합대에서 일어나기도 한다. 또 처어트 노듈이 제한된 대지의 석회암을 교대하여 산출되는 것도 자주 보고된다.

제한된 대지는 화석의 산출이 드물거나 약간 들어있는 생교란작용을 받은 와케스톤이나 머드스톤으로 주로 되어 있으며 해수면이 어느 정도 유지를 하는 상태에서 퇴적작용이 지속적으로 일어나면 이들 제한된 대지 퇴적물 상부는 점차 수심이 얕아지고 색이 밝아지며, 층리가 잘 발달한 조석대지의 퇴적물이 쌓인다. 주기적으로 해수면의 높이 변화가 일어나면 이렇게 상향 천해화하는 퇴적물의 기록이 반복적으로 쌓인다. 이상적인 윤회 퇴적물 기록은 그림 14.13에서 보는 것처럼 점차 수심이 얕아지면서 쌓인 4개의 층준으로 이루어진다. 맨 하부는 이전에 쌓였던 퇴적물 위에 처음 해침 현상이 일어나면서 생성된 인트라클라스트나 생쇄설물로 이루어져 두께가 얇은 고에너지 조건에서 재동작용을 받은 잔류 퇴적층이 쌓이고, 그 상부에는 해침이 일어난 후 어두운 색의 생교란작용을 많이 받은 괴상 또는 노듈 형태의 와케스톤이나 머드스톤으로 이루어진 제한된 대지에 쌓인 퇴적층이 놓인다. 인접한 해안선이 바다 쪽으로 전진 발달하면서 점차 수심이 얕은 퇴적물들이 쌓이거나 석호의 퇴적물은 외해 쪽에 해수의 순환을 방해하는 생물초나 사퇴가 있을 경우 두껍게 퇴적이 일어난다. 이러한 두 종류의 퇴적물은 계속 쌓여 결국에는 해수면과 가까이 수심이 얕아지면서 해수의 순환이 제한된 저에너지 지대에서는 전형적인 조석대지 조류 엽층리층이나 맹그로브 습지가 발달한다. 하지만 고에너지 지대에서는 머드를 포함하지 않는 조립질의 엽층리가 잘 발달된 해빈 퇴적물이 쌓인다.

이러한 윤회 퇴적물은 최상부에 상조대의 엽층리가 발달된 백운암, 평력 각력암이나 증발암으로 이루어져 있으며 그 위에는 해안 사구나 육성 기원의 셰일이나 칼리치로 덮이기도 한다. 이와는 반대로 조간대에서 하조대로 점차 수심이 깊어지는 해침 동안 쌓이는 퇴적물 기록이 반복적으로 해침 현상이 일어나는 윤회성 퇴적물 기록이 생성될 수도 있으나 지질 기록에서는 상향 천해화하는

그림 14.14 미국 플로리다 대륙붕의 단면으로 대륙붕 표층 퇴적물의 퇴적물 구성 입자의 분포(Enos and Perkins, 1977; Ginsburg, 1956).

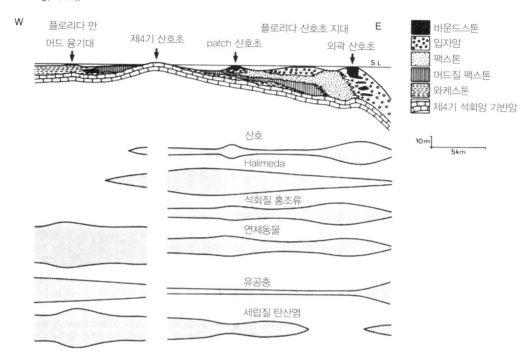

기록에 비하여 그 산출 빈도는 낮다.

14.5.3 열린 대지

열린 대지는 대지나 대륙붕의 중앙에서부터 가장자리까지 또는 해수의 순환이 활발히 일어나는 열린 석호의 환경에 해당한다. 현생의 예로는 미국 플로리다 대륙붕(그림 14.14), 중미의 벨리즈 대륙붕, 호주의 대보초(Great Barrier Reef)를 들 수 있다. 열린 대지 해수의 수온, 염도와 영양염은 외해의 해수와 활발히 순환이 일어나기 때문에 얕은 열대 해수의 특성과 거의 동일하다. 수심은 대략 10 m에서 200 m에 이르며, 대부분의 수심은 정상적인 파도작용한계심도보다 깊다. 열린 대지에서의 수력학적인 조건은 열린 대지의 지형에 따라 다양하다. 만약 열린 대지가 외해의 파도로부터 보호를 받는 보호 장벽이 있다면 넓은 지역은 외해의 파도로부터 직접적인 큰 영향은 받지 않는다. 그러나 조류나 폭풍 파도와 같은 작용은 이 대지에 해수의 순환과 이곳에 쌓인 퇴적물의 재동작용에 영향을 미친다. 이와는 달리 대지의 외해 쪽에 장벽 없이 완만하게 경사지며 분지 쪽으로 수심이 깊어지면[이러한 환경을 램프(ramp) 환경이라고 함] 외해에서 발달한 파도는 대지를 가로지르며 해안선 가까이에서 부서질 것이다. 이런 램프 환경의 고에너지 모래질 퇴적물은 이와 성인적으로 비슷하게 생성되는 대지의 연변부 사퇴 퇴적물에서 다룬다.

이 열린 대지에 쌓이는 퇴적상은 해안선으로부터 또는 대륙붕 가장자리에서부터 수심에 따라 평행하게 발달한다. 물론 대지에 듬성듬성 분포하는 패치 암초(patch reef) 등이 발달하여 불규칙한 지형을 이루거나 움푹 팬 구덩이 등이 발달하여 국부적으로 퇴적상의 분포가 달라지는 경우도 있다. 열린 대지에는 특징적으로 패치 암초가 많이 분포한다. 해저면의 침강이 균일하게 이루어진다면 판상의 퇴적물이 넓게 쌓일 것이며, 만약 대지의 한쪽이 빠르게 침강을 하거나 안정된 사면의 대지에 퇴적물이 계속 쌓여 해수면에 가까워지면 쐐기형의 퇴적체가 쌓일 것이다.

이곳에 쌓인 퇴적물 역시 생교란작용을 받으며 층리면을 따라 약간 기울어진 사각이나 수직적인 생물의 굴진자국이 발달하기도 한다. 매몰이 일어나면 이러한 생교란작용으로 엽층리가 지워지며, 얼룩무늬를 나타내거나, 노듈 형태의 퇴적물이 특징이다. 제한된 대지에 비해 열린 대지에는 해초의 산출이 제한되어 나타난다. 해류나 폭풍 해류는 퇴적물을 수심 100 m에 이르기까지 운반을 한다. 이러한 작용으로 주로 모래와 실트로 이루어진 대륙붕 퇴적물에 사층리를 가지는 조립질 퇴적물의 층준이 협재되기도 한다.

현생 열대 지역의 열린 대지 퇴적물의 대부분은 생쇄설물과 펠로이드 입자암과 팩스톤으로 이루어져 있다. 생쇄설물은 주로 석회질 녹조류인 *Halimeda*, 저서성 유공충과 연체동물로부터 생성되며, 생물초나 암반이 노출된 곳 가까이에서는 산호와 석회질 홍조류로부터 공급된다. 드물지만 열린 대지에서 생성되는 머드질 퇴적물은 굴진자국을 만드는 생물에 의해 지속적으로 부유 상태로 유지된 뒤 조류에 의해 운반되어 제한된 만이나 수심이 깊은 분지로 운반된다.

고기의 암석에 나타나는 열린 대지의 퇴적물은 생쇄설물과 펠로이드 입자암, 팩스톤, 점토질 와케스톤으로 나타난다. 이들 퇴적물은 층서적으로 노듈이 많이 발달한 암석에서 불규칙한 파랑상의 경계를 가지며 횡적인 두께의 변화를 가지거나 균질한 괴상으로, 수평 층리를 나타내는 암석으로 이루어져 있다. 석회암과 셰일이 교호를 하며 산출되는 암상은 탄산칼슘과 쇄설성 퇴적물의 유입이 주기적으로 일어날 때 생물에 의한 탄산칼슘의 생성이 양적으로 쇄설성 퇴적물의 유입보다 적을 때 생성된다. 이러한 저에너지의 환경에는 패치 암초의 암상이 흩어져서 산출된다. 이와 비슷한 양상으로 생물초는 아니지만 주로 머드로 이루어진 둔덕(mud mound)이 강원도 태백시 구문소 근처에 분포하는 오르도비스기 두무동층에서도 산출된다(그림 14.15).

그림 14.15 태백산 분지의 전기 오르도비스기 두무골층에서 산출되는 머드 마운드(mud mound). 강원도 태백. 주변 해저 지형과의 높이 차이는 2.4 m이다.

열린 대지의 퇴적물은 해안 쪽으로 가면서 고에너지의 석회질 또는 쇄설성 해빈 퇴적물과 설교(interfingering)를 하거나 제한된 대지와 조석대지의 세립질 퇴적물과 설교를 한다. 외해 쪽으로는 우이드와 생쇄설물 입자암이나 생물초 복합체의 퇴적물과 설교를 하거나 램프 환경인 경우에는 반원양성 환경으로 깊어

지면서 대지의 주변 퇴적물인 원양성 우즈 퇴적물과 대지로부터 쓸려져 운반된 퇴적물이 섞인 퇴적물로 전이가 일어난다.

14.5.4 대지 연변부

탄산염 대지의 가장자리(platform margins)는 분지 쪽으로 사면의 급한 경사와 접하고 있다. 이러한 급경사 사면은 열개 연변부와 같이 조구조적으로 생성되거나 해수면이 낮았을 당시 침식이 일어나 생성되거나, 탄산염 대륙붕의 퇴적물이 쌓여 생성되는 탄산염 대지의 분지 쪽 경계를 나타내기도 한다. 현생의 대륙붕 환경에서는 이 경계가 대륙붕의 경계와 일치를 한다. 차고 영양염이 풍부한 심층수가 탄산염 대지의 가장자리를 따라 용승을 하면 점차 수온이 높아지고 파도에 의해 요동을 치면 용존 이산화탄소가 빠져나가고 탄산칼슘이 침전을 한다. 유기적이나 무기적인 성인에 관계없이 석회질 퇴적물의 생성은 다른 어떤 환경보다 얕은 열대의 탄산염 대지의 가장자리에서 활발히 일어나기 때문에 이곳은 생쇄설물 모래 퇴적물이나 생물초로 이루어진 높은 지형적인 조건을 형성한다. 그러나 열대 지역 이외에서는 석회질 퇴적물의 생성이 낮기 때문에 대륙붕의 끝부분은 지형적으로 높은 조건이 만들어지지 않는다.

외해 쪽에 에너지 장벽이 없는 열린 대지는 분지 쪽으로 지속해서 경사진 해저면을 가진다. 이런 조건 때문에 외해의 파도는 곧바로 대지를 가로지르며 영향을 미치는데, 대지의 바다 쪽에 있는 사면의 경사가 약간 변하는 곳은 에너지 장벽을 가지는 대지에 비하여 점이적으로 경사가 변하는 넓은 지역을 나타낸다. 이렇게 점이적으로 사면의 경사가 변하는 것은 탄산염의 생성이 상대적인 해수면의 상승 속도를 따라잡지 못할 때 일어난다. 이러한 곳은 이전에 우이드나 생물초를 이룬 골격들과 같은 퇴적물을 지니기도 하며, 이러한 퇴적물은 얕은 수심에서 생성되었지만 더 이상 해수면의 상승을 쫓아가지 못해서 물에 잠긴 퇴적체라는 것을 가리킨다. 이들 퇴적체는 탄산염 대지의 가장자리 퇴적물이 상대적인 해수면 상승 속도를 따라가지 못하는 원인에 의해 탄산염 생성률이 느려져서 일어난 것이다. 이러한 기작으로는 좋지 않은 조건으로의 기후 변화가 일어나거나, 해침이 일어나 탄산염 대지가 더 높이 해수에 잠길 때, 상당히 많은 탄산염 대지 밖에서 쇄설성 퇴적물의 유입이 일어날 때, 그리고 탄산염 대지의 가장자리에 침강이 급격히 증가하는 조구조 작용으로 일어난다.

(1) 모래 언덕 연변부(sand shoal margins)

수심 0~5 m 정도인 탄산염 대지의 가장자리는 새로운 퇴적물이 지속적으로 생성되어 쌓이기 때문에 대지 가장자리의 사면 기울기는 지속적으로 유지된다. 탄산염 모래질 퇴적물로 이루어진 대지의 가장자리 환경은 Bahama Bank에서 많은 연구가 이루어졌으며 이곳에는 우이드로 이루어진 모래 퇴적물이 분포한다(그림 14.16). 이곳의 퇴적물은 거의 우이드로 이루어진 모래 퇴적물로 이들은 대지의 연변부에 직각으로 배열된, 즉 강한 조류(> 100 cm/s)가 흐르는 방향에 평행하게 분포하는 조수 사퇴 퇴적물로, 대지에서 바람이 불어오는 쪽과 불려가는 쪽의 가장자리에 조류의 흐름에 직각으로 배열되어 분포하는 모래 퇴적물, 그리고 섬과 섬 사이의 좁은 통로를 따라 흐르는 조

그림 14.16 바하마 Great Bahama Bank의 표층 퇴적물 분포와 시추 코어를 이용한 동-서 방향의 퇴적물 수직적 분포 (Purdy, 1963; Beach and Ginsburg, 1980).

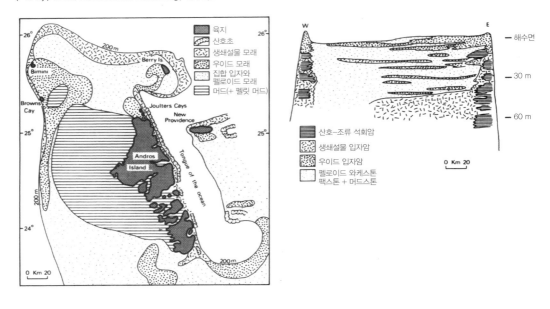

류에 의하여 생성된 길게 퍼진 형태의 조수 삼각주 퇴적물로 산출된다. 그러나 우이드로 이루어진 모래질 퇴적물체는 얕은 수심의 고에너지 조건에서 생성되는 것으로 꼭 탄산염 대지의 가장자리에 서만 생성되는 것이 아닌 완만한 경사를 가지는 램프 환경의 내부 대지(inner platform)에서도 생성 된다. 후자의 경우로 중동의 페르시아 만 남동쪽 해안선에는 해안선에 발달한 해안외주 시스템과 연관된 썰물 조수 삼각주 퇴적물로 우이드가 생성된다.

조수에 의해 운반되며 생성되는 우이드 퇴적물은 평면상으로 모래 파랑(sand wave), 거대 사구 등을 형성하면서 이동하고 단면상에서는 평행 사층리와 트라프 사층리 등 사층리를 형성한다.

우이드 입자암은 외해 쪽으로 가면서 생쇄설물 입자암이나 탄산염 대지의 가장자리 퇴적물과 원 양성 퇴적물의 혼합물로 전이가 되거나, 석호 쪽으로는 우이드 팩스톤에서 펠로이드 팩스톤과 생 쇄설물/펠로이드 와케스톤으로 전이가 된다.

(2) 생물초 연변부(reef-rimmed margins)

현생의 대부분 열대 탄산염 대지는 해수면까지 자라는 산호초(둘레초, fringing reef)로 둘러쳐져 있 다. 생물초를 구성하는 산호들이 정상적인 해수에서 건강하게 성장하기 위해서는 특별히 빛, 수온, 퇴적작용과 해저면의 종류를 가져야 한다. 이러한 조건은 특히 대양의 따뜻한 서쪽에 솟아오른 암 반으로 이루어진 곳의 열대 위도에서만 갖추어진다. 탄산염 대지에서도 산호초는 대지의 바람이 불어오는 쪽에 발달하며, 그 이유는 바람에 실린 파도가 먹이와 영양염을 실어오고 퇴적물을 분산 시키기 때문이다. 대체로 산호초는 대지의 사면 경사가 급해지는 곳을 따라 횡적으로 수 km 이내 로 발달한다. 이들 산호초는 중간중간에 10~50 m로 상대적으로 깊은 조수의 입출로로 분리되는 데, 이러한 입출로를 따라 조수는 외해와 석호의 해수를 서로 혼합시키고, 탄산염 대지의 퇴적물을

그림 14.17 탄산염 대지 가장자리의 산호초 암상의 이상적인 단면도. 산호초 환경은 세분되며, 각 세분된 환경에는 특징적인 퇴적물이 쌓인다(James, 1979; Longman, 1981).

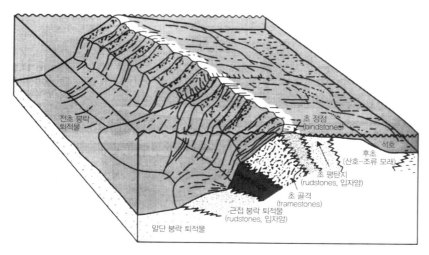

외해 쪽으로 운반하여 쌓는다. 이렇게 육지 쪽에 있는 석호를 둘러싸고 있는 생물초를 **보초**(barrier reefs)라고 한다.

생물초의 형태는 처음 생물초가 생성될 당시의 기존 지형적인 요인에 영향을 받는다. 이후 안정되게 장시간 성장을 하면 생물초나 그 주변에 일어나는 퇴적작용과 생물초 골격 성장의 양상이 생물초의 형태를 조절한다. 그러나 현생의 산호초는 현재의 수심에 놓인 지 수천 년밖에 되지 않았으므로 아직 안정된 상태의 산호초 단계는 이르지 못하였다. 따라서 현생의 산호는 이전 해수면이 낮았을 당시의 카르스트, 조수 삼각주 등의 지형적 형태를 따라 발달한 양상을 나타낸다.

생물초가 안정된 상태로 성장하였을 때의 이상적인 단면은 그림 14.17에 나와 있다. 생물초 퇴적상의 가장 중요한 뼈대는 생물초의 골격(reef framework)이다. 이것이 없다면 생물초 복합체는 생성되지 않는다. 이 생물초의 골격은 탄산염 대지의 가장자리에서 시작을 하며 많은 양의 탄산염 퇴적물을 앞쪽의 전초(fore-reef) 지역과 후초(back-reef) 지역에 공급한다. 그러나 이 생물초의 골격은 살아있는 생물초의 중심이지만 이 골격은 보존이 불량하여 고기의 생물초 복합체에서 현지성 생물초 골격은 10% 정도만 남아 있다.

건강한 생물초는 산호, 석회질 홍조, 태선동물, 굴, 다른 물체를 덮는 유공충, 서관동물(serpulids), 복족류, 해면동물과 같은 1차 및 2차 골격을 이루는 다양한 생물로 구성되어 있다. 이 밖에도 다양한 껍질을 가지거나 껍질을 가지지 않는 생물들도 이 골격 구조에 붙어서 서식하며 산다. 골격 구조에 붙어 있는 생물로는 Halimeda와 같은 석회질 녹조, 바다 부채(gorgonians), 이매패류가 있으며, 이곳에 자유롭게 서식하는 생물로는 복족류, 극피동물, 해백합류, 갑각류와 저서성 유공충이 있다. 이들 생물체들은 생물초 퇴적물을 생산한다.

생물초를 형성하는 산호들은 수심, 광량, 파도 에너지에 따라 특징적으로 분대를 이루고 있다(그림 14.18). 산호의 종들은 이상의 요인들에 다양하게 적응을 하며 분대를 한다. 또한 같은 종이라

(A)　　　　성장 형태	환경	
	파도 에너지	퇴적작용
섬세하게 가지침	낮음	높음
얇고 섬세하며 판상	낮음	낮음
공모양, 구근상, 주상	중간	높음
견고한 수지상과 가지침	중간–높음	중간
반구형, 돔형 또는 불규칙 괴상	중간–높음	낮음
피복상	매우 높음	낮음
평판상	중간	낮음

그림 14.18 생물초를 형성하는 산호의 환경에 따른 성장 형태. (A) 산호의 성장 형태와 파도 에너지와의 관계(James, 1983). (B) 전형적인 산호초에서의 성장 형태 분포(James, 1984).

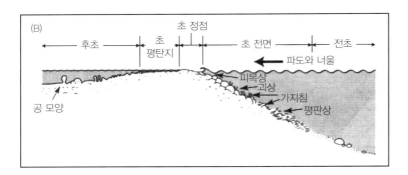

하여도 이상의 물리적인 요인에 따라 서로 다른 성장 양상을 나타낸다. 가장 다양한 생물은 수심이 5~30 m인 산호초 전면(reef front)에 나타나며 좀더 환경적 스트레스가 높은 깊은 전초(fore reef), 초 정점(reef crest), 초 평탄지(reef flat)는 낮은 종 다양성을 나타낸다.

　고기의 생물초에서는 층서적으로 생물 종의 천이가 나타나는 것이 관찰된다. 즉, 4단계의 생물초 발달 단계로 안정화 단계(stabilization), 개척화 단계(colonization), 다양화 단계(diversification), 우점화 단계(domination)이다. 안정화 단계는 생쇄설물들을 서로 붙잡아 두는 식물과 동물들이 서식하여 점차 해저면보다 높아진 기반을 제공하는 단계이다. 2단계는 생물초를 형성하는 동물이 들어서는 단계이다. 이는 생물초 형성 생물 중 몇 가지 종이 안 되며 이들은 빠른 퇴적작용에 적응하여 살 수 있는 종류이다. 다음의 다양화 단계는 생물초가 점차 위로 성장하며 횡적으로도 확장되어 간다. 이 단계의 생물초 구성 생물 종은 다양해지며 또한 성장 양상 역시 다양해진다. 이로 인해 해저면에 기복이 어느 정도 충분히 생성됨으로써 주변의 퇴적작용에 영향을 주며 생물초는 그 가장자리가 수심이 얕은 곳에서 깊은 곳까지 이르러 분대를 이룬다. 다음에는 생물초 발달의 가장 절정에 이르는 단계로 성장이 느리며, 주변을 뒤덮는 몇 가지 안 되는 산호의 종으로 이루어질 때이다.

　지질 기록에서는 그림 14.19와 같은 생물초 퇴적상이 가장 대표적으로 나타난다. 물론 가장 중심이 되는 생물초 골격은 고기의 석회암에서는 잘 보존되기 어렵지만, 이 생물초 골격은 앞쪽에 있

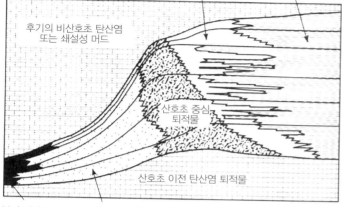

생쇄설물 모래 퇴적물
(rudstones, 입자암, 팩스톤)

후초 퇴적물
(팩스톤, 와케스톤, 스트로마톨라이트, 일부 지역에서 증발암)

후기의 비산호초 탄산염
또는 쇄설성 머드

산호초 중심
퇴적물

산호초 이전 탄산염 퇴적물

분지 퇴적상
(석회질/쇄설성 머드)

전초 퇴적물
(rudstones, floatstone, bindstones)

그림 14.19 생물초의 이상적인 지질 기록(Viau, 1983). 이 그림은 캐나다 앨버타 주 중앙에 분포하는 상부 데본기 Swan Hills 암초를 바탕으로 그려진 것이다.

는 경사가 급한 역질의 전초 붕락 퇴적물(fore-reef talus deposits)과 거의 평탄하게 산출되는 후초 모래 퇴적물 사이에 위치하기 때문에 비교적 구분하기는 쉽다. 생물초 퇴적상은 지질 기록에서 해수면의 상대적인 높이 변화에 따라 생물초의 성장 방향과 양상이 달라진다(그림 14.20).

생물초가 성장하는 동안 상대적인 해수면의 하강이 일어나면 생물초 생물은 지표에 노출이 일어나기 때문에 더 이상의 성장을 멈추고, 새롭게 조성된 낮은 해안선에 맞추어 성장 위치를 바꾸게 된다. 만약 해수면의 하강이 주기적으로 일어나고 그 사이는 정지된 양상을 띤다면 생물초의 평탄지(terrace)가 발달할 것이다. 상대적인 해수면이 지속적으로 낮아지면 가장 오래된 생물초는 최상부에서 지표에 노출되고 평탄지는 점차 낮아지며 아래로, 외해로 갈수록 나이가 젊어질 것이다.

그림 14.20 해수면 상승에 따른 생물초 성장 반응(Tucker and Wright, 1990). 성장률은 생물의 성장률을 가리키는 것이 아니라 생물초의 실제 수직 증가율을 가리키는 것이다. A에서는 해수면 상승률이 생물초의 성장률보다 훨씬 빠르기 때문에 생물초는 생물의 성장 수심 아래로 잠기게 된다. B는 해수면 상승이 간헐적으로 일어나 생물초가 점차 얕은 곳에 다시 자리를 잡을 수 있는 여유가 있는 경우에 해당한다. C의 경우는 해수면 상승률이 생물초의 수직 증가율과 거의 같아서 생물초는 점차 수심이 얕은 곳으로 후퇴를 하며 발달을 한다. D는 생물초의 수직 증가율과 해수면 상승률이 같을 때 일어난다. E와 F는 해수면 상승률이 느리게 일어나 생물초는 점차 수심이 깊은 곳으로 전진 발달해간다. 이상의 생물초 기하학적 형태는 생물초가 대륙붕이나 탄산염 대지의 가장자리에 발달하였을 때의 경우이며, 고립되어 발달한 생물초는 모든 방향으로 이러한 형태를 나타낼 것이다.

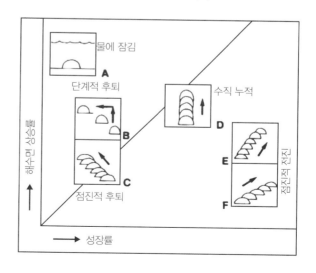

물에 잠김

A

단계적 후퇴

수직 누적

B

D

해수면 상승률

C

E

점진적 전진

F

점진적 후퇴

성장률

그림 14.21 백악기의 탄산염 대지 가장자리에 발달한 이매패류인 루디스트의 군집체. 패인 자국은 루디스트가 녹아나간 자리이며, 중앙 상부에는 직경 약 11 cm에 이르는 루디스트가 있다. 후기 백악기 Haymana 분지(터키 앙카라 남서부).

만약 생물초가 성장하는 동안 해수면의 위치가 안정한 상태로 유지되면 생물초를 이루는 생물은 해수면까지만 살 수 있기 때문에 점차 외해 쪽으로 같은 해수면의 위치를 유지하며 성장을 한다. 이 경우 생물초 복합체는 횡적으로 부가가 된다. 반면 생물초의 성장 속도가 해수면의 상승 속도와 비슷할 경우에 해수면의 상승에 따른 공간에 지속적으로 생물초가 자라나므로 생물초 복합체는 제자리에서 수직적으로 성장을 하게 된다. 이 경우에는 생물초의 바깥쪽 사면의 기울기는 점차 가파르게 되며 후초의 석호는 점차 깊어져 간다. 환초(atoll)는 이러한 발달 양상을 가진다.

그러나 해수면의 상승이 너무 빠르게 일어나 생물초의 발달이 이를 따라잡지 못할 경우 생물초의 중심은 해수에 잠겨 더 이상 성장을 멈추고 후초 붕락 퇴적물 너머 육지 쪽으로 이동을 하면서 새로운 해침 생물초를 지속적으로 생성하기도 한다. 그러나 대개의 경우 새로 생성된 생물초는 이전에 있었던 생물초와는 멀리 떨어진 육지 쪽의 새 장소에 생성된다.

백악기 동안 탄산염 대지의 외해 쪽 가장자리에는 산호 대신 루디스트(Rudist)라는 이매패류가 자리를 차지하고 산호초와 같은 군집체(그림 14.21)를 이루었던 것으로 알려져 있다. 이에 대한 근거로는 루디스트가 사는 생태학적인 환경이 산호초를 이루는 산호와 유사할 뿐 아니라 루디스트의 화석층이 암초로 발달하였다는 데 기인한다. 그러나 Gili 등(1995)은 이러한 주장에 반박하였다. 이들은 백악기 동안 넓은 탄산염 대지의 가장자리와 상부에는 골격을 이루는 퇴적물보다는 유동성이 있는 퇴적물로 덮여 있었으며, 이러한 퇴적물 위에 암초를 이루지 않는 루디스트가 번성을 하였다고 주장하였다. 우리가 암초라고 정의를 하는 데에는 다음의 두 가지 전제조건이 필요하다. 첫째, 생물로 이루어진 단단한 골격구조를 이루는 것이며, 이에는 퇴적물과 속성작용의 산물들도 포함된다. 두 번째로는 지형적으로 기복을 가지고 나타난다는 점이다. 여기에는 공생을 하는 황록공생조류(갈충조, zooxanthellae)가 천해의 영양분이 부족한 해수에서 산호가 골격구조를 이루면서 성장할 수 있도록 해주며, 산호성 조류(coralline algae)와 교결작용이 단단한 구조물을 형성할 수 있도록 도움을 주고, 지형의 기복은 플라이스토세 해수면 변동의 산물로 형성된 것이다. 그러나 개개의 루디스트의 집합은 양적으로 볼 때 생물초 복합체 퇴적물과 비교해 보면 분포가 어느 정도 제한되었으며 이들은 엉성한 구조를 이루고 판상이나 렌즈상의 형태를 띠는 것으로 보아 아마도 지형적인 기복은 거의 이루지 않았던 것으로 여겨진다. 또한 산호는 모체로부터 무성생식(clonal growth)을 하기 때문에 퇴적물 위로 골격 구조를 이루며 위쪽으로 뻗어나가면서 자랄 수 있지만, 루디스트는 모체로부터 자라나지 않는 생식 조건으로 이들은 아마도 주변에 퇴적물이 제공만 된다면 여기에 많은 수의 루디스트가 군집 생활을 하는, 즉 다른 생물보다는 기회주의적인 성장을 하는 생태계를 차지하게 된다. 또한 루디스트는 초를 이루는 대부분의 산호류와는 판이한 해수의 혼탁도, 영양분과 해수의 교반작용 등에 대해 견디는 정도와 반응을 보이기 때문에 비록 산호와 루디스트의 일부가 몇 군데에서 서로 같이 산출된다고 하더라도 백악기 당시의 탄산염 대지의 가장자리 생태계를 루디스트가 몰아내고 차지하였다고 보기는 어렵다는 점을 주장하였다. 이들은 백악기 동안 암초를 이루는 산호류가 상대적으로 감소한 것은 루디스트와의 경쟁에서 밀려난 것이 아니라 아마 다른 이유가 있었을 것으로 추정하였다. 이에 대한 이유로는 아마도 백악기 해수가 다른 지질 시대와는 다른 탄산염 화학 조성을 가졌기 때문으로 해석되고 있다. 즉, 백악기 해수의 Ca/Mg 비율이 오늘날 해수의 Ca/Mg 비율에 비하여 월등히 높았을 것이며, 이러한 해수의 조성에서는 아라고나이트보다는 방해석으로 이루어진 생물체의 생존이 훨씬 유리해지기 때문으로 해석되고 있다. 백악기의 루디스트는 당시 적도를 중심으로 저위도에 위치를 하였던 테티스해(Tethys)에 국한되어 분포를 하였다.

현생의 산호로 이루어진 생물초는 수온이 따뜻하고 부유 물질이 적은 얕은 바다에서만 생성되는 것으로 알려지고 있다. 그러나 Pohl 등(2014)은 아라비아(페르시아) 만의 북쪽에 위치한 이라크 해역에서 지금까지는 생물초가 존재하지 않을 것이라고 여겨졌었는데 대규모의 살아있는 현생의 산호초를 보고하였다. 이들이 보고한 해역은 유프라테스강, 티그리스강과 카룬강이 합류되어 아라비아 만으로 흘러들어오는 곳으로 강으로부터 유입되는 부유물질이 상당이 많이 들어있어 혼탁하며 수온이 14~34℃로 변화가 심한 수심 7~20 m에 해당한다. 이 연구는 이렇게 지금까지는 산호초가 살 수 없는 환경으로 여겨졌던 곳에서 대규모의 산호초가 발견된 것은 드문 예로 산호초의 생태계에 대한 새로운 자료를 제공하였다.

14.5.5 탄산염 대지 사면과 분지 연변부

탄산염 대지 연변부와 분지 사이의 지대는 사면의 경사가 완만하거나(0.5°) 아주 급한(90°) 것까지 다양하다. 사면의 기울기는 점차 수심이 깊어지면서 낮아지다가 대지의 연변부에서 상당한 거리에 떨어져 있는 심해로 점차 바뀌어 간다. 탄산염 퇴적 환경에서 사면은 이곳에 쌓인 퇴적물이 해저면에서 고화작용이 일어나기 때문에 쇄설성 퇴적 환경의 대륙 사면보다는 경사가 급한 편이다. 탄산염 대지로부터 운반되어 온 퇴적물이 지속적으로 쌓이며 심해 분지의 퇴적면과 맞닿은 대지의 사면을 **퇴적 사면**(depositional slope)이라고 하며, 이와는 달리 단애(escarpment)를 이룬 가파른 사면으로 퇴적물이 쌓이지 않고 바로 통과해서 분지로 운반되는 대지의 사면을 **통과 사면**(by-pass slope)이라고 한다(그림 14.22).

탄산염 대지의 퇴적 사면은 탄산염 대지에서 운반되어 온 탄산염 퇴적물과 세립질의 쇄설성 퇴적물이 교대로 쌓이는 것이 특징이다. 탄산염 퇴적물은 탄산염 대지에서 생성된 퇴적물이 파도와 조수, 그리고 폭풍의 영향으로 운반되며, 이러한 퇴적물이 운반되어 쌓이지 않는 경우에는 부유 상태로 운반된 세립질 쇄설성 퇴적물이 쌓인다. 탄산염 대지의 퇴적 사면에 쌓인 퇴적물은 강원도 영

그림 14.22 탄산염 사면의 종류(Schalger and Ginsburg, 1981).

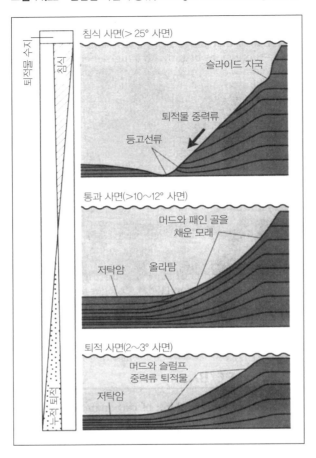

그림 14.23 탄산염 대지의 퇴적 사면에 쌓인 퇴적물. 사면에 쌓인 퇴적물(어두운 색)과 탄산염 대지에서 운반되어 온 퇴적물(밝은 색)이 교대로 쌓여서 띠를 이룬다. 캄브리아기 마차리층(강원도 영월).

월에 분포하는 캄브리아기 마차리층에서 잘 관찰된다(그림 14.23).

또한 탄산염 대지 사면의 가장 특징적인 퇴적물의 이동, 운반과 퇴적작용은 중력에 의하여 일어나는 질량류 흐름이다. 중력에 의해 일어나는 작용은 암석붕괴, 슬라이드, 슬럼프와 퇴적물 중력류 흐름이다. 특징적으로 탄산염 대지 사면에서의 퇴적물 유입은 해저 협곡과 같은 제한된 점 기원의 퇴적물 공급보다는 사면에 발달한 수많은 작은 골짜기를 통하여 사면 전체에 걸쳐서 공급된다는 점이다. 해저 협곡을 따라 저탁류를 통하여 퇴적물이 공급되어 쌓이면 사면의 하단에 부채꼴 모양의 원뿔 퇴적체(해저 선상지)가 생성되는 반면에 전 사면을 따라 퇴적물이 공급되면 사면의 하단에 사면을 따라 연속적으로 발달한 쐐기 모양의 퇴적체를 쌓는다. 탄산염 대지의 사면과 이에 연결되는 대륙대에는 쇄설성 퇴적 환경에서 중력에 의해 생성되는 질량류 퇴적작용에서 생성되는 퇴적체의 퇴적 구조와 같은 다양한 퇴적 구조가 발달한다. 탄산염 저탁암에는 탄산염 대지에서 유래된 우이드, 머드와 저서성 생물의 껍질 등이 들어있다. 따라서 이들은 아라고나이트, 고마그네슘 방해석과 저마그네슘 방해석의 광물 조성을 가진다. 반면에 대륙 사면에서 유래된 저탁암은 모두 다음에 설명할 원양성 퇴적물에서 유래된 것으로 거의 방해석으로만 이루어져 있다.

14.5.6 심해 환경

심해 환경에 쌓인 퇴적물은 약 200~4500 m의 깊은 수심에 퇴적된 것으로 쇄설성 퇴적물의 공급이 제한된 곳에 해당한다. 심해에 쌓인 탄산염 퇴적물은 두 가지 종류가 있는데, (1) 부유성 플랑크톤의 석회질 껍질이 바닥에 쌓인 우즈, (2) 탄산염 대지의 가장자리와 사면에서 유래된 퇴적물이 있다. 부유성 석회질 플랑크톤 특히 부유성 유공충은 지질 시대로 후기 백악기에 지구상에 출현을 하였고, 식물성 플랑크톤인 coccolithophore는 쥐라기에 출현을 하였으며, 이들은 이전에 존재하였던 얇은 껍질을 가지는 부유성 이매패류(pelecypod)와 개형충류(ostracod)를 대체하였다. 따라서 중생대 이전의 심해 탄산염 퇴적물은 거의 탄산염 대지에서 운반되어 온 것이다. 해저에 용존 산소가 풍부한 지역에는 극피동물(echinoderms), 해면동물(sponges), 갑각류(crustaceans), 심해 산호, 선태동물(bryozoans), 서관동물(serpulids, tube worms) 등이 서식하여 탄산염 퇴적물을 생성한다.

현생의 대양에는 탄산염 우즈가 광범위하게 단조롭게 쌓여있는데, 이 우즈 퇴적물은 고화가 되면 백악(chalk)층을 형성한다. 우즈 퇴적물의 고화작용은 지질 시대와 매몰 심도에 따라 그 정도가 달라진다. 백악은 코콜리스와 부유성 유공충으로만 구성되며 방해석으로 이루어져 있다. 이러한 석회질 우즈 퇴적물은 해수 표층에 플랑크톤이 번성하는 곳과 해저의 깊이가 탄산염 보상심도 이상으로 얕은 곳에만 쌓인다. 해수 표층에서 석회질 플랑크톤의 번성은 용승으로 인한 영양염의 공급, 수온, 빛과 염분에 의해 조절을 받는데, 이들 요인들은 또한 기후와 해수의 순환에 따라 영향을 받는다. 현생의 석회질 플랑크톤은 열대와 온대의 따뜻한 수온을 가진 표층에 번성을 한다. 물론 일부의 플랑크톤들은 다양한 수온과 염분을 가진 해수에 걸쳐 살기도 하여 극지역 해수 표층에서도, 흑해와 같이 염분이 아주 낮은(17‰) 곳에서도 산다.

심해의 탄산염 퇴적물의 퇴적률은 10~30 mm/1000년 정도로 천해의 탄산염 퇴적률인 수 cm ~m/1000년에 비하여 매우 느리다. 해수 표층의 석회질 플랑크톤이 쌓여 생성된 석회암을 원양성 (pelagic) 석회암이라고 한다. 그런데 지질 기록에 의하면 비교적 얕은 해양 환경에서 쌓여 생성된 원양성 석회암이 있는데, 이들은 서유럽의 상부 백악기 백악층을 이루는 퇴적물로 쌓일 당시에는 수심이 50~400 m 정도였을 것으로 알려진다. 이 원양성 석회암은 오늘날 심해의 원양성 석회암과는 달리 저서성 생쇄설물이 많이 함유되어 있는데, 이들은 당시 해수면의 상승 시기에 쇄설성 퇴적물의 기원지와는 아주 멀리 떨어진 곳에 쌓였다.

쇄설성, 화산 기원이나 탄산염 대지 기원으로 입자의 크기가 5 μm 이상인 퇴적물이 25% 이하인 퇴적물을 원양성 퇴적물이라고 하며, 이 퇴적물이 25% 이상이면 반원양성(hemipelagic) 퇴적물이라고 한다. 심해 퇴적물에서 쇄설성 퇴적물의 비율은 1~50%로 다양하게 들어있다. 원양성 퇴적물은 입자의 크기가 매우 작은 초미세화석(nanofossil) 파편(직경이 1 μm 이하)으로 이루어져 있다.

심해 탄산염 퇴적물의 분포와 퇴적률은 탄산염 퇴적물의 공급과 용해에 따라 달려있다. 해양의 수심이 깊어지면 수온이 낮아지고 용존된 이산화탄소의 함량도 높아진다. 이에 따라 심해의 해수는 탄산칼슘에 불포화 상태를 이루고 있다. 세립의 원양성 입자들은 수층을 따라 가라앉아 해저에 쌓이는 동안 용해된다. 아라고나이트는 방해석보다 더 얕은 수심에서 용해된다(그림 14.24). 예

그림 14.24 심해에서의 해수 수온과 퇴적물 내 탄산염%와의 관계.

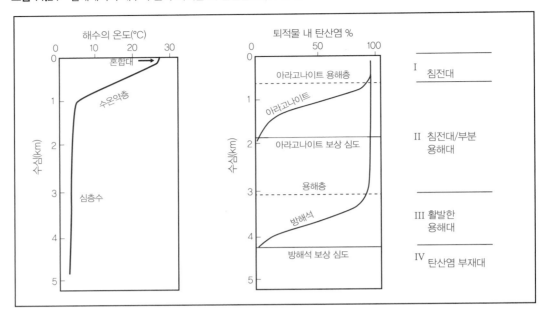

를 들면, 북대서양에서 아라고나이트는 수심 2 km에서 용해되고 방해석은 5 km에서 용해가 일어난다. 물론 이 수심은 시대에 따라 또 대양에 따라 다르다. 방해석의 용존율이 급격히 빨라지는 수심을 용해층(溶解層, lysocline)이라고 하며, 아라고나이트나 방해석이 다 녹아 전혀 나타나지 않는 수심을 각각 아라고나이트 보상심도와 방해석 보상심도라고 한다. 그런데 이상의 아라고나이트와 방해석 보상심도 아래에 녹지 않은 탄산염 입자가 관찰되기도 하는데, 이유는 이들 탄산염 입자들이 유기막(organic membrane)으로 둘러싸여 있거나 또는 동물성 플랑크톤의 배설물인 생물의 분비물에 묻혀서 바닥으로 쌓인 경우에 해당한다. 또는 대륙사면에서 저탁류로 많은 양이 운반되어 빠르게 퇴적과 매몰이 일어난 경우에도 불포화된 해수의 영향을 받지 않고 방해석 보상심도 이하 수심의 해저에 쌓일 수 있다.

원양성 퇴적물에 나타나는 퇴적 구조는 단조롭다. 큰 규모의 퇴적 구조는 거의 나타나지 않는 반면, 작은 규모로 점토 퇴적물과 탄산염 퇴적물이 주기적으로 반복되어 쌓인 것, 처어트 단괴의 산출, 원양성 퇴적물과 탄산염 저탁암의 교호, 해수의 순환이 잘 일어나지 않은 곳으로 용존 산소가 부족한 곳에서는 엽층리가 보존되어 있다. 그렇지 않은 곳에서는 퇴적물에 많은 생교란작용의 흔적이 나타난다.

14.6 탄산염 광물의 조성변화

20세기 후반 이전까지는 해수의 화학 조성이 지난 5억 년 동안은 오늘날의 해수 화학 조성과는 별반 차이 없이 변화하지 않았을 것으로 여겨졌으나 캠브리아기 이후의 해양에서 침전하는 생물의 껍질과 무기 침전물의 광물 조성이 지질 시대 동안 변화되어 온 것으로 알려지고 있다. 즉, 해양에서 침전하는 석회질 생물기원의 탄산염과 우이드나 교결물 같은 무기기원의 탄산염의 탄산염 광물이 아라고나이트와 고마그네슘 방해석의 침전이 용이하게 일어나는 '**아라고나이트 바다**(aragonite seas)'로 알려지는 지질 시대와 저마그네슘 방해석의 침전이 용이하게 일어나는 '**방해석 바다**(calcite seas)'의 지질 시대로 번갈아 가면서 해수의 조성이 바뀌어져 왔다는 점이다(그림 14.25). 아라고나이트(+고마그네슘) 우이드는 선캄브리아기 후기와 전기 캄브리아기, 중기 석탄기에서 삼첩기 그리고 제3기부터 현생까지 우세하게 나타나며 저마그네슘 방해석의 우이드는 중기 고생대와 쥐라기에서 백악기까지 많이 산출된다. 이와 같이 아라고나이트 바다에서 방해석의 바다로 바뀌는 데에는 지질 시대 동안의 이산화탄소 분압의 변화나 해수 중의 Mg와 Ca의 몰 비의 변화로 일어나는 것으로 설명되어 왔다. 해수 중의 Mg와 Ca의 몰 비로는 mMg : Ca가 1.2(Mg/Ca > 2)보다 높을 경우에는 아라고나이트와 고마그네슘 방해석의 침전이 일어나고, mMg : Ca < 1.2(Mg/Ca < 2)일 경우에는 저마그네슘 방해석의 침전이 일어난다는 것이다. 이산화탄소의 분압(PCO_2)과 수온이 높아지면 탄산염 퇴적물의 평균 조성으로 Mg이 적게 들어있고 좀더 용해도가 낮은 광물이 침전하는 것으로 알려지고 있다. 이산화탄소의 분압이 높아지면 해수 중 용존되어 있는 CO_3^{-2}의 함량을 낮추며 탄산염 결정의 형태, 조성과 광물에 영향을 주어 각 결정축의 비가 비슷한 저마그네슘 방해석 결정의 성장에 좋은 조건을 갖추게 된다. 이에 따라 이론적으로 생각해 보면 높은 비율의 mMg : Ca나 낮은 이산화탄소의 분압 시기(빙하 시기)에는 아라고나이트와 고마그네슘 방해석

그림 14.25 지질 시대에 따른 해수로부터 침전하는 탄산염 광물의 조성 변화. 해수의 Mg : Ca 몰 비에 따라 해수로부터 방해석 또는 아라고나이트 + 고마그네슘 방해석이 선별적으로 침전을 하였다(Stanley and Hardie, 1998). 지질 시대에 따른 KCL과 MgSO₄의 해양 증발암의 분포도 해수로부터 무기적으로 침전하는 탄산염 광물의 종류 변화와 같은 변화를 나타낸다. 증발암의 종류는 해양저 확장 비율과 이로 인한 해수의 조성 변화에 따라 달라진다. 지질 시대의 약자는 다음과 같다: C-캄브리아기; O-오르도비스기; S-실루리아기; D-데본기; M-미시시피기; P-펜실베이니아기; Pm-페름기; Tr-삼첩기; J-쥐라기; K-백악기; Pg-고제3기; Ng-신제3기.

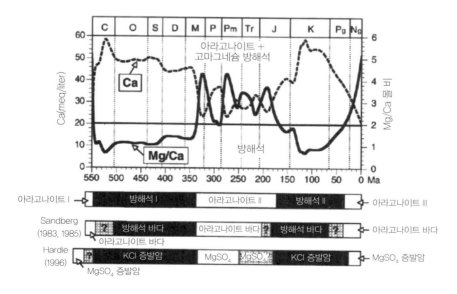

의 침전이 일어나고, mMg : Ca의 비율이 낮거나 높은 이산화탄소의 분압이 있을 경우 저마그네슘 방해석의 침전이 일어날 것이다.

이러한 경향은 증발암에서도 같이 일어나는데, 지질 시대 동안에 산출되는 증발암은 크게 두 가지 조성을 가지고 있다. 하나는 KCl 증발암으로 여기에는 실바이트(KCl)와 같은 염화칼륨염으로 이루어져 있는 대신 황산마그네슘염은 나타나지 않는다. 다른 종류는 $MgSO_4$ 증발암으로 키세라이트(kieserite, $MgSO_4 \cdot H_2O$)와 같은 황산마그네슘염 광물로 이루어졌다. 중앙해령 지대에서는 해수로부터 Mg^{2+}와 SO_4^{2-}가 현무암으로 이동을 하며 Ca^{2+}과 K^+이 해수로 빠져나가기 때문에 중앙해령에서의 열수용액은 염화칼슘형의 화학 조성을 가진다. 중앙해령이 활발히 확장을 하는 동안에 열수용액의 영향으로 해수의 조성은 점차 염화칼슘 성분이 많아지면서 해수가 증발을 하면 KCl 증발암이 형성된다. 반면에 해령의 확장이 느리게 일어나면 해수의 조성은 $MgSO_4$가 많아지고 이 해수로부터 $MgSO_4$형의 증발암이 침전을 한다. 이러한 지질 시대 동안의 변화 양상은 그림 14.25에 나타나 있다.

mMg : Ca의 비율은 중앙해령의 확장이 빠르게 일어나면 낮아지는 것으로 여겨진다. 즉, 중앙해령의 확장이 빨라지면 열수의 작용 역시 활발히 일어나 해수의 Mg이 선택적으로 줄어들게 된다는 점이다. 이는 차가운 해수가 막 생성된 해양 지각의 틈으로 들어가 뜨거워지면서 해수와 현무암이 반응하여 녹니석이 생성되고 해수 중 Mg이 해양 지각에 고착되는 반면, 이 반응으로 인해 현무암에서 Ca이 방출되어 해저 온천을 통하여 해수로 공급된다. 이러한 해수의 열수작용은 특히 해양저의 확장이 빠르게 일어나는 경우에 더욱 활발히 일어나는 것으로 알려지고 있다. 이렇게 되면 해수중 mMg : Ca의 비율이 낮아지게 된다.

그러나 이상과 같이 판구조론이 해수의 조성을 지배하는 것으로 알려지고 있지만 또 다른 보고가 제시되었다. Horita 등(2002)은 지난 4천만 년 동안 해저의 확장 비율이 거의 변화하지 않았는데도 해수의 조성은 변화하였다는 것을 발표하였다. 또한 mMg : Ca의 주요한 변화를 지시하는 광물의 대리자 기록을 보면 비교적 해수면이 높은 시기에 대규모의 광범위한 해저면의 백운석화 작용과 같은 퇴적 분지 규모로 전 지구적인 규모의 기작에 의하여 해수 중 Mg이 줄어든 것으로 해석되고 있다. 또 생물체의 껍질 광물 조성은 생물의 종류에 따라 어느 정도 일정하게 유지된다는 것이 밝혀졌다. 즉, 생물체의 껍질은 처음 어떤 생물종에 의하여 특정한 종류의 광물로 시작이 되면 이후 해수에 mMg : Ca의 비율과 이산화탄소의 분압이 바뀌더라도 껍질의 광물 조성을 바꾸지 않는다는 것이 밝혀졌다. 이러한 생물에 의한 껍질 조성의 고정 현상은 산호초를 이루는 생물체의 경우 비교적 잘 따르는 것으로 알려졌다. 그렇지만 화석 자료와 현생의 바다와 인위적으로 만든 해수의 배양실험에서 보면 생물의 어떤 종들은 생물 껍질의 광물 조성과 해수의 mMg : Ca 간에는 꼭 일정한 관계를 이루지는 않지만 껍질의 광물이 고마그네슘 방해석에서 저마그네슘 방해석으로, 아라고나이트에서 저마그네슘 방해석으로 바뀌는 것으로도 나타났다.

이러한 기본적인 자료를 바탕으로 Zhuravlev와 Wood(2009)는 저마그네슘 방해석이 대부분 아라고나이트로 점차 일시적으로 바뀌는 현상은 지금까지 알려진 탄산염 광물의 종류가 서서히 변하는 해수의 mMg : Ca의 비에 의하여 주로 영향을 받는다는, 즉 조구조 작용에 의한 기작으로는 설명을 할 수가 없다고 주장하였다. 이들은 주로 저마그네슘을 분비하는 생물체들이 선택적으로 멸종에 이르는 데는 점차적인 이산화탄소 분압의 감소와 일치하는 것으로 여기에 단주기의 해수 수온의 변화 영향이 있었으며, 주된 생물의 멸종이 일어난 시기에 빠르게 반전이 일어난다는 것을 밝혔다. 생물의 멸종과 관련된 것으로 주목할 만한 것은 페름기 말기의 대량 멸종이 있을 때 저마그네슘 방해석이 아라고나이트로 바뀌었다는 점이다. 이 대량 멸종은 해수가 아라고나이트 바다였을 때 일어났는데, 중기 고생대 때부터 번성을 하여 살았던 저마그네슘 방해석으로 이루어진 생물들이 아라고나이트 바다에서는 적응하여 살 수가 없었기에 선택적으로 멸종이 일어났으며, 대신 아라고나이트로 이루어진 생물들이 이들의 빈자리에 선택적으로 번성이 일어났다는 것이다. 저마그네슘으로 이루어진 생물들은 4억 년 전부터 2억 5천 년 전까지 이전의 온난기나 방해석의 바다에서 생태계를 지배하며 살고 있었으나 이산화탄소의 분압이 감소되는 시기에는 적응을 하지 못하여 대량 멸종을 피하지 못하였고, 대신 해수의 수온이 낮은 아라고나이트 바다에서 더 적합한 광물 조성을 가지는 아라고나이트로 이루어진 생물종으로 대체가 되었다. 이렇게 볼 때 생물의 대량 멸종은 대부분이 해수의 수온과 이산화탄소 분압의 빠른 전 지구적인 변화에 의하여 일어나며, 이러한 생물의 대량 멸종이 아라고나이트와 저마그네슘 방해석으로 이루어진 생물 간의 변화를 일으키는 주요한 시기에 해당한다는 것이다.

다시 정리하면, 아라고나이트로 이루어진 생물체들의 증가는 이산화탄소의 분압과 전 지구적인 해수의 수온에 의하여 조절된다는 것이다. 현생이언 동안 이산화탄소의 분압이 감소하면서 알칼리도의 총량과 용존된 무기 탄소(DIC)의 함량이 감소를 하고 해수의 pH가 증가를 하며 여기에 비교적 높은 이산화탄소의 짧은 주기성 변화와 천천히 변하는 해수의 mMg : Ca 비율의 효과와 함께 영향을 주었다는 것이다. 저마그네슘 방해석은 이산화탄소의 분압이 높은 온난기의 바다에서 해수의 mMg : Ca의 비율이 < 2일 때 선택적으로 침전을 하는 반면에, 아라고나이트로의 성장은 이산화탄소의 분압이 감소되거나 mMg : Ca의 비율이 > 2 이상의 높은 탄산염 포화 상태일 때 잘 일어난다.

이상에서 살펴본 바와 같이 현생이언 동안 해수의 조성이 일정하지 않았고 아라고나이트 바다와 방해석 바다로 구별이 되었다는 것을 알아낸 것은 매우 중요한 관찰 사항이었다. 이러한 해수의 조성 변화는 탄산염 껍질을 분비하는 생물체와 무기물의 침전에 많은 영향을 주었다. $CaCO_3$의 동질이상이 Mg/Ca 비와 온도에 의한다는 견해(Morse et al., 1997)를 근간으로 하여 해수 조성의 변화와 아라고나이트와 방해석의 침전 조건 간의 관계를 Balthasar 등(2011)은 다시 살펴보았다. 즉, 낮은 Mg/Ca 비율을 가지는 해수에서는 방해석이 안정하게 침전하지만 이 해수에서 아라고나이트가 침전하기 위해서는 높은 온도의 조건이 갖추어져야 한다는 것이다. 이렇게 온도가 탄산염 광물의 침전에 영향을 미치므로 아라고나이트나 방해석의 무기적인 침전과 이들의 안정성은 고환경에 달려있다고 할 수 있다. 이들은 Stanley와 Hardie(1998)에 의하여 제안된 현생이언 동안 지질 시대에 따른 Mg/Ca 비율을 이용하여 각각의 Mg/Ca의 비율에서 탄산칼슘의 동질이상이 침전하는 영역을 구분하는 경계 온도를 계산해 보았다(그림 14.26). 재미있게도 캄브리아기에서 중기 미시시피기에

그림 14.26 현생이언 동안 해수의 Mg/Ca의 변화와 주어진 Mg/Ca 값에 따라 아라고나이트와 방해석의 침전이 일어나는 수온의 변화를 나타내는 그림(Balthasar et al., 2011). 정상적인 해양의 조건에서 수온이 검은색 곡선의 아래에 해당하면 아라고나이트가 침전하며, 수온이 높으면 방해석이 침전한다.

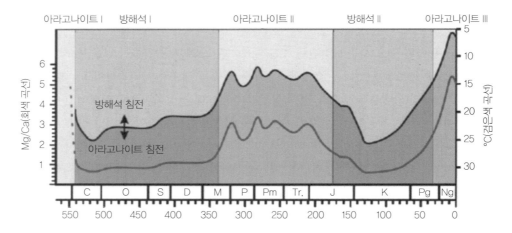

해당하는 '방해석 I' 바다의 기간에도 해수 표층수의 수온이 21~23℃ 이상인 경우에는 아라고나이트가 안정하게 침전이 일어나는 것으로 나타난다. 대부분의 열대 해수 표층수는 이 온도 이상이었을 것이다. 물론 아라고나이트나 방해석이 침전하는 데에 관여하는 요인들은 단지 Mg/Ca 비율과 온도만 있는 것이 아니라 더 복잡하다. 즉, 여기에는 PCO_2, 알칼리도, 포화도나 용존된 SO_4^{2-}의 농도 등이 있다. 그러나 그림 14.26에서 보는 바와 같이 방해석의 바다에서도 아라고나이트의 침전이 가능한 천해의 환경이 있음을 보여준다. 아라고나이트는 속성작용 환경에서 불안정하다는 점을 감안한다면 암석의 기록에서 아라고나이트를 침전시켰던 표층수의 존재에 대하여 추측은 매우 어려울 것이다. 해수면의 변화가 일어나 아라고나이트가 기상수에 노출되거나 또는 수온이 낮은 심해의 방해석 바다로 노출되기도 하는데, 이 두 과정 모두 아라고나이트를 용해시키거나 방해석으로 변질시킬 것이다. 이상과 같은 가능성을 바탕으로 Balthasar 등(2011)은 방해석 I 바다에 해당하는 시기인 오르도비스기-실루리아기의 완족동물의 화석에서 아라고나이트가 방해석의 결정들 사이에 잔존물로 남아 있는 것을 발견하여 비록 방해석 바다였을지라도 열대 천해의 바다에서는 아라고나이트가 침전할 수 있었다는 것을 보고하였다.

14.7 머드스톤의 퇴적 환경 재고

일반적으로 석회 머드는 입자의 크기 때문에 저에너지의 조건에서 퇴적이 일어나는 것으로 여겨지고 있지만, 이와는 달리 파도와 해류의 작용이 있는 환경에서도 퇴적이 일어날 수 있다는 견해가 석회 머드의 연흔 생성을 관찰한 수조 실험(Schieber et al., 2013)으로 제기되었다. 이와 같은 현상은 쇄설성 머드가 고에너지 환경에서 쌓일 수 있다는 수조 실험을 통한 해석과 같은 의미를 가진다. 즉, 수조 실험에서 부유성 석회 머드는 특정 유속(수조 실험에서는 25 cm/s) 이하인 경우는 모래 크기의 석회 머드의 응집물(floccule)을 형성하면서 밑짐으로 운반되며 연흔을 생성하였다. 이렇게 쌓인 석회 머드 퇴적물은 초기 물의 함량이 약 85%에 이르기 때문에 매몰되는 동안 다짐작용을 받으면 이들 머드 퇴적물이 이렇게 밑짐으로 운반이 되어 쌓였다는 해석을 하기가 어려워진다. 아마도 석회 머드로 쌓인 퇴적물이 어느 정도 수평 층리에 가까운 엽층리를 보인다면 이들은 고에너지 환경에서 쌓였던 것으로 해석을 할 수 있다. 또한 쇄설성 이암에서 관찰되는 바와 같이 하류 쪽으로 가면서 발달한 저각도의 엽층리, 남아 있는 rip-and-furrow의 흔적 등이 관찰되면 이때의 석회 머드는 이들이 단순히 부유 상태에서 쌓인 것이 아니라 파도와 해류의 작용으로 쌓였다는 것으로 해석할 수 있다. 탄산염 퇴적물의 층서에서 입자암과 석회 머드스톤이 서로 교호하며 쌓여있는 경우는 이들 퇴적물이 쌓일 당시 퇴적 환경의 에너지(또는 수심)의 변화가 있었다는 것을 나타내는 반면에, 공급된 퇴적물의 종류에 차이가 있었다는 점도 고려하여야 할 것으로 여겨진다. 이렇게 후자의 경우를 고려한다면 지금까지 석회질 머드스톤이 쌓였던 환경을 해석한 고해양학적인 조건을 다시 검토해야 할 필요성이 있다는 점이다. 이에 따라 퇴적 환경을 해석할 때에는 퇴적물의 조직과 구조를 좀더 면밀히 조사해 볼 필요가 있다.

14.8 증발암 퇴적 환경 모델

1,000 m 이상의 매우 두꺼운 증발암이 대규모의 강괴내부 분지(intracratonic basin)를 채우고 있는 것이 관찰된다. 전 지질 시대를 통해 증발암은 다른 여러 암석과 마찬가지로 육상의 토양 환경과 호수 환경으로부터 해양의 상조대와 심해에 이르기까지 넓은 환경에 걸쳐서 퇴적되었다(그림 14.27).

그림 14.27 지질 기록에 나타날 수 있는 현생의 증발 퇴적물 생성 환경. 여기에는 현생에 나타나지 않는 심해와 대지를 이루고 있는 증발암의 생성은 나타나 있지 않다(Kendall, 1984).

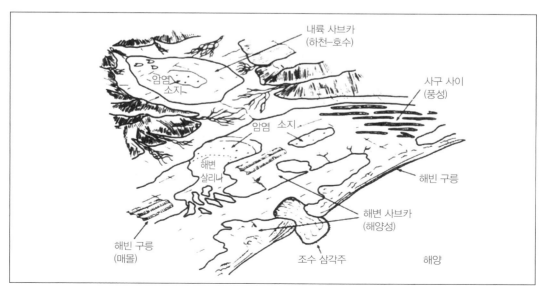

그림 14.28 증발암이 생성되는 일반적인 퇴적 환경(Tucker, 1991).

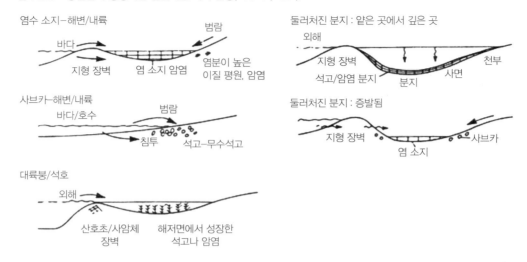

증발암은 보통 주기적인 특성을 나타낸다. 주로 석고나 무수석고로 이루어져 비교적 두께가 얇은(수 m~수십 m) 증발암이 석회암, 이회암 등과 교호하면서 반복적으로 나타난다. 강괴내부 분지에 매우 두껍게 나타나는 증발암에서는 하부에서 상부로 가면서 석고-무수석고에서 암염까지 나타나며 최상부에는 용해가 매우 쉽게 일어나는 간수(bittern) 염류가 나타난다. 이러한 증발암의 수직 층서는 여러 번 반복하여 나타나는 경향을 보인다.

현생에서는 증발암이 생성되는 환경이 거의 나타나지 않으며, 설사 나타난다고 하더라도 지질 기록의 규모에는 미치지 못하므로 증발암의 퇴적 환경에 대해서는 여러 가지 모델이 제시되었다. 이제까지 제안된 증발암의 일반적인 퇴적 환경은 그림 14.28에 나타나 있다.

증발암의 형성 기작은 크게 두 가지로 알려지고 있다. 다양한 수심과 규모(소규모-호수, 석호: 대규모-강괴내부분지, 열개 분지)에서 일어나는 수중 침전에 의한 것과 다른 하나는 사브카(sabkha, 해안선에 발달한 사막) 퇴적물 안이나 건열(乾裂)이 발달한 염수소지(saline pan)에서 지표에 노출되어 일어나는 침전이다. 증발암의 수중 침전이란 '증발 접시'에서 일어나는 작용과 유사한 기작으로, 증발 광물들은 물과 공기의 접촉면 가까이 또는 퇴적물 표면에서 침전되기 시작한다. 해양 환경에서 증발 광물의 수중 침전이 일어나기 위해서 증발작용이 활발히 일어나 높은 염분을 가지는 퇴적 분지와 외해 사이에 해수 순환을 제한하는 지형적 장벽이 필요하다. 그러나 상당한 두께의 증발암이 생성되기 위해서는 외해로부터 퇴적 분지로 주기적인 해수의 공급 또한 필요하다. 이에 따라 고기의 증발암은 보초(barrier)나 암초의 육지 쪽, 둘러싸인 분지(barred basin)의 연변부 그리고 대륙붕에 발달된 석호(lagoon)에서 또는 주위가 높은 지형으로 둘러싸인 깊은 분지(silled deep basin)에서 침전한 것으로 해석되었다. 그러나 현재는 이와 같이 증발암 퇴적물이 쌓이는 높은 지형으로 둘러싸인 해양 분지의 예는 거의 존재하지 않는다. 수중에서 침전하는 증발암에는 물의 깊이에 따라 특징적인 광물의 결정 형태와 조직 및 층리가 관찰된다(그림 14.29). 수심이 얕은 곳에서는 바닥에 침전한 증발 광물이 파도나 폭풍에 의해 재동되기도 하며, 깊은 곳에서는 슬럼프, 암

그림 14.29 증발암의 생성 환경과 조직(Kendall, 1984; Warren and Kendall, 1985).

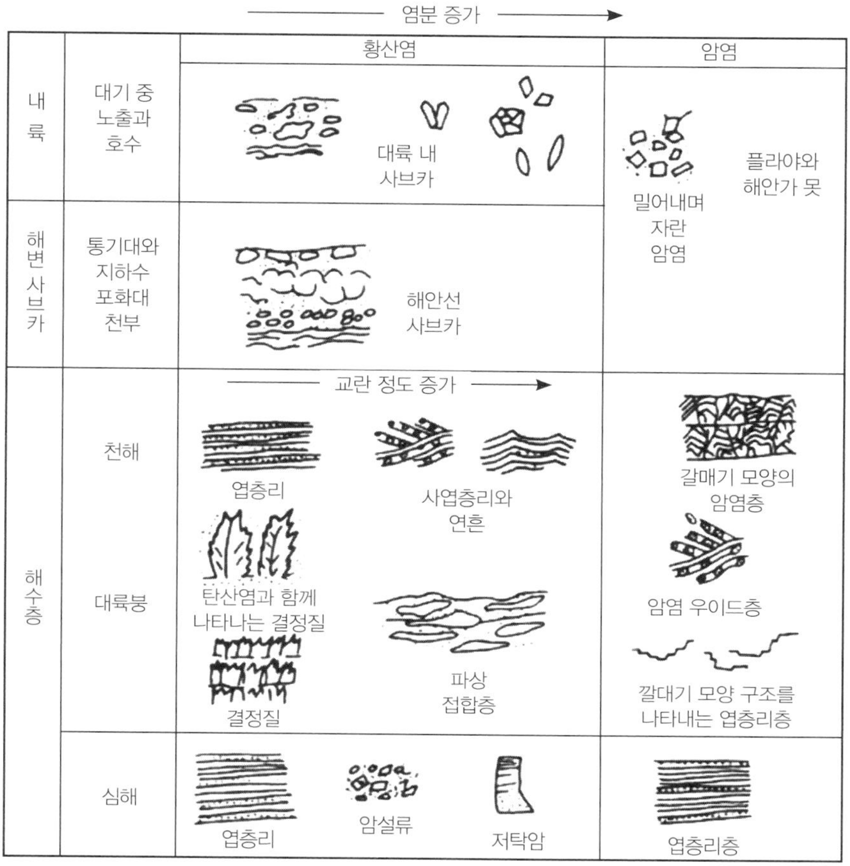

		염분 증가 →			
		황산염			**암염**
내륙	대기 중 노출과 호수		대륙 내 사브카		플라야와 해안가 못 / 밀어내며 자란 암염
해변 사브카	통기대와 지하수 포화대 천부		해안선 사브카		
해수층		교란 정도 증가 →			
	천해	엽층리	사엽층리와 연흔		갈매기 모양의 암염층
	대륙붕	탄산염과 함께 나타나는 결정질 / 결정질	파상 접합층		암염 우이드층 / 깔대기 모양 구조를 나타내는 엽층리층
	심해	엽층리	암설류	저탁암	엽층리층

설류(debris flow)와 저탁류로 재퇴적 현상이 일어나기도 한다.

1960년대 초기에 페르시아 만의 트루셜 해안(Trucial Coast)의 조간대 상부와 상조대 지역(이 지역을 바다에 연한 사막의 뜻을 가진 사브카라고 함)의 탄산염 퇴적물 내에서 석고와 무수석고의 형성이 밝혀짐에 따라(그림 14.30), 증발암의 기록을 해석하는 데 있어서 새로운 견해가 제시되었다. 사브카에서는 통기대와 지하수 포화대의 퇴적물 내 공극수로부터 증발 광물의 침전이 일어난다. 또한 고염분의 호수, 오아시스 그리고 사막 지대의 말라버린 강 주변의 지표에 노출된 퇴적물에서도 석고와 무수석고가 생성된다. 이러한 환경들을 염수소지(salt pan)라고 하며, 이곳에서는 대부분 암염이 침전한다. 주기적인 홍수에 의해 염수소지에 물이 유입되면 처음에는 낮은 고염분의 호수가 형성되었다가 빠르게 증발하면 암염이 다시 침전한다.

사브카와 상조대가 증발암(특히 황산염)이 침전되는 중요한 환경으로 인식되면서부터 이러한 환경에서 형성된 고기의 증발암에 대한 기록이 여러 곳에서 알려지기 시작하였다. 이곳에서 생성되는 증발암에서 특징적으로 나타나는 구조는 단괴상 구조(chicken-wire)와 증발암층이 소규모의 습곡 형태로 굽이치며 나타나는 enterolithic 무수석고(그림 13.3과 14.13 참조)가 있다. 증발암과 함

그림 14.30 Abu Dhabi 사브카에 분포하는 퇴적물과 증발암의 분포(Butler et al., 1982).

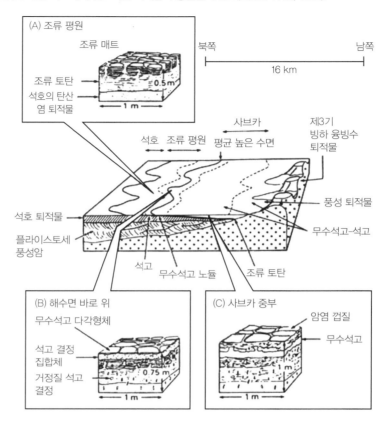

그림 14.31 Abu Dhabi 사브카에 분포하는 퇴적물과 증발암의 분포(Butler et al., 1982).

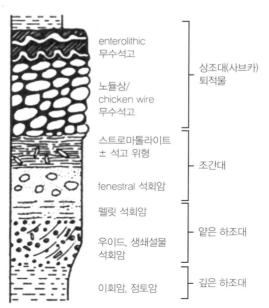

께 나타나는 탄산염암에서 천해와 조간대의 퇴적 구조가 관찰되면, 이들 증발암들이 사브카 환경에서 형성되었음을 쉽게 알아낼 수 있다. 사브카에서 계속적인 탄산염 퇴적물의 퇴적작용이 일어나면 사브카는 조간대 퇴적물 위로 바다 쪽을 향해 전진하면서 발달하며, 이에 따라 조간대와 하조대의 탄산염암 위에 상조대의 증발암이 놓이는 사브카 윤회퇴적층(cyclic sediments, 그림 14.31)이 생성된다. 이러한 사브카 윤회퇴적층은 증발암의 수직 층서 기록에서 여러 번 반복되어 나타난다.

지질 기록에서 보면 사브카 기록은 건조 기후 때 탄산염 램프(carbonate ramp)와 대륙붕단에 암초나 사주와 같은 해저면 언덕(shoal)이 발달되어 있는 대륙붕(rimmed shelf)의 해안선을 따라 발달한다. 이들은 또한 연해(epeiric sea)의 탄산염 대지 위에서도 발달한 것으로 알려진다. 연해에 발달한 사브카 퇴적층의 예로는 상부 쥐라기의 아라비아 강괴에 100,000 km²의 넓은 범위에 걸쳐서 발달한 Hith Anhydrite가 있다.

흔한 예는 아니지만, 석호의 증발암 상부에 조간대와 상조대의 탄산염암이 분포하는 윤회도 관찰된다. 또는 엽층리가 발달한 석호의 석고층 위에 사브카에서 생성된 단괴상의 석고가 놓이는 윤회도 나타난다.

수심이 깊은 분지에서 증발암이 침전되기 위해서는 매우 건조한 기후와 주기적인 해수의 유입 외에도 분지를 대양으로부터 고립시키는 지형적 장벽의 존재가 필수적이다. 이 같은 지형적 장벽은 단층에 의해 구조적으로 형성되기도 하며, 암초나 해안외주와 같은 퇴적학적인 기원으로 형성되기도 한다. 많은 경우에 탄산염 퇴적물과 암초의 발달이 증발암이 침전되기 이전에 일어나 분지가 고립되어 영향을 미치게 된다. 해양에서 생성되는 증발암의 기록에서 암염과 칼륨 염류가 잘 나타나지 않는 것은 아마도 이 염류를 침전시킬 수 있는 밀도 높은 염수가 해저면에 머물지 못하고 해저면 아래 퇴적물에 함유된 상대적으로 밀도가 낮은 공극수와 자리바꿈을 하면서 퇴적물을 통하여 분지 밖으로 빠져나가기 때문으로 여겨진다. 제12장의 백운석에서 삼출환류(滲出還流, seepage reflux)에 의한 백운석화 작용과 같은 기작으로 일어난다.

많은 증발암의 기록과 조직이 사브카와 염습지(salina)의 연구 결과로 재해석되었으나, 아직도 수심이 깊고 장벽이 발달한 분지의 모델로만 해석이 가능한 증발암의 전형적인 특징들이 있다. 횡적으로 연장성이 매우 좋은(각각의 엽층리가 수 km에 걸쳐서 대비됨) 엽층리가 발달한 증발암, 저탁암에서처럼 무수석고가 점이층리를 보이는 것과 슬럼프에 의해 휘어지고 각력이 발달한 증발암들이 이 같은 환경에서 형성된 것들로 해석된다. 수심이 깊은 분지에서 생성되는 퇴적물 기록은 지형적 장벽의 영향으로 하부에는 물이 정체되어 있는 상태의 퇴적물이 발달하며 점차 증발작용이

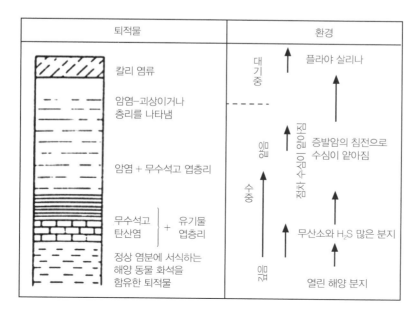

그림 14.32 지형적 장벽이 가로 막은 수심이 깊은 해양 분지에서 생성되는 증발암의 층서(Tucker, 1991).

그림 14.33 증발암의 분포 양상. (A) 눈물 방울(tear drop) 형태의 분포. (B) 소 눈알(bull's eye) 형태의 분포(Schmalz, 1969).

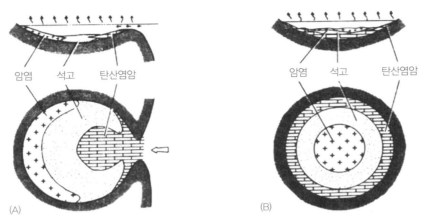

일어남에 따라 엽층리를 이룬 무수석고가 그 상부에 놓이게 된다(그림 14.32). 증발작용이 상당히 진행되면 엽층리가 발달한 무수석고와 암염이 퇴적되고, 최종 단계로 사브카와 염습지(염수성 소택 또는 염전)에서 칼륨과 마그네슘 염류가 생성된다.

큰 규모의 지형적 장벽이 발달된 분지 중 해수의 유입이 연속적으로 일어나는 곳에서는 탄산염암이 해수가 유입되는 지형적 장벽 가까이에 퇴적되고, 석고는 중앙부에 그리고 암염과 칼륨 염류는 가장 내부의 고염분이 발달하는 곳 주변에 나타난다(그림 14.33A). 이와 같은 증발암의 분포 양상을 눈물 방울(tear drop) 형태의 분포라고 한다. 이와는 달리, 증발이 일어나는 분지가 대양으로부터 완전히 차단된 경우에는 용해가 가장 쉽게 일어나는 염류가 분지의 중앙부에 위치하게 된다(그림 14.33B). 이 분지에서의 암석의 분포를 소 눈알(bull's-eye) 형태의 분포라고 한다.

강괴내부 분지에서 대규모로 발달하는 증발암의 윤회는 그림 14.31에서 보는 바와 비슷한 기록이 여러 번 반복하여 나타난다. 이와 같이 증발암이 층서적으로 반복하여 발달하려면 전 세계적인 해수면 변동의 영향을 받아야 한다. 해수면이 높을 경우에는 해양의 탄산염 퇴적물이 쌓이고 해수면이 낮아지면 증발이 일어나 증발암이 쌓이기 시작한다. 계속해서 해수면이 더욱 낮아지면 엽층리가 발달된 무수석고와 암염이 분지 중앙에 쌓인다. 이후 또다시 해수면이 상승하면 새로운 증발암의 윤회가 재개된다.

제 5 부

기타 화학퇴적암/
생화학퇴적암 및
화산쇄설암

다음의 세 장에서는 전체 퇴적암에서 차지하는 산출 비율은 높지 않지만 지역적으로 매우 중요한 지질작용을 가리키는 화학퇴적암/생화학퇴적암 및 화산쇄설암에 대하여 소개를 한다. 이들로는 해양 환경에서 생성되는 처어트, 인산암과 함철암이 있으며, 활성 대륙 연변부에 많이 분포하는 화산쇄설암이 있다. 처어트, 인산암 및 함철암 각각은 퇴적 환경과 해수의 조성 및 지화학적인 조건에 대하여 중요한 지질 정보를 제공한다. 화산 지대는 용암, 폭발성 화성쇄설 분출 퇴적물, 자생쇄설 기원의 화산 각력암 등 아주 다양한 암석의 종류로 이루어졌다. 화산 분출은 육상이나 수중에서 모두 일어나는데 이들의 특성은 아주 다르게 나타난다.

15

처어트

15.1 처어트의 조성과 종류

처어트는 미정질(微晶質) 또는 초미정질의 석영으로만 구성된 퇴적암이다. 대부분의 처어트는 거의 순수한 실리카로 구성되어 있으며, 점토광물, 방해석 또는 적철석 등의 결정질 불순물은 10% 미만으로 들어있다. 처어트는 그 성분으로 보아 생물의 껍질에서 유래된 유기 기원과 화산재로부터 유래되거나 무기적으로 침전이 일어나는 무기 기원으로 나뉜다. 처어트는 포함되어 있는 불순물의 종류에 따라 여러 가지로 분류된다. 적철석을 함유하여 붉은색을 띠면 이를 **벽옥**(碧玉, jasper)이라고 하며, 유기물이 들어있어 회색 또는 검은색을 띠면 **플린트**(flint), 수분을 많이 함유하여 흰색을 띠게 되면 **노바큘라이트**(novaculite)라고 부른다. **도기암**(pocellanite)은 점토질과 석회질의 불순물 때문에 유약을 바르지 않은 도자기와 같은 조직과 깨짐을 보이는 세립의 규질 퇴적물을 가리킨다.

현미경으로 관찰하면, 처어트에는 비정질 콜로이드 상태로 나타나는 실리카(opal)가 함유되어 있기도 하다. 또한, 제3기의 처어트에는 오팔 또는 비정질의 실리카에서 결정질 실리카까지 모든 종류가 나타나기도 한다. 오팔로 구성된 대부분의 처어트에는 규조, 방산충이나 해면동물(sponge)의 침골 규질 껍질들이 들어있기도 하다. 이들의 존재는 처어트가 화학적으로 불안정한 비정질의 실리카로부터 결정화 작용을 받아서 형성되었다는 것을 지시한다.

처어트 내에는 자형을 띠는 석영 결정은 나타나지 않는데, 이는 석영의 결정들이 성장하면서 서로 방해하기 때문이다. 처어트를 구성하는 석영 결정들은 대체로 1 μm보다 크며, 이들은 서로 뭉쳐져서 모자이크 조직을 나타낸다.

지질 기록에 나타나는 처어트는 산출 상태에 따라 **층상 처어트**(bedded chert, 그림 15.1A)와 **단괴상 처어트**(nodular chert, 그림 15.1B)로 나뉜다. 층상 처어트는 화산암과 교호되어 나타나기도 하며, 이 경우 처어트를 이루는 실리카가 생물 기원 혹은 화산 기원을 구별하는 것이 문제이다. 고기의 층상 처어트에 해당하는 현생 퇴적물은 방산충과 규조의 우즈(ooze)로서 심해저에 널리 분포된다. 단괴상 처어트는 대부분이 석회암 내에서 발달되나 이질암과 증발암 내에 발달되어 있는 경우도 있다. 대부분의 층상 처어트는 일차적인 퇴적작용에 의해 형성되며 단괴상 처어트는 교대작용에 의한 속성작용의 산물로 여겨지고 있다.

층상 처어트와 단괴상 처어트는 미정질 석영(그림 15.2A), 거정질 석영과 옥수 석영(chalcedony,

그림 15.1 처어트의 산출 양상. (A) 층상 처어트. 처어트층과 셰일층이 교호하며 나타난다. 쥐라기 Mino terrane(일본 기부현). (B) 단괴상 처어트(검은색). 오르도비스기 문곡층(강원도 영월).

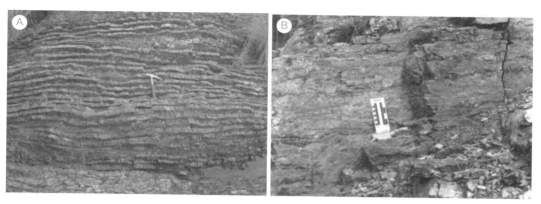

그림 15.2 석영의 결정. (A) 미정질 석영. 마름모꼴의 결정은 백운석이다. (B) 거정질 석영과 옥수 석영. 중앙에 있는 삼엽충은 규질화 작용을 받았다. 오르도비스기 문곡층(강원도 영월).

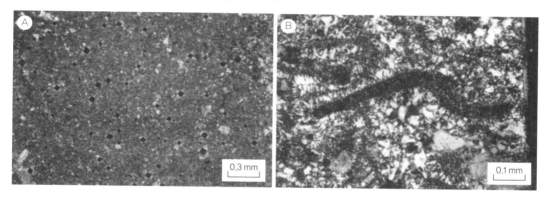

그림 15.2B) 세 종류로 이루어져 있다. 미정질 석영은 직경이 수 μm인 균일한 크기의 석영 결정의 집합체로 이루어져 있다. 거정질 석영은 대개 500 μm 또는 그 이상의 큰 결정을 이루며, 직소광과 자형의 결정면을 보이기도 한다. 거정질 석영은 주로 공극을 채우는 교결물로 산출된다. 옥수 석영은 길이가 수십 μm에서 수백 μm의 길이로 나타나는 섬유상 석영으로 대부분이 공극을 채우는 교결물로 산출된다. 옥수 석영은 방사상으로 배열된 형태로 나타나며 간혹 원형의 성장선을 나타내기도 한다.

15.2 층상 처어트

층을 이루는 처어트의 성인에 대해서 퇴적작용에 의해 생성된 것인지 아니면 속성작용에 의해 생성된 것인가에 대해 많은 논란이 있어 왔다. 층을 이룬 처어트는 셰일과 쌍을 이루면서 함께 나타나는데 (그림 15.1A), 퇴적작용에 의해서는 저탁류에 의해 생물 기원의 퇴적물이 원양성 점토 퇴적물에 유입되거나(또는 그 반대), 밀란코비치(Milankovich) 주기에 따르는 규질 생물의 생산성 변화에 의해 이러한 층서 기록이 나타나는 것으로 알려져 있다. 그러나 함께 나타나는 처어트와 셰일의 전체 퇴적물 성분을 알아보기 위하여 질량 평형을 계산해 본 결과 층상 처어트에는 현생의 규질 우즈보다 실리카가 훨씬 많이 들어있는 것으로 밝혀졌다. 또한, 처어트와 셰일의 주요 성분과 희토류 원소(Ce)의 분석 결과에 의하면 이들은 퇴적작용보다는 속성작용에 의해 형성되는 것으로 여겨진다.

현생의 방산충과 규조의 우즈는 대양저에 쌓인다. 이들 우즈는 해수의 표층에 이들 유기물의 생산성이 높을 때 쌓이는데, 유기물의 생산성은 용승(湧昇, upwelling)과 영양분의 공급 등 해양학적인 요인에 의해 지배를 받는다. 규조(diatom)는 남극 대륙 부근과 북태평양의 규질 우즈에 많이 나타나며, 방산충 우즈는 태평양과 인도양의 적도 부근 해역에 주로 나타난다(그림 11.10 참조). 그러나 후기 중생대 이전으로 지질 시대를 거슬러 올라가면 방산충이 규조의 산출 지역까지 차지하였기 때문에 방산충 우즈가 현재보다 더 넓게 분포하였을 것이다.

대체로 규질의 우즈는 수심이 방해석 보상심도(carbonate compensation depth : CCD, 중앙 태평양은 약 4.5 km 깊이)보다 깊은 심해저에 쌓인다. 이보다 더 얕은 수심에 분포하는 규질의 우즈는 해수의 표층에 영양분이 많고 석회질의 플랑크톤이나 쇄설성 퇴적물의 유입이 없는 곳에서 산출된다. 그 예로, 캘리포니아 만에는 수심이 1.6 km 미만인 곳에서 규조질 퇴적물이 쌓인다. 그러나 수심이 약 6 km보다 깊은 곳에서는 규조질 퇴적물도 역시 용해가 일어난다. 이를 **실리카 보상심도**(silica compensation depth : SCD)라고 한다.

층상 처어트는 거의 대부분이 방산충으로만 이루어져 있다. 처어트에는 방산충은 빈약하게 보존되어 있으며, 대개 미정질 석영의 기질에 석영으로 채워진 외형으로 나타난다(그림 15.3). 또한, 방산충 처어트에는 해면류의 침골이 많이 나타나기도 한다.

층상 처어트는 화산암과도 교호되어 나타나기도 한다. 이 경우 처어트는 베개용암 안이나 그 위에 퇴적된 상태로 나타난다. 처어트는 용암과 화산 쇄설물질과 서로 교호되어 나타나기도 하며, 흑색 셰일과 원양성 석회암과도 교호되어 산출되기도 한다. 또한, 초염기성 암석이나 맥암과도 함께 나타나 초염기성 화성암-퇴적암이 함께 나타나는 오피올라이트(ophiolite)를 형성하기도 한다. 오피올라이트는 해양 지각의 일부로 여겨지고 있다.

그림 15.3 처어트 내에 원형의 모양으로 보존된 방산충.

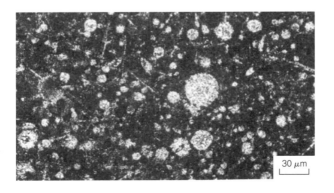

화산암과 함께 나타나지 않는 층상 처어트는 원양성 석회암 그리고 쇄설성이나 탄산염 저탁암과 함께 나타난다. 이들 퇴적물은 고기의 비활성 대륙 연변부(passive continental margin) 퇴적물에 특징적으로 나타나며, 일반적으로 층서상 탄산염 대지 퇴적물 위에 놓인다.

현생 규질 우즈의 퇴적 환경을 고려할 때, 고기의 방산충이 풍부한 층상 처어트는 수심이 수 km 깊이의 방해석 보상 심도보다 깊은 심해저 퇴적물이라고 할 수 있다. 그러나 석회질의 플랑크톤이 퇴적되지 않는 곳에서는 이보다 훨씬 얕은 곳에서도 규질의 처어트가 퇴적될 수 있다. 아마도 고생대나 전기-중기 중생대 동안에는 코콜리스(coccolith)와 유공충과 같은 석회질 플랑크톤이 출현하지 못했으므로 현재보다 수심이 얕은 곳에

그림 15.4 선캠브리아기의 층상 철광층에서 산출되는 처어트 (Wikipedia). 미국 미시간 주

서도 처어트가 형성되었을 것이다. 또한, CCD에 변화가 있게 되면 수심이 얕은 곳에서도 규질의 퇴적물이 쌓인다.

아직 규질의 생물체가 출현하지 않았던 선캠브리아기 시대에도 처어트가 많이 나타나는 것이 관찰된다(그림 15.4). 이 시기에 처어트를 형성하는 실리카의 기원은 화산 물질과 열수 용액(hydrothermal solution)이 된다. 아마 선캠브리아기 시대에는 해수에 실리카의 함량이 현생이언(Phanerozoic Eon)보다는 훨씬 많았을 것으로 여겨진다.

규조가 많은 규질의 퇴적물은 마이오세와 플라이오세의 환태평양 지역과 지중해의 일부 지역에 많이 나타난다. 이들 규조 퇴적물이 많이 나타나는 지역은 주로 용승이 일어나는 지역으로 소규모의 후호 분지(back-arc basin)와 열개 분지(裂開盆地)에 쇄설성 퇴적물의 공급이 없는 곳이다. 현재 이와 유사한 규질 우즈 퇴적물은 캘리포니아 만에서 관찰된다. 이들 규조 퇴적물은 중요한 석유의 근원암으로 작용하기도 하며 저류암을 이루기도 한다. 그 예로는 미국 캘리포니아 주에 분포하는 마이오세의 Monterey층이다. 우리나라의 경상북도 포항시 북부와 영해지역에 마이오세의 두호층에 규조토(diatomite)가 분포한다.

생물 기원의 규질 퇴적물이 도기암(porcellanite)과 처어트로 변질되어 가는 과정은 오팔-A에서 오팔-CT를 거쳐서 최종적으로 석영으로 바뀌어 간다. 그러나 이들 광물 종간 반응 속도가 매우 느리기 때문에 오팔-A로부터 석영까지의 변화 과정은 현재의 심해 퇴적물 조건에서는 수천만 년 정도까지 시간이 걸리는 것으로 알려지고 있다. 따라서 처어트나 도기암은 대서양과 태평양의 해저에서는 플라이오세와 그 이전의 퇴적물에서 잘 발달된 처어트가 나타나며, 북대서양에서는 에오세의 처어트가 광범위하게 발달되어 있다.

실리카질 생물 껍질의 비정질 오팔(이를 **오팔-A**라고 함)이 맨 처음 결정화 작용을 받으면 결정질의 오팔인 **오팔-CT**(혹은 **크리스토발라이트**)로 변한다. X-선 회절 분석에 의하면 오팔-CT는 결정을 이룬 형태임을 알 수 있다(그림 15.5). 그러나 오팔-CT도 아직은 결정들이 규칙적인 내부 구조를 이루지는 못한 상태이다. 대체로 오팔-CT는 직경이 5~10 μm 정도의 아주 작은 구형을 이루

그림 15.5 속성작용이 진행됨에 따라 달라지는 규산 광물의 변화와 이들의 특징적인 X–선 회절 양상. 오팔로부터 석영으로 변해감에 따라 결정도가 증가한다(Pisciotto, 1981).

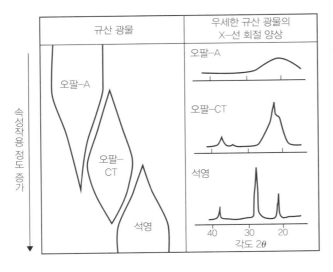

그림 15.6 오팔–CT의 주사전자 현미경 사진.

고 있다(그림 15.6). 계속하여 속성작용이 더 진행되면 불안정한 오팔-CT는 미정질 석영으로 이루어진 **처어트**로 바뀌며 처어트를 이루는 석영 결정의 크기는 비교적 일정하며 미정질이다. 이와 같이 오팔-CT가 석영으로 재결정화되면 방산충이나 규조 껍질의 원래 구조는 없어진다. 오팔-A에서 처어트로 바뀜에 따라 이들에 들어있는 물의 함량도 같이 줄어든다. 물의 함량은 오팔-A에는 약 3.0~15.3%, 오팔-CT에는 1.0~8.9% 그리고 처어트에는 0.3~1.3%가 들어있다.

생물 기원의 오팔-A로부터 처어트로의 변질작용은 용해도의 차이와 온도의 변화 때문에 일어난다. 해양 퇴적물의 공극수 pH 범위에서 생물 기원의 실리카는 용해도가 120~140 ppm, 크리스토발라이트는 25~30 ppm이며, 석영은 6~10 ppm이다(그림 15.7). 비정질인 오팔-A의 용해가 일어

나면 용액은 오팔-CT와 석영에 대해 포화 상태를 이룬다. 이 용액에서 오팔-CT가 석영보다 먼저 침전하는 이유는 석영의 내부 구조가 오팔-CT보다 더 규칙적이기 때문이다. 즉, 석영은 오팔-CT보다 좀더 낮은 농도의 용액에서 느린 침전작용에 의해 만들어진다.

또한 실리카 광물의 변환 과정은 시간과 온도가 조절을 하는 속성작용으로 여겨지고 있으며, 이에 따라 변환 과정은 마이오세 이전의 퇴적물에서 보통 일어나고 100~200 m 이상의 매몰 깊이에서 또한 18~56°C의 높은 온도에서 일어나는 것으로 보고되고 있다. 특히 높은 온도는 속성작용이 일어나는 동안 실리카가 핵을 이루고 성장을 하는 속도를 증가시킨다. 그러나 Botz와 Bohrmann(1991)은 남극 대륙 부근의 심해 퇴적물에서 도기암이 퇴적물의 온도가 0°C 정도에 해당하는 얕은 매몰 깊이에서 산출되는 것을 보고하였다. 이 보고에 따라 실리카 광물 간의 변환 과정이 온도 이외의 다른 요인이 작용하여 도기암이 생성될 수 있음을 시사하였다. 대체로 실리카의 속

성작용은 탄산염 성분이 많으면 알칼리도가 높아 촉진되는 것으로 여겨지고 있다. 이러한 탄산염 성분의 영향은 실내 실험과 심해저 퇴적물에서 보고되는 반면에, 유기 화합물은 오팔-CT의 침전을 더디게 하는 것으로 실험에서 밝혀졌다. 이에 따라 오팔-A로부터 오팔-CT로 변하는데, 유기물이 많은 층준보다 유기물이 빈약한 층준에서 이 반응이 훨씬 빠르게 일어날 것으로 예상된다. 또한 실리카 광물의 반응 속도에는 점토광물이 영향을 주는 것으로 알려져 있는데, 실험에 의하면 스멕타이트가 비록 적은 양 들어있을지라도 규조로부터 오팔-CT로 바뀌는 반응이 크게 방해를 받는다는 것이다.

남극 대륙 부근의 심해저 퇴적물에서 속성작용 초기의 산물로 해성의 오팔-CT 노듈과 오팔-CT 층준이 처음으로 관찰되었다(Bohrman et al., 1994). Maud Rise와 Southwest Indian Ridge로부터 채취한 두 개의 시추 코어에서 해저면으로부터 10 m 미만(471~474 cm와 602~607 cm)의 깊이에서 도기암층준이 관찰되었다. 이들 도기암이 관찰되는 코어 구간에서의 탄산염 퇴적물의 양과 유기탄소의 총량을 도기암층준 상·하의 퇴적물 구간과 비교 검토해 본 결과 탄산염 퇴적물의 양과 유기탄소의 양은 중요한 요인으로 작용하지 않은 것으로 밝혀졌다. 반면, 도기암이 나타나는 구간은 상·하의 퇴적물 구간에 비해 쇄설성 퇴적물의 함량이 매우 낮으며 생물 기원의 오팔이 90% 이상으로 높게 나타나는 특징을 가지고 있다. 여기서 쇄설성 퇴적물은 곧 석영과 점토광물을 가리키는데, 이러한 점토질 물질이 극히 적은 높은 순도의 생물 기원 오팔의 실리카가 도기암으로 매우 빠르게 변환을 하는 데 크게 작용한 것으로 해석된다. 이러한 순수한 규조질 우즈는 현재에는 남극 대륙의 주변에서만 제한되어 나타나고, 이렇게 오팔-A의 함량이 높은 심해 퇴적물은 다른 심해저 퇴적물에 나타나지 않기 때문에 현생 퇴적물에서 오팔-CT의 산출은 거의 없는 것으로 여겨진다. 만일 퇴적물 내에 점토가 있게 되면, 이들 불순물의 영향으로 오팔-CT에서 석영으로의 변질은 느리게 일어난다. 이렇게 되면 처어트 내에 방산충의 껍질이 잘 보존되는 경우도 있다.

규질 퇴적물이 속성작용을 받아 석영으로 변할 때 공극률이 감소하는 현상이 나타난다. 미국 캘리포니아 주에 분포하는 마이오세의 Monterey층의 규조토는 50~90%의 공극률을 함유하고 있으며, 오팔-CT 퇴적물에는 30% 정도, 처어트에는 10% 미만의 공극률이 존재한다. 이와 같은 공극률의 감소는 압축작용의 결과라기보다는 실리카 광물의 변질작용에 의한 것으로 해석되고 있다.

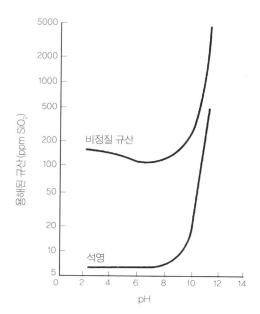

그림 15.7 25℃에서의 석영과 비정질 규산의 용해도 (Tucker, 1991).

15.3 단괴상 처어트

단괴상 처어트는 탄산염암에서 주로 나타난다. 처어트는 여러 가지 크기의 아원형 또는 불규칙한 형태로 나타나며 대체로 특정 층리면을 따라 발달하는 것이 특징이다(그림 15.1B). 이들 단괴들이 서로 합쳐지면 처어트층을 이루기도 하며, 이때 층상 처어트와 비슷하게 나타난다. 단괴상 처어트는 주로 대륙붕에 쌓인 탄산염암에 많이 나타나지만 원양성 석회암과 백악기의 백악(白堊, chalk; 그림 15.8)에도 나타난다.

석회암에서 단괴상 처어트는 속성작용에 의해 탄산염 광물이 실리카 광물로 치환되면서 생성된다. 단괴 내에는 석회질의 화석 파편이나 우이드가 실리카에 의해 교대를 받았지만, 원래의 형태가 보존되어 있는 경우도 있다(그림 15.9).

단괴상 처어트는 층상 처어트와 비슷한 과정을 거쳐서 형성되는데, 탄산염 퇴적물 내에 산재해 있는 생물 기원의 실리카가 용해된 후 단괴가 성장하는 곳에서 오팔-CT로 재침전이 일어나 생성된다. 먼저 공극이 오팔-CT로 채워진 후 탄산염 입자와 기질이 오팔-CT로 교대작용을 받게 된다. 오팔-CT로부터 미정질 석영과 석영으로의 변환작용은 단괴의 중심부로부터 바깥쪽으로 진행되어 간다. 많은 경우에 미정질 석영은 탄산염 입자를 교대하여 나타나는 반면, 옥수 석영과 거정질 석영은 주로 공극을 채우는 형태로 산출된다(그림 15.2B, 15.9).

대륙붕의 탄산염 퇴적물에서 생물 기원 실리카는 주로 해면동물의 침골로부터 유래되는 반면, 심해의 원양성 석회암에서는 방산충과 규조로부터 실리카가 공급된다. 처어트의 단괴는 증발암을 교대하여 생성되기도 하며, 이때에는 특징적으로 length-slow(이방성 광물에서 광물의 긴 방향이 천천히 진동하는 빛의 방향과 일치하는 경우)를 나타내는 석영(석영의 이 종류를 **quartzine**이라고 함)이 나타난다.

그림 15.8　백악 내에 발달한 검은색의 처어트 단괴(플린트).

그림 15.9　우이드가 규산으로 완전히 치환되었으나 우이드의 원래 형태가 보존되어 있다. 캄브리아기 Gatesburg층(미국 펜실베이니아 주).

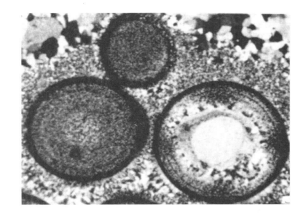

15.4 무기 기원의 처어트

처어트는 고립된 해양이나 호수에서 비정질의 실리카로부터 직접 침전이 일어나 생성되기도 한다. 이들 처어트층 내에서는 슬럼프 구조와 층간 각력암들이 많이 관찰되는데, 이러한 특징은 처어트의 생성이 구조작용에 의해서라기보다는 퇴적 동시성에 의해서라는 것을 지시한다. 규질의 우즈는 쉽게 고화되지 않기 때문에 슬럼프 구조가 형성되는 초기의 준고체 상태의 규질의 물질은 실리카 젤(gel)의 형태를 지니고 있었을 것이다. 무기적인 실리카의 침전은 용액의 pH가 심하게 변할 때 일어난다. 대부분의 자연수에서 석영은 아주 낮은 용해도를 가지고 있다. 석영의 용해도는 pH가 9 이하일 때는 거의 변화를 보이지 않고, 9 이상이면 pH가 증가함에 따라 용해도가 급격히 증가한다(그림 15.7). 이후 산성의 pH 조건으로 바뀌면 실리카의 침전이 일어난다.

호주 남부의 쿠롱 지역에 있는 일시적으로 형성되는 호수에서도 처어트의 침전이 관찰된다. 이 호수에서는 계절적으로 호수에 사는 조류(식물성 플랑크톤)의 활발한 광합성 작용으로 인해 pH가 높아져서 쇄설성 석영 입자와 점토광물의 부분적인 용해가 일어난다. 따라서 호수는 비정질의 실리카에 대해 포화 상태를 이룬다. 호수의 pH가 낮아지거나 증발에 의해 물의 부피가 감소하면 물속에 용존되어 있는 실리카의 침전이 일어나 크리스토발라이트의 미세 결정(오팔-CT)을 함유하는 비정질의 젤이 생성되며, 이들은 점차 처어트로 변하는 과정을 겪는다.

육상의 퇴적 분지에서 화산암의 존재는 처어트의 생성에 많은 영향을 끼친다. 이러한 현상은 동아프리카의 열곡대에 위치한 호수 분지에서 많이 연구되었는데, 여기의 호수 물은 알칼리성의 탄산나트륨 성분이 많은 염수이다. 호수의 pH가 10 이상으로 증가하면 실리카는 화산암과 화산 암편으로부터 용탈(溶脫)되어 나온다.

처어트가 **마가다이트**[magadite, $NaSi_7O_{13}(OH)_3 \cdot 3H_2O$]나 그 밖의 함수 나트륨 규산염 광물로부터 형성된다는 것이 케냐의 마가디(Magadi) 호수의 상부 플라이스토세 호수 퇴적물을 연구한 Eugster에 의해 1967년 처음 보고되었다. 이후부터 이와 같은 독특한 무기 기원의 처어트가 케냐와 탄자니아에 분포한 동아프리카 열곡대 플라이스토세의 호수 퇴적물과 미국의 쥐라기에서 플라이스토세의 호수 퇴적층에서 알려졌다. 이 처어트는 얇은 두께로 불연속적인 지층을 이루거나 불규칙한 모양을 나타내는 판상이나 노듈상으로 산출된다. 처어트는 미정질의 옥수 석영과 규산염, 알루미늄 규산염 광물로 이루어져 있다. 이 처어트는 호수 물이나 염수로부터 직접 침전이 일어나 형성되지 않고 일차적으로 생성된 마가다이트나 그 밖의 함수 나트륨 규산염 광물이 초기 속성작용을 받아 생성된다.

마가다이트는 탄산나트륨 성분이 많은 알칼리성 호수에서 침전된다. 미국의 오리건 주와 케냐의 화산지대에 폐쇄된 호수에서의 pH가 11까지 높게 나타나고 SiO_2의 양은 2700 ppm까지 측정되었다. 이 정도의 호수는 많은 양의 실리카를 용해된 상태로 함유하게 된다. 이러한 호수의 화학 조성은 이 호수에 담수가 유입되면 희석되어 마가다이트가 침전하는 작용이 일어난다. 실리카가 많은 알칼리성의 호수에 담수가 유입되면 호수 물은 층리를 형성하는데, 마가다이트는 담수와 고염분의 알칼리성 호수 물과의 경계면에서 pH가 낮아지므로 침전이 일어난다. 이밖에도 pH를 낮추는 데는 반드시 담수뿐 아니라 유기물에 의해 생성되는 CO_2 역시 작용한다. 또한 염수가 증발이 일어나 농도가 더 높아져도 마가다이트가 침전이 일어난다고 주장되었다.

마가다이트가 처어트로 바뀌는 데에는 마가다이트로부터 나트륨과 물이 빠져나가며 고체 물질의 부피가 감소를 한다. 이렇게 부피가 감소를 하면서 처어트의 표면은 쭈글쭈글한 양상이 나타나며 퇴적 동시성 변형 구조의 양상이 나타난다. 마가다이트가 처어트로 바뀌는 반응식은 다음의 두 가지로 표현할 수 있다.

$$NaSi_7O1_3(OH)_3 \cdot 3H_2O + H^+ \rightarrow 7SiO_2 + 5H_2O + Na^+$$
마가다이트 처어트

$$NaSi_7O1_3(OH)_3 \cdot 3H_2O \rightarrow 7SiO_2 + 4H_2O + Na^+ + OH^-$$
마가다이트 처어트

마가다이트가 처어트로 바뀔 때 이 두 반응식에 관여하는 공극수의 화학적인 변수로는 (1) pH의 감소, (2) 나트륨 활성도의 감소, (3) 실리카의 활성도 감소, (4) 공극수의 염분 증가로 인한 물의 활성도 감소를 들 수 있다. 마가다이트가 처어트로 바뀌는 반응은 탈수작용이므로 지표 또는 지표 가까이에서 높은 온도가 필요함을 알 수 있다.

마가다이트가 처어트로 바뀌는 데에는 비교적 짧은 시간이 걸린다. 동아프리카의 호수 퇴적물에서 마가다이트가 처어트로 바뀌는 데에는 수백 년에서 수천 년($10^2 \sim 10^3$년)이 소요된 것으로 알려져 있다. 이는 호수 주변의 하천 퇴적물로 여겨지는 지층에서 처어트의 파편이 관찰되었고, 마가다이트가 플라이스토세 후기보다 더 오래된 호수 퇴적층에서는 관찰되지 않는 점으로 미루어 보아 마가다이트가 처어트로 바뀌는 작용은 비교적 빠르게 일어남을 알 수 있다.

이 호수들의 염수에도 물론 규조가 존재하지만, 규조는 처어트 생성에 필요한 실리카의 공급원으로서는 그다지 중요하지 않은 것으로 밝혀졌다. 백악기 동안 한반도에도 많은 화산활동이 있었

그림 15.10 층리와 변형 구조를 잘 나타내는 무기 기원 처어트층(밝은 색). 백악기 우항리층(전남 해남).

그림 15.11 실크리트(검은색 단괴). 백악기 Khorat층군 (태국).

다. 전남 해남 지역의 호수 퇴적층으로 해남분지에 쌓인 우항리층에도 화산 기원 물질로부터 유래된 실리카가 침전하여 쌓인 처어트 퇴적물이 층을 이루고 쌓여있다(그림 15.10).

처어트는 또한 토양에서도 침전이 일어나며 건조 또는 아건조 기후의 토양에 나타나는 **실크리트**(silcrete)가 그 대표적인 예이다(그림 15.11). 이러한 기후대에서는 지하수가 알칼리성을 띠며 pH가 9 이상인 경우에 실크리트가 생성된다. 실크리트는 대체로 모래 입자 사이에 미정질 석영의 교결물, 또는 세립질 퇴적물 내에서 미정질 석영의 모자이크로 이루어져 있다.

15.5 실리카 순환

처어트 퇴적물은 지구 전체의 해양 실리카 순환의 진화를 기록하고 있다. 지구 역사에서 보면 세 번에 걸친 처어트의 퇴적작용에 변화가 있는 것으로 알려진다(Maliva et al., 2005). 가장 처음의 변화는 후기 고원생대(Paleoproterozoi, 약 18억 년 전)에 일어난 것으로 해양 환경에 광범위한 무기적인 실리카의 침전이 끝난 것이다. 이러한 무기적인 실리카의 침전은 잘 알려진 층상 철광층(banded iron formation)과 함께 교호하며 산출되었다. 이후 일어난 두 번째의 변화는 실리카를 분비하는 생물의 진화와 밀접한 관련이 있다. 캠브리아기와 오르도비스기 동안에는 선캠브리아기의 무기적인 실리카의 침전으로부터 생물에 의한 실리카의 침전으로 대변화가 일어난 것이다. 원생대 지층에는 연조석대지(peritidal) 환경에 초기의 속성작용 동안 생성된 처어트가 흔히 관찰되나 현생이언의 지층에서는 비슷한 퇴적 환경의 퇴적물에서 이러한 기록이 나타나지 않는다. 이들 해안선 환경의 처어트에는 미생물의 화석이 잘 보존되어 있기도 하다. 이러한 실리카질화 작용의 차이는 아마도 원생대의 해양에는 높은 실리카의 농도가 있었다는 것을 가리키는 것으로 해석된다. 중원생대와 신원생대 동안의 바다는 실리카의 농도가 어느 정도 높았기 때문에 연조석대지의 환경에서 아마도 증발작용의 도움을 받으면서 초기의 속성작용 동안 실리카가 침전할 수 있었을 것으로 여겨지고 있다. 그러나 바다의 실리카 농도는 충분히 높지는 않았기 때문에 하조대(subtidal zone)의 대양 환경 퇴적물에는 속성작용에 의한 실리카가 침전하지는 않았을 것이다. 현생이언 동안의 처어트는 대부분 탄산염암을 교대하여 나타나며 이들은 석회암이나 백운암의 층에 개별적인 노듈 혹은 층으로 산출된다. 여기서 이들 교대작용으로 만들어진 처어트의 환경 분포는 실리카의 공급원 분포에 따라 달라진다. 실리카의 대부분이 생물 기원으로 이들의 분포는 규조의 껍질, 방산충의 껍질과 실리카질 해면동물의 침골이 퇴적되는 장소와 밀접한 관련이 있다. 현생이언 동안의 두 번째 변화는 후기 백악기와 팔레오세에 일어났다. 이 시기 동안에는 자생적으로 실리카를 분비하는 규조가 급격히 번성을 하여 실리카의 퇴적 장소를 얕은 바다에서 심해의 환경으로 바꾸어 놓았다.

16

인산암과 함철암

16.1 인산암

퇴적 기원의 인산염 퇴적물 또는 인회토(燐灰土, phosphorites)는 중요한 자연 자원이다. 인산염(燐酸鹽)은 비료의 주요 성분이며 화학 공업에서도 많이 이용되고 있다. 또한 인회토에는 경제적으로 유용한 원소인 우라늄, 불소, 바나듐과 희토류 원소들이 많이 들어있다. 인산염은 해양 환경에서 중요한 영양소이며, 인산염의 양은 유기물의 생산성을 좌우한다.

대부분의 퇴적암은 인회석(apatite), 뼈의 파편 등과 분석(糞石, coprolite)의 형태로 소량의 인산 칼슘염을 함유하고 있다. 퇴적 기원의 인산염 퇴적물은 단괴상과 층상 인회토로서 이들의 형성은 해수의 용승과 유기물의 생산성과 밀접히 관련되어 있다. 퇴적물의 재동이 활발한 곳에서는 생쇄설물과 자갈로 된 인회토가 생성되며, 이 외에도 새의 배설물인 구아노(guano)와 이로부터 유래된 퇴적물도 나타난다.

인산염 광물은 거의 모든 종류의 암석에 미량으로 함유되어 있으며, 특정한 염기성 암석과 초염기성 알칼리 화성암체, 해양 퇴적 기원의 인산염암과 구아노 퇴적층에는 상대적으로 많이 들어있다. P_2O_5가 1% 이상 들어있는 광물은 대략 200종이 넘는데, 자연적으로 가장 흔하게 산출되는 광물군은 인회석(apatite) 종류이다. 인회석 광물군으로는 화성암에 들어있는 불소인회석[fluorapatite, $Ca_{10}(PO_4)_6(F,OH)_2$], 일차적인 해양 기원의 인산염암에 나타나는 프란콜라이트[francolite, $Ca_{10}(PO_4)_{6-x}(F,OH)_{2+x}$], 뼈 화석에 들어있는 탄산염-불소인회석[carbonate-fluorapatite, $Ca_{10}(PO_4)_{6-x}(CO_3)_x(OH,F)_{2+x}$]과 구아노에 의하여 변질된 석회암에 나타나는 함수인회석[hydroxylapatite, $Ca_{10}(PO_4)_{6-x}(CO)_x(OH)_2$]이 있다.

인산암은 대부분 해양 기원이다. 물론 호수에서 생성된 것과 육지에서 생성된 구아노가 약간 나타나기도 한다. 대부분의 구아노 퇴적물은 해양의 일차 생산력이 매우 높은 지역의 섬에 바닷새의 서식지나 군서지에서 이들의 배설물이 쌓여 만들어진다. 이러한 바닷새의 배설물로 이루어진 퇴적물은 일차 생산력을 일으키는 영양염이 많은 해수의 용승이 일어나는 저위도의 섬이나 해안가 지역에 국한되어 나타난다. 비가 많이 내리는 지역에서는 우수에 의하여 인산염이 용해되어 암석으로 침투하여 들어가 재침전이 일어난다. 이렇게 구아노 퇴적물로부터 유래되어 인산염화된 암석의 광물 조성은 교대작용을 받은 원래 암석의 조성에 따라 산호초로 이루어진 섬에서는 Ca 인산염 그리고 화산섬일 경우는 Fe/Ca-인산염과 Al-인산염으로 다르게 나타나기도 한다. 고기의 해양 퇴적물로 규조토(diatomite)와 이의 속성작용으로 생성된 도기암(porcelanite)과 처어트와 같은 생물 기원의 실리카 퇴적물에서는 펠릿형 인산염암(pelletal phosphorite)이 나타나기도 한다.

호수 환경에서 인산염의 기원은 동물성 플랑크톤의 분비물, 물고기의 이빨과 뼈, 그리고 새의 사체와 같은 유기물에서 유래된다. 이들로부터 생성되는 인산염 광물은 비비안나이트[vivianite, $Fe_3(PO_4)_2 \cdot 8H_2O$, 그림 16.1]와 탄산염 인회석이다.

그림 16.1 호수 퇴적층에서 산출되는 비비안나이트(이승현 등, 2003). 제4기 하논 퇴적층(제주 서귀포).

0.5 cm

16.1.1 광물학적 특징

퇴적 기원의 인산염 광물은 인회석의 변종으로 나타난다. 화성암 기원의 인회석은 주로 불화인회석[fluorapatite, $Ca_5(PO_4)_3F$]이나, 퇴적암에서는 인산염이 탄산염으로 교대되거나 불소가 수산기(hydroxyl) 또는 염소로 교대되어 나타난다. 또한 칼슘 이온이 나트륨, 마그네슘, 스트론튬, 우라늄 등으로 교대되기도 한다. 대부분의 퇴적 기원 인산염 광물은 수산화-불화인회석(hydroxyl fluorapatite)로서 $Ca_{10}(PO_4,CO_3)_6F_{2-6}$으로 표현된다. X-선 회절분석이나 화학 분석을 통해서 퇴적 기원의 인회석을 구분할 수 있으며, 1% 이상의 불소와 상당량의 탄산염을 함유한 경우에는 프란콜라이트(francolite), 불소가 1% 미만인 탄산수산화 인회석은 달라이트(dahllite)라고 한다. 이 두 광물은 광학적으로 이방성을 띤다. Collaphane은 등방성의 미정질 퇴적 기원 인회석을 가리키며, 이의 정확한 화학 조성은 아직 잘 알려져 있지 않다. 해저 퇴적물에는 프란콜라이트가 주로 침전하여 인회토가 생성된다.

16.1.2 단괴상 및 층상 인산암

해저에 있는 인산염 퇴적물은 북·남미 대륙의 서부 해안과 미국의 동부 그리고 아프리카와 일부 대륙붕 환경에서 잘 보고되어 있다. 해양에서 생성되는 인회토는 대체로 대륙붕의 바깥쪽과 대륙사면 등 퇴적작용이 매우 느리게 일어나는 곳에서 산출되며, 수심은 대략 60 m에서 300 m 정도에 해당된다.

단괴상으로 나타나는 인산암은 직경이 수 cm에 이르며 그 모양은 다양하다. 인산염 퇴적물의 내부 구조는 균일하거나, 동심원상의 엽층리를 보이기도 한다. 우라늄 동위원소로 생성연대를 측정한 결과 현재 해저에 나타나는 인회석의 대부분은 현세 이전에 퇴적된 것으로 밝혀졌으며, 어느 경우는 마이오세에 형성된 것으로 나타나기도 한다. 현재 인산염 광물이 생성되는 곳으로는 남서아프리카 외해와 페루-칠레의 외해 그리고 호주 동부의 외해 세 군데가 있다.

인회토는 규조 우즈에 분산되어 나타나기도 하며, 생물의 파편, 분석(coprolite), 펠릿과 인산염 단괴로도 나타난다. 인산염의 함량은 퇴적물의 고화가 진행됨에 따라서 점차 높아진다. 또한 규조,

유공충 등이 인산염 광물로 교대되어 나타나기도 한다. 교대가 일어나면 화석의 구조는 없어지게 되고 교대작용이 심해지면 인회토 펠릿으로 나타난다.

16.1.3 해저 인산암의 기원

해양 기원의 인산암 생성 모델은 그림 16.2에 나타나 있다. 인산화 작용(phosphogenesis)은 퇴적물 표면으로부터 수 cm 이내에서 프란콜라이트가 침전하여 일어난다. 인산화 작용은 미생물에 의하여 공극수의 Eh와 pH가 조절되어 일어나는 생화학적인 작용이다. 초기에 생성되는 인산화 작용은 나중에 수력학적 또는 생물에 의한 재동작용, 또는 세립질 물질을 걸러내는 채질작용으로 경제성이 있는 인산암이 생성되는 작용하고는 별개이다. 현생 환경에서 인산화 작용은 남미, 바하캘리포니아, 남아프리카와 인도의 서해안을 따르는 용승작용이 활발히 일어나는 곳의 해저에서 자주 관찰된다. 이렇게 용승이 일어나는 곳에서는 해안의 용승이 활발히 일어남에 따라 영양염이 해수 표층으로 공급되며 이에 따르는 해수 표층에서의 생물의 일차 생산성이 증가하고 또한 높은 유기 탄소의 양이 해저로 공급된다. 해저에서는 미생물에 의하여 분해되어, 또는 어류의 뼈로부터 녹아 나오는 인이 공극수에 높은 양으로 나타나면서 프란콜라이트의 침전이 일어난다. 특히 인산화 작용은 해수면의 상승 시기에 쇄설성 퇴적물의 공급이 저조할 때 잘 일어난다. 퇴적률이 낮으면 퇴적물 내의 공극수에 인과 불소의 농도가 높아진다. 또한 프란콜라이트의 침전은 높은 pH 조건에서 잘 일어나는 것으로 알려져 있으며, 이러한 조건은 퇴적물의 매몰 정도가 얕은 경우에만, 즉 해수로부터 불소가 확산을 통하여 공급될 수 있는 퇴적물 깊이에서만 일어날 수 있다. 즉, 해저 퇴적물에서 퇴적물 내 미생물에 의해 황산염 환원이 일어나며, 유기물이 산화되어 높은 알칼리도를 유지하는 퇴적물에서 인산화 작용이 일어난다. 저층수에 용존 산소가 부족하여야만 인산화 작용이 일어난다. 이렇게 퇴적물의 매몰 초기에 생성된 인산염 퇴적물은 이후 폭풍과 같은 작용으로 재동 (reworking)과 채질작용을 거치고 인산염의 성분 비율이 높아지면서 경제성이 있는 광상이 형성될 수 있다. 이러한 예로 요르단에 발달한 65 m에 이르는 두꺼운 인산암 광상이 보고되었다(Pufahl et al., 2003).

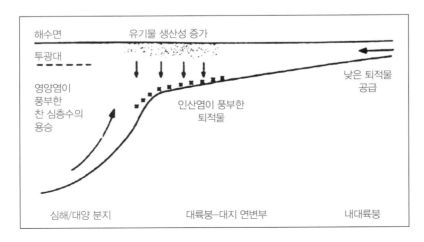

그림 16.2 해양 기원의 인산암 생성 모델(Tucker, 1991).

해수면이 높아지면 얕은 수심의 대륙붕 면적이 광범위하게 형성되어 인산화 작용이 일어날 수 있는 공간을 더 확보하게 된다. 또한 해수면 상승이 일어나면 해안선이 내륙 쪽으로 이동하여 쇄설성 퇴적물이 내륙 쪽에 쌓이기 때문에 대륙붕에는 쇄설성 퇴적물의 공급이 덜 일어나 퇴적률이 낮아져 인산화 작용이 일어날 수 있는 시간적 여유가 길어진다. 이에 더하여 해수면이 상승하면서 파도나 해류의 영향이 활발해져 인산염 함유 퇴적물이 재동작용과 채질작용을 받으면 경제성 있는 인산암을 형성하기도 한다. 경제성 있는 인산암 광상의 예는 상부 백악기부터 에오세 동안 곤드와나 대륙의 북부에 위치한 테티스해(Tethys Sea)의 남쪽 가장자리를 따라 콜롬비아, 베네수엘라, 북-북서 아프리카에서 중동지역에 이르는 벨트를 이루며 발달한 인산암 광상으로 전 세계 인산암 매장량의 약 66%를 차지하는 남테티스해 인산염 지구(South Tethyan Phophogenic Province)가 있다. 이 벨트의 인산암은 탄산염 퇴적물과 밀접한 관련을 가지고 산출된다.

경제성 있는 인산암 광상의 성인으로 자주 인용이 되는 기작은 Baturin(1971)이 제시한 Baturin 주기가 있다. 이 기작은 해수면이 높았을 때 대륙붕의 면적이 넓어지면서 인산화 작용이 잘 일어나며, 이후 해수면이 낮아지거나 낮았을 때 인산염 함유 퇴적층이 재동을 받아 인산염의 농집이 일어나 경제성 있는 광상이 생성된다는 것이다. 즉, 이 기작에 의하면 경제성 있는 인산염 광상이 생성되기 위해서는 해수면의 변동이 필수적으로 수반되어야 한다는 점이다. 그러나 Pufahl 등 (2003)은 요르단의 인산염 광상을 연구하여 Baturin 주기와 같이 해수면의 상승과 하강의 변동에 의하지 않고 한 번의 해수면 상승 시기 동안에 퇴적 분지 내부에서 인산화 작용이 일어나고 이들 퇴적물이 폭풍에 의하여 재동이 일어나 생성되는 인산염 광상의 성인을 제기하였다.

16.1.4 고기 인산염의 기록

대부분의 인산염 퇴적물이 용승류와 유기물의 높은 생산성과 밀접한 관련이 있다는 사실은 잘 알려져 있다. 지질 시대를 통해 보면 주요한 인산암의 생성 시기는 후기 선캄브리아기-캄브리아기, 페름기, 후기 백악기-전기 제3기 그리고 마이오세-플라이오세로 알려져 있다. 가장 잘 알려진 인산염 퇴적물 중 하나는 미국의 아이다호 주, 와이오밍 주와 몬태나 주에 걸쳐서 널리 분포하는 페름기의 Phosphoria층이다(그림 16.3). 이곳에는 약 350,000 km^2에 이르는 넓은 지역에 P_2O_5 성분이 최고 36%까지 포함된 인산염 퇴적물이 분포한다. Phosphoria층은 탄소질 이질암, 인산염 함유 이질암, 펠릿질 우이드(그림 16.4), 피솔라이트 그리고 단괴상의 인회토 등으로 구성되어 있다. 그중 대부분의 인산암은 수 mm 크기의 무척추 동물 배설물 기원의 펠릿으로 되어 있다. Phosphoria층의 인산염 퇴적물은 외대륙붕과 대륙사면의 상부에 발달해 있으며, 육지 쪽으로 천해의 탄산염암, 증발암과 적색층으로 공간적인 퇴적상 변화가 나타난다. Phosphoria층의 인산염 퇴적물은 현생의 인산염 퇴적물 생성과 유사하게 형성되었을 것으로 여겨진다. 즉, 처음에 인산염은 용승류에 의해 해저로부터 유래되었으며, 이로 인해 해수 표면에서 식물성 플랑크톤이 번성하고 죽으면서 인산염이 퇴적물 내로 운반되었을 것이다.

지질 기록상에 나타나는 대부분의 인산암은 해수면이 상대적으로 높았거나 또는 짧은 기간 동안

그림 16.3 페름기 Phosphoria해에 쌓인 퇴적물의 공간적 분포(Sheldon, 1963).

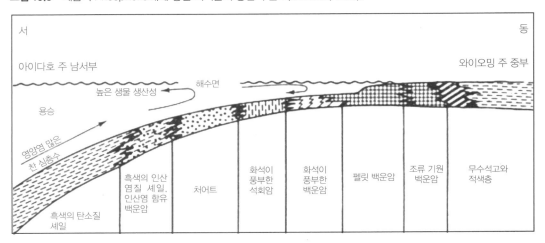

그림 16.4 페름기 Phosphoria층의 현미경 사진. (A)는 개방 니콜이며, (B)는 교차 니콜이다(미국 몬태나 주).

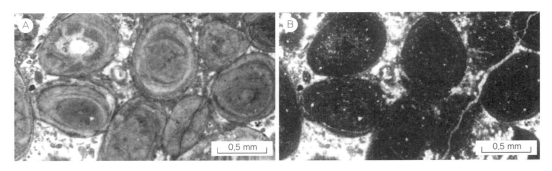

의 해침이 일어났을 때에 형성된 것으로 밝혀지고 있다. 이 기간 동안에 얕고 영양염이 많은 대륙붕 바다에는 식물성 플랑크톤이 번성하였으며, 이에 따라 해저면에는 산소의 공급이 부족하게 되어 유기물이 쌓일 수 있었다. 또한 인산암의 생성은 따뜻한 기후와 밀접한 상관 관계가 있다. 따뜻한 기후 조건에서는 육지에서 화학적 풍화가 활발히 일어나 해양으로 인의 유입이 증가하며, 해수가 따뜻한 수온으로 인해 층리화가 일어나 해수의 순환과 산소의 용해도가 감소하여 용존 산소가 부족한 해수가 넓게 확장되는 조건을 제공하였을 것이다.

16.1.5 생쇄설물과 자갈층 인산암

척추동물의 뼈 파편이 국부적으로 농집되어 뼈 파편층을 형성하기도 한다. 유수나 파도의 재동이 활발해지면 세립질 물질은 빠져나가고 인산염 입자만이 잔류 퇴적물로 남아 인산염이 농집된 상태가 된다. 해침과 해퇴가 일어나는 대륙붕과 해안 그리고 하천이나 조간대 하천들이 이러한 작용이 일어나는 환경들이다. 또한, 생쇄설물 인산암은 용승과 관련된 인산염 퇴적물과 같이 형성되기도 한다.

속성작용을 받는 동안 생쇄설물 인산암의 뼈 파편에 포함된 인산염 함량은 점차 증가하며 원래 낮은 불소의 함량도 시간이 지남에 따라 증가한다. 이들 뼈 파편들은 collaphane으로 교결작용을 받기도 하며 인산염 단괴가 뼈 파편들을 중심으로 침전하며 생성되기도 한다. 속성작용에 의해 형성된 인산염은 석회암, 이질암과 사암 내에서 단괴, 교결물, 그리고 석회질 화석의 교대물 형태로 침전이 일어난다. 이들 인산염은 대체로 퇴적물 내에 산포(散布)되어 있는 유기물이 분해되며 공급되어 형성되며, 중성 또는 약산성의 pH를 갖는 공극수는 $CaCO_3$가 인산염으로 교대되는 것을 촉진시킨다.

인산염 단괴나 인산화된 석회암과 화석들은 생성된 이후 풍화작용에 잘 견디며 쉽게 재동을 받아 다시 농집되어 층을 이루기도 한다.

16.1.6 구아노

새나 박쥐의 배설물들은 경제적 가치가 있는 인산염 광상을 형성하기도 한다. 이 배설물들은 용탈되어 주로 인산칼슘으로 된 불용성 잔류물인 구아노(guano)가 생성된다. 동태평양에 있는 섬이나 서인도제도와 같은 건조한 지역에는 새들에 의한 구아노가 두껍게 형성되어 있는 것이 관찰되는데, 이들의 생성 시기는 상당히 오래 전이다. 지질학적으로 구아노 자체는 별로 중요하지 않지만, 이들로부터 공급된 용액은 하부에 놓인 석회질 퇴적물이나 암석을 인산화시키는 역할을 한다.

16.2 함철암

철을 함유하는 퇴적층인 함철암(含鐵岩)은 퇴적상, 퇴적 환경과 광물군의 차이로 **층상 철광층**(banded iron formation)과 **철암**(ironstone)으로 나뉜다(Gross, 1996). 층상 철광층은 규질 퇴적물(siliceous sediments)과 이에 호층을 이룬 망간 퇴적물에 관련된 화학적, 생물학적 또는 열수에 의한 유출 과정(hydrothermal effusive process)에 의하여 생성되는 것으로 알려진다. 함철 광물로는 철산화물, 규산염 광물, 탄산염 광물과 유화 광물이 있을 수 있으나 대체로 처어트나 석영으로 이루어진 기질에 적철석, 자철석과 침철석(goethite)의 입자들로 이루어져 있다. 층상 철광층의 철은 거의 전적으로 화산 증기에 의하여 유래되는 것이다.

이에 비하여 철암은 알루미늄과 인이 많이 함유되어 있으며, 점토질 이질 퇴적물에 세립질 쇄설성 물질과 화석이 들어있는 천해의 연안 환경에서만 관찰된다. 철암의 경우에는 주변에서 철의 공급원이 알려져 있지 않으므로 아마도 철은 육상의 풍화작용에 의하여 유래되어 철이 적게 들어있는 해수로 운반되어 농집되는 것으로 여겨지고 있다. 철암은 여러 가지 퇴적상으로 나타내는데, 이는 철암의 퇴적이 국지적인 퇴적 환경에 민감하게 일어난다는 것을 가리킨다. 박테리아와 스트로마톨라이트가 철암에서 관찰되는 것으로 보아 철암의 생성에 생물의 활동이 많이 작용한 것으로 알려지고 있다.

16.2.1 층상 철광층

층상 철광층은 후기 시생대(Late Archean)에서 전기 원생대(Early Proterozoic)(27억 년~19억 년 전) 시기에 산출되는 전형적으로 엽층리 구조를 가지는 Fe가 풍부한 층과 Si가 풍부한 층의 교호상 태로 나타나는 암층이다(그림 16.5). 여기서 두 층의 띠는 미터 두께의 규모로 반복되는 층상에서 부터 센티미터 규모의 띠 그리고 밀리미터 또는 그 이하의 두께로 반복되는 층상구조로 다양하게 산출된다. 층상 철광층은 약 15 wt.% 이상의 철을 함유하고 있으며, 약 35~50%의 처어트층으로 이루어져 있다. 처어트 층은 Fe가 많이 함유된 광물의 층과 교호를 한다. 지금까지 알려진 바로는 선캠브리아기의 바다에는 실리카를 이용하여 껍질을 만드는 생물체가 존재하지 않았으므로 규산 의 포화도는 아마도 비정질의 규산에 포화 상태를 이룰 정도로 현재보다는 아주 높았을 것으로 여 겨진다. 이에 따라 규산의 침전은 증발에 의하여 과포화가 일어나 고체상의 철 광물과 함께 침전이 일어났을 것으로 해석되고 있다. 철 광물층을 형성하는 철의 공급은 육지의 풍화 또는 중앙해령 지 대, 열점(hotspot)의 활동에 의한 열수로부터 공급되었다고 알려지고 있다. 이 중에서도 후자의 해 양 기원이 더 중요하였을 것으로 여겨지고 있다. 즉, 해양에서 지각의 활동에 의한 열수작용에 의 하여 Fe가 용출되어 해수에 공급되었다는 것이다. 그렇다면 이들과 함께 침전을 하는 처어트층을 이루는 규소의 공급은 어디였을까? Fe와 마찬가지로 해저의 열수작용에 의하여 공급되었을 것인 가 아니면 대륙으로부터 유래된 것일까에 대한 해석이 분분하였다. Hamade 등(2003)은 층상 철광 층의 처어트층에서 Ge/Si의 비를 이용하여 연구한 결과 규소가 대륙의 풍화로부터 기원하였다고 주장하였다. 이렇다면 처어트층이 생성되는 시기는 중앙해령 지대에서의 열수의 작용이 뜸한 시기 로 Fe의 공급이 줄어든 시기라는 것을 가리킨다.

    층상 철광층의 생성은 약 18억 년 전에 갑자기 중지되었다. 아마 이 시기는 해양에서 서식하는 생물체들이 광합성을 하여 산소가 부산물로 생성되어 해수에는 산소의 양이 이미 어느 정도 충분 한 양으로 존재하여 2가 철을 산화시켰기 때문으로 여겨지고 있다.

그림 16.5 호주 서부 필바라 지역 Hamersely Province 에 분포하는 고원생대(2470~2450백만 년 전) 층상 철광층 (Geoscience Australia).

층상 철광층의 형성 기작에 대해서는 많은 의견이 제안되었다. 그러나 전통적 으로 이들의 형성은 시아노박테리아가 지구에 출현한 후 2가 철이 생성된 산소 에 의하여 산화작용을 받아 생성된 것으 로 해석되고 있다. 그렇다면 문제는 38억 년에서 22억 년에 이르는 이른 시기의 층 상 철광층의 생성에 과연 충분한 산소가 있었는가에 대한 의문이 있다. 지구 역사 상 가장 초기의 무산소환경에서 광합성 을 하는 생물체에 의하여도 2가 철이 산 화될 수 있는 것으로 알려지고 있다. 선캠브리아 시기의 해양이 높은 수온으로 층리화를 이룬 상태에서 해수 표층에서 바람에 의하여 수층의 혼합이 일어나는 해수 깊이의 바로 아래 무산소환경에서 광합성을 하며 살 수 있는 박테리아가 있는 수층에서 층상 철광층의 침전이 일어났을 것으로 Kappler 등(2005)은 설명하였다.

대체로 대기 중의 산소는 시생대(Archean)와 원생대(Proterozoic)의 경계인 약 25억 년 전에 증가하기 시작한 것으로 알려진다. 이러한 사실은 지금까지 알려진 산소를 생산하는 시아노박테리아가 지구상에 이보다 약 2억 년 전인 27억 년 전에 출현을 하였는데, 왜 이렇게 대기 중 산소의 축적이 늦어졌는가에 대하여 설명을 할 수가 없었다. Kump와 Barley(2007)는 아마도 시생대 동안 활발하였던 해저 화산 활동이 시생대와 원생대의 경계(25억 년 전)에서 급격히 줄어들었으며 이와 동시에 대륙에서 화산 활동이 활발히 일어났기 때문으로 설명을 하였다. 시생대 동안 존재하였던 대륙으로는 호주 북서부의 필바라 안정지괴(Pilbara craton)와 남아프리카의 캅발 안정지괴(Kaapvaal craton)가 이미 30억 년 전에서 29억 년 전 사이에 일어난 맨틀의 풀룸 활동에 의하여 안정화되어 있었으며, 시생대의 말기에는 시생대의 안정지괴들이 서로 합체가 되어 최초의 초대륙이나 여러 개의 초대륙들이 생성되어 있었다. 시생대 동안의 화산 활동은 주로 해저에서 일어났으나 원생대의 화산 활동은 주로 대륙에서 일어난 것이었다. 해양 환경의 화산은 낮은 온도에서 분출되어 H_2, CO, CH_4와 H_2S가 많이 함유되어 있어 환원 가스들을 배출하지만, 대륙에서 일어난 화산은 마그마의 고온과 낮은 압력 하에서 평형을 이루기 때문에 H_2O, CO_2와 SO_2와 같은 산화된 가스를 주로 배출한다. 이와 같이 해저의 화산 활동에서 대륙의 화산 활동으로 전환되면서 시생대 동안 많은 산소를 소모하였던 해저 화산 활동이 줄어들면서 산소를 덜 소모하는 대륙 화산 활동으로 바뀌게 되어 시아노박테리아로부터 생산되는 잉여의 산소가 대기 중에 누적될 수 있었다고 설명하였다.

대기 중 산소의 함량은 약 24억 년 전에 급격히 상승하였는데, 이때를 **대산화작용 사건**(Great Oxidation Event)이라고 한다(그림 16.6). 이후 안정된 상태로 산소의 함량이 유지되다가 오늘날과 같은 정도의 함량으로는 다시 7억4천만 년 전에 증가하였다고 알려지고 있다. 이렇게 산소의 함량이 증가하기 이전 시대에는 심해에 Fe^{+2} 상태의 철이 존재하였을 것으로 해석된다(Lyons and

그림 16.6 대기 중 산소의 함량 변화(Lyons et al., 2014). 검은 곡선은 대기 중의 산소의 함량이 전통적으로 두 단계에 걸쳐 변화를 하였다는 것을 나타내고, 회색으로 나타낸 곡선은 최근의 연구 결과로 새롭게 해석되고 있는 대기의 산소 함량 진화 곡선이다. 오른쪽 축은 현재의 대기 조성(Present Atmospheric Level : PAL)에 대한 산소의 분압(PO_2)을 나타내며, 왼쪽의 축은 log PO_2를 나타낸다. 대산화작용 사건(Great Oxidation Event)은 약 24억 년 전에 대기의 산소 함량이 극적으로 증가한 사건을 가리킨다. 30억 년 전에서 25억 년 전 사이의 시생대에 나타나는 화살표는 해당 시기에 산소의 함량의 증가가 일시적으로 일어났었을 것이라는 것을 나타낸다.

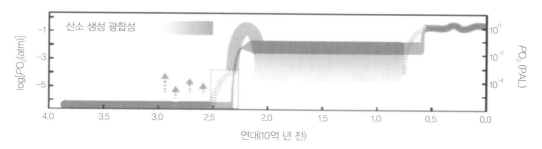

Reinhard, 2014).

선캄브리아기 층상 철광층이 특징적으로 철이 많은 광물과 실리카가 많은 광물로 이루어진 마이크로미터에서 미터 두께의 층이 반복되어 나타나는데, 왜 이렇게 서로 다른 광물로 이루어진 층으로 반복되어 나타나는가에 대하여는 잘 알려지지 않았다. Posth 등(2008)은 철-규산의 층으로 반복되어 나타나는 기작을 규명하기 위하여 이들의 생성이 영향을 미치는 미생물의 역할을 살펴보기 위하여 실험과 모델링 연구를 하였다. 이들은 철산화 미생물에 의한 생물학적인 3가의 철 광물 형성은 수온이 20~25°C 사이에 최대치에 이른다는 것을 밝혀냈다. 수온이 이보다 높거나 낮으면 미생물에 의한 철 광물의 생성이 느려지고 대신 무기적인 실리카의 침전이 촉진되는 것을 알아냈다. 이에 따라 Posth 등(2008)은 층상 철광층이 생성되는 동안 해양의 투광대에서의 수온의 변화가 미생물에 의하여 촉진된 3가철 광물의 퇴적과 무기적인 실리카 침전의 연속적인 주기적 발달 과정에 지대한 영향을 미쳐 일차적인 층상구조를 형성하였다는 것으로 해석하였다.

이와는 다른 이유로 철이 많은 광물층과 규산이 많은 광물층이 반복적으로 산출되는 것에 대하여 Rasmussen 등(2013)은 호주에 분포하는 25억 년 된 층상 철광상을 조사한 결과 이 층상 철광상은 점토광물인 stilpnomelane$[K(Fe^{2+},Mg,Fe^{3+})_8(Si,Al)_{12}(O,OH)_{27} \cdot n(H_2O)]$으로 된 실트 크기의 입자들로 이루어졌다는 것을 알아냈다. 이들은 이 입자들이 가장 변질작용을 적게 받은 층상 철광상에서 엽층리를 이루며 분포하는 것으로 보아 이들로 이루어진 엽층리는 퇴적 기원임을 알아냈다. 이러한 층상 철광상을 형성하는 원래의 퇴적물이 철이 많은 규산염 광물로 이들은 수층에서나 해저면에서 생성된 것으로 해석을 하였으며 아마도 비정질의 머드들이 서로 뭉쳐져서 실트 크기의 응집물을 만들었다고 해석하였다. 이후 이 실트 크기의 입자들은 저탁류에 의해 재퇴적되어 하부에 농집된 엽층리를 이루고 그 위에 이러한 실트 입자들이 퍼져서 분포하는 비정질의 머드층이 쌓였다. 주기적으로 이렇게 재퇴적된 함철 규산염 광물층과 비퇴적 시기의 해저 규산화 작용이 층상 철광상을 형성하였다고 주장하였다. 즉, 선캄브리아기 전기에는 2가 철이 많은 해양이 높은 규산의 함량을 가진 조건에서 이러한 함철 규산염 광물을 형성하는 데 용이하였을 것이며, 더욱이 대륙으로 유래된 퇴적물이 적었기에 층상 철광상을 만드는 데 기여하였을 것으로 해석하였다.

16.2.2 철암

철암은 주로 현생이언의 퇴적층에서 나타나는데 주로 전기 고생대와 쥐라기-백악기의 암석에서 산출되지만 철암의 분포는 중기 선캄브리아기부터 플라이오세까지 널리 분포한다. 철암은 철 광물이 층상으로 산출되지 않고 특징적으로 쇄설성 석영 입자를 피복하는 우이드 상(그림 16.7)으로 산출된다. 현생이언 동안 산출되는 우이드 철암의 지질 시대 분포는 그림 16.8에 나타나 있다. 우이드 철암은 현재 대부분의 대륙에 분포하는데, 캄브리아기와 석탄기-삼첩기 동안에는 철암의 산출이 드물다.

철암의 전체 양은 층상 철광층보다는 훨씬 적으며, 이들의 산출 양상도 두께가 얇으며, 괴상으로 나타나지만 층상으로는 나타나지 않는다. 우리나라 강원도 태백산 분지의 오르도비스기 지층인 동

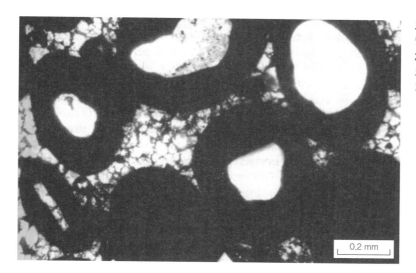

그림 16.7 석영의 핵 위에 발달한 철암의 우이드(Boggs, 2011). 이들은 거정질 방해석으로 교결되어 있다. 실루리아기 Clinton층(미국 뉴욕 주).

그림 16.8 현생이언 철암의 층서 분포(Van Houten, 1982).

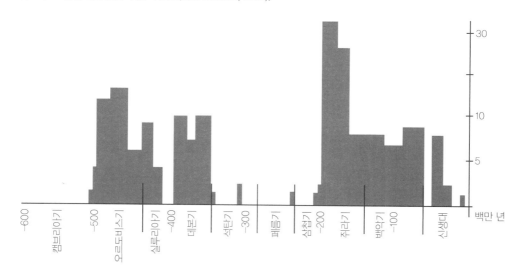

점층에도 철암층이 얇게 협재되어 있다(그림 16.9). 철암의 퇴적상으로는 두 가지 암상이 나타나는 것으로 알려진다. 하나는 모래와 화석을 함유한 천해의 퇴적물로서 이 퇴적물에는 많은 해록석의 펠릿이 들어있다. 다른 하나는 적철석과 침철석 그리고 챠모사이트(chamosite, 7Å의 철이 많은 점토광물)의 우이드로 이루어진 암상이다. 적색을 나타내는 철암에서 적철석이 가장 주된 함철 광물이다. 동점층에서 산출되는 철암층도 적철석-챠모사이트가 함께 나타난다(Kim and Lee, 2000).

그림 16.9 오르도비스기 동점층에서 산출되는 약 10 cm 두께의 철암층(강원도 태백).

17

화산쇄설암

17.1 화산쇄설성 퇴적물의 생성

화산쇄설성 퇴적물(volcaniclastic sediment)은 화산 활동으로 인해 공급되는 화산 기원의 입자로 이루어진 퇴적물을 가리킨다. 현생의 화산쇄설성 퇴적물은 입자의 크기를 구별하여 그 종류를 알아내고 화학 조성에 따라 분류하지만, 고기의 퇴적물에 대해서는 이 방법을 그대로 적용하기가 어렵다. 그 이유는 화산쇄설성 퇴적물이 속성작용을 받으면 화산유리와 광물들이 변질작용을 받아 퇴적 당시의 조직이 파괴되고 새로운 기질을 이루는 광물이 생성되기 때문이다. 풍화작용 역시 비교적 빠르게 일어나기 때문에 모래 크기의 화산재 물질이 점토의 크기로 쉽게 변하게 된다.

화산쇄설성 물질을 많이 포함하는 퇴적물은 다음과 같은 세 가지 기작에 의해 생성된다. 첫째는 육상이나 수중에서 화산이 폭발적으로 분출하여 생성되는 경우이며, 두 번째는 화산 퇴적물의 암설류인 **화산니류**(火山泥流, lahar)에 의해 생성되는 경우, 세 번째는 이전에 생성된 분출암이나 화산니류 또는 화성쇄설성(pyroclastic) 퇴적물이 침식을 받아 유래되기도 한다. 세 번째의 기원에 의해 생성되는 화산쇄설성 퇴적물은 화산 기원의 입자가 풍부하다는 것을 제외하고는 그 밖의 특징들은 다른 쇄설성 퇴적물과 매우 유사하게 나타난다.

화산으로부터 용암으로 흐르는 것을 제외하고 폭발성 분출로 분출되는 모든 물질은 입자 크기에 관계없이 **테프라**(tephra)라고 한다. 테프라는 주로 화산유리로 이루어져 있으나, 분출이 일어나기 전에 마그마로부터 결정이 생성된 경우에는 광물 결정을 함유하기도 한다. 또한 테프라에는 이전의 화산활동에 의한 용암의 파편이 들어있기도 하며 화도와 화산 주변의 암석들의 조각들이 포함되기도 한다. 테프라는 구성 입자의 크기에 따라 세립과 조립의 화산재(ash), 라필루스(lapillus) 그리고 화산력(火山礫, block)과 화산탄(bomb) 등으로 분류된다(표 17.1).

화산으로부터 분출 당시 액체 상태로 분출되는 큰 덩어리의 분출물이 식어 굳어진 역 크기의 입자를 화산탄이라고 한다. 화산탄은 공기중으로 날며 이동하는 동안 회전하며 식어지면서 유선형의 타원형 모양을 나타낸다(그림 17.1). 고화된 용암이나 화산체 모암이 부서져서 나타나는 큰 암편은 화산력이라고 한다. 대부분의 화산력은 밝은 색을 나타내는 부석(浮石, pumice)의 형태로 나타나며, 부석은 50% 이상의 공극률을 갖는 기포가 많은 화산유리를 가리킨다. 특히 염기성 마그마로부터 유래된 다공질 화산력은 스코리아(scoria 또는 cinder)라고 하며 어두운 색을 나타낸다(제주도에서는 이를 송이라고 부른다). 부석의 기포 벽이 깨지면 화산유리 파편(glass shards)이 생성된

표 17.1 화산쇄설성 입자의 크기와 퇴적물의 분류(Schmid, 1981)

입자 크기	화성쇄설물	화성쇄설성 퇴적물	
		미고결 테프라	고결 테프라
64 mm	화산력, 화산탄	집괴암, 화산력이나 화산탄의 층 또는 화산력이나 화산탄 테프라	집괴암 화성쇄설성 각력암
2 mm	라필루스	라필리 층이나 라필리 테프라	라필리암
1/16 mm	조립의 화산재 입자	조립 화산재	조립질 응회암
	세립의 화산재 입자	세립 화산재	세립질 응회암

그림 17.1 화산탄.

[2 cm]

다. 화산유리 파편은 화산쇄설성 퇴적물에 가장 흔히 나타나는 성분인데, 매우 특징적인 형태를 보이므로 구별하기가 쉽다(그림 17.2). 화산유리 파편은 폭발성이 강한 산성 마그마 분출의 화산재에서 많이 나타난다. 화산으로부터 분출되는 광물 결정은 대체로 자형(自形)을 띠며 간혹 누대(累帶, zoning)를 보이기도 한다. 광물 결정으로는 주로 석영과 장석이 나타나는데 염기성의 화산 분출물인 경우에는 휘석이 나타나기도 한다. 라필루스 중에는 화산유리, 광물 결정 또는 암편을 핵으로 하고 화산재 등이 이를 둘러싸서 구형 또는 타원형으로 나타나는 특별한 형태의 것이 관찰되는데, 이것을 **부가**(附加)**라필리**(accretionary lapilli, 그림 17.3)라고 한다. 이들 부가라필리는 화산재가 공중에서 하강하는 동안이나 화산체의 사면을 따라 흐르며 이동하는 동안 생성된다.

화산의 폭발과 분출은 마그마 내의 휘발성 성분(특히 물과 이산화탄소)의 양과 마그마의 점성도에 따라 다르다. 지하 심부에서는 휘발성 성분이 마그마 내에 용존되어 있으나, 마그마가 지표 가까이로 상승하면 압력이 낮아져서 가스가 분리되어 빠져나오며 팽창을 한다. 이에 따라 마그마에는 기포가 많이 생성되고 이들이 고화된 후 깨지면 부석이 생성된다. 산성의 마그마는 염기성의 마그마에 비해 많은 휘발성 성분이 함유되어 있고 점성도가 높기 때문에 더욱 폭발적으로 분출하여 더 광범위한 지역에 테프라를 쌓아 놓는다. 마그마의 점성도는 온도에 따라, SiO_2의 함량에 따라 달라지는데, 산성의 마그마는 염기성 마그마에 비해 온도가 낮고 SiO_2의 함량이 높아 점성이 높으므로 폭발성 분출을 한다.

그림 17.2 화산재 입자(A)와 화산유리 파편(B) 사진. (A)에서 밝은 색은 부석이며, 어두운 색은 스코리아이다. 입자는 다공질로 입자의 표면은 많은 기포 모양과 기포가 연결된 관 모양을 띤다. 홀로세 서남극 호수 퇴적층(서남극 King George Island). (C)는 화산유리 파편의 주사전자 현미경 사진. 특징적으로 기포의 벽에 해당하는 Y자형의 유리 파편이 관찰된다.

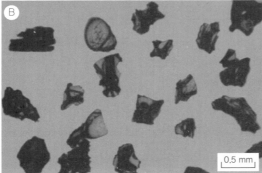

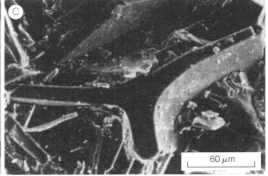

그림 17.3 부가라필리. (A) 부가라필리층. 플라이오세 Ellensburg층(미국 워싱턴 주). (B) 부가라필리(검은색)의 단면. 백악기 설천응회암(전북 무주).

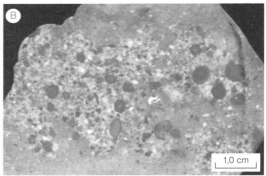

 화산재로 이루어진 퇴적물(암)을 **응회암**(凝灰岩, tuff)이라고 한다. 응회암은 화산유리, 암편과 광물 결정의 구성비에 따라 유리질 응회암, 암편질 응회암과 결정질 응회암으로 구별된다(그림 17.4).
 화산쇄설성 퇴적물에 들어있는 암편은 화산암과 화산암이 아닌 그 밖의 암석의 파편이 모두 나타난다. 이들 암편들이 만들어지는 과정은 크게 두 가지이다. 하나는 화산의 폭발적인 분출작용이고 다른 하나는 기존에 지표에 분포하던 암석으로 이에는 화산암과 비화산암이 모두 포함되며 이들 암석은 풍화작용과 침식작용으로 유래가 된다. 후자의 암편은 재동된 암편(epiclast)이라고 한다. 암편은 다음의 세 가지 성인에 따라 구분된다.

(1) 부수암석 화성쇄설암편(accessory lithic pyroclastics) : 폭발적인 분출이 일어나는 동안 분출통로 벽이나 분출구에 있던 모암이 깨져 함께 분출한 것

(2) 외래암석 화성쇄설암편(accidental lithic clasts) : 화성쇄설류(pyroclastic flow)나 화성쇄설난류(surge)가 일어나는 동안 지표면에 있던 암석의 종류에 상관없이 미고결 상태로 있던 퇴적물이 침식되고 포획되어 함께 운반된 것

(3) 동원암석 화성쇄설암편(cognate lithic pyroclastics) : 분출하는 마그마의 굳어진 부분으로부터 유래된 암편으로, 이들은 화산 분출구에 고여 있던 용암 상부에 가스가 빠져나가면서 만들어진 껍질부분이나 상승하는 마그마가 분출 통로 벽에서 식으면서 굳어진 부분이나 마그마방 내에 이미 결정화된 마그마의 일부가 분출 시 깨진 암편으로 포획되어 섞인 것

그림 17.4 조성에 따른 응회암의 분류(Pettijohn et al., 1987).

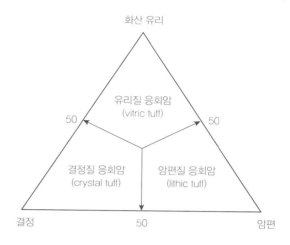

17.2 화산쇄설성 퇴적물의 종류

화산쇄설성(volcaniclastic) 퇴적물은 이들의 생성 기작에 따라 지표의 화성쇄설류 퇴적물, 공중낙하(air fall) 퇴적물, 수중화산 분출 퇴적물, 자생각력(autobrecciation) 퇴적물, 화산분출 퇴적물이 쌓인 후 다시 재퇴적된 화산 기원 퇴적물로 나뉜다.

17.2.1 화성쇄설류 퇴적물

화성쇄설류(pyroclastic flow)란 화산 분출이 일어나는 동안 뜨거운 가스를 함유하며 화산의 폭발성 분출 시 생성된 입자로 이루어진 밀도류(密度流)를 가리킨다. 화성쇄설류는 화산 분출 시 공중으로 치솟는 분출물의 분출 기둥(그림 17.5, 17.6A)이 무너지면서 생성되며 위쪽으로 작용하여 팽창하는 가스나 수증기의 이동이 분출물이 지면에 가라앉지 못하도록 방해를

그림 17.5 1980년 7월 22일에 분출한 미국 워싱턴 주 남동부의 St. Helen 화산의 분출 기둥(United States Geological Survey).

그림 17.6 (A) Plinian형의 분출 기둥의 붕괴. (B) A에서의 분출 기둥 붕괴에 따른 퇴적물의 층서. 분출 기둥의 외부가 먼저 붕괴됨에 따라 화성쇄설난류 퇴적물(a)이 형성되고, 붕괴가 계속되면 뒤이어 화성쇄설류 퇴적물(b)이 쌓인다. 화산재 퇴적물(c)은 화성쇄설류가 지나간 후에 쌓이며, 가장 세립질 물질(d)이 대기중으로부터 하강하여 쌓인다(Fisher, 1979).

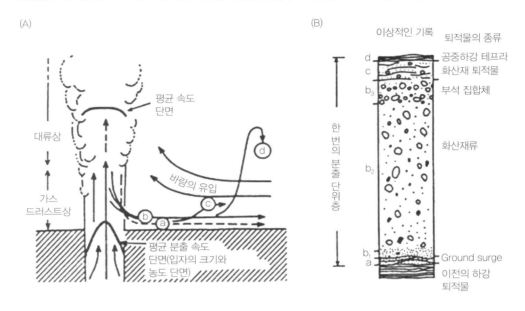

그림 17.7 화성쇄설류 퇴적물 층서. 햄머 머리를 경계로 하여 하부에 층리를 이룬 부분은 화성쇄설난류 퇴적물이며, 사진의 상부의 괴상 퇴적물은 화성쇄설류 퇴적물이다. 마이오세 Peach Springs 응회암(미국 애리조나 주 Kingman).

하는 동안 중력에 의하여 화산체의 사면을 따라 이동하다 쌓인 퇴적물을 가리킨다. 화성쇄설류 퇴적물은 화산 분출과 퇴적 장소의 차이에 따라 그 형태나 조직이 매우 다양하다. 퇴적물의 이동 역학상으로 볼 때, 분급이 불량하며 괴상으로 나타나는 화성쇄설류 퇴적물과 분급이 좋으며 세립질로서 두께가 얇고 층리를 이루는 **화성쇄설난류**(pyroclastic surge) 퇴적물의 둘로 나뉜다. 이 두 종류의 퇴적물은 따로 나타나거나 같이 나타나기도 한다. 이들이 같이 나타날 경우에는 화성쇄설난류 퇴적물이 화성쇄설류 퇴적물의 하부에 먼저 쌓이게 된다(그림 17.6B, 17.7).

화성쇄설류 퇴적물은 **용결응회암**(熔結凝灰岩, ignimbrite)이라고도 하며, 이 화성쇄설류 퇴적물은 화산이 분출하는 지역 전체에 걸쳐서 나타나는 것이 아니라, 화성쇄설류가 대체로 계곡과 같이 지형적으로 낮은 부분을 따라 이동하므로 지표의 낮은 부분에 발달되어 있다(그림 17.8A). 용결응회암의 부피는 마그마 챔버의 약 10% 정도에 해당한다. 퇴적물이 쌓일 때 유체(流體)의 영향을 받은 증거는 납작하게 신장된 부석과 화산유리의 파편인 **피아메**(fiamme, 그림 17.9)가 나타나는 것으로 알 수 있다. 퇴적된 이후에 용결응회암의 중앙부는 아직 고온 상태를 이루므로 쌓인 화산재 입자들이 열에 의해 서로 녹아 붙어 치밀한 암석을 이루기 때문에 이전에는 이 부분을 강조하여 좁은 의미의 용결응회암(welded tuff)이라고 하였다. 용결응회암의 상·하부, 즉 대기와 지표면에 접한 부분은 냉각이 빠르게 진행되므로 용결작용이 방해되어 용결되지 않고 가스가 빠져나가 높은 공극률을 지니게 된다(그림 17.10). 따라서 화산체로부터 거리에 따라 용결응회암층의 용결 정도, 두께, 입자의 크기 등이 매우 다양하게 나타난다. 치밀하게 용결된 응회암은 대개 괴상의 검은 화산유리처럼 나타난다. 인천시에 있는 계양산은 용결응회암인 백악기의 계양산 응회암으로 이루어져 있다.

화성쇄설류 퇴적물은 화산쇄설류 퇴적물 중에서 양적으로 가장 많이 나타나지만 조립질 물질과 세립질 물질이 따로

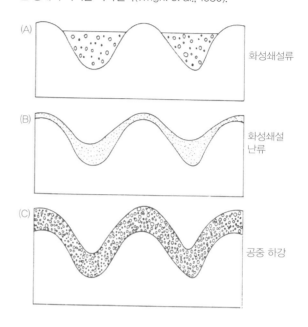

그림 17.8 화성쇄설성 퇴적물의 세 가지 주요한 퇴적체 형태. 이 그림은 동일한 조건의 지형에 쌓였을 때 각 퇴적물 종류의 쌓인 형태의 차이를 나타낸다(Wright et al., 1980).

(A) 화성쇄설류

(B) 화성쇄설 난류

(C) 공중 하강

그림 17.9 용결응회암. 밝은 색과 검은 색을 띠는 렌즈 형태의 물질은 납작하게 신장된 부석(P)의 라필리와 블록으로, 이를 피아메라고 한다(McPhie et al., 1993). 플라이스토세 Battleship Rock 용결응회암(미국 뉴멕시코 주).

구별되어 나타나지는 않는다. 화성쇄설류는 화산 물질의 농도가 높기 때문에 암설류(岩屑流)처럼 사면을 따라 흐르고 난류(亂流)를 이루지 않는다. 따라서 층리가 발달하지 않으며 퇴적물의 분급은 매우 불량하다(그림 17.11). 퇴적물 기록에서 보면 경우에 따라 조립질 암편에서 역점이층리와 점이층리가 보이기도 하며, 퇴적물 입자 중에서 조립질 입자들만이 그 같은 점이적인 관계를 보이므

그림 17.10 화성쇄설류 퇴적물이 쌓이고 난 후 냉각될 때 나타나는 용결대의 수직적·수평적 분포(Smith, 1960).

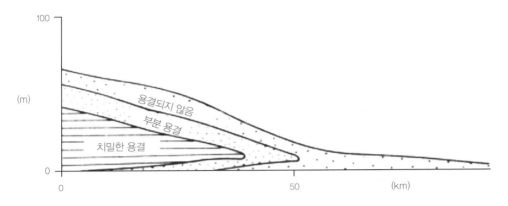

로 조립질 입자 점이층리(漸移層理, coarse-tail)를 나타낸다. 부석은 높은 공극률로 인해 밀도가 낮으므로 용결응회암의 최상부에 밀집되어 나타난다. 용결응회암의 상부에는 가스가 빠져나간 구조(gas escape pipe)도 자주 관찰된다.

화성쇄설난류(surge) 퇴적물은 화산분출 물질의 농도가 낮고, 난류를 이루며 빠르게 이동하는 퇴적물의 흐름으로부터 쌓인다. 이 퇴적물은 주로 용결응회암의 하부에 나타난다. 화성쇄설난류도 화산 분출물의 분출 기둥이 무너짐으로써 생성되며 퇴적물의 두께는 대체로 얇고 화성쇄설류 퇴적물보다는 세립질 물질로 이루어져 있다. 이 퇴적물의 특징은 층리가 발달되는 점으로 사구 등의 퇴적 구조와 수평 층리가 잘 관찰되며(그림 17.12), 하부에는 침식을 일으킨 면구조와 하도구조(河道構造)가 나타나기도 한다. 입자의 크기와 지층의 두께는 화산의 화구로부터 멀어져 감에 따라 감소한다. 화성쇄설난류 퇴적물은 기존 지형을 덮으며 쌓이기도 하지만, 지형의 낮은 부분에 두껍게 쌓이는 경향(그림 17.8B)을 나타낸다.

화산의 사면에 쌓인 화성쇄설류 퇴적물과 화성쇄설난류 퇴적물이 고화되지 않은 상태로 놓여 있

그림 17.11 화성쇄설류 퇴적물의 조직. 층리가 발달되어 있지 않으며 분급 또한 불량하다.

그림 17.12 수평 층리가 잘 발달된 화성쇄설난류 퇴적물. 마이오세 Peach Springs 응회암(미국 애리조나 주 Kingman).

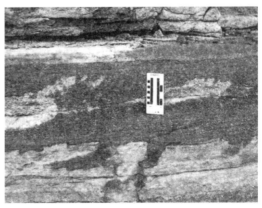

다가 화산가스로 분출된 수증기가 대기에서 응결하여 비로 내리게 되면 이들이 혼합되어 **화산니류**(火山泥流, volcanic mudflow, 이를 **lahar**라고 함)를 이루며 화산체의 사면을 따라 지표의 낮은 곳으로 흐른다. 1980년 미국 워싱턴 주 시애틀 남부에 위치한 St. Helen 산이 화산 분출을 한 후 생성된 화산니류와 1985년 콜롬비아의 Nevado del Ruiz 화산이 분출한 후 이 산의 설선(snow line) 윗부분에 있던 눈이 화산분출로 녹아 생성된 화산니류(그림 17.13)는 많은 생명과 재산 피해를 일으킨 화산 재해의 한 예가 되고 있다. 화산니류의 퇴적물은 선상지에 생성된 암설류나 깊은 바다의 밀도류 퇴적물과 같이 분급이 불량하고 기질에 의해 지지된 조직을 나타낸다.

17.2.2 공중낙하 퇴적물

공중낙하(airfall) 퇴적물은 화산 분출구에서 공중으로 분출된 화산 물질이 하강하여 쌓인 퇴적물을 말한다. 대체로 육상에서 분출된 화산의 경우에 많이 나타나며, 주로 화산재와 부석(浮石, pumice)으로 이루어져 있다(그림 17.14). 공중낙하 퇴적물은 아주 가파른 곳을 제외하

그림 17.13 1985년 11월 13일 콜롬비아의 Nevado del Ruiz 화산이 분출하여 생성된 화산니류의 사진(Wikipedia). 사진의 중앙에 위치하였던 Armero라는 작은 소도시가 화산니류에 의하여 완전히 휩쓸려서 파괴되었으며, 28,700명의 주민 중 약 1/4만이 생존하였다.

그림 17.14 부석으로 이루어진 공중낙하 퇴적물. 수평 층리가 잘 발달하며 횡적으로 균일한 두께로 쌓인다. 마이오세-현세의 San Francisco 화산구(volcanic province)(미국 애리조나 주 Flagstaff).

고는 넓은 지역에 걸쳐서 기존의 지형을 대체로 균일한 두께로 피복하는데(그림 17.8C), 화구로부터 멀어질수록 퇴적층의 두께와 입자의 크기는 감소하는 경향을 보이며 분급은 비교적 좋은 특징을 보인다. 공중낙하 퇴적물의 분포 면적은 화산 분출 시 분출 기둥의 높이와 밀접한 관계를 가지고 분출 당시의 기상 조건에 따라 화구로부터 바람이 불어가는 방향으로만 쌓이기도 한다. 퇴적물이 공중에서 낙하할 때 입자의 침강 속도의 차이에 따라 퇴적물에는 점이층리가 관찰되는 것이 일반적이다. 경우에 따라서는 공중낙하 퇴적물은 화성쇄설난류(surge) 퇴적물과 구별이 어려울 때가 있다. 공중낙하 화산 물질이 바다나 호수 등 물에 내릴 경우에는 부석과 같은 저밀도의 큰 입자는 퇴적이 진행되는 동안 수중에 오랫동안 떠있게 되어 퇴적물의 상부에 나타난다.

17.2.3 수중화산 분출 퇴적물

수중에서 화산이 분출하여 용암이 물과 접촉하게 되면 용암의 표면은 빠르게 냉각됨과 동시에 균열이 생기고 입자화되어 부서지게 된다. 이렇게 되면 계속해서 흘러나오는 마그마도 역시 균열이 생기고 깨어지면서 식게 된다. 이러한 작용에 의해 생성되는 화산쇄설성 퇴적물을 **유리질쇄설암**(hyaloclastite)이라고 한다. 유리질쇄설암은 마그마가 폭발하지 않고 흐르면서 냉각되어 생성되는 퇴적물과, 마그마와 물이 상호 작용하여 폭발적으로 분출하여 생성되는 퇴적물인 **유리질응회암**(hyalotuff) 두 가지 종류가 있다. 이들의 주된 차이점은 용암 파편의 모양으로 폭발성인 경우에는 급작스런 압력의 감소로 화산 가스가 마그마로부터 분리되며 팽창하면서 생성된 기포(氣泡, vacuole)가 많이 있으며, 또한 이러한 기포를 따라 부서져서 요형(凹)의 파편 모양을 보인다. 그러나 비폭발성의 용암류가 있을 경우에는 기포 구조가 많이 나타나지 않고 파편의 모양도 대체로 평면적이다.

수중에서 화산이 분출할 때에는 화산체 위의 물의 깊이에 따라 폭발의 정도가 다르게 된다. 대체로 500~1,000 m보다 깊은 수심에서는 수압에 의해 화산이 폭발하지 못하고 용암만 분출되는데, 이들 용암은 화산의 사면을 따라 흐르다가 식으면서 베개용암(pillow lava)을 형성한다. 베개용암은 표면부가 내부보다 빠르게 냉각되어 유리질의 테두리를 가지게 된다(그림 17.15).

수심이 200~1300 m인 수중에서 폭발성 분출을 하는 화산활동을 수성(nep-tunian) 화산활동이라고 하며, 이러한 수성 화산활동에 의하여 생성되는 화산쇄설물의 층서는 그림 17.16과 같다. 수성 화산쇄설물의 층서는 최하부에 암편질 각력암층(lithic breccia), 부석 라필리(pumice lapilli)층 그리고 그 상부에 엽층리를 보이는 화산재 또는 화산재와 거대한(> 1 m) 부석 역이 함께 섞여있는 층으로 이루어진다. 이 중에서 부석 라필리층준은 전체 퇴적층의 약 80% 이상을 차지하며 매우 다공질인 부석 라필리가 입자지지된 상태로 괴상으로 횡적으로 잘 연장되어 산출된다. 또한 약간의 판상층리나 저각도의 사층리를 보이기도 한다. 분급은 중급 정도이며, 부석의 원마도는 각이 지거나 등방형의 모습을 보이는데, 여기에 독립적으로 산출하는 광물 결정과 화산재가 소량으로 들어있기도 하다. 이러한 퇴적학적인 특징으로 보아 이 부석 라필리층은 상당한 기간 지속된 밀도류에 의하여 지속적으로 쌓였다는 것을 가리킨다. 이러한 퇴적층준을 수성 밀도류 퇴적층(neptunian density-current deposit)으로 해석한다.

부석 라필리층 상부에 쌓이는 엽층리를 나타내는 화산재층이나 화산재와 거

그림 17.15   베개용암의 단면. 유리질 외피는 풍화를 받아 어두운 색과 밝은 색으로 변하였다. 선캠브리아기 시생대 Kromberg층(남아프리카공화국 Msauli).

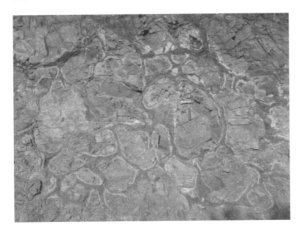

대 부석 역의 혼합층은 판상의 퇴적체를 이루며 하부에 놓인 부석 라필리층으로부터 점이적으로 쌓여있다. 화산재는 주로 기공의 벽을 이루거나 다공질 화산유리 파편으로 되어 있다. 거대한 부석 역은 그 크기가 수 m에 이르기도 하며 모양은 등방형이거나 길쭉한 모양을 띤다. 이 부석 역은 매우 다공질이다. 이 퇴적층은 화산재와 거대한 부석 역이 수중에서 가라앉아 쌓인 지층으로 해석되며, 거대한 부석 역이 수층에 떠 있을 수 있도록 부력이 작용한 것으로 보아 아마 이 부석 역의 기공은 초기에 화산가스로 채워졌을 것으로 여겨진다. 이 층을 **수성 부유 퇴적물**(neptunian suspension deposit)이라 부른다.

최하부에 위치하는 조립질 암편 각력암층(coarse lithic breccia)은 괴

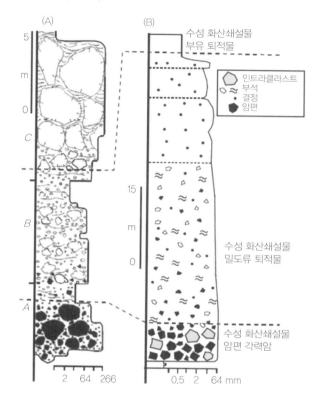

그림 17.16 수성 화산쇄설물 퇴적상 예(Mount Read Volcanics). (A) 부석 각력암(pumice breccia). (B) 부석-라필리 점이층(Allen and McPhie, 2009).

상으로 나타나거나 점이층리를 보이며, 분급이 매우 불량하고, 입자지지된 조직을 나타낸다. 이 층 하부는 심한 침식의 경계를 나타내나 상부의 부석 라필리층과는 점이적인 경계를 보인다. 이 층에서 산출되는 주된 역의 암상은 밀도가 큰 화구 주변의 암상으로 이루어져 있고 약간의 밀도가 큰 화산 분출물 암편과 화산 폭발 시 함께 파쇄가 일어난 심해의 퇴적층이나 부석 역이 소량으로 섞여 있기도 한다. 이 층은 크고 밀도가 큰 암편들이 농집되어 있는 밀도류로부터 퇴적된 지층으로 해석된다. 이러한 지층을 **수성 암편 각력암**(neptunian lithic breccia)이라고 한다.

이상과 같은 수성 화산쇄설암의 층서를 바탕으로 수성 화산 분출 과정을 구성해 보면 그림 17.17과 같다. 수중 화산의 초기 분출 시에 화산 가스에 의하여 일어난 화산 분출작용은 점차 수중으로 나오면서 물에 의하여 지지되는 화산 분출 과정으로 변환이 일어난다. 분출이 일어날 당시 암편의 크기가 커서 수중 분출 기둥에 실리지 못하는 분출물들은 화산 분화구 바로 옆에 떨어지게 된다. 이들은 화산 사면을 따라 밀도류를 이루면서 이동한다. 일단 물로 분출되어 상승하는 분출 기둥에 실린 부석들은 점차 기공에 물이 채워짐으로써 무게가 증가하여 분출 기둥이 무너져 내리면 점차 화산 분화구 사면에 떨어지면서 사면을 따라 이동을 한다. 화산 분화구 바로 위에 화산 분출로 인하여 데워진 분출물 기둥은 조립질 입자들을 바닥에 떨어뜨린 후 세립질의 입자와 함께 상승하여 수면까지 도달한

그림 17.17 수중 화산 분출작용의 모식적 모델(Allen and McPhie, 2009).

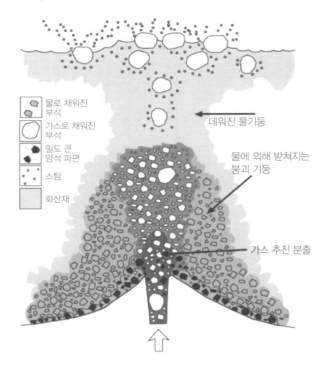

그림 17.18 화구 주변에 쌓인 유리질쇄설암. 수평 층리와 화구 쪽으로 향한 back-set(사진의 상부)이 잘 발달되어 있다. 화산 분출구는 사진의 왼쪽이다. 마이오세-현세의 San Francisco 화산구(미국 애리조나 주 Flagstaff).

후 옆으로 퍼지다가 화산재 등을 떨어뜨린다. 또한 다공질의 가스로 채워진 거대한 부석도 상승하는 물기둥과 함께 실려서 수층의 상부 쪽으로 간 후 점차 기공에 물이 채워지면 무게에 의하여 바닥으로 떨어진다.

위와 같이 화산의 분출이 깊은 수중에서 일어나는 경우가 있는가 하면, 이보다 수심이 낮거나 육상에서 해안선에 가까운 지역이나 호수에 가까운 지역에서는 지하수면의 높이가 화구의 마그마 상승 지역보다 높아 지하수가 화구에 유입되어 뜨거운 마그마와 접촉을 하며 수증기가 되면서 폭발성 분출을 한다. 이렇게 분출된 화산재 물질이 화구의 주변에 높은 경사를 이루면서 쌓여있으면 이를 **응회구**(tuff cone)라고 하며, 화구의 주변에 완만한 경사를 이루며 넓게 퍼져 쌓여있으면 이를 **응회환**(tuff ring)이라고 한다. 반면에 화구에 물의 유입이 없이 마그마가 용존가스의 팽창에 따라 파편화되어 화구의 주위에 분출되어 쌓여 사면의 경사가 높은 화산체를 형성할 경우는 **분석구**(scoria cone)라고 한다. 응회구나 응회환에 쌓인 퇴적물은 화구를 벗어난 화산 분출물이 모래폭풍처럼 지면을 따라 아주 빠른 속도로 흘러나가면서 다양한 퇴적 구조를 가지는 퇴적층을 쌓는다(그림

17.18). 이렇게 쌓인 수평의 퇴적층에 가끔씩 화구로부터 입자의 크기가 큰 화산탄이 날아와 쌓여서 수평 퇴적층에 떨어져 떨어질 때의 충격으로 수평 퇴적층이 아래로 패여 들어간다. 이를 **탄낭구조**(bomb sag)라고 한다(그림 17.19). 응회구의 경우에는 사면의 경사가 높기 때문에 퇴적물이 쌓인

후 다시 해수에 의해 침식작용이 일
어나면 재동작용을 받아 중력에 의한
슬럼프나 슬라이드가 일어나 쌓인다.
지하수가 유입되어 폭발성으로 화산
이 분출된 후 생성된 낮은 지대에 지
하수가 모여 화산호수가 생성되는데,
이를 마르(maar) 화산호라고 한다.

제주도에는 한라산 백록담 화구 이
외에 기생화산 형태로 제주도 전역에
약 350개 이상의 오름이 있다. 오름
은 제주 방언으로 앞에서 설명한 분석
구, 응회구, 응회환 모두를 성인에 관
계없이 화산체의 지형을 이루고 있는
것을 가리킨다. 제주도 내륙에는 대
체로 분석구, 해안선 가까이에는 응
회구와 응회환이 분포한다. 성산일출
봉과 송악산은 응회구에 해당되며,
제주 서해안가에 있는 수월봉 지역에는 응회환이 분포한다.

그림 17.19 수평 층리를 이룬 응회환 퇴적층에 발달한 탄낭구조 (volcanic bomb sag). 탄낭구조는 화산 폭발에 의해 하늘로 올라 갔던 큰 암편들이 화산재 층 위에 떨어져 형성된다. 큰 암편은 화구 가까이에 떨어지고, 작은 암편은 멀리까지 날아가 떨어진다. 사진에서 보는 탄낭구조는 여러 개의 지층을 뚫고 있는데, 이는 암편이 떨어질 때 지층이 물렁물렁한 상태로 쌓였음을 지시한다. 제4기 수월봉응회암(제주 서편 고산).

17.2.4 자생각력(autoclastic) 퇴적물

용암이 각력화 작용을 받아 형성된 화산 기원의 암석을 자생각력 퇴적물이라 한다. 용암이 흐르면
상부 표면은 대기 혹은 물과 접촉하
여 쉽게 식어지므로 균열이 생기고
각력화(角礫化)된다(그림 17.20). 이
러한 각력화 작용은 점성도가 큰 용
암일수록 활발히 일어난다. 용암이
계속 흐르면 각력화된 파편들은 앞
으로 밀려 이동하게 되고 그 위로 지
속적으로 용암이 흐르게 된다. 자생
각력 퇴적물은 용암의 상부와 하부
에 주로 나타나난다. 하나의 암상으
로만 이루어진 각력, 불량한 분급,
층리의 부재 그리고 세립의 화산재
가 나타나지 않는 것이 자생각력 암

그림 17.20 자생각력(autoclastic) 퇴적물. 사진의 중앙에 현무암의 각력이 보이고 상부에는 현무암 용암이 보인다. 마이오세-플라이오세 Hopi Buttes 화산구(미국 애리조나 주 Navajo).

석의 특징이다.

17.2.5 재동된 화산 기원(epiclastic) 퇴적물

화산작용에 의해 형성된 물질들이 일단 퇴적된 이후에는 다른 종류의 쇄설성 퇴적물과 마찬가지로 쌓인 환경에 따라 재동(再動, reworking)을 받는다. 육상 환경에 쌓인 화산 기원 퇴적물들은 지표수에 의해 운반되어 하성 환경이나 호수 환경으로 유입되거나, 바람에 의한 영향을 받게 된다. 해양 환경으로 유입된 경우에는 파도와 조수 등에 의해 재동되어 다른 퇴적물들과 혼합된다. 이때에는 퇴적물의 성분만이 화산 기원이라는 것을 나타낼 뿐, 그 밖의 모든 퇴적학적 특징은 이들이 속하는 퇴적 환경의 쇄설성 퇴적물과 동일하게 나타난다.

화산이류(lahar)는 고밀도류에서 암설류까지 다양하게 나타난다. 화산성 암설류(volcanic debris flow)는 다른 종류의 암설류에 비하여 점토의 양이 적기 때문에 응집력이 없다. 이에 따라 화산이류 퇴적물은 실제로 물이 포화되어 있는 입자류라고 여길 수 있다. 화산이류는 부피로 보아 상당히 큰 규모로 나타나며 이들은 수십 km까지 이동할 수 있을 정도의 양을 가지고 있다. 점토 물질은 원래는 없으나 간혹 나타나는 경우도 있다. 화산이류에 나타나는 점토 물질은 기원 물질이 열수용액에 의하여 변질되어 생성되거나, 운반되는 도중에 토양이 포함되기 때문이다. 따라서 대부분의 화산이류에서 그 지지력은 화산 물질의 응집력보다는 입자간 충돌에 의한 반발력과 실트 크기의 입자 사이의 응집력에 의해 형성된다. 비록 암설류와 이류가 서로 별 구별 없이 사용되고 있지만 대체로 이류란 상당한 양의 점토를 함유하는 암설류를 가리킨다고 한다면, 실제 화산 물질의 암설류는 이류를 거의 이루지 않는다고 할 수 있다.

17.3 속성작용

화산 기원 퇴적물은 풍화작용과 얕은 매몰 환경에서 매우 불안정하기 때문에 쉽게 변질작용을 받는다. 이러한 변질작용 때문에 신생대 이전의 화산 기원 퇴적물에서는 원래의 퇴적물 상태를 알아보기가 어려워진다. 화산유리가 점토광물로 변하는 작용은 쉽게 일어난다. 화산유리를 교대하는 점토광물은 주로 스멕타이트(smectite)이며 화산재의 변질에 의해 형성된 스멕타이트가 풍부한 점토층을 **벤토나이트**(bentonite)라고 한다. 또한 석탄층의 하부에서 산출되는 고령토(kaolin) 광물이 풍부한 밝은 색의 이질암인 tonstein도 역시 화산재의 변질작용에 의해 생성된 것이다.

현무암질 유리는 시데로멜란(sideromelane)과 타킬라이트(tachylite) 두 종류가 있다. 시데로멜란은 등방성으로 투명하고 무색이나 황색을 띠는 유리이다. 반면, 타킬라이트는 실제로 결정질로 이루어져 있고 여기에는 미정질의 Fe-Ti 산화물 결정을 많이 함유하고 있지만 투명하다. 시데로멜란은 저온에서 수화작용과 변질이 일어나면 끈적끈적한 황색이나 갈색의 팔라고나이트(palagonite)로 변한다. 이 과정에서 H_2O, FeO/Fe_2O_3, MgO, Na_2O와 흔적 원소의 변화가 일어난다. 반면에, 타킬라이트는 결정으로 구성되어 있기 때문에 변질작용이 더디게 일어난다. 현무암질 유리가 팔라고나이트로 변질이 일어나는 것은 특히 물이 많거나 따뜻한 온도 조건 하에서 매우 빠르게 일어나며 변질이 일어나 팔라고나이트는 공극수의 화학 조성과 온도에 따라 스멕타이트, 3가철 산화물, 불석(zeolite)이나 녹니석으로 바뀐다. 실리카질 유리는 속성작용이 일어나면 점토광물과 불석으로 바뀐다. 고기의 화산쇄설암에 나타나는 유리질 파편은 녹니석이나 세리사이트(sericite)와 같은 점토광물이나 세립질의 석영-장석 집합체로 산출된다.

화산 기원 물질은 불석 광물로 쉽게 변질되며, 많이 나타나는 불석 광물의 종류에는 필립사이트(phillipsite, 그림 17.21A), 휼란다이트(heulandite)-클라이놉타일로라이트(clinoptilolite, 그림 17.21B), 아날심(analcime/analcite, 그림 17.21C), 에리오나이트(erionite, 그림 17.21D) 등이 있다. 육상에서 불석 광물은 알칼리성 호수에 쌓인 응회질 퇴적물에서 많이 관찰된다. 필립사이트는 심해의 원양성 또는 반원양성 퇴적물에 많이 나타나는 불석 광물이다. 실리카 성분이 많은 유리질 물질은 공극수와 용해-침전 반응을 통하여 불석 광물을 생성하며, 불석 광물이 생성되려면 공극수의 pH가 높고, 알칼리 이온의 활성도가 높아야 한다.

보통 불석 광물 중 클라이놉타일로라이트는 비교적 고온에서 생성되는 것으로 알려졌으나, 중앙아메리카 Barbados의 부가대(accretionary complex)에서 대양굴착프로그램(Ocean Drilling Program :

그림 17.21 불석 광물(zeolite)의 주사전자 현미경 사진. (A) 필립사이트. 축척 5 μm. 플라이오세 Big Sandy층(미국 애리조나 주). (B) 클라이놉타이로라이트(H). 축척 5 μm. 에오세 DSDP Site 445(서태평양 Daito Ridge). (C) 아날심(A). 축척 10 μm. 에오세 DSDP Site 445(서태평양 Daito Ridge). (D) 에리오나이트(Er). 축척 10 μm. 에오세 DSDP Site 286(서태평양 New Hebrides Basin).

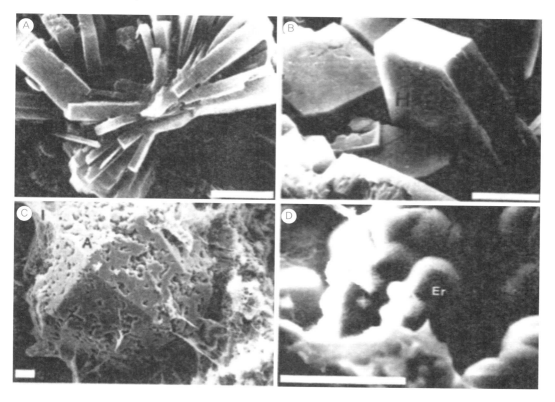

ODP)으로 시추한 퇴적물에서 이 광물이 17~29℃에서 생성된 것이 보고(Nähr et al., 1998)되었으며, 또한 동해의 야마토 분지(Yamato Basin)에서도 33~62℃에서 산출되는 것으로 보아 클라이놉타일로라이트는 비교적 낮은 온도에서 생성되는 광물인 셈이다.

화산쇄설성 기원의 퇴적물에 큰 규모의 불석화 작용이 일어나려면 (1) 우선 많은 양의 화산유리질 물질이 있어야 하며, (2) 화산유리 물질들은 내부의 표면적이 넓어야 하며 또한 높은 투수율을 가지고 있어야 하며, (3) 공극수의 흐름이 좋아야 한다. 이러한 조건의 차이가 있으면 화산재에서도 불석화 작용을 받는 정도가 달라진다. 대체로 화산 지대에서 지표수와 지하수는 화산가스에 함유되어 있는 HCl, HF와 SO_2 등에 의하여 산성을 띤다. 그런데 불석화 작용이 일어나기 위해서는 중성 내지는 알칼리성의 공극수가 필요하다(Hall, 1998). 즉, 화산재가 불석화 작용을 받으려면 화산 지대에서 산성인 공극수는 불석화 작용이 일어나기 이전에 화산재 물질로부터 빠져나가거나 중성이 되어야 한다. 화산유리가 물과 반응을 하면 화산유리가 녹는 과정에서 화산유리의 표면에는 물로부터 H_3O^-가 화산유리로 들어가고, 화산유리로부터는 Na^+와 K^+가 물로 빠져나오는 양이온의 교환반응이 일어나 물의 pH는 높아지게 된다. 이 점을 감안하면 화산재가 처음부터 물속에 쌓이거나 재동되어 물속에 쌓이는 경우에 화산가스로부터 유래되는 물의 산도가 묽어지거나 제거될 수 있게 된다. 따라서 호수 환경에 쌓인 화산재는 불석화 작용을 쉽게 받을 수가 있게 된다. 그러나 물속에 쌓인 그 자체만으로는 화산재의 불석화 작용이 일어나는 데 충분치가 않다. 이를 극복하는 데에는 화산재 퇴적물 내의 온도나 공극수의 pH가 보통의 지표수나 해수보다는 높아야 한다. 지질 기록에 의하면 화산재가 해저에 쌓인 경우에는 대체로 매몰 온도가 41~55℃ 정도가 되어야 불석화 작용을 받은 것으로 보고되고 있는데(Iijima, 1988), 이 온도 정도에서는 화산유리는 스멕타이트로 이미 변질이 일어날 수가 있기 때문에 만약 스멕타이트로 변질이 일어난다면 이 때문에 불석화 작용이 방해를 받기도 한다. 또는 육상 환경에 쌓인 화산재 물질들은 지표 환경에서는 불석화 작용을 받기가 어렵지만, 지열이 높은 지대에서 흔히 관찰되는 것처럼 화산재 물질에서 산성을 띠는 공극수가 빠져나간 후나 또는 산도가 약해진 후 분출을 일으키지 않는 화성활동이 지하에서 계속 일어날 경우 화산재 물질에 온도를 증가시키기 때문에 불석화 작용을 일으키게 된다. 또 다른 경우로 화산재 물질이 탄산염암을 함유하는 퇴적물 기록의 일부로 나타날 경우로, 석회암 내에서의 지하수는 보통 약알칼리성(pH~8)을 나타내기 때문에 지하수의 흐름이 석회암을 통과하여 화산재 물질이 쌓인 지층으로 유입이 일어나면 화산재 물질 내의 공극수의 pH는 불석화 작용을 일으키는 좋은 조건을 갖추게 된다.

제 6 부

층서 분류 및 분지 해석

지금까지는 퇴적물의 퇴적작용, 퇴적작용이 일어나는 퇴적 환경 그리고 각 퇴적 환경에 쌓인 퇴적물의 특성 등 퇴적학의 기본적인 원리에 대하여 알아보았다. 이 책의 나머지 부분은 퇴적암의 각 단위 간 거시적인 수직 및 수평적인 관계에 대하여 살펴보기로 한다. 퇴적층의 공간적·시간적인 관계는 층서학이라는 학문 분야의 주요한 내용이 된다. 층서란 퇴적물을 체계적으로 이해하는 기본 골격을 제공한다고 할 수 있다. 지금까지 살펴본 퇴적물의 조성, 조직, 구조 및 그 밖의 특성들을 퇴적 환경적인 측면과 시간에 따른 종합을 하여 지구의 역사를 해석하게 된다.

퇴적암의 층서는 전통적으로 지층의 암상을 기준으로 구분하는 암석층서, 화석의 함유로 구분하는 생물층서, 그리고 지층의 연대를 기준으로 구분하는 시간층서 셋으로 나누어서 관찰되었다. 이후 학문의 발전에 따라 퇴적암을 보는 새로운 시각이 제시되었으며, 이러한 새로운 학문 분야의 발전에 힘입어 층서학 분야는 나날이 발전하고 있다. 이에 대하여 몇 가지를 들어보면 부정합을 기준으로 하여 지층을 구분하는 퇴적연층(depositional sequence)이라는 개념의 정립으로 발달된 순차층서, 외해의 지층에 대한 지구물리적인 방법을 동원한 탄성파 층서, 퇴적층과 화산암의 자기적 특성을 이용하여 지층의 층서적 관계를 조명하는 지자기 층서, 건층(key beds)을 기준으로 층서를 구분하는 사건 층서, 안정동위원소(산소, 탄소, 스트론튬) 조성을 이용하여 지층을 대비하는 화학층서 등이 있다. 이렇게 새롭게 개발된 층서 기법을 이용하면 퇴적층의 기록을 상대적으로 더 세분된 단위로 구분을 할 수 있는데, 이를 통하여 고해상도 층서를 해석할 수 있다.

이상의 층서 기법을 소개한 후 마지막 장에서는 퇴적 분지의 충진 퇴적물에 대해 이제까지 알아본 퇴적학적 및 층서학적 원리들을 종합하고 적용하여 퇴적 분지를 해석하는 기법을 소개한다. 분지 해석은 조구조 작용의 개념에 바탕을 두어 퇴적 분지의 생성에서 충진, 그리고 그 이후에 대한 전반적인 퇴적 분지의 진화를 해석하고 이를 통한 퇴적 분지의 경제적 가치에 대해 평가할 수 있다.

다음의 몇 개 장에서는 이상의 층서 기법에 대하여 살펴보기로 하고 이러한 층서 기록의 공간적 · 시간적 관계를 종합적으로 해석하는 분지 해석(basin analysis)을 알아보기로 한다. 분지 해석이라는 개념은 이 책의 전반에 걸쳐 소개한 퇴적물의 제반 특성과 층서에 대한 해석을 종합적으로 검토하여 퇴적 분지의 발달과 진화를 해석하고 궁극적으로는 지구의 역사를 밝히는 것이다.

18

층서 개론과 암석층서

18.1 층석 개론 및 기본 원리

이 책의 전반부에서는 퇴적학의 기본적인 원리들인 퇴적작용, 퇴적물이 쌓이는 환경과 이러한 퇴적 환경에 쌓인 퇴적물의 특성에 관하여 알아보았다. 이제부터는 퇴적암의 기본적인 지층 단위들의 큰 규모에서의 수직적·횡적인 관계에 대하여 알아보기로 하자. 퇴적층의 수직 및 수평적 발달에 관한 것을 다루는 분야를 층서학이라고 한다. 층서학은 퇴적물(암)의 조성, 구조와 이 밖의 특성들을 퇴적 환경과 시간에 따른 변화로 종합하여 지구의 역사에 대한 우리의 안목을 키운다. 퇴적에 대하여 여러 원리와 법칙들이 층서학을 과학적인 측면으로 접근하기 위하여 제안되었다. 여기에는 Steno의 **누중의 법칙**(Principle of Superposition), 일방적으로 반복되지 않는 유기체의 진화를 지시하는 Smith의 **동물군 천이의 원칙**(Concept of Faunal Succession)과 퇴적상의 연속에 대한 **Walther의 법칙**(Walther's Law)이 있다. 여기서 강조하는 것은 이들 원리나 법칙들은 물리학이나 수학의 법칙처럼 엄격히 적용되는 것이 아니므로 층서학의 이러한 법칙들을 적용하려면 약간의 주의와 판단이 필요하다는 점이다. 예를 들면, Steno의 누중의 법칙은 지형적으로 보았을 때 높은 위치에 있는 암석이나 지층이 낮은 곳에 위치한 암석이나 지층보다 항상 지질시대가 젊다는 것을 의미하는 것으로 받아들여져서는 안 된다. 암석들은 슬럼프되었거나, 역전되고 단층을 이루고 있거나 구조적으로 변형이나 변위가 일어나기 때문이다. 나중에 생성된 암석이 오래된 암석의 빈 공간이나 벌어진 틈 사이에 채워져 있거나, 하안 단구와 같은 곳에 쌓인 지층들은 나중에 생성된 퇴적물이 더 낮은 고도의 지형에 위치하는 것이 보편적이다. Smith의 동물군 천이의 원칙도 마찬가지로 원시적으로 보이는 화석이 반드시 고도로 진화된 것처럼 보이는 화석보다 상대적으로 항상 오래된 것이라는 것을 의미하지는 않는다.

층서학에서 아주 중요한 개념은 지층과 여기에 수반되어 나타나는 암체 간의 상호 선후 관계를 해석하는 것이다. 즉, 사암을 가로 지르는 화성암은 화성암의 관입이 있기 이전에 사암이 존재하여야 하므로 사암보다 나중에 생성된 것으로 여기는 것이다. 또한 더 나중에 생성된 화성암의 열극은 이전에 생성된 화성암체의 열극을 가로 지르거나 변위시켜 관입에 순서가 있음을 나타내기도 한다. 이와 같은 개념을 **가로지르기 관계 법칙**(Principle of Cross-cutting Relationship)이라고 한다. 이와 관련된 또 다른 개념은 포획의 원리로서 어떤 암석에 포함되어 있는 암편은 예를 들어 사암의 자갈이 역암 내에 있는 것처럼 현재 나타나고 있는 암석이나 지층보다는 그 이전에 존재하였다는 점을, 즉 이전에 형성되었다는 것을 지시한다.

앞에서 설명한 여러 가지 원리나 법칙들은 지층이나 암석들이 서로 차지하는 위치에 따라 상대적인 시간적 관계를 해석하는 데 주로 이용된다. 이밖에도 층서학에 중요한 원리는 대부분 층리를 이룬 지층의 형성과 보존에 적용되는 것으로 Steno의 **지층 수평의 원리**(Principle of Original Horizontality)와 **지층 수평연장성의 원리**(Principle of Original Lateral Continuity)가 있다. Steno의 지층 수평의 원리는 모든 퇴적층은 원래 수평적인 지층으로 쌓였다는 것이다. 만약 우리가 현재 수평을 이루지 않고 경사를 가지고 있는 지층을 관찰한다면 이 지층들은 원래 수평을 이룬 상태로 형성된 후 기울어졌다는 것을 시사한다. 그러나 이러한 해석은 지층의 형성에 대해 너무 일반화시켜서 해석한 것이다. 육상의 퇴적층에서 보면 특히 상대적으로 조립질 퇴적물은 상당한 경사를 이룬 사면(약 30°정도까지)에서도 퇴적작용이 일어나기도 한다. 또는 지층이 거의 수평적으로 퇴적된다 하더라도 아주 수평을 이루지는 않는다는 것이다. 수평적으로 퇴적되는지 아닌지의 문제는 그 규모를 어떤 시각에 따라 보느냐에 달라지기도 한다. 실제로 사층리나 사엽층리, 혹은 지층이나 엽층리가 주된 층리면에 경사를 가지고 퇴적된 경우에는 자세히 관찰하면 수평을 이루지 않고 있는 것으로 보이지만, 전반적인 분지 규모의 큰 규모로 볼 때 층리가 수평을 이루고 있는 것으로 나타나기도 한다. 이와 같이 볼 때 지층 수평의 원리는 모든 퇴적물은 원래 안식각보다 낮은 각도를 이루며 퇴적된 것이며, 대부분의 경우에 안식각은 거의 수평을 이룬다고 재해석할 수 있다.

Steno의 지층 수평연장성의 원리는 원래 어느 하나의 지층이나 퇴적층은 이들이 나타나는 최대 지역 전반, 즉 퇴적 분지 내에서는 연속적으로 발달되어 있다는 것을 지시한다. 지층의 수평연장성이 끝나는 경계는 퇴적 분지의 가장자리이거나 단층으로 인하여 연장이 더 이상 일어나지 않는 경우가 될 것이다. 이 개념은 현재에는 동일하거나 비슷한 암상적 특성을 가지는 지층이 두 지역에 서로 떨어져 발달되어 있을 경우 과거에는 이 지층이 하나의 연속된 지층으로 여길 수 있으므로 공간적으로 서로 대비를 시킬 수 있는 근거를 제공한다. 여기서 유의해야 할 점은 이 지층 수평연장성의 원리는 어느 지층이나 퇴적층이 공간적으로 무한정 연장되어 있으며 지구의 표면 전체를 덮는다는 것을 의미하지는 않는다. 그 이유는 위의 경우와는 달리 퇴적 분지에 퇴적물이 쌓이는 점을 고려한다면, 어느 특정한 지층은 점차 한 쪽으로 가면서 두께가 얇아지거나, 서로 다른 지층이 횡적으로 톱니처럼 서로 어긋나게 분포하는 경우 또는 아예 다른 지층이나 퇴적상으로 점차 점이해 가며 발달이 끝이 나는 점이적인 횡적 연장의 경우가 있기 때문이다.

다음으로 비록 엄격한 의미의 층서학의 법칙이나 원리는 아니더라도 층서학을 공부할 때 반드시 염두에 두어야 할 것은 층리를 이룬 지층의 연속과 순서를 결정할 필요가 있다. 주어진 지층의 연속에서 우리는 어떻게 어떤 암석이 상부를 차지하며 어떤 암석이 하부를 나타내는가? 혹은 한 지층이나 퇴적층에서 어느 쪽이 상부인지 또는 하부인지를 알아보겠는가? 이러한 정보가 없이는 층서학의 가장 중요한 원리인 누중의 법칙을 적용할 수가 없다. 비교적 교란을 덜 받은 지역에서는 지층이나 암석은 나중에 생성된 지층과 퇴적층이 지층의 연속에서 상부에 놓이게 되어 원래 퇴적 당시의 형태를 지니고 있으므로 이 경우에는 하부에서 상부로 층서 기록을 결정하는 데에는 문제가 되지 않는다. 그러나 구조적으로 교란을 받았거나 변형을 받은 지역에서는 층리의 발달이 수평보다는 고각을 이루고 기울어져 있거나 휘어져 있거나, 수직으로 위치하거나 역전되어 있기도 하다. 이 경우에는 때로는 어렵기도 하지만 지층의 연속에서 지층의 상·하를 결정하는 것이 필요하다. 이를 위해서 여러 가지 다른 방법들이 이용될 수 있다. 의문시되는 지층의 연속에서 상부는 이와 대비되는 지층과 비교해 봄으로써 결정할 수 있고, 변형을 받지 않았거나 비교적 적게 받은 다른 지역에서의 지층의 상부가 알려진 정보를 바탕으로 지역 전반에 걸쳐 종합된 지층의 발달 양상과 대비시켜 봄으로써 알아낼 수 있다. 한 지층의 상부는 암석 자체 내에 기록된 내부 구조를 자세히 조사함으로써 알아볼 수도 있다. 여기에는 연흔, 내부 입자 변화와 점이층리, 암편의 배열과 분포, 흔적 화석 그리고 생물에 의한 구조 등의 퇴적 구조와 용암류의 기포와 유동구조 분포, 화성암에서의 화학 조성과 조직의 특징, 변성암의 잔류 구조 등이 속한다.

18.2 암석층서

퇴적층의 암상을 기준으로 하여 층서를 구분하는 분야를 암석층서(lithostratigraphy)라고 한다. 퇴적층의 암상(lithology)이란 퇴적물의 물리적인 특성을 바탕으로 구분하는 것으로 암석의 종류, 색, 광물 조성 및 입자의 크기 등 주된 특성을 바탕으로 기술하는 데 이용된다. 예를 들면 사암, 셰일, 석회암 등을 특정한 층서의 단위로 이용하는 것이다. 이에 따라 암석층서의 단위는 지층의 물리적인 특성에 따라 구분되는 암석의 단위를 가리키며 암석층서는 암상에 따라 구분되는 지층들의 층서적 관계를 알아보는 분야이다. 암석층서에서 사용하는 층서 단위의 명명과 분류에 필요한 중요한 사항은 북미 층서명명 규정(North American Code of Stratigraphic Nomenclature)에 기술되어 있는데, 우선 암석층서의 단위를 구분한 뒤 이를 이용한 층서의 대비에 관하여 알아보기로 하자.

18.2.1 암석층서 단위

암석층서의 단위란 암상의 특성에 따라 구분되는 퇴적암, 화산암, 변성 퇴적암 또는 변성 화성암의 암체를 가리킨다. 이 암석층서 단위는 일반적으로 지층이 차곡차곡 두껍게 발달해 있는 경우에 퇴적물이 쌓인 후 교란을 받지 않았거나 역전되어 있지 않는 한 나중에 쌓인 지층이 먼저 쌓인 지층 위에 쌓인다는 지층 누중의 법칙을 따른다. 이 단위들은 관찰할 수 있는 암석의 특징에 따라 구분된다. 서로 다른 단위 사이의 경계는 확연히 구별되기도 하지만 점이적으로 나타난다면 임의로 구분을 하기도 한다. 암석층서는 야외 노두, 개석지, 광산이나 시추공에서 쉽게 접근이 가능한 조건 하에서 특징적으로 관찰되는 단면, 즉 **표준 단면**(stratotype/type section)에서 정의된다. 암석층서 단위는 이렇게 철저히 특징적인 암상을 기준으로 하여 정해진다. 이 층서 단위에는 지층이 쌓인 시간의 개념은 들어있지 않다. 따라서 암석층서 단위는 그 속에 들어있는 화석을 기준으로 구분되지 않으며, 지질 시간의 개념과는 아무런 상관 관계가 없다. 이 암석층서 단위는 지표에 노출된 암상의 특징에 따라, 지하의 지층에서도 이용되지만 이 단위는 반드시 암상의 특성에 따라 정해져야 하며, 지구물리적인 방법이나 기타의 방법으로 구분하지는 않는다. 지구물리적인 특성을 이용하여 지하의 지층에서 암석층서 단위를 구분하는 데 이용은 하지만 이 경우에도 단지 지구물리적인 특성만을 이용하여 암석층서 단위를 구분하여서는 안 된다.

가장 기본이 되는 암석층서 단위는 '**층**(formation)'이다. '층'이란 지표에서 도면(일반적으로 1:50,000 축척)에 표시할 정도로 두께를 가지며 분포를 하는 암상으로 뚜렷이 구별되는 층서 단위이며 지하에서도 추적이 가능하다. '층'은 한 가지 암상으로 이루어지기도 하나 둘 이상의 서로 다른 암상으로 구성되기도 한다. 일부의 '층'은 좀더 낮은 단계의 층서 단위인 '**층원**(member)'으로 더 세분화되기도 하며, '층원'은 다시 더 낮은 단계의 '**베드**(bed)'로 나누어진다. 암석층서 단위에서 가장 하위의 단위는 베드이다. '층'은 다시 층서적인 동질성을 나타내는 집단을 이루어 '**층군**(group)'으로 묶여지며, '층군'은 더 합쳐져서 '**누층군**(supergroup)'이 된다. 모든 암석층서 단위는 각각의 암석층서 단위가 구분이 된 지리적인 위치의 이름을 따서 명명된다.

두꺼운 지층을 '층'과 같은 좀더 작은 암석층서 단위로 구분을 하는 것은 야외 노두에서나 지하에서 지층을 추적하고 대비를 시키는 데 아주 필수적인 과정이다. 먼저 층서 단위 간의 접촉관계를 알아보고 암석층서와 지층의 수직적 및 수평적인 퇴적상의 관계에 대하여 알아보기로 하자.

18.2.2 층서 관계

서로 다른 암석학적인 단위들은 각 단위들의 경계가 평탄하거나 불규칙한 접촉관계를 나타낸다. 두껍게 쌓여있는 지층은 퇴적작용이 연속적인가 아닌가에 따라 정합적이거나 부정합적인 관계를 나타낸다. 정합적인 지층이란 퇴적작용이 연속적으로 일어난 경우에 해당하며 하위에 놓인 지층 위에 상위에 놓인 지층이 쌓이는 동안 퇴적작용이 방해를 받지 않고 상·하의 지층이 각각 횡적으로 순서에 맞게 쌓였다는 것을 가리킨다. 정합적인 두 지층을 나누는 경계면을 **정합면**(conformity)이라 하고 이 정합면은 먼저 쌓인 지층과 나중에 쌓인 지층 사이를 구분하지만 이 둘 사이에 퇴적작용이 일어나지 않았다는 뚜렷한 증거는 없다는 것을 나타낸다.

반면, 부정합이란 두껍게 쌓여있는 지층들 사이의 접촉에서 나중에 쌓인 지층이 바로 접하고 있는 아래의 지층과는 시간적으로 바로 연속되지 못하고 전체적인 퇴적층의 수직 층서에서 서로 잘 맞지가 않는 것을 가리키며 이때의 지층 접촉 경계면을 **부정합면**(unconformity)이라 한다. 부정합면은 상위의 지층이 쌓이기 이전에 지표에 노출된 기반암이나 쌓였던 퇴적층이 침식되거나 또는 퇴적이 일어나지 않은 면을 가리킨다. 즉, 퇴적 층서에서는 나중에 쌓인 퇴적층이 쌓인 시기와 아래에 쌓였던 퇴적층이 쌓인 시기 사이에 상당한 시간 동안의 퇴적물 기록이 없는 것을 가리킨다. 이와 같이 상·하의 지층이 나타내는 지질 시대 사이의 차이에 해당하는 지질학적인 시간을 **퇴적결층기**(hiatus)라고 하며 부정합면은 퇴적결층기 동안에 만들어진 것이다. 따라서 부정합이란 이전에 쌓인 지층이 침식되었거나 퇴적작용이 일어나지 않았던 시기가 있었다는 것과 지질학적 시간으로 볼 때 수백만 년에서 수천만 년, 또는 그 이상의 시간 규모에 해당하는 지질 기록이 없다는 것을 나타낸다.

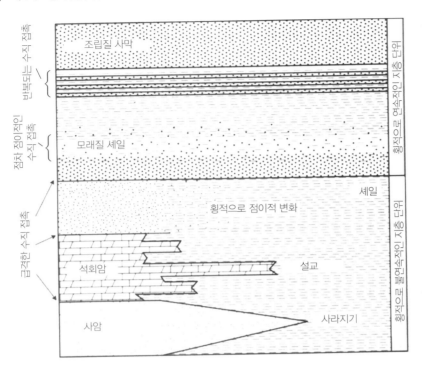

그림 18.1 암석 단위층들 사이의 수직적 및 횡적 접촉 관계를 나타내는 모식도(Boggs, 2011). 서로 다른 단위층들은 수직적으로 갑자기 접촉하거나, 점진적인 접촉 관계를 또는 층간삽입의 접촉 관계를 나타낸다. 횡적으로도 단위층들은 연속적으로 발달하거나 또는 횡적으로 가면서 얇아지거나 층간 교호를 하거나 또는 점이적으로 변하기도 한다.

　　지층 간의 접촉 관계는 횡적으로 인접하는 암석층서 단위 사이에서도 나타난다. 이 횡적인 접촉 관계는 동일한 시기에 퇴적 환경 내에서 서로 다른 퇴적의 조건 때문에 다른 암상을 나타내는 암석 단위 간의 관계를 가리킨다. 여기서는 퇴적작용이 일어난 후에 단층작용을 받아 횡적으로 접촉을 하는 지층 간의 관계는 논의에서 제외한다. 횡적인 암상의 관계는 한 종류의 암상이 점차 다른 종류의 암상으로 점이적으로 변해가는 경우가 있는가 하면, 서로 인접하는 지층끼리 한 암상 쪽에서 점차 두께가 얇아지면서 사라져가거나 또는 서로 다른 암상들이 톱니처럼 서로 맞추어지면서 접촉을 하는 경우가 있다(그림 18.1).

18.2.3 지층의 수직적 접촉

정합적인 관계를 보이는 지층 간의 관계는 급격하게 나타나거나 혹은 점이적이다. 급격한 접촉 관계란 서로 다른 암상을 나타나는 지층이 서로 맞닿아있는 것을 가리킨다. 이러한 접촉 관계는 지역적 퇴적 조건의 변화에 따라 생성되는 일차적인 퇴적 층리면으로 나타난다. 여기서 층리면이란 퇴적 조건이 약간 방해를 받았다는 것을 가리킨다. 이렇게 소규모의 퇴적작용이 잠시 멈추거나 다음 퇴적층이 쌓이기 이전에 침식작용이 거의 일어나지 않은 짧은 퇴적결층기를 **소결층기**(diastem)라고 한다. 또한 지층 간의 접촉이 급격한 변화를 나타내는 경우는 함철 광물의 산화와 환원작용의 변화로 인한 색의 변화, 광물의 재결정화 작용이나 백운석화 작용으로 인한 입자 크기의 변화나 규산염 광물이나 탄산염 광물로 교결작용이 다르게 일어나 차별 풍화작용으로 인한 변화 등 지층이 쌓인 후 화학적인 변질작용의 차이로 나타나기도 한다. 상·하 지층의 경계가 뚜렷이 구분되지 않고 자연스럽게 한 암상에서 다른 암상으로 변하여 가는 것은 퇴적 조건이 시간에 따라 점차 점진적으로 변하여 갔다는 것을 가리키며, 이러한 접촉 관계를 점이적이라고 한다. 점이적인 경계(그림 18.2)는 다시 입자의 크기, 광물 조성이나 다른 물리적인 특성들이 점차 한 암상에서 다른 암상으로 순조롭게 바뀌어 가는 경우를 **점진적 점이 접촉관계**(progressive gradual contact)와 하부의 층이 상부의 층으로 바뀌어 가면서 교호되어 나타나는 상부층과 하부층 기록에서 하부 층의 두께가 점차 얇아져 가다 사라져 가는 **층간삽입 접촉관계**(intercalated contact)가 있다.

그림 18.2 역암과 사암이 점진적으로 교호를 하면서 점차 역암에서 사암으로 변화해 가는 층서. 마이오세 천북역암(경북 포항).

18.2.4 지층의 수평적 접촉

암석층서 단위는 이상의 수직적인 접촉 관계뿐 아니라 횡적으로도 그 발달에 한계가 있다. 즉, 한 암석층서 단위는 횡적으로 무한대로 연장되어 발달할 수 없으며 수평 방향으로 가면서 어느 시점에 가서는 침식이 일어나서 갑자기 끝이 나거나 또는 다른 암상으로 점이적으로 바뀌어 가면서 결국에는 끝이 나게 된다(그림 18.1). 한 암석층서 단위의 횡적인 분포의 한계는 한 야외 노두에서 관찰되기도 하고, 지역적으로 제한되어 나타나기도 한다. 특히 선상지의 퇴적물과 같이 대부분의 육성 환경 퇴적물들은 한 암석층서 단위의 공간적인 분포에 한계가 있다. 횡적으로 암상이 달라지는 경계는 (1) 점차 한 암상의 두께가 점차 얇아지다가 사라진다는 것을 가리킨다. 이 경우를 **사라져감**(pinch out)이라고 한다(그림 18.3). (2) 또는 한 암상이 다른 암상으로 서로 갈라져서 끼어들어가는 양상을 띠는 **설교**(舌交, intertonguing), (3) 수직적으로 점이적인 접촉 관계를 나타내는 것과 마찬가지인 **점진적인 횡적 점이관계**(progressive lateral gradation)의 경우가 있다. 하나의 야외 노두에서나 지역적으로 암석층서 단위가 끊어지지 않고 횡적으로 연장이 되었다면 이 층서 단위는 횡적으로 연장되어 있다고 표현을 한다. 그러나 횡적으로 아주 멀리 추적을 하다 보면 이러한 층서 단위들도 결국에는 끝이 나게 된다. 해양 환경에 쌓인 대륙붕의 사암, 석회암, 또는 분지

그림 18.3 사진 하부의 역질 퇴적물의 두께가 왼쪽으로 가면서 점점 얇아지며 사라져간다(pinchout). 백악기 시화층(경기 화성).

중앙에 쌓인 증발암들이 횡적으로 연장성이 좋게 나타나는 암상의 예이다.

18.2.5 부정합 접촉

앞에서 언급한 것처럼 상부에 놓인 퇴적층이 하부에 놓은 지층과 바로 시간적으로 연결되지 못할 경우를 부정합이라고 하였다. 이러한 부정합 접촉 관계는 네 가지 유형이 있다. 이들은 (1) 경사 부정합(angular unconformity), (2) 난정합(nonconformity), (3) 침식 부정합(disconformity 또는 비정합), (4) 평행 부정합(paraconformity)이다(그림 18.4). 이들 각각에 대하여 좀더 살펴보기로 하자.

(1) 경사 부정합

경사 부정합은 기울어진 지층이나 습곡작용을 받은 하부 지층의 침식면 위에 젊은 지층이 놓여 있는 경우를 가리킨다. 즉, 하부에 놓인 지층은 젊은 지층과는 경사진 각도가 서로 많이 차이가 나타난다. 여기서 경사 부정합면은 평탄하거나 또는 아주 울퉁불퉁하게 나타난다. 경사 부정합은 야외에서 알아보기가 가장 쉬운 부정합으로 그 분포 범위가 국부적으로 제한되어 나타나는 경우(local unconformity)가 있는가 하면 수십~수백 km에 이르기까지 널리 분포(regional unconformity)하기도 한다. 그러나 후자의 경우에는 넓은 지역에 걸쳐 발달하기 때문에 하부 지층의 경사가 완만해지면 자세한 도폭조사를 하여야 알아볼 수 있기도 하다.

(2) 난정합

난정합은 괴상의 화성암이나 변성암과 같은 결정질 암석이 지표에 노출되어 침식을 받은 후 그 위에 퇴적암이 쌓여있는 경계를 나타낸다. 여기서 난정합 면은 상당한 기간 동안 침식이 일어났다는 것을 가리킨다.

그림 18.4 부정합의 네 가지 종류. 화살표는 부정합면을 가리키고 Ma는 백만 년 전을 가리킨다.

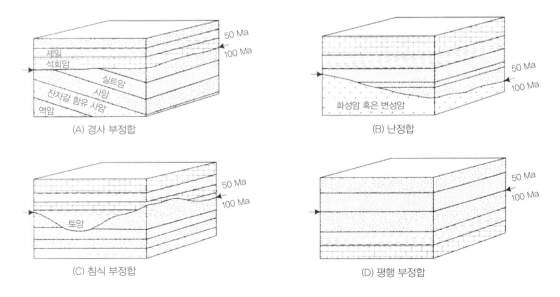

(3) 침식 부정합

이 부정합은 퇴적층과 퇴적층 사이에 발달하는 경계면으로, 부정합면을 경계로 하여 상부와 하부에 놓은 퇴적층의 경사는 거의 평행하게 나타난다. 단지 이 경계면이 뚜렷한 불규칙적인 침식의 경계를 나타낸다는 점이다. 이렇게 침식 부정합은 침식의 경계면으로 쉽게 인지가 되며 대개 하천의 하도 구조를 나타낸다. 침식 부정합면과 경사 부정합면에서는 화석 토양(고토양)의 흔적이 나타나기도 하며, 또한 조립의 역질 퇴적물이 부정합면 바로 위에 나타나기도 한다. 자갈이 나타날 경우 이 자갈의 암상은 하부에 놓인 퇴적층의 암상과 같다. 침식 부정합은 하부에 놓인 지층이 고화가 된 후 수직적으로 융기를 하는 동안 수평 상태를 유지한 채 상당한 기간 동안 침식이 일어났다는 것을 가리킨다.

(4) 평행 부정합

이 부정합도 퇴적층과 퇴적층 사이에 발달한 경계면이지만, 침식 부정합과는 달리 부정합의 경계 상부와 하부의 지층 사이에 침식의 흔적이 없고 서로 평행하기 때문에 쉽게 인지하기가 어렵다. 얼핏 보아서는 그냥 층리면으로 관찰되기도 한다. 이렇기 때문에 평행 부정합은 퇴적층에 들어있는 화석의 존재 유무와 동물군의 급격한 변화 등을 이용하여 그 존재를 확인할 수 있다. 이렇게 평행 부정합은 화석을 통하거나 그 밖의 증거를 바탕으로 지층의 상·하부에 어느 특정한 지질 시대를 나타내는 지층이 없는 것으로 알아낸다.

많은 퇴적층의 기록은 부정합으로 경계가 지워진다. 이러한 층서적 기록은 과거 퇴적작용이 꾸준히 일어나지 않았음을 가리키며, 지층의 기록이 불완전하다는 것을 나타낸다. 이렇게 부정합이 존재한다는 것은 퇴적물의 기록이 없다는 사실 이외에도 부정합면이 만들어지는 시간(hiatus) 동안 지층의 융기와 침식작용과 같은 주요한 지질 사건이 일어났었다는 것을 의미한다. 광역적으로 발달하는 부정합은 횡적으로 추적을 하면 한 종류에서 다른 종류로 바뀌기도 한다(그림 18.5). 또한 부정합면이 생성되었던 지질 시간, 즉 지질 기록이 없는 지질 시간도 이러한 횡적 변화에 따라 다

그림 18.5 부정합의 공간적 변화를 나타낸 그림으로 한 종류의 부정합은 횡적으로 가면서 다른 종류의 부정합으로 바뀐다. 이에 따라 부정합이 내포하는 지질 시간에도 차이가 있다.

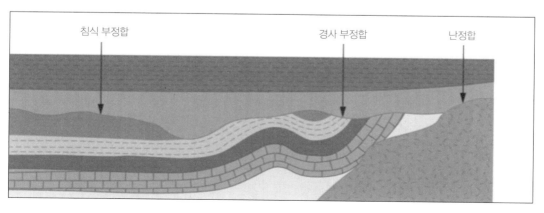

르다는 것도 염두에 두어야 한다.

18.2.6 퇴적층의 수직 및 수평 발달

퇴적층은 정합면 및 부정합면을 기준으로 하여 그 내부에 서로 다른 암상의 특징을 나타내는 더 작은 단위의 퇴적층들로 이루어졌다. 이들 단위 퇴적층들은 아주 다양하게 수직적으로 쌓여있으며, 이때 각 단위 퇴적층들은 각각이 암상의 균질성, 암상의 이질성과 주기성의 특징을 띠며 차곡차곡 쌓여져 있다. 그러나 암상들이 색, 입도, 조성이나 풍화에 견디는 정도 등 균질하게 나타나기도 하나 보통 균질하게 나타나는 것은 드물다. 비교적 균질하게 나타나는 암상은 깊은 퇴적 분지에서 잔잔한 환경 조건에 천천히 쌓인 세립질 퇴적물의 경우일 것이다. 이에 반해 이질성으로 나타나는 퇴적층은 층 내부가 여러 차이를 나타내며 퇴적층이 층서적으로 불규칙하게 나타나게 된다.

(1) 퇴적상

퇴적층의 기록을 설명하기 위하여 여기서는 **퇴적상**(sedimentary facies)이라는 용어를 소개하고자 한다. 이 용어는 퇴적층을 조사하고 해석하는 데 아주 유용하게 이용되고 있다. 앞에서 살펴본 바와 같이 퇴적층의 횡적인 접촉 관계에서 횡적으로 쌓인 두 퇴적층이 설교(intertonguing)하거나 횡적으로 점이적인 접촉 관계를 보인다는 것은 이 두 지층이 바로 인접한 퇴적 환경에서 동시에 쌓였다는 것을 가리킨다. 대륙붕에 쌓이는 퇴적물의 분포를 보면 그림 18.6과 같이 모식적으로 나타낼 수 있다. 이 그림은 대륙붕이 저위도에 위치한 경우를 상정한 것이다. 여기서 모래질 퇴적물은 고에너지의 내해(nearshore) 환경에 쌓일 것이고 반면에 외해 쪽의 저에너지의 환경에는 세립질 퇴적물인 셰일이 쌓일 것이다. 더 외해의 저에너지 환경은 육지로부터 운반되어 오는 쇄설성 퇴적물의 영향이 거의 미미하기에 탄산염 퇴적물이 생성되고 쌓일 것이다. 대륙붕의 퇴적 환경에서 이 세 종

그림 18.6   저위도의 대륙붕에 쌓이는 퇴적상 분포 모델. 고에너지의 내해안은 사암이 쌓이며 점차 외해로 가면서 셰일이 그리고 더 외해 쪽에 쇄설성 퇴적물의 영향이 없는 곳에는 석회암이 쌓인다.

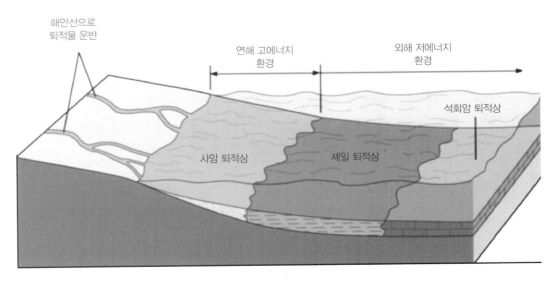

류의 퇴적물은 같은 시기에 퇴적이 일어난다.

퇴적상이란 인접하는 퇴적물과는 물리적, 화학적 그리고 생물학적 특성이 뚜렷이 구별이 되는 퇴적물을 가리키는데, 퇴적상의 이러한 특징 차이는 각 퇴적상이 서로 다른 퇴적 환경에 쌓였다는 것을 의미한다. 그림 18.6에서 보는 바와 같은 대륙붕의 퇴적물은 내해안의 사암상, 외해의 셰일상 그리고 석회암상으로 구분된다. 이들 서로 다른 퇴적상은 암상의 특성이나 들어있는 화석의 종류도 차이가 날 것이며 색상 역시 차이가 날 것이다. 이렇게 암석의 종류에 따라 나누어지는 퇴적상을 **암석상**(lithofacies)이라고 하며, 퇴적물의 암상과는 관계없이 퇴적층에 들어있는 화석에 의한 차이로 구별되는 퇴적상을 **생물상**(또는 화석상, biofacies)이라고 한다. 퇴적상은 더 세분되어 **아퇴적상**(subfacies)으로 나누어지기도 한다. 예를 들어, 사층리를 나타내는 두꺼운 사암상은 트라프 사층리 사암 아퇴적상과 판상 사층리 사암 아퇴적상으로 구분되기도 한다. 더 나아가 현미경 관찰을 통하여 더 세분된 퇴적상 구분을 하기도 하는데, 이를 **미세퇴적상**(microfacies) 또는 **암석조성상**(petrofacies)이라고 한다. 이 미세퇴적상 개념은 탄산염 퇴적물을 연구할 때 주로 이용되고 있다. 이렇게 암상을 퇴적상으로 분류하여 구분하는 것은 단순히 암상의 특징만을 가지고 층서를 해석하는 것이 아니라 퇴적 환경의 개념을 의미하고자 하는 데서 출발하였다. 즉, 각 암상을 퇴적상으로 구분하면 각 퇴적상은 은연중에 퇴적 환경의 의미가 함축되어 들어있다는 것을 가리킨다. 일부 연구자는 이 점을 더욱 부각시키기 위하여 퇴적층의 추정된 퇴적 환경을 바탕으로 대륙 퇴적상, 하천 퇴적상, 삼각주 퇴적상 등으로 아예 퇴적 환경을 구분하여 퇴적층을 구분하기도 한다. 그러나 이렇게 퇴적 환경을 붙여가며 퇴적층을 구분하는 것은 조금 주관적일 수가 있어 항상 정당화되지는 않을 수도 있기 때문에 대신 우선은 순전히 기재적으로 그리고 객관적으로 퇴적상을 구분한 뒤에 기재된 사항을 바탕으로 주관적으로 해석하기를 권장한다.

(2) 해침과 해퇴

해침(marine transgression) 현상은 육지에 대하여 해수면이 상승을 하면서 일어난다. 이렇게 해침이 일어나면 해안선은 육지 쪽으로 점차 이동을 하는데, 이러한 해안선의 점진적인 이동과 함께 해안선에 평행하게 분포하는 대륙붕의 모든 환경도 함께 육지 쪽으로 점진적으로 이동한다. 이렇게 된다면 대륙붕에 서로 횡적으로 함께 분포하는 각각의 퇴적 환경에는 이에 해당하는 각각의 퇴적상이 쌓일 것이고, 시간이 지나면서 점차 외해의 퇴적상이 해수면 상승 이전에 내해의 환경에 쌓인 퇴적상 위에 쌓이게 될 것이다(그림 18.7). 각 퇴적상은 해침이 일어나는 동안 육지 쪽으로 이동해 가면서 쌓이는 연령이 젊어질 것이다. 여기서 중요한 것은 동일한 퇴적상을 나타내는 암층서 단위는 공간적으로 서로 다른 장소에서 서로 다른 시간에 쌓였다는 점이다. 즉, 한 퇴적상이 쌓인 시간은 육지 쪽으로 가면서 점차 같은 시간대를 나타내는 시간선 기준(time line)을 가로지르며 나타나(time transgressive) 한 퇴적상의 지질연대는 장소마다 다르게 나타난다(그림 18.7).

다음은 육지에 대해 해수면이 떨어지면 이를 **해퇴**(marine regression)라고 한다. 해퇴가 일어나면 해침과는 반대로 해안선에 평행하게 분포하는 퇴적 환경은 해수면의 하강과 함께 외해 쪽으로 이동을 한다(그림 18.8). 시간이 지나면서 해수면 하강 이전에 쌓였던 외해 쪽의 퇴적상 위에 내해의

그림 18.7 해침 현상이 일어날 경우의 퇴적상 발달 양상(퇴적상 분포는 그림 18.6 참조).

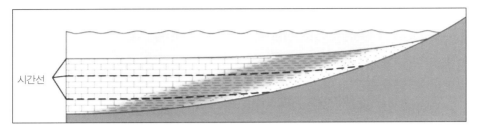

그림 18.8 해퇴 현상이 일어날 경우의 퇴적상 발달 양상(퇴적상 분포는 그림 18.6 참조).

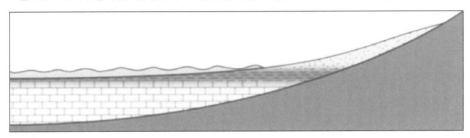

퇴적상이 수직적으로 쌓인 퇴적물 기록을 나타낼 것이다. 또한 해침 현상과는 반대로 같은 퇴적상을 나타내는 퇴적물들은 외해 쪽으로 가면서 점차 쌓이는 지질 연대가 젊어진다. 해침과 해퇴 현상에 의하여 생성되는 퇴적층의 기록을 비교해 보면 그림 18.9와 같다. 해침 현상이 일어나면 해안선이 점차 육지 쪽으로 옮겨가면서 이전의 지표면 위에 새로운 퇴적층이 육지 쪽으로 옮겨가며 쌓이

그림 18.9 해침과 해퇴가 일어날 경우 시간에 따른 각각 퇴적상의 발달 양상을 나타낸 모식도로 (A) 해침이 일어날 경우 해안선이 점차 육지 쪽으로 이동을 하며 퇴적상들은 노출된 지표에 올라탐(onlap)이 나타나고, (B) 해퇴가 일어날 경우 퇴적상들은 외해 쪽으로 이동을 하며 이전의 퇴적물 위에 쌓이는 빠져나감(offlap)이 발달한다.

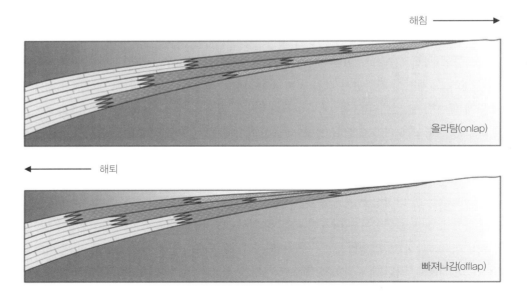

게 되는데, 이러한 퇴적층 경계의 이동을 **올라탐**(onlap)이
라고 하며 이러한 올라탐 기록은 탄성파 단면 자료에서 잘
나타난다. 반면에 해퇴 현상이 일어나면 시간에 따른 해안
선의 위치가 점차 외해 쪽으로 움직여 가며 퇴적층이 쌓이
기 때문에 새롭게 쌓이는 퇴적층의 해저 단면은 이전에 쌓
인 퇴적 단면의 외해 쪽에 전진하면서 누적된다. 이러한 관
계를 **빠져나감**(offlap)이라 한다. 이상과 같은 해침 현상과
해퇴 현상에 따라 쌓인 퇴적물의 기록을 한 장소에서의 수
직적 층서를 관찰해 보면 해침 현상이 있을 경우는 수심이
상향 심해화(deepening upward)와 입자의 크기는 **상향 세립
화**(fining upward)의 경향을 나타낸다. 반면에 해퇴 현상이
있을 경우는 **상향 천해화**(shallowing upward)와 **상향 조립화**
(coarsening upward)의 경향을 나타낸다(그림 18.10).

해침 현상이 일어난 후 해퇴 현상이 일어나면 해안선을
기준으로 쐐기 모양의 퇴적체가 쌓인다(그림 18.11). 이 쐐
기 모양의 퇴적체 하부에는 더 얕은 바다의 퇴적층 위에 더

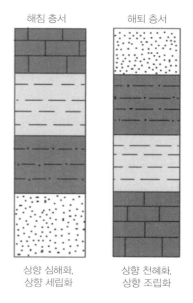

그림 18.10 층서의 기록에서 (A) 해침이
일어날 경우와 (B) 해퇴가 일어날 경우의
층서(퇴적층 암상은 그림 18.6 참조).

해침 층서   해퇴 층서

상향 심해화,   상향 천해화,
상향 세립화   상향 조립화

깊은 바다의 퇴적층이 쌓인 기록이 나타나며, 퇴적체의 상부에는 더 얕은 바다의 퇴적층이 더 깊은
바다의 퇴적층 위에 쌓여있는 기록이 나타난다. 이 그림에서 보는 바와 같이 부정합면 위로 해안선
올라탐이 일어난 것이 잘 관찰된다.

(3) 퇴적상 연속의 법칙 : Walther의 법칙

앞에서 퇴적상이란 특정한 퇴적 환경과 퇴적 조건에서 생성되는 퇴적체를 가리키는 개념적인 용어

그림 18.11 해안선을 기준으로 해침이 일어나고 이어서 해퇴가 일어나면 쐐기 모양의 퇴적체가 쌓이며, 층서 기록은 수심
이 깊어지다가 얕아진다.

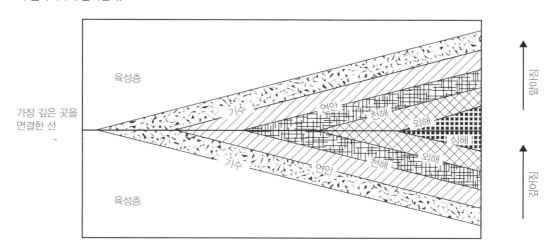

라는 것을 설명하였고, 또한 해침과 해퇴 현상을 설명하면서 어떻게 퇴적 환경 및 퇴적 조건이 바뀌면서 층서 기록이 발달하는가를 설명하였다. 이러한 배경 지식을 바탕으로 퇴적상의 연속에 대하여 알아보기로 하자. 해침이나 해퇴 현상이 일어나면 한 지역에서 동 시기에 횡적으로 연이어 분포하는 퇴적 환경은 움직이는 해안선이나 또는 다른 지질 조건의 변화에 따라 각 퇴적상의 경계도 역시 이동하면서 한 환경에 쌓인 퇴적물이 다른 환경에 쌓인 퇴적물 위에 쌓인다. 이러한 관계를 설명하는 개념은 층서학의 여러 개념 가운데 하나로 층서 기록을 해석하는데, 횡적으로 공존하는 퇴적상과 수직적으로 누적되어 있는 퇴적 기록과의 관계에는 직접적인 퇴적 환경의 기록이 서로 연관되어 있다는 것이다. 이 개념은 맨 처음 1894년에 독일의 Johannes Walther에 의하여 주창이 되었는데, 이를 **퇴적상 대비(연속)의 법칙**[law of the correlation (or succession) of facies]이라고 부르며 간단히는 Walther의 법칙이라고 한다. 독일어로 된 **Walther의 법칙**은 Middleton(1973)이 영어로 번역을 하여 구미의 학계에 보고하여 널리 알려지게 되었다. Middleton이 번역한 Walther의 법칙을 보면 아래와 같다.

> "같은 퇴적상-지역의 다양한 퇴적물과 이와 유사하게 서로 다른 퇴적상-지역에 쌓인 암석의 집합체는 층서 단면에서는 우리가 서로 수직적으로 누적되어 있는 것으로 관찰이 되더라도 공간적으로 볼 때는 서로 인접하여 쌓인 것이다. … 이러한 개념은 오늘날 서로 인접하여 공존하는 퇴적상과 퇴적상-지역의 기록만이 수직적으로 누적되어 쌓인다는 아주 중요한 의미를 가진다."

Walther는 고기의 퇴적상을 해석할 때 현생 환경의 기록들과 비교하면 좋은 단서를 얻을 수 있다고 하였다. 그림 18.12는 삼각주 환경에 쌓인 퇴적층의 기록을 나타낸 것으로 Walther의 법칙을 잘 나타내고 있다. 하천이 삼각주로 퇴적물을 지속적으로 공급한다면 삼각주는 점차 바다 쪽으로 성장하며 발달할 것이다. 이에 따라 삼각주 해안선의 강 하구에 쌓이는 조립질 퇴적물은 점차 시간이 흐르면서 이전의 전삼각주(prodelta)의 세립질 퇴적물 위에 쌓인다. 이 결과는 퇴적물의 층서 기록에서 볼 때 삼각주 환경의 소환경인 삼각주 평원, 삼각주 전면과 전삼각주 환경의 퇴적물이 점차 외해 쪽으로 전진 발달하며 쌓인 수직 기록으로 상향 조립화의 특성을 나타낸다. 이에 따라 퇴적 기록은 하부로부터 전삼각주 환경 → 삼각주 전면 → 삼각주 평원의 퇴적물로 해석된다. 이렇게 Walther의 법칙은 연속적으로 누적되어 쌓인 퇴적물 층서 기록을 해석하는 데 중요한 열쇠를 제공한다. 단, 이 법칙을 적용하려면 층서 기록에서 급격한 퇴적 환경이나 퇴적 조건의 변화가 수반되지 않는 퇴적층의 수직 기록에만 유효하다. 즉, 층서 기록에 부정합이나 단층이 있으면 이 Walther의 법칙을 부정합면이나 단층을 포함하여 해석을 해서는 안 된다. 이 법칙의 유용성은 서로 정합적인 지층 관계를 나타내는 층서 기록을 해석하는 데 어느 지층의 구간(퇴적상)에서 화석이나 그 밖의 지질학적인 증거가 관찰이 되지 않아 퇴적 환경을 해석하지 못하더라도 이 지층 상·하의 퇴적상 해석이 가능하면 Walther의 법칙을 이용하여 해석이 안 되는 퇴적상의 퇴적 환경을 유추할 수 있다는 점이다. 하지만 이 Walther의 법칙은 수직적인 층서 기록이 항상 횡적으로 공존하는 퇴적 환경의 기록을 나타낸다는 것으로 이해하기보다는 횡적으로 공존하는 퇴적 환경의 퇴적물만이 수

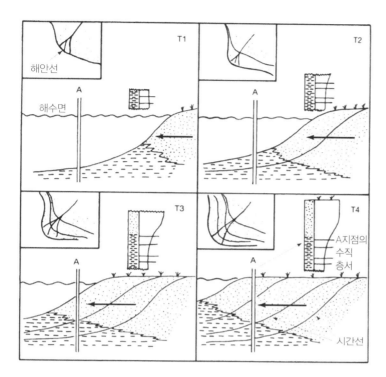

그림 18.12 삼각주가 시간에 따라 외해 쪽으로 성장을 하면서 발달한 퇴적 기록을 바탕으로 설명되는 Walther의 법칙(Pirrie, 1998). 편의상 삼각주의 성장을 4단계의 시간(T1~T4)으로 구분하여 나타낸 것으로, T1에서 T4로 가면서 지점 A에 발달한 퇴적층 기록은 초기에 전삼각주 이암에서 나중에 조립질의 삼각주 퇴적물로 이루어져 상향 조립화하는 층서를 가진다.

직적으로 누적되어 쌓일 수 있다고 받아들여야 한다. 한 예를 들어 보자. 제10장에서 소개한 해빈과 해안외주 환경계를 보면, 이 퇴적 환경에는 서로 공존하는 소환경으로 해빈, 내해안외주, 석호, 염습지, 조석대지, 조수 하천 및 조수 삼각주가 있다. 이렇게 서로 횡적으로 공존하는 소환경들이 시간에 따라 어떻게 이동을 하는가에 따라 특정한 해안외주 환경의 퇴적물 기록은 해빈의 모래 퇴적물이 하부, 그 위에는 석호의 머드 퇴적물, 그리고 최상부에 염습지의 토탄층으로 이루어질 수 있다. 즉, 해안외주 환경에 공존하는 모든 소환경의 퇴적층이 기록으로 다 지질 기록으로 나타나지는 않을 수 있다는 점이다.

18.2.7 윤회성 층서 기록(cyclic successions)

많은 경우에 층서 기록은 지층이 반복적으로 쌓여 만들어지며, 이는 어느 정도 동일한 순서를 가지며 서로 연관되어 나타나는 퇴적작용과 퇴적의 조건이 반복되어 나타난다는 것을 가리킨다. 이렇게 반복적으로 나타나는 지질 사건을 **윤회성 퇴적작용**(cyclic sedimentation)이라고 하며, 이렇게 윤회성 퇴적작용이 일어나면 퇴적층의 기록에는 동일한 순서를 가지는 서로 다른 암상들이 수직적으로 반복되어 나타난다는 것을 가리킨다. 윤회성 퇴적물은 다양한 규모의 퇴적물 기록에 적용된다. 가장 짧은 시기의 윤회성 퇴적물은 연 단위로 나타나는 빙하 호수의 퇴적층에서부터 장기간에 걸쳐 큰 규모의 퇴적 환경 이동에 따라 쌓이는 퇴적층이 있다. 흔하게 산출되는 윤회성 퇴적물은 반복적으로 산출되는 저탁류 퇴적물, 엽층리를 나타내는 증발암, 석회암-셰일의 주기적 호층, 석탄 윤회퇴적층(coal cyclothem) 등이 있다. 이렇게 윤회성 퇴적물이 쌓이는 것은 다양한 지리적 분포 범위와 다양한 시간 규모 하에서 일어난다. 시간의 규모로 볼 때, 계절적 기후 변화로 호상점토(varves)가 만들어지는 아주 국부적인 지역적 단기간의 지질 사건에서부터 전 지질 시대에 걸쳐 일어난 전 지구적인 해수면의 변동이 있다.

윤회성 퇴적층을 형성하는 기작에는 분지 내적인 기작과 분지 외적인 기작 두 가지가 있다. 분지 내적 퇴적층(autocyclic successions)은 이름 그대로 분지 내에서 일어나는 기작으로 각 퇴적층은 층서적 연장성이 제한되어 나타난다. 이에 대한 예로는 비윤회성을 띠는 폭풍 퇴적층과 저탁암이 있다. 반면 분지 외적 퇴적층(allocyclic successions)은 기후 변화와 조구조 작용에 의해 주로 형성된다. 기후는 해수면 변동, 대륙빙하의 성장과 후퇴 그리고 증발암의 퇴적작용에 영향을 미친다. 조구조 작용도 역시 해수면의 변동과 수심에 영향을 미친다. 분지 외적 퇴적층은 넓은 지역에 걸쳐 일어나며 한 퇴적 분지에서 다른 퇴적 분지까지 연장되어 나타나기도 한다.

분지 외적 퇴적윤회층은 다양한 규모로 나타나는데, 이들 모든 퇴적윤회층은 기후, 해수면과 조구조작용 변화에 관련이 되어 있다. 매우 장기간에 걸친 전 지구적인 해수면의 변동(eustatic sea-level changes)은 약 2억~4억 년의 시간에 걸쳐 일어나는 것으로 이러한 규모의 해수면 변동을 **1차 해수면 변동**(first-order cycles)이라고 한다. 이 정도 규모의 해수면 변동에 의한 퇴적물 기록은 어느 한 지역의 노두에서 확인하기는 어렵고 대신 여러 지역에 걸친 종합된 퇴적층 기록에서나 또는

그림 18.13 1차 해수면 변동과 2차 해수면 변동을 나타내는 곡선(Boggs, 2011). 1차 해수면 변동은 초대륙의 생성과 분열에 따른 해양 지각의 생성률(km²/yr)에 따라 나타나는 것으로 알려지고 있으며, 2차 해수면 변동은 중앙해령의 부피 변화에 따라 발생하는 것으로 알려지고 있다. 2차 해수면 변동 곡선 오른쪽에 하부로부터 사우크(Sauk), 티피카노에(Tippecanoe)에서 테야스(Tejas)는 Sloss(1963)에 의한 북미 대륙에 발달한 각각의 퇴적연층(sequence)을 가리킨다.

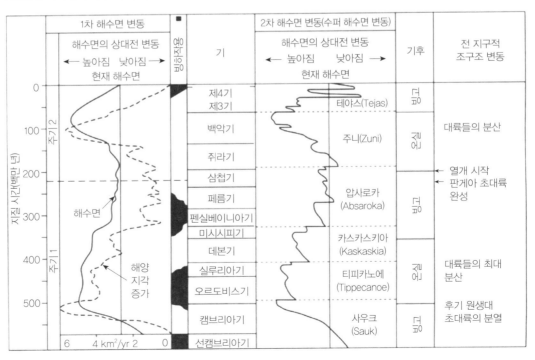

시추공 자료나 탄성파 자료를 얻어 종합한 지하 자료에서 알아볼 수 있다. 1차 해수면 변동을 일으키는 기작으로는 초대륙의 생성과 분리로 여겨지고 있다. 초대륙이 생성되면서 해수면은 하강하고 초대륙이 분리되는 과정에서 빠른 해저확장이 일어나면 해수면이 상승한다. 현생이언 동안 두 번의 1차 해수면 변동의 기록이 있다(그림 18.13). 이러한 해수면 변동과 관련하여 지구 기후 역사에서 추운 기간을 **빙고 상태**(icehouse states)라 하고 이산화탄소와 같은 온실 가스가 많았던 따뜻했던 지구 기후 기간은 **온실 상태**(greenhouse states)라고 한다(Fischer, 1984). 선캠브리아기 후기에서부터 현생이언 전체에 걸쳐 3번의 빙고 상태와 2번의 온실 상태가 있었던 것으로 해석된다(그림 18.14). 여러 가지 온도 지시자를 이용하여 복원한 지구의 온도 자료와 해수면 변동의 곡선을 서로 비교해 보면, 해수면 변동은 기온의 변화를 따라가는 것으로 여겨진다. 가장 습윤했던 시기는 석탄기에서 전기 페름기와 팔레오세였으며 가장 건조했던 시기는 삼첩기-쥐라기와 데본기의 온난했던 시기이다. 어떻게 지구의 기후가 온난한 시기에서 추운 시기로 바뀌고 또 온난한 시기로 바뀌었는가에 대한 원인 규명은 여러 가지 어려운 문제가 있다. 아마도 이러한 지구 기후의 변화는 지구의 공전과 자전 궤도의 변화, 해수면의 변동, 화산활동으로 인한 이산화탄소의 배출, 규산염 광물의 풍화로 인한 이산화탄소의 소모 등의 작용과 복잡하게 얽혀있는 것으로 여겨지고 있다. 한 가지 예를 들면 해저 확장이 빠르게 일어나 지각의 암석이 빠르게 추가되는 시기에는 해수면이 상승하고 화산 활동에 의한 이산화탄소의 배출이 아주 빠르게 일어날 것이다. 그러면 대기 중 이산화탄소의 함량 증가는 온실 상태를 야기할 것이다. 이러한 관점에서 본다면 높은 해수면 시기와 따뜻한 기후와는 완벽하게 상관 관계를 나타내지는 않지만 어느 정도 잘 일치하는 것으로 여겨진다(그림 18.14).

　2차 해수면 변동(second-order cycles)은 1천만 년 ~ 1억 년 사이의 주기를 가지는 해수면 변동을 가리킨다(그림 18.13). 1차 해수면 변동과 같이 장기간에 걸친 해수면 변동의 기록은 야외 노두

그림 18.14　현생이언 동안의 전 지구적인 평균 기온 곡선과 이에 해당하는 기후 모드(Frakes et al., 1992), 해수면 곡선(Vail et al., 1977), 온실 상태-빙고 상태(Fischer, 1984)와 주요 빙하작용 시기(Eyles, 1993).

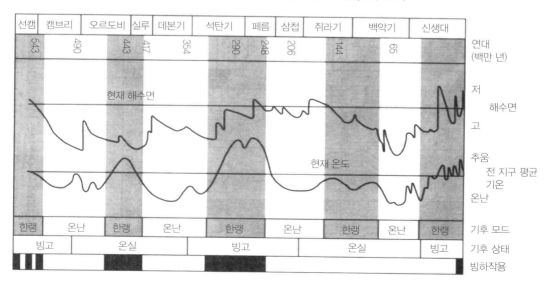

관찰로는 알아보기 어렵다. 2차 해수면 변동을 일으키는 기작은 해저 확장의 속도에 따라 달려있다. 즉, 해저 확장이 빠르게 일어나면 해저 확장이 일어나는 곳에서 뜨거운 현무암이 빠르게 공급되어 전체적인 해양 지각의 부피가 증가하며 이에 따라 해수면이 높아지게 된다. 반대로 해저 확장이 느리게 일어나고 뜨거운 해양 지각의 생성이 느려지면 생성된 해양 지각은 양쪽으로 이동을 하면서 식어져 부피가 수축하면 해수면이 낮아진다. 북미 대륙의 선캄브리아기에서부터 현생이언의 지층을 연구한 Sloss(1963)는 부정합으로 경계를 가지는 6개의 퇴적 윤회 퇴적층이 있는 것을 밝혀냈으며, 이들 윤회층을 **퇴적연층**(sequences)으로 명명하고 각각의 퇴적연층에 인디안 이름을 붙였다. 이 퇴적연층은 2차 해수면 변동에 의해 형성되는 것으로 해석하였으며 1차 해수면 변동이 있는 사이에 일어난 조금 짧은 주기의 해수면 변동에 의한 결과로 여겨진다. 이 2차 해수면 변동에 의한 윤회층은 북미 대륙 이외의 다른 대륙에서도 그 존재가 밝혀지고 있으며, 서로 상호 대비도 가능한 것으로 알려진다.

　　3차 해수면 변동(third-order cycles)은 해수면의 변동이 백만 년~천만 년 사이의 주기를 가지며 변동하는 것을 가리키고, 이러한 주기를 가지는 해수면 변동의 기록은 일반적인 야외 조사에서 확인할 수 있다. 이 3차 해수면 변동은 해저 확장에 의한 중앙해령 산맥의 부피 변화 또는 빙하의 성장과 후퇴로 인하여 일어나는 것으로 여겨지고 있지만 아직까지는 확실하게 밝혀진 것은 없다. 또한 이 3차 해수면 변동으로 형성된 퇴적층의 기록이 전 지구적으로 대비가 되는지에 대하여도 잘 알려지지 않았다. 만약 3차 해수면 변동이 전 지구적이라기보다는 광역적인 현상이라면 전 지구적인 해수면의 변동보다는 조구조 작용이 더 관련이 있을 것으로 여겨진다.

　　이밖에도 3차 해수면 변동보다 더 작은 규모로 일어나는 해수면 변동의 주기성이 잘 알려져 있다. 이러한 작은 규모의 윤회성 퇴적층은 그 두께가 각각의 층 규모에서부터 수 m에 이르는 두께로 산출되며 그 주기는 1백만 년보다는 짧다. 해수면 변동의 주기가 20만 년~50만 년으로 나타나는 변동을 **4차 해수면 변동**(fourth-order cycles)이라고 하고, 이보다 짧은 1만 년~20만 년 사이의 주기는 **5차 해수면 변동**(fifth-order cycles)이라고 한다. 이와 같이 짧은 주기의 해수면 변동은 지구의 공전과 자전 궤도의 변화에 따라 일어나는 것으로 해석되고 있다. 지구가 자전을 하면서 고정된 자전축을 중심으로 얌전히 회전을 하는 것이 아니라 마치 팽이가 서기 직전에 큰 원형을 만들면서 회전하는 것처럼 세차운동(precession)을 하는데, 이 주기가 평균 19,000년에서 23,000년이다(그림 18.15). 또한 지구의 자전축의 기울기(obliquity)가 21.5°에서 24.4° 사이로 바뀌는데 그 주기는 약 41,000년이다. 이외에도 지구가 태양을 중심으로 공전을 하는 궤도가 원에 가까운 궤도에서 타원형의 궤도로 주기성(eccentricity)을 띠고 바뀌는데, 이러한 궤도의 변동은 106,000년과 410,000년에 일어난다. 이러한 지구의 공전과 자전의 궤도 차이에 따라 지구가 태양열을 받아들이는 정도에 차이가 나타나 어떤 시기에는 태양열을 아주 적게 받아들이며 이렇게 되면 겨울에 내린 눈이 이듬해에 다 녹지 못하고 점차 눈의 적설량이 증가하면서 대륙 빙하로 발전을 하여 해수로부터 많은 양의 물을 빙하에 가둔다. 이로 인해 해수면은 낮아지게 된다. 이러한 궤도의 변동으로 인하여 지구의 기후가 주기적으로 바뀐다는 것을 처음으로 밝혀낸 세르비아의 수학자인 Milankovitch의 이

그림 18.15　지구–달–태양계를 나타낸 그림으로 지구에 도달하는 태양 복사에너지의 양적 변화를 나타내는 원인으로 이를 통틀어 Milankovitch 주기라고 한다(Zachos, 2001).

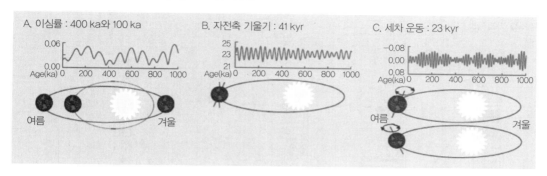

름을 따 **Milankovitch 주기**라고 한다. 이 Milankovitch 주기가 지난 제4기 동안의 빙기와 간빙기의 변화를 일으킨 것으로 알려지고 있다. 이렇게 짧은 주기의 주기성 퇴적물을 연구하는 분야를 **윤회 층서학**(cyclostratigraphy)이라고 한다.

18.2.8 암석층서의 대비

층서 대비(stratigraphic correlation)란 층서 단위의 동등성을 알아보는 것으로 간단히 표현할 수 있다. 층서 대비는 층서학의 가장 중요한 부분이며 층서학자들은 한 지역에서 다른 지역으로 분류된 층서 단위가 어떻게 연장이 되는지를 밝히기 위하여 많은 노력을 기울여 왔다. 이러한 층서 대비를 하지 않는다면 광역적인 지질 현상을 설명하기는 어렵다. 층서 대비에는 다음의 세 가지 종류가 있다.

(1) 암석대비(lithocorrelation) : 유사한 암상과 층서 위치에 따라 층서 단위의 연결
(2) 생물대비(biocorrelation) : 화석의 종류 및 생물층서 위치에 따라 생물층서 유사성 연결
(3) 시간대비(chronocorrelation) : 지질 시대와 시간층서의 위치에 따라 동시성 연결

이 중 생물대비와 시간대비는 제19장에서 다루어진다.

　층서 대비에 대한 기본적인 개념은 이미 오래 전에 정립되었다. 이 개념에 대하여 아직도 많은 발전이 이루어지고 있고 학문의 발전에 따른 새로운 개념의 등장과 더 발전된 분석 기법으로 인하여 대비에 대한 기존 관념에 변화가 일어나고 있으며 또한 새로운 대비 기법도 개발되고 있다. 층서 대비에서 가장 두드러진 학문의 발전은 지자기 층서 분야로 자극의 극성 변화를 이용하여 전 지구적으로 시간-층서의 대비를 할 수 있는 아주 중요한 새로운 도구가 개발되었다. 또한 컴퓨터 기술의 개발로 컴퓨터를 이용한 통계 처리의 기법을 적용하여 정량적으로 층서를 대비하는 분야도 발전하게 되었다.

　암석층서 연구는 암상의 특징을 이용하여 퇴적층의 기록을 여러 암석층서 단위로 구분하는 것이다. 여기서 가장 기본이 되는 암석층서 단위는 '층'이라고 하였다. 암석층서의 또 다른 연구는 암상에 따라 분류된 암석층서 단위들을 서로 대비하는 데 있다. 여기서 암석대비는 암상에 따라 대비를 하는 것으로 그 예는 그림 18.16에 나타나 있다.

그림 18.16 태백산 분지의 전기 오르도비스기 동점층의 암상 대비(Kim and Lee, 2000). 조사한 지역은 두무동, 턱골, 세송과 구문소 지역으로 주상도를 작성하여 특정한 암석학적 특징(해록석과 차모사이트)을 기준으로 암상을 비교한다. 각 주상도 하단의 입자의 크기에서 M은 머드, G는 자갈을 가리킨다. 모래 입자 구간에서 f = 세립 모래, m = 중 모래, c = 조립 모래를 가리킨다.

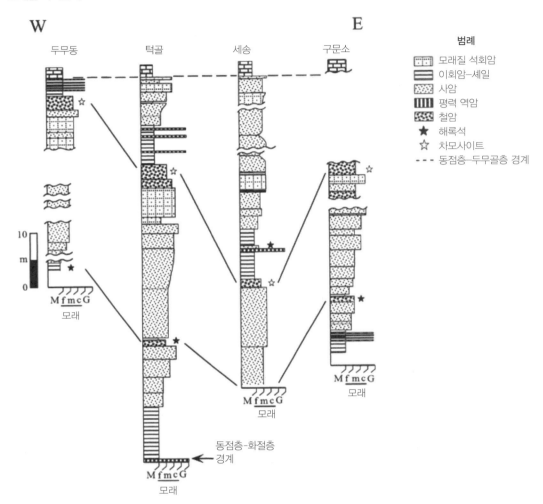

암석층서 단위를 한 지역에서 다른 지역으로 가면서 계속 추적하여 층서 단위의 연장성을 확인해 볼 수 있다. 암석층서의 대비에서 이보다 더 정확한 방법은 없다. 그렇지만 이 방법은 지층이 횡적으로 완전하거나 거의 완전하게 노출이 되었을 경우에만 횡적으로 연장성을 확인해 가면서 대비가 가능하다. 또 다른 방법으로는 지층의 층서 단위를 항공사진을 이용하여 추적해 보는 방법으로 물론 유용은 하지만 약간 직접적인 방법보다는 정확성이 떨어질 수 있다. 그렇지만 만약 지층의 지표 노출이 광범위하고 토양이나 식생에 의해 항공 관찰이 방해를 받지 않았을 때에는 항공사진에 나타날 정도로 두꺼운 특징적인 층서 단위를 쉽게 그리고 효과적으로 대비할 수 있는 장점이 있다.

물리적으로 한 층서 단위를 따라가면서 확인하며 대비를 하는 것이 가장 확실한 방법이지만, 이 방법은 현실적으로 조사자가 한 퇴적 단위를 연속적으로 관찰할 수 있는 한계가 있다. 수백 m 이

내의 짧은 거리에서는 비교적 쉬울 수 있으나, 거리가 멀어질수록 토양이나 식생에 의해 덮여 있을 수 있고, 단층과 같은 구조작용으로 복잡해질 수 있거나 또는 침식에 의해 더 이상 나타나지 않을 수도 있다. 또는 한 층서 단위가 횡적으로 가면서 그 두께가 점차 얇아지다 사라지거나 다른 층서 단위와 합쳐지기도 하면 더 이상 추적은 어려워진다. 이런 경우에는 개별적인 단위 지층을 그대로 따라가기보다는 전체적인 암석층서 단위의 특징(멤버나 층)을 이용하여 추적을 하는 것이 보통이다.

위와 같은 직접적인 방법을 통하여 암석층서 단위의 추적이 불가능한 경우에는 암상의 유사성과 층서적 위치에 근거하여 암석층서 단위를 비교하여 맞추어 보는 간접적인 방법을 사용한다. 여기서 지층을 서로 맞추어 본다(matching)는 것은 대비를 시킨다는 것을 꼭 의미하는 것은 아니다. 그 이유는 암상의 유사성만 가지고 대비를 하면 대비의 신뢰도가 아주 다르게 나타나기 때문이다. 대비의 신뢰도는 대비에 이용되는 특징적인 암상의 특성, 수직 층서 기록의 특성 및 장소에 따른 암상의 변화의 유·무에 따라 매우 다르게 나타난다. 만약 조사 대상 두 지역 간에 퇴적상의 변화가 층서 기록에 나타난다면 암상의 대비가 어려워진다.

암상의 유사성은 여러 가지 암석의 특성을 이용하여 결정한다. 즉, 사암, 셰일이나 석회암 같은 전체적인 암상, 색, 중광물 집합체나 특징적인 광물 집합체, 일차 퇴적 구조와 풍화의 특성과 같은 관찰 사항을 이용한다. 이런 관찰 사항의 종류가 많으면 많을수록 지층을 서로 맞추어 볼 때 그 정확성이 높아진다고 할 수 있다. 그러나 서로 비슷한 암상을 띠는 지층은 시간이나 공간적으로 아주 서로 멀리 떨어진 같은 퇴적 환경에서 생성될 수도 있다. 또한 주기성 윤회퇴적물로 이루어진 층서의 기록에서는 암상의 특징만으로 대비하는 것도 아주 어렵다. 그 이유는 한 지역에서 퇴적작용이 일어나는 동안 반복적으로 해침과 해퇴 현상이 일어난다면 아주 유사한 층서 단위의 층서 기록이 반복적으로 퇴적되기 때문이다. 이러한 경우 좀더 층서 대비에 신뢰성을 높이려면 층서 기록에서 하나 또는 둘의 특징적인 층이나 암상만을 대상으로 하는 것보다 여러 가지 특징적인 층서 단위들의 층서 기록을 이용하여 맞추어 보는 것이다.

층서 기록에서 층서 위치에 따른 아주 특정한 지층이 나타날 경우에는 층서 대비에 아주 유용하게 이용할 수 있다. 예를 들어, 아주 얇은 공중에서 가라앉은 화산재(airfall ash)층이나 벤토나이트 층이 들어있다면 이러한 층의 존재로 특정한 지역에서 암상의 대비가 가능해진다. 만약 어느 지역에 이와 같은 지층이 한 층준에만 들어있다면 암상의 대비에 아주 유용하게 이용된다. 이러한 층을 **열쇠층**(key bed) 또는 **건층**(marker bed)이라고 한다. 이러한 열쇠층을 이용한다면 이 층의 상·하부에 놓인 암상들을 대비시키는 데 어느 정도 신뢰성을 가질 수 있다. 만약 이러한 열쇠층이 층서 기록에서 둘이나 그 이상 들어있다면 이들 열쇠층 사이에 나타나는 암상의 대비에 더 확신을 가질 수 있다. 그렇지만 이러한 열쇠층이 나타난다 하더라도 대비하고자 하는 지역의 거리가 멀면 멀수록 열쇠층 상·하부의 암상을 대비하는 것은 점점 애매해지기도 한다.

암석층서 단위를 간접적으로 대비시키는 또 다른 방법은 **지구물리 검층**(geophysical or well log) 자료를 이용하는 것으로 이 방법은 지하의 지질 대비에 이용한다. 지구물리 검층 자료는 지하에 시추가 끝난 후 여러 가지 지구물리 검층법을 이용하여 얻어지는 여러 가지 전기적 신호가 곡선으로 기록된 차트를 가리킨다. 이 신호들은 전반적인 암상, 광물, 유체의 종류 및 함량, 공극률과 같은 지층의 특성에 따라 다르게 반응하여 나타난다. 그러나 이 지구물리 검층 자료를 이용하여 지층을 대비하는 것은 전적으로 암상에 의하여 대비하는 것이 아니라는 것을 염두에 두어야 한다. 그렇지만 지구물리 검층으로 측정하는 대부분의 암석 특징들은 암상과 밀접히 관련되어 있다.

지구물리 검층 자료 중에서 가장 많이 이용되는 것은 전기검층 자료(electric log) 또는 비저항(resistivity) 검층 자료이다. 전기 비저항은 암상과 암석에 들어있는 공극수의 특성에 따라 달라진다. 예를 들면 공극에 짠 염수가 들어있는 해양의 셰일은 오일이나 가스가 들어있는 공극률이 높은 사암이나 석회암보다 전기 비저항이 훨씬 낮다. 특정한 지역에서 이러한 지구물리 검층 자료를 이용하여 특정한 암상의 특성을 구분하여 광역적으로 적용하여 지층의 대비를 할 수 있다. 여기에 시추 시 얻어지는 시추 암편(well cuttings)이나 시추 코어를 이용한다면 지구물리 검층 자료의 해석을 확인할 수 있다.

이밖에도 지구물리 검층에서 지층의 감마선 방출 양을 측정하는 감마선 검층(gamma ray logs), 음파의 통과 속도를 측정하는 음파 검층(sonic logs), 암석의 공극률과 암상을 측정하는 지층밀도 검층(formation density logs)도 널리 이용되고 있으며, 이들 모든 지구물리 검층 자료는 지하 암석

그림 18.17 지구물리 검층(감마선 검층과 음파 검층) 자료를 이용하여 시추공 사이의 지하 지질을 대비하는 예(Jackson et al., 1995). 물리검층 자료를 이용하여 대비를 시킬 때에는 특징적인 검층 자료의 특성을 이용한다.

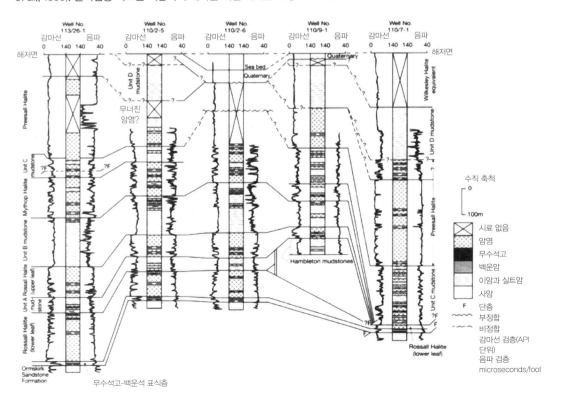

층서 단위들의 특정한 특징을 대변하는 전기적 특성들로 이루어져 있다는 것이며, 이러한 전기적 특성들은 암상, 유체의 함량, 지층의 두께나 그 밖의 다른 특징에 따라 다르게 나타난다는 점이다. 인접한 시추공의 지층 대비에서는 비교적 유사한 지구물리 검층의 특성을 띠기 때문에 대비에 신뢰성이 높지만, 이 역시 시추공간의 거리가 멀어지면 멀어질수록 이 검층 자료의 유사성은 점점 떨어진다. 그러나 여러 시추공에서 얻은 검층 자료를 이용하여 비록 층서적으로 층서 단위가 횡적으로 가면서 지층의 두께가 얇아지다가 사라지거나 퇴적상의 변화가 있다하더라도 암상의 대비를 전 퇴적 분지에 적용을 할 수 있게 된다. 이렇게 지구물리 검층의 자료가 유용하게 지하의 지질을 대비하는 데 이용되는 이유는 암석층서 단위가 횡적으로 가면서 사라져 가거나 퇴적상의 변화가 있는 곳에서 석유나 가스의 집적 가능성(층서 집적)이 높아지기 때문이다. 그림 18.17은 지구물리 검층 자료를 이용하여 지하의 대비를 한 예를 나타내고 있다.

19

생물층서와 시간층서

19.1 생물층서

지층에 들어있는 화석의 종류를 이용하여 암석의 특징과 암석을 대비하는 층서 방법을 생물층서법이라고 한다. 단지 화석의 함유 정도에 따라 암석 단위를 구분하는 것은 암석층서 단위의 구분과 일치할 수도, 일치하지 않을 수도 있다. 실제로 '층'으로 구분된 암석층서 단위들은 특징적인 화석의 집합에 의하여 여러 개의 생층서 단위로 세분되기도 한다. 여기서 생물층서 단위 구분의 가장 주된 목적 중 하나는 지층을 지질 시대를 알아볼 수 있고 광범위한 지역에 대비를 시킬 수 있는 더 작은 단위나 대(帶, zone)로 세분하는 것이다. 이로 인해 지질 시간이라는 정해진 골격 내에서 지구의 역사를 해석하는 것이 가능해지기 때문이다. 경우에 따라서는 하나의 생물층서 단위가 암석층서 단위의 범위를 넘어서 정해지기도 한다.

생물층서(biostratigraphy)의 개념은 모든 생물은 지질 시대를 통하여 연속적으로 변화가 일어난다는 원리에 입각한다. 이에 따라 지층의 어느 단위도 화석으로 지질 시대를 결정할 수 있으며 특성을 알아볼 수 있다는 점이다. 즉, 어떠한 지층이라도 지층에 들어있는 화석을 이용하여 오래된 지층과 젊은 지층을 서로 구별해 낼 수 있다는 것이다. 이런 점에서 생층서 기법은 고생물학과 밀접히 관련이 되어 있어 유능한 생층서 연구자는 잘 숙련된 고생물 전공자여야 한다. 실제로 생물층서를 다루는 데에는 다양한 생물체와 이들의 시·공간적인 관계에 대한 폭넓은 지식을 가져야 한다. 이 분야는 복잡한 분야이기 때문에 이 분야에 대하여 자세하게 다루는 것은 이 책의 내용과는 별개이므로 이 장의 목적은 생물층서에 대한 기본적인 개념과 생물층서법의 원리를 소개하는 데 있다. 생물층서 기법에 대하여 좀더 자세하게 알아보고자 하는 사람은 고생물학에 관한 교재를 참조하기 바란다.

19.1.1 동물군 천이의 법칙(principle of faunal succession)

화석의 종류와 함량을 바탕으로 지층을 맨 처음 구분하기 시작한 사람은 1700년대 영국의 측량기사면서 건설기사인 William Smith였다. 여러 지역을 조사한 그는 각 지역의 지층 단위들은 서로 질서 있게 층서를 이루고 있고, 각 지층 단위들은 특징적인 동일한 화석군으로 구분할 수 있다는 것을 알아냈다. 이렇게 Smith는 지층에 들어있는 화석의 종류를 이용하여 지층을 구분하고 이를 통하여 지층의 순서를 알아볼 수 있었다. 이러한 원리는 동물군 천이의 법칙으로 알려지고 있다. 물론 Smith는 화석만을 이용하여 지층을 구분한 것은 아니었다. 그가 구분한 지층들은 처음에는 암상에 의하여 구분되었고 그런 다음 각 지층에서 산출되는 화석들을 수집하여 비교되었다. 겉보기에 두껍고 균질해 보이는 지층에서 화석을 이용하여 층서 단위를 구분하는 것은 훨씬 후에 시도되었다. 실제로 화석에 의하여 층서 기록을 세분한 것은 1830년대에 제3기에 해당하는 퇴적층에 적용된 것이 처음이었다. 영국의 Lyell은 암석 속에 들어있는 화석의 종류에 따라 제3기층을 4개의 지층 단위로 나누었는데, 이 Lyell의 업적이 처음으로 화석을 이용하여 지질 시대를 구분한 것이며, 지층을 암상의 특성에 의존하지 않고 생물층서 단위를 구분할 수 있는 가능성을 제시한 것이라고 할 수 있다.

19.1.2 생물층서 단위

생물층서 단위는 특정한 화석군을 가지는 지층이 바로 인접한 지층의 화석군과는 차이가 나는 것을 바탕으로 구분되며 가장 기본이 되는 생물층서 단위는 **생물대**(biozone)이다. 생물대는 두께나 지리적인 분포에서 미리 정해진 범위는 없다. 이에 따라 생물대는 아주 얇은 층의 두께에서부터 수천 m까지 두꺼운 지층까지 그리고 분포 범위도 국지적인 분포에서 전 지구적인 분포까지 다양하다. 표준화된 생물대의 명칭과 구분에 대하여는 국제층서분류위원회(International Subcommission on Stratigraphic Classification)에서 정한 기준을 따른다. 생물층서의 가장 기본이 되는 생물대는 다시 하위의 준생물대(subzones)로 세분되거나 초생물대(superbiozones)로 묶이기도 한다. 주된 생물대의 범주는 다음과 같다(그림 19.1).

(1) 생물 생존 생물대(taxon-range biozone) : 개개의 분류된 생물의 출현에서 멸종까지의 층서 범위와 지리적 분포 범위를 나타내는 지층대를 생물 생존 생물대라고 한다(그림 19.1A). 만약 두 종류의 생물이 서로 공존을 하였던 기간을 나타내는 생물대는 동시 생존 생물대(concurrent-range biozone)라고 한다(그림 19.1B).

그림 19.1 북미층서위원회(North American Stratigraphic Commission)에서 제안한 생물대의 종류와 정의(Lenz et al., 2001).

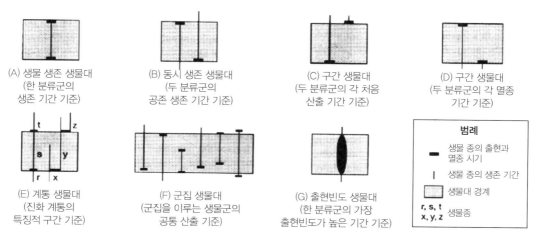

(A) 생물 생존 생물대
(한 분류군의 생존 기간 기준)

(B) 동시 생존 생물대
(두 분류군의 공존 생존 기간 기준)

(C) 구간 생물대
(두 분류군의 각 처음 산출 기간 기준)

(D) 구간 생물대
(두 분류군의 각 멸종 기간 기준)

(E) 계통 생물대
(진화 계통의 특징적 구간 기준)

(F) 군집 생물대
(군집을 이루는 생물군의 공통 산출 기준)

(G) 출현빈도 생물대
(한 분류군의 가장 출현빈도가 높은 기간 기준)

범례

■ 생물 종의 출현과 멸종 시기

| 생물 종의 생존 기간

□ 생물대 경계

r, s, t / x, y, z 생물종

(2) **구간 생물대(inteval biozone)** : 특정한 생물의 처음 출현과 다음 출현하는 층서면 사이의 구간에 해당하는 지층을 구간 생물대라고 한다(그림 19.1C). 또 다른 사용은 특정한 생물의 처음 멸종과 다음 멸종하는 층서면 사이의 구간에 해당하는 지층을 가리키기도 한다(그림 19.1D).

(3) **계통 생물대(lineage biozone)** : 특정한 생물의 진화 계통에서 특징적인 구간을 대표하는 지층의 구간을 가리킨다(그림 19.1E).

(4) **군집 생물대(assemblage biozone)** : 셋 또는 그 이상의 생물 종류가 함께 군집을 이루고 있는 지층의 구간을 나타내는 것으로 함께 산출되는 생물군이 인접한 지층의 생물군과 구별할 때 사용한다(그림 19.1F). 군집 생물군은 한 생물종을 바탕으로 결정하기도 하고 여러 다른 생물 종류를 이용하여 구분하기도 한다.

(5) **출현빈도 생물대(abundance biozone)** : 특정한 종의 생물이나 생물군이 층서 기록에서 인접한 부분보다 특이하게 많이 산출되는 구간을 나타내는 생물대이다. 이 생물대는 각 생물종에 따라 가장 많이 산출되는 구간으로 더 세분하여 구분하기도 한다. 그러나 이렇게 가장 많이 산출되는 구간으로 생물대를 구분하다 보면 각 생물대끼리의 서로 간에 연속성이 떨어지고 각 생물대 사이에 구분이 안 되는 구간도 있을 수 있다.

생물대의 명명은 생물대 내에 산출되는 하나 혹은 둘의 대표적인 생물종의 이름을 따서 붙이며 이 이름 뒤에는 생물대(Biozone)를 추가한다(예 : *Turborotalia cerrozaulensis* Biozone). 이 경우 이름을 붙인 생물종의 산출빈도가 가장 낮은 층준이 이 생물대의 최하부 층준이 된다.

이상에서 구분된 생물대는 서로 다른 층서 기록에서 서로 대비에 적용할 수 있다. 이렇게 퇴적물에 들어있는 화석의 종류와 유무를 바탕으로 생물대를 구분하고 암석층서에서 적용하는 것처럼 여러 층서 기록에 세분된 생물대의 개념을 이용하여 대비를 한다. 생물층서 단위는 경우에 따라 지질 시대의 중요성을 가지거나 가지지 않을 수도 있다. 그 이유는 군집 생물대와 출현빈도 생물대는 지질 시간을 가로지르며 발달하는가 하면, 생물 생존 생물대와 구간 생물대는 특정한 생물종의 출현과 관련이 있으므로 지질 시간과는 일치를 한다. 이러한 시간의 개념이 서로 다르게 생물대에 따라 의미를 가지지만 이러한 시간의 개념과는 상관없이 층서 대비에 이용된다. 생물층서 대비에 대하여 좀더 자세한 내용은 생물대의 구분에서부터 화석에 대한 전문적인 지식을 필요로 하기 때문에 고생물학 관련 참고문헌을 참고하기를 권장한다.

19.1.3 표준화석

생물의 종류에는 짧은 지질 시간 동안만 생존하였던 것들이 있지만 그 밖의 다른 종류들은 상당한 시간 동안 생존하였다. 시간-층서의 적용에 매우 유용한 화석 생물은 종의 수가 양적으로 많고 또 지리적으로 광범위하게 분포하며 상대적으로 짧은 생존 기간을 가진 종들이다. 그림 19.2는 생층서의 분대에 중요하게 여겨지는 대형 화석 생물들을 나타낸 것이다.

어느 지층에 특정한 종류의 화석의 산출이 높고 또한 특징적이라면 이러한 화석은 **표준화석**(index fossil)이라고 한다. 생물층서에 유용하게 이용되는 표준화석은 다른 종류와 비교하여 쉽

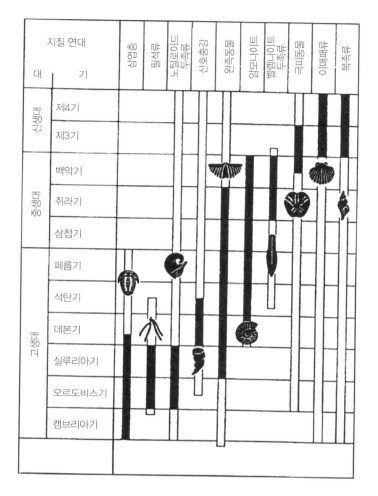

지질 연대		산호충	필석류	나틸로이드 코랄	산호충강	완족동물	암모나이트	벨렘나이트 나우틸	규질편모	이매패류	복족류
대	기										
신생대	제4기										
	제3기										
중생대	백악기										
	쥐라기										
	삼첩기										
고생대	페름기										
	석탄기										
	데본기										
	실루리아기										
	오르도비스기										
	캠브리아기										

그림 19.2 생층서 분대에 유용하게 이용되는 해양 무척추 동물의 대형 화석(Thenius, 1973). 각 생물에서 채워지지 않은 막대 구간은 이들이 생존하던 시기 범위를 나타내며, 검은색으로 채워진 막대 구간은 표준화석으로 중요하게 여겨지는 지질 시간을 가리킨다.

게 구별이 가며, 광범위하게 분포하고, 산출빈도가 높고, 퇴적상과는 무관하며, 진화가 빠르게 진행이 되며, 또한 생존 기간이 짧아야 한다. 실제로 이러한 조건을 가지는 표준화석은 진화가 빨리 일어나는 원양성 생물의 화석으로, 이들은 외해의 표층수에 서식하기 때문에 전 지구적으로 널리 퍼져 살 수가 있다. 이들 원양성 생물들은 저서성 생물에 비해 해저면의 퇴적물 종류에 전혀 영향을 받지 않는다. 이러한 표준화석의 예는 암모나이트(ammonites), 필석류(graptolites), 유공충(foraminifers)과 기타 부유성 미생물들이다.

일반적으로 표준화석은 이를 포함한 퇴적층과 동일한 것으로 간주되고 있어 이러한 표준화석을 이용하여 지층을 대비하는 데 이용되고 있다. 그러나 이 지층에서 표준화석의 실제 생존 기간에 대하여는 구체적으로 밝혀지지 않고 사용되고 있는 것이 약간의 문제라고 할 수 있다. 대개는 화석의 층서적 구간을 이 화석을 포함한 지층의 전체 두께에 적용하는 사례가 있는데, 이러한 적용은 실제 암석의 층서 단위를 시간-암석의 단위로 혼돈을 시킬 수 있으며, 해당 지층이 동일한 지질 연대를 나타낸다고 오인할 수 있다. 또한 이의 연장선상에서 이 표준화석이 산출되지 않는 지역의 연구에서는 이러한 표준화석의 개념을 적용하기가 어려워지며, 주된 표준화석이 산출되지 않는다는 관찰

사항만으로는 곧 이 지층이 표준화석이 산출되는 지질 연대가 아니라는 것을 꼭 지시하는 것은 아니다.

19.2 시간층서 및 지질 시간

이상에서 살펴본 암석층서와 생물층서는 특정한 지역에서의 관찰사항에 기준한 층서 해석에 중점을 둔다. 그러나 지구의 역사를 해석하기 위해서는 각 층서 단위들이 지질 시간에 연관이 되었을 때 가능한 것으로 각 층서 단위들의 지질 시대가 알려져야만 한다. 이렇게 암석의 단위들과 지질 시간과의 관련성을 연결시키는 층서법을 **시간층서**(chronostratigraphy)라고 하며, 지질 시간에 따라 구분이 되는 각 층서 단위들을 **지질 시간 단위**(geologic time units)라고 한다. 시간층서와 층서의 여러 기법과의 관계는 그림 19.3에 있다.

19.2.1 지질 시간 단위

지질 시간 단위란 대부분이 암석 단위를 기준으로 설정이 되지만 실제 암석 단위라기보다는 개념적인 것이다. 동일한 지질 시간 단위를 나타내는 것으로 두 가지 단위가 있다. 하나는 시간층서 단위이고 다른 하나는 지질 연대 단위이다. 지질 시간 단위를 소개하기 전에 먼저 지질 연대 단위 (geochronologic unit)에 대하여 소개하기로 하자. 지질 연대 단위는 실제 암석의 단위를 가리키는 것이 아닌 우리가 잘 알고 있는 지질 시대의 구분인 선캠브리아 시대, 고생대, 중생대, 신생대와 같은 시간의 단위를 가리키는 것으로 이 지질 연대 단위는 시간층서 단위로 표현되는 암석의 기록으로 구분이 되는 시간의 단위(그림 19.4)를 가리킨다. 따라서 이 지질 연대 단위는 그 자체로서는 층

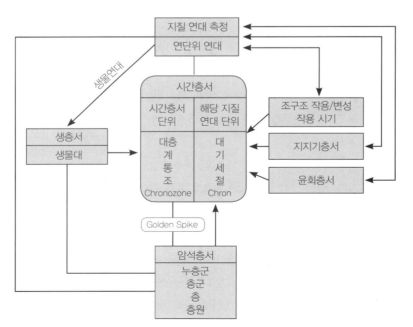

그림 19.3 시간층서를 결정하는 과정과 지질 연대 단위와 다른 층서 단위와의 관계를 나타내는 모식도 (Holland, 1998). Golden Spike는 시간층서 단위를 나타내는 참고 지질단면으로 이용하기 위하여 선정된 국제적으로 인정된 표준 층서 단면의 지점이나 지질경계를 가리킨다.

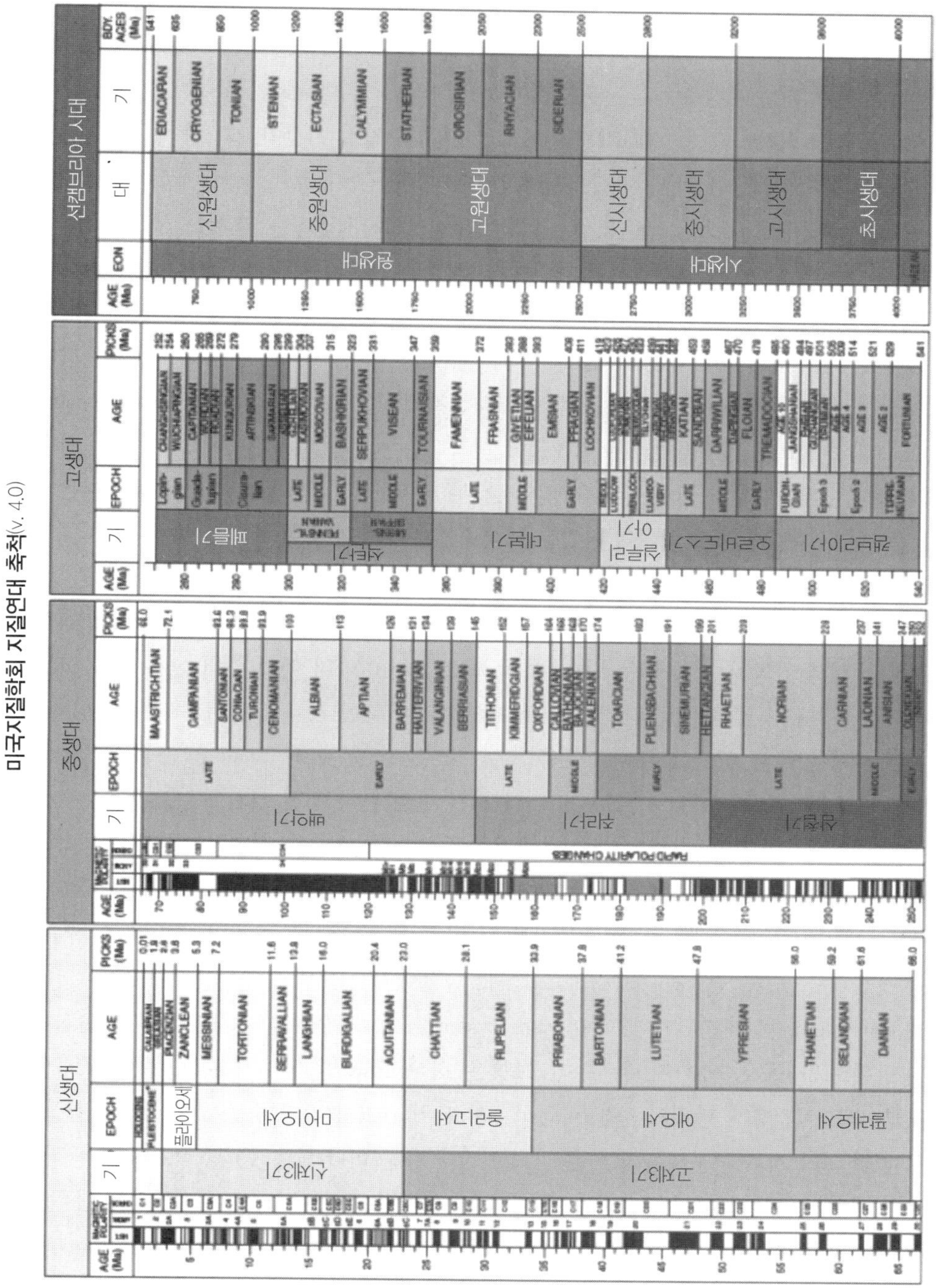

그림 19.4 2013년에 배포된 미국지질학회의 지질연대 축척(v. 4).

서의 단위는 아니다. 한 예를 들어 보자. 우리가 모래시계를 이용하여 모래를 떨어뜨리면 모래시계의 모래가 떨어지기 시작해서 모래가 다 떨어질 때까지의 시간은 지질 연대에 해당하며 그 시간 동안에 쌓인 모래는 시간층서의 단위가 된다는 것이다. 즉, 퇴적물이 쌓이는 시간의 간격은 지질 시간의 특정한 시간 구간을 가리키지만 퇴적물 자체는 지질 시간이라고 할 수는 없다는 점이다. 지질 연대 단위의 계급은 가장 긴 시간 단위인 '이언 또는 **누대**(累代, Eon)'에서 '**대**(代, Era)', '**기**(期, Period)', '**세**(世, Epoch)', '**절**(節, Age)'과 '**Chron**'으로 시간 단위가 짧은 시간 동안으로 나뉜다.

시간층서의 단위는 동일한 시간 동안 쌓인 지층을 가리키는 층서 단위로 어느 한정된 지질 시간 구간을 가지는 퇴적암의 기록이 지질 시간의 특정한 시간 구간을 대표하는 층서 단위로 구분하는 것이다. 예를 들면 2억1천만 년 전에서 1억4천5백만 년 전 사이(201~145 Ma)의 시간은 쥐라기라고 하며, 이 지질 시대는 스위스 북부의 쥐라산맥에 분포하는 쥐라기계(Jurassic System)라는 암석으로 나타내고 이 쥐라기계라는 퇴적물이 퇴적되는 기간을 가리킨다. 쥐라기라는 지질 연대 단위의 시작은 쥐라기계가 쌓이기 시작하는 시간부터이며, 이 퇴적층의 최상부가 쌓이는 시간으로 마감을 한다. 이렇게 지질 연대의 단위는 표식지에서 지층이 쌓이는 시간에서부터 마지막 쌓이는 시간까지를 나타내는 시간층서 단위를 기준으로 설정되므로 시간층서 단위를 좀더 알아보기로 하자. 시간층서 단위는 구분된 생물층서, 암석층서나 지자기 층서 단위를 기준으로 정해진다. 시간층서 단위의 가장 기준이 되는 단위는 '계(系, System)'이며 이보다 더 높은 계급 단위는 계를 모아서, 이보다 더 낮은 계급 단위는 계를 세분하여 구분한다. 시간층서의 단위는 상위 계급으로부터 '누대층(累代層, Eonotherm)', '대층(代層, Erathem)', '계(系, System)', '통(統, Series)', '조(組, Stage)'와 'Chronozone'으로 나뉜다. 지질 시간 단위와 각 지질 시간에 해당하는 시간층서 단위와의 관계는 표 19.3에 있다. '누대층'은 3개로 구분된다. 이들은 **현생이언 누대층**으로 고생대 대층, 중생대 대층, 신생대 대층으로 구성되어 있다. 다음은 선캄브리아 시대에서는 **원생대 누대층**과 **시생대 누대층**이 있다. '대층'은 선캄브리아 시대는 없으며, 현생이언의 대층으로는 지구에 출현하였던 생물의 큰 규모 변화를 기준으로 고생대, 중생대와 신생대의 이름을 사용한다. '계'는 다시 '아계(subsystem)'로 세분되거나, '누계(supersystem)'로 그룹을 이루기도 한다. '통'은 '계'의 아래 단계 단위로 2개에서 6개까지 나뉘는데, 보통은 '하부(Lower)', '중부(Middle)'와 '상부(Upper)' 3개로 구분한다. 시간층서 단위의 구분은 암석층서 단위나 그밖의 다른 층서 단위와는 직접적으로 연관이 없다. 즉, 계로 구분되는 암석은 암석층서의 '층군'이나 또는 한 '층'의 '통'과는 직접적으로 서로 연관되지 않는다. '통'은 오히려 여러 '층'을 포함할 수 있다. 이러한 시간층서 단위들은 전 지구적으로 관찰된다면 전 지구적으로 적용이 가능하다.

앞에서 시간층서 단위와 지질 연대 단위와의 관계를 살펴보았다. 지질 연대 단위의 가장 기본 단위는 '대'로 이 '대'에 해당하는 시간층서 단위는 '대층'이다. '대'와 이보다 낮은 단계의 지질 연대 단위의 명명은 이에 해당하는 시간층서 단위들과 동일하게 적용한다. 즉, '쥐라기'는 '쥐라기계'가 쌓인 동안의 시기를 가리킨다.

여기에서 현재 지질학계에서 쓰이고 있는 용어에 대하여 잠깐 언급을 하면, 한반도 남부의 고생대 지층은 암석층서로 강원도 태백산 분지에 분포하는 조선누층군과 평안누층군이 있다. 이전에는 이들 지층에 대하여 각각 '조선계'와 '평안계'라는 명칭을 사용하였으며, 또한 통용되고 있다. 그러나 여기에서 '계'라는 용어는 지질 연대 단위인 하나의 '기(Period)'에 쌓인 퇴적층을 일컫는 용어인데 조선누층군은 캄브리아기와 오르도비스기 두 기에 걸쳐 쌓인 퇴적층이다. 또한 평안누층군은 석탄기, 페름기 그리고 삼첩기 세 기에 걸쳐 쌓인 지층을 총괄하는 것으로 이렇게 세 기 동안에 쌓인 지층을 그냥 평안계로 부르면 잘못된 것이다. 이에 새로운 지층의 명명법을 공부하는 여러분은 이상과 같은 이전의 용어를 사용하지 않기를 바란다. 또 하나 익숙하게 쓰이고 있는 용어는 '경상계'이다. 경상계는 백악기 경상분지에 쌓인 지층을 일컫는 용어로 사용되고 있으며 경상분지에 쌓인 지층을 경상누층군이라고 하는데, 이 지층은 중생대 백악기 동안에만 쌓인 지층을 가리킨다. 따라서 경상분지에 백악기 동안 쌓인 지층을 경상계로 부르는 것은 옳은 것이다. 여기서 경상누층군이란 암석층서의 단위로 시간의 개념이 없는 반면, 경상계는 백악기에 쌓인 지층이라는 점에서 시간의 개념이 들어가 있다는 차이가 있다.

20

순차총서

20.1 개요

순차층서 기법은 해수면의 상승과 하강 그리고 그로 인한 해안선의 전진과 후퇴 과정에서 퇴적상이 시간에 따라 변화해 나가는 점으로부터 고안된 층서 해석 방법 중 하나로 퇴적체들 각각의 특징과 생성 과정, 퇴적체들 간의 관계를 이용해 해수면의 변동과 연관시켜 과거 퇴적 환경의 진화과정을 복원하는 것이다. 순차층서 기법은 바다(또는 호수)와 육지가 만나는 지점을 기준으로 형성된 퇴적체의 생성사를 이해하는 데 가장 큰 기여를 한다. 해수면의 상승과 하강은 퇴적물이 쌓일 수 있는 공간(accommodation)을 생성하거나 감소시키고(그림 20.1), 여기에 퇴적물이 공급(sediment supply)되면서 이들 사이에 이루는 균형에 의해 퇴적의 양상이 결정된다. 즉, 순차층서 기법은 시간에 따른 퇴적물이 쌓이는 공간과 퇴적물 공급의 변화가 퇴적상에 어떠한 영향을 미치는지 탐구하는 분야이며 과거의 퇴적상으로부터 퇴적물이 쌓이는 공간이나 퇴적물의 공급을 결정하는 원인이 되는 전 지구적 해수면 변화나 지구조적 운동의 변화를 알아내는 데 사용되고, 때로는 이러한 지식을 이용하여 퇴적 분지의 퇴적상이 공간적으로 어떤 분포를 이루는지 탐구하는 데 사용할 수도 있다. 따라서 시간에 따른 해수면의 변화나 퇴적률의 변화 등의 주기성에 초점이 맞추어진다. 초대륙의 생성과 분리, 중앙해령의 발달 속도의 변화를 비롯하여 Milankovitch 주기에 이르기까지 여러 원인에 의하여 다양한 주기와 규모로 해수면은 상승하고 하강한다. 해수면이 하강하는 동안에는 퇴적물의 공급과는 관계없이 퇴적물이 쌓일 수 있는 공간(accommodation)이 줄어들기 때문에 침식 기준면인 해안선은 빠르게 외해 쪽으로 물러나게 되며(forced regression), 이때 쌓인 퇴적체는 대체로 분지에 쌓인 퇴적물 위로 점차 전진 발달(offlap)하며 쌓이게 된다. 해안선 지역은 이

그림 20.1 해양 환경에서 퇴적물이 쌓일 수 있는 공간(accommodation).

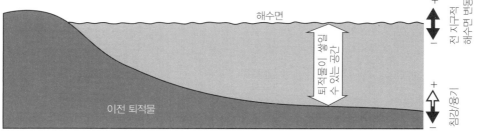

시기에 지표로 드러나 침식을 겪으며 패인 계곡(incised valley)이 발달한다. 해안선이 바다 쪽으로 움직여 가는 동안 하천의 연장으로 패인 계곡은 지속적으로 새로 옮겨간 해안선 방향으로 연장된다.

해수면이 가장 낮은 상태를 지나 상승하면서 퇴적물이 쌓일 수 있는 공간은 점차 만들어지지만, 해수면 상승 초기에는 퇴적률이 생성되는 공간을 채울 만큼 높기 때문에 해안선이 육지 쪽으로 옮겨가지 못하고 여전히 퇴적 분지 안쪽으로 이동하는 저해수면 정상 해퇴(lowstand normal regression) 현상이 일어난다. 해수면의 상승이 점차 일어나면서 해수면 상승률이 퇴적률을 넘어서기 시작하면 비로소 해안선은 육지 쪽으로 이동하기 시작한다. 이렇게 되면 해안선이 강제적으로 외해 쪽으로 이동을 할 때 쌓였던 퇴적물 위에 새로이 쌓이는 퇴적물들은 해안선의 위치가 점차 육지 쪽으로 이동하는 과정에서 이전에 퇴적물이 쌓이지 않았던 노출된 바닥면에 육지 쪽으로 가면서 쌓인다(onlap). 해수면의 상승 시기 후반부에는 해수면이 아직 상승하고 있지만 거의 정점에 가까이 가면서 해수면 상승률이 낮아져 퇴적률이 퇴적물이 쌓일 수 있는 공간의 생성률을 초과하면서 해안선이 외해 쪽으로 물러나게 되는 고해수면 정상 해퇴(highstand normal regression) 현상이 발생한다. 순차층서란 퇴적체의 특성과 그러한 특성이 나타나게 되는 과정을 연구하는 퇴적학과, 지층의 선·후 관계와 그 역사를 복원하는 층서학이 결합된 형태라고도 볼 수 있다. 따라서 퇴적학적 해석을 통해 밝혀진 퇴적 당시의 환경이 시간에 따라 어떠한 변화 양상을 겪는지 알 수 있으므로 주로 퇴적 분지의 주기적인 환경 변화의 역사를 해석하는 데 유용하게 적용된다. 퇴적체의 층서에는 해수면의 변화, 판구조적 변동, 기후 등의 주기적 패턴이 기록되므로 이러한 요인들의 주기성을 파악하여 앞으로의 환경 변화도 예측할 수 있다.

이처럼 해수면이 상승하고 하강하는 하나의 주기 내에서도 퇴적의 양상은 뚜렷이 변화하며, 특정한 경계면으로 구분되는 퇴적체를 형성하게 된다. 여기서 **퇴적연층**(sequence)은 퇴적 과정 중에서 특정한 사건을 나타내는 층서적 경계면으로 둘러싸인 퇴적물 연속체를 말한다. 층서 기록에서 경계면은 부정합, 소부정합(diastem), 정합이 있고, 이 중 부정합은 지질학적 기록에서 퇴적이 일어나지 않았거나 침식이 일어났던 상당한 시간의 기록이 없음을 나타낸다. 퇴적 분지 내에서는 일반적으로 환경에 큰 변화가 없는 한 연속적으로 퇴적작용이 일어나며, 부정합은 이러한 연속적 퇴적작용이 상당한 환경적 변화에 의해 중단되었음을 의미하므로 이 부정합을 경계로 하여 부정합면 상·하의 퇴적체는 구분시킬 수 있다. 따라서 부정합면과 그 연장면은 하나의 퇴적연층을 나누는 경계로서 가장 많이 이용된다. 또한 퇴적 분지 내에서 주기적으로 반복되는 퇴적 양상은 해수면의 전 지구적 변화와 지역적인 구조변동, 기후 등에 따른 퇴적물 공급의 주기적 변화에 좌우되며 이는 해안선의 위치를 기준으로 구별하기 쉽다. 결과적으로 퇴적 분지의 해수면이 주기적으로 변한다면 퇴적물의 **침식 기준면**(base level; 그림 20.2)인 해수면이 가장 낮았을 때와 가장 높았을 때 또는 해안선이 가장 육지 쪽으로 전진했을 때와 분지 쪽으로 가장 후퇴했을 때 등을 기준으로 삼을 수도 있다. 침식 기준면의 변화와 퇴적작용이 상호작용하면서 해안선이 육지 쪽 또는 바다 쪽으로 오가게 되고, 이에 따라 저해수면 시기의 정상적인 해퇴 현상, 고해수면 시기의 정상적인 해퇴 현상과 급격한 해수면의 하강에 따라 강제적인 해퇴 현상(forced regression)이 발생한다. 이러한 사건들이

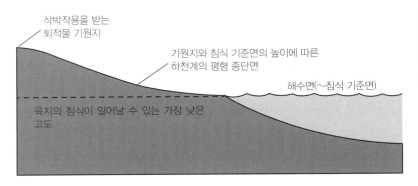

삭박작용을 받는
퇴적물 기원지

기원지와 침식 기준면의 높이에 따른
하천계의 평형 종단면

해수면(~침식 기준면)

육지의 침식이 일어날 수 있는 가장 낮은
고도

그림 20.2 하천계의 평형
종단면(equilibrium profile)
과 침식 기준면(base level)
의 관계를 나타내는 모식도
(Catuneanu, 2006).

일어나는 동안에, 또는 하나의 사건에서 다음 사건으로 진행되는 시점에 퇴적 양상이 함께 변화하
며 퇴적체 내에 특정한 면들이 만들어진다. 순차층서 기법에서는 이와 같이 침식 기준면과 그 변화
에 대응하는 면을 주요 경계면으로 삼아 퇴적 기록을 구분한다. 퇴적 기록에 나타나는 주요 경계면
은 다음 절에서 설명한다.

20.2 침식 기준면

20.2.1 침식 기준면이 하강할 때

(1) 지표의 부정합면(subaerial unconformity)

침식 기준면이 내려갔을 때 퇴적이 중단되거나 침식을 받은 면을 가리킨다. 침식 기준면이 하강하
면서 해안선이 점차 분지 쪽으로 이동하여 강제적으로 바다 쪽으로 가장 많이 물러날 무렵 부정합
면이 가장 넓게 분포한다. 가장 긴 시간에 걸쳐 퇴적의 불연속면을 만드므로 퇴적연층을 구별 짓는
경계로 사용한다.

(2) 대비되는 정합면(correlative conformity)

지표의 부정합면이 해수면 아래로 연장되는 퇴적면으로, 침식 기준면이 하강했을 때에도 지표에
노출된 곳에서는 부정합이 생성되지만 해수에 잠겨 있는 분지에는 지속적으로 퇴적이 일어나므로
지표의 부정합면과 동일한 시간선상에 이에 연장되는 정합적인 퇴적체들의 경계를 가리킨다. 따라
서 부정합면에 대비되는 정합면 역시 하나의 퇴적연층을 구별 짓는 경계가 된다. 이 경우 지표에서
부정합면이 생성되는 동안 침식 기준면이 가장 낮을 때, 즉 강제적으로 해안선이 물러나는 것이 끝
나고 정상적인 해퇴 현상(normal regression)이 시작될 때를 지표의 부정합면에 대비되는 정합면을
기준으로 잡는 것이 일반적이다. 이 대비되는 정합면은 퇴적물 기록에서 어떤 뚜렷한 특징을 잘 나
타내지 않기 때문에 다른 경계면들과는 달리 구별하기는 쉽지가 않다.

(3) 강제성 해퇴로 인한 기저면(basal surface of forced regression)

해수면이 계속 하강했을 때 바다에서 만들어지는 모든 퇴적체의 기저면을 가리킨다. 즉, 지표의 부정합면의 연장면 중 상부 경계인 대비되는 정합면과 함께 구분되는 퇴적체의 하부 경계를 만든다. 초기에 정상적인 해퇴가 일어나고 강제적으로 해퇴 현상이 일어날 때 시작되는 경계이다.

(4) 해양 침식에 의한 해퇴면(regressive surface of marine erosion)

파도가 주로 작용을 하는 환경의 대륙붕에서 강제성 해퇴시기에 파도 에너지와 평형을 이루는 면으로 침식이 일어난 면을 가리킨다. 해안전면(shoreface)의 사면 기울기가 대륙붕의 기울기에 비해 높기 때문에 해수면 하강 시에 파도작용한계심도(wavebase)가 낮아져 해안전면은 퇴적물이 전진 퇴적되며 대륙붕 쪽으로 갈수록 침식이 일어난다. 파도 에너지가 평형을 이루는 상태의 사면 기울기보다 파도작용한계심도가 위치한 사면의 기울기가 더 가파르면 침식은 일어나지 않는다.

20.2.2 침식 기준면이 상승할 때

(1) 최대 해퇴면(maximum regressive surface)

이 면은 저해수면 시스템 트랙과 해침 시스템 트랙의 경계를 나타내는데, 해퇴가 끝나고 해침이 일어나기 시작할 때를 나타낸다. 천해 환경에서는 상향 조립화 경향을 나타내는 퇴적물의 상부, 상향 세립화를 나타내는 퇴적물의 하부 경계로서 탄성파 자료에서 구분한다.

(2) 최대 범람면(maximum flooding surface)

해안선이 육지 쪽으로 가장 전진했을 때의 퇴적체의 표면이었던 경계를 가리킨다. 해침이 끝난 시기여서 해침 시스템 트랙과 고해수면 시스템 트랙을 구분 짓는다. 탄성파 자료에서 하부에 낮은 경사를 가진 지층이나 면에 상부의 더 높은 경사를 가지는 지층이 쌓이면서 만나는 끝점(downlap)으로 나타난다. 해안선 근방에서는 최대 범람면을 구별하기가 용이하지만 심해 쪽에서는 해침 시에도 비교적 동일한 해양의 조건을 가지기 때문에 최대 범람면을 구분하는 것은 약간 임의적일 수 있다.

(3) 해침 침식면(transgressive ravinement surface)

해수면의 상승 시 파도나 조수에 의하여 해안선과 연안에 생긴 침식면을 가리킨다. 이 침식면은 이전에 생긴 하천/해안 퇴적물을 해안선에 평행하게 깎는다. 이때 상부 퇴적물이 깎여나가면 상대적으로 단단한 퇴적층에 생물체가 파고든 흔적이 생기고 이 흔적에는 해침이 진행되면서 다시 퇴적물로 채워진다.

20.3 순차층서 모델

퇴적연층이라는 개념은 Sloss(1963)에 의하여 처음 제안된 것으로 Sloss는 북미 대륙에 발달한 후기 선캠브리아기에서 현생이언에 해당하는 지층이 해침에 일어나는 동안 퇴적이 일어나고 뒤이어 해퇴 현상이 일어나면서 부정합이 발달하는 것이 반복되어 총 6개의 퇴적연층으로 구분된다고 제안하였다. 이러한 퇴적연층의 개념은 이후에 부정합으로 경계 지어진 지역을 넘어서 '대비되는 정합면'의 개념이 도입되면서 퇴적 분지 전체를 가로지르는 퇴적연층의 개념으로 확장되었다. 그러나 '대비되는 정합면'의 도입은 학문의 진보이면서 또한 논쟁의 중심이 되었는데, 주요한 논쟁의 주제는 '어디에다 대비되는 정합면을 둘 것인가?'와 관련되어 있다. 이러한 논의는 결과적으로 퇴적연층에 대한 여러 다른 접근방법과 그에 따른 여러 가지 퇴적연층 모델이 제시되면서 학문적인 발전이 일어나게 되었다. 순차층서 모델은 크게 퇴적연층의 경계를 어디에 두느냐에 따라 세 가지로 나누어진다(그림 20.3). 하나는 **퇴적기원 퇴적연층**(depositional sequence)의 경우로 지표 부정합면을 퇴적연층의 경계로 사용하며 또한 침식 기준면 변동 곡선과 관련하여 대비되는 정합면으로 정의한다. 두 번째는 최대 해수면 시기의 해저면(최대 범람면)을 퇴적연층의 경계로 사용하는 **성인적 층서 퇴적연층**(genetic stratigraphic sequence)으로 이 모델은 Galloway(1989)에 의하여 제안되었다. 이 모델에서는 해양의 퇴적 분지와 육상의 퇴적 분지 모두에 대해 최대 범람면을 적용하는데, 이 모델의 기본 개념은 연속적인 퇴적계와 퇴적 중심지의 고지리적인 분포의 주요한 변화가 해안선에서 해침이 최대인 시기 동안에 일어난다는 것이다. 세 번째의 모델은 Embry와 Johannessen(1992)이 제안했던 해안선 이동(해침-해퇴)의 전체 주기를 퇴적연층의 경계로 사용하는 **해침-해퇴 퇴적연층**(transgressive-regressive sequence)이다. 이 모델에서 해침-해퇴 퇴적연층은

퇴적연층 모델 \ 시기	퇴적기원 퇴적연층	성인적 퇴적연층	해침-해퇴 퇴적연층
	고해수면 시스템 트랙(HST)	고해수면 시스템 트랙(HST)	해퇴 시스템 트랙(RST)
해침의 끝	해침기 시스템 트랙(TST)	해침기 시스템 트랙(TST)	해침기 시스템 트랙(TST)
해퇴의 끝	저해수면 시스템 트랙(LST)	후기 저해수면 시스템 트랙 (LST) (쐐기형 퇴적체)	해퇴 시스템 트랙(RST)
침식 기준면 하강의 끝	하강기 시스템 트랙(FSST)	전기 저해수면 시스템 트랙 (LST) (선상지)	해퇴 시스템 트랙(RST)
침식 기준면 하강의 시작	고해수면 시스템 트랙(HST)	고해수면 시스템 트랙(HST)	

그림 20.3 현재까지 제안된 순차층서의 모델과 각 모델에서 사용되는 퇴적연층의 경계와 시스템 트랙의 명칭(Catuneanu, 2006; Catuneanu et al., 2009).

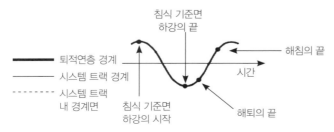

분지 가장자리에서 지표의 부정합면과 더 먼 바다 쪽의 최대 해퇴면 시기의 해저면(최대 해퇴면)의 해양 부분을 포함하는 합성의 면에 의하여 경계 지어진다. 이 모델은 위 두 퇴적연층 모델의 약점을 피하기 위한 시도로 제안된 대안적인 방법으로 퇴적연층을 구별하는 데 지표 부정합의 중요성은 인정되지만, 탄성파 자료를 분석하는 데 지표의 부정합을 구분하여 이용하는 것이 불가능할 때 이에 연장이 되는 것으로 여겨 대비되는 천해의 퇴적체에서의 정합면을 구별해 내는 것이 더 어려워지는 문제를 피하고자 하는 필요성에서 제안된 것이다. 실제 퇴적연층을 분석하는데, 두 번째와 세 번째의 순차층서 모델을 적용하는 데에는 첫 번째 모델인 퇴적기원 퇴적연층 모델에 비하여 문제점을 좀더 가지고 있으므로 여기에서는 현재 널리 이용되고 있는 첫 번째 모델에 대하여만 소개하고자 한다. 이 모델은 성인적 층서 퇴적연층 모델과 해침-해퇴 퇴적연층 모델의 장점을 고려하고 단점을 보완해오면서 그 개념이 점차 발전되고 있다. 두 번째와 세 번째 순차층서 모델에 대하여 관심이 있으면 위에 제시한 참고문헌을 참고하기 바란다.

퇴적기원 퇴적연층 모델은 침식 기준면의 변화를 기준으로 정의되므로 퇴적 속도와 관계없이 퇴적연층을 정의할 수 있다. 일정하지 않은 퇴적 속도에 의해 최대 범람면이나 최대 해퇴면은 장소에 따라 생성되는 시기가 달라질 수 있으나 대비되는 정합면은 믿을 만한 시간층서적인 근거가 될 수 있다. 또한 지표의 부정합면은 퇴적연층에서 가장 긴 시간 간격을 지시하기 때문에 성인적으로 다른 상·하 퇴적층의 층서들을 구분해 내는 의미를 가진다. 그렇지만 이 모델의 가장 큰 단점은 지표의 부정합면과 대비되는 정합면으로 정의되는 퇴적연층의 경계를 적용하기에는 그 개념이 지나치게 단순화되어 있다는 것이다. 특히 천해 환경의 노두와 시추 코어에서는 대비되는 정합면을 구별해 내기가 쉽지 않다. 이런 경우 규모가 더 큰 노두와 탄성파 자료를 대조하여야 한다. 반면, 심해에서는 대비되는 정합면을 알아보기가 비교적 쉬운데, 그 이유는 해수면이 낮았을 시기에 저탁암 등의 특징적인 퇴적 구조가 나타나기 때문이다.

20.4 순차층서의 단위

퇴적연층은 퇴적체의 윗면과 아랫면이 불연속면에 의해 구분지어지는 성인적으로 연관되어 쌓인 비교적 연속적인 집합으로 이루어진 층서 단위라고 정의된다. 퇴적체의 형성 환경과 연관 지어 보면 퇴적연층은 한 번의 해수면 변화 동안 형성된 퇴적물 더미를 일컫는다고 할 수 있다. 한편 퇴적연층은 더 작은 단위로 세분화될 수 있다.

퇴적연층의 공간적인 발달 양상을 하나의 퇴적 환경만이 아닌 해수면 변동에 따라 영향을 같이 받는 성인적으로 연관이 된 여러 퇴적 환경(예 : 하천, 삼각주, 해안선 환경)에 쌓인 퇴적물의 3차원 집합체를 **퇴적계**(depositional systems)라고 한다. 퇴적계는 세부 분류인 **시스템 트랙**(systems tract)으로 이루어져 있고, 시스템 트랙에는 해수면이 높을 때 퇴적된 퇴적물인 **고해수면 시스템 트랙**(highstand systems tract : HST), 해수면이 높은 상태에서 점차 낮아지는 과정에 쌓인 **하강기 시스템 트랙**(falling-stage systems tract : FSST), 해수면에 가장 낮은 때부터 초기 해수면 상승기에 쌓인 퇴적물인 **저해수면 시스템 트랙**(lowstand systems tract : LST)과 해수면 상승 과정에서 쌓인 퇴적물인 **해침기 시스템 트랙**(transgressive systems tract : TST) 네 가지 종류가 있다.

모든 퇴적연층은 상대적인 해수면 변동의 한 주기 동안에 쌓인 퇴적물로 이루어져 있다. 이에 따라 퇴적연층은 예측이 가능한 내부 경계면과 시스템 트랙으로 이루어졌다고 할 수 있다. 모든 퇴적연층은 하부로부터 저해수면 시스템 트랙, 해침기 시스템 트랙, 고해수면 시스템 트랙, 하강기 시스템 트랙의 순서로 이루어졌다(그림 20.4). 이렇게 볼 때 하나의 퇴적연층은 해수면이 낮아진 이후 해수면이 천천히 상승하는 과정에서부터 다음 번 해수면의 하강 때까지 쌓인 퇴적물 기록이라는 것을 가리킨다. 각 시스템 트랙은 중요한 경계면으로 구분된다. 저해수면 시스템 트랙과 해침기 시스템 트랙은 해침이 일어나는 퇴적면으로 구분되며, 해침기 시스템 트랙과 고해수면 시스템 트랙은 최대 범람면으로 구분된다. 고해수면 시스템 트랙과 하강기 시스템 트랙은 강제성 해퇴로 인한 기저면으로 구분된다.

각 시스템 트랙에서 더 세부적으로 해침에 의한 해수의 범람으로 인한 경계(해수면이 급격히 상승한 증거가 있는 퇴적면, marine flooding surface)로 구분되며, 상향 천해화하는 특정 양상을 나타내는 성인적으로 연속성을 가지는 퇴적 단위를 **준퇴적연층**(parasequence)이라고 한다. 그리고 준퇴적연층의 연속된 집합을 **준퇴적연층 세트**(parasequence set)라고 한다.

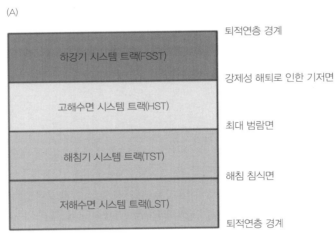

(A)

퇴적연층 경계

하강기 시스템 트랙(FSST)

강제성 해퇴로 인한 기저면

고해수면 시스템 트랙(HST)

최대 범람면

해침기 시스템 트랙(TST)

해침 침식면

저해수면 시스템 트랙(LST)

퇴적연층 경계

(B)

퇴적기원 퇴적연층 종합 층서

어느 한 장소에서도 모든 시스템 트랙이 나타나지 않는다.

TST HST FSST HST FSST LST

■ 해안 평원
천해 사암
■ 외해 이암
— 지표 침식과 노출

그림 20.4 이상적인 퇴적기원 퇴적연층(depositional sequence)의 (A) 층서 구성 시스템 트랙의 조합과 각 시스템 트랙의 경계면과 (B) 종합적인 층서. (B)에서 보는 바와 같이 어느 한 장소에서도 모든 시스템 트랙이 다 나타나지는 않는다.

20.4.1 준퇴적연층

준퇴적연층은 퇴적연층의 가장 작은 퇴적상(facies) 단위로, 성인적으로 연관되어 있는 10~100 m 정도의 두께를 가지는 퇴적층 연속체이다. 준퇴적연층은 수심이 급격히 변한 지점인 **범람면** (flooding surfaces)에 의해 젊은 층과 오래된 층으로 구분된다. 일반적으로 해안과 천해 환경에서 상향 조립화하는 양상을 보이며 갑작스런 수심의 증가로 하나의 준퇴적연층은 끝난다(그림 20.5). 하나의 독립된 퇴적연층이 아니고 이러한 준퇴적연층이 쌓인 양상과 상호 관계에 의하여 시스템 트랙을 정의한다.

준퇴적연층은 일반적으로 퇴적물이 쌓일 수 있는 공간(accommodation space) 증가율이 퇴적물의 공급률보다 낮은 해안 환경에서 형성된다. 이후 해수면의 하강이나 퇴적물 공급률의 증가로 퇴적물이 쌓이는 공간이 감소하면 새로운 준퇴적연층이 퇴적될 수 있다. 단기간의 퇴적물 공급률 변화가 일어나면 각각의 연속적으로 발달하는 준퇴적연층은 서로 다른 위치에서 전진 발달 (progradation)이 일어나는데, 이렇게 상대적인 해수면의 변화로 인해 나타나는 준퇴적연층 세트의 수직 단면을 살펴보면 그림 20.6과 같다. 이 그림을 보면, 각각의 연속적인 준퇴적연층은 바다 방향으로 진행하며 전진 발달을 하는 준퇴적연층 세트를 형성한다. 또는 상대적 해수면의 상승이 있을 때에는 준퇴적연층은 점차 육지 방향으로 진행하며 후퇴 퇴적(retrogradational)이 일어나는 준퇴적연층 세트를 형성하거나 또는 해수면 상승률과 퇴적률이 비슷할 경우에는 누적 준퇴적연층 (aggradational parasequence set)을 형성하기도 한다. 예를 들면, 탄산염 퇴적물의 준퇴적연층은 보

그림 20.5 준퇴적연층(parasequence)은 해수 범람면과 이에 대비되는 퇴적면으로 경계가 지워지는 성인적으로 연관되는 정합적인 퇴적물 단위를 가리킨다. 특징적으로 비대칭의 상향 천해화하는 퇴적 윤회층을 가리킨다. (A)는 고에너지의 해안 환경에서 생성되는 준퇴적연층이며, (B)는 이질 퇴적물로 이루어진 해안 환경에서 생성되는 준퇴적연층을 나타내는 모식도이다.

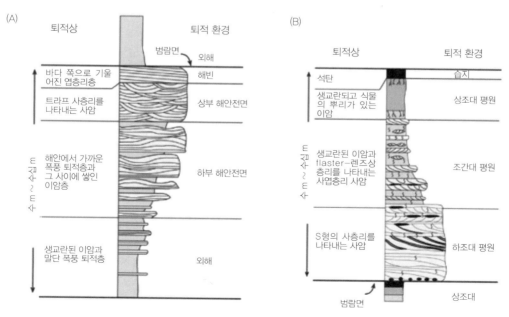

그림 20.6 퇴적물이 전진 퇴적되는 상태에서 발달하는 준퇴적연층(parasequence)과 준퇴적연층 세트를 나타낸 모식도 (Van Wagoner et al., 1990). 범람면(flooding surface)은 갑자기 수심이 깊어졌다는 것을 나타내는 퇴적면으로 이전에 쌓인 퇴적물과 나중에 쌓인 퇴적물을 구분시킨다.

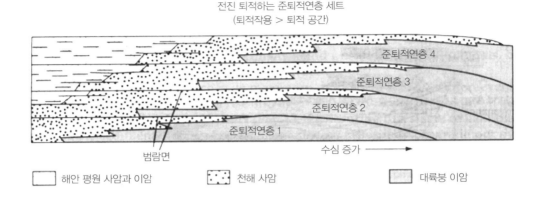

통 누적되는 특성을 나타내며 점차 상향 천해화한다.

준퇴적연층은 원래 다양한 퇴적 조건에 놓여 있었던 퇴적 환경들을 상호 연관시키는 데 유용하게 쓰인다. 그러나 준퇴적연층 자체는 퇴적 분지 내부적인 변화에 의해 축적되는 경우가 많으므로 수평적으로 연장이 좋지 않다. 또한 육상이나 심해 조건에서는 장소 간의 준퇴적연층들이 특정한 지질 사건을 제대로 기록하거나 보존하지 못하는 경우가 많다. 따라서 준퇴적연층을 갑작스런 범람 등의 사건 기록자로 이용하려면 천해나 해안 환경에 국한시켜 해석하는 것이 좋다.

20.4.2 시스템 트랙

시스템 트랙은 해수면의 상승과 하강의 주기적 변화에서 특정 시기에 동일한 성인을 가지고 나타나는 층서적인 단위체이다(그림 20.7). 이들은 퇴적연층의 층서적 경계면과 준퇴적연층이 나타나는 양상 등에 기초해 정의된다.

저해수면 시스템 트랙은 하부 경계는 지표의 부정합면에 의해서, 상부 경계는 최대 해퇴면에 의해서 구분된다. 침식 기준면의 상승률이 퇴적물이 쌓이는 속도보다 커지는 시기의 초기, 즉 침식 기준면이 상승하는 초기 시기에 형성된다. 침식 기준면이 가장 낮았다가 점차 상승하기 시작하나 이 기준면의 상승률이 퇴적물 공급에 따른 퇴적 속도에 미치지 못해 해안선에서 정상적인 해퇴 현상이 진행되는 동안에 생성되는 퇴적단위체를 가리킨다. 해양이나 육상 환경 모두에서 입자의 크기가 가장 큰 퇴적물들이 쌓인다. 해양 퇴적층에서는 상향 조립화 경향의 윗부분에 해당되고, 육성 퇴적층에서는 상향 세립화 경향의 아래 부분에 해당된다. 저해수면 시스템 트랙 퇴적층의 대표적인 예로는 깊게 패인 계곡(incised-valley)을 채운 퇴적물(incised-valley fill) 또는 하도 퇴적물 등이 있다. 또한 해안 및 해양에서 퇴적된 퇴적물 기록에서는 전진 퇴적 현상(progradation)이 나타나기도 한다. 하천에 의하여 형성된 저해수면 퇴적층은 지표의 부정합면과 에스츄아리 퇴적층 사이에 발달한다. 두 퇴적층에서 암상 간의 변화가 일어나는 곳이 최대 해퇴면이다. 심해 환경에서 쌓이는

그림 20.7 상대적 해수면이 고해수면에서 저해수면으로 그리고 다시 고해수면으로 윤회를 하는 동안 해수면의 각 단계에서 생성되는 시스템 트랙을 나타내는 모식도(Posamentier and Allen, 2000). 각 시스템 트랙은 수 m의 해퇴-해침 주기를 가지는 준퇴적연층으로 구성되어 있다.

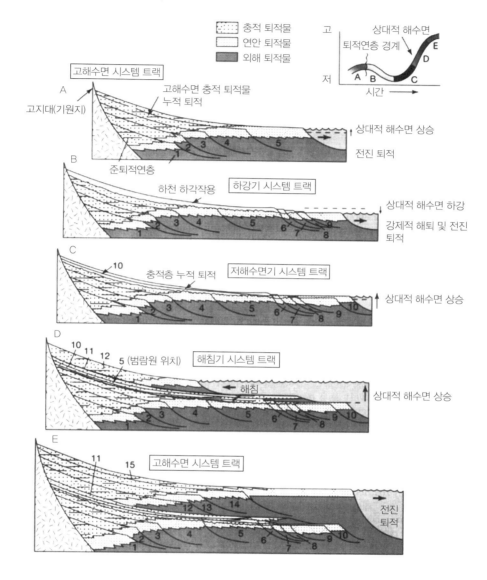

저탁암에는 고밀도의 저탁암에서 저밀도의 저탁암으로 변화하면서 전체적으로 상향 세립화 경향을 나타낸다.

저해수면 시스템 트랙 동안 분지 전체에 걸쳐 저류암 후보인 모래질 퇴적물은 평탄하게 발달한다. 그러나 덮개암과 기원암의 세립질 퇴적물은 잘 발달하지 않는다. 대신 저해수면 이후에 나타나는 해침기나 고해수면 상태에서 쌓인 세립질 퇴적물이 이들 저류암 후보 모래질 퇴적물 위에 쌓이므로 석유 시스템의 발달이 형성된다. 해안선 환경에서는 높은 퇴적물의 공급이 있기에 전반적으로 석탄이 생성될 수 있는 조건으로는 좋지 않은 편이다.

20.4.3 해침기 시스템 트랙

이 시스템 트랙은 침식 기준면의 상승이 일어나는 동안 퇴적된 퇴적 단위체로 하부에 최대 해 퇴면과 상부에 최대 범람면에 의하여 구분된다. 침식 기준면이 상승하는 속도가 퇴적물이 쌓이 는 속도보다 더 큰 시기에 형성된다. 이에 따라 해안선이 육지 쪽으로 이동을 하기에 후퇴퇴적 (retrogradation) 경향을 보이는 퇴적 단위체가 특징적으로 형성되는데, 이 퇴적 단위체는 층서 기록 으로 육성 환경이나 해양 환경에 구분 없이 상향 세립화 경향을 나타낸다. 해수면의 상승으로 인하 여 퇴적물이 쌓일 수 있는 공간이 늘어나면서 퇴적률 또한 상승하기 때문에 하성 환경과 해안선 환 경의 퇴적층은 두꺼워지는 반면, 해양 환경으로의 퇴적물 공급은 줄어들면서 퇴적률이 감소하며 분지 쪽에는 얇은 퇴적층이 쌓인다. 저해수면 시기 시스템 트랙을 거치며 해저면에 형성된 깊게 패 인 계곡이 완전히 채워지지 않았을 경우에는 이 패인 계곡이 에스츄아리처럼 역할을 한다. 해안선 지역의 경우에는 퇴적률과 침식 기준면의 상승 정도, 조수와 파도의 우세 정도에 따라 해안선은 전 진 퇴적되는 삼각주, 후퇴 퇴적되는 삼각주(만 두부 삼각주, bayhead delta), 에스츄아리와 같은 지 형적 양상을 나타내지만 해빈 환경은 전반적으로 육지 쪽으로 후퇴를 한다.

심해 환경은 해침기 시스템 트랙의 초기에서는 저밀도 저탁암이 주로 퇴적되지만, 해침기 시스 템 트랙의 후기에 들어서는 해침 시 퇴적된 프리즘 형의 퇴적물이 쌓이고 에스츄아리가 대륙붕 가 장자리에서 멀어지면서 이류(mudflow)나 슬럼프가 발생하게 된다. 이후 고해수면 시스템 트랙에 이르기까지 전 분지에 걸쳐 퇴적물의 누적퇴적(aggradation)이 일어나므로 해침기 시스템 트랙의 퇴적 단위체 지질 기록 보존 가능성은 상당히 좋은 편이다.

석유의 경우에는 에스츄아리의 입구 부분이나 심해 환경의 저탁암 등에 분포가 가능하지만 가장 눈여겨 볼 만한 퇴적체는 해침기 시스템 트랙의 후기에 형성되는 대륙붕의 모래질 퇴적물이다. 해 침기 시스템 트랙은 해안선 환경에 토탄의 퇴적이 늘어나기 때문에 석탄 탐사에서는 매우 유리한 조건을 가지고 있다.

20.4.4 고해수면 시스템 트랙

이 시스템 트랙은 침식 기준면 상승의 후기에 생성되는 퇴적체를 가리킨다. 해수면 상승기에는 해 수면 상승의 속도가 둔화되며 퇴적물의 퇴적 속도보다 낮아지게 되어 해안선 환경을 비롯한 퇴적 분지에서는 정상적인 해퇴 현상(normal regression)이 일어난다. 결과적으로 퇴적물이 쌓이는 양상 은 낮은 속도의 누적 퇴적과 전진 퇴적이 주가 된다. 퇴적체의 하부는 최대 해침면으로 구분되며, 상부는 지표의 부정합면, 강제성 해퇴의 기저면과 해양 침식에 의한 해퇴면의 가장 오래된 부분이 연결된 면으로 구분된다. 퇴적물이 쌓일 수 있는 공간의 생성으로 인해 퇴적물이 쌓일 수 있는 환 경은 하성, 해안선, 천해 및 심해의 모든 퇴적 환경을 포함한다.

고해수면 상태에서의 삼각주 평원과 하성 환경은 점차 누적 퇴적이 일어나고 삼각주 전면과 열 린 해안선 환경에서는 전진 퇴적이 일어난다. 일반적으로 대륙붕 붕단은 삼각주에서 멀리 떨어져 있으므로 대륙붕 붕단 지역은 안정되어 있어 심해에서는 중력에 의한 퇴적작용은 거의 일어나지 않는다. 하성 환경 지역은 사면의 기울기가 감소하므로 퇴적물 입자의 크기는 상향 세립화가 일어 나며 하천이 서로 합체가 되면서 모래/머드의 비는 상향 증가를 한다. 천해 환경은 삼각주 전면의 전진 퇴적에 의해 상향 조립화 경향을 나타낸다. 심해 환경은 쇄설성 퇴적물이 거의 해안선 환경에 붙잡혀 있어 퇴적물 공급이 거의 일어나지 않기 때문에 원양성 퇴적작용이 주를 이룬다.

20.4.5 하강기 시스템 트랙

침식 기준면이 하강하면서 고해수면 시기의 전진 퇴적작용에 의한 정상적인 해퇴 현상이 끝나고 강제적으로 해안선이 분지 쪽으로 이동을 하면서 해퇴가 시작된다. 하강기 시스템 트랙은 이 강제 적으로 해퇴 현상이 일어나는 단계에서 형성된다. 하강기 시스템 트랙은 해양 환경에 위치한 분 지 지역에서 침식 기준면이 하강하는 동안 퇴적 분지에 쌓이는 모든 퇴적층을 포함한다. 이때 해 안가에 비해 상대적으로 육지 쪽에 위치한 지역에서는 지표로 드러나 부정합이 생성된다. 하강기 시스템 트랙의 초기에는 고해수면 시스템 트랙 동안 생성된 고해수면의 쐐기형 퇴적체에 깊게 패 인 계곡이 발달하며, 해수면의 하강에 맞추어 삼각주는 전진 발달하며 쌓이고 삼각주와 깊게 패 인 계곡과의 사이에는 퇴적작용이 일어나지 않고 퇴적물이 그냥 통과만 하는 하천(bypass channel) 이 생성된다. 고해수면 퇴적물 상부에는 빠른 전진 퇴적 경향을 보이는 얕은 해양 퇴적층과 심해 쪽으로 퇴적층의 기록이 이동하며 쌓이는 해저면의 기록(offlap)이 관찰된다. 대부분의 경우 해수 면 하강기에 생성되는 퇴적체로서는 바다 쪽으로 점차 퇴적이 진행되는 해안전면 퇴적체(offlaping shoreface lobes), 대륙붕의 거대 퇴적체, 대륙 사면 및 해저 분지에 쌓인 퇴적체가 있다. 해안전면 의 하부 지역에서는 해안선 사면 경사의 차이로 침식이 일어나며, 파도작용한계심도가 점차 낮아 지기 때문에 외대륙붕과 대륙붕 붕단 지역이 불안정해지게 되어 심해저 환경에는 이류나 슬럼프 등에 의하여 해수면 하강기 후기에 사태성 퇴적물이 쌓이기도 한다. 하강기 시스템 트랙의 더 후기 에 들어서면 삼각주가 대륙붕 붕단까지 전진 발달하며, 기존의 해안선 지역 부분은 점차 풍화되어 고토양을 형성한다. 또한 대륙붕 붕단에 삼각주가 가깝게 접근하기 때문에 육지로부터 공급되는 조립질의 퇴적물이 심해로 직접 공급될 수가 있어 심해저에는 제방이 있는 심해 하천을 통하여 큰 규모의 모래질 저탁암이 운반되어 쌓인다.

해수면 하강기의 하성 지형은 전체적으로 대기에 노출되어 침식을 겪으며 부정합이 생성된다. 고해수면 시기와 마찬가지로 삼각주 전면의 전진 퇴적에 의해 천해 환경은 상향 조립화의 경향을 보이며, 심해 환경에서도 하부에 이류 퇴적물에서 상부로 가면서 고밀도의 저탁암으로 전이되며 상향 조립화 경향을 나타낸다.

사실 하강기 시스템 트랙을 구분 짓는 경계면은 매우 복잡하다. 퇴적체의 상부 경계에서는 지표의 부정합면과 이에 대비되는 정합면과 해양침식으로 인한 해퇴면의 초기 부분이 함께 경계면을 구성 하며 하부의 경계는 해양침식으로 인한 해퇴면의 오래된 부분으로 구성되어 있는 경계면이 된다.

20.4.6 해퇴기 시스템 트랙

이 시스템 트랙은 해퇴가 일어나는 동안에 형성된 모든 퇴적체를 하나로 묶어서 구분한다. 즉, 해침이 끝난 뒤 고해수면 시기의 정상적인 해퇴 때 형성되는 고해수면 시스템 트랙, 이어지는 강제성 해퇴 때 형성되는 하강기 시스템 트랙 그리고 마지막으로 저해수면 시기의 정상적인 해퇴 때 형성된 저해수면 시스템 트랙을 모두 포함한다. 따라서 해퇴기 시스템 트랙의 하부 경계는 고해수면 시스템 트랙의 하부 경계면으로 정의되었던 최대 범람면이 된다. 상부 경계면은 저해수면 시스템 트랙의 상부 경계면으로 정의되었던 최대 해퇴면과 지표에서 생성된 부정합면이 된다.

이와 같이 해퇴가 일어나는 동안에 형성된 퇴적체를 해퇴기 시스템 트랙 하나로 아우르는 주된 이유는 고해수면 시스템 트랙, 하강기 시스템 트랙과 저해수면 시스템 트랙을 구분하기 위한 경계면을 찾기가 힘들기 때문이다. 특히 대비되는 정합면의 경우는 시추 자료가 적거나 탄성파 자료가 부적절할 경우 지정하는 것이 거의 불가능하기 때문이다. 그러나 해퇴기 시스템 트랙의 상·하부를 정의하는 경계면들은 어떤 암상과 환경에서도 대체로 뚜렷이 발견할 수 있는 것들이기 때문에 이와 같은 정의가 유용하게 사용될 수 있다. 그러나 퇴적체를 이 해퇴기 시스템 트랙으로 구분하는 데에는 지표에 드러나 생성된 부정합면과 최대 해퇴면 사이에 서로 시간적인 차이가 발생할 수 있다는 점에서 적용의 문제점이 있다. 사실 최대 해퇴면은 지표의 부정합면에 이어지는 대비되는 정합면과는 달리 천해의 환경에서는 찾아내기가 쉽지만 심해의 환경에서는 찾아내기가 쉽지 않다. 최대 해퇴면이 생성될 때는 침식 기준면의 변화 말고도 퇴적률의 영향을 받기 때문에 퇴적체의 주향 방향으로 최대 해퇴면이 생성되는 시기에 많은 차이가 있을 수 있다. 최대 해퇴면은 정상적인 해퇴가 끝나고 해침이 일어나는 시점에 생성되는 퇴적면으로, 만일 해안선을 따라 퇴적률이 높은 지역이 있다면 이 지역에는 주변에 비하여 정상적인 해퇴가 지속되어 주변 지역보다는 최대 해퇴면이 시기적으로 나중에 생성될 것이다. 또한 지층이 지표에 드러나 만들어지는 부정합면은 강제적으로 해퇴가 일어나면서 만들어지지만, 최대 해퇴면은 저해수면 시기에 정상적인 해퇴가 일어나는 과정에서 생성되며 실제로 최대 해퇴면은 지표에서 만들어진 부정합면보다 상부 층에 존재하게 된다. 부정합면과 최대 해퇴면은 차후 해수면이 상승하는 과정에서 파도의 침식을 통한 해침 침식면(transgressive ravinement surface)에 의하여 물리적으로 연결된다. 그렇지만 저해수면 시기에 해안선 근처에 쌓이는 하성 환경의 퇴적물이 상당히 두껍게(> 20 m) 쌓여있으면 파도의 침식으로 이 하성 퇴적물은 모두 침식이 일어나지 않기 때문에 이로 인하여 지표에서 만들어진 부정합면과 최대 해퇴면은 서로 연결되지 못하고 최대 해퇴면이 부정합면 상부에 놓이게 된다.

20.4.7 저퇴적공간과 고퇴적공간 시스템 트랙

저퇴적공간 시스템 트랙(low-accommodation systems tract)과 고퇴적공간 시스템 트랙(high-accommodation systems tract) 이 두 개의 시스템 트랙은 해양의 침식 기준면 변화와 무관하게 형성되었거나 또는 비록 해양의 침식 기준면과 관계가 있더라도 연관된 해양 퇴적물의 기록을 찾아내기 힘든 하성 환경의 퇴적물에 적용하기 위하여 제안되었다. 이는 퇴적물이 쌓일 수 있는 공간이 작거나 높은 환경과는 용어상 혼동하여서는 안 된다. 여기서 저퇴적공간 시스템 트랙과 고퇴적공간 시스템 트랙은 하성 환경계가 퇴적물이 쌓일 수 있는 공간이 만들어지는 상태를 유지하고 있는 상태에서 퇴적물이 쌓일 수 있는 공간의 크기가 줄어들었다거나 늘어났다는 현상을 기술하기 위하여 제안된 것이다. 각 하성 환경의 퇴적연층은 부정합면으로 구분하며, 이 퇴적연층 내 하부 단위인 시스템 트랙으로서 퇴적물이 쌓일 수 있는 공간이 상대적으로 클 때를 고퇴적공간 시스템 트랙으로, 퇴적물이 쌓일 수 있는 공간이 상대적으로 작을 때를 저퇴적공간 시스템 트랙으로 정의하는 것이다. 참고로 퇴적물이 쌓일 수 있는 공간이 크다거나 작다라는 환경은 퇴적 분지의 특정 지역이 얼마나 많은 퇴적 공간을 지니고 있는가를 언급하기 위한 것으로, 예를 들어 전지 분지의 조산대 부근은 높은 퇴적 공간을 가진 환경이고, 조산대로부터 먼 지역은 낮은 퇴적 공간을 가진 환경이 된다. 따라서 이러한 환경의 구분은 퇴적 분지의 침강 양상과 연관이 있으며, 하성 환경 퇴적계에 해양의 침식 기준면이 영향을 미치는가 그렇지 않는가와는 관계가 없다.

저퇴적공간 시스템 트랙의 하부는 지표의 부정합면이 퇴적연층의 경계를 이루며, 퇴적연층의 하부는 대체로 조립질 퇴적물이 차지하며 퇴적 공간이 부족하기 때문에 저해수면 시스템 트랙과 유사한 양상을 띠게 된다. 범람원의 발달은 제한되고, 하도를 채운 퇴적물이 퇴적연층의 더 많은 부분을 차지한다. 또한 석탄층의 발달은 미약하며, 고토양이 잘 발달되는 특징을 나타낸다. 대체로 전진 퇴적이 우세하게 나타나지만 누적 퇴적은 미약하게 나타난다.

고퇴적공간 시스템 트랙은 해양의 침식 기준면 변화에 따라 형성되는 해침기와 고해수면 시스템 트랙과 매우 유사한 특징을 보인다. 누적 퇴적이 전진 퇴적에 비해 우세하게 나타나고, 세립질 퇴적물로 이루어진 범람원 퇴적층의 비중이 높아지면서 하도를 채운 퇴적물은 더 이상 서로 합체가 되지 못하고 범람원 퇴적층에 의하여 격리되는 양상을 띠게 된다. 석탄층은 비교적 빈번하게 협재되어 있으며 고토양의 발달이 적어지는 것도 특징이다. 퇴적 공간이 점차 증가하기 때문에 퇴적연층의 상부로 갈수록 세립화되는 경향을 나타낸다. 하지만 이렇게 하성 환경의 퇴적연층에 대하여 개념적으로 두 시스템 트랙으로 구별하였지만, 저퇴적공간 시스템 트랙에서 고퇴적공간 시스템 트랙으로의 변화는 점진적으로 일어나기 때문에 그 경계면을 명확히 지정하기는 어려운 점이 있다.

20.5 순차층서의 적용

20.5.1 퇴적 환경

순차층서 기법은 처음에는 대륙 연변부에 쌓이는 쇄설성 퇴적물에 적용하기 위하여 제안되었다. 이는 대륙 연변부의 쇄설성 퇴적물이 쌓이는 퇴적 환경은 상대적인 해수면 변동에 민감하게 반응을 하기 때문이다. 즉, 해수면의 변동이 고해수면에서 저해수면 시기로 일어남에 따라 각각의 해수면의 변동에 따른 시스템 트랙이 형성된다. 이렇게 쇄설성 퇴적물에 대한 순차층서 기법이 발전을 하면서 이 기법을 탄산염과 증발암 퇴적 환경을 넘어 심해 환경과 안정지괴에 발달한 퇴적 분지까지 확장하는 연구가 이루어져 왔다. 그렇지만 이러한 환경들은 쇄설성 퇴적물이 쌓이는 대륙붕-대륙 사면의 환경과는 퇴적작용이 일어나는 양상에서 많은 차이가 있다.

탄산염 퇴적 환경에서 탄산염 퇴적물이 생성되는 비율은 쇄설성 퇴적 환경에서 쇄설성 퇴적물이 쌓이는 비율보다는 훨씬 높다. 이에 따라 탄산염 퇴적물 생성률은 퇴적공간이 만들어지는 비율을 초과하기 때문에 탄산염 퇴적 환경은 해수면까지 채워지면서 퇴적상 기록은 상향 천해화의 경향을 나타낸다. 따라서 탄산염 퇴적물의 시스템 트랙의 발달 양상은 쇄설성 퇴적물의 그것과는 차이가 난다. 또 한편 쇄설성 퇴적물의 층서보다는 탄산염 퇴적물의 층서에서 퇴적연층의 경계면을 구분해 내기가 훨씬 어렵다. 이 밖에도 탄산염 퇴적물에서는 지표에 드러나는 효과가 기후에 연관되어 있는데, 습윤한 기후에서는 탄산염의 광범위한 용해와 재침전이 일어나지만 건조한 기후에서는 탄산염 속성작용이 덜 일어나며 증발암이 침전하는 기회가 많아진다. 이러한 차이점을 고려해가며 이제는 탄산염 퇴적물에도 잘 적용되는 순차층서 기법이 개발되어 있다.

20.5.2 전 지구적인 해수면 변동 분석

순차층서 기법을 적용하는 데 가장 논란이 되는 것 중 하나는 고기의 해수면 변동을 알아내는 것이다. 해수면 변동은 퇴적작용의 양상에 영향을 미친다. 특히 주기성의 특성을 나타내는 퇴적 기록을 해석하는 데 해수면 변동을 이해하는 것은 매우 중요하다.

미국 석유회사에 근무하던 Vail과 그 동료들은 해안선에서의 퇴적작용 양상을 바탕으로 상대적인 해수면 변동의 차트를 발표하였다. 이들이 발표한 해수면 변동 곡선은 탄성파 탐사 자료에서 해수면 상승의 규모를 추정하여 만들어졌다. 여기서 해수면 상승 폭은 해수면이 상승하는 동안에 쌓인 해안선 퇴적물의 두께를 이용하여 추정되었다. 반대로 해수면 하강의 폭은 해안선 환경에 쌓인 퇴적물이 얼마동안 분지 쪽으로 이동을 하였는가를 바탕으로 추정하였다. 즉, 최대 해수면 시기에 최대 해침이 일어난 상태에서 쌓인 해안선 퇴적물과 최대 해수면 하강 시와의 수직적인 퇴적물 높이의 차를 이용하여 추정한 것이다. 이 방법으로 해수면 변동의 폭을 추정하여 해안선 퇴적물의 상대적인 육지 쪽 발달 차트를 만드는 과정은 그림 20.8에 있다.

이 그림에서 처음에는 퇴적 단위 A에서 E까지의 퇴적연층을 구별한다. 탄성파 탐사 자료에서 퇴적연층의 경계, 공간적인 분포 범위와 해안선 퇴적층의 유·무에 대하여 결정을 한다. 시추공으로부터 얻어지는 지질 시간의 자료를 이용하여 각 퇴적연층의 생성 기간을 설정한다. 탄성파 자료와 그밖의 자료를 이용하여 퇴적 환경에 대한 해석을 하면서 해안선 퇴적물과 해양 퇴적물을 구별한다. 다음으로는 퇴적연층의 시간층서 차트를 작성한다. 지층의 경계면들과 부정합면들은 시간층서에 대한 정보를 제공한다. 실제로 탄성파 자료에서 이러한 경계면들은 탄성파 자료에서 시간층서를 나타내는 반사면으로 간주한다. 이러한 시간층서 반사면은 어느 곳에서나 동시기를 지시하기 때문에 이 반사면들은 암상의 경계면을 가로지면서 발달한다. 이러한 가정 하에 하나의 주어진 면에서 관찰되는 탄성파 반사면들은 다양한 암상을 통하여 횡적으로 연장될 수 있다. 즉, 탄성파 반사면들은 대륙붕 퇴적계를 지나 대륙붕 붕단, 더 나아가 동시기의 대륙 사면 퇴적계로 연장이 될 것이다. 그런데 부정합면의 발달은 동시기를 나타내지 않지만, 부정합면의 아래에 위치한 퇴적물은 부정합면 위에 위치한 퇴적물보다는 더 오래되었다. 이에 따라 부정합면으로 구분이 되는 퇴적체는 시간층서 단위를 형성한다. 이렇게 그림 20.8A에서 보는 바와 같이 시추공의 자료나 기타 정

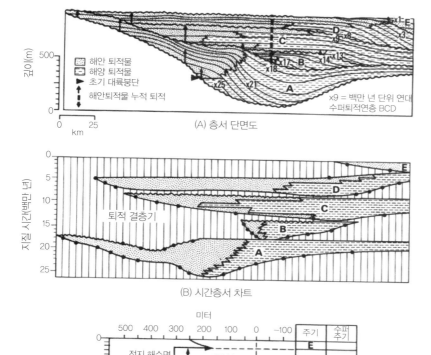

그림 20.8 Exxon 석유 회사 지질 전문가들이 상대적인 해안선 퇴적물 올라탐 기록을 이용하여 해수면 변동을 추적해가는 과정을 나타낸 그림(Vail et al., 1977).

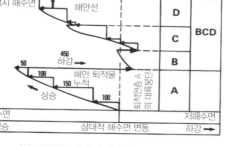

(C) 지역적인 상대적 해수면 변동 주기 차트

보를 이용하여 퇴적이 일어난 시기를 결정한 후 그림 20.8B에서와 같이 층서 자료는 지질 연대와 대비하면서 시간층서 대비 차트를 만든다. 이 차트는 맨 처음 이 방법을 제안한 사람의 이름을 따서 **Wheeler 도표**라고 한다. 다음에는 각 탄성파 퇴적연층에서 상대적인 해안선 퇴적물의 발달 주기를 알아내고, 상대적인 해수면의 상승과 하강의 결과로 형성되는 해안선 퇴적물의 누적 퇴적과 바다 쪽 전진 퇴적의 규모를 측정하여 그림 20.8C와 같이 지질 시대에 따른 이 변화와 해수면의 정지 상태를 그린다. 이에 따라 해안선 퇴적물의 누적 퇴적의 규모가 해수면의 상대적 상승의 측정치를 나타내며, 해수면의 상대적인 정지 상태는 해안선 퇴적물이 전진 퇴적이 일어난 것으로 알아보며, 해안선 퇴적물의 전진 퇴적의 위치가 이동을 한 것은 상대적인 해수면의 하강이 있었음을 가리킨다. 이렇게 퇴적연층의 A에서 E까지 상대적인 해안선 퇴적물의 상대적인 위치 변화에 대하여 종합하면 상대적인 해안선 퇴적물의 육지 쪽 발달 차트를 작성한다. 마지막으로 상대적인 해안선 퇴적물의 육지 쪽 발달의 변화를 이용하여 상대적인 해수면 변동의 폭을 유추한다. 이 그림을 그리는

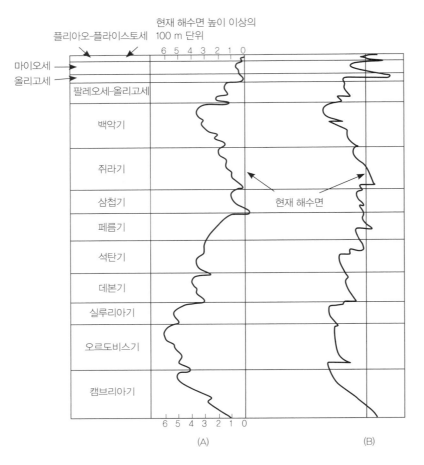

플리아오-플라이스토세
현재 해수면 높이 이상의 100 m 단위
마이오세
올리고세
팔레오세-올리고세
백악기
쥐라기
삼첩기
페름기
석탄기
데본기
실루리아기
오르도비스기
캠브리아기

현재 해수면

(A)   (B)

그림 20.9 현생이언 동안의 전 지구적인 해수면 변동 곡선(Hallam, 1984). (A)는 Hallam(1984)의 것이며, (B)는 Vail 등(1977)의 것이다.

데에는 해양 분지의 가장자리는 침강이 일어나지 않는다고 가정을 하며, 퇴적물이 깊게 매몰되어 다짐작용으로 퇴적층의 두께가 얇아지는 것은 보정을 한다.

이상과 같은 방법으로 각 지질 시대의 해수면 변동 곡선을 종합한 것이 그림 20.9에 예시되어 있다.

20.5.3 불연속층서(allostratigraphy)

퇴적물의 층서 기록을 해석할 때는 두 가지 요소를 고려한다. 하나는 암상이고 다른 하나는 퇴적 시간이다. 암석층서는 이 중 오직 암상만으로 연구 대상인 층서를 구분한다. 이 경우 하나의 암상이 오직 하나의 퇴적 환경으로 연관되지는 않는다. 범람원에도, 심해 환경에도 모두 세립질 퇴적물이 쌓일 수 있다. 또한 암상과 암상을 나누는 경계면이 특정한 시점을 대변하지도 않는다. 그림 20.10에서 보여주는 간단한 모델에서 그 사실을 잘 확인할 수 있다. 사암과 실트암, 그리고 머드스톤을 나누는 경계면은 분지 형성 초기부터 마지막에 걸쳐서 형성된 것으로 장기간에 걸쳐 만들어졌으므로 특정한 시점을 지시하지는 않는다.

침식 기준면 또는 해침-해퇴의 양상이 변화하면서, 그 변화의 특정 시점마다 고유한 특징을 가

그림 20.10 순차층서는 횡적으로 변하는 퇴적상에 상관없이 동 시기에 쌓인 퇴적층의 대비를 목적으로 한다 (Catuneanu, 2006). 동일한 암상을 나타내는 지층은 시간을 가로지르며(time transgressive) 쌓인다.

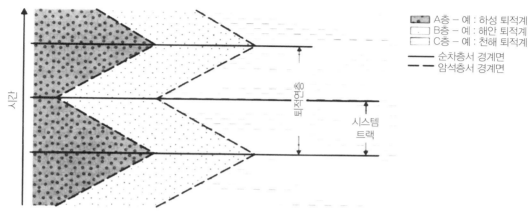

A층 – 예 : 하성 퇴적계
B층 – 예 : 해안 퇴적계
C층 – 예 : 천해 퇴적계
―― 순차층서 경계면
----- 암석층서 경계면

지는 경계면들이 형성된다. 이런 경계면들은 다시 특정한 암상이나 퇴적 환경과 관계한다. 순차층서에서는 이런 경계면들의 특성을 종합하여 침식 기준면 또는 해침-해퇴 양상의 특정 지점을 대변하는 경계면을 새롭게 정의하거나 찾아낸다. 침식 기준면이나 해침-해퇴 양상의 특정한 위치가 대체로 특정한 시점을 대표하기 때문에 잘 정의된 퇴적연층 경계 또한 특정한 시점을 대표하게 된다.

한 가지 유념해야 할 점은 순차층서는 암상의 변화를 경계면으로 삼는 것이 아니라, 시간에 따라 정해진 경계면을 찾아내기 위해서 암상의 변화에 관심을 기울인다는 점이다. 따라서 암석층서는 암상의 변화를, 순차층서는 퇴적 시간을 대변하는 경계면을 찾아내는 층서 기법인 것이다.

불연속층서 기법은 퇴적체를 '경계 짓는 불연속면(bounding discontinuity)'에 따라 구분한다(그림 20.11). 이 층서 기법은 암상의 차이로 인한 경계면과 함께, 순차층서에서 정의한 경계면이 하나의 암상을 가로질러 구분해 낸다면 그것도 포함시켜 사용한다. 불연속층서 기법은 암석층서법과 순차층서 기법의 장점을 모두 끌어들이면서 암상의 변화와 퇴적 시점의 변화를 함께 고려하여 퇴적물을 해석하려는 시도를 하고 있다. 이에 따라 불연속층서 기법은 암석층서 기법과 순차층서 기법의 사이에 있다. 이 층서 기법은 시간적으로 의미가 있는 경계면을 사용함으로써 암석층서 기법에 비해 시기에 따른 퇴적물의 생성 원인과 더 높은 수준의 고환경적인 역사에 대한 성인적인 해석을 보다 상세히 기술해 낼 수 있는 장점이 있지만, 동시에 '불연속면'이 엄격하게 무엇을 의미하는지 모호하기 때문에 그 구분이 주관적이어서 논쟁의 여지가 많다는 단점도 가지고 있다.

순차층서는 침식 기준면의 변화, 그것이 일으키는 퇴적 양상의 변화에 중심을 두며, 이 과정에서 특정 시점을 대변하는 경계면을 찾으려 노력한다. 반면에 불연속층서는 침식 기준면의 변화보다는 암상의 변화와 그 성인에 더 주목하며, 그 과정에서 순차층서에 의해서 정의된 경계면들을 활용한다. 이 두 층서 기법은 본질적으로 퇴적체의 생성 과정을 명확히 이해하고자 하는 공통된 목적을 가지고 있으며, 이 과정에서 경계면의 탐색과 설정이 가지는 모호함을 극복하려 하고 있다.

그림 20.11 대륙의 지구에 발달한 선상지와 호수 퇴적물 기록에서 불연속층서의 분류 예(North American Stratigraphic Code, 1983). 선상지 퇴적물과 호수 퇴적물은 하나의 지층에 포함될 수 있거나 또는 서로 다른 입자의 구성에 따라 다른 지층으로 분리가 될 수도 있다. 실제로 입자의 조직(역, 점토) 변화는 수직적으로나 횡적으로 매우 급격히 일어난다. 그런데 역암이나 점토질 퇴적물은 각각이 암상이 매우 비슷하기 때문에 한 지층의 층원으로 구분하기가 어렵다. 이에 따라 횡적으로 추적이 가능한 불연속 특성(고토양과 침식 부정합)을 이용하여 둘이나 세 개의 입자 크기에 따른 퇴적상을 포함하는 불연속층서 단위를 이용하여 구별을 할 수 있다.

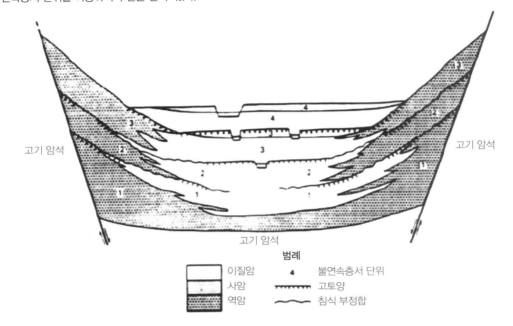

21

화학충서와 기타 충서

21.1 화학층서

화학층서(chemostratigraphy)는 퇴적물의 화학 조성을 이용하여 퇴적층이 쌓일 당시의 환경 변화에 대한 정보를 획득한다. 화학층서의 층서분석 기법은 퇴적층의 층서에서 지질 시간에 따른 원소 농도의 변화를 인지하고 이를 고기후 변화와 퇴적물 기원지 변화와 같은 지질 사건의 변화와 관계를 지어보면서 층서의 해석과 대비에 활용을 하는 것이다.

21.1.1 안정 동위원소 층서(stable isotope stratigrapahy)

20세기 중반부터 새로운 층서 도구인 안정 동위원소 층서 기법이 지층의 대비 특히, 넓은 지역에 걸쳐 시간층서의 대비에 한 방법으로 이용되기 시작하였다. 안정 동위원소 층서의 기본적인 원리는 많은 원소의 안정 동위원소의 비율이 항상 일정하지 않고 지질 시대 동안 지구 전체로 볼 때 변화하였다는 데 있다. 이러한 변화는 퇴적물의 기록에 보존되며 따라서 지자기 층서의 방법과 마찬가지로 이론적으로 적용되는 원소의 한 층서 단면에 기록된 동위원소의 변동 또는 변화 사건이 특정한 원소의 시간에 따른 동위원소 변동의 종합적인 지구 전체의 곡선에 대비시킬 수 있다는 것이

표 21.1 화학층서에 많이 활용되는 안정 동위원소의 각 동위원소 자연계 존재량과 수소의 세 동위원소 핵 모식도

원소	동위원소	자연계 존재량	동위원소 값 변화 범위	수소의 세 동위원소 핵		
수소	^{1}H	99.985%	$-350 \sim +200‰$	프로튬	중수소	3중 수소
	^{2}H	0.015%				
탄소	^{12}C	98.89%	$-40 \sim +0‰$			
	^{13}C	1.11%				
질소	^{14}N	96.63%	$-49 \sim +49‰$			
	^{15}N	0.37%				
산소	^{16}O	99.759%	$-30 \sim +30‰$	1 양성자	1 양성자 1 양성자	1 중성자 2 중성자
	^{17}O	0.037%				
	^{18}O	0.204%				
황	^{32}S	95.081%	$-45 \sim +40‰$			
	^{33}S	0.750%				
	^{34}S	4.215%				
	^{35}S	0.017%				

다. 여러 가지 층서 단면이 종합적인 곡선에 잘 맞춰지면 실제 층서 단면 간의 대비에 효과적으로 이용할 수 있다.

지금까지 안정 동위원소 층서에 적용되는 가장 두드러진 동위원소로는 산소, 탄소, 황 및 스트론튬이다(표 21.1).

(1) 산소 안정동위원소 화학층서

산소는 세 가지의 자연 동위원소인 ^{16}O, ^{17}O 및 ^{18}O로 이루어져 있는데, 이중 ^{16}O가 99.75%를 차지하며, ^{18}O는 약 0.2% 정도이다. 산소 동위원소 연구에서 $^{18}O/^{16}O$의 비율 변동은 임의의 기준으로부터 차이를 기록하는 것이다. 통상적으로 방해석은 시카고대학교에서 사용한 **PDB**(Pee Dee belemnite) 표준을 적용한다. PDB 표준이란 미국 사우스캐롤라이나 주의 백악기 Pee Dee층에서 산출되는 belemnite 화석의 산소 $^{18}O/^{16}O$으로 맞추어진 것이다. 그러나 이 표준 시료는 이미 오래 전에 다 소모가 되었으므로 대신 오스트리아 빈에 있는 국제원자력기구(International Atomic Energy Agency : IAEA)에서 새로 합성한 고체 표준 시료인 Vienna PDB(V-PDB)를 이용한다. 다음의 탄소 안정동위원소에서도 같은 표준을 사용한다. 또 다른 표준은 **SMOW**(Standard Mean Ocean Water)로 자연수의 산소 $^{18}O/^{16}O$ 비의 표준으로 사용되고 있다. 이 역시 V-SMOW를 사용하기도 한다.

어느 특정한 시료의 $\delta^{18}O$ 값은 ‰(per mil, parts per thousand)로 표시하며, 이는 다음과 같은 식으로 표준과 비교하여 계산된다.

$$\delta^{18}O = \frac{\left[(^{18}O/^{16}O)_{sample} - (^{18}O/^{16}O)_{standard}\right]}{(^{18}O/^{16}O)_{standard}} \times 1000$$

표준에 비해 양(+)의 $\delta^{18}O$ 값을 갖는 시료는 ^{18}O가 표준보다 더 많이 들어있으며, 음(−)의 $\delta^{18}O$ 값을 갖는 경우는 ^{18}O가 적게 들어있다는 것을 의미한다. $^{18}O/^{16}O$의 비율은 질량분석기를 이용하여 구한다. 산소 동위원소 층서에 이용되는 이러한 기본적인 방법의 원리는 다른 원소를 이용하는 안정동위원소 층서에도 동일하게 적용된다. 실제 안정 동위원소 값은 위에 주어진 식과 유사한 식을 이용하여 임의의 표준으로부터 계산된다.

산소의 $^{18}O/^{16}O$에 대한 두 개의 표준은 25°C에서 다음과 같은 관계식을 이용하여 서로 변환을 한다.

$$\delta^{18}O_{SMOW(V-SMOW)} = 1.03091 \times \delta^{18}O_{PDB(V-PDB)} + 30.91‰$$

20세기 중반에 $^{18}O/^{16}O$가 온도에 따라 분별작용(fractionation)을 한다는 것이 발견되었다. 1955년에 Cesare Emiliani는 플라이스토세 동안의 해양에서 생성된 유공충의 껍질인 방해석을 분석하여 시간에 따라 $^{18}O/^{16}O$의 비율이 달라진다는 것을 밝혀냈으며, 이 비율은 온도의 변화를 나타낸다고 하였다. 여기서 낮은 $^{18}O/^{16}O$는 높은 온도를 지시한다. 해수의 온도와 방해석의 산소 동위원소 조성과의 관계는 Shackleton(1967)이 제시한 다음의 관계식으로 표현된다.

$$T(°C) = 16.9 - 4.38(\delta^{18}O_C - \delta^{18}O_W) + 0.10(\delta^{18}O_C - \delta^{18}O_W)^2$$

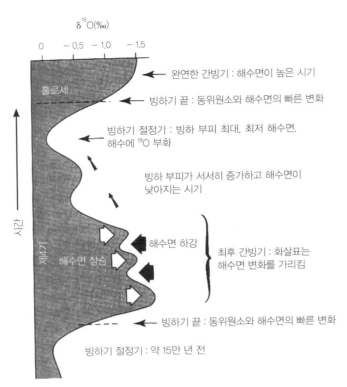

그림 21.1 지난 15만 년 동안 대륙의 빙하작용과 해수의 $\delta^{18}O$ 값 사이의 관계를 나타내는 모식도(Williams et al., 1988). 해수의 $\delta^{18}O$ 값은 빙하기와 낮은 해수면의 시기에는 상대적으로 낮은 음의 값(더 높은 산소 동위원소 조성)을 가진다.

이 식에서 $\delta^{18}O_C$는 방해석의 평형 산소 동위원소 조성이고 $\delta^{18}O_W$는 방해석이 침전한 해수의 산소 동위원소 조성이다.

이후의 연구에서 이 $^{18}O/^{16}O$ 비율에 온도 그 자체만 관여하는 것이 아닌 지구 전체의 얼음 부피도 관련된다는 것이 밝혀졌다(그림 21.1). 실제로, 얼음 부피가 어느 한 시기 동안의 퇴적물에서 관찰되는 지구 전체의 $^{18}O/^{16}O$의 비율을 주로 결정하는 요소이다. 간단히 살펴볼 때 예견되는 기작은 바다에서 물이 증발하면 수증기에는 ^{18}O에 비해 가벼운 ^{16}O이 상대적으로 많이 들어있다(그림 21.2). 이는 ^{16}O이 ^{18}O보다는 가볍기 때문에 ^{16}O가 가스 상태 H_2O에 더 쉽게 잘 들어가기 때문이다. 따라서 해수의 $^{18}O/^{16}O$ 비율은 증발된 물이 다시 바닷물로 되돌아오지 않는 한 증발이 계속 일어나면 점점 증가를 한다. 마찬가지로 물이 수증기 상태로 이동을 하면 이로부터 내리는 강우는 초기에 ^{18}O를 더 많이 가지는 물이 될 것이다. 이런 현상이 있게 되면 내륙 깊숙이 운반된 수분은 운반되는 동안에 수증기가 비로 내리면서 점차 낮은 $^{18}O/^{16}O$ 비율을 가지게 될 것이다. 지구상 빙하의 부피가 일정할 때 물이 바다로부터 증발을 하고 이 수증기가 다시 비로 되어 바다로 떨어지거나 육지에 비로 되어 내려 궁극적으로 다시 바다로 되돌아 갈 것이다. 따라서 해수의 전반적인 $^{18}O/^{16}O$ 비율은 이러한 물의 순환에 따라 비교적 일정하게 유지된다. 그러나 대륙빙하와 극빙하의 부피가 증가하면 얼음에 묶여 있는 물은 바다로 되돌아가지 않는다. 빙하에 붙잡힌 물에는 ^{16}O이 많이 들어있기 때문에 해수의 $^{18}O/^{16}O$는 증가를 한다. 빙하가 녹는다면 빙하에 묶여 있던 물이 녹아서 바다로 되돌아가기 때문에 해수의 $^{18}O/^{16}O$는 다시 감소를 한다. 결과적으로 전 세계 해수의 $^{18}O/^{16}O$ 비

그림 21.2 물의 순환 과정에서 일어나는 $^{18}O/^{16}O$의 분별작용을 나타내는 모식도(Matthews, 1984). 상대적으로 가벼운 물이 대륙 빙하에 저장되어 있으면 해수의 평균 동위원소 조성은 무거워진다. 또한 대륙의 빙하 부피가 늘고 줄면서 해수면과 해안선의 위치도 변화한다.

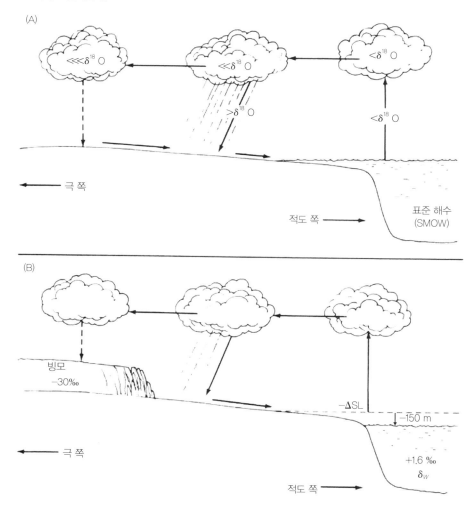

율은 대륙빙하와 관련된 얼음 부피의 팽창과 수축 변화를 나타낸다고 할 수 있다. 해수가 혼합되는 시간은 약 1,000년 단위인 것으로 여겨진다. 따라서 해수의 동위원소 비율의 전 세계적인 변화는 지질 시간으로 볼 때 순간에 지나지 않는다. 또한 $^{18}O/^{16}O$의 비율 변동에 대하여 위에서 살펴본 기작과 시간 규모로 볼 때 이러한 변동은 전 세계 곳곳에서 거의 동시에 일어나는 것으로 간주되기도 한다. 만약 이러한 설명이 맞는다면, $^{18}O/^{16}O$의 변동은 전 세계 규모의 환경 변화를 대변한다고 할 수 있다. 이렇게 보면 동위원소 자료에 기초한 층서 기록의 대비는 진정한 시간층서 대비라고 여겨진다.

해양 생물의 껍질을 이루는 방해석은 해양 생물의 종류에 따라 약간 다른 산소 동위원소 조성을 가지는데(그림 21.3), 이는 이들 생물들이 서로 다른 분별계수를 가지기 때문이다. 따라서 시간에 따른 해수의 산소 동위원소 조성의 변화를 알아보기 위해서는 다른 지질 시대를 가지는 암석에서

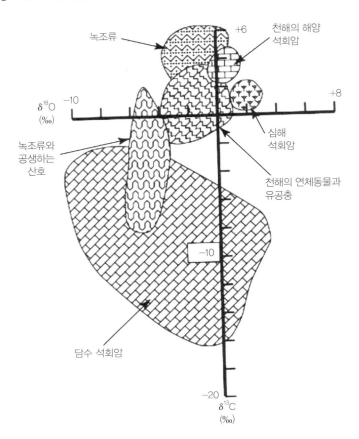

그림 21.3 다양한 종류의 해양 탄산염의 산소 동위원소 조성(δ^{18}O)과 탄소 동위원소 조성(δ^{13}C)의 분포(Milliman, 1974).

동일한 종의 화석을 이용하여 분석해야 한다. 이러한 연구로 부유성 유공충이 가장 많이 이용되고 있다.

산소 동위원소 층서는 특히 제4기 동안의 기록에 잘 적용되었는데 이 지질 시대에 해당하는 퇴적물은 심해저굴착계획(Deep Sea Drilling Project : DSDP)에서 얻은 시추 코어를 이용하여 자세한 산소 동위원소 곡선이 구해지고 대비가 되었다. 이 프로그램으로 대서양, 태평양, 인도양과 지중해로부터 얻어진 코어에서 제4기 동안 수많은 산소 동위원소 값의 최대와 최소 값을 나타내는데, 이를 해양 동위원소 단계(Marine Isotope Stage)라고 하며, 이를 이용하여 각 시추 코어 간 서로 대비가 되었다(그림 21.4). 홀수 번호의 단계는 간빙기를, 짝수 번호의 단계는 빙기를 나타내는 것으로 현재의 단계 1에서부터 과거로 가면서 차례로 나눈다.

산소 동위원소 층서는 플라이스토세 이전에도 많이 이용되고 있다. 대서양과 태평양에서는 탄산염 퇴적물에 대한 산소 동위원소 변동의 비교적 완전한 기록이 발표되었다.

(2) 탄소 동위원소 화학층서

탄소에는 ^{12}C와 ^{13}C 2개의 안정 동위원소가 있다. ^{12}C는 98.9%, ^{13}C는 약 1.1% 정도 자연계에 존재한다. 또 다른 방사성 동위원소인 ^{14}C는 아주 소량 존재한다. 탄소 동위원소의 표준은 미국의 사우스캐롤라이나 주에 분포하는 백악기 Pee Dee 층의 벨렘나이트(Pee Dee belemnite : PDB)로서 이

그림 21.4 태평양과 대서양에서 실시된 심해저굴착계획(Deep Sea Drilling Project)에서 획득된 플라이스토세의 해양 시추 코어 퇴적물의 산소 동위원소 층서(Wei, 1993). Matuyama/Brunhes(M/B)는 고지자기 극성 시간대(polarity chron)를 나타내는 것이며, 숫자는 해양 동위원소 단계(MIS)를 나타내며, 이를 이용하여 세 시추 코어 퇴적물을 서로 대비시켜 볼 수 있다.

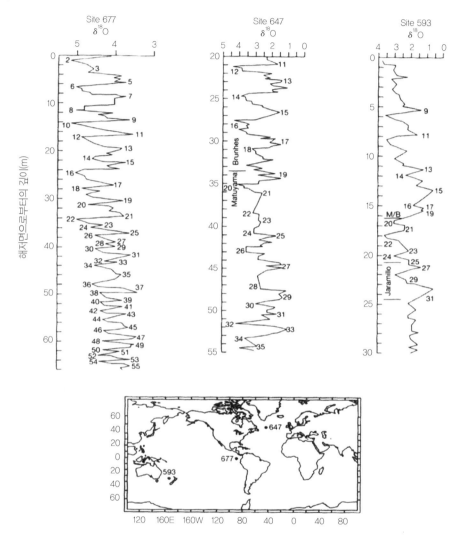

표준으로부터 $\delta^{13}C$의 ‰ 차이인 $^{12}C/^{13}C$ 비율은 해양 기원의 층서 단면에서 나타난 탄산염암으로부터 계산되며, 이의 지질 시간에 따른 체계적인 변화가 층서의 대비에 이용되고 있다.

일반적으로 $^{12}C/^{13}C$ 비율의 변동은 해수의 순환과 대규모의 기후 변화를 나타낸다. 해양 탄산염암의 $^{12}C/^{13}C$ 비율은 이들이 생성될 당시의 해수에 용존된 CO_2 중 탄소의 $^{12}C/^{13}C$ 비율을 반영한다. 어느 한 시기와 장소에서의 해수에 용존된 CO_2는 그 시기의 대기권에 있는 일반적인 CO_2에 관련되어 있으나, 역시 지역적인 조건과 CO_2에 들어있는 탄소의 특정 근원에 크게 영향을 받는다.

여러 가지 요인이 해수나 그 밖의 물의 ^{13}C 함량에 영향을 준다. 예를 들면, 유기물은 ^{13}C가 비교적 적게 들어있으며, 이에 따라 유기물이 풍부한 물은 낮은 $^{12}C/^{13}C$ 비율을 가진다. 해저 바닥 가까이에 오랫동안 머무른 심해수는 ^{13}C가 비교적 적게 함유되어 있다. 해수의 표층으로부터 깊은 바다로 가라앉는 낮은 $^{12}C/^{13}C$ 비율을 가지는 유기물은 가라앉는 동안 해수 중에 용존되어 있는 산소에 의하여 산화가 일어나 ^{13}C가 부족한 탄소가 이 심층수에 더해진다. 만약 지질 시간으로 볼 때 해수의 순환 양상에 급격한 변화가 일어나 이러한 심층수의 용승이 일어난다면 해수 표층수의 $^{12}C/^{13}C$ 비율은 낮아지게 된다. 또는 해수 순환 양상의 변화가 천해의 연변부에 있는 해수를 깊은 분지로 운반시키면 이에 따라 $^{12}C/^{13}C$ 비율에 변화가 일어난다. 더욱이 대륙에서의 바이오매스의 생산이 증가되거나 유기물이 풍부한 퇴적물의 침식률이 증가되거나 해양에서의 유기물이 풍부한 퇴적물의 매몰률이 증가되는 등의 요인이 있으면 이러한 모든 요인은 해수 중 $^{12}C/^{13}C$ 비율에 영향을 준다. 이들의 몇 가지는 전 세계적으로 일어나기도 하는가 하면, 또는 하나의 해양 분지에만 국한되거나, 분지의 일부분에만 국한되어 나타나기도 한다. 그러나 탄소 동위원소 값의 변화 요인이 무엇이든 간에 이러한 변화는 층서의 지시자로 이용될 수 있고 또한 이용되고 있다. 이를 층서 대비에 이용하기 위해서는 이러한 변화의 원인에 대해 반드시 정통하거나 이해가 꼭 필요하지가 않다. 이는 대체로 탄소 동위원소 비율을 결정하는 요인들의 특성상 이를 이용한 대비의 방법은 전 세계적이라기보다는 비교적 지역적 층서의 연구에 주로 적용되고 있다. 그러나 외해에 서식을 하는 부유성이나 저서성 유공충의 탄소 동위원소 비율의 변화는 전 세계적인 경향으로 알려지기도 한다. 이의 예로는 중기 마이오세 동안의 저서성 유공충의 $\delta^{13}C$의 증가(그림 21.5)가 극지방 해수의 확산으로부터 일어났다고 해석되고 있다. 이상과 같은 탄소의 순환에 따른 해양 탄산염암의 탄소 동위원소 조성을 이용하여 탄소 동위원소 층서의 대비에 이용하고 있다(그림 21.6).

그러나 이러한 탄소 순환의 기작에 해양 퇴적물에 속성작용이 일어나는 동안 생성되는 자생의 탄산염이 새로운 변수로 작용한다는 것이 최근의 Schrag 등(2013)의 의하여 제안되었는데 일반적인 탄소 순환에 따른 탄산염암의 탄소 동위원소 조성보다 아주 낮은 값을 나타내거나 아주 높은 값을 나타낼 때(신원생대, 전기 고생대, 삼첩기)에는 자생의 탄산염의 역할이 중요하였을 것이라는

그림 21.5 심해 퇴적층(수심 > 1000 m)에서 산출되는 신생대의 저서성 유공충의 탄소 동위원소 조성을 종합한 곡선 (Zachos et al., 2001).

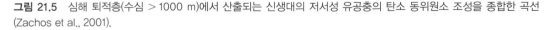
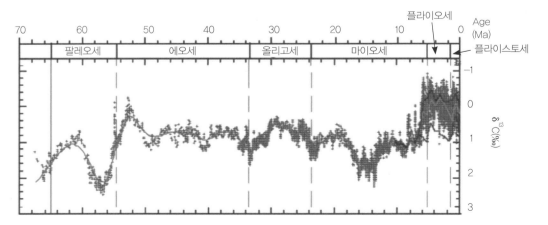

그림 21.6 심해저굴착계획에 의하여 아프리카에서 약 800 km 떨어진 대서양에서 시추된 Sites 526A, 527, 528의 탄산염 퇴적물의 탄소 동위원소 층서. 각 시추 지점은 약 40∼70 km 정도 떨어져 있다(Shackleton and Hall, 1984).

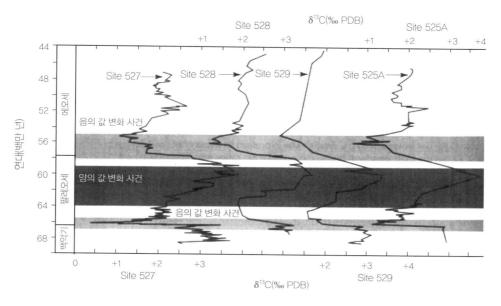

것이다. 물론 이러한 자생의 탄산염 생성 역시 지구 표면의 산화–환원 조건의 변화와 혹은 해수면의 변화와 같은 전 지구적인 변화와 맞물려 있으므로 탄산염암의 탄소 동위원소 조성을 이용하여 층서 대비에 이용하는 데에는 큰 무리가 없을 것이지만, 국지적으로 이용을 할 때는 속성작용에 의해 생성된 자생의 탄산염의 영향을 고려하여야 한다.

탄소 동위원소를 이용하여 해양에서의 변화를 알아내어 고기후를 해석하기도 한다. 이를 이용한 예로서 가장 잘 알려진 것은 중생대 백악기 후기의 세노마니아세(Cenomanian)와 튜론세(Turonian) 사이에 일어났던 해양에서의 변화이다. 백악(chalk)을 이용한 이 시기 동안의 탄소 동위원소 조성은 세노마니아세에서 튜론세로 가면서 탄소 동위원소 값이 약 2‰에서 4‰ 정도 증가하였다(그림 21.7). 이러한 탄소 동위원소 값의 변화가 알려진 후 많은 지화학적인, 고생물학적인 그리고 층서적인 연구가 이루어졌다. 지금은 세노마니아세-튜론세의 탄소 동위원소 사건은 이 변환의 시기에 생물의 생산력이 매우 높았으며 이에 따라 유기 탄소가 해저에 매몰되었다고 해석되고 있다. 즉, 생물의 생산력이 높아지면 생물체들은 해수로부터 선택적으로 ^{12}C를 많이 취득하게 되고 이렇게 번성된 생물이 해저로 가라앉으면서 산화작용이 일어나지 않고 그대로 묻혀버리면 결과적으로는 해수로부터 ^{12}C를 선택적으로 많이 빼내버리는 것이 되어 남아 있는 해수는 상대적으로 ^{13}C이 많은 조건이 된다. 이러한 해수로부터 생성되는 탄산염 퇴적물이나 탄산염 껍질을 가지는 해양 생물(예 : 유공충)의 껍질은 점차 ^{13}C이 많이 가지는 탄소 동위원소의 조성을 나타낼 것이다. 즉, 탄산염 퇴적물이나 해양 생물 껍질의 탄소 동위원소의 조성이 양의 값을 가지게 된다. 다시 튜론세가 지나고 정상적인 해양의 조건이 되었을 때는 탄소 동위원소의 조성이 다시 정상적인 제자리의 값을 가지게 된다. 만약 퇴적물 내로 유기 탄소의 매몰이 일어난다면 해수로부터 CO_2의 감소를 유발시키

그림 21.7 이탈리아 Gubbio 층서 단면과 영국 East Kent 층서 단면에서의 고해상도 탄소 동위원소 조성 곡선(Jenkyns et al., 1994). 각 곡선은 5점 평균값으로 매끄럽게 처리한 것이다.

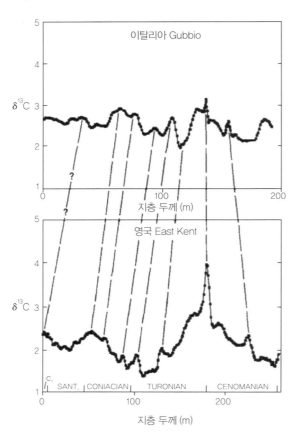

고, 이로 인해 해양과 평형상태로 접하고 있는 대기 중의 이산화탄소를 감소시키게 되어 결과적으로 전 지구적인 온도의 하강을 일으키게 된다. 만약 이러한 일련의 과정이 일어난다면 해수의 수온이 낮아지게 되어 이로부터 침전한 탄산염 퇴적물의 산소 동위원소 조성이 높아지는 결과를 낳을 것이다. 실제로 세노마니아세-튜론세의 변환 과정을 조사한 연구에 의하면 세노마니아세-튜론세의 경계부에서 산소 동위원소 조성이 가장 낮은 조성을 나타내다가 탄소 동위원소의 사건이 일어난 후에는 다시 그 값이 높아지는 결과를 관찰하였다. 이러한 연구결과는 세노마니아세-튜론세의 경계부에서는 따뜻한 해수의 온도를 나타내다 이 사건이 일어난 후 해수의 온도가 낮아졌다는 것을 의미하는 것으로 이러한 결과는 탄소의 매몰로 인하여 대기 중의 이산화탄소의 함량이 줄어들었을 때 예상되는 결과이다.

이와 비슷한 과정으로 광범위한 유기 탄소의 매몰로 인하여 일어나는 탄소 동위원소의 조성이 무거워지는 기록이 마이오세, 쥐라기의 토아세(Toarcian)에서도 관찰되었다. 또한 세노마니아세-튜론세의 경계에서 일어나는 탄소 동위원소의 무거워지는 경향과는 반대로 가벼워지는 경향을 나타내는 기록들이 보고되기도 한다. 이의 가장 대표적인 예로는 중생대의 백악기와 신생대의 팔레오세 사이의 경계에 해당한다(그림 21.8). 이러한 사건의 기록은 전 세계적으로 나타나며, 이의 원인으로는 생물 생산력의 감소로 인하여 퇴적물에 매몰되는 유기 탄소의 양이 평상시보다 훨씬 낮았을 때를 가리키는 것으로 해석되고 있다. 이에 대한 또 다른 견해로는 아마도 이 시기에 동위원소로 볼 때 가벼운 유기 탄소를 많이 지니고 있는 암상이 풍화작용을 받아 ^{12}C를 많이 공급한 결과라고 해석을 하기도 한다. 그러나 이 시기의 저서성 유공충의 껍질을 분석해 보면 Ba의 양이 적고 탄소 동위원소 조성이 증가를 하였다. 만약 정상적인 해양의 조건이라면 해수 표층에서 유기물이 생장을 하다가 바닥으로 가라앉으면서 산화가 일어나 심층수에 Ba과 ^{12}C를 공급할 것이다. 이렇게 되면 저서성 유공충의 껍질은 Ba을 많이 함유하게 되고 탄소 동위원소의 값도 ^{12}C가 많이 들어있는 낮은 값을 나타낼 것인데, 이와는 반대의 경향이 나타나는 것으로 보아 이 지질 시대의 경계부에서는 생물의 저생산력이 더 유력한 해석이 된다. 우리는 백악기와 제3기의 사이에 공룡을 비롯한 많은 지구상의 생물들이 멸종하였다는 것을 이미 익히 알고 있다. 이러한 생물의 대량 멸종으로 인하여 해양에 사는 생물들의 생산력이 낮아져 그만큼 ^{12}C의 소모가 줄어들기 때문에 ^{12}C가 많이 함유된 해수로부터 생성되는 탄산염 퇴적물의 탄소 동위원소 조성도 역시 낮은 값을 나타낸 것으로 해석할 수 있다. 이렇게 백악기-팔레오세 사이의 생물의 대량 멸종으로 인한 현상이 지구상 넓은 지역에 걸쳐 영향을 주었지만, 실제로 생물의 생산력의 붕괴는 모든 곳에서 일어난 것은 아니다. 생물 기원의 규산질 퇴적물, 즉 규조와 방산충의 생산

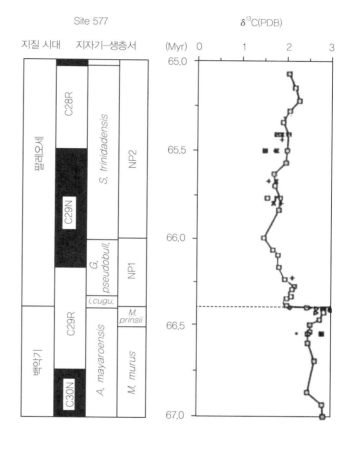

그림 21.8 백악기-팔레오세(K-Pg) 경계 부근에 대한 심해저굴착계획 (DSDP) Site 577(북서 태평양 Shastsky Rise)의 세립질 탄산염 퇴적물의 탄소 동위원소 조성 곡선(Zachos et al., 1989). 현재 백악기-팔레오세의 경계는 6600백만 년 전(66 Ma)으로 새롭게 정의되고 있으므로 이 그림에서 지질 시대 경계에 해당하는 절대 연대(가운데 숫자)는 이에 맞추어 조정을 하여야 한다.

력은 지금 뉴질랜드의 북섬에 해당하는 지역에서는 백악기-팔레오세의 경계에서부터 급격하게 증가를 하였다.

지금까지 알려지고 있는 지질 시대의 경계에서 관찰되는 해양 탄산염 퇴적물과 유기물의 탄소 동위원소 조성이 급격히 변화를 보이는 사건이 나타난다. 이러한 탄소 동위원소 조성의 급격한 변화의 원인은 전 지구적으로 가벼운 동위원소를 가지는 유기 탄소의 매몰 정도에 따라 일어나는 것으로 해석되었다. 이와 같이 유기 탄소가 매몰되는 정도가 달라지는 요인으로는 (1) 용승과 일차 생산력의 변화, (2) 해수면의 변화, (3) 무산소 환경의 범위에 영향을 미치는 해양의 상태 변화 (ocean dynamics change), (4) 탄산염 풍화 정도의 변화, (5) 해양 퇴적물 내에 있는 메탄하이드레이트의 방출, (6) 육지에서 해양으로 유입되는 영양분의 유입량 변화, (7) 화산가스의 방출, (8) 심해로부터의 가벼운 동위원소를 가지는 이산화탄소의 방출 등이 제안되었다. Stanley(2010)는 이

와 같이 다양한 요인으로 설명되는 해수의 탄소 동위원소 조성이 해양 생물의 대규모 멸종과 관련되어 갑자기 변하는 것은 많은 경우 해수 표층에서 미생물에 의한 입자 유기물(particulate organic matter)을 생분해하는 박테리아의 활동 정도에 따른다고 해석을 하였다. 발표된 자료를 모두 종합하여 본 결과 대규모 멸종에 관련된 뚜렷한 동위원소 조성의 변화를 살펴보면 탄소 동위원소의 조성과 산소 동위원소의 조성이 같이 변화하는 것으로 나타났다. 여기서 산소 동위원소의 조성은 전 지구적인 온도의 변화와 때로는 빙하의 팽창과 수축을 나타낸다. 지질 경계에서 탄소 동위원소 조성이 양의 값 쪽으로 튀는 경우는 전 지구적인 해수의 차가워짐과 관련되어 있는데, 수온이 증가를 하면 박테리아의 호흡률이 기하급수적으로 증가한다. 이는 화학 반응이 온도가 10℃ 증가할수록 반응 속도가 두 배로 빨라지는 것과 관계가 있다. 즉, 온도가 15℃에서 20℃로 증가할 경우 박테리아의 호흡률은 약 40% 증가한다. 지질 시대 동안 온난기에 광화대(photic zone)의 해수 온도는 고위도 지방을 제외하고는 15℃보다 높았다. 이러한 조건은 광화대에서의 일차 생산력에 의한 식물성 플랑크톤이 가라앉는 동안 박테리아에 의해 생분해 되는 속도가 급속히 증가하여 낮은 탄소 동위원소 조성을 가지는 유기 탄소가 해수로 다시 공급되어 해수의 탄소 동위원소 조성은 낮은 탄소 동위원소 조성을 가지게 된다. 이의 예외적인 경우는 중생대 동안 있었던 해양의 무산소 사건(ocean anoxic events : OAEs)의 경우가 있다. 중생대는 전 지구적으로 온난했던 시기로 이렇게 온난한 시기에는 해수의 층리화로 수직적인 혼합이 약화되고, 이로 인해 무산소 환경이 널리 퍼지게 된다. 이에 따라 흑색의 머드 퇴적물이 광범위한 해저에 쌓이게 된다. 이 경우에는 가벼운 동위원소를 가지는 유기 탄소의 대규모 매몰이 높아진 수온에 의하여 산소가 있는 곳에서 더 잘 일어나는 박테리아에 의한 유기물의 생분해로 탄소의 매몰을 줄이는 정도를 능가하게 된다. 이에 따라 유기 탄소가 퇴적물에 매몰되어 해수는 상대적으로 무거워진다.

반면에 전 지구적으로 기후가 추워지면 해수가 강한 난류 상태로 혼합이 일어나며 대륙연안에서 용승이 일어나 영양분의 공급이 늘어나면서 식물성 플랑크톤의 생산력이 증가하게 되고 이에 따라 낮은 동위원소 조성을 가지는 유기 탄소의 매몰이 촉진된다. 이렇게 유기 탄소가 해저의 퇴적물에 매몰되면 해수는 탄소 동위원소의 조성이 무거워지게 된다.

그런데 플라이스토세 동안에는 전 지구적인 해수의 탄소 동위원소 조성이 이상과 같은 해수의 수온과는 다른 양상을 띤다. 해수의 탄소 동위원소 조성은 빙하기가 절정에 달했을 때에는 약간 감소하였는데, 마지막 빙기의 최절정기 동안에는 해수의 조성이 오늘날에 비하여 0.32‰ 더 음의 값을 가진 것으로 알려지고 있다. 이와 같이 해수가 음의 값으로 바뀌는 데는 빙하기 동안 육지에 숲의 범위가 줄어들어 가벼운 동위원소를 가지는 육상의 유기 탄소가 상당량 바다로 유입되었기 때문으로 설명을 하고 있다. 여기에 또 주목할 것은 해양의 규조가 마이오세 동안 생태적으로 팽창을 한 것에 의하여 일어난 전 지구적인 탄소의 순환에 영향을 받았기 때문으로 설명을 할 수 있다. 규조는 다른 식물성 플랑크톤에 비하여 탄소의 동위원소 조성이 약 6‰ 정도 무거운 것으로 알려진다. 규조는 현재 해양에서의 일차 생산력의 약 40%를 차지하는 것으로 알려지고 있다. 전기 마이오세부터 규조가 번성을 하면서 이들이 해저 퇴적물에 매몰되면 이에 따라 해수는 상대적으로 탄소 동위원소 조성이 가벼워지게 되었고 이 해수로부터 침전하는 해양의 탄산칼슘의 조성도 역시 가벼워지게 되었다. 빙하기의 절정기에 도달하면 위도 간 온도 차가 커지기 때문에 바람의 세기가 강해지고 이에 따라 해수의 수직적 혼합이 활발해지고 대륙의 가장자리를 따라 용승도 역시 활발해진다. 이렇게 되면 규조의 일차 생산력이 급격히 높아지며 무거운 탄소를 해저 퇴적물에 가두어 두는 역할을 하여 해수의 탄소 동위원소 조성은 상당히 가벼워질 것이다.

이상의 시간 규모로 해수 표층수의 $\delta^{13}C$ 값의 대양 규모의 변화는 대양으로의 탄소 유입량과 환원 상태와 산화 상태의 저장소의 분배와 관련된 동위원소 분별작용의 장기간에 걸친 변화를 나타낸다. 이러한 변화는 대륙에서의 풍화작용, 전 세계적인 퇴적률, 생물의 일차 생산성, 유기 탄소의 매몰, 그리고 대양의 해수 순환에 의하여 달라지는데, 이러한 기작은 대기 중의 PCO_2를 조절하고 이에 따라 기후를 조절한다.

이상의 내용을 정리하면 해양 탄산염 $\delta^{13}C$의 값이 음의 값으로 감소한다는 것은 주요한 고해양학적인 변화가 있었거나 기후의 변화가 있을 때 일어난다. 즉, (1) 상대적인 해수면의 상승이 일어날 때 ^{13}C이 부족한 무산소의 해수가 천해의 탄산염 대지로 유입될 때, (2) 이와 함께 생물 군집의 규모가 줄어듦에 따라 유기 탄소의 매몰이 수반되어 날 때로 해석할 수 있다.

이와 반대로 $\delta^{13}C$ 값이 양의 값으로 증가하는 경우는 (1) 해수면의 높이가 낮아짐에 따라 최소 산소용존대가 줄어들고, 이에 따라 해수의 순환이 더 활발해지고, (2) 해수 표면에서의 생물의 생산성이 다시 증가를 한 경우에 나타난다.

(3) 황 동위원소 화학층서

황은 4개의 안정동위원소(^{32}S, ^{33}S, ^{34}S 및 ^{36}S)를 가지고 있다. 이중 ^{32}S는 약 95%, ^{34}S는 약 4.2%를 차지하여 이 두 동위원소가 가장 많이 존재한다. $^{34}S/^{32}S$ 값은 물질의 종류(해수 황산염, 퇴적 기원 황화광물, 빗물의 황산염)에 따라 다르다(그림 21.9). 이 값은 한정된 환경 내에서 시대에 따라 변화하였다. 해양으로 유입되는 황의 주된 공급원은 증발광물의 용해와 황철석의 산화작용에 의한 풍화작용이다. 반면 해양에서 황이 빠져나가는 작용은 증발암과 황철석의 생성과 매몰이다. 현생

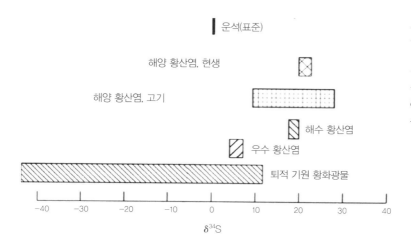

그림 21.9 황 동위원소의 표준인 Canyon Diablo 운석에 비교한 해양 황산염의 $\delta^{34}S$ 조성. 해수의 황산염, 우수의 황산염과 퇴적 기원 황화광물의 $\delta^{34}S$ 조성도를 비교하기 위하여 표시되어 있다.

그림 21.10　현생이언 동안 해양 증발암의 황 동위원소 곡선 (Holser et al., 1986). 곡선에서 점선으로 표시한 부분은 자료가 부족한 것을 나타내며, 수직의 점선은 현재 해양에서 생성되는 해양 증발암의 $\delta^{34}S$ 조성을 나타낸다.

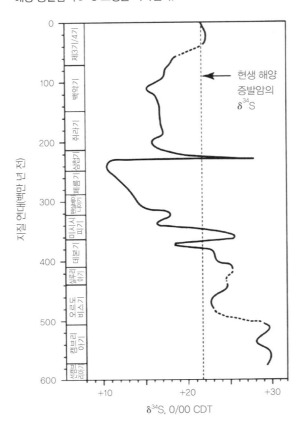

이언 동안 황철석의 매몰과 풍화작용이 해양으로 황의 유입과 유출에 주로 작용하여 왔으나, 백만 년 단위의 시간 규모로 일어나는 간헐적이지만 대규모로 일어나는 증발암의 생성과 용해가 해양의 황 순환에 큰 영향을 준 것으로 나타난다.

해수 표층수의 황 비율은 증발암에 기록되어 있으며, 최소한 선캠브리아기 후기부터 주요한 변화를 한 것으로 보인다(그림 21.10). 실제로 이러한 변화에는 $^{34}S/^{32}S$ 비율이 특징적으로 급격히 증가하는 추세로 최소 세 번의 주요한 변화가 있음이 밝혀졌다. 이 변화는 선캠브리아기 후기의 Yudomski 사건, 후기 데본기의 Souris 사건과 삼첩기의 전기에서 중기의 Röt 사건으로 되어 있다(Holser, 1977). 또한 낮아지는 황의 비율로 나타나는 두 번의 역전 사건이 기록되어 있다. 즉, 후기 페름기와 후기 고제3기(올리고세) 동안에 일어났다. 이러한 지질 사건들은, 그리고 일반적으로

황 곡선은 특히 증발암(황산칼슘) 퇴적물의 시간층서 대비에 좋은 방법을 제공한다. 이러한 황 비율의 변화에 대한 기작은 잘 알려지지 않고 있으나, 무거운 황의 절정은 ^{34}S가 풍부한 염수(brine)가 해수 표층수와 간헐적으로 혼합이 일어남에 따라 일어난다고 여겨지고 있다. 즉, 황 동위원소의 조성이 높았던 시기는 증발에 의하여 황산칼슘이 생성되고 남은 염수가 깊은 분지에 모여 있다가 이 염수의 아래에서 황산염이 박테리아에 의하여 환원이 되면서 ^{32}S가 선택적으로 황철석의 생성에 관여하게 되면 남아 있는 염수는 ^{34}S가 더 많아지게 되어 황산염의 황 동위원소 값이 더욱 무거워지게 된다. 조구조 작용으로 이러한 염수를 가지고 있던 퇴적 분지가 열리면서 무거운 염수가 표층수와 급격히 섞이게 되면 표층 해수의 황 동위원소의 조성이 갑자기 증가하게 되고, 이로부터 침전하는 황산칼슘의 황 동위원소 조성 역시 증가를 하게 된다. 이러한 급격한 변화가 있은 후 표층 해수의 황 동위원소의 조성이 점차 낮아지는 것은 황산칼슘이 침전하는 양보다 육지에서 주로 황화염 물질이 더 많은 양으로 침식이 일어나고 산화되어 바다로 유입되기 때문으로 해석된다.

이러한 황 동위원소의 변화 곡선은 급격히 일어나는 황 동위원소 조성의 변화가 매우 짧은 시간

에 걸쳐 일어나기 때문에 이러한 변화를 이용하여 황 동위원소의 조성으로 지질 시대를 알아볼 수 있는 기회를 제공한다. 즉, 개별적인 급격한 변화는 일종의 시간의 지시자로 작용을 하므로 이를 이용하여 해양의 증발암에서의 공간적인 시간 대비를 가능하게 한다.

21.1.2 스트론튬 층서

이 스트론튬 층서 방법은 해양에서 생성된 광물에 한해 적용한다. 현생 해양의 Sr 함량은 ~8 ppm 이며 Sr의 머무는 시간(residence time)은 240만 년이다. 이렇게 Sr이 해수에 머무는 시간이 전 세계 해양이 혼합이 일어나는 시간 규모($\simeq 1.5 \times 10^3$)보다 길기 때문에 전 세계 해양은 $^{87}Sr/^{86}Sr$의 비율이 균일할 것으로 여겨진다. 현재 해수의 $^{87}Sr/^{86}Sr$ 비는 0.70917이며, 이 비율은 주로 두 기원지에서 유입되는 Sr에 의하여 지배를 받는다. 그 하나는 맨틀 기원이고 다른 하나는 강 기원이다. 맨틀 기원은 해저면의 해양 지각을 이루는 현무암과 해수와의 사이에 열수작용에 의하여 공급되는 것으로 $^{87}Sr/^{86}Sr$ 비는 ~0.703으로 이 과정에서 해양 지각 암석으로부터 교대되어 해수로 공급되는 Sr의 양은 1×10^{12} g yr^{-1}로 추정된다. 반면 강을 통해 유입이 되는 Sr은 좀더 분화가 된 오래된 루비듐(Rb)이 많이 함유된 대륙 지각의 풍화작용으로부터 공급되는 것으로 방사성 Sr을 더 많이 함유하고 있으며, 전 세계 강들의 평균적인 $^{87}Sr/^{86}Sr$ 조성은 0.712이다. 그러나 대륙 지각으로부터 공급되는 $^{87}Sr/^{86}Sr$ 비는 강이 젊은 화산암 지대를 흐르느냐 혹은 오래된 화강암 순상지로부터 흘러 나오느냐에 따라 0703에서부터 0.730 또는 그 이상까지 넓은 범위를 나타낸다. 강을 통하여 해양으로 공급되는 Sr의 양은 대략 3×10^{12} g yr^{-1}로 추정된다. 이 밖에도 Sr은 탄산염암의 속성작용으로부터 유래되기도 한다. 이 기원의 Sr은 주로 퇴적될 당시 아라고나이트로 이루어진 탄산염이 매몰되면서 속성작용을 받아 저마그네슘 방해석의 탄산염으로 바뀌는 과정에서 약간의 Sr이 빠져나오게 된다. 오늘날 이 스트론튬의 $^{87}Sr/^{86}Sr$ 값은 약 0.708이며, 그 양은 약 0.3×10^{12} g yr^{-1}로 추정된다. 그러나 그 양은 위 두 기원에 비해 많지 않기 때문에 해수의 동위원소 조성에 큰 영향을 미치지는 않는다. 간단히 질량평형을 계산해 보면 해수 중의 Sr은 약 3/4이 강으로부터 공급되며, 나머지 1/4이 맨틀로부터 공급되어 오늘날 $^{87}Sr/^{86}Sr$ 비가 0.70917이 된다. 이렇게 볼 때 해수의 Sr 동위원소 조성은 조구조 작용의 활동으로 조절을 받는다는 것을 알 수 있다. 이는 대륙에서 풍화작용에 의하여 유입되는 Sr의 양과 해저 열수계의 활동 정도에 따라 해수의 Sr 동위원소 조성이 달라진다. 대륙에서 고기 암석의 침식이 증가하면 해양에서의 $^{87}Sr/^{86}Sr$ 비율이 증가하게 되고, 반면에 화산 활동이 증가하게 되면 이 비율이 낮아지게 된다. 따라서 해수의 $^{87}Sr/^{86}Sr$ 비율의 변동은 지구 전체로 볼 때 조구조 작용을 반영한다고 할 수 있다. 조산운동과 이에 따른 대륙의 침식 비율은 해양에서의 Sr 비율의 증가와 관련되어 있는 반면, 지판의 열개와 관련되어 있는 화산활동의 증가는 낮은 Sr 동위원소의 비율을 반영한다.

해수의 $^{87}Sr/^{86}Sr$의 값은 해수의 Sr 값이 잘 혼합되어 균일하게 분포하고 탄산염 퇴적물이 침전할 때 분별작용이 거의 무시된다면 변질을 받지 않는 해양의 탄산염암에 그대로 기록되어 있다. 즉, 해양에서 침전하는 방해석과 같은 광물의 스트론튬 $^{87}Sr/^{86}Sr$ 값은 이 광물의 구조 내에 해수에 용

그림 21.11 현생이언 동안 해수의 $^{87}Sr/^{86}Sr$ 변화(Veizer, 1989).

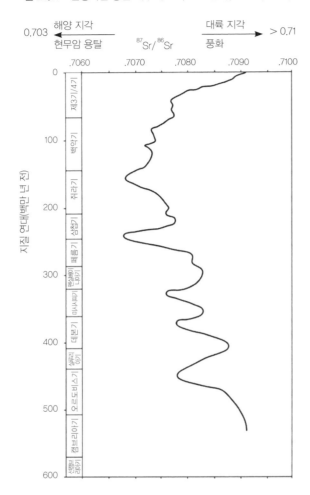

존되어 있는 스트론튬이 광물 침전 시 약간 들어가기 때문에 암석의 상대적인 생성 연대를 알려줄 수 있다. 한 시기의 전 해양 스트론튬 동위원소 조성은 동일하나 시간에 따라 각 스트론튬 기원의 상대적인 중요성이 달라졌기 때문에 해수의 스트론튬 동위원소 조성은 지질 시대에 따라 다르게 변화를 하였다(그림 21.11). 이에 따라 지질 시대를 달리하여 침전한 광물에는 서로 다른 $^{87}Sr/^{86}Sr$ 비를 가지는 스트론튬을 가지게 된다. 따라서 지질 시대가 알려지지 않은 퇴적물의 침전물에서 $^{87}Sr/^{86}Sr$ 비를 측정하여 그림 21.11과 같이 잘 알려진 동위원소 곡선에 비교하여 암석의 생성 연령을 알아낼 수 있다. 만약 이 동위원소 곡선에서 정확한 지질 시대를 알아낼 수 있다면, 우리는 퇴적물의 정확한 지질 시대를 구할 수 있다. 그렇지만, 그림 21.11에서 보듯이 어떤 $^{87}Sr/^{86}Sr$ 값들은 여러 지질 시대에서 동일하게 나타나는 것을 알 수 있다. 예를 들면, 어떤 암석이 0.70700이라는

$^{87}Sr/^{86}Sr$ 값을 가진다면, 네 번의 지질 시대, 쥐라기의 중기와 말기, 그리고 페름기 동안 두 번에서 이 값을 찾을 수 있다. 스트론튬 동위원소 층서법은 이러한 문제점을 가지고 있지만 이러한 지질 시대의 불확실성은 그리 큰 문제가 되지는 않는다. 왜냐하면 여러 지질 시대에 해당하는 것 중에서 이들을 구분할 수 있는 다른 방법, 즉 암석의 종류, 화석이나 지자기의 기록 등을 통하여 알아볼 수가 있기 때문이다. 이보다 더 문제가 되는 것은 어느 지질 시대에서는 이 $^{87}Sr/^{86}Sr$ 값들이 시간에 따라 별로 변화가 없을 때이다. 이러한 지질 시대에 쌓인 암석에 대하여는 스트론튬 동위원소 층서법을 사용할 수가 없다.

현재 해수의 $^{87}Sr/^{86}Sr$의 비는 0.70917로서 상당히 높은 값을 가지고 있다. 신제3기(Neogene) 동안 해수의 $^{87}Sr/^{86}Sr$ 값이 단순하게 지속적으로 상승하는 곡선을 나타내는데, 해수의 $^{87}Sr/^{86}Sr$ 값의 상승률은 0.00004/m.y.를 가지고 있다. 후기 신생대 동안 해수의 $^{87}Sr/^{86}Sr$ 값이 이렇게 증가하고 있는 것은 유라시아 대륙과 인도 대륙이 약 5000만 년 전부터 충돌하여 오늘날까지 이르는 동안

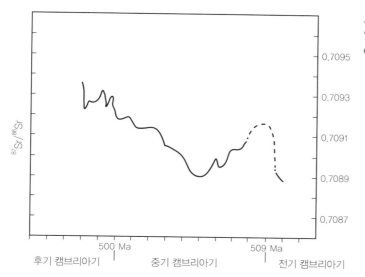

그림 21.12 캠브리아기(> 520 Ma) 동안 해수의 $^{87}Sr/^{86}Sr$ 변화 곡선(Montañez et al., 2000).

히말라야 산맥과 티벳고원의 융기에 따라 일어난 침식률, 기후와 대륙에서의 풍화에 지속적인 영향을 준 결과로 해석된다. 이와 비슷한 해수의 상승 기록이 캠브리아기 동안에도 일어났는데(그림 21.12), 캠브리아기의 기록도 Pan-African-Brasiliano 조산운동 동안 일어난 융기작용과 이에 따라 활발히 일어난 풍화작용의 결과로 해양으로 방사성의 ^{87}Sr의 유입이 증가되었기 때문이다. 조산운동이 일어나 융기가 일어나면, 지하 깊은 곳에 있는 심하게 변성작용을 받은 조산대가 노출되고 침식작용을 받는다. 이렇게 되면 고변성작용을 받은 강괴의 암석들이 풍화작용을 받아 유출되는 Sr은 평균적인 대륙 지각 구성 암석으로부터 유출되는 Sr보다는 더 방사성을 띠게 된다. 따라서 하천수의 $^{87}Sr/^{86}Sr$의 값은 빠르게 증가를 한다. 반면, 해수의 $^{87}Sr/^{86}Sr$가 감소하는 것은 이상의 조산운동으로부터 방사성의 Sr 공급이 감소함에 따라 일어나는데, 이러한 경우는 대륙이 열개(rigting)가 일어나고 이에 수반한 염기성에서 알칼리성 화성활동이 있을 때이다. 즉, 맨틀로부터 유래한 젊은 염기성 암석의 풍화로 인해 유출되는 Sr과 해수에 잠겨 있는 열개대의 축을 따라 분포한 중앙해령 지대의 현무암과 해수의 열수 반응으로 유출되는 Sr이 더해지기 때문이다. 즉, 해수의 $^{87}Sr/^{86}Sr$ 값의 감소는 폭넓게 발달한 열개작용이 일어난 지질 사건에 관련되어 있다. 이렇게 볼 때 해수의 $^{87}Sr/^{86}Sr$ 값이 상승하는 시기는 전 세계적으로 조산운동이 활발히 일어나는 시기를, $^{87}Sr/^{86}Sr$의 값이 감소하는 시기는 활발히 열개가 일어나는 시기로 해석할 수 있다.

전 세계 어느 해양이든 동일한 $^{87}Sr/^{86}Sr$ 값을 가진다는 것은 전 세계 어느 해양에서 어느 곳에서 쌓인 퇴적물들도 동일한 $^{87}Sr/^{86}Sr$ 값을 가진다는 것을 가리킨다. 따라서 어느 특정한 $^{87}Sr/^{86}Sr$ 값은 전 세계 어느 곳에든지 어느 시점에서 생성되었다는 것인지를 가리키게 된다(그림 21.11). 물론 여기서의 시간 단위는 아마도 백만 년 단위로 이야기할 수 있다. 이를 이용하여 서로 떨어져 있는 지층 단면의 층서를 서로 대비시킬 수 있다(그림 21.13). 스트론튬 동위원소를 이용하여 지층을 서로 대비한다는 것은 시간대를 따라 대비하는 것으로 이는 시간층서를 지시한다고 할 수 있다. 물론 생층서학자들이 대비에 이용하는 화석의 산출과 멸종도 어느 곳에서나 동시에 일어난다고 가정을

그림 21.13 $^{87}Sr/^{86}Sr$ 비를 이용한 층서 대비(McArthur et al., 2012). 서로 떨어져 있는 지층 단면에서 분석한 $^{87}Sr/^{86}Sr$ 비의 층서 변화를 이용하여 지층 단면을 서로 대비시킬 수 있다.

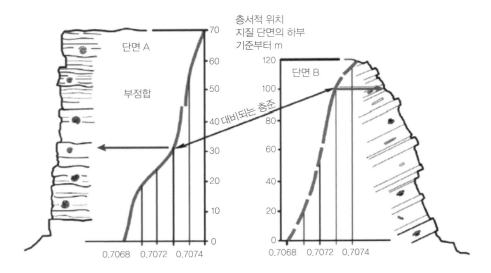

하지만 이 가정은 실제로 증명을 할 수가 없으며, 여러 경우에서 볼 때 맞지 않는 것으로 나타나기도 한다. 생층서의 방법은 이런 점에서 볼 때 완전한 시간 면을 따른 대비의 방법으로는 볼 수 없기 때문에 엄격한 시간층서의 방법이 될 수는 없다. 이렇게 볼 때 스트론튬 동위원소 층서법은 생층서 방법보다는 더 정확한 것이라고 말할 수 있다.

21.1.3 지자기층서

지자기층서(magnetostratigraphy)란 암석단위의 지자기 특성과 관련된 층서학의 한 분야이다. 이 정의에 의하면 지자기층서란 암석의 일부 또는 모든 지자기 특성을 모두 포함한다. 일반적으로 지자기층서의 주 관심은 암석의 잔류자기의 인지(recognition), 해석과 대비가 된다.

지구 전체의 자기장은 쌍극(dipole)자기장과 비쌍극(non-dipole)자기장 두 가지 중요한 요소로 이루어져 있다. 쌍극자기장은 지구에 거대한 막대 자석이 들어있는 것과 같은 형태의 자기장을 가리키고, 실제 관측된 지구 자기장과 쌍극자기장과의 차이를 비쌍극자기장이라고 한다. 물론 이 두 가지는 이의 성인이 맨틀 하부에서 기원하지만 아직 이들이 어떻게 생성되고 이들이 어떠한 것을 나타내는지는 해결이 안 되어 있다. 지자기의 어떤 것은 일반적으로 대류현상에 의하여 야기되는 핵의 유체운동이 자기장을 일으키는 발전기 작용을 일으킨다고 알려지고 있다. 현재 지구의 쌍극자기장은 지구를 중심으로 하고 있으면서 회전축은 약 11° 정도 기울어져 있다. 이 상태는 비록 시간에 따라 약 수십도 정도 왔다 갔다 하지만 약 지난 2세기 동안 거의 정지 상태로 있다. 비쌍극자기장은 지구의 주 자기장의 평균 5% 정도 차지하지만 지리적인 위치에 따라 0에서 1/3 정도까지 나타난다. 비쌍극자기장은 매년 경도를 따라 0.2~0.3° 비율로 서쪽으로 움직이고 있다.

화산암은 식어지고 고화되는 동안 자성의 물질이 주위의 자기장에 따라 배열을 하게 되어 아주 강한 잔류 자기화작용을 나타낸다. 이러한 잔류자기화를 열잔류 자기(thermoremnant magnetism :

TRM)라고 한다. 화성암도 주위의 자기장에 따라 화산암과 같은 과정을 거치며 잔류자기를 갖게 된다. 그러나 화성암의 자기화는 결정화 작용이 일어난 후에 형성되는데, 이 시기는 흑운모에 K-Ar 시계가 기록되기 이전이다. 철 성분과 자력을 띠는 물질의 입자를 함유하는 세립질 퇴적물에서는 퇴적이 일어나는 동안 입자가 지구 자기장에 의하여 배열을 하게 된다. 이를 **퇴적 입자 잔류 자화작용**(detrital or depositional remanent magnetization : DRM)이라고 한다. 암석 표품의 이차 자화작용은 풍화작용, 이차 광물화작용, 혹은 번개에 맞았을 때에도 일어난다. 이차 자화작용은 **점성 잔류자화작용**(viscous remanent magnetization : VRM)이라고 하며, DRM을 약화시키거나 지워버리기도 한다. 이러한 이차 자화작용은 교대로 자기장을 탈자기화시키거나 열을 가하여 탈자기화시키는 방법을 통하여 걸러내 일차적인 자기화작용만을 찾아내게 된다.

많은 암석은 잔류자기의 특성을 보이고 있다. 즉, 자성을 띠는 철의 산화광물이 퇴적물에 쌓이는 동안이나 화성암이 용융 상태로부터 식어지고 굳어짐에 따라 그 당시의 지구 자기장에 따라 배열을 하게 된다. 지구 자기장이 바뀐다는 연구 결과가 1900년대 초에 알려졌지만 오늘날과 같은 지자기층서가 발달하게 된 것은 1960년대 초반에 이루어졌다.

관례대로 지구 자기장의 극성은 현재처럼 자기장이 북극을 향하고 있으면 정상 자기장을 이루고 있다고 한다. 즉, 이때에는 표준 자석이나 컴퍼스의 바늘이 북극을 향하거나 가리킬 때를 이른다. 그리고 방위각(inclination)은 자기장이 기울어지는 정도를 나타내며, 이는 남극으로부터 나온 자력선이 북쪽으로 이동하며 북극으로 들어간다는 것을 상상하면 된다(그림 21.14). 북반구에서는 아래쪽(지구의 표면쪽)으로 향하고 있으며, 남반구에서는 위쪽을 향하고 있다. 극성이 바뀌게 되면 자기장은 남쪽을 가리키며, 어느 지점에서 방위각은 180°로 바뀐다.

지자기의 극성(polarity) 역전이 갖는 중요한 의미는 이론적으로 볼 때, 이 지자기의 역전이 지구 전체로 볼 때 동시에 일어난다는 점으로, 따라서 시간층서의 대비에 아주 이상적이라는 것이다. 물론, 지자기 층서의 단점은 암석 내에 기록되어 있는 어느 특정한 지자기 기록은 그 자체로서만 유일하지가 않다는 것이다. 즉, 지구의 역사에서 보면 여러 번의 정 극성(normal polarity)과 또 마찬가지로 여러 번의 역 극성(reverse polarity)이 있었다. 극성 특성을 유일하게 밝혀내고, 이를 바탕으로 암석 기록을 대비시키는 유일한 방법은 극성 구간의 길이의 비를 이용하는 것으로 이를 통해 다

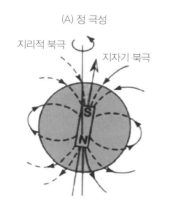

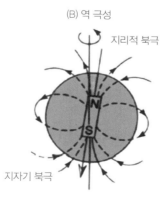

그림 21.14 지구 자기장이 (A) 정 극성을 띨 때와 (B) 역 극성을 띨 때의 모식도.

그림 21.15 해양 지각 위에 쌓인 퇴적물의 생층서 연대를 이용하여 특정한 해양 지자기 이상의 지질 시대를 결정하는 원리를 나타낸 모식도(Hailwood, 1989).

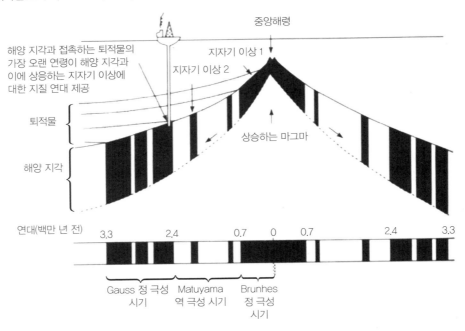

른 지역의 비슷한 기록과 비교를 하여 맞춰보거나 지구 전체의 종합 기준표에 맞춰 비교해 보는 것이다. 지자기 극성의 역전 기록이 층서 대비의 도구가 되기 위해서는 우선 지구 전체의 자기장 극성 기준을 이용한다. 지구 자기장의 극성 기준은 중앙해령 지대에서 새로운 지각이 생성되고 이 지각이 해저의 확장에 따라 해령으로부터 운반되어 멀어짐에 따라 해저에 생성된 해양 지자기 이상을 바탕으로 만들어진 것이다(그림 21.15). 연구하는 지질 단면의 자세한 지자기 기록이 조사되어야 하며, 충분히 긴 지질 단면에서의 기록이 지구 전체의 극성 시간 기준과 잘 맞추어지는지를 찾아내야 한다. 현재까지 지자기 극성 역전의 자세한 역사는 현재 해저에 남아 있는 가장 오래된 해양 지각의 연대인 쥐라기 말(1억 6000~1억 7000만 년 전)에서부터 현세까지 잘 정립되어 있다(그림 21.16). 이보다 더 오래된 지층에 대한 고지자기 특성은 육지에 노출된 암석으로부터 얻어지고 있으나 이보다 젊은 지층에 대한 기록보다는 정확성이 낮으므로 좀더 많은 연구가 이루어져야 한다.

연구하는 지질 단면의 정상 극성 지자기와 역전된 극성 지자기 기록의 상대적인 길이를 결정하기 위하여 이를 전 세계 기록과 비교하려면 지질 단면에서의 퇴적물의 평균 퇴적률에 대한 가정이 필요하다. 또한 감지가 되든 안 되든 간에 부정합의 존재는 지자기 층서 대비를 어렵게 한다. 보통 고생물 자료, 지층의 누중 자료나 구조적인 자료가 지자기 자료를 가지고 조사하는 지질 단면의 지질 시대를 한정시키는 데 이용되고 있다.

그러나 자기현상을 기록하고 있는 모든 암석은 정상이나 혹은 역전의 둘 중 하나의 자기장 극성 기록을 가지고 있다고 꼭 단정할 수는 없다. 암석은 지자기장이 한 극성에서 다른 극성으로 역전해 가는 과정 동안의 점이지대에서 생성되었다면 중간 정도의 극성을 보이게 된다. 또 다른 문제는 고

그림 21.16 후기 중생대–신생대 동안의 지자기 극성 시기 기준표(Ogg, 1995). 정 극성 구간은 검은 색, 역 극성 구간은 백색으로 표시되어 있다.

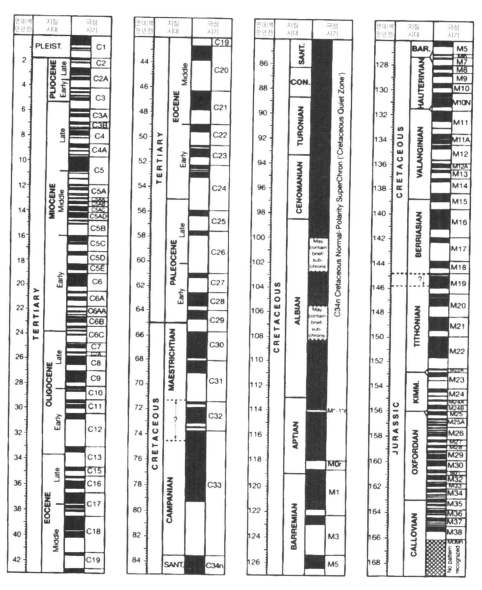

지자기의 쌍극자기장이 지구 표면에서 강괴(craton)와 같은 지각 물질에 비해 안정하게 남아 있지 않으면 문제가 발생한다. 이러한 문제는 원생대와 전기 고생대 동안에는 중요한 문제점으로 부각된다. 즉, 고지자기의 북극이 고생대 동안 적도를 가로질렀음이 밝혀지므로 약간의 전기 고생대나 더 오래된 암석에서는 어느 쪽이 북극이고 어느 쪽이 남극 방향인지가 명확하지가 않다. 따라서 극성은 각 지각판의 '**겉보기 극 이동**(apparent polar wander : APW)'을 기준으로 결정되어야 한다. 만약 암석 단위의 자력화 방향이 현재의 북극에서 끝나는 겉보기 극 이동의 경로상에 놓이는 고지자기 극을 가리키면(즉, 북극을 가리키면) 그 암석 단위는 정상적인 극성을 가지고 있다고 한다. 만약 극성이 이로부터 180° 방향으로 향하고 있으면 역전 극성을 가지고 있다고 한다. 그러나 과거에서 부터 현재까지 추적되는 겉보기 극 이동의 경로를 정확히 재현하는 데에는 아직 불가능한 경우가 있다.

21.1.4 지질사건 층서

지층의 대비에 암석학적인 특징이나 화석 등과 같은 암석의 본질적인 특성보다는 유추되는 지질사건을 이용하는 것을 지질사건 층서(event stratigraphy)라고 한다. 이 정의에 의하면 통상적인 시간 층서 대비법은 지질사건 층서의 범주에 속한다. 예를 들면, 특정한 화석 종류가 가장 많이 나타나는 것은 어떠한 암석의 생물학적인 본질적인 특징으로 이용될 수 있어 생물층서 대비에 이용되기도 한다. 그러나 이러한 현상이 어떠한 생물종의 멸종을 나타내는 것으로 해석되거나 유추되면 그리고 생물종의 멸종이 어떤 지역 전반에 걸쳐 다소 동시적인 사건이었다고 가정된다면 어느 한 지질 단면에서 이 생물 종의 가장 많은 산출은 그 생물종의 멸종에 대한 지질사건을 특징짓는 것으로 여겨질 수 있다. 특정 생물종의 멸종과 같은 유추되는 지질사건을 기준으로 정립된 대비는 지질사건 층서로 여겨질 수 있다. 마찬가지로, 암석의 대비가 벤토나이트의 성인에 대한 해석이 없이도 벤토나이트 층을 기준으로 하여 이루어질 수 있다. 그러나 벤토나이트 층이 지질 시간으로 보아 짧은 시간에 일어난 화산활동으로 인해 쌓인 것이라면 벤토나이트 층을 가지고 대비가 이루어진 것은 지질사건 층서의 방법을 통해 이루어진 시간층서 대비라고 여겨진다.

많은 지질학자들은 지질사건 층서란 용어를 화산 분출, 지진, 홍수, 폭풍, 저탁류, 기후 변동, 해수면 변동, 운석 충돌 등의 층서 상에서 볼 때 비교적 드물게 일어나는 지질사건의 연구에 적용하고 있다.

Seilacher(1984)는 개별적인 층의 분석에 연구의 중심이 있게 되면 이를 지질사건(stratinomy)이라 칭하고 보다 광범위한 의미의 지질사건 층서라는 용어는 규모에 관계없이 발생하는 드문 지질사건의 연구에 적용시키자고 제안하였다. 특별히 폭풍 퇴적물이 지질사건 층서를 연구하는 사람에게 많은 관심이 집중되어 있다.

층서 기록상에서 알려진 가장 작은 규모의 지질사건의 하나로 빙하 호수나 유기물이 풍부한 셰일과 탄산염암에 나타나는 일 년 단위의 호상점토가 있다. 일 년 단위의 호상점토와 아마도 10년 내지 20년의 주기를 가지고 형성되는 폭풍의 퇴적층은 개별적인 퇴적 분지 내에서 가장 세밀한 시간층서 대비를 가능하게 한다. 그러나 짧은 기간 동안 형성된 폭풍의 퇴적물 같은 퇴적물 기록을 해석하는 데는 항상 주의를 기울여야 한다. 폭풍의 퇴적층을 닮은 약간의 패각층은 아주 장시간 동안에 걸쳐 형성된다고 지적되기도 한다. 또는 훨씬 큰 규모로 볼 때 수천 년의 주기로 나타나는 주기적인 지질사건도 지질사건 층서에 이용된다.

많은 중생대의 해양 퇴적물 기록에는 저서 생물의 화석이 나타나지 않는 엽층리를 이룬 유기물이 풍부한 셰일과 층리가 없으며 저서 생물군이 나타나는 생교란작용을 받은 이암이 주기적으로 반복되어 나타나고 있다. 이러한 기록은 저층수의 산소 함유 정도가 주기적으로 바뀌었다는 것을 의미한다. 이러한 경향은 수천 km²에 걸쳐 추적이 가능하다. 각각의 주기적 반복 단위의 두께는 보통 수십 cm에서 m에 이르며, 이러한 주기적 변화가 매년 일어나는 변화라면 해저면의 주기적 반복은 만 년에서 10만 년 정도의 시간적인 변화를 가리킨다. 아마도 이러한 시간적인 변화를 Milankovich 형태의 기후 변화가 작용하였다는 것을 시사한다.

백악기 말에 운석의 충돌과 같은 아마도 지구 전체에 걸쳐 발생한 재앙은 지질사건 층서의 최종적인 자료가 된다. 그러나 이러한 사건은 직접적인 증거에 의한다기보다는 더 추론에 의존하기 때문에 비판을 받기도 한다. 이와 유사하게 예견되는 지구 전체의 해수면 변동, 대 부정합, 그리고 조산운동의 주기 등은 지질사건 층서에 유용하게 이용되었으며, 이의 이용도 계속될 것이다. 이와 같은 지질 대비는 그 규모가 너무 크기 때문에 이에 따라 부정확하기도 하며, 이와 같은 현상도 화석과 같은 별도의 증거로 인해 확인되지 않으면 역시 비평을 받을 수 있다.

지질사건 층서에 자주 이용되는 퇴적물의 종류와 그 특성에 대하여 좀더 살펴보기로 하자.

(1) 폭풍 퇴적물(storm deposits, 이를 tempestite라고 함)

퇴적작용의 매체로서 폭풍의 역할은 천해의 퇴적물 기록에서 많이 관찰된다. 그러나 폭풍에 의한 퇴적물의 운반 과정, 특히 폭풍류의 동력학과 이에 따른 퇴적 구조(예 : 소구 사층리)에 대하여는 많은 논란이 되어 왔다.

현생 대륙붕에서의 관찰에 의하면 큰 규모의 폭풍이 있는 동안 공간적으로 그리고 수심에 따른 뚜렷한 물의 흐름대가 있음이 밝혀졌다. 폭풍이 있게 되면 육지 쪽으로 불어오는 바람은 해수의 표면류를 생성시키며, 이 표면류는 지구의 자전으로 인하여 북반구에서는 바람이 부는 방향의 오른쪽으로 휘어지게 된다. 이를 표면 경계층(surface boundary layer)이라고 한다. 여기서 바람 방향으로부터 표면류의 평균 휘어짐은 약 45°가 되는 것으로 나타나며, 이에 따른 해수는 해안 쪽에 높은 **폭풍해일**(storm surge)을 만든다. 이렇게 폭풍해일이 일어나면, 해수면이 대륙붕과의 높이에 따른 압력 차이를 일으켜 바닥을 따라 대륙붕 쪽으로 점차 가속도를 가지며 흐르는 저층류를 생성시킨다. 여기서, 이 저층류도 역시 코리올리 힘에 의해 점차 오른쪽으로 그 흐름이 휘어지게 되며, 결국 해안에 평행한 **지균류**(geostrophic flow)까지 형성한다. 이러한 지균류는 폭풍의 중심지로부터 수백 km까지 흐르기도 한다. 해저면 가까이에서는 지균류가 바닥과의 마찰로 인하여 저항을 받으며 외해 쪽으로 흐르게 된다. 이를 저면 경계층(bottom boundary layer)이라고 한다.

천해의 해안전면 환경에서는 압력구배(pressure gradient)와 바닥면의 마찰이 폭풍류의 방향을 지배하는 데 중요하게 작용을 하여 대체로 해안에 수직 방향의 마찰력이 주로 작용한 폭풍류가 생성된다. 이러한 마찰력이 주로 작용하는 지대의 범위는 폭풍의 규모에 따라 달라지는데 큰 규모의 폭풍이 있게 되면 이 지대는 외해 쪽으로 확장된다.

이렇게 폭풍에 의해 형성된 큰 주기의 파도는 주기성 해류(oscillatory current)를 생성하는데, 이 해류는 압력에 의한 일방향성의 저면류와 간섭현상을 일으켜 복잡한 **혼합류**(combined flow)를 생성하는데, 이때 이 혼합류의 특성은 각각 유수의 상대적 강도에 따라 다양하게 나타난다. 따라서 고기의 암석기록에 나타난 혼합류에 의하여 형성된 고수류 방향은 복잡할 것으로 여겨지며 지균류와 마찰력이 주로 작용하는 해류의 증거를 서로 구별하여야 한다.

이상과 같은 현상에서 관찰된 폭풍류의 모델은 고기의 기록에 적용하는 데 문제점이 제기되었다. Leckie와 Krystnik(1989)는 지층의 기록에 나타난 폭풍류를 대개가 해안선과는 고각의 외해 쪽으로 흐른 방향을 지시한다고 하였다. 지균류가 나타날 수 있는 지역의 대륙붕에서 해안에 수직인 방향의 고수류 자료는 아마도 예외적으로 큰 최대 파랑의 주기성 해류(peak-wave oscillatory current), 대륙붕의 저탁류, 하천으로 유입되는 밀도저층류에 의한 것으로 치우쳐진 자료에 의할 수도 있다고 여겼다. 또는 이러한 자료는 지균류의 기록이 나타나지 않는 머드질의 해퇴성 대륙붕에서 마찰력이 주로 작용한 해수의 흐름에서만 자료가 수집되었을 가능성도 제시되었다.

해침이 일어날 때와 해퇴가 일어날 때의 폭풍류에 의한 고수류의 기록이 다르게 나타난다고도 제안되었다. 해침이 일어나는 경우는 퇴적물이 쌓일 수 있는 공간이 점차 증가를 한다. 이렇게 되면 수심이 충분히 깊어져 지균류가 존재할 수 있게 된다. 반면에 해퇴가 일어나는 경우에는 퇴적물이 쌓일 수 있는 공간이 점차 제한을 받는다. 이는 탄산염 환경일 경우에 쌓일 수 있는 공간이 생성되는 비율만큼 탄산염 퇴적물의 생성 비율이 비슷해지기 때문이다. 이에 따라 수심이 낮아지게 되고 바닥에서의 마찰이 중요하게 작용하여 폭풍류의 흐름은 침식을 일으키며 해안선에 수직인 방향으로 흐르게 된다. 이렇게 볼 때, 고기의 암석 기록에서 지균류의 지시자는 퇴적물이 쌓일 수 있는 공간이 제한되지 않고 모래 크기의 입자들이 유수의 흐름에 노출되어 있는 해침이 일어나는 퇴적 조건에서 보존되어 있을 확률이 높아진다. Snedden과 Swift(1991)에 의하면 지균류가 일어날 수 있는 대륙붕 지역에서의 해퇴를 하는 해안선 퇴적물은 대체로 머드로 이루어지기 때문에 이 지균류의 지시자는 별로 나타나지 않는다고 하였다. 또한 해침 시에 쌓인 퇴적물은 양적으로 보아 많지 않기 때문에 이에 의해 나타나는 지균류의 지시자는 적을 수밖에 없다. 해침 시와 해퇴 시의 지균류와 일방향성 물의 흐름의 변화는 후기 페름기 탄산염 지층을 연구한 결과에 잘 나타나 있다(McKie, 1994). 이 탄산염 퇴적물은 폭풍이 많이 일어났던 탄산염 대지 위에 쌓인 퇴적물로 해침과 해퇴의 작용으로 쌓였는데, 해침이 일어나는 동안은 퇴적물이 쌓일 수 있는 공간이 늘어남에 따라 퇴적물은 해안선에 수직인 방향으로 작용하는 주기성 파도 해류와 전반적으로 해안선에 평행하게 흐르는 지균류가 혼합되어 쌓였음을 밝혔다. 지균류는 폭풍이 최고조에 달했을 때 가장 강하게 나타났으며, 이는 해안선 방향에 평행하게 나타나는 소규모로 패인 침식면(gutter cast) 방향에 기록되어 있다. 폭풍의 세기가 점차 약해졌을 때와 폭풍이 지난 후에 퇴적물은 주로 주기성 해류에 의해 쌓여서 대칭의 소구 사층리를 형성하였다.

고기의 기록에서 지균류의 증거가 나타나지 않는 것은 고수류의 지시자가 해침 시 얇게 쌓인 모래 크기의 퇴적물에만 존재하는 반면, 양적으로 주가 되는 해퇴 시의 퇴적물에는 고수류 자료가 마찰력이 주가 되는 퇴적상에 대부분 기록되기 때문이다.

(2) 쓰나미 퇴적층

해저에서 지진이나 사면의 붕괴가 일어날 경우 매우 큰 파도를 일으킨다. 이를 **쓰나미**(tsunami, 지진해일)라고 하는데, 이 쓰나미에 의하여 해안선 전이 환경에 침식작용과 퇴적작용이 일어난다.

2004년에 인도양에서 발생한 큰 지진에 의하여 인도양 주변의 해안선 환경이 많은 피해를 입었다. 인도네시아의 수마트라섬에서는 해안선에서 1.4 km의 내륙까지 쓰나미에 의하여 쌓인 모래질 퇴적물이 쌓였다. 또한 2011년 일본 북동부 도호쿠 지방 태평양 해역에서 일어난 지진으로 쓰나미가 발생하여 해안가에 있던 원자력발전소를 위시한 넓은 지역에 많은 피해가 발생하였다. 쓰나미에 의해 쌓인 퇴적층인 **쓰나미 퇴적층**(tsunamite)은 해저에서 일어난 지진의 기록을 보존하고 있으므로 이를 이용하여 고기지진의 발생 강도와 발생 진도를 살펴볼 수 있다. 쓰나미에 의한 퇴적작용은 지진이 발생한 시각으로부터 매우 짧은 시간 동안에만 발생을 하여 일어나는데, 주로 염습지에 이들의 기록이 보존되어 있다.

쓰나미 퇴적층의 특징은 (1) 괴상, (2) 정상적인 점이층리를 이룬 퇴적체를 나타내며, (3) 특징적으로 밑짐(bed-load)으로 운반되어 만들어지는 퇴적물의 기록이 없다는 점이다. 이는 퇴적물들이 정상적인 상태의 파도의 작용에 의하여 해안가로 운반되지 않고, 최대 4~5 m에 이르는 파고에 이르는 쓰나미에 의하여 퇴적물들이 일시적으로 한꺼번에 운반되었다가 쓰나미가 소멸되면서 퇴적물들이 부유 상태로부터 짧은 시간에 가라앉아 퇴적되기 때문이다. 쓰나미 퇴적체는 퇴적물의 기원이 외해로부터 육지 쪽으로 공급되기 때문에 내륙으로 가면서 그 두께가 감소한다. 인도네시아의 수마트라를 비롯한 여러 섬들에는 인도양에서 발생한 쓰나미로부터 퇴적된 쓰나미 퇴적층이 인도양을 접하고 있는 해안선에 기록되어 있다. 이 지역을 연구한 Monecke 등(2008)은 수마트라섬 북서부의 아세(Aceh) 지역 해안선 습지에서 2004년에 발생한 쓰나미에 의한 퇴적물 이외에도 이전에 쓰나미에 의해 쌓인 지난 1000년간의 쓰나미 퇴적층의 발달을 보고하였다. 이들은 이 지역에 AD 1290~1400년과 AD 780~790년에도 큰 쓰나미 퇴적층이 있었으며, 이보다는 규모가 작은 AD 1907년의 쓰나미 모래 퇴적층도 있음을 보고하였다.

(3) 지진변형층

지진이 특히 육상에서 일어나게 되면 기존에 쌓였던 미고화된 퇴적층들이 변형을 받는다. 이렇게 지진에 의하여 변형을 받은 퇴적층을 지진변형층(seismite)이라고 한다(그림 5.45 참조). 이전에는 퇴적층이 아직 고화되지 않아 변형을 받은 퇴적층에 대하여 지진에 의하여 형성되었을 것이라는 지식이 없었기에 그냥 퇴적 동시성 미고결 퇴적물 변형층으로 기술을 하며 그 해석에 대하여는 다양한 의견이 제시되었다. 점차 자연재해에 대한 인식이 제고되면서 지진이 일어났을 경우 발생한 퇴적물의 액화작용(liquefaction)에 대한 연구가 많이 이루어져 이를 바탕으로 지진에 의하여 변형된 퇴적층에 대한 해석이 적용되기 시작하였다. 지진변형층은 정의 그대로 지진에 의하여 퇴적층이 변형을 받은 것이므로 이들은 일어난 지진활동을 나타내는 좋은 지시자이다. 지진변형층을 일으키는 주된 작용은 액화작용으로, 이는 일시적으로 입자상의 퇴적물이 고체상에서 액상으로 변형을 일으키는 것이다. 이러한 액화작용은 퇴적물 사이에 들어있는 공극수의 공극 압력이 증가하고 이에 따라 퇴적물간에 지지를 하고 있는 마찰력의 감소에 의하여 일어난다. 이렇게 되면 퇴적물 입자에 의한 유효한 무게에 의한 압력보다 공극수의 유동에 의한 압력이 크기 때문에 이에 따른 퇴적물의 이동이 일어나게 된다. 이러한 퇴적물의 액화 현상은 지진이 일어날 경우 지반이 흔들려서 일어나는 것으로 알려지고 있다. 모래질 퇴적물일 경우 액화 현상을 일으키는 지진의 최소한 규모는 M = 5.5 정도인 것으로 알려지고 있다(Obermeier, 1996). 그러나 대부분의 지진변형층은 진도 규모가 약 6.6 이상일 경우에 흔하게 발생하는 것으로 알려진다(Obermeier et al., 2005). 또한 이 정도 규모의 지진이 발생할 경우 지진이 일어나는 구조선을 따라 약 15 km 범위 내에서 이러한 지진변형 구조가 생성되는 것으로 알려진다.

　지반공학적으로 지진에 의한 진동으로 퇴적물의 변형이 일어나는 경우는 모래질 퇴적물이 입자가 더 작은 세립질의 퇴적층 위에 쌓여있을 때 이 모래질 퇴적물에 더 흔하게 관찰된다. 이상과 같은 지진에 의하여 변형을 받은 퇴적층은 지진이 아닌 다른 지질 사건들, 즉 폭풍이나 중력에 의한 퇴적물의 재이동에 의하여도 비슷한 변형 구조가 형성될 수 있으므로 이에 대하여 해석에 주의를 요한다. 이러한 문제점은 여러 연구자에 의하여 지적이 되어왔으니(Sims, 1975; Obermeier, 1996; Bowman et al., 2004; Obermeier et al., 2005; Moretti and Sabato, 2007; Fortuin and Dabrio, 2008) 이 문헌들을 참고하기 바란다.

22

분지 해석

이 장에서는 이 책의 앞부분에서 살펴본 퇴적물(암)의 개별적인 특성과 퇴적 환경 및 층서에 대한 정보를 바탕으로 퇴적물이 쌓이는 퇴적 분지의 큰 그림을 그려보려고 한다. 퇴적물을 연구하다 보면 자주 부딪치는 질문인 퇴적물(암)의 시·공간적인 변화는 왜 일어나는가? 퇴적물이 쌓이는 퇴적 분지는 어떻게 생성이 되는가? 퇴적 분지는 어떻게 진화를 하는가? 등의 거시적인 질문에 대하여 해답을 찾기 위해 접근해 보기로 하자.

우선 여기서 '퇴적 분지'에 대하여 정의를 내리고 가기로 하자. 퇴적물을 다루는 분야에서 통상 '분지(basin)'라는 용어를 많이 사용하는데, 이 '분지'라는 용어의 정의에 대해서는 지구과학 분야의 여러 다른 전문분야에서 사용하는 내용이 조금씩 다르다. 분지란 지표의 침하된 낮은 부분을 가리키는 용어로, 이러한 지형적으로 지표의 낮은 부분은 이 낮은 부분에 퇴적암으로 채워진 '퇴적 분지'와는 차이가 난다. 즉, 퇴적 분지란 과거에 지표의 낮은 부분이었던 장소가 지금은 퇴적물로 채워져 있는 곳으로 현재의 지형적으로 높고 낮음과는 아무런 상관이 없다. 현재 지표의 낮은 부분인 분지가 반드시 퇴적 분지가 되는 것은 아니다. 지표의 낮은 부분이 퇴적물로 채워지기 이전에 지형적 특성을 잃어버리면 퇴적 분지로 되지는 않는다. 지표의 낮은 부분은 다양한 조구조 작용에 의해서 주변보다 상대적으로 침강하여 만들어지거나 또는 주변이 융기를 하여 만들어지며, 분지 주변의 높은 지대는 기반암으로 둘러싸여 있다. 이러한 분지에는 분지 외부에서 운반되어 와서 쌓인 퇴적암, 유기물과 물이 포함되어 있으며, 때로는 석탄이나 탄산염 퇴적물과 같이 분지 내에서 생성되는 물질도 포함된다. 그러나 이 책에서는 퇴적물을 다루고 있으므로 '분지'와 '퇴적 분지'를 같은 개념으로 사용하기로 한다.

분지 해석은 퇴적 분지의 생성과 퇴적물이 채워지는 과정과 퇴적물이 채워진 후 겪은 진화에 대하여 종합적으로 평가하고 해석하여 퇴적 분지의 역사를 밝혀가는 과정이다. 즉, 퇴적 분지가 어떻게 침강을 하고, 이 분지에 채워진 퇴적물(암)의 층서 기록은 어떻게 형성되었으며, 고지리적으로 어떻게 진화를 하였는가를 밝히는 분야이다. 이러한 분지 해석에는 지표에 노출된 노두 관찰이나 지하의 시추공에서 얻은 암석 시료들을 이용하고, 또한 지표에 노출되지 않은 분지의 퇴적층은 지구물리적인 방법을 통한 다양한 자료를 획득하여 해석한다. 이렇게 분지 해석을 하기 위하여 얻는 자료는 지표의 지질 조사를 하여 얻는 것과 시추나 지구물리적인 방법을 통하여 얻는 지하의 지질 자료가 있다. 지표 지질 자료를 얻기 위해서는 여러 지역에서 수직 층서 자료를 수집한 후 이들을 서로 종합한다. 또한 야외 지질 조사에서는 대표적인 암석 시료를 채취하여 실내에서 다양한 분석을 통하여 더 많은 자료를 획득하기도 한다. 이와 같은 지표 지질 조사는 지하 지질을 조사하는 자료에 비하여 퇴적암의 다양한 규모의 퇴적학적인 특징을 관찰할 수 있다는 장점이 있다. 다양한 퇴적층 구성원과 단위의 크기, 기하학적 형태 및 배열 등의 야외 관찰 자료는 여러 지역에 걸친 퇴적 분지의 고지리적인 연관 관계를 밝히는 데 아주 중요하다. 하지만 퇴적 분지가 융기를 할 경우 퇴적 분지의 가장자리가 중심부에 비해 지표에 노출될 가능성이 더 높기 때문에 야외 지질 조사는 노출된 퇴적 분지의 가장자리를 주로 관찰하는 경우가 많을 것으로 여겨지며, 이럴 경우 퇴적 분지의 가장자리의 층서 기록이 지표에 노출되지 않은 퇴적 분지의 중앙부분의 지질과는 퇴적물의 두께와 퇴적상 등에서 많은 차이가 날 수가 있다. 지하의 지질 자료를 얻기 위해서는 탄성파 탐사, 중력 탐사 또는 항공자력 탐사 등의 방법을 이용한다.

22.1 분지 생성 기작

퇴적 분지가 생성되기 위해서는 지각 상부의 침강이 일어나야 하는데, 상당한 정도의 침강이 일어나기 위한 기작으로는 지각 두께의 얇아짐, 맨틀-암권의 두꺼워짐, 퇴적물과 화산암체의 하중, 조구조 작용으로 인한 하중 증가, 지각 하부의 하중 증가, 약권의 유동과 지각의 밀도 증가 등이 있다. 이들 각각의 기작에 대한 설명은 표 22.1에 정리되어 있다.

지각에 퇴적물과 화산암의 무게 증가로 인하여 일어나는 지각평형(isostasy)의 보정이 분지의 중요한 침강 기작으로 작용한다. 지각평형이란 지구가 마치 자유롭게 떠있는 피스톤들로 이루어져 있어 지각에 가해지는 다양한 영향에 반응하며 지각은 더 가라앉거나 또는 융기를 한다는 것이다. 이에 따라 서로 다른 두께나 밀도를 가지는 지각의 서로 다른 부분들은 서로 다른 지형적 높낮이를 가지게 된다. 분지가 퇴적물로 채워져 지각에 하중이 증가하면 침강이 일어나고, 반대로 지각의 침

표 22.1 지각 침강의 가능한 기작

지각 두께의 얇아짐	지각에 작용한 장력에 의한 확장, 지각의 융기로 인한 침식, 마그마의 빠져나감
맨틀-암권의 두꺼워짐	암권의 신장이 끝나거나, 단열팽창에 의한 가열이나 약권 용융물의 상승 이후에 암권 냉각
퇴적물과 화산암체의 하중	퇴적작용과 화산활동이 일어나는 동안 암권의 견고성에 따라 지각과 광역적인 암권의 휘어짐으로 인한 국부적인 지각평형
조구조 작용으로 인한 하중 증가	오버드러스트나 암권 하부의 끌어당김으로 인한 지각과 광역적인 암권의 휘어짐으로 인한 국부적인 지각평형
지각 하부의 하중 증가	밀도가 높은 암권이 지각 하부로 드러스트되는 동안 암권의 휘어짐
약권의 유동	주로 섭입하는 암권이 내려가는 동안 또는 분리가 되어 일어나는 약권의 흐름에 의한 동력학적인 영향
지각의 밀도 증가	지각의 압력/온도가 바뀜에 따라, 또는 저밀도의 지각에 고밀도의 용융물이 정치가 될 때 일어난 지각의 밀도 증가

식과 같이 지각에 가해진 하중이 제거되면 융기가 일어난다. 이러한 지각평형의 개념에서 연장해
보면 원래 물로 채워져 있던 분지에 점차 퇴적물이 채워지게 되면 분지는 점차 깊어져간다는 것이
다. 퇴적물의 하중에 의해서뿐만 아니라, 지각은 오버드러스트, 아래로 끌어당기기(underpulling)
나 밀도가 높은 암권이 지각 아래에 드러스트되어 겹쳐져 두꺼워지면서 하중이 증가하면 이러한
구조적인 힘에 의하여 지각은 아래로 휘어지게 된다. 물론 지각이 휘어지는 정도는 아래에 놓인 암
권의 강도에 따라 달라진다. 또한 암권이 냉각하거나 온도/압력 조건의 변화로 인한 지각 밀도의
증가와 같은 열 효과도 분지 생성의 중요한 기작이다.

특히 석유 산업에 종사하는 지질 전문가(석유지질 전문가)는 퇴적 분지의 침강 역사를 해석하여
다양한 분지의 침강 기작 중에서 각 기작의 상대적인 중요성을 판단하는 데 많은 관심을 기울인다.
분지 침강의 역사는 분지에 퇴적물이 쌓이지 않았을 때 퇴적 분지가 어떻게 침강을 하였겠는가를
알아보기 위하여 퇴적작용의 영향을 차례로 제거(backstripping)해 가면서 분석을 한다. 이러한 분
석 방법을 통하여 퇴적 분지의 침강 역사(geohistory)를 그림 22.1과 같이 도표로 제시된다. 이 도표
로 분지의 침강에 퇴적물의 하중의 영향과 조구조 작용에 의한 침강의 영향의 상대적 중요성을 평
가할 수 있다. 이러한 분석을 하기 위해서는 층서 단면에서 각 층서 단위의 두께, 암상의 종류, 층
서면의 지질 시대, 퇴적작용이 일어날 때 추정되는 수심과 퇴적물의 공극률과 같은 기본 자료가 필
요하다. 분지의 침강 역사를 알아보기 위해서는 또한 매몰에 따른 퇴적물에 가해진 다짐작용의 영
향을 보정해 주어야 한다. 그림 22.2에는 다음에 살펴볼 다양한 종류의 퇴적 분지에서 각각의 분지
침강 기작의 상대적인 중요성이 나타나 있다.

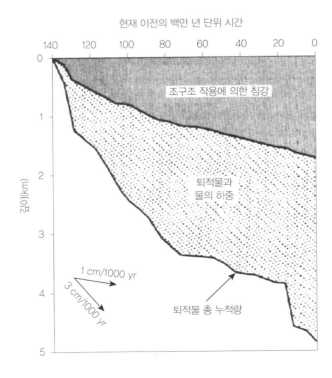

그림 22.1 미국 동부의 대서양 수동 연변부
(passive margin)에서 시추한 시추공 COST
B-2의 매몰 역사를 나타내는 분지 침강의 해석
도(Watts, 1981). 이 매몰 역사의 그림에서 조
구조 작용에 의한 퇴적 분지의 침강과 퇴적물
과 물 무게에 의한 하중으로 일어나는 퇴적 분
지의 침강과는 뚜렷이 구분이 된다.

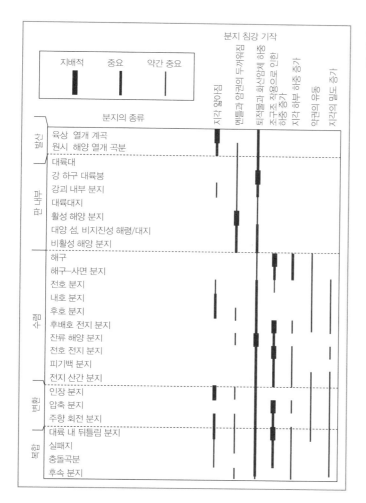

그림 22.2 퇴적 분지의 모든 종류에 대한 추정된 침강 기작(Ingersoll and Busby, 1995).

22.2 판구조론과 퇴적 분지

판구조론은 퇴적물의 기원지에 영향을 끼쳐 퇴적작용이 일어나는 데 가장 중요한 역할을 한다. 퇴적물이 쌓이는 퇴적 분지의 종류 역시 조구조 작용과 밀접하게 관련되어 있다. 이는 어떤 분지는 단층이 일어나는 구조작용에 의해서 생성되고, 또 다른 퇴적 분지는 함몰분지(sag basin)로 지각의 냉각과 침강 또는 다른 구조적인 작용에 의해서 생성이 된다. 그렇지만 이 모든 퇴적 분지에서 조구조 작용은 퇴적 분지의 크기, 모양과 생성 위치를 제어한다. 퇴적물의 하중과 더불어 조구조 작용은 퇴적 분지의 침강에, 그리고 이로 인하여 퇴적물이 쌓일 수 있는 공간의 생성률에 중요한 영향을 끼친다.

판구조 작용은 지질 시대에 따라 대륙과 해양의 중요한 변화를 일으켜 왔다. 대륙은 갈라지고 표이하여 그 넓이가 최대 약 500 km가 될 정도로 넓은 해양 분지가 생성되며, 이 해양 분지는 결국에는 이 분지의 해양 지각이 해구에서 섭입을 하면서 닫히게 된다. 이러한 해양 분지의 생성과 닫힘

그림 22.3 해양 분지의 생성과 소멸을 나타내는 Wilson 윤회.

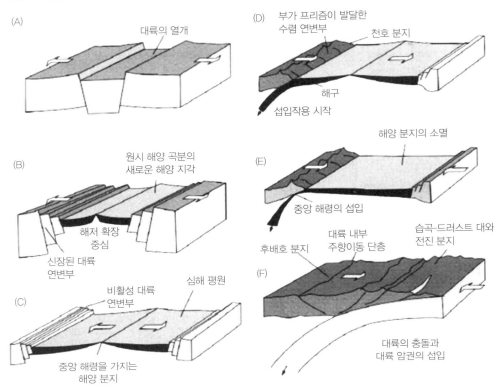

의 과정을 제일 처음 제안한 캐나다의 Tuzo Wilson 교수의 이름을 따서 **Wilson 윤회**라고 한다(그림 22.3). Wilson 윤회는 대륙 지각이 분지 기반이 된 열개 분지(rift basins)의 생성에서부터 시작이 된다. 이 열개 분지는 점차 원시 해양 해분(proto-oceanic troughs)으로 바뀌어 가는데, 이 해분의 기반은 부분적으로 해양 지각으로 이루어진다. 그리고 결국에는 기반이 해양 지각으로 이루어져 있으며, 양쪽 가장자리는 수동적으로 이동을 하는 대륙의 연변부로 경계가 된 해양 분지로 진화를 한다. 이후 수천만 년 이상이 지나면 해양 분지의 가장자리에는 섭입대가 발달하며 해양 분지는 점차 닫히기 시작한다. 해양 분지의 최종 닫힘은 해양 분지의 양쪽에 있던 대륙들의 충돌로 일어나며 이로 인하여 조산대가 생성된다. 이러한 퇴적 분지의 생성과 파괴의 전 과정은 대략 5천만 년에서 1억5천만 년의 시간이 소요된다. 지질 기록에 의하면 각 대륙에는 여러 번에 걸친 Wilson 주기가 있었다는 것을 나타낸다. 이에 따라 대륙의 연변부에서 멀어진 대륙 내부의 강괴에 발달한 퇴적 분지 말고는 그 어떤 퇴적 분지도 지질 시대에 따라 변하지 않고 남아 있거나 고정된 위치에 놓여 있는 것은 거의 없다고 할 수 있다.

Wilson 윤회의 처음 시작 단계 동안 구조적인 판들은 서로 떨어져 멀어져 가면서 **발산형 대륙 연변부**를 생성한다. Wilson 윤회의 닫힘의 단계 동안은 판들이 서로 모여 들면서 해양 지각은 해구에서 섭입한다. 이렇게 해양 분지가 닫히는 과정에서 생성되는 대륙 연변부를 **수렴형 연변부**라고 한다. 이와는 달리 해양 분지가 열리거나 닫히는 과정에서 판들의 일부는 발산하거나 수렴하지 않고 서로 반대로 미끄러져 지나친다. 이러한 조구조 환경을 **변환 연변부**(transform margin)라고 한다. Wilson 윤회 동안 발산형 대륙 연변부, 수렴형 대륙 연변부와 변환 연변부, 그리고 판 내부의 환경에는 다양한 종류의 퇴적 분지들이 생성된다.

22.3 퇴적 분지의 종류

앞에서 퇴적 분지의 성인에는 지각의 움직임 및 판구조 작용과는 어떻게든 연관이 되어있음을 알아보았다. 퇴적 분지를 분류하기 위하여 다양한 기준에 의한 분류법이 제안되었다. 이 중에서 Busby와 Ingersoll(1995)이 제안한 퇴적 분지 분류법에 의한 종류를 소개하고자 한다. 이들은 퇴적 분지를 발산형, 수렴형, 변환형과 판 내부의 조구조 환경에 따라 분류하였으며, 여기에 퇴적 분지의 기반을 이루는 지각의 종류, 판의 경계로부터의 위치 및 판의 경계에 가까이 위치한 분지의 경우 퇴적작용이 일어나는 동안의 판 경계의 상호작용을 추가로 고려하였다. 모든 퇴적 분지에 대하

그림 22.4 조구조 작용으로 생성된 중요한 퇴적 분지의 종류(Boggs, 2011).

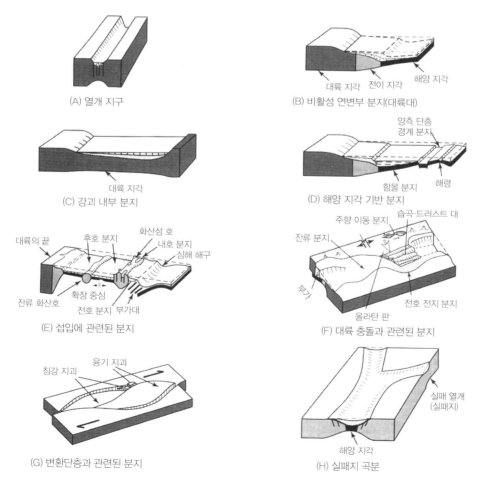

여 자세한 설명은 생략하기로 하고 이 장에서는 이들 퇴적 분지 중 그림 22.4에 나타낸 중요한 종류에 대하여만 언급을 하고자 한다. 퇴적 분지에 대한 좀더 자세한 내용을 알고자 하면 Busby와 Ingersoll(1995), Einsele(2000), Miall(2000), Allen과 Allen(2013) 및 Busby와 Azor(2012)를 참조하기 바란다.

22.3.1 발산 경계의 퇴적 분지

발산형 조구조 환경은 조구조 판들이 서로 분리가 되는 지구의 부분이다. 이 지역들은 지각이 신장되는 특징을 가지고 있다. 지각의 확장이 일어나는 예로는 중앙해령을 따른 해저 확장과 대륙 지각의 신장과 정단층이 일어나 지구(graben)가 만들어지는 것을 들 수 있다. 발산형 조구조 환경에서는 퇴적 분지는 지각의 두께가 얇아지거나 퇴적물과 화산체의 하중 및 지각의 고밀도화로 생성된다.

열개의 초기 단계에서는 지각이 깨지면서 깨진 지괴가 아래로 가라앉으며 단층에 의한 지구가 만들어지는데, 이 지구를 **육상의 열개 계곡**(terrestrial rift valleys)이라고 한다. 열개란 폭이 좁고 단층으로 경계가 진 계곡으로 그 규모는 폭이 수 km에서 동아프리카 열곡대와 같이 거대한 열개까지 다양하다. 동아프리카 열곡대는 폭이 30~40 km이며, 길이가 무려 3000 km까지 이른다. 열개는 대륙 지각 내에서 확장이 일어나거나 벌어지는 일종의 열적 사건에 의하여 생성된다. 동아프리카 열곡대(그림 22.5A)는 비교적 젊은 지질시대에 형성된 열개대의 좋은 예이다. 이 열개대의 시간에 따른 단계의 형성 과정은 그림 22.5B에 나와 있다. 동아프리카 열곡대는 주로 화산암으로 채워

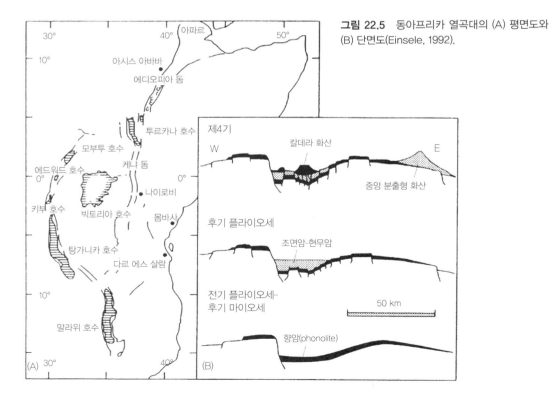

그림 22.5 동아프리카 열곡대의 (A) 평면도와 (B) 단면도(Einsele, 1992).

져 있지만, 일반적으로 열개 내에는 하성 환경, 호수 환경과 사막 환경의 육성 환경에서 대륙붕과 해저 선상지와 같은 해양 환경에 이르기까지 아주 다양한 퇴적 환경이 존재한다. 이에 따라 열개 환경에 분포하는 퇴적물의 종류도 역암, 사암, 셰일, 저탁암, 석탄, 증발암과 탄산염 퇴적물로 아주 다양하다. 많은 고기의 열개 분지는 아시아, 유럽, 아프리카, 아라비아, 호주, 북미와 남미에서 보고되었다.

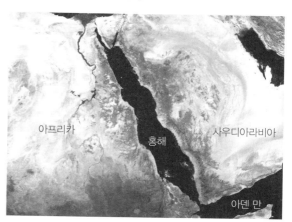

그림 22.6 홍해-아프리카(왼쪽)와 아라비아 반도(오른쪽) 사이에 발달한 원시 해양 열개 분지.

해양이 열리는 것이 계속 진행되면서 대륙 지각 내의 확장은 지각의 두께가 점점 얇아지며 결국에는 대륙 지각이 끊어지며 현무암질 마그마가 열개의 축으로 상승을 하면서 새로운 해양 지각이 생성되는 과정이 시작된다. 이렇게 육상의 열개 계곡은 점차 **원시 해양의 열개 해분**(proto-oceanic rift troughs)으로 바뀌어져 간다. 원시 해양의 열개는 부분적으로 해양 지각으로 바닥이 이루어져 있으며 열개의 양쪽 가장자리는 새롭게 융기된 대륙 연변부로 되어 있다. 현생의 환경에서 원시 해양의 열개 분지에 해당하는 것으로 홍해(Red Sea, 그림 22.6)를 들 수 있다. 홍해는 아프리카 북동부와 사우디아라비아의 사이에 존재하며 폭은 200 km 이상이며, 길이는 2000 km로 연장된다. 또한 중앙의 열개가 일어나는 축 부분은 폭이 약 50 km이며, 수심은 3 km 이상으로 깊다.

홍해의 남쪽 1/3 부분에 해당하는 열개 축 지역은 약 5백만 년이 안 된 젊은 해양 지각이 발달되어 있으며, 홍해 중앙부의 대륙붕은 하부에 신장된 대륙 지각으로 되어 있으며, 북부에는 해양 지각과 대륙 지각이 급격히 바뀌는 양상을 띠고 있다. 홍해는 남쪽으로 천천히 벌어지고 있는 아덴 만 열개와 교차를 한다. 홍해는 제3기 중기부터 확장이 일어나 생성되었다. 초기에 열개와 관련하여 퇴적작용이 일어나 가장자리에 선상지와 선상지-삼각주 퇴적물이 쌓였으며, 근해의 퇴적물로 쇄설성 퇴적물과 탄산염 퇴적물이 퇴적되었다. 마이오세에는 해양 곡분이 인도양으로부터 자주 고립이 되면서 상당한 두께의 증발암이 쌓였다. 플라이오세 때 정상적인 염분을 가지는 해양 조건으로 되었으며, 현생에는 유공충-원양성 복족류인 익족류(pteropod)의 석회질 우즈 퇴적물이 쌓인다.

22.3.2 판 내부 환경의 퇴적 분지

Wilson 윤회에 따라 해양 분지가 완전히 형성되고 나면, 다양한 종류의 퇴적 분지가 해양 분지의 가장자리를 따라서 그리고 대륙판과 해양판 내에 존재한다. 해양 분지가 열리는 동안 생성되는 대륙 연변부는 지진활동이 없다는 의미에서 비활성 또는 수동형 연변부라고 한다. 이 비활성 연변부의 대륙 지각은 대부분 신장되어 얇아져 있으며, 완전히 대륙 지각으로 이루어진 부분과 완전히 해양 지각으로 이루어진 부분 사이에 전이 지각대가 있다(그림 22.4B). 이에 따라 퇴적물들은 완전히 대륙 지각으로 이루어진 곳, 전이 지각으로 이루어진 곳과 완전히 해양 지각으로 이루어진 곳에 쌓인다.

(1) 대륙 지각-전이 지각 위에 생성된 판 내부 퇴적 분지

대륙판은 안정한 지괴로서 얇고 광범위하게 퇴적층으로 덮여있다. 이와 같이 안정한 평탄한 대지에 발달한 퇴적 분지를 **강괴 분지**(cratonic basins)라고 한다. 이 강괴 분지는 단면이 접시 모양으로 평면적으로는 타원형을 나타낸다. 또한 이 강괴 분지는 천해의 조건에서 쌓인 고생대와 중생대의 퇴적물로 채워져 있다. 분지 충진 퇴적물로는 천해의 사암, 석회암과 셰일, 그리고 삼각주와 하성 퇴적물도 들어있다. 대체로 퇴적물은 분지의 중심부로 가면서 두께가 두꺼워지며, 두꺼운 곳에서는 약 1000 m 이상으로 나타난다. 이러한 강괴 분지는 북미 대륙에 여러 개가 분포하고 있다(그림 22.7).

강괴의 환경에는 여러 개의 다양한 퇴적 분지가 형성된다. 이 중에서 **강괴 내부 분지**(intracratonic basins)는 가장 깊은 축에 과거에 열개가 있던 곳에 생성된 폭이 넓은 퇴적 분지를 가리킨다. 이 강괴 내부 분지는 그 크기가 아주 크며, 판의 경계로부터는 아주 먼 대륙 내부에 발달한 달걀 모양의 아래로 쳐진 모양을 띠고 있다. 이 강괴 내부 분지의 침강은 주로 맨틀-암권의 두께 증가와 퇴적물과 화산물질의 하중으로 일어난다(그림 22.2). 이외에도 대륙 지각의 두께가 얇아져서 침강이 일어난다는 보고도 있는데, 이는 북미의 동중부에 분포하는 미시간 분지의 하부에 과거의 열개구조가 있는 것으로 보아 강괴 내부 분지의 침강이 지각의 두께가 얇아짐과 지각의 밀도가 커짐으로 일어났을 것으로 여기지고 있다. 몇몇 강괴 내부 분지의 퇴적물은 내륙해(epicontinental sea, 또는 연해)에 쌓인 해양의 쇄설성 퇴적물, 탄산염 퇴적물과 증발암으로 이루어져 있는가 하면, 또는 전부 육

그림 22.7 북미 대륙(주로 미국) 강괴에 후기 미시시피기-전기 쥐라기 동안 발달한 강괴 분지(Sloss, 1982).

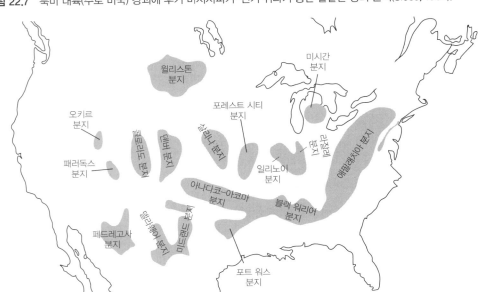

그림 22.8 북미 대륙에 발달한 강괴 내부 분지인 윌리스톤 분지와 일리노이 분지의 단면도(Leighton and Kolata, 1990). 주니(Zuni), 압사로카(Absaroka), 카스카스키아(Kaskaskia), 티피카노에(Tippecanoe)와 사우크(Sauk)는 강괴에 발달한 퇴적 연층(depositional sequences, Sloss, 1982)을 가리킨다.

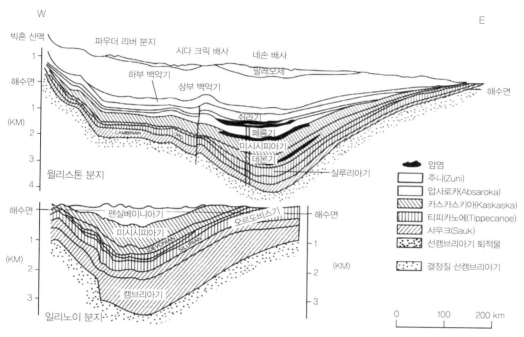

성 퇴적물로만 된 강괴 내부 분지도 있다. 북미 대륙에서 잘 연구된 고기의 강괴 내부 분지로는 허드슨 분지(캐나다), 미시간 분지, 일리노이 분지와 윌리스톤 분지(그림 22.7, 22.8)가 있다. 또 호주 중앙의 아마데우스 분지, 브라질 남부, 아르헨티나 북부와 우루과이, 파라과이에 걸쳐 분포하는 파라나 분지, 프랑스의 파리 분지 등이 있다. 현생 환경의 예로는 아프리카의 차드 분지가 있다.

강괴에 발달한 모든 퇴적 분지가 강괴 내부 분지는 아니다. 북미 대륙에 발달한 몇몇 분지는 분지 생성 기작이 열개가 아닌 다른 기작에 의하여 생성되었다. 이러한 예는 유타 주 남부의 패러독스 분지(그림 22.7)로 압축성 주향이동 단층에 의하여 생성된 것이다. 이밖에도 덴버 분지, 애팔래치아 분지 등과 같이 대륙충돌에 의하여 생성된 분지들이 있다. 그런가 하면 오클라호마 주와 아칸소 주에 걸쳐 분포하는 아나다코 분지(Anadarko Basin)는 실패한 열개인 올라코겐(aulacogen)에 해당한다. 이들 종류에 대해서는 다음에 설명한다.

(2) 대륙대와 대륙대지

대륙대(continental rises)와 대륙대지(continental terraces)는 바다 쪽이 완만한 경사를 가지는 대륙사면과 심해 평원으로 경계가 되는 두꺼운 쐐기 모양의 퇴적물이 쌓이는 환경이다. 이들 환경의 하부는 대륙 지각과 전이 지각으로 되어 있으며, 이 두 지각의 사이에는 구조적인 불연속이 존재한다(그림 22.4B). 이들 대륙대와 대륙대지는 대륙의 열개로 결과로 발산하는 판의 경계를 따라 비활성 연변부 내에 만들어진 구조들이다. 퇴적물은 대륙붕, 대륙사면과 대륙사면의 기슭에 있는 대륙대

그림 22.9 북미 대륙 동부의 비활성 대륙 연변부에 발달한 여러 퇴적 분지 중 볼티모어 협곡 곡분(Baltimore Canyon trough) 근처의 대륙 연변부 층서 단면(Grow, 1981). 층서는 지구물리 자료와 시추공 자료를 이용하여 해석한 것이다.

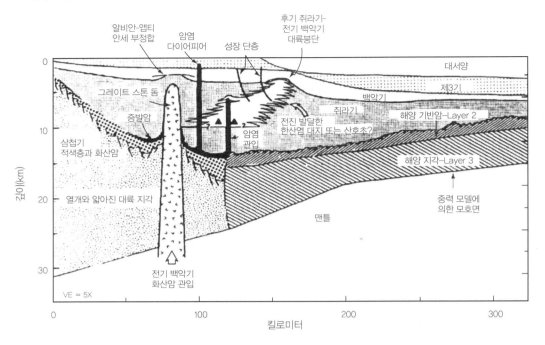

환경에 쌓인다. 이 퇴적 분지에 쌓이는 퇴적물로는 대륙붕에는 천해의 모래, 머드, 탄산염과 증발암 퇴적물이 쌓이고, 대륙 사면에는 반원양성 머드 퇴적물이, 그리고 대륙대에는 저탁암이 쌓인다. 이 퇴적 분지는 하부 지각 암석이 변성작용으로 밀도가 증가를 하여서, 지각의 두께가 늘어나고 얇아져서, 그리고 퇴적물의 하중에 의하여 침강이 일어나 두꺼운 퇴적물이 쌓인다.

이 퇴적 분지에는 대륙의 열개가 완전히 끝난 후 해저의 확장으로 새로운 분지가 생성되기 시작하면서 퇴적작용이 시작된다. 이 분지들은 분리된 대륙의 가장자리의 안정한 판 내부의 위치에 고정되어 발달한다. 이러한 퇴적 분지의 예는 삼첩기 후기와 쥐라기에 초대륙 판게아가 분리되면서 생성된 미국과 캐나다의 동부 연안에 잘 발달되어 있다(그림 22.9). 여기 분지 중 일부는 바다로부터 고립이 되어 두꺼운 장석질 쇄설성 퇴적물과 호수 퇴적층으로 채워져 있으며 염기성 화산암도 사이사이에 들어있다. 그런가 하면 다른 분지들은 바다와 연결되어 증발암에서 삼각주 퇴적물, 저탁암과 흑색의 셰일이 채워져 있기도 하다.

(3) 해양 지각을 가진 판 내부 퇴적 분지

심해저에는 많은 해양 분지들이 발달하여 있는데, 이들은 대륙이 갈라지면서 해양이 생성되는 과정에서 갈라지고 침강이 일어나 만들어진다. 이 퇴적 분지는 해령과 관련되어 단층운동에 의하여 만들어지기도 하거나 해양저가 아래로 휘어져 가라앉아서 만들어지기도 한다. 이 분지들에는 대부분이 원양성 점토, 생물 기원 우즈와 저탁암이 쌓인다. 활성 연변부 가까이에 위치한 퇴적 분지에 쌓인 퇴적물들은 해양이 닫히는 동안 궁극적으로 해구로 섭입을 하며 소멸된다. 또는 이들 퇴적물들은 섭입이 일어나는 동안 해구에서 섭입하는 해양 지각과 분리가 되어 **부가 퇴적체**(accretionary/ subduction complex)를 형성하기도 한다(그림 22.4E). 현생의 좋은 예는 태평양이며, 미국의 멕시코 만도 해양 지각으로 이루어진 퇴적 분지이나 이곳은 확장도, 섭입도 일어나지 않는 비활성 해양 분지(dormant ocean basin)이다.

22.3.3 수렴 경계의 퇴적 분지

(1) 섭입 관련 퇴적 분지

섭입과 관련되어 생성되는 퇴적 분지는 지진활동이 활발한 활성 대륙 연변부에 발달한다. 이러한 조구조 환경은 심해의 해구, 활성 화산호와 이 둘 사이를 분리시키는 화산호-해구 사이 지역(arc-trench gap)으로 특징지을 수 있다(그림 22.10). 퇴적물이 쌓이는 중요한 장소로는 심해의 **해구**, 화산호-해구 사이 지역에 발달한 **전호 분지**(fore-arc basins)와 화산호의 뒤쪽에 발달하는 **후호 분지**(back-arc basins)나 **대륙주변 분지**(marginal basin)가 있다. 화산호가 대륙 연변부에 발달할 경우에는 화산호 조산대의 습곡-드러스터 벨트 뒤쪽의 대륙 지각에 **후배호 전지 분지**(retro-arc basin/ retro-arc foreland basin)가 생성된다. 이 후배호 전지 분지의 좋은 예는 남미 대륙의 안데스 산맥 동쪽에 발달하고 있다.

섭입과 관련된 퇴적 분지에는 대부분이 쇄설성 퇴적물이 쌓이는데, 이 퇴적물은 거의가 화산호로부터 유래된 화산 기원 물질들이다. 이들 퇴적물은 퇴적 분지의 대륙붕에 모래와 머드 퇴적물로, 대륙 사면이나 해양 분지 및 해구에 쌓인 머드 퇴적물과 저탁암으로 이루어져 있다. 특히 해구에는 육지로부터 저탁류에 의해 운반된 쇄설성 퇴적물과 섭입하는 해양판에서 분리되어 유래된 퇴적물이 쌓이는 장소이다. 이렇게 해구에 쌓인 퇴적물은 다시 섭입이 진행되는 동안 부가 퇴적체를 형성한다. 이 부가 퇴적체에는 각이 진 암석의 덩어리가 변형작용을 심하게 받은 세립질 기질 퇴적물에 아주 무질서하게 혼합이 된 암석인 **멜랑지**(mélange, 그림 22.11)가 특징적으로 산출되기도 한다.

그림 22.10 섭입대의 해구와 전호 지대의 퇴적 분지 구조(Dickinson, 1995).

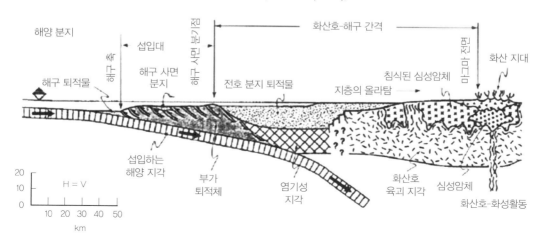

그림 22.11 멜랑지(mélange). 심하게 변형작용을 받은 세립질의 기질에 암괴가 떠 있다. 쥐라기 부가 퇴적체인 Mino terrane(일본 기부현).

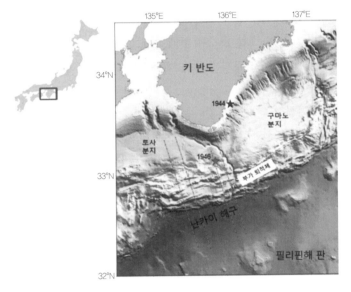

그림 22.12 서일본 오사카시 남쪽 키 반도 근방의 해저 지형도. 필리핀해 판이 유라시아 판 아래로 난카이(Nankai) 해구에서 섭입을 하며 부가 퇴적체를 형성한다. 키 반도와 부가 퇴적체 사이에 분포하는 구마노(Kumano) 분지와 토사(Tosa) 분지는 전호 분지이며, 부가 퇴적체에는 난카이 해구에 평행하게 발달한 구릉 사이로 해구 사면 분지가 발달해 있다. 별(★)표는 1944년과 1946년 지진의 진앙을 표시한 것이다. 구마노 분지의 오른쪽과 토사 분지의 오른쪽에는 난카이 해구에 직각으로 발달하는 해저 협곡이 발달해 있다.

섭입과 관련되는 퇴적 분지로 현생의 좋은 예는 서일본의 태평양 쪽에 분포하는 화산호-해구 퇴적 분지계이다(그림 22.12). 또한 알류샨 지역, 중앙아메리카 서부, 페루-칠레 화산호-해구 퇴적 분지계도 역시 좋은 현생의 예이다. 고기의 전호 분지는 미국 캘리포니아의 Great Valley, 오리건 주의 Coast Range와 타이완의 Coastal Range 등이 잘 연구된 퇴적 분지이다. 동해는 현생의 후호 분지의 예이다.

(2) 대륙충돌과 관련된 퇴적 분지

Wilson 윤회의 마지막 단계엔 해양 분지가 닫히고 이 해양 분지의 양쪽 가장자리에 위치한 두 대륙들이나 활성 화산호계가, 혹은 이 둘이 충돌을 하면서 생성된다. 그림 22.4F는 판의 충돌에 의하여 만들어지는 퇴적 분지를 나타내고 있다. 충돌이 일어나면 압축력이 작용하여 화산호가 발달한 판의 화산호 뒤쪽에는 앞에서 설명한 후호 분지가 충돌이 일어나기 전부터 발달을 하지만, 일단

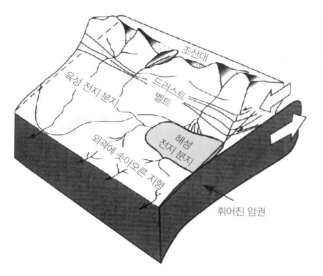

그림 22.13 조산대-전지 분지 계의 주요한 구성 지질 요소의 모식도(Johnson and Beaumont, 1995). 압축작용을 받는 조산대-드러스트 벨트에서 침식을 받은 퇴적물은 전지 분지로 운반되어 쌓인다.

충돌이 일어나면 이제는 섭입을 하던 대륙에 습곡-드러스트 조산대가 새롭게 발달하면서 전지 분지(foreland basin)가 형성된다. 이 전지 분지를 화산호의 앞쪽에 발달한다 하여 **전호 전지 분지**(pro-foreland basin 또는 peripheral foreland basin)라고 한다. 그림 22.13은 전지 분지에 발달하는 지질요소를 나타내고 있다. 전호 전지 분지의 좋은 예는 히말라야 산맥 남쪽 기슭인 인도 북부와 네팔에 발달한 퇴적 분지이며, 유럽의 알프스 산맥의 북쪽 스위스에 분포하는 퇴적 분지이다.

전지 분지는 대부분 해양으로부터 고립되며 이곳에 쌓이는 퇴적물은 조산대에서 유래가 되는 자갈, 모래와 머드 퇴적물로 육성 환경에 쌓인다. 그러나 전지 분지가 바다와 연결되는 경우에는 탄산염 퇴적물, 증발암과 저탁암이 쌓인다.

그런데 대륙의 경계와 화산호의 경계가 아주 불규칙한 모양을 띠고, 또 충돌을 하는 대륙들이 충돌이 일어나는 동안 서로 엇비스듬히 수렴을 하기 때문에 오래된 해양 분지의 일부는 대륙 충돌이 일어난 이후에도 닫히지 않고 남아있을 수 있다. 이렇게 살아 남아있는 해양 분지는 충돌이 일어난 후에는 만(embayment)의 형태를 띠는데, 이러한 해양을 **잔류 해양 분지**(remanant ocean basin)라고 한다. 잔류 해양 분지의 예는 지중해, 오만 만(Gulf of Oman)과 남중국해의 북동부이다. 이와 비슷한 예로는 인도 대륙이 유라시아 대륙과 충돌을 하면서 히말라야 산맥이 형성되고 남아있는 인도양도 일종의 잔류 해양 분지라고 할 수 있다. 인도 대륙 북쪽의 양쪽에는 히말라야 산맥으로부터 유래한 두 개의 큰 강인 갠지스-브라마푸트라강과 인더스강이 히말라야 조산대로부터 퇴적물을 운반하여 인도양에 삼각주를 거쳐 해저 선상지에 저탁암을 쌓는다. 이렇게 잔류 해양 분지에는 대륙충돌로 형성된 높은 고지의 조산대로부터 쇄설성 퇴적물이 운반되어 쌓인다. 고기의 잔류 해양 분지의 예는 전기 삼첩기에 북중국 지괴와 남중국 지괴가 충돌을 할 때 파괴되지 않고 남아있던 충돌대의 서쪽에 위치한 송판-간지(Songpan-Ganzi) 분지이다(그림 22.14). 이 분지에는 북중국-남중국 충돌대인 칠링-다비에(Qinling-Dabie) 조산대로부터 퇴적물이 유래되어 두껍게 채웠다. 송판-간지 분지는 전체 면적이 > 200,000 km²이며, 퇴적물 두께는 무려 5~15 km로 주로 저탁암으로 되어 있다.

그림 22.14 잔류 해양 분지인 송판-간지 복합체(Songpan-Ganzi complex)의 위치 및 조구조 환경(Enkelmann et al., 2007).

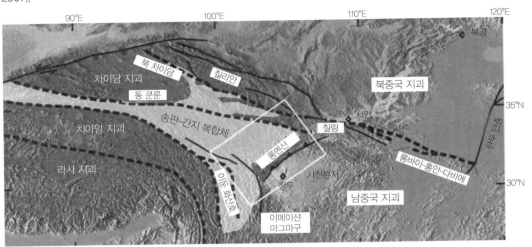

22.3.4 주향이동 단층과 변환 단층과 연관된 퇴적 분지

주향이동 단층과 관련된 퇴적 분지는 해양의 중앙해령 지대와 대륙 연변부에서 주요 판들 사이의 변환 경계를 따라서 그리고 대륙 지각을 가지는 대륙 내에서 발달한다. 주향이동 단층을 따라 이동이 일어나면 다양한 종류의 **인리형 분지**(pull-apart basins)가 생성되며, 이 중 한 가지는 그림 22.4G에 나와 있다. 주향이동 퇴적 분지를 결정하는 단층들은 두 가지로 나뉜다. 그 하나는 **변환 단층**(transform faults)이라고 하는 판의 경계를 나타내는 단층으로 지각 전체에 걸쳐 발달하며, 다른 하나는 **횡단 단층**(transcurrent faults)이라고 하는 판의 내부에 발달하는 주향이동 단층으로 상부 지각에만 발달한다. 주향이동 단층으로 만들어지는 퇴적 분지는 비교적 수 km 정도로 작은 크기로 나타나는데, 예외적으로는 50 km 정도까지 넓게 만들어지기도 한다. 이 퇴적 분지에는 퇴적 당시 상당한 낙차를 가지는 단층 경계가 존재하였다는 증거로 분지 가장자리에 쐐기 형태의 조립질 역암이 분포한다. 주향이동 단층은 어느 조구조 환경에도 발달할 수 있기 때문에 이로 인하여 생성된 퇴적 분지에는 육성 퇴적물이나 해양 퇴적물이 쌓인다. 대체로 이 퇴적 분지는 주변의 높은 고지대로부터 빠르게 퇴적물이 깎여서 공급되기 때문에 퇴적물은 매우 두껍게 쌓이며, 퇴적상의 변화도 국부적으로 복잡하게 나타난다.

　주향이동 단층계를 따라 퇴적 분지가 확장에 의해서 생성될 경우에는 **transtensional 분지**, 압축력이 작용하여 생성되는 분지는 **transpressional 분지**, 또는 지각의 지괴들이 회전을 하면서 생성되는 분지는 **transrotational 분지**라고 한다(그림 22.15). Transpressional 주향이동 단층으로 생성되는 퇴적 분지 중 가장 잘 연구된 분지는 미국 캘리포니아 주에 분포하는 Ridge Basin(그림 22.16)이다. 이 Ridge Basin은 마이오세-플라이오세 동안 San Gabriel 단층이 주향이동을 하면서 15 km × 40 km 정도의 호수 분지가 생성되었으며, 이 호수 분지에는 약 9000 m의 퇴적물이 쌓여 있다. 호수 분지의 발달 초기에는 외부로 연결되어 물이 빠져나가면서 삼각주 퇴적물과 저탁암 퇴

그림 22.15 주향이동 단층계를 따라 발달하는 퇴적 분지 유형. (A) transtensional 분지, (B) transpressional 분지와 (C) transrotational 분지. (B)의 transpressional 분지에서 점으로 찍어진 부분이 퇴적 분지이다.

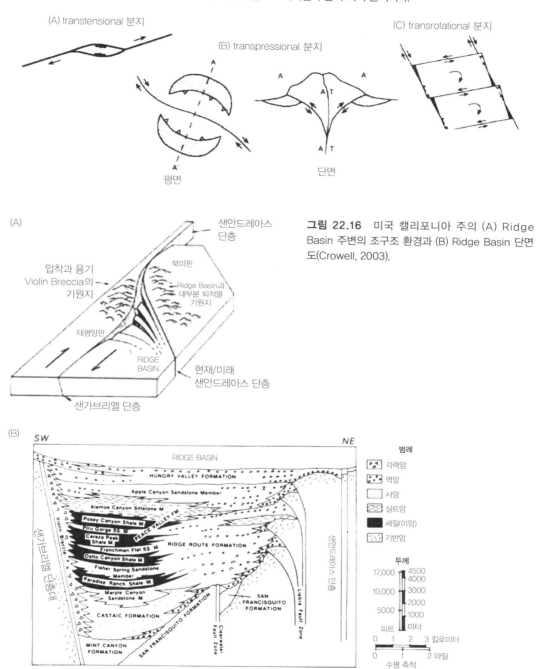

그림 22.16 미국 캘리포니아 주의 (A) Ridge Basin 주변의 조구조 환경과 (B) Ridge Basin 단면도(Crowell, 2003).

적물이 쌓였으나 지속적인 주향이동 단층의 이동으로 외부 지역으로 배수계가 분지의 남쪽에서 막힘으로써 호수 분지는 폐쇄 호수로 바뀌면서 선상지 퇴적물, 하성 퇴적물, 삼각주 퇴적물과 연안 사주 퇴적물이 호수 가장자리에 쌓였으며, 쇄설성 머드 퇴적물과 불석 머드 퇴적물, 백운석과 스트로마톨라이트가 분지의 중앙에 쌓였다.

22.3.5 기타 성인의 퇴적 분지

대륙의 열개가 일어날 때 세 열개의 교차 부분에서 다른 두 개의 열개는 확장되어 해양 분지로 발달을 하였으나 남은 하나의 열개는 확장되지 못하고 대륙 연변부에 고각으로 분포하는 과거의 열개 계곡으로서 수렴되는 조구조 작용 동안 재활성화된 열개를 **실패지**(失敗肢, aulacogen)라고 한다(그림 22.4H). 이 실패지는 길고, 폭이 좁은 곡분(trough)으로 실패지의 한 쪽은 습곡대로부터 대륙의 강괴로 연장되어 발달한다. 이 실패지에는 장기간에 걸쳐 퇴적작용이 일어난다. 이곳에는 선상지 퇴적물을 포함한 육성 퇴적물, 해양의 대륙붕 퇴적물과 저탁암 같은 깊은 수심의 퇴적물이 쌓인다. 실패지는 현재 지구상에 분포하는 대규모 강이 흐르는 곳으로, 이의 예로는 북미 대륙에서 후기 고생대의 Reelfoot Rift로 미시시피강이 흐르고 있으며, Amazon Rift로 아마존강이 흐르며, 아프리카 대륙의 백악기의 Benue Trough로 이곳을 통하여 현재 니제르강이 흐른다. 이 실패지와 비슷하게 조산대에 고각으로 발달하는 구조이지만 실패지와는 달리 조산운동이 있기 전에는 없었다가 조산운동이 일어날 때 생성된 곡분을 **충돌곡분**(impactogen)이라고 한다. 이 충돌곡분은 대륙의 충돌이 일어나면서 충돌대에 고각으로 정단층이 발생하여 만들어지는 곡분이다. 인도 대륙과 유라시아 대륙의 충돌로 형성된 러시아의 바이칼 열곡대(Baikal Lake)와 알프스 조산대에 발달한 독일의 라인 열곡대(Rhine Rift)가 충돌곡분의 예이다. 이밖에도 조산운동이 끝난 후 산간지대에 만들어지는 퇴적 분지를 **후속 분지**(successor basins)라고 하며, 이의 예로는 미국 애리조나 주의 남부 Basin and Range가 있다. 이 분지는 현재 조구적으로 전혀 움직임이 없는 비활성 상태이다. 또한 퇴적 분지 내에 두꺼운 증발암이 퇴적되어 있을 경우 이 증발암 상부에 두꺼운 퇴적물이 쌓이면 증발암과 상부의 퇴적물 사이에 밀도 차이로 하부에 놓인 증발암이 불안정하며 위에 놓인 퇴적물을 가르며 상승을 한다. 이 과정에서 상부의 퇴적물 표면에 어느 정도 제한된 범위의 마치 못(pond)처럼 생성되는 저지대가 생성된다. 이렇게 생성되는 퇴적 분지를 **암염운동 퇴적 분지**(halokinetic basins)라고 한다.

22.4 분지 해석

퇴적 분지를 채운 퇴적물/퇴적암의 특성과 이 특성들을 퇴적물과 퇴적 분지의 역사에서 해석을 하려면 퇴적학과 층서에 대한 많은 지식이 필요하다. 분지 해석을 위하여는 노두뿐 아니라 심부 시추, 고지자기 연구, 지구물리 탐사 등의 다양한 조사 방법을 이용한 지질 정보를 얻어야 한다. 이렇게 획득된 지질 정보는 도면이나 층서 단면도 등을 작성하여 시각화시키면서 퇴적 분지를 해석하게 된다. 여기서는 이들에 대하여 많이 사용되고 있는 분지 해석 기법에 대하여 간단히 소개를 한다.

22.4.1 층서 도면이나 단면 작성

노두에서나 지하의 지질에 대하여 여러 곳에서 주상도를 작성한 후 이 자료를 이용하여 공간적으로 배열을 하고 서로 대비를 시켜 지하의 지질 구조에 대하여 해석을 하기도 하며 또한 퇴적상의 변화를 해석하기도 한다. 층서 단면도는 퇴적 분지의 지역적인 특성을 밝히기 위하여 이용되고 있는데, 이 단면도는 암상의 도면과 함께 이용을 하면 퇴적 분지 전체에 대한 주요한 층서 발달 상황에 대한 정보를 제공하기도 한다. 이러한 정보를 획득하기 위해서는 노두에 노출된 지층의 층서뿐 아니라 지하의 시추 코어의 암상 자료와 지구물리 검층 자료를 함께 이용하여야 가능하기도 한다. 대부분의 층서 단면은 어느 지역에서 특정한 층이나 층들의 암상과 구조적인 특성에 대하여 2차원적으로 표현된다. 이렇게 작성된 2차원적인 층서 단면을 공간적으로 서로 배열을 하여 보면 특정한 지역의 3차원적인 공간 지질 정보를 얻을 수 있다. 이러한 다이어그램을 울타리 다이어그램(fence diagram)이라고 하며, 이의 예로 미국 유타 주와 콜로라도 주에 걸쳐 분포하는 패러독스 분지에서의 페름기 지층의 분포를 나타낸 것이 그림 22.17에 나타나 있다. 이렇게 울타리 다이어그램을 그

그림 22.17 미국 유타 주와 콜로라도 주에 걸쳐 분포하는 패러독스 분지의 페름기 지층 울타리 다이어그램(Kunkle, 1958).

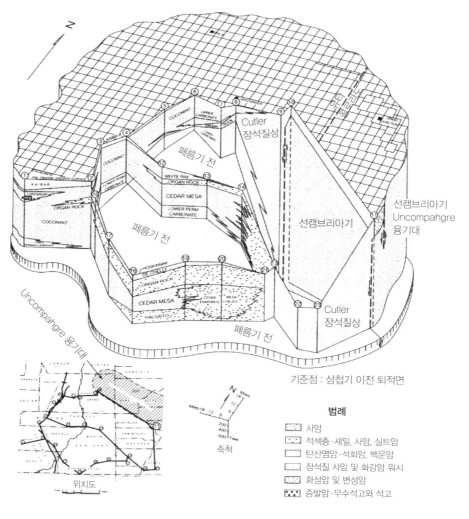

리면 광역적인 층서의 발달 양상을 한눈에 파악할 수 있는 장점이 있다. 그런데 이러한 3차원의 울타리 다이어그램은 일반적인 2차원의 층서 단면 작성 때보다는 작성하기가 훨씬 어려우며, 일부의 단면은 정면에서 볼 때 가려지기도 한다.

22.4.2 구조 등고선도

퇴적 분지를 조사할 때 암석의 분포가 광역적으로 어떻게 구조적으로 분포를 하는가 또는 배사나 단층과 같은 지질 구조가 존재하는지 등에 대한 정보가 필요하기도 한다. 이런 목적을 달성하고자 구조 등고선도(structure-contour maps)를 작성한다. 이 도면을 작성하면 퇴적 분지의 모양과 분지를 채운 퇴적물의 발달 방향과 기하학적인 모양을 알아볼 수 있다. 이 도면은 특정한 기준점을 기준으로 상·하의 높이를 바탕으로 하여 작성을 하는데, 보통은 해수면이 이러한 기준점에 해당한다. 고도는 여러 지점에서 특정한 지층의 최상부로부터의 높이나 특정한 열쇠층준으로부터의 높이로 결정한다. 도면에 여러 지점의 조사지에 대한 정보를 표시하고 적당한 등고선 간격을 설정한 후 구조 등고선도를 그리게 된다. 그림 22.18은 이의 한 예를 나타낸 것이다.

구조 등고선도는 탄성파 탐사 자료에서 두드러진 지하 반사면의 최상부를 기준으로 하여 작성하기도 한다. 특정한 반사면까지의 깊이는 탄성파가 반사가 일어난 시간을 기준으로 작성이 되기 때문에 이 경우는 탄성파의 동일한 속도 시간에 대한 등고선을 그리는 셈이다. 만약 여기에 시추공으로부터 획득한 탄성파 속도에 대한 정보가 있다면 탄성파의 전파 시간은 실제 깊이로 변환을 할 수 있어 구조 등고선도를 그릴 수 있다

구조 등고선도를 이용하면 퇴적 분지가 여러 개의 작은 퇴적 분지로 나뉘어지거나 여러 개의 퇴적 중심지가 존재한다는 것을 알아볼 수 있고, 배사나 돔과 같은 융기대의 축에 대한 정보도 얻을 수 있다. 이러한 구조적인 특징은 퇴적 분지의 원래 지형적인 형태를 나타내기도 한다. 이에 따라 구조 등고선도를 작성하면 지역적인 고지리와 퇴적상 발달 양상에 대한 정보를 얻을 수 있다. 또한 구조 등고선도는 석유 탐사와 같은 퇴적 분지의 경제적인 가치를 평가하는 데에도 유용하게 이용된다.

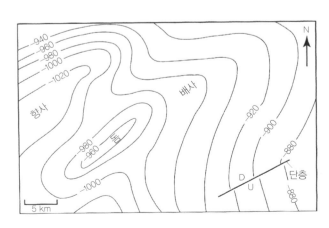

그림 22.18 어느 가상 특정한 지층의 상부를 기준으로 작성된 구조 등고선도의 모식도 (Boggs, 2011). 등고선의 음의 숫자는 이 지층이 해수면 아래의 해당 깊이에 분포한다는 것을 가리킨다. 이 구조 등고선도에는 향사, 돔, 배사와 단층이 표시되어 있다.

22.4.3 등층후도

등층후도(isopach maps)는 특정한 지층의 동일한 두께를 등고선으로 나타내는 지도이다. 여기에는 또다시 특정한 암상만의 동일한 두께를 나타내는 등암상도(isolith map)가 있다. 퇴적 분지에서 퇴적물의 두께는 퇴적물의 공급 정도와 퇴적 분지에서 쌓일 수 있는 공간이 생성되는 정도에 따라 조절을 받는데, 이들은 다시 퇴적 분지의 기하학적인 형태와 분지의 침강률에 달려있다. 특정한 지층의 두께가 비정상적으로 두꺼우면 이는 이 퇴적물이 쌓인 장소가 퇴적 분지의 중심으로 지형적으로 가장 낮은 곳이라는 것을 가리킨다. 이와는 반대로 지층의 두께가 아주 얇으면 퇴적물이 쌓일 당시 지형적으로 퇴적 분지의 높은 장소였거나 혹은 퇴적물이 쌓인 후에 침식이 일어났었다는 것을 지시한다. 따라서 등층후도는 퇴적 분지에 퇴적물이 쌓이기 이전이나 쌓이는 동안의 분지의 지형적인 정보를 제공한다. 동일한 퇴적 분지에 여러 층서 단위에 대한 등층후도를 작성하면 시간에 따라 퇴적 분지의 구조가 어떻게 변하였는지에 대한 정보를 제공한다.

이 등층후도를 작성하기 위해서는 여러 지역의 노두에서 한 지층의 두께를 측정하거나 지하의 경우에는 여러 지점에서 실시된 지구물리 검층 자료에서 지층의 두께를 획득하여야 한다. 이러한 지층의 두께 자료는 기본 도면에 먼저 표시를 한 후에 등고선을 작성하여 구조 등고선도와 같은 방법으로 마무리를 한다. 등층후도의 예는 그림 22.19에 나타나 있다.

22.4.4 고지질도

고지질도(paleogeologic maps)는 특정한 층서 단위의 상·하의 지질 분포를 나타내는 도면이다. 예를 들면 특정한 지층의 한 암상을 나타내는 암석과 그 위에 쌓였던 지층을 걷어낸다면 우리는 이 지층이 어떤 암석 위에 쌓였는가를 알아볼 수 있다. 이러한 정보를 바탕으로 특정한 지층의 최상부에 분포하는 지층의 지질도를 작성할 수 있을 것이다. 역으로 특정한 지층의 최상부 위쪽에 분포하는 지층들의 지질도도 작성할 수 있을 것이다. 이러한 고지질도는 보통 부정합면을 중심으로 작성을 하지만 두드러지게 나타나는 층준의 상·하에 대하여 작성되기도 한다. 이 고지질도는 고수계의 발달 양상, 퇴적 분지의 충진 양상, 해안선의 이동, 또는 퇴적작용이 일어나기 이전에 존재하였던 지형이 점차 매몰되어 가는 과정 등에 대한 정보를 얻기 위하여 이용된다.

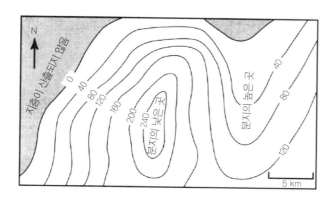

그림 22.19 어느 가상 지층의 등층후도 (Boggs, 2011). 지층의 두께는 등고선 간격이 40 m로 그려졌으며, 이 등층후도로 퇴적 분지의 깊은 부분과 높은 부분을 알아낼 수 있다.

22.4.5 암석상도

퇴적상도는 특정한 지층의 암상이나 화석의 특성에 대한 정보를 제공하는데, 이 퇴적상도에서 주로 이용되는 암석상도(lithofacies maps)에 대하여 설명한다. 화석의 특성을 이용하여 작성한 도면은 화석상도(biofacies maps)라고 한다. 암석상도를 작성하는 데에는 다양한 암석의 특성을 이용한다. 여기에는 쇄설성 퇴적물 대 비쇄설성 퇴적물의 비율, 동일한 암상의 등층후, 또는 사암, 셰일, 석회암의 세 성분을 이용한 이들의 상호 비율 등이 있다. 여기서는 이 중에서 쇄설물 비율도(clastic-ratio maps)와 세 성분 암상도(three-component lithofacies maps)에 대하여 소개한다.

쇄설물 비율도는 쇄설성 퇴적물과 비쇄설성 퇴적물의 두께 비를 이용하는데, 이 비율의 동일한 값은 등고선으로 표시하여 나타낸다. 이 비율의 계산에는 다음과 같은 식을 이용한다.

$$\frac{(역암 + 사암 + 셰일)}{(석회암 + 백운암 + 증발암)}$$

이 비율은 노두에서나 지하 자료의 여러 지점에서 계산되어 도면에 표시를 한다. 그런 다음 등층후도에서 그린 것처럼 등고선으로 마무리를 한다(그림 22.20). 쇄설물 비율도는 대체로 쇄설성 퇴적물과 비쇄설성 퇴적물이 같이 쌓이는 퇴적 분지의 가장자리에 대한 정보를 제공한다. 그렇지만 쇄설성 퇴적물의 기원지 위치에 대한 정보는 제한적으로 알아볼 수 있다.

세 성분 암상도 특정한 지층에 들어있는 세 종류의 암상의 상대적인 산출에 대하여 무늬나 색을 이용하여 나타낸 것이다. 그림 22.21은 사암, 셰일과 석회암의 상대적인 두께의 자료를 이용하여 그린 지도이다. 이 세 성분의 암상은 삼각도표를 이용하여 각 성분들의 비율에 따라 구분을 하고 영역을 표시한 다음 각 영역에 따라 문양을 달리하거나 색으로 구분을 하여 도면에 표시를 한다. 도면에서는 그림 22.21에서 보는 바와 같이 쇄설물 비(CR)와 사암/셰일 비(SSR)를 도면에 더 표시하기도 한다.

이 밖에도 고수류를 분석하여 작성한 고수류도(paleocurrent maps)는 퇴적 분지의 퇴적물 공급 방향과 퇴적 분지의 사면의 위치에 대한 정보를 제공한다("5.6.3 고수류와 퇴적 구조" 참조).

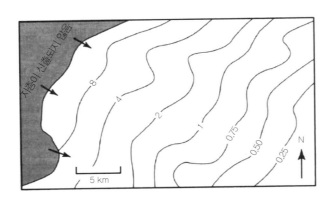

그림 22.20 가상적인 층서 단면의 쇄설성 비율도의 예(Boggs, 2011). 이 그림에서 이 비율이 남동쪽에서 북서쪽으로 가면서 증가를 하는데 북서쪽으로 가면서 쇄설성 퇴적물의 비율이 층서적으로 점차 높아진다는 것을 가리킨다. 이로 보아 퇴적물의 공급지는 아마도 북서쪽에 위치하였을 것으로 해석된다. 왼쪽에 있는 화살표는 예상되는 퇴적물의 운반 방향을 가리킨다.

그림 22.21 미국 남부의 백악기 Trinity 층군의 세 성분 암상도(Krumbein and Sloss, 1963의 원도를 이용한 Boggs, 2011). 이 지도의 북서쪽에는 쇄설성 퇴적물이 주로 쌓여있고 남동쪽에는 석회암이 주로 쌓였음을 알 수 있다.

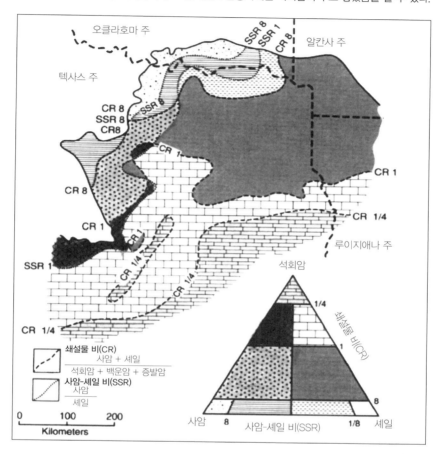

이상의 분지 해석의 자료는 특정한 지역의 전세계 해수면 변동, 조구조 작용과 퇴적작용 등에 관한 지질 역사를 밝히는 데 이용된다. 또한 분지 해석 자료는 석유 자원을 비롯한 지하자원의 탐사 측면에서 퇴적암의 경제적인 가치를 평가하는 데 이용되고 있다.

A

부록

입자의 모양을 기술하기 위하여 Blott와 Pye(2008)에 의해 제안된 조견표(visual comparison chart)로, 입자의 모양을 입자의 신장도(elongation), 납작도(flatness), 원마도(roundness), 원형도(circularity, 2차원), 구형도(sphericity, 3차원)와 불규칙도(irregularity)로 나누어 제시되었다.

입자의 신장도를 측정하기 위하여 3차원의 입자에서 중간축(I)과 장축(L)의 길이 비(I/L)를 이용하고, 납작도는 단축(S)과 중간축(I)의 길이 비(S/I)를 이용하였다. 원마도는 Wadell(1932)이 제안한 관계식(입자의 매 구석의 내접원 반경과 가장 큰 내접원의 반경의 평균 비율)을 이용하였으며, 원형도/구형도는 Riley(1941)이 제안한 $\frac{\sqrt{D_i}}{D_c}$(D_i = 가장 큰 내접원 직경; D_c = 가장 작은 외접원 직경)을 이용하였다. 불규칙도는 불규칙도 지수, $I_{(2D)} = y | x$(x = 가장 큰 내접원의 중심에서 가장 가까운 요면까지의 거리; y = 동일한 방향으로 가장 큰 내접원의 중심에서 가장 가까운 볼록한 곳까지의 거리)를 이용하여 계산한다. 그런데 y를 입자의 2차원 투영면에서 측정하기가 어려울 때는 $y = \frac{a \cos A + b \cos B}{2}$($a$와 b = 가장 큰 내접원의 중심에서 요면의 양 끝까지의 거리; A와 B = a와 x 사이의 각도, b와 x 사이의 각도)를 이용하여 계산한다.

좀더 자세한 내용은 다음의 참고문헌을 살펴보기 바란다.

Blott, S. J. and Pye, K., 2008, Particle shape: a review and new methods of characterization and classification. Sedimentology, v. 55, p. 31-63.

그림 A.1 입자의 신장도(elongation)와 납작도(flatness) 조견표. (A)는 직사각형 입자, (B)는 타원형 입자의 예.

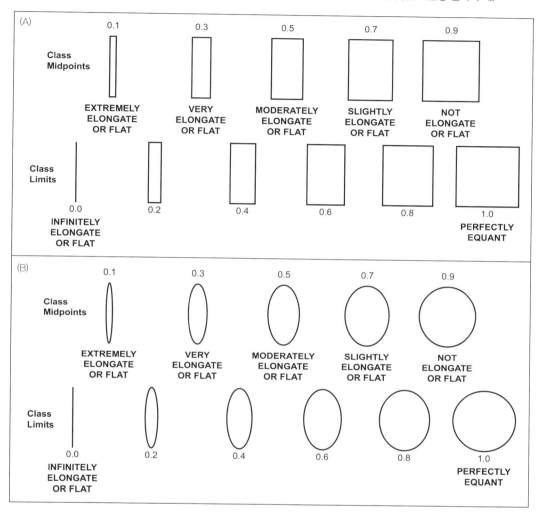

신장도			납작도		
l/L	Code	용어	S/l	Code	용어
0.0 ~ 0.2	5	아주 신장	0.2 ~ 0.0	5	아주 납작
0.2 ~ 0.4	4	매우 신장	0.4 ~ 0.2	4	매우 납작
0.4 ~ 0.6	3	중간 정도 신장	0.6 ~ 0.4	3	중간 정도 납작
0.6 ~ 0.8	2	약간 신장	0.8 ~ 0.6	2	약간 납작
0.8 ~ 1.0	1	신장되지 않음	1.0 ~ 0.8	1	납작하지 않음

그림 A.2 입자의 원마도(roundness)와 납작도(flatness) 추정 조견표, (A)는 직사각형 입자, (B)는 타원형 입자의 예.

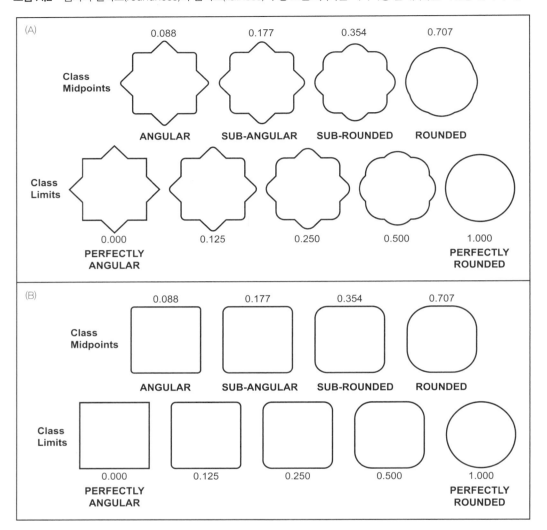

	원마도(Wodel, 1932에 의함)	
	구간 경계	기하 중간점
각이 진	0 ~ 0.125	0.09
아각형	0.125 ~ 0.250	0.18
약간 원마원	0.250 ~ 0.500	0.35
원마원	0.500 ~ 1.000	0.71

그림 A.3 입자의 원형도(circularity, 2차원)와 구형도(shpericity, 3차원) 추정 조견표.

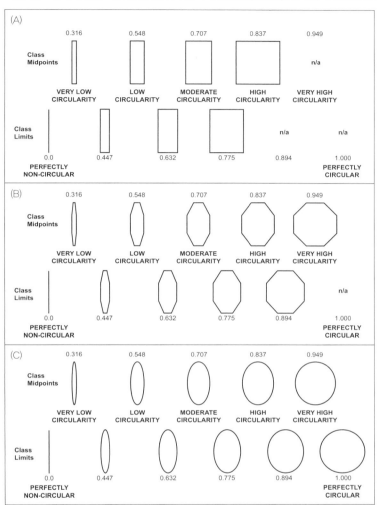

	원형도(Riley, 1942에 의함)	
	구간 경계	**기하 중간점**
매우 높은 원형도/구형도	0.894 ∼ 1.000	0.949
높은 원형도/구형도	0.775 ∼ 0.894	0.837
중간 정도 원형도/구형도	0.632 ∼ 0.775	0.707
낮은 원형도/구형도	0.447 ∼ 0.632	0.548
매우 낮은 원형도/구형도	0.000 ∼ 0.447	0.316

그림 A.4 입자의 불규칙도(irregularity) 추정 조견표. (A) 4방향의 별 모양 입자, (B) 8방향의 별 모양 입자, (C) 16방향의 별 모양 입자 예.

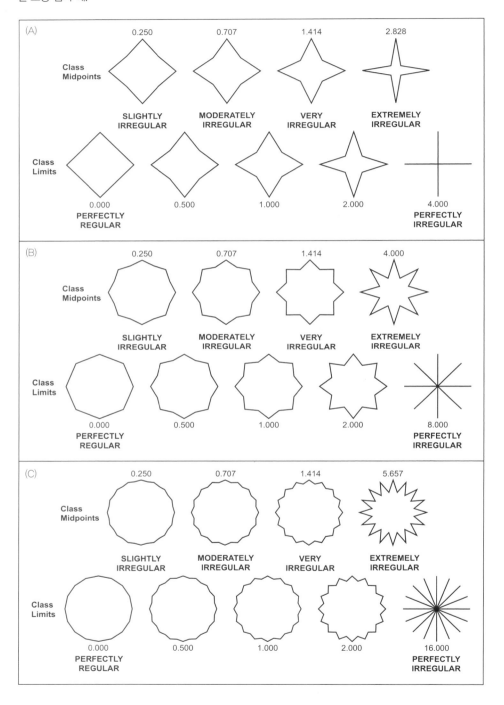

Reference
참고문헌

이승현, 이용일, 윤호일, 강천윤, 김예동, 2003, 제주도 서귀포 지역 후기 플라이스토세 호수 퇴적물에서 남철석 산출. 지질학회지, v. 39, p. 133-142.

Abbott, P. L. and Peterson, G. L., 1978, Effects of abrasion durability on conglomerate clast populations: Examples from Cretaceous and Eocene conglomerate of the San Diego area, California. Journal of Sedimentary Petrology, v. 48, p. 31-42.

Abdel Wahab, A., 1998. Diagenetic history of Cambrian quartzarenites, Ras Dib-Zeit Bay area, Gulf of Suez, eastern desert, Egypt. Sedimentary Geology, v. 121, p. 121-140.

Adams, A. E. and MacKenzie, W. S., 1998, *A Color Atlas of Carbonate Sediments and Rocks Under the Microscope*. Mason Publishing, 180p.

Ager, D. V., 1973, *The Nature of the Stratigraphical Record*. Macmillan, London. 114p.

Ahlbrandt, T. S. and Fryberger, S. G., 1982, Introduction to eolian deposits. In: Scholle, P. A. and Spearing, D. (Eds.), *Sandstone Depositional Environments*. American Association of Petroleum Geologists. Memoir 31, pp. 11-47.

Aigner, T. and Reineck, H. E., 1982, Proximality trends in modern storm sands from the Helegoland Bight (North Sea) and their implications for basin analysis. Senckenbergiana maritime, v. 14, p. 183-215.

Ainsworth, R. B., Hasiotis, S. T., Amos, K. J., Krapf, C. B. E., Payenberg, T. H. D., Sandstrom, M. L., Vakarelov, B. K. and Lang, S. C., 2012, Tidal signatures in an intracratonic playa lake. Geology, v. 40, p. 607-610.

Akhtar, K. and Ahmad, A.H.M., 1991, Single-cycle cratonic quartz arenites produced by tropical weathering: the Nimar sandstone (Lower Cretaceous), Narmada Basin, India. Sedimentary Geology, v. 71, p. 23-32.

Alonso-Zarza, A. M. and Tanner, L. H., (Eds.), Gierlowski-Kordesch, E. H., 2010, Lacustrine Carbonates. In: *Carbonates in Continental settings: Facies, Environments and Processes*. Developments in Sedimentology 61, Elsevier, pp. 1-102.

Allen, C. R., 1975, Geological criteria for evaluating seismicity. Geological Society of America Bulletin, v. 86, p. 1041-1057.

Allen, J. R. L., 1982, *Sedimentary Structures: Their Character and Physical Basis. Developments in Sedimentology 30-A*: Elsevier, 593p.

Allen, J. R. L., 1985, *Principles of Physical Sedimentology*: London, Unwin Hyman, 272p.

Allen, P. A. and Allen, J. R., 2013, *Basin Analysis-Principles and Applications to Petroleum Assessment*. 3rd Ed., Oxford, Wiley-Blackwell, 632p.

Allen, S. R. and McPhie, J., 2009, Products of nepunian eruptions. Geology v. 37, p. 639-642.

Alvarez, W., Staley, E., O'Connor, D. and Chan, M. A., 1998, Synsedimentary deformation in the Jurassic of southeastern Utah -a case of impact shaking? Geology, v. 26, p. 579-582.

Anand, A. and Jain, A. K., 1987, Earthquakes and deformational structures (seismites) in Holocene sediments from the Himalayan-Andaman Arc, India. Tectonophysics, v. 133, p. 105-120.

Arnott, R. W. C., 1993, Quasi-planar-laminated sandstone beds of the Lower Cretaceous Bootlegger Member, north-central Montana: evidence of combined-flow sedimentation. Journal of Sedimentary Petrology, v. 63, p. 488-494.

Arp, G., Thiel, V., Reimer, A., Michaelis, W. and Reitner, J., 1999, Biofilm exopolymers control microbialite formation at thermal springs discharging into the alkaline Pyramid Lake, Nevada, USA. Sedimentary Geology, v. 126, p. 159-176.

Astin, T. R. and Rogers, D. A., 1991, "Subaqueous shrinkage cracks" in the Devonian of Scotland reinterpreted. Journal of Sedimentary Petrology, v. 61, p. 850-859.

Avigad, D., Sandler, A., Kolondner, K., Stern, R. J.,

McWilliams, M., Miller, N. and Beyth, M., 2005. Mass production of Cambro-Ordovician quartz-rich sandstone as a consequence of chemical weathering of Pan-African terranes: environmental implications. Earth and Planetary Science Letters, v. 240, p. 818-826.

Balthasar, U., Cusack, M., Faryma, L., Chung, P., Holmer, L. E., Jin, J., Percival, I. G. and Popov, L. E., 2011, Relic aragonite from Ordovician-Silurian brachiopods: Implications for the evolution of calcification. Geology, v. 39, p. 967-970.

Banks, N. G., 1970, Nature and origin of early and late cherts in the Leadville Limestone, Colorado. Geological Society of America Bulletin, v. 81, p. 3033-3048.

Barwis, J. H. and Hayes, M. O., 1979, Regional patterns of modern barrier island and tidal inlet deposits as applied to paleoenvironmental studies. In: Ferm, J. C. and Horne, J. C. (Eds.), *Carboniferous Depositional Environments in the Appalachian Region.* University of South Carolina, Carolina Coal Group, pp. 472-498.

Basu, A., 1981, Weathering before the advent of land plants: Evidence from unaltered detrital K-feldspars in Cambrian-Ordovician arenites. Geology, v. 9, p. 132-133.

Basu, A., Schieber, J., Patranabis-Deb, S. and Dhang, P. C., 2013, Recycled detrital quartz grains are sedimentary rock fragments indicating unconformitites: examples from the Chhattisgarh Supergroup, Bastar craton, India. Journal of Sedimentary Research, v. 83, p. 368-376.

Bathurst, R. G. C., 1975, *Carbonate Sediments and their Diagenesis*: New York, Elsevier, 658p.

Baturin, G. N., 1971, Stages of phosphorite formation on the ocean floor. Nature, v. 232, p. 61-62.

Baturin, G. N., 1982, *Phosphorites on the Sea Floor: Origin, Composition and Distribution*: Amsterdam, Elsevier, 343p.

Beach, D. K. and Ginsburg, R. N., 1980, Facies succession, Plio-Pleistocene carbonates, northwestern Great Bahama Bank. American Association of Petroleum Geologists Bulletin, v. 64, p. 1634-1642.

Belderson, R. H., Johnson, M. A. and Kenyon, N. H., 1982, Bedforms. In: Stride, A. H. (Ed.), *Offshore Tidal Sands: Processes and Deposits*. Chapman and Hall, pp. 27-57.

Benzerara, K., Skouri-Panet, F., Li, J., Férard, C., Gugger, M., Laurent, T., Couradeau, E., Ragon, M., Cosmidis, J., Menguy, N., Margaret-Oliber, I., Tavera, R., López-García, P. and Moreira, D., 2014, Intracellular Ca-carbonate biomineralization is widespread in cyanobacteria. Proceedings of National Academy of Sciences, v. 111, p. 10933-10938.

Berger, G., Velde, B. and Aigouy, 1999, Potassium sources and illitization in Texas Gulf Coast shale diagenesis. Journal of Sedimentary Research, Section A, v. 69, p. 151-157.

Bergman, K. M. and Snedden, J. W. (Eds.), 1999, *Isolated shallow marine sand bodies: Sequence stratigraphic analysis and sedimentologic interpretation*. Society for Sedimentary Geology SEPM Special Publication No 64, 362p.

Berner, R. A., 1971, *Principles of Chemical Sedimentology.* McGraw-Hill Book Co., New York, 240p.

Blair, T. C. and Bilodeau, W. L., 1988, Development of tectonic cyclothems in rift, pull-apart, and foreland basins: Sedimentary response to episodic tectonism. Geology, v. 16, p. 517-520.

Blair, T. C. and McPherson, J. G., 1992, Trollheim fan and facies models revisited. Geological Society of America Bulletin, v. 104, p. 762-769.

Blair, T. C. and McPherson, J. G., 1999, Grain-size and textural classification of coarse sedimentary particles. Journal of Sedimentary Research, v. 69, p. 6-19.

Blatt, H., 1987, Oxygen-isotopes and the origin of quartz. Journal of Sedimentary Petrology, v. 57, p. 373-377.

Blatt, H. and Jones, R. L., 1975, Proportions of exposed igneous, metamorphic, and sedimentary rocks. Geological Society of America Bulletin, v. 86, p. 1085-1088.

Blatt, H., Middleton, G. and Murray, R., 1980, *Origin of Sedimentary Rocks* (2nd Edition): Prentice-Hall, 782p.

Blott, S. J. and Pye, K., 2008, Particle shape: a review and new methods of characterization and classification. Sedimentology, v. 55, p. 31-63.

Boggs, S., Jr., 2011, *Principles of Sedimentology and Stratigraphy* (5th Edition). Prentice Hall, 585p.

Boggs, S., Jr., and Krinsley, D., 2010. *Application of Cathodoluminescence Imaging to the Study of Sedimentary Rocks*. Cambridge University Press, 165p.

Boggs, S., Jr., Krinsley, D. H., Goles, G. G., Seyedolali, A. and Dypvik, H., 2001, Identification of shocked quartz by scanning cathodoluminescence imaging. Meteoritics & Planetary Sciences, v. 36, p. 783-791.

Bohacs, K. M., Carroll, A. R. and Neal, J. E., 2003, Lessons from large lake systems – Thresholds, nonlinearity, and strange attractors. In: Chan, M. A. and Archer, A. W. (Eds.), *Extreme depositional environments: Mega end members in geologic time*. Boulder, Geological Society of America Special Paper 370, pp. 75-90.

Bohrman, G., Abelmann, A., Gersonde, R., Hubberten, H. and Kuhn, G., 1994, Pure siliceous ooze, a diagenetic environment for early chert formation. Geology v. 22, p. 207-210.

Boles, J. R. and Ramseyer, K., 1988, Albitization of plagioclase, vitrinite reflectance as paleothermal indicators, San Joaquin Basin. In: Graham, S. A. (Ed.), *Studies of the Geology of the San Joaquin Basin*. Society of Economic Paleontologists and Mineralogists Pacific Section v. 60, pp. 129-139.

Bontognali, T. R. R., Vasconcelos, C., Warthmann, R.

J., Bernasconi, S. M., Dupraz, C., Strohmenger, C. J. and McKenzie, J. A., 2010, Dolomite formation within microbial mats in the coastal sabkha of Abu Dhabi (United Arab Emirates). Sedimentology, v 57, p. 824-844.

Bosak, T., Souza-Egipsy, V. and Newman, D. K., 2004, A laboratory model of abiotic peloid formation. Geobiology, v. 2, p. 189-198.

Botz, R. and Bohrman, G., 1991, Low temperature opal-CT precipitation in Antarctic deep sea sediments: Evidence from oxygen isotopes. Earth and Planetary Science Letters v. 107, p. 612-617.

Boyd, R., Ruming, K., Goodwin, I., Sandstrom, M. and Schröder-Adams, C., 2008, Highstand transport of coastal sand to the deep ocean: A case study from Fraser Island, southeast Australia. Geology, v. 36, p. 15-18.

Boyd, R., Dalrymple, R. and Zaitlin, B. A., 1992, Classification of clastic coastal depositional environments. Sedimentary Geology, v. 80, p. 139-150.

Bowman, D., Korjenkov, A. and Porat, N., 2004, Late Pleistocene seismites from Lake Issyk-Kul, the Tien Shan range, Kyrghyzstan. Sedimentary Geology, v. 50, p. 3-26.

Bowman, D., Korjenkov, A. and Porat, N., 2004, Late Pleistocene seismites from Lake Issyk-Kul, the Tien Shan range, Kyrghyzstan. Sedimentary Geology, v. 163, p. 211-228.

Bryer, J.A. and Bart, H.A., 1978, The composition of fluvial sands in a temperature semiarid region. Journal of Sedimentary Petrology, v. 78, p. 1311-1320.

Budai, J. M., Lohmann, K. C. and Owen, R. M., 1984, Burial dedolomite in the Mississippian Madison Limestone, Wyoming and Utah thrust belt. Journal of Sedimentary Petrology, v. 54, p. 276-286.

Busby, C. J. and Ingersoll, R. V. (Eds.), 1995, *Tetonics of Sedimentary Basins.* Blackwell Science, 592p.

Busby, C. J. and Azor, A. (Eds.), 2012, *Tectonics of Sedimentary Basins: Recent Advances.* Wiley-Blackwell, 664p.

Buttler, G. P., Harris, P. M. and Kendall, C. G. St. C., 1982, Recent evaporites from the Abu Dhabi coastal flats. In: Handford, C. R., Loucks, R. G. and Davies, G. R. (Eds.), *Deposition and Diagenetic Spectra of Evaporites.* Society of Economic Paleontologists and Mineralogists Core Workshop 3, pp. 33-64.

Bullard, J. E., McTanish, G. H. and Pudmenzky, C., 2004, Aeolian abrasion and modes of fine particle production from natural red dune sands: an experimental study. Sedimentology v. 51, p. 1103-1125.

Burbank, D. W., Beck, R. A., Raynolds, R. G. H., Hobbs, R. and Tahirkheli, R. A. K., 1988, Thrusting and gravel progradation in foreland basins: a test of post-thrusting gravel dispersal. Geology 16, 1143-1146.

Capo, R. C., Whipkey, C. E., Blachere, J. R. and Chadwick, O. A., 2000, Pedogenic origin of

dolomite in a basaltic weathering profile, Kohala Peninsula, Hawaii. Geology, v. 28, p. 271-274.

Cas, R. A. F. and Wright, J. V., 1987, *Volcanic Successions: Modern and Ancient.* London, Unwin Hyman, 528p.

Catuneanu, O., 2006, *Principles of Sequence Stratigraphy.* Elsevier, 375p.

Catuneanu, O., Abreu, V., Bhattacharya, J. P., Blum, M. D., Dalrymple, R. W., Eriksson, P. G., Fielding, C. R., Fisher, W. L., Galloway, W. E., Gibling, M. R., Giles, K. A., Holbrook, J. M., Jordan, R., Kendall, C. G. St. C., Macurda, B., Martinsen, O. J., Miall, A. D., Neal, J. E., Nummedal, D., Pomar, L., Posamentier, H. W., Pratt, B. R., Sarg, J. F., Shanley, K. W., Steel, R, J., Strasser, A., Tucker, M. E. and Winker, C., 2009, Towards the standardization of sequence stratigraphy. Earth-Science Reviews, v. 92, p. 1-33.

Cheel, R. J. and Leckie, D. A., 1992, Coarse-grained storm beds of the Upper Cretaceous Chungo Member (Wapiabi Formation), southern Alberta, Canada. Journal of Sedimentary Petrology, v. 62, p. 933-945.

Church, M., 2006, Bed material transport and the morphology of alluvial river channels. Annual Review of Earth and Planetary Science, v. 34, p. 325-354.

Churchman, M. L., Clayton, R. N., Sridhar, K. and Jackson, M. L., 1976, Oxygen isotopic composition of aerosol size quartz in shales. Journal of Geophysical Research, v. 81, p. 381-386.

Clifton, H. E. and Dingler, J. R., 1984, Wave-formed structures and paleoenvironmental reconstruction. Marine Geology, v. 60, p. 165-198.

Cloud, P. E., Jr., 1962, *Environment of calcium carbonate deposition west of Andros Island, Bahamas.* United States Geological Survey Professional Paper 340, 138p.

Colburn, I. P., Abbott, P. L. and Minch, J. (Eds.), 1989, *Conglomerates in Basin Analysis*: A Symposium dedicated to A. O. Woodford: SEPM(Society for Sedimentary Geology) Pacific Section No. 62, 312p.

Coleman, J. M., 1981, *Deltas: Processes of Deposition and Models for Exploration.* 2nd Edition, IHRDC Publications, 124p.

Coleman, J. M. and Prior, D. B., 1982, Deltaic environments of deposition. In: Scholle, P. A. and Spearing, D. (Eds.), *Sandstone Depositional Environments.* American Association of Petroleum Geologists Memoir 31, pp. 139-178.

Compton, R. R., 1985, *Geology in the Field:* John Wiley & Sons, 398p.

Collinson, J. D. and Thompson, D. B., 1989, *Sedimentary Structures* (2nd Edition): London, Unwin Hyman, 207p.

Cooper, J. A. G., Jackson, D. W. T., Dawson, A. G., Dawson, S., Bates, C. R. and Ritchie, W., 2012, Barrier islands on bedrock: A new landform type demonstrating the role of antecedent topography on barrier form and evolution. Geology, v. 40, p. 923-

926.

Covault, J. A. and Graham, S. A., 2010, Submarine fans at all sea-level stands: Tectono-morphologic and climatic controls on terrigeneous sediment delivery to the deep sea. Geology, v. 38, p. 939-942.

Crowell, J. C., 2003, Introduction to geology of Ridge Basin, Southern California. In: Crowell, J. C. (Ed.), *Evolution of Ridge Basin, Southern California: an interplay of sedimentation and tectonics*. Geological Society of America Special Papers 367, pp. 1-15.

Curtis, C. D., 1978, Possible links between sandstone diagenesis and depth-related geochemical reactions occurring in enclosing mudstones. Journal of Geological Society of London, v. 135, p. 107-117.

Dalymple, R. W., 1992, Tidal depositional systems. In: Walker, R. G. and James, N. P. (Eds.), *Facies Models*. Geological Association of Canada, pp. 195-218.

Damuth, J. E. and Flood, R. D., 1985, Amazon Fan, Atlantic Ocean. In: Bouna, A. H., Normark, W. R. and Barnes, N. E. (Eds.), *Submarine Fans and Related Turbidite Systems*. Springer-Verlag, New York, pp. 97-106.

Davies, D. K. and Moore, W. R., 1970, Dispersal of Mississippi sediment in the Gulf of Mexico. Journal of Sedimentary Petrology, v. 40, p. 339-353.

Davies, T. A. and Gorsline, D. S., 1976, Oceanic sediments and sedimentary processes. In: Riley, J. P. and Chester, R. (Eds.), *Chemical Oceanography* 2nd Edition, Volume 5. Academic Press, pp. 1-80.

Dickinson, W. R. and Suczek, C. A., 1979, Plate tectonics and sandstone compositions. American Association of Petroleum Geologists, Bulletin, v. 63, p. 2164-2182.

Dickinson, W. R., 1985, Interpreting provenance relations from detrital modes of sandstones. In: Zuffa, G. G. (Ed.), *Provenance of Arenites*. Reidel, pp. 333-361.

Dickinson, W. R., 1995, Fore-arc basins. In: Busby, C, J. and Ingersoll, R. V. (Eds.), *Tectonics of Sedimentary Basins*. Blackwell Science, pp. 221-261.

Dicinison, W. W. and Milliken, K. L., 1995, The diagenetic role of brittle deformation in compaction and pressure solution, Etjo Sandstone, Namibia. Journal of Geology, v. 103, p. 339-347.

Dill, R. F., Shinn, E. A., Jones, A. T., Kelly, K. and Steinen, R. P., 1986, Giant subtidal stromatolites forming in normal salinity waters. Nature, v. 324, p. 55-58.

Donovan, R. N. and Foster, R. J., 1972, Subaqueous shrinkage cracks from the Caithness Falgstone Series (Middle Devonian) of northeast Scotland. Journal of Sedimentary Petrology, v. 42, p. 309-317.

Dott, R. H., Jr., and Bourgeois, J., 1983, Hummocky stratification: Significance of its variable bedding sequences. Reply. Geological Society of America Bulletin, v. 94, p. 1249-1251.

Drake, C. L. and Burk, C. A., 1974, Geological significance of continental margins. In: Burk, C. A. and Drake, C. L. (Eds.), *Geology of Continental Margins*. Springer-Verlag, pp. 3-12.

Dravis, J. J., 1983, Hardened subtidal stromatolites, Bahamas. Science, v. 219, p. 385-386.

Dunham, R. J., 1962, Classification of carbonate rocks according to depositional texture. In: Ham, W. E. (Ed.), *Classification of Carbonate Rocks*. American Association of Petroleum Geologists Memoir 1, pp. 108-121.

Dunoyer de Segonzac, G., 1970, The transformation of clay minerals during diagenesis and low-grade metamorphism: A review. Sedimentology, v. 15, p. 281-346.

Edmonds, D. A., Shaw, J. B. and Mohrig, D., 2011, Topset-dominated deltas: A new model for river delta stratigraphy. Geology, v. 39, p. 1175-1178.

Edwards, M. B., 1986, Glacial environments. In: Reading, H. G. (Ed.), *Sedimentary Environments and Facies*. Blackwell Scientific Publications, pp. 445-470.

Einsele, G., 2000, *Sedimentary Basins: Evolution, Facies, and Sediment Budget*. 2nd Ed., Berlin, Springer-Verlag, 803p.

Ekdale, A. A., Bromley, R. G. and Pemberton, S. G., 1984, *Ichnology: The Use of Trace Fossils in Sedimentology and Stratigraphy*: Society of Economic Paleontologists and Mineralogists Short Course Notes 15, 317p.

Elliot, T., 1986, Siliciclastic shorelines. In: Reading, H. G. (Ed.), *Sedimentary Environments and Facies*, 2nd Edition, Blackwell Scientific, pp. 155-188.

Enkelman, E., Weislogel, A., Ratschbacher, L., Eide, E., Renno, A. and Wooden, J., 2007. How was the Triassic Songpan-Ganzi basin filled? A provenance study. Tectonics, v. 26. DOI: 10.1029/2006TC002078.

Embry, A. F. and Johannessen, E. P., 1992, T-R sequence stratigraphy, facies analysis and reservoir distribution in the uppermost Triassic-Lower Jurassic succession, western Sverdrup Basin, Arctic Canada. In: (Vorren, T. O., Bergsager, E., Dahl-Stamnes, O. A., Holter, E., Johansen, B., Lie, E. and Lund, T. B. (Eds.), *Arctic Geology and Petroleum Potential*. Norwegian Petroleum Society (NPF), Special Publication, pp. 121-146.

Emery, K. O., 1968, Relict sediments on continental shelves of the world. American Association of Petroleum Geologists Bulletin, v. 52, p. 445-464.

Enos, P. and Perkins, R. D., 1977, *Quaternary Sedimentation in South Florida*. Geological Society of America Memoir 14, 198p.

Eriksson, K. A. and Simpson, E. L., 2000, Quantifying the oldest tidal record: The 3.2 Ga Moodies Group, Barberton Greenstone Belt, South Africa. Geology, v. 28, p. 831-834.

Eugster, H. P., 1967, Hydrous sodium silicates from Lake Magadi, Kenya: precursors of bedded chert. Science v. 157, p. 1177-1180.

Evans, J. E., 1991, Facies relationships, alluvial architecture, and paleohydrology of a Paleogene, humid-tropic alluvial-fan system: Chumstick Formation, Washington State, U.S.A. Journal of Sedimentary Petrology v. 61, p. 732-755.

Eyles, N., 1993, Earth's glacial record and its tectonic setting. Earth-Science Reviews, v. 35, p. 1-248.

Fielding, C. R., Allen, J. P., Alexander, J. and Gibling, M. R., 2009, Facies model for fluvial systems in the season tropics and subtropics. Geology, v. 37, p. 623-626.

Fisher, R. V., 1979, Models for pyroclastic surges and pyroclastic flows. Journal of Volcanology and Geothermal Research, v. 6, p. 305-318.

Fisher, R. V. and Schmincke, H. U., 1984, *Pyroclastic Rocks.* Berlin, Springer-Verlag, 472p.

Fisher, W. L., Brown, L. F., Scott, A. J. and McGowen, J. H., 1969, *Delta Systems in the Exploration for Oil and Gas.* University of Texas Bureau of Economic Geology, 78p.

Fischer, A. G., 1984, The two Phanerogoic supercycles. In: Berggren, W. A. and van Couvering, J. A. (Eds.), *Catastrophes in Earth History.* Princeton University Press, pp. 129-150.

Fitzsimmons, K. E., Magee, J. W. and Amos, K. J., 2009, Characterisation of aeolian sediments from the Strzelecki and Tirari Deserts, Australia: Implications for reconstructing palaeoenvironmental conditions. Sedimentary Geology, v. 218, p. 61-73.

Flügel, E., 1982, *Microfacies Analysis of Limestones*: Berlin, Springer-Verlag, 633p.

Flügel, E., 2009, *Microfacies of Carbonate Rocks: Analysis, Interpretation and Application.* Springer, 984p.

Folk, R. L., 1955, Student operator in determination of roundness, sphericity and grain size. Journal of Sedimentary Petrology, v. 25, p. 297-301.

Folk, R. L., 1962, Spectral subdivision of limestone types. In: Ham, W. E. (Ed.), *Classification of Carbonate Rocks.* American Association of Petroleum Geologists Memoir 1, pp. 62-84.

Folk, R. L., 1965, Some aspects of recrystallization in ancient limestones. In: Pray, L. C. and Murray, R. C. (Eds.), *Dolomitization and Limestone Diagenesis.* Society of Economic Paleontologists and Mineralogists Special Publication 13, pp. 14-48.

Folk, R. L., 1968, *Petrology of Sedimentary Rocks*: Hemphill's, 170p.

Folk, R. L., 1974, *Petrology of Sedimentary Rocks*: Austin, Texas, Hemphill Publishing Company, 185p.

Folk, R. L., 1980, *Petrology of Sedimentary Rocks* (2nd Edition): Hemphill's, 184p.

Folk, R. L. and Lynch, F. L., 2001, Organic matter, putative nanobacteria and the formation of ooids and hardgrounds. Sedimentology, v. 48, p. 215-229.

Fortuin, A. R. and Dabrio, C. J., 2008, Evidence for Late Messinian seismites, Nijar Basin, south-east Spain. Sedimentology, v. 55, p. 1595-1622.

Frakes, L. A., Francis, J. E. and Syktus, J. I., 1992, *Climate Modes of the Phanerozoic; The History of the Earth's Climate over the past 600 Million Years.*

Cambridge University Press, 274p.

Franzinelli, E. and Potter, P. E., 1983, Petrology, chemistry and texture of modern river sands, Amazon River system. Journal of Geology, v. 91, p. 23-39.

Frey, R. W. and Pemberton, S. G., 1984, Trace fossil facies models. In: Walker, R. G. (Ed.), *Facies Models.* 2nd Edition, Geoscience Canada, pp. 189-208.

Friedman, G. M. and Radke, B., 1979, Evidence for sabkha overprint and conditions of intermittent emergence in Cambrian-Ordovician carbonates of northeastern North America and Queensland, Australia. Northeastern Geology, v. 1, p. 18-42.

Friis, H., 1978, Heavy-mineral variability in Miocene marine sediments in Denmark: A combined effect of weathering and reworking. Sedimentary Geology, v. 21, p. 169-188.

Fryberger, S. G., Ahlbrandt, T. S. and Andrews, S., 1979, Origin, Sedimentary features, and significance of low-angle eolian "sand sheet" deposits, Great Sand Dunes National Monument and Vicinity, Colorado. Journal of Sedimentary Petrology, v. 49, p. 733-746.

Füchtbauer, H., 1958, Die Schuttungen im Chatt and Aquitan der Alpenvorlandsmolasse. Eclogae Geologicae Helvetiae, v. 51, p. 928-941.

Fursich, F. T., 1982, Rhythmic bedding and shell bed formation in the Upper Jurassic of east Greenland. In: G. Einsele and A. Seilacher (Eds.), *Cyclic and Event Stratification*, Springer-Verlag, p. 208-222.

Galloway, W. E., 1975, Process framework for describing the morphologic and stratigraphic evolution of deltaic depositional systems. In: Broussard, M. L. (Ed.), *Deltas: Models for Exploration.* Houston Geological Society, pp. 87-98.

Galloway, W. E., 1989, Genetic stratigraphic sequences in basin analysis, I. architecture and genesis of flooding-surface bounded depositional units. American Association of Petroleum Geologists Bulletin, v. 73, p. 125-142.

Galloway, W. E. and Hobday, D. K., 1983, *Terrigenous Clastic Depositional Systems.* Springer-Verlag, 423p.

Gani, M. R., 2004, A straightforward approach to sediment gravity flows and their deposits. The Sedimentary Record, v. 2 (3), p. 4-8.

Gaudette, H. E., Vitrac-Michard, A, and Allegre, C. J., 1981, North American Precambrian history recorded in a single sample: high resolution U-Pb systematics of the Potsdam sandstone detrital zircons, New York State. Earth and Planetary Science Letters, v. 54, p. 248-260.

Garver, J. I., Royce, P. R. and Smick, T. A., 1996, Chromium and nickel in shale of the Taconic foreland: a case study for the provenance of fine-grained sediments with an ultramific source. Journal of Sedimentary Research, v. 66, p. 100-106.

Gastaldo, R. A., 2004, The relationship between beform and log orientation in a Paleogene fluvial channel, Weißelster Basin, Germany: implications for the use of coarse woody debris for paleocurrent analysis. Palaios v. 19, p. 587-597.

Gibbs, R. J., Matthews, M. D. and Link, D. A., 1971, The relationship between sphere size and settling velocity. Journal of Sedimentary Petrology, v. 41, p. 7-18.

Gierlowski-Kordesch, E. H., 2010, Chapter 1. Lacustrine Carbonates. In: Alonso-Zarza, A. M. and Tanner, L. H. (Eds.), *Carbonates in Continental Settings, Facies, Environments and Processes*. Developments in Sedimentology 61, Elsevier, pp. 1-101.

Gili, E., Masse, J.-P. and Skelton, P. W., 1995, Rudists as gregarious sediment-dwellers, not reef-builders, on Cretaceous carbonate platforms. Palaeogeography, Palaeoclimatology, Palaeoecology, v. 118, p. 245-267.

Ginsburg, R. N., 1956, Environmental relationships of grain size and constituent particles in some south Florida carbonate sediments. American Association of Petroleum Geologists Bulletin, v. 40, p. 2384-2427.

Given, R. K. and Wilkinson, B. H., 1987, Dolomite abundance and stratigraphic age: constraints on rates and mechanisms of Phanerozoic dolostone formation. Journal of Sedimentary Petrology, v. 57, p. 1068-1078.

Glennie, K. W., 1972, Permian Rotliegendes of Northwest Europe interpreted in light of modern desert sedimentation studies. American Association of Petroleum Geologists Bulletin, v. 56, p. 1048-1071.

Goldring, R., 1964, Trace fossils and the sedimentary surface in shallow water marine sediments. In: Van Straaten, M. J. U. (Ed.), *Deltaic and Shallow Marine Deposits*. Elsevier, pp. 136-143.

Griffin, J. J., Windom, H. and Goldberg, E. D., 1968, The distribution of clay minerals in the World Ocean. Deep Sea Research and Oceanographic Abstracts, v. 15, p. 433-459.

Gromet, L. P., Dymek, R. F., Haskin, L. A. and Korotev, R. L., 1984, The "North American shale composite": Its composition, major and trace element characteristics. Geochemica Cosmochimica Acta, v. 48, p. 2469-2482.

Gross, G. A., 1996. Stratiform iron. In: Eckstrand, O. R., Sinclair, W. D. and Thorp, R. I. (Eds.), *Geology of Canadian Mineral Deposits, Geological Survey of Canada*. v. 8, pp. 41-54.

Grow, J. A., 1981, Structure of the Atlantic Margin of the United States. In: Bally, A. W. (Ed.), *Geology of Passive Continental Margins*. American Association of Petroleum Geologists Education Course Note Series 19, pp. 3-1-3-41.

Halfar, J., Godinez-Orta, L. and Ingle, J. C., Jr., 2000, Microfacies analysis of recent carbonate environments in the southern Gulf of California, Mexico-a model for warm-termperate to subtropica;

carbonate formation. Palaois, v. 15, p. 323-342.

Halfar, J., Zack, T., Kronz, A. and Zachos, J. C., 2000, Growth and high-resolution paleoenvironmental signals of rhodoliths (coralline red algae): A new biogenic archive. Journal of Geophysical Research, v. 105, p. 22107-22116.

Hall, A., 1998, Zeolitization of volcaniclastic sediments: the role of temperature and pH. Journal of Sedimentary Research, v. 68, p. 739-745.

Hallam, A., 1984, Pre-Quaternary sea-level changes. Annual Review of Earth and Planetary Sciences, v. 12, p. 205-243.

Hamade, T., Konhauser, K. O., Raiswell, R., Goldsmith, S. and Morris, R. C., 2003, Using Ge/Si ratios to decouple iron and silica fluxes in Precambrian banded iron formations. Geology, v. 31, p. 35-38.

Harris, P. T. and Whiteway, T., 2011, Global distribution of large submarine canyons: Geomorphic differences between active and passive continental margins. Marine Geology, v. 285, p. 69-86.

Hamblin, W. K., 1965, Internal structures of "homogeneous" sandstones. Kansas Geological Survey Bulletin, v. 175, p. 568-582.

Handford, C. R., Loucks, R. G. and Davies, G. R. (Eds.), 1982, *Depositional and Diagenetic Spectra of Evaporites*: SEPM(Society for Sedimentary Geology) Core Workshop No.3, 395p.

Harms, J. C., Southard, J. B. and Walker, R. G., 1982, *Structures and Sequences in Clastic Rocks*: Society of Economic Paleontologists and Mineralogists Short Course Notes 9, 249p.

Harms, J. C., Southard, J. B., Spearing, D. R., and Walker, R. G., 1975, *Depositional Environments interpreted from Primary Sedimentary Structures and Stratification Sequences*: SEPM(Society for Sedimentary Geology) Short Course Note No.2, 161p.

Harwood, J., Aplin, A. C., Fialips, C. I., Iliffe, J. E., Kozdon, R., Ushikubo, T. and Valley, J. W., 2013, Quartz cementation history of sandstones revealed by high-resolution SIMS oxygen isotope analysis. Journal of Sedimentary Research, 83, 522-530.

Hayes, M. O., 1979, Barrier island morphology as a function of tidal and wave regime. In: Leatherman, S. P. (Ed.), *Barrier Islands from the Gulf of St. Lawrence to the Gulf of Mexico*. Academic Press, pp. 1-27.

Hawley, N., 1981, Flume experiments on the origin of flaser bedding. Sedimentology, v. 28, p. 699-712.

Hedberg, H. D., 1970, Continental margins from viewpoint of the petroleum geologist. American Association of Petroleum Geologists Bulletin, v. 54, p. 3-43.

Hein, J. R. and Obradovic, J.(Eds.), 1989, *Siliceous Deposits of the Tethys and Pacific Regions*: New York, Springer-Verlag, 244p.

Heller, P. L., Angevine, C. L., Paola, C., Burbank, D. W., Beck, R. A. and Raynolds, R. G. H., 1989, Thrusting and gravel progradation in foreland basins: a test of post-thrusting gravel dispersal: comment and reply. Geology, v. 17, p. 959-961.

Hesse, R., 1975, Turbiditic and non-turbiditic mudstone of Cretaceous flysch sections of the East Alps and other basins. Sedimentology, v. 22, p. 387-416.

Hiroka, Y. and Terasaka, T., 2005, Wavy lamination in a mixed sand and gravel foreshore facies of the Pleistocene Hosoya Sandstone, Aichi, central Japan. Sedimentology, v. 52, p. 65-75.

Holser, W. T., 1977, Catastrophic chemical events in the history of the ocean. Nature 267, p. 403-408.

Holser, W. T., 1979, Mineralogy of evaporites: trace elements and isotopes in evaporites. In: Burns, R. G. (Ed.), Marine Minerals. Mineralogical Society of America, pp. 211-346.

Holland, C. H., 1998, Chronostratigraphy (global standard stratigraphy): A personal perspective. In: Doyle, P. and Bennett, M. R. (Eds.), Unlocking the Stratigraphic Record: Advances in modern Stratigraphy. John Wiley & Sons, pp. 383-392.

Hooke, R. L., 1967, Processes on arid-region alluvial fans. Journal of Geology, v. 75, p. 438-460.

Horita, J., Zimmermann, H. and Holland, H. D., 2002, Chemical evolution of seawater during the Phanerozoic: Implications from the record of marine evaporites. Geochemica Cosmochimica Acta, v. 66, p. 3733-3756.

Horowitz, A. S. and Potter, P. E., 1971, Introductory Petrography of Fossils. Springer-Verlag, 302p.

Hoyt, J. H., 1969, Chenier versus barrier: genetic and stratigraphic distinction. American Association of Petroleum Geologists Bulletin, v. 53, p. 299-306.

Iijima, A., 1988, Diagenetic transformation of minerals asexemplified by zeolites and silica minerals-a Japanese view. In: Chilingarian, G. V. and Wolf, K. H. (Eds.), Diagenesis II. Amsterdam and New York, Elsevier, Development of Sedimentology 43, pp. 147-211.

Iijima, A., Hein, J. R. and Siever, R.(Eds.), 1983, Siliceous Deposits in the Pacific Region: Amsterdam, Elsevier, 472p.

Ingersoll, R. V., 1983, Petrofacies and provenance of Late Mesozoic forearc basin, northern and central California. American Association of Petroleum Geologists Bulletin, v. 67, p. 1125-1142.

Ingersoll, R. V. and Busby, C. J., 1995, Tectonics of sedimentary basins. In: Busby, C. J. and Ingersoll, R. V. (Eds.), Tectonics of Sedimentary Basins. Blackwell Science, pp. 1-51.

Ingersoll, R. V., Kretchmer, A. G. and Valles, P. K., 1993, The effect of sampling scale on actualistic sandstone petrofacies. Sedimentology, v. 40, p. 937-953.

Jackson, D. I., Jackson, A. A., Evans, D., Wingfield, R. T. R., Barnes, R. P. and Arthur, M. J., 1995, The Geology of the Irish Sea. United Kingdom Offshore Regional Report of the British Geological Survey, HMSO.

Jackson, R. G., II., 1976, Depositional model of point bars in the lower Wabashi River. Journal of Sedimentary Petrology, v. 46, p. 579-594.

James, N. P., 1979, Reefs. In: Walker, R. G. (Ed.), Facies Models. Geoscience Canada Reprint Series 1, pp. 121-133.

James, N. P., 1983, Reef environment. In: Scholle, P. A., Bebout, D. G. and Moore, C. H. (Eds.), Carbonate Depositional Environments. American Association of Petroleum Geologists Memoir 33, pp. 345-440.

James, N. P., 1984, Shallowing-upward sequences in carbonates. In: Walker, R. G. (Ed.), Facies Models. Geoscience Canada Reprint Series 1, pp. 213-228.

Jenkyns, H. C., Gale, A. S. and Corfield, R. M., 1994, Carbon-and Oxygen-isotope stratigraphy of the English Chalk and Italian Scaglian and its palaeoclimatic significance. Geological Magazine, v. 131, p. 1-34.

Johnson, D. D. and Beaumont, C., 1995, Preliminary results from a planform kinematic model of orogen evolution, surface processes, and the development of clastic foreland basin Stratigraphy. In: Dorobek, S. L. and Ross, G. M. (Eds.), Stratigraphic Evolution of Foreland Basins. Society of Economic Paleontologists and Mineralogists Special Publication 52, pp. 3-24.

Johnsson, M. J., Stallard, R. F. and Meade, R. H., 1988, First-cycle quartz arenites in the Orinoco River basin, Venezuela and Colombia. Journal of Geology, v. 96, p. 263-277.

Kappler, A., Pasquero, C., Konhauser, K. O. and Newman, D. K., 2005, Deposition of banded iron formation by anoxygeneic phototrophic Fe(II)-oxidizing bacteria. Geology, v. 33, p. 865-868.

Kendall, A. C., 1984, Evaporites. In: Walker, R. G. (Ed.), Facies Models. Geoscience Canada Reprint Series 1, pp. 259-296.

Kennedy, M. J. and Wagner, T., 2011, Clay mineral continental amplifier for marine carbon sequestration in a greenhouse ocean. Proceedings of National Academy of Sciences, USA. v. 108, p. 9776-9781.

Kennedy, S. K. and Arikan, F., 1990, Spalled quartz overgrowths as a potential source of silt. Journal of Sedimentary Research, v. 60, p. 438-444.

Kennet, J. P. and Fackler-Adams, B. N., 2000, Relationship of clathrate instability to sediment deformation in the upper Neogene of California. Geology, v. 28, p. 215-218.

Kenyon, N. H., 1970, Sand ribbons of Eurpean tidal seas. Marine Geology, v. 9, p. 25-39.

Kezao, C. and Bowler, J. M., 1985. Preliminary study on sedimentary characteristics and evolution of paleoclimate of Qarhan Salt Lake, Qaidam Basin. Scientia Sinica (Series B), v. 28, p. 1218-1232.

Kim, J. C., Lee, Y. I. and Paik, I. S., 1992, The genesis of nodular limestones in the Lower Ordovician Dumugol Formation, Korea. Journal of Geological Society of Korea, v. 28, p. 131-141.

Kim, Y. and Lee, Y. I., 2000, Ironstones and green marine clays in the Dongjeom Formation (Early

Ordovician) of Korea. Sedimentary Geology, v. 130, p. 65-80.

Kim, Y. and Lee, Y. I., 2002, Radiaxial fibrous calcit as low-magnesian calcite precipitated in a marine-meteoric mixing zone. Sedimentology, v. 50, p. 731-742.

Klein, G. deV., 1970, Depositional and dispersal dynamics of intertidal sand bars. Journal of Sedimentary Petrology, v. 40, p. 1095-1127.

Klein, G. deV., 1977, *Clastic Tidal Facies.* IHRDC Publications, 149p.

Klein, G. deV., Park, Y. A., Chang, J. H. and Kim, C. S., 1982, Sedimentology of a subtidal, tide-dominated sand body in the Yellow Sea, Southwest Korea. Marine Geology, v. 50, p. 221-240.

Kneller, B. C. and Branney, M. J., 1995, Sustained high-density turbidity currents and the deposition of thick massive sands. Sedimentology v. 42, p. 607-616.

Koster, E. H. and Steel, R. J. (Eds.), 1984, *Sedimentology of Gravels and Conglomerates*: Canadian Society of Petroleum Geologists Memoir No.10, 441p.

Kocurek, G., 1999, The aeolian rock record. In: Goudie, A. S., Livingstone, I. and Stokes, S. (Eds.), *Aeolian Environments, Sediments and Landforms.* Wiley, pp. 239-259.

Krause, S., Liebetrau, V., Gorb, S., Sánchez-Román, M., McKenzie, J. A. and Treude, T., 2012, Microbial nucleation of Mg-rich dolomite in exopolymeric substances under anoxic modern seawater salinity: New insight into an old enigma. Geology, v. 40, p. 587-590.

Krinsley, D., 1998, Models of rack vanish formation constrained by high resolution transmission electron microscopy. Sedimentology, v. 45, p. 711-725.

Krumbein, W. C., 1934, Size frequency distributions of sediments. Journal of Sedimentary Petrology, v. 4, p. 65-77.

Krynine, P. D., 1936, Geomorphology and sedimentation in the humid tropics. American Journal of Sciences, v. 32, p. 297-306.

Krynine, P. D., 1940, *Petrology and genesis of the third Bradford sand*: Pennsylvania State University, Mineral Industries Experiment Station Bulletin 29, 134p.

Kump, L. R. and Barley, M. E., 2007, Increased subaerial volcanism and the rise of atmospheric oxygen 2.5 billion years ago. Nature, v. 448, p. 1033-1036.

Kunkle, R. P., 1958, Permian Stratigraphy of the Paradox Basin. In: Sanborn, A. F. (Ed.), *Guidebook to the Geology of the paradox Basin.* Intermountain Association of Petroleum Geologists, Ninth Annual Field Conference, pp. 163-168.

Land, L. S., 1973, Holocee meteoric dolomitization of Pleistocene limestones, North Jamaica. Sedimentology, v. 20, p. 411-424.

Land, L. S., 1985, The origin of massive dolomite. Journal of Geological Education, v. 33, p. 112-125.

Land, L. S., 1991, Dolomitization of the Hope Gate Formation (North Jamaica) by seawater: reassessment of mixing zone dolomite. In: Taylor, H. P., O'Neil, J. R., and Kaplan, I. R. (Eds.), *Stable Isotope Geochemistry: A Tribute to Samuel Epstein.* Geochemical Society Special Publication vol. 3, pp. 121–133.

Lasaga, A. C., 1995, Fundamental approaches in describing mineral dissolution and precipitation rates. In: White, A. F. and Brantley, S. L. (Eds.), Chemical Weathering Rates of Silicate Minerals. Mineralogical Society of America, Reviews in Mineralogy, v. 31, p. 23-86.

Lazarus, E. D. and Constantine, J. A., 2013. Generic theory for channel sinuosity. Proceedings of National Academy of Sciences, v. 110, p. 8447-8452.

Leckie, D. A. and Krystinik, L. F., 1989, Is there evidence for geostrophic currents preserved in the sedimentary record of inner to middle shelf deposits? Journal of Sedimentary Petrology, 59, p. 862-870.

Lee, Y. I., 2002, Provenance derived from the geochemistry of late Paleozoic-early Mesozoic mudrocks of the Pyeongan Supergroup, Korea. Sedimentary Geology, v. 149, p. 219-235.

Lee, Y. I., Choi, T., and Orihashi, Y., 2012, Detrital zircon U-Pb ages of the Jangsan Formation in the northeastern Okcheon belt, Korea and its implications for material source, provenance, and tectonic setting. Sedimentary Geology, v. 282, p. 256-267.

Lee, Y. I. and Hisada, K., 1999, Stable isotopic composition of pedogenic carbonates of the Early Cretaceous Shimonoseki Subgroup, W. Honshu, Japan. Palaeogeography Palaeoclimatology Palaeoecology, v. 153, p. 127-138.

Lee, Y. I., Yi, J. and Choi, T., Provenance analysis of Lower Cretaceous Sindong Group sandstones in the Gyeongsang Basin, Korea using integrated petrography, quartz SEM-cathodoluminescence, and zircon Zr/Hf analysis. Journal of Sedimentary Research (in press).

Leeder, M., 1996, *Sedimentology and Sedimentary Basins*. Blackwell Sciences, 592p.

Lees, A., 1975, Possible influence of salinity and temperature on modern shelf carbonate sedimentation. Marine Geology, v. 19, p. 159-198.

Leighton, M. W. and Kolata, D. R., 1990, Selected interior cratonic basins and their place in the scheme of global tectonics. In: Leighton, M. W., Kolata, D. R. and Oltz, D. F. (Eds.), *Interior Cratonic Basins.* American Association of Petroleum Geologists Memoir 51, pp. 729-797.

Lenz, A. C., Edwards, L. E. and Pratt, B. R., 2001, Note 64, a revision to the 1983 North American Stratigraphic Code, American Association of Petrolecium Geologists, v.85, p.372-375.

Li, Z., Goldstein, R. H. and Franseen, E. K., 2013, Ascending freshwater-mesohaline mixing: a new scenario for dolomitization. Journal of Sedimentary Research, v. 83, p. 277-283.

Longman, M. W., 1981, A process approach to recognizing facies of reef complexes. In: Toomey, D. F. (Ed.), *European Fossil Reef Models*. Society of Economic Paleontologists and Mineralogists Special Publication 30, pp. 9-40.

Logan, B. W., Rezak, R. and Ginsburg, R. N., 1964, Classification and environmental significance of algal stromatolites. Journal of Geology, v. 72, p. 62-83.

Lowe, D. R., 1979, Sediment gravity flows: their classification and some problems of application to natural flows and deposits. In: Doyle, L. J. and Pilkey, J. H. (Eds.), *Geology of Continental Slopes*. Society of Economic Paleontologists and Mineralogists Special Publication 27, pp. 75-82.

Lowe, D. R., 1982, Sediment gravity flows II: Depositional models with special reference to the deposits of high-density turbidity currents. Journal of Sedimentary Petrology, v. 52, p. 279-297.

Lowe, J. J. and Walker, M. J. C., 1997, *Reconstructing Quaternary Environments* (2nd Edition): Longman, 446p.

Lowenstam, H. A. and Epstein, S., 1957, On the origin of sedimentary aragonite needles of the Great Bahama Bank. Journal of Geology, v. 65, p. 364-375.

Lynch, F. L., Mack, L. E., and Land, L. S., 1997, Burial diagenesis of illite/smectite in shales and the origins of authigenic quartz and secondary porosity in sandstones. Geochimica et Cosmochimica Acta, v. 61, p. 1995-2006.

Lyons, T. W., 1988, Color and fetidness in fine-grained carbonate rocks. Geological Society of America Abstracts with Programs, v 20, no. 7, p. A211.

Lyons, T. W., Reinhard, C. T. and Planavsky, N. J., 2014, The rise of oxygen in Earth's early ocean and atmosphere. Nature, v. 506, p. 307-315.

Macintyre, I. G. and Reid, R. P., 1992, Comment on the origin of aragonite needle mud: A picture is worth a thousand words. Journal of Sedimentary Petrology, v. 62, p. 1095-1097.

Mackenzie, F. T. and Morse, J. W., 1992, Sedimentary carbonates through Phanerozoic time. Geochimica et Cosmochimica Acta, v. 56, p. 3281-3295.

Maguregiu, J. and Tyler, N., 1991, Evolution of Middle Eocene tide-dominated deltaic sandstones, Lagunillas field, Maracaibo Basin, western Venezuela. In: Miall, A. D. and Tyler, N. (Eds.), *The Three-Dimensional Facies Architecture of Temgenous Clastic Sediments and its Implications for Hydrocarbon Discovery and Recovery*. Society of Economic Paleontology and Mineralogists Concepts in Sedimentology and Paleontology 3, pp. 233-244.

Makaske, B., 2001, Anastomosing rivers: a review of their classification, origin and sedimentary products. Earth-Science Reviews, v. 23, p. 149-196.

Maliva, R.G., Knoll, A.H. and Simonson, B.M., 2005, Secular change in the Precambrian silica cycle: Insights from chert petrology. Geological Society of America Bulletin, v. 117, p. 835-845.

Marshall, J. R. (Ed.), 1987, *Clastic Particles: Scanning Electron Microscopy and Shape Analysis of Sedimentary and Volcanic Clasts*: New York, Van Nostrand Reinhold, 346 p.

Matsuda, J. I., 2000, Seismic deformation structures of the post-2300 a BP muddy sediments in Kawachi lowland plain, Osaka, Japan. Sedimentary Geology, v. 135, p. 99-116.

Matthews, R. K., 1984, *Dynamic Stratigraphy*. (2nd Ed.). Prentice-Hall, 489p.

Maynard, J. G., Valloni, R. and Yu, H. S., 1982, Composition of modern deep-sea sands from arc-related basins. In: Leggett, J. (Ed.), *Trench and Fore-Arc Sedimentation*. Geological Society of London Special Publication 10, pp. 551-561.

Mazzullo, J., Alexander, A., Tieh, T. and Menglin, D., 1992, The effects of wind transport on the shapes of quartz silt grains. Journal of Sedimentary Petrology, v. 62, p. 961-971.

Mazzullo, S. J., Bischoff, W. D and Teal, C. S., 1995, Holocene shallow-subtidal dolomitization by near-normal seawater, northern Belize. Geology, v. 23, p. 341-344.

McArthur, J. M., Howarth, R. J. and Shields, G. A., 2012, Strontium isotope stratigraphy. In: Gradstein, F. M., Ogg, J. G., Schmitz, M. and Ogg, G. (Eds.), *The Geologic Time Scale 2012*. Elsevier, pp. 127-144.

McBride, E. F., 1987, Diagenesis of the Maxon sandstone (Early Cretaceous), Marathon region, Texas: A diagenetic quartzarenite. Journal of Sedimentary Petrology, v. 57, p. 98-107.

McBride, E. F. and Picard, M. D., 1987, Downstream changes in sand composition, roundness, and gravel size in a short-headed, high-gradient stream, northwestern Italy. Journal of Sedimentary Petrology, v. 57, p. 1018-1026.

McBride, E. F., Shepherd, R. G. and Crawley, R. A., 1975, Origin of parallel, near-horizontal laminae by migration of bed forms in a small plume. Journal of Sedimentary Petrology, v. 45, p. 132-139.

McPhie, J., Doyle, M. and Allen, R., 1993, *Volcanic Textures: A guide to the interpretation of textures in volcanic rocks*. University of Tasmania, 196p.

McKie, T., 1994, Geostrophic versus friction-dominated storm flow: paleocurrent evidence from the Late Permian Brotherton Formation, England. Sedimentary Geology, 93, p. 73-84.

Meinhold, G., Anders, B., Kostopoulos, D. and Reischmann, T., 2008, Rutile chemistry and thermometry as provenance indicator: An example from Chios Island, Greece. Sedimentary Geology, v. 203, p. 98-111.

Meister, P., Gutjahr, M., Frank, M., Bernasconi, S. M., Vasconcelos, C., and McKenzie, J. A., 2011, Dolomite formation within the methanogenic zone induced by tectonically driven fluids in the Peru accretionary prism. Geology, v. 39, p. 563-566.

Melim, L., Swart, P. K. and Maliva, R. G., 1995,

Meteoric-like fabrics forming in marine waters: Implications for the use of petrography to identify diagenetic environments. Geology, v. 23, p. 755-758.

Miall, A. D., 1996, *The Geology of Fluvial Deposits.* Springer-Verlag, 582p.

Miall, A. D., 2010, *Principles of Sedimentary Basin Analysis.* 3rd, updated and enlarged Ed., New York, Springer-Verlag, 637p.

Middleton, G. V., 1973, Johannes Walther's Law of the Correlation of Facies. Geological Society of America Bulletin, v. 84, p. 979-988.

Middleton, G. V. and Southard, J. B., 1977, *Mechanics of Sediment Movement*: Society of Economic Paleontologists and Mineralogists Short Course Notes 3, 251p.

Middleton, G. V. and Southard, J. B., 1984, *Mechanics of Sediment Movement*: SEPM(Society for Sedimentary Geology) Eastern Section Short Course Notes No.3, 251p.

Miller, C. R., James, N. P. and Kyser, T. K., 2013, Genesis of blackened limestone clasts at late Cenozoic subaerial exposure surfaces, southern Australia. Journal of Sedimentary Research, v. 83, p. 339-353.

Milliken, K.L. and Laubach, S.E., 2000, Brittle deformation in sandstone diagenesis as revealed by scanned cathodoluminescence imaging with application to characterization of fractured reservoirs. In: Pagel, M., Barbin, V., Blanc, P. and Ohnenstetter, D. (Eds.), *Cathodoluminescence in Geosciences*, Springer-Verlag, Berlin, pp. 225-244.

Milliman, J. D., 1974, *Marine Carbonates.* Springer-Verlag, 375p.

Milliman, J. D., Freile, D., Steinen, R. P. and Wilber, R. J., 1993, Great Bahama Bank aragonite muds: Mostly inorganically precipitated, mostly exported. Journal of Sedimentary Petrology, v. 63, p. 589-595.

Mills, P. C., 1983, Genesis and diagnostic value of soft-sediment deformation structures-a review. Sedimentary Geology, v. 35, p. 83-104.

Mitchell, M. M., 1997, Identification of multiple detrital sources for Otway Supergroup sedimentary rocks: implications for basin models and chronostratigraphic correlations. Australian Journal of Earth Sciences, v. 44, p. 743-750.

Moncure, G. K., Lahann, R. W., and Siebert, R. M., 1984, Origin of secondary porosity and cement distribution in a sandstone/shale sequence from the Frio Formation(Oligocene). In: MacDonald, D. A. and Surdam, R. C. (Eds.), *Clastic Diagenesis*, American Association of Petroleum Geologists, Memoir 37, p. 151-161.

Monecke, K., Finger, W., Klarer, D., Kongko, W., McAdoo, B., Moore, A. L. and Sudrajat, S. U., 2008, A 1000-year sediment record of tsunami recurrence in northern Sumatra. Nature, v. 455, p. 1232-1234.

Montañez, I. P., Osleger, D. A., Banner, J. L., Mack, L. E. and Musgrove, M. L., 2000, Evolution of the Sr and C isotope composition of Cambrian Oceans.

GSA Today, v. 10, p. 1-7.

Monty, C. L. V., 1976, The origin and development of cryptalgal fabrics. In: Walter, M. R. (Ed.), Stromatolites. Elsevier, Developments in Sedimentology 20, pp. 193-249.

Moreira, N. F., Walter, L. W., Vasconcelos, C., McKenzie, J. A., and McCall, P. J., 2004, Role of sulfide oxidation in dolomitization: sediment and pore-water geochemistry of a modern hypersaline lagoon system. Geology, 32, p. 701-704.

Moretti, M. and Sabato, L., 2007, Recognition of trigger mechanisms for soft-sediment deformation in the Pleistocene lacustrine deposits of the Sant'Arcangelo Basin (Southern Italy): seismic shocks versus overloading. Sedimentary Geology, v. 196, p. 31-45.

Morey, G. W., Fournier, R. O. and Rowe, J. J., 1964, The solubility of amorphous silica at 25°C. Journal of Geophysical Research, v. 69, p. 1995-2002.

Morrow, O. W., 1982, Diagenesis I: Dolomite, Part I: The chemistry of dolomitization and dolomite precipitation. Geosciences Canada, v. 9, p. 5-13.

Morse, J. W. and Mackenzie, F. T., 1990, *Geochemistry of Sedimentary Carbonates*: Amsterdam, Elsevier, 696p.

Morse, J. W., Wang, Q. and Tsio, M. Y., 1997, Influences of temperature and Mg:Ca ratio on $CaCO_3$ precipitates from seawater. Geology, v. 25, p. 85-87.

Morton, A. C., 1984, Stability of detrital heavy minerals in Tertiary sandstones of the North Sea Basin. Clay Minerals, v. 19, p. 287-308.

Morton, A. C., Claoué-Long, J. and Berge, C., 1996, Factors influencing heavy mineral suites in the Starfjord Formation, Brent Field, North Sea: Constraints provided by SHRIMP U-Pb dating of detirtal zircons Journal of Geological Society of London, v. 153, p. 911-929.

Morton, A. C. and Hallsworth, C., 1994, Identifying provenance-specific features of detrital heavy mineral assemblages in sandstones. Sedimentary Geology, v. 90 p. 241-156.

Morton, A. C. and Johnsson, M. J., 1993, Factors influencing the composition of detrital heavy mineral suites in Holocene sands of the Apure River drainge basin, Venezuela. In: Johnsson, M.J. and Basu, A. (Eds.), *Processes Controlling the Composition of Clastic Sediments.* Geological Society of America Special Paper 284, p. 171-185.

Morton, A., Mundy, D., and Bingham, G., 2012, High-frequency fluctuations in heavy mineral assemblages from Upper Jurassic sandstones of the Piper Formation, UK North Sea: Relationships with sea-level change and floodplain residence. In: Rasbury, E. T., Hemming, S. R. and Riggs, N. R. (Eds.), *Minerlaogical and Geochemical Approaches to Provenance.* Geological Society of America Special Paper 487, p. 163-176.

Mozley, P. S. and Wersin, P., 1992, Isotopic composition of siderite as an indicator of depositional environment. Geology, v. 20, p. 817-820.

Mulder, T., Razin, P. and Faugeres, J.-C., 2009. Hummocky cross-stratification-like structures in deep-sea turbidites: Upper Cretaceous Basque basins (Western Pyrenees, France. Sedimentology, v. 56, p. 997-1015.

Myrow, P. M., 1990, A new graph for understanding colors of mudrocks and shales. Journal of Geological Education, v. 38, p. 16-20.

Nagel, J. S., 1967, Wave and current orientation of shells. Journal of Sedimentary Petrology, v. 37, p. 1124-1138.

Nähr, T., Botz, R., Bohrmann, G. and Schmidt, M., 1998, Oxygen isotope composition of low-temperature authigenic clinoptilolite. Earth and Planetary Science Letters, v. 160, p. 369-381.

Nemec, W. and Steel, R. J., 1988, What is a fan delta and how do we recognize it? In: Nemec, W. and Steel, R. J. (Eds.), Fan Deltas: Sedimentology and Tectonic Settings. Blackie and Son, pp. 3-13.

Neumeier, U., 1999, Experimental modelling of beachrock cementation under microbial influence. Sedimentary Geology, v. 126, p. 35-46.

Nesbitt, H. W. and Markovics, G., 1997, Weathering of granodioric curst, long-term storage of elements in weathering profiles, and petrogenesis of siliciclastic sediments. Geochimica et Cosmochimica Acta, v. 61, p. 1653-1670.

Nesbitt, H. W. and Young, G. M., 1982, Early Proterozoic climates and plate motions inferred from major element chemistry of lutites. Nature, v. 299, p. 715-717.

Nesbitt, H. W. and Young, G. M., 1984, Prediction of some weathering trends of plutonic and volcanic rocks based on thermodynamic and kinetic considerations. Geochimica et Cosmochimica Acta, v. 48, p. 1523-1534.

Nesbitt, H. W. and Young, G. M., 1996, Petrogenesis of sediments in the absence of chemical weathering: effects of abrasion and sorting on bulk composition and mineralogy. Sedimentology, v. 43, p. 341-358.

Nesbitt, H. W., Young, G. M., McLennan, S. M., and Keays, R. R., 1996, Effects of chemical weathering and sorting on the petrogenesis of siliciclastic sediments, with implications for provenance studies. Journal of Geology, v. 104, p. 525-542.

Newman, A. C. and Land, L. S., 1975, Lime mud deposition and calcareous algae in the Bight of Abaco, Bahamas: A budget. Journal of Sedimentary Petrology, v. 45, p. 763-786.

Nilsen, T. H., 1982, Alluvial fan deposits. In: Scholle, P. A. and Spearing, D. (Eds.), Sandstone Depositional Environment. American Association of Petroleum Geologists Memoir 31, pp. 49-86.

Nicholls, G. D., 1963, Environmental studies in Sedimentary geochemistry. Science Progress, London, v. 51, p. 12-31.

Noffke,N., Gerdes, G., Klenke, T. and Krumbein, W.E., 2001, Microbially induced sedimentary structures-A new category within the classification of primary sedimentary structures. Journal of Sedimentary Research, v. 71, p. 649-656.

North American Stratigraphic Code, 1983, American Association of Petroleum Geologists Bulletin, v. 67, p. 841-875.

Nriagu, J. O. and Moore, P. B. (Eds.), 1984, Phosphate Minerals: Berlin, Springer-Verlag, 470p.

Obermeier, S. F., 1996, Use of liquefaction-induced features for paleoseismic analysis: An overview of how seismic liquefaction features can be distinguished from other features and how their regional distribution and properties of source sediment can be used to infer the location and strength of Holocene paleo-earthquakes. Engineering Geology, v. 44, p. 1-76.

Obermeier, S. F., Olson, S. M. and Green, R. A., 2005, Field occurrences of liquefaction-induced features: a primer for engineering geologic analysis of paleoseismic shaking. Engineering Geology, v. 76, p. 209-234.

Ogg, J. G., 1995, Magnetic polarity time scale of the Phanerozoic. In: Ahrens, T. J. (Ed.), Global Earth Physics - A Handbook of Physical Constants, AGU Reference Shelf 1, American Geophysical Union, pp. 240-270.

Orton, G. J. and Reading, H. G., 1993, Variability of deltaic processes in terms of sediment supply, with particular emphasis on grain size. Sedimentology, v. 40, p. 475-512.

Pacton, M., Ariztegui, D., Wacey, D., Kilbum, M. R., Rollion-Bard, C., Farah, R. and Vasconcelos, C., 2012, Going nano: A new step toward understanding the processes governing freshwater ooid formation. Geology, v. 40, p. 547-550.

Paik, I. S. and Kim, H. J., 1998, Subaerial lenticular cracks in Cretaceous lacustrine deposits, Korea. Journal of Sedimentary Research, v. 68, p. 80-87.

Pelletier, B. R., 1958, Pocono paleocurrents in Pennsylvania and Maryland. Geological Society of America Bulletin, v. 69, p. 1033-1064.

Perry, C. T., 1999, Biofilm-related calcification, sediment trapping and constructive micrite envelopes: a criterion for the recognition of ancient grass-bed environments? Sedimentology, v. 46, p. 33-45.

Peters, S. E. and Loss, D. P., 2012, Storm and fair-weather wave base: A relevant distinctins? Geology, v. 40, p. 511-514.

Peterson, M. N. A. and von der Boch, C. C., 1965, Chert: modern inorganic deposition in a carbonate-precipitating locality. Science, v. 149, p. 1501-1503.

Pettijohn, F. J. and Potter, P. E., 1964, Atlas and Glossary of Primary Sedimentary Structures: New York, Springer-Verlag, 370p.

Pettijohn, F. J., Potter, P. E. and Siever, R., 1987, Sand and Sandstone (2nd Edition). Springer-Verlag, 553p.

Pirrie, D., 1998, Interpreting the record: facies analysis. In: Doyle, P. and Bennet, M. R. (Eds.),

Unlocking the Stratigraphic Record: Advances in Modern Stratigraphy. John Wiley and Sons, pp. 397-420.

Pisciotto, K. A., 1981, Distribution, thermal histories, isotopic compositions and reflection characteristics of siliceous rocks recovered by the Deep Sea Drilling Project. In: Warme, J. D., Douglas, R. G. and Winterer, E. L. (Eds.), *The Deep Sea Drilling Project: A Decade of Progress*. Society of Economic Paleontologists and Mineralogists Special Publication 32, pp. 129-148.

Pittman, E. D., 1979, Recent advances in sandstone diagenesis. Annual Review of Earth and Planetary Sciences, v. 7, p. 39-62.

Pohl, T., Al-Muqdadi, S. W., Ali, M. H., Fawzi, N. A.-M., Ehrlich, H. and Merkel, B., 2014, Discovery of a living coral reef in the coastal waters of Iraq. Scientific Reports, v. 4: 4250, DOI: 10.1038/srepO4250.

Pollack, J. M., 1961, Significance of compositional and textural properties of South Canadian River channel sands, New Mexico, Texas and Oklahoma. Journal of Sedimentary Petrology, v. 31, p. 15-37.

Porrenga, D. H., 1966, Glauconite and chamosite as depth indicators in the marine environment. Marine Geology, v. 5, p. 495-501.

Posamentier, H. W. and Allen, G. P., 2000, *Siliciclastic Sequence Stratigraphy-Concepts and Applications*. Society for Sedimentary Geology Concepts in Sedimentology and Paleontology Series 7, 204p.

Potsh, N. R., Hegler, F., Konhauser, K. O. and Kappler, A., 2008, Alternating Si and Fe deposition caused by temperature fluctuations in Precambrian oceans. Nature Geoscience v.1, p. 703-708.

Potter, P. E. and Pettijohn, F. J., 1977, *Paleocurrents and Basin Analysis* (2nd Edition): Berlin, Springer-Verlag, 460p.

Potter, P. E., 1978, Petrology and chemistry of modern big river sands. Journal of Geology, v. 86, p. 423-449.

Potter, P. E., Maynard, J. B., and Pryor, W. A., 1980, *Sedimentology of Shale*. Springer-Verlag, New York, 306p.

Potter, P. E., 1984, South American modern beach sand and plate tectonics. Nature, v. 311, p. 645-648.

Potter, P. E., 1993, Sample location list and data set for "Modern Beach and River Sands of South America. H.N. Fisk Laboratory of Sedimentology. Univ. Cincinnati, Cincinnati, OH, 99p.

Powers, M. C., 1953, A new roundness scale for sedimentary particles. Journal of Sedimentary Petrology, v. 23, p. 117-119.

Pratt, B. R., 2001, Calcification of cyanobacterial filaments: *Girvanella* and the origin of lower Paleozoic lime mud. Geology, v. 29, p. 763-766.

Pryor, W. A., 1960, Cretaceous sedimentation in upper Mississippian Embayment. American Association of Petroleum Geologists Bulletin, v. 44, p. 1473-1504.

Pufahl, P. K., Grimm, K. A., Abed, A. M. and Sadaqah, R. M. Y., 2003, Upper Cretaceous (Campanian) phosphorites in Jordan: implications for the formation of a south Tethyan phosporite giant. Sedimentary Geology, v. 161, p. 175-205.

Purdy, E. G., 1963, Recent calcium carbonate facies of the Great Bahama Bank. Journal of Geology, v. 71, p. 334-355.

Raiswell, R., 1987, Non-steady state microbiological diagenesis and the origin of concretions and nodular limestones. In: Marshall, J. D. (Ed.), *Diagenesis of Sedimentary Sequences*. Geological Society of London Special Publication v. 36, pp. 41-54.

Rasmussen, B., Meier, D. B., Krapez, B. and Muhling, J. R., 2013, Iron silicate microgranules as percursor sediments to 2.5-billion-year-old banded iron formations. Geology, v. 41, p. 435-438.

Reading, H. G. and Richards, M., 1994, Turbidite systems in deep-water basin margins classified by grain size and feeder system. American Association of Petroleum Geologists Bulletin, v. 78, p. 792-822.

Reid, R. P. and Macintyre, I. G., 1998, Carbonate recrystallization in shallow marine environments: a widespread diagenetic process forming micritized grains. Journal Sedimentary Research, v. 68, p. 928-946.

Reineck, H. E. and Wunderlich, F., 1969, Die entstehung von schichten und schichtbänken im Watt. Senckenbergiana maritima, v. 1, p. 85-106.

Reineck, H. E. and Singh, I. B., 1980, *Depositional Sedimentary Environments-with Reference to Terrigeneous Clastics*: Berlin, Springer-Verlag, 549p.

Ricci Lucchi, F., 1995, Sedimentological indicators of paleoseismicity. In Serva, L and Slemmons, D. B.: (Eds.), *Perspectives in Paleoseismology*. Association of Engineering Geologists Special Publication, v. 6, p. 7-17.

Ritter, J. B., Miller, J. R., Enzel, Y. and Wells, S. G., 1995, Reconciling the roles of tectonism and climate in Quaternary alluvial fan evolution. Geology, v. 23, p. 245-248.

Robbins, L. L. and Blackwelder, P. L., 1992, Bio-chemical and ultrastructural evidence for the origin of whitings: A biologically induced calcium carbonate precipitation mechanism. Geology, v. 20, p. 464-468.

Robbins, L. L. and Blackwelder, P. L., 1992, Origin of whitings: a biologically induced nonskeletal phenomenon. Geology, v. 20, p. 464-467.

Robbins, L. L. and Tao, Y., 1996, Temporal and spatial distribution of whitings on the Great Bahama Bank and a new lime mud budget. Geology, v. 25, p. 947-950.

Roberts, J., Kenward, P. A., Fowle, D. A., Goldstein, R. H., González, L. A. and Moore, D. S., 2013, Surface chemistry allows for abiotic precipitation of dolomite at low temperature. Proceedings of National Academy of Sciences, v. 110, p. 14540–14545.

Rossett, D. F. and Santos, A. E., Jr., 2003, Events of sediment deformation and mass failure in Upper Cretaceous estuarine deposits (Cametá Basin, northern Brazil) as evidence for seismic activity. Sedimentary Geology, v. 161, p. 107-130.

Rubey, W. W., 1933, The size distribution of heavy minerals within a water-lain sandstone. Journal of Sedimentary Petrology, v. 3, p. 3-29.

Ryan, R. J., O'Beirne-Ryan, A. M. and Zentilli, M., 2005, Rounded cobbles that have not travelled not far: incorporation of corestones from saprolites in the South Mountain area of southern Nova Scotia, Canada. Sedimentology, v. 52, p. 1109-1121.

Sandberg, P. A., 1983, An oscillating trend in Phanerozoic nonskeletal carbonate mineralogy. Nature, v. 305, p. 19-22.

Sanz, M. E., Alonso Zarza, A. M. and Calvo, J. P., 1995, Carbonate pond deposits related to semi-arid alluvial systems: examples from the Tertiary Madrid Basin, Spain. Sedimentology v. 42, p. 437-452.

Sarmiento and Bender, 1994, (Yates and Robbins, 1998 참조).

Savage, K.M. and Potter, P.E., 1991, Petrology of modern sands of the Rios Guavare and Inírada, southern Colombia. Journal of Geology, v. 99, p. 289-298.

Schieber, J. and Southard, J. B., 2009, Bedload transport of mud by floccule ripples-Direct observation of ripple migration processes and their implications. Geology, v. 37, p. 483-486.

Schieber, J., Krinsley, D. and Riciputi, L., 2000, Diagenetic origin of quartz silt in mudstones and implications for silica cycling. Nature, v. 406, p. 981-985.

Schieber, J., Southard, J. B., Kissling, P., Rossman, B. and Ginsburg, R., 2013, Experimental deposition of carbonate mud from moving suspensions: importance of flocculation and implications for modern and ancient carbonate mud deposition. Journal of Sedimentary Research, v. 83, p. 1025-1031.

Schieber, J., Southard, J. B. and Thaisen, K. G., 2007, Accretion of mudstone beds from migrating floccule ripples. Science, v. 318, p. 1760-1763.

Schlager, W. and Ginsburg, R. N., 1981, Bahama carbonate platform – the deep and the past. Marine Geology, v. 44, p. 1-24.

Schmalz, R. F., 1969, Deep-water evaporite deposition: A genetic model. American Association of Petroleum Geologists Bulletin, v. 53, p. 798-823.

Scholle, P. A., 1978, *A Color Illustrated Guide to Carbonate Rock Constituents, Texture, Cements and Porosities*. American Association of Petroleum Geologists Memoir 27, 241p.

Scholle, P. A., 1979, *A Color Illustrated Guide to Constituents, Textures, Cements, and Porosities of Sandstones and Associated Rocks*: American Association of Petroleum Geologists Memoir 28, 201p.

Schrag, D. P., Higgins, J. A., Macdonald, F. A. and Johnston, D. T., 2013, Authigenic carbonate and the history of the global carbon cycle. Science, 339, p. 540-543.

Scoffin, T. P., 1987, *An Introduction to Carbonate Sediments and Rocks*: London, Blackie and Son, 274p.

Scoffin, T. P., Alexandersson, E. T., Bowes, G. E., Clokie, J. J., Farrow, G. E. and Milliman, J. D., 1980, Recent, temperate, sub-photic, carbonate sedimentation: Rockfall Bank, Northeast Atlantic. Journal of Sedimentary Petrology, v. 50, p. 331-356.

Scott, B. and Price, S., 1988, Earthquake-induced structures in young sediments. Tectonophysics, v. 147, p. 167-170.

Seislacher, A., 1984, Storm beds: their significance in event stratigraphy. In: Stratigraphy Quo Vadis? (In: Seibold, E. and Meulenkamp, J. D. (Eds.). American Association of Petroleum Geologists Tulsa, Oklahoma, pp. 49-54.

Seyedolali, A., Krinsley, D. H., Boggs, S., Jr., O'Hara, P. F., Dypvik, H. and Goles, G. G., 1997, Provenance interpretation of quartz by scanning electron microscope-cathodoluminescence fabric analysis. Geology, v 25, p. 787-790.

Sha, L. K. and Chappell, B.W., 1999, Apatite chemical composition, determined by electron microprobe and laser-ablation inductively coupled plasma mass spectrometry, as a probe into granite petrogenesis. Geochimica et Cosmochimica Acta, v. 63, p. 3861-3881.

Shackleton, N. J., 1967, Oxygen isotope analyses and paleotemperatures reassessed. Nature, v. 215, p. 15-17.

Shanmugam, G. and Moiola, R. J., 1982, Eustatic control of turbidites and winnowed turbidites. Geology, v. 10, p. 231-235.

Shaw, D. M., Reilly, G. A., Muysson, K. R., Pattenden, G. E. and Campbell, F. E., 1967, An estimate of the chemical composition of the Canadian Precambrian shield. Canadian Journal of Earth Sciences, v. 4, p. 829-853.

Shaw, J. B. and Mohrig, D., 2012, Delta growth as a two-step process: floods aggrade the delta front then channels incise it during low flow. Geological Society of America Annual Meeting Abstract Paper no. 81-2.

Sheldon, R. P., 1963, *Physical stratigraphy and mineral resources of Permian rocks in western Wyoming*. United States Geological Survey Professional Paper 313-B, 273p.

Shiki, T. and Yamazaki, T., 1996, Tsunami-induced conglomerates in Miocene upper bathyal deposits, Chita Penisula, central Japan. Sedimentary Geology, v. 104, p. 175-188.

Shinn, E. A., 1983, Tidal flat environment. In: Scholle, P. A., Bebout, D. G. and Moore, C. H. (Eds.), *Carbonate Depositional Environments*. American Association of Petroleum Geologists Memoir 33, pp. 171-210.

Sibley, D. F. and Gregg, J. M., 1987, Classification of dolomite rock texture. Journal of Sedimentary Petrology, v. 57, p. 967-975.

Sims, J. D., 1975, Determining earthquake recurrence intervals from deformational structures in young lacustrine sediments. Tectonophysics, v. 29, p. 141-152.

Skolnick, H., 1965, The quartzite problem. Journal of Sedimentary Petrology, v. 35, p. 12-21.

Sloss, L. L., 1963, Sequences in the craton interior of North America. Geological Society of America Bulletin, v. 74, p. 93-114.

Sloss, L. L., 1982, The Midcontinent Province: United States. In: Palmer, A. R. (Ed.), *Perspectives in Regional Geological Synthesis: Planning for The Geology of North America*. D-NAG Special Publication 1, Geological Society of America, pp. 32-45.

Smith, G. A., 1994, Climatic influences on continental deposition during late-stage filling of an extensional basin, southeastern Arizona. Geological Society of America Bulletin. v. 106, p. 1212-1228.

Smith, D. G. and Smith, N. D., 1980, Sedimentation in anastomosed river systems: examples from alluvial valleys near Banff, Alberta. Journal of Sedimentary Petrology, v. 50, p. 157-164.

Smyth, H.R., Hall, R. and Nichols, G.J., 2008, Significant volcanic contribution to some quartz-rich sandstones, East Java, Indonesia. Journal of Sedimentary Research, p. 335-356. doi: 10.2110/jsr.2008.039.

Snedden, J. W. and Swift, D. J. P., 1991, Is there evidence for geostrophic currents preserved in the sedimentary record of inner to middle shelf deposits? - discussion. Journal of Sedimentary Petrology 61, p. 148-151.

Sneed, E. D. and Folk, R. L., 1958, Pebbles in the lower Colorado River, Texas, A study in particle morphogenesis. Journal of Geology, v. 66, p. 114-150.

Soetaert, K., Hoffman, A. F., Middleburg, J. J., Meysman, F. J. R. and Greenwood, J., 2007, The effect of biogeochemical processes on pH. Marine Chemistry, v. 105, p. 30-51.

Stanley, S. M. and Hardie, L. A., 1998, Secular oscillations in the carbonate mineralogy of reef-building and sediment-producing organisms driven by tectonically forced shifts in seawater chemistry. Palaeogeography, Palaeoclimatology, Palaeoecology, v. 144, p. 3-19.

Stanley, S. M. and Hardie, L. A., 1999, Hypercalcification: paleontology links plate tectonics and geochemistry to sedimentology. GSA Today, v. 9, No. 2, p. 1-7.

Stanley, S. M., 2010, Relation of Phanerozoic stable isotope excursions to climate, bacterial metabolism, and major extinctions. Proceedings of National Academy of Sciences, v. 107, p. 19185-19189.

Stendal, H., Toteu, S.F., Frei, R., Renaye, J., Njel, U.O., Bassahak, J., Nni, J., Kankeu, B., Ngako, V. and Hell, J.V., 2006, Derivation of detrital rutile in the Yaoundé region from the Neoproterozoic Pan-African belt in southern Cameroon (Central Africa). Journal of African Earth Science, v. 44, p. 443-458.

Sternbach, L. R. and Friedman, G. M., 1984, Deposition of ooid shoals marginal to the Late proto-Atlantic (Iapetus) Ocean in New York and Alabama: influence on the interior shelf. In: Harris, P. M. (Ed.), *Carbonate Sands: a Core Workshop*. Society of Economic Paleontologists and Mineralogists Core Workshop 5, pp. 2-19.

Stow, D. A. V., 1996, Deep seas. In: Reading, H. G. (Ed.), *Sedimentary Environments: Processes, Facies and Stratigraphy*. Blackwell Sciences, pp. 395-453.

Stow, D. A. V. and Lovell, J. P. B., 1979, Contourites: Their recognition in modern and ancient sediments. Earth Science Reviews, v. 14, p. 251-291.

Sullivan, K, B. and McBride, E. F., 1991, Diagenesis of sandstones at shale contacts and diagenetic heterogeneity, Frio Formation, Texas (1). American Association of Petroleum Geologists Bulletin, v. 75, p. 121-138.

Swart, P. K., Oehlert, A. M., Mackenzie, G. J., Eberli, G. P. and Reijmer, J. J. G., 2014, The fertilization of the Bahamas by Saharan dust: A trigger for carbonate precipitation? Geology, v. 42, p. 671-674.

Swift, D. J., Stanley, D. J. and Curray, J. R., 1971, Relict sediments on continental shelves: A recommendation. Journal of Geology, v. 79, p. 322-346.

Taylor, S. R. and McLennan, S. M., 1981, The composition and evolution of the Continental crust: rare earth element evidence from sedimentary rocks. Philosophical Transactions of Royal Society of London, v. A301, p. 381-399.

Taylor, S. R. and McLennan, S. M., 1985, *The Continental Crust: its Composition and Evolution*. Blackwells, 312p.

Thiry, M., 2000, Palaeoclimatic interpretation of clay minerals in marine deposits: an outlook from the continental origin. Earth Science Review, v. 49, p. 201-221.

Todd, T. W., 1968, Paleoclimatology and the relative stability of feldspar minerals under atmospheric conditions. Journal of Sedimentary Petrology, v. 38, p. 832-844.

Törnqvist, T. E., 1993, Holocene alternation of meandering and anastomoing fluvial systems in the Rhine-Meuse delta (cental Netherlands) controlled by sea-level rise and subsoil erodibility. Journal of Sedimentary Research, v. 63, p. 683-693.

Triebold, S., von Eynatten, H., Luvizotto, G. L. and Zack, 2007, Deducing source lithology from detrital rutile geochemistry: an example from the Erzebirge, Germany. Chemical Geology, v. 244, p.

Triebold, S. von Eynatten, H. and Zack, T., 2005, Trace elements in detrital rutile as provenance indicator: A case study from Erzbirge, Germany. In: Haas, H., Ramseyer, K., Schlunegger, F. (Eds.), *Sediment 2005*, Abstract. Schriftenr. Dr. Ges. Geowiss., v. 38, pp. 144-145.

Tucker, M. E., 1991, *Sedimentary Petrology* (2nd

Edition). Blackwell, 260p.

Tucker, M. E., 2001, *Sedimentary Petrology*: Blackwell Science, 262p.

Tucker, M. E. and Wright, V. P., 1990, *Carbonate Sedimentology*: Oxford Blackwell Scientific Publications, 482p.

Tyrell, S., Haughton, P. D. W. and Daly, J. S., 2007, Drainage reorganization during breakup of Pangea revealed by in-situ Pb isotopic analysis of detrital feldspar. Geology, v. 35, p. 971-974.

Vail, P. R., Mitchum, R. M., Jr. and Thompson, S., III., 1977, Seismic stratigraphy and global changes of sea level: Part 4. Global cycles of relative changes of sea level. In: Payton, C. E. (Ed.), *Seismic Stratigraphy – Applications to Hydrocarbon Exploration*. American Association of Petroleum Geologists Memoir 26, pp. 83-97.

van de Kamp, P.C., 2010, Arkose, subarkose, quartz sand, and associated muds derived from felsic plutonic rocks in glacial to tropical humid climates. Journal of Sedimentary Research, v. 80, p. 895-918.

van de Lageweg, W. I., van Dijik, W. M., Baar, A. W., Rutten, J. and Kleinhans, M. G., 2014, Bank full or bar push: What drives scroll-bar formation in meandering rivers? Geology, v. 42, p. 319-322.

Van Houten, F. B., 1973, Origin of red beds – A review 1961-1972. Annual Review of Earth and Planetary Sciences, v. 1, p. 39-61.

Van Houten, F. B., 1982, Phanerogoic oolitic ironstones-Geologic record and facies model. Annual Review of Earth and Planetary Sciences, v. 10, p. 441-457.

Van Wagoner, J. C., Mitchum, R. M., Campion, K. M. and Rahmanian, V. D., 1990, *Siliciclastic Sequence Stratigraphy in Well Logs, Cores, and Outcrops: Concepts for High-Resolution Correlation of Time and Facies.* American Association of Petroleum Geologists Methods in Exploration Series, No. 7, 55p.

Veizer, J., 1989, Strontium isotopes in seawater through time. Annual Review of Earth and Planetary Sciences, v. 17, p. 141-167.

Viau, C., 1983, Depositional sequences, facies and evolution of the Upper Devonian Swan Hills reef buildup, central Alberta, Canada. In: Harris, P. (Ed.), *Carbonate Buildups- A Core Workshop*. Society of Economic Paleontologists and Mineralogists Core Workshop 4, pp. 113-143.

Visher, G. S., 1969, Grain-size distributions and depositional processes. Journal of Sedimentary Petrology, v. 39, p. 1074-1106.

Vogel, K., Gektidis, M., Golubic, S., Kiene, W. E. and Radtke, G., 2000, Experimental studies on microbial bioerosion at Lee Stocking Island, Bahamas and One Tree Island, Great Barrier Reef, Australia: implications for paleoecological reconstruction. Lethaia, v. 33, p. 190-204.

Vos, K., Vandenberghe, N., and Elsen, J., 2014, Surface textural analysis of quartz grains by scanning electron microscopy (SEM): from sample preparation to environmental interpretation. Earth-Science Reviews, v. 128, p. 93-104.

Walderhaug, O., Bjolykke, P. A. and Nordgard Bolas, H. M, 1989, Correlation of calcite cemented layers in shallow marine sandstones of the Fensfjord Formation of the Brage Field. In: Collinson, J. D. et al., (Eds.), *Correlation in Hydrocarbon Exploration. Norwegian Petroleum Society*, Graham & Trotmon, London, p. 367-375.

Walker, R. G., 1975, Generalized facies models for resedimented conglomerates of turbidite association. Geological Society of America Bulletin, v. 86, p. 737-748.

Walker, R. G., (Ed.), 1984, *Facies Models,* 2nd Edition. Geological Association of Canada.

Walker, R. G. and Cant, D. J., 1984. Sandy fluvial systems. In: Walker, R. G. (Ed.), *Facies Models.* Geoscience Canada Reprint Series 1, Geological Association of Canada, pp. 71-89.

Walker, T. R., 1967, Formation of red beds in modern and ancient deserts. Geological Society of America Bulletin, v. 78, p. 353-368.

Walker, T. R., Waugh, B. and Crone, A. J., 1978, Diagenesis in first-cycle desert alluvium of Cenozoic age, southwestern United States and northwestern Mexico. Geological Society of America Bulletin, v. 89, p. 633-638.

Wardlaw, N. C., 1972, Unusual marine evaporites with salts of calcium and magnesium chloride in Cretaceous basins of Sergipe, Brazil. Economic Geology, v. 67, p. 156-158.

Warren, J. K., 1989, *Evaporite Sedimentology: Importance in Hydrocarbon Accumulation*: Englewood Cliffs, Prentice Hall, 285 p.

Warren, J. K., 2000, Dolomite: occurrence, evolution and economically important associations. Earth-Science Reviews, 52, p. 1-81.

Warren, J. K. and Kendall, C. G. St. C., 1985, Comparison of sequences formed in marine sabkha (subaerial) and saline (subaqueous) settings – modern and ancient. American Association of Petroleum Geologists Bulletin, v. 89, p. 1013-1023.

Watson, E. B., Wark, D. A and Thomas, J. G., 2006, Crystallization thermometers for zircon and rutile. Contribution to Mineralogy and Petrology, v. 151, p. 413-433.

Watts, A. B., 1981, The U. S. Atlantic Continental margin: Subsidence history, Crustal structure and thermal evolution. In: Bally, A. W. et al. (Eds.), *Geology of Passive Continental Margins*. American Association of Petroleum Geologists Education Course Note Series 19, pp. 2-1-75.

Webb, G. E., Jell, J. S. and Baker, J. C., 1999, Cryptic intertidal microbialites in beachrock, Heron Island, Great Barrier Reef: implications for the origin of microcrystalline beachrock cement. Sedimentary Geology, v. 126, p. 317-334.

Wedepohl, K. H., 1969, The handbook of geochemistry.

In: Wedepohl, K. H. (Ed.), *The Handbook of Geochemistry*, Springer-Verlag, pp. 247-248.

Wei, W., 1993, Calibration of upper Pliocene-lower Pleistocene nanofossil events with oxygen isotope stratigraphy. Paleoceanography, v. 8, p. 85-99.

Weinberger, R., 2001, Evolution of polygonal patterns in stratified mud during desiccation: The role of flaw distribution and layer boundaries. Geological Society of America Bulletin, v. 113, p. 20-31.

Weise, B. R., 1980, Wave-dominated delta systems for the Upper Cretaceous San Miguel Formation, Maverick Basin, South Texas. Bureau of Economic Geology, University of Texas at Austin, Report of Investigations 107p.

Went, D. J., 2013, Quartzite development in early Palaeozoic nearshore marine environments. Sedimentology, v. 60, p. 1036-1058.

Wendt, J., 1995, Shell directions as a tool in paleocurrent analysis. Sedimentary Geology, v. 95, p. 161-186.

Whalen, M. T., 1995. Barred basins: A model for eastern ocean basin carbonate platforms. Geology, v. 23, p. 625-628.

Williams, A. T. and Morgan, P., 1993, Scanning electron microscope evidence for offshore-onshore sand transport at Fire Island, New York, USA. Sedimentology, v. 40, p. 63-77.

Williams, D. F., Lerche, I. and Full, W. E., 1988, *Isotope Chronostratigraphy. Theory and Methods.* Academic Press, 345p.

Wilson, C. J. N. and Hildreth, W., 1998, Hybrid fall deposits in the Bishop Tuff, California: A novel pyroclastic depositional mechanism. Geology, v. 26, p. 7-10.

Wilson, J. L., 1975, *Carbonate Facies in Geologic History*: New York, Springer-Verlag, 471p.

Wilkinson, B., 1979, Biomineralization, paleoceanography and the evolution of calcareous marine organisms. Geology, v. 7, p. 524-527.

Wilkinson, B. H. and Algeo, T. J., 1989, Sedimentary carbonate record of calcium-magnesium cycling. American Journal of Science, v. 289, p. 1158-1194.

Worden, R. H., French, M. W. and Mariani, E., 2012, Amorphous silica nanofilms result in growth of misoriented microcrystalline quartz cement maintaining porosity in deeply buried sandstones. Geology, v. 40, p. 179-182.

Wright, D. T. and Wacey, D., 2005, Precipitation of dolomite using sulphate-reducing bacteria from the Cooring Region, South Australia: significance and implications. Sedimentology, v. 52, p. 987-1008.

Wright, J. S., 2007, An overview of the role of weathering in the production of quartz silt. Sedimentary Geology, v. 202. p. 337-351.

Wright, J. V., Smith, A. L., and Self, S., 1980, A working terminology of pyroclastic deposits. Journal of Volcanology and Geothermal Research, v. 8, p. 315-336.

Wright, V. P., 1992, A revised classification of limestones. Sedimentary Geology, v. 76, p. 177-185.

Yagishita, K., 1989, Gravel fabric of clast-supported resedimented conglomerate. In: Taira, A. and Masuda, F. (Eds.), *Sedimentary Facies in the Active Plate Margin*. Terra Scientific Publishing Company, pp. 33-42.

Yates, K. K. and Robbins, L. L., 1998, Production of carbonate sediments by a unicellular green alga. Am. Mineral., v. 83, p. 1503-1509.

Yates, K. K. and Robbins, L. L., 2001, Microbial lime-mud production and its relation to climate change. In: Gerhard, L. C., Harrison, W. E. and Hanson, B. M. (Eds.). *Geological Perspectives of Global Climate Change*. pp. 267-283.

Yeakel, L. S., Jr., 1962, Tuscarora, Juniata, and Bald Eagle paleocurrents and paleogeography in the central Appalachians. Geological Society of America Bulletin, v. 73, p. 1515-1539.

Yerino, L. N. and Maynard, J. B., 1984, Petrography of modern marine sands from the Peru-Chile Trench and adjacent areas. Sedimentology, v. 31, p. 83-89.

Zachos, J., Pagani, M., Sloan, L., Thomas, E. and Billups, K., 2001, Trends, rhythms, and aberrations in global climate 65 Ma to present. Science, v. 292, p. 686-693.

Zachos, J. C., Arthur, M. A. and Dean, W. E., 1989, Geochemical evidence for suppression of pelagic marine productivity at the Cretaceous/Tertiary boundary. Nature, v. 337, p. 61-64.

Zack, T., Moraes, R. and Kronz, A., 2004a, Temperature dependence of Zr in rutile: empirical calibration of a rutile thermometer. Contribution to Mineralogy and Petrology, v. 148, p. 471-488.

Zack, T., von Eynatten, H., and Kronz, A., 2004b, Rutile geochemistry and its potential use in quantitative provenance studies. Sedimentary Geology, v. 171, p. 37-58.

Zhuravlev, A. Y. and Wood, R. A., 2009, Controls on carbonate skeletal mineralogy: Global CO_2 evolution and mass extinctions. Geology, v. 37, p. 1123-1126.

Index

찾아보기